上海优秀城乡规划设计获奖作品集 2017年度

COLLECTION OF AWARD-WINNING URBAN-RURAL PLANS OF SHANGHAI

上海市城市规划行业协会 编

上海科学技术出版社

图书在版编目（CIP）数据

上海优秀城乡规划设计获奖作品集. 2017年度 / 上海市城市规划行业协会编. —上海：上海科学技术出版社，2019.7

ISBN 978-7-5478-4483-0

Ⅰ.①上… Ⅱ.①上… Ⅲ.①城乡规划－设计－上海－2017－图集 Ⅳ.①TU984.251-64

中国版本图书馆CIP数据核字（2019）第112323号

上海优秀城乡规划设计获奖作品集 2017 年度

上海市城市规划行业协会 编

上海世纪出版（集团）有限公司
上海科学技术出版社 出版、发行
（上海钦州南路71号 邮政编码200235 www. sstp. cn）
浙江新华印刷技术有限公司印刷
开本 889×1194 1/12 印张 $38\frac{1}{3}$ 插页 4
字数 1050千字
2019年7月第1版 2019年7月第1次印刷
ISBN 978-7-5478-4483-0 / TU · 278
定价：380.00元

编 委 会

序一

当前，我国规划行业正处于规划体系的变革期，上海也步入了《上海市城市总体规划（2017—2035年）》实施的关键期。今年，陆昊部长在调研上海规划工作时强调，要进一步加强规划编制的科学性。在第七次上海市规划土地工作会议上，李强书记提出，要全面贯彻落实习近平总书记考察上海重要讲话精神，紧紧围绕发展第一要务，深入推进新一轮城市总体规划实施，为加快建设具有世界影响力的社会主义现代化国际大都市提供有力支撑；应勇市长指出，要不断完善规划实施保障机制，强化政策创新、监测评估、法治保障，明确责任、形成合力，确保“一张蓝图干到底”。

近年来，上海以新一轮城市总体规划的编制和实施为契机，着力推进城乡规划工作转型，在城乡规划体系、城市有机更新、城市设计、公众参与等方面开展了许多有益的创新实践。上海的城乡规划工作始终坚持以人民为中心，坚持可持续发展，坚持人与自然和谐共生，坚持在发展中保障和改善民生，坚持体现国家战略要求、城市发展诉求和市民生活需求。

2017 年度上海优秀城乡规划设计奖评选，充分体现了五大发展理念，全面展现了近年上海城乡规划编制在理念、技术、方法上的探索与创新。如全国首个街道设计标准《上海市街道设计导则》，从人的需求视角出发，围绕安全、绿色、活力、智慧四大导向提出目标策略体系，有力推动了上海街道空间的“人性化”转型；《上海市黄浦江两岸公共空间贯通开放规划》立足“还江于民”，从黄浦江全线的整体视角审视两岸地区发展，从城市整体发展的全局高度进一步完善功能布局，努力打造世界级滨水开放空间，为市民群众提供更多环境好、品质高的公共活动空间。这些优秀的规划设计成果有效地促进了城市转型提质，为全市乃至全国规划行业发展提供了有益经验。

为更好地总结和展现上海城乡规划设计的新理念、新技术和新实践，在中国城市规划协会的关心和支持下，上海市城市规划行业协会在每次评奖结束后，针对其中编制水平较高、具有创新理念和特色的获奖项目，邀请专家点评，并每两年出版一本获奖作品集。这已成为上海规划行业品牌建设的重要内容，并获得了较好的业内评价和社会反响。本次作品集收录了 130 个项目，包括 2017 年度上海市优秀城乡规划设计奖119项，以及由本市规划设计单位参与编制并通过外省市规划协会申报获全国奖11项，项目类型多样、内容丰富，集中展示了近年来上海规划设计单位的优秀规划成果。

在构建国土空间规划体系的新形势下，上海规划工作将继续围绕中央和市委、市政府的工作部署，进一步发挥规划的引领力和管控力，聚焦“上海2035总规”实施、长三角一体化发展、自贸区新片区建设、黄浦江苏州河沿岸规划建设、城市有机更新和旧区改造、乡村振兴等重点任务，对标国际最高标准、最好水平，以高标准、高水平的规划设计，为上海高质量发展服务，为建设“创新之城、人文之城、生态之城”服务。

徐毅松

上海市规划和自然资源局局长

2019年6月

FOREWORD I

China's planning industry is experiencing a reform of the planning system, while Shanghai has entered a critical period for the implementation of the *Shanghai Urban Master Plan (2017—2035)*. This year, Minister Lu Hao stressed in his investigation of Shanghai planning work that it is necessary to further strengthen the scientific nature of planning. At the Seventh Shanghai Planning and Land Work Conference, Shanghai Municipal Secretary of CCPC Li Qiang put forward that we should fully implement the spirit of General Secretary Xi Jinping's important speech on his inspection of Shanghai, closely focus on the development of the first priority, and further promote the implementation of a new round of urban master plan, so as to provide strong support for speeding up the construction of a modern socialist international metropolis with world influence. Besides, Mayor Ying Yong pointed out that it is required to constantly improve the safeguard mechanism for the planning implementation, strengthen policy innovation, monitoring and evaluation, and guarantee the legal system, and clarify responsibilities, so as to form joint force to ensure that a set of blueprints is carried through to the end.

In recent years, taking the opportunity of planning and implementing a new round of urban master plan, Shanghai has made great efforts to promote the transformation of urban and rural planning work, and carried out beneficial innovative practice in respects of urban-rural planning system, urban organic renewal, urban design and public participation. The city's urban and rural planning work always adheres to the people-centered principle, persists in sustainable development, upholds the harmonious coexistence of human and nature, insists on safeguarding and improving people's livelihood in development, and embodies the national strategic demands, the urban development appeals and the citizens' livelihood needs.

The selection activity of Shanghai Excellent Urban-Rural Planning and Design Award-winning Works, 2017 perfectly reflects the five major development concepts, and comprehensively displays the exploration and innovation in the conception, technology and methodology of Shanghai urban and rural planning in recent years. For example, "*Shanghai Sub-District Design Guidelines*", the first sub-district design standard in the country, puts forward the target strategy system based on the objectives of safety, green, vitality and wisdom, which effectively promotes the "humanized" transformation of sub-district urban space. For another example, "*Opening and Run-Through Plan for Public Space on Both Sides of Huangpu River*", for the purpose of the "returning the riverside to the people", examines the development of both sides of the river from the holistic perspective of the entire Huangpu

River, and further improves the functional layout from the overall height of the city's holistic growth, and strives to build up a world-class waterfront open space, in order to offer more public activity spaces with good environment and high quality for the citizens. Such excellent planning and design achievements would effectively promote the urban transformation and quality upgrading, and provide useful experience for the development of the city's and even the national planning industry.

In order to better summarize and display new conception, new technology and new practice of the city's urban-rural planning and design industry, Shanghai Urban Planning Trade Association (SUPTA), with the concern and support of China Association of City Planning (CACP), would invite experts after each selection activity to make comments and explanations for some award-winning projects with high level of planning, innovative ideas and distinctive features, and publish a collection of award-winning works every two years. *Collection of Works* has become an important part of the brand building task of Shanghai planning industry, and has received very positive professional appraisal and social response. The *Collection of Works* released this year contains 130 projects, including 119 projects with 2017's Shanghai excellent urban-rural planning and design awards, and 11 national award-winning projects participated in by Shanghai planning and design institutions and recommended by urban-rural planning associations of other provinces and cities. Therefore, this *Collection* contains a variety of project types with rich contents, which centrally shows the excellent planning results made by Shanghai planning and design institutions in recent years.

In the new situation of constructing a spatial planning system, Shanghai's planning work will continue to carry out the work drawn up by CPC Central Committee and State Council as well as Shanghai CPC Municipal Committee and Municipal Government, further play a role of strategic guidance and administrative control of the planning work. We will focus on the following key tasks: implementation of the "Shanghai 2035 Master Plan", integrated development of the Yangtze River Delta, construction of new area in Free Trade Zone, planning and construction of the riversides along Huangpu River and Suzhou Creek, organic renewal of the city and the renovation of the old districts, revitalization strategy for rural areas, etc. Benchmarking the strictest criteria and highest level in the world, we will provide high-criteria, high-level planning and design to serve the high-quality development of Shanghai — a City of "Innovation, Humanities and Ecology".

Xu Yisong

Head of Shanghai Urban Planning and Natural Resources Bureau

June, 2019

序二

两年一度的上海优秀城乡规划设计奖评选，是对广大规划设计单位最新成果的检阅和展示，集中反映了一定时期内上海城乡规划编制工作的丰硕成果，也是规划工作者求真务实、勤奋敬业、辛勤努力的整体业绩。

回顾2009年以来十年共五届上海优秀城乡规划设计奖的评选，申报数量逐届增多，总体质量不断提高，编制内容紧跟时代步伐，充分展现了多年来上海规划编制和研究工作的积极探索和创新实践。

在市规划资源局领导的重视和关心下，2017年度上海规划评优共收到65家规划设计及勘测、信息单位报送的313个项目。经专家组评审，评选出特等奖1项、一等奖14项、二等奖33项、三等奖63项。2018年10月，经中国城市规划协会组织的三轮评审，由上海市城市规划行业协会推荐的47个项目，最终有27个项目在全国获奖。其中，《上海市城市总体规划（2017—2035年）》《上海市街道设计导则》和《上海市黄浦江两岸公共空间贯通开放规划》等7个项目荣获全国一等奖，创历史新高。这些不同类型的规划成果内容丰富、各具特色，充分体现了中央新发展理念与地方实际的紧密结合，更加重视理念创新和技术创新，坚持前瞻性和可操作性相结合，发挥了很好的示范和引领作用，在规划领域引起广泛关注，受到了广大规划工作者的欢迎和赞誉。

在中国城市规划协会的关心和广大会员单位的支持下，上海市城市规划行业协会把本届在全国和上海获奖的130个优秀规划作品汇编成集，并邀请业内资深专家对部分获奖作品作了点评。这些优秀规划项目反映出诸多特点和亮点，主要是：

一、落实国家战略和新发展理念，明晰上海城市发展目标，优化和提升城市功能定位，提出了建设卓越的全球城市，紧密对接“两个一百年”的宏伟目标，有利于振奋人心、凝聚力量。

二、坚持以人民为中心，反映广大市民期盼，见物又见人，更加注重生态文明和绿色发展，充分发挥城乡规划的公共政策属性。

三、从以往重视规划的引领作用，到现在更加关注底线管控，坚守土地资源、人口规模、生态环境、城市安全底线，同时有明确的实施年限和控制指标，以利于全社会的监督和考核。

四、加强历史文化保护，弘扬城市精神和特色风貌，进一步健全适应上海发展实际的“点、线、面”相结合的保护体系。

五、坚持“开门编规划”，鼓励公众参与，倾听民声、汇聚民智，使城市总体规划更接地气。

六、更加注重规划的“管用”“高效”，既通过“1+3”成果体系，确保市、区总规层层落地，同时又积极推进“多规合一”，有利于把规划蓝图变成美好现实。

当前，面对国家机构改革和重构国土空间规划体系的新形势、新任务，对于整个规划行业而言，机遇大于挑战。面对新发展、新要求，我们要深入学习，认真领会中央文件精神，把实施“上海 2035 总规”和构建国土空间规划体系深度融合，更好地服务于上海高质量发展、高品质生活。

上海市城市规划行业协会将继续努力，认真落实上海市委、市政府和市规划资源局的总体部署和工作要求，发挥好桥梁和纽带作用，与广大规划设计单位一起，共同为建设卓越的全球城市，为建设“五个中心”和社会主义现代化国际大都市，作出应有的一份贡献。

毛佳樑

上海市城市规划行业协会会长

2019 年 6 月

FOREWORD II

The biennial selection of excellent urban-rural planning and design award-winning works is a review and display of the latest achievements of the planning and design institutions in Shanghai, centrally reflecting the fruitful results of the city's urban-rural planning work in a certain period of time. These outstanding works represent the comprehensive level of Shanghai's planning and design teams and are also the overall performance of all planners' practicality, dedication and diligence.

When looking back the five selection activities in the past ten years since 2009, we are delighted to see that the number of applications has increased year by year. The overall quality has been continuously improved, and the planning content has kept up with the times, fully demonstrating the years' of positive exploration and innovative practice of planners and researchers in Shanghai.

With more attention and concern of the leaders of the Shanghai Municipal Planning & Resources Bureau, the selection activity of 2017 in Shanghai received a total of 313 projects submitted by 65 planning & design, and survey & information institutions. One Special Prize, 14 First Prizes, 33 Second Prizes and 63 Third Prizes were selected from 313 projects after the evaluation by the expert groups. In October 2018, after three rounds of evaluation organized by China Association of City Planning (CACP), 47 projects were recommended by the Shanghai Urban Planning Trade Association (SUPTA), and 27 projects won National Awards. 7 of them, including "*Shanghai Urban Master Plan (2017–2035)*", "*Shanghai Sub-District Design Guidelines*" and "*Opening and Run-Through Plan for Public Space on Huangpu Riversides*" won the first national prize, reaching a record high. These different types of planning works show a variety of ideas with their own unique features, fully embodying the close combination of the new development concepts advocated by the central government with the reality in localities, and have paid more attention to the concept innovation and technological innovation. The works keep the integration of farsightedness and operability, and thus play a very good role in demonstration and guidance, which attract extensive attention in the planning field, and are welcomed and praised by the majority of planners.

With the CACP's concern and the support of its member institutions, SUPTA has compiled 130 outstanding planning works that won prizes in the country and Shanghai this year. We invited senior experts to make comments on some of the winning works, which can reflect new features and highlights, mainly as follows:

A. the national strategy and the new development concept are implemented to embody Shanghai's urban development goals and optimize and upgrade the orientation of the city's functions; the construction of an outstanding "Global City" is proposed and closely linked to the "two centennial" goals to inspire people and gather strength.

B. the people-centered principle is upheld to reflect the expectations of the general public and care both things and people; ecological civilization and green development are emphasized to fully reveal the public policy attributes of urban and rural planning.

C. our focus is shifted from the previous strategic guidance of planning work to the bottom line control of land resources, population size, ecological environment and urban safety; at the same time there should be clear time limit to project implementation and control indicators to facilitate the management and assessment.

D. the protection of history and culture should be enhanced, to improve the urban spirit, feature and style, and further construct combined "Point-line-surface" protection system that adapts to the actual development of Shanghai.

E. planning work is insisted on with door opened to encourage public participation and listen to the people, gather their wisdom, so as to make the city's master plan closer to the ordinary people.

F. the effectiveness and efficiency of planning are paid more attention to, which not only ensures that each planning at the city or district level is implemented through the "1+3" result system, but also helps to turn blueprints into reality by actively promoting the "multi-planning integration".

We are in a new situation, facing the requirements of the national institutional reform and the reconstruction of the spatial planning system, in which there is more opportunity than challenge for the entire planning industry. In front of a new round of development, we should study in depth, grasp the spirit of the central committee documents and implement the General Regulation of "Shanghai 2035"Master Plan and build a deep integration of land and space planning system to better serve Shanghai's high-quality development and high-quality life.

SUPTA will continue to work hard, conscientiously implement the overall deployment and specific requirements by Shanghai Municipal Party Committee and Municipal Government, and play the role as a bridge and link. SUPTA will make due contributions, together with the vast number of planning and design institutions, to the planning and construction of an outstanding global city, and a modern socialist international metropolis with "Five Centers".

Mao Jialiang

President of Shanghai Urban Planning Trade Association

June, 2019

目录
CONTENTS

上海市城市总体规划（2017—2035 年）

2017 年度全国优秀城乡规划设计奖（城市规划类）一等奖、2017 年度上海市优秀城乡规划设计奖特等奖

编制时间：2014 年 5 月—2017 年 1 月

编制单位：上海市规划和国土资源管理局、上海市城市规划设计研究院、上海同济城市规划设计研究院、中国城市规划设计研究院上海分院、上海市地质调查研究院

编制人员：庄少勤、孙继伟、徐毅松、史家明、熊健、金忠民、张尚武、郑德高、范宇、廖志强、沈果毅、王新哲、高岳、夏丽萍、孙娟、张洪武、蔡颖、金岚、刘晟、宋煜、张忠伟、毕桂平、胡凡、张帆、赵宝静、钱少华、周俭、孔卫峰、程大鸣、石崧、陈琳、奚东帆、周翔、沈阳、方澜、周凌、郭淳彬、李继军、宋伟、王颖、马璇、葛春晖、张振广、张一凡、高魏

一、规划背景

2016 年底常住人口 2 419 万，建设用地总面积 3 160 km^2，GDP 总量 2.7 万亿元，是我国人口规模和经济总量最大的城市。在上海城市发展的过程中，历版上海城市总体规划均对统筹协调社会经济、引领城市发展发挥了十分重要的作用。

20 世纪三四十年代，上海先后制定了《大上海计划》《大上海都市计划》等一系列规划，开启了中国现代城市规划的先河。新中国成立后，上海于 1953 年和 1959 年先后编制了两版城市总体规划，推动上海逐渐转变为工业主导的生产性中心城市和港口城市。1980 年代初，上海编制了改革开放以来的第一个城市总体规划，为浦东开发开放奠定了规划基础。1990 年代，小平同志南方讲话之后，上海着手开展了新一轮城市总体规划的编制工作。2001 年 5 月，国务院批复同意《上海市城市总体规划（1999—2020 年）》，明确了建设“四个中心”和社会主义现代化国际大都市的战略目标。

2012 年 10 月起，上海市启动《上海市城市总体规划（1999—2020 年）》的实施评估工作。2014 年 5 月 6 日，上海市委、市政府召开了第六次规划土地工作会议，正式启动新一轮总规的编制工作。经过战略研究、纲要编制、最终成果编制三个阶段，2016 年 8 月形成稳定总规成果。又经过规划公示、市政府常务会议、市委常委会议、市委全会、市人大常委会审议等程序后，2017 年 1 月 6 日，市政府将新一轮总规《送审稿》上报国务院。5 月 26 日，送审稿通过住建部主持召开的城市总体规划部际联席会议审查。10 月 18 日，党的十九大召开后，上海市又主动对照十九大报告进行全面修改完善。12 月 15 日，国务院正式批复《上海市城市总体规划（2017—2035 年）》。

二、指导思想

以习近平新时代中国特色社会主义思想为指导，全面贯彻党的十九大精神，全面贯彻落实新时代中国特色社会主义的基本方略，统筹推进“五位一体”总体布局，协调推进“四个全面”战略布局，牢固树立创新、协调、绿色、开放、共享的发展理念，坚决按照努力当好新时代改革开放排头兵、创新发展先行者的总要求，尊重城市发展规律，坚持以人民为中心，强化资源节约集约利用，着力探索高密度超大城市发展路径，推动上海城乡健康可持续发展。

三、规划特色

《上海市城市总体规划（2017—2035 年）》（以下简称“上海 2035”）突出以城市总体规划转型引领规划转型，以规划转型引领城市转型发展，具体体现为以下八个方面：

1. 规划定位：更加突出城市总体规划的引领力、管控力、号召力

全面贯彻落实中央要求，充分借鉴国际城市经验，强化城

市总体规划对城市发展战略引领，明确城市中长期发展方向。在编制城市总体规划时，始终坚持开门做规划，凝聚社会和广大市民对城市未来发展的共同愿景和理想，增强总规内容的号召力。在此基础上，强化空间管控措施，加强总规对下位规划的管控力和执行力。将“上海2035”明确定位为城市规划、建设和管理的法定依据，引领上海未来发展的行动纲领，实现“城市，让生活更美好”的战略蓝图，统筹协调各专项规划，搭建“多规合一”的政策平台。

2. 价值取向：由注重经济导向，转变为更加突出以人民为中心的价值导向

关注社会不同群体的多样性需求，将以人为本视作规划的灵魂，实现价值导向回归。一是构建共同的目标愿景。将公众愿景的需求，反映到城市发展目标中，让所有生活、工作、游玩在上海的人，都能感受安全感、归属感和幸福感。二是提供公平多元的就业和创业机会。在确保基本公共服务的基础上，更加注重提供满足国际化、个性化需求的服务，吸引世界各地的人士来沪创新创业、生活休闲。三是创造便捷舒适的居住环境。以社区营造为支持，打造“15分钟社区生活圈”，自下而上激活城市生命力。

3. 思维方式：由外延式发展型规划思维，转变为内生增长型规划思维

在资源环境紧约束的背景下，转变规划的思维方式，转向内生发展。一是守住“土地资源、人口规模、生态环境、安全保障”四条底线。锁定全市规划建设总用地，严格控制人口规模，确保生态用地只增不减，提高城市的应急响应和灾害恢复能力。二是提升存量土地资源效益。聚焦存量用地，积极探索渐进式、可持续的有机更新模式，加强土地立体、复合、集约利用。三是研究建立空间留白机制。坚持远近结合，为城市未来发展留足稀缺资源和战略空间。

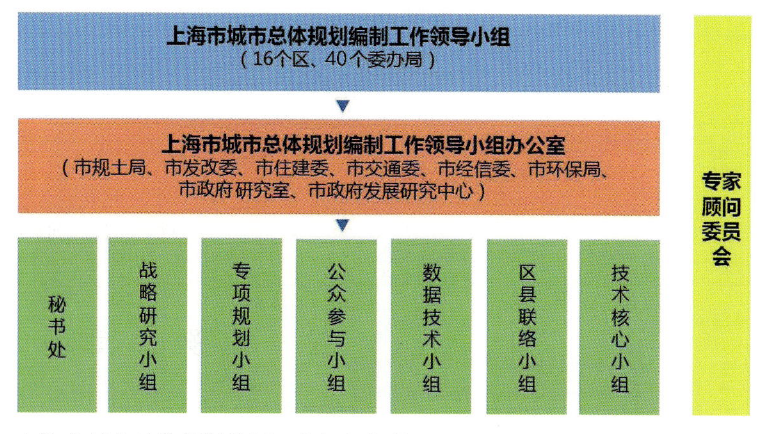

上海市城市总体规划编制工作组织架构

4. 规划视野：由立足市域的内生型发展视野，转变为开放式的全球互联、区域协同发展视野

从国家使命、全球定位、区域协调来研究上海未来城市发展的战略框架，谋划“网络化、多中心、组团式、集约型”的区域空间格局。一是面向区域，以都市圈全面承载国家重要战略和要求。形成90分钟交通出行圈，突出同城效应。开展多维度区域协同治理，创新区域治理机制。二是立足市域，以城镇圈作为空间组织和资源配置的基本单元。城镇圈内重点统筹新市镇、集镇、乡村地区的公共服务配置，促进城镇圈内产城融合、职住平衡、资源互补、服务共享。三是关注社区，以15分钟生活圈作为社会治理和社区公共资源配置的基本单元。构建网络化、无障碍、功能复合的公共活动网络，提升城市微观层面的空间品质，进而提升城市的空间治理水平。

5. 组织方式：由规划部门主导，转变为开门做规划、全社会共同参与

以“开门做规划”为显著特点，形成最广泛的公众参与格局，将“上海2035”的编制作为全面探索城市治理模式的过程。一是形成高效的组织架构。成立了总规编制工作领导小组，成员由40个委办局和16个区共同组成。二是邀请多方参与规划编制。范围涵盖了国家部委、长三角地区政府；上海市人大、市政协、市区两级政府和各个部门；由15位具有广泛代表性的社会知名人士（市人大代表、政协委员及市规划行业协会）组成公众参与咨询团；百余位来自国内外、涉及经济社会发展各个领域的专家、40余家高校和科研机构的团队参与了规划重大战略研究；约有2.67万市民长期关注规划编制工作、1.9万市民实际参与其中。三是建立专家决策咨询机制。组建专家顾问委员会，邀请4位核心专家作为甲方技术代表，全过程紧密参与，对总规编制中重大问题进行技术把关；来自不同行业的30余位咨询专家作为技术第三方，参与总体规划成果和专题咨询。四是成立联合编制团队。由上海市规划院、同济规划院、中规院上海分院和上海市地调院4家单位组成，充分发挥团队合力。

6. 逻辑框架：由条线并列、内容独立的逻辑框架，转变为由“目标（指标）—策略—机制”逻辑串联组成的有机整体

建立与发展目标相对应的各类空间发展策略，有效保障城市总体规划的实施和各类空间发展战略目标的实现。一是构建多维度的目标体系。规划提出“迈向卓越的全球城市”的总目标，进一步通过“令人向往的创新之城、生态之城、人文之城”三个分目标，深化全球城市内涵，形成多维度目标体系。二是形成与目标愿景相契合的指标体系。突出全球视野和战略高度，构建了6类、共69项指标体系（其中30项核心指标），对标国际水平细化明确2020年、2035年等重要时间节点的指标数值。三是提出与目标相对应的空间支撑策略，突出对创新、人文、生态等目标的应对举措。

7. 技术方法：由相对传统、单一的部门技术方法，转变为平台支撑、开放共享的技术方法

面向“大数据”时代，借助现代网络信息技术，创新规划编制与管理的技术方法。一是拓展大数据研究方法。充分发挥现代网络信息技术智能化、便捷化的优势，更加直观、准确地掌握城市发展演变规律，判断发展趋势。二是鼓励众创众规。通过搭建线上线下的多样化平台，更广泛地吸取社会各界对规划的意见和建议。三是建设战略数据平台（SDD），统筹整合上海市人口、经济、空间地理等基础数据，建立以空间落地为特色、服务上海市发展要求的战略数据平台，为城市运行与发展提供监测依据，为规划编制和管理提供基础支撑。

8. 成果内容：由规定性技术文件，转变为战略性空间政策

按照国家对总规成果改革创新的工作要求，对成果体系进行创新，使规划兼具城市发展战略引领、功能结构控制和城市治理的特征。一是创新性地确定了“目标导向、问题导向、实施导向”的成果框架。“1”为“规划报告”，在战略层面上，指导城市空间发展的纲领性文件。“3”包括分区指引、专项规划大纲、行动规划大纲，在实施层面上，从分区、部门、时间三个维度构建“上海2035”管控体系。在“1+3”成果基础上，进一步精简和提炼形成“规划文本和图集”，作为国务院重点审查的内容。二是以“方便公众为导向”转变成果表达形式。报告图文混排，文字简明扼要、通俗易懂，将专业技术内容转变为政策性文件表达。

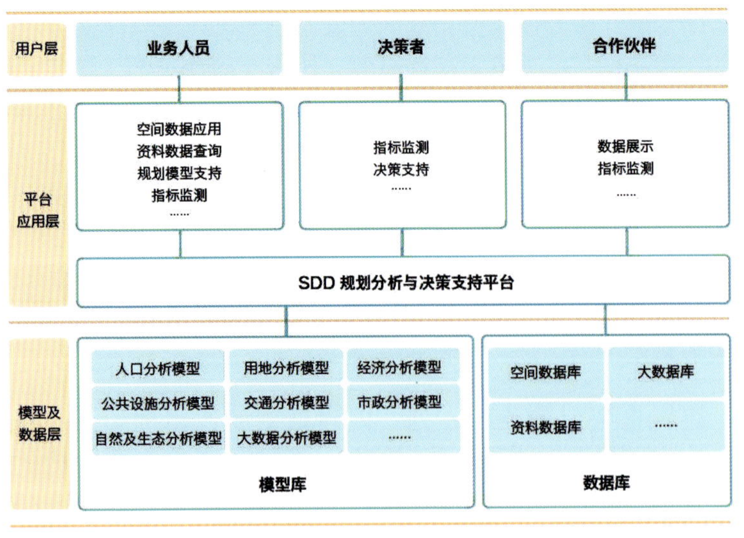

上海城市发展战略数据库（SDD）平台建设框架

四、主要内容

1. 关于目标定位

（1）城市性质

上海是我国的直辖市之一，长江三角洲世界级城市群的核心城市，国际经济、金融、贸易、航运、科技创新中心和文化大都市，国家历史文化名城，并将建设成为卓越的全球城市、具有世界影响力的社会主义现代化国际大都市。

（2）目标愿景

立足2020年，建成具有全球影响力的科技创新中心基本框架，基本建成国际经济、金融、贸易、航运中心和社会主义现代化国际大都市。在更高水平上全面建成小康社会，为我国全面建成小康社会贡献上海力量。

展望2035年，基本建成卓越的全球城市，令人向往的创新之城、人文之城、生态之城，具有世界影响力的社会主义现代化国际大都市。重要发展指标达到国际领先水平，在我国基本实现社会主义现代化的进程中，始终当好新时代改革开放排头兵、创新发展先行者。

梦圆2050年，全面建成卓越的全球城市，令人向往的创新之城、人文之城、生态之城，具有世界影响力的社会主义现代化国际大都市。各项发展指标全面达到国际领先水平，为我国建成富强民主文明和谐美丽的社会主义现代化强国、实现中华民族伟大复兴中国梦谱写更美好的上海篇章。

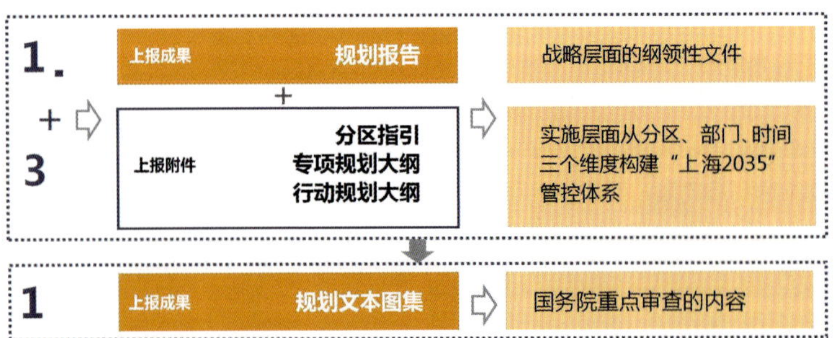

“1+3”成果体系

2. 关于发展模式

（1）建立基于新理念、新目标的城市转型发展新模式

构建“底线约束、内涵发展、弹性适应”的城市空间转型发展新模式。底线约束，就是严格控制人口规模，实现规划建设用地负增长、锚固城市生态基底、守住城市生产安全和运行安全底线。内涵发展，指重点转向存量规划，实施创新驱动，探索渐进式、可持续的有机更新模式，提升城市品质，优化城市空间体系。弹性适应，主要应对人口、经济等重大变量和不可预期的重大事件、重大项目，为未来发展留足稀缺资源和战略空间，提高空间的包容性。

（2）严格控制常住人口规模，加强人口调控和结构优化

落实国家严格控制特大城市人口规模的要求，至2020年常住人口控制在2 500万人以内，并以2 500万人左右的规模作为2035年乃至2050年的常住人口调控目标。在常住人口基础上，以实际服务人口（包括常住人口、半年以下暂住人口、跨市域通勤人口、短期游客等）需求进行公共资源配置，提高城市对服务人口的基本保障能力。住房和养老、基础教育、体育、绿地等基本公共服务设施以满足常住人口需求为主。水、能源、安全、交通等设施需要满足实际服务人口的需求，考虑在常住人口基础上预留20%以上的弹性。文化、医疗、教育、体育等高等级公共服务设施需要满足常住人口以及更大区域内人群的需求。针对上海日益明显的人口老龄化、少子化和国际化趋势以及存在的素质结构方面的问题，从住房供给、公共服务、就业环境等方面明确应对策略，进一步优化人口结构，提升人口发展质量。

（3）实现规划建设用地规模“负增长”，优化用地结构

按照规划建设用地规模“负增长”思路，将2035年规模主动削减为3 200 km^2，2020年规模进一步控制在3 185 km^2。在用地结构方面，规划考虑适度减少工业仓储用地比重，增加绿地、公共服务设施等用地的比例。

农用地方面，在建设用地总量锁定的前提下，进行农用地内部结构调整。耕地保有量和永久基本农田保护任务，2020年分别为282万亩和249万亩，2035年调减至180万亩和150万亩，调减空间全部用于林地、湿地建设。

（4）完善多情景应对，构建空间留白机制

建立空间留白机制，既要满足持续增长的用地需求，又要为未来的重大事件和重大项目留有余地。一是机动指标预留。重点是保障区域性重要通道、重大基础设施用地，以机动指标的形式进行留白。二是战略空间留白。主要在市级层面开展，结合市域功能布局调整，留白空间的规划引导和落地，总规模约200 km^2。三是时序计划调控。针对人口变化的不同情境，通过土地供应计划控制住宅等用地的供应节奏，调控土地使用供需关系。

3. 关于空间体系

（1）强化长三角地区联动发展，促进区域协同发展

“上海2035”注重突出引领责任，积极落实推动近沪地区（90分钟通勤范围）及周边同城化都市圈的协同发展。重点强化生态环境共保共治。共同完善长江口、东海海域、环太湖、环淀山湖、环杭州湾等生态区域的保护，加强区域廊道绿道衔接，推动大气、水环境的联防联治。加强区域交通设施的互联互通。推动机场、港口等交通设施的联动和分工合作，拓展上海乃至长三角城市群与其他国家级城市群之间的联系通道，形成7条区域综合运输走廊。促进区域市政基础设施的共建共享。探索建立长三角区域内水源地联动及水资源应急机制，强化邻避设施的区域协调，实现市政廊道的无缝衔接，协调区域

上海市域用地布局规划图

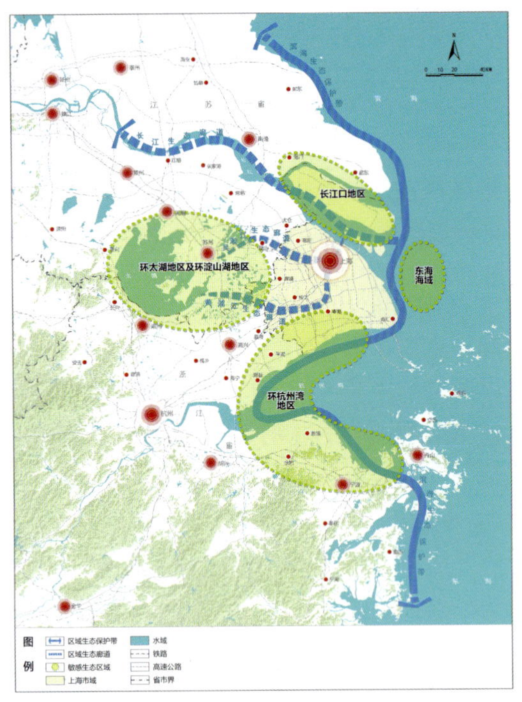

上海和近沪地区生态协调图

上海和近沪地区综合交通协调图

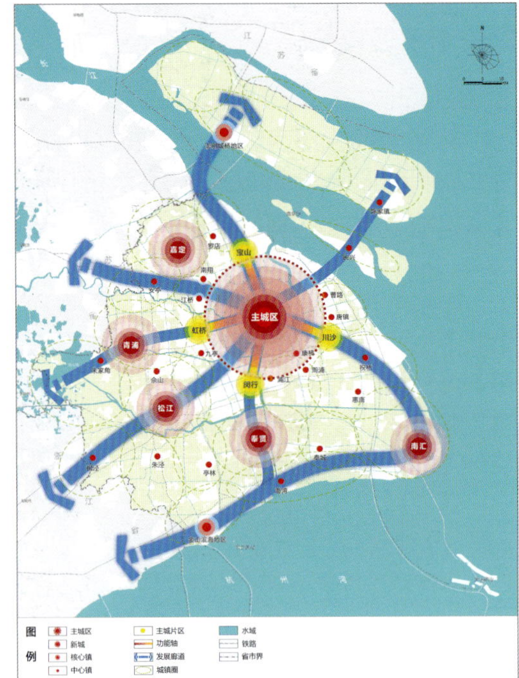

市域空间结构规划图

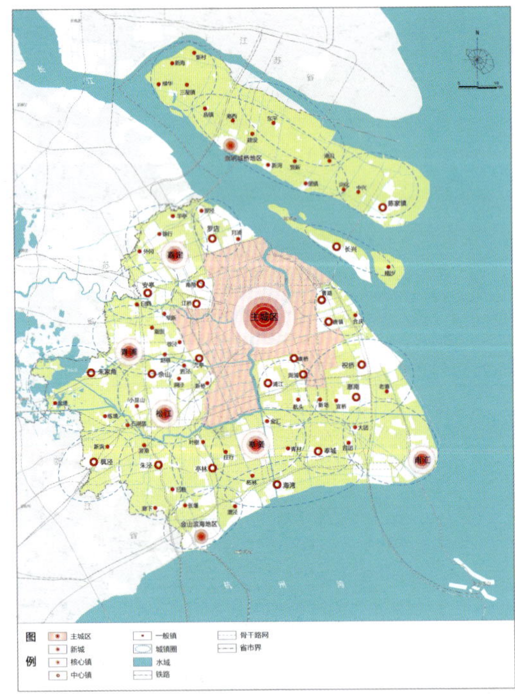

市域城乡体系规划图

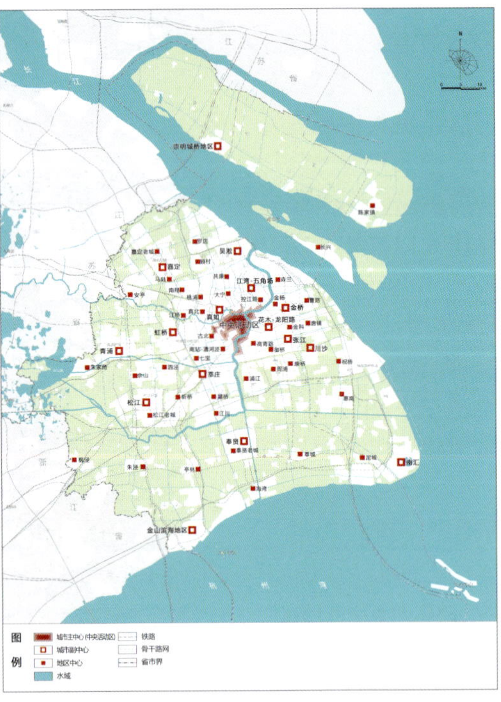

市域公共活动中心网络规划图

市域生态空间规划图

防灾救灾基础设施布局。加强区域文化共融共通。探索古镇联动开发和世界文化遗产申请等策略，共同促进江南文化以及中国历史文化的传承、再塑与创新。创新区域治理机制。推动跨界地区规划共同研究编制，建立多元化的区域协调机构和区域协同发展的长效机制，推动跨界地区的协同发展。

（2）形成“网络化、多中心、组团式、集约型”空间格局

“上海 2035”以生态基底为约束，以重要的交通廊道为骨架，以城镇圈促进城乡统筹，以生活圈构建生活网络，优化城

市域城镇空间（城市开发边界）规划图

市域干线道路系统规划图

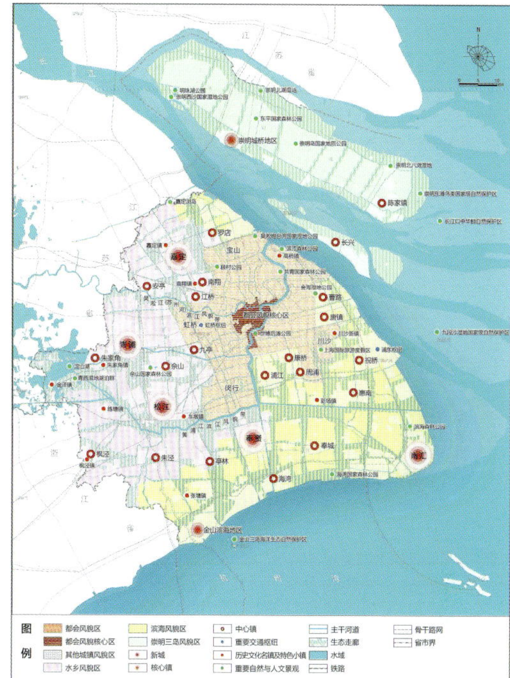
市域风貌分区图

乡体系，培育多中心公共活动体系。

一是形成“主城区—新城—新市镇—乡村”组成的城乡体系。主城区包括中心城和中心城周边虹桥、川沙、宝山、闵行 4 个主城片区。中心城（外环线以内的地区）未来将打造高品质的中央活动区，高度集聚全球城市核心功能，疏解过密的人口规模。虹桥、川沙、宝山、闵行 4 个主城片区未来应提升片区整体功能，强化生态空间的锚固作用，控制城市蔓延，严格控制新增人口规模。新城主要包括人口规模在 50 万人以上的嘉定、松江、青浦、奉贤、南汇等 5 个新城。培育成为在长三角城市群中具有辐射带动作用的综合性节点城市。新市镇包括核心镇、中心镇、一般镇等三种类型，将突出统筹镇区、街道、集镇和周边乡村地区的作用。实施乡村振兴战略，凸显乡村人与自然和谐相处的宜居功能，重点保护具有历史文化特色的村庄。

二是打造由城市主中心（中央活动区）、城市副中心、地区中心和社区中心组成的公共活动中心体系。公共活动中心是城市核心功能的重要载体。城市主中心（中央活动区）是包括小陆家嘴、外滩、人民广场、世博—前滩—徐汇滨江地区、中山公园、北外滩、杨浦滨江等地区，面积约 75 km^2，是全球城市核心功能的重要承载区。城市副中心包括 9 个主城副中心、5 个新城中心和 2 个核心镇中心。地区中心结合轨道交通站点和枢纽进行设置，主要服务所在地区。社区中心围绕打造“15 分钟社区生活圈”进行设置。

三是依托城镇圈促进城乡统筹发展。城镇圈是指在郊区由核心城镇与周边的集镇和乡村地区共同组成的区域，其大小以区域内交通出行 30 ～ 40 分钟可达为标准。规划形成 24 个城镇圈，统筹配置公共服务设施，强化交通网络支撑，实现城乡发展一体化。在临近上海市域边界，与江苏省、浙江省相关地区形成 3 个跨省级行政边界的城镇圈，加强规划共同研究编制，促进跨行政区统筹。

基于以上三方面空间要素，在市域形成“一主、两轴、四翼，多廊、多核、多圈”的空间结构。“一主、两轴、四翼”，即主城区以中心城为主体，沿黄浦江、延安路—世纪大道两条发展轴引导核心功能集聚，并强化虹桥、川沙、宝山、闵行 4 个主城片区的支撑，共同打造全球城市核心区。“多廊、多核、多圈”，即基于区域开放格局，强化沿江、沿湾、沪宁、沪杭、沪湖等重点发展廊道，培育功能集聚的重点发展城镇，构建公共服务设施共享的城镇圈，实现区域协同、空间优化和城乡统筹发展。

（3）严格空间分区管制

统筹好生态、农业和城镇“三大空间”，全面划定形成“生态保护红线、永久基本农田保护线、城镇开发边界和文化保护控制线”的“四线”管控体系。生态空间内严守生态保护红线。生态空间分四类进行管控，其中，一类、二类生态空间作为禁止建设区，将其中必须强制性严格保护的区域划入生态保护红线。农业空间内划定永久基本农田保护线。促进永久基本农田集中成片，支撑现代农业发展。以城市开发边界锁定城镇空间，推进城镇紧凑集约发展。城市开发边界面积控制在 2 800 km^2 以内，其中建设用地约 2 600 km^2。开发边界外推进现状低效建设用地减量化，并与开发边界内新增建设用地挂钩。

4. 关于规划策略

（1）建设更具活力的繁荣创新之城

一是提升全球城市核心功能。以金融城、自贸区和张江科学城建设为抓手提升经济辐射力，积极探索建设自由贸易港。塑造国际文化大都市品牌和城市整体形象，打造国际时尚设计之都和世界著名旅游目的地城市，着力保障先进制造业发展。

二是建设更开放的国际枢纽门户。建设浦东、虹桥和洋山深水港，形成国际（含国家级）枢纽—区域枢纽—城市枢纽的枢纽体系，完善枢纽集疏运体系，巩固提升上海亚太地区门户枢纽的地位。提高信息通讯枢纽服务水平，强化全球通达能力。

三是强化便捷高效的综合交通支撑。建构“一张网、多模式、全覆盖、高集约”的轨道交通网络，强化新城与主城区、两个机场之间、新城与重点镇之间的快速联系，基本实现 10 万人以上新市镇轨道交通站点全覆盖。适应绿色交通要求和城市生活方式转变，优化慢行交通。完善城市物流格局，形成以沿海、沿江、沿湾为主、沪宁、沪杭为辅的物流通道布局。

四是营造更具吸引力的就业创业环境。疏解主城区就业岗位，促进多中心布局，加强郊区城镇的就业集聚度。推进产业园区转型，增加公共租赁房，打造配套完善、职住平衡的产业社区。为中小微企业提供宽松灵活的产业发展空间，完善公共服务扶持政策。满足青年群体的安居需求。

（2）建设更富魅力的幸福人文之城

一是建设高品质公共服务设施。推进黄浦江、苏州河两岸地区等重大文化集聚区建设。优化高等教育设施布局，每个新城、城市副中心至少有一所大学。强化市级体育设施布局，预留高等级专项体育场馆和训练基地。打造高品质健康休闲、医疗服务和医学科创中心，每个新城至少配置一处三甲综合医院。

二是打造 15 分钟社区生活圈。形成宜居、宜业、宜学、宜游的社区，为城市居民提供一个全时段运营的城市。提供覆盖全年龄段的公共服务保障，实现社区公共服务设施 15 分钟步行可达。加快建立多主体供给、多渠道保障、租购并举的住房制度。提供人才公寓、国际化社区、适老性住宅等满足市民多层次、多样化的住房需求。至 2035 年，政府及机构持有的租赁性住房比重约为 8% ～ 10%。

三是城市历史遗产保护和景观风貌塑造。逐级分类划定文化保护控制线，实施最严格的保护政策，形成定期评估更新机制，逐步增补保护对象。加强总体城市设计，打造“拥江面海、枕湖依岛、河网交织、水田共生”的自然山水格局，塑造

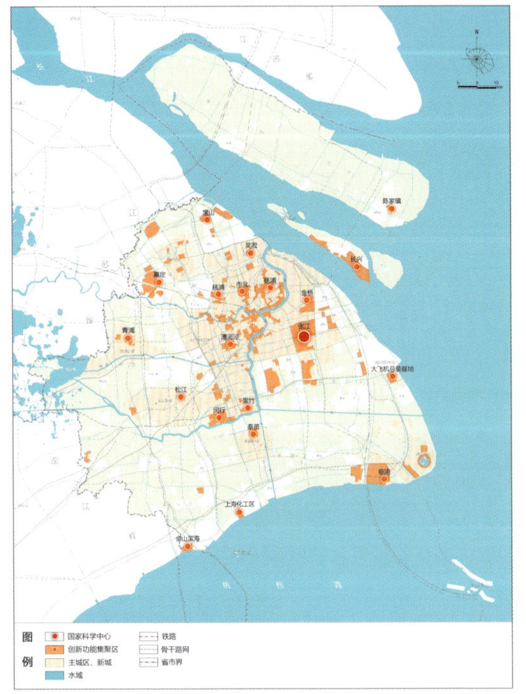

市域科技创新布局规划图

市域历史文化保护规划

市域蓝网绿道建设规划图

国际化大都市和江南水乡风貌特色。提升公共空间文化艺术内涵，美化城市“第五立面”，加强对景观要素的整体规划。

四是中心城继续坚持“双增双减”策略。增加公共空间、增加公共绿地，减少建筑容量、减少建筑高度。推进黄浦江、苏州河两岸公共空间贯通和“通江达海”蓝网绿道建设，建成226条水绿交融的骨干河道。400 m^2 以上公园广场5分钟步行可达覆盖率达90%。

（3）建设更可持续的韧性生态之城

一是应对全球气候变化，提升城市抵御自然灾害能力。优化能源结构，降低产业和建筑能耗，引导绿色交通出行，全面推动绿色低碳发展。加强“海绵城市”建设，市域河面率提高至10.5%左右。增强地面沉降监测与防治能力，年均沉降控制在6 mm以内。

二是构建多层次、成网络、功能复合的市域生态空间体系。形成“双环、九廊、十区”市域生态空间体系，建设崇明世界级生态岛。郊区推进生态林屏障和廊道建设，保护滨江沿海生态岸线和滩涂，推进国家公园和郊野公园建设。主城区以外环绿带、近郊绿环和16条生态间隔带为锚固，结合重要转型地区新增若干个100 hm^2 以上的城市公园，加快实施10片中心城楔形绿地。

三是进一步显著改善环境质量。加大海洋、大气、水、土壤环境的保护力度，加强陆源入海污染物控制，2035年PM2.5年均浓度控制在25 $\mu g/m^3$ 左右，基本实现水（环境）功能区达标，加强对土壤污染的监测、修复和控制。循环利用固体废弃物，根据“减量化、无害化、资源化”的原则，提升城市处置固废垃圾的能力，实现原生垃圾零填埋的目标。

四是构建城市防灾减灾体系，保障城市安全运行。提高城市水资源、能源供给安全，完善区域、市域供水格局；增加外来电源接收通道，推进分布式能源建设。强化防灾减灾救援空间保障，提升城市信息安全水平，建立全球先进的城市信息基础设施体系，完善以社区为单元的城市网格化安全管理，建立健全跨区域、跨部门的城市风险联防联控体系。

5. 关于实施保障

从提高治理能力的角度出发，建立由“五大体系”构成的规划实施保障框架。一是优化空间规划体系。以主体功能区规划为基础，以城市总体规划和土地利用总体规划为主体，结合人口分布、经济布局、环境保护、国土利用、基础设施等因素，优化统一衔接、功能互补、相互协调的空间规划体系。二是健全政策法规体系，进一步发挥市、区两级人大、政协和规划委员会作用，修订城市规划、建设、管理相关法规，创新空间管控政策。三是创新空间管理体系，将“生态保护红线、永久基本农田控制线、城市开发边界、文化保护控制线”纳入各级法定规划，作为空间管控的底线。四是完善社会参与体系，建立“政府—市场—社会”多方协同的规划实施机制，共同维护规划实施公平性，共同分享城市发展的收益，推进社区治理，加强规划编制和实施的全过程公众参与。五是构建规划维护体系，依托城市发展战略数据平台，建立规划实施的动态监测、定期评估和及时维护的机制。

五、成果评价与应用

“上海2035”以习近平新时代中国特色社会主义思想为指导，深入贯彻落实党的十九大和中央城镇化工作会议、中央城市工作会议精神，紧紧围绕统筹推进“五位一体”总体布局和协调推进“四个全面”战略布局，牢固树立创新、协调、绿色、开放、共享的发展理念，紧密对接“两个一百年”奋斗目标，坚持以人民为中心，坚持可持续发展，坚持人与自然和谐共生，坚持在发展中保障和改善民生，注重远近结合、城乡统筹，注重减量集约、多规合一，符合上海市实际情况和发展要求，有利于促进上海城市全面协调可持续发展。

“上海2035”积极顺应新时代城市转型发展的新趋势，尊重城市发展规律，落实有关法规规范，充分借鉴其他城市规划编制经验，在规划定位、价值取向、思维方式、规划视野、组织方式、逻辑框架、技术方法、成果内容八个方面，开展了大胆创新和实践探索，明确了上海至2035年及远景展望至2050年的总体目标、发展模式、空间布局、发展策略和实施保障措施，形成了一整套适应新时代高密度超大城市发展实际的总体规划成果。

“上海2035”于2017年12月15日经国务院正式批复。这是党的十九大以后国务院批复的第一个城市总体规划，具有重要的影响力和积极引领作用，为全国其他城市开展新一轮国土空间规划编制工作提供了示范。“上海2035”集中体现了以习近平同志为核心的党中央对中国特大城市发展的一系列指示精神，指引上海开启了新时代追求卓越的新征程。

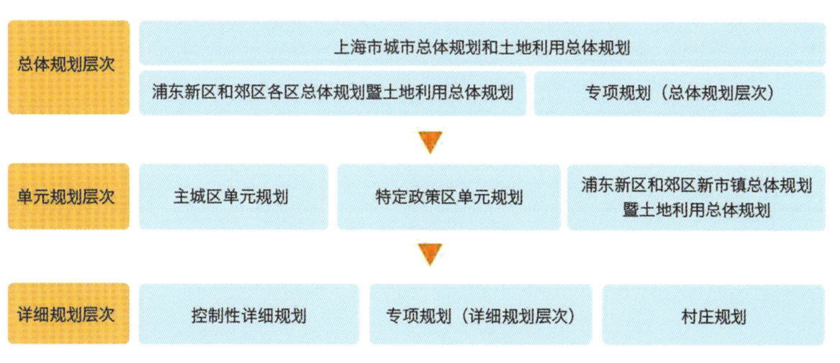

“两规融合”的规划编制体系

国务院关于《上海市城市总体规划（2017—2035年）》的批复

国函〔2017〕147号

上海市人民政府：

你市关于报请审批上海市城市总体规划的请示收悉。现批复如下：

一、原则同意《上海市城市总体规划（2017—2035年）》（以下简称《总体规划》）。《总体规划》以习近平新时代中国特色社会主义思想为指导，深入贯彻落实党的十九大和中央城镇化工作会议、中央城市工作会议精神，紧紧围绕统筹推进“五位一体”总体布局和协调推进“四个全面”战略布局，牢固树立创新、协调、绿色、开放、共享的发展理念，紧密对接“两个一百年”奋斗目标，坚持以人民为中心，坚持可持续发展，坚持人与自然和谐共生，坚持在发展中保障和改善民生，注重远近结合、城乡统筹，注重减量集约、多规合一，符合上海市实际情况和发展要求，有利于促进上海城市全面协调可持续发展。

二、上海是我国直辖市之一、国家历史文化名城，国际经济、金融、贸易、航运、科技创新中心。上海的城市规划、建设与发展，要立足国际国内和本地实际，主动服务“一带一路”建设、长江经济带发展等重大战略，切实在全面深化改革、创新驱动发展、优化经济结构等方面下功夫，在深化自由贸易试验区改革上有新作为，继续当好全国改革开放排头兵、创新发展先行者，为全国改革发展稳定大局作出更大贡献。要在《总体规划》的指导下，着力提升城市功能，塑造特色风貌，改善环境质量，优化管理服务，努力把上海建设成为创新之城、人文之城、生态之城，卓越的全球城市和社会主义现代化国际大都市。

三、优化城市空间布局。落实主体功能区战略，扩大生态空间、保障农业空间、优化城镇空间。根据市域内不同地区功能定位和资源环境条件，提升主城区功能等级，完善新城综合功能，促进新市镇协调发展，实施乡村振兴战略，逐步形成“一主、两轴、四翼，多廊、多核、多圈”的空间结构和“主城区—新城—新市镇—乡村”的城乡体系。要加强城乡区域统筹，在上海市域范围内实行城乡统一规划管理，做到一本规划、一张蓝图覆盖全域。从长江三角洲区域整体协调发展的角度，充分发挥上海中心城市作用，加强与周边城市的分工协作，构建上海大都市圈，打造具有全球影响力的世界级城市群。

四、严格控制城市规模。坚持规划建设用地总规模负增长，牢牢守住人口规模、建设用地、生态环境、城市安全四条底线，着力治理“大城市病”，积极探索超大城市发展模式的转型途径。到2035年，上海市常住人口控制在2 500万左右，建设用地总规模不超过3 200 km^2。要严守城镇开发边界，完善管控办法。坚持节约和集约利用土地，严格控制新增建设用地，加大存量用地挖潜力度，合理开发利用城市地下空间资源，提高土地利用效率。继续坚持最严格的耕地保护制度，保护好永久基本农田。构建空间留白机制和动态调整机制，提高规划的适应性。

五、加强生态环境保护。要增强绿水青山就是金山银山的意识，坚持节约资源和保护环境的基本国策。按照促进生产空间集约高效、生活空间宜居适度、生态空间山清水秀的总体要求，统筹山水林田湖草系统治理，形成合理的城市空间结构，促进经济建设、城乡建设和环境建设同步发展。要切实做好节能减排工作，加快淘汰落后产能，严格控制污染物排放总量。加强城市环境综合治理，加大对大气、水、土壤污染的治理力度，限期达到《总体规划》提出的各类环境保护目标。划定城市蓝线保护范围，结合水域自然形态进行保护和整治，提高水资源利用效率和效益，建设节水型城市。推行低影响开发模式，推进海绵城市建设，积极发展绿色建筑。加强绿化美化，划定城市绿地系统的绿线保护范围。要强化生态基底硬约束，加强对自然保护区、森林公园以及湿地、水源地等特殊生态功能区的保护，划定生态保护红线，制定并严格实施有关保护措施。

六、创造优良人居环境。要统筹安排关系人民群众切身利益的教育、文化、体育、医疗、养老等公共服务设施，提高生活性服务业品质，建设高品质、人性化的公共空间，构建宜居、宜业、宜学、宜游的社区服务圈。根据人口分布，合理安排居住用地布局及其配套设施建设，促进职住均衡发展。加快建立多主体供给、多渠道保障、租购并举的住房制度。稳步推进城市有机更新，开展城市修补和生态修复，加强城乡环境综合整治和违法违规建设治理，提高城市的承载力、包容度和宜居性。

七、塑造城市特色风貌。坚持社会主义核心价值体系，进一步挖掘上海城市丰富的文化内涵，延续历史文脉，留住城市记忆，激发城市文化创新创造活力，提升城市软实力和吸引力。落实历史文化遗产保护和紫线管理要求，完善城市、镇、村的保护层次和体系，强化对历史城区风貌格局的整体保护，加强对中共一大会址等各级文物保护单位、外滩近代建筑保护区等历史文化街区、历史建筑、工业遗产等的保护。做好城市设计，保护自然山水格局和城市肌理，加强对重要地段建筑高度、体量和样式的规划引导和控制，彰显自然、传统和现代有机交融，东西方文化相得益彰的城市特色。

八、保障城市安全运行。要按照绿色循环低碳的理念规划建设城市基础设施。进一步完善公路、铁路、机场、港口等交通基础设施，发挥综合交通枢纽功能，促进区域交通设施互联互通。坚持公共交通优先战略，鼓励绿色出行，加强城市路网和轨道交通线网建设，进一步完善以公共交通为主体，各种交通方式相结合的多层次、多类型的城市综合交通体系。坚持先地下、后地上的原则，统筹规划建设水、电、气、通信、垃圾处理等各类市政基础设施，有序开展地下综合管廊建设，加强人防设施规划建设，提升各类基础设施对城市运行的保障能力和服务水平，确保城市生命线稳定运行。高度重视城市公共安全，加强城市安全风险防控，增强抵御灾害事故、处置突发事件、危机管理能力，提高城市韧性，让人民群众生活得更安全、更放心。

九、健全城市管理体制。创新城市治理方式，加强精细化管理，在精治、共治、法治上下功夫，走出一条符合超大城市特点和规律的社会治理新路子。要强化依法治理，善于运用法治思维和法治方式解决城市治理顽症难题，努力形成城市综合管理法治化新格局。提高城市管理标准，更多运用互联网、大数据等信息技术手段，逐步提升城市科学化、精细化、智能化管理水平，激发全社会活力，群众的事同群众多商量，大家的事人人参与。继续强基础、补短板，聚焦影响城市安全、制约发展、群众反映强烈的突出问题，加强综合整治，形成常态长效管理机制。

十、坚决维护规划的严肃性和权威性。《总体规划》是上海城市发展、建设、管理的基本依据，必须严格执行，任何部门和个人不得随意修改、违规变更。上海市人民政府要坚持一张蓝图干到底，以钉钉子精神抓好规划的组织实施，增强城市的整体性、系统性，抓紧深化编制有关专项规划、功能区规划、控制性详细规划，分解落实规划目标、指标和任务要求，明确建设重点和时序，切实发挥城市规划的战略引领和刚性控制作用。要健全城乡规划建设管理制度，建立多规合一信息平台和城市体检评估机制。城市规划行政主管部门要依法对城市规划区范围内（包括各类开发区）的一切建设用地与建设活动实行统一、严格的规划管理，市级城市规划管理权不得下放，切实保障规划的实施。要强化规划实施的监督考核问责，加强公众和社会监督，提高全社会遵守城市规划的意识。驻沪各单位要严格遵守《总体规划》，支持上海市的工作，共同把城市规划好、建设好、管理好。住房城乡建设部要会同相关部门，加强对《总体规划》实施的指导、监督和检查。

国务院

2017年12月15日

上海市街道设计导则

2017 年度全国优秀城乡规划设计奖（城市规划类）一等奖、2017 年度上海市优秀城乡规划设计奖一等奖

编制时间：2015 年 10 月—2016 年 10 月

编制单位：上海市城市规划设计研究院、北京市朝阳区宇恒可持续交通研究中心、上海市城市建设设计研究总院（集团）有限公司

编制人员：胡晓忠、张帆、赵宝静、葛岩、金山、夏丽萍、肖辉、张宇、赵晶心、唐雯、李锴、郎益顺、徐磊青、Kristian Villadsen、蒋应红、黄倩蓉、郑迪、王悦、夏振翔、彭庆艳

一、规划背景

1. 时代任务

党的十九大明确“以人民为中心”的发展思想，将其作为新时代坚持和发展中国特色社会主义的重要内容。2015 年，中央城市工作会议突出强调“创新、协调、绿色、开放、共享”的发展理念，要求不断提升城市环境质量、人民生活质量、城市竞争力，建设和谐宜居、富有活力、各具特色的现代化城市。

《中共中央　国务院关于进一步加强城市规划建设管理工作的若干意见》进一步提出“推动发展开放便捷、尺度适宜、配套完善、邻里和谐生活街区”，树立“窄马路、密路网”的城市道路布局理念，要求加强自行车道和步行系统建设，倡导绿色出行。上海新一轮总体规划提出建设具有世界影响力的社会主义现代化国际大都市，着力转变城市发展方式，通过有机更新实现内涵式增长。

《上海市街道设计导则》（以下简称《导则》）是贯彻中央精神、落实相关工作要求的一项创新实践。

2. 街道的再认知

街道，是城市最基本的公共产品，是与城市居民关系最为密切的公共活动场所，也是城市历史、文化重要的空间载体。城市道路、附属设施和沿线建筑等元素共同构成了完整的街道空间。活动的行人与运动的车辆共同构成了各具特色的街道生活。街道是体现大众空间权利的直接载体和“以人为本”发展理念的核心舞台，孕育着公平、开放、共享的城市精神。人性化的街道，能够显著增进出行安全、优化出行结构、提升城区活力，能够推动城市设计从鸟瞰图回归人视角，能够大幅提升街区公共服务水平。因此，街道设计是当前加强和提升城市设计的首要切入点，是推动街区更新的主要落脚点，是开展城市双修的重要着力点。

3. 上海问题与挑战

在上海，过去几十年城市道路建设取得巨大成就，但也存在一定问题，包括道路设计工程化导向突出，建筑设计对塑造宜人的沿街界面不够重视等，这些给安全出行、城区活力与人文传承带来挑战。近年，上海机动车数量快速增长，慢行出行比例不断降低，推动从道路到街道的“人性化”转变，是利用有限的道路资源，应对未来持续增长的出行需求的必然选择。

二、项目构思

1. 明确工作定位

编制街道设计导则的首要任务是明确工作定位。

不同导则面向的区域、内容、阶段和深度各有不同。纽约、伦敦等城市编制的街道导则结合自身发展需求，在定位上各有侧重。有的导则偏重工程技术层面的要求，有的专注步行或自行车等特定方面的设计，有的指导既有街道改造。其中，《纽约活力城市设计导则》以市民大众和设计师为受众，内容不深，但较为全面，重在传播价值导向。

基于当前城市发展阶段，《导则》的制定既承担着统一价值观的使命，也有明确基本设计要求的任务。《导则》旨在转变观念、凝聚共识，提升设计与建设水平，转型政府管理方式，为引导公众积极参与提供行动指引，全面推动城市规划建设管理精细化，实现人民群众对美好生活的向往。

2. 界定引导对象

引导对象即导则内容所面向的空间范畴。

多数街道设计导则对街道空间进行全要素引导，但也有一些导则以部分对象为重心，如《德国自行车与步行设计导则》是以步行空间和骑行设施的引导为主；《纽约街道设计导则》是以路内空间的引导为主；同样是纽约市发布的《创造更安全的街道》，则重点关注主要道路设施的安全性。

《导则》将道路与两侧界面构成的U型空间以及空间内的各项设施都纳入了引导范畴，重点关注街道空间内与人的活动相关的要素，主要划分为交通功能设施、步行与活动空间、附属功能设施与沿街建筑界面四大类型。

3. 建立引导方式

引导方式决定了导则的主体内容。

在既有国外街道设计导则中，有两种主要引导方式：

一种是提出条线上的设计要求，形成条文，条文可以按照引导要素来归类，也可以按照目标导向来归类；另一种是从方法论的角度，建立街道的方法体系，即如何评价、设计、管理不同类型的街道。

《导则》综合了两种引导方式。其一，以安全、绿色、活力、智慧为四大导向提出具体设计要求，设计条文按照“导向—目标—导引—措施”四个层次展开。其二，明确街道设计的基本原则，以及不同交通参与者的行为特征与需求，针对各类街道的活动特点形成差异化设计建议，提供推荐设计方案。

三、主要内容

《导则》包括三篇共十章，对街道内涵、目标导向、设计要求、管理建议进行全面阐述。

1.“街道与城市”：全面拓展街道的认知与设计维度

（1）历史与城市视角

从历史与城市视角，研究了上海路网演进历程。针对开埠前江南水乡的传统街巷、开埠后引入现代城市营造理念、新中国成立后的发展与变化、新世纪以来的多元化探索四个阶

导则引导对象——道路与两侧界面构成的U形空间以及空间内的各项设施

段，梳理与总结街区尺度与建筑方式。

（2）功能分类视角

从功能分类视角，强调关注不同功能片区的交通特点，梳理商业商务办公区（公共活动中心）、居住区和产业区的道路职能；关注不同路段功能与活动的差异，认为道路设计应综合考虑行人和车辆的通行功能，在保障系统性交通通行的同时，重点考虑沿街建筑的使用功能与活动；关注非机动车道路、社区道路、步行街等特定功能的道路类型。

（3）街道价值视角

从街道价值视角，明确街道具有展示城市形象、促进绿色交通、提供生活场所、塑造宜居生活、改善城市环境和推动经济繁荣六大意义。

综上三个视角，提出《导则》的理念与导向：推动从道路到街道的转变，必须坚持以人为本，形成共同的价值认同，将安全、绿色、活力、智慧作为价值导向，指导具体的规划、设计、建设、管理与维护等相关工作，将城市街道塑造成为高品质的公共空间，复兴街道生活。

2.“目标与导引”：提出设计方法与要求

围绕安全、绿色、活力与智慧四大导向，形成系统全面的目标策略体系。设计要求按照“目标—策略—措施”三个层次展开，辅以案例进行说明。

（1）安全街道

“安全街道”侧重交通组织、通行空间与交汇节点设计，保障各类交通参与者的人身安全，保障交通活动的有序进行。

具体内容包括：协调人、车、路的时空关系；维持街道的人性化尺度与速度，社区内部街道的宁静共享；为行人提供宽敞、畅通的步行通行空间；提供直接、便利的过街可能，保障行人安全、舒适地过街；保障非机动车，特别是自行车路权，形成通畅的骑行网络；提供可靠的街道环境，增加行人安全感等。

（2）绿色街道

“绿色街道”提出集约利用资源、绿色出行、生态绿色种植，以及绿色技术应用四方面要求。

具体内容包括：集约、节约、复合利用土地与空间，提升利用效率与效益；倡导绿色出行，鼓励步行、自行车与公共交通出行；提升街道绿化品质，兼顾活动与景观需求，突出生态效益；对雨水径流进行控制，降低环境冲击，提升自然包容度等。

（3）活力街道

“活力街道”围绕人的空间体验、活动体验、视觉体验以及文化特色体验等方面需求，提出六大目标，促进街道活力。

六大目标包括：增强沿街功能复合，形成活跃的空间界面；街道环境舒适、设施便利，适应各类活动需求；街道空间有序、

《上海市街道设计导则》篇章结构

舒适、宜人；沿街建筑设计应满足人的视角和步行速度视觉体验需求；街道环境设计注重特色，塑造地区特征，展现时代风貌；依托街道传承城市物质环境，延续历史特色与人文氛围。

（4）智慧街道

“智慧街道”强调融入智慧理念与新材料、新技术。

具体内容包括：智能集约改造街道空间，智慧整合更新街道设施；普及智能公交、智能慢行，促进智慧出行，协调停车供需；实现街道监控设施全覆盖、呼救设施定点化；设置信息交互系统，促进街道智慧转型；加强街道环境检测保护，促进智能感应并降低能耗等。

3.“设计与实施”：明确各个阶段的工作要求

（1）规划阶段

面向规划阶段，提出增加路网密度、营造社区生活圈、建设开放式街区三大要求。《导则》评估了上海现状路网密度，对机动车网络、慢行网络的合理密度进行了研究，要求增加慢行网络密度，强化路径衔接。社区生活圈方面，希望通过密集的街道网络、高效的土地混合利用，使居民可以在步行或骑行范围内获取大多数日常生活服务，减小对小汽车出行的依赖。导则还鼓励开放式街区建设，采用建筑密度较高的围合式建造方式，建筑沿街坊四周的街道布局，形成有积极功能的连续街道界面，从而承载更高的活动强度、提供更多的就业岗位和促进更多的生活消费。

（2）建设阶段

面向建设阶段，归纳不同街道类型的设计方法。商业街道沿线以消费性商业活动为主，如餐饮、购物等，同时也可容纳非消费性活动，包括游逛、会面、休憩、表演、驻足观看等。生活服务街道应当成为社区日常生活的重要场所，为不同年龄、不同背景的居民提供会面与交往的空间。景观休闲街道的沿街活动以漫步、跑步、骑行等休闲活动为主，结合空间节点可以进行健身、休闲等活动。各类交通是交通性街道的主要活动内容。对于交通干道而言，机动车交通构成了交通的主要部分。对于一些社区内部的街道而言，步行、非机动车交通与机动车到发、临时停靠共同构成了这些街道的主要活动内容。

（3）管理阶段

面向管理阶段，从工作组织、政策设计和配套机制等方面提出实施策略与建议。工作组织方面，加强规划、交通、交警、绿化市容等管理部门在规划、工程设计环节的沟通协调，划分街道规划、建设与管理维护的权责。政策设计方面，建立街道的弹性管控目标，鼓励临时性改造、分时段使用管理、划定机动车行驶限速区；配套机制方面，设立最佳街道奖项，奖励相应部门、基层政府、开发公司以及设计师等。导则的实施有赖于技术层面相关标准的完善，也有赖于驾驶者与行人的文明出行。

安全街道
Safe Street

车辆各行其道、有序交汇、安宁共享，保障各种交通参与者人身安全，保障交通活动有序进行。

交通有序 Orderly traffic

协调人、车、路的时空关系，促进交通有序运行。

慢行优先 Non-motorized Priority

维持街道的人性化尺度与速度，社区内部街道宁静共享。

步行有道 Roads for Pedestrians

为行人提供宽敞、畅通的步行通行空间。

过街安全 Safe Street Crossing

提供直接、便利的过街可能，保障行人安全、舒适通过路口或横过街道。

骑行顺畅 Free Cycling

保障非机动车，特别是自行车行驶路权，形成连续、通畅的骑行网络。

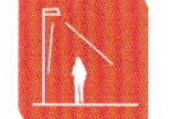

设施可靠 Reliable Facilities

提供可靠的街道环境，增加行人安全感。

绿色街道
Green Street

促进土地资源集约、节约，倡导绿色低碳，鼓励绿色出行，增进居民健康，促进人工环境与自然环境和谐共存。

资源集约 Intensive Resources

集约、节约、复合利用土地与空间资源，提升利用效率与效益。

绿色出行 Green Transport

倡导绿色出行，鼓励步行、自行车与公共交通出行。

生态种植 Ecological Planting

提升街道绿化品质，兼顾活动与景观需求，突出生态效益。

绿色技术 Green Technology

对雨水径流进行控制，降低环境冲击，提升自然包容度。

活力街道
Vibrant Street

提供开放、舒适、易达的空间环境体验，增进市民交往交流，提升社区生活体验，鼓励创意与创新。

功能复合 Mix-use

增强沿街功能复合，形成活跃的空间界面。

活动舒适 Comfortable Activity Zone

街道环境舒适、设施便利，适应各类活动需求。

空间宜人 Pleasant Space

街道空间有序、舒适、宜人。

视觉丰富 Rich Vision Experience

沿街建筑设计应满足人的视角和步行速度视觉体验需求。

风貌塑造 Landscape Modeling

街道空间环境设计注重形成特色，塑造地区特征，展现时代风貌。

历史传承 History Inheritance

依托街道传承城市物质空间环境，延续历史特色与人文氛围。

智慧街道
Smart Street

整合街道设施进行智能改造，提供智行协助、安全维护、生活便捷、环境“智”理服务。

设施整合 Facility Integration

智能集约改造街道空间，智慧整合更新街道设施。

出行辅助 Transport Aid

普及智能公交、智能慢行，促进智慧出行，协调停车供需。

智能监控 Smart Monitoring

实现监控设施全覆盖、呼救设施定点化，提高安全信息传播的有效性。

交互便利 Convenient Information Interaction

设置信息交互系统，促进社区智慧转型。

环境智理 Smart Environmental Stewardship

加强环境检测保护，促进智能感应并降低能耗。

“目标—策略”体系示意图

四、项目特色

1. 理念创新

推动“从道路到街道”的转型，首先需要转变理念。

（1）由“主要重视机动车交通”向“全面关注人的流通和生活方式”转变

针对车辆通行效率优先的导向，提出不再把机动车的“排堵保畅”作为道路建设和管理的唯一目标，应用系统方法统筹考虑慢行交通、静态交通、机动车交通和沿街活动，优先考虑步行的路权分配排序，落实慢行友好与公交优先理念。

（2）由“道路红线管控”向“街道空间管控”转变

针对建筑和道路相互分离的情况，提出对道路红线内外进行统筹，对管控的范畴和内容进行拓展，将设计范围从红线内部拓展到红线以外的沿街空间；将关注对象从单纯路面拓展到包括两侧界面的街道空间整体；将沿线建筑纳入引导范围，提供空间界定与丰富视觉体验。

（3）由“一般的工程设计”向“整体空间景观环境设计”转变

针对街道环境人性关怀不足，提出突破既有的工程设计思维，突出街道的人文特征，对市政设施、景观环境、沿街建筑、历史风貌等要素进行有机整合，通过整体空间景观环境设计塑造特色街道。

（4）由“强调交通效能”向“促进街道与街区融合发展”转变

针对街区“孤岛化”趋势，提出重视街道作为城市人文记忆载体、促进社区生活、地区活力和经济繁荣的作用。将割裂街区的边界转变为联系街区的纽带，沿街布局日常生活服务设施，促进商业与文化繁荣。

增加路网密度

营造社区生活圈

建设开放式街区

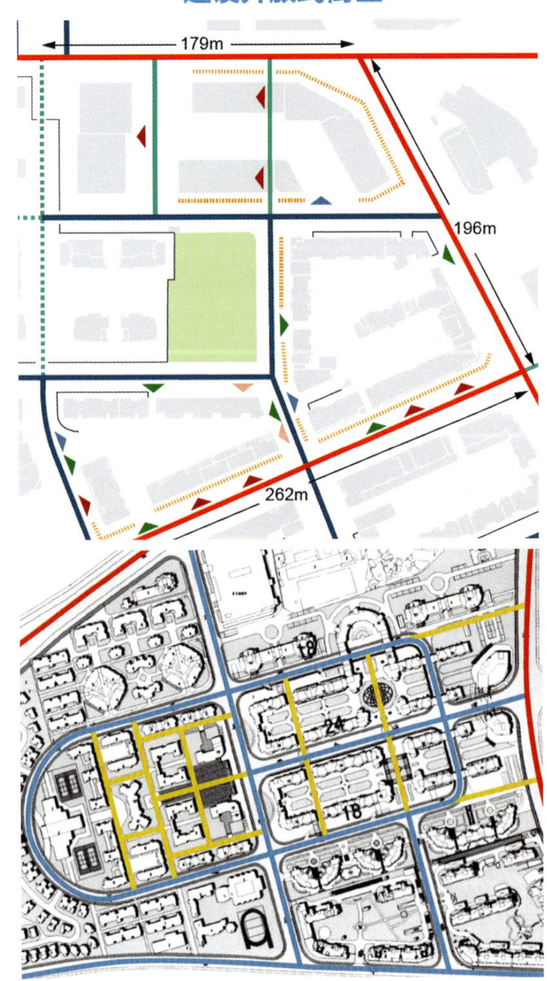

面向规划阶段的工作要求：完善街道网络，促进街区发展

2. 方法创新

（1）街道分类方法

导则强调关注街道沿线功能活动，形成商业街道、生活服务街道、景观休闲街道、交通性街道与综合性街道五大类型，对道路分级形成补充。道路等级与街道类型是分别基于机动车交通和沿街活动的分类方式，二者可以相互交叉。同一种街道类型可以与不同道路等级进行搭配。例如景观休闲街道既可以是依托主、次干路形成的林荫大道，也可以是一条环境优美的滨水支路。对同一条道路而言，不同路段由于沿线功能、开发模式与建筑形态存在差异，相对应的街道类型也会发生变化。

（2）街道设计方法

提出合理确定街道定位、时间与空间维度统筹，以及与周边设施协调等具体的街道设计方法。合理确定街道定位：新建地区可通过对街区内街道进行统筹与职能分工，形成较为明确的街道定位；更新地区应结合更新评估和地区发展规划对街道进行定位，发掘街道潜力，激发街道活力。时间与空间维度统筹：考虑不同时间活动内容和强度的差异，在设计中适当留有弹性，避免通过规划设计进行过于清晰的界定。与周边设施协调：在地铁车站、重要公共建筑出入口和公交站点等特殊节点，应针对不同的活动与使用需求开展特殊设计。

（3）街道调查方法

运用环境行为观测法开展街道活动调研，分析物质空间环境与沿街活动的相互关系，创新性地采用街景问卷的方式开展线上市民意见收集。

3. 技术创新

（1）运用技术手段优化关键参数

经理论计算与仿真验证，提出缩小路缘石转弯半径的方案。主次干路车辆转弯速度相对较高，大型车辆相对较多，应保证缘石转弯半径值，设有非机动车道的缘石转弯半径可降至 12 m，极限不低于 10 m；不设非机动车道的缘石转弯半径一般可降至 15 m，极限不低于 12 m；支路车辆转弯速度相对较低、

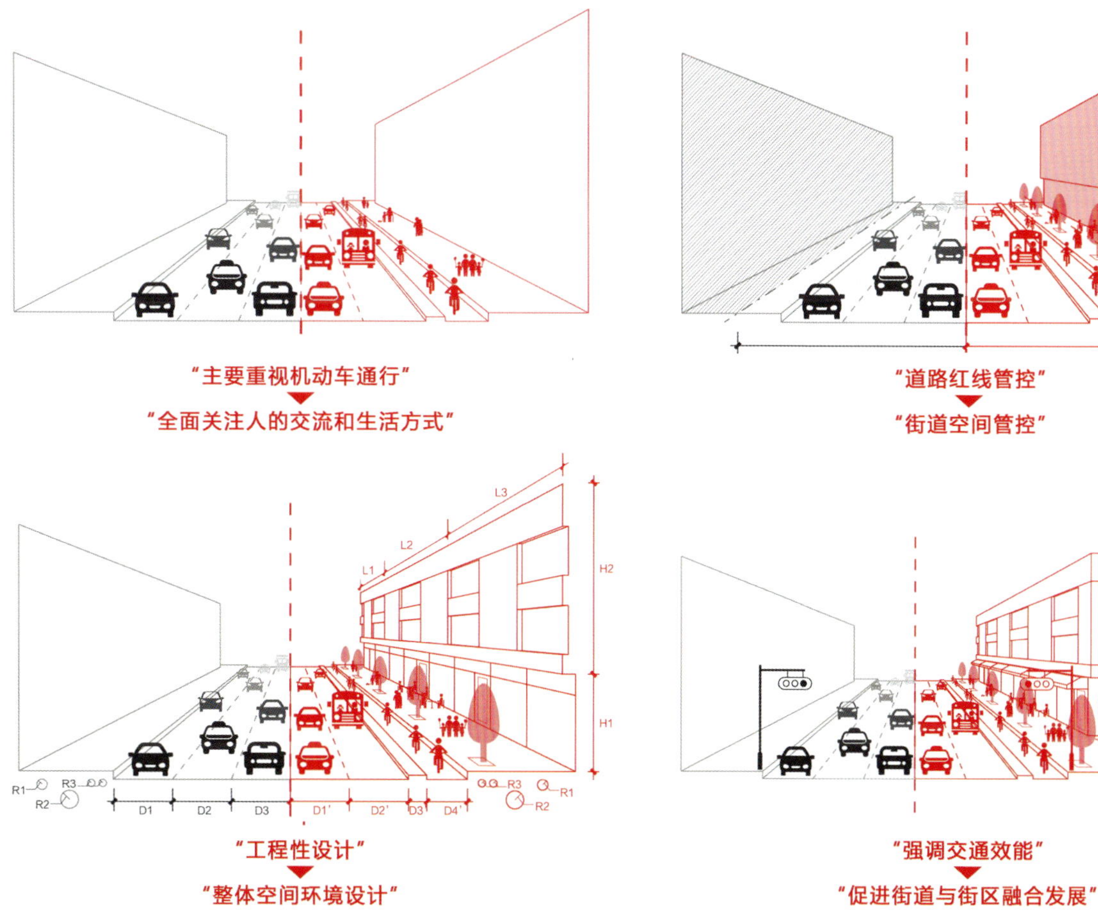

“四大理念转变”示意图

大型车辆相对较少，缘石转弯半径以 8 ～ 10 m 为主，极限不低于 5 m。缩小红线宽度和红线圆角半径等关键参数，达到增进交通安全，集约节约用地的目的。将交叉口道路红线转弯半径由 25 m 减小为 15 m，一个路口可增加 343 m^2 可建设用地。

（2）基于沿街空间统筹利用提出人行道分区

《导则》强调沿街空间统筹利用，提出人行道功能分区，形成步行通行区、设施带与建筑前区，分别满足步行通行、设施设置，以及与建筑紧密联系的活动空间需求。其中，步行通行区宽度应与步行需求相协调，综合考虑道路等级、开发强度、功能混合程度、界面业态和公交设施等因素，合理确定步行通行区宽度。《导则》形成因地制宜的行道树种植建议，强调与街道类型、宽度及空间条件相适应。例如东西向道路南侧形成连续街面时，可以只在北侧种植行道树，以此释放人行道通行空间；商业步行街可以在道路中央种植行道树，以减少对沿街商业店面的遮挡等。

（3）立面设计迎合步行速度的视觉体验

从营造愉悦的步行感受角度，对沿街建筑立面提出设计引导，迎合人视角与步行速度的视觉体验。沿街立面面宽超过 60 m 的大型建筑应通过分段、增加细节等方式化解尺度；鼓励沿街建筑立面设计形成清晰的纵向和横向立面分段，并保持整体协调；可通过小地块出让的方式，形成多样化的立面样式。

4. 工作创新

（1）开放团队组织

《导则》从编制之初就确立了开放包容的工作模式。编制团队联合了国内外知名设计机构，发挥社会团体的积极作用。注重多专业协同，以街道为平台，对社区规划、用地标准、道路规范等方面的相关成果进行整合，凝聚各方智慧。

（2）深度公众参与

在借鉴先进理念实践的基础上，注重联系上海实际，实地调研街道数百条，遴选 30 余条优秀街道分析研究；对 4 个典型社区进行深度调研，发掘街道与社区生活的内在联系。编制过程中举办 5 场“对话街道”沙龙，邀请不同领域和身份的嘉宾，围绕相关主题展开深度讨论，谋求不同专业、不同政府部门以及相关利益主体之间的最大共识。通过网上问卷调查、“最美街道”评选、“澎湃问吧”互动等多种公众参与形式，引导市民积极参与讨论。

《导则》采用图文并茂的表达形式，提供网络全文下载并出版发行，使导则易获取、可阅读。

五、实施情况

1. 推动实践

2016 年 10 月，上海市规划和国土资源管理局、上海市交通委员会联合发布《导则》，要求从完善各类系统规划、加强

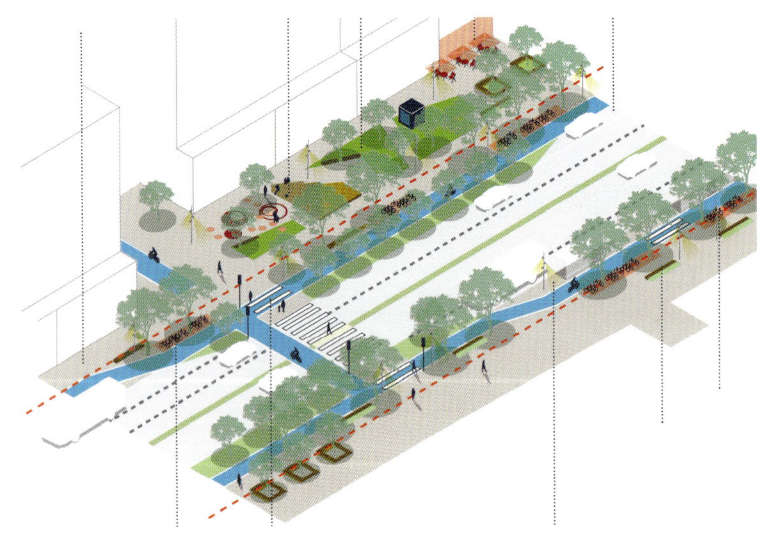

路段推荐方案示意图

同一条街道各路段的不同街道类型示意图

街道整体设计、推动试点示范工程和建立弹性实施机制四个方面，推动《导则》的具体实施应用。

在《导则》指引下，上海结合规划建设项目，将街道设计理念融入街区规划，开展一系列街道设计试点。街区规划层面重点完善区域慢行系统、保护老区街巷肌理、组织新区活力网络。街道设计试点注重因地制宜与特色创新；黄石路形成道路与沿街建筑一体化设计方案，海伦路优化车道宽度与转弯半径等技术标准，天潼路缩减车道补充步行空间，杨树浦路依托街道展示百年工业历史。

按照实施意见要求，启动《上海市街道空间设计规范》编制工作，形成工程技术标准。

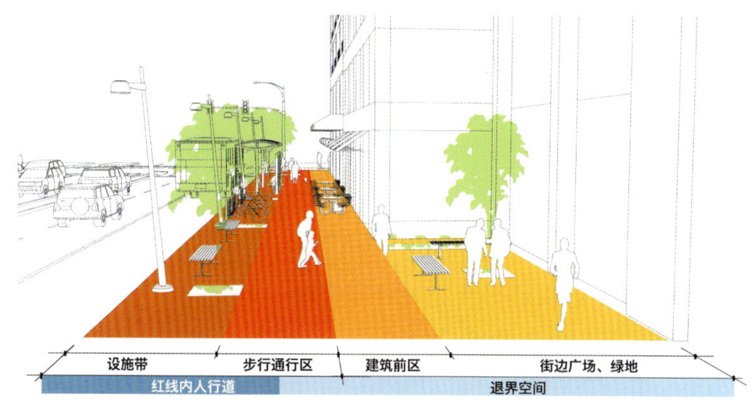

人行道分区示意图

2. 促进共识

《导则》在编制过程中及发布以来，受到社会的广泛关注，新华社、解放日报、中国建设报等媒体进行专题报道，《导则》公众征询的阅读点击量达到 5 万人次以上，《导则》正式发布点击量超过 10 万人次；编制团队应邀在北京、青岛、厦门等十多个城市进行 40 余场交流宣讲，在更大范围内促成共识。住建部将《导则》作为“有用的城市设计”进行宣传推广。

3. 引领行业

《导则》的理念、方法和技术在行业内得到广泛认同。北京、广州等许多城市陆续开展街道设计导则编制及相关工作，编制团队应邀参与雄安新区规划。《导则》创新性内容同步纳入正在修订的国家《步行和自行车交通系统规划标准》中。

夏丽卿

上海市规划委员会专家

原上海市城市规划管理局局长，教授级高工

“推动城市设计从鸟瞰图回归人视角”，简单的语句，深刻的含义，实质是规划理念的转变。这反映出新时代城市规划行业变革与创新的一角。在此理念指引下，《上海市街道设计导则》编制完成。这是城市规划师落实中央城市工作会议精神和支撑上海新一轮城市总体规划顺利实施，交出的一份出色答卷。《导则》无论在设计理念、内容拓展，还是工作组织与方法等各个方面，都体现出较高的创新价值。

《导则》以人的视角看街道空间，从历史与城市、功能分类以及街道价值三方面提出了从“道路向街道转型”的观点。改变重车、轻人，切实以人为本，从单纯的交通设施到与人关系密切的公共活动场所，以及城市历史文化重要的空间载体，是人性化的街道空间。

《导则》旨在转变设计理念、凝聚共识，并引导公众积极参与，以推动城市规划、建设、管理精细化。它基于当前城市发展阶段，既有统一价值观的刚性，也提出了基本设计的各项要求。它以安全、绿色、活力、智慧为导向，并按“导向—目标—导引—措施”4 个层次展开，对不同情况、不同对象提出差异化设计建议，以达到大幅提升街道品质、复兴街道生活之目的。这与新一轮总规提出的创造优良人居环境、建设高品质人性化公共空间紧扣呼应。

2016 年 10 月《导则》发布，在它引导下，街道设计理念开始融入街区规划，上海多个区相继开展了设计试点，取得了良好效果。《导则》的发布，不仅对上海城市规划、建设、管理精细化具有重要作用，同时其理念、方法、技术也得到业界广泛认同，住建部将《导则》作为“有用的城市设计”进行宣传和推广，其创新性内容也将同步纳入相关标准。《导则》是全国第一本城市级街道设计导则，它必将为公众参与提供行动指引，为政府管理提供有力支撑。它是城市规划行业引领之作。

上海市黄浦江两岸公共空间贯通开放规划

2017 年度全国优秀城乡规划设计奖（城市规划类）一等奖、2017 年度上海市优秀城乡规划设计奖一等奖

编制时间：2016 年 9 月—2016 年 12 月

编制单位：上海市城市规划设计研究院

编制人员：张帆、赵宝静、夏丽萍、奚文沁、邹钧文、卢思岚、刘夏夏、吴双、庄晴、潘勋、李萱、王睿、卞硕尉、黄斌全、夏熠琳、杨晰峰、钱欣、石砢、杨伊萌、姚亚纬

一、规划背景

黄浦江是上海的母亲河，记载着城市的沧桑变迁，引领着时代的发展风潮。黄浦江两岸地区，积淀了深厚的文化底蕴，培育了独特的海派文化，荟萃了城市的亮点与精华。

自 2002 年启动黄浦江两岸综合开发以来，以“人民之江”为目标，坚持“百年大计、世纪精品”的原则，黄浦江两岸功能逐步实现由生产型向综合服务型的转换，建设成就瞩目；但仍存在滨水空间破碎、开放度不够、品质不高、可达性欠缺等问题。面向未来，上海提出建设“创新之城”“生态之城”“人文之城”。黄浦江作为汇集着城市精华的发展主动脉，其价值需要进一步挖掘，其魅力需要进一步展现，其空间需要进一步为人们所共享。

2016 年 8 月，上海市委、市政府提出：把浦江两岸建设成为市民健身休闲、观光旅游的公共空间和生活岸线。

2017 年底，实现杨浦大桥至徐浦大桥 45 km 滨江公共空间贯通开放。在此背景下，制定《黄浦江两岸公共空间贯通开放概念方案》，以进一步提升黄浦江的文化休闲游览功能和两岸公共空间景观建设，使黄浦江两岸成为市民、游客体验上海特色、品味历史文化、欣赏风貌景观、感受城市气息的空间场所。

黄浦江两岸公共空间贯通概念方案平面图

二、项目构思

上海作为资源紧约束的超大城市，在核心建成区进行如此大尺度的滨江空间提升和功能重塑，具有突出难点与挑战：

一是如何对于广阔绵长滨江区域进行整体统筹？沿线城市功能、空间建设基础各不相同，岸线权属情况复杂，规划设计方案既要体现灵活多样的针对性，又要体现全线整体的统筹性。

二是如何实现滨江公共空间贯通？滨江一线仍存在相当数量不同类型的空间断点，影响了连续的滨水活动体验，且部分滨江区段腹地可建设空间相当局促，需采用灵活多样的方式实现滨江空间贯通，实现岸线开放共享。

三是如何满足市民多样化的需求？滨江建设受到广大市民的积极关注，诉求多元、意见不同，规划方案需要应对各类需求，统筹兼顾。

四是如何实现长远与近期的方案协调？规划方案既要面向长远，提出高标准理念、策略，又要注重近期贯通实施的可操作性。

规划以难点的破解为基础，对标国际案例，思考城市总体发展的导向要求，从黄浦江两岸整体视角来审视滨水空间建设，形成全系统、多层次的规划方案成果。

三、发展目标与规划理念

1. 发展目标

围绕上海建设“卓越的全球城市”目标，以“还江于民”为宗旨，从全线整体视角审视黄浦江两岸地区，通过两岸公共空间贯通开放的高标准建设，把黄浦江打造为世界级滨水开放空间，成为全球城市生活核心的美好舞台，使母亲河焕发青春。让市民能够“望得见江，触得到绿；品味历史，欣赏美景；体验惬意，感受幸福”。

2. 规划理念

规划提出“开放、人文、绿色、美丽、活力、舒适”六大理念。六大核心理念构成了黄浦江滨江 45 km 岸线贯通规划的主旋律，也明确了滨江各区实施贯通建设的主要原则与关注重点，确保黄浦江两岸各区段滨江空间既和谐统筹，又各具特色而精彩纷呈。

四、项目特色与规划策略

1. 宏观视野、整体把握

规划首次从黄浦江两岸整体视角系统地考虑滨水公共空间建设，统筹沿江五个行政区的滨江空间，绘成一张发展蓝图，作为黄浦江两岸公共空间建设的总体纲领。在黄浦江两岸规划十个主题区段，形成统一而各具特色的滨江空间序列，打造包括工业文明、海派经典、创意博览、文化体验、生态休闲、艺术生活等不同主题特色，引导滨江各区段错位发展。

2. 贯通为先、整体提升

以“开放、人文、绿色、美丽、活力、舒适”六大理念为导向，形成系统规划策略。

策略一：还江于民，让江岸更加开放。一是通过亲水漫步道、运动慢跑道、休闲骑行道建设实现滨江 45 km 岸线全线 24

黄浦江滨江两岸贯通规划理念图

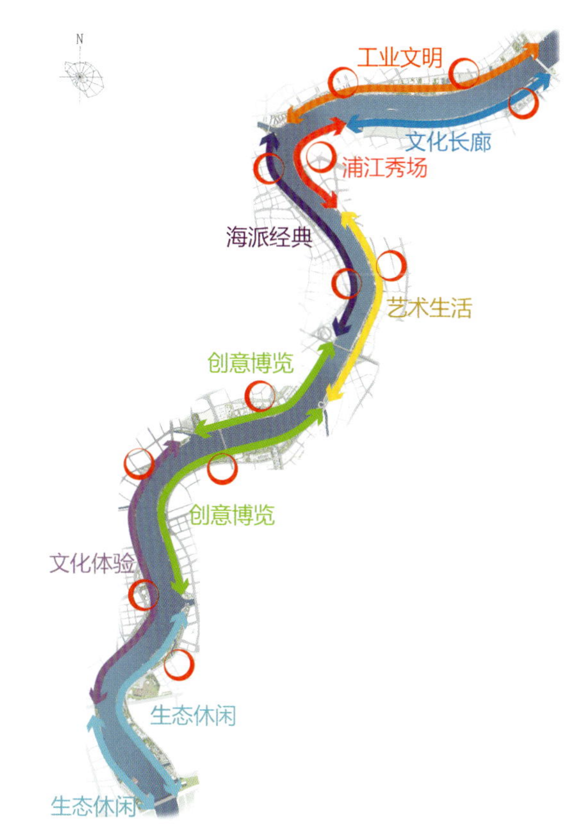

主题分段规划图

小时贯通开放；二是增强滨江岸线与腹地的联系，在岸线和腹地之间建设慢行优先的垂江通廊，连接腹地活动中心、交通站点等，使滨江空间融入城市公共空间网络；三是打造滨江高品质公交服务，设置包括轨道交通、地面公交、静态交通、慢行交通、水上交通等在内的交通网络系统，为滨江活动提供公交支撑。

策略二：传承历史，让江岸更加人文。黄浦江两岸拥有丰富的历史遗存和深厚的文化底蕴。滨江贯通建设过程中充分保护以工业遗产为代表的历史风貌资源并合理利用，展现上海不同时期的文化魅力。同时依托风貌保护道路、景观道路和滨江游憩路径，串联丰富的历史文化遗存和特色文化设施，形成富有历史韵味的文化线路，让市民深刻感受到滨江富有海派特色的文化气息。

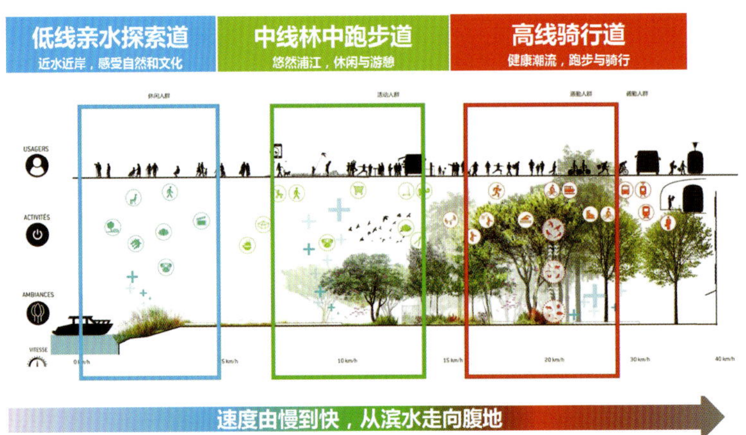

“三道”贯通理念示意图

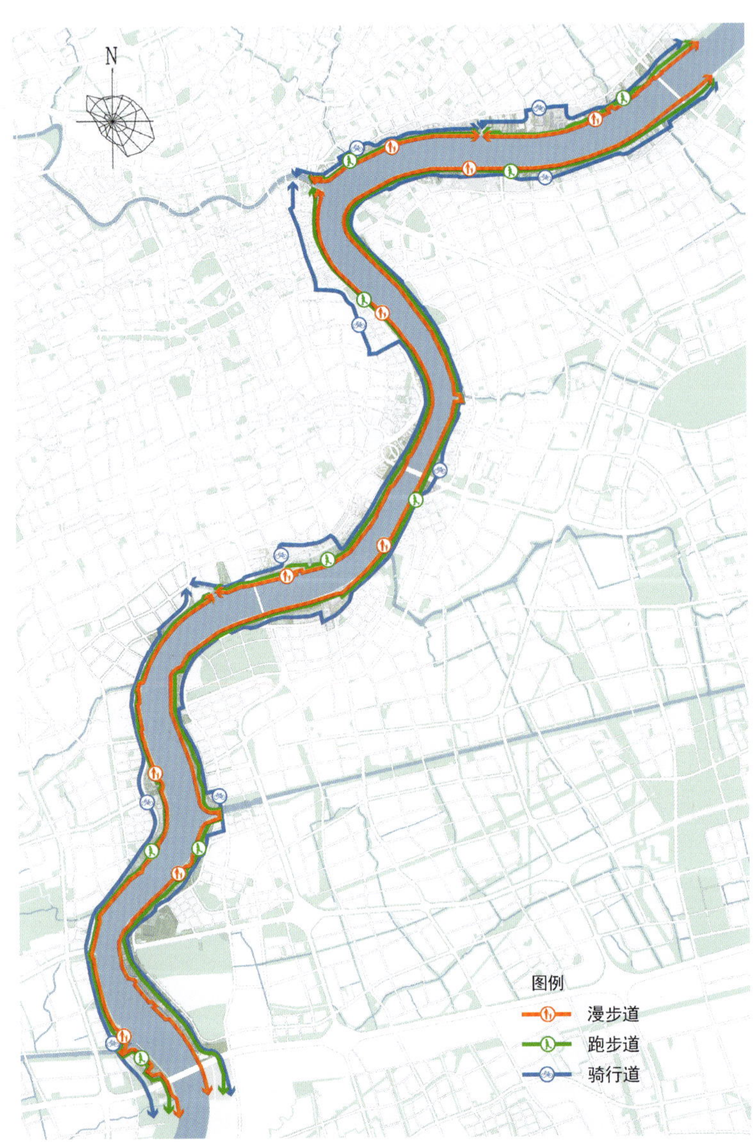

“三道”贯通规划图

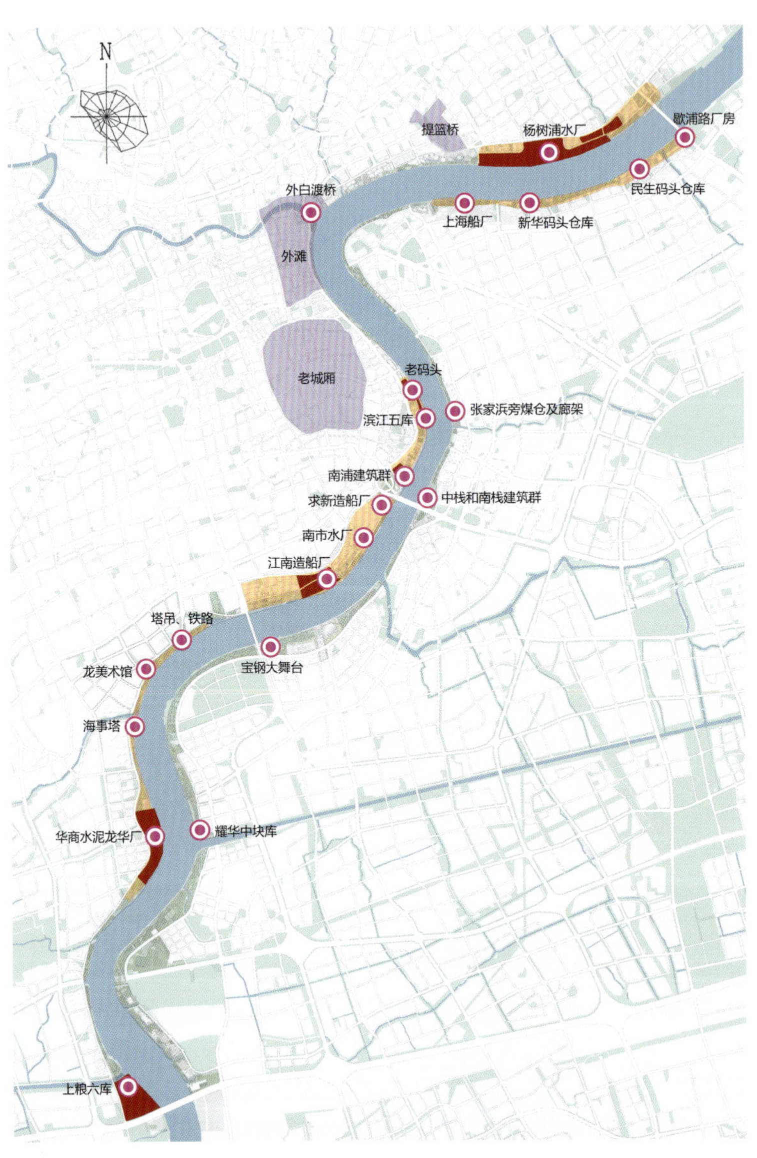

两岸地区历史文化遗存分布图

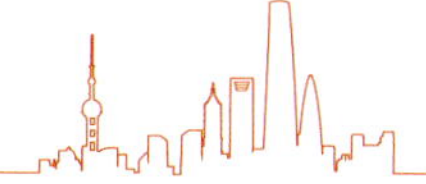

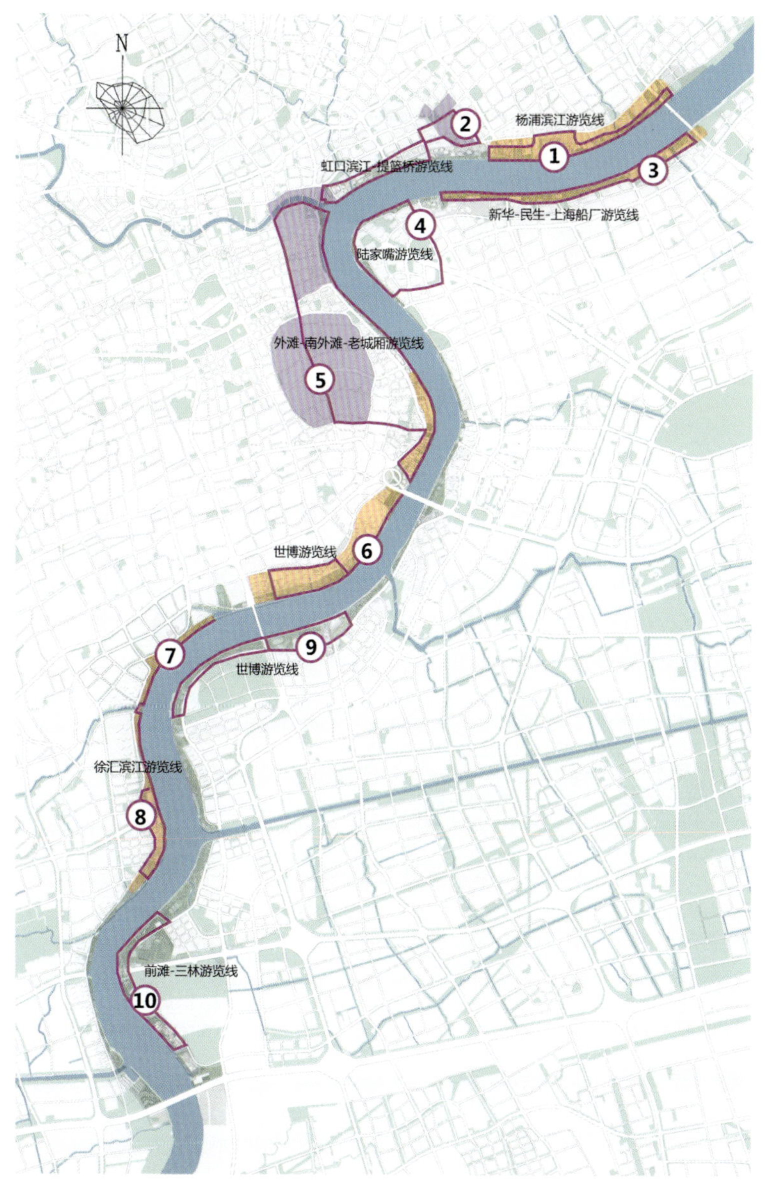

两岸地区文化游览线路规划图

两岸地区绿地系统规划图

策略三：生态低碳，让江岸更加绿色。一是修复水绿交融的生态环境。依水复绿，打通绿化断点，沿江绿带与腹地公共环境紧密联系，营造黄浦江两岸连续的水绿生态系统。二是打造安全宜人的绿色岸线。统筹防汛安全和亲水、生态要求，同时满足公共活动的亲水性和安全性。三是塑造低碳环保的健康环境。全面推进水环境和土壤环境整治，加强环境管理，推动低碳发展。

策略四：塑造景观，让江岸更加美丽。结合滨江开放空间，进行视点、视廊控制，建立多样化景点与观赏空间场所体系。通过打造高品质的环境，增添艺术小品设施，设置地标性的景观节点，让滨江空间更优美精致。

策略五：引入丰富的活动，让江岸更具活力。一是使滨江空间融入各类活动。根据居民和游客不同类型的活动需求，滨江空间提供艺术展览、音乐舞台、运动球场等文化体育活动空间，创造互动式的景观艺术，丰富空间体验，提升地区活力。二是树立活力浦江国际品牌。充分利用滨江空间组织文化节庆和体育赛事活动，如打造市中心城规模最大的开放式漫步天堂、夜跑圣地和单车公园等。

策略六：设置人性化服务配套设施，让江岸更加舒适。一是全线布局游憩设施。在滨江开放空间全线设置游憩标识系统、人流安全预警系统、街道家具、公共艺术等设施，丰富设施种类，提升服务水平。二是利用滨江绿地，集中设置便民公共服务设施点等配套设施。

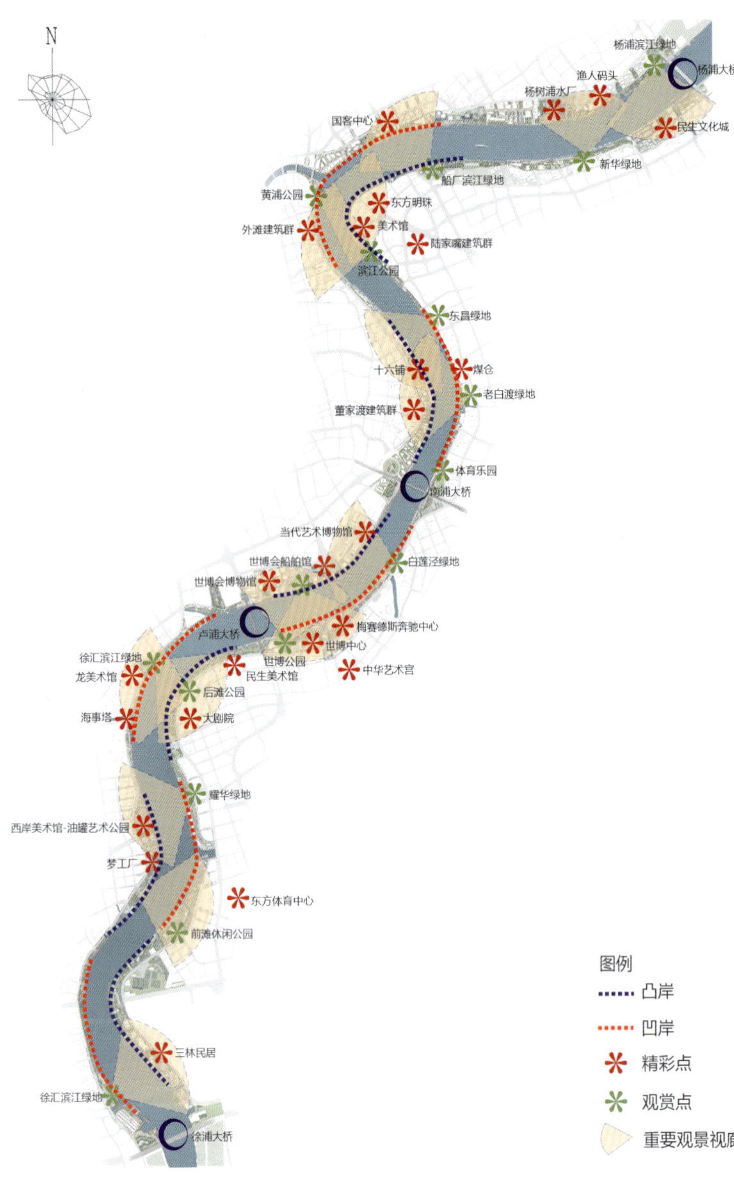

两岸地区观景体系规划图

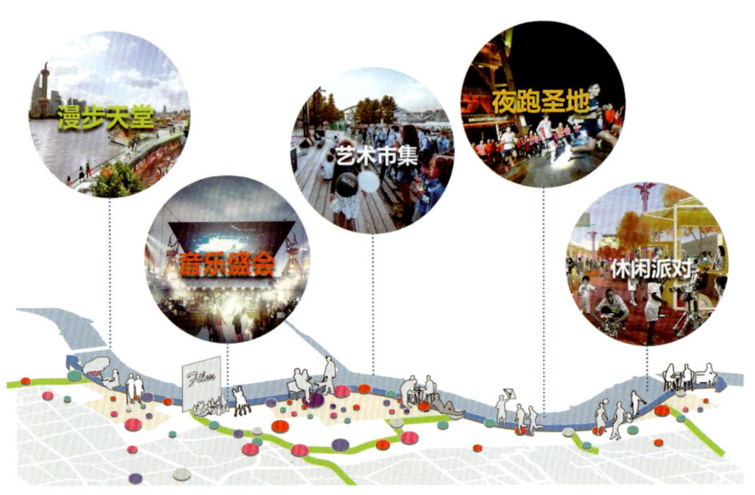

徐汇滨江空间公共活动引入示意图

董家渡观景平台

民生码头工业遗产利用

杨浦大桥桥下空间改造为江岸舞台

绿地内增加运动休闲场地

3. 严守底线、制定标准

规划设定“贯通为先、以绿为主、严守蓝线、合理建设”四条底线的要求，设定核心指标，提出关键引导要求。对开放空间、服务设施、风貌景观、交通设施等四个方面提出要素控制标准，并以此为依据，对每个区段明确要素控制的详细方案。

4. 由总入细、多元引导

规划形成总体方案、详细设计、法定图则、建设导则、项目计划五位一体的成果体系。总体方案作为顶层设计，注重全线统筹和导向把握。按行政区划开展的详细设计指导操作实施。规划核心内容提炼为控制图则纳入法定规划。并以建设导则和项目计划实现建设落地的精准引导。

5. 面向公众、积极互动

本次规划以“黄浦江属于你”为口号，通过多样化的形式开展发布宣传与公众参与活动，激发市民畅想，众筹市民智慧，推动市民关注。

（1）媒体发布。通过网络、媒体、报纸、微信公众账号、

核心要素引导表

要素		指标导向
开放空间	滨江慢道	贯通：滨江全线设置连续贯通的步道，步道中心线与蓝线距离宜在30 m以内。在有条件的滨江空间建议设置跑步道和骑行道。
		衔接：各类贯通道应与相邻各区的贯通道无缝对接。
		宽度：步道最小宽度不应低于1.8 m，宜在3 m以上。跑步道宽度单向宜为1.5~2 m，双向宜为3~4.5 m。骑行道单向通行不宜小于1.5 m，双向通行不宜小于3 m。受条件限制的，步行道、跑步道可在同一断面设置，但整体断面宽度不宜小于3 m。
		色彩：步行道颜色可因地制宜，容易辨认。骑行道统一用白色标识，路面颜色选用暗红色、黑色等深色调。
		材质：步行道一般用透水砖、透水性水泥混凝土等材料，跑步道宜使用塑胶、彩色沥青混凝土等弹性减震功能的材料；骑行道可采用彩色沥青混凝土、透水性水泥混凝土等材料。
	公共绿地	绿地内建筑： （1）一般公共绿地建筑基底占地比例不应大于4%；生态型的公共绿地内建筑基底占地比例不应大于2%；由于历史建筑的保留或改造利用等原因，公共绿地的建筑基底占地比例可适当提升，但不得超过8%。 （2）当绿地中建筑面积确需突破时，超过8%的部分，应在滨江绿地中补足相应面积。 （3）当嵌入绿地的保护、保留建筑设为独立地块且建筑基底面积占比超过8%时，相邻的公共绿地原则上不能新建建筑（即绿地内建筑基底面积比例为0）。 （4）覆土建筑的建筑面积计算应严格执行相关技术规定，其绿化面积可参照屋顶绿化计算方法，按相应比例计入绿化用地面积指标。
		宽度：公共绿地最小宽度不应少于20 m，宜在50 m以上。
		视线：宜采用草坪加乔木的种植形式，避免造成滨江的视线遮挡。
	高桩码头	绿化：高桩码头应种植绿化。
	蓝线	宽度：新建构筑物原则上不应侵入蓝线，如确需侵入，应有专项说明。
服务设施	综合服务点	布局：建议每500 m，最大不超过1000 m设置一个综合服务点，鼓励结合滨江建筑设置。
	设施功能	类型：原则上滨江空间内的建筑应向公众开放，宜设置服务大众的公共服务设施，尤其服务腹地的社区及以下级公共服务设施。
风貌景观	历史建筑	保护：保护、保留具有历史价值的建筑及场地，延续历史文脉。
		改造：鼓励改造利用与滨江历史沿革密切联系的厂区、港口、码头、船台、灯塔等空间要素。
	竖向	当位于滨江第一条市政道路以外的腹地标高低于防汛墙标高时，为避免对腹地视线的遮挡，滨江人行活动区的竖向标高不宜高于防汛墙标高。
	视线连通	视觉连通度：距蓝线15 m内的陆域地区，对黄浦江的视觉连通度应达到70%以上。
交通设施	站点	覆盖率：滨江公交站点服务范围300 m覆盖率应达到70%，公交站点服务范围500 m覆盖率应达到100%。
	静态交通	形式：滨江公共空间内的停车设施需设置在地下或半地下，不宜设置地面停车。
	游艇码头	布局：应符合交委黄浦江岸线码头专项规划的布局要求。

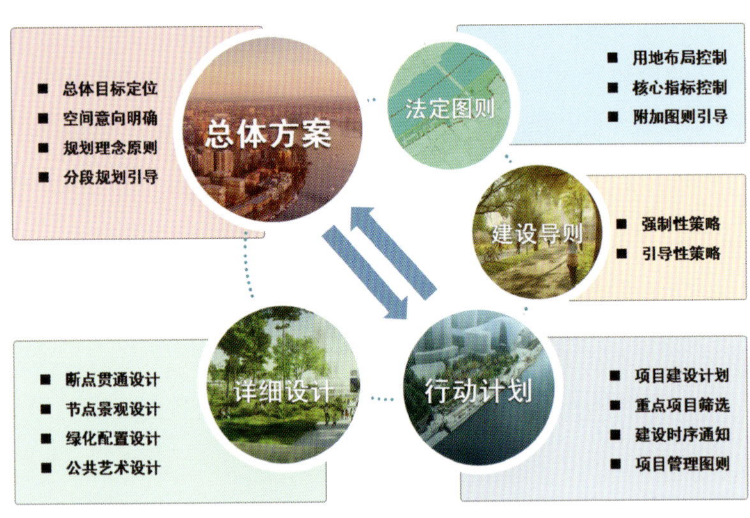

五位一体成果体系图

手机APP等方式对黄浦江两岸公共空间贯通方案进行发布。利用“全心全意”“众创众规”“上海规土”和“上海发布”等线上平台进行网络发布。

（2）现场发布与专题展览。在上海城市规划展示馆等地举办规划方案现场发布展览。

（3）公众参与、众创众规。组织参观展示活动，在对公众进行展示和宣传的同时，通过问卷、信件、邮件等方式广泛收集公众意见。

五、分区设计

基于六大系统的构建和十个主题区段的设立，根据四大底线的要求，杨浦、虹口、黄浦、徐汇、浦东五个区分别编制了分区段滨江公共空间详细方案，各有特色、各具亮点。

1. 浦东新区

浦东新区段岸线北到杨浦大桥、南至徐浦大桥，岸线长度约23 km。滨江突出多元性与整体感，打造文化、生态、运动、产业的滨水集聚带，形成上海绿色开放的滨水区、历史文化的展示区、市民活动的综合区、中外游客互动的体验区、上海的转型发展示范区。

2. 杨浦区

杨浦段岸线全长15.5 km，分为南、中、北三段开发。杨浦滨江是上海工业发展的缩影，代表了上海城市工业文明特色，被称为“中国近代工业文明长廊”。滨江结合自身特点，“以工业传承为核，打造历史感、生态性、生活化、智慧型的杨浦滨江公共空间滨水岸线”。

3. 虹口区

虹口段岸线东起秦皇岛路，西至外白渡桥，全长约2.5 km。滨江重在提升品质，完善滨水开放空间水平。依托邮轮港，打造国客中心、国航中心等空间亮点，建设具有绿色生态、本土文化特色的滨江岸线。

4. 黄浦区

黄浦段岸线北起苏州河，南至日晖港，岸线总长约8.3 km。黄浦滨江是上海实施“四个中心”战略的重要地区，集中承载了上海开埠后的历史文化遗迹，并包括了外滩金融集聚带、世博会文化博览区等上海市未来重点功能承载区。滨江地区将打造成为更有文化韵味、更具活力氛围、更加舒适宜人、更能引领时代的“公共生活岸线”，成为“世界级滨水公共开放空间的核心区”。

5. 徐汇区

徐汇段岸线北至日晖港，南至徐浦大桥，共计8.4 km。滨江依托工业遗产及宽广的建设腹地，分级设置防汛墙，抬高路面标高，形成可以驱车看江景的景观道路，活化历史遗存，丰富活动功能，打造梦中心、龙美术馆、张家塘港等多个空间亮点，建设水、绿、城、人、史融合的国际滨水区。

六、实施效果

黄浦江两岸45 km岸线贯通工程采取市级层面统筹、以区为主高效推进开展建设实施。各区段结合自身条件，建立强有力的区级协调平台，形成合力，聚焦重点区段、重点项目、

杨浦滨江建成实景

重点问题，全力推进。

目前，45 km 岸线实现贯通，滨江公共空间品质得到显著提升。精彩、连续、宜人的开放江岸呈现在大众面前，受到市民的高度认同。随着一系列文化、体育、休闲主题活动的开展，滨江成为可漫步、可阅读、有温度的宜人水岸空间，浦江两岸已真正成为引领城市美好生活的共享舞台！

徐汇滨江建成实景

黄浦滨江建成实景

苏功洲

上海市规划委员会专家

上海市城市规划设计研究院原总工程师，教授级高工

黄浦江两岸公共空间贯通开放是继世博会后黄浦江两岸地区综合开发的重大成果，也是按照《上海市城市总体规划（2017—2035 年）》提出“卓越的全球城市”的发展愿景，建设创新之城、生态之城、人文之城的重要实践。

一个以“具有全球影响力的世界级滨水区”为发展愿景的滨水公共空间应该具备哪些特质，回答或许是多元的，但可以确定的是必须具有城市的文化认同，即拥有文化和景观特色，能够融入城市生活或接触自然，便利公共活动并广为市民大众接受。黄浦江两岸公共空间贯通概念方案提出“开放、人文、绿色、美丽、活力、舒适”的规划设计理念，既涵盖了两岸公共空间的核心价值，同时以公共空间使用者的感受为依归，亦突出了人文关怀。

贯通滨江的漫步道、慢跑道、骑行道是一个吸引人的设计切入点，适应全民健身，也能适应各年龄段人群滨江游憩的特点；通过“三道”与城市慢行系统的连接，将两岸公共空间有效纳入了城市公共活动系统，并融入多元化的公共活动，使浦江两岸成为引领城市美好生活的共享舞台。

规划设计很好地体现了生态为先、立足城市风貌保护的原则。在生态环境上，注重构筑和复育黄浦江流域的水绿生态系统，因地制宜打造安全宜人的绿色岸线，营造生物多样性环境；在风貌保护上，提出充分保护和活化利用历史遗存的概念，尊重城市的历史格局，尽可能保护更多的沿江工业遗产和历史街坊。

规划建构的全过程规划管控体系，较好地把控了景观整体性与多样性的关系。沿江各区段能结合腹地功能、景观风貌和场地建设条件，确定功能主题、岸线形式、景观特征，并营造特色；区段间在地形标高、岸线形式、三道连接等方面注重衔接引导，做到过渡自然。

在已经贯通开放的 45 km 岸线，我们可以感受到滨江公共空间所应具有的城市文化传承功能，并体现出生态、多样、亲民特质。人们或恣意于绿色的滨江环境中，漫步、健身、嬉戏，或游走于厚重的历史遗存间，寻觅、探访、交往，或沉浸在江岸的艺术殿堂内，瞻赏、学习、憩息，这是一个有温度的滨水公共空间。

上海市 15 分钟社区生活圈规划导则

2017 年度全国优秀城乡规划设计奖（城市规划类）一等奖、2017 年度上海市优秀城乡规划设计奖一等奖

编制时间：2015 年 1 月—2016 年 8 月

编制单位：上海市城市规划设计研究院、上海市规划编审中心

编制人员：庄少勤、徐毅松、张帆、杨晰峰、程蓉、朱丽芳、李萌、张弛、王丽丽、何瑛、吴秋晴、张乐彦、戴婧、许超诣、奚文沁、刘夏夏、何瑞雯、徐玮、金山、王睿

一、规划背景

党的十八届五中全会和中央城市工作会议明确将“创新、协调、绿色、开放、共享”作为城市规划发展的五大理念，要求转变城市发展模式。

作为城市生活的基本单元，社区是营造市民生活方式、促进城市转型发展、完善城市治理的基础平台。在上海新一轮城市总体规划中，以建设“创新之城、人文之城、生态之城”为目标愿景，明确提出将“15 分钟社区生活圈”作为营造社区生活空间的基本单元。同时，面向资源环境紧约束、人口规模持续增长的存量规划时代，本市近年来积极推动有机更新的实践，强调存量用地的复合、集约化利用，注重打造高品质的城市空间和居住环境，为城市的可持续发展提供原动力。

据此，《上海市 15 分钟社区生活圈规划导则》（以下简称《导则》）以 15 分钟社区生活圈为策略载体，形成新形势下本市居住社区规划编制和更新的基本导向，探索转型发展背景下社区规划的创新途径，从规划标准的角度形成对 15 分钟社区生活圈的统一认识和内涵解读，深度聚焦存量时代的用地效益，着力提高城市社区的宜居性和空间品质。

二、规划内容

1. 规划思路

首先，针对生活圈的概念和发展演变开展案例研究，选取日本、韩国和我国台湾地区作为研究对象，学习其在生活圈的层次、空间组织和实施方面的经验并加以借鉴，分析生活圈概念的内涵释义以及应用趋势，重点总结对上海构建 15 分钟社区生活圈的启示。

其次，通过开展居民需求调查、社区相关管理人员与规划专业人员的访谈等活动，对未来趋势进行判读，包括生活需求的精细化、注重健康生活、社区创业萌芽、文化需求增强、公众参与意识提高等方面，明确 15 分钟社区生活圈应重点改善和提升的方向。

第三，结合生活圈的发展背景、趋势以及回归人本的需求分析，以创新、协调、绿色、开放、共享为目标理念，形成相应规划导向和对策。围绕居民日常生活需求中最基本的衣食住行，《导则》按照居住、就业、公共服务设施、交通出行和休闲开放空间等五个系统框架展开，以目标为导向，依次形成规划、建设、行动三个层次的标准导向。

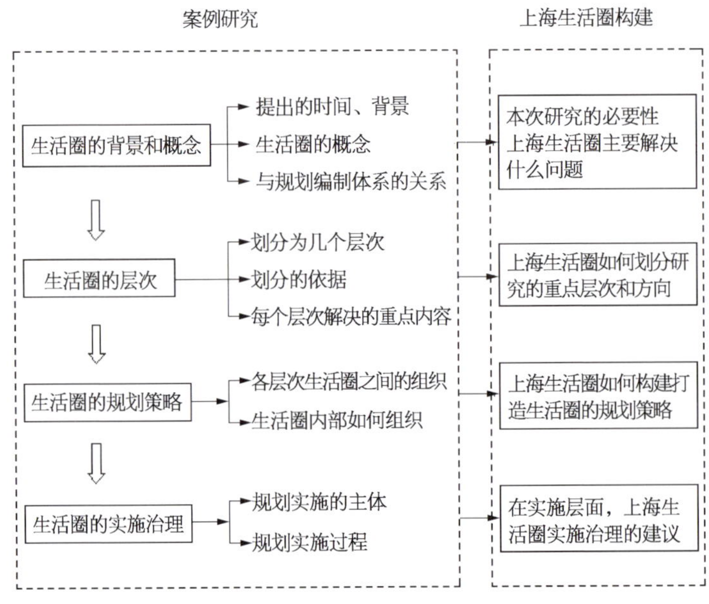

案例研究框架示意图

2. 技术要点

《导则》由标准导引和行动指引两部分构成。其中，标准导引以与全球城市目标相匹配的“生活方式”作为关键词，在重点研究公共服务设施的同时，提出住宅、就业、出行和休闲等方面的规划对策，各系统相互配合，营造“创新、协调、绿色、开放、共享”的社区。

（1）居住方面，从大型单一到融合包容的社区氛围。

住宅类型上，引导提供多样化的住宅产品。通过在同一个住宅街坊内提供多种户型的住宅选择，使不同家庭构成、不同年龄层次的群体适度混合，鼓励在轨道交通或公交枢纽站点周边增加中小套型住房的比例。

空间布局上，促进不同类型人群的社会融合。包括分散布局多种类型的保障性住房，如人才公寓、工人宿舍、廉租房等。在就业集中区域增加租赁房比重，有效促进职住平衡。提供一定比例的老年公寓，并鼓励将独幢的老年公寓零散地分布在一般社区中，而非设置大面积的老年社区，避免老人物质空间和情感生活的双重孤立。

住宅文化特色上，有针对性地保护既有空间特色、塑造和谐住区环境。针对具有地方风貌特色的老旧小区，应积极挖掘特色和文化价值，注重保留原有的历史空间格局和肌理；针对新建住宅，需在立面和高度上与周边历史环境和建筑相协调。

（2）就业方面，从功能分区到倡导功能混合布局和土地复合使用，促进居住和就业的适度平衡。

用地布局上，鼓励在居住社区中提供适度的就近工作机会。商业、商务办公、公共服务设施等非居住用地的占比可以在 15% ～ 25%。鼓励围绕公交站点或公共活动中心，集中设置就业空间。

空间使用上，鼓励利用既有建筑，发展嵌入式创新空间，为小微企业提供低成本办公场所。还可将相互之间不会产生干扰的功能业态综合设置，促进建筑的复合利用。

（3）社区服务方面，从基本保障到品质提升，更加强调需求导向的差异化配置。

顺应信息化、智能化、老龄化的趋势，设施类型更加多元，传统的社区设施规划方法已无法充分满足日益精细化的社区需求。在总结借鉴国内外经验的基础上，甄别出“丰富多元的文化服务、老有颐养的乐龄生活、学有所成的终身教育、全面管理的健康服务、无处不在的健身空间、艺术便捷的商业服务”六大社区生活服务的发展趋势，完善基础保障型服务，增加品质提升型服务内容。

基础保障类设施是满足社区居民基本生活需求、必须设置的设施，内容和标准按既有标准中的强制性内容执行；品质提升型设施是为了提升社区居民的生活品质，可根据人口结构、行为特征、居民需求等条件选择设置的设施。例如儿童游乐场、社区种植园等文化活动类设施，托老所、居家养老服务中心等养老服务设施，健身点、塑胶跑道等健身空间设施，社区食堂、生活服务点等社区商业服务。同时，强调基于不同社区人口结构和需求特征，提供精准、差异化的设施服务，重点关注儿童、老人等弱势群体的需求。

基于健康、绿色的生活方式，设施布局倡导不同人群的差异化步行可达。从城市转型、人性化需求导向的角度突破传统思路，服务半径的优先度高于服务人口的规模要求，以便捷可达为首要原则，以步行可达覆盖率作为优先控制指标，形成圈层布局的设施簇群。一方面，根据家与不同设施之间的步行可达需求，形成 5 分钟—10 分钟—15 分钟的设施布局圈层，并

(a) 里弄住宅

(b) 工人新村

(c) 高层住宅

多样化的住宅产品

利用老旧厂房和社区建筑发展嵌入式创新空间

满足不同人群需求的公共服务设施

鼓励将幼儿园、老年活动室、菜场等老人和儿童使用率较高的设施优先布局在5分钟步行可达范围内。另一方面，关注设施与设施之间的步行关联度，将使用关联度较紧密的设施邻近设置、集中布局，分别形成以儿童、老人以及上班族为核心使用人群的高关联度设施圈，如60～69岁老人日常设施圈以菜场为核心展开，与社区绿地、小型商业、学校及文化活动设施等就近布局。

顺应共享经济趋势，设施使用更加灵活丰富。针对上海存量用地为主的现状，以共享的方式来满足多元化的社区生活需求。鼓励各类设施进行合理的综合设置，充分整合可共享的功能空间，形成高效灵活的使用机制。例如鼓励社区图书馆等文化设施与商办功能综合设置，提升实体商业的体验度；鼓励运动场地与各类公共空间复合建设，满足无处不在的健身空间需求趋势。通过不同设施在时间和空间上的充分共享，居民对同一类设施在使用时间和位置拥有更多选择，服务类型的自主和互助性更高，在无需增加设施面积和建设投入的条件下，能够充分提升服务能力。

（4）交通出行方面，从车行效率向步行优先转变，有利于街区制的建设，形成活力紧凑、人性化的开放式街区。

以道路间距、支路宽度和交叉口倒角半径为主要指标，构建安全便捷的社区路网格局。居住社区内市政道路间距不宜超过200 m，步行网络的要求更高，步道的间距宜控制在100～180 m。当城市道路间距过大，无法满足步行尺度（推荐不超过180 m）时，可通过在地块内部增加公共通道的方式，优先满足步行需求。为维持街道宜人尺度，推荐支路宽度在9～24 m，并以人行道宽度为抓手，优先保障步行路权。为保障行人安全、舒适地通过道路交叉口，应在规划阶段合理控制街道宽度，并鼓励采用缩小交叉口倒角半径降低车辆转弯速度、设置警示信号等方式。

以TOD模式为导向，强化公共交通站点周边的功能深度混合，鼓励公共交通、慢行等绿色出行，提高街道活力和社区生活便捷度。公共交通站点核心区域（300～500 m服务范围内）鼓励以多种形式灵活利用空间，控制单一功能的土地使用规模。以公共交通站点为核心，优先布局社区级公共服务设施，在公园、小广场、公共交通站点、公共服务设施较集中的场所之间形成良好的步行联系，使居民在选择公共交通工具出行时，可结合换乘，完成日常活动。鼓励公共交通站点周边形成密集的慢行网络，以及连续便捷的换乘路径。

以激发街区活力与魅力为目标，鼓励沿街功能复合、设施开放布局，营造舒适、便利的街道空间。一方面，鼓励沿街建筑的底层混合布局各类社区公共设施，形成多元业态，提高公共资源的可达性和使用机会，并增进人与人之间的交流互

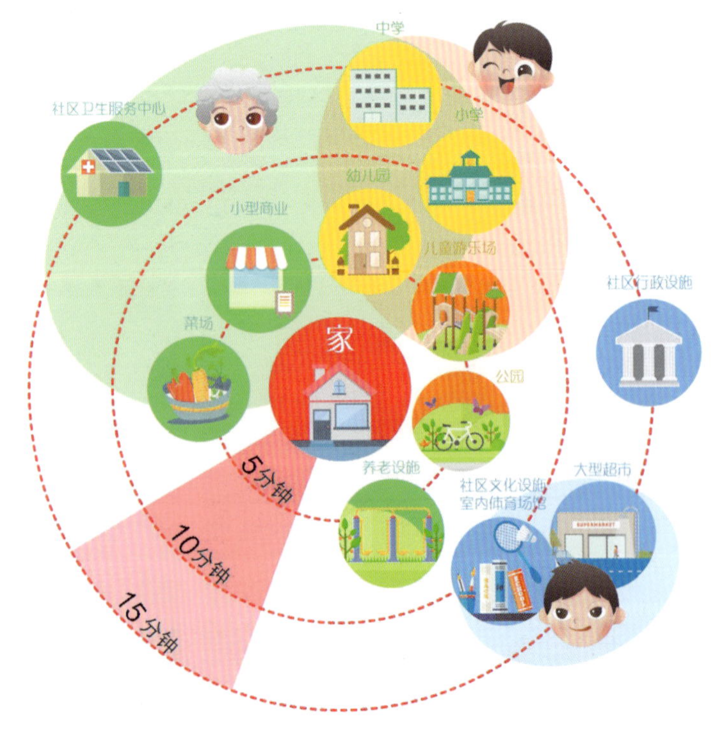

公共服务设施布局圈层

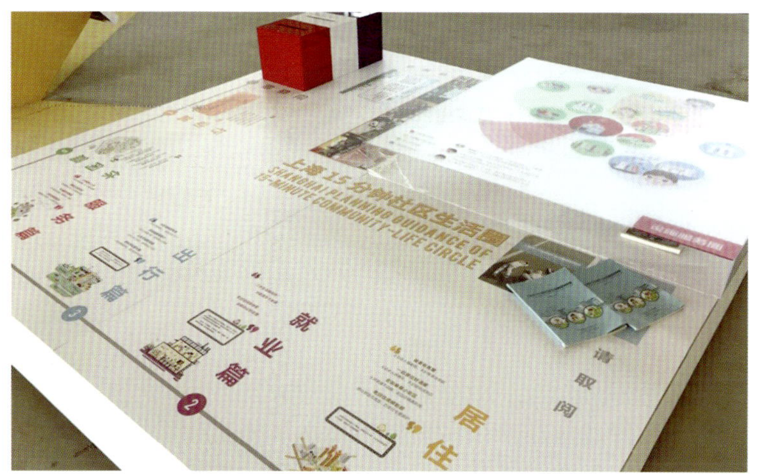
2017 年上海城市空间艺术季——15 分钟社区生活圈展板

连续有序的街道界面

动。另一方面，沿街建筑前区可与步行通道整体考虑，进行一体化设计，空间尺度上采用适宜的高宽比，形成步行友好、尺度宜人的通行空间。此外，还倡导形成连续有序的建筑界面，通过景观小品等营造美观惬意的街道环境。

（5）休闲开放空间方面，从大型化向小微空间转变，构建体系完整、类型丰富的公共空间系统。

从系统完整性和层次连接性，更加关注社区级以下的小广场、小绿地的服务水平。在空间布局方面，强调步行可达、网络化覆盖。在人均指标不变的前提下，从可达角度提高小微空间的覆盖率，以服务半径为主要指标，提出小型公共空间的服务半径不宜超过 300 m，鼓励有条件的地区覆盖率达到 100%，对于居住人口密度大于 2.5 万人 /km^2 的居住社区内，小型公共空间的服务半径不宜超过 150 m。

关注存量用地的空间挖潜。鼓励通过附属开放空间挖潜、微空间改造等方式激活公共空间的潜力。例如鼓励商办楼宇、文化设施、居住、学校等用地中的附属绿地广场对外开放，供公众自由进入并开展休憩、娱乐、运动等活动。对现状使用情况不佳的小广场、街道界面进行再设计，开展围墙涂鸦、屋顶或桥下空间改造，重新激活原来消极的公共空间。

3. 行动指引

行动指引旨在为社区规划的开展和实施提供具体操作指引。与一般的规划工作以完成方案编制为目标不同的是，15 分钟社区生活圈的规划和建设对象主要是已建社区，其工作目标在于推动和指导近、中期社区具体项目的实施。因此在规划编制和建设程序上与一般法定规划以审批为目的的流程不同，更倾向于操作层面的行动策划。行动策划一般包括深

轨交站点周边综合换乘，促进公共交通出行

学校操场的分时共享

行动指引流程图

解读、组队伍、找短板、定任务、推行动、评成果六个环节。在具体操作过程中，与一般新建地区的规划建设工作相比，也存在很大差异，体现了生活圈社区治理、存量更新和面向实施的特征。

（1）深解读环节。针对特定社区的自身特质情况，明确行动的亮点、特色和目标，并提出特定行动口号，其实质是统一各方思想和行动方向。在上海已经开展的15分钟社区生活圈规划建设工作中，各区结合自身特点为本区的生活圈工作确定了不同的名称，如浦东新区的生活圈规划建设工作称为“缤纷社区”，静安区为“美丽家园”，普陀区为“共享社区”，特定的名称有效地提高了居民对本社区生活圈规划行动的认同感。

（2）组队伍环节。15分钟社区生活圈规划编制工作主要视各区实际需求予以启动。一般由区政府分管区长负责召集，由区规土部门具体操作，搭建由区相关管理部门、街道或居委会基层管理人员、规划设计团队、项目实施主体、社区居民代表等组成的工作队伍，并明确各方在整个行动中承担的职责。

（3）找短板环节。主要在于发现社区存在的问题和盲区，形成公共要素的短板清单，作为编制规划和制定近、中期行动计划的基础。已建社区找短板的方式与新建地区规划存在较大差异，新建地区以公共空间和公共设施的规划标准作为主要依据，已建社区由于存在人口结构和建设年代的差异，规划指标无法精准体现社区的真实需求，因而主要通过现场调研、居民和专业部门访谈以及结合大数据分析等手段，来精确判读社区存在的问题，进而明确公共要素的短板清单。

（4）定任务环节。根据找短板环节确定的公共要素清单，在定任务环节进一步确定具体行动任务类型和行动时间表。根据涉及的行政管理程序来分类，行动任务可以分为三种：第一类是涉及规划调整的，如增加幼儿园等独立用地或建设规模相对较大的设施、场地，需要对已批控详开展用地性质等指标的优化；第二类是涉及建设管理程序的，如增建电梯等；第三类是可直接开展的工作，如空间环境美化等。每一类型任务在具体开展的过程中，涉及不同的行政管理部门，工作开展的步骤和主体也存在差异。通过分类处理来确定各个任务的行动主体、行动内容和行动时间表，指导行动的有序开展。

（5）推行动环节。在于通过依托公众力量来开展规划方案编制和设计，推动项目落地实施。在规划编制时，社区居民通过多种形式参与行动方案的讨论，及时表达和反馈意见，确保规划方案符合社区居民的需求和意愿；在项目实施时，社区居民参与到行动计划的推广中，并且在设施及空间投入使用后，举办各类社区活动，提升社区凝聚力和活力。以上海浦东新区“缤纷社区”为例，居委会、业委会通过“听证会”的方式来收集居民意向，以“协调会”的方式来统一居民的想法。

（6）评成果环节。在于发动公众从使用效果的角度对规划方案和实施建设进行评议，并总结行动过程中工作队伍结构、环节组织等各方面的经验教训，指导下一轮的行动工作更有序地开展。

15分钟社区生活圈行动策划环节流程表

环节	特　点	公　众　参　与
深解读	关注特质	居民参与解读
	面向大众	
组队伍	多元主体	居民代表是成员构成
	自主发起	
找短板	突出差异	居民是发现短板的主要力量
	强调精准	
定任务	聚焦行动	居民是确定项目轻重缓急的重要建议人
	区分时序	
推行动	实施导向	居民参与方案决策
	依托居民	
评成果	事后总结	居民使用满意度是评价的重要指标

三、规划特点与创新特色

1. 规划特点

上海是国内首个提出15分钟生活圈概念的城市，为了深化落实总体规划的要求，确保社区生活圈概念的落实，又率先以生活方式为切入点，以标准导则的形式来指导全市的规划编制和实施。

《导则》延续和体现了总体规划的转型特点：一是以人

民为中心的理念转型，紧密围绕社区居民的衣食住行，以规划语言来诠释新时期的生活方式。二是存量规划的方法转型，探索存量社区规划的编制方法及实施途径，推动存量社区逐步落实新理念、实现新目标。三是多元协作的决策转型，导则和社区规划的编制实施，均强调从政府单向决策向“政府、社会、市民”深度协作的转变。四是面向实施的行动转型，强调规划对行动的策划，通过社区行动推动社区规划蓝图的实施。

2. 创新特色

（1）以生活方式为切入点，深拓 15 分钟社区生活圈的内涵。

围绕步行 15 分钟范围的社区生活尺度，《导则》致力于营造低碳、健康的生活方式和开放、便利、共享的居住空间品质，不仅是对现状社区生活内容的提升和完善，更是对符合未来发展趋势的理想生活方式的倡导。以创新再生、包容协调、绿色健康、活力开放、共享合作为价值导向，《导则》实现了四方面的转变：

① 理念转变：从“设施底线保障”向“服务全面提升”转变。

随着人口结构的日益复杂，针对不同人群特征，除满足底线保障的“普适型”设施外，社区需要提供多元化、针对性、创新性的服务。人们对于日趋增加的闲暇生活质量愈发关注，对于自我实现与超越层面的需求正在随之加大，社区服务需要相应进行全面提升。

② 方法转变：从“条块分割”向“倡导复合共享”转变。

在制定单个设施管控标准的基础上，考虑不同人群对于设施可达性以及关联度的需求，结合不同设施的空间需求特征，打破既往条块分割的方法，倡导设施的集约共享，集中设施关联度大的设施；通过分时共享实现空间的弹性利用，激发社区活力。

③ 技术转变：从“建设规模管控”向“综合品质管控”转变。

设施不仅仅需要从“量”上进行管控，更需要从“质”上进行优化。生活圈内的设施不仅需要满足一般规模、千人指标等建设规模指标，还需要从设施选址、布局形态等方面进行考虑，实现综合品质管控的同时，促进设施与生活圈内的其他要素，如街道、公共空间等的融合发展，共同构成更加幸福宜居的社区。

④ 评价转变：从“强调指标体系”向“实现社会效益”转变。

随着未来社会核心价值转向人文关怀，生活圈需要进一步强调社区服务的丰富性、社区整体素质的提升以及社会和谐度的促进与维系。在塑造良好的物质空间和设施配套的基础上，建立社区交流平台，增进人际互动，实现重塑邻里关系，构筑社区文化，培育社区认同感和归属感，最终促进社区融合，落实社会效益。

（2）以目标引导为特征形成社区导引，强制性的底线控制和引导性的目标指引相结合。

《导则》在底线管控方面与上海市控详标准的强制性要求相一致。在此基础上以更先进的理念、更高的目标为导向，鼓励因地制宜地开展社区规划、建设与治理，在保证基础品质的前提下，针对不同社区的差异化需求和特征，形成量身定制的 15 分钟社区生活圈，同时也增加本地居民的认同与支持。

为促使成果最大化地得到了解与传播，《导则》形成有针对性的两套成果。其中，专业版面向规划管理和技术人员等行业工作者，以清晰的条目方式明确各类管控指标的导向。公众版以漫画和讲故事的形式，通过 15 分钟生活圈代言人“圈圈君”与申申一家人一问一答，图文并茂地生动呈现《导则》的核心理念与目标。从而使得全体社会成员尽可能地了解和认识“上海 15 分钟社区生活圈”。

《导则》专业版

《导则》公众版

（3）以治理的方式推进工作、以实施落地为目标，形成统一的社区发展愿景，强调动态、持续的社区空间治理行动。

为推广社区空间治理的意识，《导则》从主体、责任与环节等方面给出了具体的行动指引，作为行动范式的建议，提倡通过上下互动、共同协作的方式推动社区治理。各级政府承担统筹和资金落实职能，社区居民负责出谋划策和参与决策，规划师负责协调与技术落实，社会组织主要协助政府发挥统筹协

静安区美丽家园

普陀区共享社区

浦东新区缤纷社区

调作用。除此之外，可根据社区具体情况，进一步吸纳企业、相关专业人士、业委会、物业公司和新闻媒体等参与主体，提升实施行动中的薄弱环节，依托多元主体力量推动社区向理想的生活圈目标迈进。

为避免规划蓝图成为“墙上挂挂”的成果，15 分钟社区生活圈强调规划项目的实施，在工作环节上重视可操作性，包括资金筹措、方案设计与施工建设等；在规划编制方面，重视现状空间资源的挖掘，基于既有可利用的建筑空间、低效开放场地进行规划设计，并列为优先实施的项目。

四、实施情况

1. 全面指导本市居住社区规划编制工作，提升社区生活品质和幸福指数

（1）纳入相关规划编制标准和要求

2016 年 12 月，上海市政府批复了《上海市控制性详细规划技术准则（2016 修订版）》，其中将 15 分钟生活圈导则中规定的强制性内容予以纳入和衔接，全面指导上海市详细规划的编制和审批工作。同时，上海 2035 总规已经编制完成，单元规划也进入了编制阶段，在其编制技术要求中明确提出结合 15 分钟社区生活圈引导原则和设置标准，对现状设施进行评估，查漏补缺，配置各类公共服务设施。

（2）指导全市的土地出让前评估工作

旨在结合土地出让工作，按 15 分钟社区生活圈规划标准要求，补充反映现状公共设施的短板，提高设施的可实施性。针对上海市拟出让的住宅组团用地、商业用地、商务办公用地（含上述三类用地的混合用地），聚焦其周边 500 m 半径的区域评估，补足公共环境、公共服务设施等方面的实施短板，并纳入土地出让条件。截至 2018 年底，已经指导了约 500 余幅拟出让土地的评估工作。

（3）指导城市更新的“共享社区计划”工作

2016 年上海城市更新工作确定了“共享社区计划、创新园区计划、魅力风貌计划、休闲网络计划”四大行动计划，其中“共享社区计划”是以建设“15 分钟社区生活圈”为基本目

标的城市更新计划。例如普陀共享社区、浦东缤纷社区、静安美丽家园等工作，这些试点对《导则》提出的空间对策和行动组织模式进行实践，以15分钟生活圈的相关标准和导向为指引，侧重于公共设施、环境品质、老旧住区停车位等不同角度，对社区进行评估，形成一系列切实可行的项目清单和实施计划，推进生活圈的实施建设。

2. 提高全市相关部门和居民对社区生活的认识，引发国内各城市的积极反响

2016年8月，《导则》由上海市规土局正式发布，发放对象广泛，包括全市各区政府、各管委会、各区规土局、各街道（镇）和各相关规划建筑设计单位等，发布的版本包括严谨简练的专业版和轻松活泼、易于阅读的公众版。《导则》一经发布，就引起了各大媒体的关注，《解放日报》《文汇报》《新民晚报》《东方早报》及“一览众山小”“国匠城”等多家纸质媒体和网络媒体对研究成果进行了专题报道，2017年开展的空间艺术季也开设了生活圈专题展区。同时，根据导则内容形成和发行的《上海市15分钟社区生活圈规划研究与实践》一书，受到读者欢迎。这些工作提高了社会各界对于社区生活的关注，统一了建设开放共享社区的认识，有利于推动本市的社区规划和建设工作。

专家点评

杨贵庆

同济大学建筑与城市规划学院城市规划系主任，教授、博士生导师

该规划充分发挥了新时代的规划引领和指导作用。规划首次在全国提出了15分钟社区生活圈规划概念，以“创新、协调、绿色、开放、共享”新发展理念为指导，围绕建设上海全球城市的宜居空间这一目标，反映了大都市生活方式改变的居民新需求，发挥了规划在社区治理方面的积极作用，以及致力于满足人民对美好生活的向往和解决发展不平衡、不充分之间的矛盾。

该规划编制过程充分发挥了公众参与的作用。通过广泛开门规划方式，开展对居民、专家、部门、设计师和媒体等方面的意见征询，充分反映了居民的诉求，不仅有利于发挥多元协作决策的公众参与功能，而且有利于因地制宜地激活社区存量资源，有利于推动实现传统的图纸规划范式到面向实施的行动规划范式的转型。

该规划编制内容充分体现了民生关怀和变革趋势。着重针对“住宅、就业、出行、服务、休闲”五大方面，建构了“目标、规划要求、建设导引和已建地区实施途径”五条主线，把“标准引导”与“行动指引”相结合，这充分体现了对居民日常生活需求的响应，建构了宜居生活的保障系统；同时，针对电子技术发展考虑了社区各项设施的内容变化趋势，提出了相应的规划应对措施。

总体上看，该规划丰富了大都市宜居生活的规划方法和措施，为社区服务和社区治理提供了重要的实施依据，形成了具有创新性的技术成果，为全国大城市社区规划的技术创新提供了一种引领范式。

上海市杨树浦路综合改造专项规划及街道设计

2017 年度全国优秀城乡规划设计奖（城市规划类）一等奖、2017 年度上海市优秀城乡规划设计奖一等奖

编制时间：2016 年 9 月—2016 年 12 月

编制单位：上海营邑城市规划设计股份有限公司

编制人员：曹晖、苏甦、徐峥、李华治、魏丽、林杰、张宇、赵晶心、牟娟、林胜峰、章健、沈晓明、董猛、周静一、程荣

一、规划背景

1. 编制背景

杨树浦路始建于 1869 年，是上海沪东地区第一条近代意义上的城市道路，距今已有近 150 年历史，它的开辟带动了中国近现代工业、市政的发源和兴起，沿路兴建起当时远东最大的水厂、电厂、煤气厂、船厂等一大批市政工业设施，留下了大量的历史遗存。

随着时代的发展，杨浦滨江的百年工业锈带迎来了整体转型发展的重要机遇。杨树浦路是中心城区内环内仅有的紧邻成片历史工业地区的干路，是杨浦滨江地区的主要动脉。

上海市为了推动区域城市更新，改善沿杨树浦路 15 万居民的出行和民生，弥补道路交通系统的短板，探索历史保护背景下《上海市街道设计导则》的实践，促进杨树浦地区的风貌提升，启动了杨树浦路综合改造专项规划及街道设计工作。

杨树浦路 1911 年历史明信片

杨树浦水厂历史照片

杨树浦路桥历史照片

杨树浦电厂历史照片

杨树浦煤气厂历史照片

2. 规划范围

杨树浦路位于杨浦区南部和虹口区东南部的滨江地带，区位在上海中心城区内环内至中环之间，东起黎平路，西至惠民路接东大名路，全长 5 586 m，横穿提篮桥、平凉路、大桥、定海路 4 个街道。

杨树浦路综合改造专项规划及街道设计的对象为杨树浦路杨浦区境内路段（大连路—黎平路路段），总长度约 5 km。规划设计范围包含杨树浦路道路红线内及其两侧 50 m 地块范围，规划面积约 66 hm^2。

3. 历史价值

由于杨树浦地区独特的历史文化价值，杨树浦路的改造更新必须以历史保护与风貌提升为前提。通过对现状情况的调研和判断，杨树浦路的历史价值主要体现在城市记忆、空间格局、街道尺度、历史遗存等几个方面。

（1）保留至今的城市记忆

杨树浦路区域分布着大量的近代道路、近代桥梁、近代公共建筑、近代高级公寓、花园洋房，涉及的各类路名、桥名、单位名称以及历史事件都是杨树浦路上重要的历史记忆元素。

（2）产城融合的空间格局

杨树浦路早期发展建设中，道路以南主要布局工业及市政功能，由于工厂运作需要大量工人，在建设工业及市政建筑的同时，道路以北建设了大量的配套居住用房。由此，杨树浦路的空间功能布局初步形成：道路北侧主要为成片、连续的居住建筑，每一个里弄的入口都有精致的门头装饰物以及年代特征物，形成连续的居住形态和历史街道立面特征。道路南侧则以大尺度大面积的工业建筑为主，形成了杨树浦路“南厂北住”的产城融合功能布局。

（3）延续百年的街道尺度

杨树浦路在历史上不断延伸、拓宽。同治八年（1869 年），租界当局从东百老汇路（今东大名路）筑路至杨树浦港，道路宽 30 ft（约 9.15 m）；1870 年，对杨树浦路进行了垫高和拓宽，后延伸至黎平路；1909 年，工部局将杨树浦路的路幅拓宽至 60 ft（约 18.30 m）；1923 年，杨树浦港以东路面铺设柏油，并在 1926 年进一步将路幅加宽到 75 ft（约 22.88 m）。

通过对现状杨树浦路街道尺度进行研究，杨树浦港以西道路宽度约 18 m（1909 年拓宽），杨树浦港以东道路宽度约 23 m（1926 年拓宽），均为双向 2 车道。对比现状道路空间尺度、卫星照片、历史照片可知，杨树浦路经过 1909 年、1926 年两次拓宽后，至今再未拓宽，百年街道空间格局延续至今。

（4）具有价值的历史遗存

作为一条具有 150 多年历史的道路，杨树浦路沿线保留着众多具有价值的历史建筑，包括文物保护建筑、优秀历史建筑、风貌建筑，以及由此形成的风貌保护街坊。除地上建筑外，杨树浦路还留存了部分具有百年历史的市政管线。

杨树浦路综合改造积极响应党中央和上海市政策导向要求，注重历史遗存的整体保护，对“有法定身份”的文物保护建筑、优秀历史建筑全部保留，对“无法定身份”的风貌建筑进行全面的调查与摸底，对其历史价值展开甄别，对部分值得保留的建筑经论证后予以保留。同时，对遗留的百年历史市政管线进行保留保护，具体措施建议结合道路改造规划建设工程进行。

杨树浦路规划设计范围与研究范围示意图

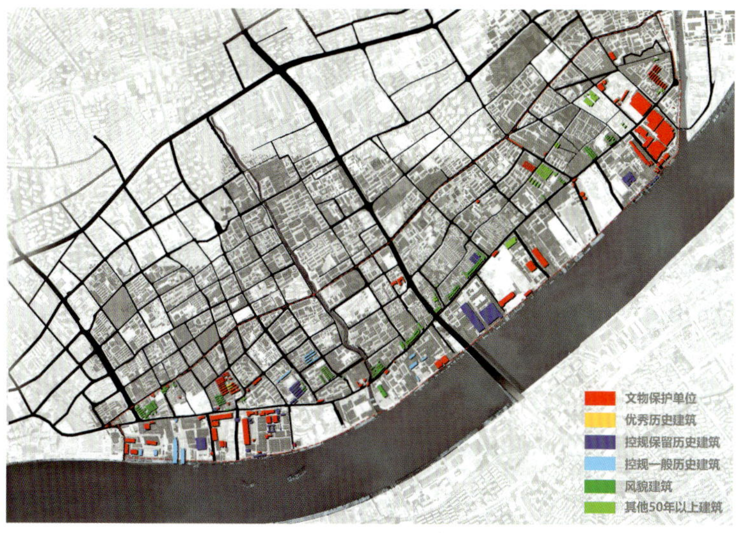

杨树浦路历史建筑分布示意图

二、目标定位

1. 目标愿景

通过杨树浦路综合改造，推动区域更新和转型，打造一条富有历史感、人情味、独特性和多元化特征的城市街道，塑造杨浦滨江百年历史体验带、地区功能承载带、滨江活力集聚带。

2. 规划原则

（1）整体保护

对杨树浦路的空间尺度、历史界面、历史建筑等元素进行整体保留，营造富有历史感的空间形象和文化氛围。

（2）以人为本

改善慢行环境，提升街道品质，坚持以人为本，通过高品质的空间和环境，提升地区形象，激发地区活力。

（3）功能统筹

统筹考虑历史保护、交通承载、地块开发等因素，平衡道路建设与历史保护需求，加强街道与地块功能的结合，贯彻相关政策导向要求。

（4）因地制宜

结合具体路段的现状功能、风貌保护、实施难易等情况进行方案设计，因地制宜地采取合理化的规划设计方案。

3. 规划结构

本次规划结合区域功能定位，形成“一轴、三片、六节点”的布局结构。

“一轴”指以杨树浦路为依托，形成贯穿杨浦滨江区域的风貌独特、功能融合、环境优美的发展活力轴；“三片”指结合现状情况及资源特征，形成市政历史博览体验（杨树浦路大连路—齐齐哈尔路段及沿线区域）、多元功能复合活力（杨树浦路齐齐哈尔路—平定路段及沿线区域）、特色时尚文化创意（杨树浦路平定路—黎平路段及沿线区域）三大功能片区；“六节点”指挖掘历史特色，重点打造杨浦门户、水厂市政博物馆、杨树浦港、眉州—临青历史风貌区、杨树浦煤气厂、十七棉（国际时尚中心）六大景观风貌节点。

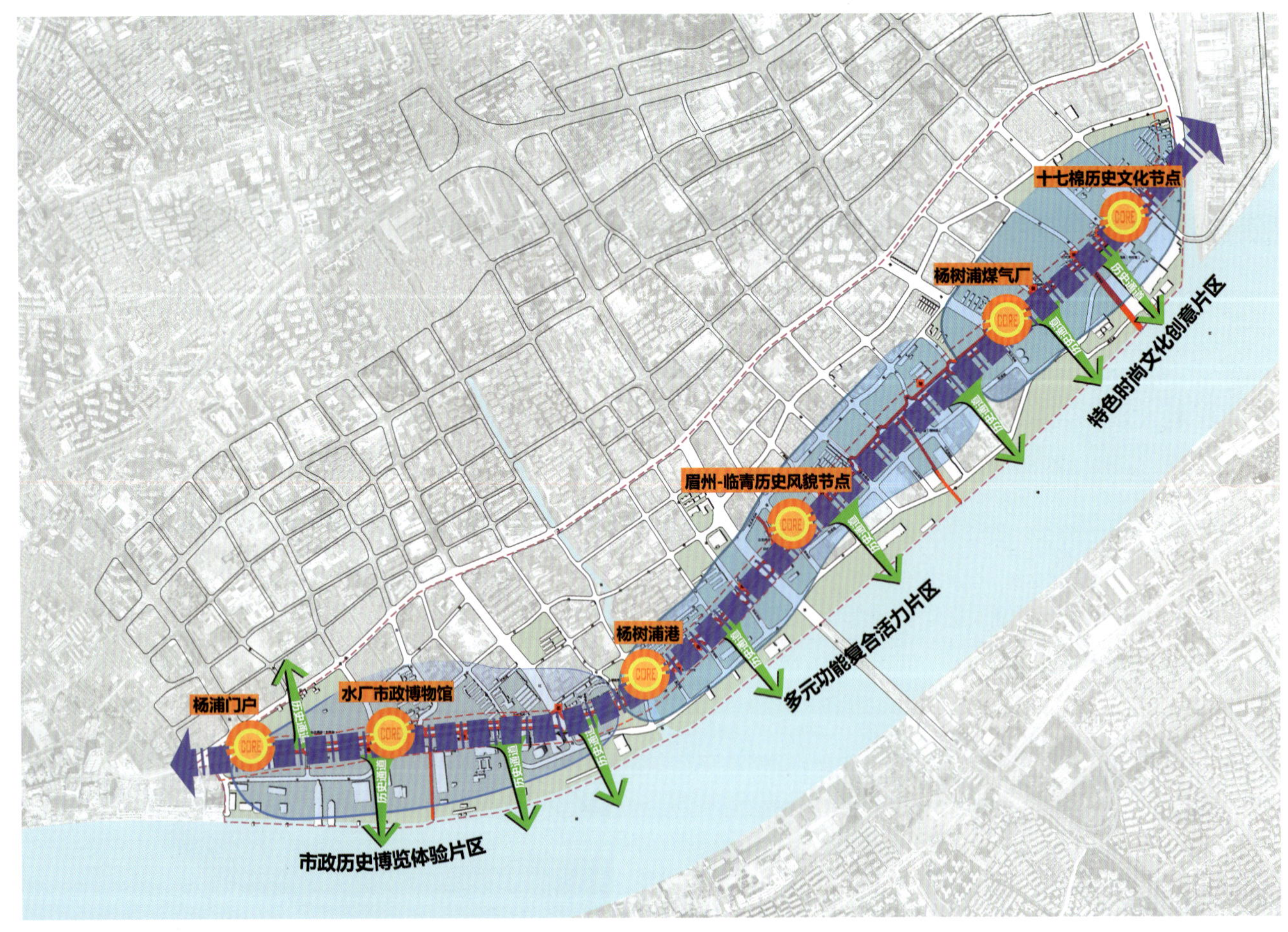

杨树浦路规划结构示意图

三、规划创新

杨树浦路综合改造规划及街道设计在《上海市街道设计导则》的指引下，为实现保护历史文化、保障交通出行、提升空间品质、增强地区活力的目标，在具体的应对方法和策略上，对惯常的做法进行了突破和创新。

1. 交通功能与风貌保护的统筹平衡

（1）从“交通优先”到“统筹考虑”

改变以机动车需求优先为导向的建设模式，统筹考虑交通与风貌保护。根据交通预测流量结果，杨树浦路（大连路—黎平路段）采用双向4车道规模可满足远期交通服务需求，将杨树浦路从原规划的双向6车道减少至双向4车道，局部通过调整道路断面和线形避让历史建筑，既保证了道路拓宽能够满足杨浦滨江转型发展的交通服务水平，也最大可能地保护了历史风貌。

（2）从“随意拆除”到“整体保护”

改变道路改扩建对两侧建筑随意拆除的模式，对区域历史建筑进行“地毯式”摸底调查和价值评估，针对杨树浦路留存的历史风貌建筑，统筹考虑建筑保护、风貌延续、道路建设等方面的要求，采取“留、改、拆”等手段，对有身份的文物保护建筑、优秀历史建筑采取基本保留、极个别建筑改造的措施，对本次甄别拟保留的一般历史建筑，采取大部分保留、少数平移拆除的措施，基本保留沿路的历史建筑与风貌。

杨树浦路沿线局部地段历史风貌保存较好，在杨树浦港至临青路一段，北侧沿街历史建筑立面占比达75%。规划在杨树浦路上划定了通北路—怀德路、齐齐哈尔路—临青路、贵阳路—黎平路等重点保护路段，改造后基本保留原有历史风貌界面。

规划不仅对“有法定身份”的建筑进行保护，还将“无法定身份”但具有价值的历史建筑纳入保护范围；不仅对历史建筑、历史街区进行保护，还对杨树浦路的街道尺度、历史界面、空间格局等历史风貌要素进行连续成片保留保护；不仅对地上建筑与空间进行保护，还关注地下管线的保护，开创了市政管线保护的先例。

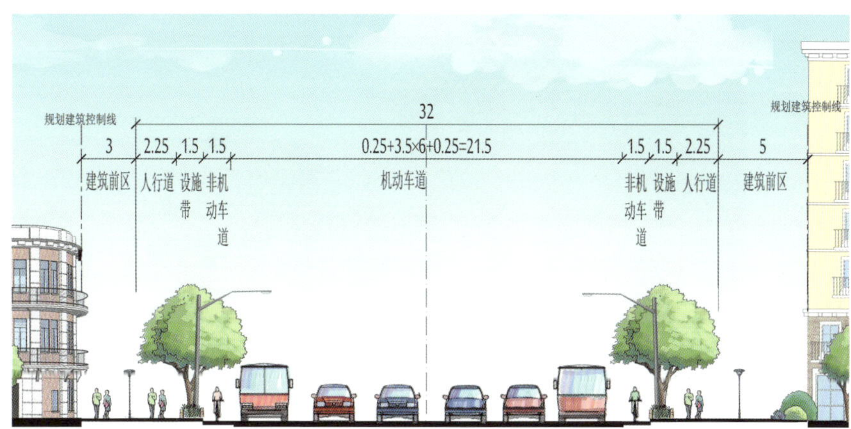

原规划双向6车道道路断面

杨树浦路（杨树浦港段）现状

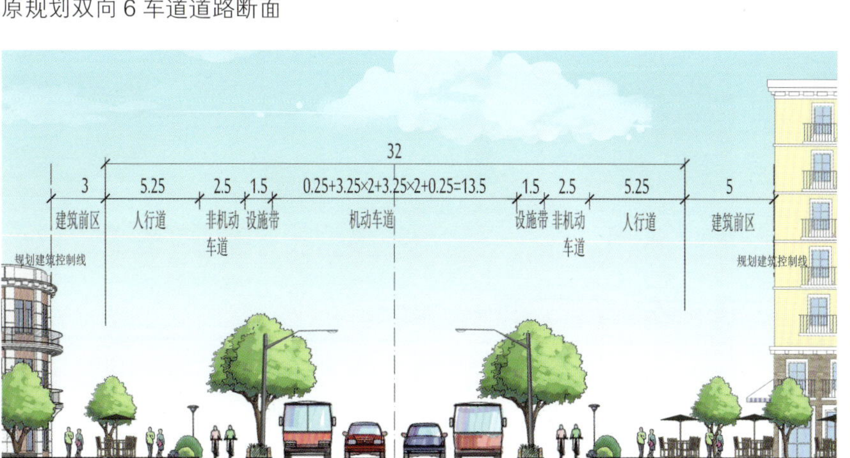

街道设计双向4车道道路断面

杨树浦路（杨树浦港段）改造后风貌示意图

（3）从“标准断面”到“详细设计”

改变全路段采用标准断面指导道路工程建设的模式，因地制宜、逐段进行道路断面详细设计。

（4）从“再造新路”到“有机更新”

改变道路工程“宽尺度、新大路”的建设模式，通过将行道树设置在机动车道与非机动车道之间，保留了大部分现状法国梧桐行道树，车道宽度由常规的 3.5 m 压缩至 3.25 m，基本保留延续了 60～75 ft（约 22.88 m）的百年街道尺度感受。

通过典型道路断面类型分析，建议杨树浦路断面类型以行道树种植于机动车与非机动车道之间为主，通过合理设置车道宽度，维持原有街道的空间尺度感。部分路段采用行道树种植于人行道与非机动车道之间的断面类型，通过街道空间一体化设计，提升环境品质和慢行体验。

2. 街道空间与公共活动的有机融合

（1）从“红线为界”到“内外一体”

突破常规道路工程范围以红线为界的限制，与沿线地块业主协商共建，整合人行空间与建筑退界、建筑前区、广场绿地等并进行一体化设计，挖掘补充公共开放空间，形成街道空间环境设计特色，展现杨树浦路特有的历史风貌，打造有序、舒适、宜人的街道公共空间。

（2）从“以车为本”到“以人为本”

改变以车为本的设计观念，压缩车道宽度标准、减少交叉口渠化，为慢行腾出更多的空间，人行步道从原规划的 2～3 m 拓展到 3～4 m 或以上；通过减小路口转弯半径，缩短过街长度，让行人过街更从容；加强街道的无障碍设计，提升行人的步行体验。

（3）从“只留不用”到“充分利用”

促进历史建筑的激活更新，对保留的历史建筑进行修缮，结合杨浦滨江科技文化创新发展要求，根据使用者需求，适当注入文化、商业、休闲、零售、餐饮、生活服务、公共服务、休闲娱乐等功能，增加历史建筑开放程度。

杨树浦路沿线第一层面的功能宜复合设置，保持杨树浦路日间与夜间、工作日与双休日的活跃度，避免设置与杨树浦路整体定位不符合、与杨树浦路未来办公居住功能不匹配的业态，结合街道空间的一体化设计，形成具有活

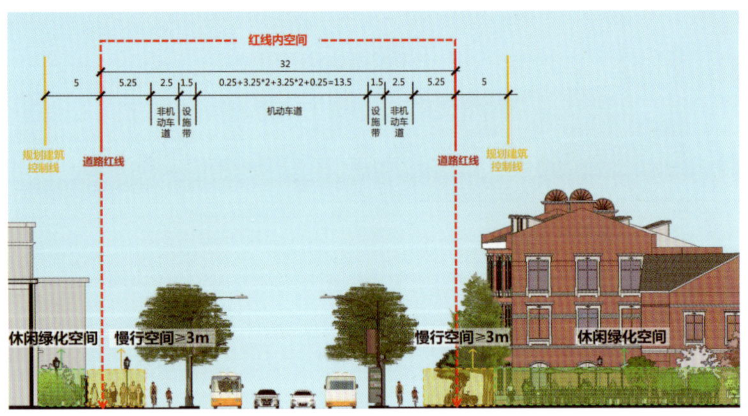

杨树浦路红线内外一体化设计示意图

杨树浦路（杨树浦救火会旧址）人行空间与建筑前区一体设计示意图

杨树浦路（大连路—通北路段）人行空间与建筑退界一体设计示意图

杨树浦路（新康里广场）人行空间与广场绿地一体设计示意图

力的街道生活。

（4）从“单独建设”到“共建共享”

改变道路改造与沿路地块建设相互独立、脱节的模式，将街道建设与区域功能、社区共享结合，增加公共广场及街头绿地，提供更多的公共活动空间；恢复与滨江连通的 8 条历史通道，加强与杨浦滨江区域联系，增加街坊内部通道，整合形成以杨树浦路为脉络的公共活动网络，让街道成为市民可以漫步、活动、交往的“城市客厅”。

3. 历史遗存与地区活力的相互促进

（1）从“常规改造”到“特色塑造”

加强街道设施的特色塑造，对道路铺地、街道设施进行精细化设计，恢复历史样式，加入纪念性元素，增加文化展示内容，彰显街道历史人文特色。

加强地下管线的保护展示，对 19 世纪末敷设、目前仍在使用的市政管线进行原地原位展示，以实物载体的形式生动直观地展现上海“百年市政文明”，开创国内地下管线保护展示的先河。

（2）从“各自为政”到“整体协同”

促进历史遗存资源的活化和整合，通过特殊的地面标线及指示系统设计，将杨树浦路街道空间与沿线的历史建筑、历史市政、历史事件、历史地名等要素资源串联整合成为一个整体，打造“杨树浦路露天博物馆”，每一处历史建筑、历史遗存都是博物馆中的珍贵藏品，行进在杨树浦路上如同在博物馆中游览，穿梭在各件藏品之间。历史要素等展品设置标志，上面印有专属二维码，通过手机应用扫码，手机成为博物馆的语音说明机和导览器，参观者扫码就可以听到关于这个展品的语音介绍，游览“博物馆”的散步路线，也可以因个人兴趣爱好的不同而各异。结合规划广场绿地，形成文化展示与公共活动中心，让市民和游客走在街道上就能直接、生动地感受到历史的沉淀和记忆。

四、项目特色

杨树浦路综合改造专项规划及街道设计努力践行《上海市街道设计导则》倡导的从“道路建设”向“街道设计”的转

杨树浦路露天博物馆游线及节点示意图

变，在街道设计导则理念的基础上，进行了进一步的实践和提升，探索历史遗存丰富地区道路改造建设的模式，积累了全过程的操作规程和管理经验。规划的主要特色有：

（1）搭建平台参与机制

搭建“设计＋管理＋建设”的多元协同平台机制，通过例会与各相关部门、利益主体及时有效地沟通，采取规划、道路、市政、景观、文保多专业共同编制设计的工作方法，促使工作模式从“串联”向“互联”转变，统筹解决问题，合力推动杨树浦路设计、建设、管理水平的提升。

（2）开辟公众参与空间

项目通过《解放日报》、上海人民广播电台等多种渠道向公众宣传，为公共留下参与议题的空间，通过公众参与、学术研讨、媒体宣传等形式，形成广泛的讨论和共同的价值取向，多渠道听取并合理采纳公众意见，协调与缝合各方诉求，在保证公共利益与城市品质的前提下形成各方共赢的方案。

（3）应用新型技术

借助无人机倾斜摄影三维建模、BIM 等新型技术手段对城市空间、历史资源、市政管线等方面进行可视化评估与分析，提升规划设计的科学性，为未来管理平台的建立打下了坚实的基础。

五、规划实施

杨树浦路被列入 2017 年上海市重大建设项目工程，已于 2017 年底开始动工改造建设，推进了沿线旧区改造等其他重大项目工程落地。江浦路 104 弄文物保护建筑已平移到位并加固到计划位置，围墙深化设计建设试点已实施。

六、经验总结

（1）整体保护

历史文化风貌地区的街道设计既是历史保护的有效手段，又是区域更新的有机载体，全面地保留历史遗存、风貌环境和城市记忆，将有助于街道设计特色的打造。

市政管线 BIM 可视化评估分析

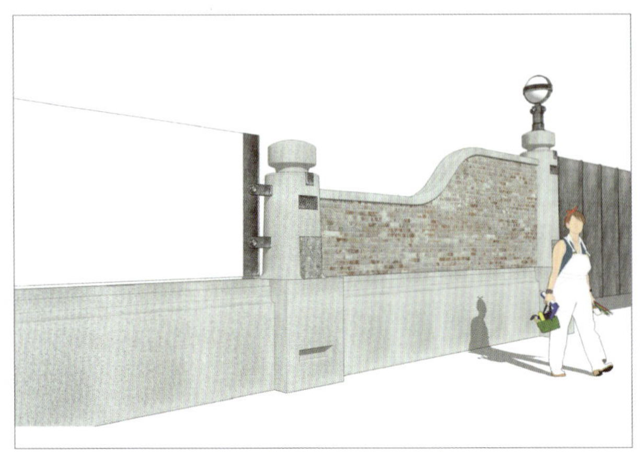

杨树浦路围墙节点设计示意图

杨树浦路围墙节点建设实景

（2）突破常规

历史保护前提下的街道设计条件复杂突出，应抓住主要矛盾，采用合理的规划与设计对策，因地制宜，突破常规的做法。

（3）多方合作

复杂条件下的街道设计应建立多方协调机制，加强规划、交通、交警、绿化市容等管理部门在规划及工程设计环节的协调沟通，开展规划、建筑、道路、市政管线、文物保护等多专业的合作。

（4）精细设计

设计方案应统筹考虑历史保护、交通承载、市政管线、地块开发、旧改动迁等因素，平衡各专项需求，因地制宜采取精细化、合理化的规划设计方案，确保方案的可实施性。

（5）公众参与

采取更多样化的形式，鼓励公众参与，通过广播、电视、报纸、新媒体等途径提高公众参与的覆盖面。街道的规划、设计和实施都应充分调动沿线业主、街道周边居民及社会公众的积极性。

（6）实施管理

通过试点项目的设计编制与审批实践，为街道改造更新项目的成果内容及形式设立相应标准，在道路建设工程方案中纳入街道设计内容，保障街道设计实施不走样。

（7）分期实施

复杂路段的街道设计分期实施，有助于街道设计特色的挖掘与打造，塑造城市独特的风貌，激发城市活力，提升文化内涵，塑造城市精神。可阶段性、循序渐进地更新改造，分时段管理和分期建设，建立弹性实施制度，充分尊重市民需求，有序地推进城市街道品质的提高。

蒋宗健

上海市规划委员会专家

原上海市规划和国土资源管理局副总工程师，教授级高工

营邑公司完成的《杨树浦路综合改造专项规划及街道设计》，是一项开拓型的“专项规划”。它突破了传统的道路改造专项规划的范式，以《上海街道设计导则》为指导，创造性地对街道空间的规划方式，进行了积极探索，具有很大的创新性。规划对具有一百多年历史、位于上海黄浦江下游江畔，保留着丰富上海城市发展历史传承的杨树浦路开展综合改造，提出了极富操作指导性的“专项规划”成果。

传统的道路改造规划，是以规划的道路红线为依据，以满足道路的主要交通功能为目标，对规划红线内的平面空间，以相关道路工程规范的具体技术要求为准则进行规划设计，并以此作为具体道路改造工程设计的依据。

鉴于杨树浦路特定的历史地位，规划编制单位认真考证了其一百多年的历史沿革，两侧文物、优秀历史建筑、应该保护和保留的其他建（构）筑物，以及沿线历史风貌整体状况，提出通过综合改造，“打造一条富有历史感、人情味、独特性和多元特征的城市街道，塑造杨浦滨江的百年历史体验带、地区功能承载带、滨江活力集聚带”，这是极具挑战性的规划目标。规划编制中，提出了“整体保护、以人为本、功能统筹、因地制宜”的规划原则。并在《上海市街道设计导则》的指引下，妥善统筹了在基本满足多种交通功能（机动车、非机动车、人行）需求与历史风貌保护和保留之间的协调；通过扩大空间规划范围，将街道两侧建筑外的空间——地上、地下三维空间均作为规划场所进行统筹布局；通过安排各类功能空间，以获得空间的最大化利用。全方位挖掘各类历史文化遗存及其在新时期的利用价值；对部分有历史意义的地下管线，通过特殊的规划手段，将其展现于世人的视野，留存人们的历史记忆。通过精心的城市设计，把道路专项规划，发展为一项与历史文化保护、地区活力丰富和提升的综合性规划，极大地彰显了规划的功效。

由于地方政府管理部门、工程设计单位、今后运管（管理）单位等都全过程参与了规划编制工作；规划过程中通过多种途径，广泛听取公众意见。所以，规划成果的操作指导性极强。规划编制中应用了无人机三维摄像建模、工程设计 BIM 等新技术，同步建立了三维空间和全方位信息管理平台，为规划的实施和日后的运营管理提供了技术保障。

我们期待通过这项规划成果的实施，在不久将能向市民呈现一条承载百年历史的城市街道，带给杨浦滨江充满历史记忆和焕发着新时代光彩的新天地。

上海市嘉定区江桥镇总体规划暨土地利用总体规划（2015—2040 年）（含近期重点公共基础设施专项规划）

2017 年度全国优秀城乡规划设计奖（村镇规划类）一等奖、2017 年度上海市优秀城乡规划设计奖一等奖

编制时间　2013 年 11 月—2016 年 12 月

编制单位　上海同济城市规划设计研究院、上海广境规划设计有限公司

编制人员　周俭、熊健、俞静、顾玄渊、廖志强、周芳珍、汤瑜悦、冯东敬、汪洁、张洪武、景秋晨、张春美、仝先厚、张晓亮、金岚

一、规划背景

1. 规划体系改革

2014 年，上海启动新一轮总体规划编制，推进规划体系改革，全面落实中央“多规合一”的各项要求。作为上海郊区基层行政单元的新市镇，其总体规划编制，则定位为技术管理与公共政策的综合性基础性承载平台。

2015 年，经上海市规划和国土资源管理局多轮研究，由上海同济城市规划设计研究院承担《上海市新市镇总体规划暨土地利用总体规划编制技术要求和成果规范》编制工作，同步以上海市嘉定区江桥镇总体规划暨土地利用总体规划为试点。

2. 新市镇的定位

新市镇是上海政府管理的最小单元，是实现国土空间规划体系中“纵向到底”的最后一个层次。同时，新市镇也是面对基层实施，落实全市“多规合一”，统筹各专业要求于一体“横向到边”的综合性平台。

基于上海市城市规划管理体系改革，将原有的 5 个层次归并为 3 个层次的总体调整，新市镇总体规划的定位是与中心城单元规划、郊区街道单元规划共同起到“上承市、区总规，下启控详实施”的中间层次，在成果深度上体现向“单元规划”的转型。

区位分析图

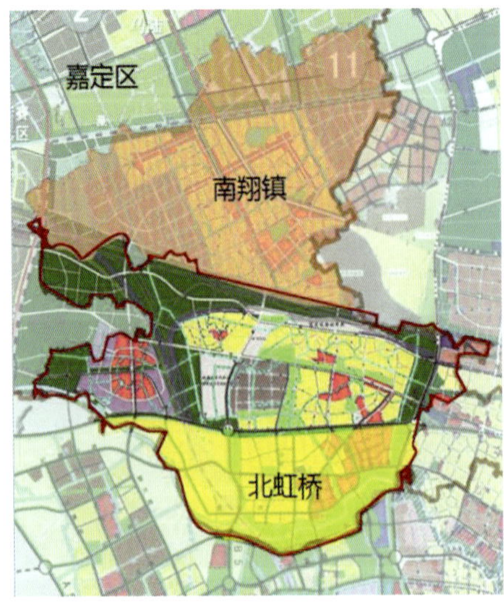

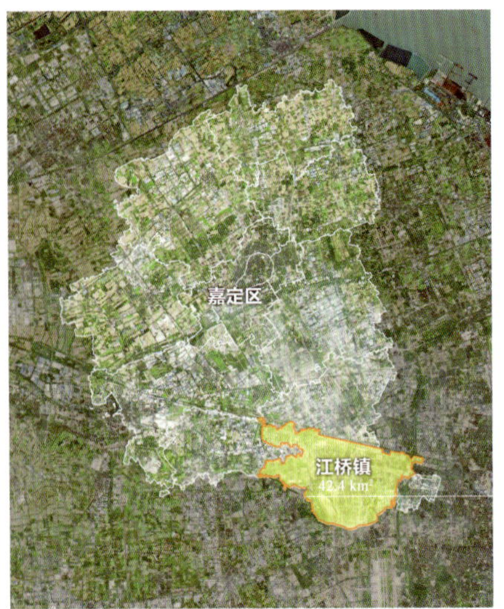

规划范围

3. 规划成果框架

考虑到新市镇实际情况，新市镇总体规划成果最后形成“一镇一本规划”，简化体例、突出重点，强调问题和目标，做到一目了然、通俗易懂。

规划名称确定为《某某镇总体规划暨土地利用总体规划（2015—2040年）（含近期重点公共基础设施专项规划）》（现规划年限统一改为2035）。

规划文本分为6个部分。总则，突出本镇实施动态和核心问题。第一章是空间发展战略，体现本镇政府事权和总体发展指引，明确空间部署和建设重点。第二章是土地综合利用，全面落实国土空间内容，加强本镇土地综合统筹，集约利用。第三章是公共服务与基础设施保障，强调本镇各类公益性设施的保障。第四章是单元规划，强化本镇近期重点公共基础设施的落实。第五章是近期实施，明确本镇建设重点和土地增减挂钩等具体内容。6个部分分别体现规划的战略性、底限性、实施性内容。形成核心图纸3张，衔接数据信息平台。

二、规划构思

江桥镇是沪宁走廊第一镇，位于上海中心城外缘。江桥镇是上海近郊城镇化圈层的典型区域，建设用地接近饱和，城市环境建设滞后。总体规划评估认为，江桥镇发展应重点关注五个方面问题：

（1）区域职能：如何承接中心城区功能外溢，服务大虹桥战略。

（2）产业发展：如何在现状工业基础上，拓展新兴产业功能。

（3）交通发展：如何建立内密外联、通达高效的城市交通体系。

（4）城镇特色：如何挖掘自然与人文资源，打造城市的特色品牌。

（5）人口结构：如何引导人口结构的优化，提高居住品质。

经过前期深入研究，规划提出江桥镇发展重点在于“转型和融入”。

一是作为走廊门户，应进一步融入长三角一体化发展，围绕大虹桥，以区域职能为导向，重新梳理交通和产业的发展。二是作为具有20万人口的城镇，应进一步以高质量发展的小城市为目标，补短板，提品质，优化人口结构，改善民生设施，凸显生态文明，提高城镇的文化魅力。

同时，经过实施动态评估，规划梳理出江桥镇面临的三个问题：一是虹桥机场噪声影响带来的发展约束；二是公益性设施建设的严重滞后；三是城规和土规的用地图斑在镇级空间层面存在较多冲突。

三、主要内容

江桥镇总体规划成果即根据《上海市新市镇总体规划暨土地利用总体规划编制技术要求和成果规范》要求所形成的图文并茂成果，每个章节的主要内容包括：

第一章，空间发展战略，以“人口规模、土地利用、公共保障、产业发展”四个方面的综合发展指标为引导目标，突出公共政策导向。

用地布局上，创新图纸表达方式，远期用地采用“功能区”引导示意，近期实施的各类公服设施则以图斑进行精确的表达。土地利用则突出结构调整，统筹基准年、近期、远期年的城规和土规的农用地、未利用地的各项指标增减情况，一目了然。

文本、说明
图集、表格
→
法定文件（**一个文本**）
（现状、法条、研究等内容，**图文并茂**）

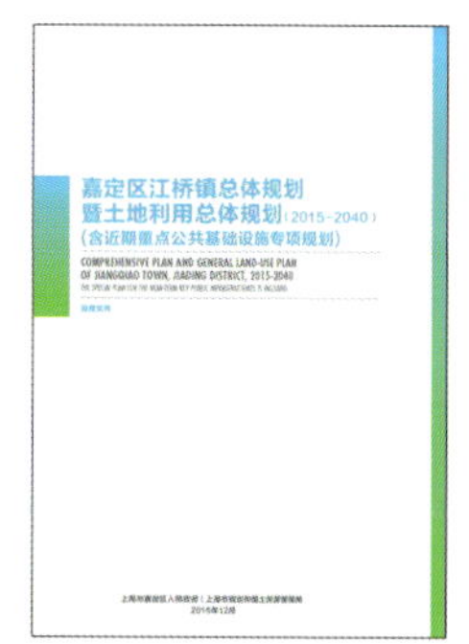

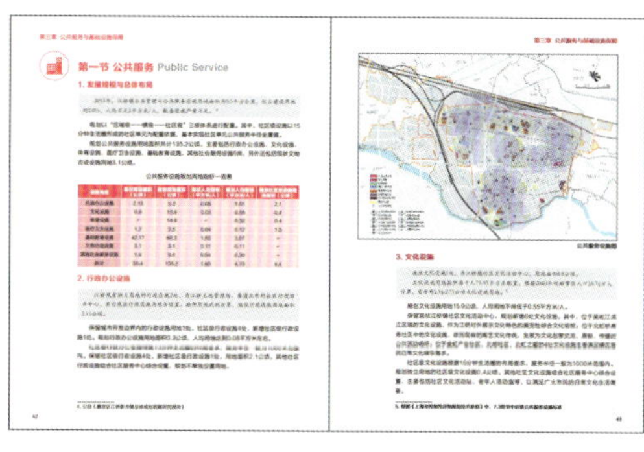

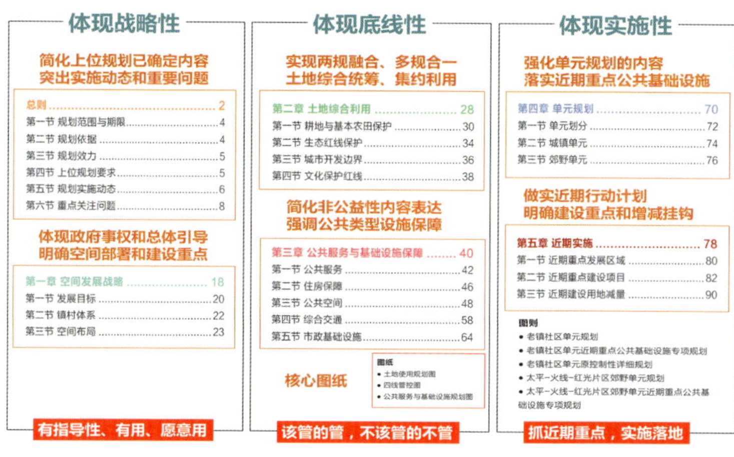

新市镇总体规划成果框架

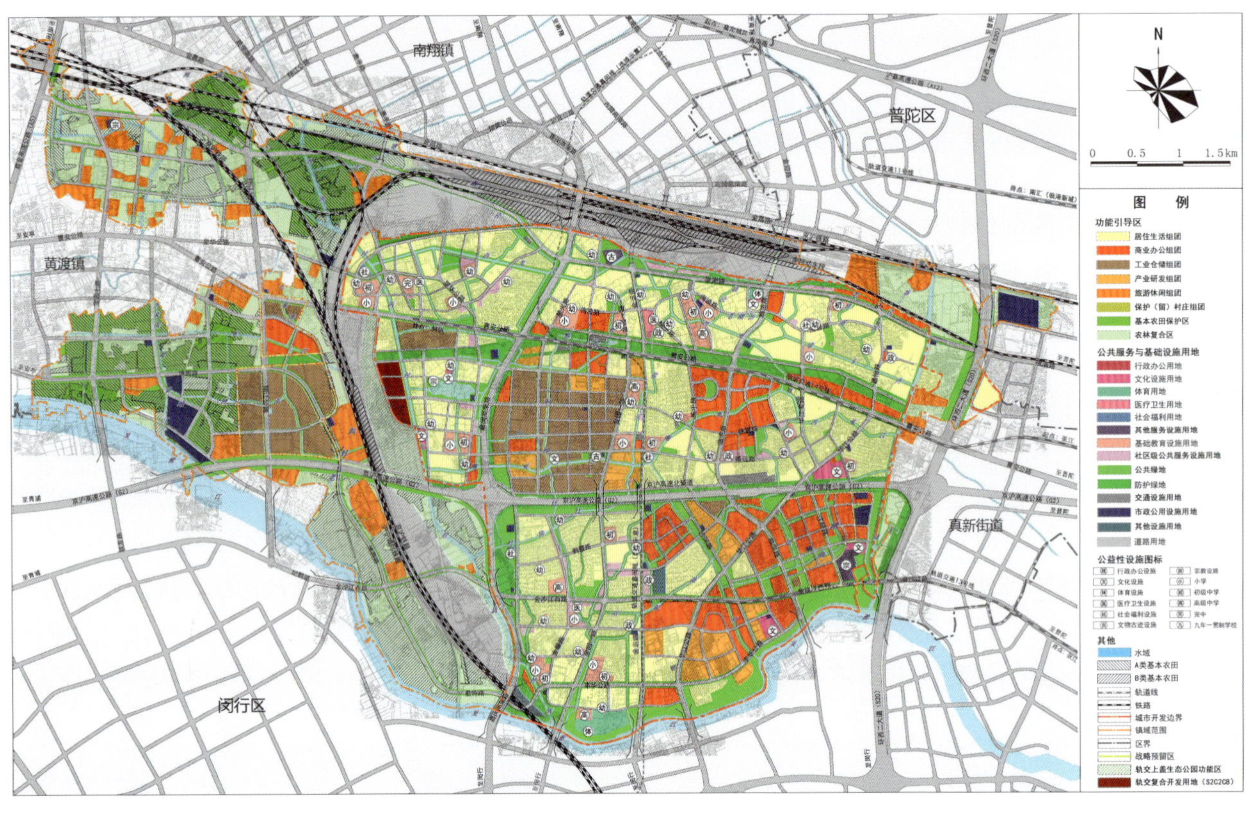

土地使用规划图

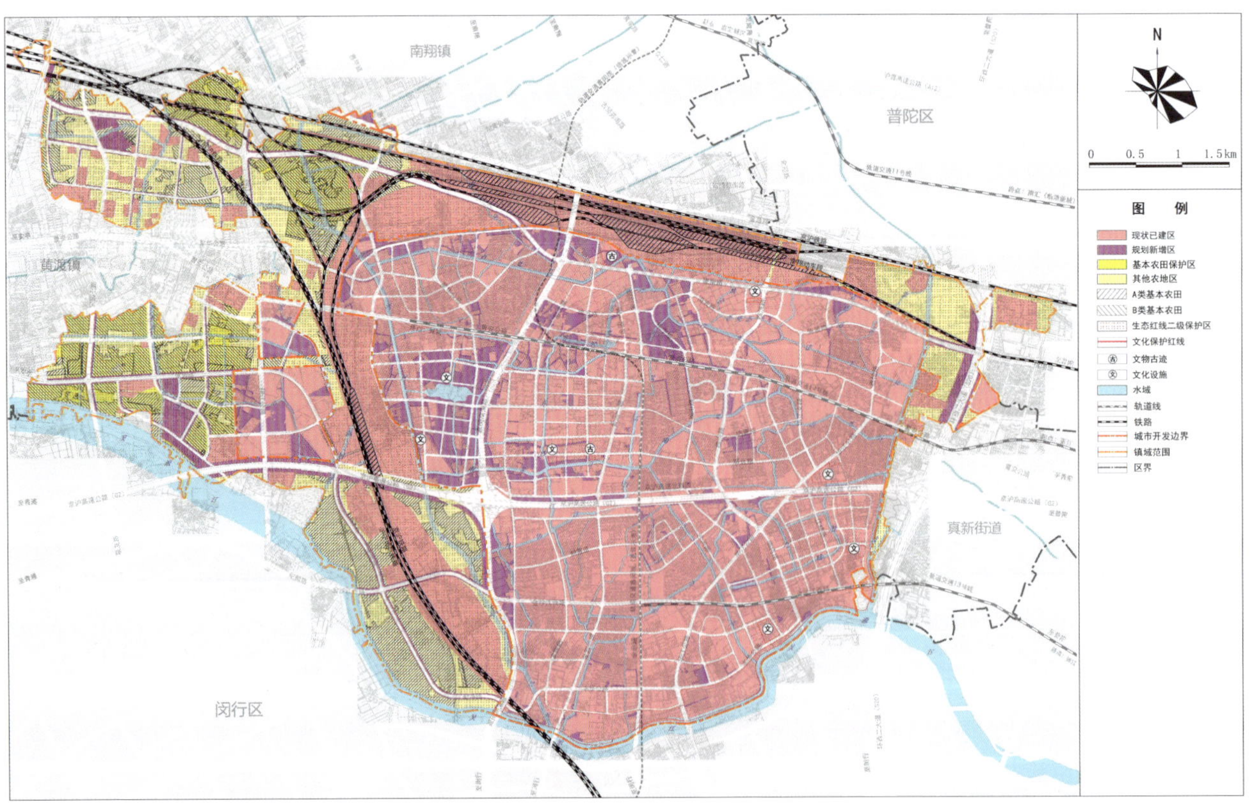

四线管控图

第二章，土地综合利用，突出底限保障，划定三生空间，确保上海全市“新四线”的落地。

“新四线”包括：基本农田保护线、生态保护线、文化保护线和城市开发边界。围绕上海郊区特色，落实都市郊野农产布局和用地统筹；贯彻上海增减挂钩政策要求，落实存量更新的用地调整方案；响应上海严格的历史保护要求，探索文化保护线管理机制。

第三章，公共服务与基础设施保障，突出公共产品供给。

针对公共服务设施建设严重滞后的典型问题，强化设施服务的配置要求与建设进度的管控要求。加强总体城市设计，提出公共开放空间体系建设要求，与区域吴淞江风貌带做好衔接。全面提升公共交通服务水平，结合全市轨道交通建设，弥补常规公交等多项绿色交通系统。此外，对于市政供给类公益性基础设施落地和农民安置用地、保障性住房用地给予明确落实。

第四章，分单元落实。

总体规划通过城镇单元与乡村单元进行全覆盖指标管控。城镇单元，进行街坊指标管控，突出近期重点公共基础设施要求。乡村单元，增加了农用地和建设用地的功能引导区分别控制。

第五章，近期实施。

聚焦近期公益性项目，包括文教体卫养老设施、道路交通设施、市政设施、公园绿地、安置基地等。近期重点公共基础设施直接形成控规图则，对接建设实施。

四、规划特色

1. 两规融合，多规合一

统一用地分类、统一数据底板、整合多规内容、统一发展目标，实现两规融合、多规合一。尤其对用地结构调整表进行了完善，明确了各类建设用地和农用地的整体发展要求，近远期镇域土地使用优化调整一目了然。

2. 统筹城乡，单元管控

统筹安排全镇域人口和用地、加强农村地区功能引导、城镇单元＋乡村单元全覆盖实现统筹城乡，单元管控。乡村地区单元加强农用地规划引导、建设用地减量化要求和公益性设施布局，城镇地区单元重点控制各类公益性设施布局，确定用地结构、开发强度等指标控制与城市更新要求，指导控制性详细规划编制。

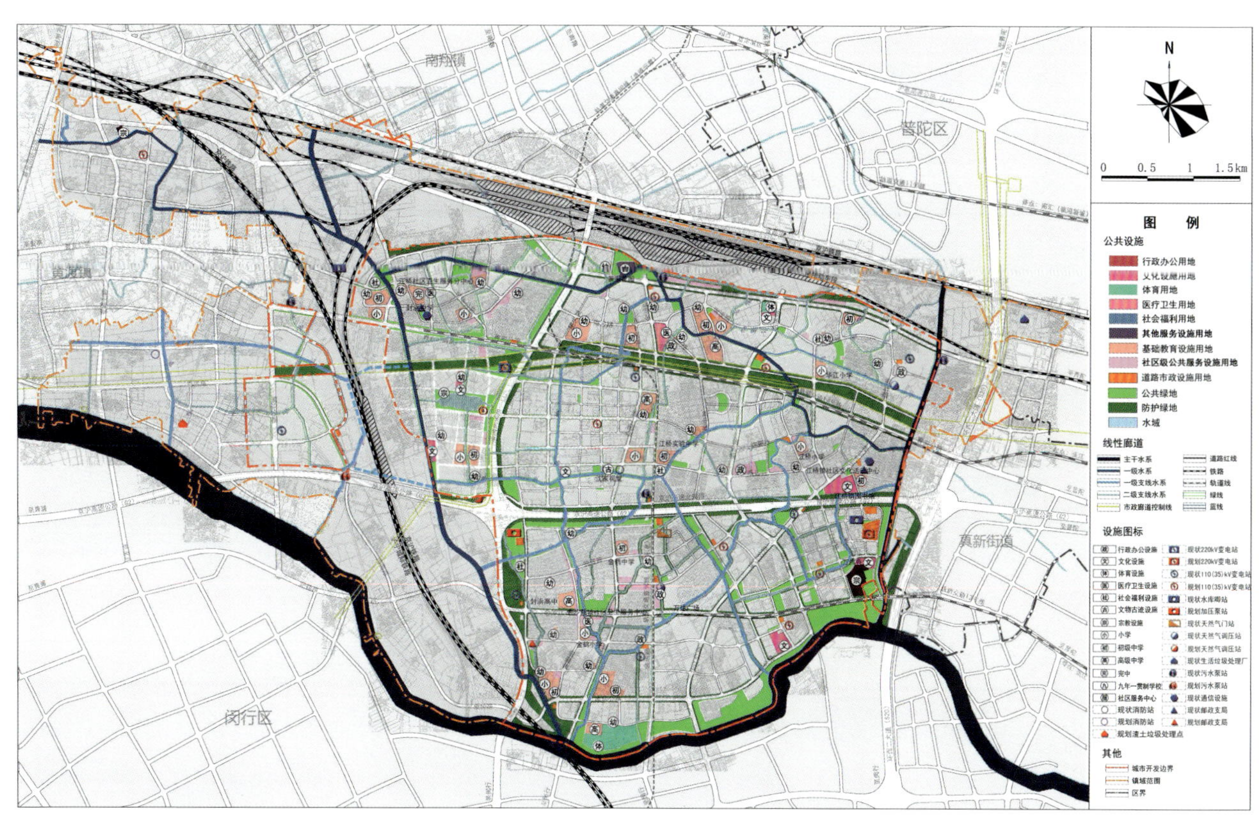

公共服务与基础设施规划图

江桥老镇社区（JDP0-09）单元规划（街坊控制等相应指标略）

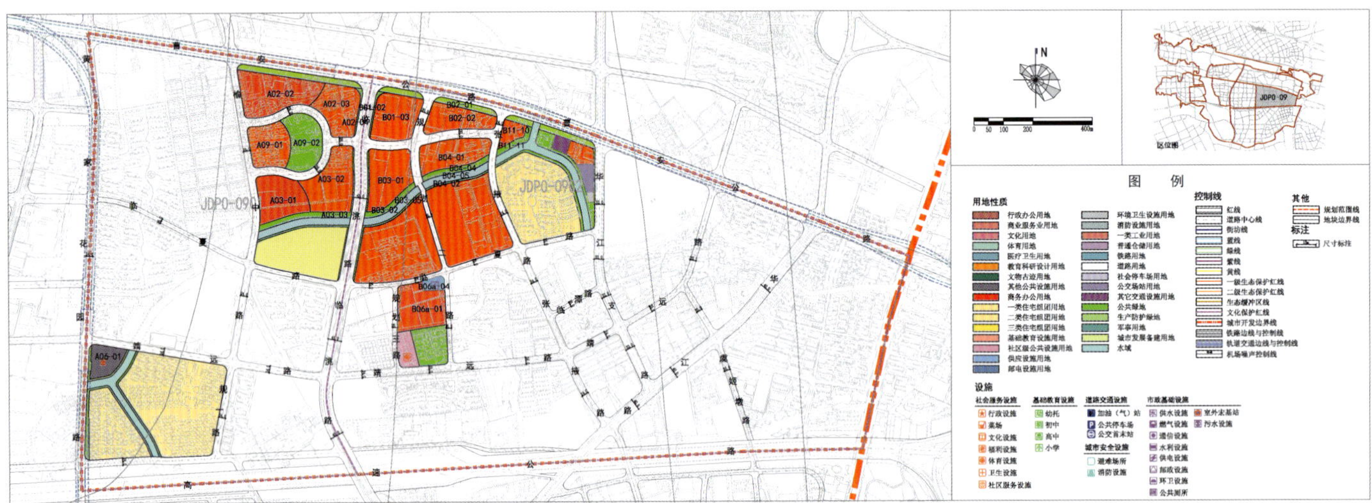

江桥老镇社区（JDP0-09）单元近期重点公共基础设施专项控制性详细规划（地块控制指标略）

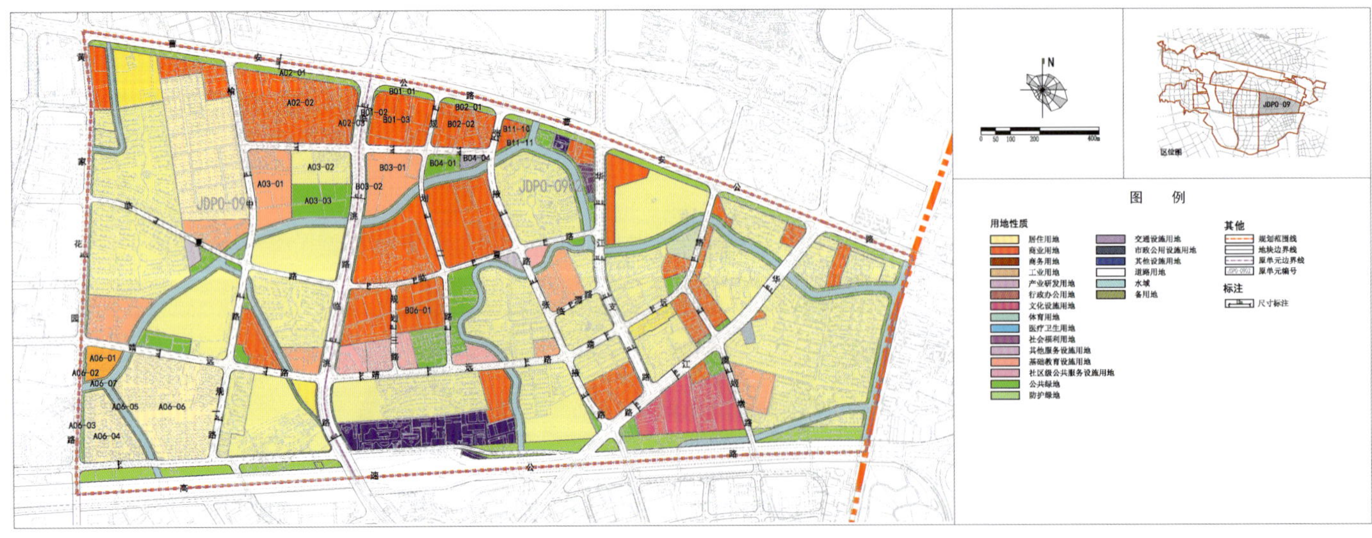

江桥老镇社区（JDP0-09）单元原控制性详细规划（地块控制指标略）

3. 强化公共，突出底线

镇域层面落实“四线”精确图斑、深化公益性设施控制要求、突出文化内涵提升，实现强化公共，突出底线。

4. 做实近期，面向实施

聚焦近期公益性项目、落实建设用地减量化实施计划，加强近期重点区域引导，实现做实近期，面向实施。

5. 成果简化，管理提效

简化成果、简化上位规划已确定的内容，简化非公益性内容在法定文件中的表达，强化单元规划内容，强化近期实施安排。成果转变文风、统一格式、简化附图，衔接控规图则，实现数据高效管理、全面信息公开。

五、实施情况

《上海市新市镇总体规划暨土地利用总体规划编制技术要求和成果规范》试行稿于2016年2月正式颁布，2018年12月修订完成。《上海市嘉定区江桥镇总体规划暨土地利用总体规划（2015—2040年）（含近期重点公共基础设施专项规划）》（简称“江桥镇总体规划”）于2017年2月正式获批。

“江桥镇总体规划”是对镇级层面总体规划改革的一次机制转变与实践探索。规划是立足于上海城乡发展基本情况，结合新一轮城市总体规划编制工作要求，依托上海市城乡规划管理体系的优化完善而形成的一次创新成果。《上海市新市镇总体规划暨土地利用总体规划编制技术要求和成果规范》于2016年7月获上海市规划和国土资源管理局的“创新案例奖”。

张　帆

上海市城市规划设计研究院院长，教授级高工

新市镇作为“多规合一”的最基本单元，要体现本轮总体规划首先保障发展底线、落实公共服务设施和生态空间，成果深度上向“单元规划”转型的特点。江桥镇总体规划与上海市新一轮城市总体规划同步开展编制，充分体现了市总体规划“集约发展、底线约束、弹性适应”的理念，并具有以下亮点和特色：

该规划以问题为导向，应对存量规划的编制现实，深入细致地分析江桥镇发展面临的五个方面问题和实施中迫切需要解决的三大难题，进而明确规划重点为“转型和融入”，定位准确清晰。针对公共服务设施建设严重滞后的问题，强化公共服务设施的配置要求与建设进度的管控，具有较强的操作性。

该规划是镇级总体规划“多规合一”的有益探索，通过比对图斑，不仅处理了各项用地指标冲突，实现了空间资源的统筹利用，还同步衔接了其他专项规划，最终以“一个镇、一本规划”的形式，实现了较强的综合性。

该规划成果形式创新，图文并茂、通俗易懂。同步完成的《新市镇总体规划技术要求与成果规范》具有示范作用，对上海其他新市镇规划的编制发挥了有效的指导。在图纸表达上，以“功能区”引导示意远期用地，以图斑精准表达近期实施的三公设施，由此较好地契合了上海精细化管理特点，同时也兼顾了规划的弹性和适应性。

超（特）大城市养老服务模式创新和专项规划编制实施研究

2017 年度全国优秀城乡规划设计奖（城市规划类）一等奖、2017 年度上海市优秀城乡规划设计奖二等奖

编制时间：2015 年 1 月—2016 年 3 月

编制单位：上海市城市规划设计研究院

编制人员：张帆、吴芳芳、申立、詹运洲、金忠民、陈琳、刘博、冯茜、黄珏、冯洁、吴蒙凡、蔡颖、陈跃斌、李苏晋、朱晓玲

一、项目背景

“老吾老以及人之老”。养老、孝老、敬老是中华民族的传统美德，也是党的十九大实施“健康中国”战略的根本要求。目前，我国正处于人口快速老龄化，从年轻社会向老龄社会急剧转变的发展进程，老年人对医疗设施、养老设施、文化活动设施以及无障碍设施等提出了一系列新的要求，而以上海为代表的超（特）大城市的老龄化问题尤为严峻。国内各大城市正在围绕养老设施开展规划编制和研究，但是传统的养老服务模式难以与老年人口的结构和需求相匹配，同时专项规划普遍面临实施落地难的瓶颈。在此背景下，国家住房和城乡建设部立项研究《超（特）大城市养老服务模式创新和专项规划编制实施研究》，将为专项规划的理论建设和实证操作提供重要指导和参考。

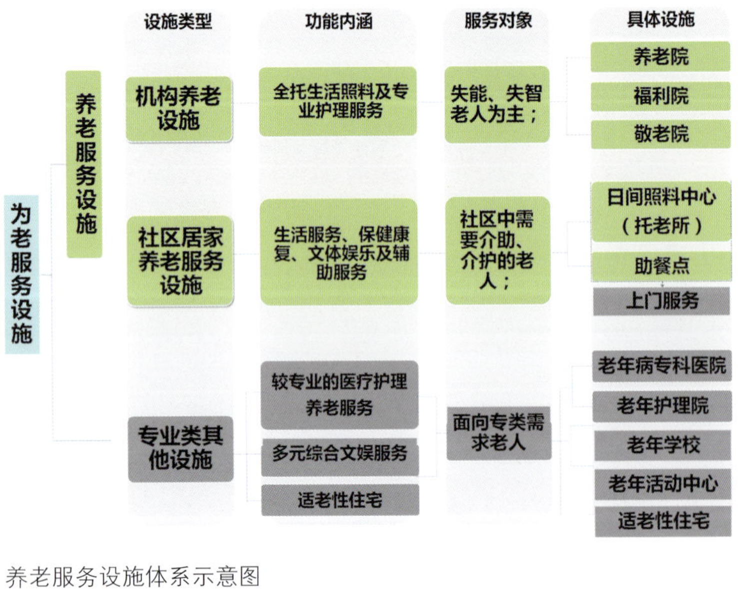

养老服务设施体系示意图

1. 积极老龄化背景下，新的发展趋势对传统养老服务模式产生重大冲击

关注养老服务设施是城市规划以人为本、民主和公正的重要体现。我国社会养老服务体系建设仍然处于起步阶段，传统的养老院以收住低保和孤寡老人为主，但如今大城市的养老院收住了大量高龄、失能老人，如上海养老院中 80 岁以上老人占比达到 72%，在此背景下迫切需要转变养老服务模式，扩展规划设施的对象范围。养老机构日益趋向专业化、护理化的同时，社区作为重要服务载体的角色将日益凸显，传统养老服务模式和设施体系面临重大挑战。

2. 城市规划作为重要的空间政策，在应对养老挑战时亟需强调科学性和实施性

老年人口对于各类专项服务设施都提出了需求，城市的文教体卫福利等各类社会服务设施都面临新的考验。与此同时，发展养老服务也是政府调结构、惠民生、促升级的重要力量。只有科学地厘清具体的服务模式，明确养老规划的定位，创新性地突破原有围绕机构养老为主的模式，才能从更高的战略视角有效制定应对策略。同时也只有将专项规划的编制实施纳入整个规划体系，横向和纵向都落实到位，才能促进养老规划的合理性和可实施性。

3. 上海面临的问题较为复杂和综合，实证成功经验具有较大的借鉴和参考意义

研究以上海为实证研究基础，探索研究在存量更新时代

城市人口规模超大、外来人口较多、空间差异巨大、设施需求多样的背景下，如何创新养老服务模式，编制专项规划并有效促进实施，上海的经验和成果在全国乃至全世界都具有重要的借鉴和示范意义。

二、项目构思

养老设施专项规划是比较新的规划，相较于传统城市专项规划关注空间布局方案的编制，养老服务设施规划需要更加关注对于未来养老服务模式的趋势判断和专项规划的编制实施。围绕这两方面，研究通过跟踪国内外16个重要城市的养老设施及规划案例，走访100多家养老机构和设施，调查1万多名市民的养老需求，结合上海市市级和区级两级专项规划编制实证研究，最终提出适合我国超（特）大城市的养老设施服务模式和设施体系，明确养老专项规划的编制体系及实施保障机制。

研究首先明确养老设施规划的重要战略意义和挑战。在未富先老带来巨大挑战的背景下，通过借鉴国内外重要城市的案例经验和政策导向，明确建设老年人友好城市是国际大都市城市中长期发展战略中的重要一环，也是提升城市全球竞争力的重要手段。为追求经济发展的城市在考虑对弱势群体的支持时扫除了顾虑。通过系统科学的研究，提出我国养老设施在体系规模、空间布局、存量设施、配置标准和部门协同等方面存在的挑战。

在此基础上，研究突破传统围绕机构养老的服务模式，从老年人需求入手创新规划模式。重点围绕养老服务设施对象范围拓展、服务人口预测、社区在地养老、资源供给模式、存量增量并举、空间政策分区等方面，提出了适合我国超（特）大城市国情的养老服务模式和设施体系。

本项目尤其注重结合实践研究专项规划的可操作性。立足上海实证操作经验，从规划横纵向衔接、编制体系构建、共享数据平台、完善配套标准、政策协作配套等角度，提出科学有效的专项规划编制体系及实施机制，意图进一步充实我国养老设施专项规划的理论研究和实践积累，为规划的编制和有效实施提供有效的指导参考。

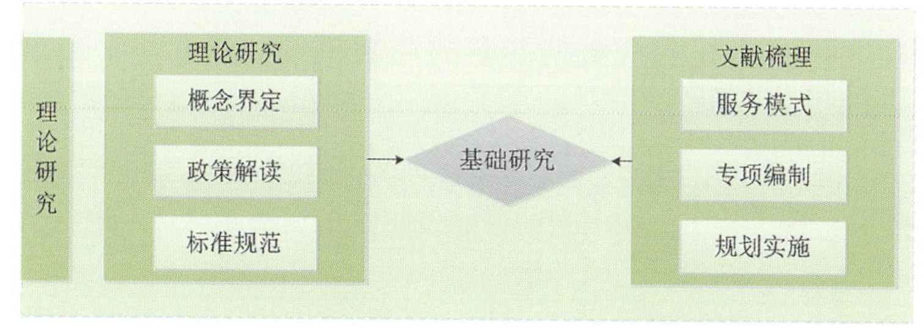

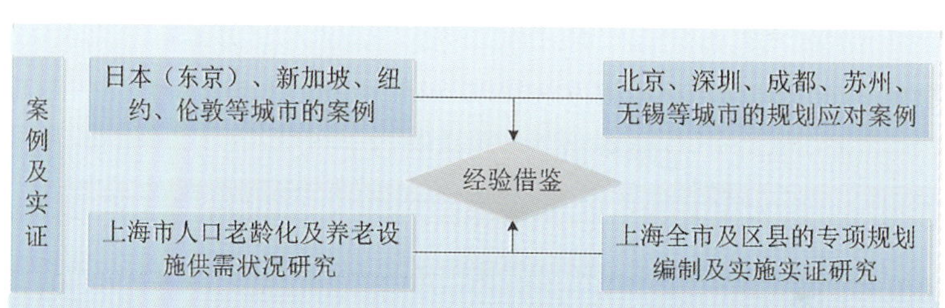

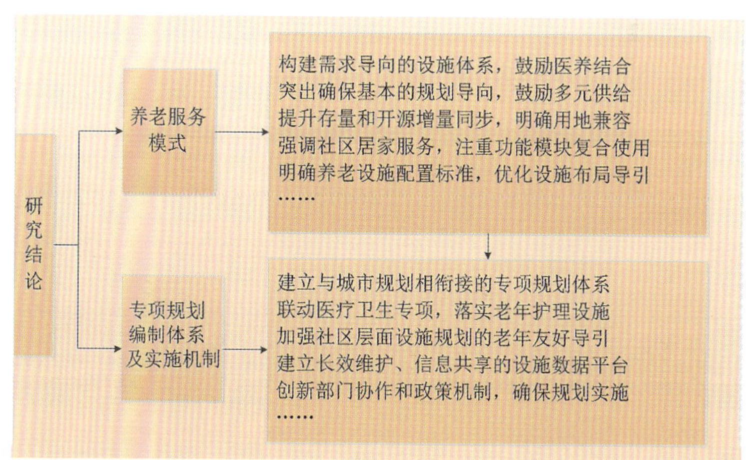

技术路线图

三、主要内容

1. 揭示了超（特）大城市在当前面临的严峻挑战

在未富先老带来巨大挑战的背景下，追踪研究并借鉴国际大都市和国内城市的案例经验、当下的政策导向，研究分析了养老体系、设施规模、空间布局、存量设施、配置标准以及部门协调等方面存在的问题。养老服务内容也正由满足生存需要的救助型向全方位的福利型转变，建设老年友好城市、提升民生保障水平是超（特）大城市提升全球竞争力和全民幸福感的重要手段，明确关注养老服务设施是体现城市规划以人为本、民主和公正的重要内容。

2. 突破了传统围绕机构养老的规划模式，强调基于需求的模式创新

基于东亚、北美、欧洲等不同养老服务模式，结合我国国情和超（特）大城市空间特征，研究构建基于老年人需求的超（特）大城市养老服务模式。

（1）以老年人需求为导向，在传统以收住低保和孤寡老人为主的基本保障型的机构养老的基础上，基于需求评估强调服务全口径老年人的养老服务模式创新。从“持续照料”的角度，明确“医养结合”的主要内容，深化养老设施分类分级体系，注重面向失能失智老人的专业化护理机构的规划。

（2）强调“在地养老”，注重社区居家服务功能模块复合使用。从以机构养老设施为主到机构养老和社区养老并举，强化自下而上的需求声明，提出社区居家养老服务设施的“功能模块组合”和“菜单式选配”，设计养老服务包，设置农村“睦邻点”，加强社区层面设施规划的老年友好导引和老年宜居建设。

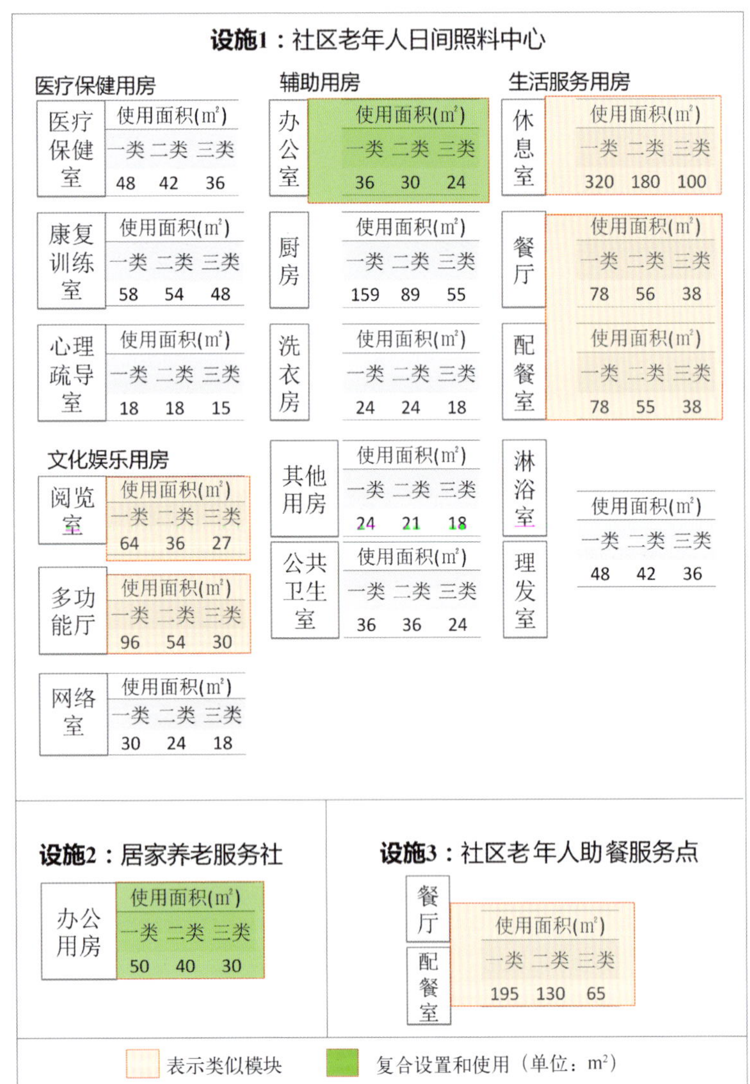

社区居家养老服务功能模块分割组合示意图

（3）资源供给模式方面，明确用地兼容、提升存量和开源增量同步。市建成区应与城市更新有机结合，在旧区改造、产业区转型过程中首先满足公共服务设施（尤其是养老设施）的用地需求，郊区应按照新型城镇化的要求高标准落实建设规范；建立已有养老设施存量设施“双评估”体系，逐步引导存量设施的优化提升，探索城市更新过程中公共服务的多元化供给，如上海改造了多处闲置的卫生服务中心、酒店等存量设施，按标准建设养老床位。

（4）空间政策分区方面，针对传统养老设施配置时仅考虑单个建筑规模，忽视老年人实际空间分布和区域发展特征所导致的中心城一床难求和郊区床位大量空置的情况。研究深入分析成熟地区、快速城镇化地区、特定功能区的特征，提出了优化完善、重点配置、预留配置和有限配置的差异化政策分区引导，促进空间资源有效匹配。研究突出确保基本的规划导向，鼓励多元供给，适度引导和鼓励市场化养老设施有序发展。

3. 面向管理，明确专项规划编制体系及实施机制

（1）建立与城市规划相衔接的专项规划体系。养老设施规划是比较新的专项规划，迫切需要构建与城市规划相衔接的专项规划体系。基于上海实证研究，建立了市区级养老设施专项规划与城市总体规划、控制性详细规划等的衔接关系。针对公益性设施难以实施的现状，研究创新性地提出，结合区县级专项规划，探索同步编制和审批控制性详细规划图则。

（2）建立信息共享、落于实施的设施数据平台。以规划土地信息系统和民政部门设施系统为平台，建立养老用地现状与规划数据库，以更好地管理跟踪和维护，成为委办局协作项目审批和规划实施管理的重要操作手段。

（3）完善配置标准，更好地指导和促进规划实施。目前的规划标准，单纯按照人口的老龄化率进行配置，忽略了年龄结构和实际需求，差值较大。研究提出明确具体老年人口数量，以服务对象的实际空间需求来提升和优化配置标准。如上海修订了地方控详技术准则，养老设施配置建筑面积指标由千人 159 m^2 提高到 340 m^2。

（4）创新部门协作和政策机制，确保规划实施。理顺专项涉及的管理部门的关系，建立各司其职的设施建设和保障政策体系。自本研究开展以来，课题组协助上海市民政局等相关

类别	地区特征	规划策略	强制要求	建议容积率
优化完善	成熟城镇区域，地区人口和需求相对稳定	至少1处	小型、中型设施	1.2～2.5
重点配置	快速城镇化区域，或人口导入重点区	至少1处，独立占地	中型和大型设施	1.0～2.0
预留配置	远郊新市镇，机构养老需求总体尚不强烈	至少1处，独立占地	中型和大型设施	0.8～1.8
有限配置	特定功能区，未来人口以导出为主的区域	至少1处	小型、中型设施	—

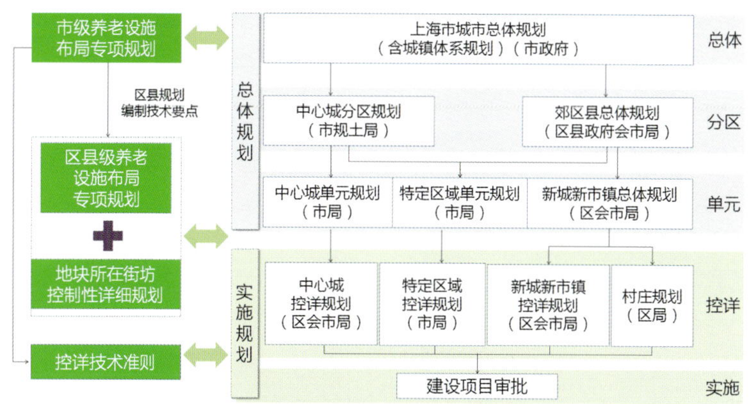

与城市规划相互衔接的养老设施规划体系示意图（以上海为例）

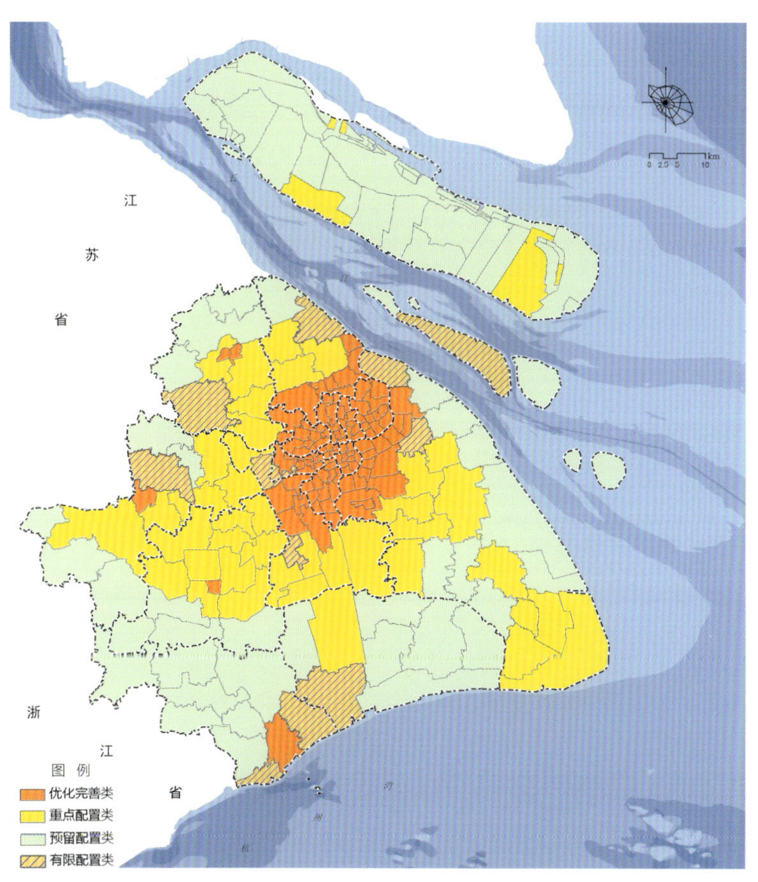

机构养老设施规划配置引导图

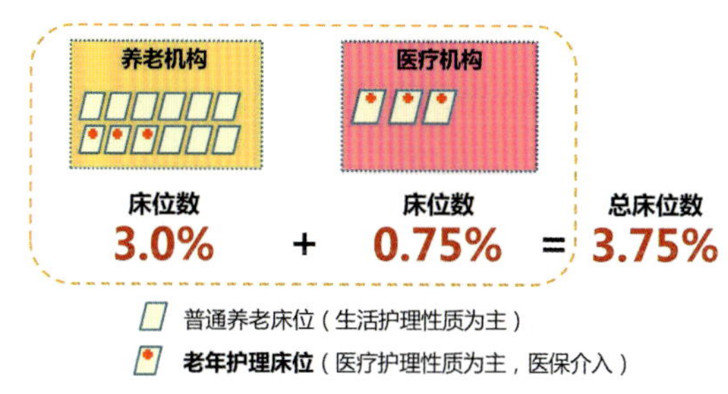

养老设施医养结合指标示意图（以上海市为例）

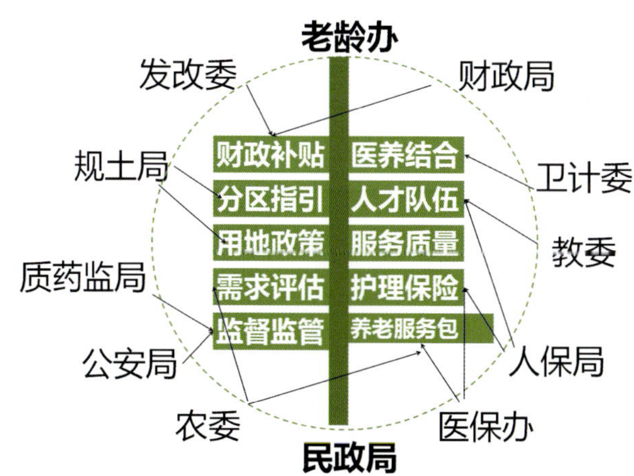

政府相关委办局的政策协作制定示意图

委办局，设计出台了50余项围绕医养结合、用地政策、财政补贴等的实施政策，有效保障了养老规划的实施。

四、项目特点

研究针对“养老难”这一热点问题展开空间冷思考，探索了规划角度的养老服务模式创新和规划编制实施体系，突破了原有围绕机构养老的规划模式，为养老规划编制和规划实施提供了有较强的操作性方案，规划思路及实施措施具有前瞻性、创新性。

（1）突破了原有围绕机构养老的规划模式，以服务全口径老年人为目标，建立基于需求评估的养老服务模式。强调

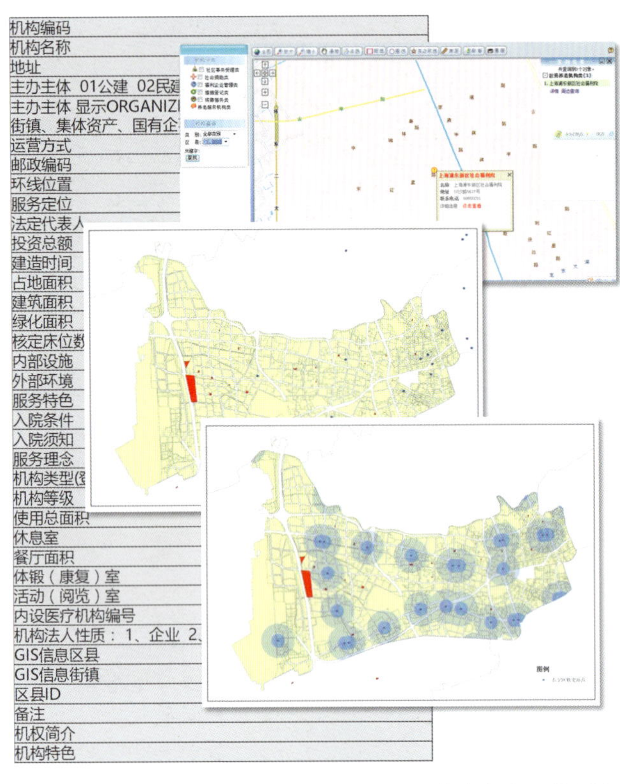

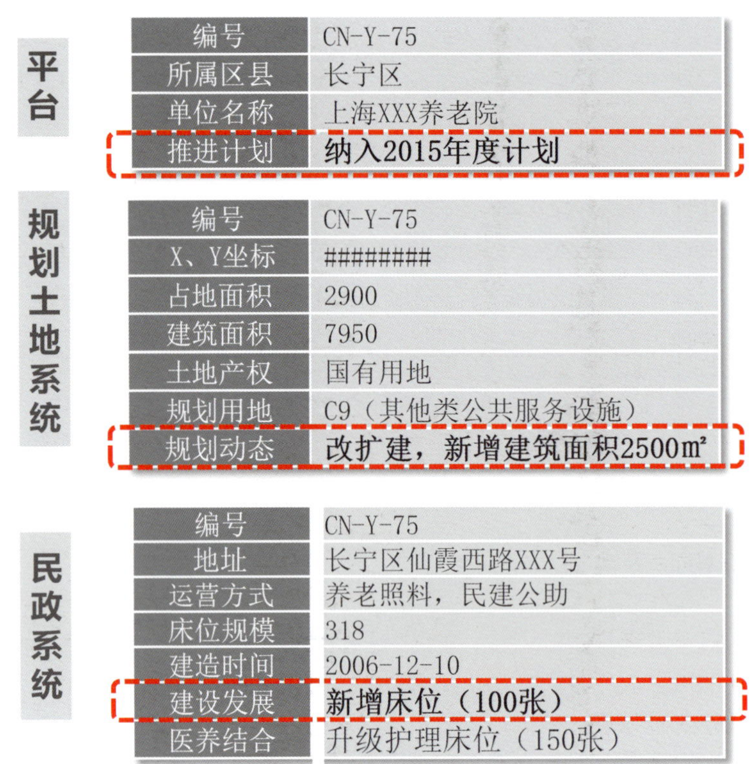

养老设施数据平台基本构想示意图（以上海市长宁区为例）

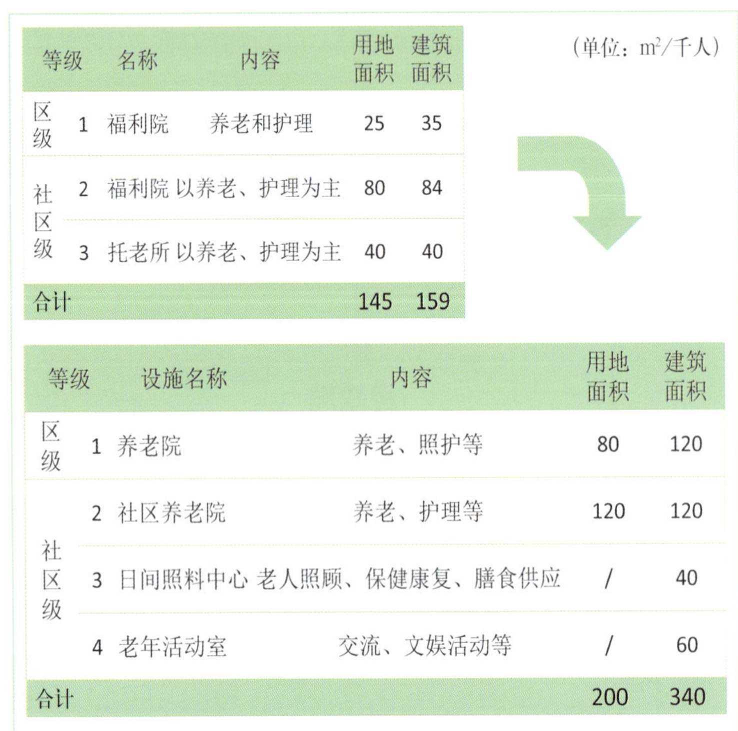

（单位：m²/千人）

等级		名称	内容	用地面积	建筑面积
区级	1	福利院	养老和护理	25	35
社区级	2	福利院	以养老、护理为主	80	84
	3	托老所	以养老、护理为主	40	40
合计				145	159

等级		设施名称	内容	用地面积	建筑面积
区级	1	养老院	养老、照护等	80	120
社区级	2	社区养老院	养老、护理等	120	120
	3	日间照料中心	老人照顾、保健康复、膳食供应	/	40
	4	老年活动室	交流、文娱活动等	/	60
合计				200	340

养老设施配置标准变化示意图（上海市控制性详细规划技术准则）

机构养老和社区养老并重，政府和市场多元供给，促进医养结合和部门协作，对未来养老服务模式发展趋势、存量利用与增量规划、设施配置标准等进行顶层设计。在近年来上海市、区两级养老规划编制实践中已充分应用，发挥了很好的示范作用。

（2）系统研究并精细化把握了我国老年人的养老服务实际需求。在调研了100多家不同地区的养老设施、调查了1万

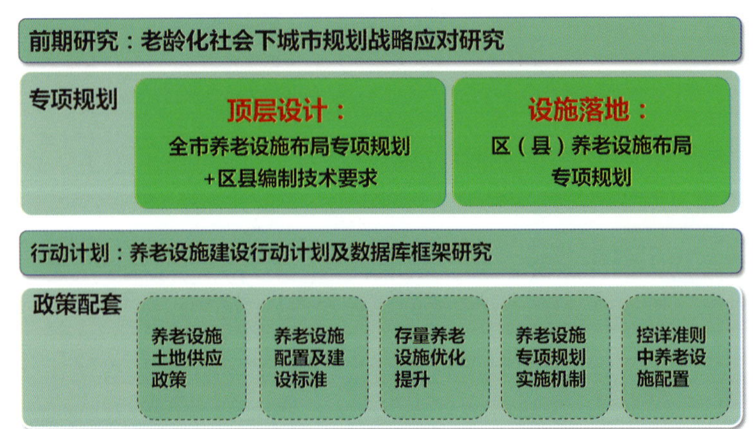

养老设施专项规划编制成果体系示意图

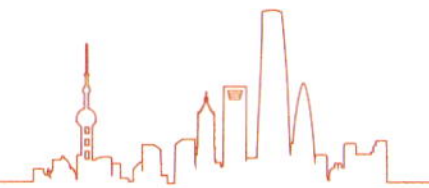

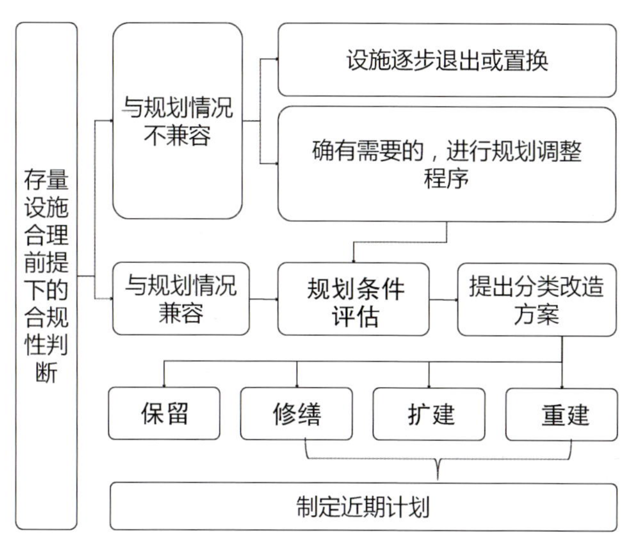

存量养老设施“双评估”示意路径图

多名不同年龄老人、跟踪了国内外 16 个城市养老规划后发现，中心城与郊区老年人对于空间距离的敏感度有显著差异、对于养老服务内容和设施改善需求显著不同。通过对老年人的年龄细分、空间细分、需求细分等，明确了需求导向下的养老设施规划导引与配置标准。

（3）制订适合于超（特）大城市实际的养老专项规划编制技术体系，对标国际大城市，衔接我国现有规划编制体系，提出“前期战略研究—全市专项规划—试点区专项规划—区县指导意见—数据库建设—年度实施推进”的技术体系，建立了存量养老设施双评估方法与监测机制，构建长效维护信息共享的设施数据平台，为养老设施的规划建设提供了具有操作性和可行性的方案。目前，在上海市已全面付诸实施。

（4）提出我国养老服务多“规”合一的实施保障路径，为确保养老设施的规划合理性和可实施性，探索并实践了多部门衔接，理顺管理部门间关系，建立民政、社保、规土、卫生等各部门各司其职的设施建设保障政策体系，明晰“空间规划、标准规范、政策规定”的实施保障体系。促进医养结合，提出民政与卫生部门合力承担老年护理床位；多层规划衔接，结合专项规划同步编制控详图则，确保设施快速审批落地。

（5）多种养老规划编制技术方法的集成创新，基于国内外养老规划理论与实践，厘清了错综复杂的各类养老服务与机构的概念与功能，提出了基于“六普”人口的年龄平移法的老年人口规模预测方法；明确按照峰值进行用地底线管控，展望远景并预留弹性规划机制；提出了基于功能模块灵活配置的社区居家养老服务模式；将大数据研究、国内外对标研究、上海案例实证、政策体系研究等综合集成，结合公众参与和专家咨询，进一步提升研究的科学性。

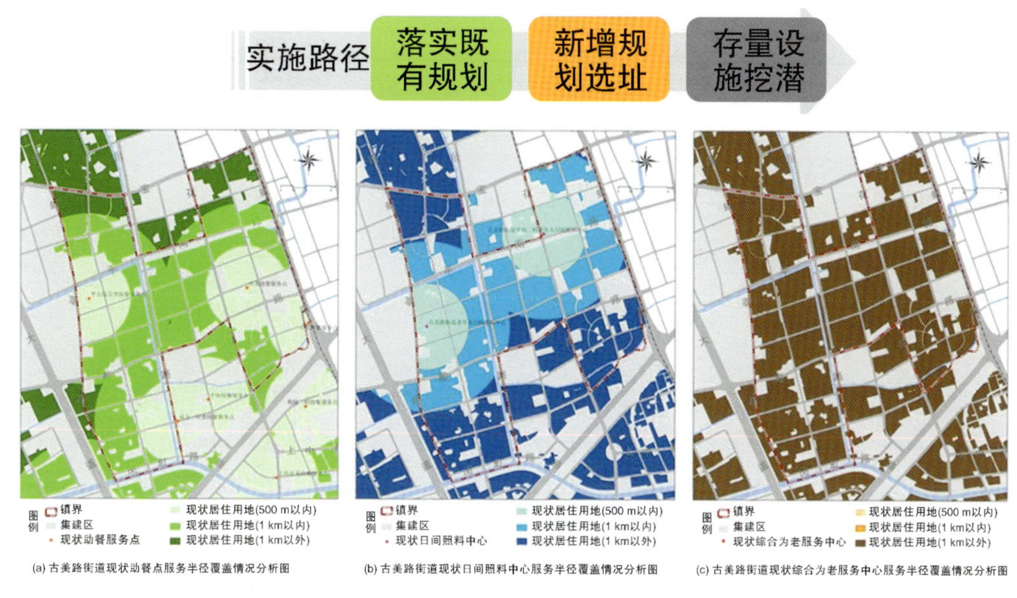

存量养老设施挖潜示意图（以上海市闵行区为例）

分街镇社区居家养老服务设施规划布局图——古美路街道

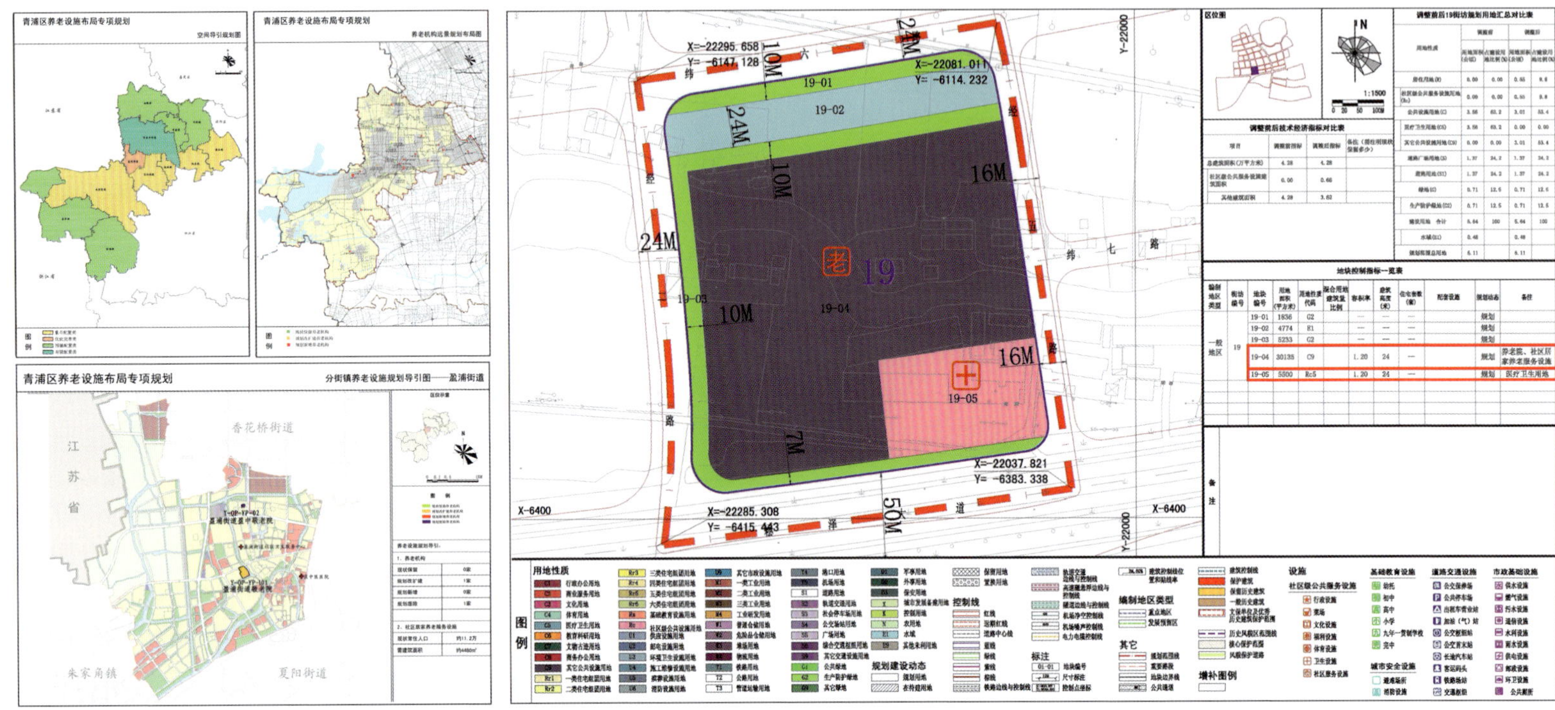

试点区养老设施布局规划导引和控制性详细规划图则内容示意图

上海市养老机构与养老床位变化图

上海市户籍老年人口预测图

五、规划实施

研究成果有效指导了上海市区两级养老专项规划的编制实施及项目建设，关键技术为新一轮城市总体规划和其他专项规划编制提供了非常重要的借鉴。成果通过学术论文、会议宣讲、来访接待、新闻媒体等向外推广，反响热烈。

1. 有效指导了上海市区两级养老专项规划的编制

核心思想全面支撑和指导了上海首个全市和各个区的养老设施布局专项规划编制，2015 年底规划获得市政府批复。目前上海养老床位仅 10.8 万张，实证规划按照 17.8 万张进行用地底线管控，并通过各个区县的养老专项规划进行落实。社区居家养老设施规划建设方面，规划按照服务半径对上海市社区居家养老服务设施进行空间导引，按照规划配置标准进行落实，强化社区在地养老的观念，不仅使未来上海 600 多万老年人口大大受益，也将为所有家庭带来福音。

2015—2016 年，上海全市新增 1.8 万张养老床位，180 家社区托老所，养老机构内设医疗机构的比例由 21% 提升到 35%，养老服务设施的建设获得了很大的社会反响，为中国式养老描绘一张“无忧蓝图”。

2. 为新一轮城市总体规划和其他专项规划编制提供了非常重要的借鉴

研究提出养老服务模式创新，专项规划编制实施策略等内容，有效支撑和指导新一轮的《上海市城市总体规划（2017—2035年）》和文化、教育、体育、医疗卫生和养老等公共服务设施的专项规划编制。

3. 完善了规划系统和民政管理系统沟通，共建共享了设施数据平台

研究成果纳入上海后续控详准则修订和部门实施政策制定，优化了养老设施的标准配置和建设实施，进一步推进和引导养老设施发展。截止至2017年底，上海市政府及相关部门在医养结合、需求评估、护理保险、收费定级、人才队伍、服务质量、养老服务包、监管督导等方面已经出台50多项配套实施政策。

4. 研究成果广泛借鉴，获得了业内外的高度评价

项目组目前已发表5篇学术论文，填补了养老设施专项规划编制、国际经验对标、社区居家养老、医养结合等方面的学术研究空白。成果在中国规划年会（专题会议：探索实施路径，创新管理体制）获邀宣讲。接待北京、广州、山西等多个省市规划编制团队，以及住建部专项调研组、同济大学、澳大利亚养老设计团队、万科等单位的来访交流，获得了高度评价。

5. 研究成果广泛应用于国内相关规范制定

基于研究经验积累和成果创新，项目组成员受邀参与了《中国大百科全书》（第三版）养老设施专项词条编撰，以及新版国标《城市公共设施规划规范》（GB 50442—2008）修订等工作。

崇明区养老院

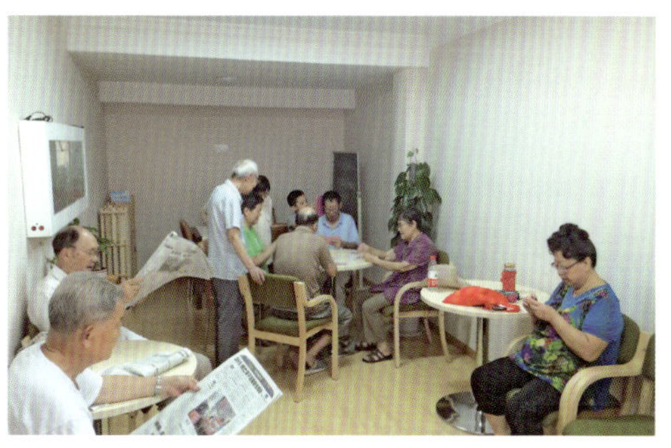
曹杨“久龄家园”

松江区车墩敬老院

专家点评

于一凡
同济大学建筑与城市规划学院　教授、博士生导师

养老服务设施的配置水平是衡量人居环境老年友好程度的重要标志。相对于其他公共服务设施而言，现阶段我国养老服务设施专项规划无论在编制内容、技术手段，还是实施保障等环节都缺乏成熟的经验。本项目突破了传统公共服务设施配置方法的局限，适应老年人口分布差异化、养老服务模式多元化的要求，提出了超（特）大城市养老服务设施专项规划的编制思路与实施保障。在适应养老服务发展格局的设施供给方面，项目引入了“持续照料”“医养结合”等现代养老服务理念，兼顾专业化养老机构和社区居家养老服务设施配置，提出了社区居家养老服务功能模块和养老服务菜单等创新模式。在养老服务资源的空间配置方面，项目基于翔实的现状调研和分析，结合养老服务需求的分布和既有设施的基础，提出了增量和存量并重、设置政策分区的规划对策。在推进规划实施的保障机制方面，项目立足于上海经验，开展了针对存量养老服务设施的评估和监测工作，构建了长效维护、信息共享的数据平台，探索了联动管理、标准优化、政策完善等一系列提升操作性的管理措施。项目中将调查研究、规划编制和实施管理充分结合，提出了具有系统性和创新性的规划策略。该项成果对于全国各地同类规划的编制和实施具有重要的参考价值。

上海市桃浦科技智慧城控制性详细规划

2017 年度全国市优秀城乡规划设计奖（城市规划类）二等奖、2017 年度上海市优秀城乡规划设计奖一等奖

编制时间：2014 年 8 月—2016 年 5 月

编制单位：上海市城市规划设计研究院

编制人员：徐毅松、张帆、赵宝静、李锴、李静、富一凝、金山、朱丽芳、杨晰峰、周建非、周志清、韩露菲、唐雯、郎益顺、李耀鼎、杨郑由、张莹莹、赵路、周云、程蓉

一、规划背景

1. 编制背景

2014 年 7 月 3 日，上海市委书记韩正在视察桃浦地区时提出“桃浦地区转型发展在上海未来城市发展大局中具有突出重要的地位，要对桃浦地区进行‘脱胎换骨’式的调整、转型”；要求在产城深度融合、绿色低碳生态、人性化设计方面深入探索，打造 21 世纪的城区形象。

为进一步落实“高水平、高质量建设”的要求，打造面向 21 世纪的新型城区，引领上海城市发展转型升级，市规土局会同普陀区政府联合开展了城市设计深化工作，为桃浦地区的建设与发展工作奠定基础。

桃浦地区城市设计国际方案征集于 2014 年 10 月启动，2015 年 2 月基本完成。上海市城市规划设计研究院在既有研究和国际方案的基础上，聚焦产城融合、绿色生态、人性化设计开展方案汇总，提出城市设计方案优化建议。在此基础上开展本轮控规修编。

2. 规划历程

为了确保桃浦地区（4.2 km^2）城市设计和中央绿地方案征集能够取得高质量的成果，本次工作按照高起点谋划、高质量推进的要求，前期先行开展了案例专项研究和控规评估等工

桃浦科技智慧城整体效果图

作。重点分析了柏林波茨坦广场、日本六本木、纽约中央公园等实际案例，整理了纽约《活力城市设计导则》等近年各大城市相继推出的设计准则，总结建设21世纪城区的主要规划理念、原则和策略，形成国际方案征集任务书。

2014年7月—2015年2月，开展桃浦4.2 km^{2}和中央绿地的国际方案征集。美国、英国、德国优秀设计团队完成了4.2 km^{2}的城市设计，从不同角度回答了“如何建设21世纪的城区”；提交了中央绿地设计方案，呈现了不同的景观意向。经专家评审确定，以德国HPP方案为基础进行城市设计深化，以美国JCFO方案为基础进行绿地设计方案深化。

2015年2月—2015年6月，开展国际方案征集成果整合和深化。对国际方案征集成果进行认真研读，并结合桃浦地区发展实际，明确提出后续城市设计和绿地深化的理念、方向、措施。6月18号，韩正专题听取了国际方案征集情况汇报，充分肯定了关于产城融合、城市风貌、生态环境、公共空间、城市文化、城市安全6个方面的深化方向。

2015年6月，开展城市设计深化与控详规划成果编制工作。在深化城市设计方案的同时，同步开展交通、电力、燃气、供水等数十个专项规划的编制工作，把规划理念和措施进一步落实在控详规划法定成果中，并在道路交通、功能控制、建筑等方面探索技术创新。

2016年5月完成控详编制，并上报。

3. 项目概况

桃浦科技智慧城规划范围北至沪嘉高速，南至金昌路，东至铁路南何支线，西至外环线，用地面积约4.2 km^2。2014年年底，对桃浦4.2 km^{2}地区和中央绿地开展专题研究、功能策划、前期评估、局部建筑验证、城市设计深化等工作，在此基础上开展控规编制。

本次规划在工作方法、规划技术和成果编制等方面做出了创新探索。

二、目标与原则

桃浦地区将聚焦“生态、业态、形态”三态合一的转型发展目标，践行产城深度融合、绿色低碳生态发展、人性化城市设计理念，打造面向21世纪的城区形象，形成以总部商务、科技研发、生态绿地为核心功能，居住、服务、休闲等配套功能的综合型城区。

（1）生态低碳的原则：打造健康低碳的生态环境。重视污染治理，改善地区环境，打造生态修复示范区；引入大型“中央绿地”，对接区域生态网络，突出中央绿地生态性功能。补充多样的微型公共空间，加强生态的系统性。

（2）活力宜人的原则：注重塑造活力宜人的高密度小路网城市空间，创造尺度宜人的建筑和城市开放空间；核心区创造高度复合的城市功能以及多样丰富的公共空间，形成活力宜人的城区。

（3）智慧多元的原则：提供高品质城市空间环境、高标准的设施配套，作为城区核心竞争力，吸引企业与人才落户，推动产业与地区发展。

（4）弹性创新的原则：为建设实施和长远发展预留空间，为后续开发留有弹性。技术适度创新，营造宜人舒适的城市空间，做出规划创新尝试。

三、规划特色

1. 中央绿地引领都市生态环境修复

本次规划形成“一核、一带、两轴、多片”的总体空间结构。“一核”是结合武威路地铁站和中央绿地形成地区公共活动核心，功能高度复合，形象突出；“一带”是将中央绿带作为地区重要的公共开放空间与活动廊道；“两轴”分

空间结构概念图

别是依托核心步行廊道形成核心活力轴，依托李家浜、新开河形成滨水休闲轴，带动地区活力；“多片”是以步行5分钟的空间尺度，划分6个功能片区，以组团式发展，提高生活便利度。

2. 营造功能复合的便利街区

城区功能完备，促进产城深度融合。规划统筹考虑桃浦地区与周边李子园、祁连、真如、未来岛等功能板块的一体化发展，在区域内形成职住平衡的总体格局。4.2 km^2 内6个片区功能各有侧重，提供商业、办公、研发、居住和公共服务配套等不同设施，保障各片区间相互支撑、相互促进。

各片区内功能复合，创造便捷生活。核心区以商业办公功能为主，辅以文化、体育、休闲设施，提升地区品质，丰富活动内容；产业片区以研发办公为主，辅以商业、会议、展览、培训等配套，增加人才公寓，提高地区活力；居住片区注重不同类型住宅混合，围绕轨道交通站点着重增加公共租赁住房和中小户型比例，普通商品房提高持有比例，设置人才公寓，鼓励社会多元融合，安排基本生活商业配套，适度设置办公，减少通勤交通。

建筑内部业态多样，增强街道活力。绿地广场周边及重要街道两侧建筑底层配置商业、服务、展示等公共活动功能，鼓励无干扰业态适度立体混合，促进创新氛围。

3. 土地高效利用

围绕轨道交通站点和中央绿地进行集约开发。在地区总量保持427万 m^2 基本不变的前提下，规划围绕祁连山路和武威路轨交站点进行高强度开发，商办地块容积率控制在4～8左右；充分利用中央绿地景观优势和市场价值，绿地周边居住地块容积率达到2.5。

综合利用地下空间。轨道交通站点周边地下空间复合高效开发。中央绿地地下空间适度开发，建设规模不超过50万 m^2，主要布局在与轨道交通站点相连接的南部区域，安排商业、文

地区活力网络图

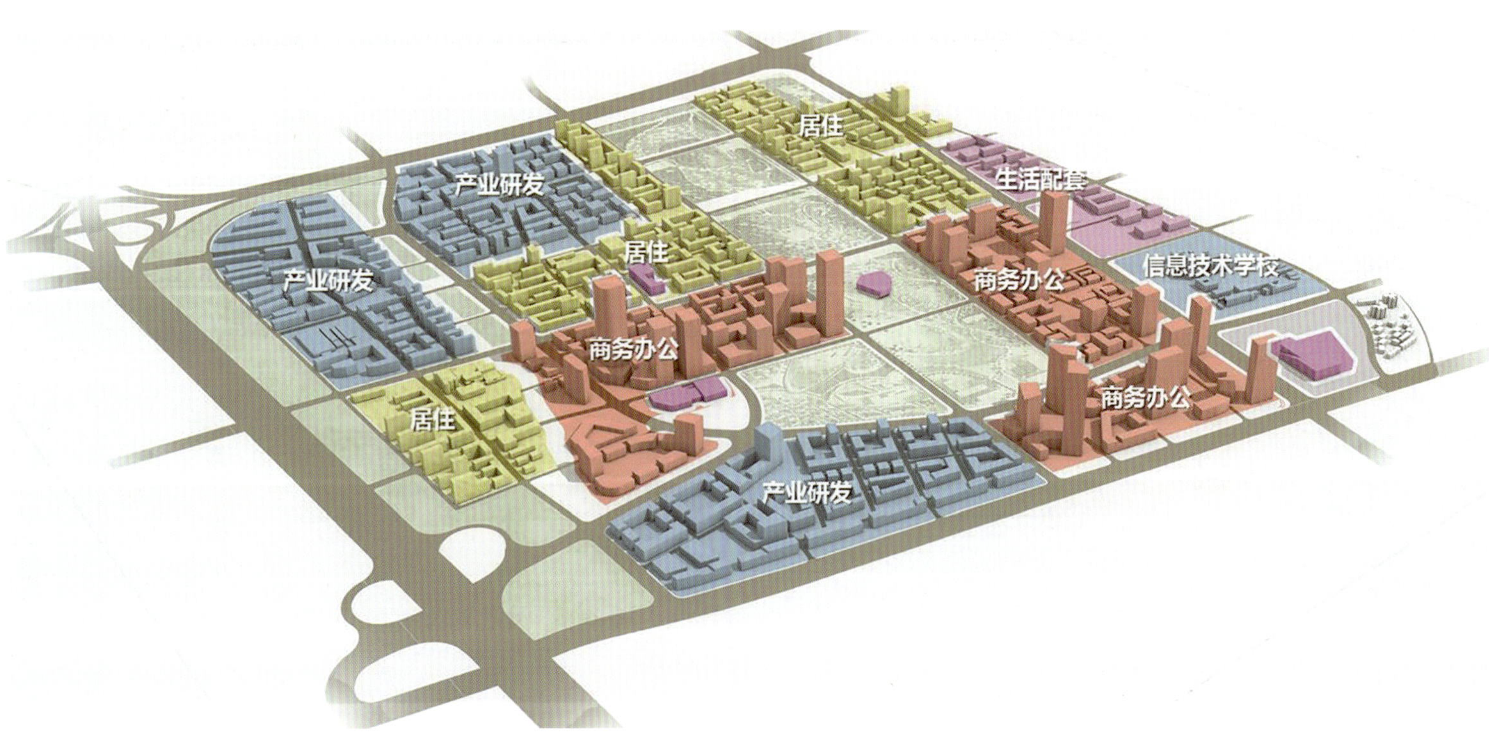

功能片区图

化功能，增强绿地活力。其他片区地下空间分片统筹，整街坊建设，停车泊位高效共享。

4. 道路交通高效便捷

优化完善对外道路交通系统，提升地区可达性。规划首先通过武山路立交改造等措施，将过境交通引导至金昌路与沪嘉高速地面道路，减少过境交通穿越，形成慢行友好城区。深化研究轨道交通等公共交通线路，优化布局网络。

提高路网密度，优化交通组织。在地区主次干道基本不变的前提下，进一步增加城市支路和公共通道，缩小交叉口间距。道路网密度由原规划 9.8 km/km^2 提高至 12.2 km/km^2，一方面有利于完善机动车交通组织，同时也为慢行交通提供多种路径选择，实现步行路径连续。

重视人性化设计，塑造慢行友好城区。城市支路转弯半径从 10 m 降低到 5 ～ 8 m。交叉口路面采用铺装与抬升等宁静化措施，降低车速，保障人行安全。道路断面与沿路退界空间一体化设计，注重建筑界面、业态、铺装、街道家具、停车引导，营造舒适环境。街道界面根据城市道路不同功能，分类控制。

路网调整图

14 m 道路断面示意图

5. 公共开放空间宜人

公共开放空间层次丰富、类型多样。规划范围内绿地面积约 119 hm^2，广场面积约 3 hm^2，形成地区、街区、邻里三个开放空间层次。采用绿地、广场、街道等多种多样的空间类型，满足不同人群、不同类型的活动需求。

广场绿地密布，步行可达。按照公共空间 5 分钟步行可达的标准，公共开放空间密度达到 8 个 /km^2，其中核心区达到 15 个 /km^2，实现 300 m 服务半径覆盖率达到 95%。

空间尺度宜人、形态优美。广场绿地大小兼具，除中央绿地以外，地区级广场面积为 6 000 ～ 10 000 m^2，街区级广场面积为 3 000 ～ 6 000 m^2，街边广场控制在 3 000 m^2 以下。

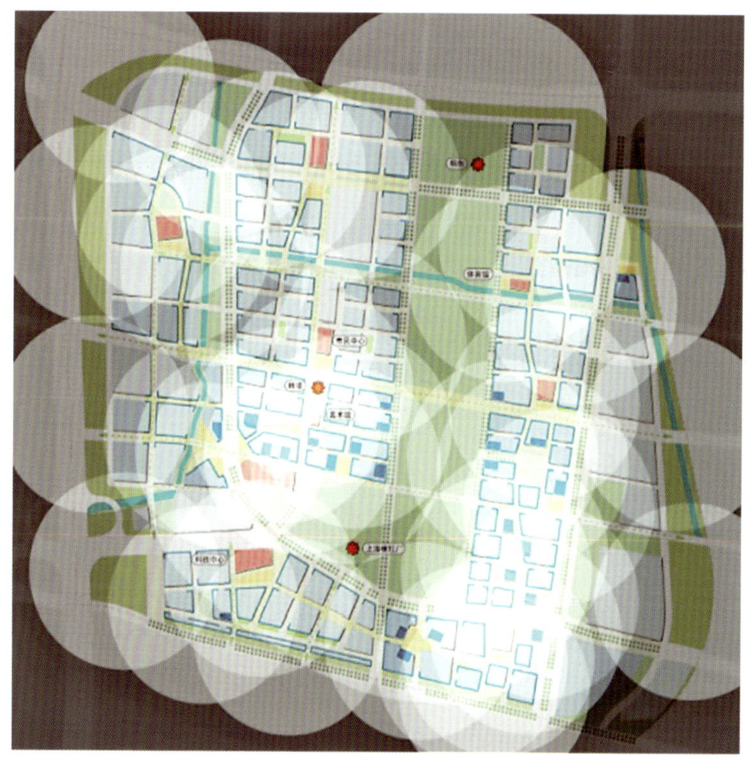

公共开放空间覆盖示意图

街边广场效果图

通过连续界面塑造围合感，注重界面设计品质，提供舒适的空间体验。

中央绿地生态化设计。根据前期土壤污染评估情况，在JCFO方案的基础上深化中央绿地公园方案。方案通过污染土壤的填挖塑造地形，北侧堆山，就地封存处理污染土壤，形成从北向南逐步由自然生态向公共活动功能过渡的绿地空间组织。

6. 空间形态特色鲜明

凸显核心与门户地区标志形象。规划在外环线、真南路、祁连山路进入桃浦地区的入口处形成4个门户节点，提高辨识度。核心区围绕地铁站形成高度为140～250 m的两组建筑群，形成高层地标。

一般地区建筑强调协调性和秩序感。以多层围合式建筑为主，形成均衡、丰富、细腻的城市肌理。建筑高度与道路尺度相匹配，形成较为均质的景观背景。

加强历史风貌保护，增加城市文化。经梳理后，保留韩塔、英雄金笔厂雕塑等延续历史记忆；规划新增图书馆、美术馆和演艺中心，丰富居民文化生活。

四、编制成果特点

本次规划成果编制充分体现刚性和弹性结合的特点。

1. 突出公共要素刚性管控

在既有控规附加图则管控要素基础上进行创新，重点对公共空间及周边区域进行管控与引导。

2. 预留建设单元弹性空间

将地区细分为21个建设单元，建设实施阶段可适度结合开发需求在单元内通过简易审批程序进行调整，增强控详编制的适应性。

中央绿地生态化设计图

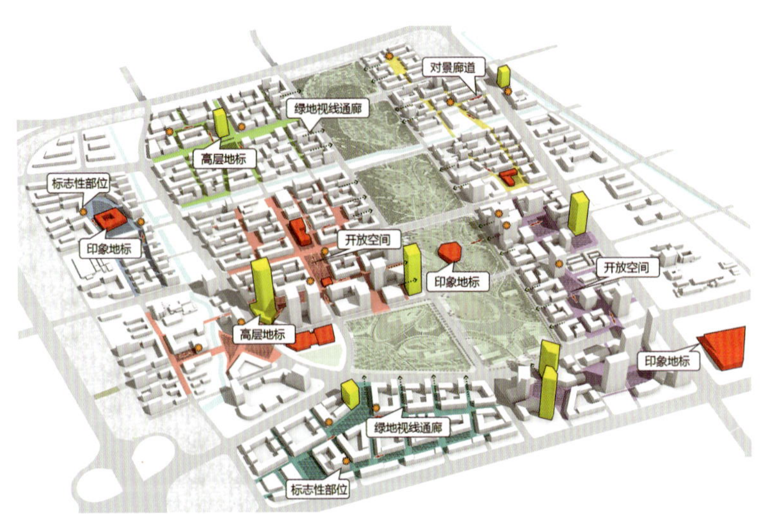

空间形态示意图

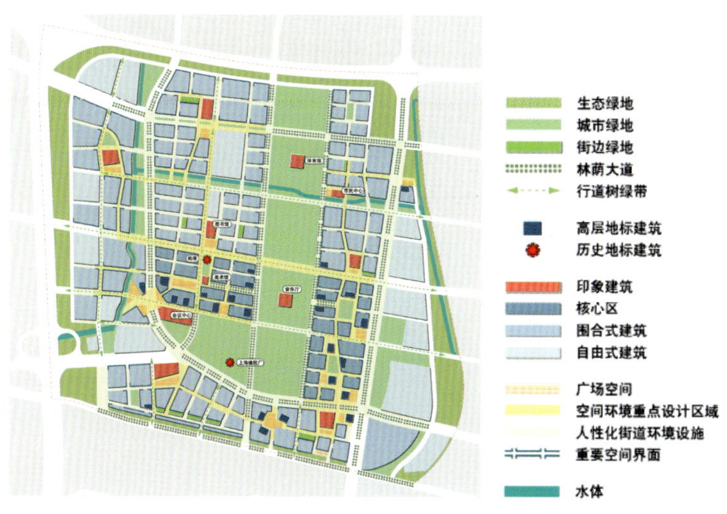

空间设计指引

3. 导则指引实施

编制城市设计导则作为控规附件，针对建设实施阶段的道路、广场绿地、建筑设计，提出细则引导，对管理和维护工作提出建议。

五、实施机制

普陀区组建桃浦地区转型领导小组及其办公室，形成土地收储与规划建设、招商引资与城区发展统筹协调新机制。

桃浦智创城公司作为开发建设主体，主要开展土地收储、桃浦中央绿地建设、生态综合修复、基础设施建设等专业化工作。

专家点评

耿毓修

上海市规划委员会专家

原上海市城市规划管理局总工程师，教授级高工

桃浦工业区是历史上遗留下来的上海中心城内最大的工业基地，面临产业衰退、污染严重、发展后继乏力等诸多问题。本控详规划深入贯彻市委、市政府的要求，将其放在上海未来发展大格局中，进行“脱胎换骨”式调整转型，致力于打造21世纪的新城区。该规划在工作方法、规划技术、规划编制及其运用等方面开展了创新性探索，对中心城区存量工业用地的更新转型发展具有示范意义。

其一，规划重标准、严要求，规划未动、研究先行。对标当今世界先进城市，结合上海实际情况和要求，分析、总结和借鉴其经验，据此编写国际方案征集任务书，组织美、英、法等国优秀设计团队，从不同角度提供了城市设计方案；邀请相关专家评审、选优，在入选方案的基础上研究、深化、汇总，报经市委领导得以肯定，明确了规划探索的六个方面问题。

其二，规划深入挖掘“脱胎换骨”式调整的转型内涵和具体要求，确定以“生态、业态、形态”三态合一为转型发展目标，营造宜居、宜业、宜游、宜人的综合型新社区。一是打造健康低碳的生态环境。针对老城区污染严重的问题，下大力气治理污染。尤其是对过去污染严重的中心地段实施生态修复，建设为大型中央绿地，是典型的示范区。扩大绿地面积，突出绿地生态功能，对接区域生态网络，加强生态环境的系统性。广泛采用海绵城市技术，推广绿色建筑，持续加强生态建设。二是与时俱进，大力推进科技研发总部办公等产业。完善公共设施布局，按照步行五分钟将空间划分六个片区，片区内功能一业为主，相关功能适度复合布局，方便生活，活力、宜人，提高了产城融合度；城区发展和交通发展相呼应，合理提高开发强度，综合利用地下空间，实现土地高效集约利用。三是充分重视人的行为需求及其空间尺度，人性化规划设计物质要素及其空间尺度，形成与控详相适应的中观城市设计成果。合理提高路网密度、缩小街坊规模，营造慢行友好城区。绿地、广场等公共空间尺度宜人、层次丰富、建筑群体组织有利于实现协调性和秩序性。编制城市设计导则和细则，指导规划实施管理和日常运营。

其三，充分发挥控制性详细规划的功能作用。一是针对未来地区发展不确定性和与时俱进要求，辩证地对待规划管理。突出公共要素的刚性管控，为未来发展预留空间，为后续开发留有弹性；二是以控详规划为平台，组织开展交通、电力、燃气、供水等十多项专业规划编制工作，巩固和拓展了法定控详规划的内涵，确保了落地实施。

上海市虹桥商务区（G1MH-0001 单元）控制性详细规划主功能区申昆路片区局部调整

2017 年度全国优秀城乡规划设计奖（城市规划类）二等奖、2017 年度上海市优秀城乡规划设计奖二等奖

编制时间：2013 年 7 月—2014 年 12 月

编制单位：上海同济城市规划设计研究院

编制人员：俞屹东、颜冰玉、顾雪芬、乔玮、哈增林、陈卫龙、夏南凯、刘晓、欧阳郁斌

一、规划背景

1. 项目概要

虹桥商务区为上海市重点地区之一，地处上海西部，涉及长宁、闵行、嘉定、青浦四个区，总面积 86 km^2，包括约 26 km^2 的主功能区和 60 km^2 的拓展区，其中，主功能区包含 4.7 km^2 的核心区，是虹桥商务区近阶段重点开发区域。本次规划申昆路地块位于虹桥商务区主功能区范围内，地处核心区南侧，地块东至七莘路与轨道交通停车场，西至申昆路，南至新角浦河，北至规划二号河。规划地块面积约为 83.19 hm^2。

2. 规划动因

上位规划及相关规划的调整：规划片区作为主功能区中的重要组成部分，在承接上位规划理念提升、功能细化的基础上，需要对本片区功能定位、布局等进行重新思考与认知，更好地承接与落实上位规划。

社会发展需求的演进：虹桥商务区开发在高标准定位及规划理念的指导下，区域整体的商务价值在不断攀升，商务市场需求持续升温。规划区应结合规模效应，促进商务区核心功能的提升发展。

在机场东片区改造、东西联动影响下，航空公司产生办公用地需求。在不影响本片区建设发展目标的基础上，结合航空公司办公需求，增加航空功能的相关用地，满足东片区“东西联动”的用地发展诉求。

规划功能及理念的完善提升：针对相关配套服务功能和交通功能进行补充，完善航空公司办公和一般办公功能。从规划功能的完善提升角度出发进行相应调整，重新确定用地布局，满足区域不断发展的多种功能需求。

区位与规划范围图

二、总体思路

规划地块位于虹桥商务区南片区，处于从商务区南侧进入核心区的门户位置，是商务区东西联动发展的重要空间，也是虹桥商务区主功能区发展中未开发的最后一块风水宝地。

规划在原 2009 年控制性详细规划基础上，深化城市设计，延续核心区小街坊、高密度、小尺度的空间发展模式，明确了申昆路片区建设重点及方向，并依此进行规划布局。为了配合机场东片区搬迁改造，开展“东西联动”，进行航空相关办公功能的腾挪，并在规划区内落实中国博览会地块控制性详细规划要求。

三、主要内容

1. 功能定位

虹桥国际生态低碳商务区——生态智慧型综合配套服务区。片区针对商务区尤其是核心区对已有功能用地进行补充，完善加强整个片区的主导功能；对既有功能区的部分功能进行延伸发展，使整个片区的产业链条更加完整。

2. 总体构思

本规划按照“绿色·生态”的多层次、复合式的设计思路，对申昆路片区的功能布局、公共空间、建筑形态、景观风貌等各项要素提出控制引导要求：

“绿色”——通过对地区景观风貌控制、建筑界面控制、绿色交通设置、主要公共通道及广场绿地的控制，打造绿意盎然、充满生机的综合配套服务区。

“生态”——通过生态模拟技术的引入，对公共空间控制体系进行研究，主要对公共通道和广场进行分析比选，使公共空间控制体系更加科学。

3. 与原版控详方案对比

用地调整说明——功能构成方面根据《虹桥商务区控制性详细规划》，原控详确定地区的用地性质以商务功能与储备用地为主导。结合主功能区总体定位及规划建设推进情况，本次规划对申昆路商务片区主导功能及附属功能进一步细化和明确，确定以综合办公功能为主，结合发展建设配套服务业、公共绿地，同时预留一定城市发展备建用地。

四、规划特色

本次规划依靠规划理念创新以及技术手段创新，通过大量定量分析，辅助定性分析，在提升规划科学性方面进行有益的探索。

1. 规划理念创新

延续街区型商务的理念：生态型及小尺度街区型商务区。

不同类型街区的商务区

生态型街区	梯田、溪谷、山崖的生态意向
	共生花园，建筑与花园的相互渗透与融合，大大提升办公舒适度
小尺度街区型	欢乐谷、创意廊、健康道
	弹性分割的商务花园组团

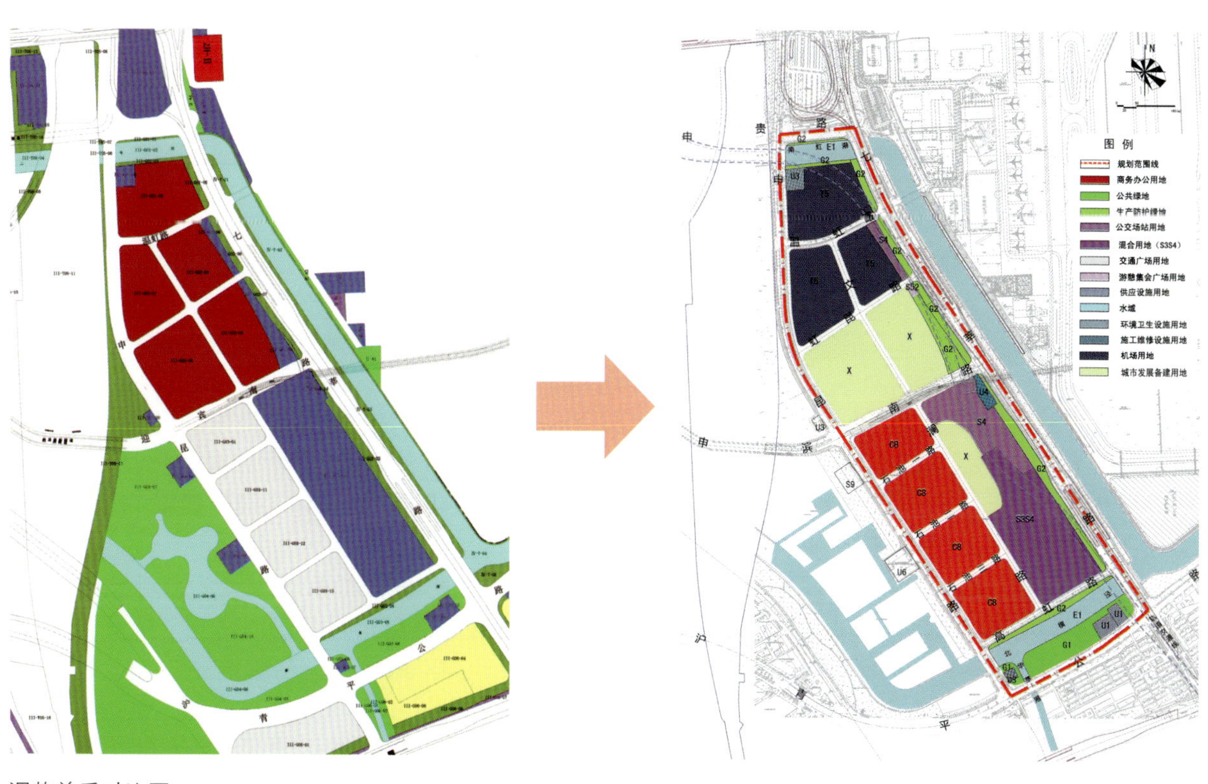

调整前后对比图

城市设计平面图

商务区：区域门户、商贸平台、中心载体、发展极点

商务办公、交易展示、专业会议、咨询业、传媒与设计业、IT 业、信息服务产业、医疗和保健服务业、运输和旅游服务业和房地产服务业

主功能区：商贸总部办公、贸易结算、产业研发、技术服务、教育培训、咨询服务、高端会议与小型贸易会展、零售商业、酒店餐饮、文化休闲等功能

拓展区：贸易展览中心、休闲体验式购物、创意产业、居住服务（住宅、国际学校、行政管理等）、医疗保健、服务于周边的文化中心

核心区：商贸办公、贸易结算、高端会议与小型贸易会展、零售商业、酒店餐饮、文化休闲

物流片区：物流仓储

东片区：公务机基地、航空总部办公、航空地面服务、交流博览、配套商业娱乐

会展片区：综合会展、会展办公

规划区：综合服务各个功能区，以广告媒体、咨询中介、电子商务、教育培训、科技研发、物流办公、航空办公、会展停车、商业服务等服务类功能为主

各功能区功能构成

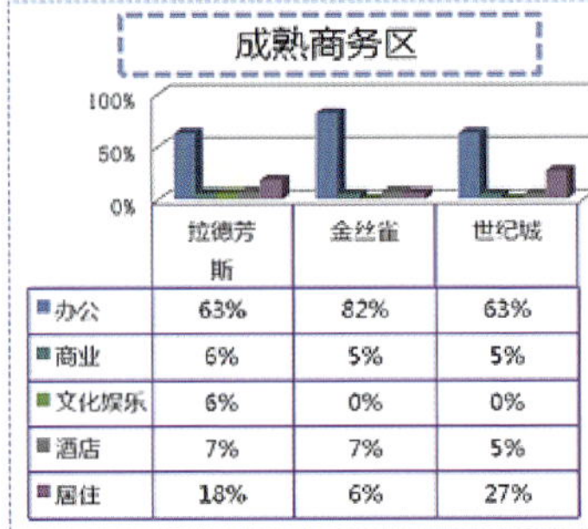

成熟商务区

	拉德芳斯	金丝雀	世纪城
办公	63%	82%	63%
商业	6%	5%	5%
文化娱乐	6%	0%	0%
酒店	7%	7%	5%
居住	18%	6%	27%

周边商务区

	南片区	核心区	北片区
办公	76%	57%	65%
商业	3%	12%	8%
文化娱乐	3%	13%	4%
酒店	18%	18%	4%
居住	0%	0%	19%

成熟商务区、周边商务区各类功能比重

2. 技术手段创新

（1）以量定性

① 功能定位：通过对项目地块及周边片区的功能调研分析，根据存量需求及机场东片区“东西联动”的功能需求，落实规划地块的开发功能及开发建设量。

② 配比研究：根据主导功能的定位结论，本次规划地区以商务办公为主导，同时为满足其自身发展及使用需求，综合办公的配套需求商业等，参考成熟商务区及周边片区的功能配比，综合确定本地区的功能配比。办公占比 90% ～ 95%，商业占比 5%，其他占比 3% ～ 5%。

（2）以流定形

① 建筑布局形式研究。对点式、行列式及围合式建筑布局形式进行风模拟、噪声模拟分析，最终确定建筑空间点围式布局模式。

② 公共空间体系研究。公共通道宽度研究：根据对竖向建筑之间距离（分别为 12 m、14 m、16 m、18 m、20 m、22 m、24 m）的风模拟演示结果，低于 1 m/s 风速及高于 5 m/s 风速区域最少的为 12 m 的方案。个别区域由于风速不理想，可以借助后期的生态设计手段增强整个区域的人行等公共空间的舒适度。

地块内广场形式研究：《上海市绿化行政许可审核若干规定》（2011）第十九条规定，商业、商办类建设项目地块内应有不小于 20% 的绿地，在绿地面积一定的情况下，广场采用何种形式进行控制。

公共通道均为 12 m 情况下，对地块内广场形式进行生态模拟研究，最终认为三角形广场为最舒适的广场形状。

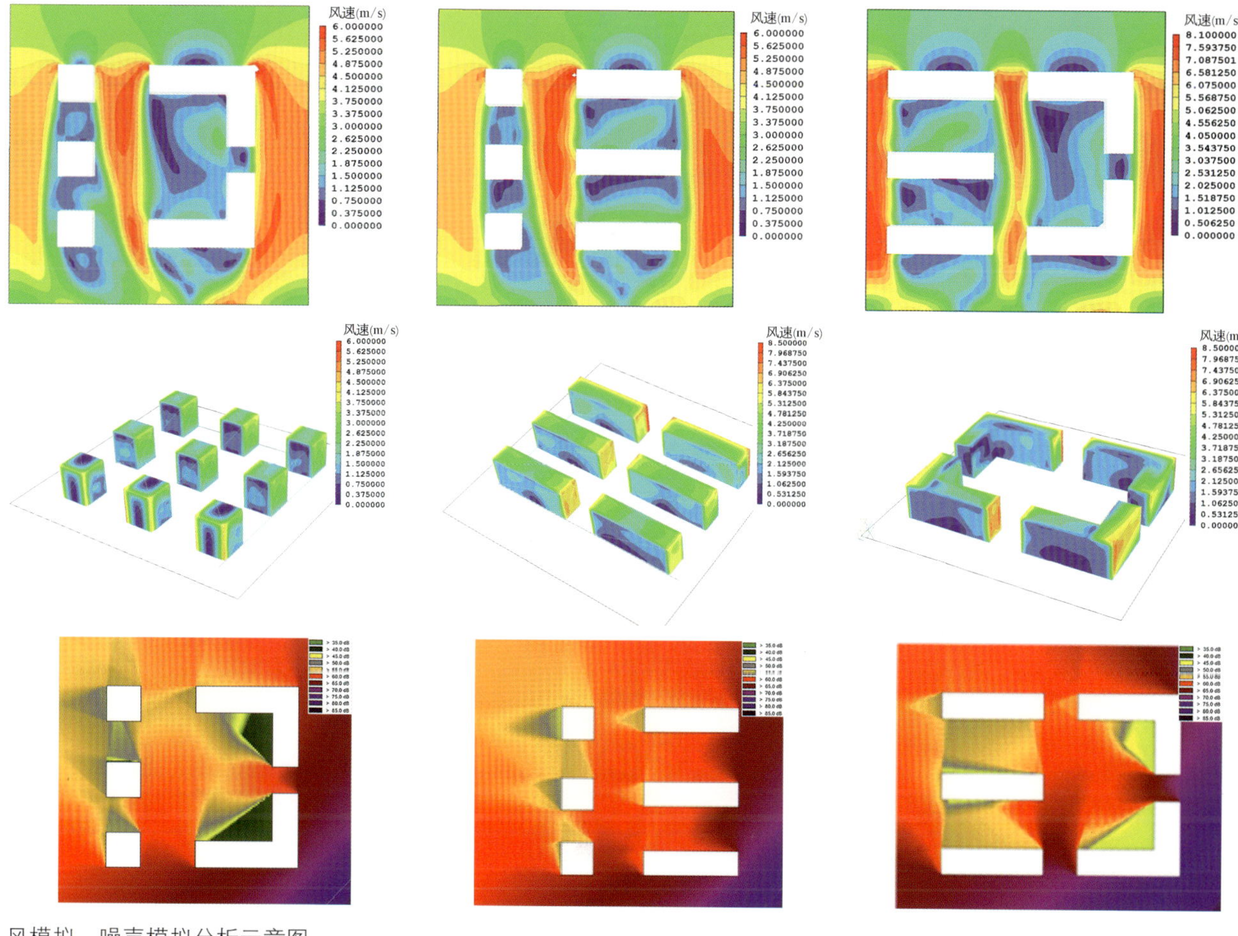

风模拟、噪声模拟分析示意图

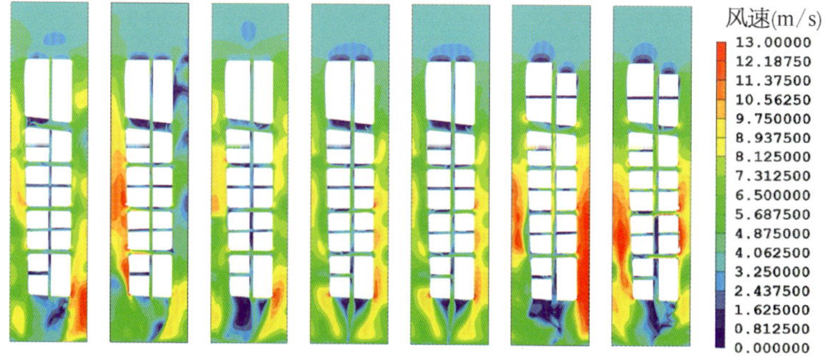

不同竖向公共通道宽度的风模拟示意图

不同形式广场风模拟情况表

广场形状	漩涡个数	漩涡风速范围（m/s）
三角形	0	—
四边形	1	0 ～ 1.50
五边形	2	0 ～ 1.50
六边形	1	0 ～ 0.75
八边形	1	0 ～ 0.75
圆　形	2	0 ～ 1.50

屋顶绿化指引：对地块夏冬两季进行阴影分析，识别夏季光照时间较长区域，可建议全天无阴影地面范围采取屋顶绿化或遮阳措施。冬季上海地区光照时间较短，由于气温较低，建议在地面无阴影区域设置开敞活动空间范围，屋顶无阴影区域设置屋顶绿化。

底层架空建议：通过对区域夏季、冬季的模拟分析，认为风速差的区域可进行后期底层架空的建筑模式处理，使区域有更好的风环境舒适度。

（3）以流定容

根据对规划区域周边的交通分析，与市政院、交通所及申通公司等多个设计院共同商讨研究，确定规划地块的开发容量。

对规划地块周边的交通进行专题研究，制定最大开发规模的交通预算，开发量分别在 7、9、12 万 m^2，道路饱和度分别不大于 0.65、0.9、1.0。最终认为地块内增加建筑量控制在 7 万 m^2 内，整体交通环境较好。基于此，对基地内的场站地块进行多方案比较分析，通过经济值估算等多方面考虑，定夺场站的最终方案。

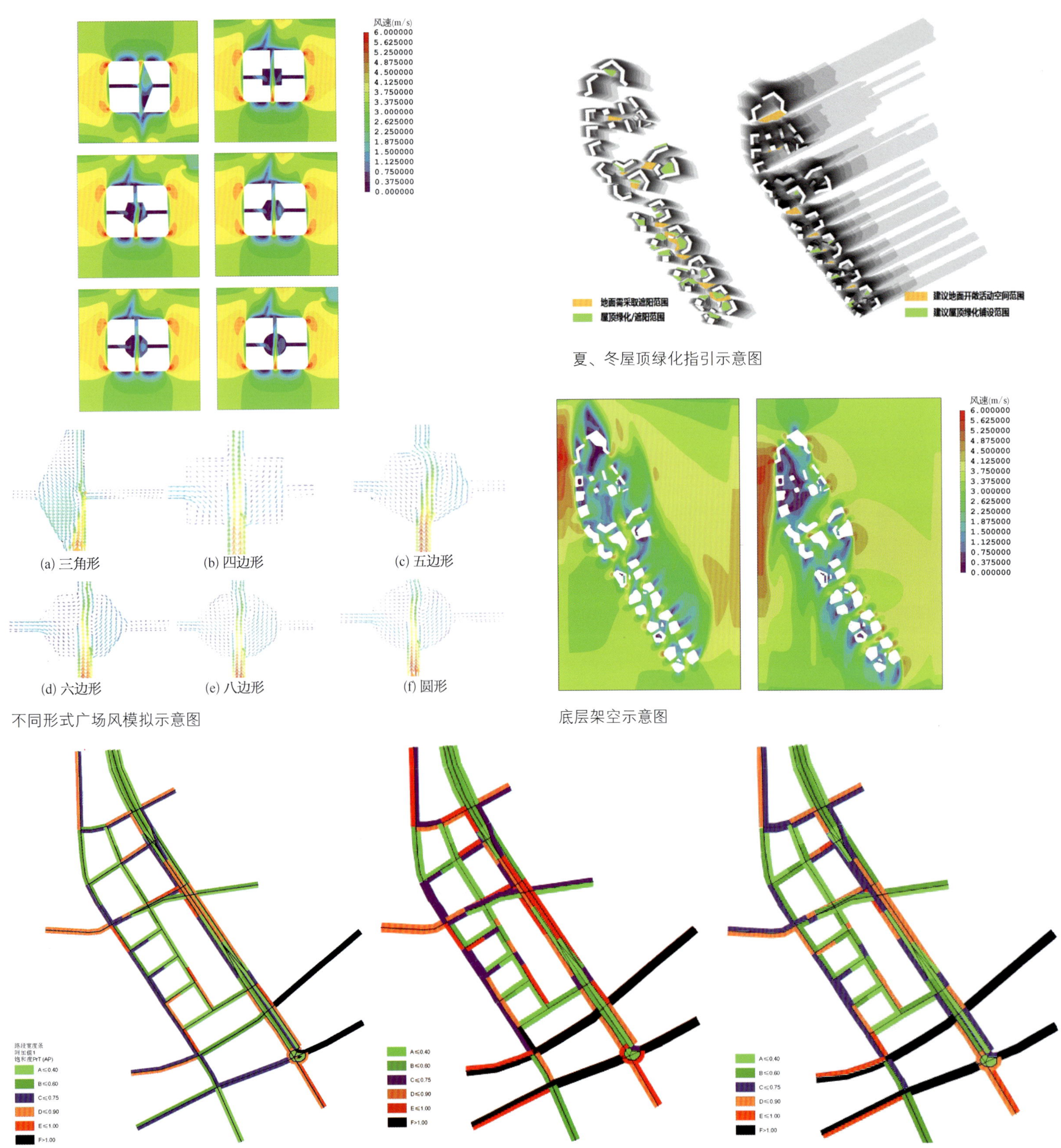

不同形式广场风模拟示意图

夏、冬屋顶绿化指引示意图

底层架空示意图

不同开发规模下的交通分配情况示意图

五、经验总结

本次规划强调规划的科学性与落地性。具体表现在以下三个方面：

一是规划的两大创新，包括规划理念创新、技术手段创新，使本次规划的创新性得到科学保障。

二是运营规划的特性：前期规划时考虑项目的实际需求意向，使项目更具有落地性；规划时考虑项目实际开发的成本与开发强度之间的关系，通过多个部门配合商讨研究，最终决定规划方案的建设形式。

三是通过建筑验证进一步确定规划的合理性与落地性。

效果图

叶梅唐
上海市规划委员会专家
原上海市规划和国土资源管理局副总工程师，教授级高工

虹桥商务区地处上海西部，为上海市重点地区之一。总用地面积 86 km^2，由 26.3 km^2 的主功能区和 60 km^2 的拓展区组成，涉及长宁、闵行、嘉定、青浦四个行政区。本次规划是对主功能区中的申昆路片区进行局部调整，其用地面积为 83.19 hm^2。

本次规划重视调研，尊重发展需求。该地区的控制性详细规划批准于 2009 年，已有较长的时间，原控规中确定的用地性质为商务功能的储备用地。近年来由于机场东片区的改造，航空公司对办公用地产生了新的需求。为此，本规划调整结合航空公司办公功能的需求，增加了航空功能的相关用地，并进一步合理布局。它既使上位规划的要求得到了延续，又满足了社会发展的新需求，为节约集约使用土地作出了新的努力，也使主功能区的品质得到了提升。

本次规划具有一定的特色。通过城市设计加强了小街坊、高密度、小尺度的空间特色；对建筑布局形式也进行了深入的研究和思考，确定采用点围式布局的模式；同时考虑了公共通道、绿地、广场的尺度和形态，较充分地体现了“以人为本”的规划理念。

总之，本次规划重视规划的科学性和操作性，在规划理念和技术手段上进行了创新，从实践出发，因地制宜，并加强与相关部门商讨研究，增强了规划的可实施性，使规划编制的质量得到了有力的保证。

上海城市历史文化保护与城乡特色风貌体系研究

2017 年度全国优秀城乡规划设计奖（城市规划类）二等奖、2017 年度上海市优秀城乡规划设计奖二等奖

编制时间：2014 年 5 月—2014 年 10 月

编制单位：上海同济城市规划设计研究院

编制人员：张恺、伍江、周俭、阮仪三、于莉、王兆聪、陈婷、房钊、张晨杰、汤群群、许昌和

一、规划背景

本课题为《上海市城市总体规划（2035）战略议题研究工作》之一，由原上海市规划和国土资源管理局于 2014 年 6 月下达编制任务书，2014 年 10 月提交最终报告。

按照任务书的要求，研究任务主要包括评估、框架和机制三部分内容。

1. 评估

深入挖掘上海既有历史文化资源，提取上海作为历史文化名城的风貌特征要素，并对上海作为历史文化名城的价值进行综合评估；分析现状历史保护中面对的主要问题。

2. 框架

在上海市域层面构建覆盖城乡范围的风貌体系框架，突出文化传承和特色保护，并提出相应的规划控制策略。在中心城层面，结合城市更新，提出与上海城市历史风貌、开放空间体系对应的规划对策。

3. 机制

探索符合上海历史风貌保护特色，且具有操作性的创新管理机制。

二、规划构思

本课题研究目的是应用于上海新一轮总体规划的编制，因而有着明确的目标导向和问题导向，重点强化对全球城市建设目标的聚焦和当前核心瓶颈问题的破解，同时强调成果的应用性。

本课题基于对 2003 年《上海市历史文化风貌区和优秀历史建筑保护条例》（以下简称《保护条例》）颁布后十多年实践工作的总结和反思，同时针对新一轮总规建设“卓越的全球城市”的目标，对历史文化与风貌保护有着以下两方面的新认识：

（1）城市文化的彰显，是实现上海全球性国际大都市发展目标的重要助推力。城市文化与风貌保护是全球城市的一个重要的支撑维度，城市文化遗产，特别是历史建筑与历史街区，在建设“全球城市”过程中扮演着极其重要的角色，往往成为重要文化机构和高品质城市文化活动的空间载体。城市文化的彰显有利于吸引人才，从而为城市经济发展创造条件和动力。

（2）城乡历史文化遗产是文化多样性的生长环境。上海的城乡历史文化遗产类型多样，特色明显，体现了海纳百川的城市性格。当前，加快建设具有全球影响力的科技创新中心，是上海创新驱动战略的目标要求。其中，文化创意产业特别适合在拥有历史建筑的街区发展，使历史建筑和历史空间产生新的利用价值。

三、研究重点

（1）明确并延续上轮总规实施中成效显著的风貌保护制度。

（2）明确上海城乡风貌保护的要素和规模底线。

（3）全面梳理反映上海本土特色的城乡保护要素，并建立完善的风貌保护体系。

（4）上海城乡风貌保护的实施机制建议。

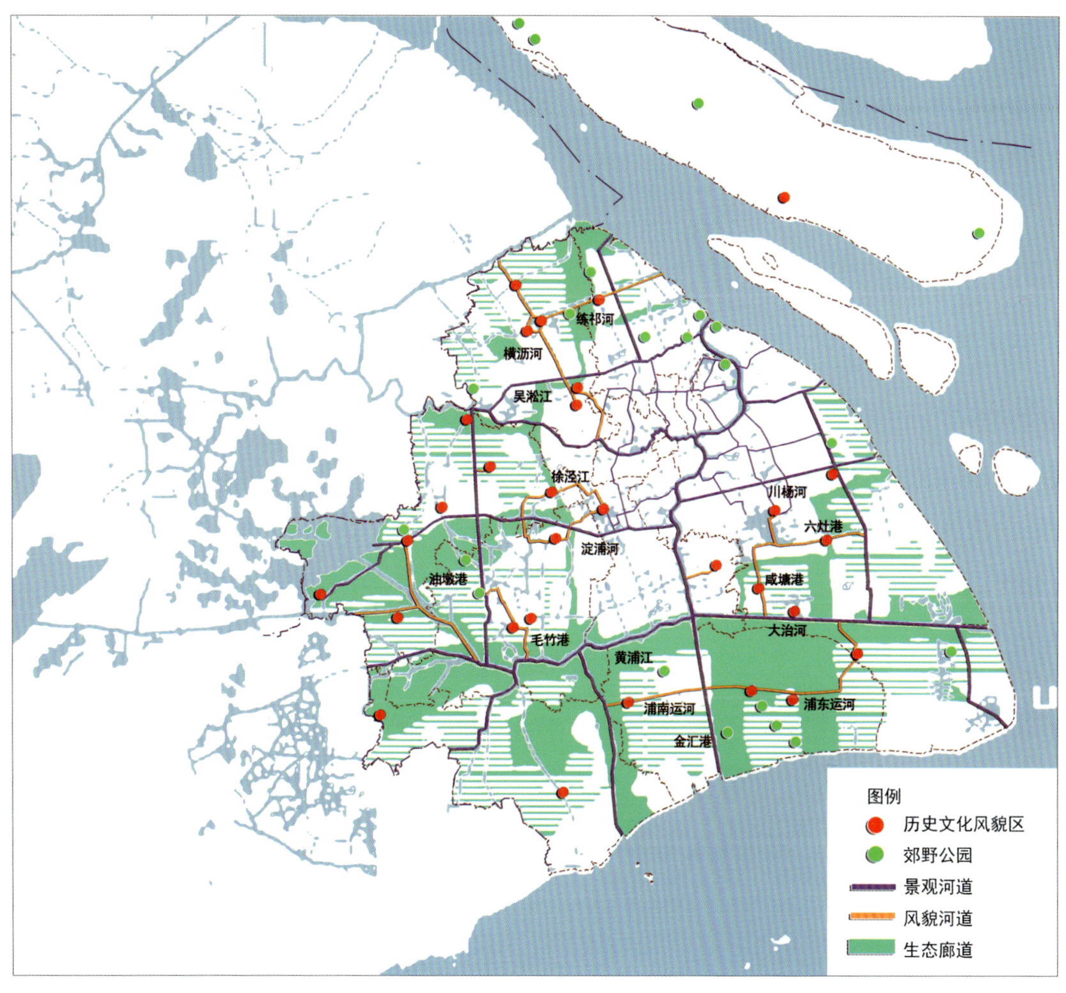

郊区风貌保护体系示意图

四、规划内容

1. 现状核心问题

（1）优秀历史建筑保护不力

优秀历史建筑保护资金匮乏。截止到 2011 年底，在居住类优秀历史建筑 220 处 1 393 幢中，一般损坏和严重损坏的建筑比例为 67%。

（2）法定保护要素总量不足，大量历史文化遗产要素尚未纳入法定保护体系

① 法定保护要素规模总量。中心城 12 片历史文化风貌区中有 9 片位于内环线以内，叠加优秀历史建筑的占地面积，上海内环以内法定保护要素占总用地面积的比例不到 20%。相比之下，巴黎环线内的法定保护要素占比为 70%，伦敦中央活力区（CAZ）为 60%，纽约曼哈顿为 30%，上海在法定保护要素的总量规模方面低于上述全球城市，需要全面提升。

② 里弄遗存。上海 1993 年在原有 82 km^2 的旧市区范围内，大致有各类里弄民居 3 700 处。至 2012 年底，上海现存里弄 1 900 条，10 年内消失了一半。现存的里弄总计用地面积 5.87 km^2，为内环内用地面积的 4.9%。其中，包含在内环内 9 片风貌区的里弄面积为 2.98 km^2，占现存里弄面积的 50%，现存里弄中约一半缺少有效的保护机制。

③ 工业遗产、工人新村、大专院校和公园等其他类型。在《上海市历史文化风貌区扩区研究》中，将工业遗产、工人新村、百年高校和百年公园等类型纳入法定保护体系的工作正在展开。新一轮总规应进一步强化历史保护的时间维度，拓展保护的类型。

④ 自然遗产。上海郊区的山、湖、河、田，反映了上海处于江南水网地区的自然环境特点，目前尚未纳入风貌保护的体系中。其中，水乡村落和农业生产区是反映上海江南水乡风光的重要载体，应全面调查，研究认定标准，纳入风貌保护体系。

（3）城市空间格局破坏严重

风貌区外对城市格局的保护手段缺位，中心城区大量富

有特色的街坊被成片拆除；同时还存在对建筑高度整体控制缺失等现象。总体而言，上海中心城区传统的城市空间肌理逐渐退化，且高层建筑分布无序。

（4）城市更新模式单一

目前上海主要的城市更新模式包括：成片保护、整治利用；旧住房综合整治、保护性修缮；市场引导小规模、渐进式功能改变；创意产业园区。

总体而言，城市更新模式较为单一，需要对政策突破进行探索。

2. 郊区风貌保护有待加强

至2014年10月，上海郊区有10处国家级历史文化名镇、32片历史文化风貌区。但总体来说，历史保护规划和管理普遍存在"重中心城区、轻郊区"的现象；在保护与利用上，郊区古镇普遍商业开发过度，发展模式趋同。

3. 风貌保护体系的完善

（1）建议在新一轮总规中固化现有风貌保护制度

一是应明确历史文化风貌区、风貌保护道路、优秀历史建筑制度的法定地位；二是应明确"历史文化风貌区保护规划"为"控制性详细规划"的法定地位；三是应明确专家委员会和特别论证制度的法定地位，并优化提升为"历史文化名城保护专家委员会"。

（2）建议在新一轮总规中优化的内容

进一步论证增加保护类型和层级，建构覆盖全域的风貌保护体系，提升法定保护要素的总量规模。本课题对上海市中心城区现有历史要素存量进行了地毯式的系统调研，通过与全球大都市的比对，提出了"内环浦西43%"的保护底线目标，并通过以下途径予以实现。

① 全面保护里弄建筑，增加保护类型，扩充优秀历史建筑。在新一轮总规中，应明确"对二级旧里中风貌特色明显的街坊进行保护"的原则，对里弄遗存进行抢救性保护，确定保护底线。同时，进一步梳理对上海城市发展历史有重要意义的遗产要素类型，纳入法定保护体系。

② 风貌区扩区和风貌道路新增。在现有基础上，为进一步使风貌区集中连片，进一步加强对风貌区外历史道路的保护，应对现有的风貌区和风貌保护道路进行扩充。

③ 增加保护类型和保护层级。增加"风貌保护街坊"保护层级。《上海市历史文化风貌区扩区研究》提出108个风貌保护街坊推荐名单。建议在该研究的基础上，进一步研究落实"风貌保护街坊"制度，并将其纳入《保护条例》。

增加"风貌河道"保护类型。上海现有河道中仍留存着一些能够反映上海传统滨水风貌的河道（如虹口砂泾港），未能得到保护。郊区目前仅仅依靠郊区风貌区的单一保护手段，需

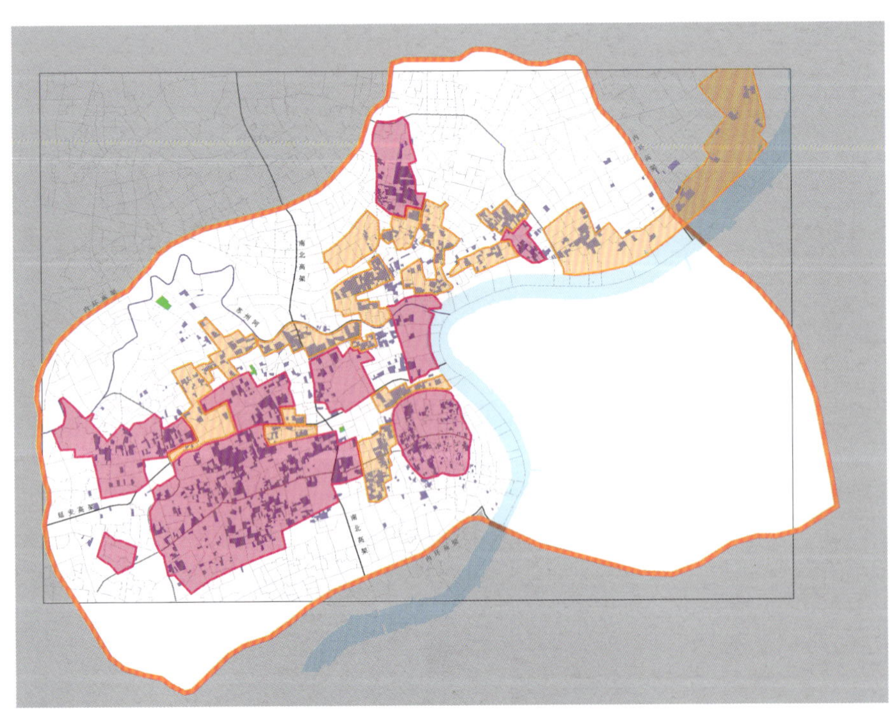
上海内环浦西范围内里弄建筑分布及风貌区扩区示意图

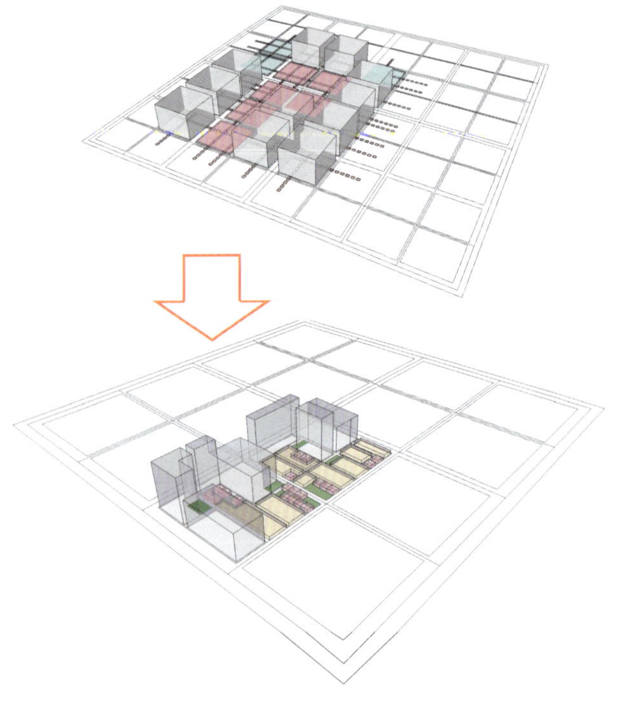
由单元式保护转向格局式保护示意图

要加强对以河道为代表的环境要素的保护。建议研究落实“风貌河道”制度，并将其纳入《保护条例》。

内环浦西保护底线构成要素一览表

内环内 9 片风貌区	25.2 km^2
建议新增风貌区（8 片）	6.99 km^2
建议扩大风貌区（7 片）	2.1 km^2
上述范围之外的里弄	0.75 km^2
总　量	35.04 km^2
占内环浦西面积的比例	43%

④ 构建覆盖全域的风貌保护体系

重点保护上海郊区的水乡风光，以及其承载的传统生活方式。在新一轮总体规划中，应研究确立覆盖全域的风貌保护体系，对各级各类风貌保护要素的规划管理途径进行设计落实。

⑤ 将“空间格局保护”作为一项重要内容提出，明确保护原则

在文物保护单位及优秀历史建筑、历史文化风貌区、风貌保护街坊等“单元式保护”的基础上，跨出单元界线，在城市更新过程中，加强对城市空间格局的整体保护。

⑥ 建议划定“风貌保护特别政策区”

为在城市更新过程中保护空间格局，需要建立更有普适意义的政策措施。建议划定“风貌保护特别政策区”，其中包括历史文化风貌区、风貌保护街坊以及在控规编制中新发现需要保护的街坊或建筑群。“风貌保护特别政策区”适用于中心城区，也适用于郊区。

相关的城市更新政策概念方面，建议在保护空间格局的前提下，在城市更新过程中允许一定程度的政策突破。例如土地运作模式、容积率转移政策、用地兼容政策、权属转移政策、私人业主修缮补贴政策、为保护风貌的目的制定的特殊技术管理规定，以及其他相关政策等。

4. 实施保障机制的探索

（1）建筑保护方面

① 明确保护资金投入机制，建立“历史建筑保护专项循环资金”。建议在市一级层面建立收购制度，设立循环基金。为加强区级层面的保护力度，建议通过财税转移政策，尝试将部分土地出让的收益留在区内，以增加各区的保护资金。

② 建立抢救性保护和保护建筑动态准入机制。落实固定机构和人员，及时保护新发现的文物古迹和遗址点。对于风貌区保护规划中划定的“保留历史建筑”，应在进一步价值评估的基础上，经推荐程序纳入“优秀历史建筑”。

（2）建设管理方面

① 加强各风貌区保护规划中的建设管理规定。针对各个风貌区的不同情况，对建筑退界、间距、绿化率等技术规定，以及消防、安全、水务等各方面的建设管理规定进行落实，制定具有操作性的专项技术规范。

② 研究制定《保护建筑物业管理导则》，加强对历史建筑日常修缮活动的管理。随着城市内涵式增长，风貌区内的修缮工作，更多为非建设项目的日常修缮活动。目前对历史建筑的日常维修管控是一项空白，缺乏相关指导。

③ 增加单元控规指标，加强对一般城市地区的风貌保护。将风貌保护作为一项强制性指标，在单元控规中予以落实。

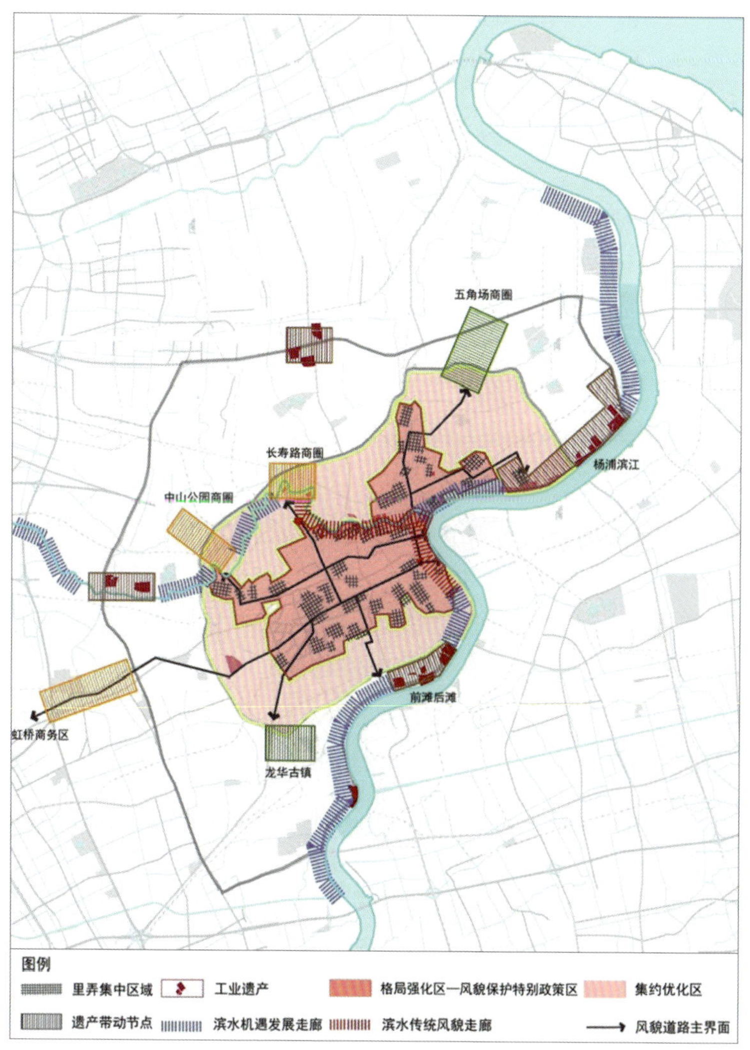

“风貌保护特别政策区”规划示意图

（3）城市更新方面

① 创新规划土地政策。在土地收储和供应阶段，根据规划功能调整要求，对于历史建筑更新功能的，建议借助专家委员会的审查机制，进行“带方案”出让或协议出让方式供地等土地政策的创新探索。

② 理顺房屋产权关系，扩大产权置换范围。建议进一步扩大公房可出售的范围，建议将独用成套并且在单幢中可清晰界定范围的单层里弄，纳入可售公房的范围；明晰产权，激发业主的自我更新。

③ 对业主自我更新进行补贴。对于传统居住建筑小业主的自发的、符合保护要求的整修活动给予一定的补贴。例如抵缴所得税、减免房产税、低息贷款，建立完善历史建筑维修公积金等政策探索。

（4）支撑机制方面

① 建立智能化保护与管理机制。建议建立“上海历史文化名城保护数据库”，采集历史保护体系的各类数据，并将规划编制、项目审批、建设进度等动态数据统计在内。

② 进一步加强部门协同管理。除文物、规划和房管三家核心部门之外，保护工作中还会涉及交通、绿化环境、文化、宗教等其他部门的法规和政策，需要在《保护条例》中增加相应的内容，为部门间协作提供重要的依据和保障。

③ 进一步加强公众参与。在决策过程中，建立开放包容、多方平等参与的平台，协同保护与发展。

五、项目特色和意义

本课题对于上海市新一轮总规编制具有五大贡献。

1.“固化”——提出现有制度中需要在新一轮总规中明确固化的内容

课题对10年来《保护条例》的实施情况进行了评估和总结，将对风貌保护起到积极作用的制度进行梳理，对其中起到积极作用的制度，提出应在新一轮总规中固化的建议。例如明确历史文化风貌区、风貌保护道路、优秀历史建筑制度的法定地位；明确“历史文化风貌区保护规划”为“控制性详细规划”的法定地位；设立“上海市历史文化风貌区和优秀历史建筑保护专家委员会”及建立特别论证制度等。这些内容是本市风貌区保护制度的重大创新。

2.“底线”——提出中心城区历史要素资源的总量规模和保护底线

目前上海各级各类历史要素资源在总体分布、用地规模、建筑总量等方面的统计为空白。本项课题的重大贡献，是对中心城的历史要素资源存量进行了系统整理和统计，最终统计得出：中环浦西范围内的历史要素存量占用地面积的25%，内环浦西范围内的历史要素存量为43%。相比而言，内环浦西范围内的法定保护要素总量为32%，尚有11%的历史要素未纳入保护体系，其中大部分为里弄建筑。课题提出“43%”作为中心城区的“历史保护底线”的目标，并在新一轮总规中，明确“对二级旧里中风貌特色明显的街坊进行保护”的原则。通过扩大和新增风貌区，增加风貌保护类型等手段，这一目标的实现是可行的。

3.“格局”——将“空间格局保护”作为新一轮总规的重要内容提出

目前，上海的风貌保护基本上建立在“单元式保护”的基础上，对风貌区以外的城市格局保护手段是缺位的。此外，由于对高层建筑的空间布局缺乏整体的控制，使得高层、低层拼接混杂，已经形成了上海中心城的整体空间现实。对于如何在这种空间现实下保护城市风貌的问题，课题提出突破传统的单元式保护方式，将“空间格局保护”作为城市更新的普遍性原则。

在中心城区，重点保护传统城市公共空间系统。在中心城外围，则着重保护水网格局及水乡生态环境。

4.“自然遗产”——提出自然遗产是上海全球城市的重要文化遗产资源，构建全域风貌体系框架

在全域层面，课题提出“水乡环境”，构成了上海总体空间格局的本土特色，应拓展对“遗产资源”的认识，自然、乡村、城镇环境缺一不可，并提出郊区水乡村落、农田及其承载的乡村历史和乡野生活方式，是“上海全球城市的重要文化遗产资源”。

建议增加“风貌河道”的保护类型，在“点”上增加“水乡村落”和“郊野农园”，将体现田园风光的农业生产区纳入其中。将郊区的景观河道、生态廊道、自然保护区、历史文化风貌区、水乡村落及郊野农园等各种风貌特征要素串联成网，形成覆盖全域的“点—线—面”风貌保护体系框架。

5.“政策区”——提出“风貌保护特别政策区”及其机制，对接新一轮总规政策区概念

为实现内环浦西“43%”的保护底线目标，需要突破现有的城市更新模式瓶颈，建立更具普适意义的政策和制度支撑。课题建议划定“风貌保护特别政策区”，既包括风貌保护的概

念，也包括与之相关的城市更新政策概念。

“风貌保护特别政策区”是一个可以不断拓展的政策范畴，针对不同等级和类型的“风貌保护特别政策区”，在土地运作模式、容积率转移政策、用地兼容政策、权属转移政策、私人业主修缮补贴政策、为保护风貌的目的制定的特殊技术管理规定等方面，允许一定的政策突破，鼓励多方合作投入。

六、实施情况

本项课题成果为上海新一轮总体规划中历史文化名城保护规划的编制提供了重要的技术支撑，并在《上海未来30年全球城市建设的历史文化资源利用研究》《上海总体城市设计专题研究》等一系列重大规划和课题中得以应用，获得上海2040战略专题研究成果评选一等奖。同时，本课题提出的一些重要原则，在上海市历史文化风貌区扩区等工作中获得了检验。

具有传统空间肌理的上海中心城区鸟瞰图

专家点评

王　林

上海交通大学设计学院，教授、博士生导师

《上海城市历史文化保护与城乡特色风貌体系研究》重点聚焦“上海2035”建设全球城市的目标，以破解当前核心瓶颈问题为导向，对历史文化与风貌保护有了新认识和新要求。

第一，研究对《上海市历史文化风貌区和优秀历史建筑保护条例》10年来的实施情况进行了评估和总结，明确保护要素的法定地位；并通过详尽的实地调研、数据处理和走访工作，以及与全球性国际大都市的比对，确定了中心城区历史要素资源的总量规模和保护底线，在保护实践中具有重要的现实意义。

第二，研究提出跨出传统的单元式保护方式，将“空间格局保护”作为新一轮总规的重要内容，同时作为城市更新的普遍性原则；并将城市更新中的风貌保护及实施机制作为重要内容进行研究，在保护方法及管理机制层面，具有可操作性。

第三，研究提出“自然遗产”也是上海全球城市的重要文化遗产资源，拓展了对“遗产资源”的认识，在上海市域层面构建了覆盖城乡范围的“点—线—面”风貌体系框架，为全市域风貌保护的实施提供了明确的框架与指导，具有创新性。

第四，研究具有结合现有制度、对标全球城市、关注城市更新、对接总规概念等鲜明特色，其成果为上海新一轮总体规划中历史文化名城保护规划的编制提供了重要的技术支撑，对其他相关规划及课题研究也有一定借鉴意义。

我国农村人口流动与安居性研究

2017 年度全国优秀城乡规划设计奖（村镇规划类）二等奖、2017 年度上海市优秀城乡规划设计奖二等奖

编制时间：2015 年 4 月—2016 年 3 月

编制单位：上海同济城市规划设计研究院、同济大学、苏州科技大学、沈阳建筑大学、深圳大学、山东建筑大学、内蒙古工业大学、华中科技大学、成都理工大学、长安大学、安徽建筑大学

编制人员：张立、何莲、陆希刚、张尚武、储金龙、杨育军、李艳菊、王智勇、荣丽华、李鹏、李云、马青、王雨村、栾峰、王丽娟

一、规划背景

我国的城乡二元体制导致了城乡发展的巨大差距。农村人口大量流出，农村社区活力下降，影响着农村人居环境建设。本课题依托于住房和城乡建设部的农村人居环境系列课题之一《我国农村人口流动与安居性研究》，以全国范围内的农村调研为基础，尝试对农村人居环境问题进行全面的考察和认识，既包括其共性特征，也包括其差异性特征；并通过影响因素的分析，以及未来趋势的判别，提出未来农村人居环境建设的目标愿景和提升策略，为农村规划和管理提供一定的参考和借鉴。

二、课题内容

1. 调研方法

鉴于我国长期以来农村统计数据的薄弱，以及农村问题的复杂性和巨大的地域差异性特点，针对研究任务，课题组采取田野调查的质性研究方法，来克服微观数据的不足。为此组建了由 11 所高校和科研机构组成的研究团队，经与住建部和各省住建厅商议后，按照各区域的代表性选择了湖北、江苏、上海、广东、安徽、陕西、辽宁、山东、四川、云南、贵州、青海、内蒙古共计十三个省市地区（按时间先后）作为案例研究目标，基本覆盖了我国的各个地区类型，占全国 29 个省份的 45%（不含港澳台）。调研样本共计 480 个村庄。

各省团队出发调研前均由大课题总负责人亲赴讲座培训，事前拟定调研提纲、访谈手册和问卷，访谈对象包括各省住建厅村镇处、县市主要领导、乡镇干部和村干部，所有问卷均由调研师生入户完成，最大程度地确保了问卷内容的真实性和准确性。核心课题组要求各省原则上调查不少于 30 个村庄，且分布在 5 个以上的县（市、区），样本村庄涵盖贫穷、富裕、偏僻、近郊等各种类型。

本次调查历时 100 余天，投入师生 500 余人，完成农户调查 7 578 户，信息涉及 28 593 个家庭成员，完成报告字数超过 100 万字。本次调研量大面广，所获数据为深化认识和研究我国农村人居环境提供了大量有价值的素材。此外，在部分省

调研村庄样本总量情况表

省（市）	地市数	县（区）数	镇（乡）数	村庄数	农户样本	家庭成员样本
青海省	5	11	33	41	364	1 473
广东省	4	7	11	30	537	2 078
辽宁省	4	4	15	58	624	2 326
山东省	5	5	16	30	555	1 859
贵州省	5	7	9	11	63	236
上海市	—	5	5	27	489	1 562
陕西省	7	7	39	48	797	3 202
江苏省	5	6	24	39	776	2 846
湖北省	5	4	18	50	702	3 894
云南省	5	9	16	43	544	2 854
安徽省	5	5	25	28	863	1 891
四川省	4	5	11	46	970	3 399
内蒙古	4	10	12	29	294	973
总　计	59	85	234	480	7 578	28 593

还挑选了一些有代表性的当地企业，调研人员进入工厂与企业经营者、人事经理及员工进行了访谈和问卷发放，了解农民工的工作状态、定居意见等，共回收农民工问卷 493 份，这是对农村调研的重要补充。

2. 研究特色

（1）构建了农村人居环境评价指标体系。首先，由村庄调查数据和村主任访谈得出村庄客观建设层面的评价指标：住房条件、公共设施、经济属性、自然环境和人工环境。其次，根据村落客观的区域环境、人文环境、政策支撑、发展潜力等方面的调查得出潜在的社会环境指标：宏观区位、中观区位、社会关系、文化属性、资金支持、投入支持和村庄潜力。最后，根据村民满意度调查得出村民主观层面的评价指标：总体意愿、住房条件、公共设施、生产建设、经济属性、政策保障、自然环境和人工环境。

（2）将微观田野调查数据与宏观大数据相结合，建立农村调研资料数据库。通过对 13 个省市 480 个村的详细调研，获得了翔实的一手调研数据。除了大范围的田野调查以外，课题组对全国 60 万个行政村的 30 个数据进行了初步分析。将微观田野数据和宏观大数据相结合，以聚类方法得到了 29 个村庄为范例，利用 SQL 语句自动生成各村庄的评价指标雷达图，同时辅助以各村的相关属性，更加客观全面地分析宜居性指标。

（3）建立了乡村与城市的居民双向决策意愿研究。我国的城乡二元体制特点，造成农村人口不仅生活在农村，还有一部分在城镇中流动，即农民工。在农村接受访谈者多为留守老人，因此课题组将传统的农村调查研究从农村空间拓展到城镇空间，通过对城镇中的农民工展开调查，形成城乡双向的安居性决策意愿匹配。

3. 主要结论

（1）农村人口流动与农村人居环境（安居性）建设质量有关，但并非紧密相关。

调研村庄按属性分类情况

宏观区位	东部	中部	西部	东北	备注
	126	28	268	58	
中观区位	城郊村	近郊村	远郊村	偏远地区	
	112	162	149	57	
地形因素	山区村	丘陵村	平原村	山区平原村	
	121	112	183	60	
区域发达程度	发达	中等	欠发达	落后	
	119	144	124	93	
村庄发达程度	发达	中等	欠发达	落后	
	92	175	111	102	
农业类型	种植业	林业	畜牧业	渔业	其他
	402	11	24	24	19
非农产业类型	工业	商贸	专业服务	旅游	其他
	65	24	36	57	23
主要民族	少数民族		汉族		
	109		371		
历史文化	列入中国传统村落名录	省市县级历史文化名村	一般传统村落	非传统村落	
	18	12	74	376	

调研访谈现场

农村人居环境的多维度评价指标体系

系统层	指标层 1	指标层 2	指　　标	计　算　方　式
客观供给	生活质量	住房条件	户均住房面积（m^2/ 户）	总住房面积 / 村庄户数
			建筑质量	质量较好农房的套数 / 户籍农户住房套数
			房屋内生活设施配置占比（%）	有厕所的房屋配备比例；有厨房的房屋配备比例；有空调的房屋配备比例；有网络的房屋配备比例
		公共设施	地均硬化道路（m/m^2）	已硬化的村内道路长度 / 村域面积
			市政设施普及率（%）	供水普及率是否达到 90%；供电普及率是否达到 90%；供气普及率是否达到 90%；电话普及率是否达到 90%
			村镇公交普及率（%）	是否有村镇公交
			服务设施普及率（%）	行政村是否有卫生室；是否知道本村有养老服务；行政村是否有文体设施；行政村是否有图书室；行政村是否有公共空间
			子女小学就学单程距离（m）	
	生产功能	经济属性	农民人均纯收入（元）	
			主要农业方式（农林渔牧）地均收益（元 / 亩）	主要农业方式总收益 / 农业用地
			村中休闲农业和服务业开发进展	正在建设：40%；进展顺利：100%；初具规模：60%；进展一般：40%；经营困难：0%；准备开始：20%；没有：0
	生态环境	自然环境	本村气候属性	热带：50%；亚热带：100%；暖温带：80%；中温带：50%；寒温带：30%；青藏高原区：30%；
			本村地形属性	平原：100%；丘陵：90%；山区平原：70%；山区：50%
			本村的自然灾害属性描述	宜人：100%；一般：50%；干旱 / 洪水 / 塌方：20%；地震 / 多灾：0%
		人工环境	是否有污水处理设施	
			是否有垃圾收集设施	
			5 km 内是否有污染型企业	
社会环境	区域环境	宏观区位	所处省份的发达程度	根据 2014 年全国各省份农民人均纯收入而定的分级指标
		中观区位	所处地级市的发达程度	根据 2014 年全国人均 GDP 而定的分级指标
	人文环境	社会关系	与村里亲友邻里来往关系	往来密切：100%；往来一般：50%；偶有往来：0%
			村内能人的带动作用	a）有能人且发挥作用：100%；b）有能人但未发挥作用：50%；c）无能人：0
		文化属性	村庄历史文化属性	中国传统村落名录：100%；省级历史文化名村：70%；一般传统村落：50%；非传统村落：0%
	政策方面	资金支持	人均政府拨款（元 / 人）	政府当年拨款金额 / 常住人口
			户均社保补助金额	社保补助金额平均值
		投入支持	每千人专职村庄保洁员拥有量	村庄专职村庄保洁员数量 / 常住人口

（续表）

系统层	指标层 1	指标层 2	指　　标	计　算　方　式
社会环境	村庄潜力	村庄潜力	村民对村庄未来发展的信心	发展更好：100%；发展一般 / 说不清：50%；发展恶化：0
			2010 年以来年新建住房占比（%）	2010 年以来年新建住房数量 / 总住房数量
	总体满意度	总体意愿	目前生活状态满意度	满意度评分 ×20%
主观意愿	生活质量	住房条件	个人住宅满意度	满意度评分 ×20%
			村庄居住条件满意度	满意度评分 ×20%
		公共设施	公共交通设施满意度	满意度评分 ×20%
			村卫生室满意度	满意度评分 ×20%
			对子女就学满意度	满意度评分 ×20%
			文体活动设施满意度	满意度评分 ×20%
	生产功能	建设属性	对近年农村建设是否满意	满意度评分 ×20%
		经济属性	对生活在村内的经济条件是否满意	满意度评分 ×20%
	政策方面	政策保障	村民对政府实施的政策项目的总体评价	满意度评分 ×20%
	生态环境	自然环境	本行政村空气质量、水质量评价（%）	（空气环境质量＋水环境质量）评分 ×10%
		人工环境	本行政村环境卫生状况评价	环境卫生状况评分 ×20%

研究认为，人居环境质量的提高减缓了农村人口的流出；农村宜居性的提高和村庄的发展是正向相关的，并促进了人口回流；农村基础设施和公共设施的提升能够有效提高村庄的宜居程度，并提升村民对农村生活的满意程度；但是单一的物质建设难以有效提升农村自我发展潜力，也难以使人们长久扎根农村。无论从调研地区村民想要迁出农村的原因来看，还是从认为农村“留住人”的原因来看，更重要的仍然是村庄自我发展能力的培育和区域就业岗位的供给。

（2）农村留守人口的城镇化意愿不强，但对下一代的城镇化期望很高。

目前村民对农村大多有较强的眷恋，无政策推动的条件下，迁出农村的积极性不高。调研数据显示，有 73% 的村民理想住地是农村；而在现实的迁出打算上，84% 的村民都没有迁出打算。但问及希望子女居住于哪时，88% 的村民希望子女进入城镇生活。究其原因，就业机会是最主要因素。在村民看来，大城市能提供更多的就业机会和发展潜力，也意味着更好的生活条件；希望子女在县城发展的也大多是基于工作的考虑。可见地区发展与就业机会深刻影响着村民安居乐业的程度。

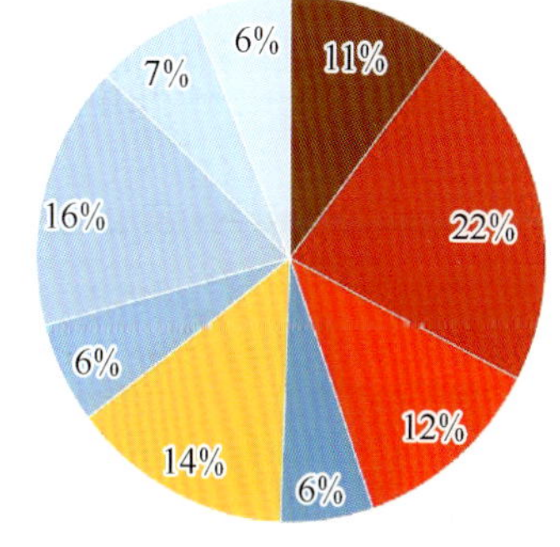

调研地区农村“留住人”的原因

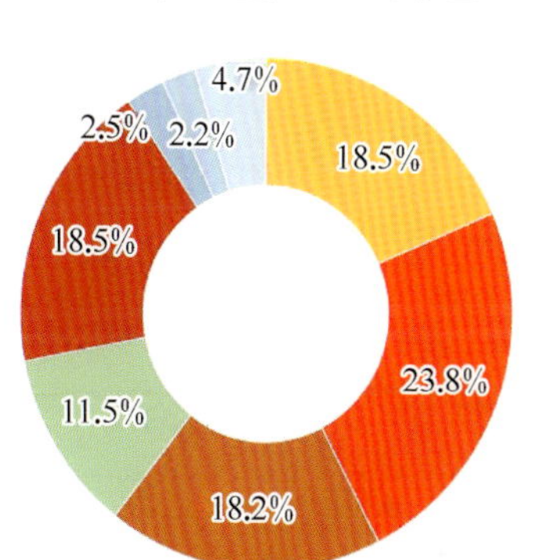

调研地区村民想要迁出农村的原因

（3）农村流出人口和留守人口对小城镇有一定认同感，总体达到40%，但各省有差异。

在问及返乡问题中，六成以上农民工表示会返乡，其中中年人返乡意愿最强烈；愿意返乡的人群大多表示在退休（干不动了）后回乡养老，若家乡有合适就业岗位，愿意在城镇就近工作。同时，在外务工的农民工的理想居住地仍然为农村居多，且集镇的占比明显升高，对大城市反而没有十分强烈的定居意愿。

（4）农村人口对人居环境建设的主观满意度与客观建设水平并不一致。

农村人居建设现状中所呈现的问题基本均可归结于建设供给与实际需求不相匹配的错位矛盾。在某些方面，当前的农村政策和实际建设某种程度上脱离了村庄发展的（差异性）需求。

（5）农村人居环境存在共性，也存在明显的差异性特征，主要表现在住房建设、设施建设和环境景观三个方面。

其一，住房建设方面的共性特征表现为“集中居住广泛推进，空间风貌逐步趋同；农房改造大量投入，但政策尚需优化；农民满意程度较高，但住房建设提升空间仍然很大；农房自建模式粗放、空置浪费现象严重”，差异性特征表现为“集中居住的推行在各地反响不一；住房水平在不同地区间呈现差异”。

其二，设施建设方面的共性特征表现为“总体水平不断提高，部分设施仍需进一步完善；教育、医疗设施大量撤并，服务质量有待提升；养老、文体、商业等需求扩大，设施普遍滞后”，差异性特征表现为“西部山区道路交通条件滞后，严重阻碍当地发展；教育设施的集约化配置模式在各地接受程度不同”。

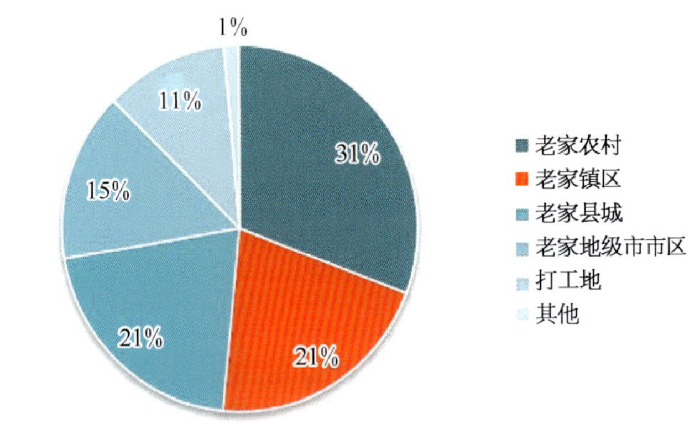

企业员工考虑现实条件的最佳定居点

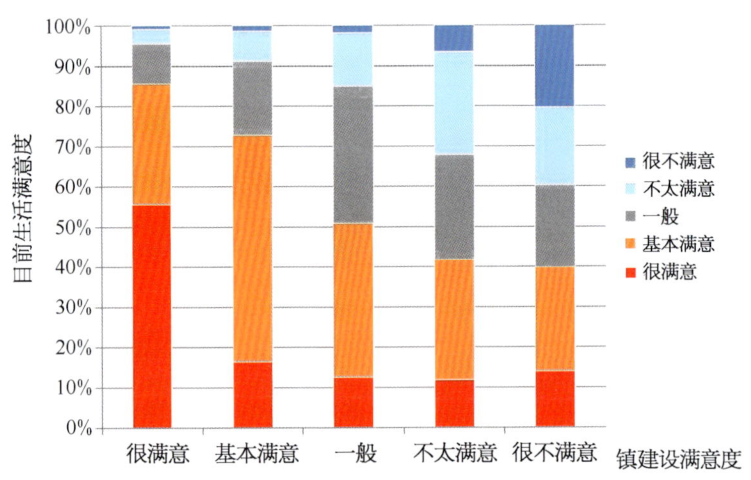

镇建设满意度与目前生活的满意度交叉分析图

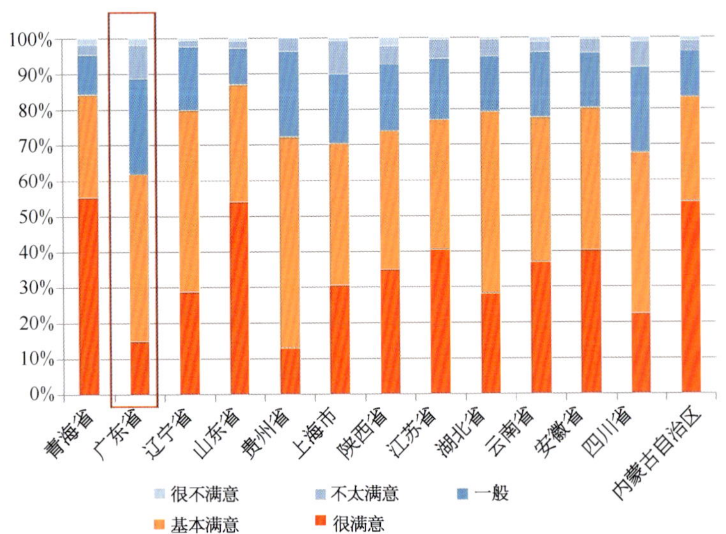

各省村民对于镇区建设满意度统计分析

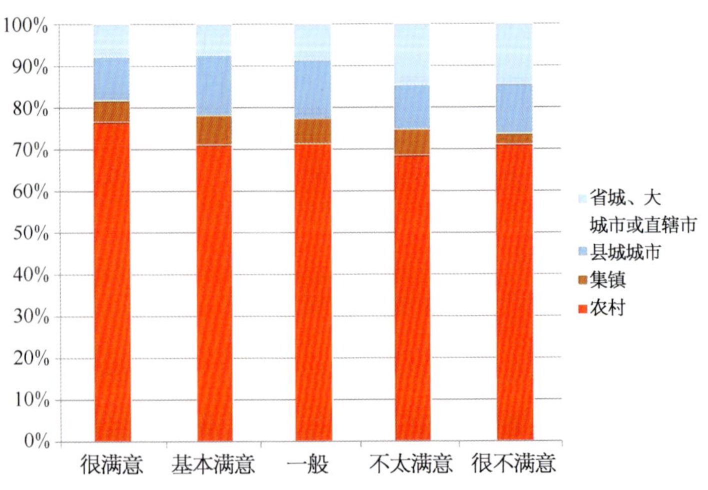

镇建设满意度不同的村民理想居住地分析图

其三，环境景观方面的共性特征表现为“现代化建设大力推进，个性差异逐渐减弱；环卫问题日益突出，相关设施亟待完善；村民珍视农村环境，保护传承意识薄弱”，差异性特征表现为“工业污染对农村环境带来压力；管理程度进一步决定治理水平”。

（6）农村的人口流动和安居性（人居环境建设）主要受自身发展基础和外部要素的共同影响。

概括而言，内部要素指村庄自身所身处的自然环境和社会环境。这方面因素从村庄形成的初期就始终对人居环境产生着长期而深远的影响，形成了最初的地域分异和村庄特色，也是未来农村建设的基础。

与之相对，外部要素则是城镇化与现代化进程中，村庄之外的城市政府自上而下所采取的人为干预。这一力量的介入在近年来不断增强，并已逐渐取代内部要素成为推动农村空间演变的主导力量。

最后课题组提出了我国农村人居环境建设的目标愿景：立足于农村社会的全面发展和实现城乡区域的和谐共生；继而提出了思想层面的基本原则：改变政府的角色定位和工作方式，重视村民的主体地位和发展诉求，继续加大农村投入、更多兼顾公平，完善城镇职能、村镇联动发展，差异发展、发展模式与政策制定体现针对性和灵活性。

课题报告书的完成并不意味着研究工作的结束。本次13个省市的调查积累了相当丰富的农村研究数据，更深入的研究工作将进一步开展。

彭震伟

上海市规划委员会专家

同济大学建筑与城市规划学院教授、博士生导师

《我国农村人口流动与安居性研究》之目标在于建立农村人口流动与安居性的数理关联模型。该研究具有如下特色：一是拓展了农村人居环境的内涵理解，对农村人居环境的评价跳出了传统的客观建设评价的范畴，增加了村民的主观感受和潜在的社会环境两个维度，从而建构了多维度的农村人居环境评价模型；二是不仅研究农村居民的流动意愿，还研究农村流出人口的回流意愿，通过分析双向的城镇化决策意愿数据，勾画出了比较清晰的未来人口城镇化图景，可为国家相关决策提供更准确的依据。该研究得出了农村人居环境质量的优劣与农村人口流动并未呈现出紧密相关性的结论，在该领域研究中具有新的突破。该项目在研究方法上亦有所创新，一是应对村庄类型的多维属性特征，创设了村庄属性矩阵表，使村庄类型的交叉分析得以深入展开，进而利于为差异化的农村政策制定提供支持；二是微观田野调查与宏观大数据分析相结合，通过针对480个调研村的聚类分析，提取出29个典型案例村进行深化解析，并与我国60万个行政村的数据分析相结合，探索了各种类型的农村人口流动与安居性的差异化特点。该项目组织了高校近千名师生历时半年，对全国13个省480个案例村共7 578农户做了入户访谈调查，并同时走访了地方政府部门和省（自治区）住建厅，获取了大量一手资料，从而为本项目产出高质量的研究成果打下了扎实的基础。

上海市松江区泖港镇黄桥村村庄规划

2017 年度全国优秀城乡规划设计奖（村镇规划类）二等奖、2017 年度上海市优秀城乡规划设计奖二等奖

编制时间：2015 年 10 月—2016 年 8 月

编制单位：中船第九设计研究院工程有限公司、上海市松江区规划设计所

编制人员：贾宇轩、金英、顾文飞、陈岚、朱根新、翟伟琴、谢玲玲、郑璇、董晓培、姜敬莹、沈丽君、吴伟、房传闽、郁佳菁、叶俊

一、项目概况

泖港镇黄桥村位于农业发达的上海浦江之南，作为全国生态文化村、上海市级示范村，黄桥村拥有优越的发展基础。但由于已基本完成新农村建设，后续资金投入减少，导致村庄发展停滞，黄桥村亟须突破转型。

同时，村庄的发展还面临着人口老龄化和空心化、产业发展遇到瓶颈、农民增收缓慢等当前村庄发展存在的普遍性问题，以及高铁线贯穿、高速公路影响等特殊性问题。因此以黄桥村为例，研究其未来发展与需求具有典型性及代表性，规划以点带面，希望为上海市远郊村庄的整体发展提供经验及思路。

规划结构图

土地利用规划图

二、主要内容

1. 规划目标和构思

规划目标：高品质田园水乡休闲度假村。依托良好的资源条件，延续传统江南水乡的格局，统筹乡村生产和生活，探索上海远郊村庄发展建设的新模式，打造宜居、宜游、宜业、城乡互动的魅力乡村。

规划构思：从三个实际问题出发，依托黄浦江、涵养林、温泉、楹联、火龙果等特色资源形成自下而上的发展动力，制定三大核心任务。

（1）保持上海最强乡村的发展态势

通过有效整合外界动力，帮助村庄农业产业升级转型，并注入符合村庄特质的新产业类型，提升村庄“造血”功能，逐步实现村庄自下而上的可持续发展，一、二、三产业融合，打造“第六产业”，从而促进村庄产业转型与提升发展。

（2）建设上海最具活力的乡村社区

通过深入细致的村庄调研工作，与村民代表、村委会座谈，定制规划方案。针对不同现状情况，充分尊重村民意愿，运用经济杠杆等手段合理引导居民点的分类布局，最大效率地利用土地并制定分期实施策略，达到土地增减挂钩平衡。

（3）营造上海最浓的田园水乡风貌

依托村庄发展条件，深入挖掘村庄特质与内在价值，在村庄空间形态和产业发展方面，保持村庄的独特性，打造村庄品牌。从村庄的入口、道路、水巷、田园、建筑等方面着手，营造村庄形象，以“村庄保护”的标准规划建设，提升并塑造特色水乡村庄风貌。

2. 土地利用规划

在不大拆大建的前提下，采用自然腾挪和局部更新的方式，划定居民点的用地框线，并投入基础设施。结合村民意愿，逐步集中居民点用地。按照第二次全国土地调查、规划编制时所用的地形图，同时参照现场情况划分地块并测算地块面积。

村庄建设用地面积约 21.35 hm^2，占用地总面积的6.48%。其中村庄住宅用地 9.47 hm^2，村级公共服务设施用地 0.41 hm^2，公共设施用地 8.46 hm^2，道路交通用地 1.37 hm^2，市政设施用地 0.05 hm^2，工业用地 1.23 hm^2，仓储用地 0.36 hm^2。村庄人均建设用地 133 m^2。

居民点分类引导规划图

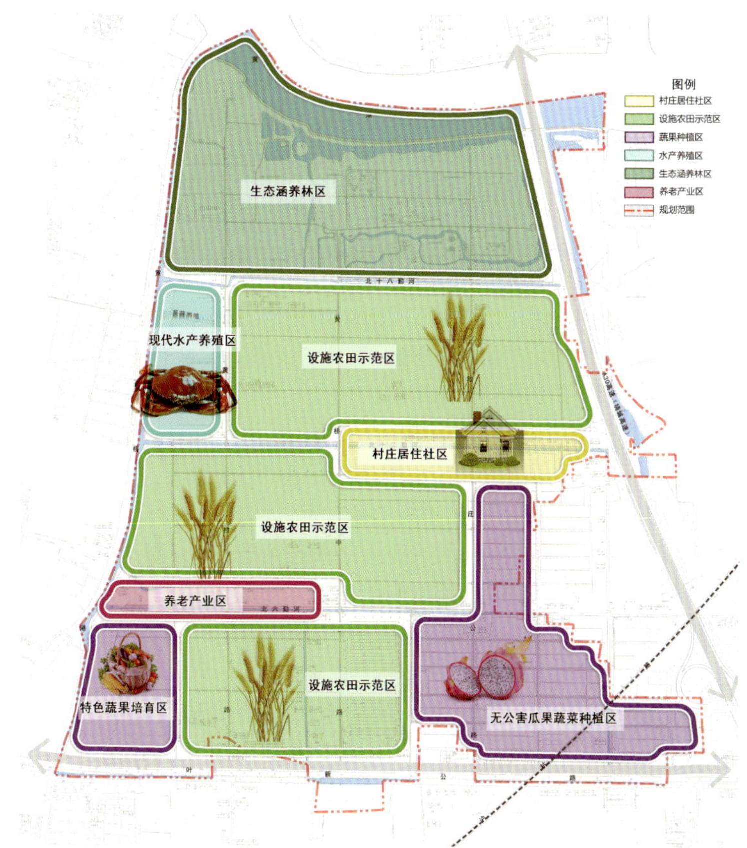

产业功能布局图

建设用地减量化方面，黄桥村现状建设用地 74.52 hm^2，规划建设用地 42.34 hm^2，建设用地减量化合计 32.18 hm^2，其中村庄建设用地减少 40.12 hm^2，国有建设用地增加 7.94 hm^2。

3. 居民点分类引导

结合规划方案，针对不同现实条件，尊重村民意愿，运用经济杠杆，合理引导村庄住宅分类发展导向。其中，资金来源和分配比例，需结合政策进一步考虑。

（1）受高铁建设、叶新公路拓宽、高速公路及高压燃气建设的影响，居民点采取拆旧处理，建议搬迁至近镇区，涉及拆旧居民点用地 1.21 hm^2，约 43 户。

（2）产业拓展区的居民点采取“进镇归并”的方式，企业收购民宅、统一改造后用于第三产业发展，涉及居民点用地 2.37 hm^2，共 73 户。

（3）生活不便、零散用地的居民点采取村内归并的方式，涉及拆旧居民点用地 7.28 hm^2，约 196 户。

（4）划定保留改造区，区内主要采取限制发展、保留整修措施，规划后保留居民点用地 5.68 hm^2，共 269 户。

（5）村内集中新建区主要安置：规划用地 3.62 hm^2，196 户。新建居民住宅总建筑面积约 3.6 万 m^2。

4. 产业发展规划

村庄以一产为基础，以二产为动力，以三产为提升，促进一、二、三产融合发展。

规划第一产业秉承“绿色发展”原则，延续现状设施粮田、涵养林地、无公害蔬菜瓜果种植、水产养殖和禽畜养殖五大类产业布局，在此基础上优化村域“田、果、林”产业布局。

（1）田

机械化粮田：高标准粮田布局整体采用“田成方、路成网、渠配套、林成行”的布局方式，利于机械生产和标准化管理。

稻鱼共生：利用村域中部现有大面积水稻田，采用稻鱼共生模式，构建稻鱼共生示范区。

稻花轮作：利用水稻与油菜花播种与收获期的时间差进行作物轮作，在 10 月稻谷全面收割完后，播种油菜花种，利用田间秸秆作肥料，村域内实现“水稻—油菜花轮作”农业体系。

（2）果

智慧果园：对村域西南角现状大面积蔬果大棚进行设施优化改造，引入智慧理念，打造智慧果园，提升蔬果种植效益及产品品质。

科技农业：在现状蔬果大棚基础上，增加蔬果品种研发基地和无土育苗栽培温室，为精品种植提供优质的种苗基础。

新建居民点风貌效果图

保留改造居民点及休闲鱼乐农庄效果图

保留改造居民点及养老设施效果图

（3）林

立体农业：结合村域北侧涵养林，增加立体农业示范园，引入“林上养蜂，林下养鸡”的开发策略，开发林区经济价值。

采摘果林：结合现有养殖水面，将其南侧规划为现代果园，与北侧涵养林形成一个整体。

规划第二产业秉承“创新发展”原则。迁出村域南侧奥岩石业等有污染企业，工业用地逐步转化为农业用地；保留村委会东侧泖港农业发展有限公司及高铁线北部二产用地的加工包装功能，按照粮食加工、蔬果加工的功能要求进行场地、设备改造，为粮食及无公害蔬果种植区提供蔬果加工、包装服务，延伸一产产业链。其中，利用原有村委会建筑及东侧农业发展有限公司，搭建上海农产品展示平台，融合现代生鲜仓储式销售理念，构建“仓储—销售一体化”的新型蔬菜超市，二产总用地为 1.23 hm^2。

规划第三产业秉承“融合发展”原则，依托一产，将一产、二产和三产相结合，通过盘活资产、村民参与和逐步推进的发展方式，打造以乡村旅游为主的三产发展模式。发挥村庄的滨江涵养林、温室蔬果等优势，发展乡村体验式旅游；通过一产的“接二连三”，打造一个包含农、林、牧、渔、加工、制造、餐饮、仓储、金融、旅游、康养等各行业的三产融合体和田园综合体。

（1）乡村休闲旅游

结合黄桥工业园搬迁，腾出建设用地作为旅游项目开发用地，挖掘农业旅游潜力，构建都市农业旅游核心区，让农业产品变身旅游产品，鼓励村民参与三产创业、从业。

（2）田园风情观光

村庄集中居民点北侧大片的粮田种植区结合水稻、油菜花轮作，打造田园风光摄影、油菜花海观赏、稻田观赏、浪漫金色田园体验游；同时可沿机耕道布局大型卡通农机，将粮田化身为农机乐园，集观光体验于一体；结合每年水稻丰收创办“稻草人节”，与乡村楹联节庆活动错峰举办，丰富乡村的文化旅游。

（3）休闲渔乐农庄

结合黄桥村的渔业养殖基础设置渔家乐和垂钓中心，并利用田园景观和生产、生活空间，为都市游客提供观光、休闲、体验等多种消费服务。

（4）浦江源温泉度假

以田园度假养生、温泉疗养、亲子活动、水上游玩为主要旅游项目，面向上海及其周边的城市白领、旅游青年、家庭客源等。浦江源南部的民宅由企业统一收购，改造为民宿，变更为度假村配套功能。

5. 风貌规划

对村庄风貌进行保护提升，重点对五大风貌元素加以控制，形成“三轴、三带、四区”的风貌结构。

（1）水元素：重点梳理水网体系，净化村域水体，打造滨水空间。对有通航、防汛要求的河段，在村庄内考虑建设直立式的人工驳岸；对公共水塘周边、防汛要求较低的河流，可分段设置亲水平台或台阶，提供散步、交往等亲水活动的场所，护栏采用具有乡土特色的石栏杆或木护栏；无防汛要求且坡度较小的土质护坡，采用生态、自然的缓坡设计。

（2）林元素：重点丰富植物样式。结合生态廊道，丰富植物配置种类及种植形式，新造补缺以乡土植物为主，外来植物为辅。将种树、植竹、栽果、撒花、种菜相结合，按“适地适绿”的原则，灵活种植。主要道路和河道两侧从景观风貌营造出发，选择以种植树木为主；废弃地、无主地、边角地以经济林种植为主；宅前南侧考虑视线与阳光，以种植低矮植物、果树为主；屋后北侧兼顾景观和防风，以种植竹林、树林为主。

（3）田元素：重点根据现状地形地貌、土质特点、水系走向以及规划功能分区，布局村庄内部田块。整理合并农田，连接成片，实现规模化生产，也为打造农田大地景观创造基础；引入立体农业，在实现农业增产的同时，丰富农田原本单一的风貌形式；新增多元化种植方式的有机农田，改善生态环境。

居民点效果图

总平面图

（4）路元素：重点依据水网格局和村庄居住布局情况，梳理健全体系，在现状路网的基础之上，形成层级清晰、功能明确、景观优化的乡村道路体系。按照不同路网类型的风貌特点，对村间路布局和风貌打造进行引导。街巷路面的整治修复沿用原有材料，强调经济、整洁、舒适，采取混凝土、透水沥青、平整石板等材质；弄巷路面一般采用条石、卵石、弹石、青砖、细沙等。村内主干道路设置路灯、标识，以及必要的安全设施，整修沿街建筑立面和围墙墙面，沿街巷两侧种植花草树木，做到环境优美、整洁卫生。

（5）村元素：重点依据村庄宅基地迁并方案，对村庄建筑和空间组织形式提出要求，突出江南水乡聚居形式特色。整个村庄采用统一协调的白墙黛瓦色调，局部如公共建筑、空间节点等可以有一定的变化。墙面形式以简洁朴实、遵循当地传统为特征，适当采用观音兜、木饰面、露檩架等形式进行装饰。墙面材料选择具有乡土特征、风格协调的材质，采用白灰墙、青石墙、青砖墙、木墙面等。

三、规划特色

特色一：黄桥村村庄规划是村委主导、村民参与、专家指导、政府统筹的成果

规划设计团队驻村调研设计，访谈村民百余户，填写调

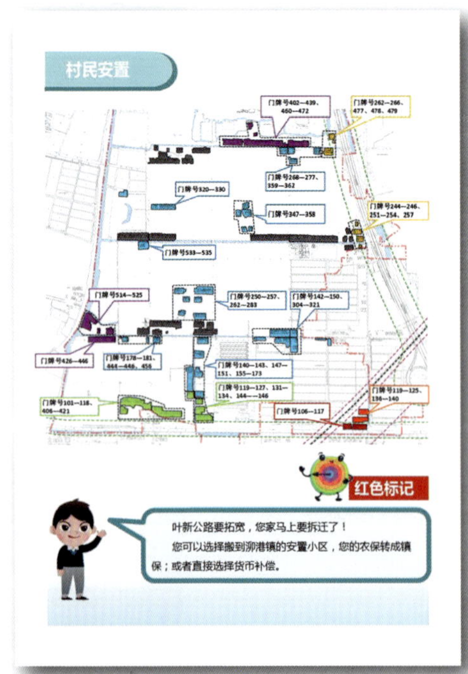

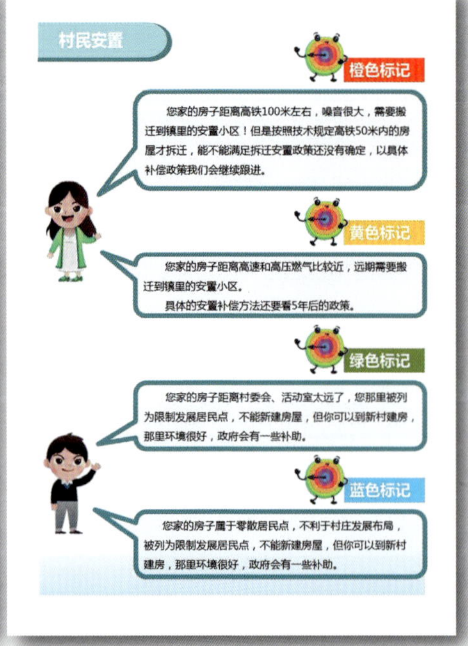

黄桥村《村民手册》

查问卷 120 份，与村委、村民代表座谈十余次，充分吸取了村庄主人的想法，可以说黄桥村村庄规划是黄桥村自己编制的“蓝图”，同时规划还经过三轮专家指导、三次部门意见征询会，为规划的前瞻性和可实施性提供了保障。整个规划并非传统的由领导和规划师主导的规划，而是由村民和规划师共同努力的自下而上的规划，并在村民大会上获得一致通过。

特色二：通过 13 条措施以及各措施的具体实施步骤落实规划

为实现三大核心任务，规划制定了“淘汰污染企业、开发养生养老、拓展温泉度假、居民点分类引导、建设新村、营造依水而居、田园风情”等 13 条措施以及各措施的实施步骤。

其中，规划将开发养生养老产业化解为“四步走”：第一步拆除北六勤河北侧的房屋，腾出的空地新建商业养老会馆及养老庄园；第二步由养老企业将北六勤河南侧的一排村民住宅统一收购，改造成为田园养生养老的住房；第三步企业与 5 片 12 队保留住宅的村民进行合作，村民提供空置房屋和菜地，用以养老服务从而获得一定的收入；第四步完善社区居家养老服务。

黄桥村实景

特色三：绘制村民手册指导村民参与乡村建设

为了让村民看得懂，规划绘制了村民手册，用通俗易懂的语言介绍了村庄未来要做的和村民息息相关的 12 件事，并且详细指导村民如何参与。例如在居民点分类引导方面，手册通过三步指导村民了解自己房屋的规划情况：

第一步看看自家的门牌号；第二步在图上找到自己的家，记住标记的颜色；第三步阅读相应颜色的安置说明。其中的红色就代表叶新公路要拓宽，村民家马上要拆迁，村民可以选择搬到泖港镇的安置小区，农保转成镇保；或者直接选择货币补偿。村民手册的编制真正使黄桥村村庄规划让村民看得懂，并得到了村民的一致好评。

四、规划实施

黄桥村在村庄规划的指导下，许多工作正有条不紊地进行：浦江源温泉度假区已经改造一新；田园整治、稻花轮作已经初步完成；集中居民点也已开工建设。

近年在“乡村振兴”国家战略背景下，黄桥村凭借自身的发展优势，被列为上海市乡村振兴、宅基地改革、精品村建设的三大示范基地，黄桥村村庄规划也在不断地深化和完善，力求在实践中探索上海远郊村庄振兴发展的经验和思路。

孙　珊

上海市规划和自然资源局市政工程管理处处长，教授级高工

本规划遵循上海 2035 总体规划导向，积极探索上海远郊地区乡村振兴目标、方法和路径，为国际化大都市纯农和生态保护区的城乡融合发展提供了创新思路和实施实例。

规划成果具有三方面突出特点。一是在理念上充分体现城乡融合发展。坚守农业和生态功能的战略导向和资源底线，立足减量，盘活存量，以“针灸式”业态创新及“田园式”分类集中，实现村庄的整体功能提升、居住空间引导及生态农业保障。二是在方法上高度重视村民深度参与决策。村委会和村民参与贯穿现状调研、意愿征集和方案制定的全过程，创新编制了《村民手册》，使成果做到既“好用”又“管用”，让规划成为全体黄桥村村民自己编制的“一张蓝图”。三是在内容上向建设实施延伸。围绕“三大核心任务”，规划制定了 13 条措施，并逐一细化每条措施，包括具体内容、设计方案、资金筹措、建设和实施步骤等。如对养生养老产业发展提出了“四步走”方案；又如对村庄建筑明确“粉墙黛瓦”的江南水乡聚落整体要求，并对建筑色彩、形式、观音兜、木饰面及露檩架等细部等细化也提出了要求和设计方案。从而使规划达到了直接指导建设的深度，具有较强的可实施性。

上海市控制性详细规划技术准则（2016 年修订版）

2017 年度全国优秀城乡规划设计奖（城市规划类）三等奖、2017 年度上海市优秀城乡规划设计奖一等奖

编制时间：2015 年 1 月—2016 年 12 月

编制单位：上海市城市规划设计研究院、上海市规划编审中心

编制人员：徐毅松、张帆、周建非、杨晰峰、杨朓晕、朱丽芳、胡瑜芝、张弛、徐玮、徐文生、王丽丽、吴秋晴、金山、许珂、王晗昱、张乐彦、李萌、葛岩、孙慧、陈映雪

一、工作背景

1. 修订背景

控制性详细规划（以下简称“控规”）是城市规划管理体系中连结规划和实施的核心环节，对城市用地合理布局、空间环境品质塑造等具有关键作用。为提高控规编制管理的科学性，上海市规划和国土资源管理局于 2011 年编制形成《上海市控制性详细规划技术准则》（以下简称《技术准则》），用于指导上海市的控规编制和管理。

2014 年底，上海市规划和国土资源管理局对于《技术准则》的实施效果进行了评估和总结。评估报告指出，《技术准则》实施以来，上海市控规编制管理水平明显提升，土地集约利用程度提高，城市整体风貌管控力度大幅加强，公共空间品质不断优化。但与此同时，城市建设和规划管理也面临新的形势和更高的要求，需对《技术准则》进一步优化、完善。

近年来，上海的发展形势、社会需求和政府管理理念均处在转型和变革的过程中，城市建设也进入了存量更新、内涵式发展的新阶段。中央城市工作会议提出了“尊重城市发展规律，强化五个统筹”的城市规划建设管理要求，上海市新一轮总体规划提出了“追求卓越的全球城市”目标愿景。作为直接指导上海市控规编制、审批和实施的核心技术文件，《技术准则》须及时贯彻规划建设的新理念，适应城市发展的新要求，因此迫切需要修订和完善。

自 2015 年开始，市规土局牵头开展了《技术准则》修订研究工作。课题组开展了 6 个国际城市案例研究和 6 项重点专

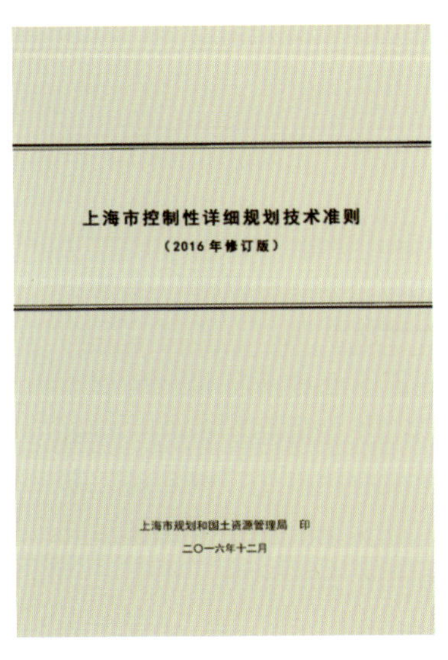

上海市人民政府办公厅文件

沪府办〔2016〕90 号

上海市人民政府办公厅关于同意《上海市控制性详细规划技术准则（2016 年修订版）》的通知

市规划国土资源局：

沪规土资详〔2016〕761 号文收悉。经市政府研究，同意你们编制的《上海市控制性详细规划技术准则（2016 年修订版）》，请自行发布并会同市有关部门和各区县政府组织实施。

上海市人民政府办公厅

2016 年 11 月 18 日

— 1 —

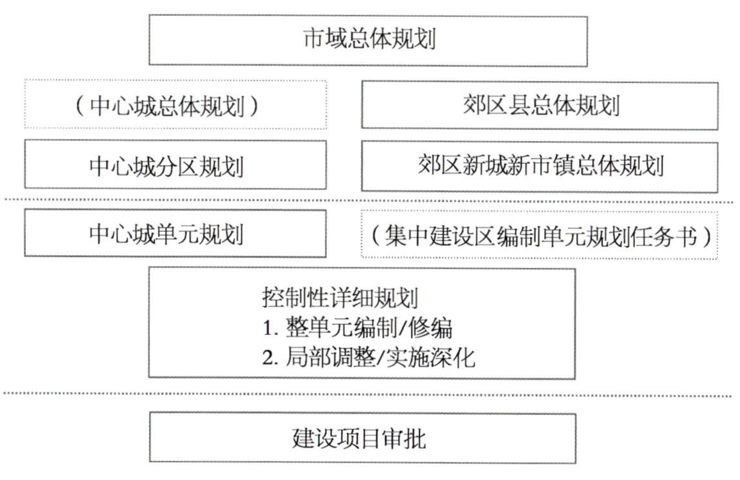

控规在规划编制体系中的位置

题研究，并广泛听取各方面意见，编制形成《技术准则（2016年修订版）》，于2016年11月经市政府批准后发布实施。

2. 目标与理念

（1）落实中央和总体规划要求

在总结和思考近年来控规编制和管理工作的基础上，本次修订聚焦中央城市工作会议精神和新一轮总体规划提出的建设“创新之城、生态之城、人文之城”的发展愿景，强调关注人的生活品质和多元化需求，着力提升城市品质，重点推进土地混合使用和空间复合利用，营造开放活力社区，完善社区生活圈的功能品质，构建公共空间和慢行网络体系。

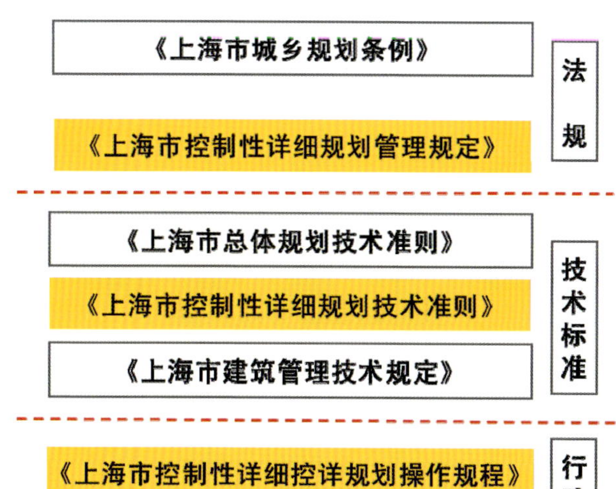

控详规划法规支撑体系

（2）践行有机更新理念

面向存量规划时代，本次修订注重品质提升和公共优先，强调规划编制和实施过程中的公众参与和共建共享。在管控要素上，进一步优化公共服务设施、公共空间、生态环境、城市基础设施等公共要素的规划标准，确保规划的实施性。

（3）应对利益多元化的发展诉求

为有效提升控规的适应性和实施性，未来的控规管理应进一步理清政府与市场的界面。在保障公益底线的前提下，本次修订强调提高管控弹性、衔接项目实施、提高行政效率，通过“自上而下”与“自下而上”的结合，将市场、社会诉求与上位发展目标有效结合。

（4）实现新建地区和建成区的差异化管控

针对新建地区和建成区的不同发展特点，在规划编制方法上确定不同的编制思路和管控方式，在具体指标要求上设定不同标准，确保规划的实施性。

（5）衔接新的规划管理体系

在新一轮总体规划的指导下，根据新的“总体规划—单元规划—控详规划”体系，本次修订开展了“控规管理体系”专题研究。聚焦单元规划和控详规划的工作界面切分，基于分层管控提出各系统在两个层面的管控内容、技术标准、成果深度、衔接关系等建议。

二、技术路线

控规编制涉及城市规划和管理的方方面面，内容繁复、技术要求高。本次修订工作以控规编制中实际存在的问题为导向，通过国外经验借鉴、重点专题研究、全方位意见征询等方式，确保《技术准则（2016年修订版）》具备前瞻性、科学性、全面性和可操作性。

1. 国外经验借鉴

研究国内外城市发展的经验，深入了解伦敦、汉堡、巴黎、东京、波士顿、新加坡6个国外同类城市的规划体系，以及支撑该体系运作的法律、法规、政策、管理程序等。参考借鉴相关规范标准和技术方法，深入比较，分析上海特点，研判城市发展趋势，为各项标准制定提供借鉴。

2. 重点专题研究

本次修订围绕规划理念、聚焦核心议题，开展了六项重点专题研究，并在专题研究的基础上汇总、提炼，形成了《研究总报告》，进一步完善了技术标准和控制要求，并提出了针对性的规划策略，为《技术准则（2016年修订版）》的制定提

城市案例研究报告

供理论基础和技术支持。6项专题研究分别是：

（1）控规管理体系：根据新的规划管理体系要求，明确控规层面各系统的管控内容、成果深度、表达形式、衔接关系等。

（2）土地使用：针对目前土地使用性质设定不够灵活、无法应对项目多样化需求的问题，通过研究新加坡和香港的土地使用管理政策，寻求扩大用地兼容性的技术路径，促进土地的混合利用。

（3）开发强度：在建设用地总量负增长的前提下，结合郊区城镇发展定位分析，提出差异化的强度分区导向，为土地减量化和留白区域的划定提供规划技术支撑。

（4）公共空间：针对目前公共空间数量不足、可达性低、缺乏活力等问题，重点聚焦服务周边居民的小型绿地、广场等，研究形成“分区、分类、分级”的公共空间建设标准。

（5）公共服务设施：结合打造“15分钟社区生活圈”的目标，完善各类设施，尤其是社区服务设施的类型、布局、服务人口、建设面积等指标。在原有保底型设施的基础上，增加提升型设施。

（6）慢行体系：按照慢行优先原则，明确慢行系统的设计参数和标准，并提出与之相配套的慢行优先管理措施。

3. 全方位意见征询

课题组开展了广泛而充分的意见征询，对象包括国内外知名专家、市级相关委办局、区规土局及派出机构、控规编制单位、开发建设单位等，共收到各方面意见700余条。课题组对意见进行了全面整理，并逐条研究反馈，充分做到了“开门定标准、社会广参与”，确保了《技术准则（2016年修订版）》的科学性和可操作性。

三、主要内容与创新点

《技术准则（2016年修订版）》以原有文件的14个章节（总则、术语、土地使用、开发强度、空间管制、住宅、公共服务设施、生态环境、综合交通、市政设施、防灾避难、地名、规划执行、附则）为基础，重点完善了以下6个方面的内容。

1. 促进土地混合弹性使用，提升城市活力

现行《技术准则》统筹衔接国家住建部和国土资源部的城乡用地分类标准，优化地类划分，鼓励土地混合使用。本次修订重点加强土地混合使用的区域差异化引导，增强控规阶段的土地使用弹性。

（1）新增“综合用地”地类

借鉴新加坡的“白地”，在区位条件最为优越、发展潜力巨大的区域，在单元规划阶段，选取核心地块（面积比例不超

过 5%）作为“综合用地”，用于商业、住宅、商务办公、文化娱乐、体育等两个或多个用途的混合；控规编制阶段，在深入研究和统筹协商的基础上，提出功能混合和弹性使用的具体要求，实现土地的最优配置；项目实施阶段，可根据出让合同中规定的弹性幅度，变更功能用途比例。

（2）鼓励业态兼容

在符合地区功能导向的前提下，根据《上海市建设工程城乡规划管理技术规定》的建设用地适建要求，调整地块内其他用地性质的兼容比例可由 10% 提高至 15%，提高业态使用弹性的同时提升地区活力。

2. 加强城市设计和风貌保护，提升空间品质

现行《技术准则》通过划定重点地区、编制附加图则，实现城市设计成果的法定化。本次研究进一步加强城市设计引导，聚焦城市整体空间品质的提升和文化内涵的挖掘保护。

（1）增加面上的总体引导

针对所有城市建设区，均要求通过整体城市设计研究，明确空间景观构架，提出建筑高度分区、建筑界面、公共空间、风貌保护等总体要求。

（2）聚焦文化内涵和风貌保护

强调彰显地区文化内涵、传承历史文脉，构建富有地域特征和人文魅力的城市风貌。鼓励成片、成街坊的历史风貌整体保护模式，结合城市设计研究，深化保护范围，明确管控要求。

（3）适度扩大重点地区的范围

在现有“五类三级”重点地区的基础上，增加“经规划研究认定的其他地区，包括大型文化、游乐、体育、会展设施及其周边地区，重要的城市更新地区等”。同时，一般地区也可根据需要开展城市设计并编制附加图则，细化空间管制要求。

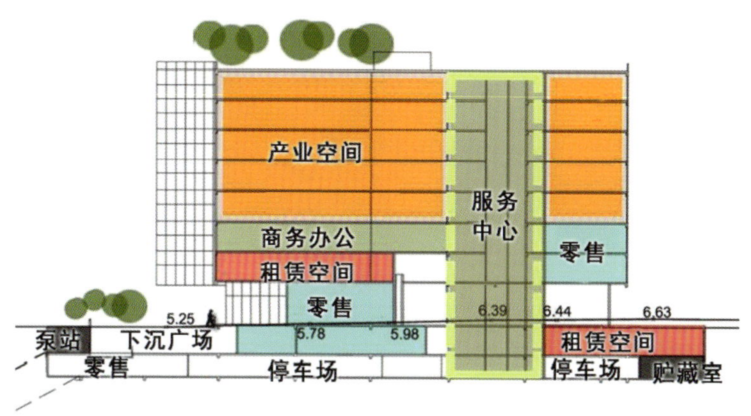

综合用地使用模式示意图

3. 营造活力、宜人的公共空间，促进市民健康

公共空间包括街道、广场、绿地等各类开放空间，现行《技术准则》主要聚焦各级公共绿地，明确了公共绿地的规模和布局要求。本次修订针对小型公共空间不足的问题，重点聚焦小广场、小绿地的设置标准和管控要求，强调形成人性化、布局均衡、使用便捷的公共空间体系。

（1）深化小型公共空间的规模、布局和密度标准

根据地区功能类型和服务人口密度，合理配置社区公园、小广场、街角绿地等小型公共空间，明确占地比例、服务半径等设置要求。

类型多样的小型公共空间

（2）明确公共空间的底线管控和弹性引导

将独立用地的公共空间作为底线管控，在控规层面确保落地；将地块内附属公共空间作为弹性引导，对布局位置、规模尺度等提出设计引导，结合项目实施具体落实。

独立用地的小型公共空间用地面积比例标准表

功能区域		内环内地区	主城区内环外地区	新城、新市镇
公共活动中心区		8%	11%	12%
居住社区	居住人口密度 >2.5 万人 / 平方公里	7%	8%	9%
	居住人口密度≤ 2.5 万人 / 平方公里	6%	7%	8%
产业园区		公共空间宜结合服务中心、职工宿舍等布局。生产研发区内小型公共空间的用地面积比例要求参照公共活动中心区执行。		

4. 提供公平多元的社区服务，完善社区生活圈

现行《技术准则》统筹文、教、体、卫等行业规范，形成统一标准，鼓励不同类型设施的综合设置。本次修订以构建“15分钟社区生活圈”理念为切入点，重点完善社区级公共服务设施内容。

（1）保障基本需求，完善社区服务

优化居民生活必需的基础保障类设施的用地规模、建筑规模、服务半径，重点提高养老设施标准，形成《社区级基础保障类设施设置标准表》，实现底线管控。

（2）聚焦差异化特征，引导品质提升

考虑不同区域的人口结构和需求特征，拓展社区学校、儿童托管点、生活服务点等品质提升类设施，形成《社区级品质提升类设施设置索引表》，实现弹性引导。

社区品质提升类设施索引表

类型	项目	内　容	推荐建筑面积（m^2/处）	备　注
文化教育	社区学校	老年大学、成年兴趣培训、职业培训、儿童教育	1 000	各街道（镇）按需设置
	养育托管点	婴幼儿托管、儿童托管	200	1.5万人设一处
	文化活动室	棋牌室、阅览室等	100	1.5万人设一处
体育	健身点	室内健身点、室外健身点	300	0.5万人设一处，其建筑面积是指室内或室外的场地面积
商业	社区食堂	膳食供应	200	1.5万人设一处
	生活服务点	修理服务、家政服务、菜店、快递收发、裁缝店	100	0.5万人设一处

（3）设定合理服务半径，实现步行可达

根据使用频率和服务人群，明确各类设施的不同服务半径要求，在步行范围内满足居民各方面生活需要。

5. 构建舒适便捷的慢行网络，打造开放式街区

现行《技术准则》通过提高路网密度，加强支路建设，优化街坊尺度。本次修订重点聚焦“慢行优先”理念，探索高密度路网模式下慢行网络体系的构建，打造开放式街区，引导活力、人性化的街道空间。

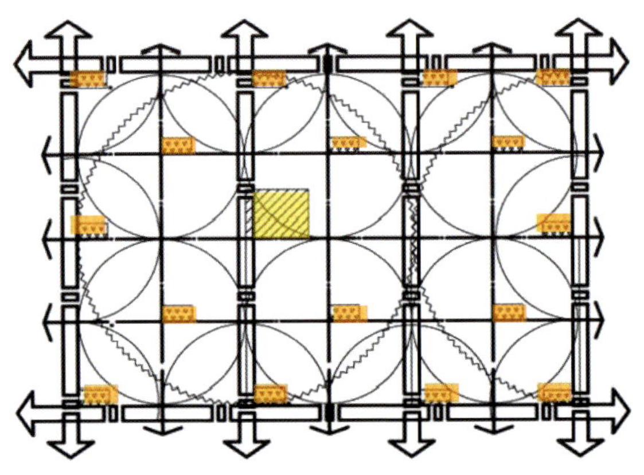

步行可达、使用便捷的公共空间网络

（1）形成开放便捷、尺度适宜的生活街区

聚焦慢行优先理念，进一步缩小街坊尺度。公共活动中心区的道路间距由200 m缩小为150 m，街坊面积控制在2 hm^2以下。居住社区的道路间距由250 m缩小为200 m，街坊面积控制在4 hm^2以下，同时相应提高路网的密度指标。

不同功能区域路网密度指标表（单位：km/km^2）

功 能 区 域	主干路	次干路	支路	合计
公共活动中心区、内环内居住社区和一般城市建设区	0.8～1.2	1.2～2.8	8～12	10～16
内环外居住社区和一般城市建设区	0.8～1.2	1.2～2.8	6～10	8～14
产业园区	2～4		4～8	6～12

（2）鼓励慢行，新增步行网络密度控制要求

在现有路网密度指标的基础上，新增步行通道间距和步行网络密度指标，鼓励增加街坊通道、滨水步道、公园绿道

步行网络规划指标表

功能区域	步行通道间距推荐值（m）	步行网络密度（km/km^2）
公共活动中心区、交通枢纽地区	80～120	≥16
内环内居住社区和一般城市建设区	100～150	≥14
内环外居住社区和一般城市建设区	120～180	≥12
产业园区	生产研发区内，参照公共活动中心区执行	

等，形成间距适宜、使用便捷的步行网络体系。

（3）引导人性化街道空间设计

提升慢行空间设计品质，对街道界面、功能、设施配套等进行引导，塑造高品质步行环境；进一步缩小交叉口转弯半径，降低转弯车速、保障行人安全。在符合防汛安全的前提下，要求跨河桥梁标高与相连道路的标高相衔接，方便行人和非机动车通行。

6. 优化规划执行程序，提高管控弹性

一是扩大公共要素的规划执行范围。例如，在地块内增加社区公益性设施、建筑底层公共空间，或将建筑内部空间向公众开放，若需提高容积率或建筑高度，可适用规划执行程序。

二是在通则性规划执行条款的基础上，可结合地区建设要求，设定特殊的规划执行条款并纳入控规文本。

四、实施成效与影响

2016年11月，《技术准则（2016年修订版）》经市政府研究批准（沪府办〔2016〕90号文）。12月，市规土局正式发布实施（沪规土资详〔2016〕968号文），并发放至市政府相关委办局、各区人民政府、相关部门等。至今已有效指导了160余项控规的编制，包括：崇明生态岛、黄浦江滨江贯通、徐家汇体育公园、黄浦区老城厢等重点地区，切实促进了控规技术体系的完善和成果编制质量的提升。

此外，《技术准则（2016年修订版）》中的土地使用、公共空间、公共服务设施、慢行体系等一系列标准已纳入《上海市15分钟社区生活圈规划导则》《城市更新区域评估报告成果规范》《关于开展土地出让前规划实施评估工作的通知》等文件，形成了统一的技术标准体系，对于提升城市品质、促进有机更新、补齐发展短板起到了重要作用。

杨晰峰

上海市规划编审中心主任，高级工程师

《上海市控制性详细规划技术准则》2011年由上海市政府同意后发布，是上海规划管理的创新成果之一，为控详规划编制提供了技术支撑。《技术准则》重点突出控详规划编制的理念和导向、基本概念和方法、技术标准设置、布局原则和实施对策等内容：明确了土地使用分类标准、开发强度控制标准，强化了对各项公共设施、基础设施及控制线的刚性控制要求，形成分类分级的空间管制模式，并利于统筹城市规划和相关专项规划标准的关系。

同时，《技术准则》也是一个动态更新的成果，2013年第一轮评估后，形成了《技术准则条文说明》，旨在加强条文理解与执行。

本次2016版《技术准则》修订，是为了落实中央城市工作会议精神和《上海市城市总体规划（2017—2035年）》提出的发展目标和先进理念，从六方面有了进一步提升：一是促进土地混合弹性使用、提升城市活力；二是加强城市设计风貌保护、提升空间品质；三是营造活力宜人公共空间、促进市民健康；四是提供公平多元社区服务、完善社区生活圈；五是构建舒适便捷慢性网络、打造开放式街区；六是优化规划执行程序、提高管控弹性。

修订过程中，广泛听取市级相关委办局、专家、区规土局、开发建设单位和控详规划编制单位等的意见。对共计551条意见全面梳理后，按程序完成了《技术准则》的修订，2016年11月经上海市人民政府同意后正式发布。发布之后，2016版《技术准则》在上海的城市规划应用实践中，在服务高质量发展和发挥规划的引领性、强化规划的精细化等方面，继续发挥着重要的作用。

上海市新一轮总体规划编制成果体系和技术方法研究

2017 年度全国优秀城乡规划设计奖（城市规划类）三等奖、2017 年度上海市优秀城乡规划设计奖一等奖

编制时间：2013 年 9 月—2015 年 6 月

编制单位：上海同济城市规划设计研究院

编制人员：张尚武、孙施文、陈烨、汪劲柏、栾峰、梁洁、王新哲、卓健、王兰、田莉、李继军、裴新生、宋伟、王颖、马强

一、规划背景

1. 总体规划面对的城市发展环境

上一版《上海市城市总体规划（1999—2020 年）》（以下简称“01 版总规”）于 1990 年代初开始编制，2001 年正式获得国务院批复。总体上看，“01 版总规”明确了上海“四个中心”的发展定位，奠定了国际大都市空间发展的基本框架。如果说“01 版总规”的编制和实施是面对快速发展的环境，引领上海从国家重要的工业中心城市逐步迈向国际化大都市，那么上海新一轮总体规划面对的则是城市发展进入新常态，从规模扩张向结构优化转型。一方面，上海在经历了 30 多年的快速发展之后，社会经济运行正进入新一轮的发展周期。城市功能升级、经济结构调整、城市社会转型、资源紧约束的压力日益凸显，高密度、超大规模城市带来的挑战日益严峻。另一方面，城市发展空间格局已经发生了重大变化。目前全市常住人口超过 2 400 万人，建设用地接近 3 100 km^2，占陆域面积的 44%，可用土地资源已趋近极限。转变扩张型城市发展方式，促进生产、生活、生态空间的协调，提升城市空间结构效能和空间品质成为新的发展要求。

面向 2035，上海既肩负着国家使命与时代担当，也面临着市场化、全球化、信息化深度发展带来的一系列新挑战。对此，上海对新一轮城市发展提出了两个方面的基本要求，一是要在 2020 年基本实现“四个中心”的基础上，全面提升科技创新能力和文化影响力，补齐生态环境短板，努力建设成为具有全球资源配置能力、更强的国际竞争力和影响力的全球城市；二是要严控建设用地增量，以上海土地利用规划确定的 2020 年用地规模作为上限指标、锁定总量，并逐步缩减，倒逼城市发展模式转变。

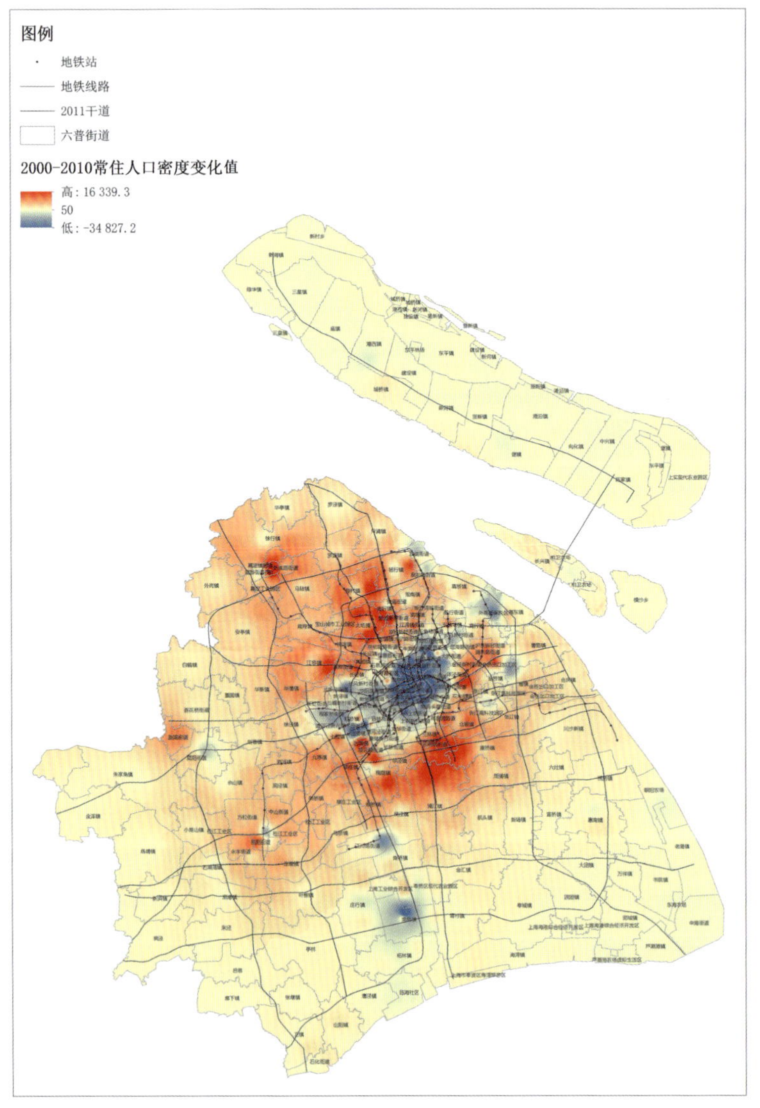

上海市 2000—2010 年常住人口密度变化分布图

2. 上海 2035：总体规划编制的转型

上海市政府于 2014 年 1 月正式批复《上海新一轮总体规划编制的指导意见》，提出编制工作实现“四个转变”的要求：①价值取向，由经济导向的传统发展观转变为以人为本的科学发展观；②发展模式，由外延发展型规划转变为内生增长型规划；③管理方式，由愿景式终极目标思维转变为底线型过程控制思维；④规划内涵，由规定性技术文件转变为战略性空间政策。

总体规划成果体系作为编制工作的基本载体，要充分把握存量规划的特点：一是目标导向，把握结构调整的要求和方向，突出总体规划作为战略性规划的引领作用；二是问题导向，规划工作重心将更加关注城市运行效率和发展质量的提高，总体规划编制需要探索从问题出发并注重过程控制的方法；三是操作导向，更加突出总体规划要面向实施，强调规划与建设、管理的结合。

本次研究工作是 2014 年 5 月上海市第六次规划土地工作会议正式启动新一轮城市总体规划编制之前，开展的前期研究工作。重点解决上海市城市总体规划“怎么去做”，而非“具体做什么”，需要突出研究的思路和操作性。

二、规划内容

1. 对现行总体规划编制框架局限的认识

现行总体规划编制框架由中心城区总体规划 + 市域城镇体系规划组成。总体规划在规划编制体系中是战略层面的规划，对实施层面的控制性详细规划具有指导作用。

总体规划战略性和实施的指导性不足是当前规划体系改革面临的突出问题，上海同样面临总规失效的矛盾。对此，上海在完善城乡规划体系，尤其是在“两规合一”方面进行了积极有效的探索，但也面临城乡开发建设缺乏战略性规划指导的局面。

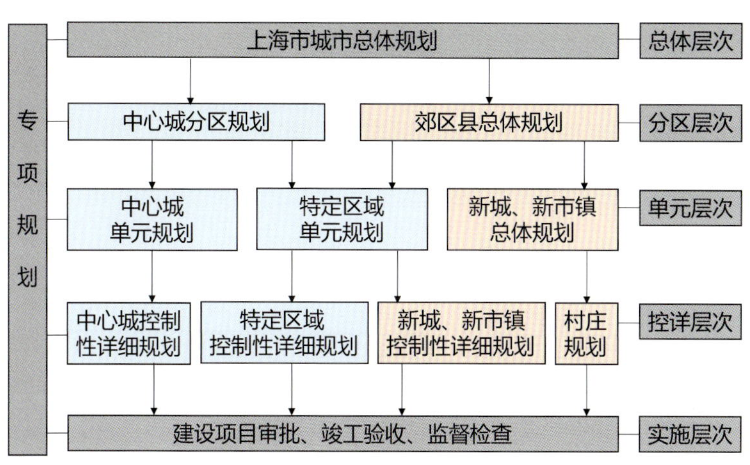

现行上海城乡规划编制体系

上海现行规划编制体系的局限主要表现在：

（1）中心城 + 城镇体系的规划框架难以适应上海大都市地区的发展现实。现行总体规划框架以中心城区规划主导，内实外虚，形成二元化的规划编制体系，难以对外围地区实施有效管控。

（2）规划编制范围、内容与行政边界和事权不对应，同时受到部门化利益边界的约束，不仅削弱了总体规划作为城市共同行动纲领的作用，也难以提高规划管理效率。

（3）规模增长为主导的静态性规划，过于关注具体的土地使用的刚性控制，缺乏以土地作为政策调控载体和结构控制的思路。一旦规模突破，往往造成全盘失效，不仅难以适应外部环境带来的不确定性和动态性，更无法发挥总体规划的战略引领作用。

（4）缺乏时间和实施维度，同时又存在内容繁杂、层次结构不清、审批事权和管理事权不清的矛盾等等。

（5）总体规划作为宏观层面的战略规划，本质上是政策性规划。现行规划过于强调技术性内容，导致成果定位、成果形式、成果表达都存在不适应性。

（6）总体规划作为宏观尺度的规划，在落实具体管控内容和要求方面往往存在矛盾，需要规划体系的整体传导。

2. 明确新一轮总体规划的定位和编制创新的基本思路

针对上述矛盾，提出新一轮城市总体规划目标定位为：作为引领城市发展战略蓝图、城市行动的共同纲领和各项政策整合平台。编制工作需要增强“战略性、结构性、操作性和政策性”。

3. 提出新一轮总体规划的内容体系构成

（1）大都市地区空间规划

围绕上海建设全球城市和可持续发展要求，制定都市区发展目标和总体战略，明确空间发展策略和结构控制框架。

重点内容包括：城市发展目标与战略、城市规模与空间发展的情景分析、城市空间结构控制策略。

（2）次区域规划

次区域需实现市域全覆盖，其作用体现在两个方面：①作为实现全域管控的载体，明确次区域主体功能导向和结构控制重点；②建立总体规划战略与地方规划实施之间的桥梁，同时是内外协调、跨行政区整合的平台。

重点内容包括：主体功能导向、空间优化和结构控制重点（功能建设要求、结构控制要求、规模控制和建设引导）、分区管控要求。

（3）分区指引

对应具体区县单元，落实大都市地区总体战略，明确区县单元在实施总体规划中的职责。同时分区指引也是编制下一层次区县总体规划和管理单元规划的依据。

重点内容包括：分区发展目标、分区空间结构引导、分区控制指标和重点。

（4）专项规划大纲

在大都市地区战略规划基础上，落实专项规划内容，体现政府管控重点和责任。改变以往总体规划中的专项规划与部门制定的专业规划相脱节的矛盾，由专业部门参与编制，明确专业部门同样也是专项规划实施内容的责任主体。专项规划大纲作为统筹协调部门规划的指导依据。

重点领域包括：综合交通、生态与环境保护、历史文化保护、住房建设、公共服务（文化、教育、卫生、体育）、重大基础设施等。

（5）行动规划大纲

从时间维度制定统筹协调的总体规划实施步骤、责任和节点。它作为近期建设规划和年度计划的指导，在近期建设规划和年度计划中，统筹三规合一，协调部门行动。但近期建设规划和年度计划不作为总体规划的内容。

重点内容包括：分阶段目标和任务、组织机制保障、近期规划和年度计划编制和实施要求。

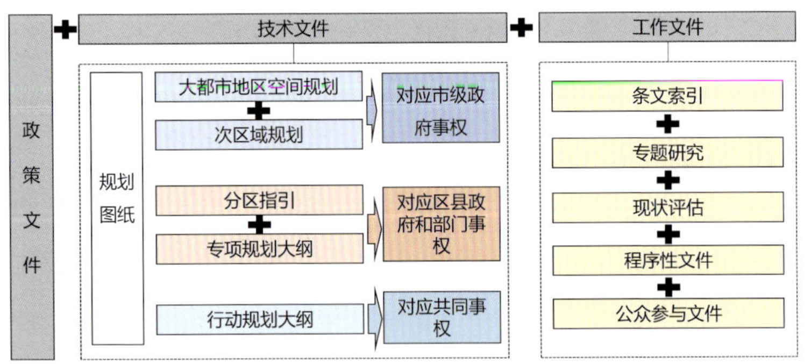

成果体系建议

三、研究的创新点

1. 体现大都市地区空间规划的特点

以次区域覆盖市域，适应上海大都市地区的空间特点和管理需求，体现中心外围整体调控、差异化发展的战略思维；以次区域为载体，打破传统总体规划中心城区＋城镇体系二元划分的编制框架。

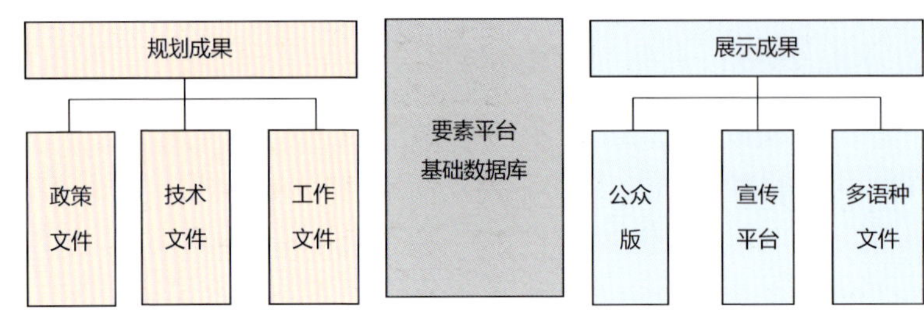

成果类型建议

2. 以结构控制为重点，突出空间规划与政策区划的整合

由具体土地使用控制向结构控制和空间政策导向转变，弱化以具体土地使用控制为重点的编制模式。突出结构控制重点（如生态底线保护、建立轨道交通主导的空间组织模式、多中心体系建设、构筑紧凑的生活圈等）和空间政策的差异性。通过政策区划定，探索将微观层面的土地使用控制与城市宏观发展战略结合的方法创新。

3. 注重总体规划面向实施的维度

通过分区指引、专项规划大纲、行动规划大纲等内容，加强总体规划在实施维度上的指导作用。在总体规划基础上，做实近期建设规划，形成“战略性总体规划＋近期建设规划”的编制模式；做实分区规划，推进三规合一，加强与实施性规划的衔接和过渡；做实专项规划，加强规划管理部门间的协调和统筹。在保证总体规划相对稳定的基础上，动态维护重心下移，降低总体规划修编的时间成本。

4. 合理划分管理和实施事权

对应市级政府事权编制大都市地区空间规划、次区域规划；对应区县政府和部门事权编制分区指引、专项规划大纲；对应共同事权编制行动规划大纲。

5. 通过总体规划指标体系设计，建立从目标、策略到实施的导向—控制—评估体系

通过指标体系设计量化描述城市发展目标；同时建立评价城市发展绩效和评估规划实施的标准，实现目标导向的过程控制和动态跟踪监测。

6. 强化成果形式、成果表达方式等方面的创新

既要遵守《城市规划编制办法》和住建部《关于规范国务院审批城市总体规划上报成果的规定》的内容，也要结合

上海实际特点和新一轮总规编制要求，完善现行总体规划成果形式。

四、实施效果

上海新一轮总规编制基本沿用了本研究的核心思想，并获得国家部委、各方面专家的认可。具体表现在：

1. 总规延续研究提出的“1+3”成果体系，另针对国务院上报要求增加上报成果环节，形成“1+3+1”规划成果体系构成。

2. 总规提出“战略蓝图、法定依据、政策平台和行动纲领”的整体定位，演绎并延续了研究提出的“战略性、结构性、政策性和操作性”的要求。

3. 总规遵循了研究提出的“目标—策略—实施”的整体逻辑框架。

4. 总规延续研究的思路，从宏观—中观—微观三个层面实现总规由土地使用和空间要素的具体安排向结构性控制转变。

5. 总规沿用研究思路，建立滚动实施机制。建立规划实施的“监测—评估—维护”机制及规划实施动态监测机制，开展规划实施动态评估。

6. 总规沿用研究思路，关注成果形式与成果表达的创新，根据不同意图形成多版本成果，实施技术文件向政策文件转变。

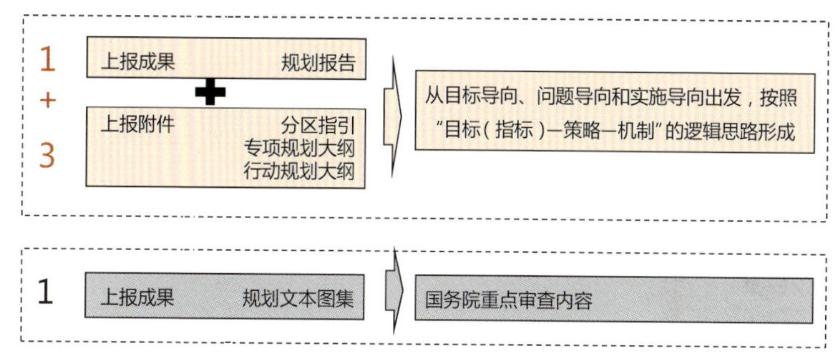

“上海 2035”总规成果形式

叶贵勋

上海市规划委员会专家

原上海市城市规划设计研究院院长，教授级高工

改革开放以来，上海在经历30多年的快速发展后，经济社会运行进入了新的阶段，城市功能升级、经济结构调整、资源紧约束的压力日益严峻，可用土地资源已趋于极限。转变以前扩张型城市发展方式，促进生产、生活、生态空间的协调是当务之急，这也是新一轮上海总规编制面临的严峻挑战。

本项研究定位新颖、思路超前，针对现行总体规划编制体系过于关注具体的土地使用的刚性控制，缺乏弹性等局限，研究上海总规“怎样去做”，而不是“具体做什么”。技术创新是战略性与法定性和操作性与政策性两个层面的融合。突出城市总体规划发展战略和实施操作性的结合，建立新型的1（规划报告）+3（三个附件）成果体系。“1”是突出纲领作用，是审核审批和批后监督的法定依据；“3”是从分区、系统和时间三个维度的配套文件，形成总体规划落地实施的保障机制。强化底线约束，建立总体规划法定管控内容，保障规划严肃性。通过划定生态保护、永久基本农田、城市发展边界、文化保护等控制线，强化对下位各层次规划的管控力。通过总体规划指标体系设计，建立从目标、策略到实施的导向—控制—评估体系。规划成果形成一个综合性报告，突出表达城市发展意图和政策性内涵，提高规划可读性和可操作性。这些创新为上海新一轮总规的编制铺垫了很好的路径。

上海城市发展目标定位和指标体系研究

2017 年度全国优秀城乡规划设计奖（城市规划类）三等奖、2017 年度上海市优秀城乡规划设计奖一等奖

编制时间：2015 年 6 月—2016 年 12 月

编制单位：中国城市规划设计研究院

编制人员：郑德高、马璇、张一凡、孙娟、林存松

一、背景与意义

1. 项目背景

2014 年 5 月上海市召开了第六次规划土地工作会议，决定启动上海新一轮城市总体规划的编制工作。按照上海市城市总体规划编制工作领导小组办公室的工作部署，聚焦“目标定位和指标体系、城市规模、空间布局、土地利用、综合交通、产业发展、文化品质、生态环境、城市安全、实施保障机制”等 10 个影响上海未来发展的重大问题，要求各编制单位在战略专题研究的基础上，衔接各相关专项规划编制，开展深入研究，形成系统性研究报告，作为支撑《上海市城市总体规划（2017—2035 年）》（以下简称“上海 2035”）编制工作的重要技术文件。

2. 项目意义

作为总体规划成果中的核心内容，城市目标与性质是决定城市未来发展方向的重要内容，是对新一轮上海发展方向的宏观判断；指标体系是评价发展绩效、评估实施效果的重要工具，是进行定量评价、动态监测的重要手段。目标定位与指标体系互为补充、联系紧密、相辅相成，为上海城市总体规划法定成果中的相关结论提供论证与支撑。

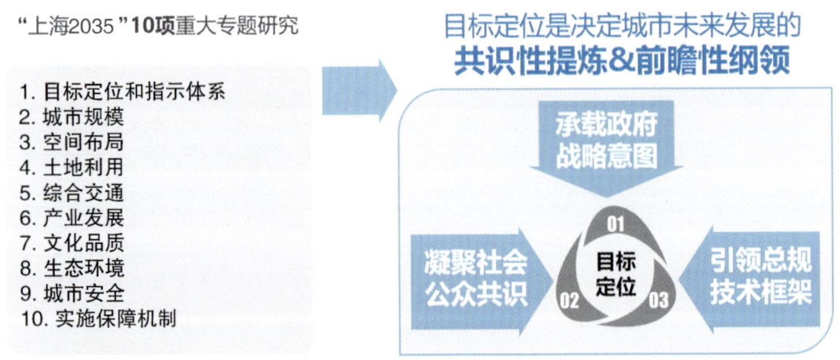

“上海 2035”将城市目标定位提升到了全新的战略高度，希望通过目标定位和指标体系研究，寻找全球定位、响应国家战略，明确未来发展重心。

“目标定位和指标体系”的重要意义

二、宏观趋势

结合上海的城市地位，为更好地准确判断长远发展，从宏观层面判断未来总体趋势。

1. 全球竞争进入新阶段

全球化不断深化趋势下，新的世界经贸体系深刻变革，新的技术革命催生创新，新的治理格局更加复杂，新的城市网络更加多维，如何在竞争激烈的全球坐标中明确自身价值与地位，成为国际特大城市新一轮发展的焦点。发展目标作为决定城市未来发展方向的共识性提炼与前瞻性纲领，日益得到伦敦、纽约、东京等全球城市的高度重视。

2. 国家发展提出新要求

新一轮的发展过程中，中国将进入全新的阶段并迎来一系列的历史性任务，由上一阶段的“赶超型”国家向未来国际格局中的“主导型”国家转变。国家提出了谋划战略目标新高度的总体部署，同时要求实现动力机制转变，跨越“中等收入陷阱”，提升全球地位，并通过构建对外开放的纵深发展态势，开创全国城镇新格局。

3. 总规改革提出新方向

随着总体规划公共政策属性的加强，城市发展目标已经

从传统对城市发展思路的定性描述，转变为承载政府战略、凝聚社会共识和引领技术框架的综合载体，成为组织总体规划核心内容的纲领性条文。因此目标指标的研究不仅关系到上海新一轮城市总体规划中的核心战略性问题，也涉及上海总规成果的整体框架与体系，是支撑《上海市城市总体规划（2017—2035年）》的重要技术文件。

三、技术构思

本研究充分结合总规创新改革的新趋势，技术路线上突出“战略引领”与“刚性管控”两大思路。一方面，突出全球视野、动力转型和人的需求，强调时代发展的新语境，在此基础上研判上海未来发展的新形势、新要求，构建新一轮发展的目标愿景与城市性质；另一方面，强化“目标—指标—策略”的技术逻辑，体现总规编制的新要求，通过指标体系的构建保障总体规划由“战略引领”向“刚性管控”有效传导。

1.“目标定位”研究路径

首先，从上海自身发展的历史脉络入手，回顾上海历版目标定位的基本规律，客观认识上海当前的发展基础与未来挑战；其次，从外部环境和国内要求出发，识别未来发展趋势，在问题和目标的双重导向下，提出建设全面发展、追求卓越的全球城市这一总体方向；继而，提出上海新一轮发展目标和城市性质的表述与内涵。整体在技术方法上以演绎归纳分析法为主线，配合相关数据和资料的定量、定性分析，将目标定位这一相对抽象的概念进行剖析和解读。

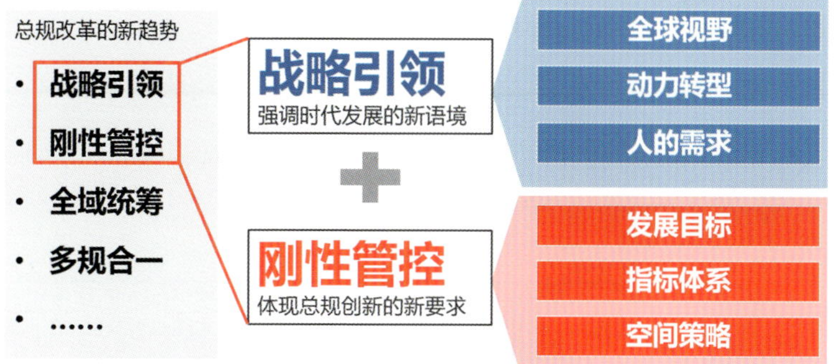

基于总规改革的研究路径

2.“指标体系”研究路径

研究制定“两步走”的技术路线，一是针对不同的总规成果，结合分目标的基本内涵构建高效的指标体系，基于相关综合指标和城市案例的基础，形成指标库以供遴选；二是明确指标原则，遴选出核心指标，最终形成“目标—指标—策略”的逻辑闭环。在技术方法上，运用文献案例法、频度分析法、原则比较法等技术方法，最终确立指标体系的具体内容，与总体规划成果体系相互呼应。

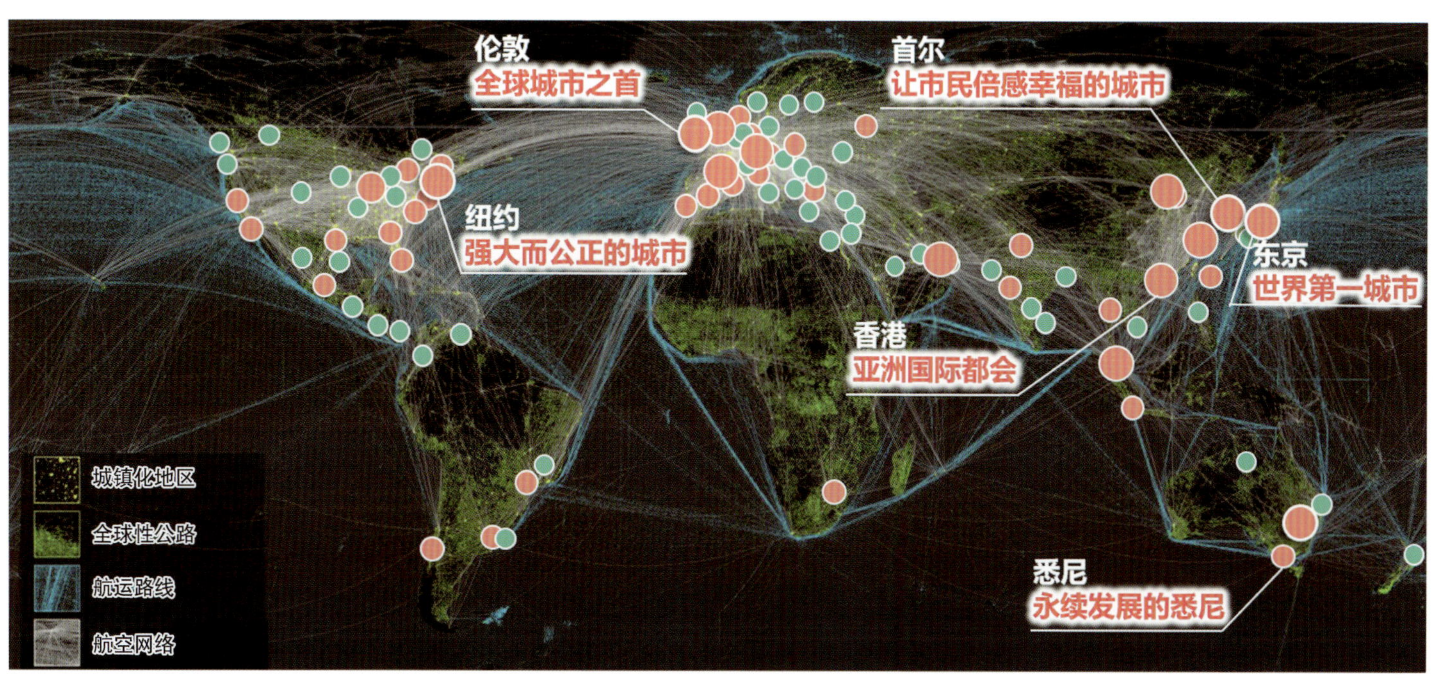

全球主要城市的发展目标

四、“上海 2035”目标定位

1. 突出全球视野与国家责任，建设卓越的全球城市

从全球视野来看，顶级全球城市开始关注自身的全球位序与层次，以伦敦、纽约、东京为代表的各大城市纷纷在各自规划中提出全球定位。

近年来上海国际地位迅速提升，迫切需要在全球视野中明确自身坐标。纵观世界城市发展理念演变，对城市评价的导向正从单一经济主导转向多元价值维度。创新发展、文化宜居、绿色低碳等方面的重要性日益突显。

从国家责任看，未来中国将成为全球最大经济体，大国崛起需要“全球城市”的引领；长三角世界级城市群也需要“全球城市”的带动。同时，中央也对上海提出了做好“改革开放排头兵和创新发展先行者”的新要求。

因此，上海未来的发展既要建设全球城市，担当时代使命；又要超越传统认知，追求卓越内涵。

“卓越的全球城市”符合时代语境，也体现了对上海更高的要求。

纽约、伦敦、东京在各自规划中提出的城市愿景

	经济中心	金融中心	贸易中心	航运中心
亚洲一流、世界前列	东京 纽约 洛杉矶 伦敦 巴黎 芝加哥 大阪 上海	伦敦 纽约 新加坡 香港 东京 苏黎世 华盛顿 旧金山	纽约 伦敦 芝加哥 东京 柏林 新加坡 布鲁塞尔 多伦多	伦敦 新加坡 香港 鹿特丹 汉堡 上海 迪拜 纽约
国家中心、区域能级	墨西哥城 圣保罗 柏林 悉尼	芝加哥 首尔 迪拜 上海	上海 莫斯科 孟买 墨西哥城	釜山 雅典 孟买 天津
	资本控制力不足	金融影响力较弱	贸易话语权有限	航运服务欠缺

“四个中心”维度下，上海在全球主要城市中的排名

	2000	2004	2008	2010	2012
alpha++	伦敦 纽约	伦敦 纽约	伦敦 纽约	伦敦 纽约	伦敦 纽约
alpha+	香港 巴黎 东京 新加坡	香港 巴黎 东京 新加坡	香港 巴黎 新加坡 东京 悉尼 米兰 上海 北京	香港 巴黎 新加坡 东京 上海 [illegible]	香港 巴黎 新加坡 上海 [illegible]
alpha	芝加哥 米兰 洛杉矶 多伦多 马德里 阿姆斯特丹 悉尼 法兰克福 布鲁塞尔 圣保罗 旧金山	多伦多 芝加哥 马德里 法兰克福 米兰 阿姆斯特丹 布鲁塞尔 圣保罗 洛杉矶 苏黎世 悉尼	[illegible] 布宜诺斯艾利斯 孟买 吉隆坡 芝加哥	[illegible] 多伦多 圣保罗 马德里 孟买 洛杉矶 莫斯科 法兰克福 墨西哥 阿姆斯特丹 布宜诺斯艾利斯 吉隆坡 首尔 布鲁塞尔 雅加达 旧金山 华盛顿	芝加哥 孟买 米兰 莫斯科 巴西圣保罗 法兰克福 多伦多 洛杉矶 马德里 墨西哥 阿姆斯特丹 吉隆坡 布鲁塞尔
alpha-	墨西哥 苏黎世 台北 孟买 布宜诺斯艾利斯 墨尔本 迈阿密 吉隆坡 斯德哥尔摩 曼谷 布拉格 柏林 上海 [illegible]	墨西哥 吉隆坡 布宜诺斯艾利斯 旧金山 北京 上海 [illegible] 柏林 慕尼黑 华沙 斯德哥尔摩 孟买 迈阿密 布达佩斯	华沙 圣保罗 苏黎世 阿姆斯特丹 墨西哥 雅加达 柏林 曼谷 台北 伊斯坦堡 罗马 里斯本 法兰克福 斯德哥尔摩 布拉格 维也纳 布达佩斯 雅典 加拉加斯 洛杉矶 奥克兰 圣迭戈	迈阿密 柏林 墨尔本 苏黎世 新德里 慕尼黑 伊斯坦堡 波斯顿 华沙 达拉斯 维也纳 亚特兰大 巴塞罗那 曼谷 台北 圣迭戈 里斯本 宾夕法尼亚州 约翰内斯堡	首尔 约翰内斯堡 布宜诺斯艾利斯 维也纳 旧金山 伊斯坦堡 雅加达 苏黎世 华沙 华盛顿 墨尔本 新德里 迈阿密 巴塞罗那 曼谷 波斯顿 柏林 台北 慕尼黑 斯德哥尔摩 布拉格 亚特兰大

第30位　第23位　第9位　第7位　第6位

2010年	2011年	2012年	2013年	2014年	2015年
纽约	纽约	伦敦	伦敦	伦敦	伦敦
伦敦	伦敦	纽约	纽约	纽约	纽约
巴黎	巴黎	巴黎	巴黎	巴黎	巴黎
东京	东京	东京	东京	东京	东京
新加坡	新加坡	新加坡	新加坡	新加坡	新加坡
柏林	柏林	首尔	首尔	首尔	首尔
阿姆斯特丹	首尔	阿姆斯特丹	阿姆斯特丹	阿姆斯特丹	香港
首尔	香港	柏林	柏林	柏林	柏林
香港	阿姆斯特丹	香港	维也纳	香港	阿姆斯特丹
悉尼	法兰克福	维也纳	[illegible]	维也纳	维也纳
维也纳	悉尼	北京	香港	法兰克福	法兰克福
苏黎世	维也纳	法兰克福	12上海	苏黎世	悉尼
法兰克福	洛杉矶	巴塞罗那	悉尼	[illegible]	苏黎世
洛杉矶	苏黎世	14上海	北京	北京	洛杉矶
马德里	大阪	悉尼	苏黎世	15上海	[illegible]
温哥华	波士顿	[illegible]	斯德哥尔摩	斯德哥尔摩	多伦多
哥本哈根	日内瓦	大阪	马德里	多伦多	17上海
大阪	北京	苏黎世	多伦多	哥本哈根	北京
日内瓦	哥本哈根	布鲁塞尔	巴塞罗那	马德里	哥本哈根
波士顿	马德里	哥本哈根	哥本哈根	洛杉矶	温哥华
布鲁塞尔	旧金山	多伦多	布鲁塞尔	伊斯坦布尔	旧金山
旧金山	温哥华	马德里	洛杉矶	温哥华	马德里
多伦多	23上海	洛杉矶	大阪	布鲁塞尔	波士顿
北京	布鲁塞尔	温哥华	温哥华	华盛顿	大阪
芝加哥	[illegible]	伊斯坦布尔	日内瓦	米兰	布鲁塞尔
26上海	[illegible]	日内瓦	华盛顿	大阪	巴塞罗那
米兰	米兰	波士顿	伊斯坦布尔	巴塞罗那	芝加哥
福冈	福冈	芝加哥	旧金山	日内瓦	日内瓦
[illegible]	台北	米兰	芝加哥	曼谷	米兰
吉隆坡	曼谷	华盛顿	米兰	波士顿	华盛顿
曼谷	吉隆坡	旧金山	波士顿	芝加哥	伊斯坦布尔
莫斯科	圣保罗	台北	曼谷	旧金山	台北
圣保罗	莫斯科	福冈	台北	台北	曼谷
孟买	孟买	吉隆坡	吉隆坡	吉隆坡	吉隆坡
开罗	开罗	曼谷	福冈	莫斯科	福冈
		墨西哥城	莫斯科	福冈	莫斯科
		莫斯科	墨西哥城	墨西哥城	墨西哥
		圣保罗	圣保罗	圣保罗	圣保罗
		孟买	孟买	孟买	孟买
		开罗	开罗	开罗	开罗

第26位　第23位　第14位　第12位　第15位　第17位

上海在 GaWC 和 GPCI 历年排名中的位序变化

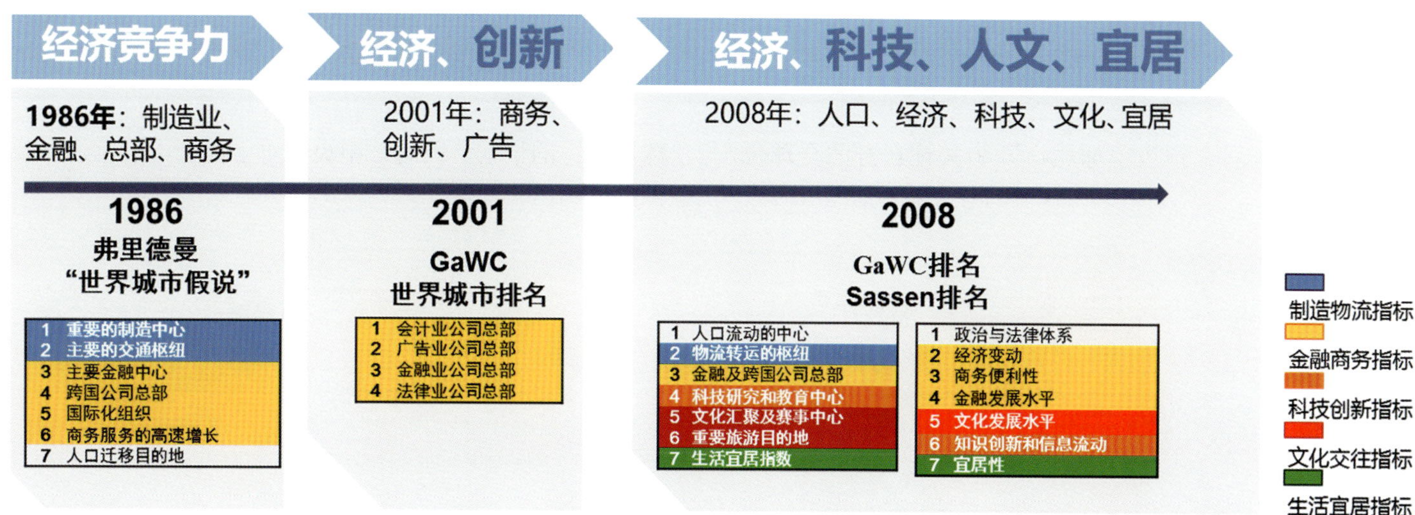

城市评价导向从单一经济主导转向多元价值维度

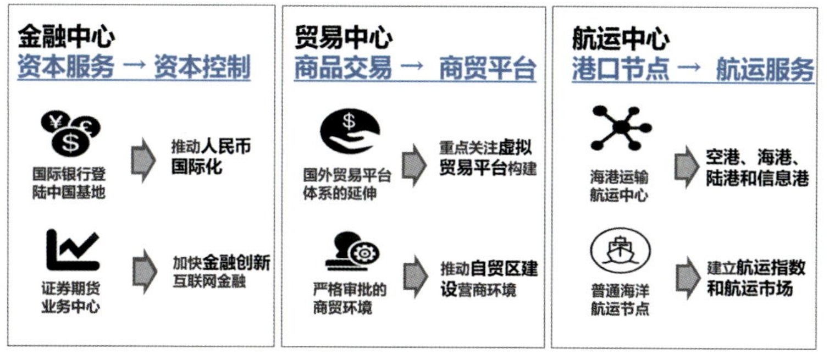

上海未来建设金融中心、贸易中心、航运中心的新内涵

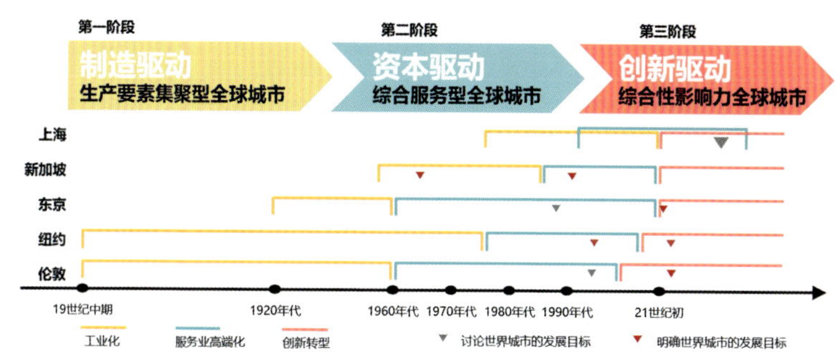

科技创新成为引领未来世界发展的核心动力

2. 体现转型发展与创新驱动，打造“五个中心”

突出“四个中心”的转型提升。评估发现，上版规划提出的“四个中心”初步建成，但国际影响力仍有提升空间。未来上海的发展既要体现“四个中心”的历史延续性，也要进一步提升金融、贸易、航运中心的新内涵。

同时，当前城市发展从资本驱动向创新驱动转变，科技创新成为引领未来的核心动力，因此需要在传统“四个中心”的基础上，进一步突出以“创新”为主导的新驱动力，上海应当着力建设“全球科技创新中心”，实现发展动力转型。

3. 强调人的需求和市民获得感，提升人文关怀

结合“上海2035”愿景调查，市民对人文、宜居、绿色低碳等诉求日益强烈。然而，上海在传统的经济、交通等硬实力维度排名靠前；文化、宜居、可持续等软实力方面整体落后，未来需要重点补足短板，突出城市文化价值与人文关怀。

因此，通过顶层战略与社会共识的融合，研究提出“卓越的全球城市”总体愿景和“创新、人文、生态之城”三大分目标；城市性质也在既有“四个中心”基础上，增加科技创新中心与国际文化大都市，充分体现历史延续性和法定规范性。从而实现战略表达与法定表述的结合，公众理想与技术理性的结合。

五、“上海2035”指标体系

1. 契合发展目标构建指标框架

对10项权威性综合指数和4座全球城市指标体系进行分析汇总，得到552项的指标库。并结合上海总规“1+3”的成果，构建有针对性的指标系统，形成三大类、30项核心指标，有力支撑“创新、人文、生态”三大发展目标。

2. 突出具体指标的“可对标、可感知、可分解”

可对标，即强调核心指标能够与其他全球城市进行横向

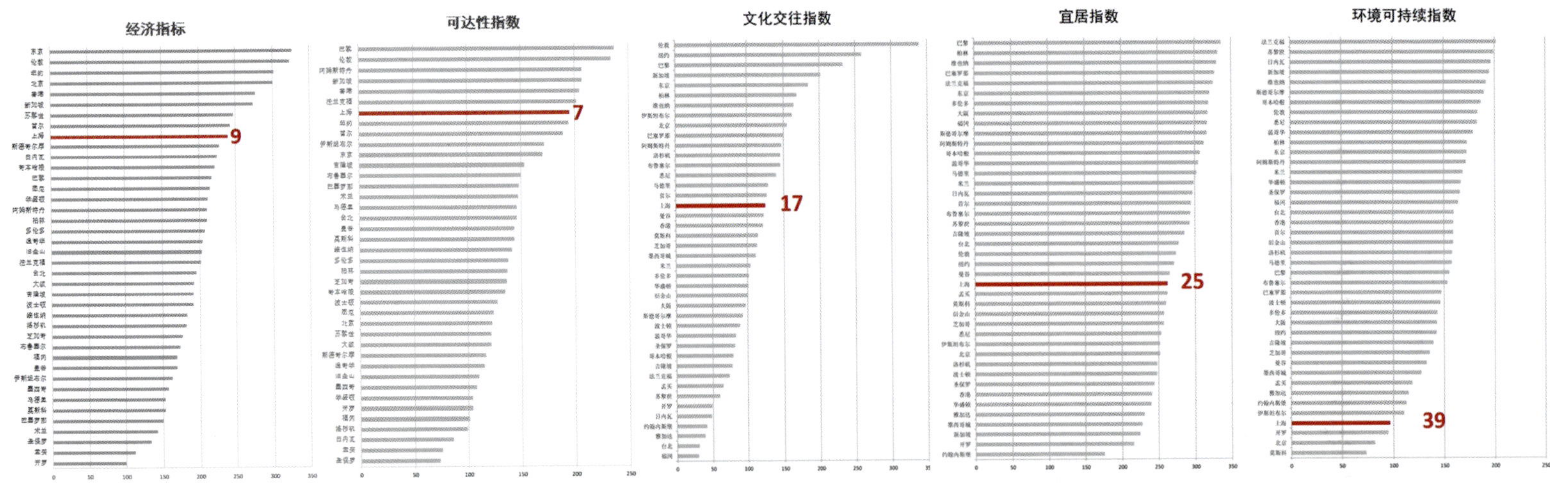

上海在“全球城市实力指数”中经济、可达性、文化交往、宜居、环境可持续的排名

目标愿景	城市性质
战略表达 + 公众理想	法定表述 + 技术理性
卓越的全球城市 · 更具竞争力：一座创新之城 · 更富魅力：一座人文之城 · 更可持续发展：一座生态之城 表述方式：更加发散，飘逸，开阔 体现政府战略意图 体现市民发展诉求	上海是我国的直辖市之一，国际经济、金融、贸易、航运、科技创新中心和文化大都市，国家历史文化名城，并将逐步建设成为卓越的全球城市 表述方式：更加规范、准确、写实 体现城市核心职能 体现总规的法定延续性与技术准确性

“上海 2035”目标愿景与城市性质

综合指数名称	指标个数	综合指数名称	指标个数
全球城市指数	26	新华•道琼斯国际金融中心发展指数	46
GaWC世界城市名册	36	现代化国际城市指数	24
全球城市实力指数	70	全球城市竞争力指数	97
ISO37120标准	139	全球金融中心指数	15
机遇城市指数	60	全球生活质量指数	39

纽约　东京　首尔　新加坡

十项权威性综合指数和四座全球城市指标体系指标库

类别	核心指标
创新之城	金融业增加值占全市生产总值的比例（%）
	全社会研究与试验发展（R&D）经费支出占全市生产总值的比例（%）
	文化类从业人员占就业总人口的比例（%）
	产业基地内用于先进制造业发展的工业用地面积（km^2）
	战略留白空间面积（平方公里）
	年入境境外旅客总量（万人）
	航空旅客中转率（%）
	对10万人以上新市镇轨道交通站点的覆盖率（%）
	公共交通占全方式出行比例（%）
	新增住房中政府、机构和企业持有的租赁性住房比例（%）
	职住平衡指数
	建设用地总规模（平方公里）
人文之城	卫生、养老、教育、文化、体育等社区公共服务设施15分钟步行可达覆盖率（%）
	400m^2以上的绿地、广场等公共开放空间的5分钟步行可达覆盖率（%）
	每10万人拥有的博物馆、图书馆、演出场馆、美术馆或画廊（处）
	常住人口规模（万人）
	历史文化风貌区面积（km^2）
	全路网密度（km/km^2）
	骨干绿道总长度（km）
生态之城	碳排放总量较峰值降低率（%）
	河湖水面率（%）
	人均公园绿地面积（m^2/人）
	森林覆盖率（%）
	永久基本农田保护任务（万亩）
	耕地保有量（万亩）
	细颗粒物（PM2.5）年均浓度（$\mu g/m^3$）
	原生垃圾填埋率（%）
	水（环境）功能区达标率（%）
	应急避难场所人均避难面积（m^2）
	消防站服务人口（万人/个消防站）

“上海 2035”核心指标

比较，有助于动态判定上海的全球坐标。例如“文化产业从业人口比重”“年入境人口总量”等是纽约、伦敦等多个全球城市发展的重要指标。“可感知”，即强调人对指标的真实感受，避免指标过度技术与抽象。例如，以“骨干绿道总长度”来替代“绿道占道路总长度比重”，以“公共服务设施 15 分钟步行可达率”替代“人均社区公共服务用地面积”等，提升人民群众获得感。“可分解”，即要求核心指标便于向下传导，保障指标落实。例如，“战略留白空间规模”等 12 项指标均与各区衔

接并分解，在分区指引中予以落实。

3. 构建体征指标和系统指标加强监测

在核心指标之外，本研究还形成了体征指标和系统指标，用以构建与“上海2035”总体规划成果相对应的指标体系。

体征指标侧重全面性，通过采集各类指标体系、行业规范和技术文件，围绕核心指标形成系统完整的体征指标共计92项，按照不同系统进行分类梳理，用于开展年度监测。

系统指标侧重针对性，结合各区、各部门和不同时序的规划诉求，在核心指标的基础上进行分解、扩展与补充，形成“分区指引指标”共计17项，和“专项规划大纲指标”共计95项，并在行动规划大纲中明确不同发展阶段的规划值。

六、项目创新

作为首个由住建部组织城市性质专题论证的城市，上海的目标定位研究工作特点突出，包括：

突出了技术路线与总规改革的高度契合。新一轮总规改革提出“战略引领、刚性管控、全域统筹”等核心方向。本研究结合目标定位和指标体系的技术要求，从“战略引领”和“刚性管控”思路出发，充分响应了总规改革的基本要求。

突出了目标定位与时代语境的高度匹配。从全球新地位、国家新要求、城市新趋势、市民新诉求四方面剖析时代发展新语境，为准确研判目标定位奠定良好基础。

构建了“目标—指标—策略”的技术逻辑。将体现战略高度的目标与体现引导性和约束力的指标全面耦合，并向规划策略落实延伸。同时充分发挥目标对总规成果框架的引领与组织作用，为总规成果创新提供了新的思路。

七、规划实施与经验总结

本专题于2016年6月通过住建部和上海市人民政府组织的国际专家论证会。专家审查意见和上海市规土局对研究工作高度肯定，认为专题研究对历史发展轨迹的分析清楚、全面，对目标定位和指标体系的研究符合上海发展实际和未来趋势，对“上海2035”法定成果具有较好的技术支撑作用。

专题效用上，根据专题研究成果确定的城市愿景、性质和指标，已纳入“上海2035”最终成果条文。

社会共识上，结合专题组织多轮公示、宣讲、讨论，“卓越全球城市”的目标深入人心，五大中心成为社会普遍共识。

技术示范上，根据专题研究，撰写多篇学术论文，为新时代语境下，目标指标的理论研究提供了重要技术参考。

本专题探索了目标指标研究的技术逻辑和表达范式，为新一轮规划改革背景下的总体规划创新提供了很好的启示与借鉴。

赵　民
上海市规划委员会专家
同济大学建筑与城市规划学院原规划系主任，教授、博士生导师

本项研究可谓是上海新一轮城市总体规划编制中的最重要专题研究之一。研究工作的视野开阔，高瞻远瞩，既审视了世界经济格局的演变和全球化发展的趋势，也呼应了国家的战略意图和中央对上海的期望；研究报告有力支撑了“上海2035”总规的编制。这份高质量的专题研究报告既是承担单位和研究团队的力作，亦是政府主管部门和多家研究机构群策群力的成果。

课题报告中关于目标定位部分，其主要结论的关键词汇为“卓越”和“全球城市”，这是上海城市发展目标的核心之所在，是顶层战略与社会共识的结合。关于指标体系的研究成果，既是提供了对标其他全球城市比较参数，同时也是可以向下分解的民生类衡量指标，体现了从传统的经济导向思维转向了以人民为中心的理念。指标选取的多元化和多维度，既对应了上海城市发展的多目标诉求；同时，其指标取值的动态化，也契合了上海建设“卓越的全球城市”的渐进过程及阶段性特征。总体而言，这项研究成果既具有创新性，也体现了新时代的规划专业水准。

在当前的国土空间规划体系建构过程中，这项研究成果及其成效的深刻启示在于，“空间性规划”的编制不能就“空间”论“空间”；谋划城市长远发展的空间性总体规划，必须要研究城市的发展目标、定位及空间结构等战略性问题，因而必定是国土空间发展与经济社会发展战略融为一体的规划。

上海市金山区廊下镇郊野单元规划（新版）研究

2017 年度全国优秀城乡规划设计奖（村镇规划类）三等奖、2017 年度上海市优秀城乡规划设计奖一等奖

编制时间：2014 年 12 月—2016 年 10 月

编制单位：上海市城市规划设计研究院

编制人员：孙珊、钱少华、周晓娟、胡芸、姚文静、杨秋惠、张逸、刘帅、顾竹屹、吴燕、殷玮、许志榕、苏志远、何京、毛岩

一、规划背景

1. 编制背景

按照国家关于乡村振兴战略和生态文明建设的总体部署，贯彻落实上海市委、市政府关于促进城乡发展一体化的工作要求，提升上海建设“卓越全球城市”的综合竞争力，完善上海特色的城乡规划体系，探索特大城市的乡村治理路径，有序推进郊区网络化和精细化土地管理，展开新版郊野单元规划的相关编制和研究工作。

2. 项目意义

廊下镇郊野单元规划 1.0 版在指导郊区低效建设用地减量化、农民集中安置、促进土地节约集约利用等方面取得了显著成效。新版郊野单元规划在延续 1.0 版规划成果的基础上，更强调上海市新一轮总体规划的战略指引，在创新指标体系、实现弹性管控、提升乡村内生活力、探索海绵乡村等方面做了优化、完善和提升。

廊下镇作为上海远郊生态农业镇的代表，体现了生态农业镇在城镇化发展中的各种典型问题。以廊下镇作为新版郊野单元规划的编制试点，旨在探索符合生态农业镇发展的规划方法和成果创新，形成简洁、管用、农民看得懂的郊野单元规划范例。

二、规划理念

1. 智慧减量、精明增长

“减量”和“增效”是上海乡村地区规土管理的两大主题词。通过对低效建设用地、农村面源污染、工业高耗能低能效和社会管理成本的减量，实现生态和战略空间、农村用地效率、农村人居环境水平、农村就业机会和农民收益的增长，提升乡村内生活力，建立内涵式增长模式。

2. 层级简化、聚焦近期

虽然镇村层面同步开展的规划类型较多，但是农民居住、

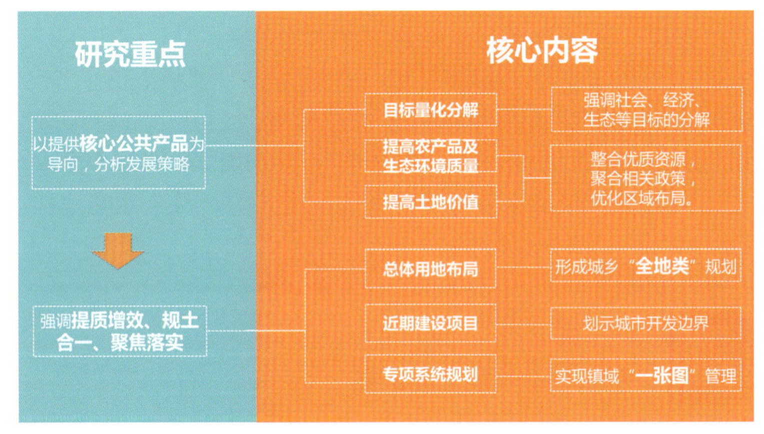

新版郊野单元规划技术路线图

金山区廊下镇区位图

农村产业、农村公共服务设施等重点关注的内容缺乏指导和政策支撑，实施途径复杂，需要一个可以解决镇村突出问题的简洁、实用、政策明朗的操作性规划。本次规划形成“一库一图则”，指导近期实施。

三、规划内容

本研究与《上海市郊野单元规划编制技术要求和成果规范》工作同步开展，试点研究和规范制定双向互动、互相支撑，具体包括以下内容：

1. 承接上位规划要求，明确近期发展目标

（1）统筹协调，确定发展目标

对接金山区区域总体规划，将廊下建设成为国内领先、国际水平的绿色生态新市镇，成为绿色的、人文的、科技的具有国家示范意义的农村新天地和海绵乡村试点。

（2）目标分解，明确空间需求

统筹“十三五”期间社会经济、土地利用和生态环境等近期发展目标，明确村民居住、公共服务设施、乡村旅游、产业发展以及生态建设等近期建设任务和空间需求。同时对接区域总规，结合空间底线约束目标，提出廊下镇新增建设用地面积和减量化任务指标。

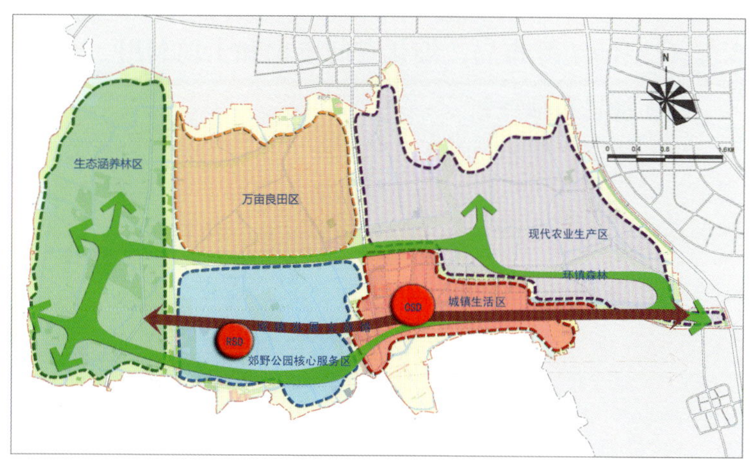

廊下镇域规划结构图

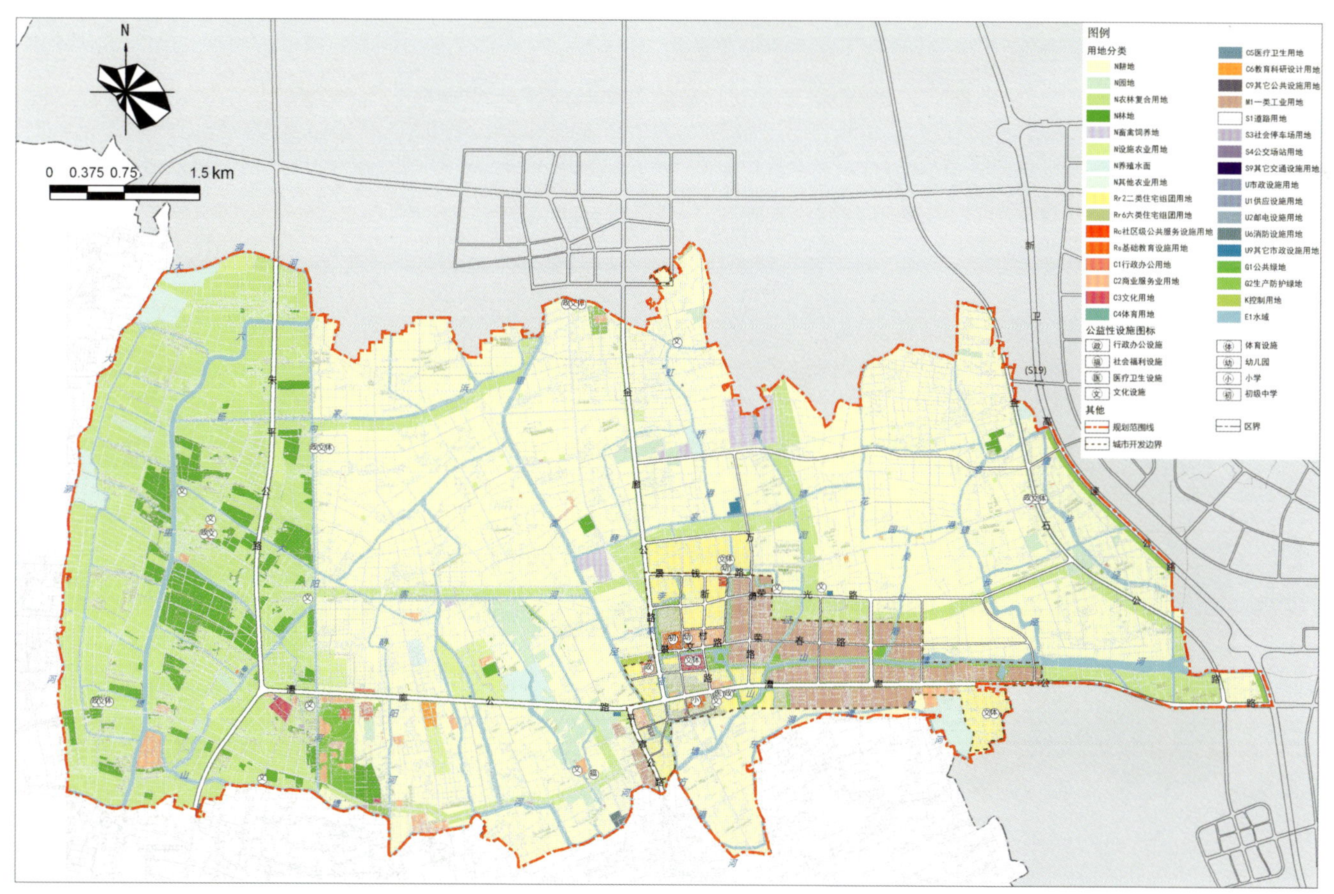

廊下镇域土地利用规划图

2. 强化空间统筹布局，细化空间落地和土地利用

（1）建设用地规划

通过评估，提出现状工业用地和宅基地的减量化方案，划定镇村建设用地边界，新增建设用地主要用于完善镇、村公共服务设施、加强休闲农业和乡村旅游设施、预留农产品精深加工用地等。

通过存量用地的微更新，营造“郊野乡村生活圈”。全面梳理现状公共服务设施，查遗补漏，对原镇政府及周边街坊进行功能置换，通过“微更新”，强调功能复合利用，带动周边发展，提升整体活力，打造“郊野乡村生活圈”公共中心。

立足镇村近期发展需求，划示镇村建设用地边界。对闲

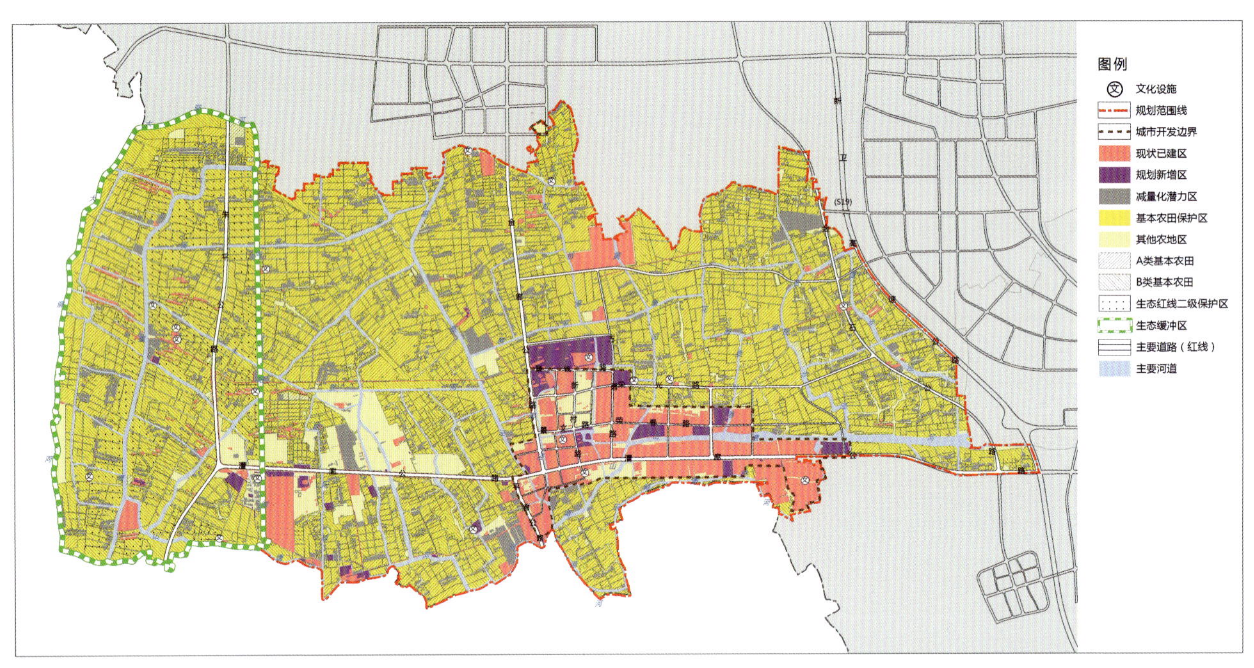

四线管控图

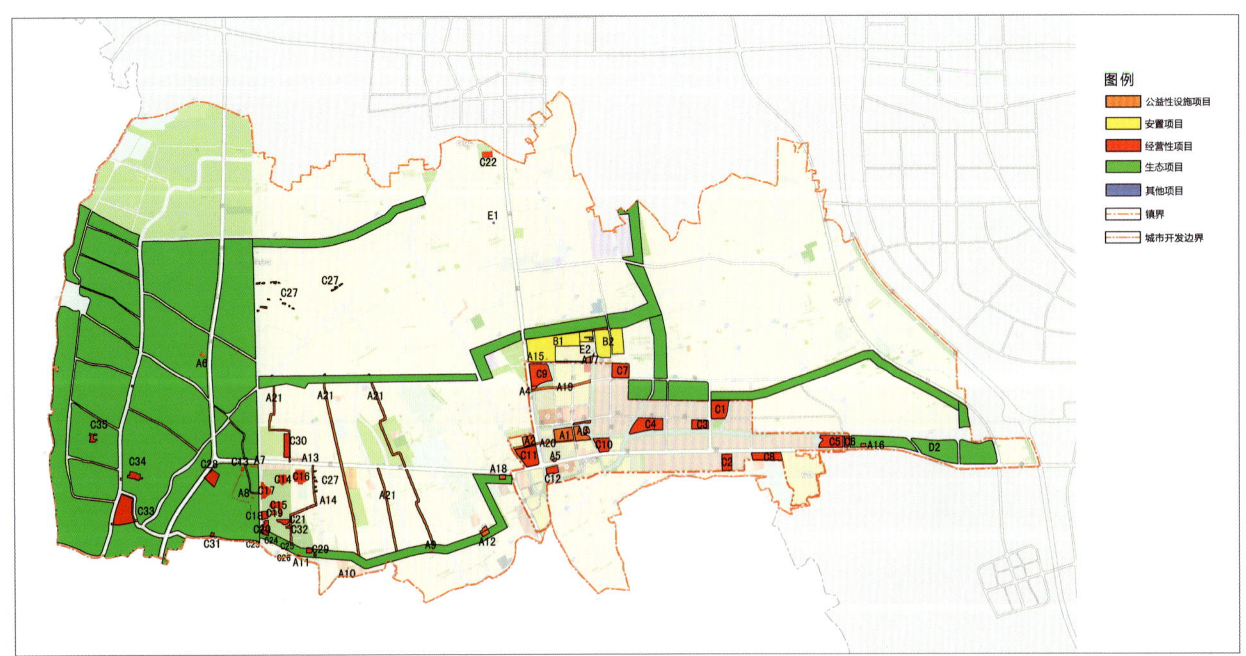

近期重点建设项目汇总图

置、低能效、环保差等 6 类工业地块实施减量；对质量差、规模小、离散度高的宅基地实行减量。重点引进符合产业发展导向的农产品加工类产业项目和农业休闲旅游项目。

（2）农用地规划

结合农业种植布局要求和当地农业经营模式，划分 6 大产业项目区，有针对性地引进企业进行项目规模化经营，提出农业种植结构、耕作方式、有机产品认证、面源污染控制、环境保护等引导要求。

（3）生态用地规划

主要包括林地规划、水系水质规划和农林水复合利用模式等。通过绿肺和依托主要水系的毛细血管，构筑廊下郊野地区的生态本底。

（4）文化及风貌规划

重点针对古桥、古树、历史遗迹等文物，村庄空间格局、建筑风貌（白墙、黛瓦、坡屋顶、硬山墙等）典型特征，以及特色民俗文化等进行保护。

3. 整合重点建设项目，实行单元图则管理

（1）编制图则，保障郊野地区精细化管理

根据各区域不同的发展类型（如农业生产型、休闲农业型、生态林地型等），以行政村为边界，划分次单元；综合建设用地、农用地、生态用地各项指标和引导建议，编制郊野单元规划图则。

（2）分类引导，满足不同类型的镇村建设需求

一般村庄地区，在图则引导下，开展休闲农业、土地整治、设施农业、基础设施等项目建设；保护村、农民集中居住社区、或有大体量经营性开发项目需求的村庄，根据需要进一步编制村庄规划；零星建设用地项目，根据图则开展乡村建设项目许可。

（3）聚焦近期，保障项目实施落地

按照规划中各类公共服务设施、农民安置、乡村旅游、土地整治项目安排，建立近期建设项目库，开展经济测算，全面衔接十三五规划的实施。

四、规划创新

1. 做实现状调研，完成“一户一档、一企一档”调查

强化现状调研，做到进村入户、进厂入企深入调查，梳理现状问题，注重短板分析，深入开展经济、社会、空间等多维度调查，形成资料翔实、情况清楚、数据准确的宅基地“一户一档”、产业地块“一企一档”数据库。

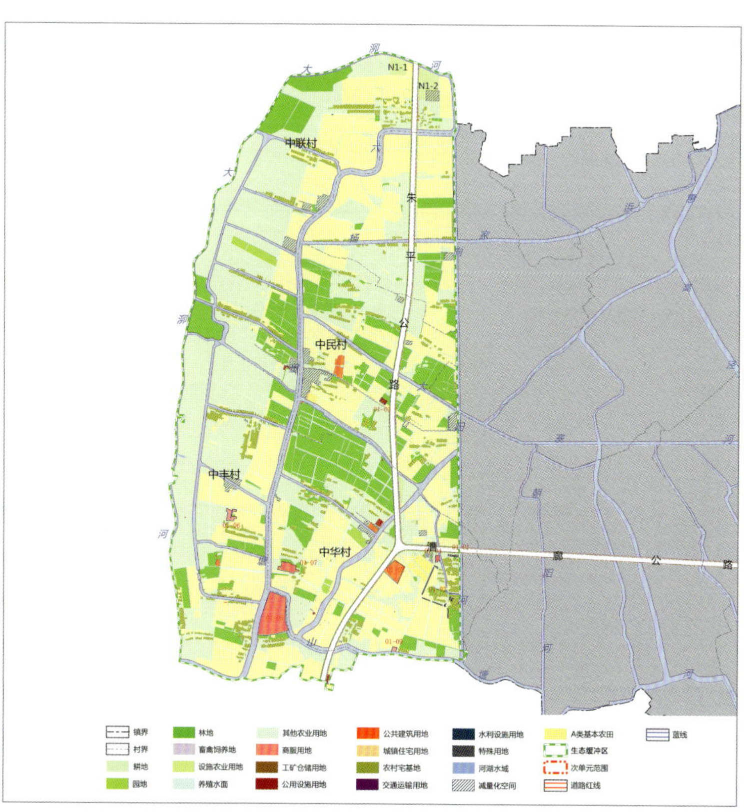

LXJY-01 生态次单元图则

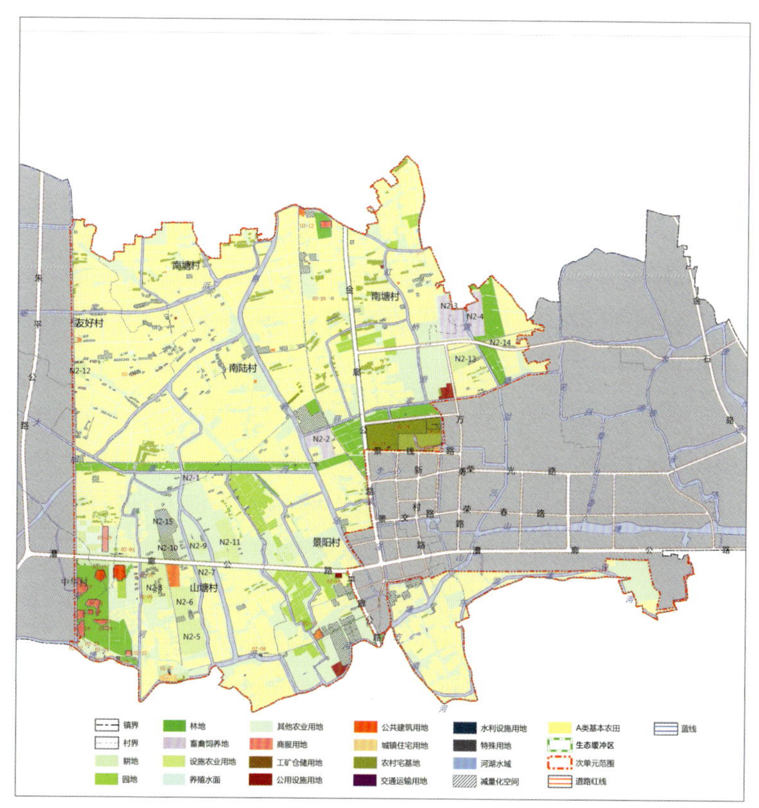

LXJY-02 农业次单元图则

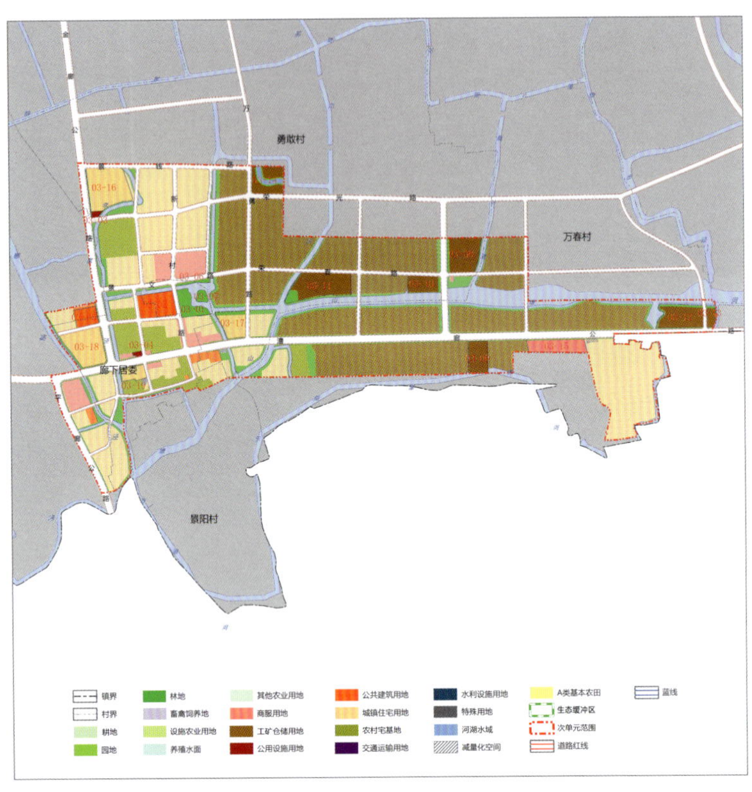

LXJY-03 城镇次单元图则

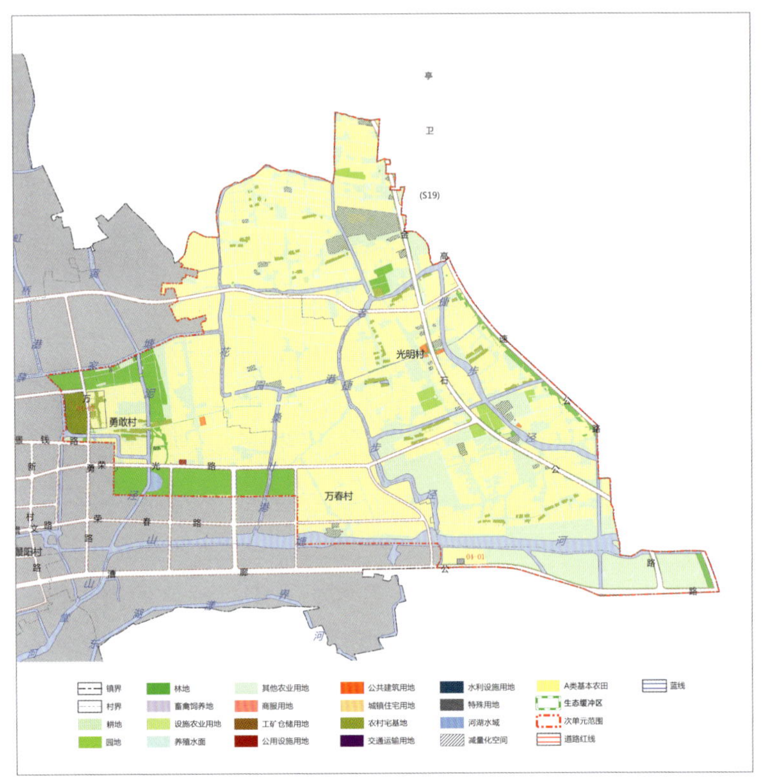

LXJY-04 农业次单元图则

2. 创新规划指标体系，体现多元维度和系统集成

落实规划目标、确保规划实施，对接社会、经济、环境、空间综合发展诉求，构建“人口、土地、环境、品质”等 4 个维度，53 项规划指标体系。一方面强调底线约束和均等服务，另一方面突出郊野地区的特性。

3. 立足乡村需求，探索集建区外零星建设用地弹性动态管控

针对乡村零星建设用地需求特点，提出 8 项选址条件设定，主要包括：必须依托存量建设用地 50% 以上；不得占用永久性基本农田和新增耕地；禁止商品住宅和工业项目开发等。通过建设项目逐步明确、滚动落地，实行动态弹性管控，并预留政策通道。

4. 加强农林水一体化研究，探索乡村生态环境自修复

充分考虑自然水文特点，统筹农、林、水等各类空间要素，通过因地制宜的生态铺装、植被缓冲带、雨水花园、乡野湿地、生态边沟等 10 项海绵技术，形成能够自动吸水、透水、蓄水、净水的富有弹性的海绵郊野，实现生态环境自修复。

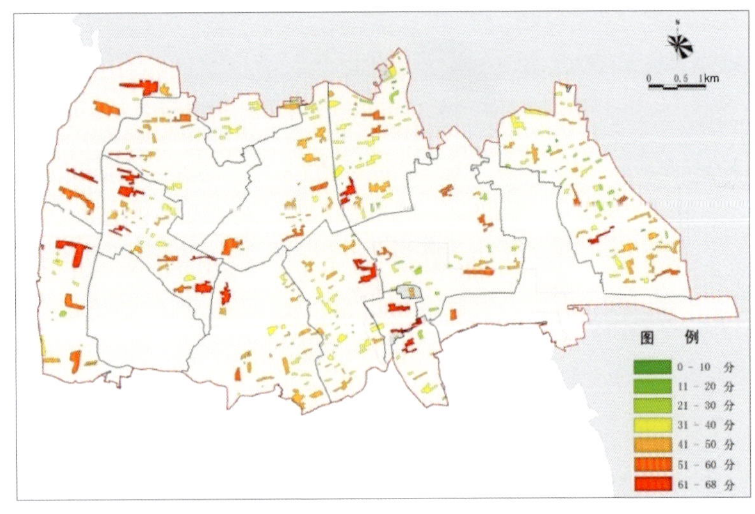

廊下镇域宅基地综合评价图

5. 建立多要素评价模型，指导农村宅基地减量化

通过对宅基地规模、空间离散度、建筑年代、老龄化、自住率等评价因子叠加分析，建立农村宅基地评估模型，综合评价村庄居民点发展条件，明确宅基地减量化的操作路径。

五、规划实施

1. 形成规范、扩大试点，具有示范性

在完成试点郊野单元规划研究的同时，修订完成上海市郊野单元规划编制技术要求和成果规范，并出台了相关实施政策。作为实现乡村振兴的典型案例，郊野单元规划多次在国土部、住建部相关会议上进行宣传交流；在试点的基础上，上海各郊区县共选推 15 个郊野单元规划编制，以廊下为蓝本，在中远郊农村地区进行示范和推广。

2. 项目落地、产业发展，体现操作性

在本项研究成果的指导下，廊下镇新版郊野单元规划（含有条件建设区控制性详细规划）获得审批；特色民居（二期）已初步建成；镇区公共设施微更新正在推进；结合环镇森林建设，成功举办半马公开赛；鑫博海、亚太厨房等农产品深加工项目，已落实发展空间；廊下生态民宿概念规划正在进行国际方案征集；海绵乡村的新理念、新技术正在应用实施。

3. 政策聚焦、资金落实，体现指引性

市相关部门在廊下镇开展 2 期市级土地整治项目，共落实资金约 10 亿。市发改委、市农委等部门对农村建设提出相关政策支持，积极筹措财政和专项补助资金，安排好资金投入和使用，建立规范化项目管理机制。

六、经验总结

新版郊野单元规划研究成果是推进镇级“多规合一”的实施性、策略性规划，是镇（乡）级土地利用总体规划实施推进和动态完善的管理平台，是乡镇建设用地减量化、土地整治和增减挂钩的实施依据。在城乡规划体系中，是统筹镇（乡）城市开发边界外区域各类用地的专项规划。

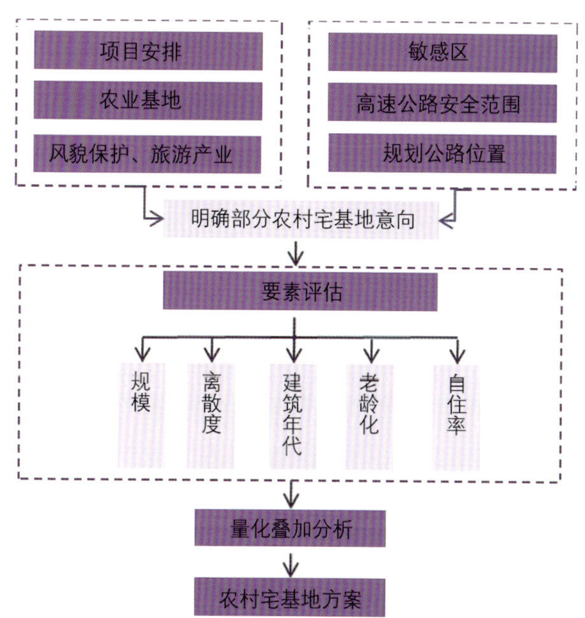

农村宅基地减量化技术路线分析图

施海涛

上海复旦规划建筑设计研究院副院长，教授级高工

该研究在国内大城市郊区土地使用和管控方面的创新是领先的。研究紧紧围绕“减量”“增效”两大理念，既突出了乡村振兴的发展主题，又体现了智慧减量和精明增长的思路。在研究中，针对传统乡村建设规划的缺失内容进行了多项专题研究，逐步完善了上海郊野单元规划技术编制要求，成果系统扎实，反映出规划研究团队的技术能力。研究一改过去乡村规划的粗放做法，强化空间统筹布局，细化空间落地和土地利用，着眼近期发展，明确镇村建设用地边界，统筹农用地规划、生态用地规划，引入微更新手法和理念，对农村地区的古桥、古树和历史遗迹等遗产进行保护，对传统风貌和地方特色加以传承。为了加强规划的操作性，成果中包含了图则，制定了详实的规划指标体系，从而有利于郊野地区的控规精细化管控。

上海市闵行区城乡建设动态监测与管理（2016 年）

2017 年度全国优秀城乡规划设计奖（规划信息类）三等奖、2017 年度上海市优秀城乡规划设计奖一等奖

编制时间：2016 年 10 月—2016 年 12 月

编制单位：上海江南建筑设计院有限公司、上海市闵行区规划和土地管理局

编制人员：王超、杜幼平、雷一鸣、孔德新、曹利民、何青、任臻、张毓琦、陈颖颖、刘山鹤、吴宁、丁春梅、华进、丁鹤龙、顾亦如

一、项目背景

1. 国家层面要求

随着我国城市化进程不断加快，城市建设发展迅猛，土地利用资源面临短缺的严峻形势。违法用地和违法建筑的现象不仅影响城市的规划发展，也影响社会的和谐稳定，同时，国土资源部要求完善巡查工作体系与方法，多层面开展调查评价工作，细化土地调查分类体系与标准。上海作为特大城市，需探索综合整治与长效管理机制，通过全天候监测，积极探索创新监管方式。

2. 上海总规要求

《上海市城市总体规划（2017—2035 年）》提出了规划建设用地负增长的目标，明确至 2035 年本市规划建设用地总规模不超过 3 200 km^2。

3. 闵行区“五违四必”工作

闵行区按照“统筹性、领域性、区域性”和全区“齐步走”的工作要求，深度推进“五违”整治工作，通过新机制、新技术、新手段探索土地巡查工作的新路径。

二、项目构思

为适应闵行区违法用地快速处置和执法力量下沉等新形势的要求，提高土地现状变化发现的效率，闵行区规土局通过多次专题研究，并积极与相关委办局沟通协商，建立闵行区违法用地和城乡建设动态监测管理机制，即采用“卫星、无人机全天候遥感监测＋实地测绘”技术，覆盖闵行全区（约 373.3 km^2），以实现全面、准确地动态监测管理闵行区违法用地和全区城乡建设的目标，将监测结果与区“大联动平台”挂钩，形成由“人工地面巡查”转变为“天、空、地一体化监测”的工作机制。

三、项目工作内容

作为上海首个运用无人机、卫星等新技术构建的城市土地巡查管理系统，该项目建立了上海区县首个土地巡查管理的专项数据库，并形成全上海领先的土地巡查工作机制，将监测动态的工作流程串联起来，全程监控，从而全面掌握闵行区城乡动态建设情况及土地使用情况，快速发现、精准执法的目的。工作内容总体上形成“三个一”，即“一套系统”“一个工

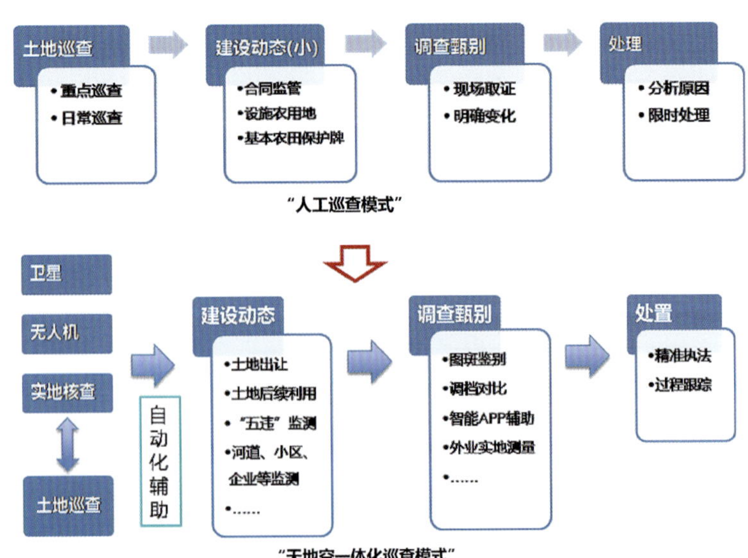

总体工作机制示意图

作平台”“一套工作机制”。

1. 一套系统——城乡建设动态监测系统

对闵行区进行全天候卫星影像和无人机航拍影像主动获取、月度更新，作为城乡建设动态变化监测的基准数据，提取闵行区所有建设动态变化区域，并通过实地工程测量明确违建面积和范围。实现城乡建设动态监测实时提取、实地精准工程测量核查。

2. 一个平台——城乡建设动态监控平台

对于原有基础资料以及基于“卫星及无人机全天候遥感监测＋实地测绘”获得的新增城乡动态变化图斑数据成果，经过质量检查后统一入库进行管理，形成“卫星及无人机影像—城建动态变化图斑—城建变化整治数据库—执法部门”的完整业务链，同时与闵行区大联动平台进行交互，更好地实现整治过程跟踪。

3. 一套工作机制——新型城乡建设动态管理机制

工作内容中不仅加入先进成熟的土地利用变化遥感监测技术，建设智能化平台“确定监测范围—城建变化发现—城建项目信息核对—逾期未开工原因分析—违规土地变化处理与违法用地整治”的整体工作流程（变化发现—违法用地核实—违法类型分类—违建整治—土地后续利用）。建立信息共享机制，将城乡动态变化信息共享至区大联动中心、区拆违办、区城管局、区水务局、区绿容局等区级职能部门，并

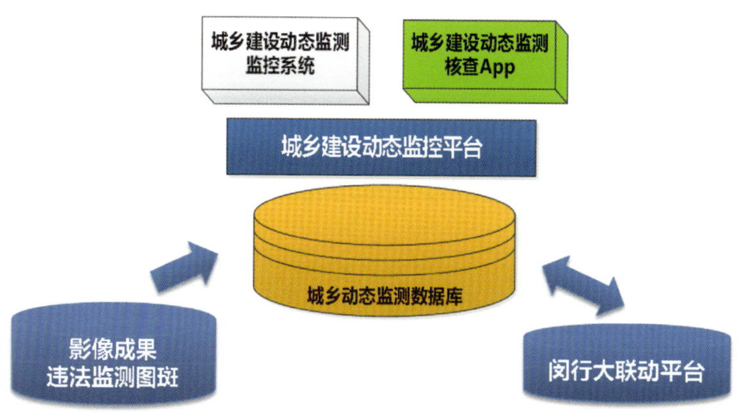

城乡建设动态监控平台示意图

针对各部门对大棚用地监测、河道监测等的需求进行信息定制，实现各部门协同使用城乡建设动态信息开展日常业务工作，达到信息“一查多用”的目的，提高城市管理的效率，从而全面掌握闵行区城乡动态建设情况及土地使用情况，实现“天、空、地”一体化监测，快速发现、精准执法的目的。

四、项目技术路线

1. 第一阶段——影像数据获取

将闵行全区以黄浦江为界，分为卫星监测区和无人机监测区，每月月初对浦西地区进行卫星编程，对浦江镇和浦锦街

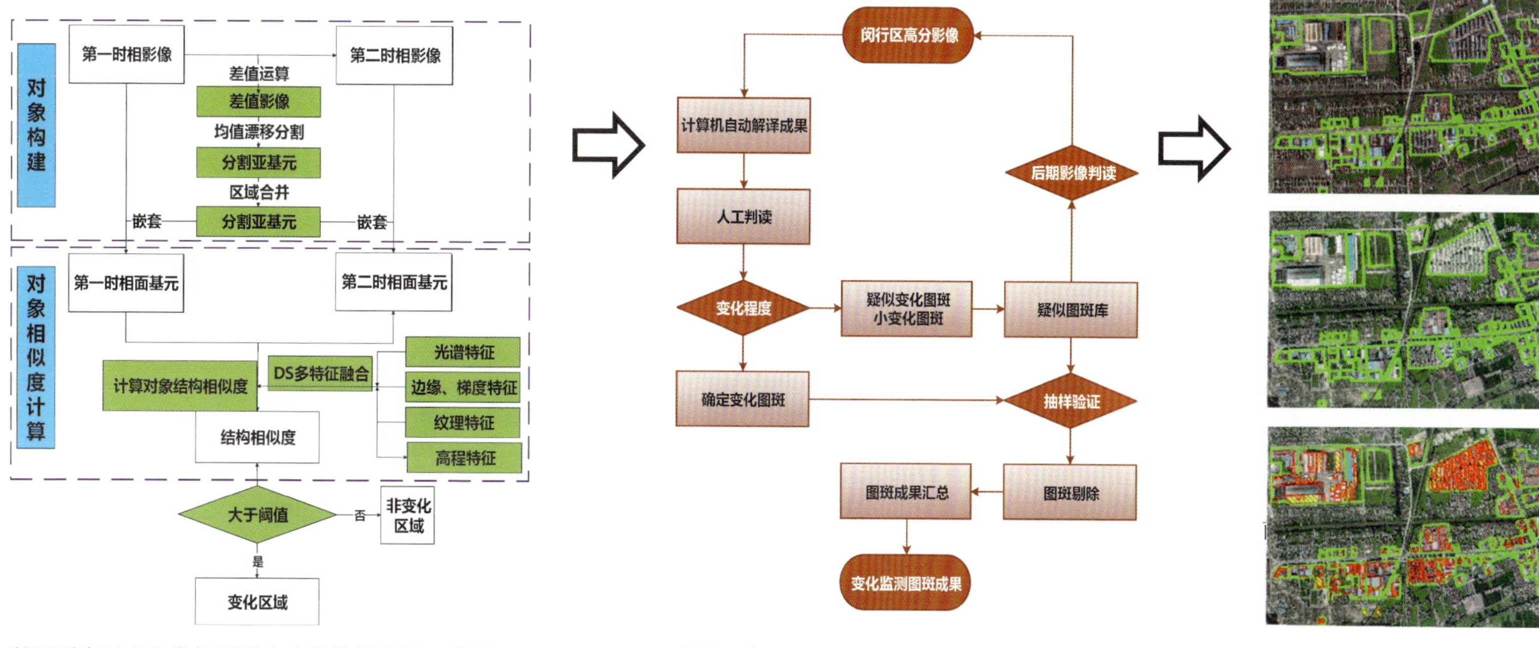

基于对象的DS多特征融合变化检测方法示意图

变化图斑比对工作原理图

前后时相及检测结果示意图

道进行无人机影像主动获取，从而保证获取当月全区影像，作为变化比对的基础材料。

2. 第二阶段——变化图斑比对

基于每月的影像比对，提取地表发生变化的区域，并针对变化类型对图斑进行分类赋值，按照图斑属性分为三类。① 建筑痕迹消失图斑，指前时项地表明显建筑痕迹，后时项为平地或推土等；② 无批文图斑，指提取出的变化图斑与规土局目前掌握的供地层及农转用层进行比对，核对出无合法用地信息的图斑，无批文图斑不等同违法用地，其中也包括非建设用地变化、疑似变化、伪变化等；③ 有批文图斑，有合法信息的图斑。

3. 图斑外业核查

外业核查前先对无批文图层进行批文复查，复查有批文的图斑需获取批文照片和批地图层，复查无批文的图斑时，选取重点核查图斑（地表硬化和新增建筑两类图斑作为重点核查图斑）前往现场拍照取证，对变化图斑进行外业现场调查，核实范围，拍摄现场照片，实地测量硬化场地面积、建筑物占地面积、建筑物高度、建筑物层数、新增道路的宽度长度、取证测量坐标，并甄别出重点核对图斑，提交成果报告。

重点核查图斑在开展外业核查的同时，下发街镇核查，并把街镇核查情况与外业核查情况作比对，从而提高图斑整改效率，做到违法用地快速处置。

4. 图斑研判

由规土局权籍科与执法大队共同对成果报告进行研判，被认定为重点核对的图斑，下发至各街镇核查。各街镇对下发的重点核对图斑进行核查，认定为合法图斑的，提供合法材料；认定为违法图斑的，敲章确认，反馈至区规土局。

5. 图斑复查

对各街镇处置后的重点核查图斑进行复查抽检，如果抽检发现不合格，则对该街镇的负责图斑进行全查，并督促街镇再整改。

五、城乡建设动态监测与管理平台设计

1. 平台架构设计

平台系统包括 1 个移动端核查 APP 及 1 个服务端监控系统，两者一起构成完整的动态监控系统平台。为了减小功能界面和逻辑实现的耦合，并最大限度地实现代码的共用和统一维护，所有子系统和功能模块都采用分层设计和实现。

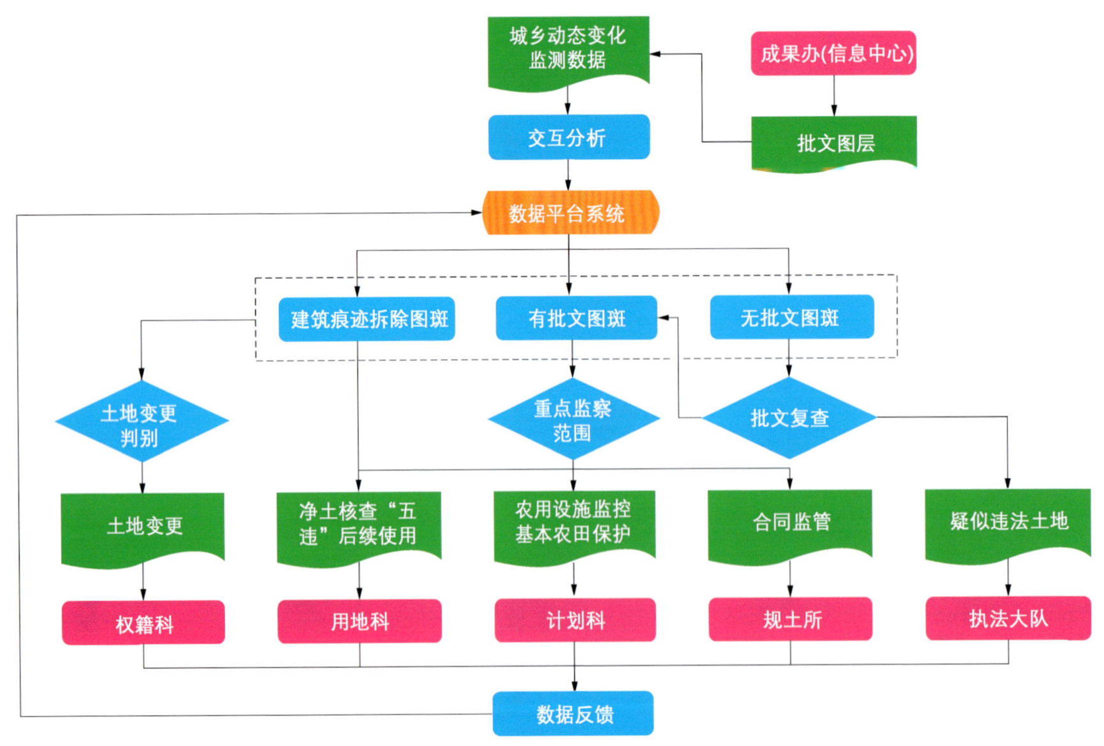

图斑研判工作流程图

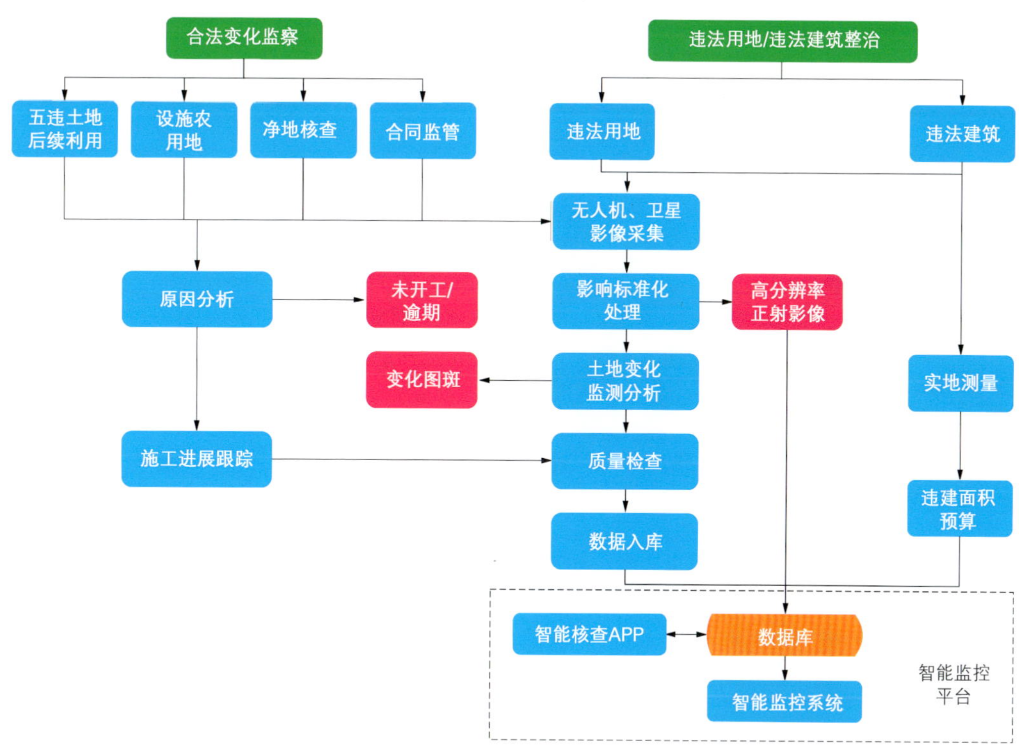

项目技术流程图

2. 移动端核查 APP

依托移动端核查 APP，工作人员现场利用移动终端（手机、平板电脑）将勘查实景与数据库里的动态变化区域数据进行对比，从而明确实地变化情况。

3. 服务端系统

扩展性、可协同性以及查询检索效率高，充分体现了城乡建设动态监控系统发现、管理以及动态监控的特点。提供了对城乡建设动态变化从数据存储、管理、查询、分析到统计等应用功能以及动态监测的全过程监控。

4. 移动端与服务端协同工作流程

在整个工作流程中，服务端系统与移动端系统通过“任务下发—任务解析—数据核查—数据上传—任务下发”这样一个循环的过程，完成工作。

5. 移动端与服务端协同工作方案

平台系统中服务端监控系统部署于区信息中心政务外网环境下，而移动端核查 APP 主要以离线方式运行，移动端与服务端在统一的政务外网环境下、充分考虑数据和网络安全的前提下，实现协同工作。

6. 与大联动平台对接方案

通过服务端城乡建设动态监控系统，提供数据转换接口，将发现的违法建设动态变化信息转换成网格巡查员采集上报案件的表单数据。提供问题来源、反映人、联系电话、发生地址、坐标、所属街道、责任网格、网格编号以及问题描述等内

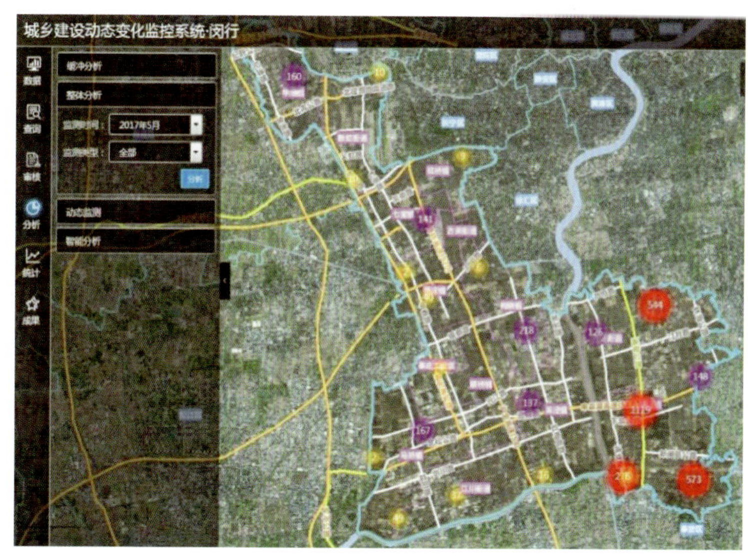

“城乡建设动态监测与管理平台”服务端

“城乡建设动态监测与管理平台”移动端

容，同时附加文件或者图片等数据。

六、项目创新

1. 模式创新

发现模式：由传统“人工巡查”转变为“天、空、地”一体化巡查模式。

核查模式：由传统“图纸核查”转变为运用“互联网+”新技术开展违法图斑外业核查工作。

处置跟踪模式：由传统“结果评判”转变为“过程管理”，实现违法地块处置过程全流程跟踪，及时反馈。

2. 技术创新

采用全数字摄影测量系统 LaMapper 技术，解决了无人机数据整理难题；应用计算机快速识别检测技术，采用多尺度分割面向对象信息提取技术，快速、准确提取疑似违法变化；开发城乡动态监测核查 APP，协助国土执法部门对违法用地信息进行实地核查。

3. 应用创新

建立信息共享机制——将城乡动态变化信息共享至区交通委、区国资委、区大联动中心、区拆违办、区城管局、区水务局、区绿容局等区级职能部门，并针对各职能对道路监测、企业变化监测、小区违法用地监测、河道监测等不同需求进行信息定制，实现各部门协同使用城乡建设动态信息开展日常业务工作、应用创新技术达到信息“一查多用”的目的，提高城市管理的效率。

4. 机制创新

规土内部联动共享机制——建立业务科室协作机制，实现月合法批文图层及时更新，变化图斑赋值准确性大大提升。

区级部门联动共享机制——建立疑似违法土地及疑似违法建筑发现与处置机制：规土局发现—大联动平台分派—街镇处理、反馈—各委办局审核。基于各委办局需求，定制化监控机制，形成“重点监测区域—月度影像现状提取—问题发现与处置”的工作模式。

七、项目实施成效

1. 违法用地震慑

闵行区无批文图斑已经开始呈现下降趋势，说明闵行区的工作已经对违法用地行为起到一定的威慑作用。同时，闵行区自主发现图斑实现与国土资源局变化监测图斑 100% 吻合，这也是对闵行区自主发现图斑准确性的一次有力验证。

2. 违法及时预警

闵行区自主开展城乡建设动态变化监测频率高，可以在违法用地建设初期（推土行为）就及时发现，从而更好地贯彻“预防为主、事前防范与事后查处相结合”的工作原则。同时可以对闵行区公益性建设项目提供预警，促使其及时作出整改，避免在国家部级卫星执法中发现此类变化图斑。

3. 区级部门协同共享

目前，闵行区城乡建设动态变化成果已经为区级相关职能部门提供了对应的数据支持，变化监测成果的协同共享不仅可以协助区各委办局日常工作，而且能够逐步协助各局将工作方式“化被动为主动”，提高闵行区城市管理效率。

4. 推广进步

2017 年 2 月，《人民日报》报道了《上海探索第三方巡查服务实现违法用地“零增长”》一文，文中提到“上海在探索实现规划建设用地总规模‘零增长’和‘负增长’过程中，闵行区通过购买第三方土地巡查服务等方式，实现新发现违法用地全部消除，新增违法用地为零，这主要得益于闵行区在工作机制和技术支撑层面的多项创新举措”。

根据上海市规划和国土资源管理局下发的 2017 年度课题研究计划的通知，《闵行区城乡建设动态监测与管理技术、制度研究与实践》已列为年度课题研究，以指导新一轮土地巡查项目。嘉定区、金山区等也积极开展了以新技术支持的巡查管理工作。

上海市闵行区城乡建设动态监测与管理调查信息成果表（初审）

图斑号	0251	监测类型	☑日常 ☐重点
外业底图信息	前时影像（影像日期：年月）	外业底图信息	后时影像（影像日期：年月） 四至描述：东面为施工地，南面为施工地，西面和北面为美丽乡村工程指挥部内空地
现场草图	1 3 2	外业取证信息	
是否有批文	☐有 ☑无 ☐部分有批文	图斑类型	平地新增简易建筑（3F）
控制规划	控规单元：浦江社区22单元（MHPO-1322）	现场描述	现场为美丽乡村工程项目部临时工棚
		集建区内外	☐集建区内 ☑集建区外
		二调地类	仓储用地（223）
		实地地类	水工建设用地（272）
监测面积（亩）	0.84235247	硬化面积（亩）	0.84235247
定位点X坐标	8174.25235	所在街道	浦江镇
定位点Y坐标	−17663.18942	调查日期	
初步判断意见	☑全部变更	☐部分变更	☐不变更
备注			（以上内容仅供参考）

八、经验总结

违法用地、违法建筑的存在对城市建设和社会经济发展造成严重的影响，极易引发社会矛盾，已经成为城市发展的“毒瘤”。因此，违法用地、违法建筑的综合执法是目前各地政府的一项重要工作，也是对城市管理工作的巨大考验。

本项目通过对城市管理中违法用地、违法建筑综合整治的新方法和新机制的探讨，提出了运用遥感技术手段和“互联网+”思维解决对策，深入思考了如何在和谐理念下有效、合法、快速地治理违法用地和违法建筑的问题；提出在违法用地、违法建筑综合执法过程中，以公共利益为价值导向，运用新的现代化技术手段和新的公共管理理念方法，协助城市管理中违法用地、违法建筑的综合整治，实现快速发现、精准执法的工作目标。通过对闵行区城乡建设变化的快速提取和信息共享，协同各级委办局和相关职能单位无缝对接，以期对现有城市管理中违法用地、违法建筑整治进行创新改进，形成流程清晰、过程可控、问题可溯的长效城市管理综合执法机制，使城市管理综合执法机制更加高效、合理。

土地巡查工作任重而道远，新机制、新技术、新手段的运用势在必行，期待走出一条更为坚实、高效、协作的城市管理之路。

简逢敏

享受国务院特殊津贴专家

原上海市城市规划管理局副局长，教授级高工

本项目为“上海市闵行区规划和自然资源局”和“江南建筑设计院有限公司”联合开发的“城乡建设动态监管系统”及其应用情况介绍。该系统利用多层次遥感资料的实时性，数字摄影测量数据处理的及时性、先进性和实地测绘的准确性，构建城乡建设动态监测和监控、天空地一体化巡视平台。且由于该平台实施了信息共享，从而可形成各有关管理部门上下左右联动的管理工作机制。

该系统具有先进性、实用性和创新性：一是成功地将全天候、多时相、高空高分辨率卫星遥感资料和低空无人机影像资料结合应用；二是影像处理中应用了数字摄像测量中有理函数模型法和无人机 Lamapper 先进的空中三角测量方法，进行卫星和无人机影像的空间定位；三是通过影像分割方法，对前后时相影像特征提取，快速、及时发现变化了的图斑，并提供给各部门共享信息，为城乡建设动态监管探索了新的途径和工作机制。

该系统投入实际应用以来，所发现的变化图斑同原国土资源部季度公布的结果一致，违法用地建设呈下降趋势。《人民日报》于2017年2月3日以“探索第三方巡查服务，去年违法用地零增长”为题报道了此成果，该系统现正在上海有关各区推广应用。

上海市城市更新规划土地管理与实施机制研究

2017 年度上海市优秀城乡规划设计奖（城市规划类）一等奖

编制时间：2015 年 1 月—2016 年 12 月

编制单位：上海市城市规划设计研究院、上海市规划编审中心

编制人员：徐毅松、姚凯、张帆、伍攀峰、杨晰峰、周建非、刘夏夏、高岳、杨眺晕、周偲、许超诣、王丽丽、陈映雪、葛岩、关烨、李萌、刘晓涛、吴同彦、何瑛、聂梦遥

一、研究背景

上海作为“改革开放排头兵和科学发展先行者”，30 多年来城市建设突飞猛进，取得了丰硕的成果。与此同时，建成区快速扩张、人口剧增、旧城老化等问题也逐渐凸显。如何在建成区基础上，逐步提升城市环境品质和资源利用效率，“在城市上建造城市”，成为规划土地工作面临的重大课题。

按照建设全球城市的发展目标，在资源环境紧约束的新常态下，上海的城市发展亟待从“扩张型增长”转变为“内涵型发展”，有机更新、创新转型成为推进城市可持续发展的必经之路。

为了有效指导本市的城市更新工作，2015 年初，上海市规划和国土资源管理局牵头开展了城市更新政策标准和实施机制研究工作，探索制定了一系列政策文件和技术标准，并在更新项目的实践应用中不断完善，形成了“编制、管控、实施、行动”四大体系，构建了较为系统的城市更新运行管理机制。

二、研究目标与思路

本研究聚焦“内涵增长、创新发展”的理念，将存量用地规划更新与公共要素补缺紧密结合，探索形成上海城市更新工作的顶层设计和操作路径，实现三个转变：

一是增长方式从“规模扩张”转变为“质量提升”。在理念上，更加体现“以人为本”，关注老百姓的需求，关注城市的发展质量和发展效益，关注社会治理和社会公平；

二是规划前提从“重构物权”转变为“保留物权”。在制度上，城市化初期形成的以土地收储和出让为核心的规土管理制度，已不能适应城市持续发展的需要，应建立一套以既有物业用途改变和产权转移为核心的规土管理制度；

三是规划方法从“自上而下”转变为“上下结合”。在方法上，转变“大拆大建”为主的旧改模式为以“微设计、微循环、微更新”为特征的“针灸式”建设方式。在社会治理框架下，建立一套政府、市场与市民有效协作的规划沟通机制，推动城市的内涵式发展。

三、技术路线

课题组从案例借鉴、专题研究、政策制定、广泛参与、试点实践五个维度，开展更新政策标准的支撑性研究。

1. 案例借鉴

研究国内外城市更新成功案例，总结规划策略、行动方法、实施机制、配套政策、管理要求等各方面经验，为本市城市更新的总体框架设计提供参考。

2. 专题研究

开展“上海城市更新现状与发展趋势研究”，针对不同区位、不同功能的存量用地更新，从发展历程、主要问题等方面剖析，并提出导向、策略建议。开展“大数据背景下的城市规划方法研究”，为城市设计挑战赛的机制构建提供技术支撑。

3. 政策制定

在案例借鉴和专题研究的基础上，汇总、提炼形成研究总报告，并据此制定形成一份核心政策文件、三份配套文件和技术标准，用于指导城市更新工作。

4. 广泛参与

为保证政策标准的科学性和可操作性，课题组面向专家、市区相关部门、街道、园区管委会、企业、社区组织、居民等各方群体，开展现场踏勘、访谈、问卷调查等形式多样的意见征询和公众参与工作。一方面充分了解各方诉求，另一方面通过众议众筹不断修正完善方案。

5. 试点实践

2015 年 5 月，《上海市城市更新实施办法》由市人民政府发布实施，与三份配套文件一起指导城市更新试点项目的具体推进。在试点项目的实践操作中，逐步探索形成“定目标、定内容、定主体、定路径、定进度”的“五定”工作模式，以及“深解读、组队伍、找短板、定任务、推行动”的推进机制，为城市更新工作提供可复制、可推广的实践经验。

开展多样的公众参与活动

“两万户”住宅更新保护试点

徐家汇体育公园试点

四、研究理念和原则

研究重点聚焦城市更新的关键技术、实施机制、管理规范等方面，探索适合上海的有机更新模式。从城市更新的“编制、管控、实施、行动”四大体系入手，形成贯穿规划、土地、建管、房产登记、综合执法等环节的全流程管理机制。通过开展有机更新“四大行动计划”、城市设计挑战赛、市民论坛等活动，为城市更新工作的整体框架构建提供有力支撑。研究主要遵循以下理念和原则：

一是政府引导，规划引领。在顶层设计上，通过区域评估、实施方案相结合的城市更新机制，提出政府制定更新计划，以区域评估为抓手，落实整体更新的要求，充分发挥规划的引领作用。

二是注重品质，公共优先。坚持以人为本，以提升城市品质和功能为核心，优先保障公共要素，改善人居环境。关注城市功能、公共服务配套设施、历史风貌保护、生态环境、慢行系统、公共开放空间、基础设施和城市安全等重要系统。

三是多方参与，共建共享。创新政策机制，引导多元主体共同参与，实现多方共赢。一是研究设定权利与义务挂钩的机制，搭建实施平台，主动创新规土政策，以激发既有产权主体释放更多的公共设施和公共空间；二是探索优化公众参与机制，提高公众参与的力度和深度，有针对性地将公共参与渗透到各个阶段，提高项目的可实施性。

四是依法规范，动态治理。明晰理念和原则、管理职责、工作体系、技术体系、政策要点和实施监管等，制定城市更新办法、细则、规程及规范。将存量用地更新纳入规土全过程管理，推进管理体系转型，确保更新目标的有效实现。

五、主要创新点

1. 公益优先的编制技术体系

以“城市更新区域评估、实施计划、全生命周期管理”为核心，发挥规划的引领作用，落实城市品质提升和公共要素补缺要求。通过城市更新区域评估，明确“缺什么”“补什么”；通过编制城市更新实施计划，明确“怎么补”，通过全生命周期管理，确保项目主体履行建设管理责任。

一是开展更新评估，明确公益需求。以市民需求和社区问题为导向，对更新地区进行综合评估，重点关注社区公共开放空间、公共服务设施、住房保障、产业功能、历史风貌保护、生态环境、慢行系统、城市基础设施和社区安全等方面内容，提供更加宜人的社区生活方式。

二是编制实施计划，明确建设要求。更新项目主体编制形成更新单元建设方案，落实公共要素的规模、布局、管理要求等，与组织实施机构签订项目协议，明晰各方权益，并将公共要素建设义务、项目开发时序、资金安排等内容纳入土地出让合同。

三是落实全生命周期管理，确保要素落地。一是土地合同管理，形成针对既有物业权利人在持有比例、持有年限、项目开发时序等方面的管理要求；二是建设工程管理，强调整体报送建设工程设计方案，并一次取得建设工程规划许可证和竣工规划验收合格证；三是权籍登记管理，强调将土地使用的限制性条款在房地产登记簿中予以注记，确保公共要素同步落实。

2. 引逼结合的更新管控政策

设计有效的鼓励政策，激发产权主体的更新意愿，释放更多公共要素。在用地性质转变、高度提高、容量增加、用地边界调整、地价补缴等方面设定奖励政策。同时，明确规范的管理操作要求，确保市场主体依法合规地开展自主城市更新。

一是明确鼓励政策，激发更新意愿。容量调整方面，既有鼓励公益优先的容量激励，也考虑对单纯增容冲动的抑制。从四个维度设置容量增加的权利与义务对应关系，分类设定奖励幅度：提供公共开放空间优于提供公共设施；提供产权优于不提供产权；规划要求配置的优于自主额外配置；中心城优于郊区新城、新市镇。（见“符合相关标准规范要求时的商业商办建筑额外增加的面积上限表”）

用地性质转变方面，鼓励用地混合和复合，规定了公共设施用地混合、住宅用地转换为公共设施或公共租赁房、商业和办公用地性质相互转换等情形。

土地管理方面，适度放宽物业持有比例、市区收入分成等要求，并针对空中廊道特别增加经营使用和物业持有要求。

风貌保护方面，针对历史文化风貌区（含风貌保护街坊）内更新项目，允许参照旧区改造享受房屋征收、土地出让、财税减免等优惠政策。

公共开放空间

公共服务设施

历史风貌保护

慢行系统

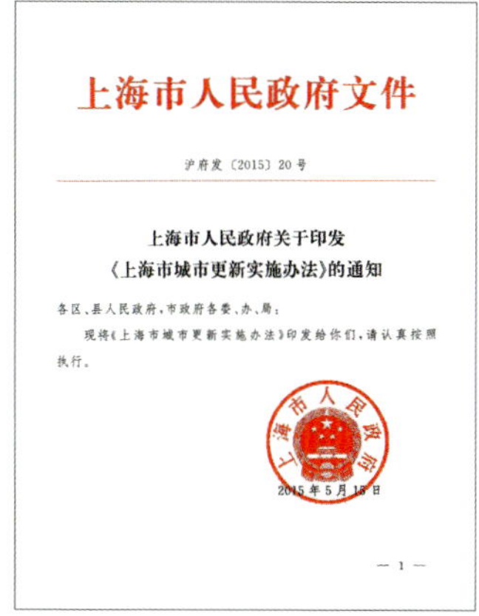
上海市人民政府文件

沪府发〔2015〕20号

上海市人民政府关于印发
《上海市城市更新实施办法》的通知

各区、县人民政府，市政府各委、办、局：

现将《上海市城市更新实施办法》印发给你们，请认真按照执行。

2015年5月15日

— 1 —

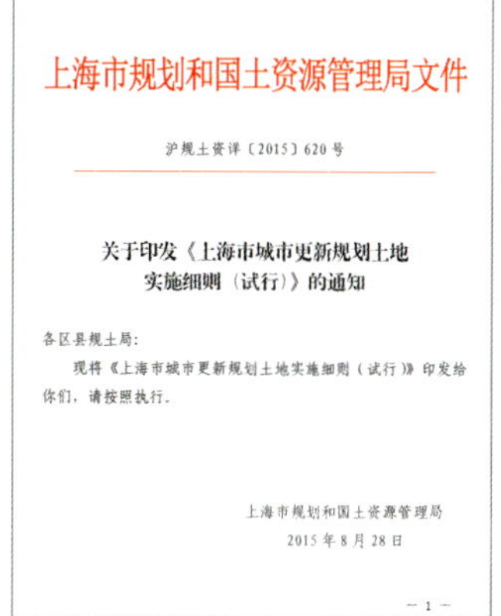
上海市规划和国土资源管理局文件

沪规土资详〔2015〕620号

关于印发《上海市城市更新规划土地
实施细则（试行）》的通知

各区县规土局：

现将《上海市城市更新规划土地实施细则（试行）》印发给你们，请按照执行。

上海市规划和国土资源管理局
2015年8月28日

— 1 —

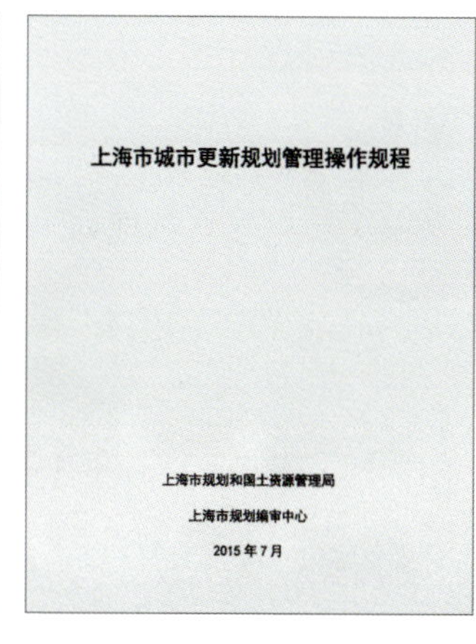
上海市城市更新规划管理操作规程

上海市规划和国土资源管理局
上海市规划编审中心
2015年7月

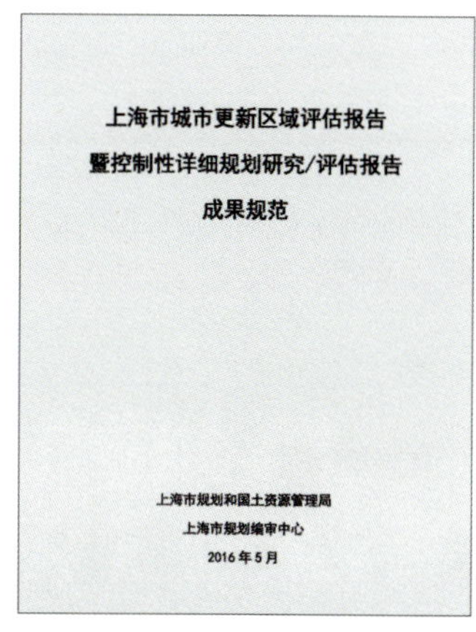
上海市城市更新区域评估报告
暨控制性详细规划研究/评估报告
成果规范

上海市规划和国土资源管理局
上海市规划编审中心
2016年5月

二是规范更新行为，明确评估标准和管理流程。在既有控详规划评估成果规范基础上，进一步完善形成《城市更新区域评估报告成果规范》，明确评估内容和成果要求。既注重工作的延续性，又体现更新背景下规划思路的转变。

依托现有控规编制流程，增加存量更新的相关要求，形成《城市更新规划管理操作规程》，加强风险防控措施，如区政府集体决策与广泛开展公众参与等，确保规划调整程序依法合规。

符合相关标准规范要求时商业商办建筑额外增加的面积上限表

情形	提供公共开放空间（按用地面积 m^2）			提供公共设施（按建筑面积 m^2）	
	能划示独立用地用于公共开放空间，且用地产权移交政府的	能划示独立用地用于公共开放空间对外开放，但产权不能移交政府的	不能划示独立用地但可用于公共开放空间24小时对外开放，产权不能移交政府的（如底层架空、公共连廊等）	能提供公共设施，且房产权能移交政府的	能提供公共设施，但房产权不能移交政府的
倍数	2.0	1.0	0.8	1.0	0.5

注：1. 以上倍数为外环线内，外环外相对应的商业商办建筑额外增加倍数的折减系数为0.8。
2. 提供地下公共设施的，增加倍数的折减系数为0.8。

3. 多方协商的更新实施机制

探索“政府、市场、市民、社团”四方协同的工作机制，有效保障更新项目顺利开展，促进城市共享发展。

一是搭建协商平台，对接实施要求。设计引逼结合的推进机制，保障更新目标实现。探索在更新意向性方案基础上，由组织实施机构牵头搭建沟通平台，统筹多家业主单位更新意愿，通过容量奖励、平台公司联合开发与产业准入标准等引逼机制，推动企业达成转型意愿，实现地区整体功能升级、路网与公共服务设施增加、绿地与公共空间品质提升的更新目标。

二是多方共同参与，实现共建共享。建立公众参与机制，发挥市民的主体作用，注重包括规划者、建设者、运行者、管理者和需求者在内的社会多元协同，构建和谐有序、共建、共治、共享的社会关系。强调低影响与微治理，以“小规模、低影响、渐进式、适应性”为特征，推动城市的内涵式创新发展。

4. 众筹共治的更新行动模式

探索通过城市更新试点项目、“四大行动计划”、城市设计挑战赛、主题沙龙等多种形式的具体行动，拓展众筹共治的有效途径。

一是推动“四大行动计划”，提高社会认同。针对城市发展的主要短板和市民关注焦点，开展“共享社区、创新园区、魅力风貌、休闲网络”四大更新行动计划，并落实在具体试点项目中。通过发放公众宣传册、开展市民论坛、主题展览、专家沙龙等多种形式，开启一场全社会共同参与的城市更新实践运动。

二是开展城市设计挑战赛，创新工作方式。通过“上海城市设计挑战赛”，探索搭建基于互联网、大数据和公众参与的规划众筹平台。针对本市城市更新的热点难点问题，进行全球范围内的方案征集，参赛者不限国界，没有专业门槛，鼓励跨界合作、万众创新，全面提升城市研究与治理的能力，促进规划理念、管理方法、编制技术、服务民生的进一步转变。

六、“1+3+3+2”成果体系

一份核心文件：《上海市城市更新实施办法》（沪府发

“四大行动计划”示范项目分布

城市设计挑战赛

城市更新案例集

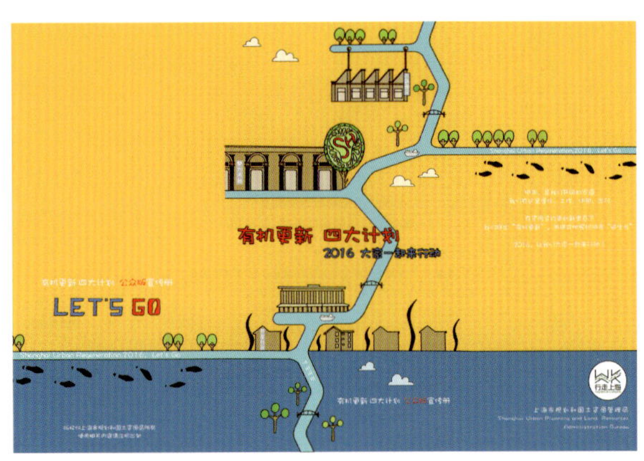

“有机更新四大计划”宣传册

“共享社区计划”宣传图

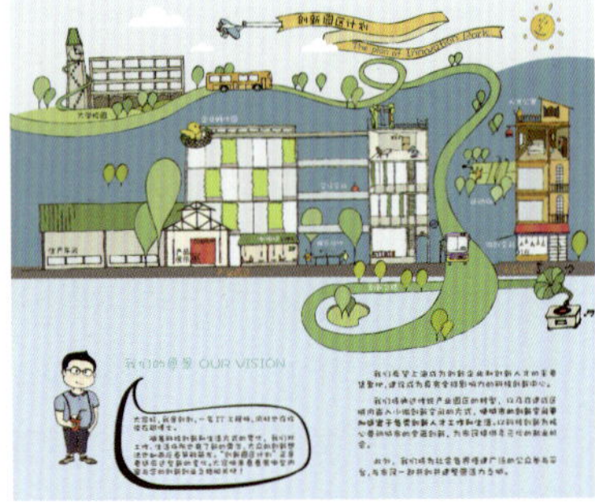

“创新园区计划”宣传图

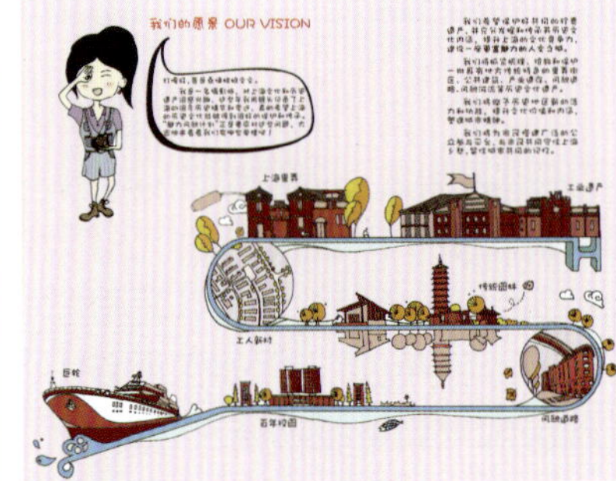

“魅力风貌计划”宣传图

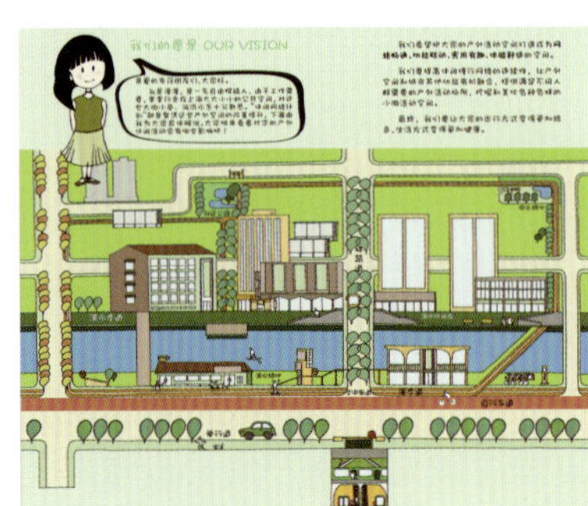

“休闲网络计划”宣传图

〔2015〕20号)，是指导本市城市更新工作的纲领性文件。

三份配套文件：《上海市城市更新规划土地实施细则(试行)》(沪规土资详〔2015〕620号)、《上海市城市更新规划管理操作规程》、《上海市城市更新区域评估报告成果规范》，明确城市更新的鼓励政策、操作程序、技术标准等。

三本支撑性研究报告：《上海市城市更新政策标准和实施机制研究》总报告、《上海城市更新现状与发展趋势研究》报告、《基于众创众规和大数据背景下的城市规划设计编制及管理方法探索研究》报告，作为制定政策标准和推进更新项目实施的技术支撑。

两本宣传册：《城市有机更新，上海在行动》介绍上海、国内其他城市、国外城市的40项优秀城市更新案例，提供借鉴和引领；《有机更新四大行动计划》宣传册，以深入浅出、图文并茂的形式向公众宣传更新理念。

七、主要成效

1. 激发多元主体积极参与

研究成果先后指导近50个城市更新项目的有序开展，通过有效的更新机制，充分调动各方积极性，在政府、物业权利人、市民之间形成良好的协作关系，实现利益共享，多方共赢。其中，黄浦江两岸慢行休闲网络、浦东新区张江科学城科创社区、徐汇区西亚宾馆、普陀区曹杨新村社区复兴等项目已完成规划并投入实施运营。

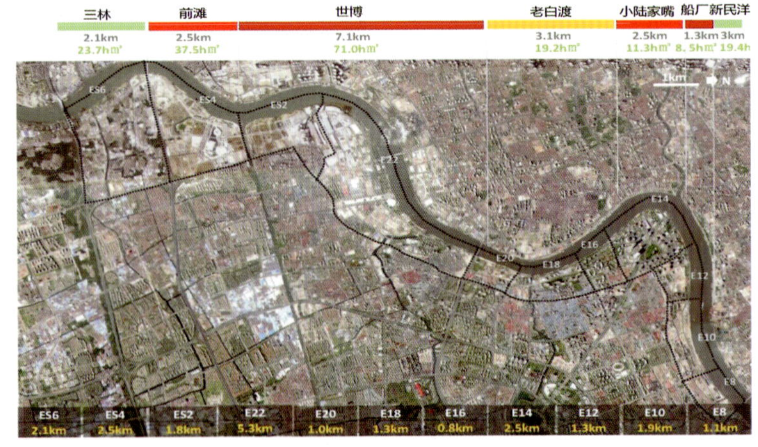

浦江两岸慢行网络

2. 推动规划土地管理思路转变

强化落实“底线约束、注重存量，公益优先、修补短板，创新政策、共建共享，依托项目、协同推进”的工作原则，探索现有物业权利人自行开展更新的可行路径。

3. 引发具有社会影响力的市民行动

通过丰富多样的市民参与和宣传活动，提高了社会公众对城市更新工作的认同，广泛推广城市更新先进理念，在本市乃至全国范围内形成持续性社会热议。

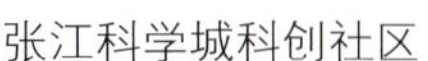

张江科学城科创社区

西亚宾馆更新改造

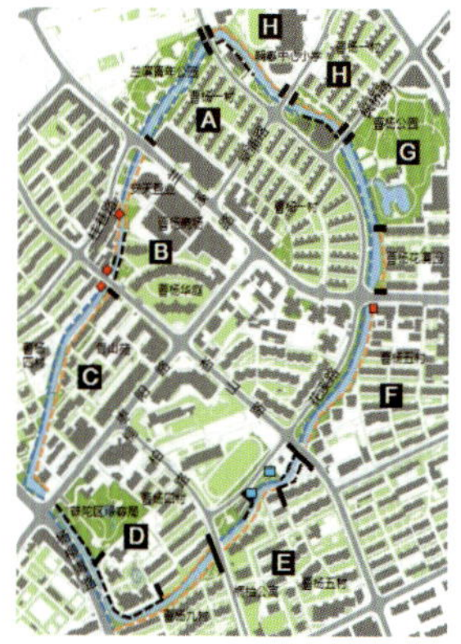

曹杨环浜贯通

俞斯佳

上海市城市规划学会副理事长

原上海市规划和国土资源管理局总工程师、上海市城市规划设计研究院院长，教授

上海市规划和国土资源管理局牵头开展的这项研究工作，开创了中国城市更新领域规划和土地管理、项目建设管控、政府社会联动等方面体系和制度上的创新实践，按照建设全球城市的发展目标，在资源环境紧约束的新常态下，探索制定一系列政策文件和技术标准，形成“编制、管控、实施、行动”四大体系，构建较为系统的城市更新运行管理机制，以有效指导特大城市的城市更新工作。这是全国规划自然资源系统应对城市转型期率先开展的创新行动，也将推动中国城市规划学科的新发展。

研究成果聚焦“内涵增长、创新发展”的理念，将存量用地规划更新与公共要素补缺紧密结合，探索形成上海城市更新工作的顶层设计和操作路径。该研究的创新点体现在以下四个方面：一是公益优先的编制技术体系。以“区域评估、实施计划、全生命周期管理”为核心，发挥规划的引领作用，促进城市品质提升和公共要素补缺。二是引逼结合的更新管控政策。设计有效的鼓励政策，激发产权主体的更新意愿，释放更多公共要素。同时规范管理操作要求，确保依法合规。三是多方协商的更新实施机制。探索“政府、市场、市民、社团”四方协同的工作机制，有效保障更新项目顺利开展，促进城市共享发展。四是众筹共治的更新行动模式。通过城市更新试点项目、“四大行动计划”、城市设计挑战赛、市民论坛等多种行动，拓展众筹共治有效途径。

研究成果对于激发多元主体积极参与城市更新、推动规划土地管理思路转变、引发具有社会影响力的市民行动等起到积极的作用，使上下结合、协商共治、多元融合、体制创新成为城市更新的主旋律。

研究成果是从无到有的创新成果，应更多地运用于城市更新实践，先试先行，在实践中不断摸索完善；要打破行政壁垒，凝聚多元力量，锚固经验成果；要完善试点内容，在实践的基础上，评估、充实、修正研究内容，做到研究工作和更新实践的同步。

上海市交通规划模型

2017 年度上海市优秀城乡规划设计奖（城市规划类）一等奖

编制时间：2009 年 1 月—2015 年 1 月

编制单位：上海市城市规划设计研究院

编制人员：张天然、苏红娟、高岳、郎益顺、王波、朱春节、易伟忠、李耀鼎、朱伟刚、訾海波、马士江、金昱、潘茂林、史晟、陈悠悠

一、研发背景

当前，上海正处于经济转型升级、创新驱动发展的关键时期。上海正积极地应对国际国内发展环境的深刻变革，创新发展理念，促进城市全面协调可持续发展，提升城市的国际竞争力，成为全国改革开放排头兵和科学发展先行者。建立与城市发展相匹配的综合交通体系是支撑上海社会经济发展、方便居民出行、提升城市品质的重要保障。如何构建一个高效、便捷、人性化的大都市综合交通体系，是新一轮城市总体规划的重要议题。交通规划模型是科学评价和优化规划方案必不可少的工具，也是综合交通体系规划定量分析的核心技术。

上海市交通模型发展至今已有 30 多年的历史，先后经历了公交规划模型、市区交通规划模型、市域交通规划模型等几个阶段。在快速机动化和城市化的发展过程中，上海的城市面貌和交通特征发生了较大变化，交通模型需要不断改进和完善。在大数据背景下，人类能够更加清晰地认识现实世界，在人机互动环节中，应用计算机技术模拟现实世界的输入信息更为可靠和准确。交通模型在基础数据采集渠道、参数标定和校核验证、大样本的获取等方面都有了很大提升。利用这些信息，结合传统的技术方法优势，构建新一轮交通规划模型是信息技术发展的必然要求。

二、平台框架

为了提高模型的适用性，扩大研究面，上海市综合交通模型以社会经济、城市规划、交通规划为输入，交通调查为模型的建立、标定、校核提供全方位数据支撑，“四阶段模型”（即出行生成、出行分布、方式划分和交通分配四个阶段）为核心，以土地利用与人口岗位模型、多模式网络成本模型、对外交通模型、货车出行需求模型、时段分布和机动车载客率模型等为辅助。平台总体框架如下：① 基础数据层：对现状及规划的用地、建筑、人口、岗位、轨道网、公交线网、各类交通调查等数据进行录入和储存；② 数据处理与模型交互层：通过对调查数据、地理要素图形等基础数据的处理，建立基础数据与交通模型的数据交互接口，为交通模型提供基础。交通模型得到标准的输入数据，通过上述模型计算，得到模型输出结果；③ 数据发布及应用层：

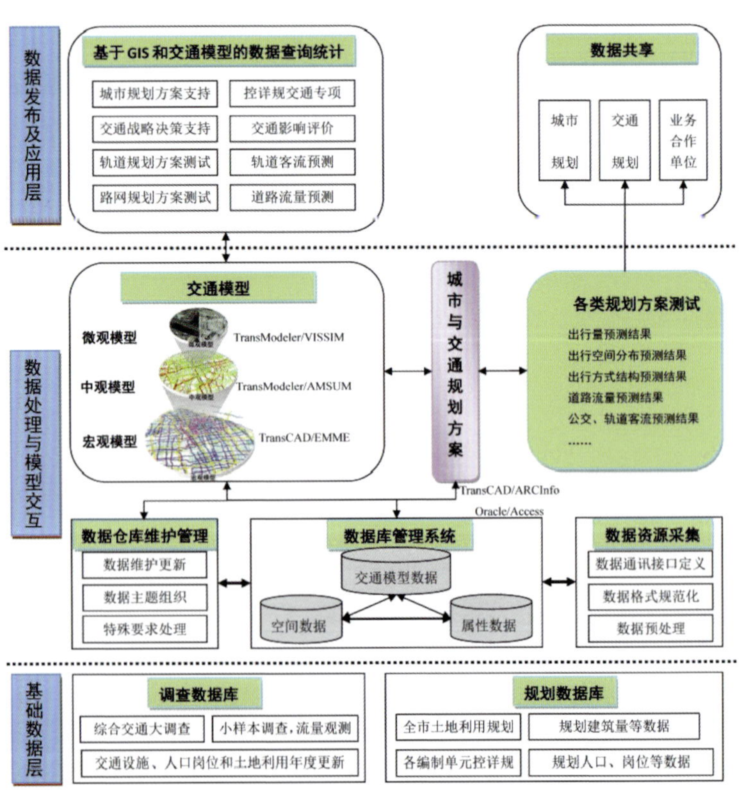

上海市综合交通模型平台构架图

储存现状、规划年交通模型各种方案的运算结果（包括模型参数、OD 表、网络流量），并可以进行查询和统计。

三、主要功能

上海市综合交通模型涵盖了城市和交通规划评估、交通需求管理政策评估、城市与交通设施建设评价、交通运营管理评价四大主体功能，可以作为城市总体规划、详细规划、城市交通规划及各类项目交通预测、交通定量的分析工具，为规划和管理方案的科学决策提供数据支撑。对城市和交通规划的重要作用体现在以下几个方面。

1. 合理布局城市土地利用，协调与交通设施的关系

交通模型可以在不同用地布局和开发密度方案下，研究全市居民居住地和工作地的分布，便于配备学校、医院、商业和活动中心等公共设施。同时评估道路交通和公共交通的拥挤状态，分析广大市民未来的出行服务水平。通过多方案的定量评价，选取最优的方案，提高市民的出行便捷性。

2. 进行交通战略测试和规划方案评价，提高政府的决策能力

根据社会经济、人口规模、土地利用和交通设施等因素，分析交通需求发展势态，评价交通战略模式和具体规划方案的合理性，提高交通需求与设施供给的适应性。

3. 合理制定交通政策和交通管理方案

针对市民关心的牌照拍卖政策、公交票价调整和补贴、油价调整和拥挤收费等各类交通需求管理政策，对交通模型进行定

交通三维仿真效果示意图

桃浦智慧交通系统评估

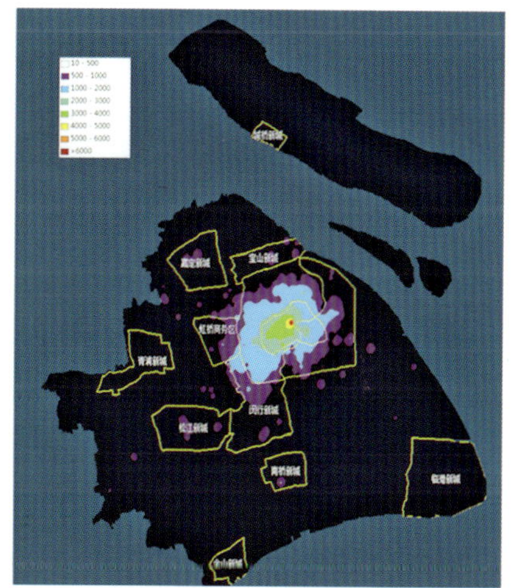

流动人口工作夜间分布图

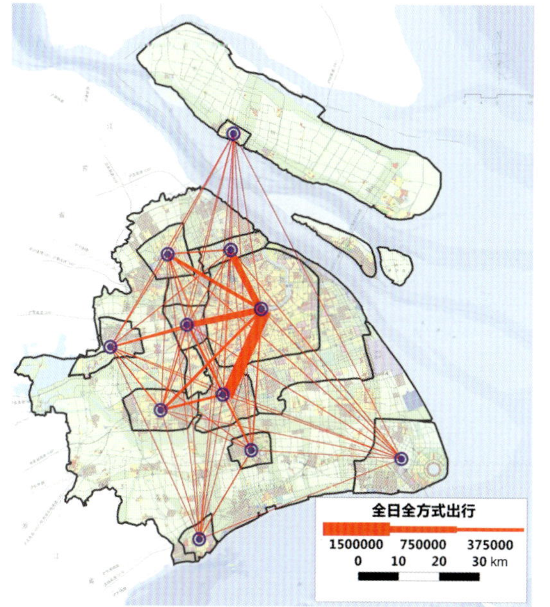

新城和中心城规划年全日全方式出行分布

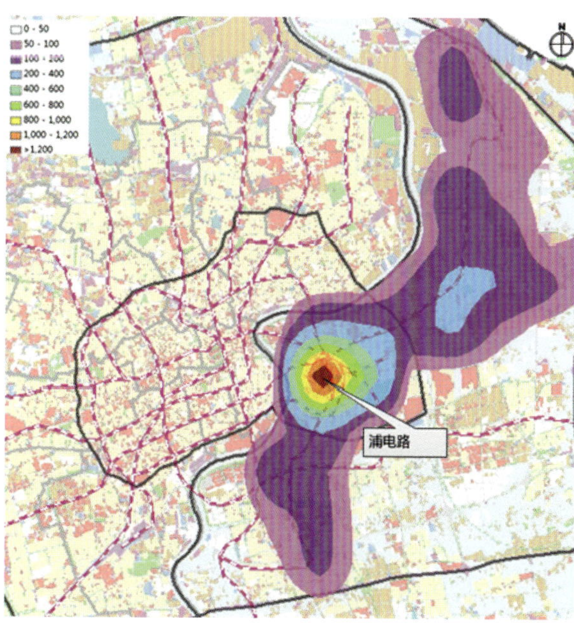

轨道交通 6 号线服务范围

流动人口 OD 客流走廊分析图

量的效果评价后择优实施，从而改善市民出行感受，提高公共资源使用的公平性。通过交通模型模拟单行道，禁止货车通行、高峰期间关闭高架道路匝道和轨道交通限流等管理措施效果，获得最佳的管理方案。

4. 研究重大交通设施出行需求，合理制定设施规模，避免不协调的供需关系

如通过交通模型预测轨道交通、有轨电车线路的客流指标，进而确定新建轨道交通车辆编组和制式，满足乘客出行需求。分析主要道路流量和拥挤程度，确定道路等级和车道规模等。

四、创新点和特点

为加强综合交通定量分析，提高城乡规划编制和管理的科学性，更好地服务新一轮上海市城市总体规划，建立符合上海城市发展的交通规划模型十分必要。上海城乡空间结构已经呈现多核、多层、多轴的发展态势，交通模型从解析单核的城市交通向城镇群交通方向转变，模型结构既要考虑区域差异化，又要考虑区域之间的空间联系，同时还要注重和土地利用的一体化分析，模型数据输入和校核工作量大，模型结构复杂，计算量大。在快速城市化和机动化、居民生活水平提高、多模式交通体系发展背景下，出行行为的多样化和出行过程的复杂性，也大大提高了建模难度。为应对这些挑战，“上海市交通规划模型”的建立在多方面做了技术创新。

1. 大数据应用、多元数据融合及综合扩样校核

模型采用了传统调查和大数据应用相结合的方法，实现了大数据和抽样调查数据的融合分析。一方面，整合了规划用地、人口、就业、交通设施和居民出行调查等数据库；另一方面，充分发挥了 GPS 数据、手机信令等大数据的优势，结合传统调查进行了综合校验分析。例如利用手机大数据集群计算技术与城市活动模型，对职住分布、人员出行分布以及流动人口出行特征进行分析，成为交通模型的参数标定和结果校核的手段。

2. 精细化的交通网络数据库维护技术

交通网络是交通模型的基本输入，主要包括具有拓扑关系的基础道路网、基础轨道交通网、各种交通模式的换乘连线、形心连线，公交线路（含轨道交通列车运行交路）和站点、站台等，以及网络的各类属性数据。本次交通模型将 GIS 提取与交通模型网络相结合，使得模型网络更加精细化，尤其是复杂立交、交通管理措施（单行、禁左、禁摩、禁货等）在交通网络中的表达，克服公交数据库的创建和维护工作量大、技术性强、维护周期长等困难，快速反应交通规划方案；同时创新研发了公交模型数据库自动创建和移植技术，并开发了相应的

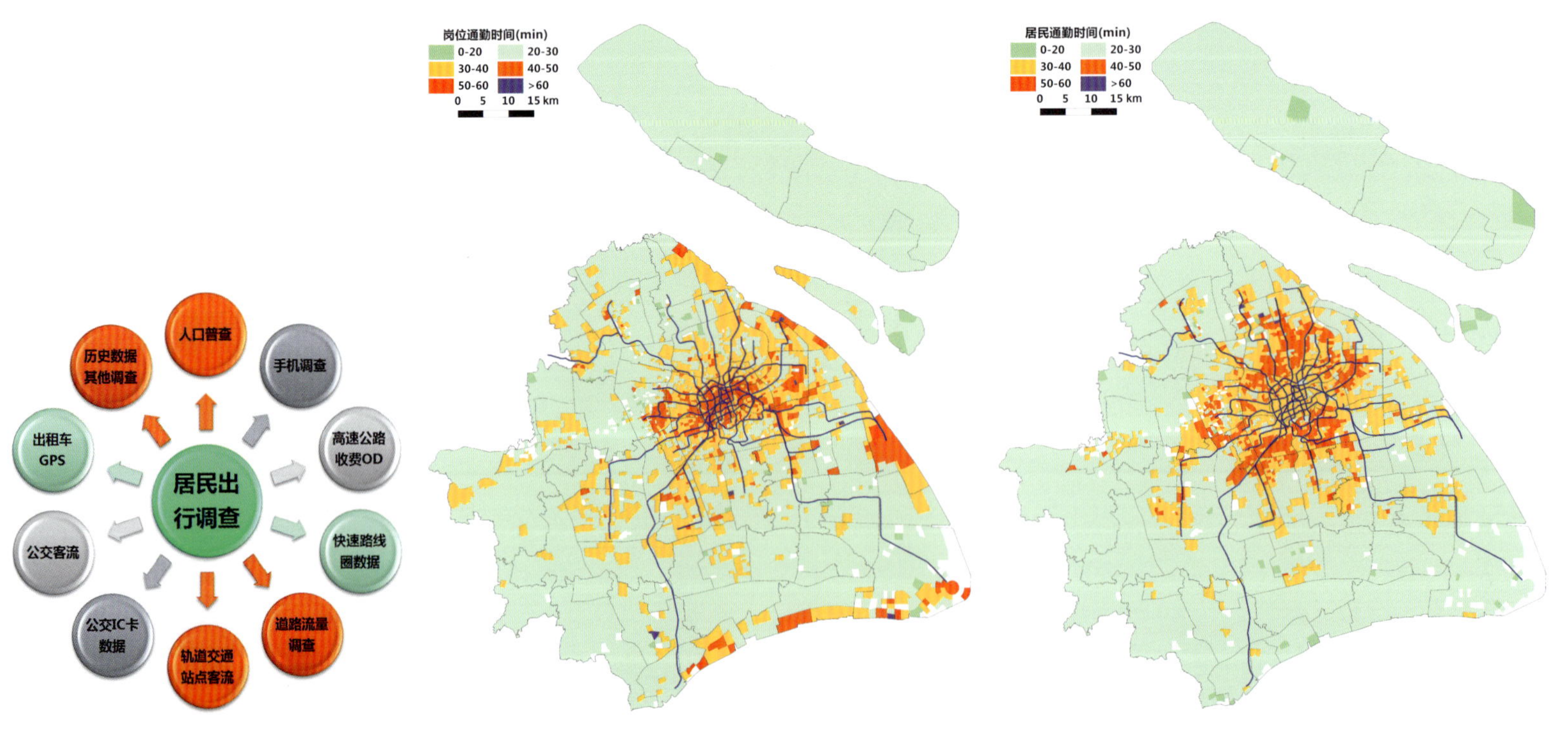

多元数据融合分析和综合校核

岗位和居民通勤时间

工具，大大提高了公交数据库的维护效率。该技术在交通模型界也引起了较大的反响。

3. 结合城市空间规划的出行空间分布模型

出行分布模型采用综合性交通成本作为阻抗，体现交通设施引导城市空间发展的因素，并引入“K 因子”来考虑模型解释变量以外的因素，以适应多核、多层、多轴的不同城市空间发展情境的需要。

4. 空间差别化的方式选择模型

交通方式选择模型采用了基于效用理论的离散选择模型，改进了交通方式的分层结构，在每个方式的效用中考虑多种出行成本来反映交通服务水平（如公交的车内、车外时间）和交通政策（如小汽车停车费、公交换乘优惠政策）。同时，本次交通模型进行了技术上的创新，研发了空间差别化的交通方式选择模型，将全市出行分为 6 个出行目的和 38 个出行空间（如中心城内部、进出中心城、新城内部、新城与中心城等），分别进行方式选择模型参数的标定。

5. 4D 互联的交通与土地利用模型

土地利用和交通设施规划直接影响了出行强度、空间分布及交通模式，进而决定了交通实际运行状态。模型考虑了“4D”来阐释用地和交通关系：Density：开发密度，如容积率会影响地区的出行强度；Diversity：多样性，如用地混合程度人口岗位比会影响区内出行的比重；Design：城市设计，如街坊尺度的大小与出行特征的关系；Destination Accessibility：目的地可达性，如公交可达性会影响地区公交方式的出行比重。

6. 灵活的模型流程管理方法

本次模型设计了先进的模型流程管理方法，不仅使模型

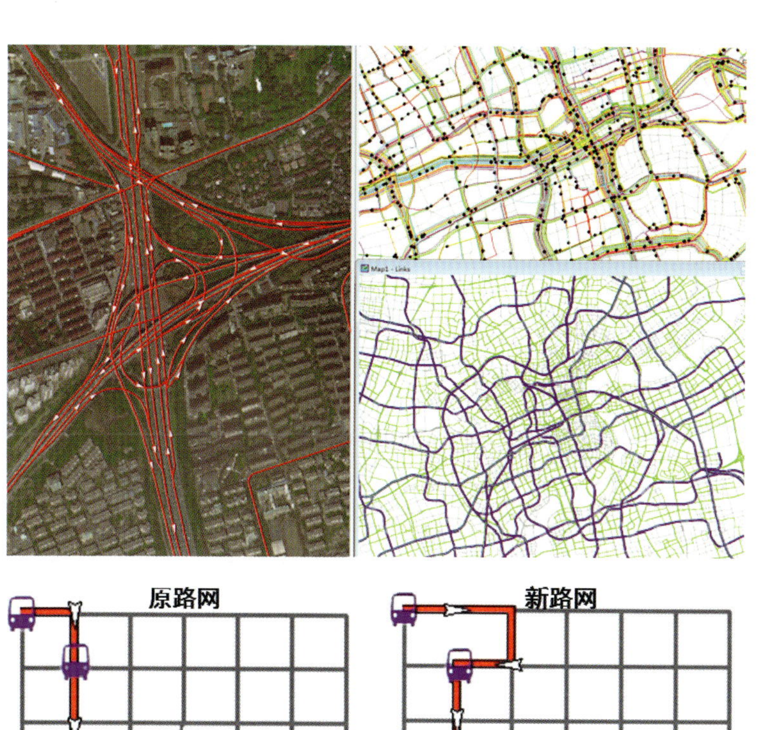

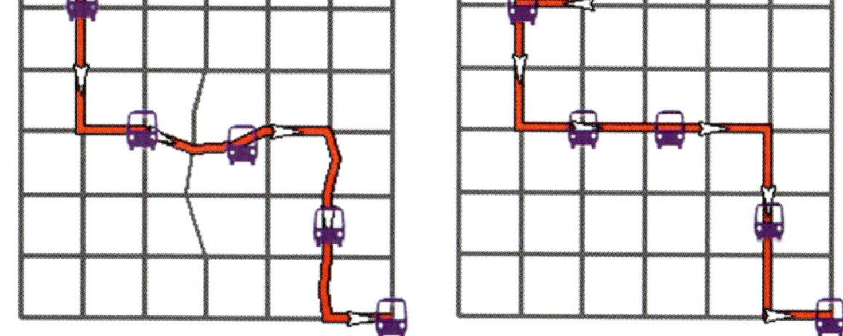

精细化交通网络维护公交自动维护技术

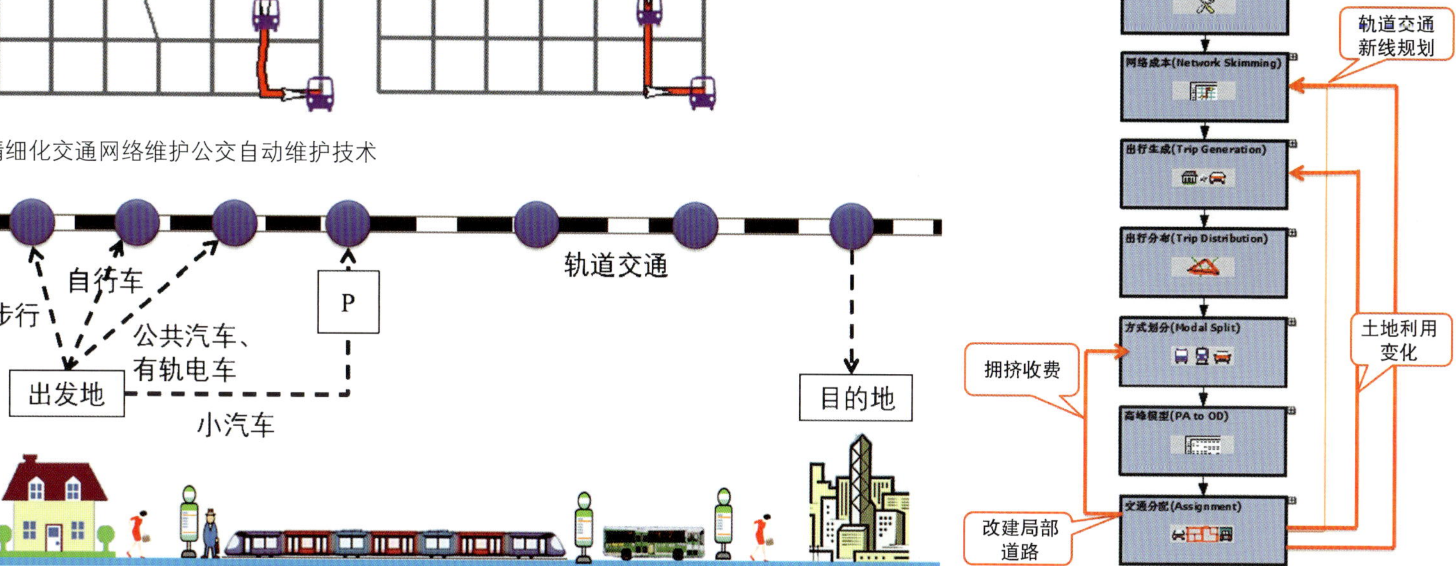

多模式体系下的区域差别化交通方式选择模型计算流程管理

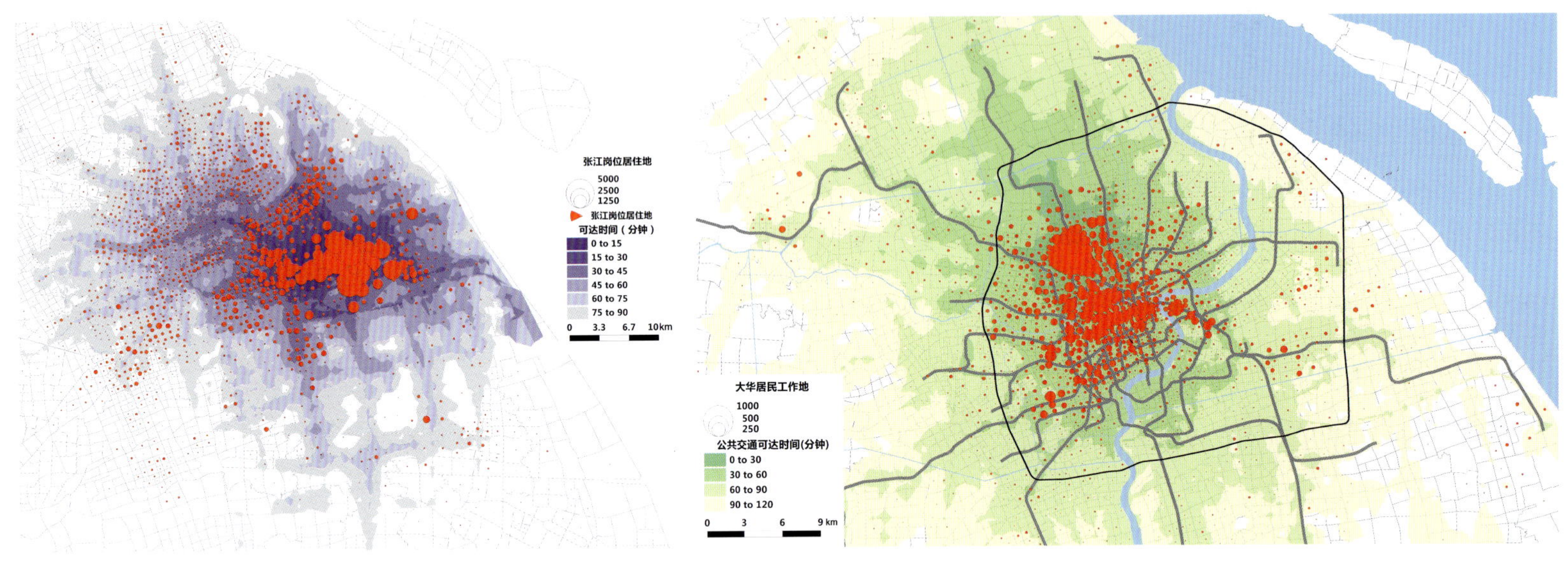

张江高科技园区工作岗位的居住地分布与公共交通可达性的关系　大华居民工作地分布与公共交通可达性的关系

应用者能够清晰地了解模型结构，进行模型结果的联调联试，方便在开展不同项目时进行计算模块选择，减少不必要的重复计算，提高模型的管理水平和反应速度。

五、实施应用情况

1. 上海市城乡规划应用

交通规划模型加强了综合交通在总体规划编制中的引领支撑作用，提升了总体规划的编制技术手段，增强了规划的综合性和科学性。除了分析城市空间形态和土地利用布局、交通设施规划及与土地利用的互动关系，交通模型还为公共服务设施规划等其他专项规划提供决策分析。目前，上海市交通规划模型在上海市城市总体规划，上海市轨道交通规划评估，上海市新一轮轨道交通线网规划，上海市轨道交通近期建设规划，松江区有轨电车网络规划，松江区有轨电车示范线工可客流预测、崧泽高架、嘉闵高架和北横等重大道路

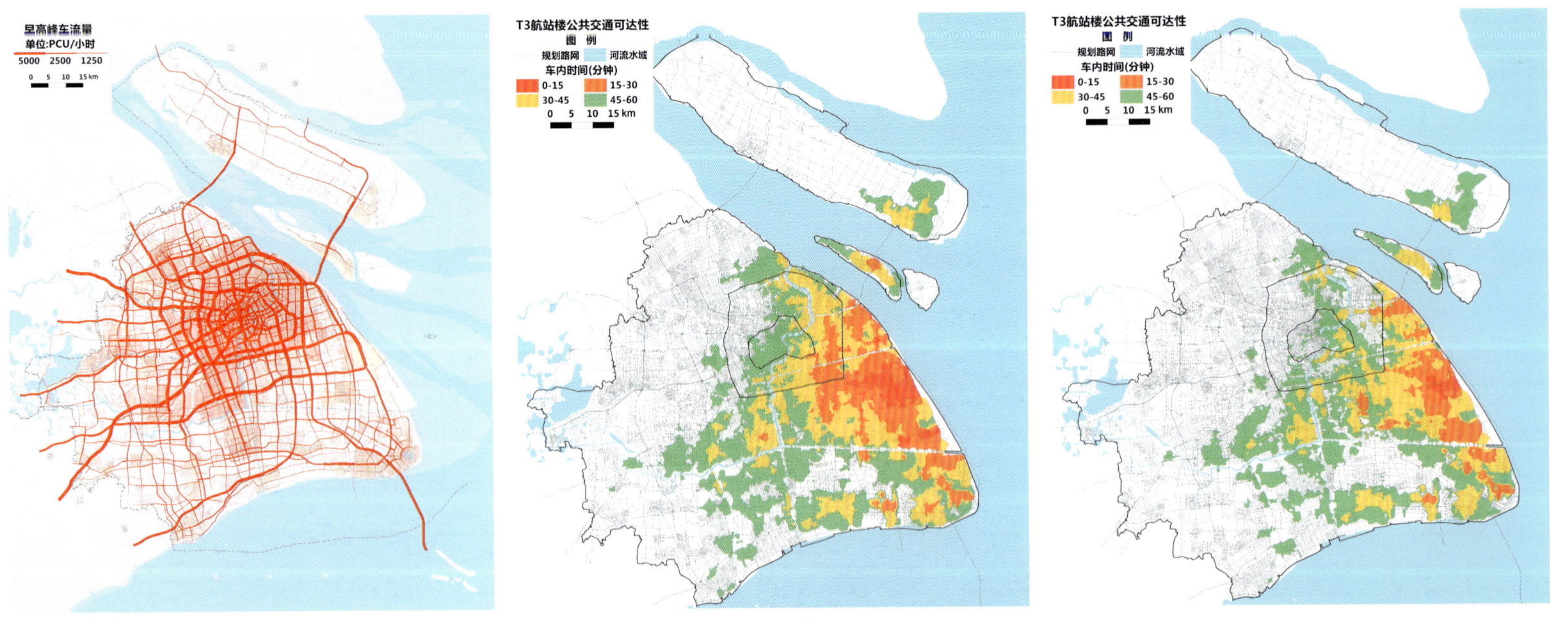

规划年市域道路交通流量图

轨道交通 21 号线是否采用快线制式浦东枢纽可达性对比图

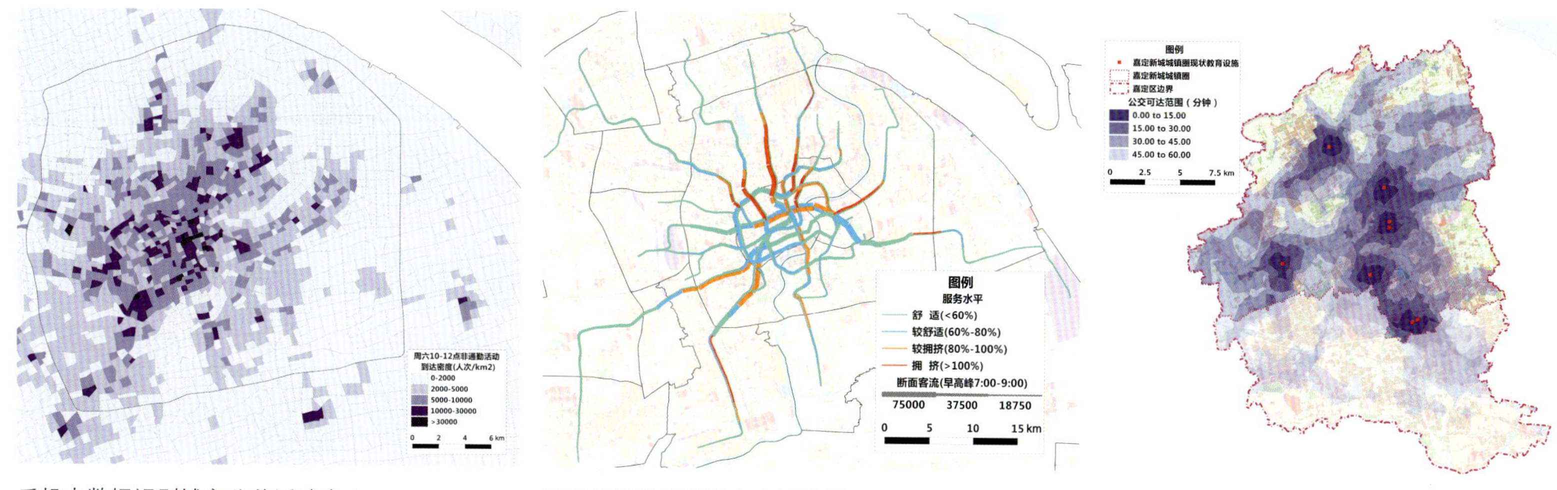

手机大数据识别城市公共活动中心

早高峰轨道线路服务水平分析

嘉定区教育设施现状可达性

基础设施规划评估等项目中得到了广泛应用。

2. 市场项目及生产效益

模型建成后，除完成市局多项指令任务配套工作外，模型应用和相应的技术输出赢得了客户的信任，获得较多的市场性合同。在模型工作技术方面也取得了较大突破，大大减少了工作量，如将 GIS 技术融合到交通模型技术中，公交模型数据库维护工期从原来的人工 6 个月缩短到 10 天。采用流程管理及交通分区动态切换、并行多线程计算等关键技术，解决了大规模的计算问题，模型计算时间从 2 天缩减到 3 个小时。在保证模型解析精细度的同时，实现了对规划方案的快速反应。

3. 学术成果

已发表学术论文近 10 篇，其中两篇为住建部主管的交通规划权威刊物《城市交通》的特约稿。

李俊豪

上海市交通委员会总工程师，高级工程师

由上海市城市规划设计研究院完成的《上海市交通规划模型》，不是一个具体的规划设计项目，而是一项综合运用城市规划理论、交通理论，以调查统计、大数据技术以及各种合适的计算机交通分析软件进行的交通需求预测和规划分析工具的研发。相对而言，这项工作系统性强，复杂程度比较高。

上海市交通需求预测模型的研发，发端于 20 世纪 80 年代，当时在市政府的重视和关心下，获得多项国际合作机会，比较充分地学习借鉴了国际交通模型研发成果和经验，并结合上海的实际情况、基础条件，在国内率先研究、建立了比较完整的交通规划模型。这个规划分析工具，在上海快速道路、高速公路、地铁等大量交通基础设施建设项目规划和评估中得到应用，也在城市总体规划、交通政策研究中发挥了不可替代的作用。然而，应对 20 世纪 90 年代以来上海城市高速发展，交通模型曾经也面临着一些挑战甚至非议，认为预测分析准确度不高，究其原因大致是人口增长、土地利用变化情况等未及时在模型应用中得到反映，以及模型预测工作与规划方案、设计人员相互协同不足。本次《上海市交通规划模型》是一个工作平台，强化了城乡规划、土地利用、社会和经济数据的采集整合，提出了针对不同分析目的和对象的灵活的模型应用流程，对克服以前模型的不足、更好服务规划建设是有效的。

未来，面对建设卓越全球城市的目标、长三角高质量一体化发展的大趋势，交通规划模型平台应该在已有基础上，精益求进，坚持更新维护，并在适应更大范围应用方面做出必要的改进。

余姚市四明山镇棠溪村村庄规划

2017 年度上海市优秀城乡规划设计奖（村镇规划类）一等奖

编制时间：2015 年 10 月—2016 年 12 月

编制单位：上海同济城市规划设计研究院

编制人员：李京生、张昕欣、乔路、徐栋、王圣莹、刘天竹、杨辰、乔鑫、赵月、彭程、王子鑫、陈雨露、竺石磊、唐建新、童元表

一、规划背景

1. 项目简介

棠溪村位于余姚市四明山镇西端，距余姚市约 71 km，离四明山镇约 11 km，距四明山国家森林公园入口仅约 6 km。该村自北宋 1127 年建村，至今已有近千年历史。村庄居民点海拔约 600 m，周围群山环抱，生态资源良好。

棠溪村为典型的农业传统村落。目前，全村农户以种植花木为主，是四明山上花木种植大村之一。近年来，随着苗木产能过盛和生态环境保护意识的提高，村庄面临产业的转型和村庄风貌建设的问题。村民出资寻求专业规划部门的协助并以线上线下各种方式参与到村庄规划中，充分发挥了村民的自主意识，落实村民意愿，本规划就此开展。

棠溪村鸟瞰效果图

2. 项目意义

棠溪村由于自身面临的种种问题，村民想通过规划为其今后的发展指引方向与路径。因此，本次规划的缘起不同于以往“自上而下”的政府主导的行政行为，而是村民自发组织想要编制规划。由此，规划缘起的“自下而上”，也促使规划人员在规划编制过程中，更多地采用了“自下而上”的创新村庄规划编制方法。采用“自下而上”的村庄规划编制方法，除了要达到更多地发动与发现村庄“自下而上”的力量，也是为了规划的编制与村庄后期的实施与管理更好的衔接。

二、村庄概况

棠溪原名棠荫，因为村庄附近森林茂密，夏季非常荫凉，后来树木不断被砍伐，水土流失，变成沙滩，故改称棠溪。

村庄拥有良好的自然生态环境，有特征明显的山溪性河流景观。全年平均气温比平原地区低了 8℃左右，四季分明、气候宜人，是避暑胜地。村域境内主要有狮子湖景区和青虎湾岗。狮子湖景区风光秀丽。青虎湾岗海拔 979 m，满目苍翠，松涛阵阵，山内有穿山甲、水獭、丹顶鹤、白鹤等野生珍贵动物，是宁波市最高峰，以其高海拔、优生态成为众多驴友攀岩登山的好去处，并于 2006 年被评为宁波十大特色山峰之“最雄伟”山峰。

全村共有 2 个自然村组、14 个生产队、438 个农户，总计 1 300 人。从 2008 年到 2014 年，村中家庭户数由 460 户下降到 430 户，人口数由 1 352 人下降到 1 280 人。外出劳动人数由 210 人下降到 165 人。

村庄土地使用以林地和田地为主。田地主要布局在西部，多数已用作苗木种植。园地交错分布于田地之中。林地主要

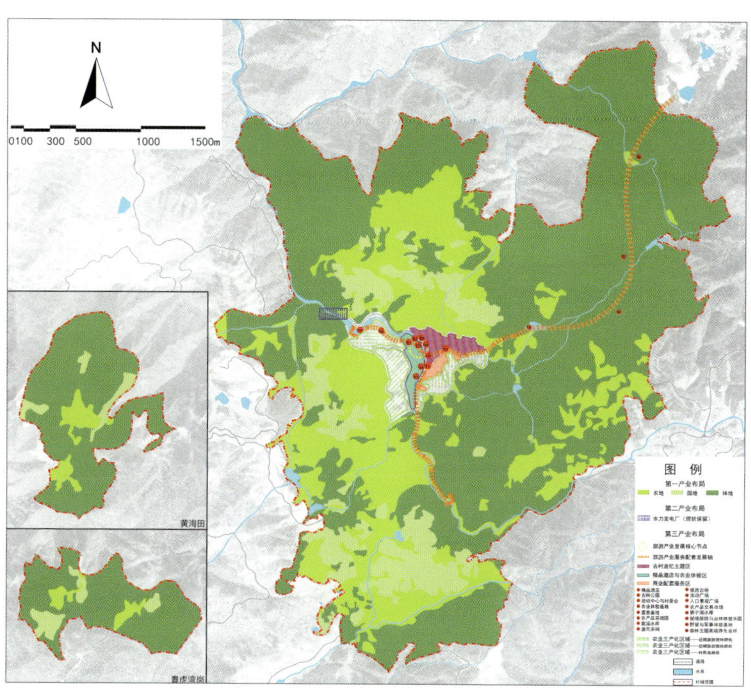

产业布局规划图

分布在东部。村庄主要建设用地分布在山谷东溪和南溪两溪交汇处，主要作为村民住宅用地。村庄公共服务设施用地仅分布在村庄北部村委会一带。缺乏村庄产业用地。集中居民点东北有一处结合水库的度假村项目，属于国有建设用地。

三、目标定位

1. 发展目标

村庄产业升级转型、村民生活质量提升以及村容村貌的改善。

2. 规划理念

充分利用自然资本和社会资本优势；顺应区域旅游业发展趋势；实现产业发展和生活环境的全面改善。

3. 发展定位

棠溪村定位为具有自然生态、历史文化以及区域旅游资源发展优势型村庄，在自身产业转型升级的基础上，与四明山国家森林公园进行服务协同发展，并作为四明山镇中心村，在发展自身特色的基础上引导、带动周边村庄发展。

四、规划特色

1. 多方力量与多种形式的规划参与

规划参与人群类型扩展。在规划调研初期，规划人员不仅对在村村民开展访谈，了解村庄情况，同时组织召开了村民扩大会议。在这次会议上，经过村书记的召集，很多现在日常已不在村庄居住的出村人员也参加了会议。他们之中现在不乏政界、商界精英。

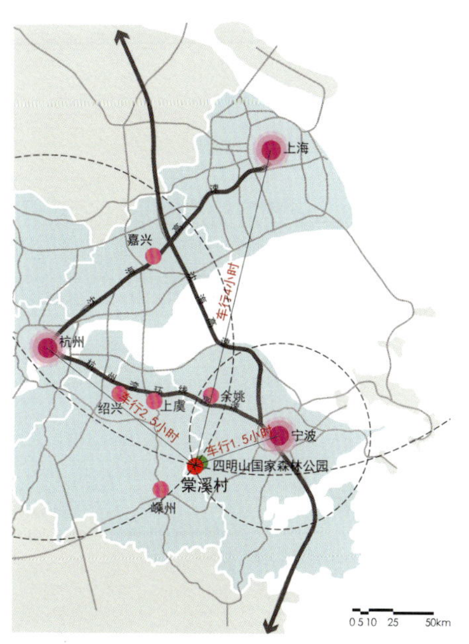

区位图

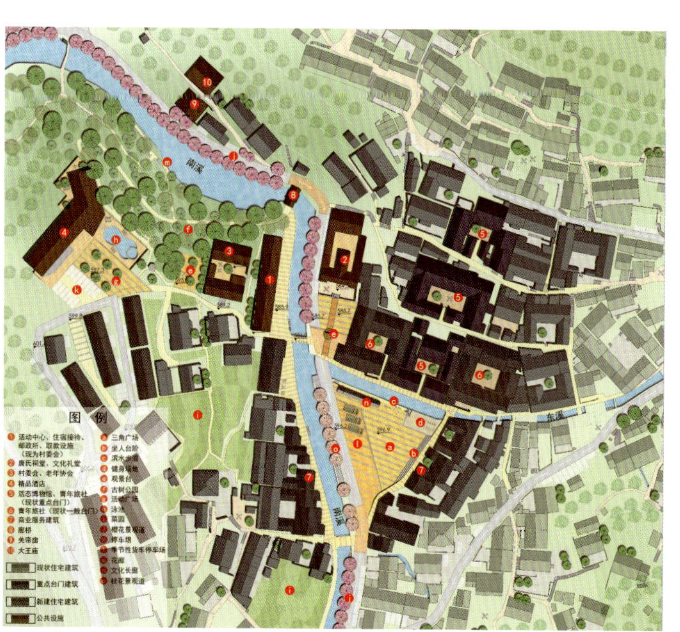

居民点核心区规划总平面及效果图

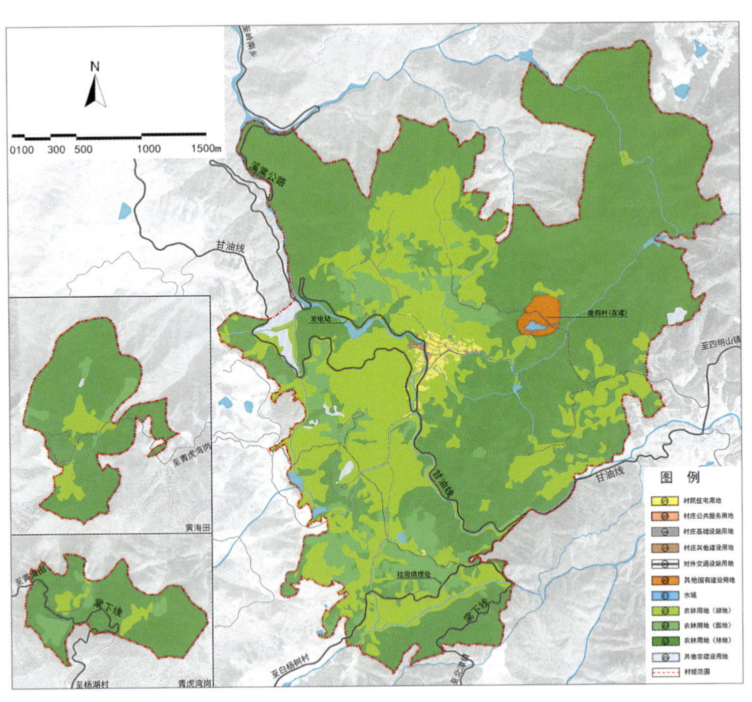

村域土地使用现状图

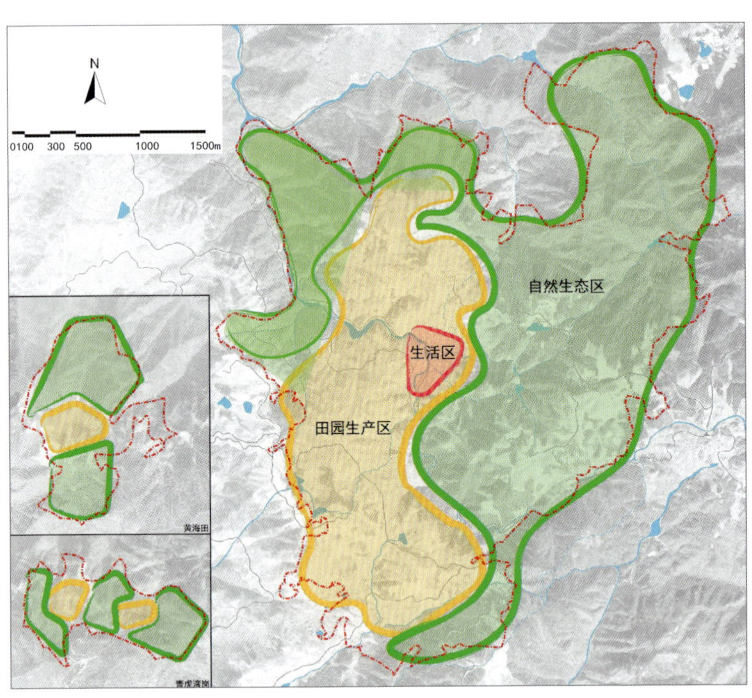

村域生态功能分区图

在这次会议上，这些外出的精英对家乡发展的关切之情溢于言表，积极发言、献计献策的同时，也表达了未来回乡养老的意愿。在规划之初召开的村民扩大会议，也是一次村庄社会资本发现和发动的过程，揭示了村庄空心化破败表象背后所蕴藏的丰富社会资源。

2. 充分尊重广大村民的发展意愿

通过多方力量与多种方式的规划参与，传统规划调研及沟通中不易发现的、更深层次的村庄物质资源、社会资本甚至是发展机遇等方面问题，都开始显现。在此背景下，规划才能真正进入界定“做什么、怎么做”的问题，即明确规划的目标、原则与内容。对村民关于村庄的发展意愿进行充分搜集与分类整合后，进一步确立了棠溪村的长期发展目标，即基于生态安全与景观层次的自然生态保护、历史文化与传统风貌的修复。

近期发展是结合生活与产业转型的公共服务与基础设施建设。在此基础上，规划师形成设计方案，并与村民进行多次面谈或在线交流，并开展了规划宣讲活动。村民积极参与规划的制定，表达村庄生活中的问题与发展愿望，规划师归类后形成了具体图纸。

村域层面，村民主要关注村落保护问题，包括生态环境保护和村庄历史文化的保护，并提出建议：塑造村庄重要的两处门户形象，同时表达了农副加工产业的发展意愿。

村庄居民点层面，村民主要关注三方面问题：一是村庄历史资源的保护和整体风貌的协调；二是村庄公共服务设施和基础设施的配置与提升；三是村庄产业的发展升级，包括对村庄闲置集体资产、历史文化和环境资源的利用等想法意愿。

村庄风水格局（根据村民描述绘制）

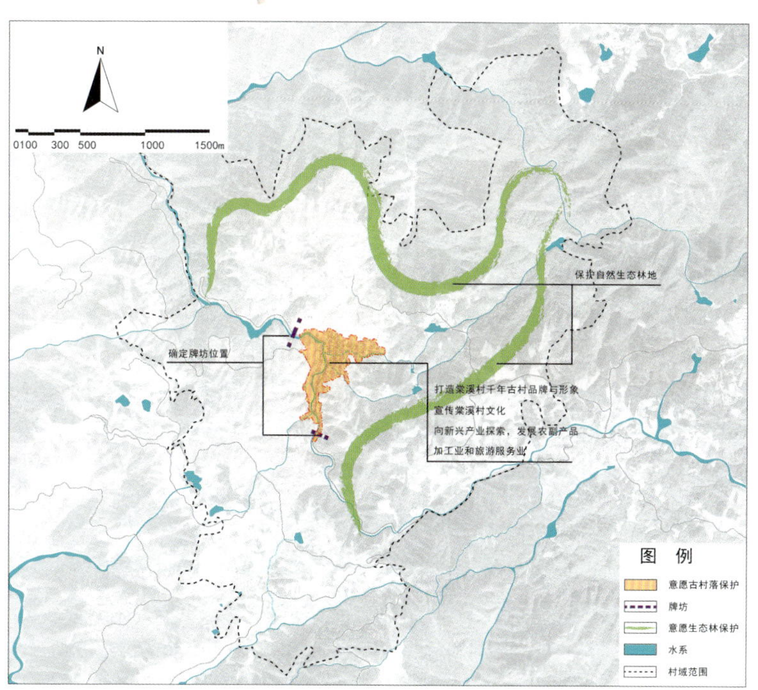

村域村民意愿示意图

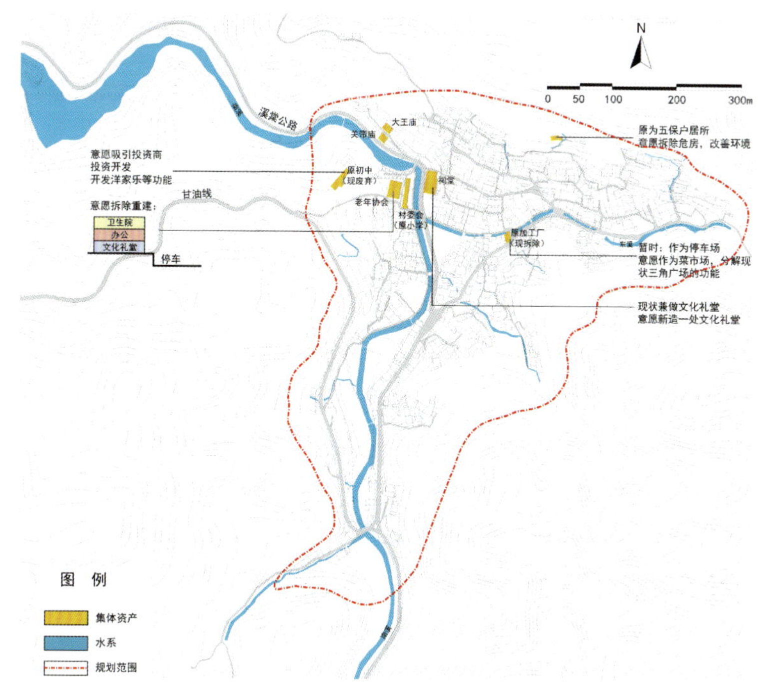

集体资产意愿示意图

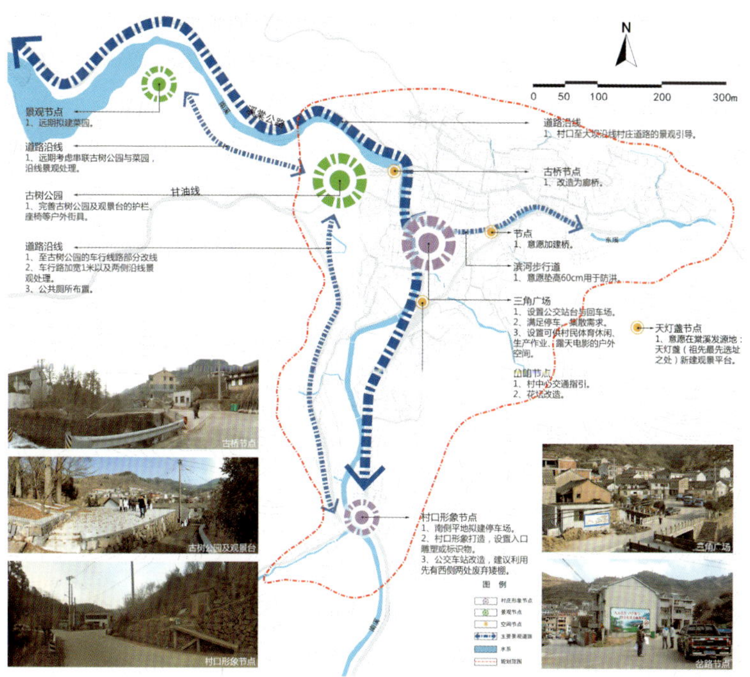

景观营造意愿示意图

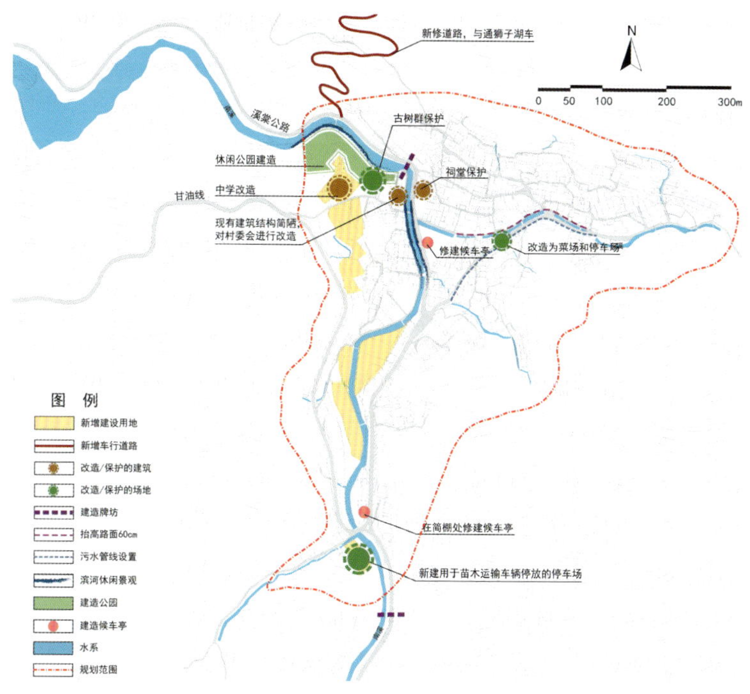

村庄调研过程村民提出意愿示意图

3. 制定切实可行的方案

规划设计考虑村庄实际情况与规划落地实施的指导性作用，在规划深度、表达方式等方面进行了深入思考并与村民进行讨论。

在成果表达形式上，除了国家地方规范要求的文本、说明书和图纸之外，考虑棠溪村实际的建设指导需求，在规划正本与副本之外增加了一本《风貌手册》，作为指导村庄风貌建设指导“掌中宝”，用村民看得懂的方式讲述规划设计的具体内容，最后获得村民一致的支持与认可。

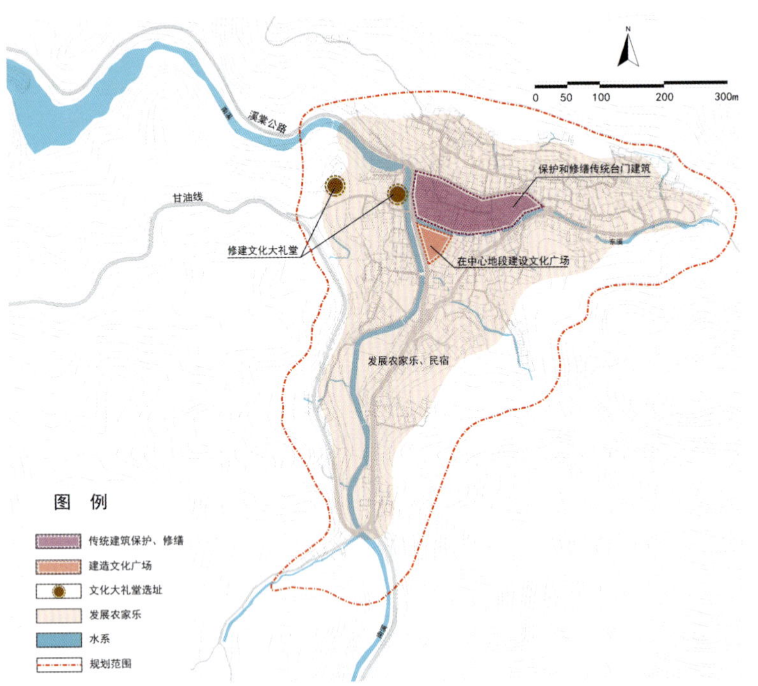

村民会议提出意愿示意图

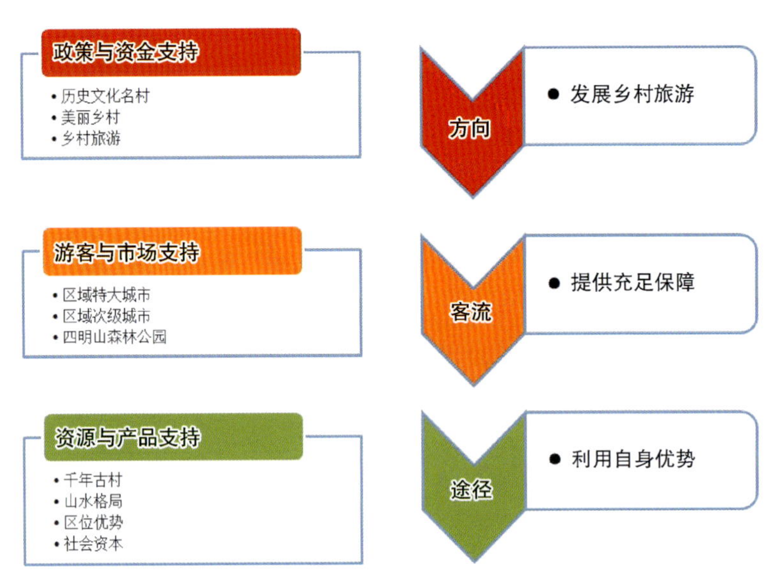

产业发展方向分析图

在多次会议沟通和向村民汇报的基础上，规划于 2016 年 5 月召开村民大会，汇报规划成果，切实将村民意见纳入规划的全过程中，一一解答各方面疑问。最后通过村民签字表决的形式形成规划通过决议。

五、规划内容

经过反复讨论，本次规划内容确定为村域规划和集中居民点规划两部分，在对村庄的环境景观格局和历史风貌认真调查的基础上，以问题为导向，对涉及村民生活环境的道路、公共设施和基础设施，种植调整以及具体实施项目进行了详细规划设计。

同时，对村庄的产业转型、生态保护和村庄视域范围的景观、公共活动空间和村庄建设用地三个层次的规划控制和引导做了专题研究。

1. 产业转型

规划棠溪村产业结构，形成以乡村旅游为主导产业，发展集住宿、餐饮、商业服务、农业体验等内容为一体的旅游服务业产业链，实现村产业结构由第一产业为主导（苗木种植）向第三产业为主导（旅游服务）的产业结构转型与升级。兼顾第一产业、第二产业发展，总体上建议维持现状规模，不做规划增量。

策略一：紧邻合作，双赢发展

规划建议棠溪村成立“棠溪村乡村旅游开发公司”，由村集体领头，村民参与，与四明山森林公园展开乡村旅游的业务合作。在合作模式上，建议与四明山森林公园进行业务合作，具体包括住宿接待合作和旅游景点合作，同时形成旅游线路的串联。

策略二：资本回流，内生发展

棠溪村具有丰富的社会资本条件，有大量的杰出人才分布在周边城市。这些人才对于棠溪村有深厚的感情，还会经常回到村内。争取这些人才对家乡发展的关注与支持，是棠溪村发展独特的优势。乡村旅游的重要组成部分是村民个体的参与，而这些人才有资本积累，具有开阔的眼界，同时又有对家乡的热情。通过乡村规划的实施，以及乡村旅游的开发，明晰棠溪村未来发展的前景，将有助于吸引这些人才在家乡投资，发展家乡。

2. 生态保护

结合棠溪村的自然情况和现状情况分析，得到村域生态功能分区：自然生态区以保育为主，不允许开发，可适度发展秘境寻踪游；田园生产区以经济作物种植为主，可结合发展农业休闲游；生活区主要是居住生活功能，可结合发展人文历史游。

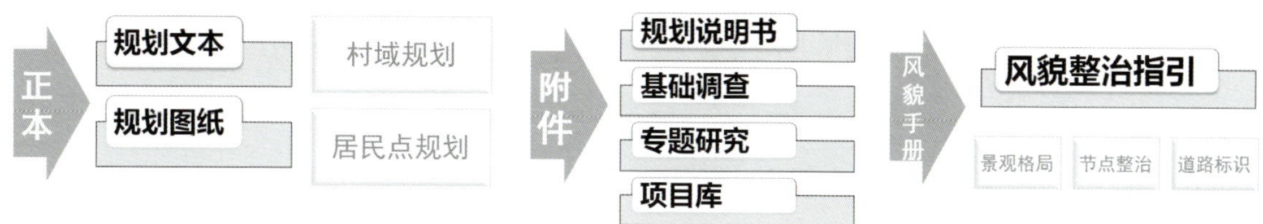

规划成果体系

3. 村庄设计

结合自然水系和地形的划分、周边土地利用的潜力以及风貌的特征，规划居民点整体结构，着重对村庄核心的公共区域进行详细设计，并将重要的项目进行排序，形成近、中、远期项目库。

4. 规划成果

规划成果经过“自下而上”与“自上而下”多轮研究，在既按照国家和地方相关规范要求，又为方便村民使用的基础上，形成规划文本、规划图纸和规划说明书；同时还提交了基础调查、专题研究和项目库作为副本，以及风貌手册，为村民进行村庄环境改造提供直观的引导。

六、规划实施

规划编制以来，得到了村民的积极响应和大力配合，村庄环境得到了全面改善。村中心三角广场的文化长廊，村庄北部的风雨廊桥，村中方便村民散步的山林漫步道，村庄南入口的景观标志、公交车站等已经建设完成，废弃小学校舍等公共设施和环境改善与提升工程正在有序推进过程中。

本次规划促成了同乡会的成立，同时使规划、建设和长效管理有机结合，为确保规划实施和村庄的可持续发展奠定了一个良好基础。

熊鲁霞

上海市规划委员会专家

上海市城市规划行业协会副秘书长，原上海市城市规划设计研究院总规划师，教授级高工

村庄规划涉及最基层的民众生活、最本源的生态环境的可持续发展，同时也是城市化发展的基础动力与环境保障，意义重大。

此规划的特点之一，是紧贴村民，扩大村民参与的广度和深度。规划设计采用“自下而上”与“自上而下”相结合的方式，充分组织村民积极参与规划全过程——不仅仅是尊重村民意愿，还以村民为主体参与规划设计；且不限于在村村民，外出村民同样参与展开讨论和达成共识。

特点之二，是紧贴需求，理论与实际相结合，又在实践中提升理论的应用与可实施性。规划既遵照国家和地方相关规范要求，又在为方便村民使用的基础上，专门制定了《风貌手册》，为村民进行村庄环境改造提供了直观、简洁易行的导引。

特点之三，是在乡村更新、实施中充分保留与再利用已有的资源，而不是轻易拆除或新建。一是综合利用原有设施：如在现有祠堂中置入文化功能，使现有村委建筑与活动中心结合等；二是将现有荒废的建筑资源加以利用：如废弃学校建筑的再利用等。这不仅实践了资源的节约与环保理念，而且使得保留了历史记忆的物质载体得以延续，在解决可持续发展的核心问题上树立了一个较好的示范。

未来的工作望能：(1)进一步探索农村生活污水、生活垃圾经济又环保的处理方式；(2)定期跟踪实施与使用情况，比如文化长廊的实际效果，日常维护、管理的状况等（包括同一场景的持续跟拍），作为规划效果检验、完善的基础研究。

莎车县历史文化名城保护规划

2017 年度全国优秀城乡规划设计奖（城市规划类）三等奖、2017 年度上海市优秀城乡规划设计奖二等奖

编制时间：2013 年 5 月—2016 年 12 月

编制单位：上海同济城市规划设计研究院、上海市浦东新区规划设计研究院

编制人员：张恺、王新哲、房钊、吴庆东、陈卫杰、黄瑶、王剑、于莉、许昌和、王博、马倩、顾琨、宋起航、汤群群、陈波

一、规划背景

莎车县位于新疆维吾尔自治区喀什地区，是古丝绸之路南道上的重镇、自治区级历史文化名城。公元前 138 年，张骞奉命出使西域时，发现当时新疆境内西域 36 国，莎车就是其中少有的人口过万的城郭之国。

《莎车县历史文化名城保护规划》是上海市援疆规划工作的重点项目，在上海援疆规划顾问专家组的全程指导下，由上海同济规划设计研究院有限公司和上海市浦东新区规划设计研究院组成联合规划团队，历时 3 年共同完成。

莎车历史文化名城具有以下几个方面的特征：

1. 大漠绿洲、多元文化

叶尔羌河是塔里木河源头最大的内陆河，叶尔羌绿洲则是新疆最大的绿洲之一。叶尔羌河由阿尔塔什村进入莎车县境，由西南折向东北，在荒地镇东部流出县境，流长 192 km，是莎车县的主要水源，也使得莎车成为南疆的人口大县。

莎车县自古有众多的民族在此繁衍生息，始终处于东西方多种文化圈交汇的地带，沉淀形成了“开放、多元、包容”的人文性格。

2. 丝路重镇、明清古城

莎车历史上有两个重要的历史时段。一是西汉时期，随着古丝绸之路的开通和发展，莎车成为古丝绸之路南道上的重镇，丝绸之路由此西进，经伊斯兰堡、喀布尔、德里、波斯、拜占庭至东罗马帝国。二是叶尔羌汗国时期，从 1514 年至 1680 年的短短 166 年，莎车成为叶尔羌汗国的政治、经济和文化中心，莎车迎来其城镇发展的鼎盛时期，也是现存文物古迹最为丰富的时期。

3. 艺术之城、商贸之都

世界非物质文化遗产“十二木卡姆”，是维吾尔族共同的文化遗产。正是叶尔羌汗国时期的阿曼尼沙汗王妃带领宫廷乐师，整理出十二部木卡姆，成为这一艺术形式传承发展的历史功臣。

大漠绿洲的景观基底

全国重点文物保护单位——阿曼尼沙汗国王陵

世界非物质文化遗产——十二木卡姆

二、规划构思

“多元”，是对莎车历史文化遗产特色总的概括。莎车独有的地理环境与生态环境促成了其多元文化的特性。在叶尔羌汗国时期（1514—1680 年），莎车是整个叶尔羌汗国的政治、经济和文化中心。作为丝绸之路重镇，莎车历史上商贸活动繁荣，对印度、伊朗和阿富汗、中原文化兼容并包。正是这种多元文化、多元民族不断碰撞融合的特点，使得莎车的历史文化遗产在类型广度和时间跨度上都极为丰富。因而，本次名城保护规划编制，不仅需要系统梳理历史文化遗产，同时需要针对莎车的地域特点和多元文化特征，提出适宜的保护措施。

三、规划内容

1. 名城保护框架

为了将莎车丰富的历史文化资源进行整体性保护，规划在研究莎车历史文化特色的基础上，全面梳理，形成完整的名城保护框架体系，包括外延、本体和内涵三大部分，从而将包括莎车老城和 3 个历史文化名村在内的县域遗产内容有效串联起来。此外，联系着 7 大风景名胜区的沿线村镇都承载着不同类型的非物质文化遗产，是莎车历史文化资源最为密集的区域。

2. 历史城区保护

（1）双城格局保护

目前有历史资料可考的莎车清末城市格局，为“汉”“回”双城结构，也是南疆地区双城结构的典型代表。其中，“回城”主要是维吾尔族传统居住的城镇区域，作为世代相传的居住聚集地，回城是各类功能完整的城市区域，历史悠久，承载着重要的城市发展信息，留存着大量历史遗迹。莎车老城的传统建筑群，基本上集中在约 2.4 km^2 的“回城”范围内。“汉城”出现在清朝，是清政府在南疆军事重镇屯兵建政的地方，主要为汉人居住。相对于“回城”，“汉城”主要容纳居住和办公功能，缺少商业、贸易等城市功能，并非严格意义上的“城”。

因而，在名城保护规划中，将清末双城结构作为界定历史城区的基本依据，并将传统意义上的“回城”和近代出现的“汉城”作为城市格局不可分割的部分，共同纳入历史城区保护的体系框架。确定由东侧历史城区（原“回城”）、西侧历史城区（原“汉城”），以及连接两者的东关路过渡区，共同构成面积约 3.5 km^2 的历史城区。

（2）风貌街巷保护

莎车老城的传统风貌从总体而言保存得非常好，除了主要街道沿街建筑风貌受到影响之外，大部分民居都延续了传统

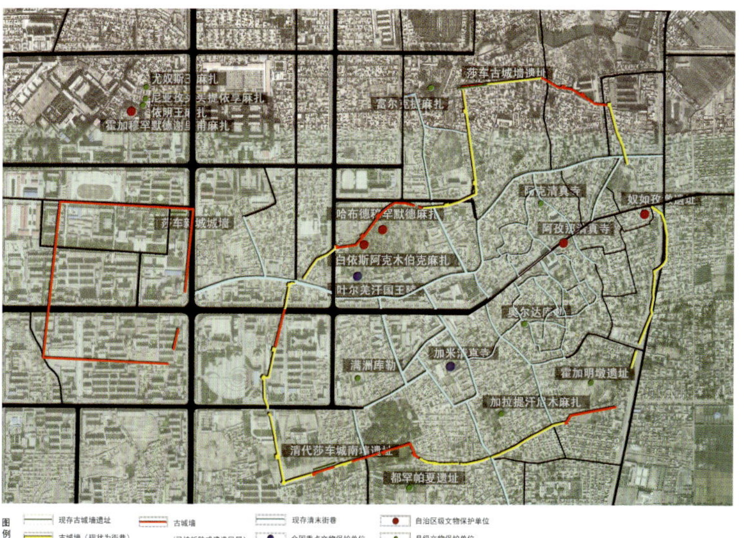

莎车历史城区历史推演图

的空间布局方式。展现整体空间结构的街巷是历史城区规划重点控制的对象，规划梳理确定了代表老城空间特色的 39 条“风貌街巷”，采用较为严格的控制手段：严格控制其走向、宽度、植被、两侧建筑高度与界面的连续性，保持风貌特色及空间尺度，严格保护沿线的不可移动文物及传统建筑（群）。

3. 历史文化街区保护

根据《新疆维吾尔自治区历史文化名城街区建筑保护条例》，规划通过详细调研，划定三片不同类型的历史文化街区。

（1）国王陵历史文化街区

街区内有全国重点文物保护单位阿勒屯清真寺和王陵，有集聚了莎车传统民俗活动的手工艺 条街，是集中反映莎车传统公共生活特点的街区。

（2）加满清真寺历史文化街区

全国重点文物保护单位加满清真寺，是莎车多元文化的典型见证，佛教文化的痕迹大量出现在这座建筑的重要建筑部位。该街区以加满清真寺为核心的团状空间结构明显，集中体现了多元文化对南疆传统城市结构的影响。

（3）奥尔达库勒历史文化街区

该街区围绕奥尔达库勒，是典型的以水源为中心的传统民居聚落，街巷肌理及传统建筑风貌保存完好，是集中反映莎车城镇原生态居住形态的区域。

基于调研统计，规划提出街区更新发展的 5 项对策：更新方式以原地改造为主；疏解部分人口，保持低密度居住空间；保护及传承手工艺，促进就业；不破坏街巷空间格局，保护重要的传统公共场所；街区差异化发展。

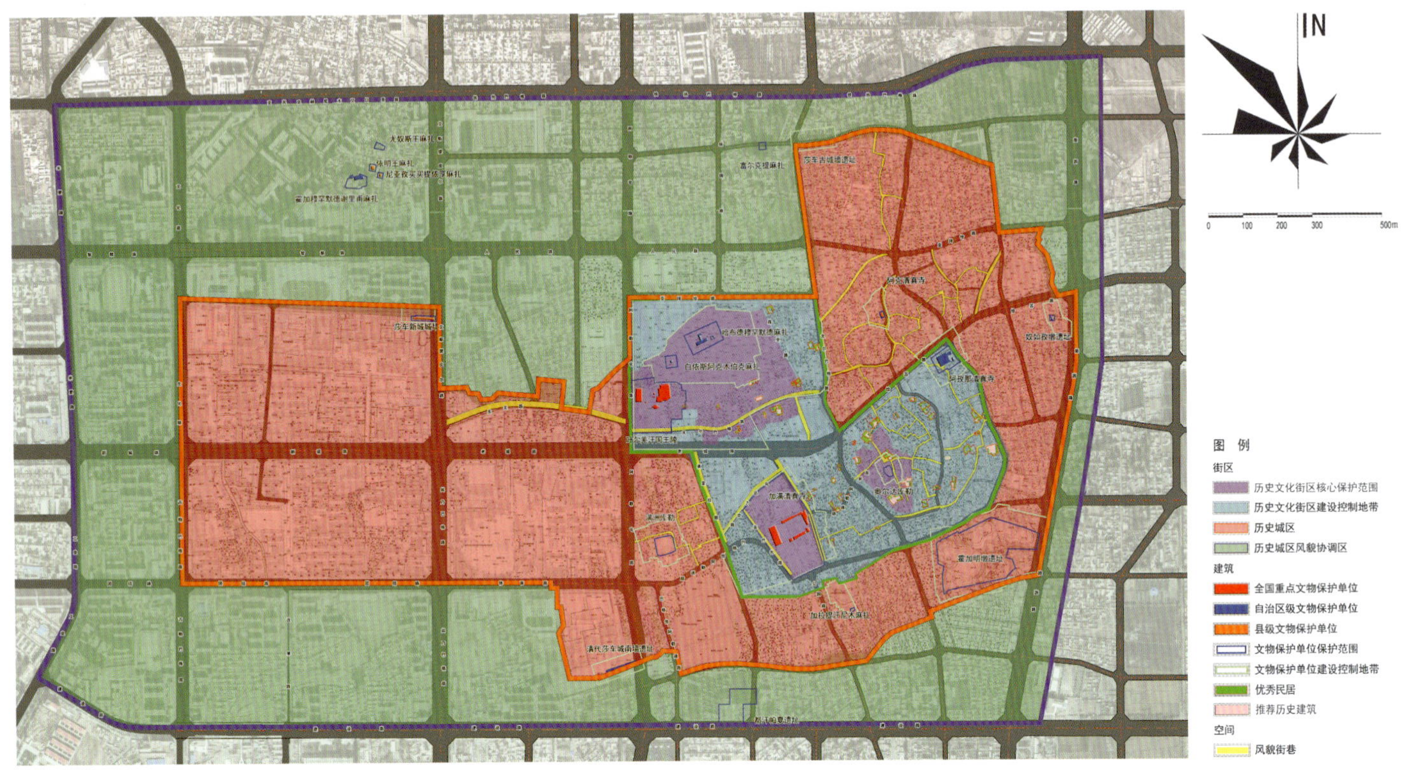

历史城区保护规划总图

4. 传统民居保护与更新

从整体风貌来看莎车老城内的街巷空间、建筑特征基本上都延续了传统的特点，但真正在结构上仍为土木结构的建筑并不多。对于莎车传统民居持续自我更新的特点，规划一方面甄选优秀民居作为持续更新的示范，另一方面以图则的形式对于一般民居的更新进行规划引导。

（1）甄选优秀民居及推荐历史建筑

规划将 54 处建筑划定为“优秀民居”，同时甄别出 24 处“推荐历史建筑”。其标准一是保存完好的生土建筑，在老城中完整留存的情况已经非常少见，它们对于体现莎车传统民居的原始特征具有重要价值；二是一些近年来居民自我修缮、风貌传承特点比较突出的民居建筑，虽然建成时间不长，但是对莎车历史城区的民居改善活动具有示范性的作用。

（2）建筑图则和公共环境导则

从调研统计结果来看，70% 的居民认为只需要进行适当的内部改造、局部加建和粉刷，就可以改善自己的住房条件，并不认为需要将房屋推倒重建。通过这一数据可以看出，原地、局部的改造在莎车可以作为一种较为普遍的民居更新方式。规划从这一特点出发，编制了《优秀民居及历史建筑图则》以及《莎车县历史城区传统民居更新与公共环境整治导则》，以更好地引导自建活动。

5. 历史文化名村与非物质文化遗产保护

莎车独特的大漠绿洲文化，反映在生活方式、社会经济、景观特色等多个方面，并承载着深厚的非物质文化遗产。分布在莎车县域的大量传统村落至今还没有受到现代文明过多的干扰，保持着淳朴的原生态生活。因而在名城保护规划中，对县域历史文化名村的筛选和保护作为一项重要的工作展开，与 7 处风景名胜区共同构成完整的全域历史文化名城保护体系。

四、项目特色

1. 突出“多元文化”保护

（1）紧扣“一带一路”主题

莎车历史上为丝路重镇，始终处于东西方多种文化圈交汇的地带，众多民族在此繁衍生息，沉淀形成了“开放、多元、包容”的人文性格。

规划对莎车文化内涵进行了充分解读，将莎车历史文化名城价值与特色提炼为：“千年故都、丝路重镇、大漠绿洲、艺术之城”。

（2）保护“双城格局”特色

回、汉双城，是南疆城市一种独特的城市空间结构，也是莎车多元文化的重要佐证。双城格局各具特色，规划将其作为整体进行保护，并提出分层次、分重点的保护策略，明确四个规划管控层次。同时根据现状不同情况，制定城墙保护措施，重现城墙格局。

（3）三个历史文化街区各有侧重

三处历史文化街区是莎车名城保护的重点。规划在整体上进行统筹，同时强调街区的文化特色和差异化发展。其中，加满清真寺历史文化街区突出多元文化传承，利用棕地调整建设多元文化展示中心和传统技艺培训中心；国王陵历史文化街区，突出丝路名城的商贸特色，展现莎车老城的传统街道生活；奥尔达库勒历史文化街区，则保护以水源地为中心的传统聚落组织方式。

2. 突出大漠绿洲城镇的地域空间特色

规划对体现大漠绿洲城市特点的库勒、街巷、公园等传统空间要素，予以重点保护并加以利用。历史上莎车曾经水渠纵横，居民组团朝向水源地（库勒）集聚的向心结构非常明显，规划对现状库勒重新整理，整体保护并加以利用，对通往库勒的街巷，则界定风貌街巷予以保护。

莎车维吾尔族居民喜爱户外活动，能歌善舞，公园、街头场地等具有重要生活意义的公共空间，均在规划中予以系统保护。

3. 强调自下而上的规划方法

（1）面对特殊的文化地域，以翔实调研统计数据为基础，客观分析需求

莎车老城 90% 为维吾尔族居民，97% 为私有产权。针对这一特点，规划坚持以充分的调研和统计为工作基础，在当地干部的协助下，克服了语言的障碍和文化的差异，共完成 3 个街区 1 907 户的入户建筑调研，形成了涉及 2 719 户的居民意愿调研统计报告。同时进行了一系列的居民访谈和古建筑测绘，获得大量珍贵的一手资料。

（2）坚持以自我更新为主体，通过导则的形式引导居民自建活动

莎车老城内 62% 的民居建于 2001 年以后，但在整体上仍然保持了鲜明的地方特色，维吾尔族居民在改善自家房屋的过程中，不断融入新的创造，在发展中延续着传统。基于以上特点，规划提出老城内民居的更新方式应以原地、自我更新为主。为此配合编制了《优秀民居及历史建筑图则》《莎车县历史城区传统民居更新与公共环境整治导则》，以更好地引导自建活动。

4. 坚持以历史保护带动民生改善，促进社会稳定和长治久安

老城 36% 的家庭从事手工艺制作或经商，仍是老城居民最主要的收入来源。一半家庭为低保户，63% 的居民仅有初中及以下教育水平。一方面传统行业仍表现出旺盛的生命力，另一方面教育和收入水平低则是不可回避的民生问题。因而规划在历史城区和街区功能优化方面，用地调整优先安排职业培训和非遗研习，同时结合民居保护扶持家庭作坊和特色旅游，通过发展传统手工艺的方式来提高居民收入水平。规划结合对社区中现有手工艺行业的调研，结合优秀民居的开放增加手工艺培训和展示功能，通过传承传统文化提高就业和收入水平。

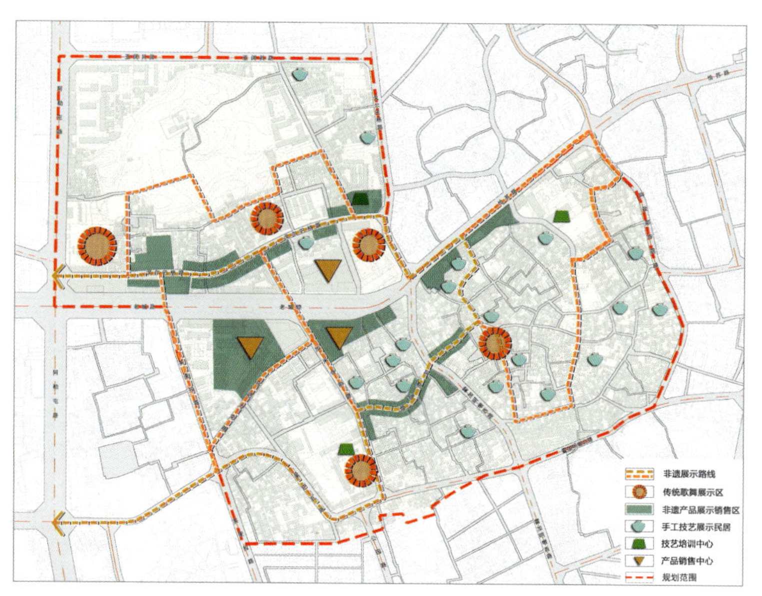

文化技能传承与旅游发展规划图

五、实施情况

（1）本项规划纲要阶段成果，对于莎车成功申报自治区级历史文化名城起到了关键性的重要作用。

（2）本项规划与《莎车县旧城改造专项规划》同步编制，通过落实本项规划中提出的历史城区四个层次的规划管控要求，在旧改工作中较好地协调了保护与发展的关系。

（3）本项规划于 2016 年 12 月 1 日获得新疆维吾尔自治区人民政府的批复。目前在该规划的基础上，《历史文化街区保护与整治规划》《手工艺风貌一条街旧改项目》均已完成编制，进入保护工作实施阶段。

上海市静安区彭浦镇永和二村美丽家园社区更新规划

2017 年度全国优秀城乡规划设计奖（城市规划类）三等奖、2017 年度上海市优秀城乡规划设计奖二等奖

编制时间：2015 年 7 月—2016 年 7 月

编制单位：上海同济城市规划设计研究院

编制人员：匡晓明、刘文波、姜鹤、朱弋宇、陆勇峰、潘镜超、沈湧杰、邵宁、邓功成、彭薇颖、王路、费屹东、张萌、汤楚迪、陈琛

一、规划背景

在上海城市更新转型发展和创新社会治理的时代背景下，2015 年 7 月，上海静安区启动“美丽家园”建设，全面落实城市更新实践，针对老旧住区的公共设施、交通组织、安全管理、房屋本体四大问题，实现老旧社区旧貌换新颜，让老百姓有更多获得感和幸福感。

2015—2016 年，静安区彭浦镇政府和静安区规土局委托上海同济城市规划设计研究院对彭浦镇 27 个住区、静安区其他街道的 24 个重点住区的社区更新规划编制，并指导具体工程建设。其中，彭浦镇永和二村是 2015 年启动的第一个试点小区，在老旧住区更新的理念创新、规划方法、实施路径等方面具有创新性、示范性和引领性的作用。

二、项目构思

本项目改变传统老旧住区房修类单一工程改造的项目性质，从社区规划师的责任出发，以城市有机更新与创新社会治理为理念指引，定义和诠释老旧社区更新改造的价值内涵和社会意义；从传统的问题导向、目标导向为主导的工作方法提升为价值导向引领的社区更新模式；以住区人居环境等物质空间改造为基础，更强调社区规划与社区治理的有效融合，探索社区规划师工作机制与方法，强调公众参与与自治共治相结合，继而进一步推进社区治理，提高社区居民的获得感和幸福感。

工作伊始，项目组主动承担起社区规划师的责任，重新审视和解读老旧住区更新的社会价值、产权主体、共治自治和公众参与，并提出老旧住区更新规划方法与实施路径，主要包括四个策略：

“美丽家园社区更新”项目的四大关注点及居民参与社区自治

1. 从关注空间到侧重在地居民利益主体

老旧住区更新从增量规划以空间逻辑为主线转变为以社区居民为核心，更新过程体现多元参与和空间正义，民主表决后的更新方案体现社区居民的共同意愿，更新结果体现居民公共利益最大化，从而实现提高社区居民的满意度和获得感的更新目标。

2. 从房修工程到规划引领综合价值提升

老旧住区更新倡导社区规划、社区规划师的综合作用机制，实现从传统的房管主导的维修类工程模式到规划引领的综合更新模式，推动社会治理创新和实现老旧社区综合复兴。

3. 从问题导向到物质精神双重价值体现

以城市有机更新与创新社会治理为理念指引，定义和诠释老旧社区更新改造的价值内涵；社区更新在以问题导向的基础上，应建立价值导向的指引，诸如更新要体现健康性、正义性、生态性、活力性、人文性等，以提高老旧社区更新的综合效益。

缺乏智能化道闸系统

机动车占用绿地，缺乏停车位

中心绿地缺乏管理和整治

露天废品回收点脏乱差

小活动场地缺乏座椅及运动设施

局部道路宽度不足，待拓宽

社区存在的现状问题分析

4. 从蓝图规划到多方参与协作式行动规划

与传统目标导向清晰的蓝图规划相比，社区更新规划应该是一种以自下而上为主导的方式，强调社区居民、政府、规划师、工程单位、社会组织等多方参与，针对社区问题共同探寻一种解决之道的协商式的行动规划，贯穿规划设计、协调、建设、管理。

三、规划内容

结合彭浦镇老旧住区的特点和主要问题，规划开展了以下四个方面主要内容：

1. 将交通组织与生命通道相结合

以确保生命通道和消防通道畅通为主要目标，针对住区内部存在的行车路线不合理、缺少人行通道、机动车停车矛盾突出、非机动车停车无序等问题，对住区场所空间进行充分挖潜，梳理现状道路，因地制宜地提出人车分流、增加生态停车位、设置太阳能非机动车棚、局部拓展道路转弯半径等交通组织优化方案、规范划定机动车停车位、增设非机动车停车棚和充电设施，确保消防通道和救护设施宽度要求。

2. 将社区管理与社区安防相结合

实现社区安全全覆盖，主要包括住区出入口综合改造、安全技防设施无死角、基础设施维修等，通过多次与小区物业方、居民、所在片区的安防人员沟通交流，确定小区存在的管理问题和安全隐患，针对现状问题，指定相应的改造方案，增设安全探头装置、非机动车棚等基础设施的消防安全装置、小区出入口安全设施等，将社区综合管理与安防紧密结合，通过在提高住区安全的同时，也提高了住区的识别性和归属感。

3. 将环境提升与居民需求相结合

规划重点从景观功能性、针对性、适用性以及美观性四个方面，通过对社区居民一天 10 小时的行为行动跟踪调研，对小区踩踏路线研究分析，对不同年龄居民的活动时间段和活动

永和二村居民一天 12 小时活动分析图

居民日常 9 大活动节点步行路线梳理图

永和二村社区改造内容分布图

生命通道及交通系统改造规划图

范围分析，得出适合不同年龄居民的环形步道和使用率最高的环境场所，对小区公共绿地和活动空间进行充分的提升设计，为各年龄层居民提供公共交往与健身场所。

4. 将功能完善与空间美化相结合

重点对社区建筑本体等基本设施功能提出改善方案，诸如屋顶漏水、墙面渗水、楼道安全整治等建筑本体存在的问题，此次规划设计一并进行了综合梳理；确定改造的施工时间先后顺序，尽量全面合理地解决居民的实际问题；减少社区施工改造期间，对居民日常生活的影响，既解决社区居住建筑的功能性与美观性问题，又合理有序的指引改造整治的顺利进行。

四、项目特色

1. 将社区规划与社区治理相结合

围绕“存量老旧住区”这一特点，确定了社区更新开展坚持“整体统筹、规划引领、公众参与、群众满意”的基本原则，强调社区规划与社区治理紧密结合。创新提出“社区更新 P+P+P 模式”，分别指规划（planning）、公众参与（participating）、实施（put-into-effect），即动态规划和自治共治相结合的社区更新理念，并落实具体建设。强调社区更新应以社区居民为核心，依托静安区基层治理中既有的“三会一代理平台”和“1+5+X”自治模式，建立社区更新工作机制，为居民、政府、规划师、建设方搭建一个高效的协同平台，协调各参与主体角色扮演和职责分工，从而积极有效地推动社区更新。

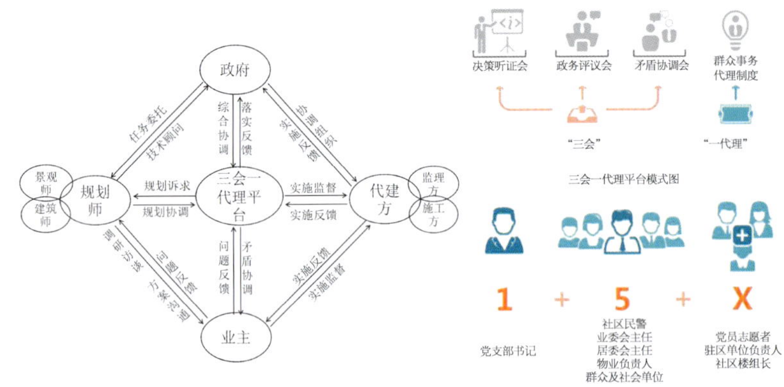

“三会一代理平台”和“1+5+X”自治模式

2. 将公众参与与自治共治相结合

规划师的角色由传统单一的设计师逐步向空间治理的社区规划师转型，从蓝图绘制到问题协调转变，服务对象和利益主体由政府、开发商逐渐向普通居民转变。本次实践探索了社区规划师工作机制，强调公众参与和自治共治相结合，强调社区更新以社区居民为核心，为居民、政府、规划师、建设方搭建一个公众参与协同平台，拓展公众参与的主体、深度、广度，引导住区更新中社区居民共谋、共建、共治、共享。

3. 将空间规划与问题导向相结合

通过认真细致的现场踏勘、访谈交流、问题汇总，针对住区空间环境的微更新特征，规划采用了一系列的微设计方法，如“人体工程学、行为轨迹法、日照分析法”等，有针对性地提出解决方案，强调社区更新中特色化的设计理念与问题导向相结合的设计方法。

4. 将物质规划与精神获得相结合

在解决老旧住区最基本的功能性和设施性改善等物质空间问题的基础上，因地制宜提出住区微更新应提倡“健康、环保、生态、人文”等设计理念。增强住区空间场所的特色性、识别性和社区居民的归属感，将物质规划与精神获得相结合，提高居民精神层面和心理层面的满意度。

5. 将蓝图规划与行动规划相结合

规划服务贯穿项目始终，是一次从项目调研、方案制定、公众表决、实施建设，全过程协作式的行动规划，设计很好地指导了后续施工建设、实施度高，住区综合环境得到了显著改善，居民们的获得感得到了提升，项目的社会意义大。

五、实施成效

1. 老旧住区物质空间环境得到改善、居民满意度和获得感得到增强

本次规划强调社区规划师全周期、全流程的有效服务，且成果达到施工图深度，因此很好地指导了小区具体的施工建设，做到按图施工、实施度高。目前包括永和二村在内的彭浦镇 20 余个老旧住区和静安区其他街道 20 余个重点小区更新改造均已基本完毕，小区环境得到了明显的改善，居民的生活品质得到提高，居民的满意度和获得感得到增强。

2. 社区规划与社区治理深度融合，创新社会治理方式，提高了基层治理能力

通过本次美丽家园建设，在社区更新规划模式的引导下，提高了社区居民公众参与的深度和广度，增强了社区居民“共谋、共建、共享、共治”的责任主体意识，完善了基层治理的议事、协调、表决等若干机制和方式方法，从而提高了社区基层的综合治理能力，并积累了经验。

3. 探索上海社区规划师的工作机制与方法，为上海社区规划师制度的建立起到了积极的试点作用

本项目推动了社区规划师从之前理论层面的倡导走向了深度的规划实践，一方面从团队中锻炼和培养了一批具有一定经验的社区规划师，另一方面也很好地推动了社区规划师的工作组织和开展，形成了一定的工作方法，为上海正在积极推进的社区规划师机制的探索和建立起到了试点作用。

4. 社区规划“P+P+P 模式”在静安及上海其他老旧住区更新建设中推广

本次彭浦镇美丽家园项目，采用了规划协同引领的方式，规划的作用在整个过程中充分体现，且成效明显。实践中探索社区规划与社区治理结合，引入社区规划师工作方法推进公众参与，运用先进理念提升更新效益，诸多老旧社区更新改造获得了居民们的高度赞许，并获得了市区领导和相关部门认可和社会媒体关注。这一“P+P+P 社区规划”模式，随后在静安区 2016 年美丽家园建设（升级版）工作中予以了推广。同时，该项目作为优秀成果已收录在上海规划和国土资源管理局编制的《上海市 15 分钟社区生活圈规划导则》（2016 年 8 月），以及将纳入《上海市 15 分钟社区生活圈实践案例汇编》，对上海乃至国内同类型老旧社区更新都会产生积极的实践示范作用，具有一定的学术意义和社会价值。

单元入户口改造后实景

建筑外立面改造后实景

小区生态非机动车车棚前后实景对比

上海社区发展试点规划

2017 年度全国优秀城乡规划设计奖（城市规划类）三等奖、2017 年度上海市优秀城乡规划设计奖二等奖

编制时间：2015 年 6 月—2016 年 12 月

编制单位：上海市城市规划设计研究院

编制人员：吴秋晴、王睿、奚文沁、过甦茜、徐晨炜、陈敏、施燕、周志清、赖建浩、张莹莹

一、规划背景

1. 上海正处于转型发展阶段，对社会治理和社区建设提出了更高的要求。

（1）面对人口结构演化带来的多元诉求，需探索社区规划的精准化应对。近年来上海城市人口结构演化逐步提速，随着老龄化、国际化与外来人口的比例增高，社区规划需要由普适性走向针对性，有效应对人群的异质化需求，实现公共资源的精准化分配。

（2）为适应经济社会发展带来的需求升级，需引导社区服务的内涵式完善。经济发展使市民生活水平快速提高，结合上海“人才高地”的建设目标，社区服务需要由民生基础保障走向更加关注品质提升，创造具有吸引力的社区环境。

（3）应契合超大城市睿智发展的转型路径，完善社区建设的更新模式。随着城市发展由外延增长型转变为内生发展型，社区成为落实总体规划设想、提升城市品质的重要载体。社区建设更需通过存量空间的有机更新来满足未来发展需求。

（4）要结合基层管理体制的改革创新，推动社区治理的自治化进程。2014 年市委一号课题着眼于“创新社会治理，加强基层建设”，随着社会治理重心下移和公民意识觉醒，社区规划需要打通自下而上路径，落实协作式规划。

因此，结合“上海 2035”总规提出“以社区生活圈作为组织城镇与乡村社区生活的基本单元”的目标，本项目在系统研究社区发展相关问题的基础上，选取万里社区作为试点，作为第一个投入实施的社区规划。

2. 生活圈的研究与规划起源于 20 世纪 60 年代日本“地方生活圈”与“定住圈”等概念的提出，旨在整治居住环境，并实现城市与乡村地区的均衡发展。

近年来，上海尝试以控规单元为载体、自上而下统筹社区建设，落实公益性服务设施等基本配套，但其规划体系仍偏重物质空间层面，且主要关注公共服务的底线控制，难以应对新常态下多元化的社会需求。

因而以生活圈作为社区规划的研究载体可以更好地探索物质空间与社会属性的有效契合，实现公共资源的精准配置，并在社区层面有效分解落实总规对于公共服务、住房、生态等方面的各项目标与要求。

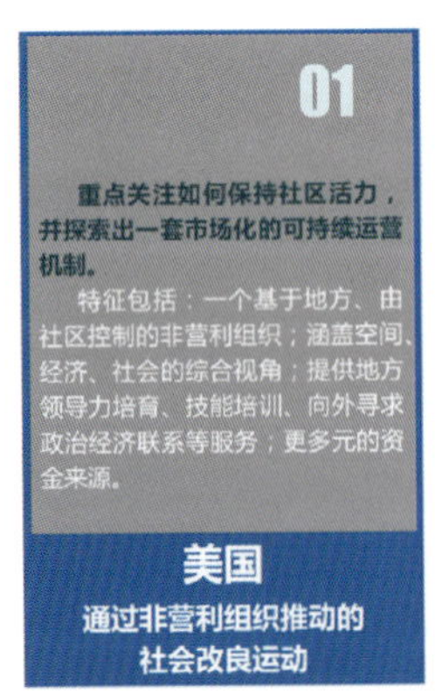

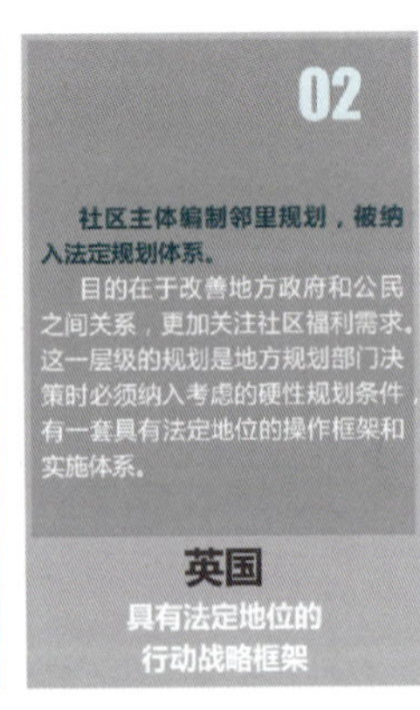

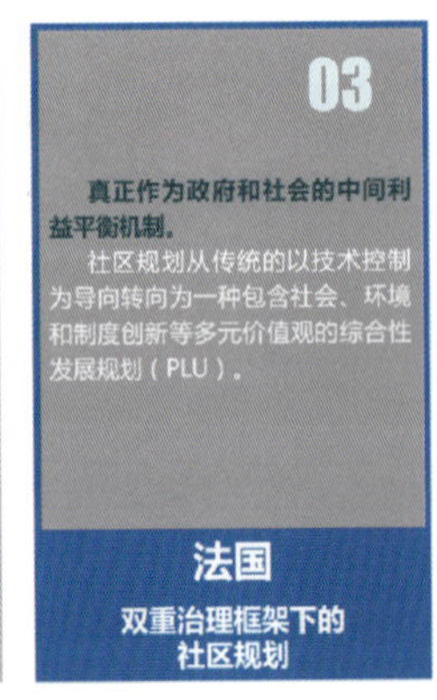

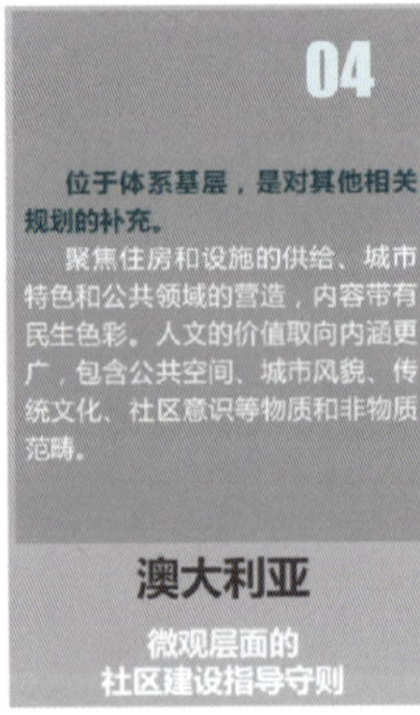

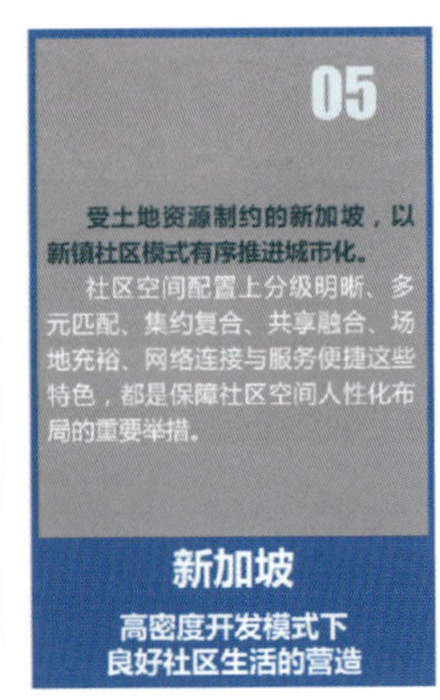

对标国际社区研究的经验借鉴

（1）融合社会要素重构归属感

生活圈以日常生活为对象，更易将物质空间规划与社会规划的内容相结合。将社区的就业、生活与休闲等各机能统一起来，能有益于重建快速城市化下逐渐消失的传统社区的归属感，有效提升居民生活质量并缓解各类社会问题，从而实现大都市与地方的均衡发展。

（2）实现公共资源精准化分配

生活圈构建的核心是“以人为本”来组织物质生活空间，实现与人的活动相对接，因而可以更好地反映社区空间与居民实际生活的动态互动关系，从而有效分配公共资源、匹配空间与社会属性、发挥服务效率。

（3）有效应对社会异质化需求

随着社会的发展带来社区异质化程度的加剧，以更强调与市民日常生活规律相符的生活圈为研究载体，有利于将设施层级“向下”延伸，贴近日常生活所需，并可面向更为同质化的人群，提供人性化与针对性更强的设施配置。随着设施配置层级的更为细化完善，在保障居民享有基本公共服务保障的同时，一方面，可以以安全的步行活动范围为基准，重点关注老人、儿童、弱势群体等对短距离出行可达需求较高的人群，来落实相匹配的日常生活服务项目；另一方面，可以根据细化范围内生活人群的特征，提供指向性更强的公共服务设施配置，实现社会公共资源的高效落地。

（4）利于自下而上的实施推进

生活圈规划在技术路线上也更强调自下而上的推进。如在台湾，地方生活圈就规定应使地方事务充分纳入规划体系中，加强民意调查或与地方政府的沟通。基于生活圈展开的社区规划，因“倡导式规划”的践行而激发公众参与的热情。在不同层面的规划中，社区以其特有的合作基础成为规划参与的重要切入点，生活圈概念的介入有助于社区层面规划在实施上引入更广泛的社会参与，从而成为更贴近共识性的一种行动规划。

二、规划内容

本项目首先着眼于两个层面基础性工作的深入铺开，构建更接地气、更高视野的技术路径。一是立足实际，在典型社区进行大量基础资料采集、问卷发放与数据分析工作，并与街道工作者、开发商、社会组织等进行座谈，了解社区发展困境及其诉求；二是对标国际，针对国内外经验进行规划属性、编制程序、成果内容、组织方式等方面的研究，为尚在起步阶段的社区规划积累完善的借鉴性资料。

基于前期基础性工作，形成社区规划的顶层设计，包括社区发展策略体系、社区规划编制技术及社区治理创新机制三大方面的研究成果，实现社会—空间相耦合、长远—近期相结合、政府—公众相衔接的目标。

在顶层设计指导下，选取具有代表性的万里社区，形成规划与实施一体化、具有较强普适性和推广意义的试点规划，践行与完善社区规划方法，以及基于有机更新的实施模式，建设人性化、舒适化、高效化、活力化的幸福社区。

三、规划特点

1. 推动社区规划的实效性，提出“区域评估—发展规划—行动计划”的工作框架

采用分类型分层次的引导策略，系统构建社区规划编制体系，包括区县社区评估研究、街道社区发展规划以及邻里社区行动计划，并针对成熟社区与新建社区开展侧重点不同的社区规划，对相应的工作模式、成果内容及实施机制予以明确界定。

万里社区作为典型成熟社区，规划突出“找短板、定任

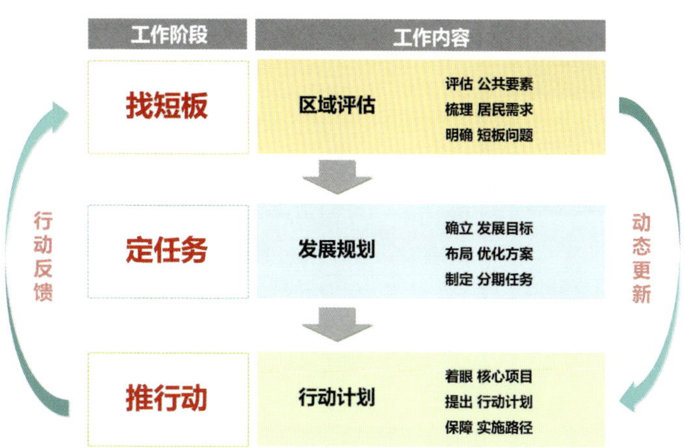

社区规划工作框架图

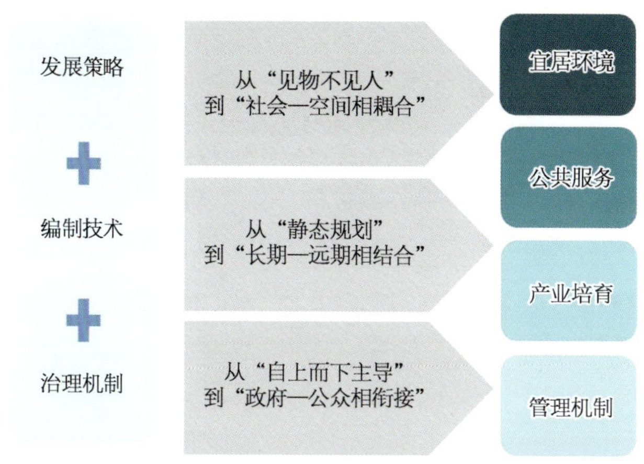

社区规划顶层设计路径

务、推行动”三大板块，形成由“区域评估—发展规划—行动计划”构成的系统性工作框架，并关注建设动态更新及行动反馈平台搭建，实现及时、长效的社区治理。

2. 拓展规划内容深度，形成高针对性的社区发展“菜单式策略库”

以多元需求为导向，从住房改善、就业服务、医疗养老、治安防灾、康体健身、邻里关怀、人文教育、环境美化、低碳环保等方面提供完善的菜单式策略库。

试点规划中，强调基于实际诉求明确短板。万里试点社区首先通过前期评估，聚焦公共设施、公共空间、交通环境及公共活动四大发展任务。然后针对短板提出优化方案：公共设施方面，创新建设一站式邻里中心，并对存量建筑进行更新，设置居家养老、生活服务等特色设施；公共空间方面，完善公共空间与休闲活动体系，聚焦小型空间针灸式微更新；交通环境方面，以连续的慢行网络为核心，串联各类公共服务设施、公共开放空间等吸引点，营造舒适宜居、健康活力、高效便捷的生活圈。

3. 衔接现行规划体系，为社区规划后续推广提供指导和依据

近期可通过社区规划为法定规划编制提供动态评估和实施反馈，既可为控规修订提供依据，也可指导详细建设行动；实践一定阶段后，宜将社区规划落实为专项规划。万里社区综合考虑需求紧迫度、主体积极性、实施难易度等因素，形成“邻里之家”“绿行万里”“家园节”三大近期行动计划。

“邻里之家”计划以三个先头试点为抓手，通过更新调整、置换利用、复合共享等手段，在有限空间中落实公共服务设施配置，针对社区人群提供差异化的设施配置引导，对规划实施的全过程引入公众参与机制，优先解决居民诉求与紧迫度高的问题；“绿行万里”计划以两条线性网络为抓手，优化“社区慢行步道＋社区巴士”的绿色出行方式，倡导适宜步行、绿色低碳的慢行理念，以线性网络串联公共服务，完善生活圈平台，构建活力社区；“家园节”计划以社区生活圈为平台，以小型公共空间的全覆盖与均等化布局为抓手，提供舒适宜人的公共活动网络，创造具有认同感的生活场所，使得居住空间与人的生活习惯和使用需求相适应，构建绿色社区。同时与城市更新、土地出让前评估等政策相衔接，指导控制性详细规划调整与实施深化，使社区规划具有较强的可操作性，推动规划长效落实历史遗存和文化积淀。

4. 优化规划组织方式，以社区规划师为纽带，探索多重主体的行动模式

万里社区规划探索“社区 P+P”行动模式，协同各方诉求。自上而下层面由区级行动领导小组牵头，突出规划引领、

万里社区公众参与方案公示图

整体统筹，由区规土部门负责具体落实，相关职能部门共同配合，明确分工要求、协调实施主体，确保公共服务的实施效率。自下而上层面构建街道（居委会）管理者—社区规划师及设计单位—社区居民合力的自更新体系，负责具体项目策划、工作组织、实施推进。由街道作为主体发起行动，联合社区规划师梳理居民诉求，推进公众参与，委托设计单位开展社区规划，并推进实施建设。通过多种方式落实资金，可视公共利益贡献情况向区政府申请部分资金资助，也鼓励社区居民组织、企业或社会组织自行出资。

同时，鼓励专家学者、社会组织（NGO）、各类媒体及平台网络等全程参与行动过程，对专业领域开展研究和指导，同时也履行一定程度的监督职责。

5. 培育社区自治环境，落实公众参与，打通共享共建的参与路径

万里社区规划在启动阶段，开展了街道工作者及居民代表访谈活动，并向居民发放问卷，有效征集各方意见；结合中期编制成果，召开了专家及部门意见征询会；行动计划阶段开展“我心目中的邻里之家”公众参与研讨会，现场通过展板对方案进行形象展示，同时通过发放宣传手册、“普陀万里”“全心全意”等公众号加强宣传推广，通过线上、线下的多种问卷调查模式征求居民意见，提出真正契合老百姓实际需求的生活服务中心方案，激发社区自治共治的活力。在规划全过程中，构建掌上居委会、一品香泉自治委员会等多样化自治共治组织，提升社区规划的开放性，也有利于社区共同意识的形成。

四、实施效果

1. 广泛的技术引领

本成果作为一项前瞻领域的研究，主要观点被纳入《上海市城市总体规划（2017—2035 年）》等一系列最新技术文件中。

2. 落实有效的实际指导

试点社区的规划高效引导着地区城市更新与相关项目建设。万里社区规划所确定的 2016 年试点项目均得到有效推进，长者照护之家、社区巴士、杨家桥景观整治等项目已实施，慢行步道方案基本完成，一站式邻里中心、综合为老服务中心控制性详细规划调整已获得批复。

3. 良好的社会影响

项目组致力于社会治理与社区规划的推广，形成良好社会效应。万里社区规划作为首个编制完成并投入实施的试点，其系列公众参与活动被多家媒体报道。社区规划的方法和理念目前也得到广泛重视和认同，静安、普陀、浦东等区的多个社区规划正在积极推进，社区居民和相关部门组织以极大热情参与其中。

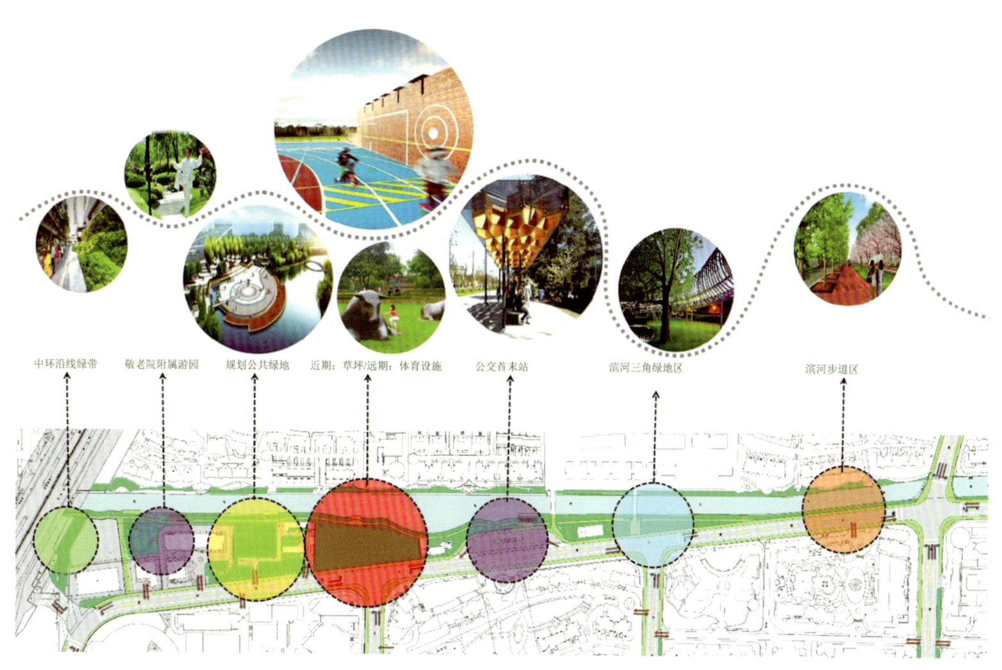

万里社区横港改造效果图

万里社区 15 分钟生活圈布局图

万里社区奇点公园设计意向图

上海市普陀区社区城市更新总体评估

2017 年度全国优秀城乡规划设计奖（城市规划类）三等奖、2017 年度上海市优秀城乡规划设计二等奖

编制时间：2015 年 9 月—2016 年 12 月

编制单位：上海复旦规划建筑设计研究院有限公司

编制人员：苏海龙、宋强、纪立虎、李金波、虞燕、谭迎辉、李瑞强、孙晓倩、刘晓光、徐幸子、龚樱子、周志清、赖建浩、毛亦国、张莹莹

一、规划背景及构思

为贯彻中央城镇化工作会议、中央城市工作会议精神，落实“创新、协调、绿色、开放、共享”的城市发展理念，深入推进普陀区建设“科创驱动转型实践区、宜居宜创宜业生态区”的战略部署，以《上海市城市更新实施办法》为指导，对接市规土局 2016 年度“四大行动计划”，充分发挥城乡规划对城市更新的引领、约束、调控作用。以“创新社会治理，加强基层建设”为原点，以城市更新实施为指导，以存量规划为抓手，以社区行动为着力点，在全市范围内率先启动了区一级层面的社区城市更新评估和研究，形成课题成果，并完成更新实施计划，作为纲领性文件引导各项更新工作。

二、主要内容

本次规划研究对象：普陀区的各个社区，包含 10 个街道（镇），266 个居委会，总人口 123.56 万人。研究范围：普陀全区 55.47 km^2。本次规划主要分为更新总体评估和更新实施计划两部分，强化顶层设计，统筹社区城市更新。

第一部分更新总体评估，以创新驱动、转型发展为指引，以“宜居宜创宜业”为目标，通过对普陀区人口结构、社区公共设施服务情况、既有控规实施情况、社区活力、通勤、社区治理五方面进行评估；总结面向空间与社会转型存在的四方面问题：城市更新战略目标不清晰，城市更新方法体系不完善，城市更新政策机制不健全，创新社区治理体系不明确。

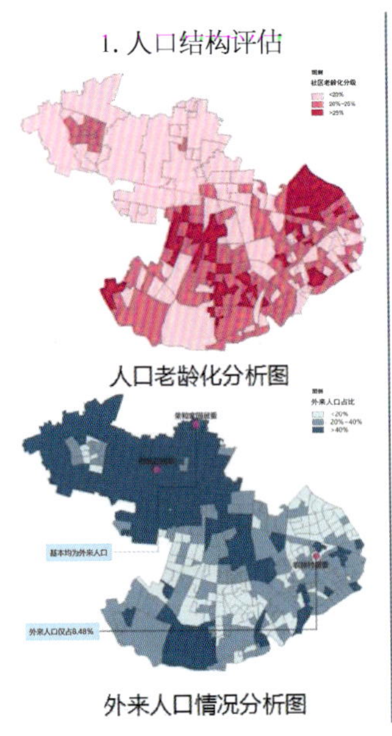

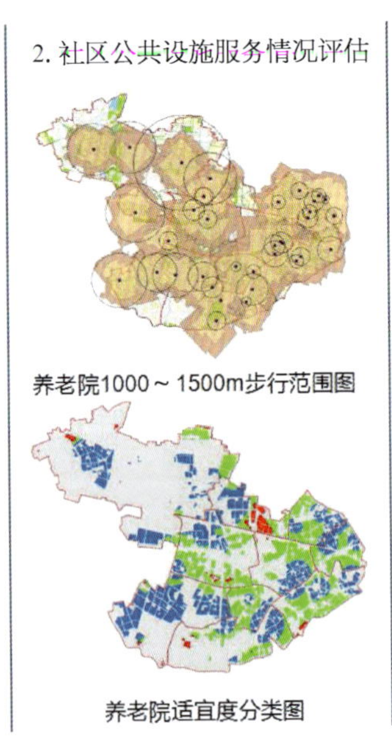

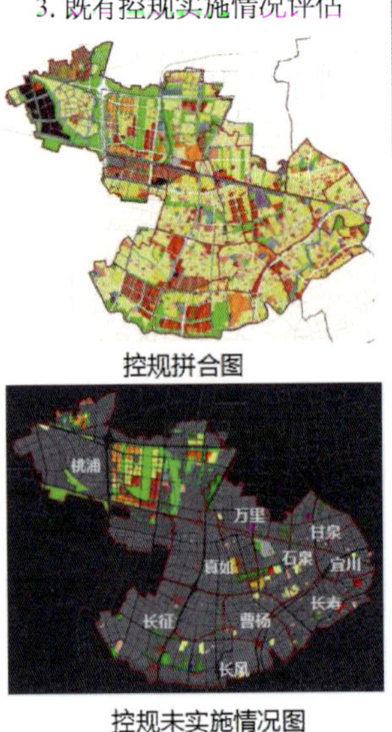

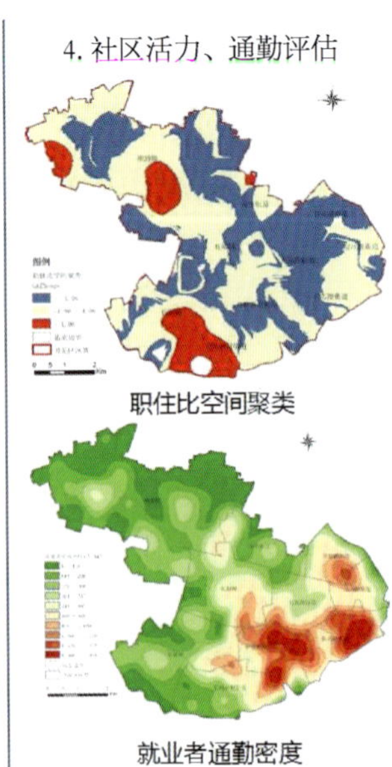

社区城市更新总体评估体系

第二部分更新实施计划，在总体评估的摸底基础上，关注城市发展对城市综合竞争力和可持续发展能力需求的同时，兼顾市民对宜居环境和社区自治的发展诉求，提出更新的共识和理念，明确“美丽新普陀、美好新生活”的更新总目标，分解为五个分目标：公平高效、服务便捷的宜居社区；环境优美、健康休闲的生态社区；文化浓郁、融洽互助的乐活社区；就业保障、创新引领的学习社区；多元互动、共建共享的和谐社区。结合分目标提出五大实施任务，制定每项任务的实施对策与行动项目。完善各街道（镇）的发展定位、更新方向指引、更新行动计划、更新项目抓手及近中期实施时序等内容。

三、规划创新与特色

1. 创新工作思路打造新普陀

（1）新目标——落实普陀区“十三五”发展的战略部署，从注重物质形态的更新向可持续发展的社区目标转变。突破土地资源的约束条件，盘活存量土地；调整产业结构，优化城市功能布局；提升城市公共服务水平，激发社区创新活力，注重包括社会、经济、环境目标在内的系统性更新转型。

（2）新视野——社区城市更新的视野将从自身走向区域，从区域层面整体统筹更新的方向。结合普陀发展的实际情况和当前面对的宏观环境背景进行深入分析，明确普陀区在上海发展转型中的地位和作用，再聚焦于普陀区社区城市更新本身，结合社区居民需求、突出问题导向，形成自上而下与自下而上的有机结合。

（3）新方式——由拆除重建为主的单一物质环境更新向多种更新方式转型。城市更新的工作方式向以“渐进式、小规模、适应性”有机更新方式为主的方向转变，并重点在寻求对社区公共服务设施、公共开放空间等公共系统资源的改善和整合。

（4）新举措——从分散、碎片化的个体更新走向系统性的结构更新。通过挖掘社区城市更新对城市社会、经济、环境带来的整体影响，研究局部城市更新与普陀区总体功能布局调整的关系，制定城市更新行动计划，确定重点更新试点项目和实施时序。

2. 坚持公众参与，聚众智编规划

坚持公众参与、群策群力，激发社区自治活力。注重从以人为本、民生导向的现代城市治理入手，通过问卷调查摸清广大居民心声，就典型问题社区对社区居民、业委会深度访谈，与各街道（镇）领导和部门座谈，从管理者角度排查难题，深入社区，应群众所盼、解群众所忧、聚群众之智，合力编规划。

3. 创新大数据模型分析

运用城市社会空间与物质空间相结合、宏观分析与大数据模型相结合的方法，结合人口大数据，分析普陀区人口老龄化、外来人口比率、人口分布密度等情况，使社区公共服务设施提升，真正做到以人为本。

结合手机信令大数据，分析普陀地区活力、职住平衡关系及出行通勤特征，为地区功能完善、活力提升提供强大的技术支撑。

4. 创新社区公共服务设施评估模式

区别于传统“一刀切”的方式，本次规划结合服务人口、设施规模、步行路径的精细化数据，结合人口密度情况开展公服设施可承载人口的定量评估，结合实际步行路径开展公服设施真正服务的空间定位评估，得出普陀区各类设施供需规模差距和空间服务情况。

将设施定量服务范围与定位服务范围叠加分析，得出设施

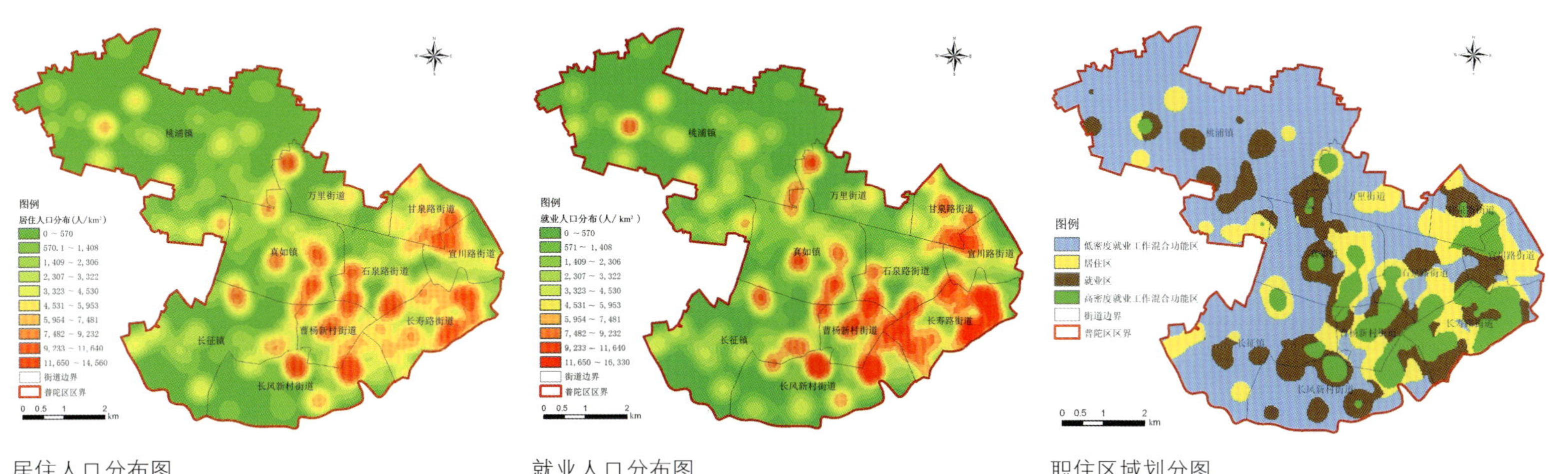

居住人口分布图　　就业人口分布图　　职住区域划分图

服务适宜度情况，交集区域即为最佳服务区域，交集以外但在服务范围内的为一般服务区域，未覆盖到的范围即为最差服务区域。

以幼儿园服务设施为例，居住区按入园适宜程度分类：最佳区域——既处于幼儿园可承载服务范围内，又在合理步行范围内；一般区域——处于幼儿园可承载服务范围内或处于合理步行范围内；最差区域——既不处于幼儿园可承载服务范围内又不处于合理步行范围内。

5. 确立明晰的更新目标指标体系

围绕“美丽新普陀 · 美好新生活”的更新总目标，结合五个分目标制定宜居社区、生态社区、乐活社区、学习社区、和谐社区 5 大类、54 小类指标体系；分为规定型、预期型两类，基于现状水平提出了 2020 年、2025 年应达到的指标水平。

6. 分层分类制定更新工作推进步骤

分层注重区、街道（镇）、项目三个层面工作推进。区级层面注重教育、养老、卫生、文体、社区环境、社区就业等服务设施的系统性完善提升；街道（镇）级层面，把脉各自特色，有针对性地提出更新方向、对策指引；项目层面，对近期重点项目进行梳理，形成各街道（镇）十三五行动计划。

以万里街道为例，理清街道短板，提出“乐活社区幸福万里”更新目标，通过“邻里之家计划”“绿行万里计划”“多会一体”社区治理机构等对策助力目标打造，并梳理出行动项目库。

分类注重不同街道（镇）和社区类型的治理指引。街道（镇）分为功能综合资源丰富型（长寿、真如、石泉、长风）、居住为主资源一般型（宜川、甘泉、曹杨、万里）、城市远郊产业融合型（长征、桃浦）三类，并提出三类街镇的治理对策。

居委社区结合空间物质属性、人口社会属性分为十类。以老公房社区为例，首先提出空间物质环境整治提升列表，再针对人口社会情况对发展型、稳定型、成熟型三类分别提出治理指引。

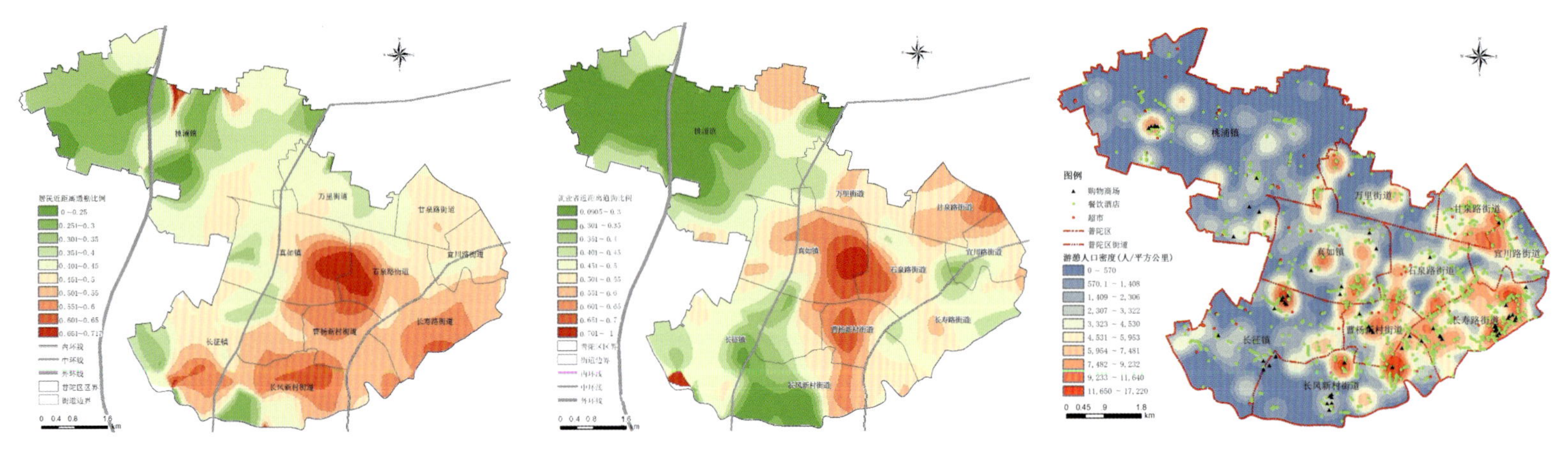

居民近距离通勤比例图　就业者近距离通勤比例图　游憩人口密度分布与商场、超市和餐饮酒店叠加图

幼儿园 300～500 m 步行范围图

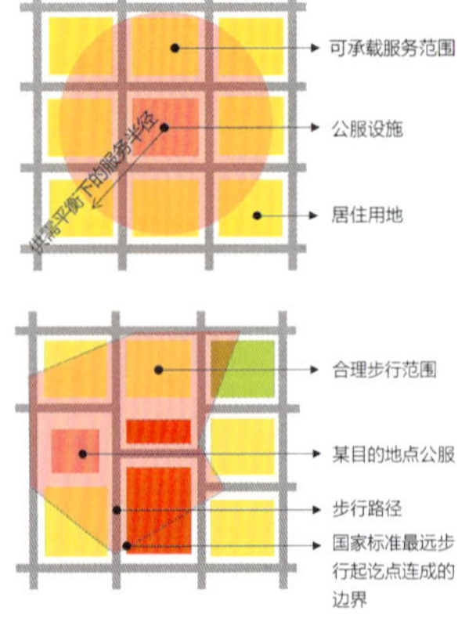

定量评估模型图

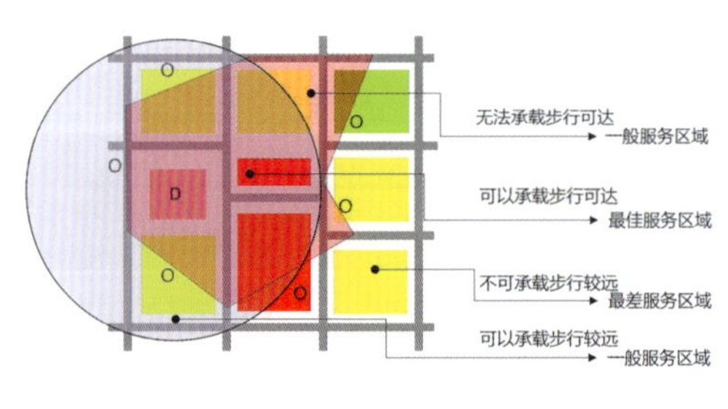

适宜度评估模型图

四、实施成效

截至目前，普陀区已在该规划研究顶层设计的要求下，开展多个街道（镇）的社区发展规划，详细指导各街道（镇）开展更新提升工作，推动管理和服务资源下沉，提高社区生活幸福指数，增加百姓获得感。多处更新项目陆续启动，有入选市代表性更新项目的曹杨环浜整治；有秉承社区更新理念及要求，打造集约复合化的“一站式”服务型社区的长寿社区 A5 街坊更新；有融合体育功能、文化娱乐功能、工会服务功能、社区服务功能，打造“活力光新”作为普陀区文化体育新基地的石泉社区 B1 街坊更新等。我们携手社区城市更新，共创普陀美好未来！

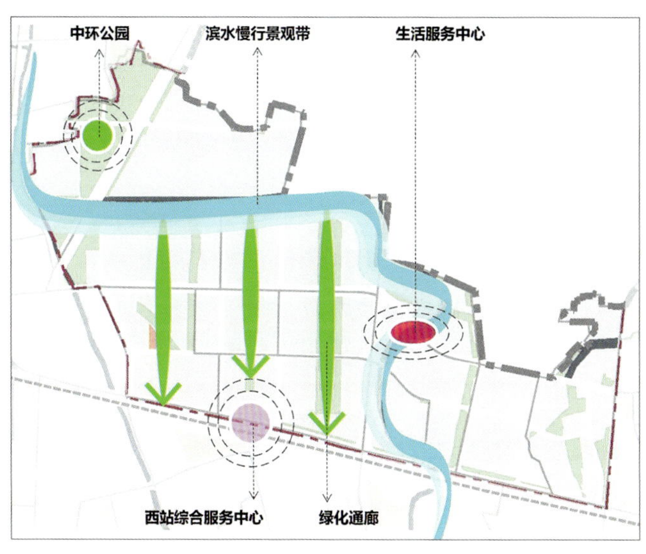

万里街道更新结构图

万里街道更新项目指引图

万里街道更新项目指引表

类型	编号	具体项目	控规地块代码	实施时序
商业设施	1	打造商业型活力街巷	武威东路沿线、富水路—水泉路—真金路、富平路—真华路—新村路—广泉路—富平路	远
	2	打造生活型活力街巷	（如图所示沿三条纵向绿带）	远
	3	万里集贸市场改建（改为社区养老院并增加社区行政办公用房，建筑底层保留菜场功能）	15-2、15-10	近
公服设施	4	新建“一站式”邻里中心	X103-01	近
	5	闲置设施利用改建成“三合一”中心	X103-01、14-1、18-2、5-3、16-1	中
	6	闲置设施利用改建成“睦邻一”中心	18-2、5-3、7-1、14-1、11-4	中
	7	规划助餐点或社区食堂	3-1、X103-01、12-1	中
	8	闲置设施利用改造成社区卫生中心	7-2、9-1、12-1	远
	9	空置建筑改造成综合为老服务中心	18-2、6-5、15-2	中
	10	7-4 新增幼儿园，9-4 与其他社区服务设施复合设置幼儿园	7-4、9-4	近
	11	新增小学	14-6	近
公共开放空间	12	完善公共空间配套休憩设施	武威东路沿线、富平路—真华路—新村路—广泉路沿线、富水路—水泉路—真金路、中央绿地、15-2	远
	13	沿河公共空间梳理，增大开放强度	水系沿线（交通路到大华二路）	中
	14	落实规划绿地	F1-3	远
交通条件改善	15	发展社区公共交通	（如图两条公交线路）	远
	16	设置公共自行车租赁点	18-2、10-1、X103-01、15-6、20-1	中
	17	规划社区慢行道	（如图所示）	近
	18	挖掘区内停车空间，完善静态交通	（如图所示）	中

上海市浦东新区张江南区功能提升规划及重点地段城市设计

2017 年度全国优秀城乡规划设计奖（城市规划类）三等奖、2017 年度上海市优秀城乡规划设计奖二等奖

编制时间：2015 年 3 月—2015 年 12 月

编制单位：上海同济城市规划设计研究院、上海市浦东新区规划设计研究院

编制人员：匡晓明、刘文波、陈亚斌、陈卫杰、武维超、黄瑶、刘曦婷、姜碧、周煦、林静远、刘泽源、王胤淇、桂鹏、欧阳恩一、韩栋

一、规划背景

张江科学城是上海建设具有全球影响力的科技创新中心的核心承载区，以世界一流科学城为发展目标，汇集全球顶尖创新人才、国家大科学设施、高水平创新型大学、科研机构和跨国企业研发中心，代表国家在更高层次参与全球科技竞合。张江南区则是张江科学城未来发展的核心区域，是联动南北的关键枢纽，也是张江城市副中心的重要组成部分。

为进一步落实张江综合性国家科学中心的战略部署，提升整体空间环境品质，支撑张江科学城建设规划并指导后续规划实施，上海张江管委会和张江集团组织开展了本次规划设计，包含整体提升和实施管控两个层面的城市设计。

二、规划构思

1. 两个维度：问题与目标双重维度

通过大数据分析和问卷调查双重办法研判张江建成区现状问题，总结出钟摆交通明显、产城融合不足、街区尺度过大、空间活力缺失、创新氛围不足等突出问题，作为张江南区提升规划的底线依据。

结合张江打造世界一流科学城的发展目标，总结世界先进科学城发展规律，提出张江南区的发展目标为：科研要素集聚、创新创业活跃、生活服务完善、交通出行便捷、生态环境优美、文化氛围浓厚，全面体现新发展理念的科创核心功能区。

2. 三大抓手：生态引力、科创能力、城市活力

强化生态环境吸引力。立足基地生态优势，践行地缘设计理念，最大化保留现状河道及湿地，织补蓝绿生态网络，构建张江南区的绿色名片，使之成为集聚全球人才的重要资源。

培育顶尖的科创能力。基于张江综合性国家科学中心发展要求，完善创新功能体系，汇集国家大科学设施、研究型大学、创新型企业与各类公共服务平台，形成高度开放、合作密切的协同创新网络，从而成为重大原始创新的策源地。

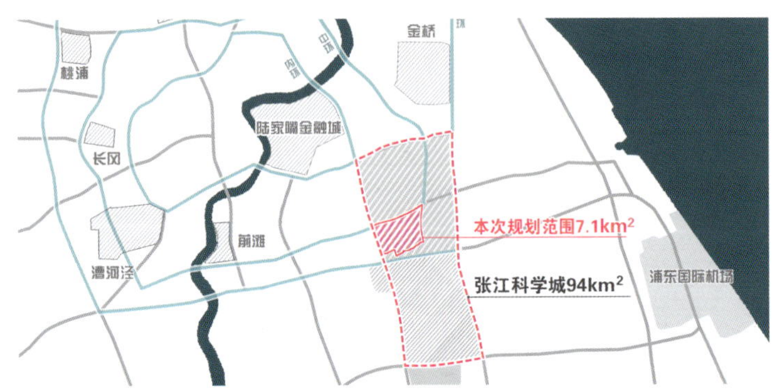

区位分析图

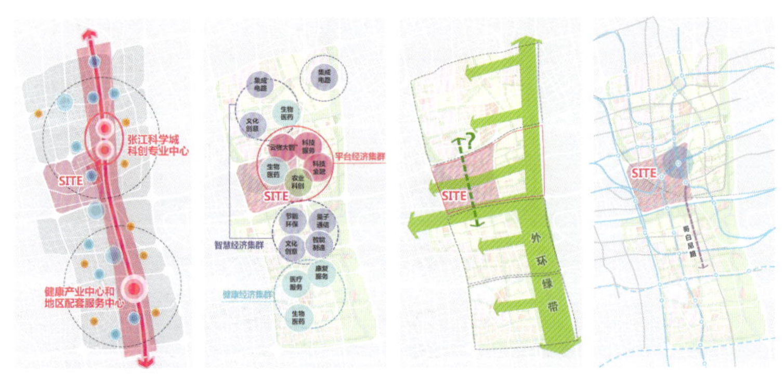

上位规划对接分析图

营造持续的城市活力。组织创新公共空间网络，布局步行化混合街区和交流场所，培育活跃的创新氛围。

3. 四代范型：构建“张江 4.0”创新空间范型

基于张江 25 年发展历程的创新空间迭代分析，全面落实新发展理念，提出“张江 4.0”空间范型并在张江南区予以实践，探索创新活动与空间组织的紧密协同机制，整合生态廊网、高密组团和活力街巷，实现全球视野创新体系与本土特色空间组织的交融，以一流城市空间承载一流创新要素。

三、规划内容

规划内容包括 7.1 km^2 的整体提升规划，以及科学城专业中心片区与孙桥都市实践区两个重点地段的详细城市设计。

1. 整体提升规划

整体提升规划从张江综合性国家科学中心的创新体系研究出发，构建创新空间组织新模式，并进一步落实为蓝绿生态网络、绿色交通网络和复合活力网络等系统的设计组织。

基于创新空间范型，优化整体空间构架。以生态基础设施为骨干，布局高密度、低高度的坊巷式创新空间集群，形成“科技水乡，海派硅巷”的整体空间特征。将沿路发展模式提升为沿河沿绿发展模式，构建南北向绿色空间脊轴，串联创新功能中心，并通过指状放射的生态廊网联系各个复合创新板块。此外，提出“公共空间 +”思路，植入人文活力网络，联动文化、休闲、商服等多元公共设施。

城市设计总平面图

研究综合性国家科学中心创新体系，落实空间协同机制。以世界一流科学城为目标，研究构建张江综合性国家科学中心的创新圈层结构：围绕大科学设施，由内向外布局科技服务平台层、技术应用和转化层、科技产业应用层等多级体系，同时突出大型科学装置与小微创新机构共生机制，构建小、中、大创新企业接力发展模式，建立多层级创新生态圈，并探索各类创新功能的空间组织特征，进一步落实为空间布局方案。

织补在地蓝绿生态网络，构建科技水乡风貌。践行地缘设计理念，存续现状河道及湿地，织补蓝绿生态网络，强化纵向生态主轴，疏通横向生态廊道；依托现状湿地水网，构建指状绿地系统，完善弹性水系网络。同时基于水绿景观网络植入创新功能，营造多元活力的水乡情景式科创空间。

构建“轨交 + 步行”交通模式，布局绿色街巷系统。结合创新人群的交通流线分析，构建以“轨交 + 步行”为主导的绿色交通组织模式，践行小街区规制，布局适合步行的小尺度街巷系统和绿道网络，倡导街巷创新模式，回归背街小巷生活。

2. 重点地段城市设计

基于张江南区整体设计框架，对近期启动的科学城专业中心片区与孙桥都市实践区两个重点地段进行详细城市设计。

科学城专业中心片区——创新街区模式实践。科学城专业中心片区与华夏中路北侧的张江中区共筑创新型城市副中心风貌，以互联互通的公共空间网络串接高密度创新街区，激发创新活动，以“张江特色”创新街区承载“张江模式”创新要素；构建完善的街巷空间体系和多元活力界面，结合小浦江滨水空间，塑造富有地域文化特征的人文创新走廊。

孙桥都市实践区——“城田共融”模式实践。基于孙桥农业园区发展基础，以四个创新融合为理念，探索第一、二、三产业空间一体化、城田共融的未来城市模型，构建都市农业科创共生体，突出“智城、趣田、街巷”三项主要设计特征。

智城（农业 + 科创的复合创新坊）：通过科创服务中心区、总部科研创新区、都市农业实践区、创智宜居活力区四个街坊，布局科创服务、总部办公、农业实践、生活配套等功能，建立农业科创功能体系。

趣田（农业 + 景观的田字生态廊）：结合都市农业、连续性生产景观等理念，将农业生产融于景观绿地中，结合海绵调

规划结构图

生态结构图

人文活力网络

蓝绿生态网络

开发规模：规划用地面积137.07 hm²，开发建筑面积134.63万m²。
其中商业服务业50.27万m²，商务办公12.01万m²，科研设计70.90万m²。

功能构成：科技中介、科技金融、总部办公
创新创业、商业休闲、创业公寓

科学城专业中心片区总平面图

蓄技术，建立朴门农园永续运行的实践基地，探讨从食物到餐桌的园区支持农业发展模式。

街巷（农业＋生活的树状活力网）：以公共通道及绿化廊道串联创意菜场综合体、园艺展示中心、农商体验小镇等农业特色的公共活力节点，形成树状的活力网络体系。

四、创新特色

1. 探索科技创新活力型空间组织新模式和管控方法

为创新和人才营城，通过问卷调查提取张江各类创新人群的需求清单，聚焦两大空间诉求——优越生态环境和活力交往空间，构建与“生态廊网、高密组团和活力街巷”相结合的创新空间复合模式，基于水绿景观网络布局小尺度、高密度、低高度和多样性的坊巷空间。

2. 实践城市空间与都市农业的交融共生

以孙桥都市实践区为样板，保留原有科技农业要素，实现农创、科创与休闲空间的有机融合，开创性地提出“城田共生”空间范式；将办公空间与垂直农业相结合，形成面向未来的科技创新新模式；将生活空间与社区农业相结合，构建社区支持农业永续发展新模式；将都市旅游与农业科技相结合，打造未来都市农业最佳实践区，探索高密度地区城乡空间一体化发展的新路径。

3. 建立生态附加图则，实现绿色空间管控

将地缘设计理念贯穿项目始终，最大化保留现状生态要素，结合卫星遥感及生态诊断评估技术，对基地现状水体河道、地势汇流廊道、植被覆盖情况等因子进行叠加分析，确定生态空间格局，以此搭建整个张江南区的绿色空间骨架；并提出城市设计生态附加图则，建立便于操作的生态要素清单，有效落实绿色空间管控。

4. 面向产城深度融合与规划实施建立复合创新单元

在整体空间布局的基础上，结合多元化的开发模式和市场的不确定性，基于产城深度融合目标构建创新单元开发模式，每个创新单元包含“商办、研发、配套”三类功能，结合主导产业特征，明确各类功能配比区间，实现弹性、有序的开发实施路径。

五、实施情况

本次规划兼顾整体提升和实施管控，以创新人群为中心，构建生态文明时代科创空间新模式，为张江打造世界一流科学城提供了空间新思路，对国内同类创新功能区也具有一定的借鉴意义。本次规划完成后，部分内容被纳入《张江科学城建设规划》。在本规划及后续规划成果的指导下，张江科学城正全面推进实施骨干河道、湿地的生态治理和景观塑造工程。

整体鸟瞰图

科技创新活力空间效果图

“城田共融”创新空间效果图

广州市综合管廊专项规划

2017 年度全国优秀城乡规划设计奖（城市规划类）三等奖、2017 年度上海市优秀城乡规划设计奖二等奖

编制时间：2016 年 6 月—2016 年 12 月

编制单位：上海市政工程设计研究总院（集团）有限公司

编制人员：陈红缨、金彪、雷洪犇、郭昊羽、孙宏扬、项菲菲、高克林、王国卿、朱锐、陈国生、宋晨怡、崔维华、陆俊宇、杨丽娜、黎沛

一、规划背景

1. 编制背景

2016 年，广州市以全国第一名的成绩入选国家第二批城市地下综合管廊试点城市，力争在“十三五”期末建成一批具有示范性的综合管廊。

目前，广州市正在推动管廊建设，但里程远不能满足超大城市管线需求，不能完全服务于城市大型市政管线，全市管廊布局缺乏系统性，管廊建设缺少计划性。

为在规划层次、规划深度、规划内容、建设规模、建设计划安排等方面满足“十三五”建设目标和作为国家综合管廊试点城市的建设要求，迫切需要编制《广州市综合管廊专项规划》，作为规划引领和决策依据，从城市全局角度进行综合管廊布局，协调城市各类市政管线入廊，统筹综合管廊近远期建设计划，指导即将开展的综合管廊建设和审批管理工作，巩固和强化广州作为国家中心城市地位的重要作用。

2. 城市概况

广州是国家中心城市之一，国家历史文化名城，广东省省会，我国重要的国际商贸中心、对外交往中心和综合交通枢纽，南方国际航运中心。

广州市域面积 7 434.4 km^2，包括越秀区、荔湾区、海珠区、天河区、白云区、黄埔区、番禺区、花都区、南沙新区、增城区、从化区共 11 个市辖区，全市常住人口超千万。

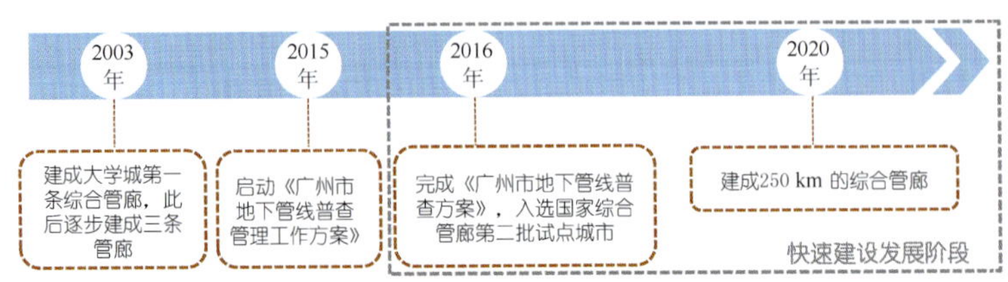

广州市综合管廊规划建设发展沿革

3. 规划目标

规划以城市道路地下空间综合利用为核心，围绕城市市政管线布局，对综合管廊进行合理布局和优化配置，构筑覆盖全市域的层次化、骨架化、系统化的综合管廊体系，推动广州市综合管廊建设的进程，逐步建成与城市规划相协调，城市道路地下空间得到合理、有效利用，具有超前性、综合性、合理性、实用性的国际先进、国内一流的综合管廊系统。

二、规划内容

1. 重难点分析

（1）如何在大纲指引下编制超大城市管廊专项规划

广州市属于超大城市，规划需按照住建部大纲编制以指导后续管廊建设，该大纲深度适用于单个项目或小区域的综合

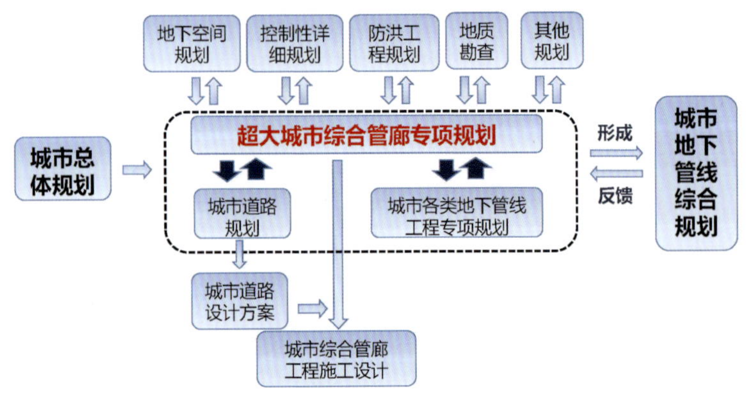

综合管廊专项规划定位

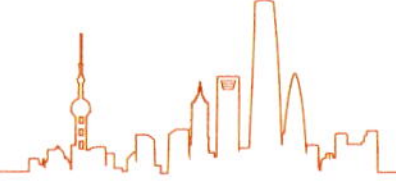

管廊的工程规划，对于超大城市而言，规划难度极大。据了解，全国超大城市管廊规划目前没有按照该大纲编制的先例。本规划综合法定规划的编制思路，构建了超大城市综合管廊一整套编制体系，既制定远期战略目标，又解决建设的问题。

（2）规划成果如何创新，如何协调各方达成共识

规划不仅在协调机制上创新，更在成果编制中运用了规划手段、管廊技术上的创新。综合管廊规划极具综合性，涉及规划、建设的各个领域，广州市行政管理部门众多、层级结构复杂，如何将本规划与各方协调，达成共识是本规划的难点之一。规划前后共协调了45家相关部门及单位，征询各方意见近百条，力争本规划成果最大限度满足各方需求。

（3）现状建设复杂，管廊建设影响因素如何确定

确定管廊建设的主要影响因素是本规划的难点之一，管廊建设不可能兼顾所有影响因素，必须抓住主要问题和矛盾，尽可能兼顾主要影响因素，提高建设的落地性和可行性。

（4）如何贯彻国家要求“全管线入廊”的政策

按照国家相关政策要求，“建设管廊的区域所有管线必须入廊”，广州城市面积大，管线极为复杂，尤其是燃气、污水等管线入廊存在一定争议，如何解决全管线入廊的问题，形成因地制宜的入廊原则也是规划难点。

2. 规划思路

规划范围涵盖广州市域7 434.4 km^2，若硬性按照住建部综合管廊工程规划指引的要求编制，则由于资料深度不一，规划编制的进度和精度较难把握，缺乏弹性协调的空间；若脱离大纲要求，仅按照宏观战略发展的思路编制，则缺乏对于后续

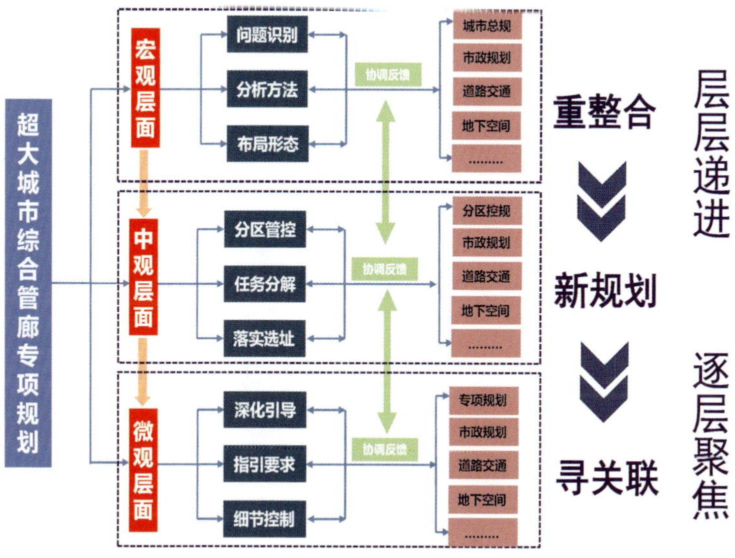

广州市综合管廊专项规划编制思路

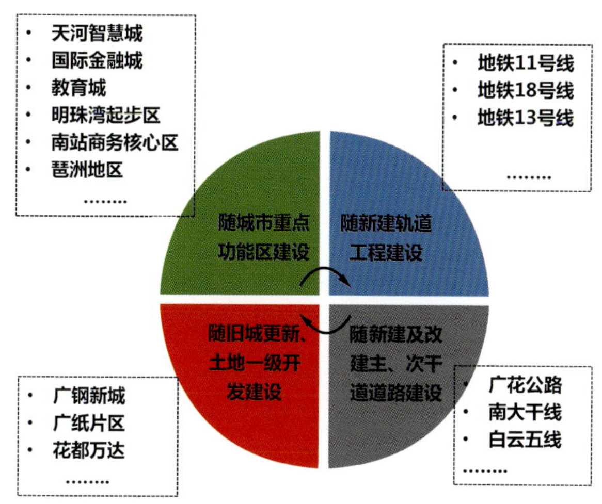

广州市综合管廊规划建设策略

综合管廊设计建设实施层面的指引。

规划需要对编制深度进行重新把握，既能为广州市综合管廊的发展提供决策依据，又能契合综合管廊规划指引要求，起到国家试点城市的示范作用。

为此规划确定了涵盖“宏观—中观—微观”规划思路，从三个层次和维度入手层层递进、逐层聚焦。

（1）在宏观层面分析广州市综合管廊的建设条件，制定建设策略导向，甄别筛选管廊规划建设区域，布局综合管廊总体方案。

（2）在中观层面以行政区划为依据分解建设任务、落实综合管廊选址，并与区域控规相协调，预留管廊配套及附属设施用地，达到控制效果。

（3）在微观层面针对近期实施计划的项目深化综合管廊节点导则，提出相应的规划控制原则与标准，协调各类市政管线。

规划在三个不同的层面落实专项规划的编制要素，尤其在中观、微观的层次增补专项规划的内容，比如综合管廊在建设中存在与城市用地规划矛盾的地方，给予弹性管控原则和指引；相关附属设施用地标准；节点设计导则等方面。

在此基础上，编制广州市综合管廊建设投融资方案，结合当地实际情况提出管廊运营—管理—维护建议。

3. 规划策略

广州市综合管廊建设针对不同区域，采用不同的建设策略导向。一是重点发展区结合道路、轨道交通、功能区、旧城改造等全面开展综合管廊建设。二是一般建设区结合市政工程建设有选择地进行综合管廊建设。三是谨慎建设区一般不安排综合管廊的建设项目。

广州市综合管廊建设重点：新建及改建主、次干道路。土地一级开发项目。城市重点功能区，结合地下空间利用建设综

合管廊。结合轨道交通项目；结合旧城改造。

4. 规划内容框架

围绕规划思路，梳理规划各层级对应解决的规划内容框架。按照《城市地下综合管廊工程规划编制指引》编制，主要内容框架包括：规划可行性分析、综合管廊建设区域划定、综合管廊系统总体布局、综合管廊分区规划方案、管线入廊分析、综合管廊断面方案、综合管廊三维控制线划定、综合管廊重要节点控制规划、配套及附属设施规划、近远期建设时序及投资估算、运管维机制及保障措施、规划衔接建议等。

三、规划特点

1. 体系完整，明确规划深度定位

规划形成大城市以上规模城市综合管廊规划编制的新体系，明确规划深度以及规划体系定位。以"宏观—中观—微观"为核心思路，以工程规划落地实施为目标，遵照翔实的内容框架编制，分别从宏观的总体层面、中观的落实层面、微观的控制层面进行规划研究。

总体层面围绕广州城市重大战略发展平台明确管廊建设重点区域，结合重大市政工程布局管廊总体方案，打破行政区划，全面统筹考虑全市管廊的关联性最终形成 500 余 km 的管廊方案；中观层面分解 11 个行政区的建设任务，以"控规一张图"为基础落实管廊选址，预留管廊设施用地，划定管廊三维控制线，并确定管廊断面及配套、附属设施方案；微观层面对管廊四类典型节点进行设计，制定节点控制导则，针对各类管线提出协调建议，并制定管廊防灾原则；最终编制管廊投资估算及投融资方案，提出全面的运管维建议，指导管廊后续建设实施。

2. 理性务实，因地制宜制定策略

规划前期在全市范围内进行现状地下管线调研，调阅大量、相关专业图纸。广州市现状、规划管线极其复杂，大型市政管线往往不在同一路由，但管廊需要最大程度纳入这些管线，则不能完全以依靠全市大型管线为目标对象建设管廊，若仅按大型管线路由规划则会导致规模过大，规划明确需以片区为管廊规划基本单元，结合大型管线迁改、建设研究管廊关联性。

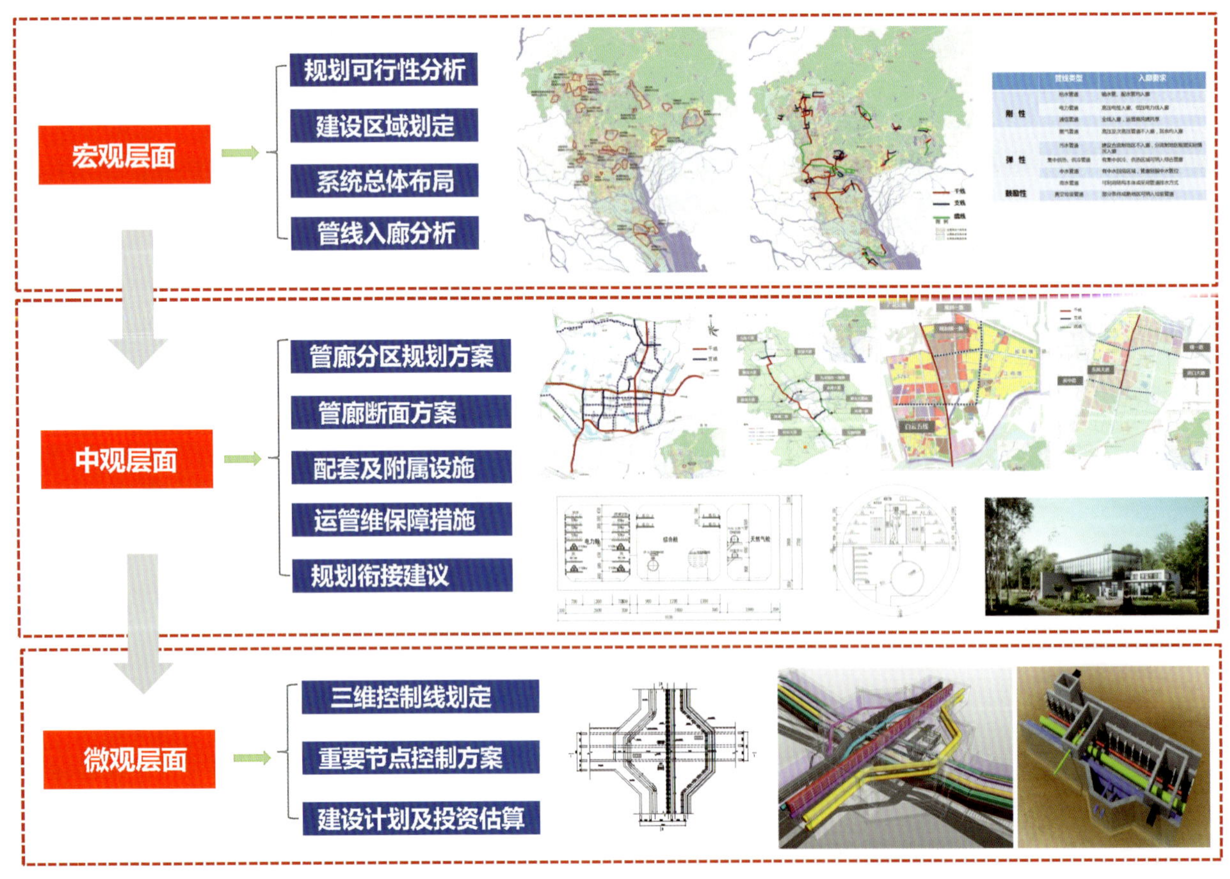

广州市综合管廊专项规划内容框架

3. 技术创新，引领同类规划发展

本规划是第一个系统性的、全面的城市综合管廊专项规划，可借鉴的规划编制的思路、规划关键技术有限。规划过程中宏观、中观选址定量评估模型，中观层面海绵管廊断面设计，微观层面管廊与地铁、地下空间控制细则等均属首次创新尝试，并取得行之有效的效果。

4. 专业协同，统筹协调各大系统

规划涉及用地、道路、轨道交通、水务、水利、电力、通信、燃气、防灾等多个专业，广州市大部分区域已建成，在城市建成区协调难度巨大。

规划针对广州市不同的区域特点，提出不同的建设策略，充分考虑各个专业的具体要求，对影响因素进行详细分析，抓重点、分主次，进行全面协调，科学合理地布设地下综合管廊及管廊设施等，达到了规划的总体要求。

5. 点面兼顾，适度聚焦设计建设

规划在注重基本指导作用的同时亦聚焦规划落地性，以工程建设的要求对部分方案进行论证，聚焦实施层面的潜在问题，提供解决问题的方法。规划以工程建设要求充分论证部分管廊线位走向、三维控制线的划定、细化节点控制等。

四、规划创新

1. 形成了一套管廊专项的编制方法

本规划在编制以前，国内无专门的管廊专项规划编制导则，通过对本规划编制成果的总结，形成了一套针对大城市管廊规划编制的方法，明确了编制的内容和深度，拓展延伸了管廊规划的编制层次和体系，填补了此类规划编制套路的空白。

目前规划通过总结凝练已成为行业编制标准，指导类似项目的编制。

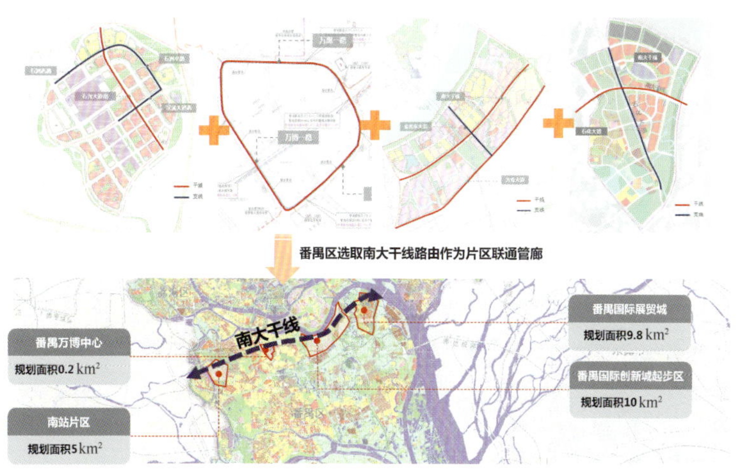

广州市管廊关联性论证

2. 首次提出“刚弹结合”的管线入廊原则

广州城市建设用地面积较大，管线敷设问题复杂多样，秉承“建设管廊的区域所有管线必须入廊”原则，有序逐步推进各类市政管线入廊，管线入廊分为刚性、弹性、鼓励性三种方式。

对于不同类型管线入廊提出精准要求和规定，结合广州北高南低的竖向特点，弹性地提出了污水、燃气等管线入廊方案，逐步推进市政管线全线入廊。

3. 开发综合管廊选址评估数学模型

规划中首次创新开发了综合管廊选址评估模型。模型开发的重点是科学界定各类指标之间的权重与关联关系，目的是得出不同地段、不同区域、不同用地条件下综合管廊建设需求。

评估模型将包含综合用地、道路交通、市政管线、水文地质、地下空间等5类一级指标、20个二级指标综合考虑，结合GIS分析系统，以城市道路为载体，建立选址数学评估模型，为管廊布局提供定量支撑。

4. 首次提出“海绵管廊”规划断面

针对广州城区“水浸”情况，在局部区域，规划创新提出“海绵管廊”断面以缓解城市内涝。断面方案中含有雨水管线的部分，以海绵城市的“滞、蓄、排”为理念，充分利用管廊本体布置雨水舱，并校核雨水舱的竖向位置，做好与河涌水系的衔接，搭建了内涝防治、海绵城市与综合管廊三者之间的纽带，体现城市市政基础设施“集成发展”新思路。

五、规划实施

规划成果主要实现对广州市综合管廊后续建设的引导，相关结论已经在广州市“控规一张图”成果中详细落实，地铁11号线、天河智慧城、国际金融城、广花公路、琶洲西区、明珠湾起步区等管廊已在规划成果指导下，落实施工图设计，部分项目已开始建设。

“刚弹结合”的入廊原则、选址评估模型理论已被多次引用到国内其他城市同类规划的编制中，“海绵型”管廊断面已广泛推广到其他城市，作为内涝防治与综合管廊结合的典型案例。

上海市新能源车辆及其充电基础设施发展规划

2017 年度全国优秀城乡规划设计奖（城市规划类）三等奖、2017 年度上海市优秀城乡规划设计奖二等奖

编制时间：2015 年 4 月—2015 年 12 月

编制单位：上海城市交通设计院有限公司

编制人员：朱鲤、万鹏、俞雪雷、姚瑶、张蕾、陈琛、叶磊、张品立、许佳、张纯、刘志伟、石红云、王若琳、何千羽、朱杰

一、项目背景

电动汽车充电基础设施是新型的城市基础设施，是推广应用电动汽车的基本保障。大力推进充电设施规划建设，是落实国家新能源汽车产业发展战略、建设“便捷、高效、绿色”综合交通体系的客观需要，也是完善上海城市基础设施建设体系、方便人民群众生活、促进城市绿色发展的重要举措。近几年，随着电动汽车推广规模的不断扩大，电动汽车充电难成为首要且必须解决的问题。

在国家大力发展和推广节能与新能源汽车的大背景下，在上海市购买新能源车辆、充电设施建设补贴、免费送沪牌等政策的积极鼓励下，上海新能源车辆自 2014 年开始增幅显著。伴随着新能源车辆规模的增长，充电设施配套难成为制约新能源车辆发展的突出问题，政府接到市民“充电难”“无法安装充电桩”“私人用户乱拉电线”等投诉明显增多，国家也提出每年新增及更新的公交车中新能源公交车比例要达到 50%～80%，充电基础设施配套成为发展新能源车辆必须解决的首要问题。

二、规划构思

本规划在国务院新能源充电设施发展指南之前即开始编制，对于发展模式、发展方向、发展规模等有深入研究与探索。规划形成的主要结论，如规划指导思想、发展策略、发展模式、桩车比水平及服务覆盖率等重要指标，与国务院编制的发展指南不谋而合，对本市充电设施建设发展起到了很好的引导作用。作为推进本市未来五年充电设施发展的指导性文件，规划是上海全市推进充电设施建设的重要行动指南。规划在充分调研新能源车辆及充电设施使用现状的基础上，重点围绕“发展什么、发展多少、怎样发展”三大问题，结合上海新能源车辆发展趋势、技术特点、能源补贴幅度越来越大及沪牌政策的推动下，2015 年上海新能源车辆快速增长，对充电设施的规模及布局提出更高的要求，指数级别的发展给预测“十三五”充电设施发展规模带来不小挑战。

在项目研究过程中，国家及上海新能源政策变化对项目有两次比较大的影响，一是 2015 年 6 月《上海市电动汽车充电设施建设管理暂行规定》的出台；二是同年 10 月《国务院关于加快电动汽车充电基础设施建设的指导意见》《电动汽车充电基础设施发展指南（2015—2020 年）》的出台。但可喜的是，规划研究形成的基本结论均与新出台的相关政策、发展规划不谋而合，在发展理念、发展模式、发展方向与新政保持了高度一致。

最终形成的研究成果社会认知度高、参与度高，可操作性强，应用范围广，具有系统性、前瞻性、科学性、示范性等基本特点，构成 2016 年正式对外发布《上海市电动汽车充电基础设施布局规划（2016—2020 年）》的主要内容。

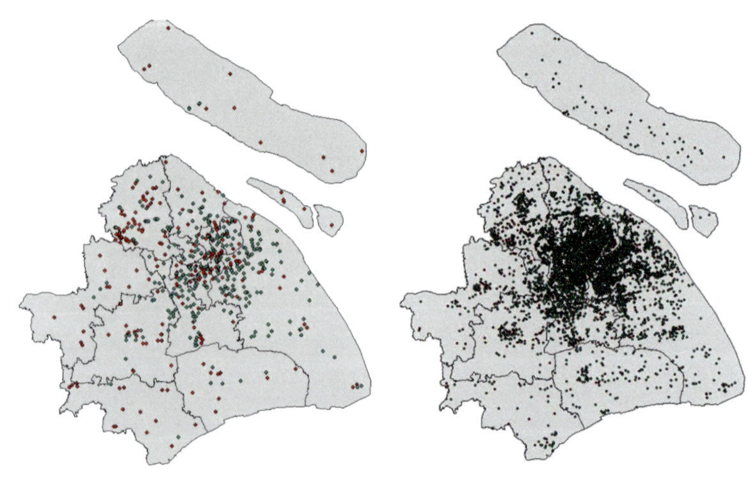

2015 年 3 月充电桩分布图　　2015 年底充电桩分布图

三、规划特色与难点

项目涉及新能源发展新领域，发展不确定性强，且在研究初期国家及其他地区新能源充电设施规划等也在同步编制，缺少上位或其他相关规划指导，因此在项目研究过程中存在诸多问题和不小难度，主要表现在以下两个方面：

1. 规划研究易受“技术发展不确定性”影响

新能源车辆发展日新月异，电池技术、车辆技术、充换电技术的发展对行业发展产生重要影响。在研究初期，是发展充电桩还是采用换电模式，在社会上存在不小争议，每个地区发展的新能源车辆类型也对充电设施有不同的要求，纯电动车型需要大量的城市快充桩，但上海大量的油电混合车型则以城市慢充桩为主，新能源技术对于公交运营的实用性及适用范围影响显著，同时社会车辆的快充、慢充设施要如何发展也是项目必须要解决的问题。

2. 规划研究易受“政策变化不确定性”影响

规划研究与扶持政策的制定基本在同一时间内开展。规划研究初期新能源车辆推广主要通过鼓励政策支持发展，政策的变化对行业发展产生重要影响，其中包括国家政策导向及对新能源产业的发展定位，地方产业发展政策、购车补贴政策、充电设施建设补贴政策及牌照政策等。这些政策的变化将在本研究中对预测新能源车辆发展规模、确定充电设施建设体量起到关键作用。

四、规划主要内容

1. 运用大数据分析，全面掌握发展现状

包括各种类型、分区域的新能源车辆推广情况摸排、各种充电设施发展规模（自用、专用、公用）、车桩比水平、充电设施运营情况、覆盖率水平测算等。截至 2015 年底，全市累计销售各类新能源车辆超过 5.6 万辆，其中新能源乘用车 5.1 万辆，在实施购车补贴的区及中心城区购买新能源车比例较高；已建各类充电设施 2.17 万个，其中私人自用充电桩 1.65 万个、专用桩 0.4 万个、社会公用充电桩 0.12 万个。在公交充电设施方面，分析了全市 16 000 余辆公交车的更新计划及 1 400 余条公交线路的空间分布，为确定新能源公交的发展线路及发展计划奠定基础。

2. 根据技术发展水平，确定选择何种方式为车辆提供能源服务

包括对交流慢充、直流快充、换电系统等不同方式的适用性分析，以及研究确定上海市充电设施发展原则、不同场所充（换）电方式和建设形式等。确定遵循“自（专）用为主、公用为辅、快慢结合、分类落实”原则，在设施建设方式上做到“合建为主，单建为辅”，逐步在市域范围内形成以住宅小区、办公场所自用、专用充电设施为主体，以公共停车场、独立充电站等公用充电设施为辅的充电服务网络，在对外通道上形成沿放射状城际高速公路为主要轴线的公用充电设施服务走廊。规划在上海市中心城和外围地区形成 2 个公共充电网点服务圈，中心城区（外环以内）服务半径为 0.9 km、外环外半径为 1.5 km，建立像加油站一样便捷的电动汽车能源补给网络。

3. 重点解决“发展多少充电设施”的问题

根据政策导向、机动车保有量、公交车更新量、居民出行方式发展趋势等测算上海新能源车辆发展规模；通过确定合适桩车比及服务半径、追踪新能源车辆发展轨迹等方式，测算上海充电设施发展总体规模，确定公交充电设施建设计划，并对各区发展规模提出相应要求。规划至 2017 年、2020 年全市

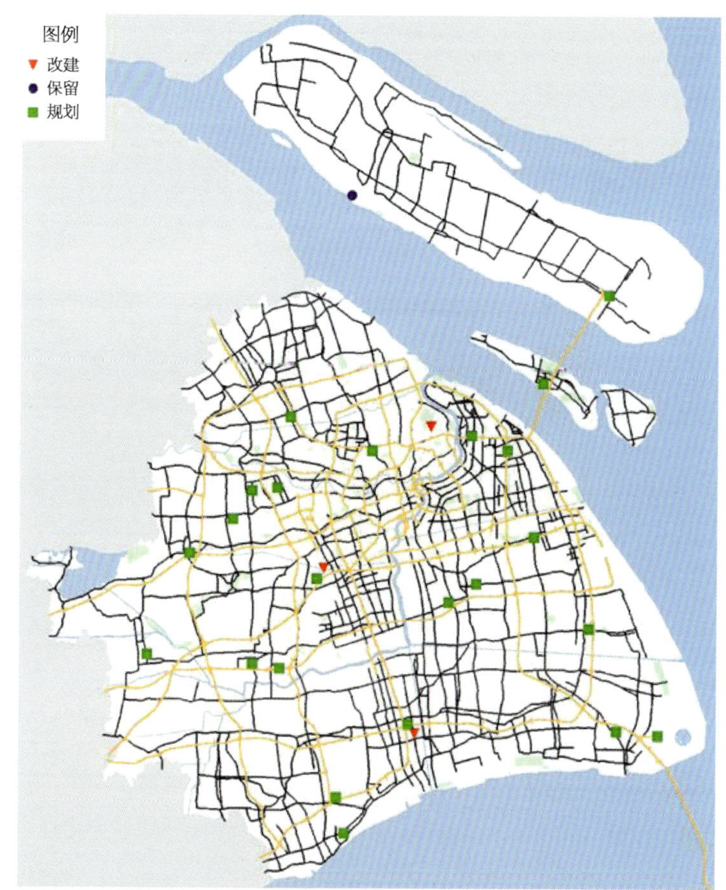

新能源公交远期常规充电设施布局方案

新能源车辆发展规模达到13万辆、26万辆。其中社会乘用车达到9.7万辆、19.6万辆，公交车达到4 700辆、8 000辆左右规模。遵循“桩随车走、按需配置”责任建设自（专）用充电设施，按照公用充电设施与新能源乘用车比例1∶7建设公用充电设施，至2020年全市充电设施总量不少于21.1万个，其中公用充电设施总量达到2.8万个。

4. 解决“如何发展充电设施”的问题

包括规划策略与目标制定，重点提出区域差别化、集约化、自（专）用为主的发展策略；确定各功能业态配建充电设施的基本要求；确定规划布局方案以及相应的规划实施建议。提出要树立创新、协调、绿色、开放、共享的发展理念，贯彻落实国家加快新能源汽车推广应用和充电设施建设等意见，按照市委、市政府的决策部署，坚持以纯电驱动为新能源汽车发展的主要战略取向，将充电设施建设放在更加重要的位置。提出区域发展差别化策略，一类地区形成多点分散、密度较高的充电服务网络，按照0.9 km服务半径布置充电设施；二类地区形成适当集中、布局均衡的充电服务网络，外环内按照0.9 km服务半径布置，郊区新城及其他区域按照1.5 km服务半径布置；三类地区形成分级明确、适当预留的充电服务网络，集建区按照1.5 km服务半径布置。明确住宅小区、办公场所、P+R换乘停车场、道路停车场、高速公路服务区等分场配建要求。其中新建住宅按照100%预留充电设施建设安装条件，其他配套新建停车场（库）按照10%～15%比例配建充电设施，具备条件的已建停车场（库）按照不低于总停车位数量的5%比例在2020年前逐步配建到位，鼓励在最低标准基础上增配充电设施。明确充电设施应纳入高速公路配套设施建设要求，新建高速公路服务区每处停车场应至少配建8个直流快充桩。已建成的高速公路服务区和有条件改造增建充电设施的加油站，到2020年每处停车场应至少配建4个直流快充桩。

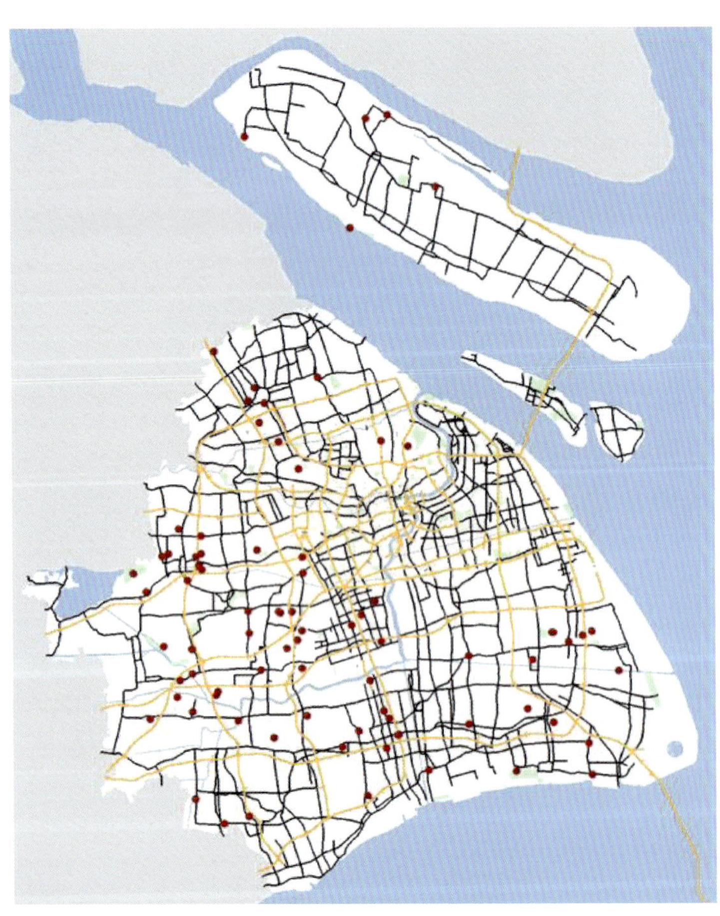

新能源公交远期快速充电设施布局方案

未来结合新能源汽车发展需求逐步增加配建数量。明确要按照每2 000辆新能源汽车配套建设一座公共充电站，中心城区（外环以内）以停车场合建为主，浦东、嘉定等八个区宜根据已有的规划，适当建设大、中型充换电站。鼓励利用已有用地条件较为宽裕的加油加气站，配建直流充电桩（群）。明确单车日均运营里程小于200 km的常规公交线路使用纯电动公交车，其他线路纯电动公交投放比例不低于60%。2017—

上海市各区公用充电设施建设计划表　（单位：个）

区　县	2017年各区公共充电桩建设计划	2020年各区公共充电桩建设计划	按国务院新政2020年前需配建公共充电站个数
浦东新区	2 900	6 200	≥29
黄浦区	600	1 300	≥6
徐汇区	750	1 600	≥7
长宁区	650	1 400	≥7
普陀区	750	1 550	≥7
静安区	850	1 900	≥8
虹口区	450	1 000	≥5
杨浦区	800	1 700	≥8
闵行区	1 250	2 700	≥12
宝山区	750	1 600	≥7
嘉定区	1 050	2 300	≥10
金山区	600	1 300	≥6
松江区	650	1 400	≥7
青浦区	450	1 000	≥5
奉贤区	550	1 100	≥5
崇明区	200	450	≥2
合　计	13 250	28 500	≥130

2020 年每年新增及更换的公交车中新能源公交车比重应分别达到 60%、70%、80% 和 80% 以上。原则上纯电动公交车按照“一车一位”配置。至 2020 年，全市新能源公交充电车位达到 9 093 个，有充电功能的公交停保场达到 98 座。此外，规划还明确提出各区公用充电设施建设要求，各区可在最低建设要求基础上进一步提高充电设施配建规模。

五、规划实施情况

1. 社会效益及影响

随着越来越多的人接受并购买新能源汽车，充电设施成为市民关注的重要问题，近年来，12345 热线关于充电设施建设难的投诉逐渐增多，新闻媒体多次报道、人大代表重点关注，成为社会的热点问题。同时，在中心城老旧小区里充电设施安装困难的条件下，公用充电设施发展多少、怎样发展也受到社会、媒体等的广泛关注。本规划社会认知度高、参与度高，在编制过程中，充分采纳发改委、交通委、经信委、住建委等主管部门意见，邀请同济大学汽车学院、电力公司、主要充电设施建设运营商、公交企业及场站管理单位等行业专家参与研究全过程，真正敞开门做规划。《2016 年社会车辆充电设施规划》《公交车辆充电设施规划》两个项目经研究成果修改完善、内容合并后形成正式的《上海市电动汽车充电基础设施专项规划》征询意见稿，在为期一个月的公众意见广泛征询后，最终形成正式的对外发布稿。

2. 主要实施成果

规划研究成果是《上海市电动汽车充电基础设施布局规划（2016—2020 年）》正式对外发布稿的重要组成，在新出台的本市新能源发展扶持政策、管理运营办法等相关文件中均有引用，应用范围广泛、推动作用显著。

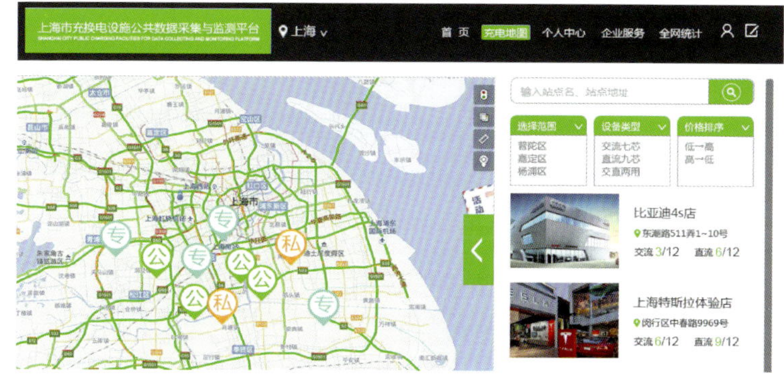

市级充电设施服务平台

充电设施配建实景

分时租赁网点实景

上海市充电设施规划对外发布较早，对国内其他省市充电设施规划的发展也有积极的借鉴意义。项目研究成果提出充电设施发展的主要策略、发展方向，对指导全市充电设施建设起到了显著的推进作用；提出新能源公交车发展规模及充电设施布局，社会各种场所充电设施的配建指标，在规划实施后全面参照执行；提出上海各区 2017 年、2020 年充电设施发展目标，为制定近期充电设施建设计划提供支撑；作为本市充电桩发展的上位规划，各区专项规划及相关技术规范修编均参考了本规划研究的主要结论。

在规划指导下，2016 年、2017 年上海市新能源车辆、充电设施数量显著增长，发展规模在全国处于领先位置。截至 2017 年上半年，上海市累计推广各类新能源车辆约 12 万辆；全市已建各类充电设施 8.7 万个，其中私人充电桩 4.9 万个，专用、社会公用桩各 1.9 万个。（2015 年底全市各类充电设施 2.17 万个，其中私人、专用充电桩 2.05 万个、社会公用桩仅 0.12 万个）。

上海市充电设施推进建设机制形成，充电设施进入快速增长期。上海成立了全市充电设施企业联盟、分时租赁企业联盟，推进充电设施建设与分时租赁网点建设。各区公共充电桩建设责任到人，公共充电桩建设情况纳入节能减排考核范围；全市统一充电设施服务平台建成投运。

2016 年上海市政府将“全市新建 4 000 个公共充电桩”列入市政府实事项目，全年新建公共充电桩 5 696 个，累计完成年度目标的 142.4%。2017 年上海市交通委继续发布《上海市电动汽车充电设施建设重点工作安排》，要求继续落实专项规划要求，统筹推进 2017 年“6 000 个”公共充电桩的建设任务。

全市分时租赁充电设施作为一种有半公共属性充电设施，在规划、政策支撑下得到快速发展壮大。截至 2017 年上半年，全市分时租赁网点超过 2 700 个，车辆数超过 6 200 辆，充电桩超过 1.3 万个，会员数超过 63 万人，月有效订单超过 47 万单。

乐山市城市综合交通体系规划

2017 年度全国优秀城乡规划设计奖（城市规划类）三等奖、2017 年度上海市优秀城乡规划设计奖二等奖

编制时间：2010 年 8 月—2015 年 11 月

编制单位：上海同济城市规划设计研究院、乐山市城乡规划设计院

编制人员：黄建中、王新哲、张乔、惠英、赖志国、刘波、柳朴、方文彦、王建蓉、胡刚钰、吴萌、余波、张羽、刘俊、王靖宇

一、规划背景

乐山市位于四川省西南部，是国内知名的旅游城市、山水园林城市，川南地区重要的交通枢纽，有着丰富的资源及独有的特色。

随着乐山在成渝城市群的战略发展导向中被确定为重要区域中心城市，其区域交通地位得到重视，是成都向南的主要出入门户。乐山机场、成贵铁路等重大交通设施规划的确定，将进一步促进城市区域交通地位提升与经济社会发展，城市空间格局的拓展框架也将继续拉大。

现状城市交通系统的建设在已有规划指导下已取得长足成效，但在面临城市交通地位持续提升与空间格局框架进一步拉大的背景下，已有的相关交通系统规划逐步显现出了局限性，交通拥堵渐剧、出行环境恶化、绿色交通出行受到挑战等多种城市交通问题逐步显现。

从短期来看，乐山市城市交通缓堵与重大设施建设安排十分迫切；从长远来看，交通系统建设的可持续与多元交通方式的发展诉求必须正视。本规划的重点与难点是转变传统的城市交通发展模式并作出合理的交通系统建设安排。

二、规划思路

本规划改变传统交通发展模式中以“工具理性”为导向的规划思维，强调向“价值理性”的交通规划理念转变，以促进社会公平公正及可持续发展为导向，实现从重视机动车出行转变为关注“以人为本”的全方位出行需求，并突出与城市总体规划的协同互动，提出创建“多元共享、公正包容、弹性适应、彰显特色”的城市综合交通系统，为城市可持续发展奠定良好的交通基础。

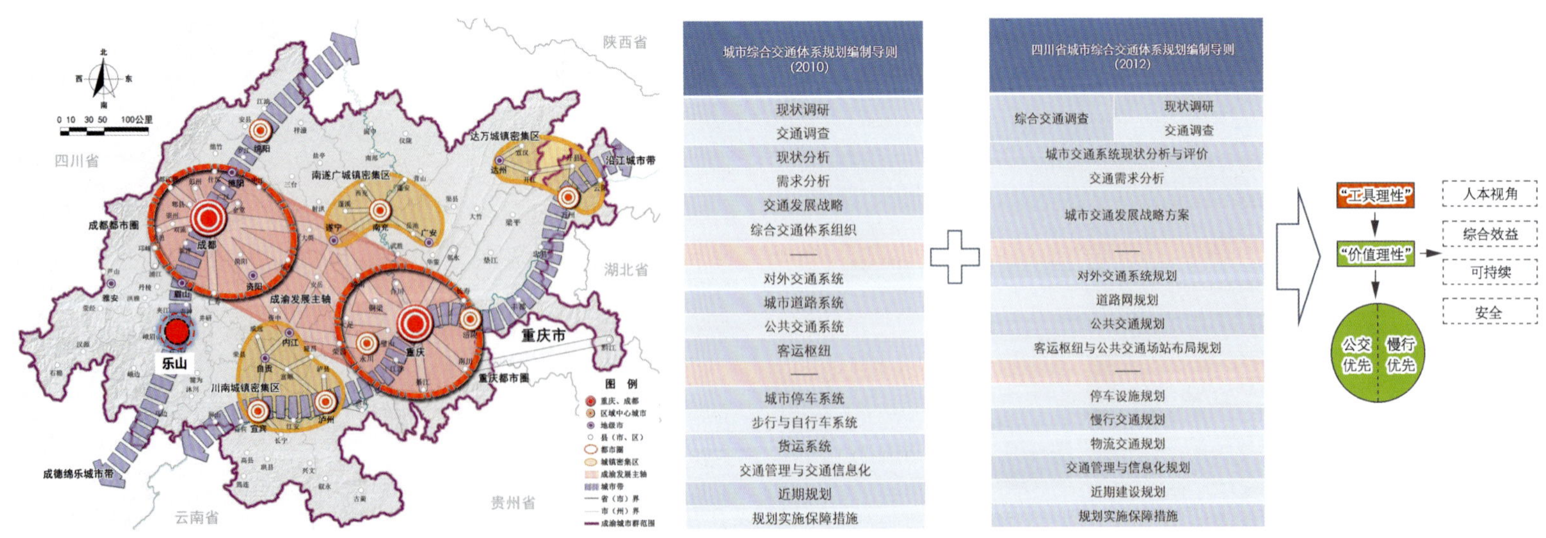

区位示意图　　“价值理性”的综合交通规划理念

三、规划要点

1. 践行全域交通一体化的战略导向

顺应区域一体化趋势，突破行政边界限制，以强化区域空间结构协调、促进城市间与功能组团间的交通设施对接、提高区域交通设施的复合利用为思路，通过融合策略，强化“区域—市域—乐北”组合城市的区域交通衔接与一体化，促进“多网协同”的多式联运交通系统格局。

2. 锚固与土地使用相协同的综合交通网络

交通系统与城市用地相协同的重点体现在道路交通系统与用地布局的协调、交通系统建设与城市发展阶段的协调等方面。规划适应乐山市“多中心、组团式”的空间结构发展导向，促进交通网络与用地布局基础上的职住关联，推动交通网络、客货运枢纽与城市各层次中心的相互耦合，发挥交通系统对城市空间结构的支撑与引导作用。

3. 构建高效绿色的多方式客货运系统

应对多元化出行趋势，打造多方式组合的城市客运系统，建设多层次客运衔接体系，实现不同交通方式的多元共享。

针对现状产业布局缺乏整合以及客货交通组织冲突等问题，结合产业空间整合，布局多类型物流通道与枢纽体系，构建满足产业发展与货物集散需求的货运体系。

4. 适应不同群体需求的慢行与公交体系

适应不同群体需求的差异化特征，划定五类慢行分区进行引导，协调兼顾弱势群体的步行及自行车系统，复兴“公正包容”的慢行交通体系。

建立以现代有轨电车和常规公交为主体的城市公交体系，科学分析并预留轨道交通建设条件。通过政策分区、路权优先等手段，实践公交优先的发展策略。

5. 彰显城市特色的绿色与旅游交通系统

围绕乐山建设“国际旅游目的地”的目标，在市域层面规划“两心、两廊、七营地”的旅游交通网络，在中心城区重点布局旅游通道、旅游公交及特色滨水慢行系统；推行适应山水组团格局的 TOD 发展模式，促进绿色出行。

6. 制定可实施的政策引导与近期工作方案

提出中心城区的四类政策分区，并制定详细的政策引导与指标要求；结合当前重大建设安排，提出近期交通系统详细建设指引与方案。

四、规划特色

1. 以人为本，强调“价值理性”的综合交通规划理念

在既有编制导则指引基础上，进一步强调由“工具理性”向“价值理性”的理念转变，充分贯彻公交和慢行优先战略，实现从重视机动车出行到关注人的全方位需求的视角提升。

2. 两规同步，建立与总规协同编制的工作内容与机制

本规划与《乐山市城市总体规划（2010—2030 年）》同

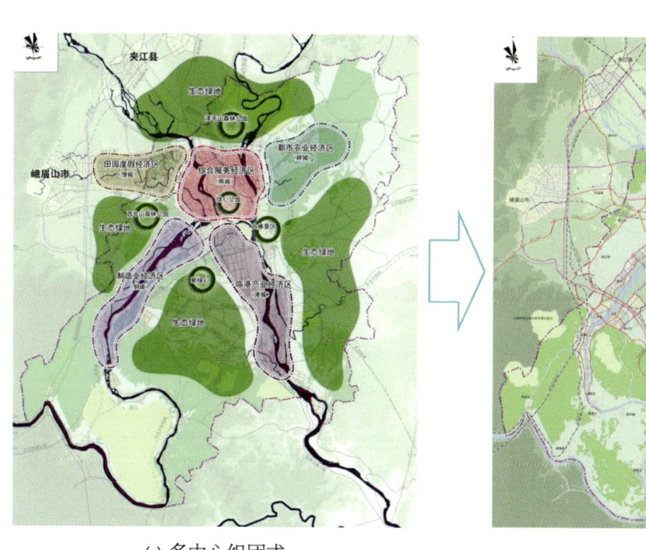

(a) 多中心组团式

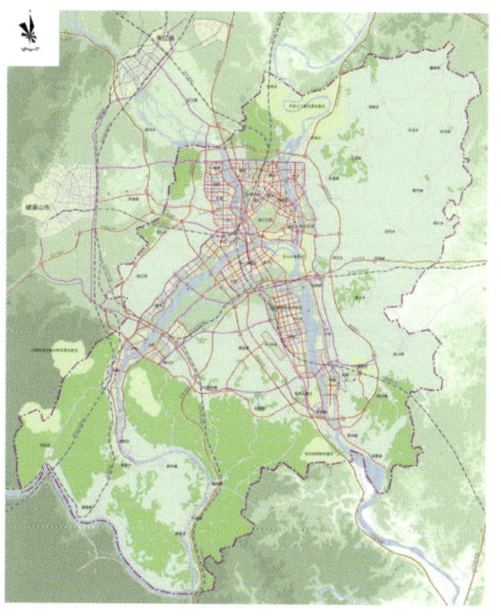

(b) 交通网络

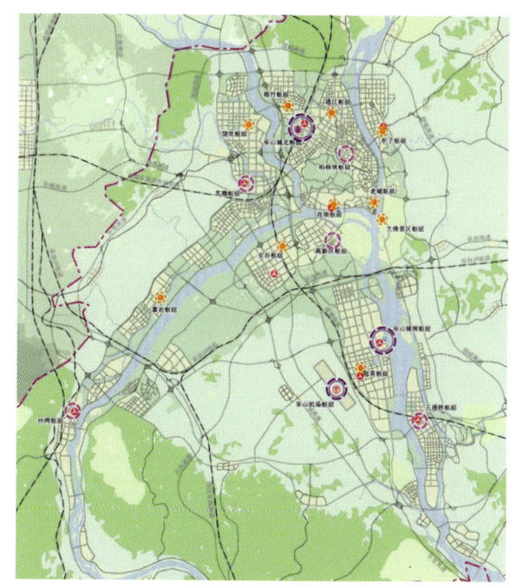

(c) 枢纽体系

与土地使用相协同的综合交通网络规划图

步开始编制，是四川省首例与地级市总规同步编制的交通专项规划，也是该省第一个按照《四川省城市综合交通体系规划编制导则》要求编制的交通专项规划。两规同步主要体现在三个方面：

（1）与总规内容层次及思路的一致。通过前期战略判断，实现与城市空间框架相协调，从“市域—组合城市—中心城区”三个层面构建全域一体化综合交通体系。

（2）与总规编制过程的动态同步。突出交通与城市空间的协调发展，对交通方案与总规方案同步进行多轮测试与论证，明确了交通外引与工业外迁的组团化发展思路，为实现城市空间结构的重大转变提供了决策依据。

（3）规划成果的协同。将交通规划的成果完整地纳入城市总体规划，并在总规获批以后，根据地方实际建设需求，进一步深化完善了交通规划的成果内容。

3. 弹性适应，制定适应城市多种发展情景的弹性策略

突破中心城区范围，将峨眉、夹江纳入整体交通 OD 分析与预测中，与总规方案同步进行交通系统的多情景模拟评估，有效地反馈城市总体战略方案的制定。重点对空间方案的路网承载能力、关键断面与通道服务水平及轨道交通建设必要性等内容进行模拟，分析筛选出最合理的战略方案并进行深化。

通过科学超前的轨道交通预测和预留规划，提出与近中期现代有轨电车的渐进式供给，远景形成“轻轨 + 有轨电车”的快速公交网络，实现多模式公交的弹性供给，有效适应城市在不同阶段、不同状况下的公共交通发展需求。

4. 因地制宜，构建面向实施的政策引导与管控体系

强调政策导向的实施引导作用，提出“政策引导”与“规划管控”相结合的编制思路，制定详细的分期工作方案。

通过差异化的交通政策分区，提出涵盖公共交通、小汽车、货运交通以及慢行、停车等各类设施的控制要求，并落实了近期重点项目，从而构建形成“政策引导—规划控制—近期实施”的实施保障路径。

5. 彰显特色，突出山水城市与旅游特色的编制内容

针对乐山山水融城、旅游资源丰富的特点，提出应致力实现城市、交通、山水三者协调发展。通过构建滨水特色慢行系统、旅游交通系统，突出城市滨水与旅游特色。重点研究了组团型城市的跨区关键通道问题、跨江交通问题，以应对因山水形态导致的交通瓶颈。

五、实施效果

规划获批实施以来，对乐山市重大交通项目的规划、设计、建设发挥了重要的指导作用，主要体现在以下几个方面。

1. 已完成诸多以综合交通专项规划为基础的规划编制计划

为缓解中心城区拥堵及停车难问题，结合综合交通规划的要求，乐山市已分别于 2016 年编制完成《乐山市中心城区人行自行车专项规划》和《乐山市中心城区天桥地道过街设施专项规划》，并开展《城市机动车静态交通问题研究》等项目

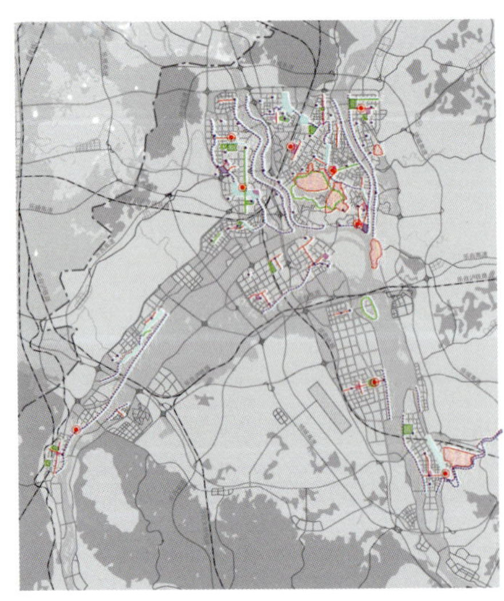
(a) 步行系统布局

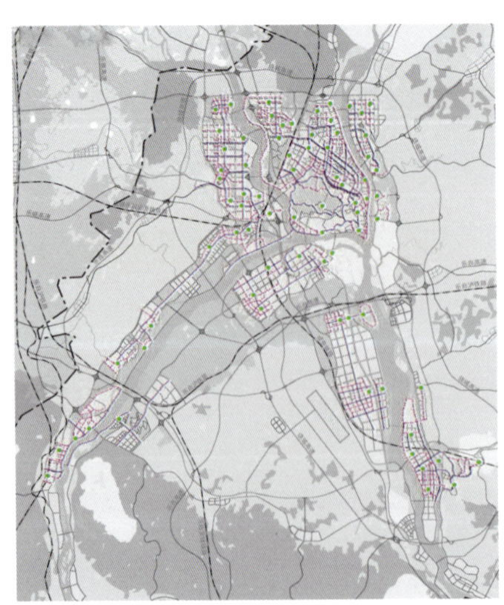
(b) 自行车系统布局

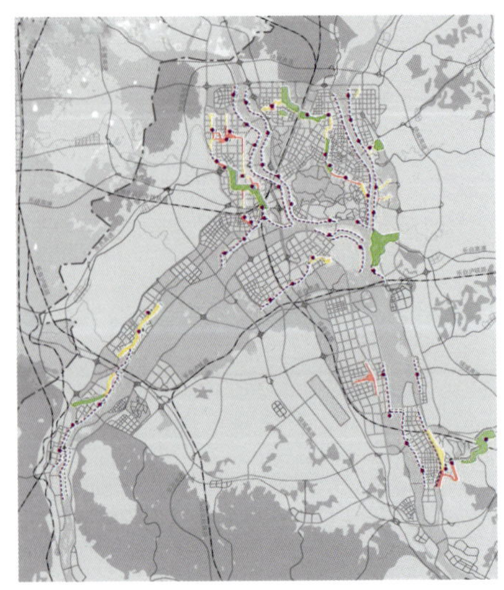
(c) 滨水慢行系统布局

步行、自行车、滨水慢行系统布局图

课题；2017 年编制完成《乐山市中心城区停车设施专项规划》并投入实施。

2. 绕城高速建设稳步推进

规划提出的构建乐山绕城交通体系已在近年的建设中初见雏形。其中，绕城高速南段已经投入使用，北段及东段已经建成并投入使用，西段则将结合已经启动的乐西高速的建设快速推进。随着外围绕城高速的形成，乐山市中心城区拥堵问题将得到极大缓解。

3. 省道 308 线建成通车

省道 308 线东接乐山市中心城区，西接峨眉山市。该线路的建成，将成为继乐峨路、乐峨高速公路后，乐山与峨眉山之间的第三条主要通道，大大加强乐山大佛—峨眉山世界自然文化双遗产之间的联系，推动乐山旅游建设的提档升级。

4. 城市路网不断完善

得益于综合交通规划的有力指导，结合城市新区的建设，乐山市中心城区道路路网日益完善。乐井大道、乐沙生态大道、嘉瑞大道、通棉大道及青衣江大道等片区级道路已经建成通车，大大增强了各片区之间的联系，拥堵问题明显改善。苏稽大道、瑞祥大道、人民西路延伸段等道路完成可研立项。

5. 其他项目

此外，结合综合交通规划以及乐山市的实际需求，在多个部门的配合下，有轨电车系统建设可行性研究、乐山—峨眉空轨交通的选线研究、客运站选址等项目均在积极推进中，将为乐山市交通系统建设与管理提供科学依据。

低方案（不利）

高方案（理想）

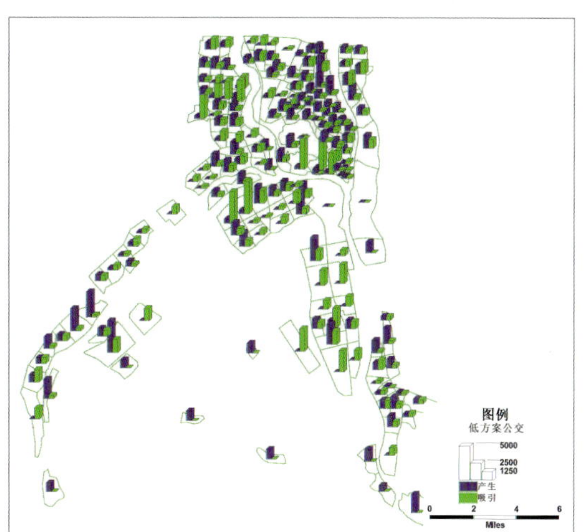

低方案公交产生吸引

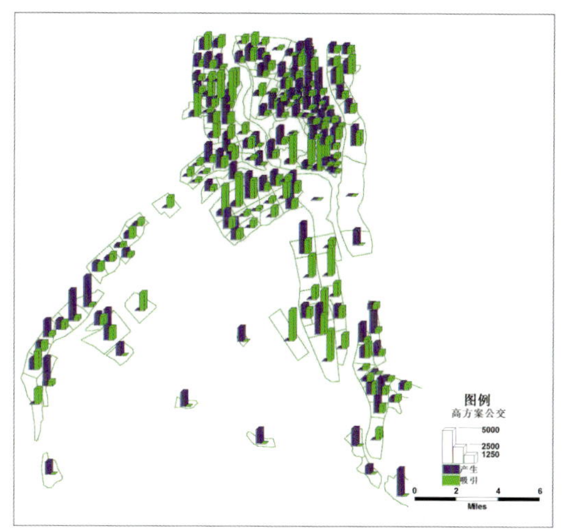

高方案公交产生吸引

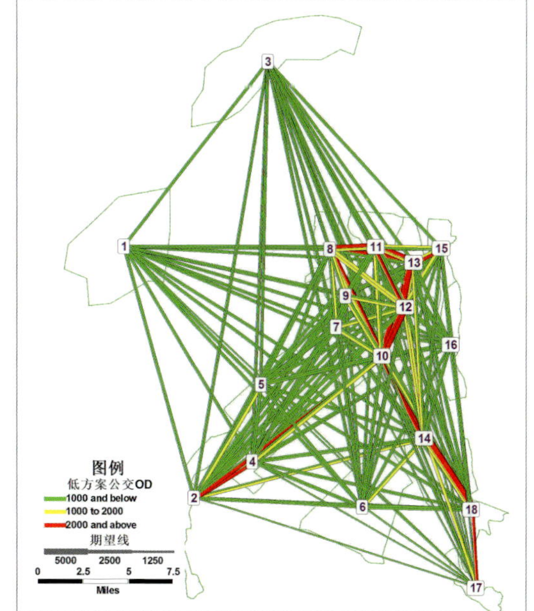

低方案公交期望线

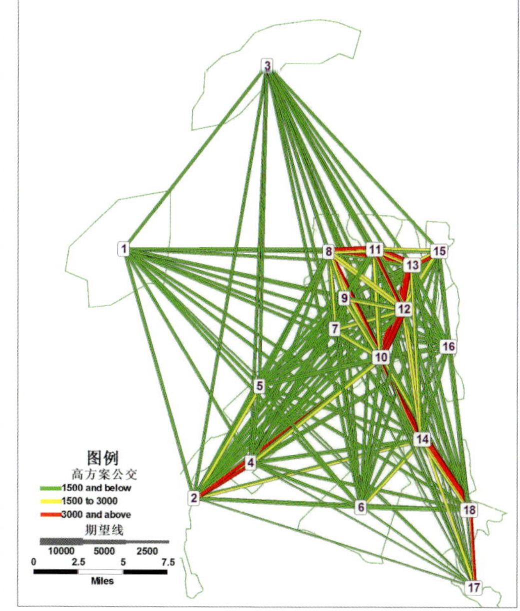

高方案公交期望线

上海市新一轮总体规划生态环境专题研究

2017 年度全国优秀城乡规划设计奖（城市规划类）三等奖、2017 年度上海市优秀城乡规划设计奖二等奖

编制时间：2015 年 7 月—2016 年 12 月

编制单位：上海市城市规划设计研究院

编制人员：郭淳彬、金忠民、詹运洲、陈琳、沈阳、李艳、张莹萍、王彬、邹玉、陆巍、刘博、陈圆圆、覃思捷、梁英竹、杨柳

一、规划背景

从国际总体发展趋势来看，伦敦、纽约等国际大都市在最新发布的战略规划报告中，均十分关注生态、宜居、环保等方面的议题，它们已成为全球城市发展的关键价值导向；在国家层面，生态文明建设作为国家战略，要求特大城市推进绿色发展，解决突出的环境问题，加大生态保护的力度，已作为未来各项发展的指引；在市域层面，上海当前面临人口快速增长与生态保护之间的矛盾以及水体、大气、土壤环境持续恶化的严峻挑战，成为制约上海建设卓越全球城市的最大短板之一。

本研究作为上海市新一轮城市总体规划前期研究 10 个重点专题之一，与总体规划同步开展，立足于破解上海高密度人居环境下城市可持续发展的核心议题与关键策略。

二、技术路线和主要内容

本研究既放眼于全球城市的发展趋势与理念，又立足于上海生态建设的实际工作，通过 3 大板块、16 项议题的分项深入研究，涵盖各类生态空间、环境以及低碳发展要素，并结合静安、青浦、金山、奉贤等区实践工作，开展实证研究，旨在全方位探索上海未来生态环境发展的策略与路径。研究充分借鉴了伦敦、纽约、巴黎、波士顿、芝加哥等全球城市在生态低碳、环境保护等方面的发展策略，以及香港、深圳等城市在公园、绿道建设方面的管理经验，为上海的生态发展提供了技术支撑。主要内容包括五个方面。

1. 从品质提升视角树立生态价值理念

研究基于全球城市的发展趋势，树立了生态优先的价值理念。在强化生态作为底线要素的同时，紧紧围绕生态品质提升，提出强化城市应对灾害的韧性、维护城市的生物多样性、提升生态空间的可休憩性等主要目标。

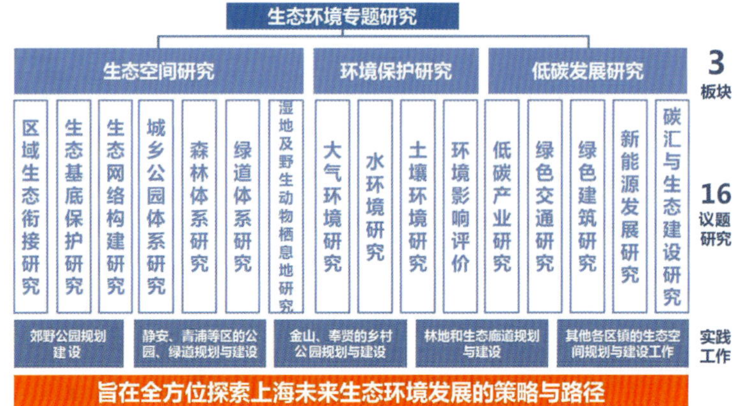

技术路线图

2. 从底线约束视角确定生态管控体系

研究从生态底线约束以及环境品质提升两方面考虑，通过生态服务价值、生态敏感性等综合技术方法，结合国家“三大空间、三条红线”的总体要求以及上海生态基底的实际情况，突出多部门协同的工作方式，确定了生态保护红线以及四类生态空间的划定方案。

3. 从区域协同视角深化生态网络空间

研究基于空间区域化发展的趋势，从长三角、太湖流域层面研究上海的区域生态衔接要求，提出了长江、吴淞江、杭州湾、黄浦江四个重要的区域性生态走廊。通过与周边城市紧密衔接，明确了河湖水质保障、岸线治理、林地建设、绿道连接等多方面的生态衔接和共建要求。在此基础上，研究综合考虑生物多样性维护和生态效益提升，深化了上海“江海交汇、水绿交融、文韵相承”的生态网络体系。

4. 从市民需求视角研究生态环境标准

在上海新一轮城市总体规划 16 000 份问卷调查中，低碳

生态是市民首要关心的议题。研究针对上海休憩空间不足以及环境品质不高的现状，提出了中心城人均公园绿地倍增、打通滨水开放空间、构建全域绿道体系以及建设30处以上郊野公园等规划策略，并明确了大气、水、土壤环境的目标指标和实现路径等，已全部纳入“上海2035”城市总体规划核心内容。

5. 从全球责任视角探讨绿色低碳发展

本项研究以中国至2030年实现碳排放总量达到峰值为前提，以应对全球气候变化为目标，结合上海实际情况，制定了未来上海低碳发展的目标指标以及产业、交通、建筑、能源、碳汇五方面的实施路径。

三、规划创新

1. 观点理念前瞻

本研究在市域生态环境优化的基础上，创新性地将应对气候变化、生态底线约束、生物多样性维护以及区域一体化等理念贯穿始终，制定上海生态环境建设技术指引，与党的十九大提出的生态文明战略要求相一致，体现了课题研究的前瞻性。

2. 技术方法创新

本研究借助大数据手段，运用生态服务价值评估、生态敏感性评估、风道研究等多种生态技术方法，对上海的生态环境进行了分析和评价，并以此为基础制定更为精准的策略，指导生态空间保护与建设工作。

3. 规划平台创新

本研究综合了农业、林业、绿化、环保、水务等多个部门的意见，始终与周边省市、相关部门和市民协同推进规划工作，形成了“区域协作、多规融合、大众参与”的机制与研究平台，凝聚了多方共识，为规划的后续实施打下基础。

4. 实施管理创新

本研究针对上海生态空间精细化管理的要求，以“一张蓝图”为目标，构建了生态环境指标体系，对上海重点生态功能区及生态走廊、生态间隔带、近郊绿环等构成要素进行了指标分解，运用刚性管控与弹性应对的手段，形成150多张可用于监测与管理的生态空间图则，建立了动态监测评估和管理机制。

四、实施应用

本研究与《上海市城市总体规划（2017—2035年）》以及生态专项规划、生态保护红线规划等一系列生态规划工作同步进行，充分发挥了技术指引和前瞻研究作用。

（1）全面支撑。研究形成的生态目标—指标和策略等主要内容，完整纳入《上海市城市总体规划（2017—2035年）》生态环境发展章节之中，为总体规划的编制提供了重要支撑。

（2）强化保护。研究提出的上海市生态空间以及生态保护红线划示的标准，综合协调了各部门的管理和实施要求，技术方法应用于上海生态保护红线划示工作中。

（3）生态规划与建设。研究基于上海市生态空间发展现状，对上海的生态资源进行全面评估和分析，明确了上海未来生态空间格局以及生态建设要求，指导了上海市生态空间专项规划的编制。研究提出的黄浦江滨江两岸及部分郊野公园等重大生态空间已实质性建成。

（4）理论提炼。研究形成的一系列理论成果，发表于《城市规划学刊》等核心期刊，为国内其他特大城市开展生态建设提供参考。

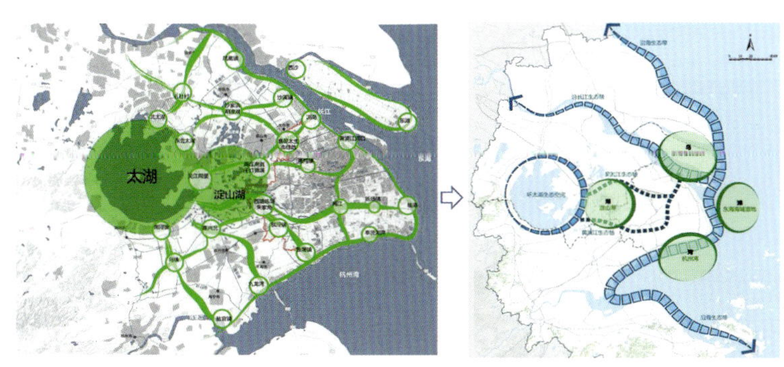

区域生态网络图

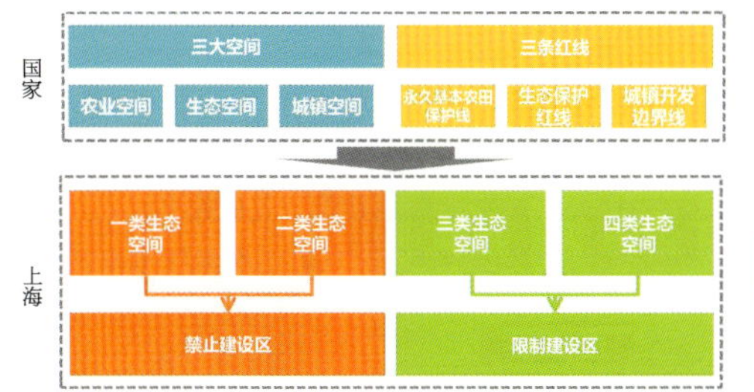

生态管控体系图

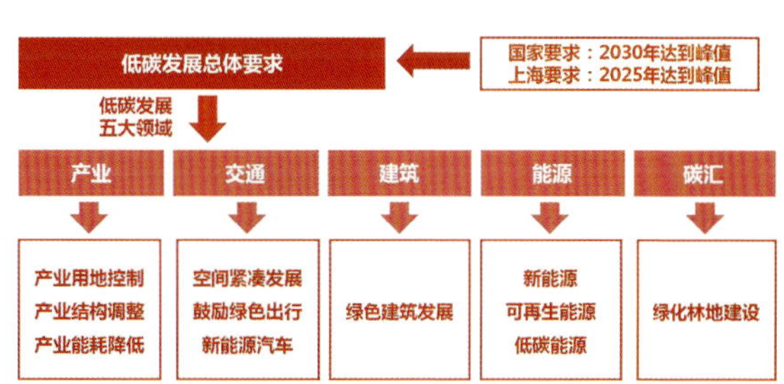

低碳发展要求

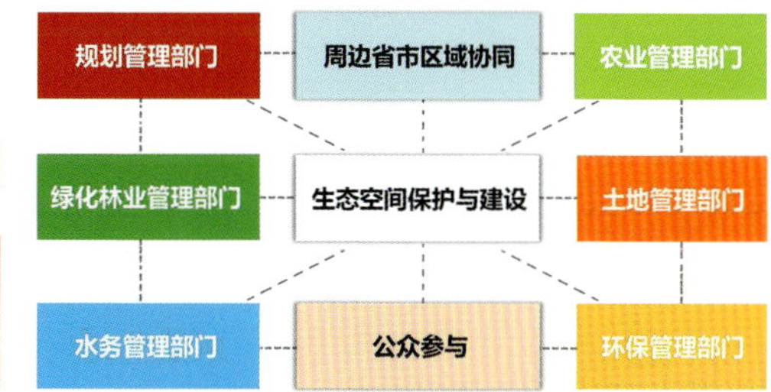

规划平台体系

新疆莎车县 16 个乡镇近期建设规划

2017 年度全国优秀城乡规划设计奖（村镇规划类）三等奖、2017 年度上海市优秀城乡规划设计奖二等奖

编制时间：2015 年 11 月—2016 年 12 月

编制单位：上海市浦东新区规划建筑设计有限公司

编制人员：陈卫杰、盛妍彬、王奕、谢炜尧、陈波、于靖波、王剑、王征、陆晓亮、周密、董祺、陈戈、蔡嘉璐、顾蒙、章佳栋

一、规划背景

莎车县位于喀什地区中部。自 2010 年对口援疆工作开展以来，浦东规划援疆团队为莎车县构建了“总体规划—专项规划—详细规划”完善的规划体系，大力推进了莎车县的有序建设。

莎车县地处昆仑山西北麓，位于帕米尔高原之下、塔克拉玛干沙漠和布古里沙漠之间的叶尔羌河上中游的冲积平原，气候炎热，干燥少雨。莎车历史悠久，地域文化特点鲜明，是古代丝绸之路重镇、古代丝绸之路南道的终点以及南道和中道的交汇点、自治区历史文化名城。总面积 8 956 km^2 的莎车县既是喀什地区的中心城市、人口与农业的大县，也是南疆最大的维吾尔族聚居区。

“十三五”期间，在国家“全面建成小康社会”、自治区“脱贫攻坚”和莎车“维护社会稳定”的战略要求下，莎车县全面深化推进各乡镇的小城镇建设。一方面，各乡镇虽然编制了总体规划，但缺乏直接指导实施的建设规划；另一方面，各乡镇现状建设情况和需求与总规编制时已有了很大差异，故启动编制本规划。本规划既是乡镇规划体系中直接指导建设的重要一环，也是政府落实乡镇居民生活需求、切实关心千万维吾尔族百姓生活福祉的行动计划。

二、规划内容

莎车县选择了需求急迫的 16 个乡镇编制近期建设规划，包括艾力西湖镇、伯什坎特镇、恰热克镇、依盖尔其镇、荒地镇、阿瓦提镇、塔尕尔其乡、乌达力克乡、伊什库力乡、阿斯兰巴格乡、喀群乡、孜热普夏提乡、托木吾斯塘乡、阿热勒乡、米夏乡和亚喀艾日克乡。规划重点是以上乡镇的镇区 / 乡驻地（每个 2～4 km^2）。

本规划紧紧围绕莎车乡镇规划建设中的核心问题展开，即莎车维护社会稳定和脱贫攻坚的紧迫要求与乡镇缺乏具体建设规划之间的矛盾，提出了符合莎车乡镇实际需求的“稳民生、促生产、保基建、展新颜”规划理念。

在“地毯式”调研和广泛听取规划管理部门及维吾尔族百姓需求的基础上，关注各乡镇的共性和特性问题，以问题导

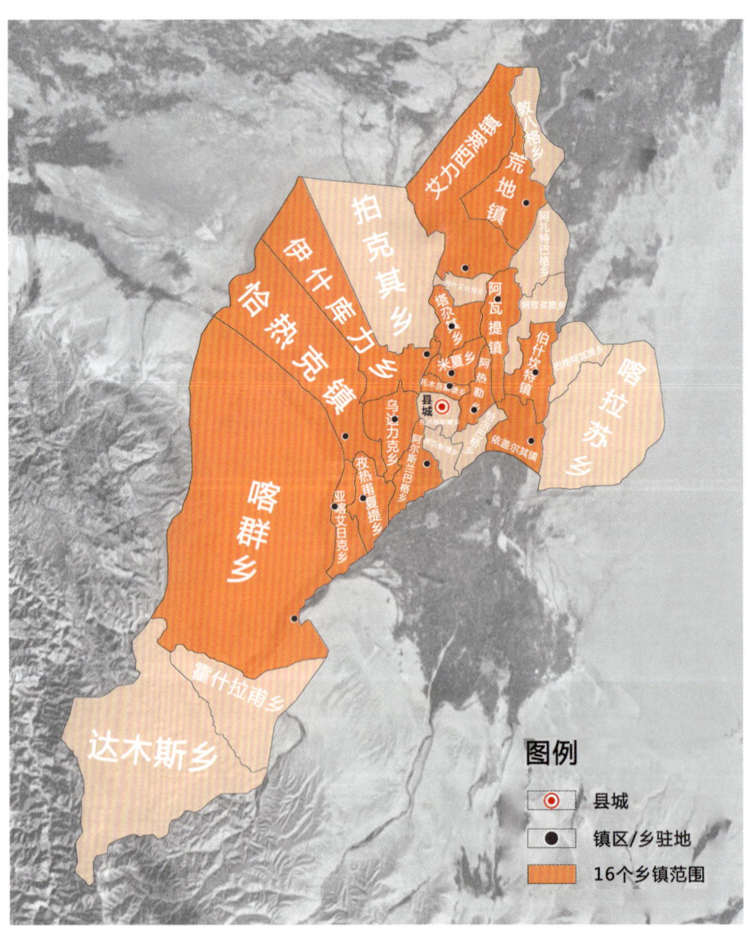

16 个乡镇区位图

向提出“稳民生、促生产、保基建、展新颜”四大目标下的具体建设内容，并落实到空间层面，最后形成工程量与资金结合的建设计划。为了更好地指导乡镇建设，规划对各建设项目的工程量和资金需求进行测算，也对景观项目深化到初步方案深度，以便各乡镇可以直接落实项目建设。

稳民生方面，规划以民生诉求为指引，以既有建设现状为基础制定空间结构方案，不搞大拆大建。针对维吾尔族居住习惯，提出“核心保留维吾尔族院落”“中部新建富民安居”“外围规划多层居住”等措施，构建南疆小城镇的生活场景。

促生产方面，采用在镇区、社区分层级落实的策略，在镇区产业园区落实选址及空间方案，在社区增设产业点，为当地居民提供多样化就业方式，促进产业扶贫项目落地。

保基建方面，从城镇安全、资源安全和环境安全三个方面入手，以近期亟须为核心，以矛盾突出点为重点，以远期预留为前提，针对莎车维护社会稳定的迫切形势，特别增加安全防范内容。

展新颜方面，规划尊重地域悠久的文化沉淀，重点体现民族特色景观，并挖掘各乡镇特色形象；通过打造门户节点，凸显城镇形象；通过特色植物配置，体现特殊的环境特色；通过塑造街道空间，彰显南疆人文地域风情。

三、创新特色

1. 更扎根当地的工作模式

上海、莎车两地相隔千里，距离成为项目沟通最大的障碍。考虑到本规划是非常注重实施落地的近期建设规划，规划将上海扎实调研、公众参与的先进工作模式也带去了新疆，采用“前后方协同”的工作模式，派出专业人员常驻莎车当地，负责前期调研、方案沟通以及规划宣讲；在上海的后方团队采用规划、道路、市政、景观等多专业协作，保证规划的专业性和可实施性。

2. 更扎实准确的基础调研

基于上述长期驻扎的工作模式，前方团队在莎车一年的时间里，对各乡镇情况做到各个季节、各个时段的全面了解。

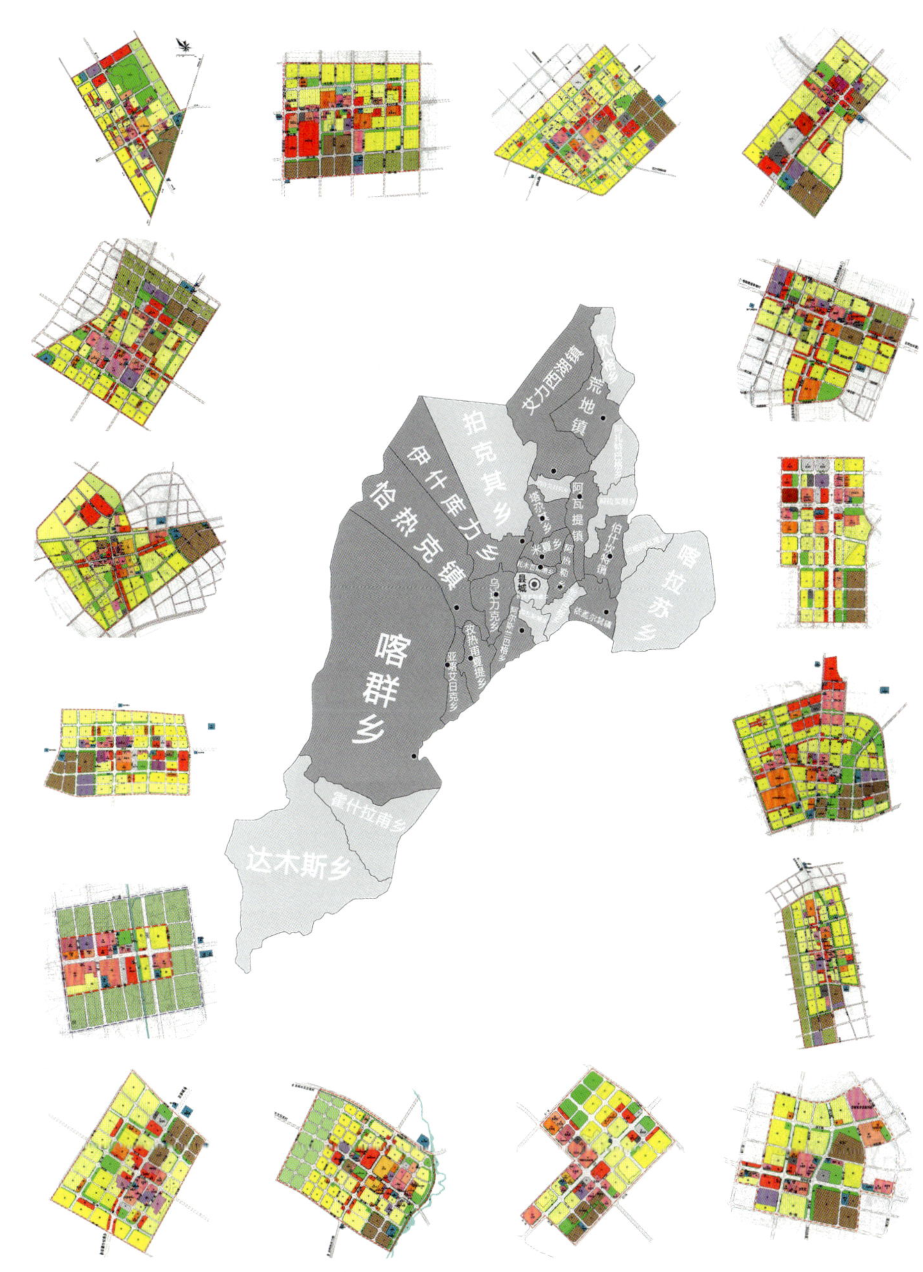

各乡镇镇区（乡驻地）土地使用规划图

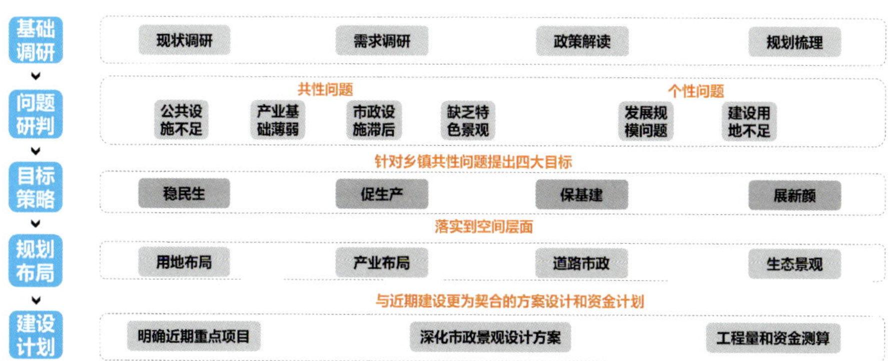

技术路线图

工作模式图

规划理念

规划获得了人口、产业、道路市政和景观方面更扎实准确的基础资料。通过“地毯式”的实地调研，对总体规划中缺漏、错误的信息进行了全面补充与校核，按高要求将工作底图细化到详细规划深度，扎实的前期资料为规划的实施性和可操作性奠定了良好基础。

3. 更重视需求的规划理念

由于莎车是维吾尔族聚居区，在规划编制过程中重点深入各乡镇维吾尔族百姓家庭，了解民族特殊的生活特征和生活需求，制定了更具地方特色和贴合需求的规划目标。

4. 更偏重实施的近期建设计划

打破以往近期建设规划仅凭建设时序列计划的惯例，规划根据莎车的经济情况，创新地对市政基础建设类、景观整治类项目采用了工程量及资金匡算结合的统计方式，形成近期建设项目菜单。各乡镇可同时考虑项目重要性及每年的财政资金计划，有弹性地选择与年度要求匹配的近期建设项目开展建设。

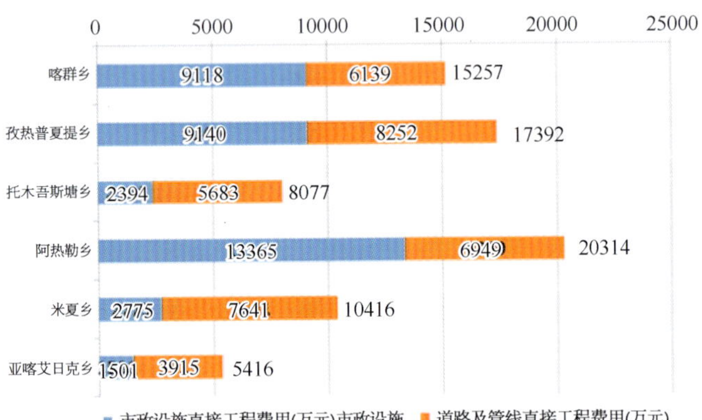

乡镇名称	道路市政直接工程费用(万元)		
	市政设施	道路及管线	合计
喀群乡	9118	6139	15257
孜热甫夏提乡	9140	8252	17392
托木吾斯塘乡	2394	5683	8077
阿热勒乡	13365	6949	20314
米夏乡	2775	7614	10416
亚喀艾日克乡	1501	3915	5146
合计	38293	38502	76872

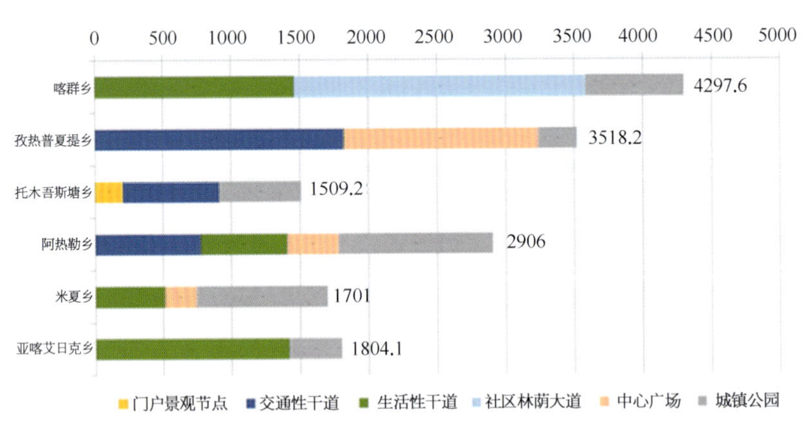

乡镇名称	景观建设工程投资(万元)						
	门户景观节点	交通性干道	生活性干道	社区林荫大道	中心广场	城市公园	合计
喀群乡	0	0	1463	2118.7	0	715.9	4297.6
孜热甫夏提乡	0	1821.7	0	0	1414.1	282.4	3518.2
托木吾斯塘乡	207	708.6	0	0	0	593.6	1509.2
阿热勒乡	0	784.5	620.5	0	379.1	1121.9	2906
米夏乡	0	0	513	0	237.2	950.8	1701
亚喀艾日克乡	0	0	1421	0	0	383.1	1804.1
合计	207	3314.8	4017.5	2118.7	2030.4	4047.7	38293

“看菜吃饭”式建设计划图表

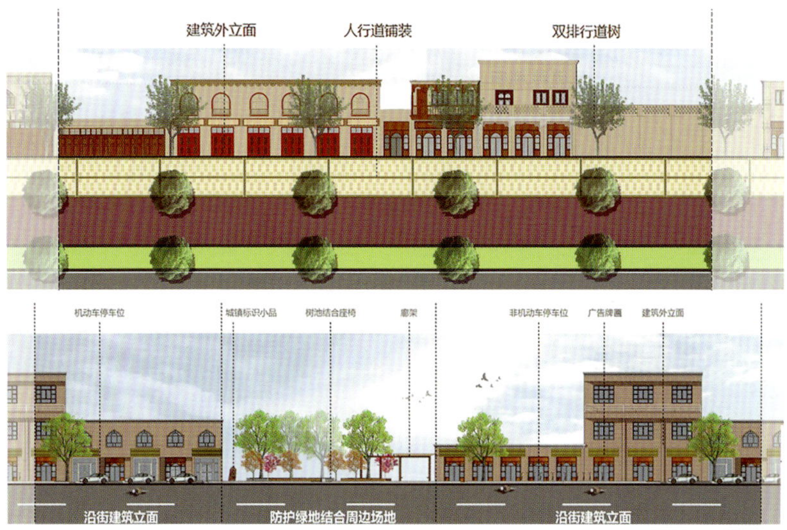

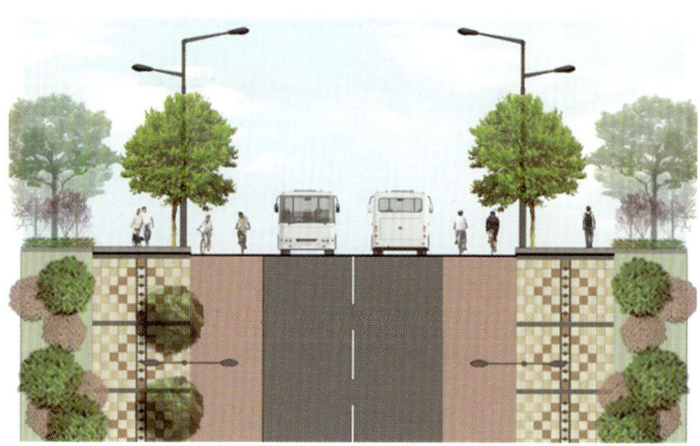

南疆特色街道风貌塑造

规划效果图

5. 更全过程的规划服务

在工作过程中，规划团队深刻认识到莎车的规划工作不仅在于规划内容本身，更在于增加当地规划管理者和维吾尔族百姓的规划知识，增强规划意识，从而使规划得以有效实施。因此，团队在完成规划编制任务之外，积极号召县政府、莎车援疆指挥部共同搭建基层乡镇规划宣讲机制。到各个乡镇宣讲规划的重要性以及与本乡镇相关的规划内容，在宣讲过程中克服语言困难，特别邀请精通汉维双语的民族干部，向维吾尔族百姓翻译宣讲内容，获得了很好的反响。

四、规划实施

本规划得到上海市援疆规划专家组的肯定，认为“本规划无疑为当前开展的新疆特色乡镇规划工作，提供了较为扎实的技术支撑”。

依据规划，各乡镇稳步推进项目建设，现已实施了多条街道、绿地广场和重要设施的建设，多数已初见成效。目前，近期规划仍在逐步实施过程中，将为莎车县全面实现社会稳定和长治久安作出贡献。

新疆“奎—独—乌”区域城镇协调发展规划（2015—2030年）

2017年度全国优秀城乡规划设计奖（城市规划类）三等奖、2017年度新疆维吾尔自治区优秀城乡规划设计奖一等奖

编制时间：2014年9月—2016年3月

编制单位：上海同济城市规划设计研究院

编制人员：裴新生、王新哲、赵民、姚凯、贾晓韡、马天宇、归玉东、王剑、黄建中、阳周、王颖、陈懿慧、袁卫民、杨跃辉、张刚刚

一、规划背景

“奎—独—乌”区域位于新疆维吾尔自治区中部，是我国重要的石油化工基地，也是丝绸之路经济带和亚欧能源通道上的重要节点。区域内有奎屯、独山子和乌苏三座相邻城市，分别隶属于伊犁哈萨克自治州、克拉玛依市和塔城地区，加上新疆生产建设兵团第七师，形成了“三地四方”的特殊格局，是我国行政区划和管理体系最为复杂的地区之一。在近年来高速发展过程中，由于地方利益驱使和行政壁垒制约，区域环境面临严重威胁、区域层面管控缺位、产业同构与无序竞争等结构性问题日益突出。

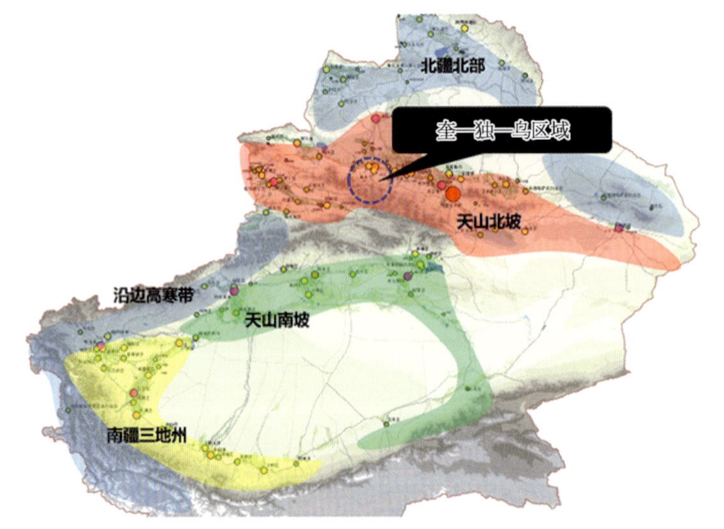

“奎—独—乌”区域区位图

二、项目构思

1. 组织模式

依据《新疆维吾尔自治区实施〈中华人民共和国城乡规划法〉办法》，跨行政区规划由自治区人民政府批准施行，《“奎—独—乌”区域城镇协调发展规划（2015—2030年）》（以下简称《协调规划》）具有法律效力。在自治区人民政府领导下，由住建厅牵头，发改委、环保厅及其他相关部门和“三地四方”政府共同组成协调规划编制领导小组。在编制过程中，共计召开三轮自治区部门协调会以及12场地方汇报会，广泛征求地方政府、企业和公众意见。

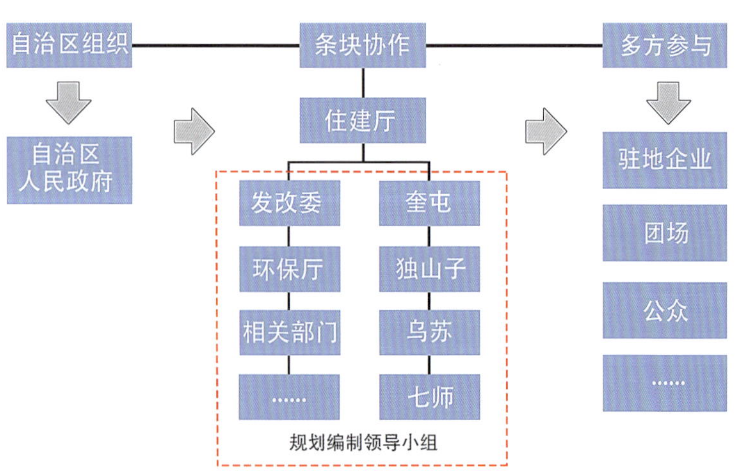

组织模式结构图

2. 工作方式

规划编制的全程得到了自治区城乡规划工作顾问组的悉心指导。上海同济城市规划设计研究院联合自治区城乡规划服务中心，委托自治区发改委经济研究院与环境工程评估中心开展了产业转型和环境保护两大专题研究，为规划提供了坚实的技术支撑。

3. 规划构思

《协调规划》是一项跨行政区，基于规避区域“合成谬误”的“减量型、协调型”规划。规划聚焦“底线划定”“协调策略”和“机制创新”三大重点展开。

三、主要内容

1. 规划定位

“奎—独—乌”是“丝绸之路经济带”上的重要节点，是国家向西开放合作的重要平台，是天山北坡经济区的重要增长极，应成为新疆转型发展的示范区。

2. 发展规模

通过产业转型发展引导人口集聚，至 2030 年，“奎—独—乌”城镇集中建设区人口规模控制在 90 万人以内。

严守土地资源底线，提高土地集约节约利用水平、逐步降低人均城镇建设用地指标，至 2030 年，“奎—独—乌”城镇集中建设区建设用地规模控制在 180 km^2 以内。

3. 产业规划

（1）以产业集群建设为导向，明确“奎—独—乌”产业分工方向

奎屯以现代服务业为主导，利用区位优势积极发展石化下游产业、保税物流、新型包装、棉纺服装和高端制造业。

独山子围绕石油化工基础发展石化深加工、化工新材料、石油仓储，及配套的机械、电子和物流业，同时利用自身优势资源发展现代服务业。

乌苏在大力发展区域特色农业基础上，加快发展现代物流业、旅游业、农副产品深加工业、新型建材业、装备制造业、战略性新兴产业等。

（2）以产业园区协调为平台，促进“奎—独—乌”产业协作发展

以奎屯—独山子经济技术开发区为主要平台，协调奎屯、独山子、中石油独山子石化基地和乌苏的产业分工和协作发展，实现城区零散的工业向产业园区集中。

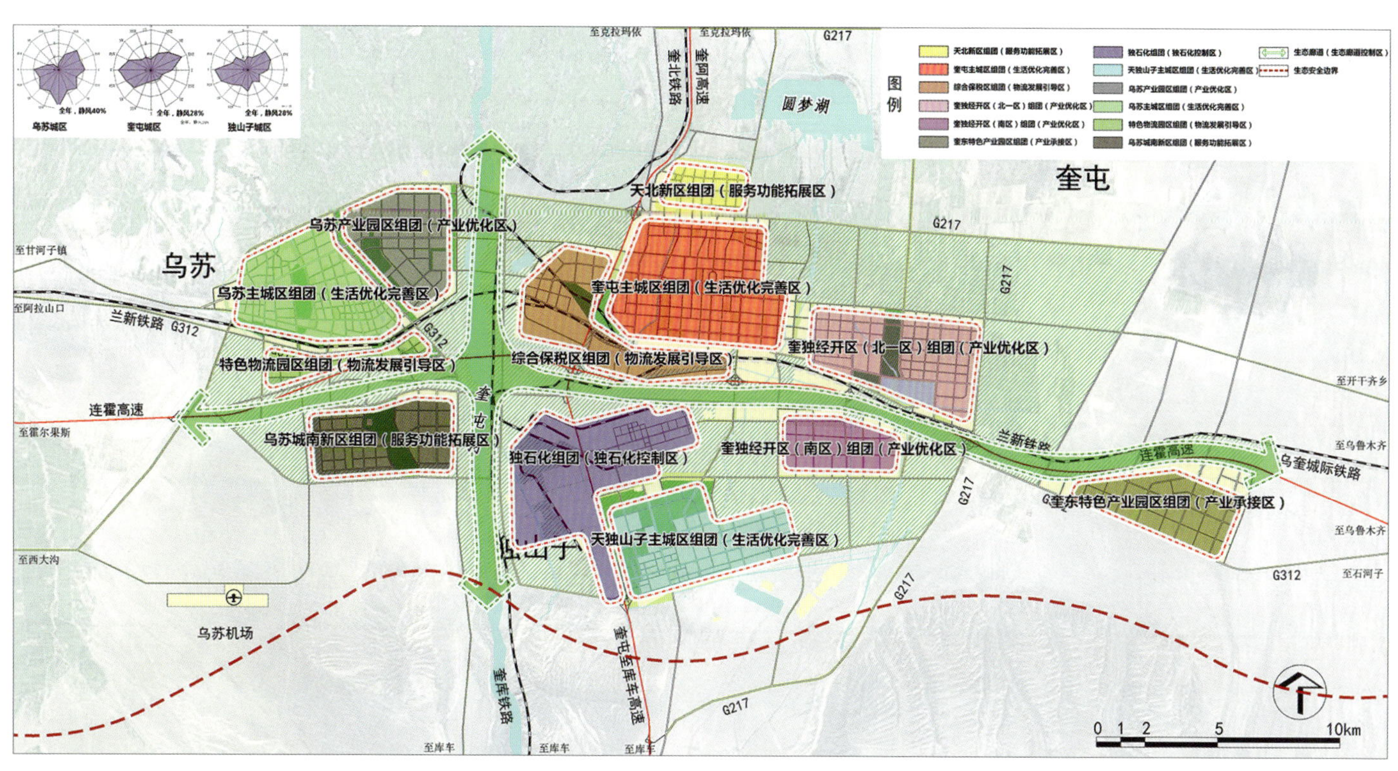

空间结构及政策指引图

以奎屯物流中心为依托，统筹乌苏和独山子特色物流体系协作发展。

以外围产业园区为依托，逐步实现将城镇集中建设区内具有一定污染的煤化工、石油化工、冶金建材等基础工业逐步向乌西马吉克工业园和五五工业园两大外围产业园区转移。

4. 空间布局

在空间发展政策引导下，奎屯市、独山子区、乌苏市城区围绕生态绿核呈集聚式发展，总体形成“四区、十二组团”的空间结构。

奎屯城区：推进奎屯市区西北部工业用地的“退二进三”并配套相应公共服务设施，强化市区南部货运枢纽和综合保税区的集约化联动发展。

独山子城区：中石油独山子石化产业用地基本维持现状规模，配套完善物流仓储设施及辅助用地。规划期内不在独山子南部规划居住新城建设，独山子南部结合泥火山、大峡谷等景观资源形成特色旅游观光区。

乌苏城区：调整优化乌苏产业园区建设，控制重型石化产业项目建设，取消华泰以北地区的建设规划；推进产业置换提升，实现污染类企业逐步向远郊的乌西马吉克工业园区搬迁；严格控制连霍高速下口靠近奎屯河区域内的高污染项目建设，该区域内现有项目近期保留，远期逐步清退；园区规划的教育研发基地迁至乌苏城南新区；在城南形成公共设施完备、环境品质优良、服务“奎—独—乌”区域的城市新区。

奎屯—独山子经济技术开发区：包括北一区、南区和奎东特色产业园区三个组团，分别建设先进制造产业区、石化拓展产业区和转移承接产业区。原规划的奎独经开区—北二区用地调整为远景储备用地。

四、规划特色

1. 突出区域发展的底线管控

《协调规划》明确了区域大气污染物排放、水资源和土地资源的管控底线。

通过产业结构调整、提升环保与污染防控水平、产业布局优化，实现到 2017 年“奎—独—乌”区域大气环境质量恢复到国家二级标准，到 2030 年主要污染物排放强度比现状降低 20%。

全面落实新疆水资源开发利用“三条红线”要求，结合产业转型提高用水效率，建设节水型城市，2020 年前将地下水年开采量减少至 7 500 万 m^3 以下。

划定区域永久基本农田保护范围和生态红线范围。实现城

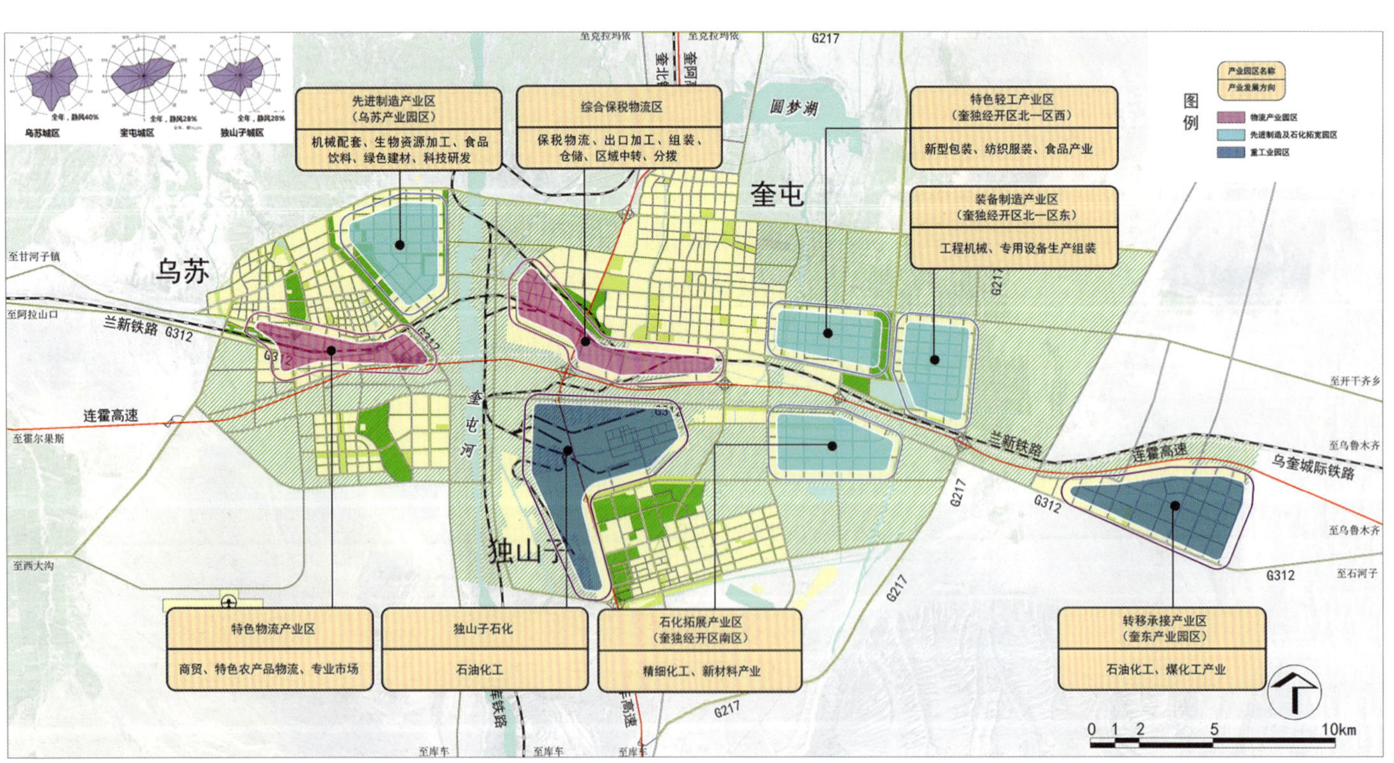

产业一体化布局规划图

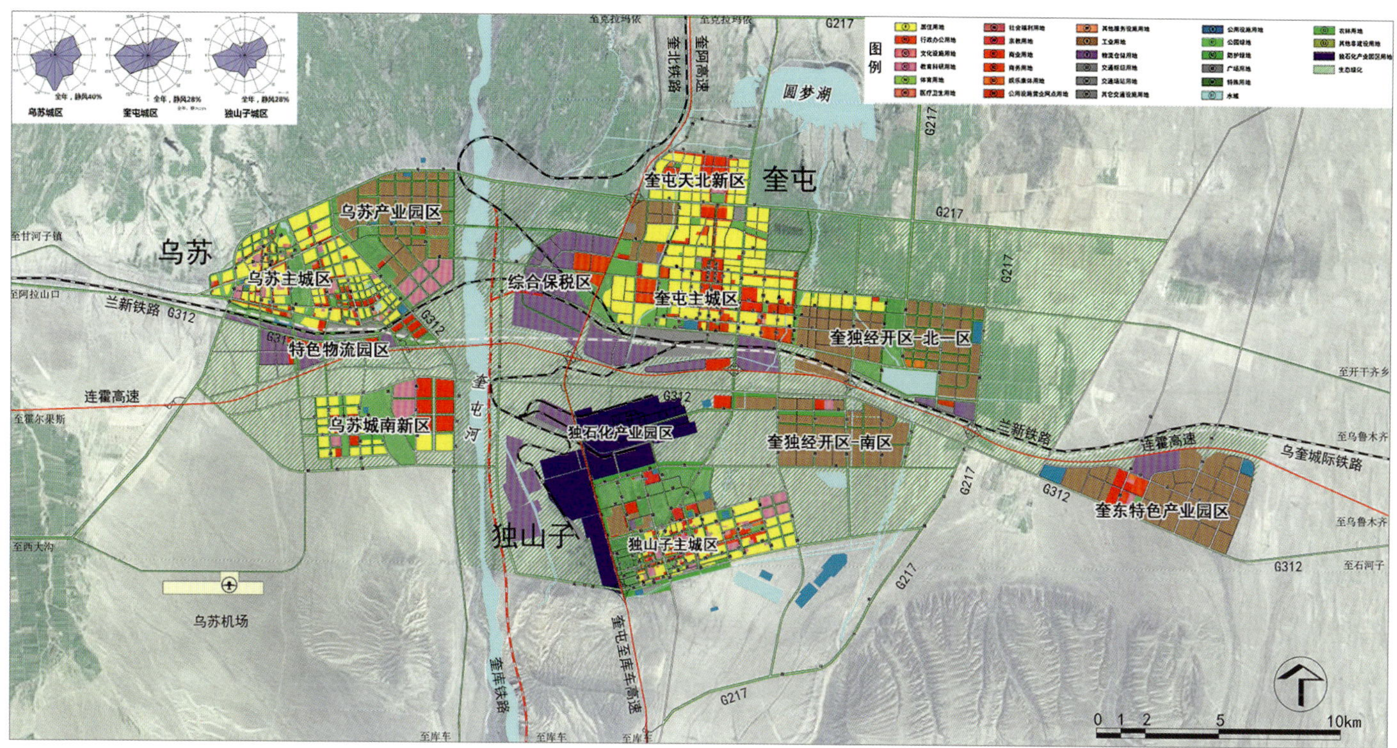

用地规划引导图

市建设用地在原规划的基础上实现减量18%，2030年城镇建设用地控制在180 km^{2}以内。优化用地结构，严控产业园区与城区之间的绿化隔离廊道，保证缓解区域大气污染的通风走廊。

2. 协调多元主体的发展诉求

《协调规划》在坚守底线的同时也充分考虑地方发展诉求，开展了基于“产业—环境—空间”的三种情景模拟评价。其中，情景二兼顾了目标战略性和实施操作性，能够实现卡尔多—希克斯改进：即在“三地四方”中通过独山子相对较大、奎屯次之、乌苏和七师相对较小的规划减量调整实现区域整体利益的提升。基于情景二，规划落实了各方的污染减排、产能减量和用地减量方案。

3. 探索区域协调发展的实施路径

基于提升区域治理能力现代化的总体要求，《协调规划》从协调管理机制、市场合作机制和规划维护机制三方面进行了创新探索，明晰了自治区和地方政府的权利与责任以及政府与市场的运行边界。规划增加了行动规划章节，与区域“十三五”重点项目和“去产能”计划相结合，增强规划的可实施性。

4. 运用新技术方法进行规划研究

规划运用CALPUFF模型系统对复杂的风场环境进行全

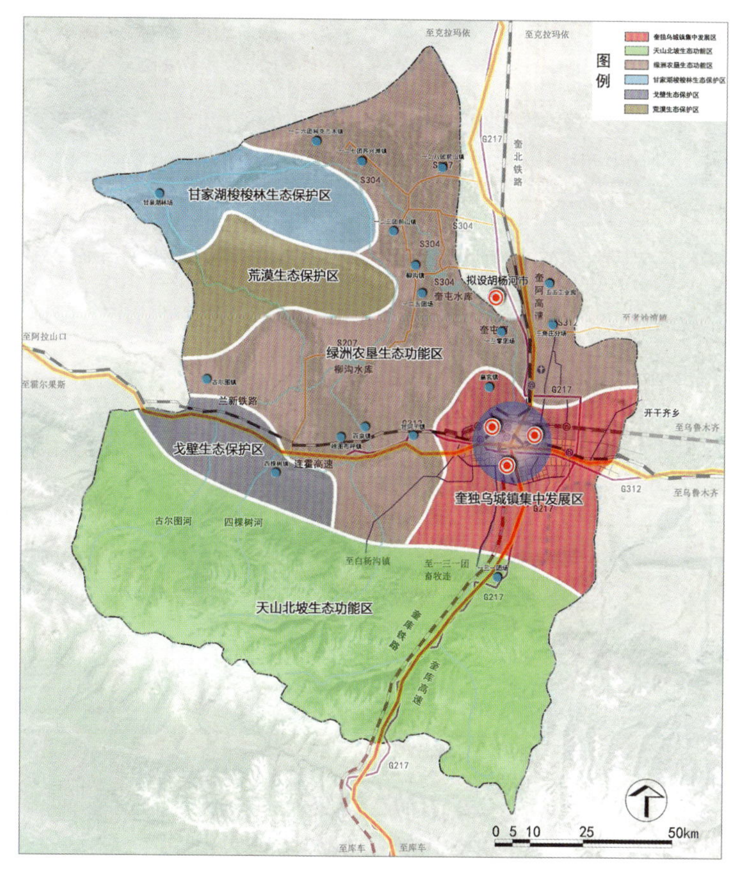

区域统筹引导图

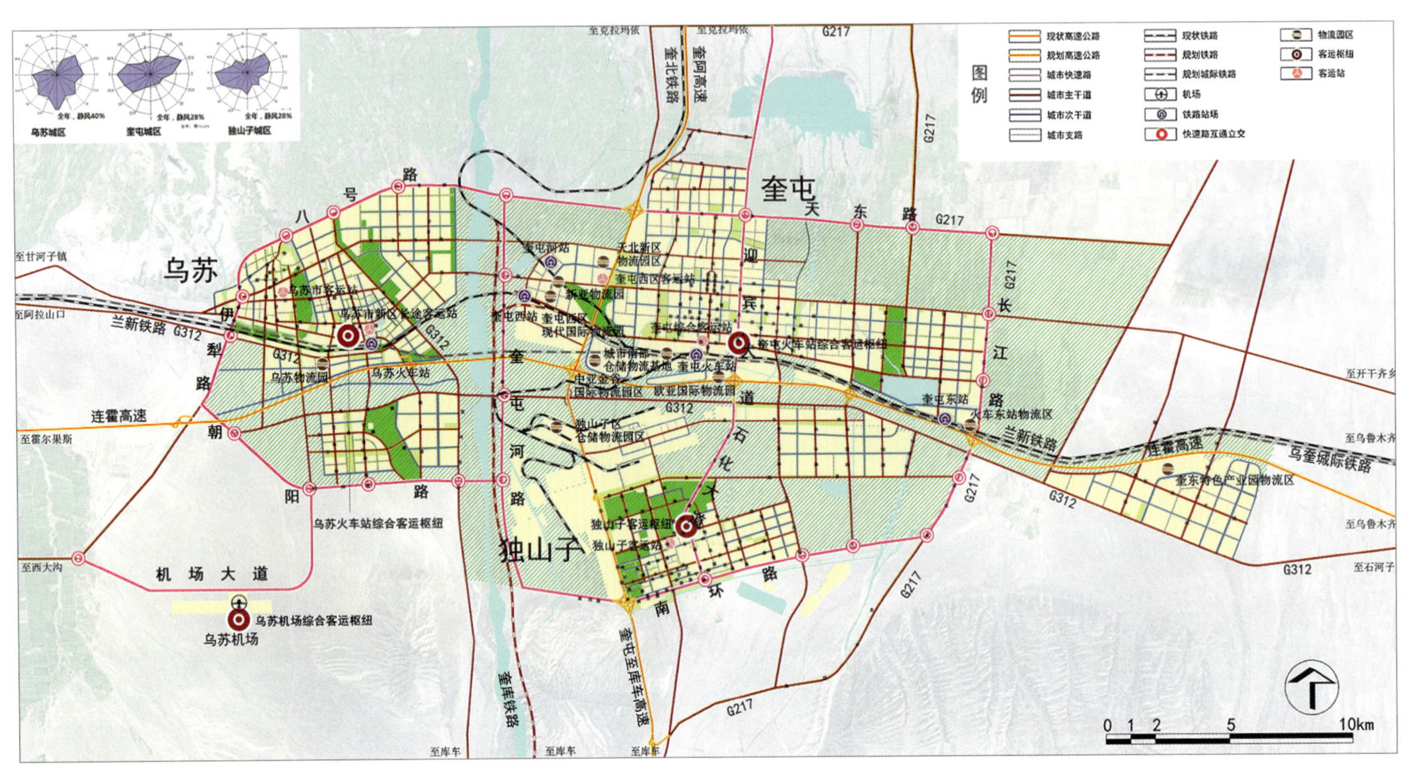

综合交通一体化规划图

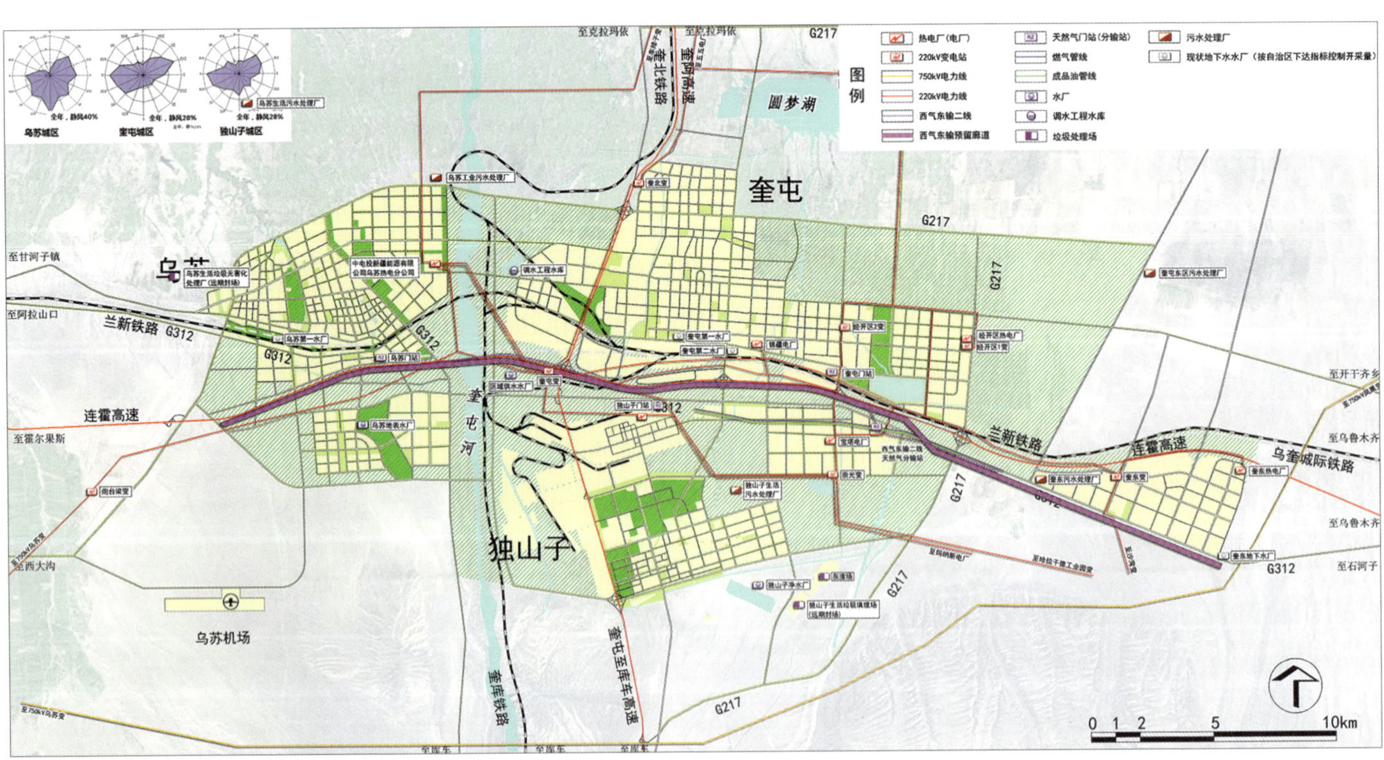

重大基础设施一体化规划图

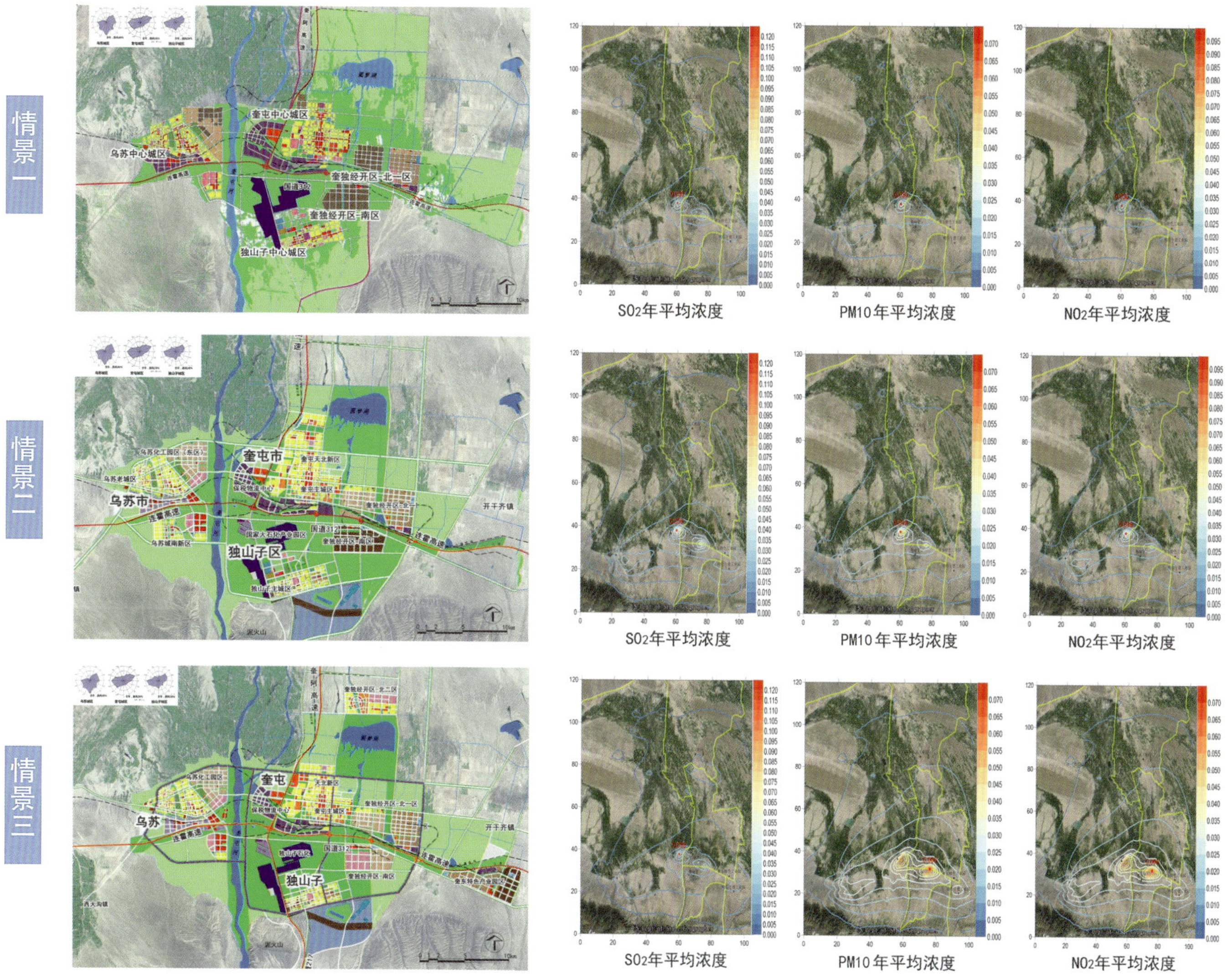

多情景空间方案及环境影响模拟图

方位模拟，并结合三种情景方案对氮氧化物、SO_2、PM10和VOCs等大气污染物浓度分别做了空间模拟，为用地减量调整提供了科学依据。规划运用“多规合一”GIS数据平台，推动“三地四方”实现空间数据联网，为城镇协调发展奠定了信息基础。

五、实施情况

2016年3月，《协调规划》经新疆维吾尔自治区人民政府批准实施，主要实施成效包括：

1. 指导地方规划编制

以《协调规划》为编制依据，分别启动了独山子、奎屯、乌苏城市总体规划修编及地方各类专项规划的编制工作，将《协调规划》的刚性管控内容逐级传导。

2. 促进生态环境改善

成立了“奎—独—乌”区域大气污染联防联控委员会，按照《协调规划》提出的减排要求，严格控制现有污染性产业排放，禁止新建大气重污染项目，部分污染类产业已向区外转移，区域内空气质量已有所改善。

3. 推动区域共建共享

区域城市建设的沟通和共建机制有所突破，通用机场、高铁线路及站点、奎—库铁路、奎—库高速等区域交通设施的选址方案已确定；国家电网实现全面联网供电；区域性垃圾处理、污水处理等基础设施建设得以启动。

武汉市城市总体规划（2010—2020年）实施评估

2017年度全国优秀城乡规划设计奖（城市规划类）三等奖、2017年度湖北省优秀城乡规划设计奖二等奖

编制时间：2014年10月—2016年6月

编制单位：上海同济城市规划设计研究院、武汉市规划研究院

编制人员：张尚武、盛洪涛、张海兰、殷毅、汪劲柏、汪云、程大鸣、成钢、刘婷婷、夏巍、田光华、张琪、吴祖泉、徐莎莎、戴立峰

一、项目背景

1. 编制背景

武汉市现行的《武汉市城市总体规划（2010—2020年）》（以下简称《总体规划》）于2004年开始编制，并于2006年底完成，2010年3月获得国务院批复。现行总规突出生态保护、低碳发展等理念，在编制方法和内容创新方面进行了积极探索，为武汉市率先构建“两规合一”的城乡规划体系、开放连续的城市空间框架奠定了坚实基础，对当时国内总体规划实践产生了较大影响，曾获国际城市与区域规划师学会（ISOCARP）颁发的“全球杰出贡献奖”。

现行总规的实施，为武汉市城市发展和空间布局优化提供了重要指引。随着规划期限逐步临近以及《长江经济带发展规划纲要》《长江中游城市群发展规划》《武汉2049》等国家、地方层面的一系列新战略文件的出台，总规实施情况亟待进行全面体检。需要基于新的规划工作背景和城市发展环境，对总规的实施状况进行系统审视，为新一轮总规编制做好基础性工作。

本次评估工作从2014年开始启动，经两次专家论证会后于2015年修改完成，2016年通过部际联席会议审查。

2. 评估目标

作为总规实施的终期评估，本次评估目标主要包括：

（1）对总规实施状况和效果进行评价。

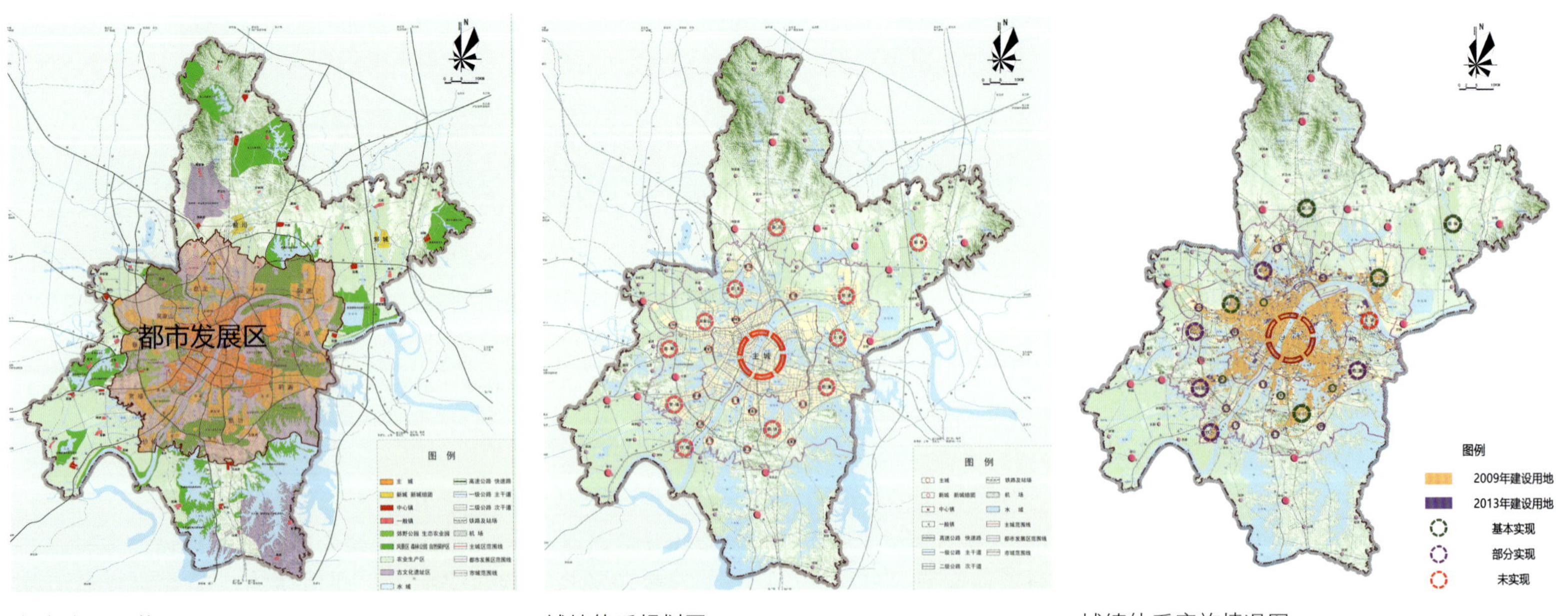

都市发展区范围　　城镇体系规划图　　城镇体系实施情况图

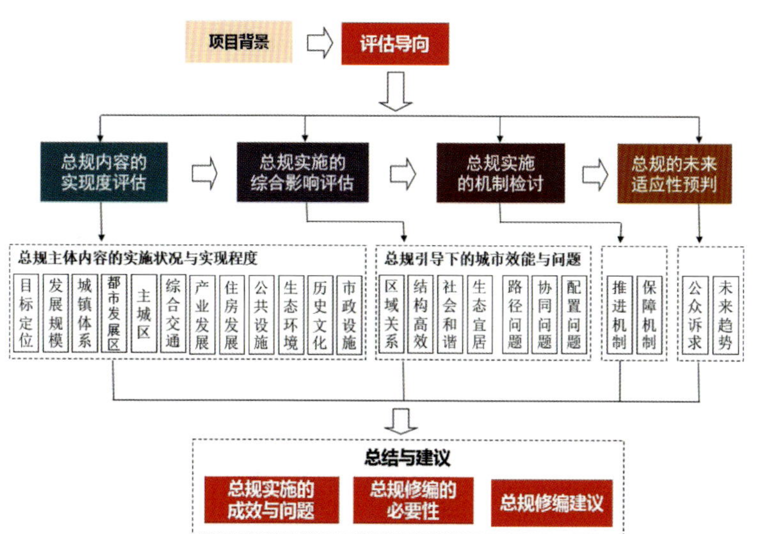

总体规划实施评估框架

（2）剖析核心问题，解析内在成因，对城建工作把脉问诊。

（3）研判城市发展趋势，为新一轮总体规划编制提供技术储备和建议。

3. 评估框架

评估对照住建部对总规实施评估的要求，突出新时期规划建设工作导向，逐层推进审视深度，整体把握规划实施和城市运行的内在逻辑和关键趋势。

评估框架主要包括规划实现度评估、实施综合影响评估、实施机制检讨、未来适应性预判四个部分。

4. 成果构成

成果按照住建部《城市总体规划实施评估办法（试行）》（建规〔2009〕59 号）的规定进行编制，包括《武汉市城市总体规划（2010—2020 年）实施评估》《武汉市城市总体规划（2010—2020 年）强制性内容修改说明》和《武汉市城市总体规划（2010—2020 年）修改论证报告》。

二、评估内容与重点

1.《总体规划》实施状况与实现度评估

对标现行总规内容，从城市定位、产业职能、规模分布、空间结构、用地布局、综合交通、市政配套、生态环境和历史文化九个方面，对阶段性目标执行情况及强制性内容落实情况进行评估。

武汉市域、都市发展区、主城区规划实施情况一览表

	总体规划要求	实施状况	实现度
市域城镇体系结构	“主城—新城、新城组团—中心镇—一般镇”的层级网络式城镇体系	主城区集聚进一步加强，功能得到提升，但人口疏解未能实现；新城组群发展迅速，成为空间增长的主要区域，但人口吸纳不足；小城镇建设用地增长迅速	部分实现
都市发展区空间结构	“主城为核，多轴多心，绿楔放射”的城镇发展空间结构	六条城镇空间发展轴初步形成；六大新城组群发展呈现不均衡状态；组群间生态绿楔基本保持	基本实现
主城区空间结构	“一区、两轴、三副”的三镇一体化格局	中央活动区表现为江北、江南两个相对独立的中心；组团式结构基本形成，但与规划布局有差异；副中心发育不足，仅鲁巷初步形成；三镇在交通上联系更为紧密，功能上各有侧重，一体化格局基本形成	部分实现

回溯规划编制和实施环境变化，自规划实施以来，在城市定位提升、空间格局优化、民生服务改善等方面取得积极成效，但也存在三方面的矛盾：目标与实施政策机制脱节；规划要素实施不同步（如空间、产业、人口、设施等）；转型期新的问题凸显（如交通拥堵、环境污染、城乡失衡等）。

2. 规划实施综合影响评估

主要从居民满意度和城市空间结构效能角度，对总规实施效果和空间质量进行评价。

从区域关系、空间布局、社会和谐、生态宜居四个维度，建立空间结构效能评价和解析框架。

区域关系：重点分析武汉与“1+8”都市圈的衔接关系；

空间结构：重点分析多中心体系及“交通—空间”关系；

社会和谐：重点分析人口分布与公共服务设施的关系。

生态宜居：重点分析环境品质与生态空间框架。

在此基础上，提炼、归纳了城市发展中的关键问题：

一是战略定位与发展转型。评估认为，产业及腹地经济支撑不足制约了武汉城市地位。需整合区位、交通、科教三大核心资源，增强科技创新能力，提升产业价值区段，发挥城镇群整体优势。这是提升武汉中心城市地位的关键；

二是市场规律与时空配置。评估认为，要素配置在适应市场规律和城市发展阶段等方面存在不足，重点分析了人口疏

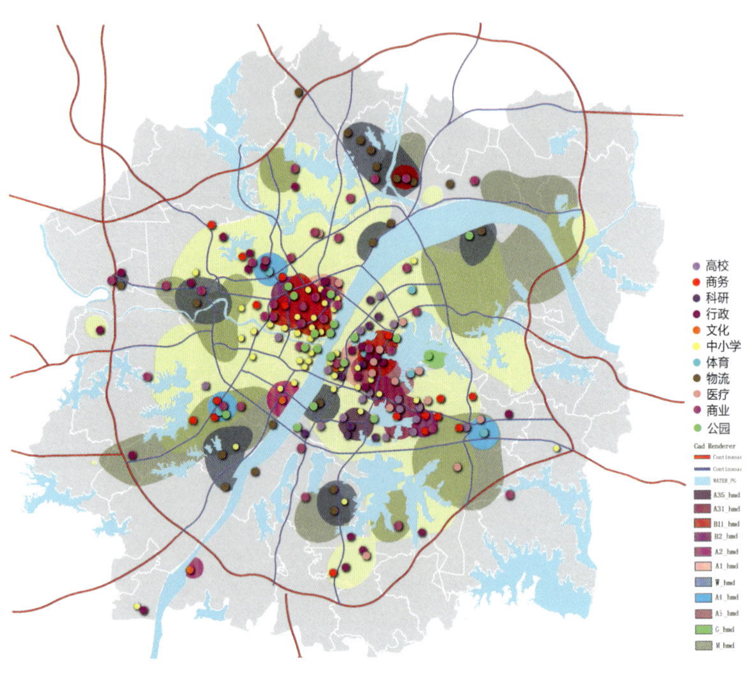

多中心体系分析图

注：多中心体系正在发育，主城区跨江差异明显，形成两大中心片区隔江联系的格局，组群中心服务水平偏低。

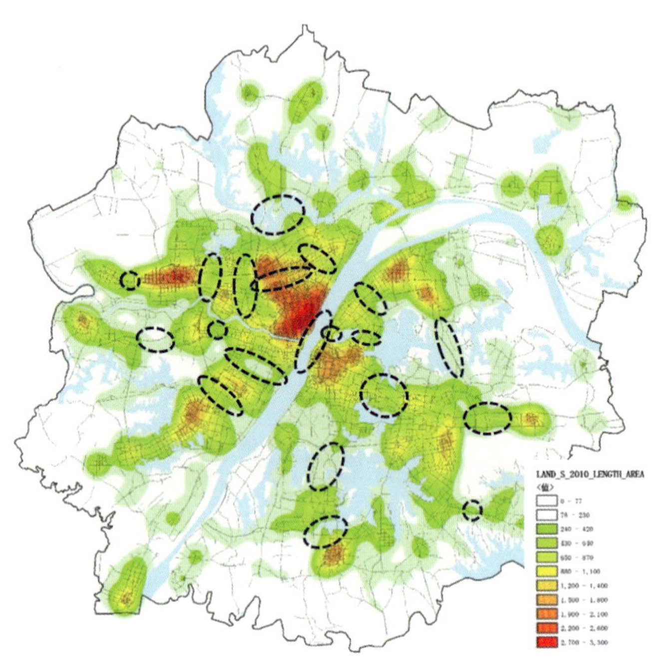

交通空间分析图

注：武汉市有很多功能板块衔接点的交通服务密度相对较小，形成结构“蜂腰”，这对整体系统运转效能可能造成不利影响。

解目标未能实现的原因。建议加强对城市发展阶段的研究，加强对目标导向的过程管控，并注重精细化和差异化政策引导；

三是结构控制与要素协同。评估认为，交通与空间的关系是影响结构效能的关键因素，重点分析了公交路权分配、轨交对城市结构的支撑、交通与用地功能协调等方面的原因。

3. 规划实施政策机制评估

评估梳理了总体规划实施的推进政策、后续规划和保障机制等环节的实施情况。

评估认为加强规划实施政策机制的重点在于：从“一张图系统”向“多规合一”机制的完善、从建设规划向公共政策体系的转变、从空间管理向提升空间治理能力的转型。

在规划编制方面，评估认为需要加强中心和外围、编制层次、部门规划及规划事权之间的协同。

4. 规划未来适应性评估与建议

评估不只是针对过去，更重要的是面向未来的规划和建设。评估对武汉新一轮总规修编工作提出“四个核心转变、五大规划导向和两项机制改革”的框架性建议。

（1）四个核心转变：价值取向转变、发展模式转变、管理方式转变、规划内涵转变；

（2）五大规划导向：加强区域联动战略，加强城乡统筹，突出生态建设和城市特色、产业结构调整和布局协调，强化公共服务和生活；

（3）两项机制改革：加强“多规合一”、强化编管合一。

此外，在提升城市枢纽地位、带动区域发展、强化生活圈建设、加强历史文化保护等方面，对总规修编内容提出了具体建议。

三、项目特色与创新

1. 项目特色

项目突出四个方面的特色：

一是注重规划实施评价与城市发展质量评价结合，体现新时期总规评估工作的双重作用；

二是注重对规划实施中重大问题的诊断和底线内容的评估，体现新时期加强规划工作的导向。如对于民生问题认识，包括居民生活、交通拥堵、生态环境等；对于布局优化，重点包括区域协同、城乡关系、中心疏解等；

三是加强对实施过程和实施机制的评估，体现规划、建设、管理三个环节的统筹；

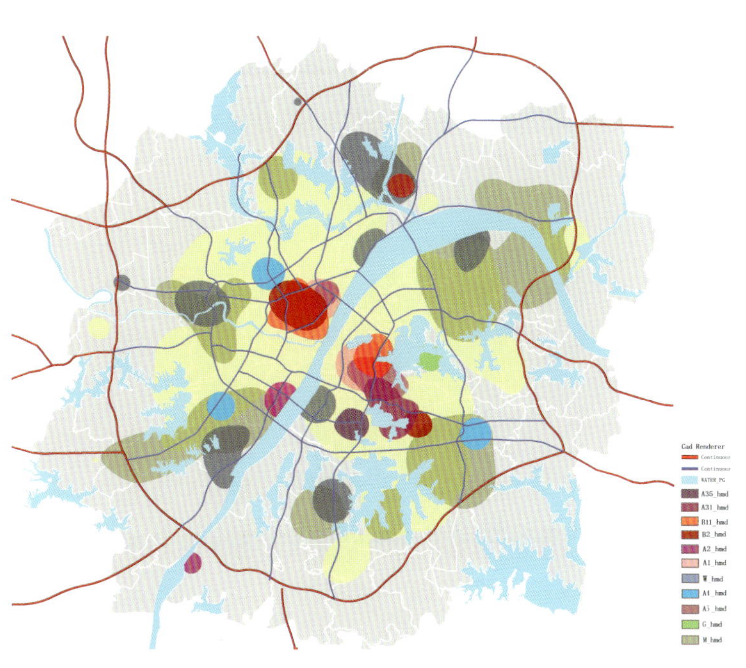

用地功能布局结构分析图
注：利用用地功能布局的核密度进行空间布局结构形态的模拟，形成对武汉城市空间布局结构形态的揭示。

1+6 城市空间结构图

四是回溯式评估与预判性评估相结合，强化实施评估对规划修编工作的支撑作用。

2. 项目创新

主要体现在理论、工作组织和技术方法三个方面。

（1）理论层面：探索建立具有理论价值的评估框架

建立规划实现度、实施影响、实施机制、未来适应性四个评估层次，探索了具有理论价值的评估框架。

（2）工作组织：探索评估工作组织的创新

采取多部门协作、多项评估同步开展、高校地方合作的工作组织模式。上海同济规划院与武汉市规划院组成联合团队，对2010版总规实施情况进行综合评估。

运用公众调查、部门访谈及专家咨询等方式，形成多方交互、共同参与的评估方法。

广泛开展了多种形式的公众参与。发放了调查问卷3 000余份，同时以汉网为平台，开展网络问卷调查，广泛吸纳市民意见，不断深化完善，形成了目前的正式成果。

全面走访和调研了各区、各部门和有关企业。自2014年9月起，全面征求各区政府、相关市直部门和广大市民有关意见，联合团队逐一调研了江岸区等13个区（开发区）及发改委等7个主要职能部门。

（3）技术方法：探索新方法、新技术在评估工作中的应用

通过多要素交叉分析，加强对城市空间问题的综合诊断。

通过对人口分布、居住用地、公共服务、就业空间交叉等内容的分析，加强对生活空间绩效的评价。

针对武汉大都市地区空间结构特点，构建了城市空间效能分析框架。

运用GIS、大数据等手段，强化定量、定位分析和可视化表达。

四、项目实施情况

2016年11月，该评估通过部际联席会审查。评估结论对新一轮规划修编起到了较好的支撑作用，实现了评估工作的预期目标。

评估框架为武汉市建立常态化规划实施评估机制奠定了良好基础。以“城乡规划白皮书”的形式建立年度评价体系，分别编撰近三年规划年度白皮书，同时编撰了交通发展年度报告、市政设施年度报告等，基本形成了城市建设年度总结的模式。以此为基础，还开展了绿地、公共服务、市政基础设施等的专项评估。

皖南区域性历史文化资源保护规划

2017 年度全国优秀城乡规划设计奖（城市规划类）三等奖、2017 年度安徽省优秀城乡规划设计奖一等奖

编制时间：2014 年 10 月—2016 年 11 月

编制单位：安徽省城乡规划设计研究院、上海同济城市规划设计研究院

编制人员：邵甬、胡力骏、吴晓勤、高冰松、胡厚国、徐涛松、连德宏、赵洁、陈悦、陈欢、孔浩、应薇华、惠彦杰、陈塘南、许晓飞

一、规划背景

我国的历史文化遗产保护工作开展几十年来，逐步形成了我们所熟知的分类分级保护制度。但是面对皖南地区“历史文化厚土”，这个自上而下的以行政区为管理单位的“点”状保护为主的体系已经捉襟见肘，呈现三个方面的问题：

（1）区域性文化的纵向割裂——重视精英遗产，忽视普通遗产。

（2）区域性文化的横向割裂——行政管理分割，行政区划制约。

（3）遗产保护与地区发展关系的割裂——旅游过度化及同质竞争，其他发展政策缺少与保护协调，城乡整体衰落。

2014 年，住房和城乡建设部《关于同意开展皖南地区历史文化资源保护规划编制试点工作的函》中指出：“开展皖南地区历史文化资源历史文化遗产整体保护和开发利用，对全国的历史文化名城名镇名村保护规划编制工作具有重要的示范作用”。因此，改变以往按行政区划、资源类型各自为政的保护方式，向系统性、整体性保护转变，建立区域历史文化资源保护与利用的一体化战略，是本规划的出发点和目标。

二、规划构思

本规划中“皖南地区”指今安徽省境内长江以南地区，地域范围涵盖黄山、宣城等 6 个地级市，面积约 3.65 万 km^2，研究包括江西婺源县。

本规划中的“历史文化资源”指历史上人类活动所形成的历史文化遗存及其自然的、人文的背景。皖南地区具有丰富的物质和非物质历史文化资源。这些历史文化资源呈现“网络

皖南绩溪家朋村油菜田

皖南世界文化遗产——宏村

状”空间特征和“生命体”的发展特征。

“网络状”空间特征是指皖南地区的历史文化资源不是孤立存在的，而是以自然环境和地域文化为基底的“面”，以河道水网、古驿道等为交通通道的“线”和以建筑物、聚落等的“点”共同构成的空间分布特征。

“生命体”发展特征是指皖南地区的历史文化资源不是静态存在的，而是呈现出动态发展的特征，是在独特的自然和历史环境条件下，个体分工协作，相互影响、相互促进，群体共同发展的结果。因此规划中，一方面坚持区域的网络状空间结构特征来建立整体保护框架，另一方面坚持区域协同发展的原则来建立整体发展战略，探索皖南地区的新型城镇化道路。

三、规划主要内容

1. 构建区域性体系化的历史文化资源网络

梳理“点状”历史文化资源：包括建构筑物、历史聚落和自然景观物。

补充“线状”历史文化资源：包括河道水网和古驿道。

强调“面状”历史文化资源：包括自然环境和地域文化基底。

2. 构建区域性多层面的保护框架

综合考虑文化源流、自然环境和资源保存现状三个方面，建立文化子区域、文化单元和文化节点三个工作层面。

（1）子区域层面

在皖南整个文化区，可分为徽文化区和沿江文化区两个文化子区域，其中徽文化子区域又可细分为核心区和溢出区。在这个层面，规划主要明确区域城镇化、生态文化环境保护、基础设施完善、产业发展的引导和控制要求，保障该子区域历史文化资源的整体保护和城镇科学发展。

（2）文化单元层面

根据子区域内部自然和历史文化资源的特征和富集程度再细分为黟县盆地、浙江新安江等 19 个文化单元，分别提出具体的历史文化特征、保护要求、管控要求、发展策略等。

（3）文化节点层面

根据区域保护的要求，根据资源类型与特征，进一步落实完善既有的自然景观类、历史聚落类、文物古迹类和非物质文化遗产类等点状历史文化资源的分级分类保护要求。

3. 构建区域性协同化的历史文化资源保护与利用管理机制

规划打破现有的行政边界和“条状”管理模式，根据历史文化资源形成机制和特征建立有效的管理机制。

（1）建立“全过程”保护制度

以遗产价值为核心，建立“申报—规划—管理—监测”全过程保护体系以及法律、政策、技术和公众参与等方面的保障体系。

（2）加强省级层面的保护与利用管理协调

省级层面建立皖南区域性历史文化资源保护工作领导组和常设办公室，领导协调跨区域、跨部门的相关工作，并建立定期的巡视机制。将皖南的历史文化核心区域纳入省级事权监管或协调管治区，加强对历史文化资源差异性发展和协同利用的管控。

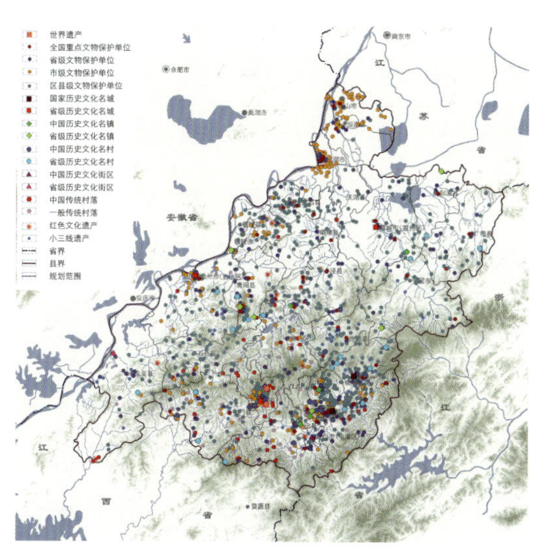

皖南“点”状历史文化资源分布图

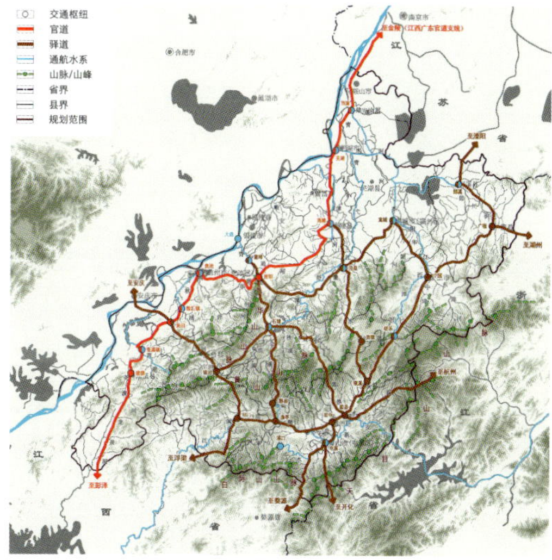

皖南“线”状历史文化资源分布图

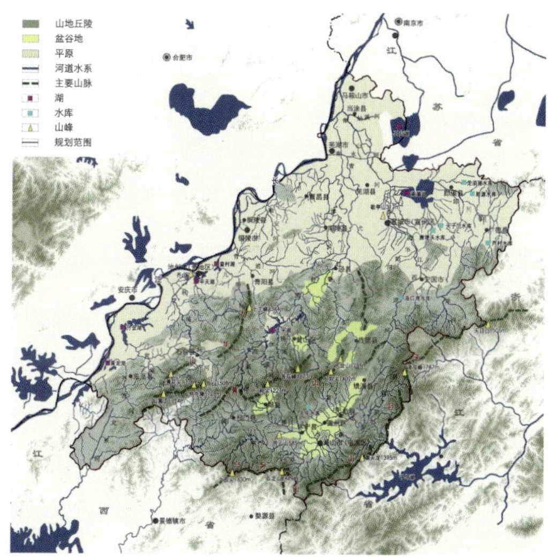

皖南“面”状历史文化资源分布图

皖南历史文化资源分布总图

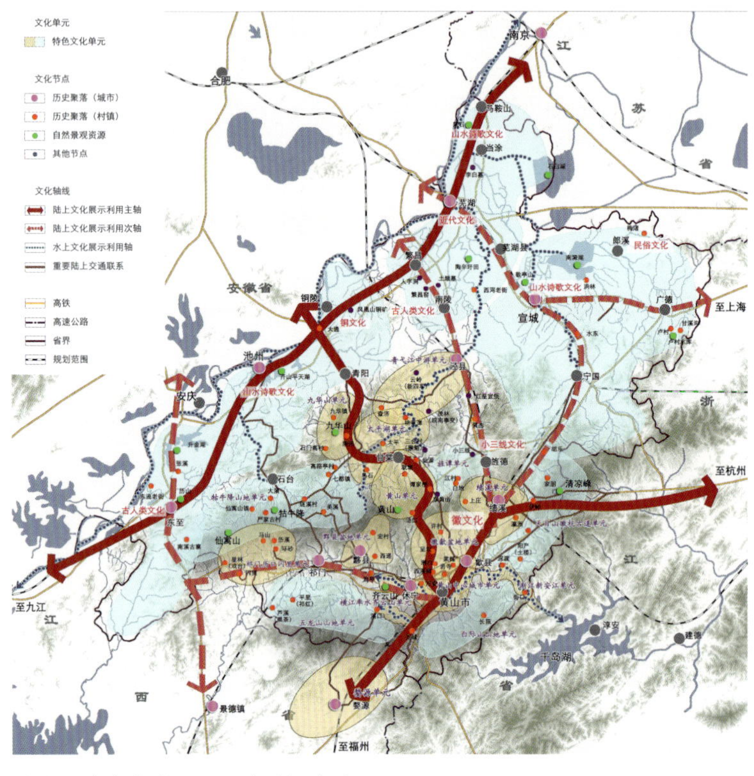

皖南历史文化资源展示与利用框架图

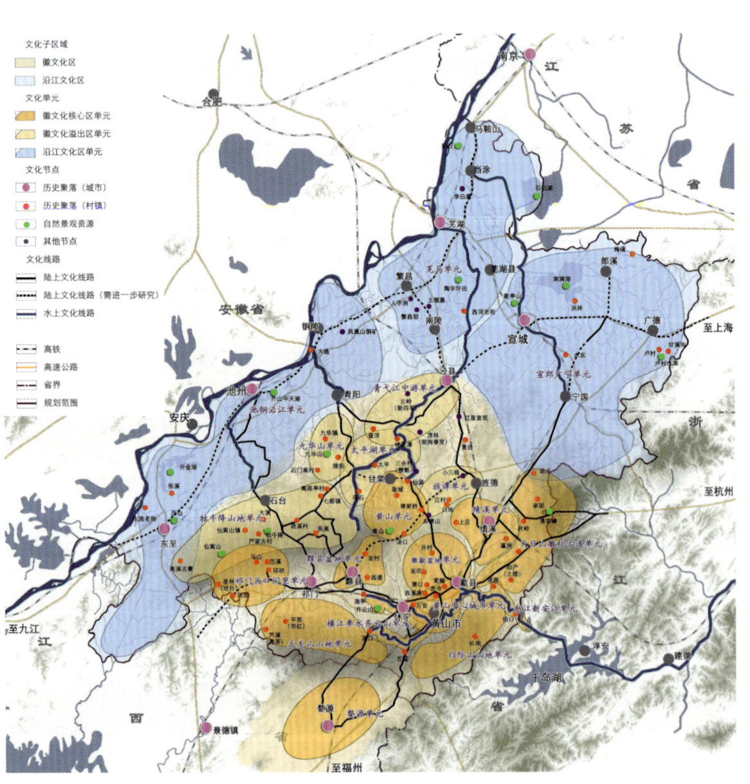

皖南历史文化资源保护框架图

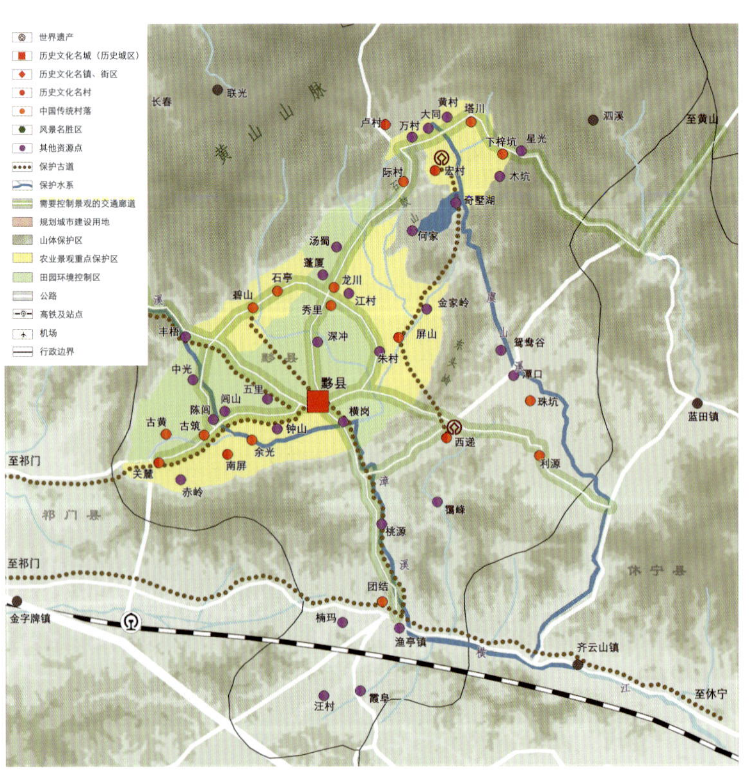

皖南黟县盆地单元保护规划图

（3）建立以“文化单元”为基础的跨行政区长效保护机制

以“文化单元”为基础，进一步编制保护与发展规划，制定有针对性的保护与发展政策，建立保护与发展协调管理机构，制定相应的保护机制。

四、规划特点

本规划从区域角度建立了历史文化资源整体保护利用与管理的创新机制。

1. 探索历史文化资源保护的视角和内容创新

本规划以地域文化为基础，研究历史文化资源之间的关联性和整体性的问题，提出了区域性历史文化资源保护的理论，拓展了历史文化资源保护的视角和内涵。

皖南历史文化资源构成表

类型	文化节点			文化线路	文化基底
	文物古迹类	历史聚落类	自然景观类		
物质历史文化资源	文物保护单位、历史建筑、传统风貌建筑、红色文化遗产、小三线遗产、皖南古民居、徽州古建筑、其他乡土建构筑物	历史文化名城、名镇名村、历史文化街区、传统村落、其他特色聚落	风景名胜区、自然保护区、文化山水、农业景观等其他自然景观物	古道水系	地形地貌
非物质历史文化资源	以徽文化为主要内容的地域文化，包括儒家文化、传统民俗、非物质文化遗产、名人、事件等历史文化信息				

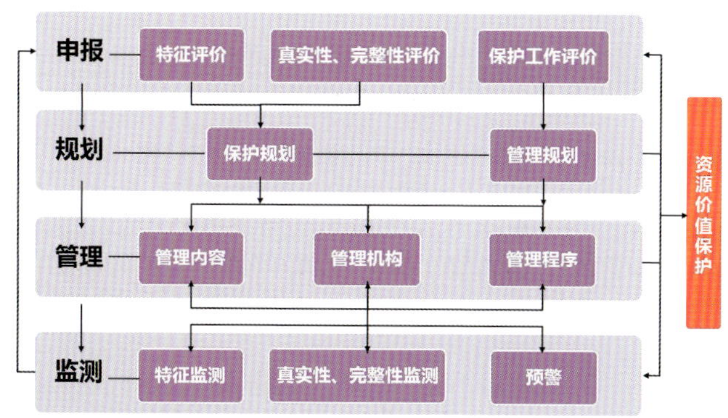

“全过程”保护制度示意图

2. 探索建立区域性保护框架的技术创新

在对区域性历史文化资源整体价值科学认识的基础上，完善已有的分级分类保护体系，建立区域性网络化的保护框架。

3. 探索区域性历史文化资源利用的模式创新

规划提出从地方垄断和竞争性地开发历史文化资源的方式向区域差异性共享和协同利用历史文化资源的方式转变，探索区域性城乡经济、社会、文化可持续发展的路径。

4. 探索区域性历史文化资源保护和利用的管理创新

打破现有的行政边界和“条状”管理模式，突破常规，以文化单元为核心，建立跨行政区、有针对性的管理协调机制，明确省、市、县、镇村四级管理目标和工作重点。

五、规划实施

1. 对皖南历史文化资源保护与利用的作用显现

本规划在批复后作为省级层面的保护管理工具对皖南历史文化资源保护进行技术指导，其确定的保护与控制要求在下一层面相关规划编制中予以落实和细化。

2. 对全国区域性保护规划编制具有示范意义

本规划作为住房和城乡建设部试点项目，对我国的历史文化名城名镇名村保护规划编制工作、对全国范围推广区域性历史文化资源整体保护与利用具有重要的示范意义。

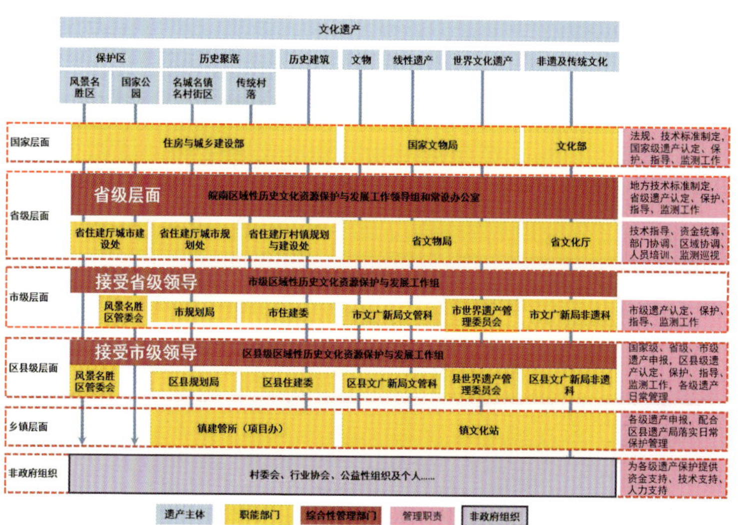

保护与利用管理协调机制示意图

宁波市中心城建设强度分区规划

2017 年度全国优秀城乡规划设计奖（城市规划类）三等奖、2017 年度浙江省优秀城乡规划设计奖二等奖

编制时间：2014 年 9 月—2015 年 12 月

编制单位：上海同济城市规划设计研究院、宁波市规划设计研究院

编制人员：宋小冬、薄力之、罗明、倪敏东、毛勇龙、沈静艳、戎容、钮心毅、徐梦洁、丁亮、罗智丰、颜燕

一、规划背景

建设强度管控是城市规划的核心工作之一。不论是芝加哥的高低错落、巴塞罗那的整齐划一，还是香港的集中高密，境外城市早在 20 世纪初就对建设强度采取了分区管控的措施，形成了清晰的空间形象和有序的密度分布。

而在国内，分片、分时期编制的控规在制定容积率指标时普遍缺乏总体层面的依据，易出现以下问题：① 受利益相关方的影响，相邻地块之间难以协调，公共资源被过度占用。② 编制时间不统一，中心区早编制，强度值可能偏低，边缘区晚编制，反而是成片的高层、高密度街坊。③ 各专项规划不匹配，如市政基础设施、公共服务设施的配置依据不充分。④ 交通和区位较好的地块缺乏系统的开发建设指导，特别是轨道交通站点周围的土地利用效率低下。

为了落实总体规划对于城市功能结构及空间形象的要求，为控规编制提供指导依据，从 2004 年开始，深圳、武汉和上海等城市率先编制了建设强度分区规划，站在城市总体层面对强度空间布局作出安排，可以有效地提升强度管控的效果。

2014 年，在宁波市规划局组织下，由上海同济城市规划设计研究院与宁波市规划设计研究院合作，开展了宁波市中心城建设强度分区规划的编制工作，结束了宁波市没有建设强度分区的历史。

规划总面积 2 560 km^2，提出以下两大目标：

（1）美丽宁波、山水宜居、高低错落：宁波市的建设条件与上海、深圳等城市不同，人地矛盾并不突出，山水景观优势明显。本次规划以宜居、舒适、美观为主要的城市发展导向，选择适中的建设强度指标，提升城市整体人居环境。同时对“三江六岸”等带有鲜明地域特色的区域进行详细研究，打造特色景观节点，优化天际轮廓线。

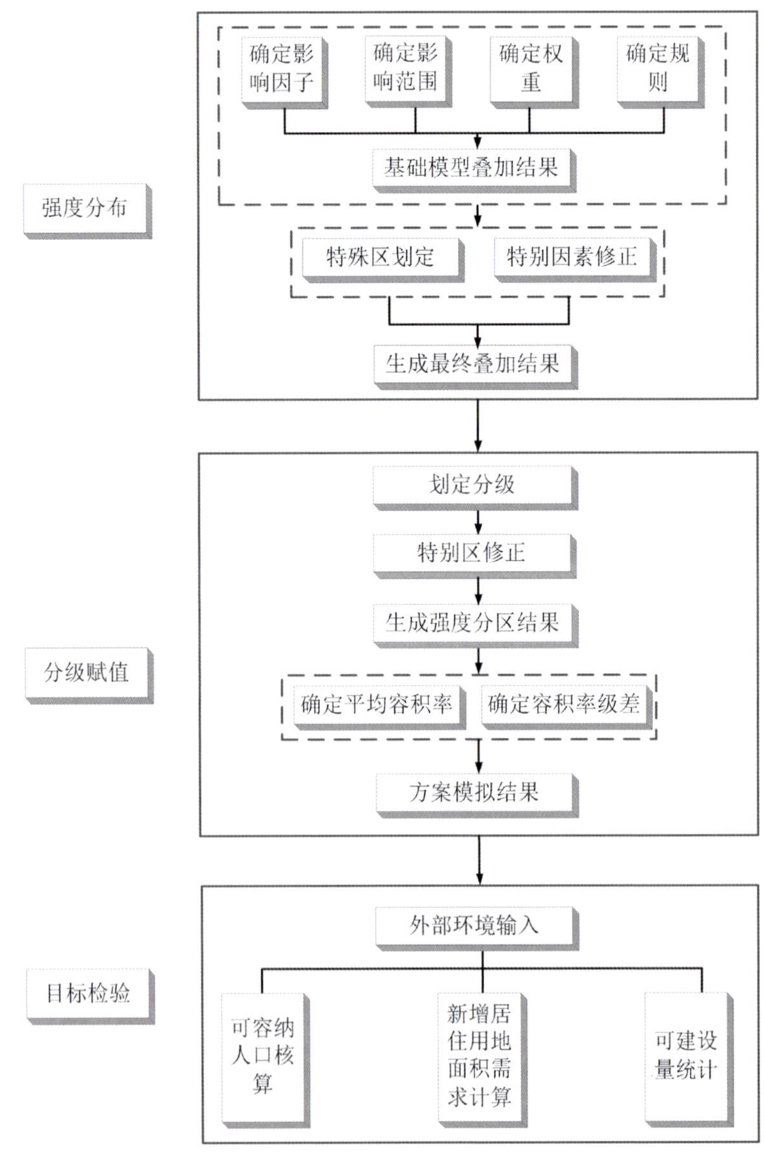

建设强度分区规划支持系统的三大功能模块

（2）公交优先、强化中心、疏密有致：充分体现 TOD 发展理念，提高城市公共中心与轨道交通站点的用地效率。在历史地段和滨江、滨湖等公共区域，以空间开敞和景观舒适性为优先考虑因素。

二、规划内容

1. 技术路线

宁波市中心城建设强度分区规划采取了“横纵结合”的技术路线：以土地适宜性评价技术为核心，通过各强度影响因素作用范围在空间上的叠加，对中心城强度进行分区和分级。

横向上根据强度影响因素的不同分为“效率模型”与“美学模型”两大部分。效率模型包括公共中心、轨交站点、客运枢纽等因素，目的在于提升城市整体的运转效率；美学模型包括三江六岸等重点地区的风貌保护、景观控制和城市设计要求，目的在于优化重点区域的景观形象。两大模型叠加，落实到街坊后形成基准强度分区。

纵向上分为宏观、中观、微观、实施四个层次。宏观层次借鉴香港的“密度分区指引”方法，基于“效率模型”与“美学模型”确定每个街坊的基准容积率区间；中观层次借鉴纽约的“特别意图区”方法，将城市重点地段、历史街区、生态敏感区等划为强度管控特别区，其内部的容积率数值由各片区专项规划指定；微观层次借鉴新加坡的“基准加奖励”控制方法，针对地块的自身属性，在基准强度分区指标的基础上进行上下浮动修正，得出地块容积率；实施层次借鉴美国的“包容性住房计划”，针对公租房、旧城更新等特殊性建设项目，给出容积率调整规则，形成项目容积率。

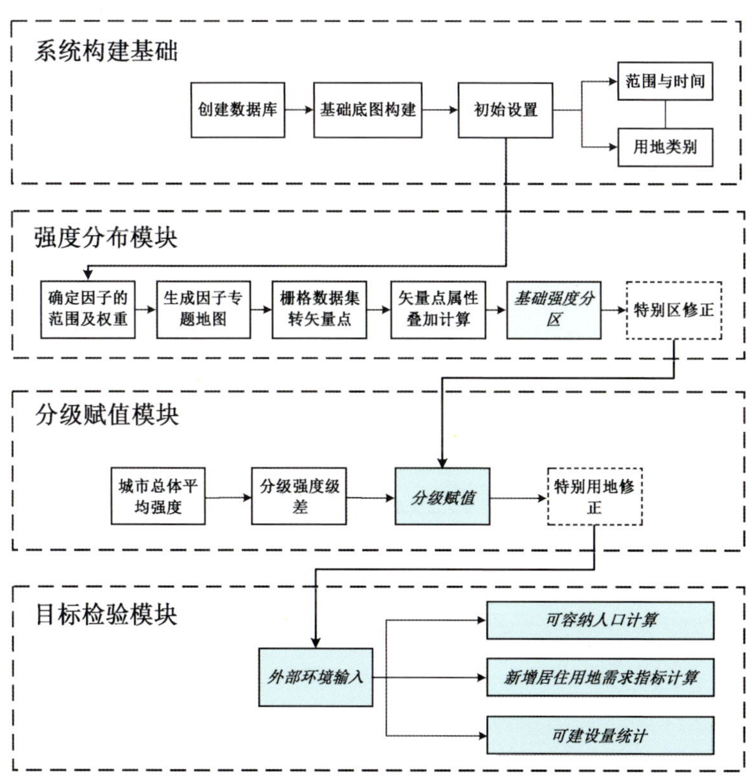

建设强度分区规划支持系统的整体流程

2. 规划内容

为了提高规划的科学性与时效性，更好地与城市发展导向衔接，本次规划创新性地将决策支持方法以及计算机辅助系统引入强度分区规划中，形成建设强度分区规划支持系统。

支持框架包括“明确问题、目标体系、方案设计、结果模拟、目标评估、综合评价、群体选择、实施反馈”八个阶段，阶段之间存在反馈与循环机制。

通过与计算机及互联网技术结合，系统形成三大模块：

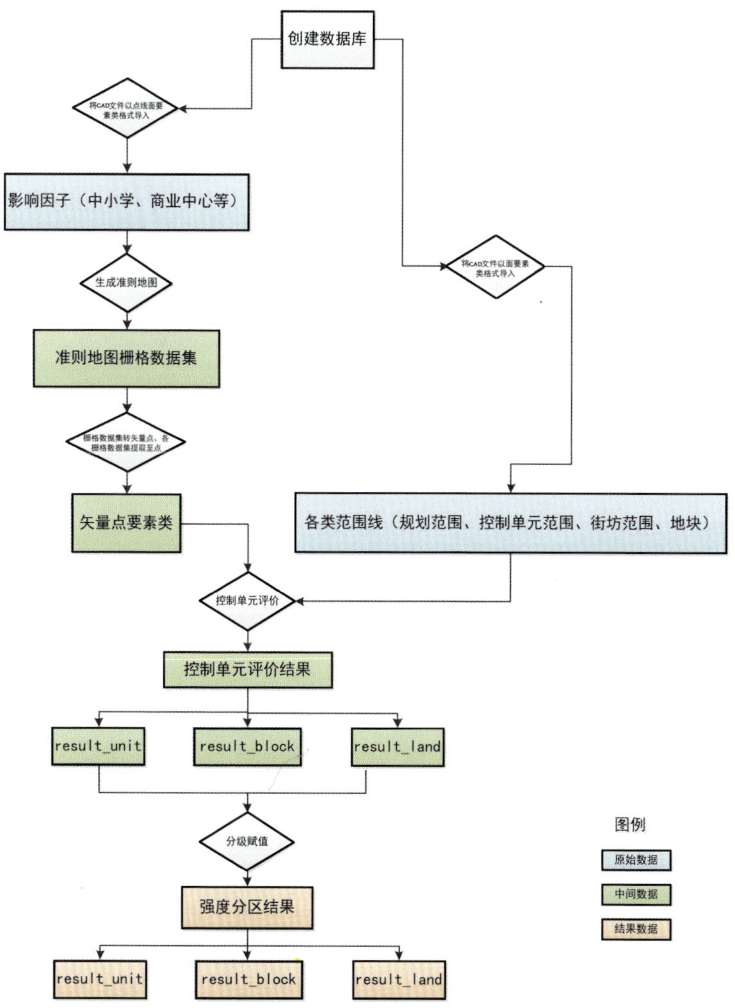

建设强度分区规划支持系统的数据储存设计

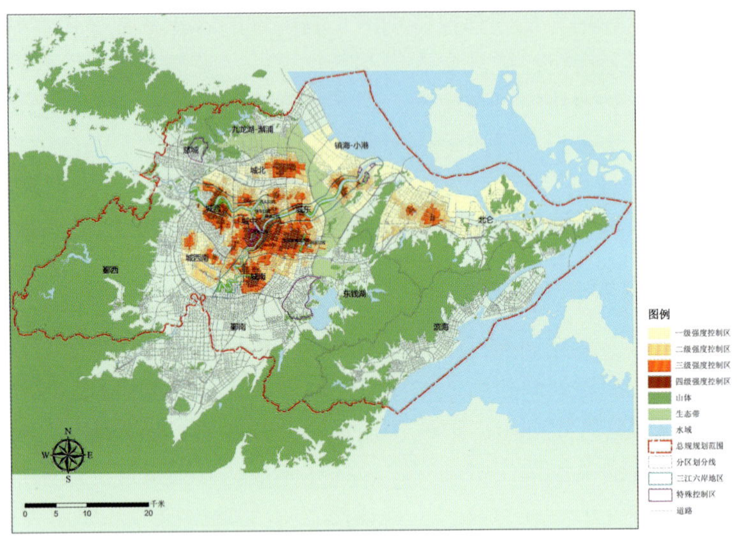

中心城强度分区图

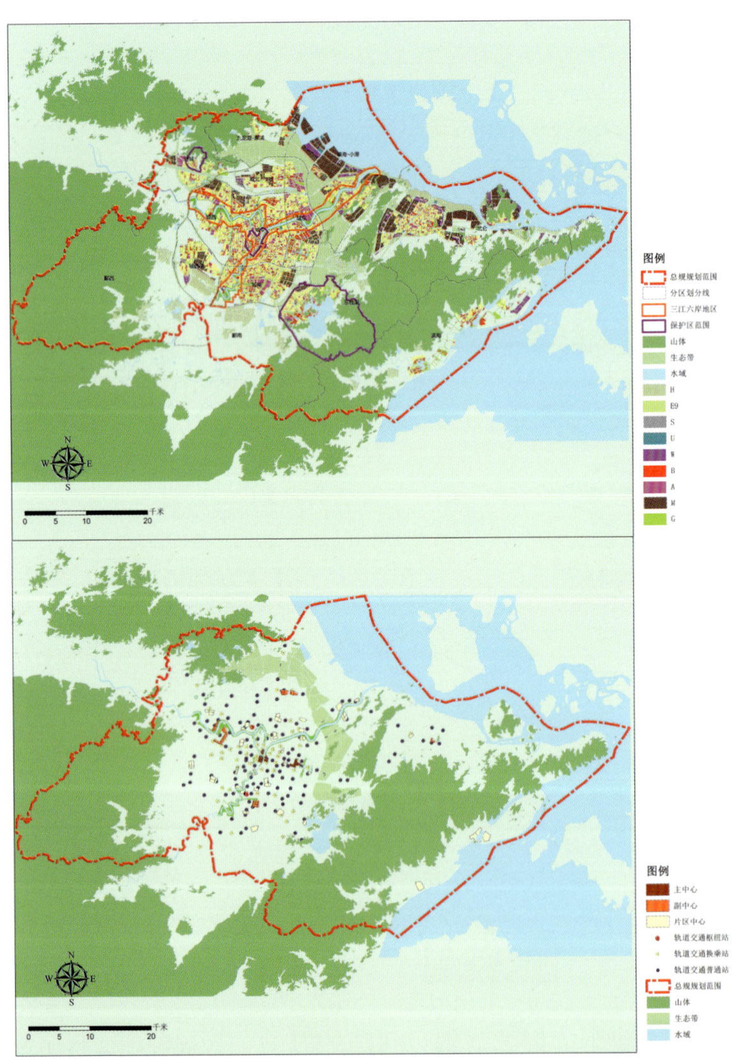

用地范围及影响因子

① 强度分布模块，负责根据不同的影响因子及权重生成不同的强度分区方案。② 分级赋值模块，负责对不同的强度分区基于总量控制进行赋值。③ 目标检验模块，负责对不同外部环境下的不同分区方案目标达成情况进行评估，辅助决策者做出选择。首先根据影响因子类别、范围和权重的不同组合，准备了 8 个备选方案进入决策支持系统，通过计算机程序进行自动分区赋值；其后，在“旧城更新力度小”和“旧城更新力度大”两种外部环境下，进行 9 大类、22 小类目标达成情况的评估。通过雷达图可以清晰地看出不同方案之间的特色差异。最后，通过 TOPSIS 法进行方案排序，并对优选方案不断微调，再次循环，最终做出决策。

最终选择备选方案的各影响因子和权重

影响因素	权重	影响因子	小类权重	影响范围（m）	小类叠合计算方式
公共中心	0.47	公共主中心	1.00	3 000	取最大值
		公共副中心	0.69	2 000	
		片区中心	0.38	1 000	
公共交通	0.53	轨交枢纽站	1.00	1 200	取最大值
		轨交换乘站	0.72	900	
		轨交普通站	0.46	600	

各级的强度赋值表

强度分区	基础强度区间	特殊情况上限值
一级强度控制区	1.0～1.6	2.0
二级强度控制区	1.6～2.0	2.5
三级强度控制区	2.0～2.5	3.0
四级强度控制区	2.5～3.0	3.5

三、项目特点

1. 引入决策支持系统

引入决策支持系统，在三个方面对强度分区规划的编制进行了提升：首先，基础数据统一建库后可以快速生成方案，并进行多方案比较，便于将目标体系转变为控制规则，计算精确、指标可靠，可以显著地提升规划编制的效率。其次，促进了规划编制过程的公开透明，通过人机交互、可视化等

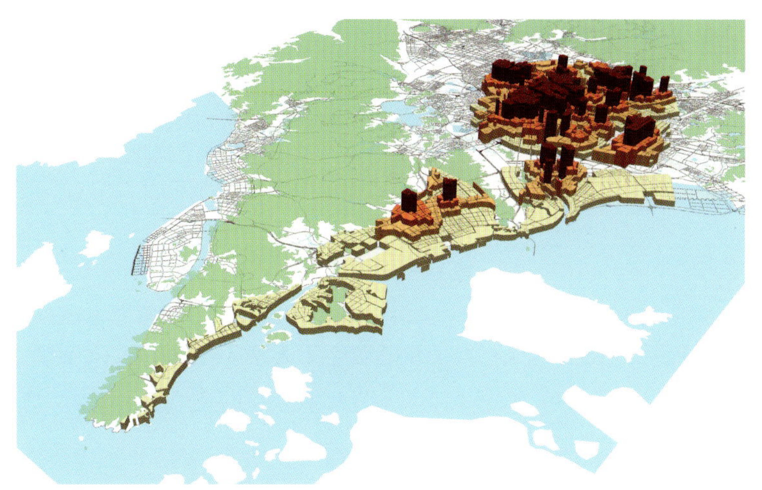
东北强度分区鸟瞰示意图

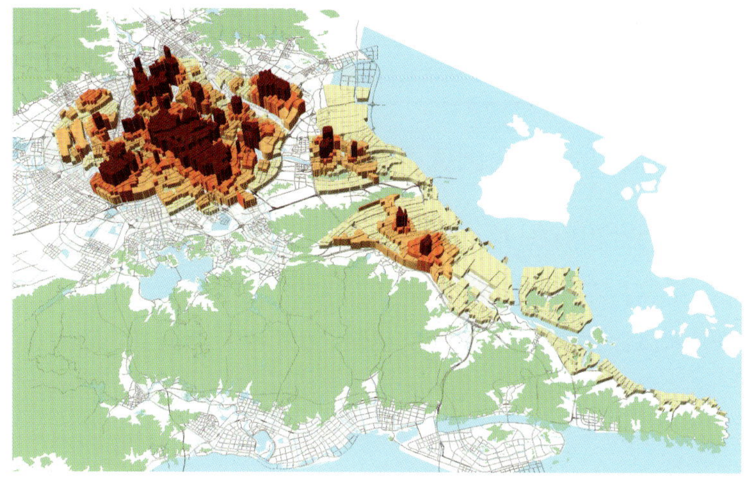
东南强度分区鸟瞰示意图

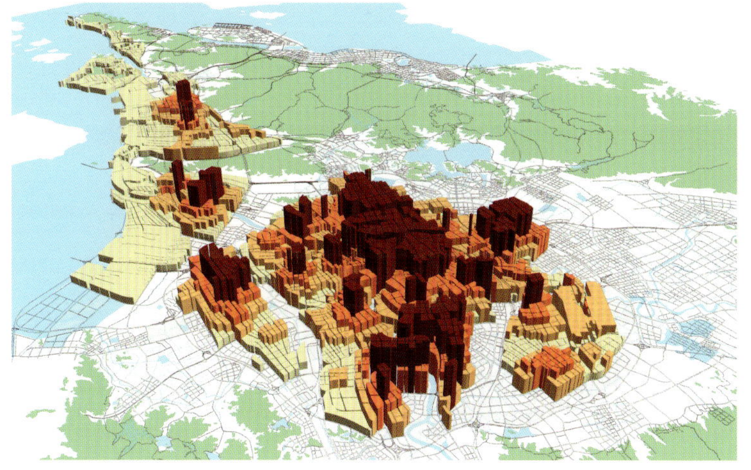
西北强度分区鸟瞰示意图

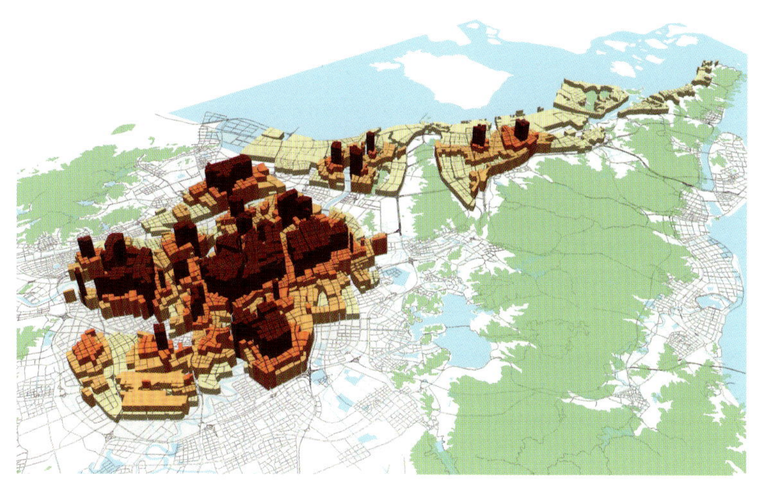
西南强度分区鸟瞰示意图

方法降低了公众参与的门槛，便于规划系统的不同专业、基层管理的不同部门、相关企业和公众的广泛参与。在参与过程中，不仅可以针对影响因子和权重提出意见，也可以针对已达成的目标体系提出意见。最后，保证规划编制的公平公正。在规则确定的情况下，整个过程通过计算机自动生成，避免人为因素干扰。

2. 便于规划成果与规划管理衔接

规划成果中的图、表可以直接进入规划管理信息系统的数据库，用于日常各种业务；强度指标的产生规则可进一步转变为地方性的管理法规。

3. 紧密贴合宁波实际，充分反映宜居舒适的发展价值观

为了提高规划的科学性与时效性，以及更好与宁波城市发展导向相衔接，本次规划将决策支持方法、计算机辅助系统引入强度分区规划，形成建设强度分区规划支持系统。在科学分析的基础上，选择了适中的总体强度方案，充分反映了宜居舒适的发展价值观，具有强烈的地域特色。

四、实施效果

规划成果形成“一图一则一表”。“一图”：中心城建设强度分区图；“一表”：用地强度控制表，均可以直接进入规划管理信息系统平台，用于各种日常管理业务；“一则”：产生指标的规则，可转变为建设强度分区管理导则，并进入地方性法规，直接指导后续的地块出让。

以本规划为依据，宁波市开展了大量的控规局部调整和轨道交通站点周边地块指标研究，有效指导了城市的有序建设。

云龙县县城总体规划

2017 年度全国优秀城乡规划设计（城市规划类）三等奖、2017 年度云南省优秀城乡规划设计二等奖

编制时间：2013 年 12 月—2014 年 12 月

编制单位：大理白族自治州城乡规划设计研究院、上海同济城市规划设计研究院

编制人员：夏南凯、张尚武、刘晓、王新哲、张海兰、印晓晴、陈保禄、胡剑、丁凡、刘来玉、和继诚、王光华、李荣春、胥蜀娟、李淑雄

一、规划背景

为落实党中央、教育部提出的同济大学定点帮扶云南省大理州云龙县的要求，上海同济城市规划设计研究院于 2013 年起承担云龙县规划扶贫工作任务，开展首批对口帮扶规划——云龙县总体规划工作，并于 2014 年获得国务院扶贫办国家机关定点扶贫先进集体称号。

本规划于 2013 年 8 月启动现状调研工作，2014 年 12 月通过大理州城市规划专家委员会评审。2015 年 12 月获得大理州人民政府批复。

在国家提出新型城镇化、农村现代化和可持续发展的大背景下，传统的城乡二元发展模式已经难以适应新的发展要求，同时区域环境的变化、重大基础设施的建设、新政策的落实，都给云龙县带来了新的挑战与机遇。云龙县处在新的城镇化发展宏观环境中，需要更深入地探索适合自身发展特点的城镇化道路和城乡统筹的地方策略。

云龙县地处西南山区，拥有优美的风光、悠久的历史与灿烂的文化，展现出多姿多彩的自然生态和极具地域特色、民族特色的文化遗产。但云龙县工业基础薄弱，城镇化动力不足，城镇空间发展面临刚性约束，城镇空间逐渐失去特色。这些特征在西南山区具有一定的普遍性。山区严苛的用地与交通条件，偏远地区自然秀美的生态环境，少数民族地区独特的文

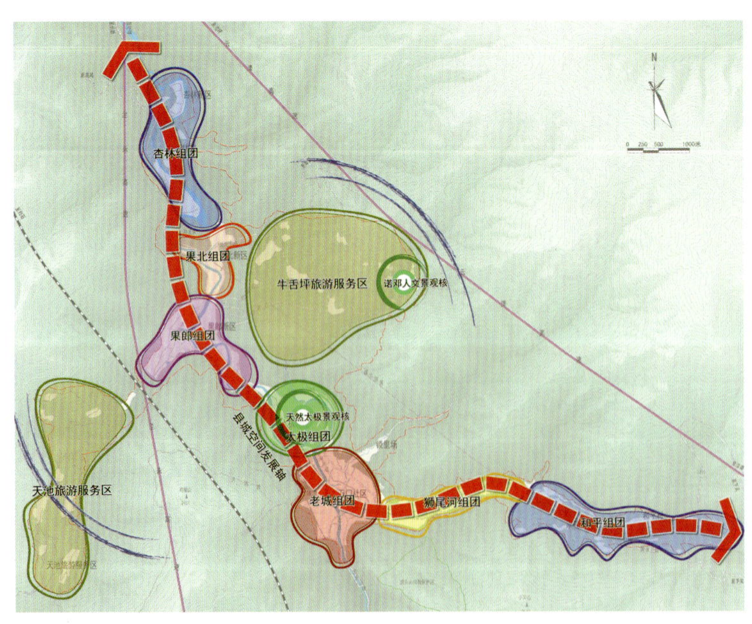

县城规划结构图

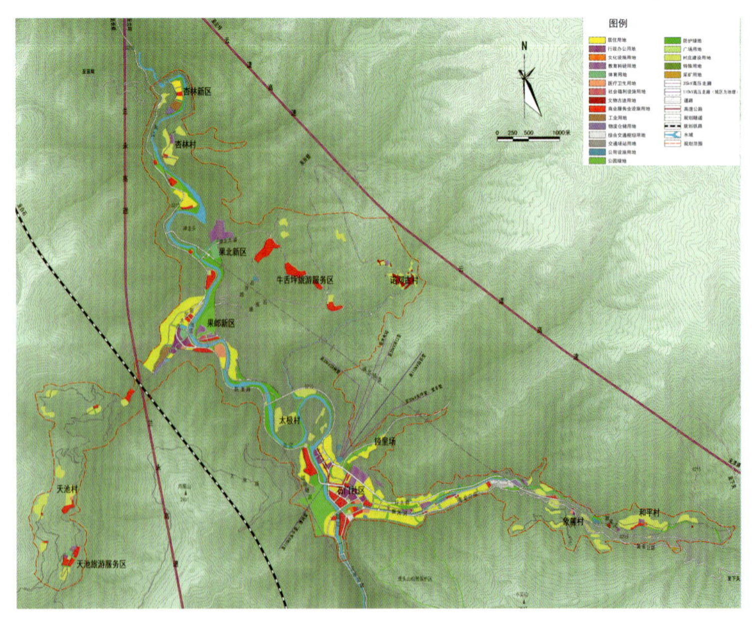

县城土地使用规划图

化习俗，古老村镇悠久的历史积淀，决定了云龙县必须走保护环境、发扬特色的城乡发展道路，建设有地域特色、文化内涵的山地小城镇。

二、规划理念

针对云龙县的现实发展条件，规划认为云龙县应该在保护资源、保留特色前提下，在西南山区低城镇化水平下，探索一条以实现农村现代化为目标的特色城镇化道路。

为此需要将高原农业嫁接现代服务业，推进内生产业模式；需要使农村和城市享受均等的基本服务，打造开放型、扁平化城镇体系；需要将农村与城镇一体考虑，实现城镇组合、城村融合；需要保护遗产、传承文化，塑造山地白族特色城镇景观。

三、规划内容与特点

1. 城市性质与定位

规划将云龙县县城建成兼具山地与高原特色的生态之城，体验自然与历史的旅游之城，农工商旅一体化的产业之城，城乡融合、生活便捷的宜居之城，集聚与分散有度的山地之城。

城市性质：滇西生态示范城，大理州旅游次中心，县域政治、经济、文化、商贸、信息中心，以体验式旅游、生态农业为产业特色的山地宜居城镇。

城市职能：滇西山林生态协调区重要的服务节点，大理州特色旅游服务核心，大理州生态农产品加工基地。

发展规模：2030 年规划县域人口 25 万人，县城人口 4.9 万人，县城建设用地 476.9 hm^2，人均 100 m^2 以内。

2. 以高原农业嫁接现代服务业，推进内生产业模式转型提升

外源型、大规模集中的工业化模式不适合云龙县的长远发展。立足于生态保护与资源利用，依托独具特色的高原生态茶叶、泡核桃、生态养殖等内生资源优势，通过互联网进行精品化销售，嫁接现代服务业，实现一二三产的融合发展。

重点发展自然生态观光、民俗文化体验、乡村度假休闲等旅游产业，旅游开发与乡村发展紧密结合。打造盐马古道线路、沘江线路等精品游线，积极融入大理、昆明的区域旅游圈，最终提升农民收入、实现富民目标，落实规划扶贫目的。

空间上形成沘江经济区、澜沧江经济区、怒江经济区三个“川字分区”的产业空间布局结构。宝丰—诺邓—关坪形成联合发展的产业片区。

3. 兼顾效率与公平，以实现城乡设施均等化为目标，构建开放型、扁平化的城镇体系结构

云龙县内生的产业发展模式和地理环境条件决定了村庄的分散，城镇和乡村不可能实现大规模的人口集聚。因此本规

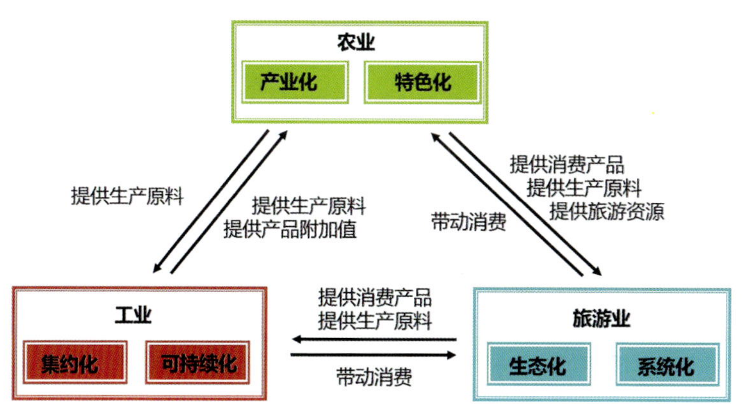

云龙县内生产业发展模式图

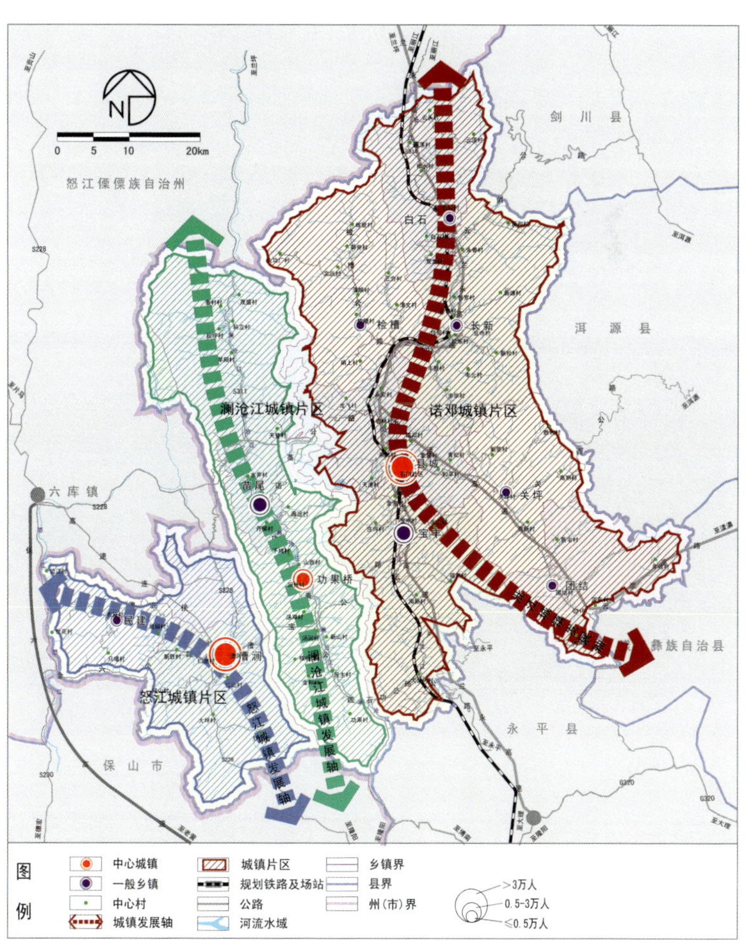

县域城镇体系规划图

划在县城这一核心外，选取两个与县城实力相近的重点镇，沿纵向交通线联系省域城镇发展轴。县域顺应地形条件和扁平化的特点，打造开放型城镇体系。各城镇按功能、区域影响分片发展，相互联系、相互合作、相互补充，并参与到区域发展的大环境中。空间上形成“一主两副、三区三轴、分片发展、区域联动”的城镇体系。

同时为实现基本公共服务的均等化，规划通过 GIS 模型进行农村基本服务设施布局的多情景模拟分析，形成既有效率，又相对均衡的适应山区条件的基础设施服务体系。同时挖掘农村特色服务内容，形成流动医疗点、教学点、文化展示、农村集市等公共服务布局模式。

4. 完善适应山区地形特点的道路交通系统

通过区域交通一体化、县域交通网络化、县城交通智慧化实践，完善各层次交通体系，为城乡现代化与新型城镇化提供交通骨架与基础支撑。

区域：构建快速路网、融入区域交通网络，加强与周边区域各个中心城市的联系，加快云龙县发展，积极参与区域分工。

县域：构建“川”字形空间下开放的交通格局，强化南北向交通的便捷性，提高交通效率，保证交通安全性。加强县域横向地区的互动联系，为县域社会经济各方面发展提供有力支撑。利用现状盐马古道，构建独具特色的“诺盐”文化旅游线路，打造云龙县面向云南乃至全国的知名旅游品牌。

县城：在保障县城安全的前提下，将过境交通线路外引，避免过境交通干扰城镇内部生产生活。优化城市路网结构线形，“成网成环”布置城市道路。对公交系统及慢行系统进行重点设计，提倡以小型机动公交及步行为主的公交及慢行交通系统，营造安全舒适的交通环境。

5. 倡导城镇组合、城村融合发展，塑造田园诗意的城镇空间

由于县城以服务型定位为主，规划将宝丰、关坪两地纳入县城协作区，承担县城的生产、物流等部分产业职能，实现城镇间的组合式发展。

从保护县城山水格局出发，规划在拓展城市空间的同时，将周边太极、诺邓、和平、杏林等特色村落纳入县城范围统筹规划，布置旅游服务、商业等城镇功能，实现城村交融、城乡一体，促进村庄旅游发展，最终形成“一轴两翼七组团”的小组团、散点式、低冲击、高安全的特色城镇空间格局。

县域综合交通规划图

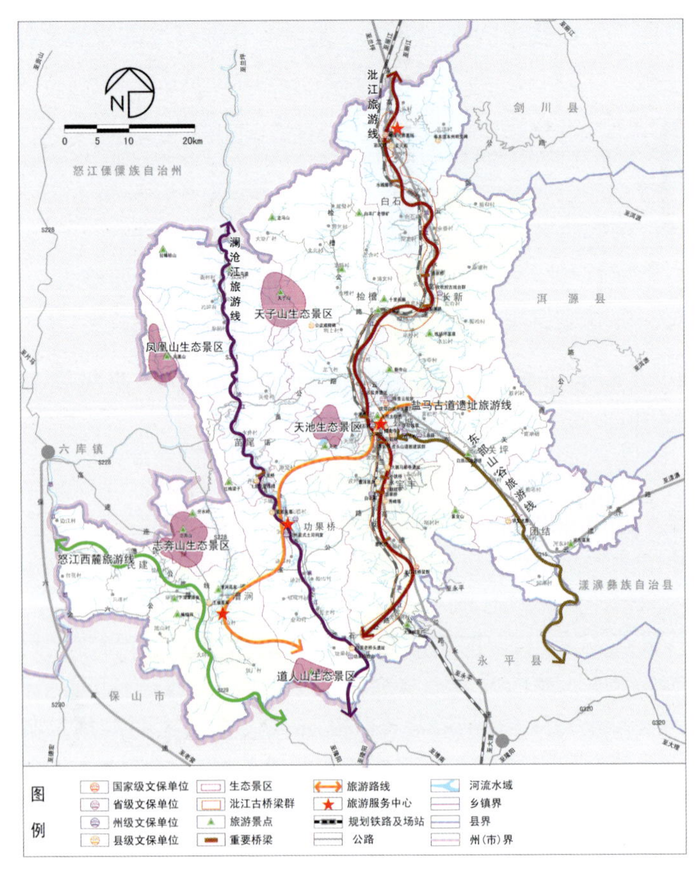

县域旅游发展规划图

结合其悠闲旅游的定位，形成“白云之上，悠然之村”的城市特色品牌，保护村庄传统文化，融入城市发展。

除县城之外，在漕涧镇、宝丰乡等较大乡镇，同样也采用中心镇区、特色村落联合、组团化发展的空间布局模式，进一步促进城乡一体化发展。

6. 保护遗产、传承文化，形成具有山地白族特色的城镇景观

盐马古道为云龙县山地白族文化的重要遗产，规划将经过县城的整条线路和沿线古村落、古盐井、古桥梁进行整体保护，形成县城及周边的人文网络基底。

规划加强了对县城风貌景观及文化遗产保护的研究，提出天然太极的整体保护方式，并通过景观眺望系统模拟分析，新增了多处观景点，为风貌指引提供参考。

规划分析了城区的山水关系，强化现有滨河花廊的景观功能，打造串联城区的步行体系。对现状毫无特色的现代建筑，提出山地白族特色的风貌改造建议，落实控制意图。

围绕“千年白族村——诺邓”的核心文化旅游品牌，规划将牛舌坪地区作为今后重要的发展空间，打通诺邓与其北侧牛舌坪的联系，通过牛舌坪使诺邓与城区空间连为一体，保护改造牛舌坪现有村落，新增相关服务设施，发展乡村度假旅游，提升了县城旅游服务能力，同时保护了诺邓古村。

四、规划实效

1. 将规划扶贫与教学研究相结合，促进校地合作

规划也充分发挥同济规划院产学研一体化的优势，作为本科生规划课程设计的组成部分，本科生和研究生团队对云龙县城总体规划若干重大专题及和平村、太极村等村庄作了概念性规划设计。在此过程中，也帮助学生充分了解了云龙县的贫困现实，增强了职业责任感。

2. 统筹全县多规合一工作，指导编制一系列专项规划

云龙县多规合一工作以本次总体规划为依据，统筹全县的土地利用规划、乡镇规划、产业园区规划等多个规划，形成多规合一成果。同时本次总规对云龙县相关规划的调整及各专项规划的编制起到了指导作用。

3. 及时纠正跃龙公路两侧不合理开发

在规划推进过程中，当地政府限于城区用地的局限性，考虑在跃龙公路沿线进行城镇建设开发。本规划从城镇安全、用地条件及工程经济性出发，强调对周边山地环境的保护性开发，建议减少跃龙公路两侧建设，获得当地政府认可。

4. 指导高速公路选线

本规划对云龙县过境高速公路的走向选线进行了研究，并作出相应的规划和安排。大漾云兰高速公路线路设计吸收采纳了总规提出的高速公路选线意见，从而顺利获得批复。

5. 保护和平村

规划之初甲方选址和平村进行大规模建设。我们在2013年8月的调研过程中发现和平村的古村落格局保留完整、历史遗存多，建议作为古村落进行整体保护，结合城村一体的构想，实现城市和村庄的风貌融合。经过多方努力，和平村于2014年11月被正式列入中国第三批传统村落名录。

2015年1月，习近平总书记在大理州考察时指出，新农村建设一定要“注意乡土味道，保留乡村风貌”，并把生态环境保护放在更加突出的位置，与我们以保护资源、保护特色为发展前提，突出农业、农村的规划探索不谋而合。

云龙县天然太极图

云龙县国家级历史文化名村诺邓村

漳州城市景观风貌专项规划（三边三节点）

2017 年度全国优秀城乡规划设计奖（城市规划类）三等奖、2017 年度福建省优秀城乡规划设计奖二等奖

编制时间：2014 年 6 月—2015 年 12 月

编制单位：漳州市城市规划设计研究院、上海同济城市规划设计研究院

编制人员：戴慎志、陶勇、孙康、郑荣泉、刘晓星、刘婷婷、杨惠贤、郑玲、冯浩、王树声、高晓昱、曾芬、蔡艺明、康超、姜志恒

一、规划背景

1. 编制背景

福建省漳州市是国家级历史文化名城，闽南文化的代表性城市，山水园林城市。现状城市建设以九龙江为依托，包含芗城、龙文、圆山三区和角美台商投资区。城市行政中心位于城西芝山大院，商业中心位于胜利路新华路沿线，东西两侧为金峰、蓝田工业区，九龙江以南为南山寺片区和高铁新区，角美台商投资区位于中心城区东部。近年来，漳州城市向东、向南发展迅速，使得漳州由山水城市逐步走向拥江达海的新格局。

2. 总体思路

本项目基于《福建省城市景观风貌专项规划导则》，采用“整体引导、专项研究、重点实施”的工作方法，全面系统地研究风貌要素，突显城市风貌特色，在此基础上构建风貌要素控制体系，并划分城市景观风貌特别控制区，明确规划管理和建设实施的重点和时序，以强化规划的有效实施。体现以下四方面原则：

（1）全面系统研究风貌要素，突显城市风貌特色。

（2）深入研究总体规划和相关规划，实现风貌规划合理衔接。

（3）构建风貌要素控制体系，便于风貌规划实施管理。

（4）划分城市景观风貌特别控制区，明确规划管理和建设实施的重点和时序。

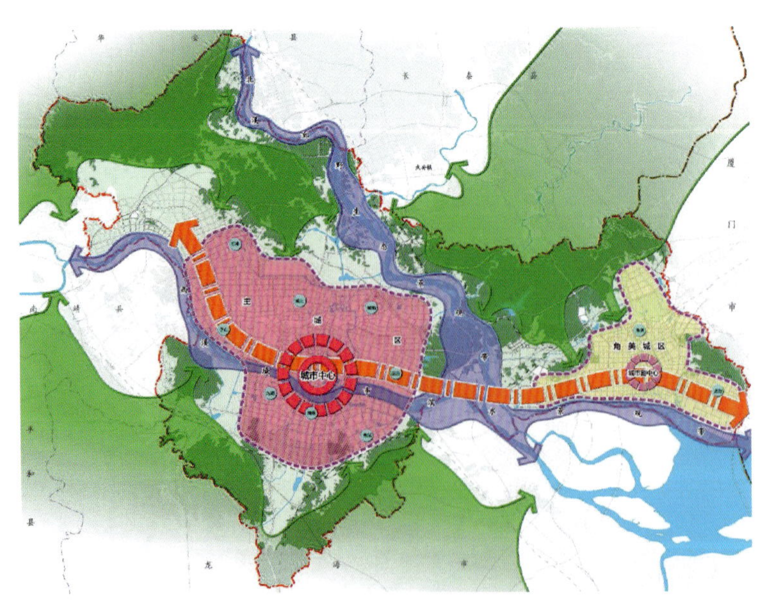

漳州城市发展空间结构图

二、主要内容

1. 整体层面对漳州城市特色空间格局的把控

（1）城市风貌品牌

规划以“闽南文苑、田园慢城”作为漳州城市风貌品牌，重点体现漳州的闽南文化基础，以及区别于厦门和泉州的山水田园自然特色。

（2）城市景观风貌结构

在漳州大山水田园格局的基础上构建“一廊一核、三心三轴”的整体景观风貌结构。以九龙江一江两岸的综合景观廊道和云洞岩生态景观核，构建山水景观格局；划定“三心三轴”的重点景观区域，凸显老城传统文化、龙江桥新城风貌和角美滨江近海的景观特征。

结合城市绿道建设，构建“五横四纵加两环”的迎宾展示系统。

（3）城市风貌特色要素体系

重点研究漳州城市特色风貌要素，体现“江海拥城、山水串城、文化融城、花色艳城”的空间景观。构建大江海生

态、山水游憩、闽南文化展示和花都体验四大特色景观系统。

2. 通过专项要素深化风貌系统研究

（1）山水风貌系统

漳州山水田园资源丰富，规划构建“两江一带”的大山水格局，“三山六园”的城市景观核心和“四环六廊”的生态网络结构。积极引入文化内涵，将漳州“古八景”进行现代演绎。规划控制层面，通过山水系统的主题梳理和空间管制，划定山水生态保护红线和建设协调空间，对生态绿化管控区间、建设高度、廊道空间等具体要素提出了要求，落实强制性管控指标，保护山水资源。

（2）建筑风貌系统

漳州是闽南文化的代表城市，体现在建筑上，燕尾脊、胭脂砖、红白墙面、多彩纹饰和骑楼等具有典型的地域特征。规划以“闽南风、漳州味”作为新漳州特色建筑设计的原则，以模仿、简化、拼贴、重构和抽象作为基本设计手法，体现对传统风格的形态模仿和神韵继承。并制作了城市居住建筑传统特色的提炼与运用图库。

（3）空间风貌系统

规划构建视觉区域＋立体景观＋路径引导的空间风貌系统。视觉景观层面重点控制景观廊道系统，重点突出山体、水域、文化街区和商业街道的廊道示范作用；以整体建设高度的控制塑造优美的立体空间景观，以保护山水格局，丰富城市景观天际线；以街道空间引导风貌路径，选取了三条代表性道路进行了标准段设计示意，体现对道路断面、建筑界面、绿化景观和街道家具四方面要素的引导。

3. 代表性节点城市设计示意

以三边三节点原则选取了六处代表性节点进行城市设计示意。重点突出对特色建筑风格、空间肌理和景观环境的引导。包括：芝山节点（行政中心）、景山片区、西湖片区、九龙大道片区、立交桥片区、高铁站片区。其中对新闽南特色建筑风格的代表性设计已形成图库，指导规划管理工作。

三、规划特色

（1）采用“整体引导、专项研究加重点实施”的工作方法，系统深入地构建漳州城市风貌特色控制系统

本规划以《福建省城市景观风貌专项规划导则》作为编制内容的依据，并在此基础上，采用了“整体引导、专项研究、重点实施”的工作方法，在研究性和实施性层面有进一步的创新和提升。

（2）深入研究以闽南文化为基础的漳州特色，通过特色建筑的创新实践，实现传统文化在城市建设风貌上的传承

“闽南风、漳州味”是本规划对漳州地域建筑特色的总结。为有效传承地域建筑文化，本规划深入研究了闽南传统建筑特

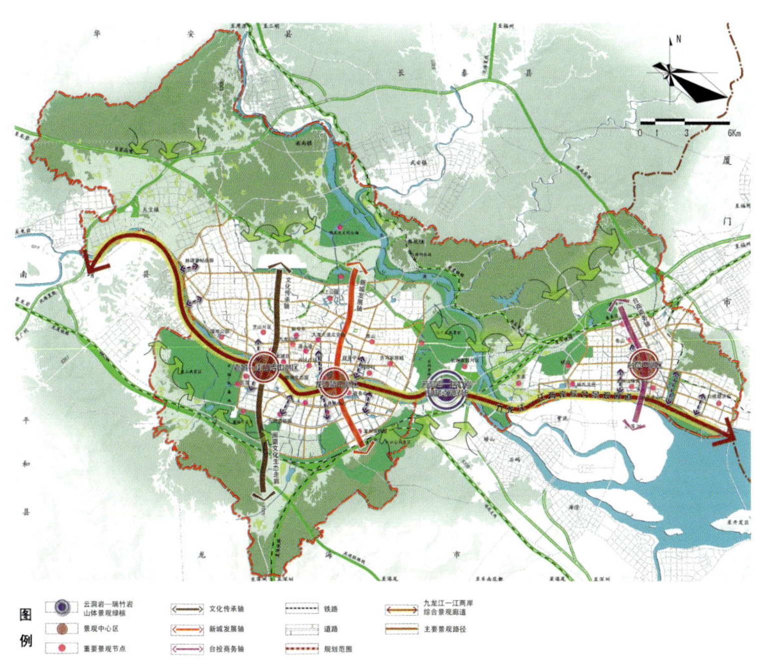

漳州城市风貌要素体系图

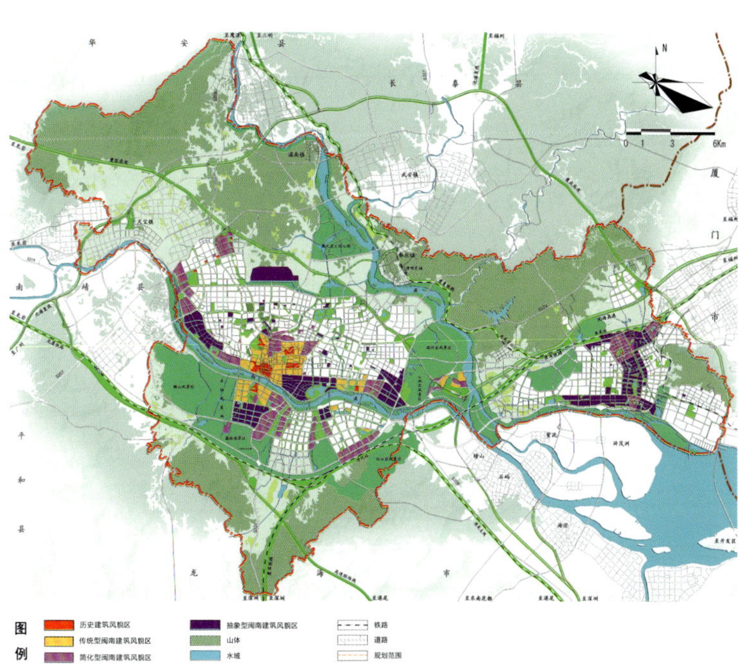

漳州新闽南建筑风貌区划图

用地功能	现状用地情况	该片区现状主要为万达广场，以商业和居住功能为主，万达周边地块为近期新建，风貌较好；片区西北部有一块工业用地，风貌杂乱。
	功能优化建议	将旧工业厂房进行重点改造，将工业用地转变为商业服务业、办公或者居住用地；闽南新城综合大市场地块经济价值较高，作为市场用地价值难以体现，未来建议进行搬迁置换，按居住功能建设，适当增加开发强度，体现地块的价值。

建筑风貌控制引导	
建筑风格及色彩	该区的整体风格应以现代时尚风格为主，重点控制九龙大道两侧建筑风格，色彩上以中高明度、中低彩度的红黄色系为主，突出稳重、大气的色彩格调；建元路两侧可兼容新闽南地域风格，但色彩应淡雅，与周围环境相协调。
建筑高度	该区为漳州市的商务片区，建筑高度较高，其中万达商务建筑高度控制在80~100 m，其余建筑高度控制在60~80m；现状建筑高度较低的地块为闽南新城综合大市场，考虑到其与该片区商务片区定位的不符，未来有较大可能进行搬迁，进而引进价值更高的居住项目，高度控制在60～80 m。
标志性建筑	突出“新城国际”的片区标志性地位，在水仙大道和九龙大道交叉口强化该标志性建筑；通过视线的引导和渗透，强化万达商业综合体以及万达酒店作为片区的标志性建筑，提升片区的特征性和可识别性。
视线景观控制引导	
视线廊道	重点控制九龙大道——水仙大道交叉口到万达广场的视线廊道，通过增加开敞空间，形成视觉引导；九龙大道东侧多为高层，应避免过于封闭，控制三条高层之间的视线廊道，范围包括廊道两侧各20 m的距离，对万达广场东侧的板式高层进行改造，进行立面公建化处理，或者通过屋顶绿化、立面绿化弱化视线遮挡。
人行景观界面	九龙大道两侧为重点打造的人行景观界面，重点对新城国际周边界面进行改造，打造现代时尚的人行界面。
景观环境控制引导	
绿化及开敞空间	完善九龙大道两侧的步行道绿化，增加步行道的环境质量；在万达广场和北部地块，进行空间整治，打造舒适宜人的开敞空间。
街道家具	本区街道家具采用时尚主题，营造具有现代气息的商务片区。

万达广场片区控制细则

景观风貌特别控制区类别	市民活动节点区
选址依据	1. 依据城市总体规划确定的片区级商业中心或城市公园，是市民日常活动相对集中的区域。 2. 用地性质以集中商业、文化或公园绿地为主，公共活动性和开放性较强。且周边有较为集中的居住区，就近活动方便。 3. 位于城市重要景观路径之上，具有一定的标志性景观，对城市风貌起重要影响。 4. 滨临城市主干道，具有良好的交通可达性。

风貌控制通则

1. 功能优化：强化商业、文化等空间集聚性较强的功能，适当兼容居住功能。建设项目选择宜以市民日常生活消费为导向，同类功能宜相对集中。
2. 空间布局：商业功能以集中布局和沿街底层商业形式相结合，重要设施宜位于片区中心或入口。公园绿化为主的区域建设空间布局宜结合公园入口。
3. 建筑风格：除保留建筑外，商业功能区以现代风格为主，公园绿地周边以新闽南地域风格为主。
4. 建筑色彩：商业功能区色彩选择宜明快活泼，不宜出现大面积灰冷色调。公园绿地周边建筑色彩宜相对淡雅。
5. 高度体量：市民活动区以人行尺度建设为主，商业功能区重要节点可出现少量标志性高层建筑和大体量建筑。公园绿地周边不宜出现较多的高层，尤其禁止以连续高层形成景观遮挡。同时还需重点控制周边主要道路面向公园的视线通廊。
6. 绿化景观：重视开敞空间设计，商业功能区以硬质铺地为主，并考虑与步行路径相结合。公园绿地宜主题鲜明，景观环境精致特色。
7. 街道家具：重视微观环境设计，以生活主题为主。提倡环保材料和仿生态材料的运用。

导则细化要素

1. 建筑风貌控制：包含建筑风格、高度和色彩。
2. 空间肌理控制：包含中心节点、轴线、视线廊道、景观界面，以及标志性景观。
3. 绿化开敞空间：包含绿地系统分类、步行路径导引，以及和城市绿道的衔接。

备注

因客观原因无法满足以上通则、控制导则要求的项目，应作出说明并报规划局研究。

类别	区位	编号	片区名称
市民活动节点区	芗城区	S1	中山公园片区
	龙文区	S2	九龙公园片区
	龙文区	S3	万达商务片区
	龙文区	S4	碧湖公园片区
	龙海市	S5	台投生产服务片区
	龙文区	S6	水上公园片区
	龙海市	S7	颜厝商务片区
	龙海市	S8	颜厝公园片区
	芗城区	S9	芝山片区
	芗城区	S10	林语堂文化园片区

特别控制区风貌管控通则

征，在此基础上，以“三边三节点”为代表，进行重点节点城市设计示意，建立特色建筑推广实施图库，落实特色建筑的创新传承法和管理手段。

（3）注重与控规的衔接，划定城市风貌特别控制区，实施重点管控

分为历史文化遗存风貌区、自然生态保护风貌区、城市中心节点区、市民活动节点区、交通枢纽节点区五类；并根据区位和资源特色的差异，分为两级进行控制，将风貌控制细化落实到具体地块。

（4）便于规划实施管理，规划成果力求标准化、条文化、简明化

本规划编制的《漳州城市景观风貌专项规划实施技术导则》，以“简明扼要、重点突出、适当量化”为原则对核心内容予以明确规定，并将实施性条款纳入控规管理通则。

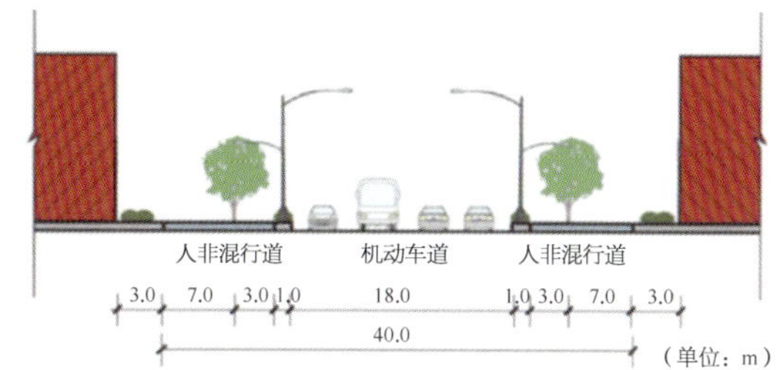

推荐断面示意图

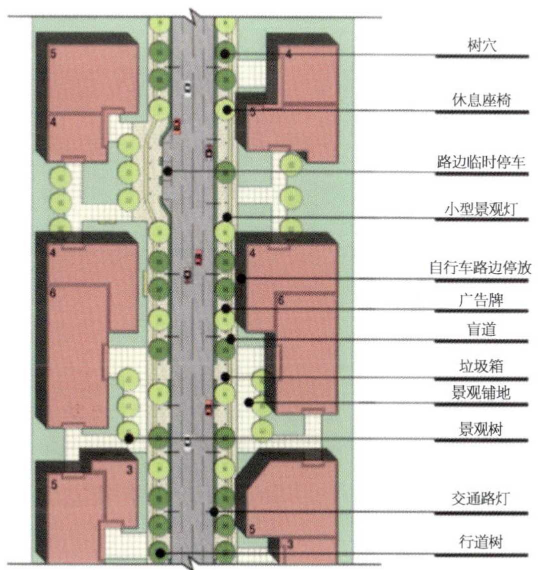

标准街道断面景观引导示意图

四、规划实施

（1）本规划编制的《漳州城市景观风貌专项规划实施技术导则》，对影响城市风貌的重点内容和规划管理职能的核心内容予以明确规定，已将实施性条款纳入控规管理通则。

（2）根据本规划划定的城市重点风貌控制区，已逐步开展控制性详细规划修订，推进详细城市设计，风貌规划明确的通则和细则引导内容在详细规划层面得以有效深化。

（3）本规划对漳州新地域建筑进行了大量研究，特色建筑的风格、色彩和创新传承方法在具体项目实践中得以有效体现。

芝山西鸟瞰图

西湖片区新闽南住宅效果图

九龙大道建筑改造效果图

宜昌市中心城区海绵城市专项规划

2017 年度全国优秀城乡规划设计奖（城市规划类）三等奖、2017 年度湖北省优秀城乡规划设计奖二等奖

编制时间：2016 年 6 月—2016 年 12 月

编制单位：上海市政工程设计研究总院（集团）有限公司、宜昌市地理信息和规划编制研究中心

编制人员：陈红缨、金彪、宋晨怡、王世海、姜茁、方宇、杨天翔、王诗婧、马浩宇、陈国生、杜强、龙康福、艾长征、张翼、李长进

、项目概要

自 2013 年国家提出“海绵城市”理念以来，其规划与建设已成为全国热点。为了切合“规划引领、统筹推进”的基本建设原则，在城市规划层面全面融入“海绵”理念，是有效防止海绵城市建设破碎化、实现城市发展海绵化的唯一途径。2016 年 3 月，随着住建部印发《海绵城市专项规划编制暂行规定》(以下简称《暂行规定》)，海绵城市专项规划在全国地级市全面展开。宜昌市作为湖北省第二大城市，又是三峡库区的代表性城市，编制海绵城市专项规划是建设湖北长江经济带以及三峡库区山水海绵示范城市的当务之急，对宜昌市的海绵城市建设工作具有指导性意义。

二、规划构思

本规划采取“问题与目标双导向、整体与局部相融合、近远期结合抓重点”的规划思路，确定了宜昌市海绵城市建设“水生态优良、水环境达标、水安全可靠、水资源充沛、水文

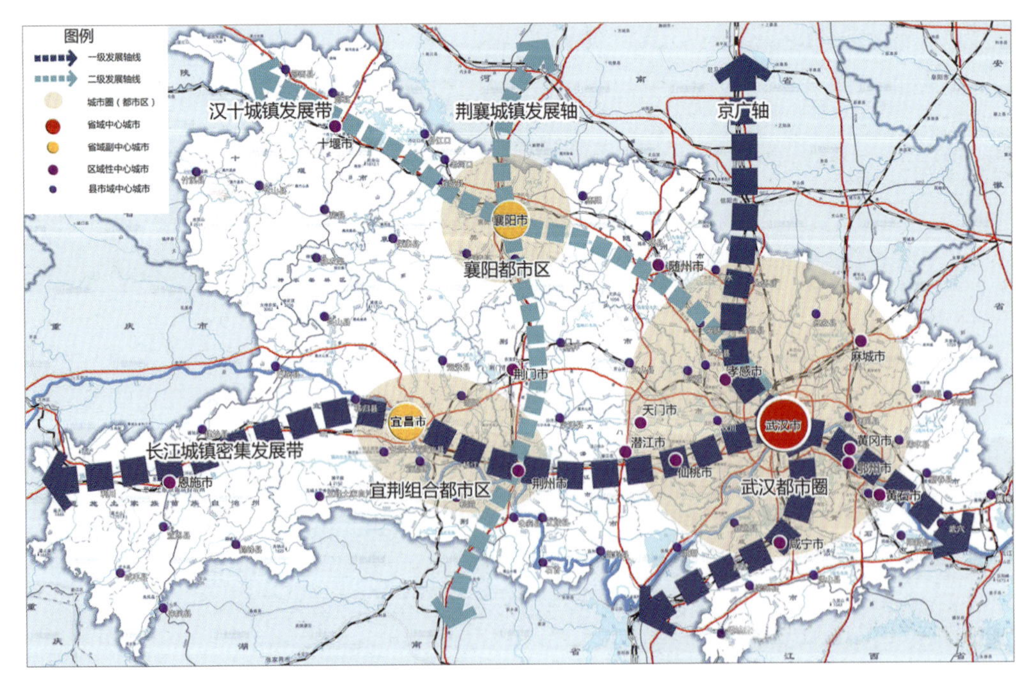

宜昌市区位图

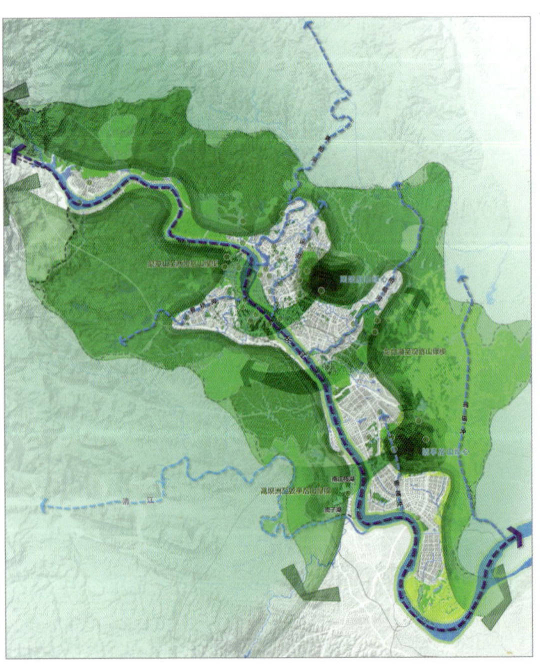
海绵城市自然生态空间格局图

化丰富”五大规划目标，并制定了“因地制宜、新老分册、系统治理、源头削减、蓄排结合、水润宜昌、节水为重、水土共守”八大规划策略。

三、主要内容

本次规划范围为《宜昌市城市总体规划（2011—2030年）》中划定的中心城区范围，总面积为 2 849 km^2。规划主要分为基础研究、建设方案、规划指引和实施要求四个部分，层层递进、逐层剖析，在《暂行规定》所要求的八大内容的基础上进一步细化深化，规划内容如下：

1. 深入剖析，综合评价海绵城市建设条件

规划从水生态、水环境、水安全、水资源以及水文化方面对宜昌市的现状条件与基础本底进行深入剖析和评价，识别宜昌水环境恶化、水生态敏感、山洪多发的本底特征。

2. 目标导向，确定海绵城市建设目标与指标

在综合评价基础上，结合城市发展需求，从水生态、水环境、水安全、水资源等功能需求出发，确定宜昌市海绵城市建设目标，提出指标体系。

3. 因地制宜，提出海绵城市建设分区指引

根据海绵城市建设适宜性评价，提出城市自然生态空间格局，并根据不同建设区的本底条件、城市功能、存在问题将规划区划分为七个不同的功能片区，明确建设要求和指引。

4. 科学规划，提出规划措施并进行系统布局

从水系统各个方面提出具体的措施和规划方案，对设施及空间进行布局，落实到河湖水系、绿地系统、排水防涝、建筑小区和道路交通的具体建设项目中。

5. 统筹协调，落实海绵城市建设管控要求

本规划将中心城区分为两级管控分区，在分区的建设需求与条件基础上建设重点，确定管控指标；同时在分区管控的基础上，将建设用地分类并确定管控指标，从规划层面落实海绵城市建设的具体要求。

6. 多规融合，提出相关专项规划衔接的建议

本次对宜昌市总规和相关专项规划进行详细解读，在既

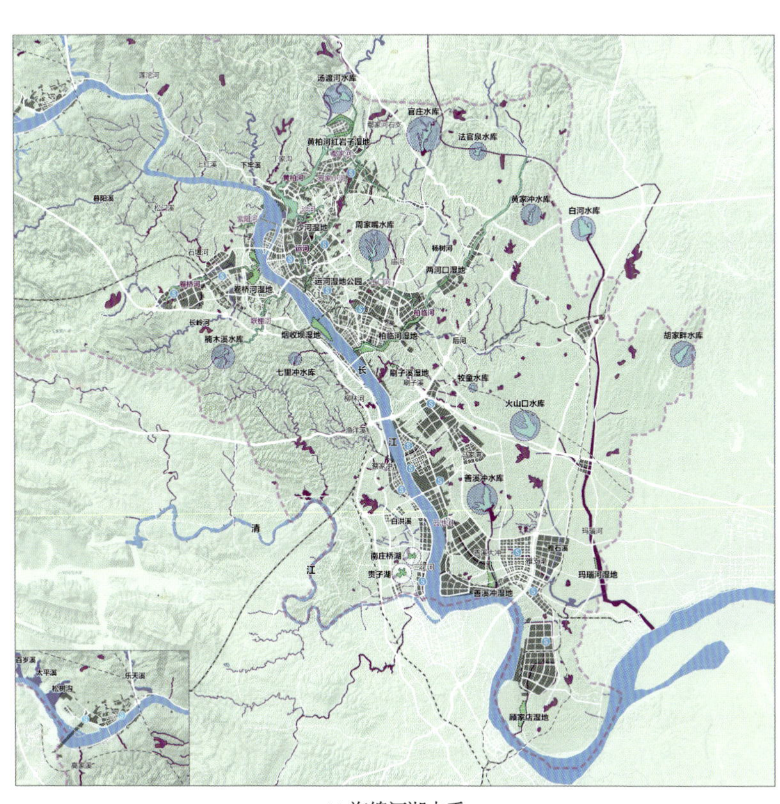

(a) 海绵河湖水系

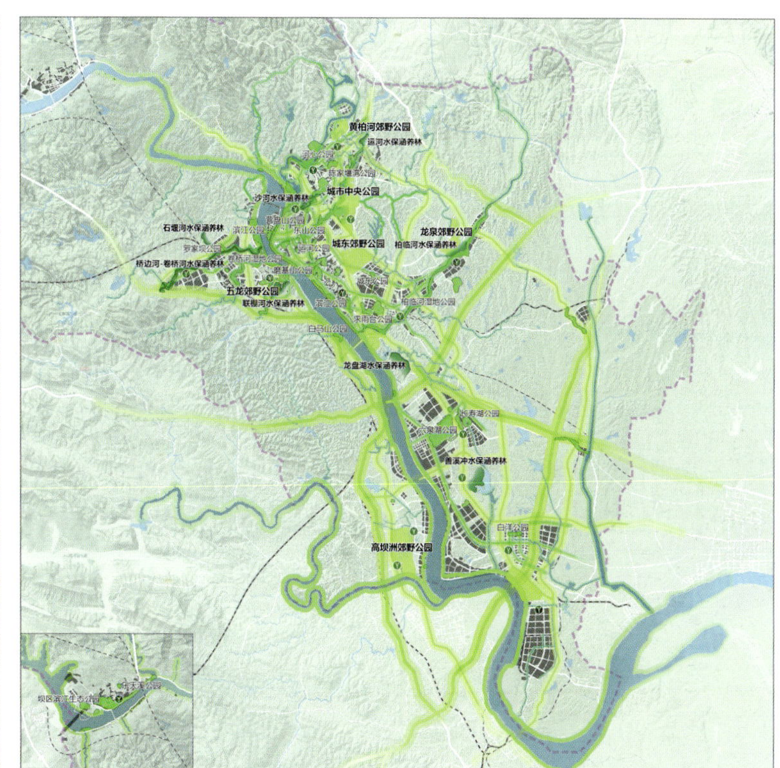

(b) 海绵绿地系统

涉水设施布局图一

有规划的基础上提出海绵城市建设的规划方案，同时又对各类专项规划在修编过程中需融入与“海绵”相关的内容提出详细指引，实现与专项规划的充分衔接。

7. 分步探索，明确近期建设重点区域和项目

划定海绵城市近期建设重点区域，明确近期实施项目，将其分为河湖水系、绿地系统、排水防涝、道路交通及建筑小区五类建立项目库，并制定年度计划指引实施建设。

8. 明确职责，提出规划保障措施和实施建议

提出规划建设管理机构、部门职责、联动机制，以及在编制地方性规范标准、技术导则、资金保障和政策制度等方面的措施建议。

四、特色与创新

1. 一个突破

规划突破海绵专项规划的编制规定，成果深度和广度均有所提升。规划范围覆盖整个宜昌市中心城区，规划面积近3 000 km^2，规划在全面贯彻国家《暂行规定》要求的基础上，不断摸索、至臻完善，制定更高要求的规划技术路线。本次规划突破以往单一层次整体规划的简单模式，形成三个规划层次，逐层递进、由浅入深、相互衔接、内容全面、成果丰富。

2. 六项特色

（1）现场调研与模型评估相结合，现状问题剖析深入、精准且具有针对性。本次规划前期在全市范围内进行了全面的踏勘调研，走访近二十个行政部门，收集了大量的勘查测量资料和基础数据，运用多种数学分析和模型分析方法，耗时两个多月对整个宜昌市的生态本底和基础条件进行研究分析。基础资料翔实，问题评价准确，建设需求分析到位。

（2）方案契合宜昌库区城市的特点，注重海绵城市与生态本底的内在联系。本规划重点分析宜昌市在生态本底、地形地质、水系结构和排水条件等方面的优势与劣势，因地制宜地提出规划的八大策略、目标与指标，重点突出海绵生态建设，在自然生态空间格局的基础上，通过GIS评价的结果划定海绵保育区和缓冲区，方案从多方面凸显宜昌库区城市特色。

（3）注重多规融合及协调，发挥专项规划在城市顶层设计承上启下的作用。本次规划对宜昌市的城市总规和市级层面近30个规划进行解读，从海绵视角对既有的规划进行分析评价，同时又对各规划在修编过程中需融入与“海绵”相关的内容提出要求和详细的指引，实现与总规、详规及专项规划全面、充分地衔接，更好发挥海绵城市专项规划承上启下的作用。

（4）建立三级规划管控体系，强化规划管理并落实海绵城市建设指导作用。本规划将中心城区分为13个一级分区，81个二级分区和7类用地，分别确定管控指标体系，建立三级管控指标体系。并分别在分区层面和分类地块层面，提出确定指标的方法和逐层分解并进行校核的方法。分区与分类结合并重，使管控内容和方法更加明确，强化了对规划管理落实的指导作用。

（5）采用多种量化分析法，注重空间与设施相结合，明确其服务范围及规模。本次规划采用宏观与微观相结合，由浅

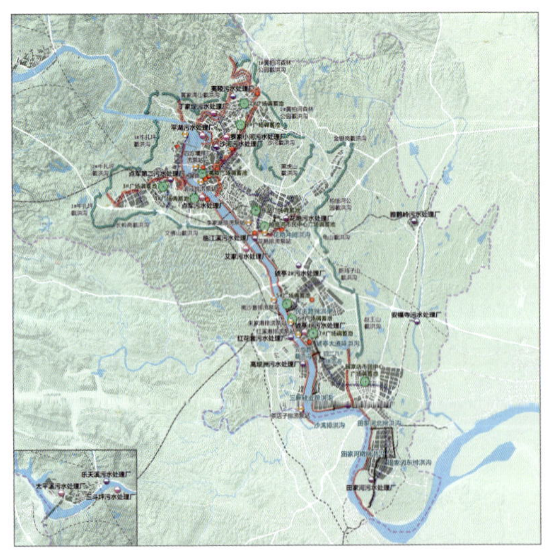
(a) 海绵排水防涝

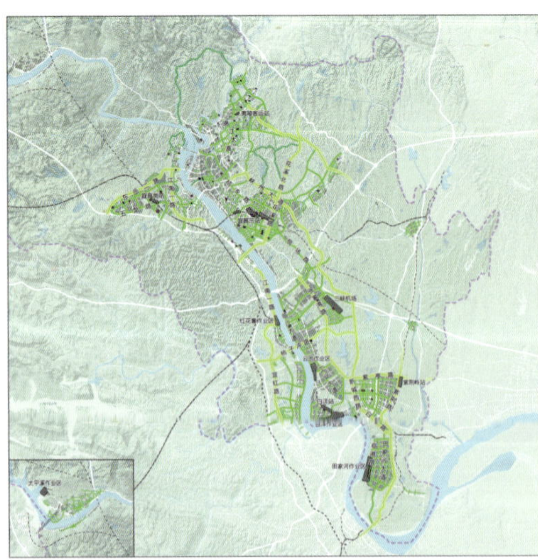
(b) 海绵道路交通

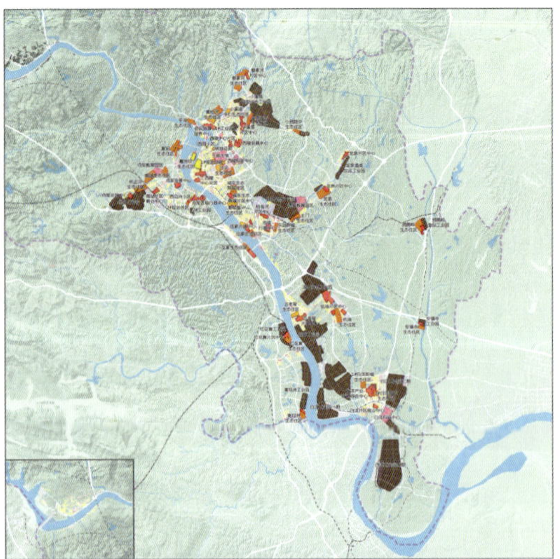
(c) 海绵建筑小区

涉水设施布局图二

(a) 小溪塔—西陵主城片区　　(b) 点军生态城片区　　(c) 柏临河公共中心片区

重点片区近期建设规划图

入深的规划方法。在宏观层面，进行空间布局规划明确海绵城市建设范围；在微观层面，进行设施布局与规划，采用多种量化分析方法，进一步明确具体设施的规模并进行布局，规划方案的针对性更强，准确性更高，可实施性更大。

（6）分区与分类建立近期项目库，落实示范项目方案以提高规划可实施性。本次规划划定近期建设项目、近期建设范围，将其分为五类城市建设项目，并依据地方标准进行了详细的投资估算，建立海绵城市近期建设项目库。先分区后分类，完成国家对海绵城市建设的考核要求，系统性指引宜昌市近期海绵城市项目的建设，可实施性强。

3. 三大创新

（1）首次提出借助 GIS 建立综合评价模型，通过建设分区的划定构建海绵城市生态图底。本规划首次提出综合建设适宜指数（CSI），创新性地开发了综合价值评估模型，选取 9 个因子建立综合评价指标体系，采用因子加权法揭示用地的建设适宜性格局，并根据综合建设适宜指数将宜昌市划定为海绵保育区、海绵缓冲区与海绵建设区，分别提出海绵体具体措施与指引。

（2）创新性地建立“指标—措施—布局”逻辑响应链，因地制宜落实海绵规划与建设目标。本规划建立四类 11 项 20 个指标构成的指标体系，针对每个指标提出 20 项具体的措施和规划方案，同时根据措施与方案，对海绵设施及空间进行布局，分别落实到公共海绵系统以及具体项目中。形成“指标—措施—布局”的逻辑响应链，条理清晰，针对性强，指导性高。

（3）初试在 ICM 模拟过程中植入海绵模块，以评价区域海绵系统的减量、削峰和控污效果。规划针对近期建设重点区域，在 InfoWorks ICM 模型软件中植入海绵模块并对其汇水路径进行调整，对海绵空间与设施建设前后的雨水径流出流结果进行对比分析，创新性地在区域层面评价海绵系统对雨水径流的总量控制、峰值削减和水质净化效果，更直观地表现出海绵城市建设的重要意义。

五、实施情况

1. 项目影响

2016 年 12 月，中国长江论坛·宜昌分论坛在宜昌召开，本规划作为宜昌市“十三五”城市建设的指导性规划，项目组受邀宣讲本次规划的相关内容，获得一致肯定。

2. 规划实施

近年来，宜昌市相关单位在海绵城市专项规划的指引下，结合市政道路、公园绿地、环境治理、片区开发和棚户区改造等项目建设，启动了海绵城市建设试点。

自 2015 年以来，海绵城市启动建设面积 7.2 km^2，开工建设了运河综合整治、卷桥河湿地公园、柏临河湿地公园、秋雨台公园、求索广场众创中心、城市绿道等一批试点项目，共完成建设投资 2.8 亿元，实现城市良性水文循环，提高对径流雨水的渗透、调蓄、净化、利用和排放能力，维持和逐步恢复城市的“海绵”功能，取得了较好效果。

新疆维吾尔自治区城市设计技术规程

2017 年度全国优秀城乡规划设计奖（城市规划类）三等奖、2017 年度新疆维吾尔自治区优秀城乡规划设计奖一等奖

编制时间：2014 年 12 月—2015 年 8 月

编制单位：上海市城市规划设计研究院、上海同济城市规划设计研究院、乌鲁木齐市城市规划设计研究院、新疆维吾尔自治区城乡规划服务中心

编制人员：王嘉漉、王曙光、张威、王青、郭鉴、王新哲、李继军、王云鹏、袁小玲、归玉东、张慧立、黄轶伦、王剑、孔艺倩、庞智

一、规划背景

1. 编制背景

2014 年以来，国家多次对城市设计工作做出要求批示。2014 年，张高丽副总理在全国城市规划建设工作座谈会上提出“从城市的总体空间布局，到局部地段建筑的群体设计和重要建筑的单体设计，包括城市色彩、景观轴线、节点地标等，都应有法定的、高水平的、管用的城市设计来指引”。住建部提出“加强城市设计工作……制定城市设计技术导则……建筑设计和项目审批都必须符合城市设计要求”。

2015 年中央城市工作会议提出“要加强城市设计，提高城市设计水平，各地各部门要高度重视城市设计的重要性和紧迫性，全面开展、切实做好城市设计工作”。

2016 年 2 月，国务院颁布《中共中央国务院关于进一步加强城市规划建设管理工作的若干意见》提出，“提高城市设计水平。城市设计是落实城市规划、指导建筑设计、塑造城市特色风貌的有效手段。鼓励开展城市设计工作，通过城市设计，从整体平面和立体空间上统筹城市建筑布局，协调城市景观风貌，体现城市地域特征、民族特色和时代风貌。单体建筑设计方案必须在形体、色彩、体量、高度等方面符合城市设计要求。抓紧制定城市设计管理法规，完善相关技术导则。”

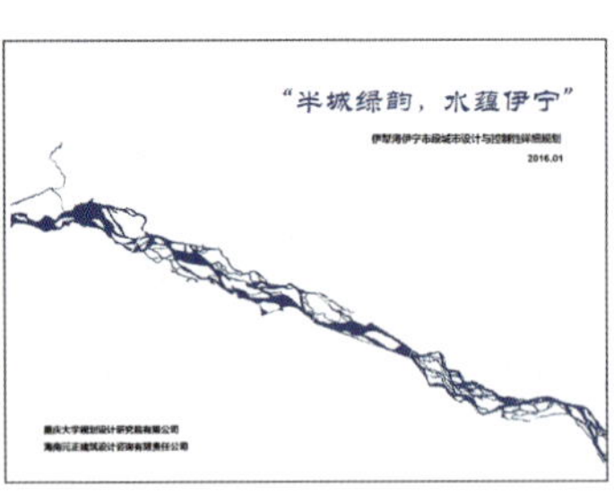

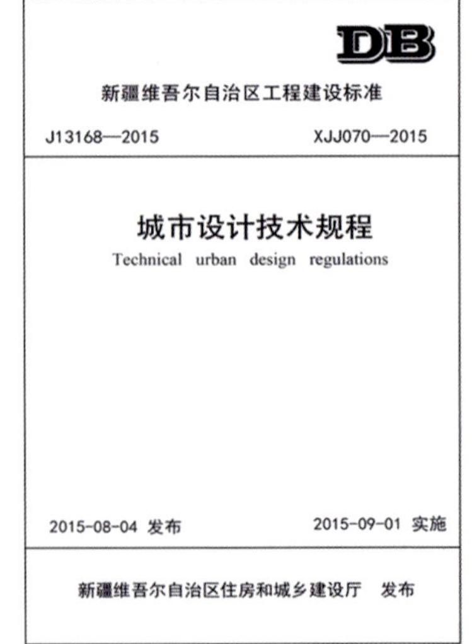

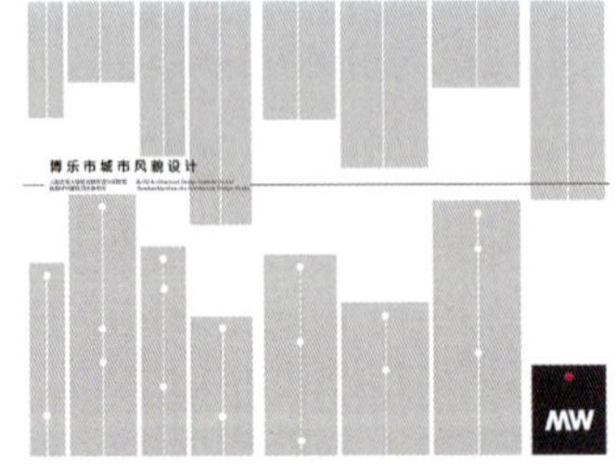

《城市设计技术规程》编制和试点项目同步推进

在此背景下，根据新疆维吾尔《关于下达2015年自治区第一批工程建设标准编制计划的通知》(新建标函〔2015〕10号)的工作要求，由新疆维吾尔自治区建设标准服务中心组织、上海市城市规划设计研究院牵头，联合上海同济城市规划设计研究院、乌鲁木齐市城市规划设计研究院共同编制完成了《城市设计技术规程》(以下简称《规程》)。

2. 项目意义

2014年底，《规程》编制工作正式启动，自治区在全疆范围内选取了8个城市设计试点，《规程》编制与试点项目同步推进。期间，编制组飞赴新疆各试点实地考察，《规程》文件经过多轮的座谈讨论和专家评审，于2015年8月4日正式发布、实施。本规程是中央城镇化工作会议后，全国第一个从管理角度，对城市设计的工作流程和编制内容提出系统性详细要求的省级规范性文件，具有示范意义。

二、规划内容

1. 主要内容

《规程》依据《新疆维吾尔自治区实施〈中华人民共和国城乡规划法〉办法》和《新疆维吾尔自治区城市规划管理技术规定》，结合自治区实际情况，主要研究城市设计与规划体系的衔接、城市设计主要任务和研究内容、成果形式、编制与审批程序等内容，作为有效指导和管理自治区城市设计工作的技术性文件，并广泛征求了有关规划管理、设计、高等院校等部门和单位的意见，经多次审查最后定稿。

本规程分为五章，包括总则、术语、城市设计的编制、总体规划层面的城市设计和详细规划层面的城市设计。《规程》已于2015年9月1日在全疆实施。

2. 规划难点和应对构思

(1)无论任何类型和层面的城市设计，都是具有其“艺术创作”属性的，而技术规程希望通过客观规范标准来优化城市环境，如何避免城市设计规范化后对灵活性和创造性的扼杀是《规程》要解决的首要难点。如何促进提高城市设计编制质量，规范各类城市设计的技术要求和编制管理，使城市设计既有规范可循，同时又能够给设计师留有可供创新的弹性？

应对构思：在当前国内形势下，城市设计需要思考自身如何与法定规划、与规划技术管理规定及建设审批程序相结合，才能将目标和控制引导要求落实到具体建设控制中，同时建立起专家评审、部门评审和公众参与制度，最大化地保证其科学、有效。这些都是城市设计规范化和法定化需要思考的核心内容。为了避免对灵活性、创造性的限制，本次《规程》主要是针对城市设计编制和管理工作提出底线和程序要求，而不针对技术问题和学术问题作出具体规定。

(2)城市设计的层次如何划分？一些单项或者专项的城市设计如城市色彩规划、道路广告设计等是否需要纳入《规程》，作为指导对象？

应对构思：在《规程》的制定中，充分考虑确保城市设计的可操作性和实效性，与法定规划充分衔接，使城市设计在编制和管理操作层面得到法定规划体系的有力支撑。因此，将城市设计分为两个层面：总体规划层面的城市设计和详细规划层面的城市设计，分别对应总体规划和控制性详细规划法定规划。专项的城市设计作为一种研究，暂不纳入《规程》。

总规层面城市设计内容
现状研究
总体设计目标
总体空间格局和风貌分区
生态分析
开敞空间及公共活动系统
天际线控制和建筑高度分区
保护自然环境
保护历史文脉
识别重点地区

详规层面城市设计内容
现状研究
片区设计目标
片区空间结构和景观要素要求
开放空间及公共活动体系
建筑群体设计
环境设计（扩展）
生态设计（扩展）
人文设计（扩展）

成果内容组成

(3)考虑到新疆城市的经济社会发展水平，城市设计在新疆各城市是否需做到规划区全覆盖，还是仅仅针对城市重点地区？

应对构思：考虑到新疆不同地区发展的差异性较大，《规程》规定详细规划层面的城市设计主要是针对城市重点地区，城市一般地区在编制城市设计时，可以参照执行。

三、规划特点

1. 明确城市设计的法定地位，强化城市设计与法定规划的有效衔接

城市设计作为一个独立的规划类型，不具有法定地位，但是作为一种研究方法和一项研究内容，一直存在于法定规划中。《规程》将城市设计分为总体规划层面的城市设计和详细

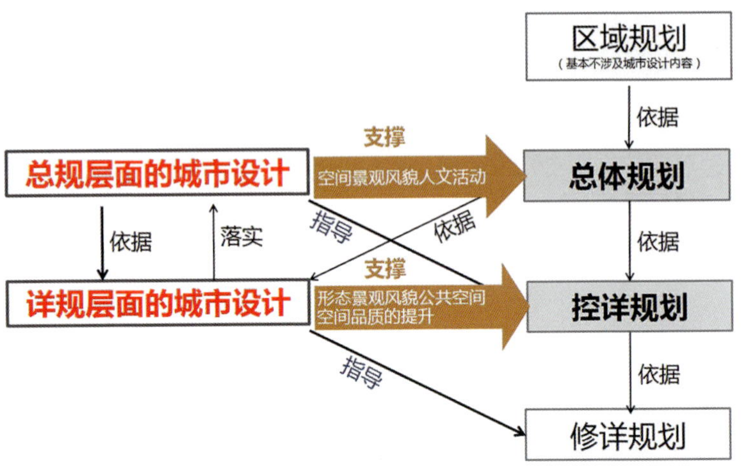

城市设计与法定规划的关系

铁门关市核心区风貌鸟瞰效果图

乌鲁木齐市民街片区城市设计

规划层面的城市设计两个层面，分别对应总体规划和控制性详细规划两级法定规划。总体层面重点关注城市风貌特色、历史内涵、文化特征和自然环境，勾画城市未来发展方向；详细层面有更具体的技术内涵和引导控制，重点关注落实。两个层面一体继承，各有侧重，强调两者目标一体化、内容继承化、方法针对化和重点差异化。

城市设计法定化并不是将其方法法定化，而是给其内容一个法定的地位，把原来抽象化、符号化的城市设计语境转化为具体的设计导则、技术规定或者控制指引，充实和深化城市设计成果内容。经提炼的城市设计核心成果将纳入相关法定规划，作为法定规划的一部分一并审批。

2. 融合底线思维与弹性控制，分地域、分类型提出针对性的城市设计要求

《规程》在坚守城市规划底线思维的同时，对突破现行规划管理体系的局限性，综合反映新疆地区社会、环境、文化、经济的多元要求，体现城市设计的理想目标进行了探索和实践。《规程》对城市设计的主要内容、成果形式、编制流程、审批机制等作出规范化要求。这是“底线思维”，也是城市设计应当为城市作出的基本贡献。但是考虑到南北疆的地域差别，不同地域城市、不同功能地区的城市设计可以根据地区的实际需要，对设计内容进行灵活增减。

总体规划层面，《规程》将自治区所有市、州分为天山北坡地区、天山南坡地区、南疆三地州、北疆北部地区和兵团城市，对不同地区的城市提出了差异化的设计要求。以《新疆铁门关市核心区城市风貌规划》为例，铁门关是典型的兵团城市，根据《规程》对兵团城市“注重历史建筑和纪念性场所保护，与垦区绿洲景观有机结合”的设计要求，提出打造“军垦文化城”的定位，在规划中展现中华传统文化，弘扬军垦精神。

详细规划层面，《规程》将城市设计区分为重点地区和一般地区，主要对重点地区提出具体的城市设计要求，一般地区城市设计则要求简化，可以参照重点地区执行。重点地区的城市设计主要针对新城开发地区、旧城更新地区、历史街区、滨水区、交通枢纽地区、中心区等具有代表性的功能区，提出城市设计所应重视的问题和编制过程中应提出的特殊要求，以保证城市设计的编制与管控更有针对性。以《乌鲁木齐市民街片区城市设计》为例，《规程》对于旧城更新地区，重点针对更新模式、文化传承等方面提出相应的设计要求，避免大拆大建，体现“一体多元”的新疆文化，规划鼓励渐进式更新模式，充分考虑区域民族特色风貌元素，保护老城区传统的文化风貌。

3. 充分考虑城市设计审批的复杂状况，为地方规划管理留有操作余地

城市设计纳入法定规划涉及两个方面的问题：一是城市设计是否都纳入法定规划；二是城市设计纳入法定规划的流程。在这两个问题上，不同时间编制的城市设计所面临的实际操作情况不同，《规程》编制力求既能保障法定规划的完善性、秩序性，又不会对现有的规划秩序造成太大的影响。

对于已编制法定规划的地区的城市设计，如果将其内容纳入已审批的法定规划，则面临修改法定规划的难度和周期问题。《规程》为此情况下的城市设计编制预留了两个方面的操作弹性：一是对是否单独编制城市设计，不作统一规定，交由所在地县级以上人民政府根据当地城市建设和规划管理的实际需求、动态情况来定夺；二是单独编制的城市设计成果是否纳入同一层面的法定规划，也不作统一规定，具体可交由法定规划原审批机关或该机关同级规划主管部门定夺。如需纳入法定规划，应按照法定规划修改的法定流程进行；如不纳入法定规划则可以作为技术性文件，指导下一层次城市规划或建筑设计方案的编制。

4. 充分认识城市设计重在实施，《规程》编制与城市设计实践同步推进

自治区住房城和乡建设厅于 2014 年 7 月下发了《关于开展城市设计试点工作的通知》（新建规〔2014〕10 号），在全疆范围内选取了 8 个县市开展城市设计试点工作，并于 2015 年 1 月正式启动《规程》的编制工作。编制组成立后迅速高效地开展了《规程》大纲的编制工作，并在自治区住建厅的组织下对全疆 8 个城市设计试点进行了实地调研。编制组听取了各试点项目的前期成果介绍，并结合《规程》大纲内容和不同类型项目特征，对试点项目下一阶段的工作推进提出了指导意见和建议。

《规程》在编制过程中充分参考、解读了新疆近年来编制的若干城市设计成果，并与上海援疆规划专家顾问组、上海市城市规划行业协会、同济大学相关专家、新疆本地规划和建筑专家多次汇报交流，使最终成果严谨、易懂、翔实，且具有较强的针对性和落地性，可以在未来有效指导新疆城市设计的编制和管理工作。

四、应用实施

《规程》自 2015 年 9 月 1 日实施后，自治区要求试点项目规划编制单位按照《规程》的要求，对项目内容进行补充、修改、完善，注重城市设计与法定规划的有效衔接。2016 年 1 月，自治区住房和城乡建设厅组织相关专家对 8 个城市设计试点项目进行了阶段性成果验收。试点项目验收完毕后，自治区住房和城乡建设厅于 2016 年初委托上海市规划院后续编写完成《新疆维吾尔自治区城市设计试点项目作品集》，与《规程》一起共同为自治区各地州正在全面推广的城市设计工作提供指导和借鉴。

《规程》已经成为全疆范围内城市设计项目编制和管理的重要依据，指导了不同层面、不同类型的规划项目按照《规程》编制完成且通过专家评审并批准实施。其中包括《乌鲁木齐市城市总体规划（2014—2020 年）（2016 年修订）》《乌鲁木齐市山水及历史文化建筑风貌保护规划》《乌鲁木齐国际会展片区城市设计提升规划》《昌吉生态康养城示范区城市设计》《乌鲁木齐市中心城重要生态区域规划设计》等。《规程》的主要编制人员也多次赴自治区各地州，给全疆的规划管理人员作关于《规程》的培训，以便在规划管理中更加有效地发挥城市设计的作用。

新疆维吾尔自治区城市设计试点项目作品集

《规程》培训分享会

珠海西北部水系景观利用规划

2017 年度全国优秀城乡规划设计奖（城市规划类）三等奖、2017 年度广东省优秀城乡规划设计奖二等奖

编制时间：2015 年 8 月—2016 年 6 月

编制单位：珠海市规划设计研究院、上海天华城市规划设计有限公司

编制人员：欧阳依妮、王欣、杨磊、李清、王德丽、陈佳威、陈思宁、杨峥屏、兰小梅、曾雪玲、朱艳芳、郑科、石莹、曹亮、丁浩虹

一、规划背景

珠海西北部水系网络涵盖了珠海 90% 的水源保护区，是珠江三角洲水网的重要部分，也是珠海市水源涵养和生态保育的核心。本项目从水系的整体保护和发展出发，综合考虑对水系景观发展的影响因素，在保护水系整体生态及景观的基础上，进一步统筹规划未来水系景观的多样化利用。

规划具体落实水系景观发展定位、发展方向、交通廊道、服务设施、游线组织五大方面内容，提出以水系景观为对象的空间发展模式，为建设珠三角乡村水系景观利用示范区提供了有力支撑。

二、项目特点

1. 采用定量与定性相结合的方法，确定水系景观的适宜性评价

基于基础调研，建立珠海西北水系景观评价模型；通过定量分析，形成综合保护和开发的评价分析。

2. 强调水系及水系景观的最佳利用方式，开创国内乡村水系景观利用规划的先例

以提升水系景观完整性和有效性为目的，采取一系列合理的保护和多样化利用方式，包括水系生态基底、水系交通组织、水系景点组织和游线、水系设施配套等方面的内容。

三、项目构思

规划从前期研究、总体思路及研究内容确定、规划实施保障三个层次出发，构建规划技术路线。

依托珠海西北部典型网状水系格局，以乡村旅游开发为助力，在生态保护可持续发展的前提下，建设乡村水系景观利用示范区，打造集水系保护、生态体验、健康休闲、文化延续等多重功能于一体，代表珠三角、享誉全国的乡村水系休闲旅游高地。

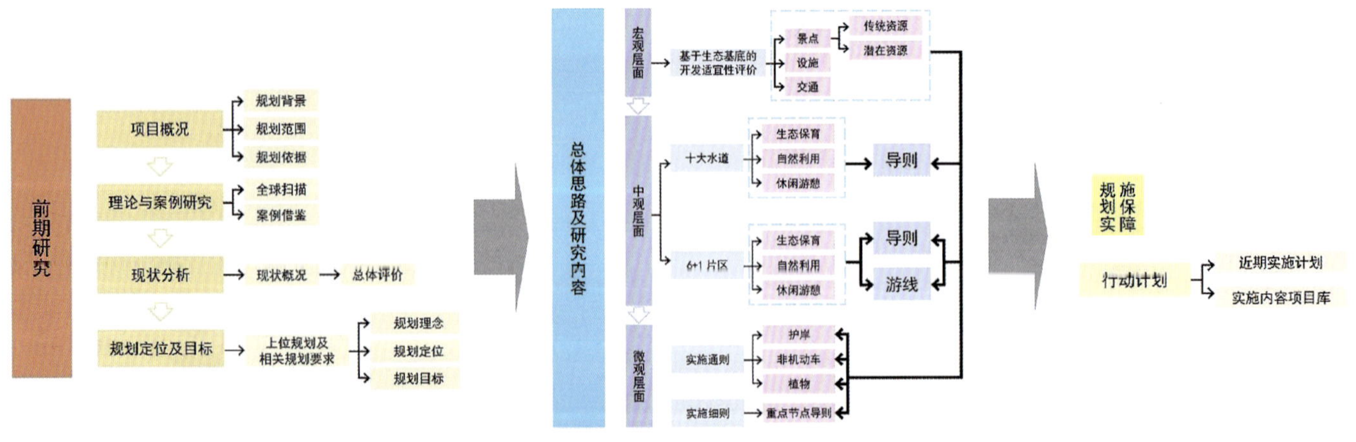

工作框图

四、主要内容

1. 宏观体系构建

主要包括 4 个步骤：

第一步，结合自然生态保护基底，合理定位水系发展方向。

根据生态要素及土地利用类型因子综合加权，将土地分级为适宜开发用地、较适宜开发用地与不适宜开发用地三大类。

第二步，强化现有传统景观资源，提炼村落核心景观元素。

基地范围内传统景观资源较丰富，但在水系一定缓冲范围内的各种景观资源点并不多。因此，规划从两个方面入手，第一，强化对水系有重要影响的核心传统景观资源，将其纳入水系整体休闲游憩网络体系中；第二，挖掘潜在资源，增加河流周边资源点的多样性和丰富度。

第三步，深入发掘潜在景观价值，优化整合三大特征资源。

曾经被忽视的水系潜在景观资源包括水闸、排涝泵站、码头渡口、水街、水埠驳岸、榕荫广场及湿地观景点、水系观景点、山景观景点、城市观景点等，按照其历史发展和特征的不同，可分为功能相关类、历史相关类和美学相关类三大部分。

第四步，完善交通可达绿道网络，合理布局配套服务设施。

通过绿道密度计算与适宜开发用地地块叠加，计算绿道开发密度，综合规划绿道系统，用以沟通串联既有河涌和水道，并连接起区域及周边其他绿道。

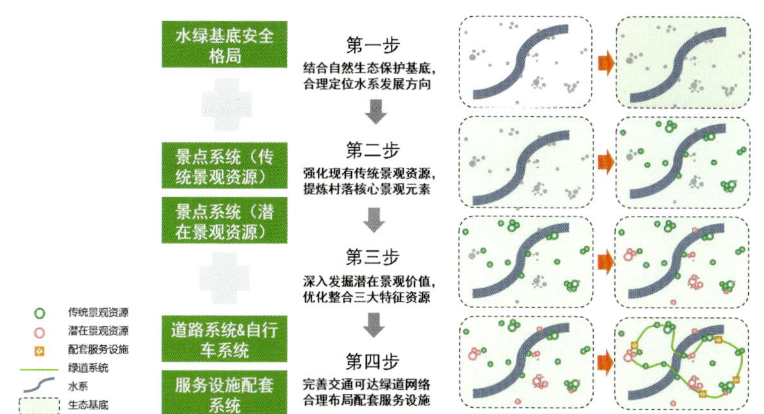

宏观体系构建图

考虑交通可达性和便利性，增加配套设施布点，主要包括酒店及商业两部分。主要在以下几个区域内增加数量：① 赤粉水道和螺洲河形成的三角地带；② 黄镜门水道以东区域；③ 天生河与磨刀门水道之间区域的东侧。

2. 中观系统构建——河涌岸线指引

以白蕉联围为例，首先，对联围内部的道路交通、资源

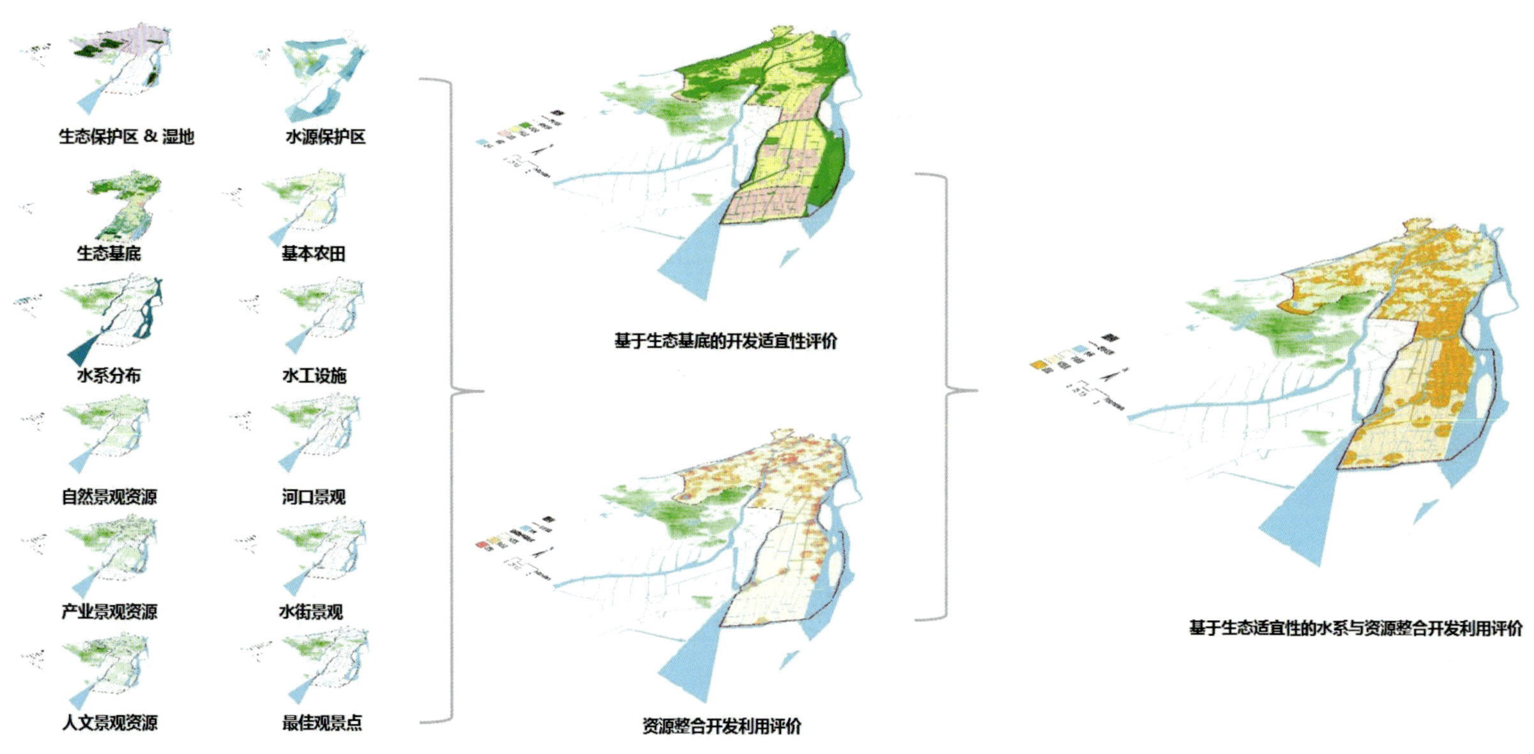

层次分析方法图

点（包括传统资源、潜在资源）、绿道、服务设施、岸线功能分类进行梳理，提取出优质资源，形成新增资源汇总图。

其次，将资源汇总图形成河涌导则，对岸线景观利用控制、潜在资源景点、设施、交通等方面内容进行控制指引，并提出指引要求。

最后，将优质资源、服务设施通过绿道和水道串联起来，形成旅游线路，指引游客游览。

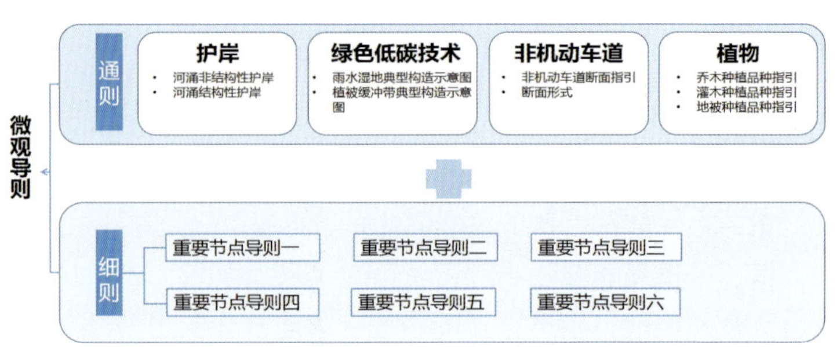

微观导则设计图

3. 微观导则设计

微观导则主要分为两个部分：通则和细则。

（1）通则主要提出四大系统的类型、示意和指引。

（2）细则针对重要节点进行重点打造。

其中，护岸类型主要分为两类，即非结构性护岸和结构性护岸，两类护岸通过植草稳固、静止种植、种植筐、设置亲水平台、柴捆和卵石维护坡等方式实现。

绿色低碳技术主要是指低冲击雨洪系统，通过设计雨水湿地、植被缓冲带和植草沟等雨洪措施实现雨洪管理。

绿道分区域绿道、乡镇绿道和村居绿道三类进行建设指引。

植物主要选取乔、灌、藤、地被和水生五种类型，强调植物配置的高低层次搭配和花期搭配，营造层次分明、季节分明的植物配景。

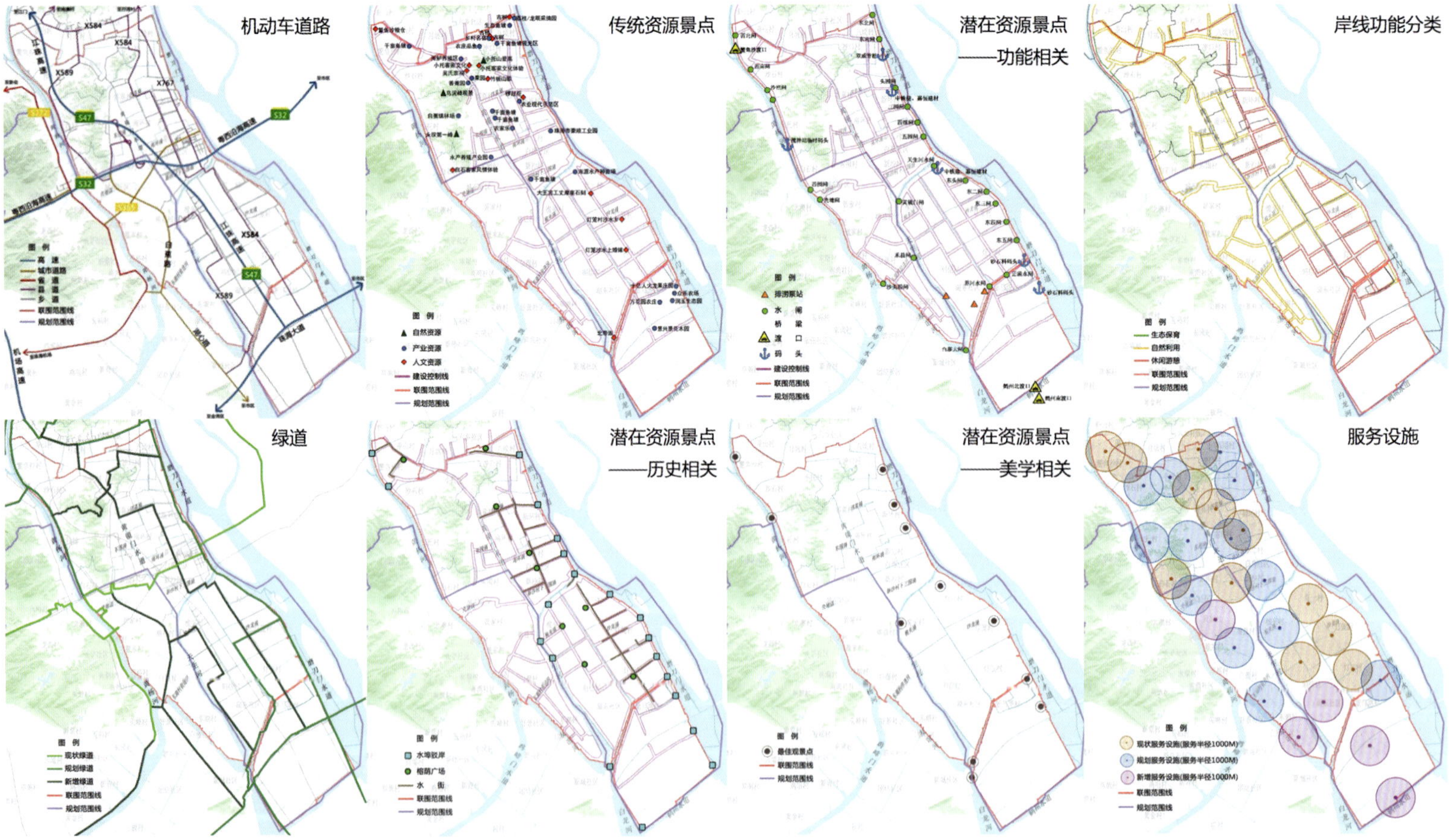

景点、设施、交通、资源等要素分析图

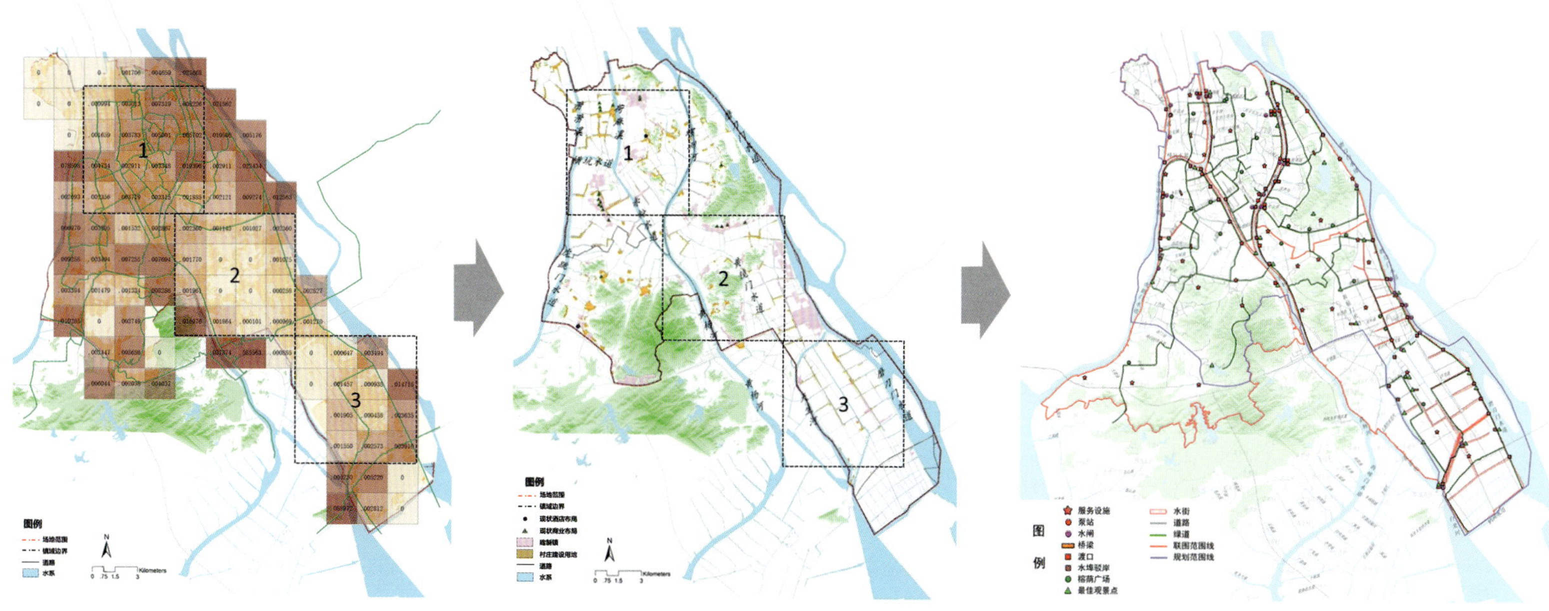

绿道密度 GIS 计算图

4. 建设实施

本规划对水系景观利用规划提出切实指引，建立公共性项目和可盈利项目库，以政府主导、企业参与的形式落实各项项目的投资建设。

五、创新与特色

1. 保护与开发并重，在有效避让生态敏感区的基础上，强调水系及水系景观的最佳利用方式

利用层次分析法，基于水系景观开发的生态保护，构建珠海西北部水系景观评价的结构模型，并在 ArcGIS 软件中加载数据和模型并进行空间分析及综合保护导向型和开发导向型评价。

2. 定量规划设施配置、游线组织提高规划的科学性和准确性

通过绿道密度计算与适宜开发用地地块叠加，寻找现有绿道完整性的缺失，发掘适合发展绿道的游憩网络。并布设绿道和水系景观服务设施。

3. 全域旅游视角下的水系景观资源整合与利用

通过完善区域绿道网络、合理布局配套服务设施，构建了一套乡村水系景观利用的综合体系，并制定精品游线，将整个西北部作为一个大的旅游风景区来打造，与全域旅游政策对接。

六、实施情况

1. 作为上位规划，指导多个相关规划编制工作

本规划编制完成后，已作为上位规划，指导了西北部地区多个相关详细设计的编制工作，其中包括《斗门区白藤湖整治提升综合开发项目》《珠海市斗门区莲洲镇农业公园》和《珠海白蕉乡村风情带规划设计》等。

2. 废旧水工设施改造成为水文化科普教育基地

根据本规划要求，福安村在建设新的水闸后，将旧水闸改造成为水文化科普教育基地，作为斗门历史水文化的传承与保护，同时对水闸周围环境进行整治，为福安村幸福村居建设增添新的亮点。

白藤湖整治提升综合开发项目鸟瞰图

济南城市中心、次中心与卫星城规划布局研究

2017 年度全国优秀城乡规划设计奖（城市规划类）表扬奖、2017 年度山东省优秀城乡规划设计奖一等奖

编制时间：2015 年 5 月—2016 年 12 月

编制单位：上海同济城市规划设计研究院、济南市规划设计研究院、山东建大建筑规划设计研究院

编制人员：栾峰、赵民、崔东旭、田洁、周东、齐文菲、刘金朋、王怀、曹师贞、解锰、李峰清、张志伟、程遥、尹宏玲、杨犇

一、规划背景

2015 年，济南市委、市政府提出“打造四个中心、建设现代泉城”的中心任务；2016 年，国务院批复《济南市城市总体规划（2011—2020 年）》，明确济南市是环渤海地区南翼的中心城市；同年,《山东半岛城市群发展规划（2016—2030 年）》提出，济南都市圈应突出省会城市优势，强化与周边城市的同城化发展，建设成为半岛城市群向中西部拓展腹地的枢纽区域。

济南市委、市政府为此安排本次专题研究。

二、规划内容

1. 主要特征及问题

综合运用大数据分析、企业网络解析、行业选址特征解析、现场调研、文献解析等技术方法，借鉴国内外大都市区发展的最新趋势及规划导引经验，在区域、市域和市区多个空间层面上进行分析研究，提出几大结论。

（1）通过企业关联度分析发现，济南市在全国城市网络中的地位较高，是跨国公司进入中国的重要区域性节点，优势明显大于青岛。

（2）通过横向比较和势力圈分析发现，相比国内同类城市，济南市的经济和人口规模不高、城镇化率相对较低，且经济腹地限于鲁西，揭示其中心服务能力有限，是带动都市圈发展方面的主要缺陷。

（3）综合运用多行业企业集聚特征、出租车出行热点数据和历史图解等方法分析发现，济南城市格局明显受到南部山体和黄河等自然因素影响，并且主要公共服务职能依然高度聚集在老城区及其周边，明显限制了对市域较远地区的服务能力。

（4）空港能力在同类城市中明显较低，存在区域性铁路交

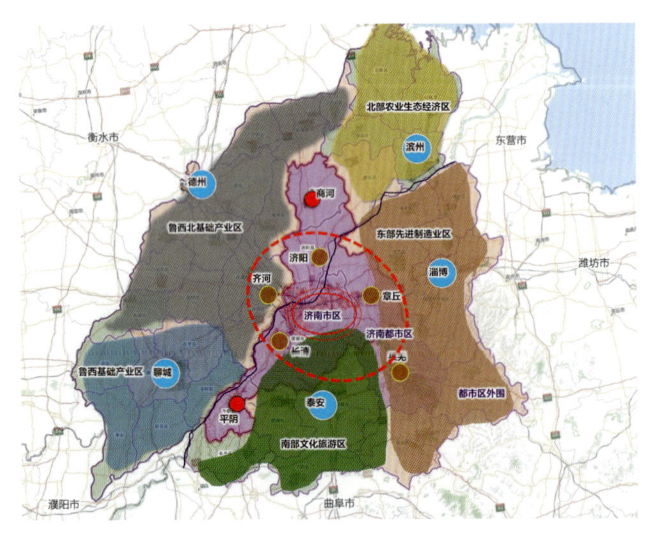

都市圈层面规划策略图

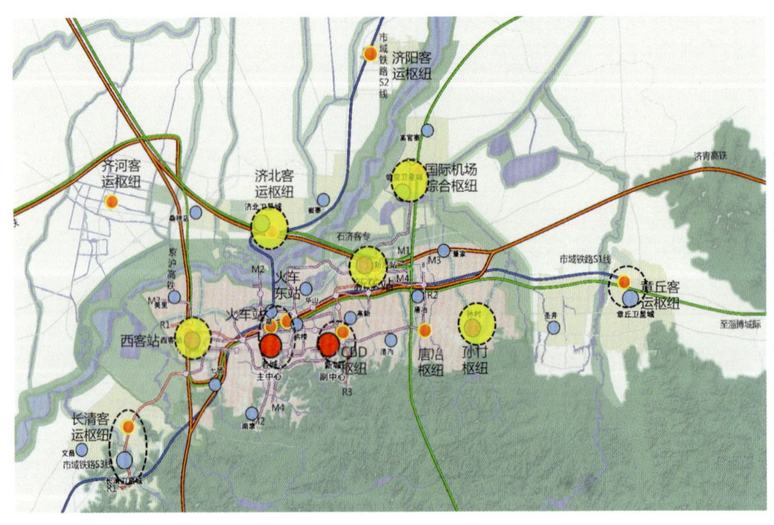

核心区层面市域铁路 + 轨道交通规划策略图

通在市区内换乘不便、缺乏便捷的大容量公共交通联系周边地区、市区内重大交通枢纽与城市公共中心的匹配度欠佳等问题，直接影响市区作为区域性中心的便捷性及其辐射能力。

2. 规划核心策略

根据本次规划面对的核心问题，提出以下规划的核心策略。

（1）在济南都市圈划分“核心区、都市区、都市区外围”3 个空间层次，实施差异化引导。基于“等时圈”分析，将除商河和平阴的市域范围以及市域外的齐河纳入都市区范围，同时积极强化与莱芜的协同。择机调整行政区划，将章丘和济阳纳入市区范围，进而在都市区内外强化功能和产业的垂直分工结构。都市区内重点强化一体化发展，承担起区域中心城市服务职能和都市圈产业经济发展引领作用；都市区外围，主要结合现状基础和规划导向，划分 5 大次级产业功能区域。

（2）都市区层面，结合现状及重大政策导向划分“核心区、边缘区”，各有侧重，推动一体化发展。核心区内结合中心城区功能疏解和布局优化，推动区域性中心服务功能高度化发展，边缘区重点强化与核心区的大容量通勤交通设施建设，在此基础上对接并引领都市区外围 5 大产业功能区域，形成重要二级城市组团。长清和章丘作为东西向两大率先发展的卫星城，改变核心区无序东西向蔓延发展的趋势。

（3）核心区层面，确定“一主一副、五大次中心、十二个地区中心”的中心体系结构。首先，大力整合并继续以老城区内大明湖及其周边地区为主中心，延续城市文脉，建成集商业商务、文化娱乐、旅游休闲、公共服务于一体的泉城特色标志区；围绕着正在建设中的 CBD，整合周边公共服务功能，形成“CBD+ 龙奥 + 汉峪金谷 + 会展中心”协同发展的整体格局，打造城市副中心，重点承担金融服务、科技创新、体育休闲、商贸服务等中心职能，成为带动济南城市东部发展的新引擎；其次，分别在新东站、西客站、临空、孙村和济北建设 5 个城市次中心，引领城市空间结构优化，承接东部制造业 2025 和跨黄河两岸“携河发展”等重大城市战略；最后，12 个地区中心则主要结合现状及 15 分钟生活圈划分确定，主要提供地区性均等化综合公共服务。

三、规划创新要点

（1）综合运用手机信令大数据空间解析、企业关联度分析、城市企业集聚性分析和交通热点解析等多种新兴技术方法，并且与传统的文献、踏勘和空间图解等技术方法形成良好对接，为规划策略的提出提供坚实的技术支撑。

（2）准确把握济南市城市规划建设发展中的关键问题，以既定城市发展目标和任务要求为导引，创新性地提出都市区并划分核心区和边缘区，进而从引导一体化发展的角度出发，提出多层次策略建议，以及核心区“一主一副、五大次中心、十二个地区中心”的公共中心体系建议。

（3）在上述基础上，进一步从生态网络体系建设和各级中心优化策略等层面，提出行动策略，强化了规划对策的可实施性。

四、规划实施

本项研究提出的公共中心体系，已经分别纳入 2016 年底济南全市工作务虚会和 2017 年济南市政府工作报告，成为济南市城市规划建设的重要任务。

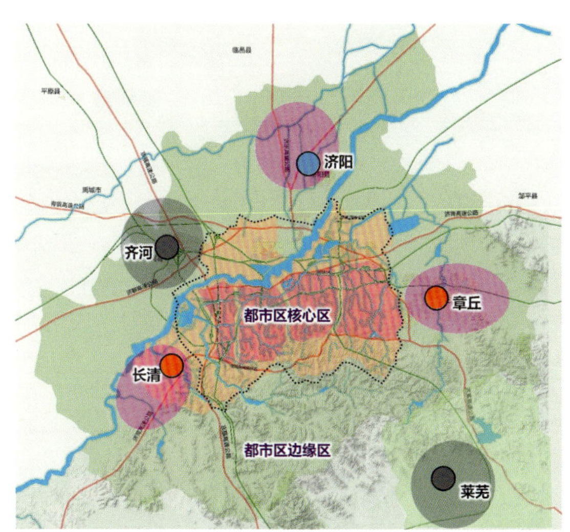

都市区层面核心区、边缘区划分图

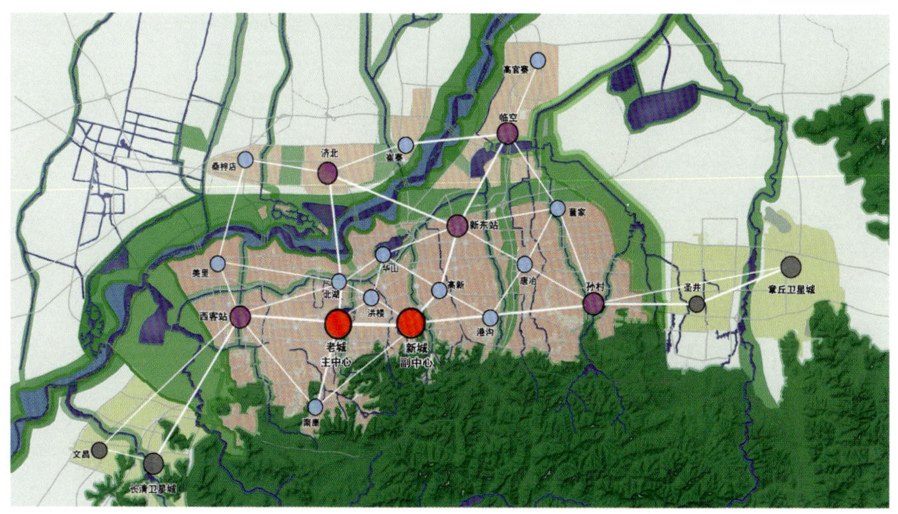

核心区层面“一主一副、五大次中心、十二个地区中心”中心体系图

洛阳大数据产业园起步区概念性城市设计

2017 年度全国优秀城乡规划设计奖（城市规划类）表扬奖、2017 年度河南省优秀城乡规划设计奖一等奖

编制时间：2017 年 3 月—2017 年 12 月

编制单位：洛阳市规划建筑设计研究院有限公司、上海同济城市规划设计研究院

编制人员：张有才、马强、王新丽、王晓雨、岳留东、梁菁、李先富、钟来天、韦笑、王晨、李梦萧、朱丽娟、卢浩

一、规划背景

2013 年以来，国家密集出台了一系列大数据产业相关政策，推动该产业发展。在空间分布上，初步形成京津冀、长三角、珠三角、中西部、东北部 5 大特色集聚区域，逐渐成为各地产业发展新的增长极。洛阳具有良好的自然条件、充足的电力资源、深厚的产业基础、丰富的人力资源以及相对较低的土地开发和生活成本，并且已有各类相关产业园区 12 家，主要分布在经济开发区和洛龙高新区两个区域，为发展大数据产业奠定了良好基础。

为了引导洛阳市大数据产业的良好发展，依托现状资源优势，洛阳市政府选取北至古城路，东至东环路，南至开元大道，西至龙门大道，总面积 6.6 km^2，作为大数据产业园核心区；为了推进大数据产业园区的建设，将其中 3 km^2 作为洛阳市大数据产业园区的起步区，进行统筹规划设计。

二、主要内容

1. 总体定位与目标

洛阳大数据产业园的总体定位为“中部数谷”，未来它将是体现国家新型城镇化战略、城市更新、城市双修、智慧城市等理念的最高水平城区，是服务河南省、具有全国影响力的大数据基地，是洛阳市智慧城市综合大数据中心。规划旨在打造特色突出、功能齐备、全国领先的中原大数据中心，体现“园区、景区、城区”互动融合发展，实现“三区联动、融合集聚”的发展目标。

城市设计总平面图

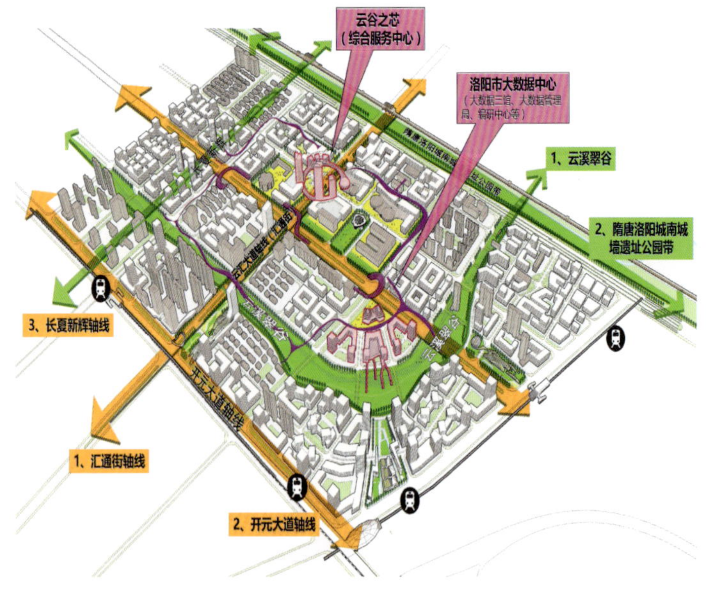

规划结构图

2. 规划结构

“两心”——云谷之芯（综合服务中心）、洛阳大数据中心（大数据三馆、管理局、编研中心等）。“三轴”——开元大道城市发展轴、汇通街片区主轴、长厦门文化轴。“三带”——云溪翠谷生态景观带、云谷睿享带、隋唐洛阳城南城墙遗址公园带。

三、规划特色

1. 综合对标，量化创新型产业空间

面对大数据产业的特质，通过对国内外传统工业园区、科技园区的对标研究，从用地功能比例、土地使用效率、建筑退界、街区尺度等指标方面给予量化引导，提出高效精明的开发模式，并明确提供最好的园区环境、吸引最好的创新人才的发展目标。

2. 面向产业需求的精准空间落位

从业态比例上，构建大数据产业各工艺流程的“倒三角”架构，形成以数据采集、数据存储为基础，数据应用、数据分析为核心功能的圈层式功能布局。

3. 修补城市，构建创新街坊

结合片区北部隋唐洛阳城里坊区，回溯隋唐洛阳城街区尺度——里坊，构筑便于弹性实施的空间尺度单元——现代“里坊”，提出基准街坊（100 m×160 m）、建设组团（20～30 hm^2）、开发单元（100 hm^2）的概念，标准化模块操作，利于弹性开发、综合管理。

4. 绿串城、金镶玉，营造活力空间

利用绿色空间，打造特色运动健康城，塑造园区活力源。结合公园绿地，形成贯穿大数据产业园长 2 800 m、宽 45～150 m 的中央绿廊——云溪翠谷，配合体育场地和休闲设施，满足不同人群的活动需求。

5. 零碳智能，享受新交通

打通主次干路，联系区域；加密支路，形成街区。起步区规划路网密度达到 10.9 km/km^2。强化公交系统，园区以公交出行为主导，形成“地铁+BRT+园区巴士”整合的公共交通系统。

四、规划实施

洛阳市政府对于该规划给予了充分肯定。首先，城市设计与产业规划相融合，打破产业与空间“两张皮”的困境；其次，对大数据产业园区的发展提出明确的发展路径和控制手段，为下一步控制性详细规划的编制打下了牢固的基础。目前，洛阳大数据产业园展现出良好的发展态势，部分道路、基础设施已动工，部分大数据企业也已入驻。

鸟瞰效果图

大数据相关企业入驻实景

上海市新一轮总体规划综合交通专题研究

2017年度上海市优秀城乡规划设计奖（城市规划类）二等奖

编制时间：2014年7月—2016年12月

编制单位：上海市城市规划设计研究院

编制人员：訾海波、高岳、郎益顺、易伟忠、吴迪、朱伟刚、陈丽烨、苏红娟、李耀鼎、史晟、马士江、周翔、王波、金昱、沈海洲

一、规划背景

在《上海市城市总体规划（1999—2020年）》的指导下，经过近20年的努力，上海已初步建成了"枢纽型、网络化、功能性"的综合交通体系，有效地支撑了上海城市功能提升和空间拓展。随着城市空间拓展，经济水平提升，人民群众日益增长的多元化的交通需求与资源紧约束的矛盾日益突出，单纯地依靠交通设施供给提升设施容量已难以适应未来交通发展的需要。按照上海市城市总体规划编制工作领导小组办公室的整体工作部署，综合交通专题是"上海2035"10个重大前期研究专题之一，也是支撑《上海市城市总体规划（2017—2035年）》编制工作的重要技术文件。本研究，聚焦总体规划需要论证研究的城市交通发展重大议题，包括趋势判断、发展策略、方案导向等。

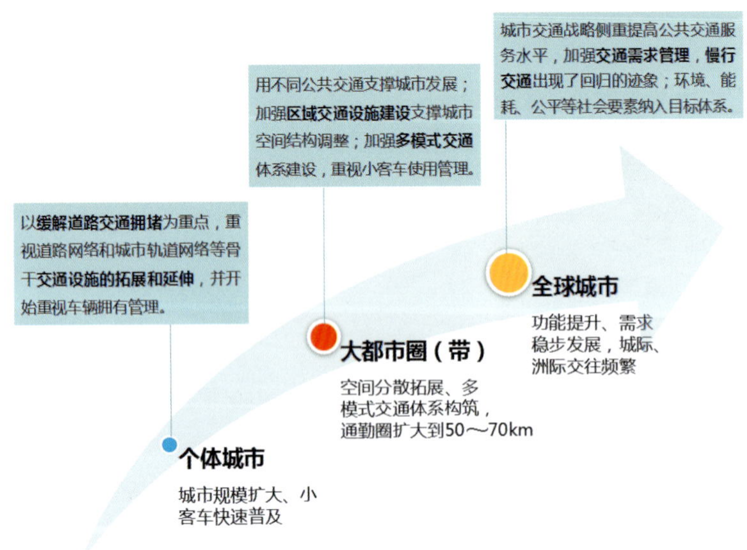

不同发展阶段的城市交通关注重点分析

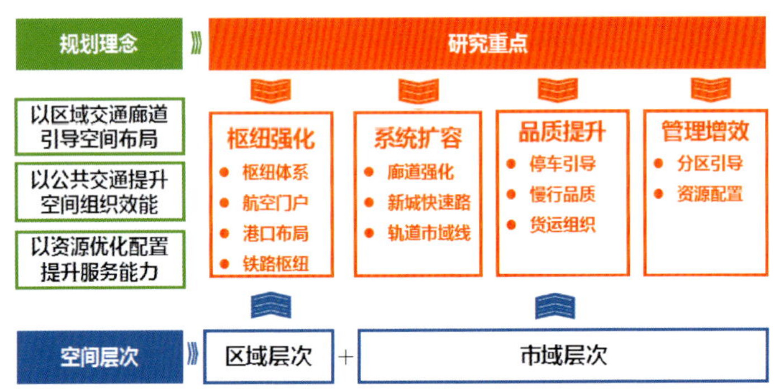

规划理念与研究重点示意图

二、规划思路

1. 发展趋势与诉求

作为特大型城市，面对"全球城市"的发展目标、区域一体化的发展要求，以及资源环境紧约束的现实背景，上海市综合交通发展呈现出新的变化和发展诉求。一是上海作为中国与亚太地区的门户城市和国际"航运中心"，承担着国际国内两个扇面的辐射与衔接功能，将对城市枢纽体系完善、枢纽能级提高、集疏运结构优化、服务水平提升等提出更高的要求。二是长三角城市群已经进入紧密联系的高级发展阶段，上海辐射范围的进一步扩展，以及区域城镇群的协同发展需要核心城市与腹地之间客货运输体系的深入对接与整合。三是随着生态、宜居成为人们关注的重心，交通方式的发展方向也将随之转变，要求更加重视系统运营管理升级和出行品质提升。

2. 内涵式发展思路

进入全球城市发展阶段后，国际大都市的城际、洲际交往进一步频繁，城市交通需求增长总体平缓。城市交通战略侧

重维护和提高公共交通服务水平，加强交通需求管理，慢行交通出现了回归的迹象，环境、能耗、公平等社会要素被纳入战略目标体系。上海必须以卓越的全球城市为发展目标和要求，重新审视综合交通体系的发展路径，围绕“管为本、重体系、补短板”的指导思想，构建适应未来区域统筹、城乡一体、高效集约发展要求的综合交通体系。重点突出以系统效能与环境友好为重点的发展战略，并强化以空间引导与资源优化配置为核心的规划理念。提升全球枢纽服务能力、优化资源配置、提高城市交通服务品质。

三、规划举措

重点关注全球枢纽能级提升、交通系统扩容、城市交通品质提升、交通系统管理等城市交通发展重大议题，从趋势判断、发展策略、方案导向等方面开展研究工作。

1. 提升全球枢纽服务能力

层次分明的枢纽体系、发达的集疏运网络是全球城市枢纽建设的共同特征。规划通过强化区域航空机场群联动，优化区域港口功能布局，提升铁路枢纽作为国家铁路网主枢纽的地位，实现上海枢纽能级提升和集疏运结构优化。同时，规划“国家级—区域级—城市级”交通枢纽体系，实现枢纽功能由“单体扩张”向“衔接整合”转变。

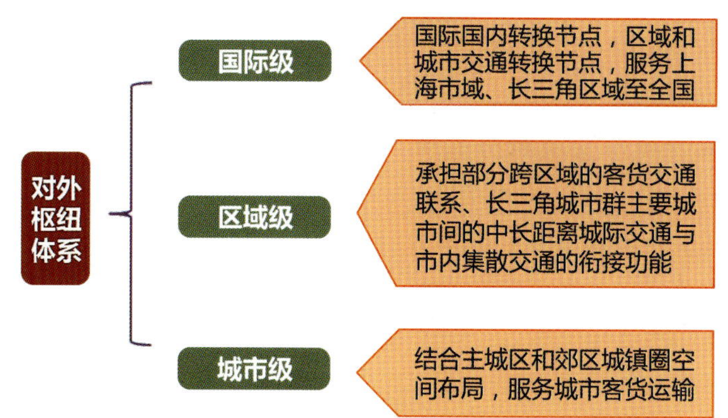

对外枢纽体系构建思路图

2. 实现交通系统扩容升级

长三角层面优化区域复合廊道配置，构建以区域城际铁路和高速公路为骨干的综合交通网络，实现与长三角中心城市之间 2 小时左右可达。

城市层面围绕主城区“十字”发展轴，结合公共活动中心体系，重点强化轨道交通系统的建设，强化公交引导轴向发展。新城将成为城市区域中具有综合性辐射带动能力的综合性节点城市，规划需要强化枢纽和交通的承载能力，围绕新城构建相对独立的快速路系统，提高交通容量和组织效率。面对交通需求的持续增长与资源环境紧约束的矛盾，强

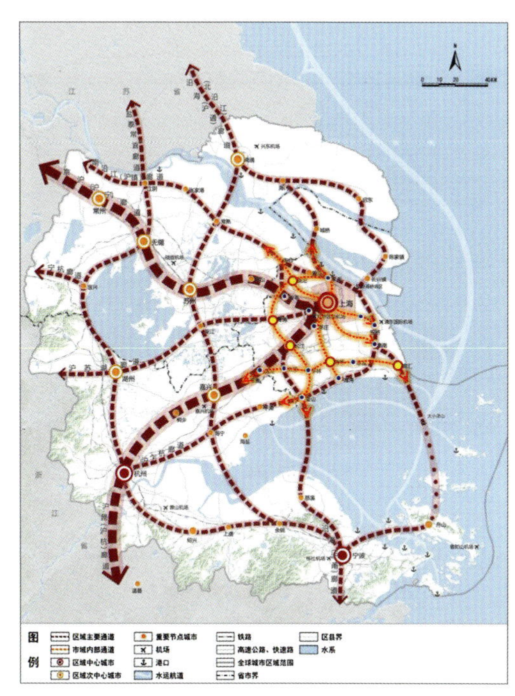

区域交通廊道规划图

上海大都市圈综合交通协调图

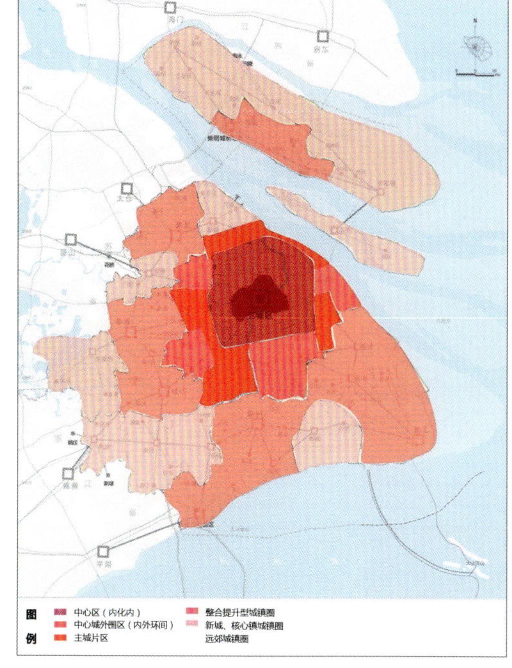

交通政策分区示意图

化市域枢纽节点转换和轨道线路规划，实现新城与中心城之间的公交出行比重达到 80% 以上。

3. 提升城市交通服务品质

随着生态、宜居成为人们关注的重心，交通方式的发展方向也将随之转变。结合市域空间结构特征，通过区域划分，制定差异化的停车供给策略，集约高效地利用土地资源，引导停车需求有序发展，并加强设施的社会共享。以围绕轨道交通站点进行城市空间的高密度“复合社区”为导向，构建 TOD 社区，围绕轨道交通站点做好“最后一公里”慢行接驳通道，建设“B+R”设施，按照街区制、密路网控制街坊尺度，试行“低碳出行示范区”。构建特种运输专用通道，实现城市物流轻型化、标准化、厢车化，优化全市货运结构，降低港口公路集疏运比重，强化外环线承担中心城区及周边组团的客运交通，减少货运交通对城市的干扰。

4. 增强交通系统管理能效

面对“上海 2035”建设用地负增长的要求，规划提出“两个圈层、六个地带”的交通政策区划分，促进城镇圈综合交通系统各构成要素平衡发展、协调运作。探索“环境质量控制 + 主动需求管理”的手段缓解交通拥堵，推行“低碳人本”的资源优化配置管理，提升系统效能。并在牌照额度、通行路权、车辆停放等方面对清洁能源车辆进行政策鼓励，引导交通工具向清洁能源交通工具转变。

四、规划特色

作为特大型城市并确立了全球城市发展目标的上海，面对长三角区域一体化发展趋势的进一步强化，以及日益增长的多元化的交通需求与资源紧约束的矛盾，需要不断探索，才能构建适用于我国特大型城市建设的交通规划路径。本次规划方案特色体现在以下 4 个方面。

1. 资源紧约束背景下的综合交通内涵式发展路径

目前的交通规划多以增量规划为主，难以适应未来资源紧约束下的发展要求。规划突出了以提高系统效能与环境友好为重点的发展战略，并强化了以空间引导与资源优化配置为核心的规划理念，实现了综合交通与城市功能的互动和内涵式发展的要求。

2. 应对全球城市建设及区域一体化发展的对外枢纽体系构建思路

单体扩张的枢纽组织模式使得交通功能过度积聚，难以适应区域内不同等级枢纽间的分层衔接，也不利于综合性节点城市对外交通功能的提升。规划提出“完善枢纽体系，提升枢纽能级”“强化节点疏解，增加方向衔接”“推进 TOD

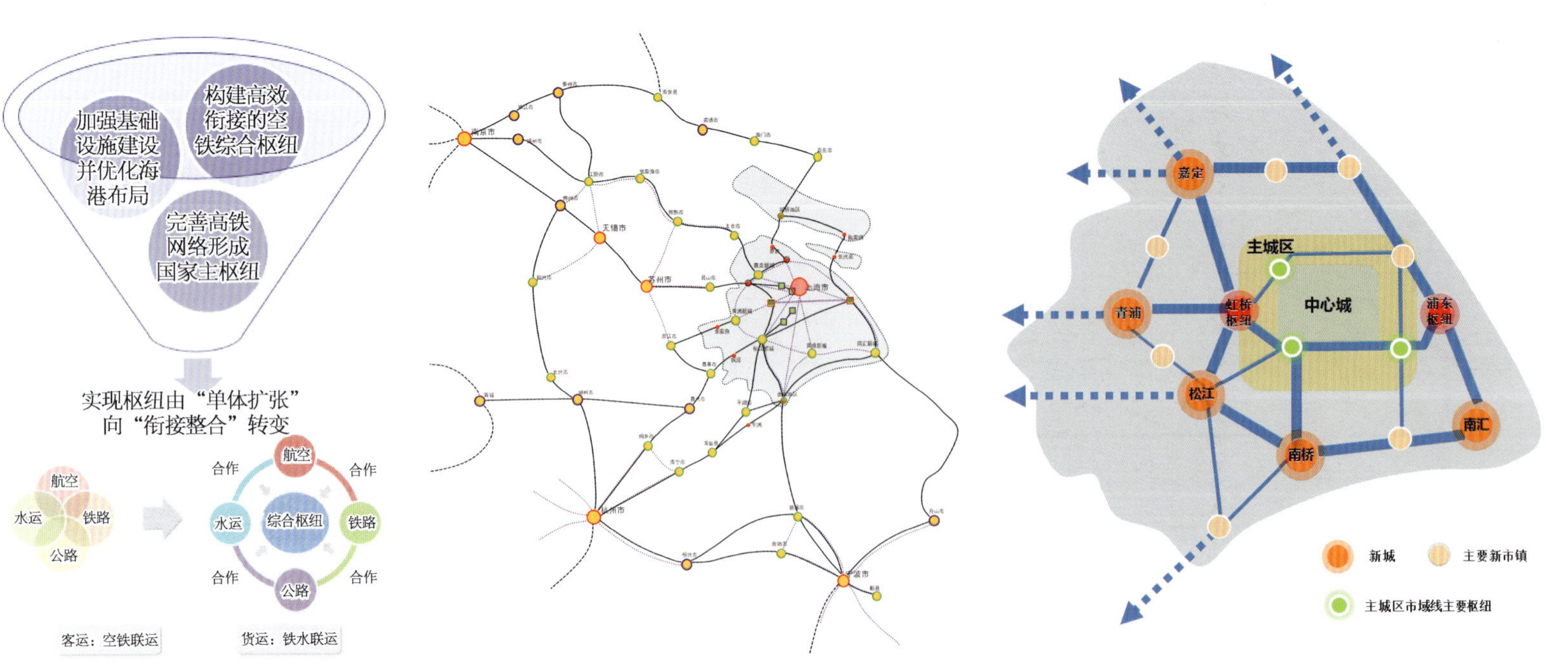

枢纽布局思路转变示意图　　轨道交通走廊串联都市圈重要节点城市分析图　　新城交通发展模式分析图

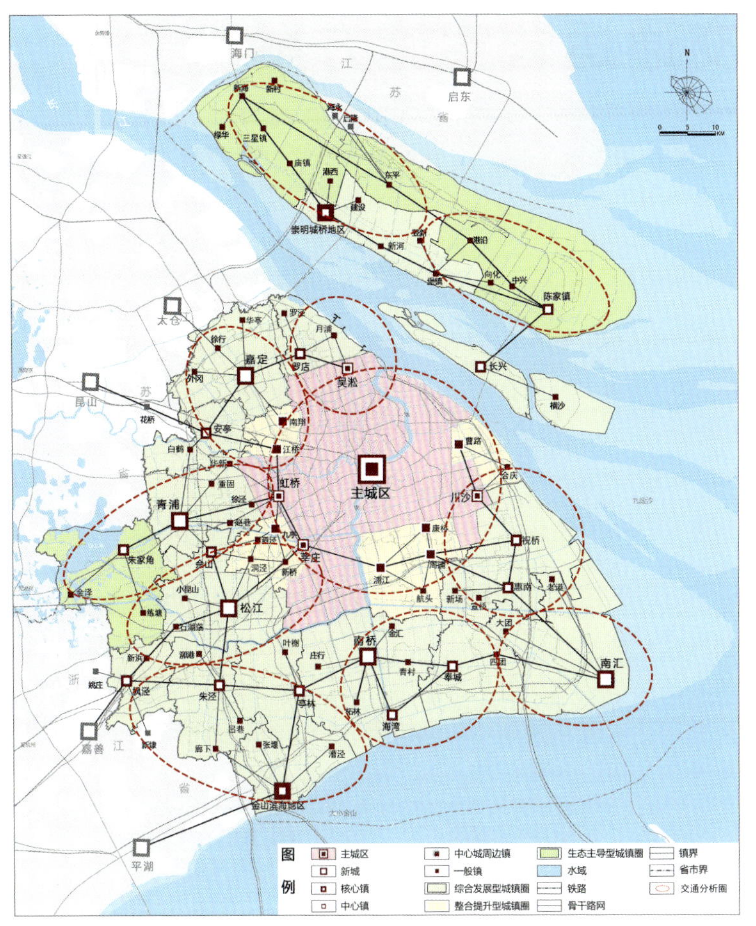

城镇圈交通分析示意图

上海枢纽布局体系规划图

模式，引导空间布局”的 3 级对外枢纽体系构建思路。

3. 特大型城市发展框架下作为综合性节点城市的新城交通发展模式

大多数城市的新城交通规划过度地强化与中心城区的联系而忽略了区域交通功能的完善，使其难以成为区域中具有辐射带动能力的综合性节点城市。规划提出新城交通发展应进一步依托对外交通枢纽强化辐射能力，并构建多层次轨道交通骨架、打造相对独立的快速路系统提高综合交通的承载能力。

4. 以围绕城镇圈落实城乡统筹与跨区域协调的分区交通引导政策确定方法

既有的交通政策分区多以行政区、城市环线、河流等屏障为界限，忽略了城乡统筹与跨区协调的要求。规划提出基于城镇圈区位、用地、人口、交通等特征的交通分区政策引导方法，适应新城承接全球城市核心功能、郊区出行区域独立化等发展趋势，并促进了城镇圈交通构成要素的平衡发展。

五、规划实施

作为“上海 2035”10 个前期研究重大专题之一，相关研究成果已经纳入上海新一轮城市总体规划，有力地支撑了新一轮城市总体规划的编制，并有效地指导了新城及重点地区的交通规划研究工作的开展。

规划提出的 3 级对外枢纽体系，系统性地改善了上海枢纽功能过度集中、东西枢纽结构不均的问题，推动了上海市对外交通枢纽体系布局的完善。目前正以此为依据开展上海东站枢纽、南部枢纽的规划研究工作。此外，基于规划提出的货运交通组织模式，外环线交通功能优化调整第一系列研究工作也相继开展。

上海国际旅游度假区交通运营实施方案

2017 年度上海市优秀城乡规划设计奖（城市规划类）二等奖

编制时间：2014 年 7 月—2015 年 12 月

编制单位：上海城市交通设计院有限公司

编制人员：董明峰、陈超、尹建岗、吴明松、袁剑、高巍、陆磊、肖滨、周小鹏、顾杨、许佳、谢超、武莹、陈仕瑜、鲍燕青

一、规划背景

2011 年 4 月 8 日上海迪士尼乐园破土动工，标志着中国大陆第一个、亚洲第三个、世界第六个迪士尼公园正式开工建设。以迪士尼为核心的上海国际旅游度假区占地 24.7 km²，总开发量达 700 万 m²，是上海市“十二五”重点项目之一，也是上海建设世界著名旅游城市的核心功能区域。

上海世博会的成功经验表明，交通运营保障对整个国际旅游度假区平稳、安全、有序地运营至关重要。因此，在 2016 年 6 月 16 日开园前，开展交通运营实施方案编制和筹备工作具有很强的现实意义。

《上海国际旅游度假区交通运营实施方案》聚焦上海国际旅游度假区的核心区，深入开展周边路网承载力分析、区域交通组织与优化、内部交通组织、重大交通设施布局与衔接、各种交通运力配置以及大客流应急保障等工作。通过内外多个层面探索交通统筹布局与规划方案，进而实现不同交通方式之间的高效协作运营，建立科学合理的交通组织，打造优质的旅游交通服务，提高度假区的吸引力和游客的出行满意度，同时保障城市交通的有序运转。

二、规划内容

方案编制得到上海市各级部门的关心支持，由市交通委、度假区指挥部及管委会、市交警总队等 10 余个部门共同组成

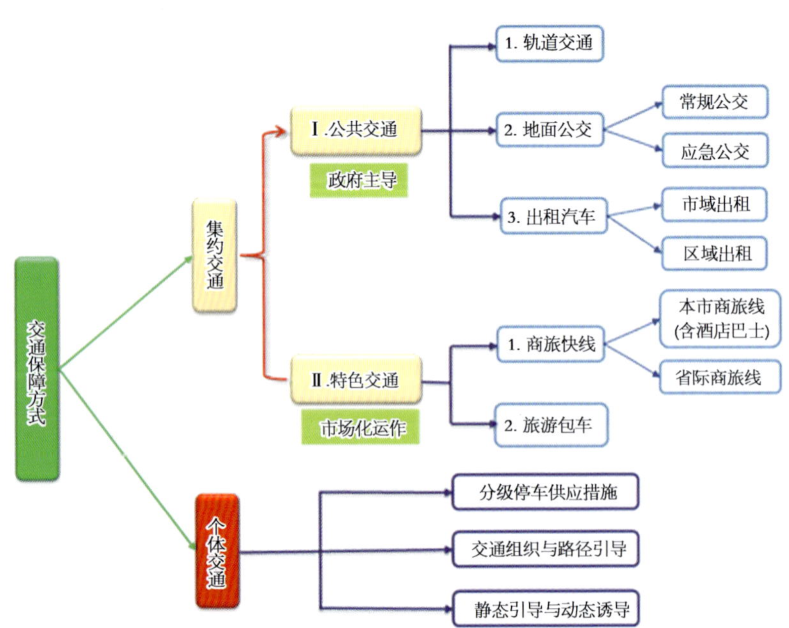

开园年度假区交通保障运力构成示意图

长三角及远郊区交通组织方案

“上海国际旅游度假区交通运营实施工作推进小组”，通过 60 余次专题会议反复讨论研究并最终确定本次方案成果。其主要内容在开园前，由上海市政府召开新闻发布会对外进行公布。方案以“可实施、可操作、可落地”为工作目标，包括道路交通组织、客运交通服务、交通综合管理 3 大部分，涵盖停车、交通组织、引导标志、轨道交通、线路运营、设施利用、交通信息、管理体系、应急管理共 9 个子项专题，实现交通运营筹备的全覆盖。在方案编制过程中坚持三个原则：

（1）充分学习各方经验，实地开展类似项目交通调查，合理预判游客分布、游客结构及出行方式。

（2）切实满足多元化的交通需求，以服务游客出行和园区运营为宗旨，最大程度地保障区域交通平稳有序运转，结合上海交通特点制定符合度假区实际需求的运营方案。

（3）坚持问题导向，动态跟踪试运营阶段客流特征，持续做好交通运营优化工作，并以此支撑运营实施方案的交通后评估工作。

1. 发展畅达便捷、智慧引导的道路交通系统

本方案原则上确保入园交通不影响度假区周边交通，最大程度地利用配套道路资源，做到内外交通整体有序、可控，提高度假区道路交通服务水平。交通引导上采取“功能引导与分层引导”“静态引导与动态诱导”相结合的方式，均衡外围路网和园区各入口交通流量；交通管控上采取“计划分流与强制分离”相结合，小汽车通过科学引导有序分流，大型车辆固定抵离路径，避免流量叠加。

2. 打造衔接高效、层次分明的集约化出行服务

结合客流预测与游客出行结构研判，明确各交通枢纽、公交首末站等交通设施功能布局与规模，并以此为依据提出轨道交通、商旅快线、常规公交、接驳巴士及出租车等不同交通方式的具体保障方案。同时，针对度假区特征，对集约化交通运力提出服务标准，并提出车型选择等导向建议，确保运力、运营时间与游客出行需求相匹配。

3. 建立可灵活应用、可复制推广的交通管理系统

按照各项专题内容及要求，提出建立度假区交通规划、建设、运营、管理、协调及应急的指挥机构，明确组织架构及各自职责分工；研究开发度假区综合交通信息平台，明确交通信息平台服务功能和模块组成；针对各类突发事件，研究道路、停车、轨道、公交和出租车等主要交通运力的应急响应机制与应急预案。

三、规划特点

1. 交通理念的转变：以游客为核心的指导思想

规划坚持“安全、人性、舒适、便捷”的核心理念，创新性地提出“尊重个体出行选择，常态下采取低限制性的交通

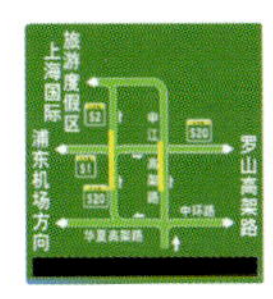

交通组织方案示例

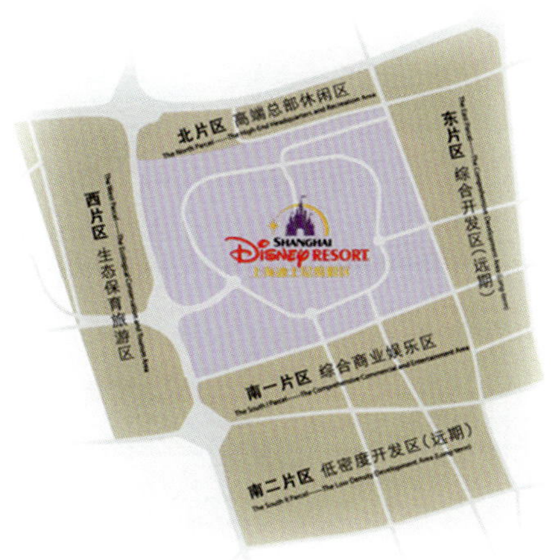

上海国际旅游度假区功能分区图

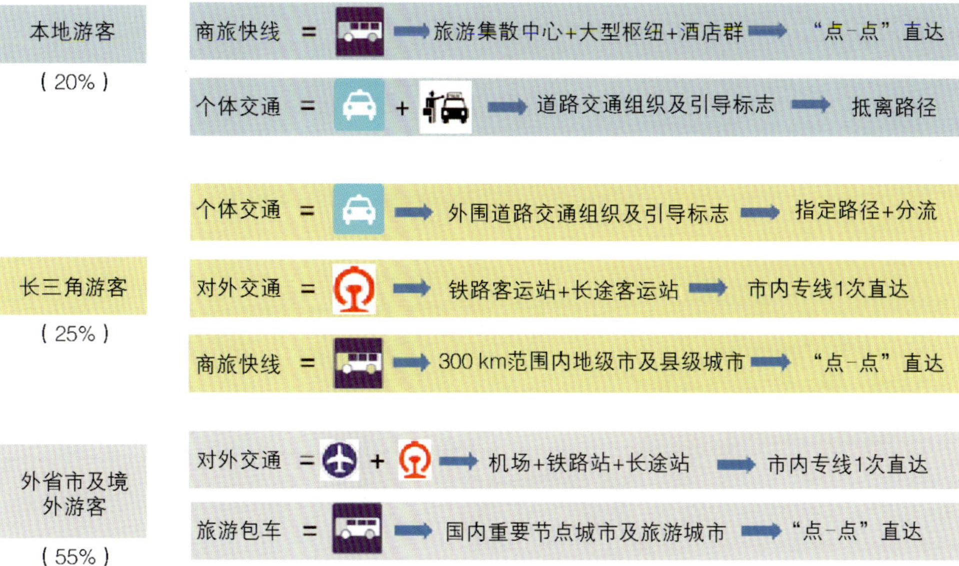

三个层次游客交通运营保障策略示意图

组织”思路，通过“多层引导、分级保障、内外联动”实现交通有序运转。

2. 工作方法的转变：通过类比项目、结合自身特点量身定做方案

充分借鉴上海世博会等大型活动经验，实地开展类似项目调查，为更加科学地预测交通出行结构提供技术支撑，同时紧跟度假区建设，动态开展交通评估和优化。

3. 方案的突破与创新：设施支撑、运力创新、资源整合

通过设置双层引导路径，避免入园车辆的穿城交通；与高德、百度等导航公司协调，通过预设推荐路线，进一步降低对中心城交通的影响；引导标志中“米老鼠”元素的提出，实现国内首次应用和突破。停车采取4级响应机制，运力上打造商旅快线创新模式，交通信息化实现市区两级信息资源的“首次全方位互联共享”。

4. 工作维度的延展：开展多项更为深入的研究

结合本次方案编制，进一步将工作做深做细，延伸开展《度假区道路交通组织方案》及《度假区营运后对本市道路交通的影响分析和预判》研究工作，由市交警总队印发文件，作为迪士尼大客流的道路交通组织“工作手册”。

四、实施效果

截至开园前，本交通运营实施方案基本实施到位，具体包括：

1. 道路、枢纽和停车场等交通设施全部建成投用

按照本方案，所有道路交通场站设施全部建成投用。道路方面，建成外围高速公路、快速路5条，地面道路6条，内部道路7条；枢纽方面，建成西公交枢纽、南公交枢纽，奇妙路接驳站；停车方面，建成总量2万个泊位。

2. 交通组织及引导标志按照方案全部实施到位

按照制定的交通组织方案，远端和周边动静态交通引导标志全部实施到位。包括高速公路静态标志、动态诱导板等。

3. 轨道交通、商旅快线及园区接驳线等集约交通运力开通运营

公交线路方面11号线迪士尼站通车；商旅快线开通了7条市内线路；园区引入3条地面公交，同时开通3条度假区内部接驳巴士；出租车方面，通过购买服务和市场化调节有效保障了夜

上海国际旅游度假区集约交通方案（商旅快线、接驳巴士）

上海国际旅游度假区智慧停车系统

上海国际旅游度假区智能运控中心

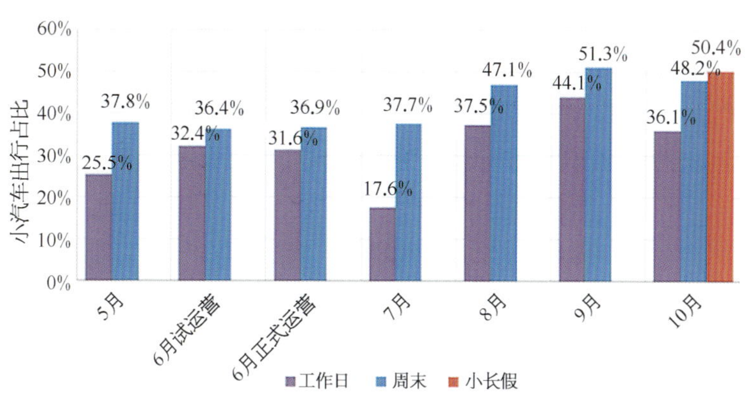

上海国际旅游度假区小汽车出行比例

上海国际旅游度假区内迪士尼乐园实景

间离园需求。

4. 建立了政府监管与企业运控“双平台”，实现信息资源互联共享

根据本次方案，度假区管委会建立政府监管平台，申迪集团建立运控中心，开通智慧停车、微信售票途径，实现与市交通信息中心、交警、申通等之间信息互联共享。

五、现实意义

本项目开展的现实意义主要体现在4个方面。

第一，有效保障了度假区和迪士尼开园后的平稳有序运营。成功应对了度假区试运营期间（五一长假）和开园后首个十一长假单日超过11万人的大客流。交通运营保障经受住考验，停车供应与运力安排提前准备到位。

第二，精准预测了游客出行结构，很好指导了各项交通运营筹备工作。本方案对游客出行结构的预判与实际高度吻合，根据开园以来5个月的数据分析，私家车实际客流占比40%，轨道实际承担30%客流，与预测一致。

第三，动态跟踪客流数据，挖掘特征，支撑了后续评估与优化调整。通过现阶段积累的数据和观察的规律，坚持问题导向，进行交通优化和调整，集聚人气、提高便利性；另外，动态跟踪和挖掘客流特征，运用大数据分析，持续做好交通运营优化工作。

第四，建立度假区交通标准和服务模式，形成可复制、可推广的经验。本次方案所有的立足点和出发点坚持“以游客为核心”。在交通运营实施方案编制过程中，充分考虑多元化的交通需求和服务，规划思路不再是简单地套用常规方法，而是积极探索和尝试一些新做法和新模式，并适合在全国其他城市推广应用。

上海市 P+R 停车场库布局规划研究

2017 年度上海市优秀城乡规划设计奖（城市规划类）二等奖

编制时间：2016 年 7 月—2016 年 11 月

编制单位：上海城市交通设计院有限公司

编制人员：李永、陈华峰、陈晓龙、喻军皓、张纯、王剑、顾杨、金丹婷、何洪波、黄云、康立冬、陈琛、张蕾、董智杰、刘宗禹

一、项目背景

2015 年 8 月，国家发改委会同财政部、国土资源部等 7 部委联合印发了《关于加强城市停车设施建设的指导意见》（发改基础〔2015〕1788 号）。2015 年 9 月，国家住建部先后印发了《城市停车设施规划导则》和《城市停车设施建设指南》，要求各地加快落实城市停车设施规划编制工作，并重点强调结合城市轨道交通外围站点推进 P+R 停车设施建设，做好停车规划与城市总体规划、城市综合交通体系规划等相关规划的衔接。

根据新一轮上海市城市总体规划，本市将坚持规划建设用地总规模负增长，牢牢守住人口规模、建设用地、生态环境、城市安全 4 条底线，着力治理“大城市病”，积极探索超大城市发展模式的转型途径。到 2035 年，上海市常住人口控制在 2 500 万左右，建设用地总规模不超过 3 200 km^2。优化城乡体系，形成“网络化、多中心、组团式、集约型”的空间结构，制定差异化空间发展策略，建立“主城区—新城—新市镇—乡村”的城乡体系，促进城乡一体化发展。

在城市人口规模、空间布局等城市发展边界条件发生变化的情况下，需要围绕新一轮城市总体规划的城市发展目标、城乡体系及新一轮轨道交通网络规划，合理规划布局 P+R 停车场库，指导各区 P+R 停车设施建设。

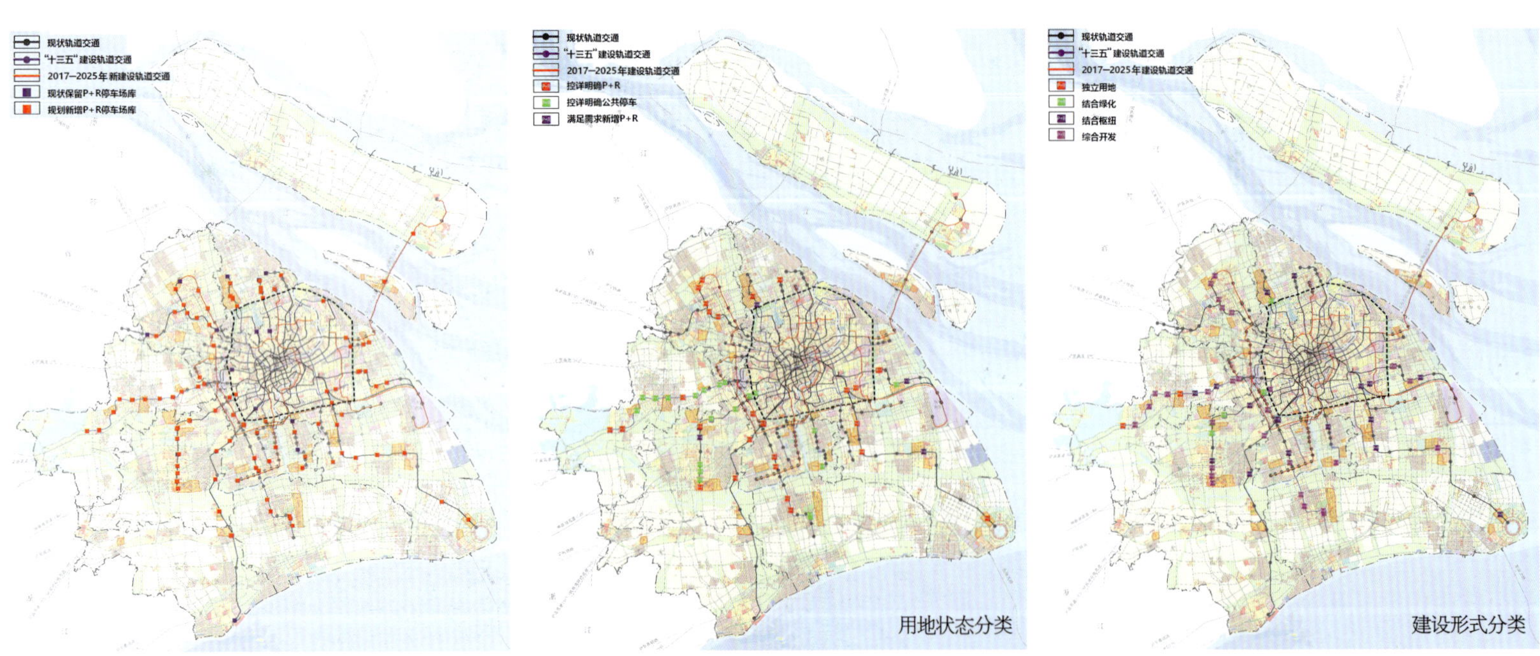

全市 P+R 停车场库规划布局方案

P+R 停车场库近期规划方案

二、规划原则

本次规划 P+R 功能定位为机动车与轨道交通的衔接换乘。规划采用大数据与传统调查手段相结合、先进经验与本地实际相结合、前瞻性与操作性相结合，并加强与相关规划的衔接，通过现状调查分析，结合发展趋势判断得出 P+R 停车需求预测。根据预测和发展战略目标制定近远期规划布局方案，并提出实施保障措施，保障方案可操作性。

规划布局遵循原则：

（1）近远结合：本次规划重点考虑 2017 年至 2025 年的布局方案，并适当考虑远景发展趋势和需求。

（2）与轨道规划有机衔接：保持与新一轮轨道交通近期建设规划（2017—2025 年）有机衔接。

（3）与控详规划紧密衔接：结合地区发展，保持与地区的控制性详细规划紧密衔接。

（4）体现可操作性：遵循集约用地、土地功能复合的发展理念，布局方案体现一定的可操作性。

三、规划内容

1. 多空间维度规划布局方案

规划形成 121 处总体布局方案，9 个 P+R 停车场库分区布局方案。根据各区轨道交通布局规划、出行需求，结合轨交站点周边现状用地条件和控规用地性质，确定规划选址。

总体布局方案可覆盖 22 条轨道交通线路，102 个轨道站点，以起到中心城区外围截流、引导公共交通出行的作用。

2. 多时间维度规划布局方案

结合“十三五”专项规划、P+R 停车需求预测及地块开发动态，考虑实施条件，在全市总体布局规划基础上，近期规划形成 67 处 P+R 停车场库，约 1.86 万个泊位。其中现状保留 15

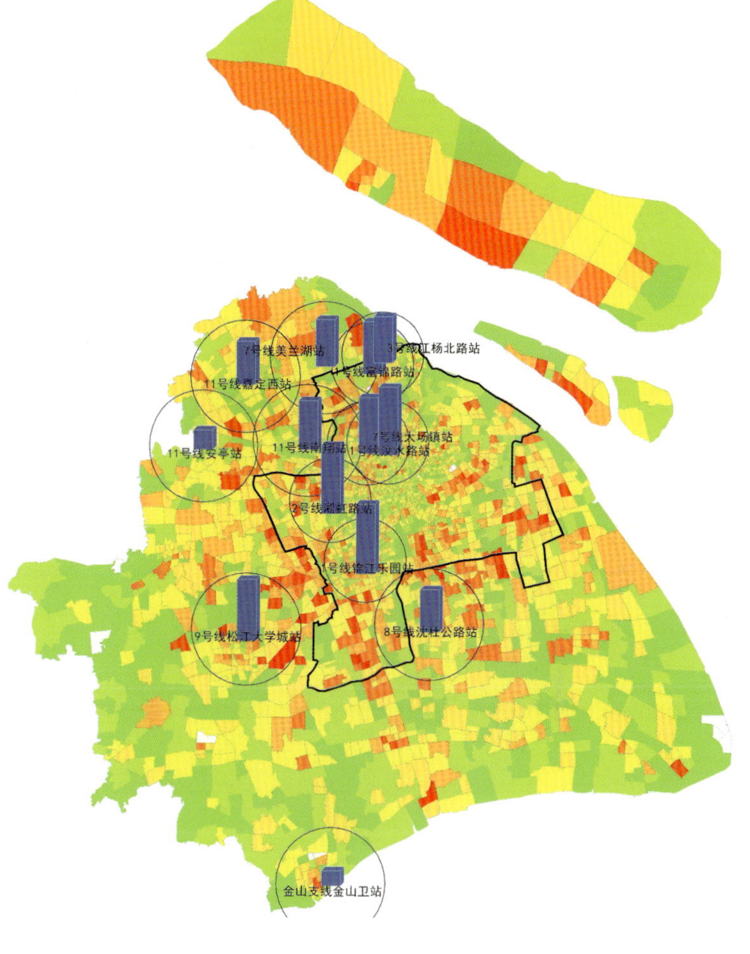

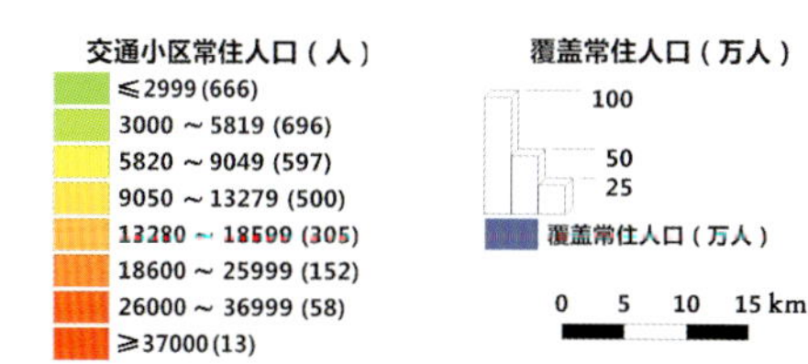

P+R 停车场库辐射半径覆盖人口（主城区内 6 km 半径、外 8 km 半径）

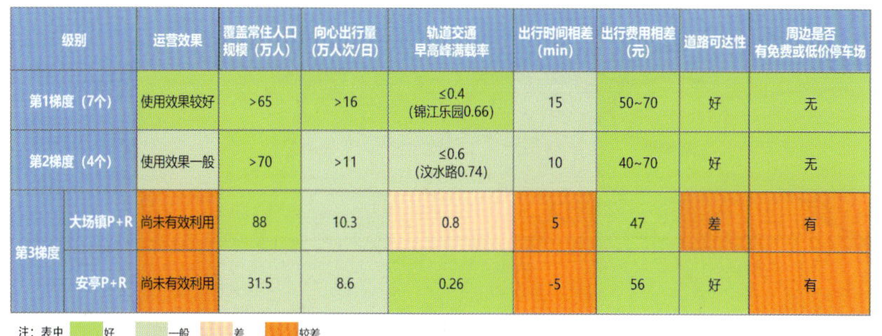

级别		运营效果	覆盖常住人口规模（万人）	向心出行量（万人次/日）	轨道交通早高峰满载率	出行时间相差(min)	出行费用相差(元)	道路可达性	周边是否有免费或低价停车场
第1梯度（7个）		使用效果较好	>65	>16	≤0.4 (锦江乐园0.66)	15	50~70	好	无
第2梯度（4个）		使用效果一般	>70	>11	≤0.6 (汶水路0.74)	10	40~70	好	无
第3梯度	大场镇P+R	尚未有效利用	88	10.3	0.8	5	47	差	有
	安亭P+R	尚未有效利用	31.5	8.6	0.26	-5	56	好	有

注：表中 [绿色]好 [浅绿色]一般 [浅橙色]差 [橙色]较差。

现状 P+R 停车场库运营成效主要影响因素对比

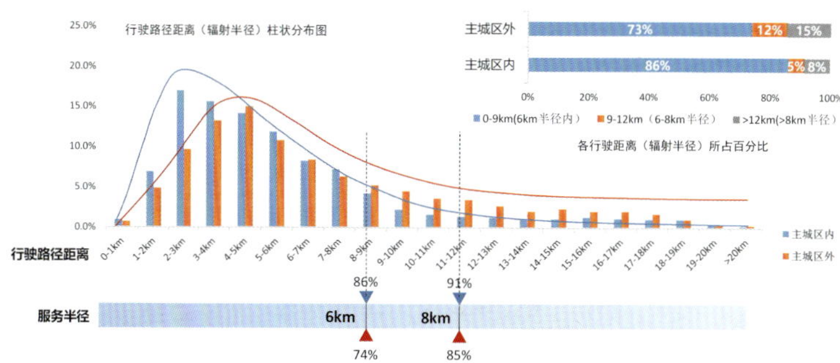

P+R 停车特征分析——行驶路径距离（辐射半径）柱状分布图

处，约4 482个泊位；规划新增52处，约1.41万个泊位。可覆盖14条轨道交通线路，61个轨道站点，以起到外围截流的作用。

3. 多类型规划布局方案

按规划用地状态、设施分类情况、地块开发动态3种不同要素分析规划新增的102处P+R停车场库类别，清晰阐述建设推进条件，确保布局方案实际可操作性。

四、规划难点

项目研究过程中存在诸多问题和不小难度，主要表现在以下四个方面。

难点一：现状布局分散、摸底工作量大。

现状P+R停车场多结合外环附近及外环外轨道交通站点设置，分布于嘉定、宝山、松江、金山、闵行等郊区。P+R停车场现场调研全覆盖，工作量大。

难点二：影响因素复杂、难度系数高。

不同区位P+R停车场受周边土地开发利用、沪牌政策、停车收费政策、居民出行需求和出行习惯等诸多因素影响，分析变量较多，评估工作难度系数高。

难点三：涉及范围广、相关规划衔接紧密。

规划范围为市域，规划布局方案涉及9个区。结合新一轮城市总体规划、综合交通体系规划、新一轮轨道交通网络规划等统筹布局。

难点四：总体规划布局方案操作性强。

结合地区发展，保持与地区的控制性详细规划紧密衔接。遵循集约用地、土地功能复合的发展理念，布局方案体现一定的可操作性。与区规土局积极沟通，实现84%用地落实。

五、规划特点

1. 充分利用大数据分析优势，注重规划的科学性

通过交通卡数据、P+R停车场收费数据、手机信令数据结合传统问询调查，充分发挥大数据全面、透彻、可信度高的优势，详尽分析现状基础情况、基本规律，深刻剖析相关成因，为科学、合理地制定布局方案奠定坚实基础。

从覆盖常住人口、人员出行方向、换乘轨道交通服务水平、P+R出行时耗/出行成本等全方位剖析原因，并根据运营情况划分梯度，分别就不同梯度进行个案分析。原因分析既概括全面又具象便于理解，为下阶段布局规划工作夯实基础。

2. 深入分析典型案例，全面预测支撑布局方案

规划方案充分吸收法兰克福、首尔、新加坡的P+R发展成功经验和特点，为方案布局提供案例借鉴。精准把握预测前提条件，分析现状潜在泊位需求，预测近远期P+R泊位需求，

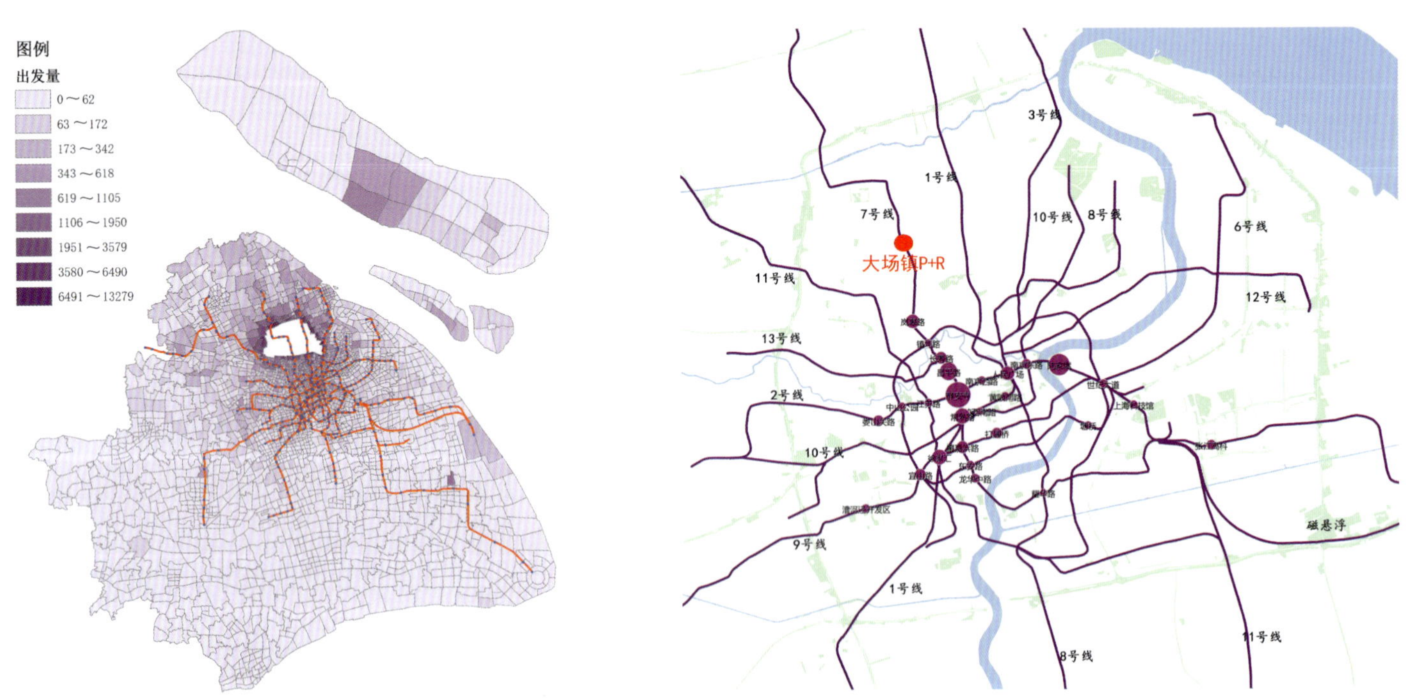

大场镇站P+R停车库辐射人员出行分布/停车人员出行目的地站点布局（交通卡数据）

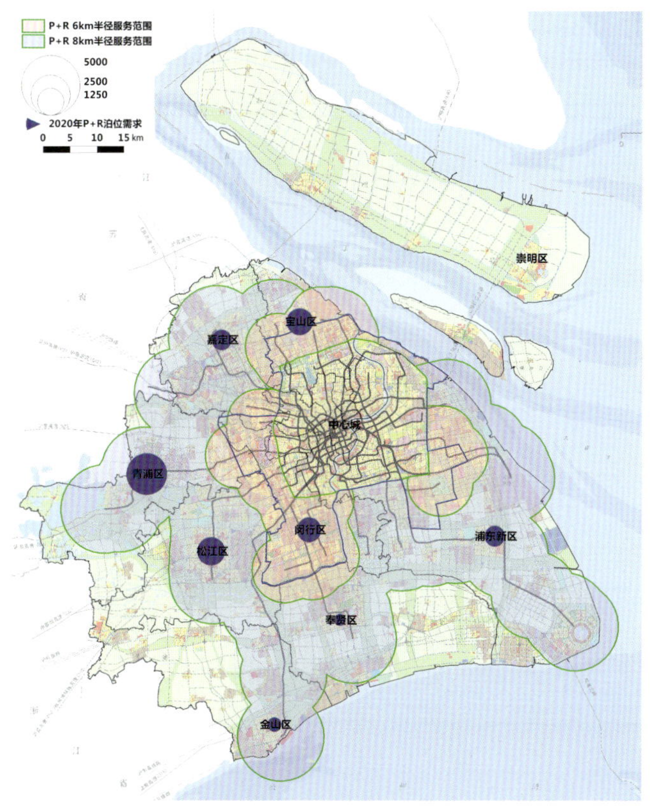

2020 年各区 P+R 停车泊位需求分析

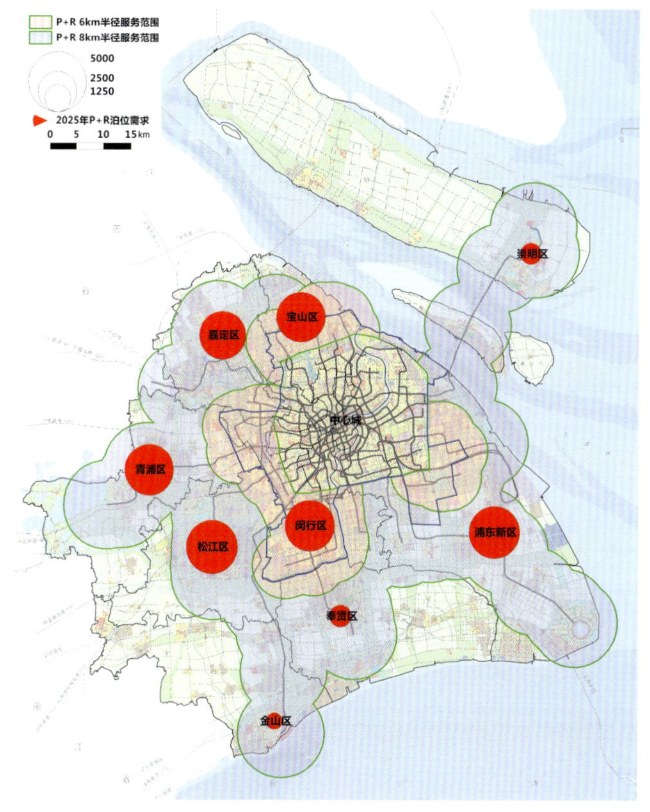

2025 年各区 P+R 停车泊位需求分析

全面支撑后续布局方案。

3. 全空间维度开展布局方案指引，注重可操作性

一是规划形成全市总体布局方案，并结合各区情况，分别细化形成 9 郊区规划布局方案，包括宝山、嘉定、青浦、松江、闵行、奉贤、金山、浦东新区、崇明区，为各区 P+R 停车布局提供有力规划依据，为全市 P+R 出行发展提供必要规划引导。

二是布局规划方案注重可实施性。结合地区发展，保持与地区的控制性详细规划紧密衔接。遵循集约用地、土地功能复合的发展理念，布局方案体现一定的可操作性。

4. 多方面保障规划方案的实施落地

一是保障措施层次清晰、措施具体。从规划建设、开发及投融资、运营管理 3 个层面提出 8 项措施，为布局规划方案实施提供必要保障。

二是近远期规划方案评估，预估方案实施效果。首先，对可实行截流的外围 9 个区的 P+R 泊位规模供需进行对比，近期和远期规划 P+R 泊位规模均能满足各区 P+R 停车换乘出行需求；然后结合中心城道路交通运行和 P+R 截留效果两方面分析 P+R 近远期实施效果。

六、规划实效

规划实施布局得到市规土局和行业主管部门高度认可，对后续相关规划具有较强指导意义。

规划布局根据规划用地状态、设施分类情况、地块开发动态进行分类布局，促进了 P+R 停车场库分类建设实施，提高了布局规划可操作性。

推动《上海市公共换乘停车场（库）运营管理规定（2010 年）》修订，加强 P+R 停车场库运营服务及收费情况的监督管理，提高其规范服务的水平和质量。

推进《关于本市推进停车设施建设的实施细则》相关编制工作，从停车位增加及相关政策、市场运作等进一步细化实施细则，完善停车设施建设相关内容。

《P+R 停车场库布局规划（2016—2025 年）》明确 P+R 停车换乘是公共交通系统的重要组成部分，强化集约用地理念，倡导综合开发模式，促进土地功能复合；以目标为导向，依托轨道交通网络，形成与“网络化、多中心、组团式、集约型”空间结构相协调，与“主城区—新城—新市镇—乡村”的城乡体系相适应，与世界先进水平综合交通体系相匹配的停车换乘系统。

上海市静安区张家花园地区规划研究

2017年度上海市优秀城乡规划设计奖（城市规划类）二等奖

编制时间：2015年12月—2016年12月

编制单位：华东建筑设计研究院有限公司

编制人员：姚凯、罗镔、莫霞、董瑜、伍攀峰、黄立勋、王慧莹、郭娟娟、潘健、施立平、丁岚、郭子成、李泉权、王兢、郭韵竹

一、规划背景

张家花园地区规划范围包括南京西路—石门二路—威海路—茂名北路，总用地面积10.96 hm^2，处于上海中心城区核心地段，静安区“一轴三带”中的南京西路两侧商业服务集聚带，轨道交通3线交汇，区位优势显著。同时，属于南京西路历史文化风貌区，区域历史人文荟萃，公共文化活跃丰富。

历史上的张家花园曾是上海3大私家园林之一，后成为公共开放式园林、城市公共活动中心，直至被改建为里弄住宅。今天，城市肌理、石库门空间格局仍保存完好，整体价值较高，在上海建设文化大都市的过程中具有独特的价值和地位，也是当前上海成片风貌保护魅力计划的重要组成。

张家花园地区的保护发展，构成了当前上海成片风貌保护魅力计划的重要内容，在上海建设文化大都市进程中具有独特的历史风貌价值和地位。

从现状用地来看，张家花园地区主要分布着居住用地，沿吴江路、茂名北路结合底层商业是商住混合用地，该范围及周边有着大量公共建筑，主要是吴江路餐饮街、大中里、广电大厦等，总体功能业态较为综合。

就空间格局而言，高层建筑聚集在沿南京西路、石门二路的城市发展轴带上，低多层建筑分布在南京西路历史文化风貌保护区内，向东与人民广场历史文化风貌区相衔接。整体而言，区域中的建筑高低错落分布较为有序，新旧建筑相互融合，具有良好的整体风貌和发展基础。

新阶段张园地区的发展，在区域核心形象塑造、公共空间与历史特色风貌提升、规划设计与实施应对等方面都亟须进一步提升。

二、规划构思

研究系统分析了地区历史演进、空间格局、风貌特色、

空间格局更迭图

1872—1878年

英商“和记洋行”经理格龙向农户租得土地20.25亩，辟为花园住宅。

1882年

商张叔和购得此地，命名为“张氏味莼园”，简称张园，面积21.82亩。

1892年

张叔和请英国工程师在张园兴建高大洋房。

1893年

1893年10月竣工，取名Arcadia(世外桃源)，中文名谐音**安垲第，为上海当时最高建筑**，可容纳千人。

张园鼎盛时期

1894年

张家花园面积发展到61.52亩，为当时**上海私家园林之最。**

1895年

张园正式向游人开放，是**晚清民国初期上海面积最大的对外开放园林。**

1909年

哈同花园建成，民国以后，张园经营每况愈下。

1918年

张园停办，原有园林被拆除，**仅留下“安垲第”**，张园逐步**被改为旧式里弄为主**，并有新式里弄，花园住宅，花园式公建等组成的里弄社区。

张家花园发展历史脉络

交通系统、公共开放空间和相关规划编制情况等，面向整体区域，根据地区特点，注重城市设计手法的应用，妥善处理张园地区与外部空间的关系，进行多维度的专题深化研究，确立了地区发展的4个关键目标，并提出了关于“整体风貌、区域功能、公共空间、统筹平衡、建筑形态、地下空间、公共交通”7个方面的对策建议，有效落实了规划管控要素的法定衔接。

三、规划内容

1. 优先历史保护：强化历史文化价值挖掘与传承，延续核心区域整体风貌

将历史建筑较为集中、空间格局保存完好、风貌特征明显的区域，明确为核心保护范围。延续街区原有肌理脉络，强化巷弄空间特色。针对历史建筑的修缮、改造与再利用，提出建筑保护、移位重建等针对性建议对策。将威海路沿线开发地块的建筑高度从60 m降低至12 m，延续和强化了风貌道路的历史公共界面，使新建建筑体量、形态与周边历史建筑与空间相协调。

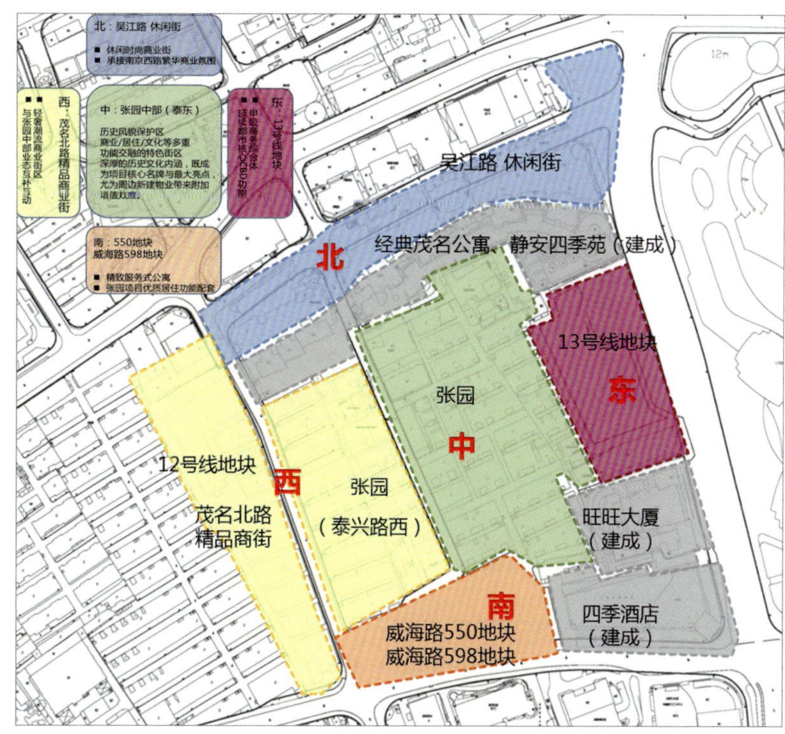

地区功能配置分析图

2. 确保公共要素：增加开放空间与完善公共服务设施，提升整体空间品质

新增3处门户性公共开敞空间，并与历史建筑、公共设施结合布置。结合巷弄空间与历史建筑格局，内部形成多处类型多样、层次丰富的绿地广场空间，承载历史记忆与文化休闲体验。开展公共服务设施的规划实施评估，综合统筹、布局优化，重点聚焦、合理预留，促进提升地区公共服务水平。

3. 激发地区活力：完善地区功能与慢行体系，营建开放的步行历史街区

强调整体注入与历史风貌、空间格局相适应的功能业态，内部功能与外部风貌统一、协调，联动周边，激发潜力。由街道、主弄、支巷构成的巷弄空间，有机联系门户节点、地铁站点及历史空间等，新旧交融、活力开放。

4. 保障实施衔接：探索分类保护更新，刚性管控、弹性预留与动态维护并举

根据保护更新要求，结合规划方案的论证，按现状保留、保护性征收、保护性开发3种类型，实施分类指导。由政府主导开展保护性征收，探索保留一定比例的居住功能，为地区动态更新发展保有活力、预留弹性。进一步明确了保护性开发地块在空间形态协调、容量和高度控制，以及增加公共空间等方面的附加要求。

总平面图

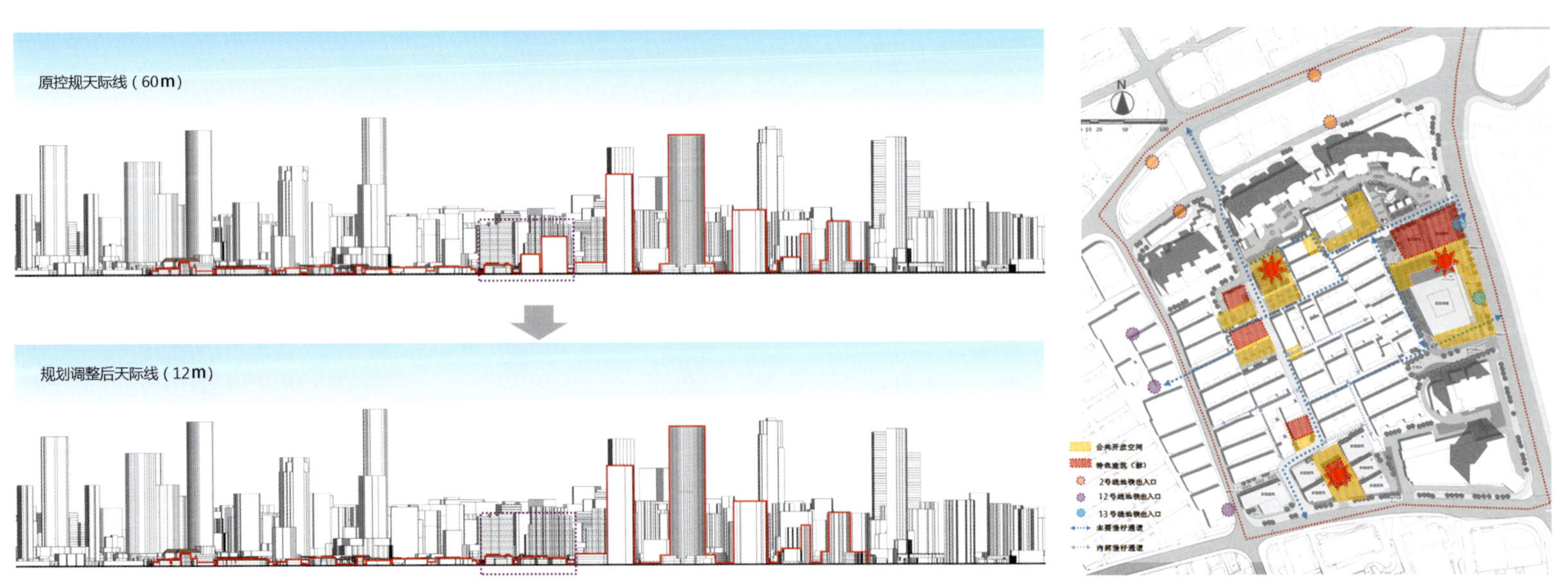

威海路天际线分析图

公共开放空间分析

整体鸟瞰

张园主里弄效果图

石门一路入口效果图

四、规划特色

1. 工作理念创新：从早先的“拆、改、留”，转变为“留、改、拆”，传承历史文脉和记忆

注重历史建筑遗存的最大保护，合理论证局部开发地块建筑高度并研究提出降低高度的结论，为该地区整体风貌的保护提供技术支撑；注重历史要素的挖掘和最佳利用，通过分析梳理新增保留建筑；注重公共要素的最优串联，构建地区重要的活力载体。

2. 利用模式创新：从传统的改造方式，转变为强化多层次的公共利用，促进街区复兴

注重公共空间、公共建筑改造模式的积极探索，提出相应的改造措施；注重使用人群的综合考量，通过制定相应的策略，突出人气集聚和活力特色打造；注重公共利用体制机制建构，政府、市场、社会三位一体。

3. 工作方法创新：从传统的三维空间分析，转变为协同管控和常态跟踪，突出精细化管理

注重借助三维空间数据，立足空间数据管理平台，开展城市设计要素的合理管控和引导；注重多维空间数据平台的建设与跟踪，为静安区的整体空间形态数据平台建立示范与探索；注重与规划管理及后续规划调整优化工作的有效衔接，确保相关控制要素纳入控规附加图则，有利于保障研究内容的法定化。

五、规划实施

本次研究紧紧围绕相关政策、法规，以及市、区两级正在推进的工作，研究成果已产生一定的社会效益和经济效益。

（1）研究成果中的相关控制要求，已落实到法定规划：张家花园地区控规调整已于2017年3月获市规委会原则通过。

（2）研究运用的空间数据管理平台，已进一步拓展应用，为静安区总体城市设计等相关研究提供了一定的基础和示范。

（3）部分成果内容已被采纳，作为近年地区工作推进的重点，如公惠医院地块的收储准备、核心区域的保护性征收、张园历史建筑资料库的建立等。

（4）研究成果提出的分类指导要求，已融入美丽家园、酒店改造、街道环境整治等具体实施，地区空间品质已有了显著提升。

上海市徐家汇体育公园街区城市设计研究

2017 年度上海市优秀城乡规划设计奖（城市规划类）二等奖

编制时间：2016 年 8 月—2016 年 10 月

编制单位：上海同济城市规划设计研究院

编制人员：庄宇、汪宇宸、陈易、张灵珠、吴景炜、杨宇、楼庄杰、黄凯、翁超、裴晏妮、杨菡、叶宇、汤朔宁、蔡逸峰

一、规划背景

本项目是为参加 2016 上海城市设计挑战赛徐家汇体育公园项目专业组竞赛设计的方案。大赛要求参赛者运用竞赛主办方提供的片区尺度的基础数据，通过大数据的分析运用，围绕打造“国际赛事之都”、做到赛事一流、运营一流、管理一流的总体目标，同时兼顾市民综合体育休闲功能需求，推进地区功能升级和环境改善，形成徐家汇体育公园城市设计方案，为城市更新地区的转型提供创新性设计思路。

徐家汇体育公园（现万体馆地区）的竞赛基地位于徐家汇社区的南部，规划范围为漕溪北路—零陵路—天钥桥路—中山南二路。

街坊总用地面积约 35.96 hm^2，其中绿化和交通设施用地面积约 2.15 hm^2，体育设施用地约 33.81 hm^2。现状总建筑面

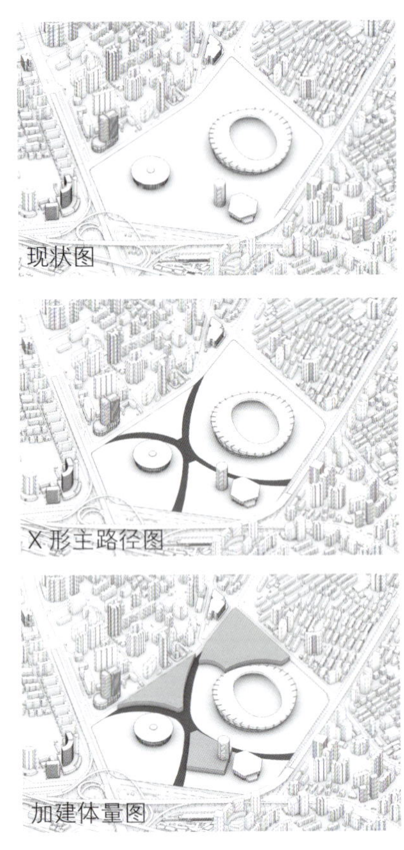

设计构思

设计总平面图

积约 31 万 m^2，其中地上建筑面积约 24 万 m^2，地下建筑面积约 7 万 m^2。项目以传统体育功能为主，主要包括上海体育场、上海体育馆、游泳馆、壁球馆、练习场等设施，还包括文化展览功能（东亚展览馆），商业（零售）、酒店（东亚大厦）等其他功能。基地周边有 1 号线、4 号线轨交系统穿过，内部有 11 号线下穿于 4 号线轨道，南侧的旅游集散中心一侧有 3 号线漕溪路站。

二、项目意义

大型体育街区是指城市中满足尺度较大、以体育功能为主导、拥有一定规模的建筑组团，并具有举办国内与国际重大赛事能力的大型体育场馆的街区。同时往往拥有一定比例的外部空间，可能包含居住、商业、休闲等其他功能。

当前，如何提升城市中大型体育街区的活力，充分提高空间使用效率，促进土地资源的有效利用，成为社会关注的一个热点问题。特别是在高密度城市更新的背景下，如何使这些大型体育街区更好地满足人们日益多样化的活动需求，需要以当代发展视角，进一步整体统筹研究，切实用好这些宝贵的运动和休闲资源。因而，激发大型体育街区的活力，显得尤为重要。

为打造国际化体育之都，上海市人民政府办公厅于 2016 年印发《上海市体育改革发展“十三五”规划》，将发展目标定为 2025 年基本建成全球著名体育城市，要求升级上海体育场、江湾体育场、东方体育中心等大型体育场所的功能，提升公共体育设施的综合利用效率，方便市民展开各项体育活动。基于此，本设计以大型体育街区活力的双重视角为出发点，以大数据和实地调研成果为依据，从定性与定量结合的角度分析了徐家汇体育公园当前存在的问题。结合对相关案例的剖析，探索如何通过城市设计的策略激发体育街区活力，为城市更新

空间句法分析

轨道交通可达性分析

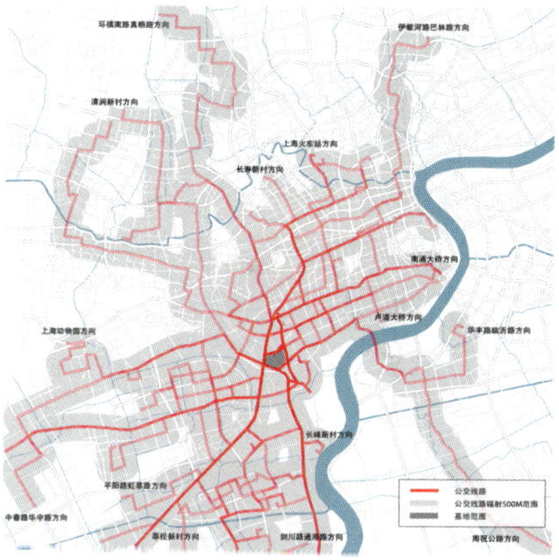

公交车可达性分析

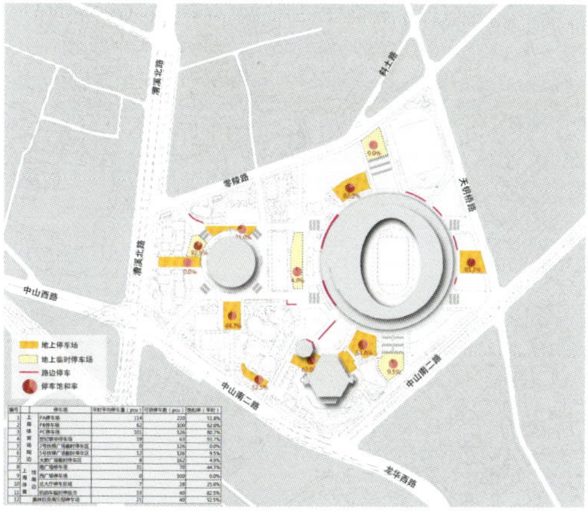

地下停车饱和度分析

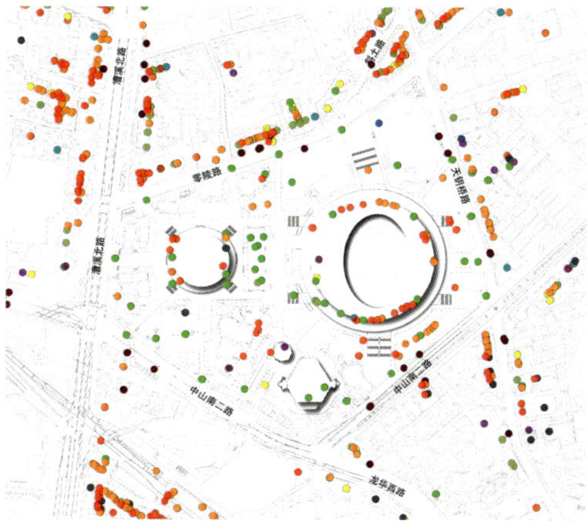

业态 POI 分析

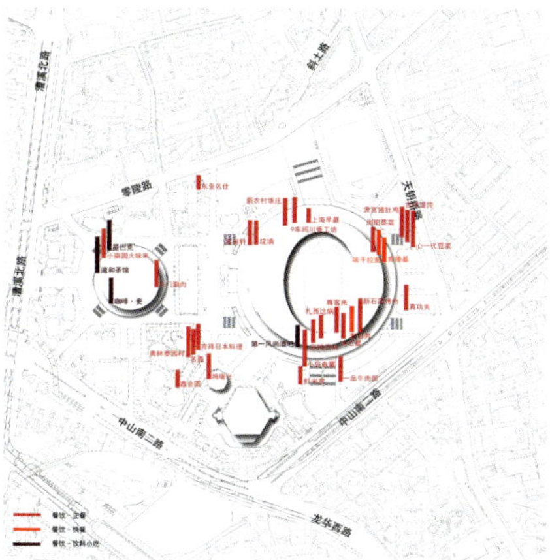

业态集聚度与活力分析

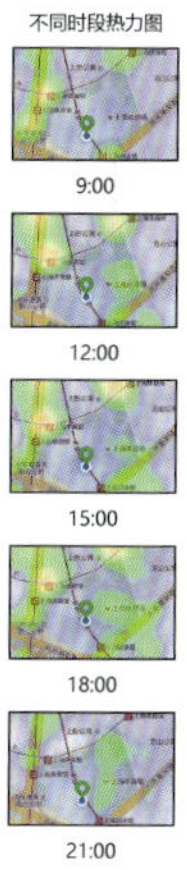

活力分析

地区的转型提供创新性的设计思路，对推进地区功能升级和环境改善具有重要意义。

三、问题剖析

根据大数据分析和现场调研，徐家汇体育公园地区目前存在以下几个问题：

一是周边地区已有的地铁/轻轨车站疏解人流不均，极限时段有提升潜力；公交进入本区域不顺畅，绕路系数较大；各停车区出入不便，停车点与目的活动场地联系不够紧密；旅游集散中心与本区域没有沟通，与上海南站直接相连的3号线车站未与本区域形成直接连通。

二是基地内现有街坊尺度过大，与周边街坊缺乏步行联系，步行进入和穿越行为较少，步行方位感弱，活动发生频度低，宜步行的场所/活动支持等亟待全面打造。

三是区域内缺乏引领性业态，业态时段性过于明显，空间使用效率不高，周末和夜晚效应凸显，业态的外部认知和辨识度不高。

四、城市设计目标与策略

方案以“城市‘运动’汇”为题，以激发街区活力为出发点，提出街区更新的总体目标，即充分挖掘区位和公共交通的优势，通过“运动”业态植入、“活动”环境再造、“机动”流线成网等方面，打造兼具“国际赛事之都”竞争力和激发城市日常活力的城市体育主题公园街区。

策略1：空间立体化使用，复合多样活力业态

方案在各个基面中插入多样化的、复合的业态，以混合的功能增强对周边的吸引力。地下空间主要以商业和停车场为主，在地下一层设置1 500辆停车位和地下商业街。地面活动主要休闲功能，包括健身、体验、文化、休闲、体育品牌、餐饮等多种复合功能业态，地上为聚集多种户外活动的健身主题公园，包括高尔夫、足球、网球、滑草、迷你F1等健身运动场所，达到空间复合利用的经济高效。

策略2：以X构型主路径化解超大街坊，创造结构清晰的步行化单元

地上层通过X构型的主要路径和中心广场构成整体的空间结构，将超大街坊分解成4个适中尺度的可步行街坊，强化了与周围街坊的步行联系，同时加强了内部的秩序性和方位感，给人们的步行穿越行为带来心理与实际上的便利性。平时强调机动车与步行的分离，保证了宜步行区域的安全和品质。中央主广场作为X构型的交点，汇聚了各种人流与活动，包括交通穿行的人流、休闲散步的人流、进出各个功能空间的人流、举办室外活动的人流等等，成为日常活动、节庆活动和赛事举办的场所。

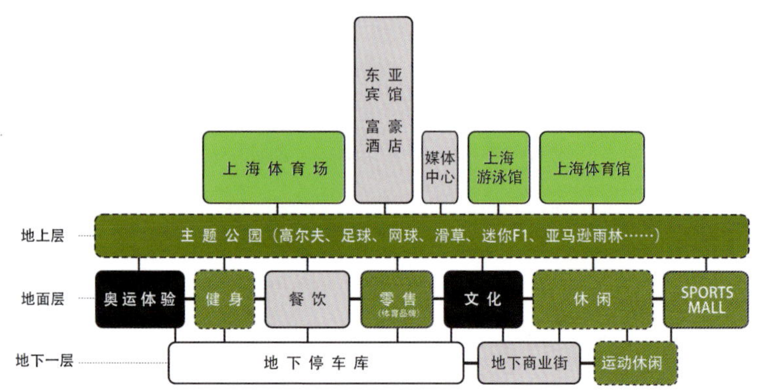

空间立体化，业态复合化

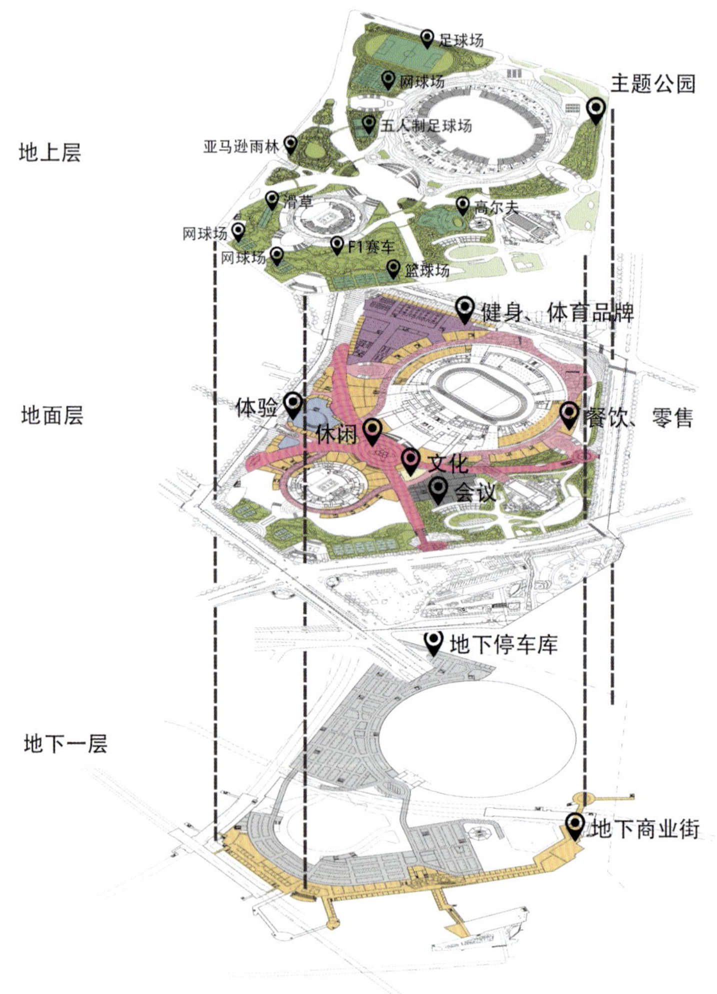

地下、地面、地上整合的空间利用

鸟瞰效果图

中心广场

X 型樱花大道

二层平台与商业街

策略 3：植入体育活动功能，打造特色公园，增加消费空间与公共空间的混合

通过植入体育主题功能，汇聚运动体验和赛事活动，打造具有浓厚体育氛围的特色公园，为全民健身提供了功能基础。包括引入奥林匹克体验馆、Sports Mall、亚马逊雨林等富有吸引力的健身、体验活动为主题的系列业态。同时，利用东亚宾馆加建改造，形成体育公园媒体会议中心和奥林匹克博物馆，为国际特大型赛事提供高规格酒店。街区入口处和各个节点设置体育主题广场，增加边界吸引力和引导性。地面层设置环状商业街路径，形成以两个主要体育场馆为核心，适于步行、休闲、购物的次级结构路径。同时，在地下部分形成以 L 形为结构的商业街串连地铁站空间，提高蓄留能力，给予人们在换乘时顺路消费的可能。

策略 4：塑造连续基面，串联公共交通换乘，突出可达吸纳和蓄留优势

方案将部分二层主题公园从中心向边界逐级降低至地面，使基面产生空间连续性，有机整合体育场馆原有的二层平台与地面空间。二层基面下部设置沿街商铺，并设计铺地，使地面层的界面在形态和功能上更为友好。

为了增强街区边界对外部的吸引力，同时增加地上与地下空间的相互渗透，方案在边界上多个位置设置了立体体育主题广场，增加空间视效，使不同的活动之间产生交织的可能。立体基面还通过地面、地下、地上的垂直节点整合了 5 个轨交车站、旅游集散中心和多个公交车站枢纽，大大加强了综合智能疏解的能力，也很好地带动整个片区顺路性消费和弹性吸纳活动，为业态提升创造了大人流带来的发展潜力。

策略 5：设置多个体育特色入口节点和中心广场，塑造场所感

主广场作为 X 型路径的交点、空间序列的高潮，其周边建筑形态充分考虑了人的尺度和视线关系，通过平台、台阶、雕塑、入口小品等近景要素和体育馆、会议中心等中景建筑的结合，塑造亲切多元的运动中心场所。

上海市浦东新区环世纪公园步道建设和周边环境提升设计

2017 年度上海市优秀城乡规划设计奖（城市规划类）二等奖

编制时间：2016 年 1 月—2017 年 1 月

编制单位：上海市城市规划设计研究院、上海浦东建筑设计研究院有限公司

编制人员：赵宝静、卢思岚、吴双、李雪松、庄晴、钱欣、温义、史仲维、杨伊萌、郁俊男、何颖、归云斐、纪文琦、姚亚纬、郭贺铭

一、规划背景

随着跑步运动的兴起，各个城市的跑友也自发组织，形成了多个跑步热点区域。2013 年初，世纪公园在外圈芳甸路、花木路人行道范围内建造了基本跑步道，这一利民的休闲体育工程受到市民欢迎，吸引众多跑步人士汇集于此，进行休闲锻炼和互动交流，世纪公园由此成为沪上最具人气的跑步圣地。

为完善公园外围既有跑圈绿道闭环，打造完整的 5 km 全民跑步健身地，2015 年 12 月，由上海市浦东新区政府牵头、世纪公园管委会组织，进行了世纪公园环步道方案国际征集。邀请来自 AECOM、BDP、天华、上海市规划院的 4 个团队进行研究，并由上海市规划院进行方案的统筹深化设计，本着“整体设计、分步实施”的目标全力推进项目建设。

该项目是浦东新区打造区域慢行系统的重点项目，被列入浦东新区 2016 年政府工作报告，是重要的民生工程，也是 2016 年上海市规土局城市更新计划浦东新区试点。

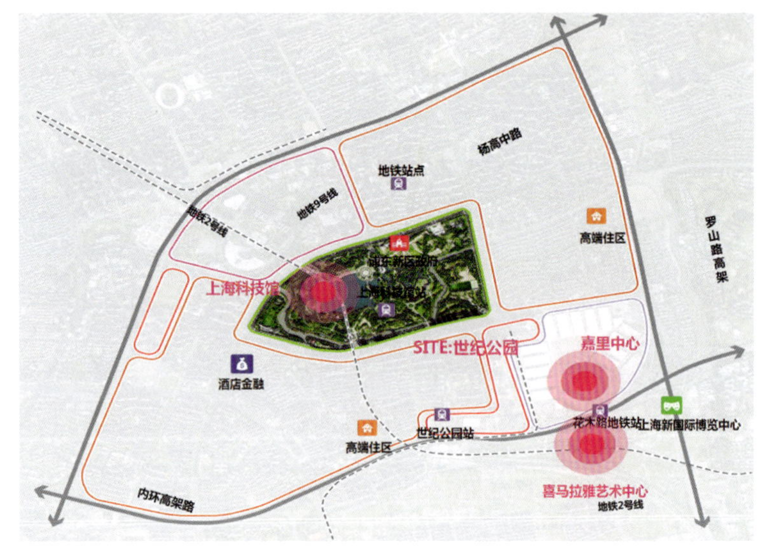

项目区位图

二、规划内容

1. 理念与目标

本设计以“绿秀于心，金丝缎带”为理念，将贯通工程结合沿线绿化景观的提升及跑步服务设施的配置，形成环境宜人、功能优化完善的环世纪公园金丝缎带，打造网络化的跑步圣地、多元融合的活力空间与特色鲜明的多彩环路，并通过一期金丝工程、二期缎带工程逐步实现世纪公园环步道的贯通、营造与提升。

（1）贯通：形成公园外圈跑步闭环，以贯通、连续的环形绿道满足不同市民健身的基本需求；

（2）营造：针对沿线落后、陈旧的设施予以改造与更新，并统筹设置必要的健身服务类设施小品，满足健身人群使用要求；

（3）提升：结合环世纪公园步道设置提升沿线绿化景观形象，塑造人性化慢行空间和宜人的健身慢步环境。

一期工程将跑步道、步行道、骑行道通过小型硬质场地和绿化节点相连接，保证横向空间的开放关联和通畅，形成功能明确、空间共享的金丝环线；作为金丝与世纪公园内外联系的承载空间，二期工程以塑造人性化慢行空间为导向，重点关注绿化景观环境的提升和服务配套功能的完善。

世纪公园仅仅是一个起点。未来，浦东新区将以这 5 km 为起点向全区辐射，联动更多社区，规划更多元化的运动路线。

2. 规划原则

世纪公园跑步圣地有相对特殊的地理位置和既有社会影响力，为提供更优质的跑步环境和配套齐全的服务设施，本次设计需遵循以下原则：

（1）目标明确：以“贯通、营造、提升”为定位改造完善现有步道，同时提升沿线景观，优化原有相对郁闭的景观形象。

（2）特色突出：整体考虑景观设计和周边配套设施，与景观规划相结合。

（3）空间人性：建立人与空间、人与路、人与人、植物与水等之间的亲切、互利、和谐的关系。

（4）实施便捷：完善闭环，同时梳理分析原公园停车、出入口广场问题，为综合停车等后续工程提供统筹协调依据。

3. 设计策略

设计围绕“完善步道系统”“构建多样空间”“打造活力示范”3 大主线，建成内外互通互联的“跑道＋慢行”系统，改造提升沿线绿化景观，配置乐跑服务营、休憩点、景观小品、地下停车库等配套服务设施和建筑，形成内外共享的活力空间。

（1）完善步道系统：分离跑步和慢行空间，设置独立连续的跑步道和步行道。

（2）构建多样空间：满足基本需求，统筹各类体育文化和相关设施，优化设施配套。

（3）打造活力示范：综合考虑跑道步行功能，结合自行车系统建立区域慢行系统，提升地区活力。毗邻老外滩地区，南接世博会地区，是黄浦江浦西沿线最核心的滨水区之一，绵长的滨水岸线和广阔的腹地使其拥有独特的资源禀赋。

4. 设计总平面图

本次环世纪公园绿道改造建设位于公园围墙外侧，道路附属绿带内。原健身步道项目已在公园毗邻的花木路、芳甸路段人行道上增设健身步道，锦绣路段人行道上未实施。此次环世纪公园绿道改造设计在道路附属绿带中增加跑步道，完善贯通世纪公园步道系统。

5. 重要节点设计

整个环世纪公园绿道分成 5 个特征区段：起点广场景观段；特色表现景观段；城市高线景观段；异国园区景观段；滨水步道景观段。

其中有 6 个重要节点（1 号口、2 号口、3 号口、5 号口、滨河步道、7 号口）和两个张家浜桥改造。设计的具体内容包

整体鸟瞰效果图

总平面图及设计策略

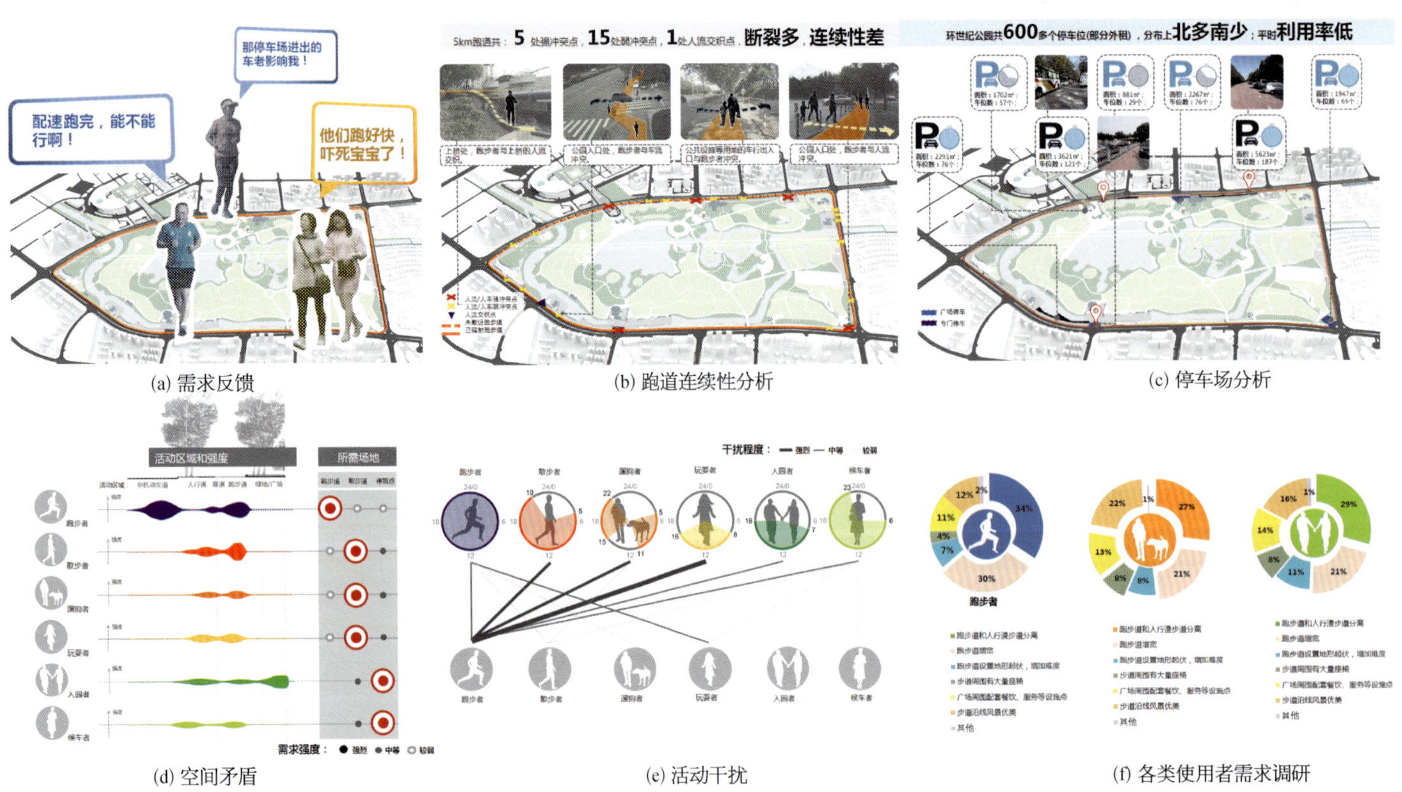

(a) 需求反馈　(b) 跑道连续性分析　(c) 停车场分析

(d) 空间矛盾　(e) 活动干扰　(f) 各类使用者需求调研

需求反馈与分析

含步道拓宽、树池改造、围墙线后退、增加植被丰富度、利用地形整体改造并连接周边景观等。同时，规划设计也对沿线的公共设施、标识系统、街道家具、照明景观及公共艺术等提出点位建议及设计引导。

三、创新特色

传统的城市更新面临“公众需求缺少反馈渠道”“规划师缺少自发性参与机制”“开发者参与机制不健全”“政府管理困难 4 个实际问题”。本项目的创新在于从使用者需求出发，采用小尺度介入的方法加以控制和引导，激活其潜能，激发邻近地块的发展，带动整个地区面貌改善。通过渐进式的微更新量变形成地区城市更新的质变，完成城市更新自下而上的实践。

1. 模式创新：公众参与，需求导向

线上线下问需于民，针对政府部门、公园管理者、公园游客、周边社区、跑友等群体，通过“头脑风暴”会议、网络问卷、论坛搜索、群聊讨论、半开放式访谈、实地观察采访、视频记录等调研方法，关注各类群体和个体的需求，并根据调研情况总结世纪公园环步道周边现存的挑战。如，不同人群的活动区域和强度，及其所需要的场地各不相同。跑步者在跑步道及非机动车道上的活动频率较大，其需要的是独立连续的跑步道；而散步道则可满足散步者、遛狗者、玩耍者的需求。因此，由于不同人群的使用需求存在时空冲突，因此在设计时可考虑跑步道和散步道分开设置，并增加适当停留空间。

2. 组织创新：“世纪公园之友”组织

在项目整体推进中，融合以政府部门、管理委员会、志愿者俱乐部、商家和专业运营团队等相关群体，对各利益主体需求形成“世纪之友”统一沟通平台，提供涵盖需求反馈、资金筹措、活动组织、服务供应、管理维护的全产业链系统服务。在公共决策原则下，通过由“世纪之友”组织授权的相关专业团队实施，通过约定权利和义务进行全过程管理，并通过类 PPP 模式的推广，最终将以本项目为开端的“浦东 100（慢行休闲网络）”打造成围绕跑步文化开展的众筹众创和移动互联的起点。

3. 技术创新：新技术在景观规划中的运用

以创新性的多媒体、微电影形式对需求和设想进行可视化分析和表达，将整个众创过程融合在世纪之友 APP 开发和

“世纪之友”平台

建成后实景

世纪公园微信群讨论中，可以最大程度最高效地听取居民、社区、管理者、政府等的意见和建议，为公众决策提供依据，最大化地征询最广泛的意见。

四、实施效果

为了切实体现各方的诉求和想法，项目团队从方案设计到施工建设全程跟进，形成类 EPC 的推进团队，确保实施方案的可行性和落地性。世纪公园环步道改造自 2016 年 1 月起，经过“头脑风暴”、多轮世纪之友活动、方案确定、工程可行性研究报告编制和施工建设，一期工程于 2017 年 6 月竣工并通过验收。新步道建成后在跑步圈和周边社区圈形成巨大的反响，跑出来的“微更新”项目的蝴蝶效应还在不断放大中。

上海市曹杨新村城市更新

2017 年度上海市优秀城乡规划设计奖（城市规划类）二等奖

编制时间：2015 年 6 月—2016 年 10 月

编制单位：上海市城市规划设计研究院

编制人员：张帆、钱少华、张维、周晓娟、张逸、周志清、易伟忠、沈高洁、王文雅、訾海波、褚欣、徐琪玮、陆晓蔚、周为天、周云

一、规划背景

近年来，上海的城市发展重点由经济增长转向社会治理，空间利用方式由增量扩张转向存量优化。在此双重背景下，城市更新成为规划转型的重要方向。上海市城市总体规划提出“以提高城市活力和品质为目标，积极探索渐进式、可持续的有机更新模式，以存量用地的更新利用来满足城市未来发展的空间需求”。

目前，上海已逐步探索了存量工业和商业用地的更新模式。为进一步完善城市更新的路径和政策支持，上海市规划和国土资源管理局于 2015 年启动了城市更新试点工作。

解放后由消费型城市向生产型城市转变，上海建造了大量工人新村，始建于 1951 年的曹杨新村是其中的典型代表。由于建成年代久远，新村目前存在社区功能单一、人口老龄化严重、公共服务设施配置不足、居住条件局促和停车设施紧缺等问题，这也是上海老工人新村普遍面临的困境。

因此，将曹杨新村作为市级城市更新试点，目标在于：总结老旧住区共性问题，探索功能完善、品质提升的更新途径；挖掘曹杨地方特色，谋求个性化的更新策略。

二、主要构思

1. 以“民生为重、公益为先”的理念推动社区整体更新

本项目以曹杨新村街道为更新范围，面积 2.08 km^2，以居住功能为主导。有别于商业或工业区以市场力推动的二次开发式更新，本次更新应着重保障公众利益，在策略设计和项目策

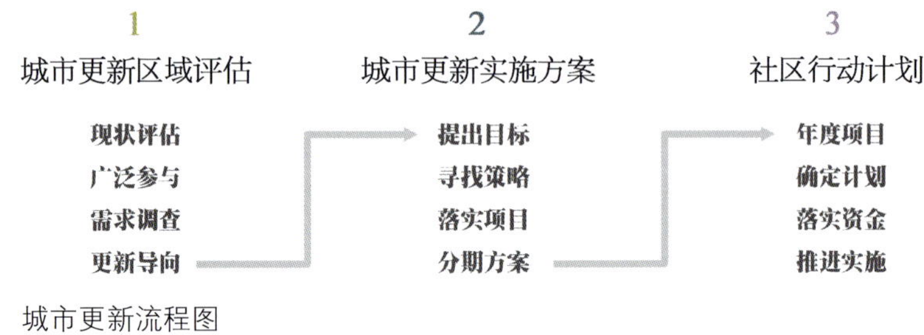

城市更新流程图

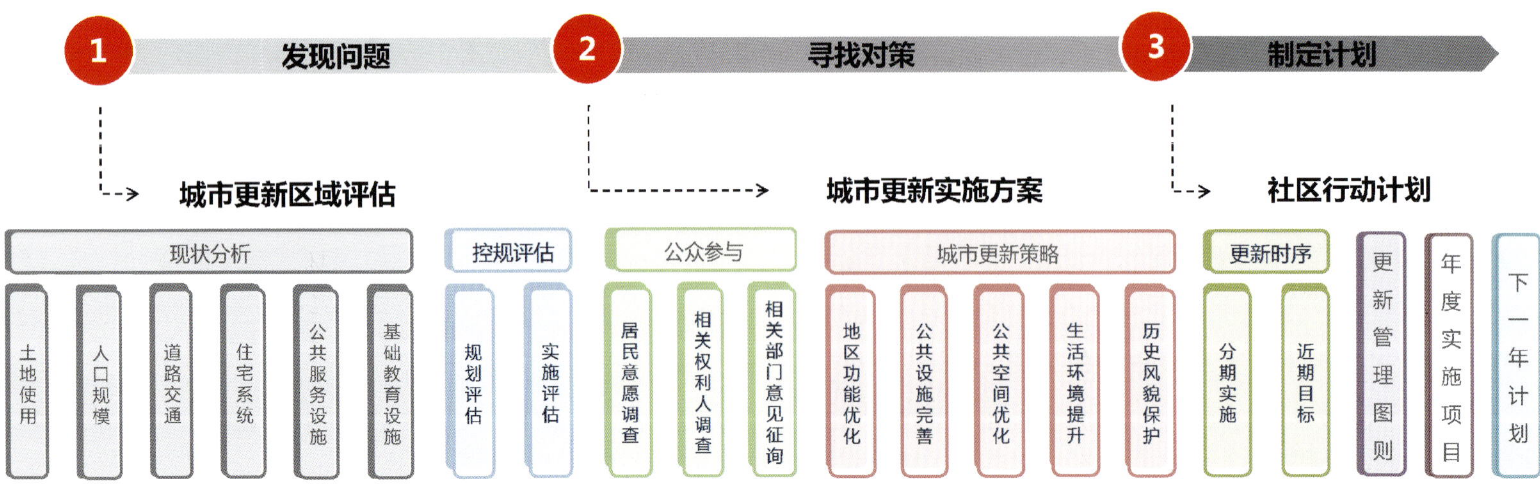

划上以落实公共要素为主。同时，不拘泥于普通控规对于各条线的系统规划和各标准化指标的落实，而是从社区实际出发，量身定制更新目标和实施策略，从标准化规划转向社区规划私人定制。

2. 建立“实施导向、多方参与”的城市更新组织构架

由于城市更新面临复杂的多元产权主体，其实施需要充分的公众基础，完善的推进机制是项目实施的必要条件。因此，在试点工作中需要建立城市更新推进的组织架构，形成合力以确保项目落地。具体包括：由区委区政府领衔的城市更新领导小组，由曹杨街道各科室共同参与的更新推进平台，由原市规土局详规处、规划编审中心和大学专家组成的技术指导小组，以及由普陀区规土局牵头的更新协调部门等。

3. 强调“文化引领、突出个性”的城市更新方案设计

作为新中国成立后第一个工人新村，曹杨有其独特的精神所在。在城市更新中，需要充分考虑曹杨新村独特的工人文化及地标场所（包括曹杨环浜和曹杨一村），并通过多种规划设计手段，突出其文化内涵和场所精神，从而再次唤起“曹杨人”心目中的社区荣誉感和归属感。

1 特色突出

- 独具特色的环状水系和景观
- 宜人化的街道尺度和总体环境
- 融洽的邻里关系

2 问题评估

- 社区功能单一、整体活力不足
- 老龄化严重、设施配置不足
- 高峰时段拥堵，停车设施紧缺
- 居住条件局促，生活品质较差
- 绿带难以环通，开放空间被占

3 需求汇总

街道	■提升居住品质 ■环境整治与提升 ■街区建筑更新
居委会	■改善居住环境 ■增加街坊级公共服务设施 ■促进社区共建
居民	■增加福利与健身设施 ■适度增加休憩设施 ■卫生条件有待改善 ■优化公交线路，增加停车设施

4 提出导向

功能	■维持西侧居住功能不变 ■东侧武宁科创园功能提升
设施	■优先增加社区养老及社区体育设施
慢行	■延续花溪路慢行系统，两侧延伸，打造环浜慢行步道
开放空间	■打造环浜公共开放空间，达到300 m内开放空间全覆盖

城市更新区域评估主要内容

目标	策略	性质
优化地区功能 激发社区活力	策略一：武宁科技园功能提升	经营性
	策略二：曹杨一村功能置换	经营性/公益性
	策略三：铁路集贸市场改造	经营性/公益性
	策略四：兰溪路整体改造提升	经营性/公益性
完善公共设施 建设适老社区	策略五：完善公共服务设施配置	公益性
	策略六：优化公共交通线路	公益性
提升生活环境 改善居住品质	策略七：住宅成套改造	公益性
	策略八：居住环境综合整治	公益性
整合公共空间 打通绿色廊道	策略九：开放环浜滨河空间	公益性
	策略十：桂巷路改造更新	公益性

曹杨新村更新目标与策略

三、主要内容

项目以发现问题、提出策略、落实项目和制定计划为推进逻辑，并在此基础上形成非标准化的城市更新成果内容，具体包含 3 方面工作：

1. 城市更新区域评估

内容主要包括现状分析、控规评估和公众参与调查。通过对现状土地使用、人口规模、道路交通、住宅系统、公共服务设施、基础教育设施等各系统的分析与评价，结合入户访谈、问卷调查和座谈会，了解居民、相关权利主体、居委会、街道，以及市区行政主管部门的更新意愿，确定城市更新优化导向。

曹杨新村环浜 H 段更新方案平面图

2. 城市更新实施方案（含更新项目管理图则）

以“补短板、强弱项”为原则，提出优化地区功能、完善配套设施、提升居住品质、重塑公共空间4大更新目标。形成10项更新策略，包括：武宁科技园功能提升、曹杨一村功能置换、铁路集贸市场改造、兰溪路整体改造提升、完善公共服务设施配置、优化公共交通线路、住宅成套化改造、居住环境综合整治、开放环浜滨河空间及桂巷路改造更新。

将策略落实为40项更新项目，从居民需求紧迫性、实施难易度等方面，将更新项目分为三期实施，提出实施路径，并以图则形式明确实施步骤和责任主体。

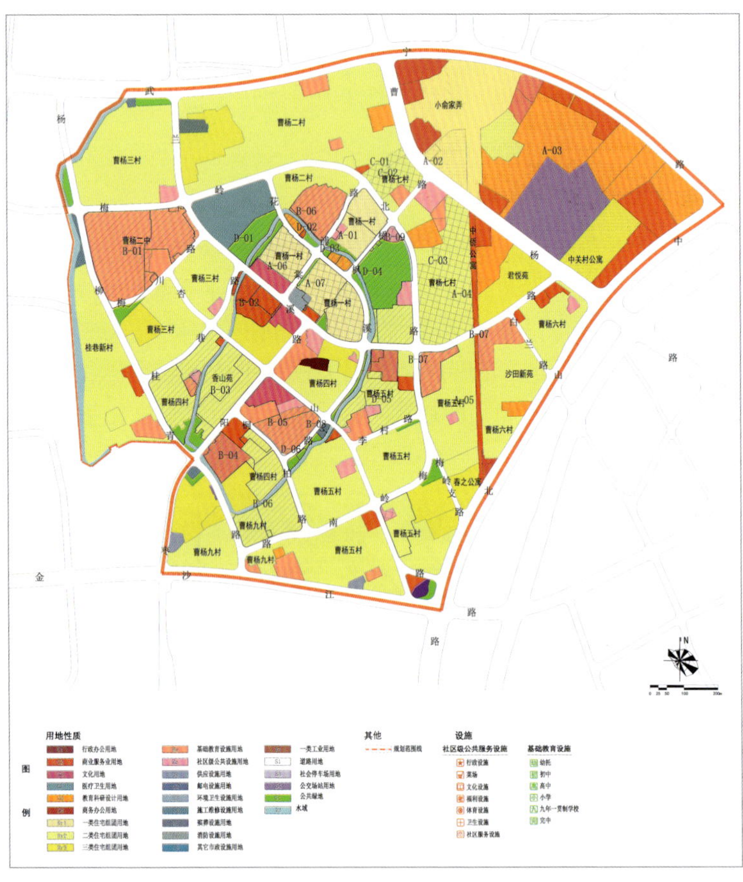

分期实施	项目类型	更新项目名称	所在控规街坊	现状情况	产权主体	协调部门	预期实施情况
近期实施	B-01	曹杨二中操场开放	X7	封闭式管理	曹杨二中	普陀区教育局	可实施
	B-02	曹杨商场综合功能改造	X15	功能业态过时	普陀区国资委	普陀区国资委	由于51%股份为职工持有，实施有难度
	D-01	兰溪青年公园增加滨河出入口	X8	出入口过少	普陀区绿容局	普陀区绿容局	可实施
中期实施	A-02	铁路综合市场（集贸市场段改造）	X25	功能业态不合理	曹杨街道	实施主体为建交委	由于2015年刚完成改造，故为中期项目
	D-05	搬迁南华企业	X23	建筑挤占岸线	南华企业	由城市更新领导小组、街道办事处协调	有一定难度
远期实施	B-09	浴室搬迁改为社区活动中心或福利设施	X13	现状扰民、活动设施缺乏		根据置换公共设施类型决定协调部门	需在七村完成成套改造后实施

曹杨新村城市更新项目管理图则

聚焦近期重点，进行深入的方案设计，主要包括公共服务设施增配、曹杨环浜贯通。

（1）公共服务设施增配

由于存量用地更新方案的不确定性，在公共服务设施配置方面，采取弹性化策略。同时梳理现有公服设施的规模和布局，通过城市更新所能释放的空余建筑和用地，根据居民对各类设施的需求程度，确定新增设施配置的优先级和布局区域。

（2）曹杨环浜贯通设计

曹杨环浜已有60多年历史，与这个工人新村共同成长、变迁，也是曹杨印象中重要的一环，因此实施方案将曹杨环浜贯通作为更新的重中之重。环浜方案设计以整体风貌提升、滨河步道贯通、沿线建筑整治与功能更新，以及绿化空间使用多样化为目标，梳理了现状贯通情况、侵占环浜的建筑及其用地权属，提出环浜整体改造方式及分期实施方案。通过公众参与，聚焦社区居民的日常所需，加强历史元素的运用及公共空间的塑造，对环浜所在地块进行了深入的景观设计，包括游憩路线、公共空间布局和建筑改造方案等。

3. 社区行动计划

以易实施、有成效为原则，结合曹杨街道年度资金安排，确定2016年项目清单。内容包括：

（1）环浜沿线景观设计方案征集

主要工作为完成环浜方案征集任务书，协助区规土局开展方案征集，对最终方案进行整理和汇总。

（2）社区微更新

对社区内的闲置场地、建筑等进行排摸，与居民、居委会和街道进行沟通，确定北枫桥苑健身点、兰花园景观改造项目。全程参与微更新选址、设计单位选择以及设计方案选取。

四、规划创新

1. 以“提升市民权利意识”为目标的公众参与方法探索

本试点不局限于普遍意义上的问卷调查、访谈和评审会等公众参与方式，探索了更深层次、更高广度的公众参与方法，促进政府行政管理部门、社区自治组织、相关权利人和社区居民参与项目前期调查、方案设计及实施计划制定等过程。

（1）区域评估阶段。强化与社区居民的互动，开展“空间艺术季”，讲述曹杨人文历史与更新规划，加深大众对规划的了解，提升居民参与城市更新的积极性。

曹杨新村城市更新组织架构表

城市更新领导小组	区委区政府	负责整体推进、行政管理部门间协调
更新平台	曹杨新村街道	负责居民沟通、活动组织
技术指导	市规土局	负责城市更新政策及宣传
	规划编审中心	城市更新技术要求指导
	大学专家	城市更新模式及方案指导
协调部门	区规土局	配合组织召开会议
参与主体	居民	主动了解更新情况，提出需求
	西部集团、曹杨商城等权利主体	参与讨论会，对更新方案进行评价；或主动提出更新诉求和想法

（2）策略制定阶段。开展“智慧曹杨”暨城市更新主题日，提供更新信息，收集反馈意见。

（3）项目落实阶段。关注现状产权关系与利益构成，梳理并组织环浜周边30多个权利主体，解读更新政策。了解权利主体更新诉求，反复与之协商，并进行多轮方案修改，确保更新过程的公开、公平、公正。

（4）社区行动计划制定阶段。由社区居民投票选择微更新选址及方案，培育“我的社区我做主”的权利意识，促进社区共建共治共享。

2.“深入社区、动态跟踪”的规划师角色转型探索

规划设计者转变为社区工作者。在动态的更新规划中，规划师深度介入环浜贯通、微更新等改造全过程，对子项设计单位提出设计要求，统筹协调社区居民、自治组织、管理部门、专家等各方意见。

3.“弹性设计、刚性管理”的规划成果探索

城市更新是各利益主体博弈的过程，由于众多利益主体目标不一，更新项目的实施存在极大的不确定性。例如在环浜贯通中，规划师考虑理想与底线两种可能的情境，设计不同的方案。同时，为确保公共要素落地，形成项目管理图则以进行刚性管控，并落实项目责任主体。街道及各委办局可依据图则申报年度项目与资金预算，市级主管部门可据此监督公益性项目落实，体现社区更新的整体性和公益性。

五、规划实施

1. 总结经验，完善相关规范

作为试点，本项目的主要目的包括“试错”和“探路”两方面，通过实践总结城市更新和旧房改造中的制度困境，谋求技术性问题的突破。在此基础上，对城市更新的推进方式、技术规范、政策支持提出了改进设想，有助于完善更新细则与操作口径，并对住房综合改造中的日照间距和市区两级出资比例等指标提出了调整诉求。

2. 落实资金、推进项目

实施截至2017年，在城市更新近期重点工作中，有3项已取得进展，包括：

（1）环浜贯通中的绿容局搬迁已列入计划，沿线部分绿化空间改造已完成实施。

（2）公交线路优化及社区巴士接驳已完成详细方案，并与市、区建交委达成一致。

（3）曹杨街道的“同心家园”改造已结合2016年微更新选点，完成2017年项目预算。

社区微更新
●社区自治组织
●社区居民
●曹杨新村街道
●JWDA等设计公司

环浜贯通方案征集
●政府管理部门
●招标单位
●设计公司
●评标专家

“空间艺术季”及“智慧曹杨主题日”
●曹杨新村街道
●策展公司
●宣讲专家、学者

规划师承担的职责和作用

1

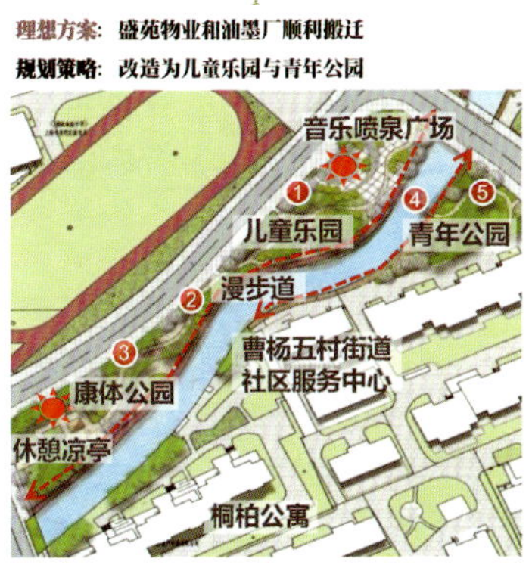

2

曹杨环浜改造多情景方案

上海市嘉定区绿道系统规划（2015—2040 年）

2017 年度上海市优秀城乡规划设计奖（城市规划类）二等奖

编制时间：2015 年 10 月—2017 年 1 月

编制单位：上海广境规划设计有限公司

编制人员：周伟、庄佳微、张璇、黄劲松、刘宇、李延萍、顾小卉、王阳、李志强、陶舒晨、景丹丹、张春美、张艺涵

一、规划背景

随着城市的迅速发展，大都市交通拥堵、环境污染、人地矛盾等一系列城市病日益加剧。在绿色出行倡导下，人们越来越倾向低碳环保、有益健康的生活方式，加上共享单车的兴起，城市进入慢行交通复兴阶段，步行和骑行的需求自下而上地对城市慢行系统提出了新的要求。

在此背景下，结合新一轮总规的“健康嘉定”定位，嘉定区开展了全区的绿道系统规划，以线性绿色开敞空间的形式，通过生态、联通和网络的构建，来展示嘉定的生态之美，村庄之美，文化之美。

二、规划思路

规划以生态优先、以人为本、因地制宜为原则，以问题为导向，通过全面深入的调研，针对现状郊野地区绿道缺失，连续性不足和功能尚有欠缺等问题，从选线布局、分类指引、建设标准 3 个部分进行全面应对。

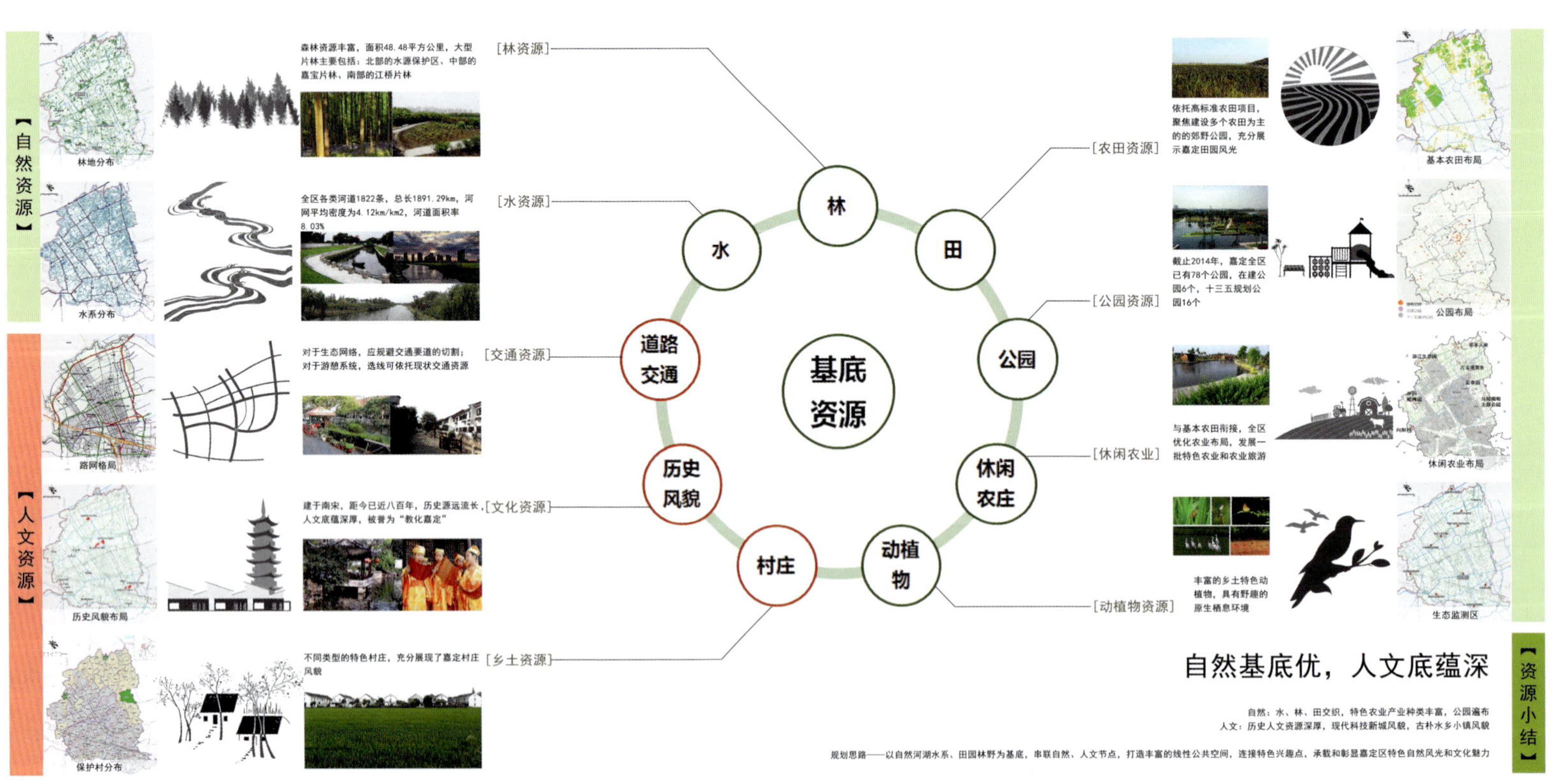

基底资源分析示意图

三、主要内容

1. 选线布局

规划梳理了嘉定区丰富的自然和人文资源基底。嘉定水网密布，有1 000多条河流，总长近2 000 km，规划将以水为依托，结合嘉定的水乡特色来布局绿道。在水系基底上，叠加全区近49 km^2的森林资源，结合嘉定7 000余km^2的永久基本农田，叠加郊野田园资源以及11个动植物栖息地和水源保护区，串联78个公园、7处特色休闲农庄、3个特色风貌村庄，进一步叠加5个历史风貌区、100多处文保点等人文资源，最终形成一张资源丰富的基底要素叠加图。涵盖嘉定从城镇到郊野、从生态到人文、从田水林园到村落农庄的资源禀赋。进而以水系进行串联，形成覆盖全区、成网成环的绿道网络。

在此网络基础上，依托大型生态廊道，串联重要城镇和郊野组团，建构了“一环三横三纵”的结构性骨架绿道。最终形成总长494 km的市级—区级—社区级的3级绿道体系。

2. 分类指引

规划根据区位属性的不同，把绿道分为城镇型和郊野型两类。

（1）城镇型绿道

城镇型绿道主要起到串联功能点和日常运动游憩两种功能。

串联功能点：横沥河是南北纵贯嘉定全区的母亲河，流经娄塘、嘉定镇、新城和南翔等城镇组团，规划以横沥河为例，结合沿岸数十米宽阔的绿化带设置滨河绿道，并串联娄塘、西门、州桥、古猗园、双塔等嘉定五个历史风貌区，形成历史文化主题绿道。

日常运动游憩：以方便居民日常生活与游憩为目的，重在便捷性，以500 m服务半径全覆盖，巩固5分钟生活圈的构建。以嘉定老城环城河绿道为例，规划运用了“疏”“改”“移”等技术手段和方法，打通了环城河绿道现状11处主要断点，形成

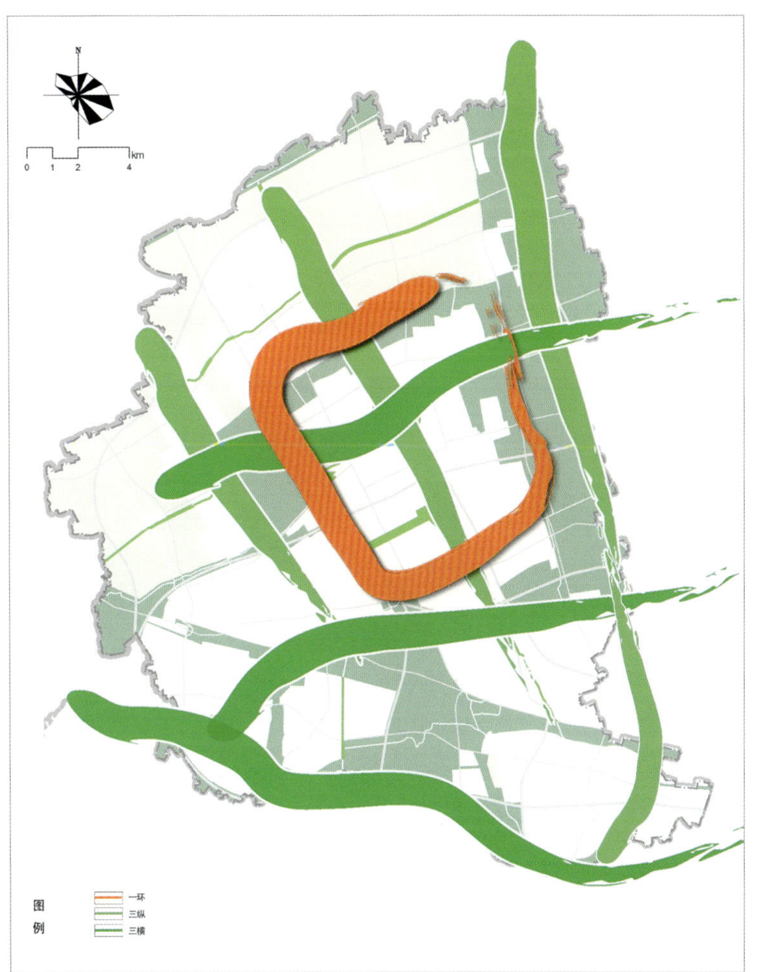

绿道结构规划图

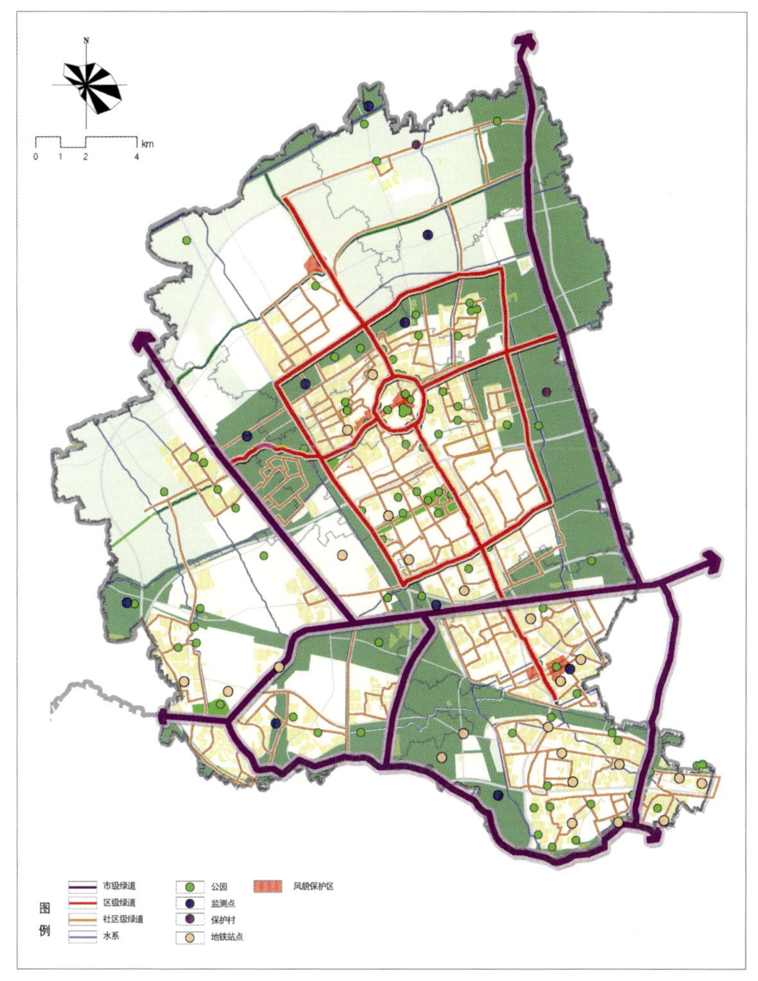

绿道布局规划图

城镇型绿道布局　　郊野型绿道布局

3 m
1.2 m
0.5 m
>50 m　3 m　20~50 m　>50 m
农田　栈道　林间草地　林地

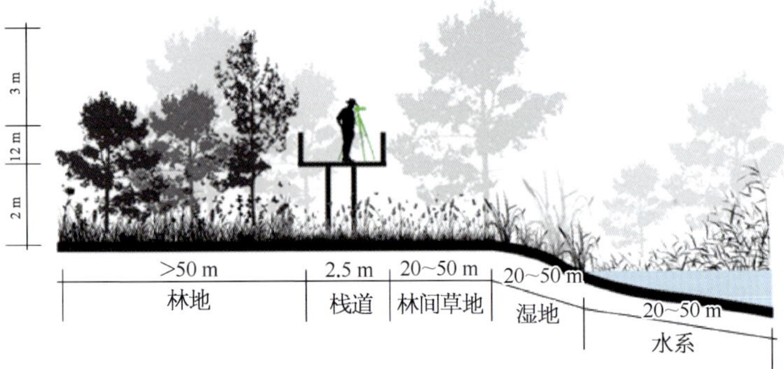

步行道

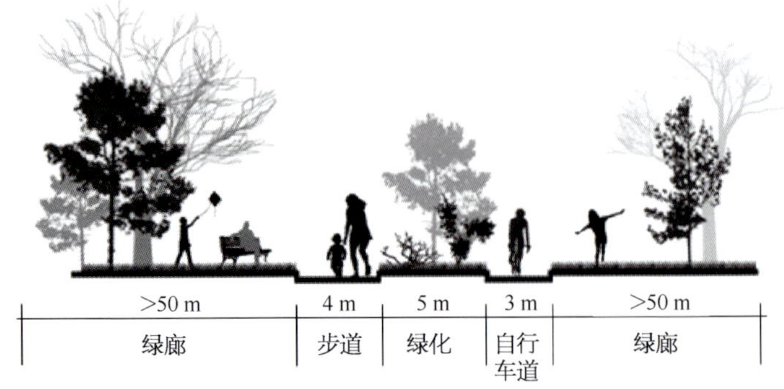

综合道

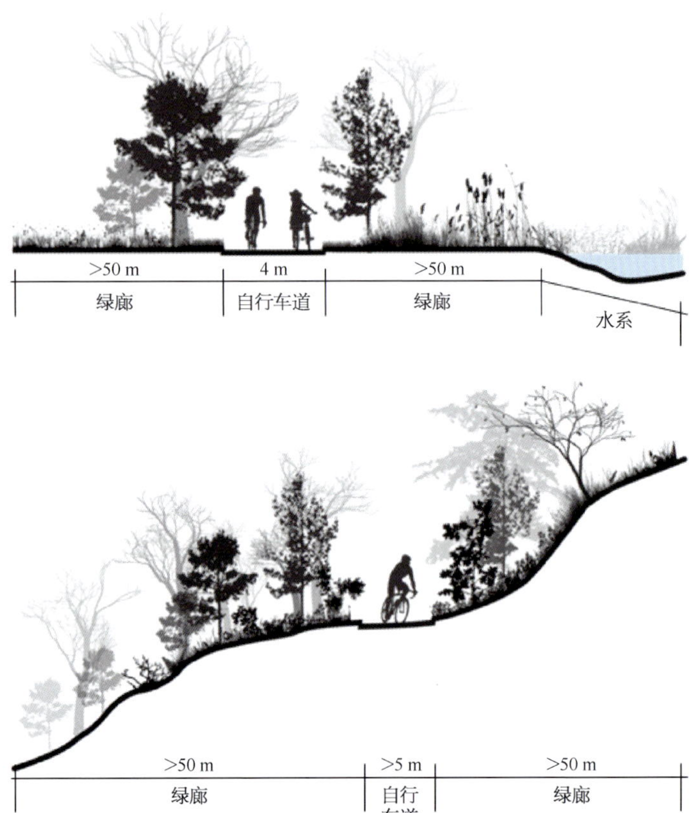

自行车道

了 6 km 的绿道闭环，同时串联了沿线众多居住社区、公共服务设施、广场公园，方便了居民出行、休憩，也巩固了嘉定的古镇格局。

（2）郊野型绿道

相比城镇型绿道而言，郊野型绿道以生态优先为原则，更加强调对原生环境的尊重。

以嘉浏郊野公园为例，位于嘉定北部上海市与江苏省交界的生态板块，以农林景观为基底，规划以蜿蜒的林荫绿道串联沿线的果园花海、农田林地、特色村庄，并绕行鸟类和哺乳动物栖息地，在已有的建设基础上设置徒步、骑行线路，向公众展示嘉定的生态郊野之美。

此外，规划结合嘉定体育特色产业打造自行车竞速绿道，依托 F1 国际赛车场和市民体育公园的功能特色集聚，在沈海高速公路沿线 500 m 宽的绕城林带中，以不同的建设标准，配置了标准型、休闲型和竞速型三种骑行线路，满足不同的需求。

3. 实施标准

规划以生态为首要原则，对绿道建设实施做了细化的控

制和引导，针对步行道、骑行道和综合道等不同类型的游线设置了相应的设计标准。其中，步行道鼓励采用原生态材料和低影响开发的形式，依据所在廊道的生态敏感度高低，分别选择不同架空高度和路面宽度的断面，并对坡度、铺装材料、交叉口组织、施工等建设内容予以控制。运动道以骑行线路为主，按照线路难度和骑行速度分别制定标准，一般骑行线路主要控制路面坡度和材质，确保骑行安全舒适；高速越野赛道按竞赛标准设计，全封闭式管理，避免干扰。综合道结合步行、慢跑、骑行等多样形式，还考虑了交流、运动、游憩等空间，线路设计综合考虑了不同群体的使用需求，衔接了城市社区绿道和公共开放空间。

规划还结合现有设施，以景观生态和谐为前提，分别以5～10 km、2～5 km和1～2 km的服务区间，综合设置了覆盖全区绿道的3级驿站系统，提供休憩、商业、医疗、市政、停车、治安等服务。

四、规划特色

1. 生态原则贯穿始终

本次规划除了对城镇绿道的打通和完善，更侧重在全市生态网络基础上，搭建具有野趣的郊野绿道网络，为上海市民提供不同的生态绿道出行体验。从全面的生态基底调查，到生态郊野的绿道选线，再到因地制宜的建设标准，生态原则贯穿始终。

2. 彰显嘉定独有特色

在绿道选线上，突出了嘉定的独有特点，策划具有特色的主题线路，更好地融合丰富了嘉定的城与乡、历史与现代、慢行与竞速，让绿道不仅是健康之道，同时也能承载社会经济价值，展现生态文化魅力。

五、实施情况

近期规划结合各相关部门“十三五”规划，形成了“三环四线”的近期绿道结构。在其指导下，全区的绿道建设正如火如荼地展开。

伴随着嘉北郊野公园的开园，目前园内已建成近20 km的绿道，以砂石、透水砖等铺装材质，结合稻田河流、林木花海共同构成了原生态的郊野特色绿道。蕰藻浜、吴淞江绿道基本完成建设，以环保铺装并配置健身设施，串联滨江小游园，丰富了沿河居民活动空间，更将在嘉定区窗口处展示一个高端、有格调的城市品质。环城河绿道于2018年连接成环，以多样化的路面材质，丰富的沿岸景点、设施，以绿道建设巩固古镇格局，成为嘉定最具代表性的文化景观符号。

郊野型绿道—嘉北郊野公园绿道实景

城镇型绿道—环城河绿道实景

上海市徐家汇商圈平台总体布局规划及城市设计

2017 年度上海市优秀城乡规划设计奖（城市规划类）二等奖

编制时间：2014 年 12 月—2015 年 8 月

编制单位：上海营邑城市规划设计股份有限公司

编制人员：苏甦、苏蓉蓉、李刚、王飘、范婉莹、周静一、赵晶心、朱婷、陈杨、林杰、张业海、李娜、罗坤、曹晖、毛颖异

一、规划背景

徐家汇是上海中心城区西南门户，是中国最重要的近代文化和教育发源地之一。作为国内首个购物主题的 4A 级景区，徐家汇不仅是上海最繁华的商圈之一，也是中心城重要的交通枢纽。徐家汇商圈核心地区约 1 km^2，建筑面积约 260 万 m^2，承载了全年近 3 亿人次的客流总量，每日平均客流量达 70 万人次，节假日期间日均客流量近 100 万人次。

徐家汇商圈的发展历程是上海城市发展的缩影。商圈内步行联系方式从天桥到平台的转变，也反映了城市公共活动中心的规划理念和市民对公共活动需求的转变。

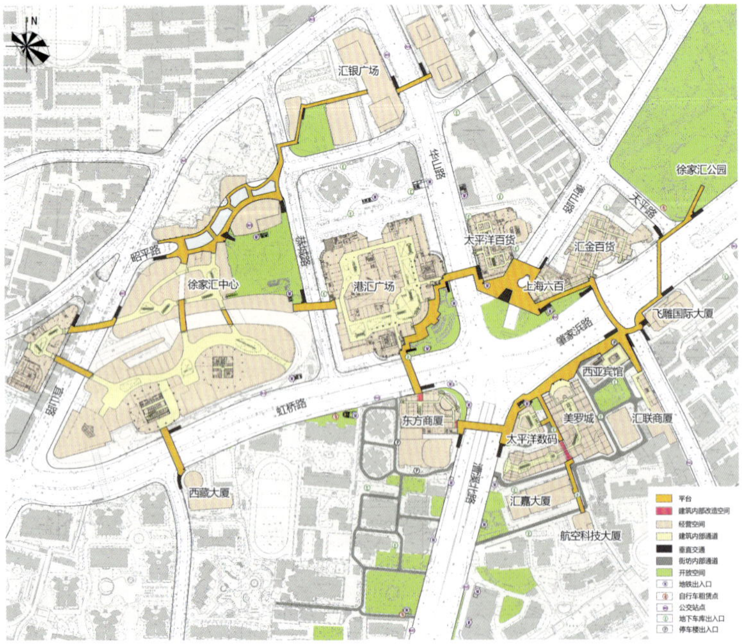

规划总平面图

20 世纪 50 年代，随着上海市第一条林荫大道（肇嘉浜路）的建设，徐家汇地区商业兴起，为解决人行过街问题，第一代天桥应运而生。

20 世纪末至 21 世纪初，随着上海第一条轨道交通的开工建设，以及中心城“三横三纵”骨干路的推进实施，徐家汇商圈基本建成。结合道路改造、楼宇建设，2001 年在徐家汇第一代天桥原址上重建了第二代天桥，在解决过街交通问题的同时，将道路两侧的商业楼宇进行了连通。

2010 年以来，随着轨道交通 9 号线、11 号线的建设，徐家汇城市副中心辐射能级不断提升，商圈进入城市更新的新阶段，在全市城市更新的背景下，商圈内城市更新项目逐步推进。传统的天桥已不能满足新时代的发展需求，为解决商圈内功能互动不强、交通流量大、步行系统不畅、公共空间不足等问题。

本规划全面系统地开展了徐家汇商圈平台总体布局规划和城市设计，探索中心城商圈更新升级的规划新模式。

二、主要内容

徐家汇作为《上海市城市总体规划（2017—2035 年）》确定的中央活力区和城市更新先行区，应转变商圈“重商业轻文化、重车行轻人行、重节点轻网络、重功能轻体验”的传统模式。本次规划以城市设计为手段，以商圈平台为载体，提出了激发地区活力的四大策略。

徐家汇商圈平台建设将功能、交通、空间、景观一体化统筹考虑，是新时期城市更新背景下商圈品质提升的探索和实践，也是城市公共活动中心提质增效的典型案例，对其他地区的发展具有较强的示范和带动作用。

1. 推动功能融合发展

徐家汇是我国近代天主教的起源地之一，区域内分布着众多历史文化建筑。商圈作为徐家汇的重要组成部分，是上海首个开放式都市旅游景区，亦是商业中心打造为4A景区的全国首例。对标中央活力区的功能业态要求，徐家汇商圈目前的发展主要存在以下问题：丰富的历史文化资源间未能形成有效连接，商圈文化轴线尚未凸显；商业规模相对较小，且商厦间联系不便，集聚效应有待增强；商圈四个功能片区差异化发展，但片区之间被城市干道分割，“商、旅、文”功能的互动性较弱；各类商厦多样化发展、错位经营，但彼此间联系不强，尤其是休闲娱乐、餐饮类商厦与其他商厦间的联系较弱，无法有效满足消费者的不同需求。

因此，规划以“商、旅、文”功能互动发展为出发点，综合考虑城市界面、街道尺度、建筑形态等城市设计要素，通过平台与建筑的不同连接方式，构建一个空中“磁场”，将四个象限内的资源进行有机整合，有效地串接商圈内的核心商厦、历史文化资源、公共空间、交通设施等，从而促进商圈功能业态的融合发展。

规划二层平台布局以虹桥路—肇嘉浜路、华山路—漕溪北路交叉口的环状平台为中心，向东西两侧延伸，主要连接徐家汇中心、东方商厦、太平洋百货等建筑，教堂广场、徐家汇公园、光启公园等公共开放空间，以及徐家汇天主教堂、藏书楼、育婴堂等历史文化资源，轨道交通、地面公交、二层平台两侧垂直交通等交通设施。

2. 构建立体慢行网络

徐家汇商圈为上海市中心城区的西南门户，针对过境交通比重高、公共交通流量大、步行空间不成网络等主要问题，规划以拓展行人步行空间为前提，重新组织商圈内部交通，将原以地下为主，地面、地上为辅的慢行交通组织形式，转化为以地上、地面为主，地下为辅的“可视性”交通组织形式，从而提升区域步行系统的舒适性和连续性。为实现地面、地上的无缝衔接，在跨越道路的平台两侧均设置垂直交通设施，满足行人购物、出行等各种需求，并在保证平台公共性的同时，实现商圈24小时过街通行便捷。适当拓宽局部路段的人行空间，优化街坊内部人行空间，增强街坊内部的连通性，实现街坊与区域的有效衔接。

通过采用多种形式的垂直交通方式，将建筑空间、街道空间、地下空间进行有机融合，加强了轨交出入口、公交站点与周边公共活动区的联系，构建完善、便捷的立体步行网络。有效疏解商业人流、地铁客流与过街客流，缓解人车矛盾。

3. 打造宜人开放空间

当前商圈的公共空间破碎、规模偏小、开放程度低、与历史文化资源的结合度较差，空间品质在人性化、艺术化考虑方面尚显不足。规划将商圈平台作为一个环形公园架设在徐家

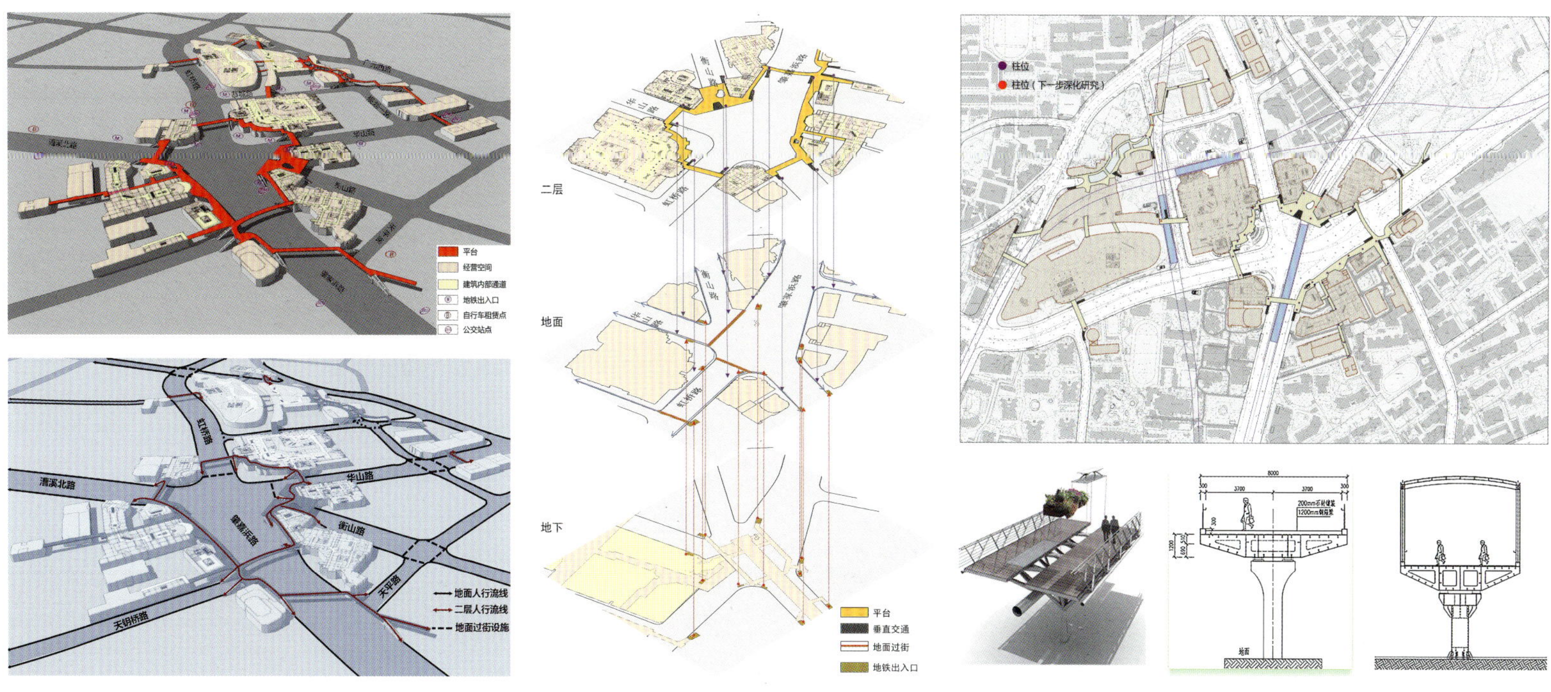

交通组织示意图

平台结构示意图

汇复杂的五岔路口之上，有效地串联起商圈内 20 余处绿化广场空间，将现有的商业中庭空间、城市绿化空间、公共建筑广场空间等较分散的开放空间连接起来，构建功能复合、互连互通的立体化公共空间系统。商圈平台的增设使各景观节点的关联度大幅提升，景观系统的整体性得到加强。

规划通过拓展公共活动区域，加强引导步行人流；增强衡山路—漕溪北路交叉口平台景观功能，形成良好的观景区域；改造局部区域，优化步行系统，提高公共空间的连续性；拆除局部建筑，凸显历史文化景观风貌，整体强化地域景观的识别性。

同步推进小型绿地广场“微更新”，包括徐家汇天主教堂广场、崇思楼前广场、藏书楼前广场、南丹路口广场、教堂南广场等的更新改造，并鼓励开放附属绿地广场，全面整合商圈内公共活动空间，打造开放、宜人、立体的公共开放空间，有效提升商圈空间环境品质。

4. 营造魅力多样舞台

在确保步行通道宽度适宜的前提下，在局部区域通过缩放、升降、镂空等手法对商圈平台进行多样化处理，形成人流驻足的观赏区，并结合周边环境设置一定的休憩设施，增强平台活力。

嵌入休憩、观景、体验、互动等新功能。为减少平台设置对地面层的影响，在平台选材、设计中应充分考虑地面采光，减少平台设置对地面层的影响，强化地面层智能灯光的引导，增强地面设施、铺装等色彩，缓解较暗空间的视觉感，提升地面空间的舒适度。

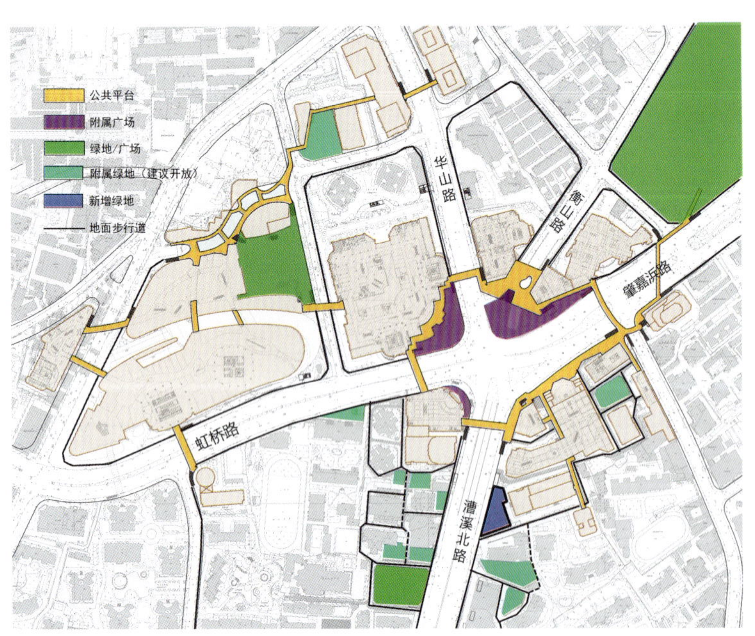

公共空间示意图

加强对平台材质、灯光照明、智能信息、景观环境、背景音乐等详细设计的引导，形成一个昼夜均可停留欣赏都市风情的大舞台。

加强相关设计引导。平台与周边建筑对接应合理、美观，保证建筑立面完整，避免建设性破坏；平台尽量引入体现地区风貌的装饰元素，避免色彩、图案制作的随意性；平台尽量采用轻质高强材料，力求形态和谐、质感自然；设置的遮阳（雨）棚的形式应与周边建筑相协调；平台两侧护栏力求造型新颖、视觉通透性高；与平台结合的新建建筑可运用一定的悬挑结构，尽可能减少承重结构对地面空间造成干扰；建筑立面尽量采用现代手法和生态技术将自然和城市结合，创造更舒适的城市环境；平台夜景灯光设计应突出照明重点，强调对周边景观环境的引导；平台自身照明尽量采用柔和的光线，烘托商圈悠闲舒适的氛围。

三、项目特色

1. 建立渐进式更新模式

2015 年 6 月《上海市城市更新实施办法》施行，以“提质增效”为核心，推进城市更新工作。徐家汇地区城市更新工作坚持“先行先试、全局谋划、重点突破”的工作思路，更新方式由“大拆大建、粗放型更新”向“精细化、渐进式更新”转变。

本次规划结合地区城市设计，充分对接、征求商圈内各地块产权人与使用者的发展诉求，明确平台总体布局，并以法定图则的形式加以控制。同时根据具体项目实施推进难度，对规划方案进行分期引导。其中，在编制一期漕溪北路至天钥桥路段规划时，即积极对接具体地块建设工程设计方案，并将其纳入规划布局中；二期通过规划控制及后期不断的宣传沟通，有效指导和推进了六百、汇金、东方商厦所在地块工程设计方案的编制。

2. 开创市政设施专项规划新类型

徐家汇商圈地铁、地上、地下管线较为复杂，本次规划充分对接、统筹协调地区市政管线与平台墩位，确保平台的操作实施性、市政设施与管线的安全。

结合现有地下空间情况，通过初步分析得知，平台结构形式基本可行，墩位基本能落地。规划据此提出，在条件许可的前提下，平台墩柱尽量设置于地块内，六百西侧个别墩位须结合建筑更新改造进一步优化调整。

规划综合统筹平台与周边建筑，地铁、地上、地下管线，地

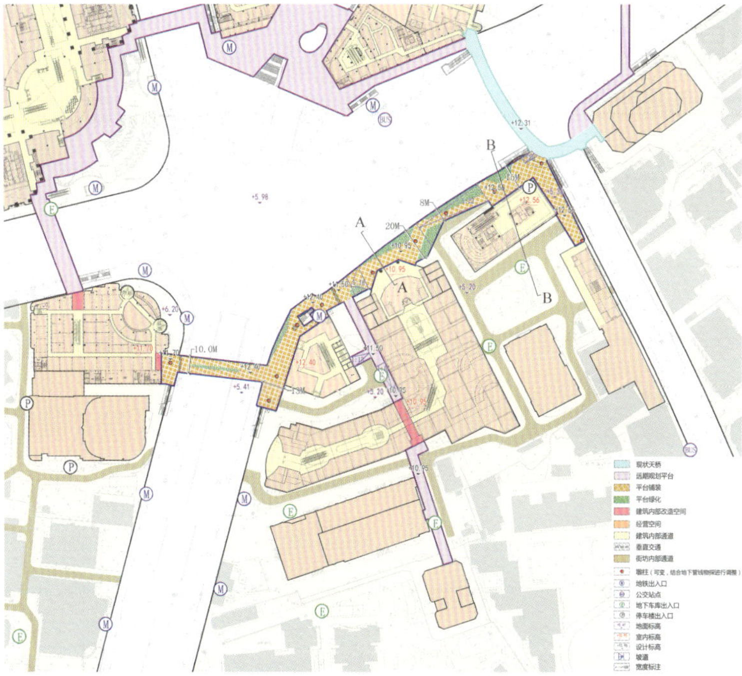

一期平面示意图

一期实施照片

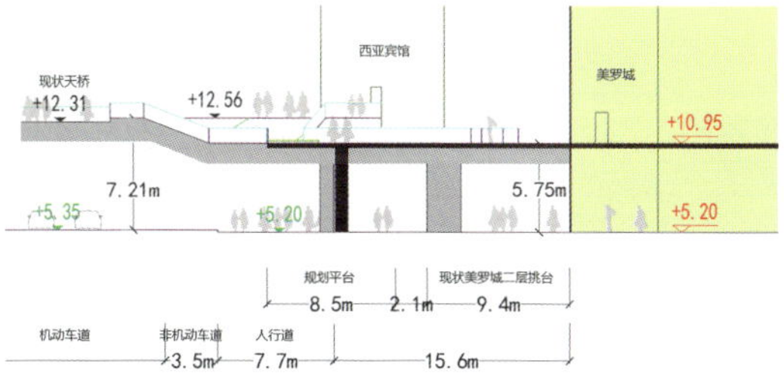

A-A 剖面图

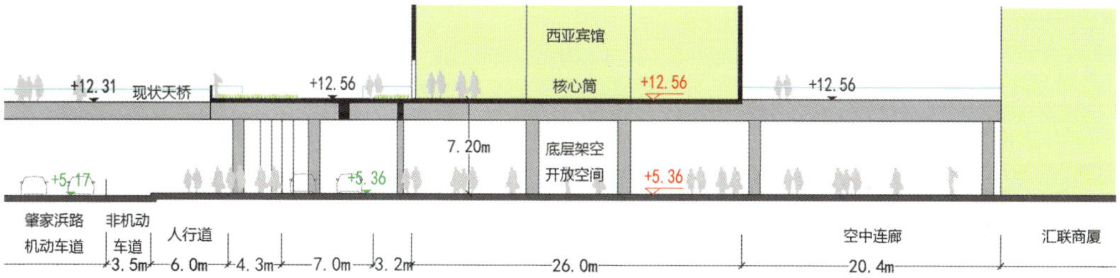

B-B 剖面图

一期剖面示意图

面道路等方面内容，全面对接区域地上、地面、地下空间，是一项综合性、交叉性极强的专项规划。此外，本规划对控制性详细规划进行了细化补充，在符合道路通行净高要求的前提下，与周边建筑二层平面充分衔接，并对平台竖向、相邻建筑接口作了分析，进一步做好深化完善、校核修正，确保平台方案的可实施性。

3. 搭建商圈规划更新平台

规划推动商圈更新实施机制由“自上而下为主”向“自上而下与自下而上相结合，多元主体参与”转变。规划注重公众参与，规划编制之初，通过问卷、访谈等方式收集公众意见；规划获批后，通过“2015 年上海城市空间艺术季——‘行走跨越’天桥特展”等平台加强对外宣传，公开收集、征询公众意见。

由徐汇区规土局组织，规划设计单位、徐家汇街道、各商厦权属人共同建立的徐家汇商圈平台实施推进小组，从前期规划编制到项目后续实施全过程进行跟踪对接，并积极听取、落实专家及市、区各部门意见，协调、平衡商圈内各地块权属人的诉求。通过动态跟踪，有效地指导商圈内后续城市更新工作的推进。

四、实施情况

规划于 2015 年 8 月获批至今，已有序推进规划的实施建设。一期平台结合西亚宾馆建设、太平洋数码二期的拆除重建，已于 2017 年 12 月初启动建设，2018 年底完成了局部主体结构建设，将现状天桥、汇联商厦、西亚宾馆、美罗大厦连接；二期结合六百、汇金、东方商厦等项目的更新改造工作，已启动工程方案设计，并将平台方案作为重要的公共要素纳入具体项目的工程设计方案。

黄石市城市风道规划研究

2017 年度上海市优秀城乡规划设计奖（城市规划类）二等奖

编制时间：2015 年 8 月—2016 年 11 月

编制单位：上海复旦规划建筑设计研究院有限公司

编制人员：施海涛、徐磊、汪彬、高畅、张正芬、户明明、汪微、刘涛、高元庆、林赛楠、王旗、倪国友、周功炜、李雪松、张辉

一、规划背景

黄石市地处亚热带季风区，夏季夜间静风频率高、湿度大，整体舒适度较差。随着城市大规模的开发建设与工业发展，主城区夏季温度通常比近郊区高 5℃～8℃，城市热岛效应明显。

作为资源枯竭型城市，近年，黄石市相继提出“生态立市、产业强市”的战略部署和创建国家森林城市及国家环保模范城市的发展目标，将生态文明建设放在突出地位。为缓解城市热岛效应，调节微气候，提升城市整体的环境自净效能，改善城市生态环境，促进黄石市“生态立市”的建设，启动《黄石市城市风道规划研究》编制工作。

湖滨大道实景（风道地区）

二、规划构思

研究成果应用 WRF（weather research forecast）技术从宏观层面对城市下垫面状况进行气象模拟，分析城市热岛现状，并结合取点范围，确定热岛强度。应用 CFD（computational fluid dynamics）技术对城市重点区域、建筑街区进行通风状况模拟，分析风热环境，确定城市热岛状况。通过模拟分析，为城市风道的空间布局提供了坚实的技术基础。

研究以问题导向为路径，注重规划的实用性和指导性，形成“模拟环境—构建体系—务实应用”的思路。研究从宏观区域层面的气象模型到中观层面的城市形态模型，再到微观层面的计算流体力学模型，系统分析黄石城市动态风热环境及通风潜力变化，科学构建风道体系，提出城市风道控制与引导，大大增强了专题研究对规划指导的科学性和实用性。

黄石长江大桥实景（风道口处）

沿湖路实景照片（风道地区）

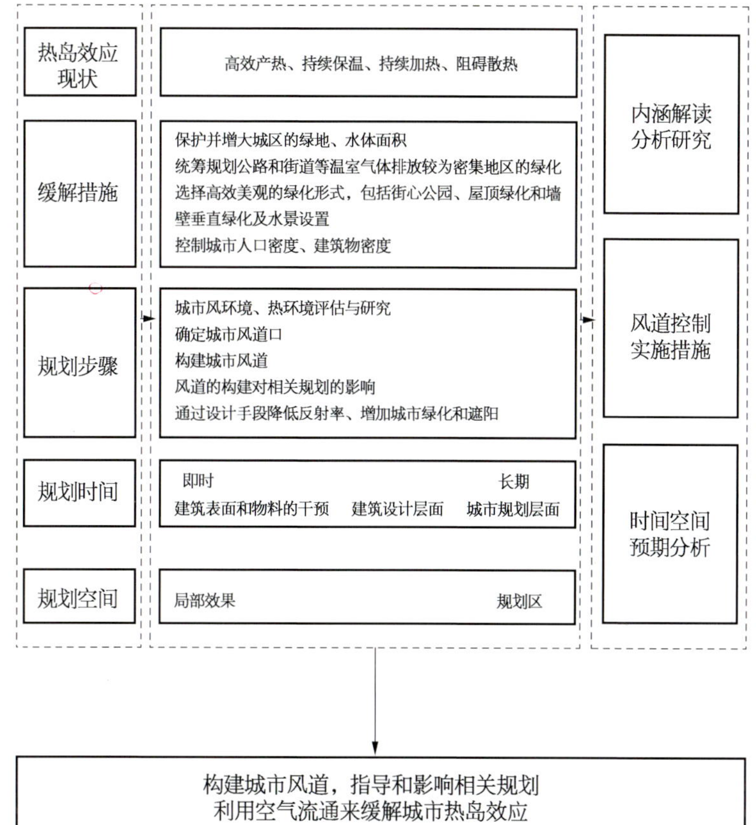

热岛效应与风道规划的关系图

三、主要内容

1. 城市风热环境评估与分区

基于气象大数据评价城市气候环境，运用 GIS 技术分析城市道路通风性能。借助 WRF 软件，调整模式网格中的反射弧、粗糙度等参数，对城市规划区现状用地、2020 年及远景城市建设用地进行热环境和风环境的模拟对比，确定热岛

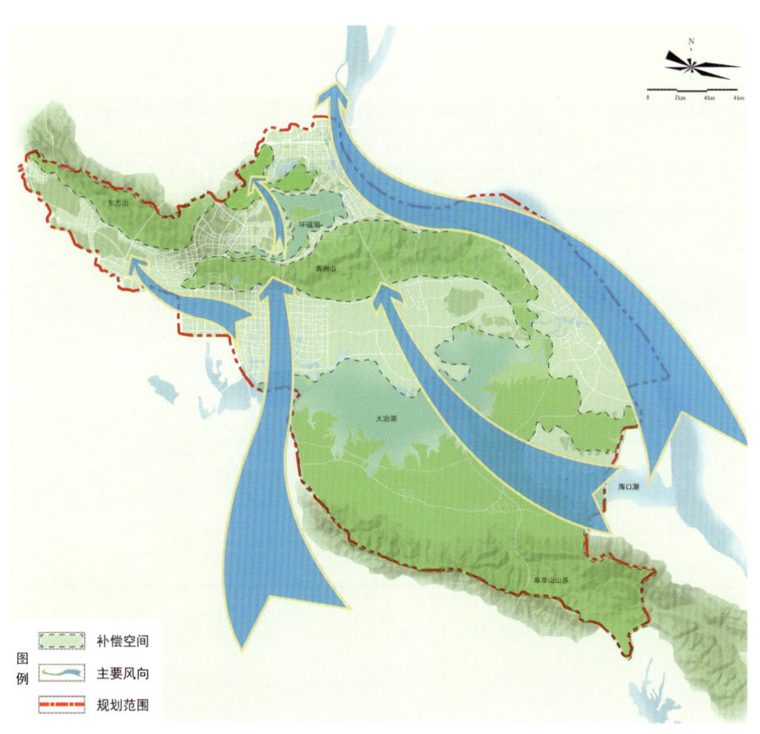

黄石市区通风系统框架图

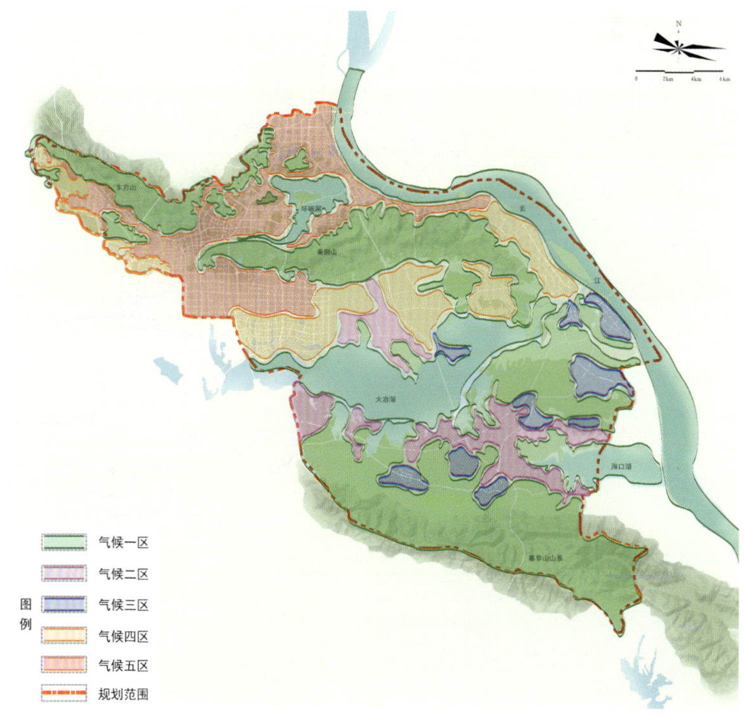

城市环境气候分区规划图

强度和风环境特征。综合风流通潜力分析、热环境分析及风环境分析，借鉴国内外城市研究经验，根据人体舒适度分级将规划区划分为五个气候分区。其中，气候一区和气候二区为风道补偿地区（产生新鲜空间或形成局地风环流的区域），气候三区为风道地区（将新鲜空气由补偿地区输送至作用地区的通道），气候四区和气候五区为风道作用地区（风环境较差、静风频率较大或污染物集聚难以扩散的区域）。

2. 城市风道格局构建与规划

研究对接黄石市总规，综合考虑黄石市地形特征、风场特征、总体空间布局及生态框架，构建“3 条一级风道、6 大一级补偿区、13 大一级作用区”的一级通风系统框架和“9 条二级风道、7 大二级补偿区”的二级通风系统框架。一级风道贯穿长江、幕阜山、大冶湖和大型公园绿地等天然冷源，将局地风引入城市内部，从全域层面改善城市通风环境；二级风道将城市主干路、公共绿地和水体串联，使城市主导风渗透至各个街区，以调节区域微气候。

四、项目特色

1. 多学科交叉使研究由单一走向多元

研究从气候学、生态学、建筑学、热物理学、环境学等

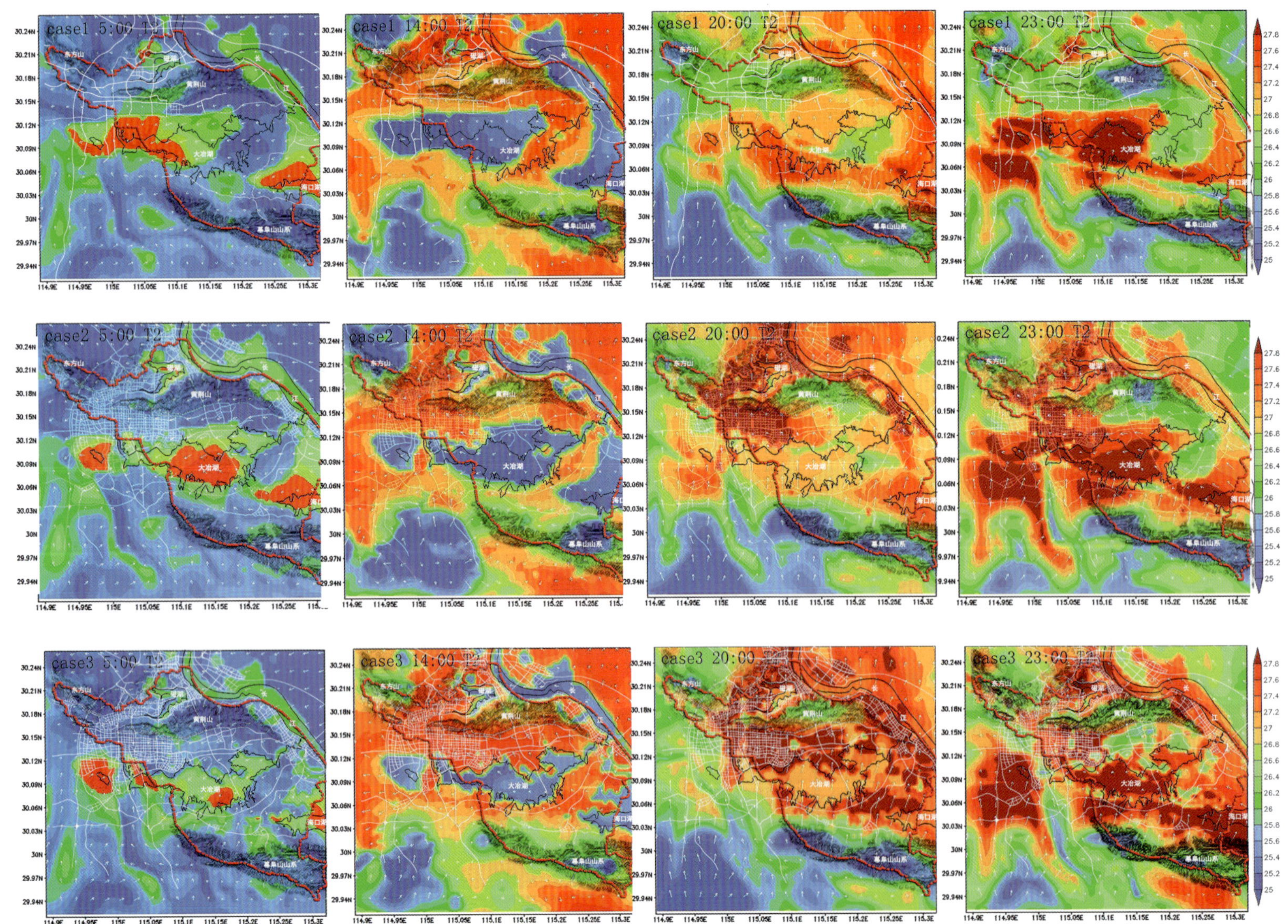

黄石市区热环境分析图

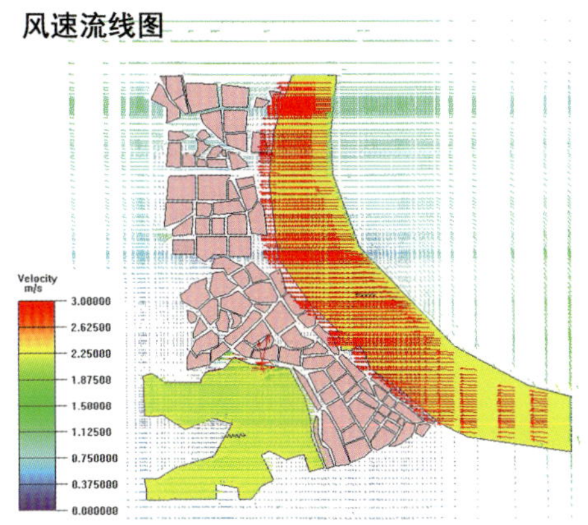

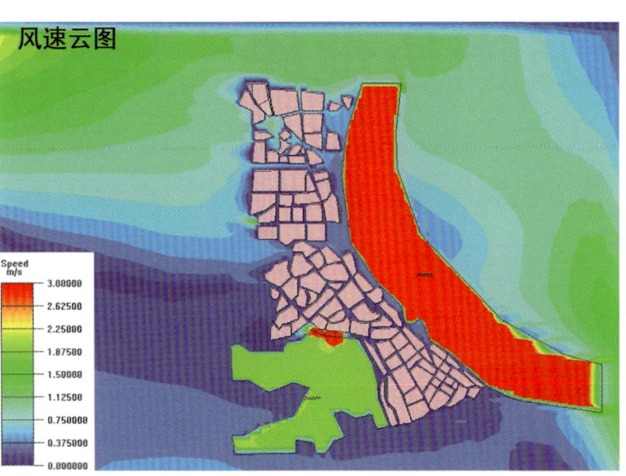

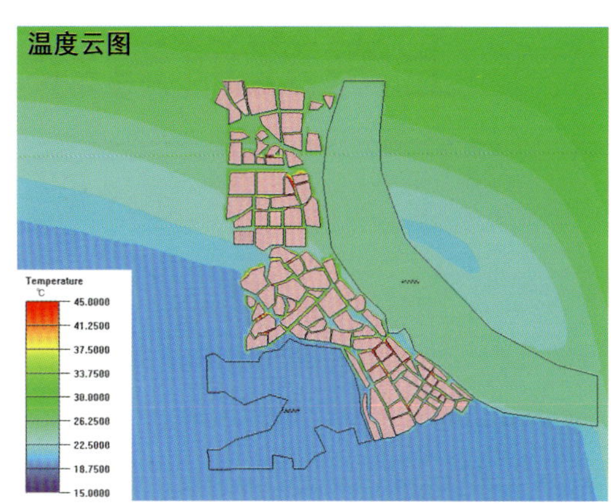

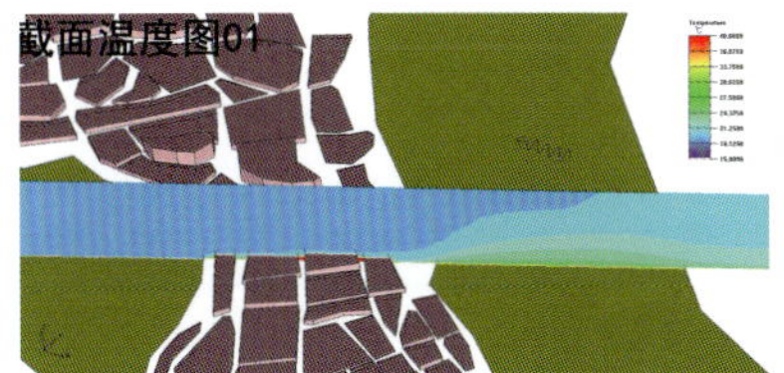

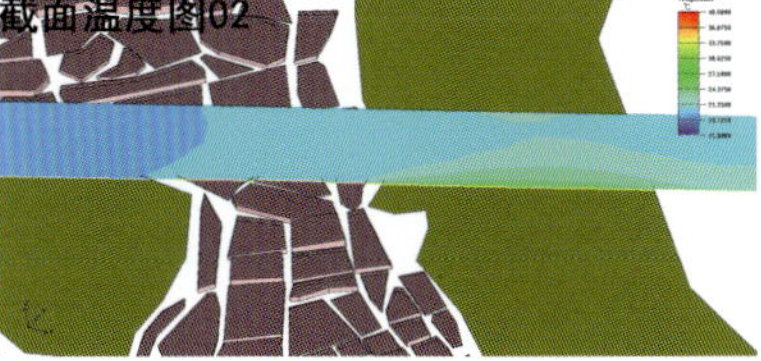

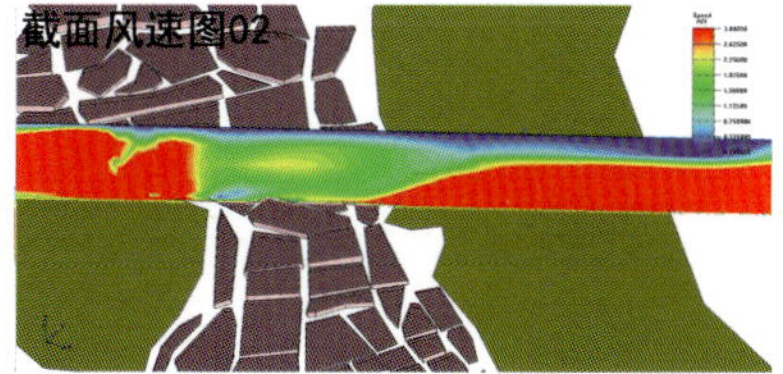

中午 12 点黄石重点地区热环境及风境分析图

多学科交叉的研究领域出发，探索风道分析方法，探寻补偿地区与作用地区的内在联系，将理论分析运用到空间实践，从而构建有效的通风廊道。

2. 多技术运用使决策由定性走向定量

以改善城市通风条件、缓解城市热岛效应为目的，运用 GIS、气象大数据和模拟软件等技术，评估黄石市实际自然风环境、自然环境和集成环境。宏观层面，选取区域反射弧、粗糙度等评价指标，推演补偿地区与作用地区之间的风道地区，确定风道类型与风道宽度。

中微观层面，对热岛效应严重的区域，研究空间组合、建筑迎风面积比、开敞空间等影响因素并提出改善措施。应用 WRF 技术，从宏观层面对城市下垫面状况进行气象模拟，分析城市热岛现状并结合取点范围，确定热岛强度。

应用 CFD 技术对城市重点区域、建筑街区进行通风状况模拟，分析风热环境，确定城市热岛状况。多技术的运用在一定程度上为城市风道研究提供空间上可量化的决策依据，提高了规划决策的科学性。

3. 风道体系与技术结合使管控由概念要求走向空间指引

研究采用“主动式引导 + 被动式优化”的风道建设方式，实现技术到管控的融会贯通，将风道的理念和技术转化为城市设计指引和规划语境，制定基于高密度城市风道规划研究的管控指引，提升风道在规划编制中的时效作用。

五、实施情况

1. 有效对接专项规划

风道研究的技术性有效保障了本规划与《黄石市生态空间管制规划》《黄石市绿地系统绿线管制专项规划》《黄石海绵城市专项规划》等专项规划的对接。

2. 实时指导控规优化与城市设计

研究从道路宽度与断面形式、开敞空间、建筑组合、临街界面、建筑单体形态等方面，对控规和城市设计提出规划建议，并应用于天津路重点区域城市设计；通过热环境模拟分析提出改善措施，优化后的方案使区域内夏季最高温度平均降低 1℃～2℃。

3. 间接管控落地项目

规划对位于通风廊道上的开发项目提出管控要求，并指导黄石市人民街历史街区改造、铁轨公园等沿长江重点项目的规划。严格管控风道口及风道区域的项目建设，以促进空气流通，缓解热岛效应。

上海苏河湾绿地及周边地块土地出让前规划评估

2017 年度上海市优秀城乡规划设计奖（城市规划类）二等奖

编制时间：2015 年 1 月—2015 年 12 月

编制单位：上海营邑城市规划设计股份有限公司

编制人员：冯伟民、曹晖、朱琳祎、张业海、周舜珏、李华治、周静一、俞进、苏甦、林杰、伍攀峰、黄立勋、李军、李娜、魏丽

一、规划背景

1. 项目概况

苏河湾地区地处上海市中央活动区的核心区域，文化资源丰富，区位价值凸显，同时也是新静安区“一轴三带”空间战略中“人文休闲创业集聚带”的承载区域，规划将其打造成国际静安的新标杆、新亮点。

苏河湾绿地周边区域总面积约为 18 hm^2，建成后将成为兼具人文、生态、绿色的新地标，成为低碳生活实践、公共服务提供及智能生活引领的“24 小时”活力区。

按照高起点规划、高标准建设的总要求，苏河湾绿地周边区域将采用“三带、四统一”的整体开发模式及土地出让方式，实现地上与地下、空间与功能、公共绿地与开发地块的贯通、相互协调、复合利用，提高空间使用效率与空间品质。

2. 评估目的

土地出让前的规划评估工作是上海城市精细化管理的重要举措，目的是有效衔接规划编制与土地出让两个环节，找到实施短板，弥补公共空间和公共服务设施的不足，细化土地出让条件，促进城市整体建设品质的提升。

基于本地区特殊的开发与土地出让模式要求，本评估主要聚焦地上地下空间一体化的研究论证，通过对地上地下工程建设项目专题深化整合研究，在控制性详细规划的基础上，细化地块土地的出让条件，为项目的推进实施奠定基础。

评估地块规划总平面示意图

二、规划内容

1. 可实施导向：细化校核地下空间控制要求

评估对地下空间的功能业态进行研究，提出以三大主题“触媒”引领复合功能业态的发展模式，依托并融入绿地系统和滨水环境，增强地区活力与吸引力。

根据功能业态定位，深化对地下工程方案的研究，综合考虑商业开发、停车配建、设备人防等具体要求，在原控详规划的基础上，进一步精准量化地下空间开发的层数、规模、布

局，明确经营性与非经营性出让面积，便于后续土地出让。

为确保地下空间互联互通整体开发目标的实现，评估对周边地下市政管线，轨道交通，设施设备，现有通道的线位、埋深、防护要求进行了充分的研究，发现原有控规中的地下连通道的位置、层数、形式存在错误，无法实施，重新确定了互联互通的方案，确保整体工程的可实施性。

2. 精细化引导：优化上下内外交通组织方式

地下空间交通组织按照整体开发的要求，地下一层、二层形成人行环路系统，串联商业空间，优化步行体验；地下三层形成车行环路系统，车库互联互通，缓解地面交通压力。

地面交通组织一方面针对苏州河两岸现状道路及桥梁单向组织不统一的问题，在控制性详细规划路网的基础上，进一步考虑北横通道等重大工程的影响，整体路网建议采用单向循环的方式，细化道路断面形式，提升区域整体交通承载力；另一方面，通过初步的地上地下方案布局，明确了地下车库出入口及地块出入口的位置、数量、方向、类型，对每个地块的车辆进出流线进行精细化引导，提升微交通组织的高效性。

在地上二层构建天桥平台步行系统。充分考虑二层平台选型及柱网落地结构要求，根据二层平台系统的线形及宽度、接口位置与标高、垂直交通设置定位等控制参数，进一步修正、细化原控制性详细规划，确保地上地下工程的对接与可行性。

3. 创新性保护：保存延续历史文脉空间记忆

苏河湾绿地区域有较为集中的历史遗存，原控制性详细规划中，除对具有法定身份的历史遗存进行保护外，将慎余

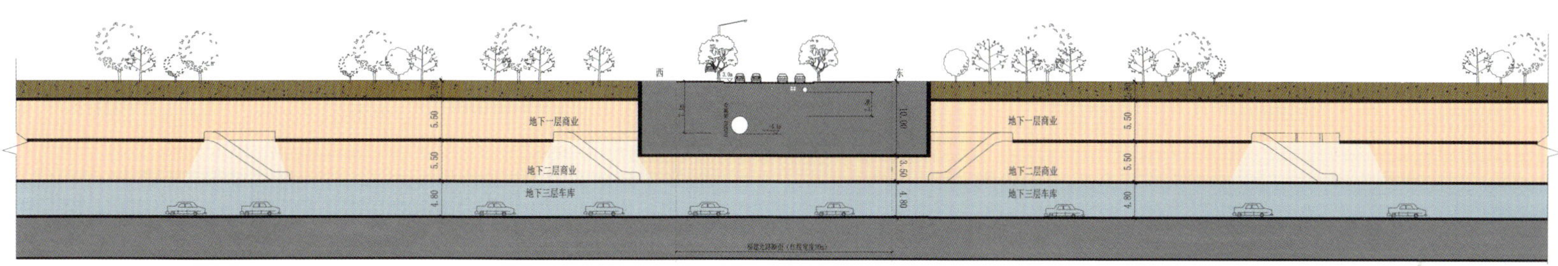

福建北路两侧（天潼路以南）地块连通示意图

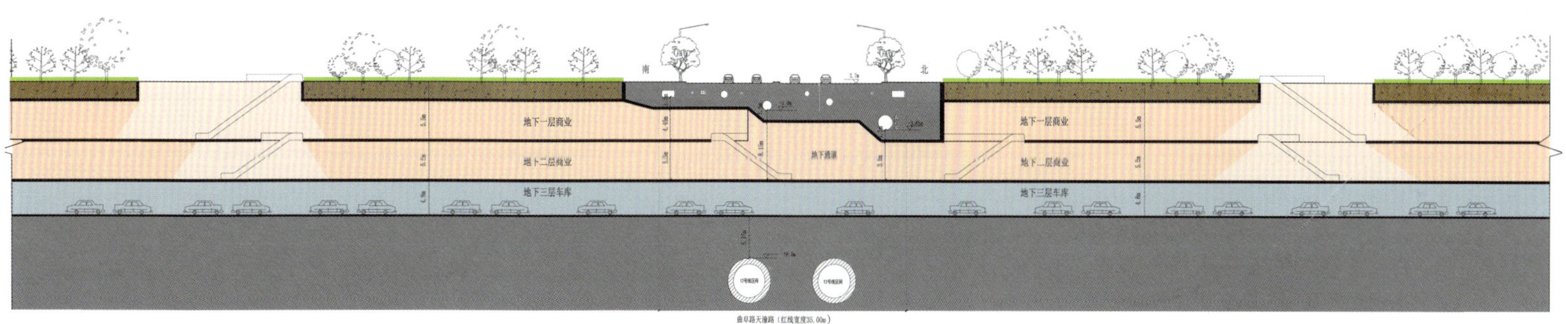

天潼路两侧（福建北路以西）地块连通示意图

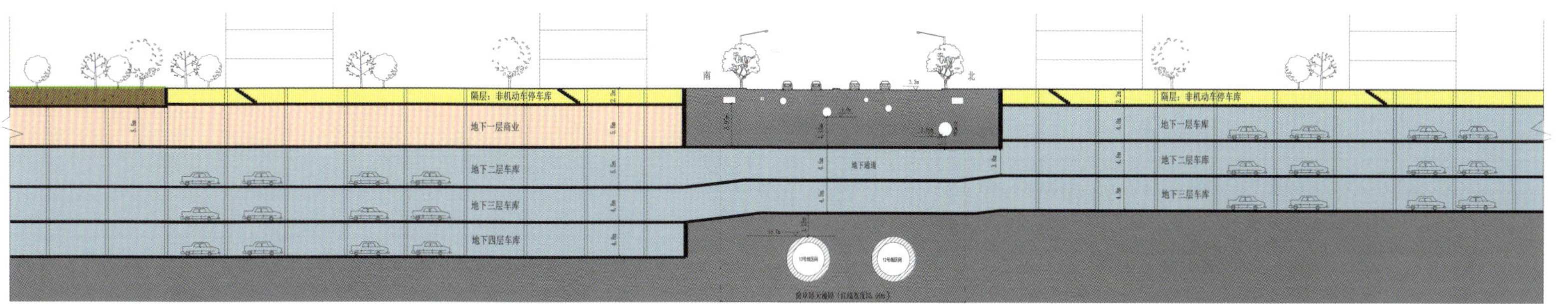

天潼路两侧（福建北路以东）地块连通示意图

里、延陵寄庐和天后宫戏台这三处遗存确定为风貌保留建筑。评估着重结合地上地下一体化方案，对三处风貌保留建筑的具体保护方案进行研究，深化相应的控制要求，确保风貌保留的落实，具体包括以下两个方面的内容：

一是延续肌理、重构空间。以慎余里为例，原控规以复建的方式进行控制。通过地上地下方案的研究，对复建方案的选址及落地进行精细控制，力争做到既能保留其历史肌理与空间文脉，又能与地区整体开发相适应。

二是衔接融合、上下一体。慎余里的开放空间与步行流线设计，在水平与竖向两个维度上充分考虑与二层步行平台、地面步行流线、地下商业环路的对接，既保留了原有遗存风貌，又给空间注入新的活力。

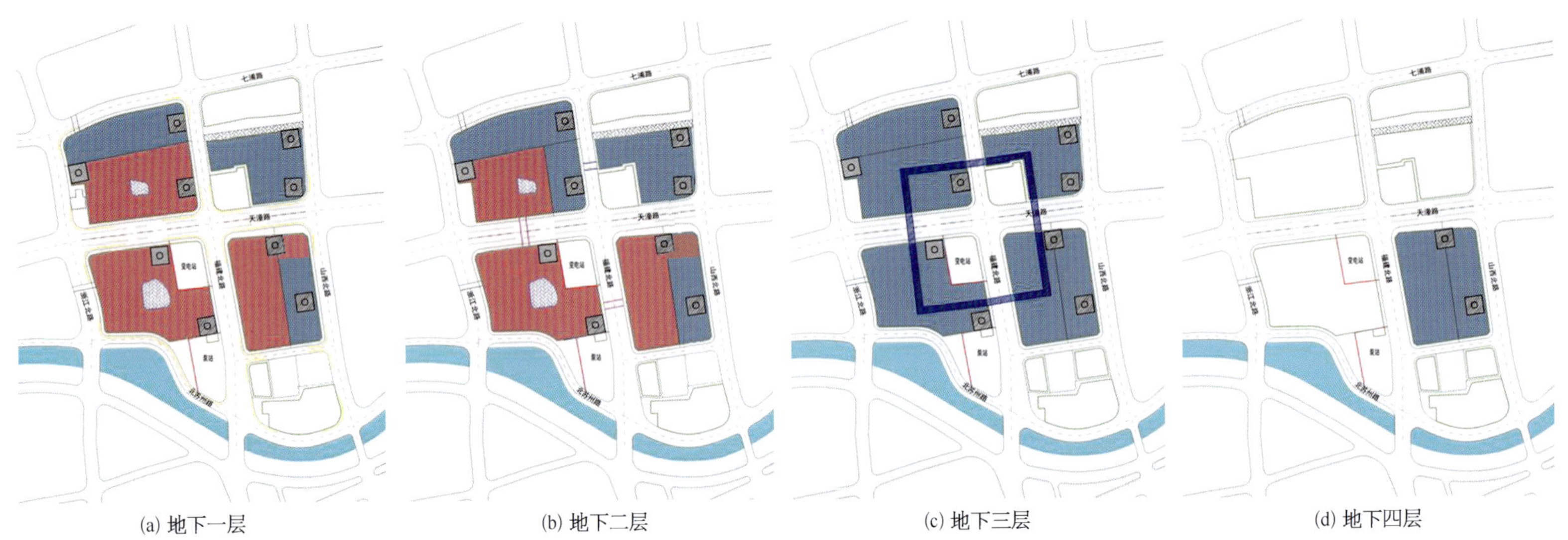

(a) 地下一层　(b) 地下二层　(c) 地下三层　(d) 地下四层

地下空间利用及连通示意图

慎余里复建立面图

慎余里复建剖面图

三、规划特点

土地出让前的规划评估工作虽然正式实施时间不长，相关程序、规范等还需完善，通过本次项目的摸索与实践，总结出不少经验及创新亮点。

1. 多专业统筹整合，构建规划建设工作一体化平台

本项目提出以地上地下一体化规划设计为核心统领，构建“1 个核心、9 项专题”的工作框架，统筹整合绿地景观设计、地下空间开发、二层平台建设、历史建筑复建、市政交通专项等一系列分项设计方案，协调各专项内容，制定一体化规划建设工作推进计划与方案，避免内部矛盾与返工，从而确保“三带、四统一”整体开发落到实处，顺利推进。

2. 创新评估内容，成为规划落地与实施操作的有力保障

本项目不同于常规的出让前规划评估，在评估方法、内容、深度上具有创新性和示范性。对于城市重点地区，更强调对轨道交通、市政管线、日照影响、交通组织及建筑验证等方面的深入研究，对控制性详细规划进行校核与修正，确保控制要素的科学性和可实施性。

3. 对接地块出让，成为从规划编制到建设实施的桥梁

结合经营性用地全生命周期管理相关要求，重点处理好法定控规与评估研究、刚性控制与弹性引导的关系，以“表 + 图”的形式细化、确定各地块的控制参数与出让条件，最终成为地块出让合同的组成部分，指导地块的出让建设。

四、实施效果

2016 年 1 月，苏河湾绿地周边地块通过挂牌方式完成土地出让手续，评估相关结论也作为出让条件纳入出让合同。目前，相关项目建设正在开展推进中。

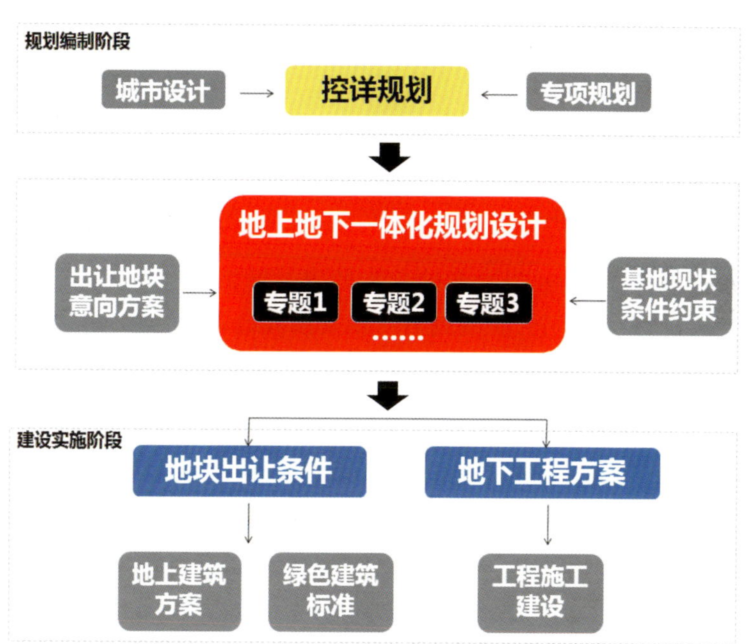

技术路线及工作流程

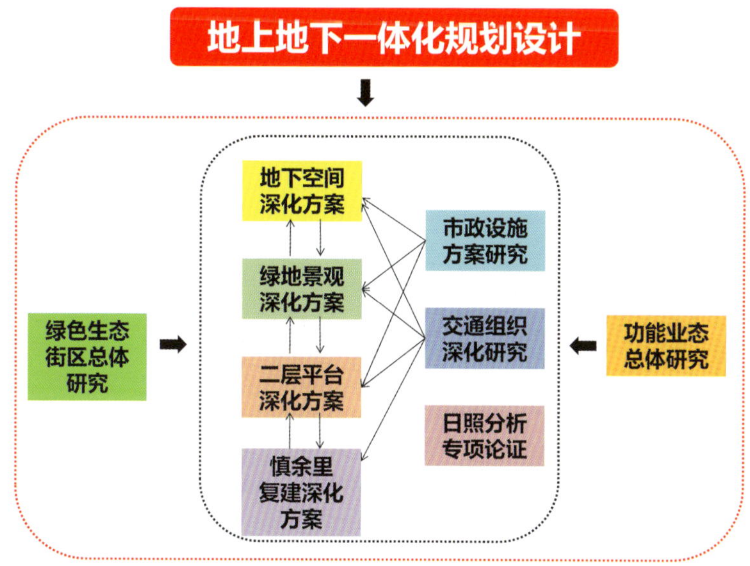

地上地下一体化工作平台示意图

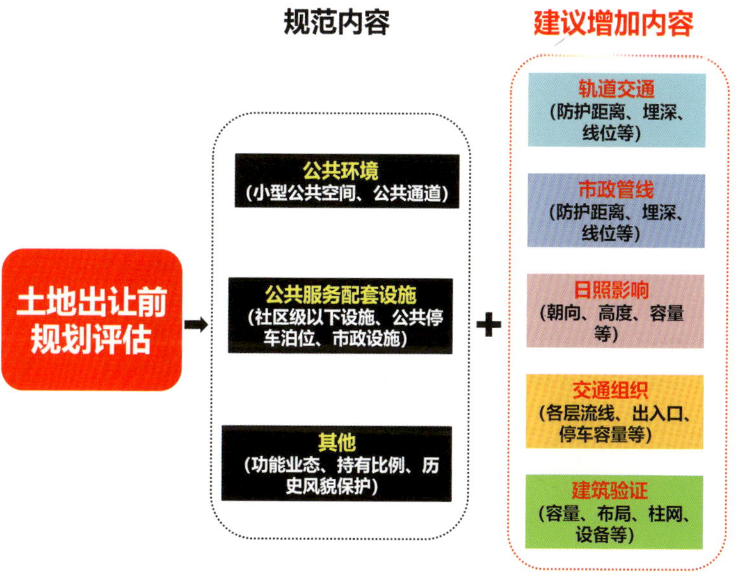

土地出让前规划评估优化建议

黄山市歙县国家历史文化名城保护规划

2017 年度上海市优秀城乡规划设计奖（城市规划类）二等奖

编制时间：2015 年 6 月—2015 年 10 月

编制单位：上海同济城市规划设计研究院

编制人员：阮仪三、顾晓伟、杨圣勇、谷伟超、田保军、林林、袁菲、葛亮、周丽娜

一、规划背景

歙县是 1986 年国务院公布的第二批国家级历史文化名城。2005 年编制保护规划后，相关法规政策以及建设实践发生诸多变化。本次规划立足歙县自身基础条件和新时代的发展态势，将变化、维护、管理的理念融入保护规划实践中，以期促进历史文化名城的可持续发展。

歙县历史文化名城保护规划涵盖整个县域范围，重点为县城历史城区的保护，包括历史上的徽州府城、县城、渔梁及鲍家庄，总用地面积 199.4 km^2。

1. 保护规划实施状况

名城整体风貌得到有效控制，历史地段得到良好保护，大部分历史建筑与历史特色要素得到良好保护，保护意识被普遍接受。存在的不足：重城内保护，轻城外新建设；重徽派符号，轻徽派神韵；重建构筑物，轻山水景观；重物质遗产，轻非物质遗产；重文保单位，轻历史建筑；重快速发展，轻生活培育。

2. 重点与难点

第一，房屋老化倒塌，老百姓拆旧建新意愿强烈，没有持续维护的保护更新机制；第二，保护边界的隔离性、保护范围内外的迥异、传统风貌建筑等基质风貌的消失，需要从社会、空间及行为活动上进行激活链接；第三，未能充分发挥优质文化资源，古城业态同质单一化严重，需要寻求老建筑活化保护利用途径；第四，物质环境风貌品质、日常生活质量、文化传承与创新驱动力还有很大潜力。

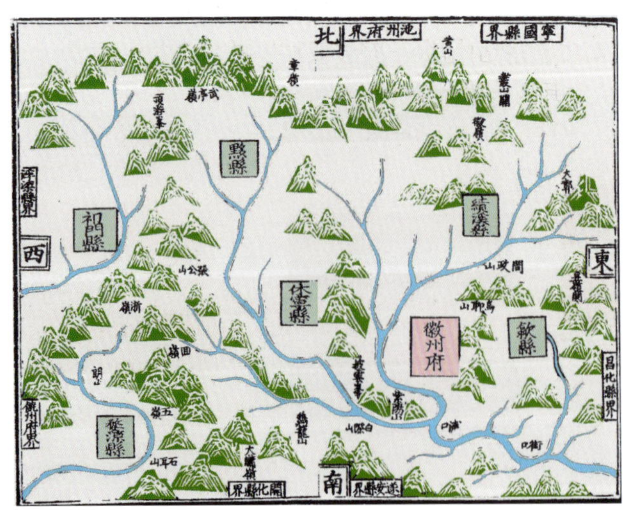

古徽州“一府六县”疆域图

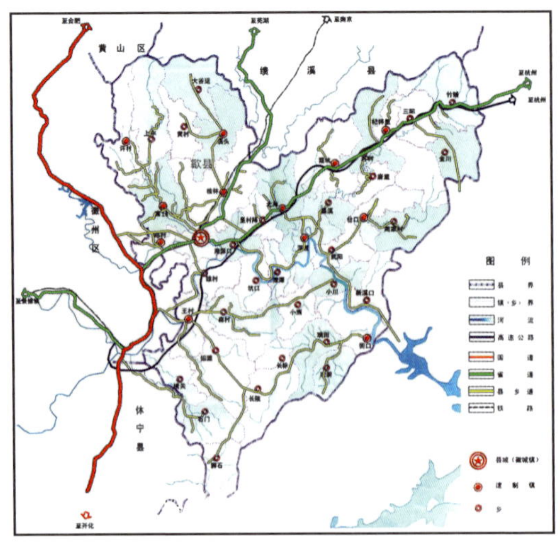

歙县古城与周边徽州村镇关系图

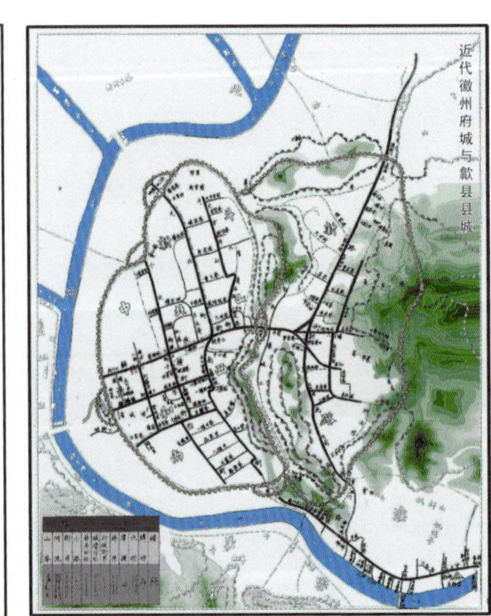

近代徽州府城与歙县县城

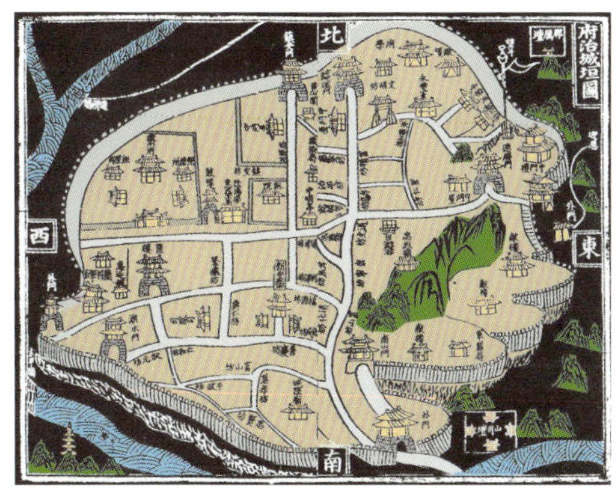

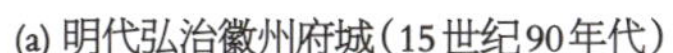

(a) 明代弘治徽州府城(15世纪90年代)

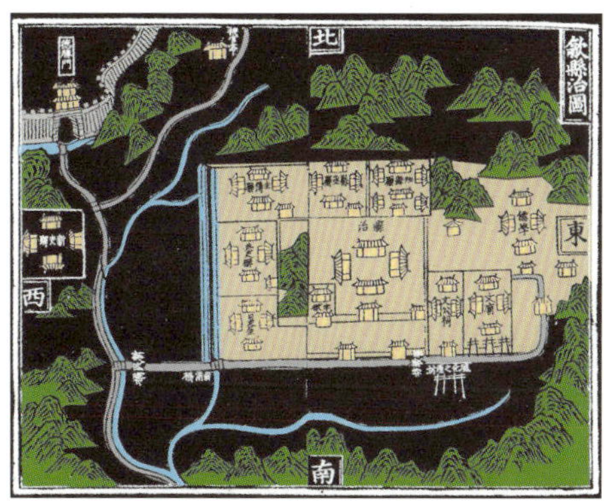

(b) 明代弘治歙县县城(15世纪90年代)

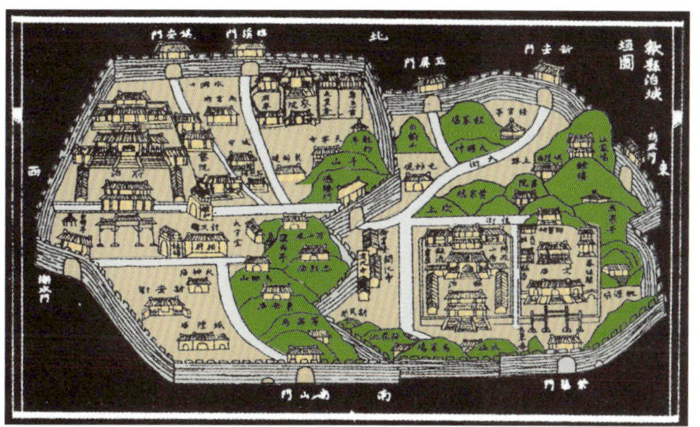

(c) 清代康熙徽州府城与歙县县城

歙县古城“府县同城”格局图

二、项目构思

1. 规划理念

根据国际古迹遗址理事会于 2011 年批准的《关于历史城镇和城区维护的瓦莱塔原则》，本次规划提出应对保护与变化关系的理念，变化使保护面临新问题与新风险、新可能与新契机，将变化转化为机会，对变化加以管理和引导，让历史城镇保护成为一个重要的发展机会，保护将会因此被视为可持续增长的驱动力，增强旧物面对当代挑战的适应性。

2. 操作途径

从保护到维护：将保护历史城镇和城区及其环境的各种行为活动都纳入“维护”的概念下，包括保存、保护、改善、整治、管理和治理。

3. 保护体系

由徽州文化圈、县域、历史城区（府城、县城、渔梁、鲍家庄、练江两岸）、历史文化街区、文物保护单位与历史建筑、非物质文化遗产与日常生活延续 6 个层次组成保护体系。

4. 将变化、维护、管理的理念融入规划策略

歙县国家历史文化名城保护规划是在对城乡各类遗产深入调研的基础上，综合分析名城特色价值与现状条件，全面保护物质与非物质城市遗产，深入挖掘城市历史文化资源与内涵，将城乡遗产保护有效纳入城市规划与管理实施的过程中。

三、主要内容

（1）县域与徽文化地区历史文化遗产保护。徽州地区文化圈变革分析：从一府六县，徽文化区域文化聚落的整体性、关联性和网络化进行整合。县域遗产保护框架为：以文化遗产最为集中的古城村落旅游区为保护核心，以文化遗产分布较为集中的许村上丰古村落旅游区、昌溪北岸古村落旅游区，自然遗产分布较为集中的渐江—花山迷窟国家级风景名胜区、清凉峰自然保护区，以及新安江沿线的新安江山水画廊为主要内容。历史村镇保护包括：27 个重点保护的一级村镇、30 个二级历史村镇。

（2）文物保护单位与历史建筑保护。规划补充拓展了文保单位和历史建筑的数量，特别强调历史建筑保护与利用与城镇日常生活、城市街巷格局、视线对位、街巷肌理、功能业态紧密结合。加强与传统建筑风貌基质、历史环境要素、历史格局肌理演变关系的协调关系。

（3）历史城区、区域环境及整体格局的保护。历史城区保护，通过对历史格局的演变分析，从历史城区的整体性、关联性和周边环境与缓冲区、城乡紧密关联的角度，划定历史城区包括府城、渔梁、鲍家庄与县城和府县双城的格局；区域环境保护，即保护“五峰拱秀、六水回澜”的山水特征；整体格局保护，即保护“依山据水、府县双城”的城市格局。

（4）历史街区、街巷保护。历史文化街区包括斗山街历史文化街区、府衙历史文化街区、渔梁历史文化街区、鲍家庄历史文化街区四个街区。历史文化街区的保护与发展强调社区与城镇活力的平衡与兼容。保护成片的历史文化街区及依山就势、灵活布置的历史街巷系统。

（5）历史环境要素保护。徽派建筑保护，即保护历史城区外朴内华、徽派典范的古建筑；历史环境要素的保护，即保护历史文化街区牌坊林立、古井遍布的历史特征。

（6）历史城镇日常社会生活的培育。历史文化遗产空间的活化利用与日常社会生活培育的丰富遗产价值内涵相融合。

（7）建筑风貌管控。建筑高度控制分为：禁止建设区域、维持原有高度区域、控高二层区域、控高三层区域、控高四层

区域；针对每栋建筑提出精细化的保护与整治措施。

（8）从功能置换、业态提升、社区多样性、活力、土地生命周期和政策管控等方面进行土地使用优化调整。

（9）从历史街巷保护、空间尺度控制、路网连接性、节点活力、步行感知和路网设施、街区稳定化管理等方面进行历史城区道路交通规划。

（10）从平衡与兼容、社区活力与文化多样性角度进行公共服务设施与人口社区规划。从旅游与社区的共享、避免过度商业化、遗产社区培育等方面，增强业态培育与历史城镇魅力，促进旅游与社区日常生活可持续发展。

（11）非物质文化遗产的保护与利用方式应与物质空间载体相结合，即利用历史城区内的历史建筑、历史空间保护及修缮，从硬件和软件两方面进行文化遗产的发掘和保护，注重传统技艺的传承与创新发展。

（12）对斗山街历史文化街区、府衙历史文化街区、渔梁历史文化街区和鲍家庄历史文化街区，进行历史文化街区详细设计管控引导。

（13）制定针对性的文物保护单位、历史建筑保护措施和

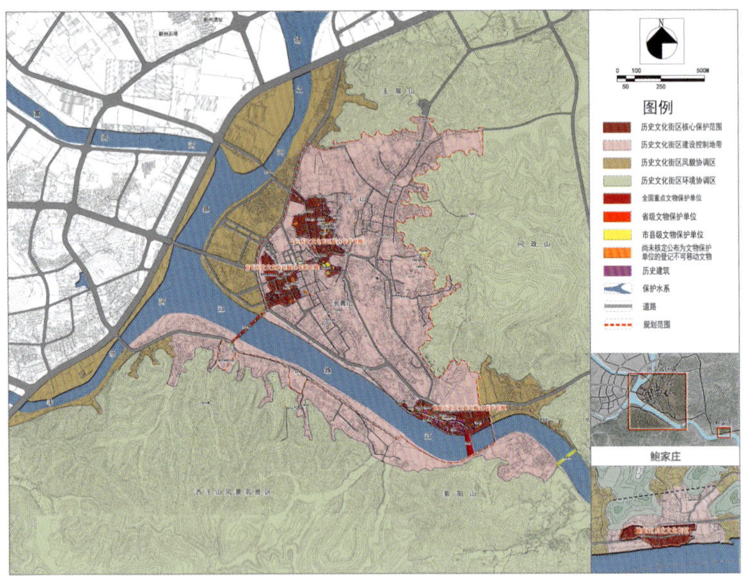

历史文化名城保护范围图

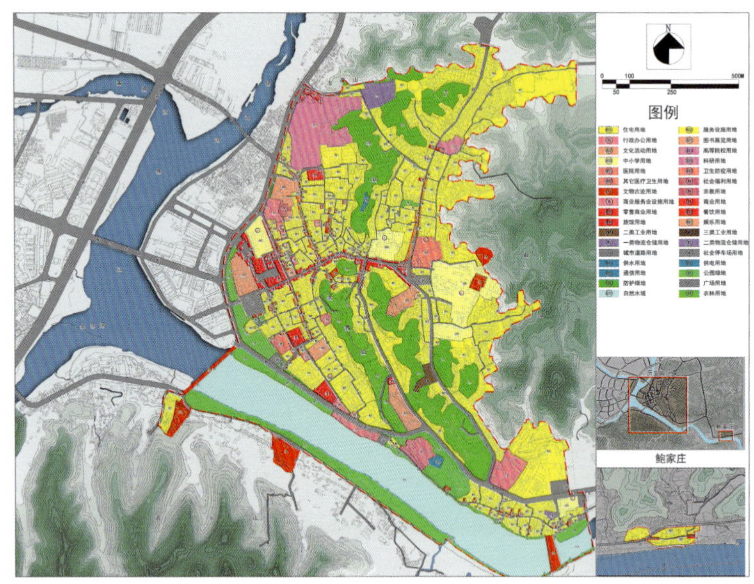

历史文化名城土地使用规划图

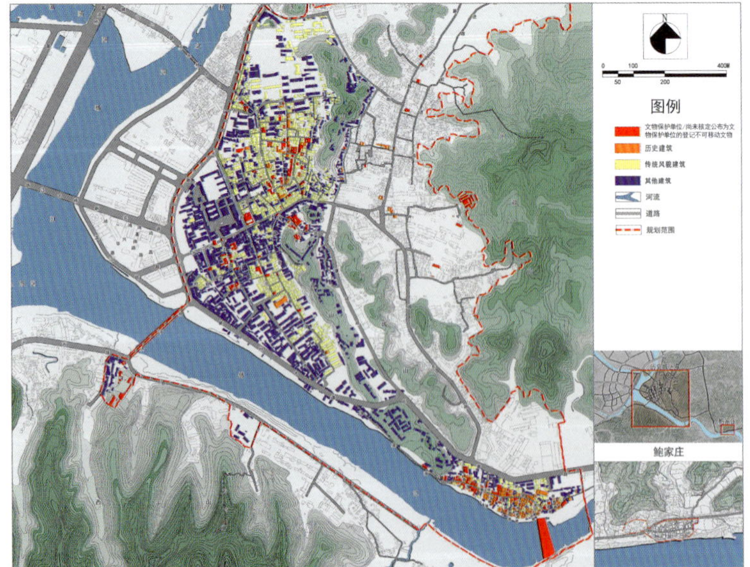

建筑风貌和历史文化价值评估分类图

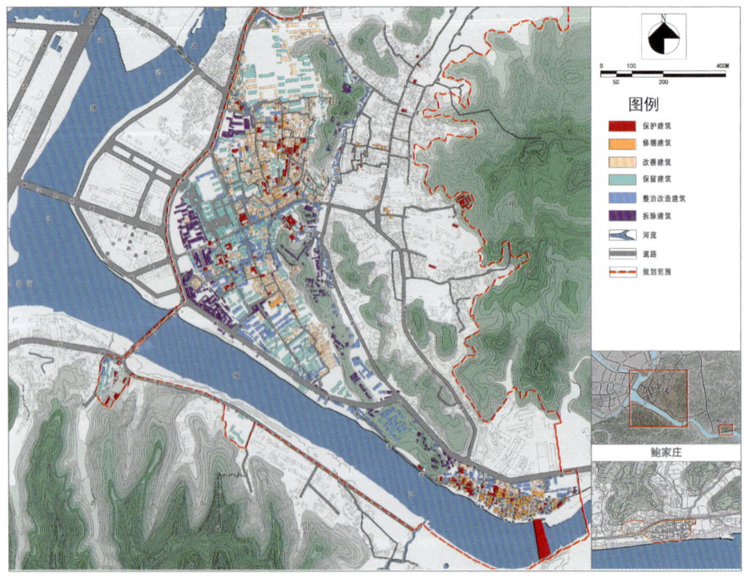

历史文化名城建筑分类保护与整治方式规划图

管控图则。历史建筑与传统建筑风貌基质，是日常生活与城镇活力特色的重要支撑。导则控制要求注重城市景观与感知体验、功能业态提升、城镇空间生活的引导与控制。

（14）规划管理与实施提出针对新时期名城发展的实施机制建议，通过近期实施行动计划落实管理与实施途径。

四、项目特色

1. 适应变化的名城保护范畴与内涵的拓展

特色与价值：从文化聚落的整体性与关联性出发，梳理徽州地区村镇聚落、古道与历史文化廊道诸多遗产要素内容的关系，建立区域性的徽州文化圈保护框架；对特色与价值内涵的深化延伸（传统文化传承与日常生活）、保护内容的拓展（保护体系层次与保护内容）等方面进行充分挖掘。

2. 适应变化的名城保护更具可操作性的实施途径

从保护到维护：将保护历史城镇和城区及其环境的各种行为活动都纳入“维护”的概念下，包括保护、改善、整治和管理。

保护与发展：保护本身就是一种特殊的发展路径；从“社会—空间”互动的视角，改善日常生活质量，优化空间品质，使之具有内生驱动力。

整体与关联：增强徽州地区对地名等徽州文化的认同与感知，注重区域上历史文化聚落的整体性、关联性和网络结构化，进一步加强与城镇周边区域文化资源环境、人的行为活动之间的互动关系。

质量与数量：着眼于提高当地居民的生活质量和环境质量；精细化管理，控制变化的规模与速度，减少景观肌理的破坏，增加保护对象与要素。

平衡与兼容：立足社会日常生活与新功能行为。兼顾本地居民与外来移民，注重文化培育与历史城镇活力。

时间与多样：注重历史“过程性”与“层次性”的层层积累；维护不同社区的功能与文化多样性。

3. 适应变化的名城保护动态持续的管理实施

管理与持续：管理计划具有可操作性，制定实施机制、近期实施行动计划；持续动态地维护历史城镇空间的整体性和真实性，增强感知与体验。

健全建设规划管理体制，加强名城保护的管控，建议成立县名城保护委员会，进行精细化管理。

建立公众参与机制、合作机制，社区与外来资本共赢共建，形成名城保护发展的持续动力机制。

制定具有操作性的行动计划，指导歙县保护整治建设、业态提升、生活培育、政策制定实施等各项工作的落实，并取得显著效果。

五、实施情况

自 1990 年代由阮仪三教授团队开展歙县街区古城保护整治工作，到本次规划的批复实施，针对歙县 20 多年发展变化情况，对其名城保护规划工作进行持续的维护、完善和提升。根据规划，在名城建设实施、政策制定管理、学术研讨等方面产生显著的实施成效。

歙县古城府衙片区保护整治效果图

上海市嘉定区乡村建设规划

2017 年度上海市优秀城乡规划设计奖（村镇规划类）二等奖

编制时间：2015 年 11 月—2017 年 2 月

编制单位：上海广境规划设计有限公司、上海同济城市规划设计研究院

编制人员：黄劲松、孙珊、周伟、李继军、张立、温祖良、周芳珍、李志强、马秀英、戚常庆、谢屾、张春美、贾淑颖、蒋颖、吴虑、王阳、陈文笛、景丹丹、万叶、安平

一、规划背景

在上海快速发展的影响下，嘉定乡村经历了大量低效开发和蔓延建设。近年来，围绕“减量、集中、提质、盘活”开展的乡村建设探索，取得了阶段性成效，但农居点“散、小、多”的特征仍然突出，工业减量化与农村经济新发展动力培育任务依然很重，道路交通服务水平与出行效率、公共服务设施建设水平与利用效率均有待提高，农村燃气、污水等基础设施布局有待完善，农村环境保护和风貌整治有待加强。

嘉定区位于上海西北部，距离市中心约 30 km。本次规划结合嘉定乡村的都市近郊区位特征，积极探索乡村建设规划的编制，旨在形成有示范意义的乡村建设规划范例。

二、规划思路

在上海建设“卓越的全球城市”新阶段，嘉定乡村建设既要立足现状问题，也要结合区域发展趋势，探索都市近郊乡村建设路径。

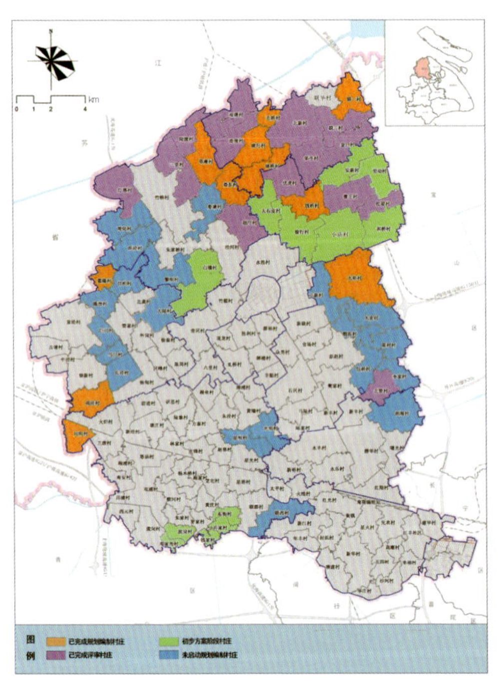

村庄规划编制情况

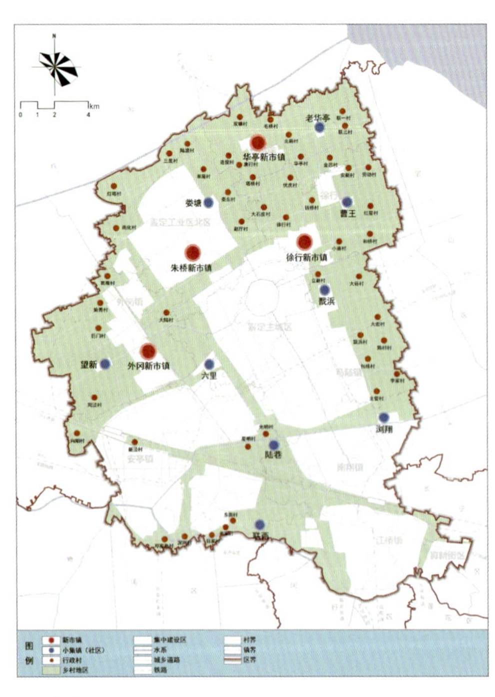

镇村体系规划图

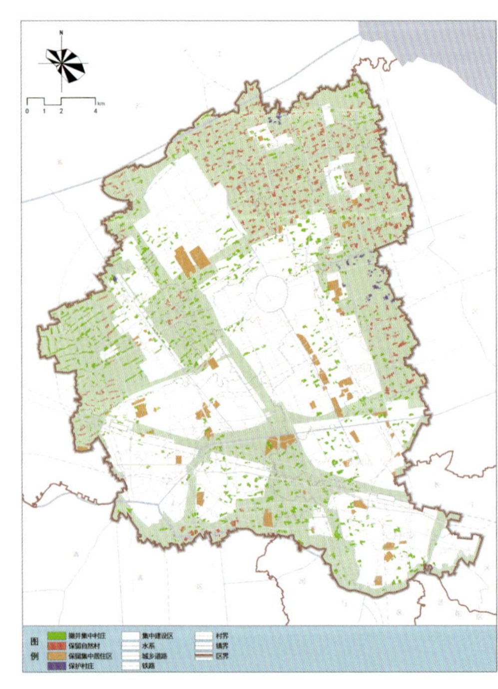

农居点分类引导图

一是突出全球城市网络化空间特征，实现城乡一体化发展；二是遏制土地粗放利用，坚持减量优化，实现内涵发展；三是坚持建设决策先行，统筹既有规划研究和部门建设决策；四是面向近期建设实施，建立规划实施机制。

在上海“卓越的全球城市”目标下，提出“建设全球城市的美丽新郊区”。

三、主要内容

1. 构建网络化镇村体系

去除中心村，构建更加扁平化的镇村结构；建设以快速公交网络为基础的乡村发展走廊，沿走廊建设“乡村微单元”，构建网络化的村庄发展格局；划定乡村统筹发展片区，制定差异化引导策略，形成区域发展特色。

2. 实现集约高效的乡村土地利用

锁定乡村建设总量；分类引导农村居民点发展和工业用地转型；引导乡村建设用地向快速公交走廊和微单元中心集聚；严格保护生态建设用地，执行永久基本农田和生态保护线。

3. 建构便利舒适的近郊乡村生活圈

应对城乡居民互动需求，优先快速公交建设，串联微单元中心，对接嘉定3大轨交枢纽；建立“乡村社区—乡村邻里—村庄设施点”多中心网络式乡村服务体系，明确设施配置标准与建设要求。

4. 促进活力多元的乡村产业发展

作为全球城市近郊，未来产业发展具有强烈的都市互动特征，规划采取“强一产、优二产、一三联合发展”的产业发展策略，培育都市农业发展，分类引导工业转型发展，推动乡村休闲旅游发展，鼓励创新产业发展。

5. 引导都市近郊水乡特色的乡村风貌建设

构建生态网络格局，以水为脉，临水而居，整治河道，修复生态，营造景观；延续“田、林、水、宅”的肌理特征，保护沿河线型、圩水组团型、夹水组团型三种村庄肌理；完成骨干河道综合整治、中小河道区域化整治、微单元内河道疏浚三项河道治理重点；在对嘉定农居建筑现状风貌特征识别的基础上，提出建筑风貌控制导引和村民建房指引；实施村庄环境整治，提出近期整治村庄、重点整治措施和村庄景观营造要求。

四、规划特色

1. 应对大都市近郊空间发展特征，创新性地提出乡村微单元建设模式

以交通廊道引导微单元建设，强化区域网络化特征，实现

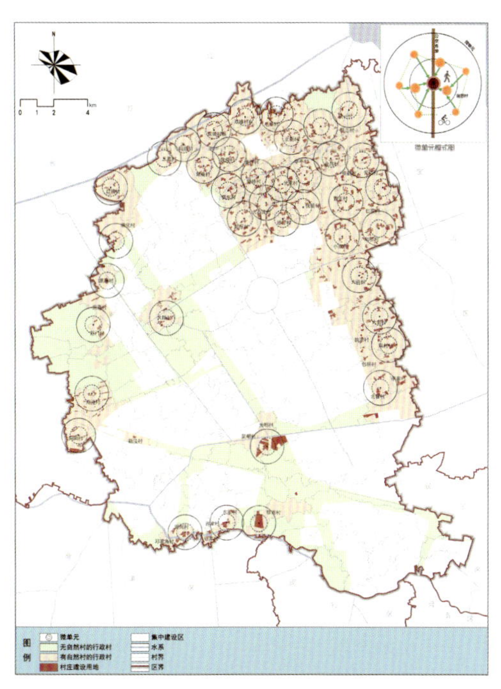

微中心规划布局图

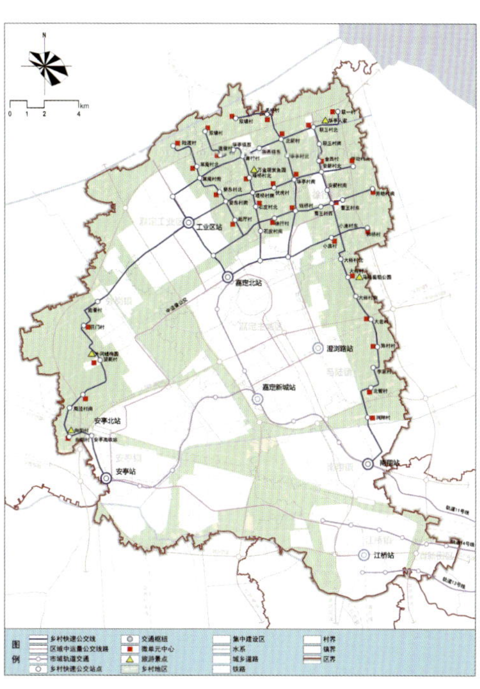

公共交通系统规划图

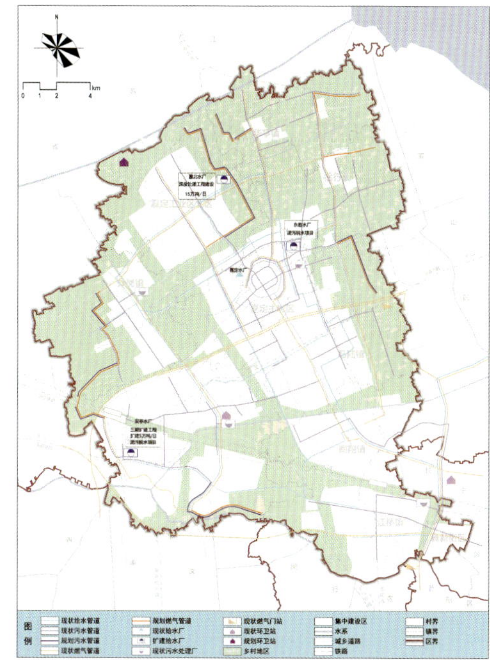

重大基础设施规划布局图

城乡互动；以微单元为核心，建设“15分钟”乡村基本生活圈，通过便捷的交通组织，进而打造“30分钟进新城进园区”的生活通勤圈，“90分钟进上海城区”的都市体验圈；以微单元中心为载体，实现乡村资源的定向优化配置，引导农居点精明缩减。

2. 以“减量化”为目标，优化乡村土地集约利用

结合《嘉定区总体规划暨土地利用规划》，锁定乡村建设用地总量，实现规土融合；协调多项规划和研究成果，合理调整土地利用结构，实现多规融合；建立近郊地区传统村庄发展导向评价体系，分类引导现状村庄减量集约发展；引导微单元内空间优化、设施完善，实现乡村空间“微整合”。

3. 突出建设决策先行，完善建设统筹机制

将相关部门决策统筹作为规划的重点内容，统筹嘉定区、镇/功能区、职能部门“十三五”规划等56项，统筹嘉定区已启动的道路、污水、燃气等专项规划工作；协调部门建设，建立美丽乡村建设项目库，确定近期建设项目清单和项目实施管理主体，实现项目统筹与动态管理；以微单元和快速公交走廊等综合项目为抓手，推进各部门建设项目的实施统筹。

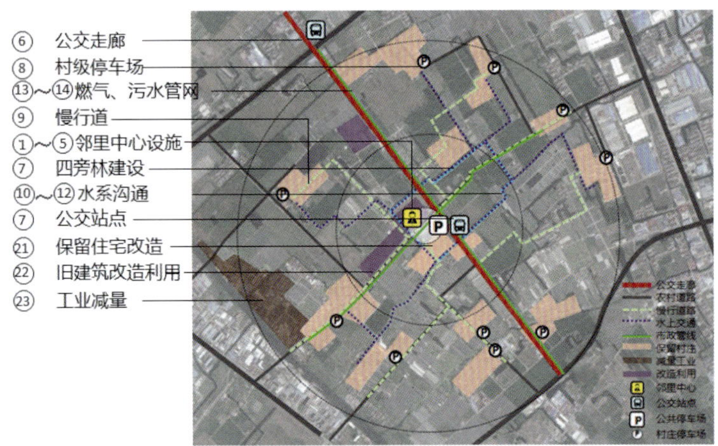

乡村微单元综合项目示意图

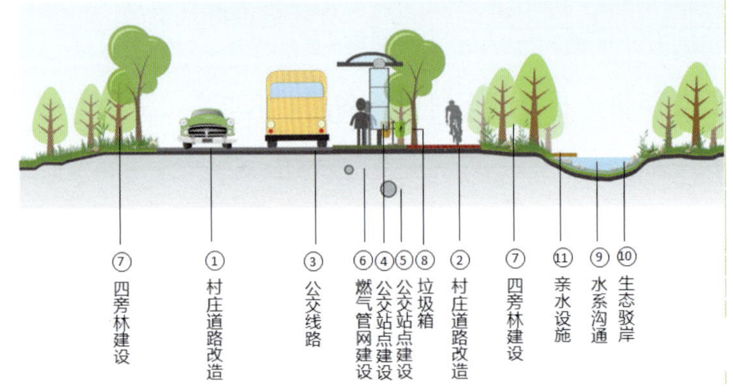

公交走廊综合项目示意图

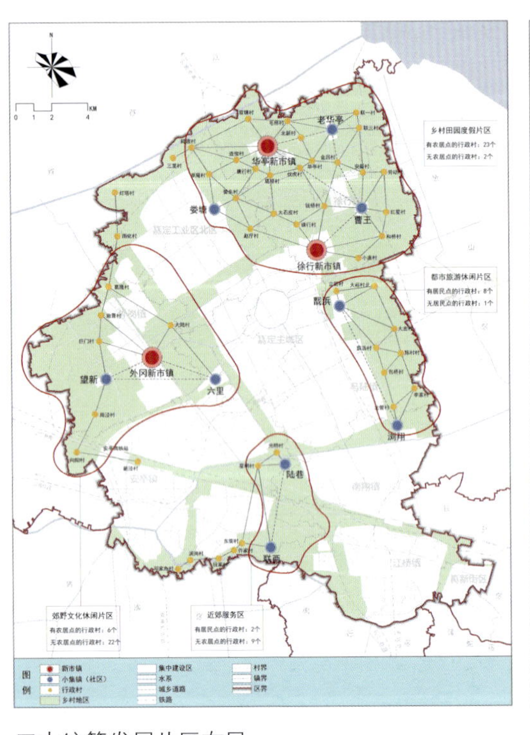

四大统筹发展片区布局

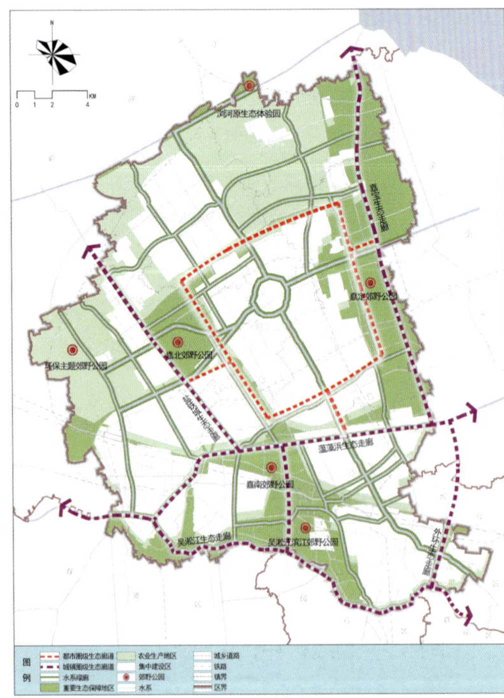

生态空间规划图

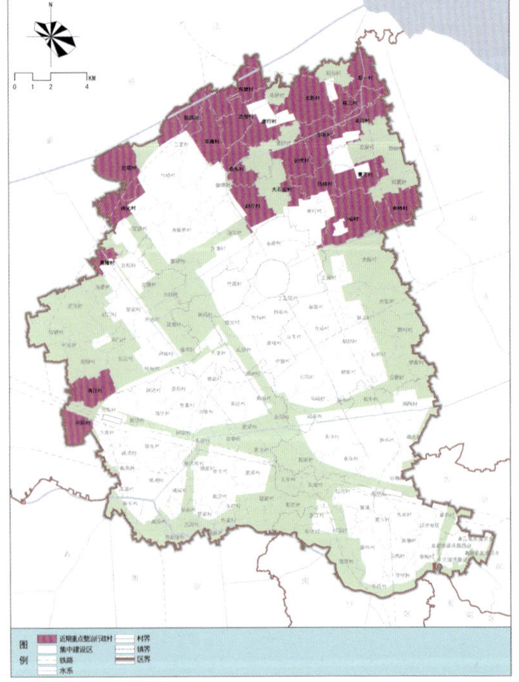

近期重点整治行政村

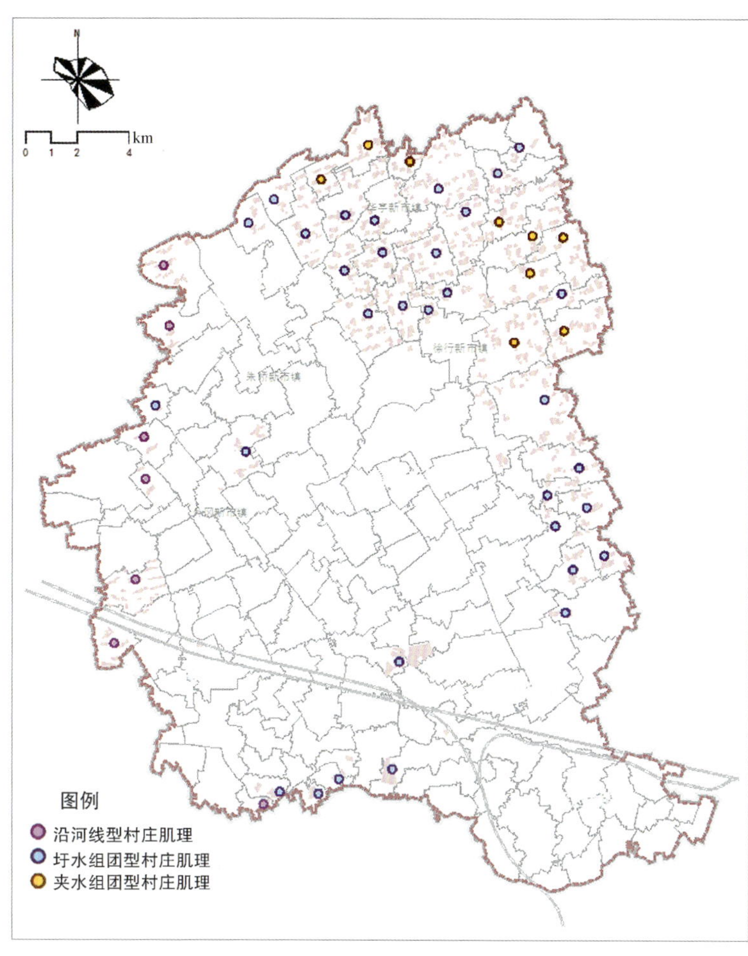

沿河线型村庄肌理

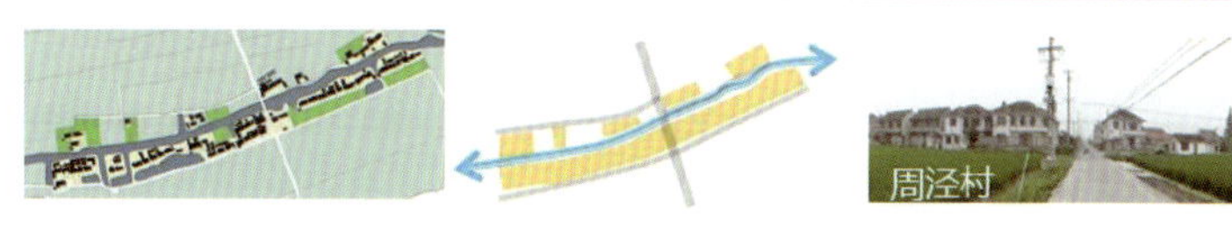

圩水组团型村庄肌理

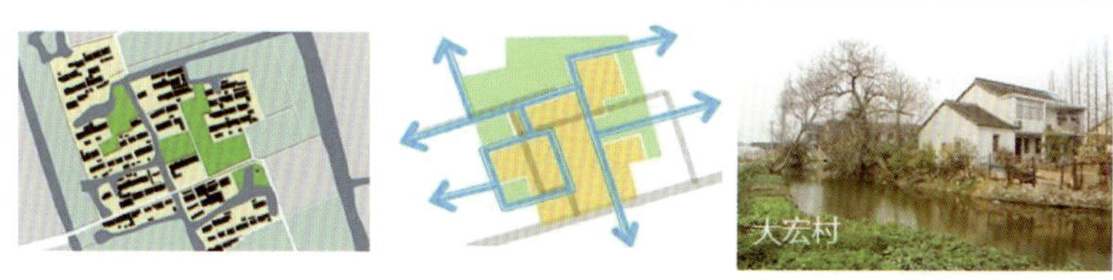

夹水组团型村庄肌理

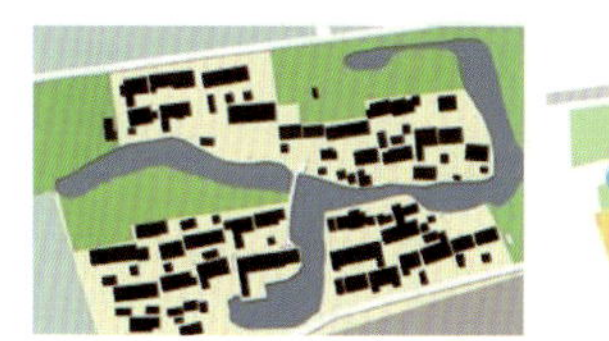

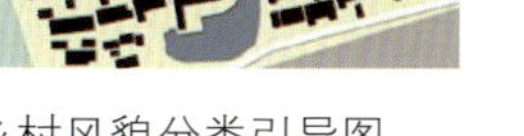

乡村风貌分类引导图

五、实施概况

规划完成后，随即启动了27个保留村的村庄规划编制工作，现已批准11个。乡村地区低效工业减量及生态环境建设同步开展，已减量工业用地1.14 km^2，整治河道88条，还原乡村的碧水蓝天。

把向阳村、草庵村作为首批实施建设的乡村微单元，优化农居点布局、农业生产布局，开展污水、燃气管网等基础设施建设，改善乡村居住环境。同时利用存量用地，设置公共服务设施和农业旅游配套设施，方便村民生活，促进农民增收。

新农村示范区水景透视效果图

周泾村整体鸟瞰图

象山县鹤浦镇大沙村村庄设计

2017 年度上海市优秀城乡规划设计奖（村镇规划类）二等奖

编制时间：2016 年 9 月—2016 年 12 月

编制单位：上海复旦规划建筑设计研究院有限公司

编制人员：敬东、刘群、吴锦瑜、张晓斌、邱洵、冯一民、潘炎、李关笑魁、李德林、姚晓文、陶机灵、李宏宇、孙天一、胡道生、许冀闽

一、规划背景

为深入贯彻国家关于建设美丽中国、深入推进美丽宜居村镇建设精神，按照浙江省委、省政府“两美浙江”建设的总体部署，象山县鹤浦镇大沙村被列为宁波市首批村庄设计试点村。

大沙村行政辖区范围约为 331.08 hm^2，居民点控制范围为三面山体和海围合区域，总面积为 44.08 hm^2。

二、项目思路

作为村庄设计的首批试点，工作在理解项目意图和摸索思路的基础上，确定以“构筑特色”为导向，作为村庄设计的突破口，并以指导实际建设为原则，形成村庄总体设计、建筑设计、环境设计、生态设计、基础设施设计几大板块。

三、主要内容

1. 现状分析评价

设计以挖掘“特色”为现状分析评价的核心思想。大沙村群山环绕，森林密布，拥有大海沙滩和渔村风貌。总体呈现“山、海、滩、渔、村”五大特征，但可比资源优势不突出，特别是道路条件差，交通非常不便利，村庄人口逐步迁入镇区，留守人口较少，农业以少量柑橘种植为主，整体村庄处于衰败之中。

如何在这样一个资源一般、可达性差、承载力有限的地区挖掘潜力，成为设计的核心问题。

2. 功能定位

根据大沙村的现状特征，设计化劣势为优势，提出了“隐”这一主题，并将中国传统“隐逸”文化与现状资源及现

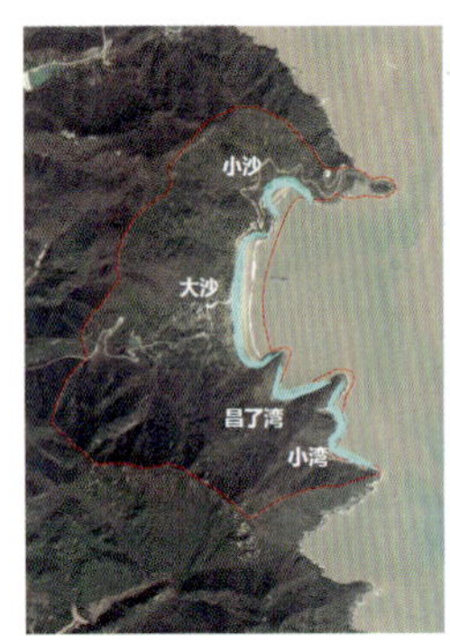

自然环境特色图

整体鸟瞰图

代休闲度假功能相结合，形成功能定位和形象定位，即以民宿隐居为特色，打造集山海观光、人文体验、休闲度假于一体的旅游示范村，并立足宁波本地和浙江省内市场，拓展长三角市场，以（隐士）文化体验为主题，构建旅游产品体系，策划覆盖 24 小时全天候的旅游活动。

3. 用地规划

采用 GIS 分析，通过评价因子和矫正因子的综合叠加，确定最终用地边界，并形成“一心、一环、两轴、多片”的空间结构。

4. 总体设计

在“隐”这一文化主题的基础上，如何形成空间特色，是设计的第二个问题。现状村落布局特征为“沿坡建房、房房看海”，以这一特征为基础，设计在空间布局上强化看海的视线廊道。保持组团式空间形态，利用山、水、田和道路塑造各组团边界，并根据各个村落的空间特征，规划渔趣、亲子、怀旧等多个文化主题组团，策划全天候的参与性活动。

在道路交通上，根据海岛村庄的地形地貌，延续现状“枝状”的路网形式。并通过露营地与停车场的临时转换，解决停车空间局促问题。沿核心景观建设慢行轴线，向各个组团延伸。

在空间肌理上，尊重现状，新建建筑在体量和风格上全面融入现有肌理，形成新老共生的和谐关系。

5. 详细设计

（1）建筑设计

规划分三类建筑风貌加以控制。

新建区块：新建建筑基于地方传统特色，可适当予以现代元素，但不应破坏原风貌。已建成的民居高度、体量、色彩与村落整体风貌不协调的建议改造。

近三十年区块：砖砌房的立面色彩、屋顶形式应予以改造，与传统相适应。

传统区块：传统的毛石房在保留毛石材质的前提下进行改造，以适应现代建筑需求，但须保护和体现其传统特色。

（2）环境设计

规划结合功能文化主题，形成七大旅游景观节点。梳理建设组团内部小型游憩空间，重点整治屋前院落，木质、毛石篱笆与垂直绿化相融合，形成具有乡村特色的巷道景观。最终形成两条滨水轴线、7 个主要景观节点、16 个次级景观节点的空间景观结构。

在绿化树种配置上，将乡土植物与“山、水、田、居、径”五大主题相融合，形成各具特色绿化景观。

（3）生态设计

针对雨水循环利用、乡村建设节能设计、可再生能源利用、材料的循环利用提出可行策略。

（4）基础设施设计

提出环境卫生、供水、排水、污水、电力电信、消防、防洪排涝设施布局及外观要求。

6. 项目分期

面向实施，形成了建设项目库以及近期建设项目清单。

四、特色与创新

1. 村庄设计的探索

村庄设计是一个全新的课题。大沙村作为第一批试点，在

村庄总体平面图

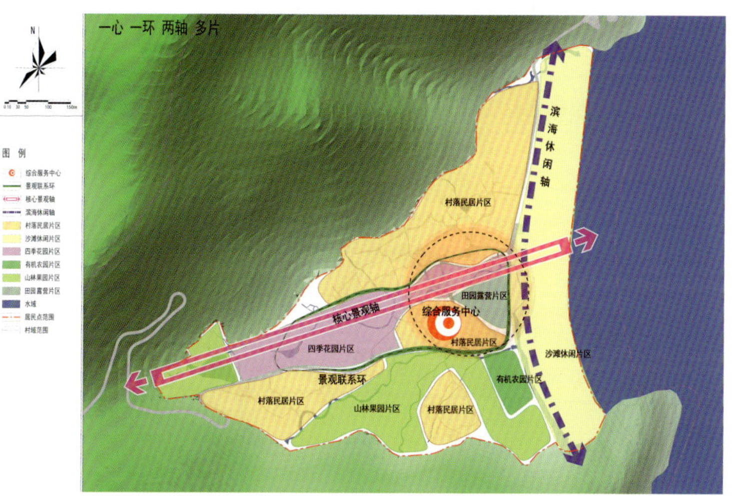

村庄规划结构图

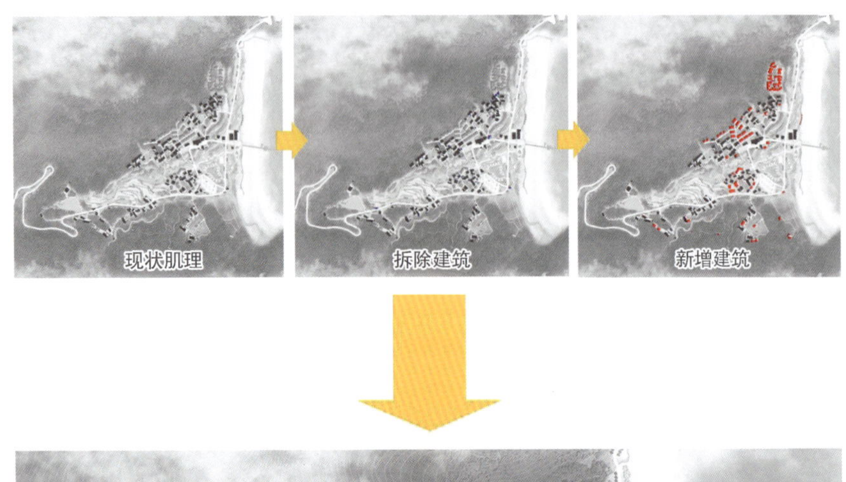

村庄肌理梳理图

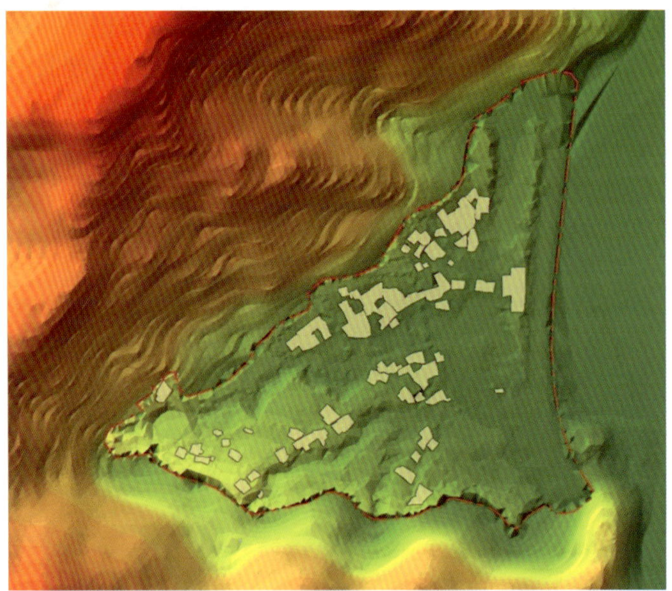

观海视觉廊道控制示意图

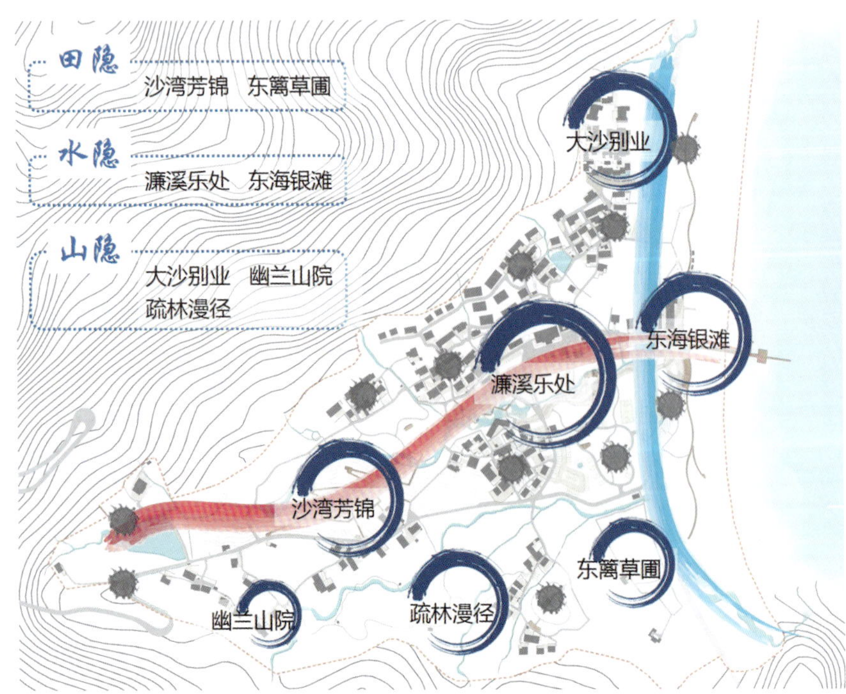

景观结构规划图

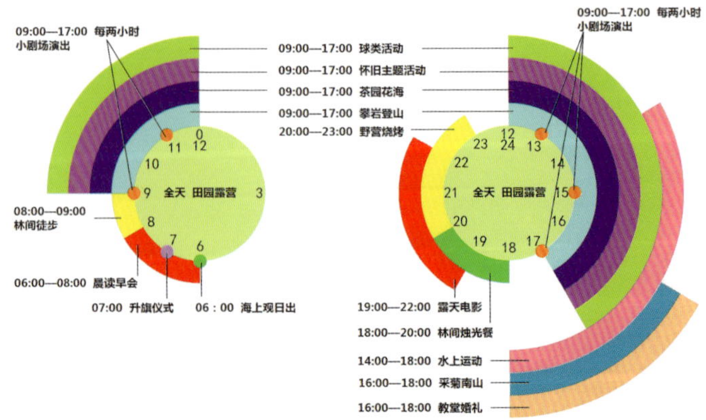

覆盖全天 24 小时的活动策划

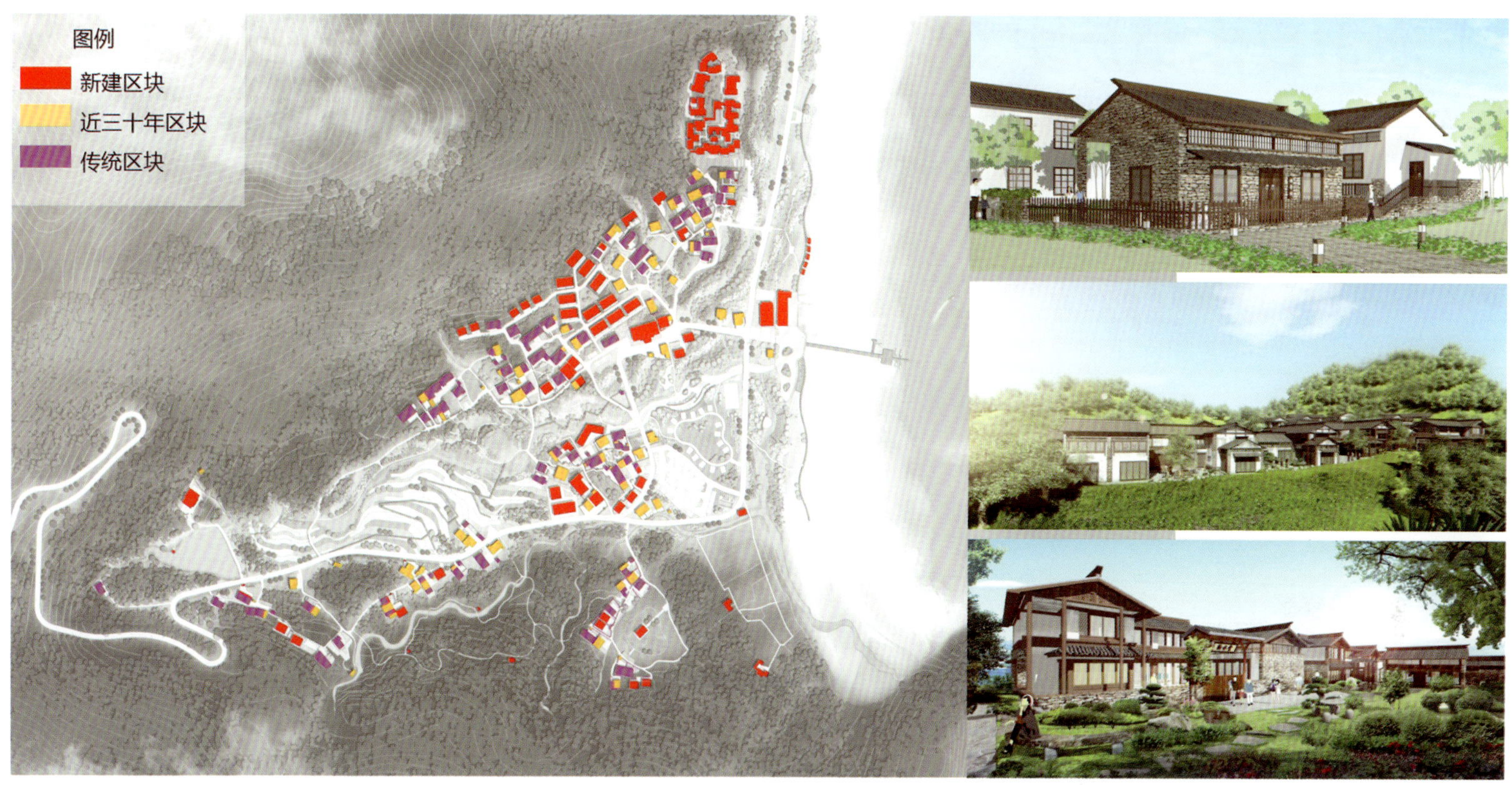

建筑风貌引导图

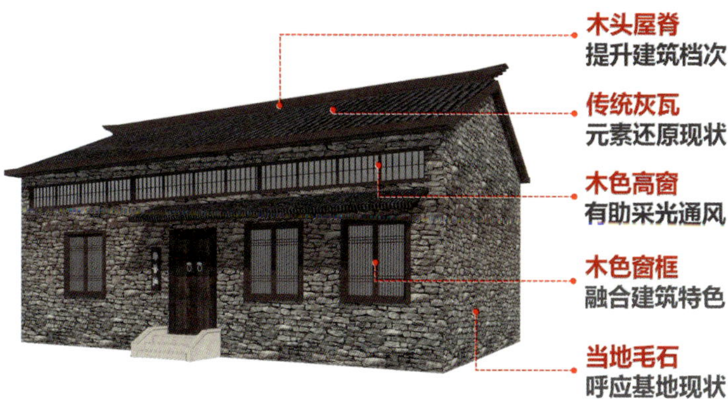

典型建筑改造示意图

编制技术框架上，需要进行新的探索。

作为村庄规划的补充，村庄设计侧重点在空间和风貌的特色挖掘，促进乡村旅游产业的发展，进而带动地区活力，避免衰败。特别对于在全国普遍存在的资源一般、逐步衰败的村庄，通过设计挖潜，进而激发乡村发展活力。

本设计在这一认识下，结合《浙江省村庄设计导则》，创新性地探索并形成了村庄设计的基本技术框架。

2. 多专业合作

开展设计过程中，整合了规划、旅游策划、建筑、景观、市政的多专业内容，通过规划和旅游策划的互动，挖掘地方旅游资源和空间特色，进行旅游策划和空间布局，并通过建筑设计、景观设计和市政设计进行实施性指导，形成村庄设计成果。

3. 多级政府协调和村民参与

规划设计中向多方汇报，充分协调市、县、镇三级政府的诉求。通过大量走访村民，了解村民意愿，将建设重点、设施需求等意见融入设计之中；充分尊重村民自治，在设计中将改造建设难度与村民增收结合，降低设计“自下而上”实施的难度。

五、实施情况

《象山县鹤浦镇大沙村村庄设计》指导大沙村的道路建设、村舍建设和改造、乡村环境改造。进村道路的拓宽工程已进入施工阶段。项目成果也为宁波下一批村庄设计提供了借鉴。

上海市嘉定镇历史文化名镇保护规划（2016—2040 年）

2017 年度上海市优秀城乡规划设计奖（村镇规划类）二等奖

编制时间：2015 年 1 月—2017 年 4 月

编制单位：上海广境规划设计有限公司

编制人员：周伟、景丹丹、李志强、王阳、刘宇、华进、范美辰、沈思瑜、张璇、陶舒晨、张春美、庄佳微、张艺涵

一、规划背景

嘉定镇为上海四大历史古镇之一，至今已有 800 年历史，包含周桥和西门两个历史文化风貌区。在过去的几十年间，嘉定镇的城区面貌发生巨变，风貌区周边环境和内部环境也随之改变，历史上的风貌特征不断演变。

在古镇紧凑的空间下，为了更好地保护嘉定镇街道的历史文化风貌，同时加强风貌保护区与街道其他部分在功能结构、道路交通等方面的联系，特编制本规划。

恰逢上海进入存量更新的时代，在嘉定建县 800 周年之际完成保护规划编制。

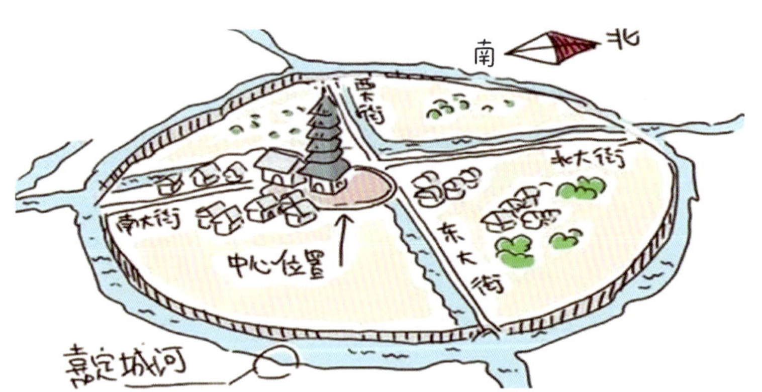

二、规划思路

规划首先建构完整的保护体系，对老镇空间格局、历史街区、环境要素及非物质文化进行评估分类总结，同时划定保护范围，对各保护要素提出具体保护措施；其次引导老镇更新、促进土地高效利用；最后提出近期需启动的重点建设区域及建设项目，并制定各项政策、法规，明确实施机制和管理措施。

重点关注：保护风貌，强调整体构建严格的保护体系框架，并协调内外风貌；提升定位，塑造老镇特色，从文化内涵深入，留住老镇特有的生活方式；更新发展，重在存量转型，优化功能结构，提升原住民生活环境。

三、主要内容

1. 功能定位

嘉定镇以文化传承、宜居宜人为主题，以社区营造为抓手，整体定位为：围绕“教化”主题，突出历史底蕴，打造区域的文化核心，形成新老联动的宜居社区。

西门、州桥两个风貌区均强调突出嘉定历史文化底蕴，以练祁河为脉络形成一体化的历史画卷，共同打造成为儒释大道。西门保留原汁原味的空间肌理和建筑风貌，强调以传统文化为主题，体现传统民居、民俗文化体验和创意工坊等功能；州桥通过现代化的改造，保留唐宋街市的格局和氛围，形成多元商业、文化旅游混合区。

2. 保护内容

（1）空间格局

首先整体强化古镇“环 + 十字”历史格局，一方面将“环”城河两岸纳入风貌协调区，管控两侧风貌；另一方面将“十字”风貌保护河道延伸至全线，保持完整结构。沿“环 + 十字”水轴构建连续绿道，串联历史资源点、公共服务点、公共空间，打造文化走廊、历史画卷和都市休闲等不同主题岸线。

（2）历史街巷

由“十字”街铺展开来，保护8条风貌保护道路、19条风貌保护街巷。采取“铺、补、修、拆”等措施，恢复原有肌理、尺度、风貌，保持原有组合形式，维护窄、密、弯的特有风貌。强调风貌保护道路，街巷基本实现无车化，分时段、分路段控制车流，构建舒适、安全、连续的慢行环境。

3. 历史建筑

规划从建筑年代、质量、高度、类型、风貌、景观区位和其对城镇空间特色形成的重要性等方面进行判断，将历史建筑分类保护，并有针对性地提出管控策略。保护历史建筑，恢复原有风貌和空间格局，其空间组合、平面布局、尺度体量、

空间结构规划图

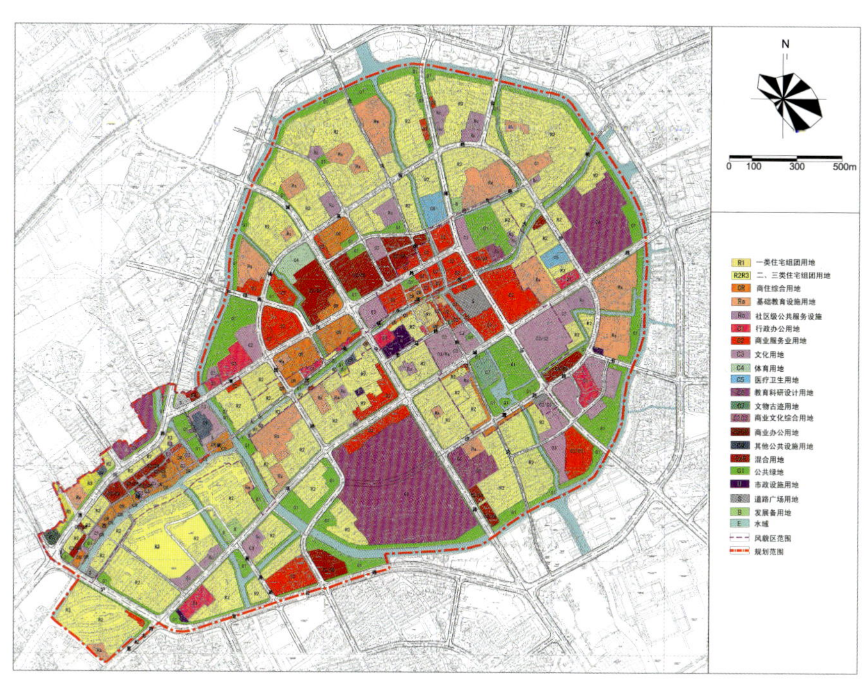

十地使用规划图

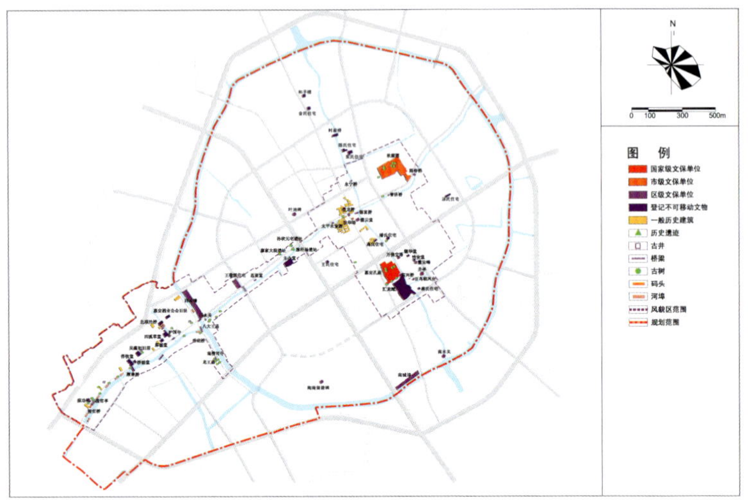

镇域历史文化资源和环境要素分布图

镇域保护范围规划图

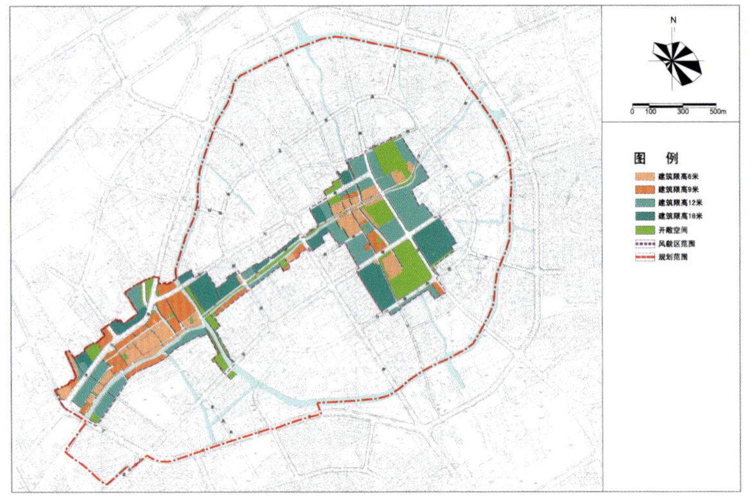

建筑高度控制图

建筑分类保护和更新规划图

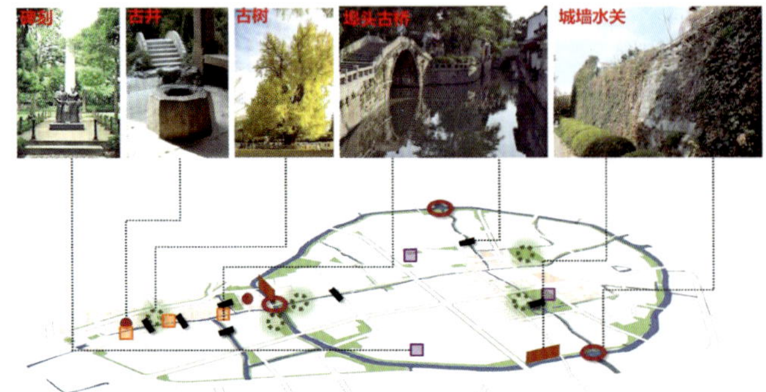

空间要素分布图

历史街巷脉络示意图

立面元素、色彩材质等都将被严格保护。

对于风貌区内及周边其他建筑，规划通过建筑类型分析及立面风貌评价，提出保留、整治、改造和拆除等不同整治策略，从体量、外观、色彩等方面协调风貌区建筑风貌。同时联合传统民俗和非物质文化遗产，与空间场所关联，结合公共设施开展社区活动。

四、规划特色

第一，构建完整的保护体系，以保护层次和保护要素为框架，提出保护原则和措施，为全面推进名镇保护工作奠定规划基础。

第二，提出整体风貌保护要求，将镇域及环城河两侧均纳入风貌协调范围。对新建内容提出控制要求，延续整体格局和风貌。

第三，将“教化”为代表的非物质文化落实到空间功能上。以古镇中心的法华塔、吴中第一的孔庙为核心，西连佛家护国寺，东接道教城隍庙，将练祁河打造为“儒释大道”，成为“教化嘉定”的主要空间载体。

五、实施情况

规划获批后，实施工作重点围绕“环＋十字”的空间格局展开，环城河公园及绿道建设正在实施，串联沿线古城墙、古水关等历史遗存，将打造成为嘉定的“绿色项链”。

练祁河沿线重点加快对西门历史文化风貌区的整体改造，同时优秀历史建筑调研和修缮工作已逐步启动。非物质文化方面，成立竹刻博物馆，举行孔子文化节、嘉定锡剧进学校等一系列展示“礼乐嘉定”的经典活动，彰显嘉定深厚的历史底蕴和儒家文化的独特魅力。

古镇实景

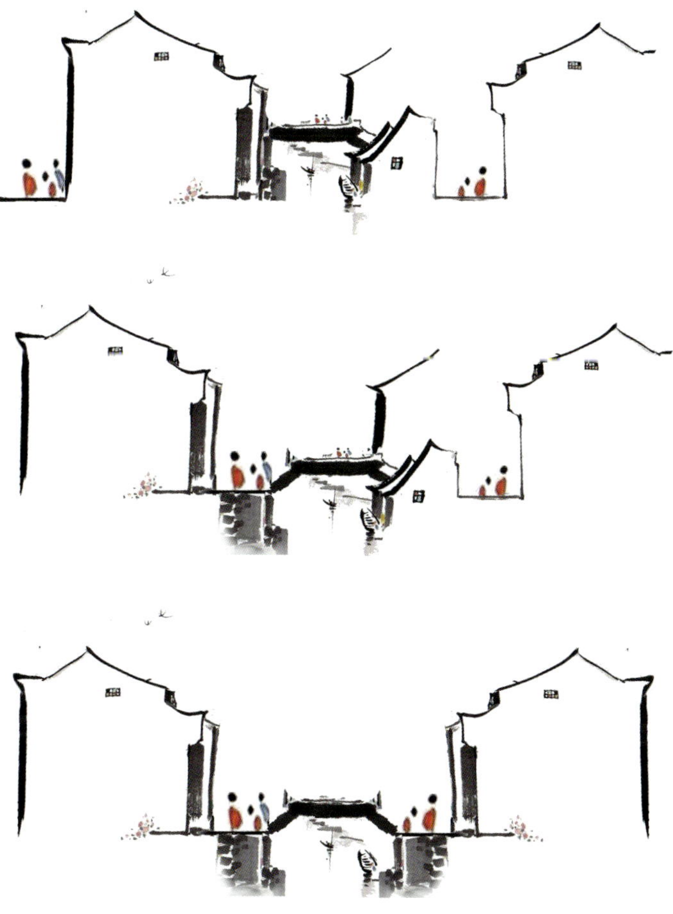

水乡断面

上海市嘉定区外冈镇葛隆村村庄规划

2017 年度上海市优秀城乡规划设计（村镇规划类）二等奖

编制时间：2015 年 2 月—2016 年 12 月

编制单位：上海广境规划设计有限公司

编制人员：黄劲松、戴琦、吴佳、蒋颖、李佳静、汪亚、毛倩、王林林、刘潇雅、朱雅芳、王天尧、林升、王婷

一、规划背景

在城乡一体化背景下，上海市着手推动美丽乡村相关规划及建设工作。嘉定区委、区政府也高度重视本区的美丽乡村建设，编制了《嘉定区村庄布点规划》，作为美丽乡村建设的重要依据，明确全区村庄撤并、保留的分类原则并提出村庄的分类布局方案。其中，葛隆村以自身独特的历史底蕴和乡村风貌，被选定为嘉定区三个保护村之一。本次规划编制工作旨在完善葛隆村村庄人居环境、指导相关村庄建设、保护乡村风貌及历史人文资源，为葛隆村的长远发展提供基础。

二、村庄概况

葛隆村位于嘉定区外冈镇北侧，毗邻江苏省太仓市，村域用地面积 1.47 km^2。葛隆村是嘉定区三个保护村之一，其特点是自身悠久的历史、丰富的物质遗存和独特的空间格局风貌。

目前，集镇式、团块化发展的村庄面临建设的衰败、发展动力的欠缺、基础设施的不足以及村宅更新实际操作中的困难。所以葛隆村作为上海市的远郊风貌村庄，既要保护，也要发展。

村庄规划总平面图

核心保护要素

三、规划思路

现阶段，葛隆村的发展面临三个典型问题：人文遗存的保护和传承迫在眉睫；经济发展衰退导致人口流失，活力不足；人居环境恶化，使村庄陷入“原住民流失—村落更破败”的恶性循环。

面对保护村规划要求与现实基础条件的差距，规划主要探索如何在保护历史风貌的前提下推动村庄精明发展，在村庄人居环境改善、历史风貌保护方面提出具体的规划和建设指引，并对村庄经济活力的提升提出引导策略。

四、主要内容

1. 规划目标

（1）“生态田园，宜居乡村”

村庄建设的基本要求是改善村庄人居环境，推进落实田、水、路、林、宅等方面村庄改造与环境整治工作，建设基础设施完善、生活配套齐全、空间环境优美的乡村空间。

（2）“人文老街，记忆乡愁”

保护葛隆村建设发展历程中的特色空间格局肌理、人文老街风貌以及丰富的历史遗存，传承乡村发展历史记忆，塑造具有葛隆特色的乡村风貌和村庄生活氛围。

2. 重点关注

（1）村庄历史人文保护

规划确定葛隆老街的核心保护区与其他乡村风貌协调区。在村庄整体格局保留的基础上，保护葛隆老街“一街九巷”的格局框架及前店后居的建筑肌理，对老街及滨河界面提出相应的空间及风貌控制要求；同时，对村庄内部节点上的文物保护单位、风貌建筑、古树名木以及其他物质人文要素，提出相应的保护以及延续利用措施，力求做到村庄人文风貌保护与村庄发展相互促进。

（2）村庄人居环境改善

规划落实村庄全域的人居环境整治方案，包括外围规模化农田的整治、河道水系的疏通、工业的减量与绿地林地的恢复等；同时，结合葛隆村的高密度建设特点，提出定制化的村宅翻建更新策略，采取“动迁上楼”“整体保护”“平移抽疏”和“原拆原建”等多种方式协调村民居住空间；另外，规划制定城市标准的基础设施建设方案，近期主要落实村庄道路的整修拓宽以及污水管网的建设。

（3）村庄经济发展引导

为推动村庄精明发展，规划相应提出葛隆村经济发展的

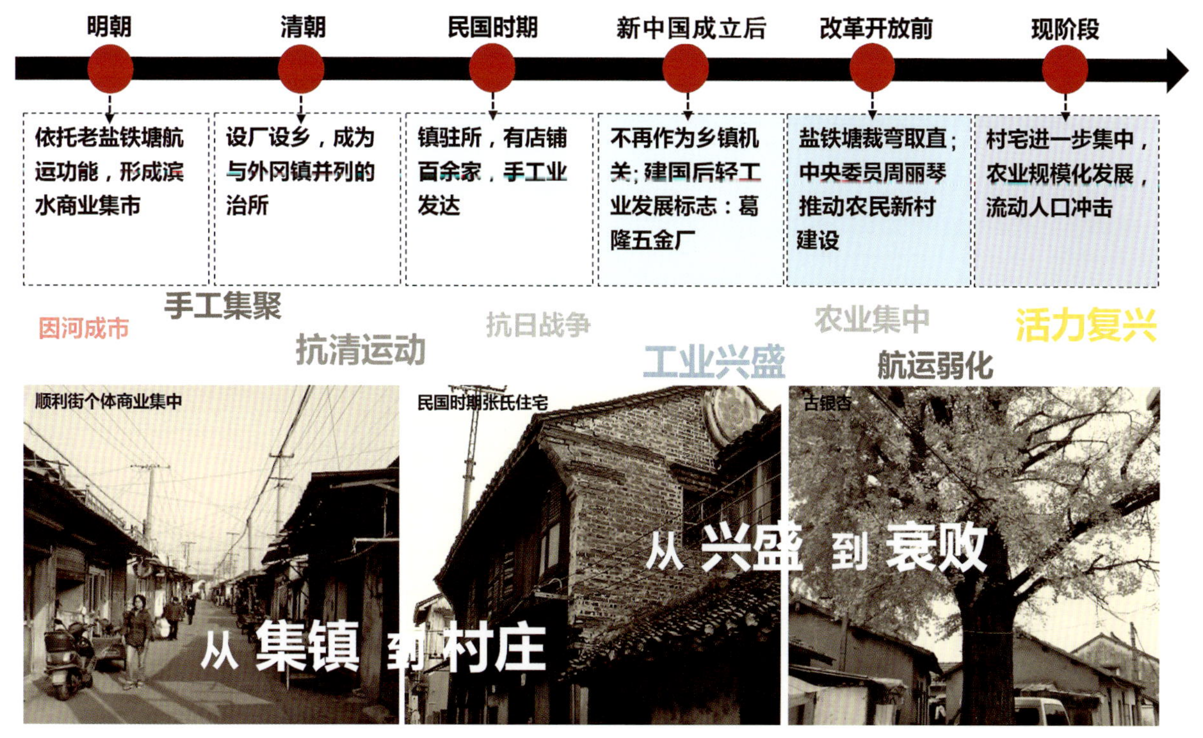

葛隆村历史沿革

村庄规划目标意向

葛隆村历史遗存梳理一览表

物质遗存	历史意义
老盐铁塘	明朝成化年间，葛隆发展源头，依托航运形成滨水集市
葛隆老街	基于商业发展形成葛隆最初形态，历史上为葛隆的核心区域，内部形成南北向主街，东西向巷道格局，现存风貌建筑最早到民国时期，以高密度、东西向商业界面、“非”字形格局为特征
南桥、北桥	清朝时期石拱桥，曾由于战乱因素损毁，后改建为平桥
药师殿	葛隆历史发展地位的标志，区级不可移动文物
张氏住宅	民国时期传统建筑的标志，区级不可移动文物
古银杏	古树名木，树龄 120 年
农民新村住宅	改革开放前后建设 12 栋农民新村住宅，是早期新农村改造的标志性建设
葛隆五金厂	改革开放后，村镇工业快速发展的标志性企业
盐铁塘水闸	1978 年盐铁塘裁弯取直，水域分治，建立盐铁塘水闸

策略。葛隆村农业发展不具备优势，可保持规模化农业发展趋势，进一步建设高标准粮田。村庄低效工业应当逐步减量，腾挪村庄建设用地空间。乡村服务业是葛隆村产业发展和村民经济增收的主要途径，结合葛隆村自身特点及市场需求，通过村集体经济、村民与开发公司多方协作的模式，发展特色民宿、禅修以及健康、养老养生等服务业，逐步推动葛隆村产业的转型，增强经济活力。

五、规划特色

1. 针对发展动力缺乏的历史文化保护村，通过保护与发展、收缩与扩张的辩证关系处理，践行村庄精明发展的理念

葛隆村作为一个人文底蕴深厚但已日益衰败的村庄，发展是当务之急，村庄的历史人文保护不是一次性的公共财政投入，而是长远发展过程中的永续利用与相互促进。同时，葛隆村的发展也不是单纯用地的不断扩张，应当是兼顾规模收缩和效率提升的精明发展模式。

2. 在村庄保护要求下，制定相应的村宅分类更新方法，重新激活村宅更新机制

在葛隆村高密度建设的格局下，规划根据不同区域、不同类型的村宅划分，提出相应的不同更新翻建方式，统筹协调风貌保护与村宅更新的相互关系，重新激活保护村庄的村宅更新机制。

3. 分条线、分阶段、分类型建立实施项目库，确保村庄规划的操作性

本规划结合各部门分管工作，建立统一项目库，根据村庄建设内容分门别类地制定近远期实施计划和方案，确定项目实施责任人，保证各条线建设工作有序实施推进。

村域土地使用规划图

村域产业空间规划图

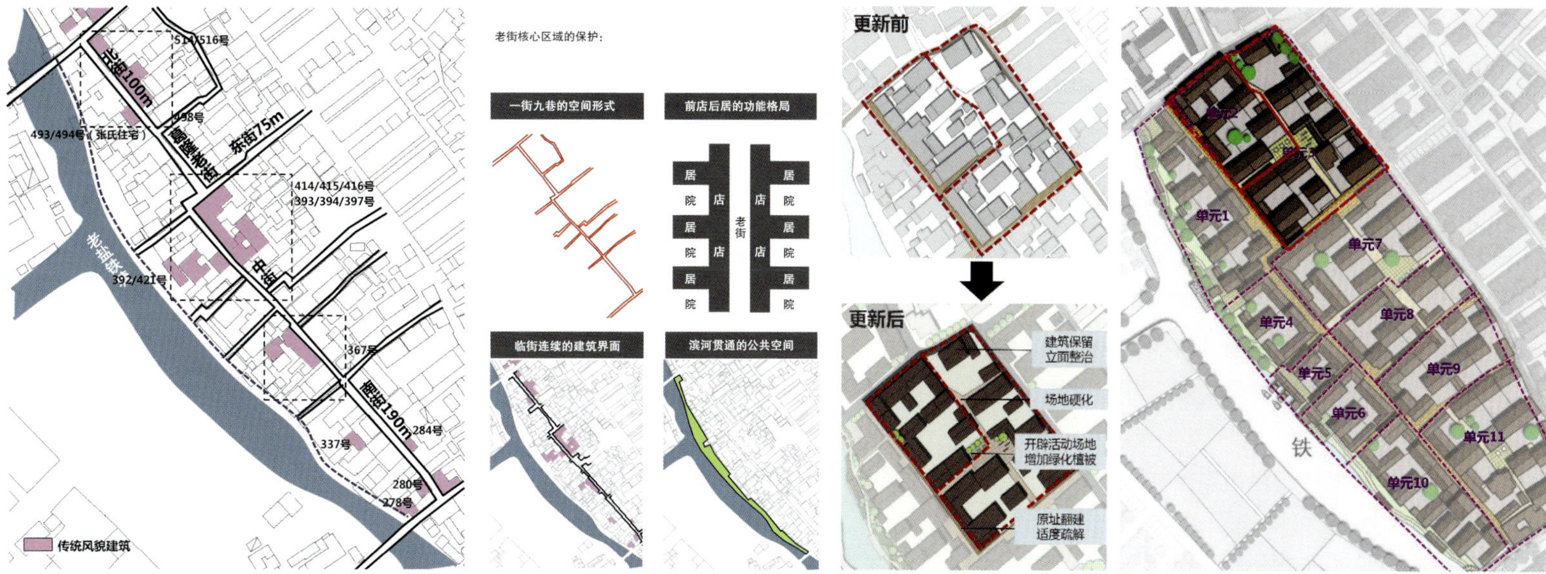

葛隆老街保护要素示意

葛隆老街村宅单元式更新策略示意图

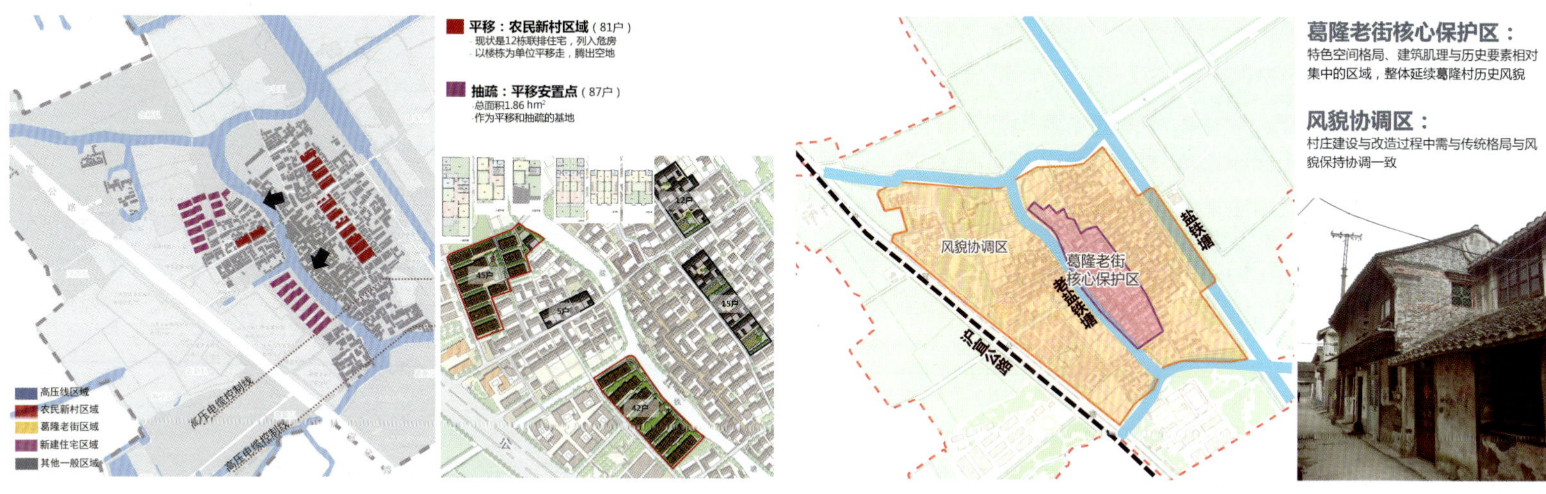

村宅平移抽疏示意图

村庄保护范围示意图

六、实施情况

本规划经嘉定区人民政府批复实施。在嘉定区农委的统筹下，葛隆村在环境整治、基础设施建设以及公共配套等方面建立了近期建设项目库，同时进行相关工程可行性研究。目前，葛隆村正在进行河道的疏通及水环境整治工作，同时，村庄“198 工业用地”（规划产业区外、规划集中建设区以外的现状工业用地）及局部违章建筑也已在清理之中。

伴随着葛隆村村庄环境的改善以及基础设施建设的提升，不仅村民们更加愿意回到这样一个“看得见家长里短，讲得出源远流长”的村庄生活，葛隆村未来也能够成为上海远郊地区的世外桃花源，继续书写乡村发展的记忆与乡愁。

上海市浦东新区农村地籍更新调查与系统建设

2017 年度上海市优秀城乡规划设计奖（城市勘测和规划信息类）二等奖

编制时间：2015 年 10 月—2016 年 11 月

编制单位：上海市测绘院

编制人员：顾建祥、姚磊、王正平、陈东亮、杨建军、邵东华、徐红、盛成、马彦清、刘玲、魏晓燕、严致远、刘哲、詹仲剑、张磊晔、蒋勇、张麟、史晟恺、陈莉莉、崔华

一、项目概况

根据中共中央、国务院文件《关于加快发展现代农业进一步增强农村发展活力的若干意见》（中发〔2013〕1 号）精神和国土资源部《关于进一步加快农村地籍调查推进集体土地确权登记发证工作的通知》（国土资发〔2013〕97 号）要求，上海市于 2015 年起开展农村土地地籍更新调查工作：全面查清本市农村地区宗地的权属、界址、面积、用途等信息，完善农村地籍调查、统计和登记制度。

为配合此项重点民生工作的推进，上海市测绘院承接了浦东新区 6 个镇 141 个村的地籍更新调查任务。2016 年，

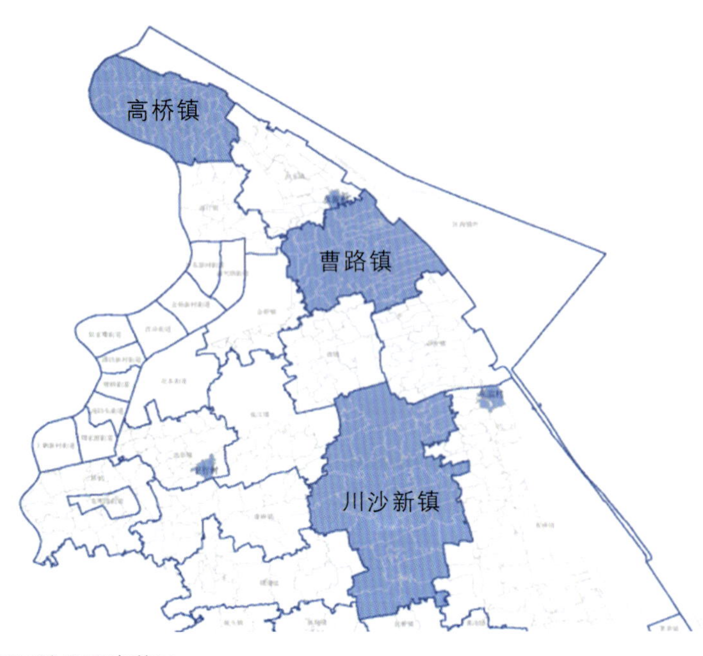

项目涉及调查范围

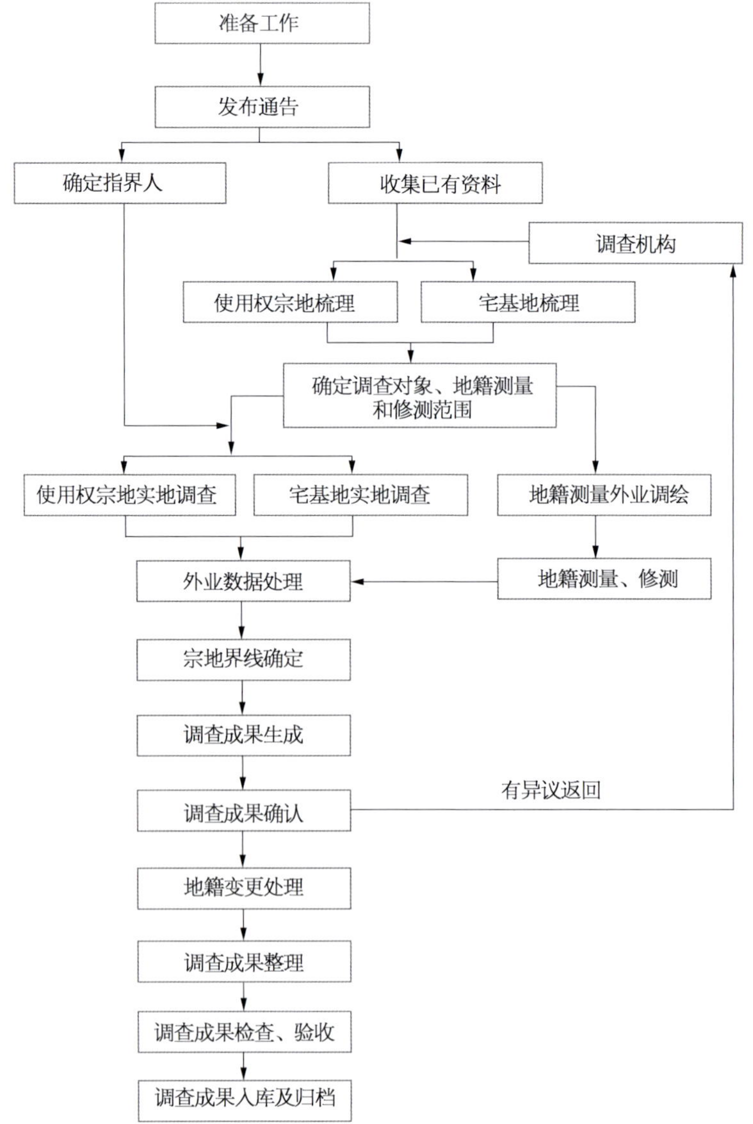

农村地籍更新调查作业流程图

成立项目组，陆续完成了高桥镇、川沙新镇、曹路镇、高东镇永新村、北蔡镇卫行村、祝桥镇东滨村等共计 87 个村（107.12 km^2）的调查任务。

项目主要成果包括：完成浦东新区 87 个村地籍要素更新工作；完成浦东新区 87 个村（107.12 km^2）的宅基地以及集体建设用地的调查工作，共计完成 35 190 户宅基地和 1 381 宗集体建设用地调查；完成浦东新区 85 个村的数据预变更工作，2 个村成果在上海市规划和自然资源局大机系统上完成正式变更；全面查清浦东新区 87 个村农村地区宗地的权属、界址、面积、用途等信息，为提高规划国土管理水平、农村产权制度改革和经济社会发展提供服务和保障。

二、项目实施

1. 制定目标

为做好这项实事工程，在项目启动之初，便制定了工程预期目标：全部成果质量达到优级，争创优质工程。一是认真实施 1∶500 比例尺的地籍图实测，提高地形现势性；二是以热忱专注的服务态度，投入宅基地调查和集体建设用地等使用权宗地权属调查，保证村民满意度；三是完成成果数据的正式变更，保障地籍数据库更新；四是开发建设调查系统，梳理作业技术文档，建立长效更新机制；五是积极开展相关课题研究，拓展成果应用范围。

2. 技术路线

（1）参照操作手册，完成基本任务

项目中，作业组依据《地籍调查规程》等技术规范，按照《上海市农村地籍更新调查操作手册》要求，严格执行符合技术规范的作业流程，充分利用现有的地籍基础数据，参照各类权源证明资料，采用内外业相结合的调查方法，开展土地使用权调查和地籍测量，查清农村每个使用权宗地和每户宅基地的权属状况，更新本市地籍基础数据库。

从外业测量到现场调查再到资料整理，调查员全情投入，争取 100% 的数据合格率、100% 的村民配合度。主要内容包括：

① 使用权权属清理。对使用权宗地进行内业数据比对，清理每个使用权宗地和每户农村宅基地的权属状况，并确定地形地物不现势的区域。

② 使用权调查。在权属清理基础上，实地调查每个使用权宗地和每户农村宅基地的使用权状况、测量界址、解算范围、计算面积等信息。

③ 地籍测量。按照 1∶500 比例尺，开展地籍控制测量和地籍细部测量，更新地籍要素。

④ 地籍修补测。对地形地物不现势的区域，按照 1∶500 比例尺，逐步开展地籍修补测，更新地籍要素。

⑤ 房屋测绘。在完成地籍测量的基础上，按照《上海市

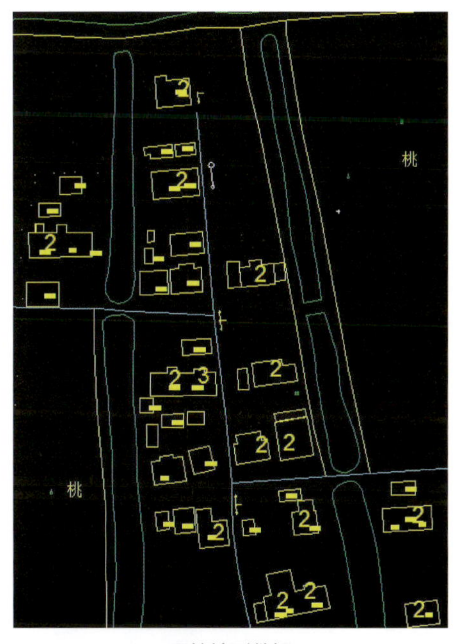

原始地形数据

◆按照1:500比例尺
◆采用上海平面坐标系统
◆长度单位采用m，并保留三位小数。
◆面积单位采用m^2，保留两位小数
◆界址点相对于邻近控制点的点位中误差

更新后的地形数据

地形数据更新比对

农村村民住房建设管理办法》的有关标准，对每户宅基地（或使用权宗地）上的房屋进行测绘。

⑥ 划界编宗。一个使用权宗地必须是一个封闭的图形、一个权属单位，土地的使用权属不同必须分别编宗。一个宅基地使用权宗地为一个立基户，不同立基户必须单独编宗。使用权宗地编码按国土资源部《宗地代码编制规则（试行）》和《上海市宗地统一代码编制技术方案》执行。

（2）建立调查系统，提升作业成效

在浦东新区开展的农村地籍更新调查工作中，项目组于项目启动初期开发建立了上海市农村地籍更新调查系统，实现调查过程中的自动化运算、流程准确控制、数据库设计符合“大机”要求、数据质量成果有保障等目标，以提升作业效率和成果达标率。

系统的核心功能，即作业任务的安排和进度管理、内业数据成果的自动化生成和质量控制。根据地籍调查作业流程，系统划分为前期准备、入户调查、图形制作、资料整理、数据检查、成果统计等子系统。针对作业队伍所在区域的不同，系统支持分布式离线部署和图形界面配置，提高适用性。

三、项目特色

1. 完善项目管理架构

针对项目的情况，上海市测绘院成立了领导小组，组建项目的生产、技术和质量管理团队，投入足量的生产设备和相关资源。搭建组织框架，明确各组职责，形成强有力的工作团队。

2. 汇编技术体系文件

项目组在《上海市农村地籍更新调查操作手册》和《上海市农村地籍更新调查质量检查手册》的基础上，结合浦东新区、青浦区、松江区的作业经验，以及上海市测绘院在基础测绘及工程测量方面的生产和质检验收经验，编写了针对浦东新区农村地籍更新调查的技术文件汇编（共5册）。

技术文件从村镇工作的准备阶段开始，将农村土地地籍更新调查各个关键环节的作业方法、注意要点，都进行了细化；将质量检查工作落实到了项目实施的各个阶段，对调查机构质量检查规定了评分标准，实现了浦东新区农村地籍更新调查的作业、质检等工作的标准化。

3. 完成调查系统搭建

项目组通过搭建上海市农村地籍更新调查工作系统，最大限度地解决项目进程中的自动化作业、权限管理、成果质量控制等问题。利用系统，最大限度地保证作业流程和数据成果的一致性，使流程符合规范要求，成果具有可追溯性，避免不必要的返工。

该工作平台系统是基于局域网，采用B/S结构进行开发，支持多人同时处理数据，分准备、调查、整理、验收、统计、工作日志6个子系统，支持xls、dwg等数据格式文件的导入，在流程、管理、安全等方面作用显著，具体成效包括：

人员统一管理：调查工作需要投入大量调查组驻村进行调查，通过本系统对各村工作人员进行角色分工和权限设定，实现对调查人员的统一管理；工作进度控制：上海市农村地籍更新调查工作周期紧、工作量大，因此需要制定明确的调查计划，通过本系统对各个调查阶段的时间周期进行管理控制，主动把握工作进度；工作过程支持：调查工作涉及流程多，各类文件繁复，在村范围内布设局域网，以实现在村范围内对收集到的相关材料进行统一管理，并能够自动生成所需中间过程文件，避免手工重复性作业，梳理出地籍调查的原始图形和属性信息，并自动导出外业调查所用的表单；成果数据管理：调查组众多，为避免出现成果数据不一致等情况，通过系统对各村数据成果进行规范化处理，实现成果格式的统一，同时应用本系统对数据格式、数据缺漏进行批量检查。

4. 严控质量管理保障

为实现本工程的质量目标，项目组进行了质量目标的分解，严把工序关，未经过审核审定的成果资料决不交付委托方

外业检查工作场景

农村地籍更新调查现场工作场景

实行“724”工作制

使用。在项目整体实施过程中采用分组责任制，落实好三级检查制度；精心撰写技术方案，做好技术交底；定期召开生产例会，增进沟通，举一反三。具体从以下三方面贯彻质量控制：

（1）落实“三检”

根据上海市规划和自然资源局规定，本次农村地籍更新调查实行三级检查制度：首级检查由土地调查单位组织完成；二级检查由区（县）调查办组织开展；三级检查在区（县）检查合格的基础上，由市调查办组织实施。

（2）严把“四关”

人员培训准入组：培训不合格人员不准进入项目作业队伍；设备验收关：即设备不符合规范要求的，不得在生产中使用；过程管理关：加强按规范和“三体系”文件规定施工，按设计规范管理的要求，确保生产过程安全可靠；成果验收关：实行三级检查，二级验收制度，保障成果质量。

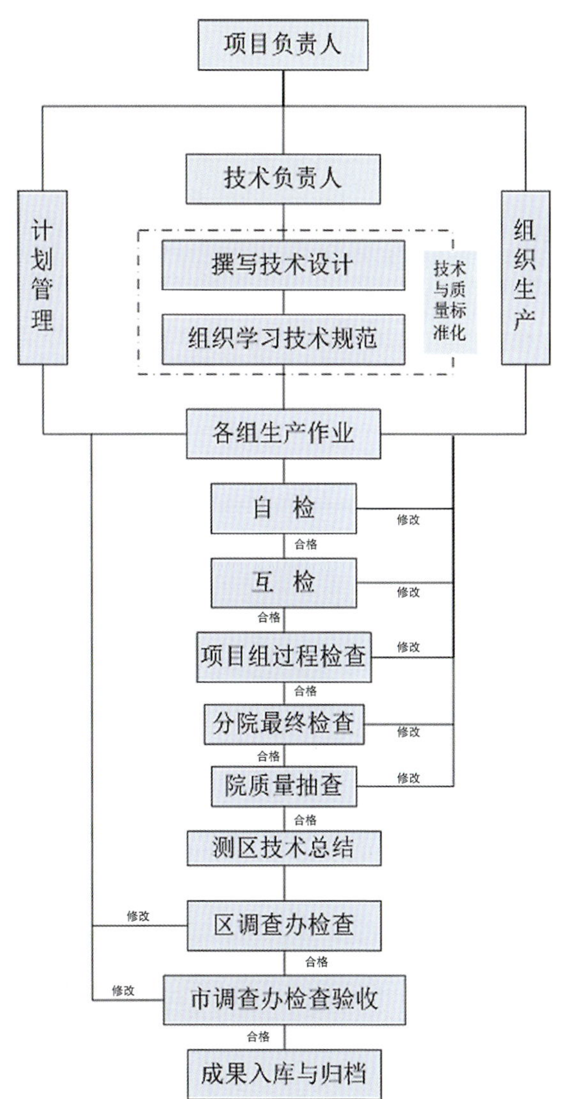

质量管理控制流程图

（3）实现“五要”

在项目作业过程中，负责领导要高度重视，管理制度要健全严格，组织机构要完善实用，专业技术人员要保证数量质量，生产人员要证件齐全、持证上岗。

四、关键技术

1. 权源资料采集及管理

研究分析上海市浦东新区农村地籍权源资料的数据来源，主要分栅格图像的入库管理和图像属性信息输入建库管理方式。

集体土地的入户调查会产生大量的过程数据，在外业中将数据管控过程提前，避免将所有的数据管理都放在后期内业处理中，减少错误率，提高工作效率。

2. 调查数据库结构研究

根据地籍图形和宗地图形数据（空间数据）和地籍成果属性数据（非空间数据），遵循“数据和应用分离”的基本原则，将所有数据资源集中管理、集中维护，分布使用。空间数据、非空间数据分开存储，空间数据和非空间数据之间通过相关特征进行关联和体现，实现数据间的动态互访。

3. 成果数据的管理和应用

更新调查积累了大量的历史和现势数据，各类数据在调查结束后，依托在信息化调查系统中进行统一管理，使本次调查的意义达到最大化；信息化管理的调查数据将在调查结束后的几项工作中继续发挥作用：确权发证、纠纷解决、纠正历史错误、地籍管理数据的补缺等。

五、成效综述

项目全面查清了涉及87个村的农村地区宗地权属、用途等信息。调查成果的信息化将为今后建立调查成果的长效更新机制、提高农村地籍信息的社会化服务水平、满足农村改革和经济社会发展及规划自然资源管理的需要打下坚实基础。

自上海市测绘院参与浦东新区农村地籍更新调查以来，项目组以兢兢业业的工作态度与充满热情的服务态度，赢得了委托方与社会各界的一致好评。在项目推进过程中，作业人员共收到来自村民自发送来的感谢信4封、锦旗10面。项目组连续两年在驻村作业现场，为上海师范大学的学生提供地籍调查见习培训。《青年报》《东方城乡报》等多家媒体也对项目中出现的优秀事迹进行了相关报道，树立典型，形成了良好的社会效益。

上海市土地整治规划（2011—2015 年）实施评估

2017 年度上海市优秀城乡规划设计奖（土地专项类）二等奖

编制时间：2015 年 1 月—2015 年 12 月

编制单位：上海市建设用地和土地整理事务中心、上海市城市规划设计研究院

编制人员：刘静、龙腾、闫玉玉、范志昂、钱少华、王洁华、殷玮、叶子、夏菁、朱晓丹、丁芸、孙彦伟、吴沅箐、申树云、宁秀红

一、规划评估背景

《上海市土地整治规划（2011—2015 年）》是上海市按照国家要求编制的首轮整治规划，于 2013 年正式发布。“十二五”规划实施期间，土地整治事业快速发展，外部环境发生了深刻变化。从国家层面来看，土地整治上升为国家层面的战略部署，党的十八大和十八届三中全会对生态文明、新型城镇化建设等提出了新要求，土地整治规划作为我国土地规划管理的重大创新，必须紧跟形势，进一步强化对国家粮食安全战略、节约优先战略、城乡统筹发展以及生态文明建设的重要支撑作用，实现从单一的土地整治向综合性国土整治的转变升级；从上海层面来看，在土地资源紧约束的条件下，2014 年，上海提出“五量”调控土地新政，明确要求加快推进集建区外低效建设用地减量工作，以实现建设用地“零增长、负增长”、服务社会经济转型发展。此外，土地整治还肩负着缓解耕保压力、促进城乡统筹、保障城市生态安全等重任。外部环境的深刻变化促使土地整治规划目标及方向要进行及时调整，以保障新一轮规划的科学性和前瞻性。因此，对本轮规划进行科学、全面的评估势在必行。

二、规划评估主要内容

本次评估采用实地调研、定性与定量分析相结合、空间与时序分析相结合等方法，对上海市“十二五”土地整治规划设置的关键指标及关键任务落实情况进行全面客观评价，总结成效、分析问题，从而为新一轮规划编制提供参考。

1. 关键指标完成情况

（1）土地整治补充耕地指标

规划确定土地整治补充耕地量为 24 万亩，其中农用地整治补充耕地 2.68 万亩、农村居民点整治补充耕地 1.47 万亩、滩涂开发补充耕地 4.10 万亩，延时平衡和国家统筹补充耕地 15.75 万亩。经调查统计，2011—2014 年，上海市实际补充耕地 12.79 万亩；其中土地整理复垦补充耕地 10.85 万亩、滩涂开发补充耕地 1.94 万亩。

从总体趋势来看，预计到 2015 年规划期末，补充耕地的目标难以全面完成，主要原因在于延时平衡和国家统筹补充耕地 15.75 万亩的指标尚未完成，滩涂开发补充耕地虽仅完成指标的

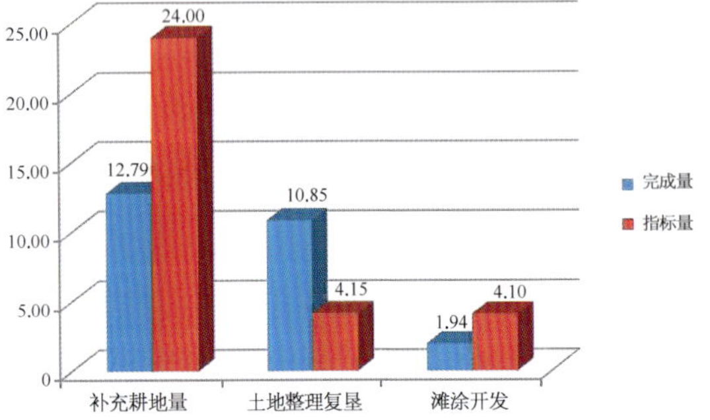

2011—2014 年上海市补充耕地完成量与指标量对比图（单位：万亩）

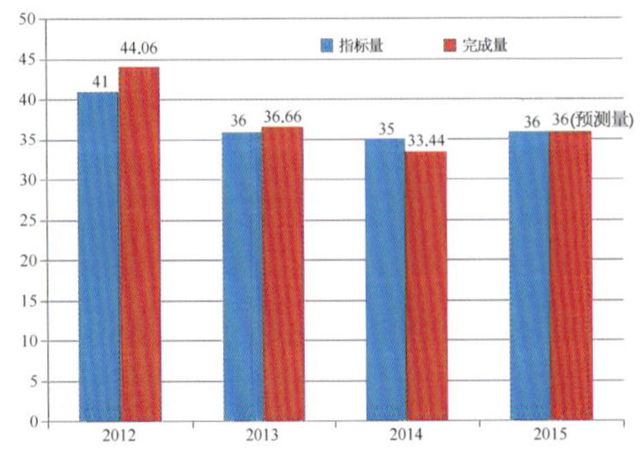

2012—2015 年高标准基本农田完成情况图（单位：万亩）

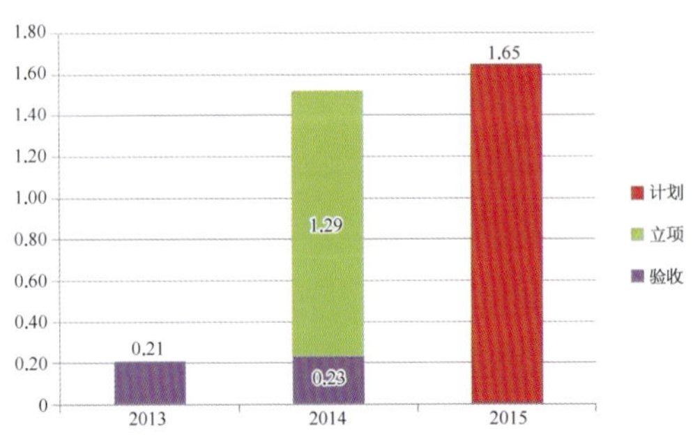

2013—2015 年集建区外建设用地减量化情况变化图（单位：万亩）

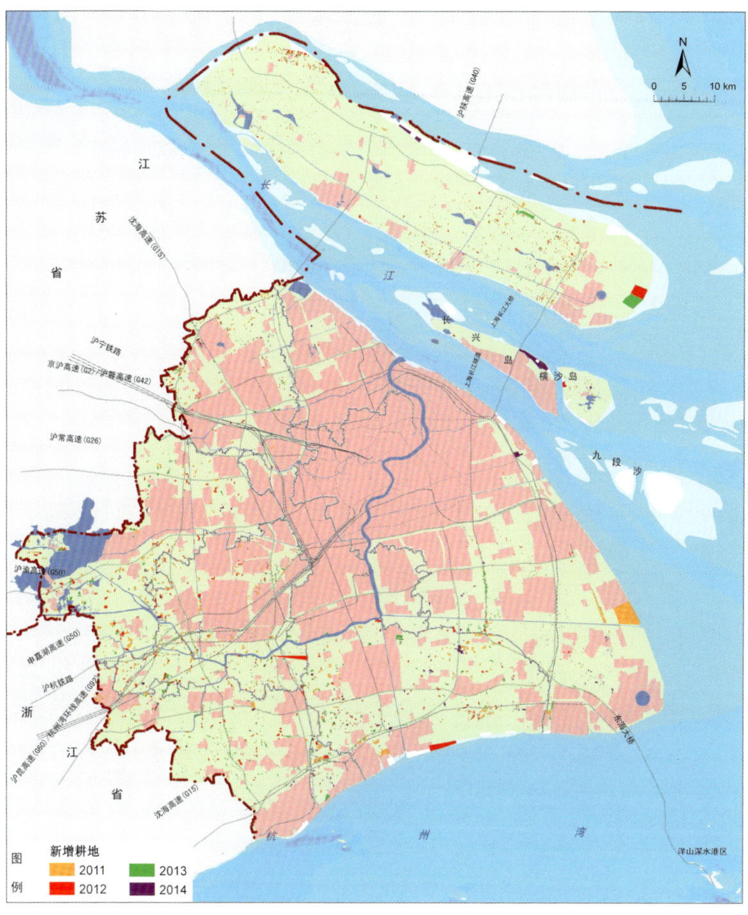

年度新增耕地情况分析图

47.3% 左右，但农用地整治补充耕地与农村居民点整治补充耕地约完成指标的 261.4%。

（2）高标准基本农田建设指标

规划确定高标准基本农田建设任务为 148 万亩，其中，2012—2014 年年度建设任务分别为 41 万亩、36 万亩和 35 万亩。2012—2014 年上海市实际完成建设任务分别为 44.06 万亩、36.66 万亩和 35.11 万亩，共计完成约 160 万亩，距离规划目标仅差 32 万亩。按 2012—2014 年年均完成 38 万亩的态势以及上海已建设设施粮田、设施菜田共计约 200 万亩的情况，预计 2015 年可超额完成规划目标量。

（3）集建区外建设用地减量化指标

规划确定集建区外建设用地减量化目标为 3.04 万亩。据统计数据显示，2013—2014 年实际验收完成量为 0.44 万亩，根据已验收及已立项或计划立项的减量化项目规模，预计到 2015 年底可完成减量化规模为 3.38 万亩，即能够实现规划目标。但考虑到立项、计划项目实施周期较长，2015 年底前验收数量可能会出现未达到规划目标的情况。

2. 规划关键内容实施情况

（1）农地整治情况

从总体上看，2011—2014 年农用地产生的新增耕地规模占全市补充耕地规模的比例达 89% 以上，农用地仍是补充耕地的主要来源。但从年度变化趋势上看，农用地补充耕地呈逐年下降的态势，建设用地和未利用地补充耕地规模有缓慢增长的趋势。

（2）建设用地整治情况

一是城乡建设用地增减挂钩情况。自 2009 年成为城乡建设用地增减挂钩试点以来，截至 2014 年 10 月底，上海已审批通过 23 个项目，有 4 个项目正在验收或准备验收，其余项目均在实施，且有 5 个项目与市级土地整治项目相叠合。这些项目多数是由政府主导，各乡镇在实施过程中不断创新，涌现出了不同的搬迁挂钩模式，如镇区小高层安置的外冈模式、村域集中建房安置的新叶模式、跨村近镇注重农村风貌的廊下模式等。二是建设用地减量化情况。减量化重点实施对象有两个方面：“198 区域”工业用地（规划产业区外、规划集中建设区以外的现状工业用地）以及“三线”（高压走廊、高速公路、铁路）地区、水源地保护区、郊野公园、垃圾处理场等大型市政项目规划控制范围内的农村宅基地。2014 年，因全市对减量化工作的高度重视及各类政策和保障措施的出台落地，各区县的减量化工作有了很大进展，减量化立项数量急剧上升，截至 2014 年底全市已落实减量化任务总量为 1 028 hm^2，完成比例为 103%。其中，“198”工业用地减量化达 689 hm^2，完成比例为 106%，超过了市、区两级工业新增建设用地总量（241 hm^2），实现了年度工业建设用地的实质性负增长。

（3）滩涂开发情况

上海市以科学发展观为指导，坚持“保护中利用、利用中保护”的路径，科学选址、严控规模，合理有序地开发滩涂资源，做到了滩涂湿地可持续利用与保护协调发展。“十二五”期间，重点推进崇明北支滩涂、横沙东滩和南汇东滩的开发工作，已实施或正在实施和立项的项目共计 7 项，涉及总规模约 8.08 万亩，总投资约 9.67 亿元，预计新增耕地约 5.92 万亩。

（4）生态空间建设（郊野公园建设）情况

2012 年，在《上海市基本生态网络规划》的基础上，上海市初步选址了 21 个郊野公园，并先后于 2012 年和 2014 年共确定了 7 个郊野公园试点，分别为青西、嘉北、浦江、松南、长兴岛、廊下和广富林。按计划，7 个试点公园一期开园时间将主要集中在 2016 年下半年到 2017 年上半年。郊野公园建设是整片区推进景观生态型土地综合整治的有益尝试，其依

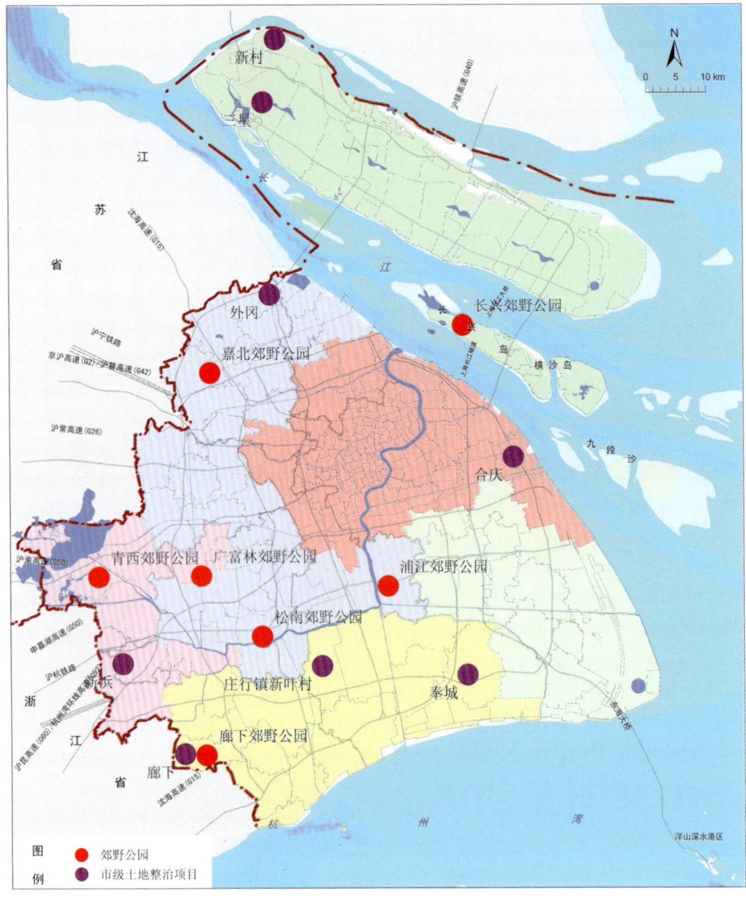

郊野公园和市级土地综合整治项目选址示意图

托郊野单元规划平台，统筹涉农政策和资金，通过实施“田、水、路、林、村、厂”综合整治，淘汰落后产业，优化用地布局，提高用地效率，构建“农、林、水”或“农、林、湿”绿色生态网络，在实现产业结构转型发展的同时，锚固了上海生态安全基底，满足了市民的休闲游憩需求，有助于城乡统筹发展目标的实现。

（5）市级土地综合整治项目开展情况

上海自2011年开展市级土地综合整治项目以来，截至2014年底，已审批通过8个项目，预计全部竣工后将新增耕地约700 hm^2、归并农户约3 000户。8个项目中有7个均已在2011、2012年获得可研、规划设计和预算批复，7个已批复项目共投资约26亿元，其中市级投资约21亿元，是项目推进的主要动力，占总投资比例为84%，区县配套资金约4亿元。与传统土地整治项目相比，在市级土地综合整治项目投资中，搬迁补偿是主要支出，占总投资一半以上。另通过投入产出法测算土地整治投资对国民经济的拉动作用，结果显示，8个市级土地综合整治项目投资拉动效果显著，直接拉动系数范围在0.98～1.25。

3. 规划总体成效总结

第一，规划科学导向程度大幅提高。根据上海市经济社会发展需要，明确了上海“145”土地整治战略，即“以综合型土地整治推进上海转型发展”为战略导向；聚焦“增加耕地数量”“提高集约水平”“完善生态网络”“优化空间形态”四大战略目标，制定了差别化的土地整治措施，凸显了土地资源对上海转型和持续发展的支撑和保障作用。

第二，规划编制体系不断丰富完善。创新规划编制体系，形成了“市级—区（县）级—郊野单元（乡镇级）”三级土地整治规划编制体系。2014年，市级层面重点推进的31个重点镇郊野单元规划均已完成报批，未来3年内上海市郊区将实现郊野单元规划的全覆盖。

第三，各项政策、制度体系不断完善，保障了土地整治项目的顺利实施。一是集建区外建设用地减量化政策不断创新。目前，已经形成“存增转化”“引逼结合”的推进机制，制定了“198区域”工业用地有序退出、市级专项资金支持等相关支持政策，并将建设用地减量化目标纳入年度计划，实现与新增建设用地计划指标下达的联动管理。二是土地整治项目监管制度体系逐步完善。在本轮规划推进过程中，逐步总结并形成了以“上海市市级土地整治项目和资金管理办法”为核心的“1+9”制度框架，建立了从立项到竣工验收全过程管理的政策制度和规范，保障项目实施做到有规可依。

4. 规划仍存在的问题

第一，规划期限相对滞后。区（县）级土地整治规划于2013年底批复完成，离规划期末仅剩两年时间，规划的引领作用难以充分发挥。

第二，规划实施过程中较少涉及市地整治。“十二五”期间的重点工作是集建区外的土地整治，市地整治较少涉及，主要以增减挂钩为工具，通过建新、安置、出让，实现集建区部分片区的城镇更新。

第三，条线资金统筹缺乏政策支持。各级规划的资金来源均有较大缺口，需通过部门资金整合、增减挂钩建新地块出让金返还、类集建区出让收益返还和市场融资等途径解决。但由于在实际操作中的投入分成、审计等问题，叠加使用各部门政策资金存在较大的难度。此外，资金来源的受限将直接制约规划实施的进度。

第四，公众参与程度有待进一步提升。应进一步推动和实现利益主体全面覆盖、项目整个生命周期全程参与、公众参与形式多样化。

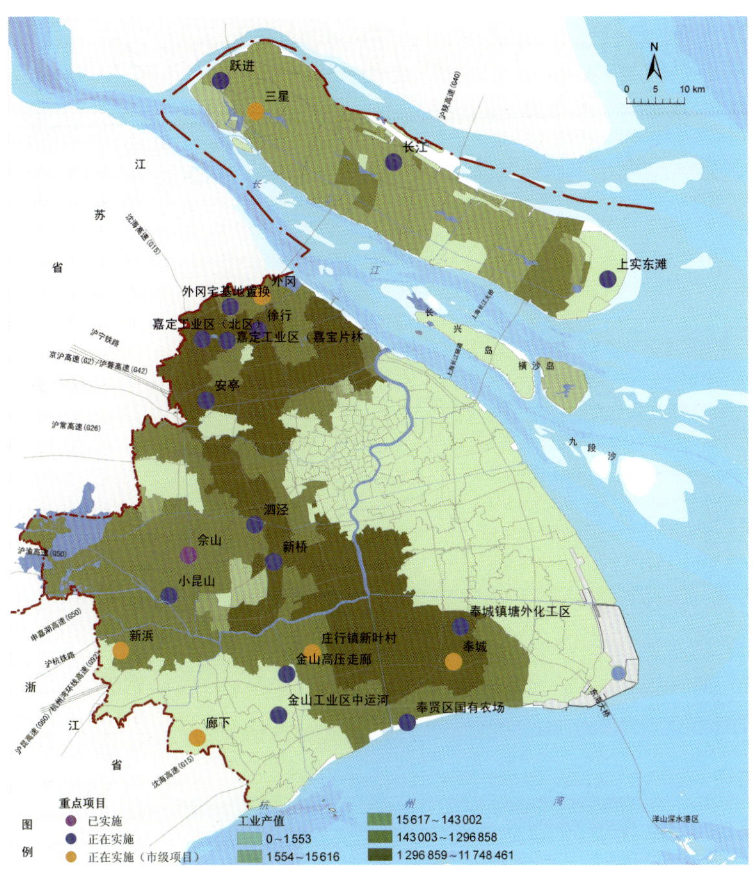

工业产值与项目区对比分析图

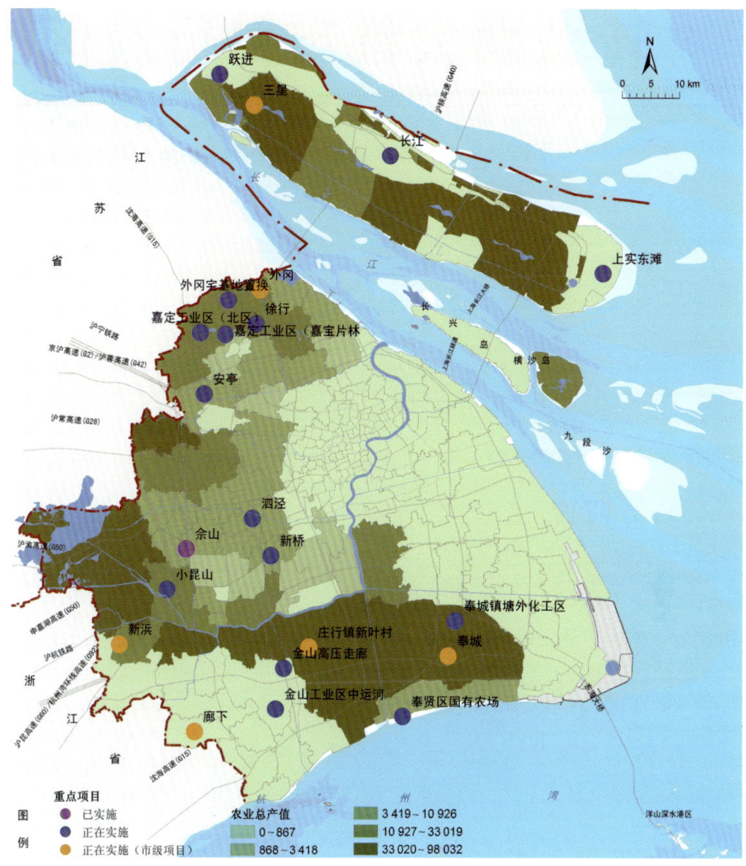

农业产值与项目区对比分析图

5. 新一轮规划建议

一是尽早启动规划编制工作，切实发挥规划对实践的指导作用；二要坚持高起点规划并适应农村变革和城镇化进程，充分发挥土地整治对城市发展的空间保障作用，合理安排土地整治任务；三要充分体现“以整治促集约”的抓手作用，将村庄建新安排纳入土地整治规划；四是继续强化耕地质量提升相关内容安排，推动土地整治生态理念、公众参与理念落地；五要充分发挥市场作用，建立多元化的土地整治投融资渠道。

三、项目特色

第一，该成果是对上海市首轮土地整治规划实施的评估，是一项开创性的工作，意义重大。评估成果总结了规划实施的经验与教训，并针对问题提出建议与措施，有助于把握新一轮土地整治规划方向和动态，不断提高规划管理的决策水平，创新规划实施保障手段，从而促进规划制度环境的良性发展。

第二，“十二五”规划实施评估采用定性与定量分析相结合、空间与时序分析相结合以及典型与个案调查等手段，对农地、建设用地、滩涂、生态空间和综合土地整治等不同类型土地整治的实施成效进行评估，并针对重点问题开展专题研究，形成了系列评估成果，剖析全面深入。特别是关于减量化、生态空间建设等评估内容可以为其他地区提供较好的借鉴。

第三，本次评估还包括了土地整治项目对经济社会投资拉动效应分析，充分证明了土地整治对社会经济转型发展的保障作用，为进一步开展土地整治规划、实施土地整治项目提供了重要依据。

四、实施情况

本成果准确把握了新形势下上海土地整治的新方向和新任务，为新一轮土地整治规划的编制提供了科学依据和重要参考。评估建议的尽早启动“十三五”规划编制工作已经付诸实施，且“十三五”土地整治规划编制工作方案已经完成。

转型期大都市跨行政区空间规划干预制度创新研究

2017 年度上海市优秀城乡规划设计奖（城市规划类）三等奖

编制时间：2015 年 4 月—2016 年 12 月

编制单位：上海市城市规划设计研究院

编制人员：骆悰、欧胜兰、陶栋艳、琚立宁、申立、杨汀、陈圆圆、徐陈佳、张延吉、薛原、李林晴

一、研究背景

党的十八大以来，随着我国推进全面深化改革，“建立完善跨区域城市发展协调机制”成为重中之重。中央城镇化工作会议、中央城市工作会议、国家“十三五”规划纲要等均将区域协同上升到国家战略高度。

经历了改革开放 40 年来的经济快速发展和城市快速扩张，当前我国跨行政区的矛盾确已在部分发达大都市逐步凸显，产业不协调、道路断头、生态安全风险等诸多跨行政区问题频频暴露，协同诉求迫切。

面对国家战略要求和现实倒逼诉求，《长三角地区城市群发展规划》《京津冀协同发展规划纲要》、“上海 2035”等一系列区域性规划的探索性实践虽已密集展开，但与新的改革要求仍有巨大落差。破解跨行政区协调问题，成为当前迫切需要加强的制度盲区。

二、主要内容

1. 历史梳理与制度演进

根据我国社会经济背景特征，研究以“新中国成立、改革开放、21 世纪初、党的十八大”为四个重要的时间节点，全面梳理我国历史上的规划干预制度。研究发现，建国以来我国行政区划经历了从城市型城市到区域型城市的重大变革；空间规划上，先后共出现过 8 类具有跨行政区性质的空间规划，除 50 年代的区域规划和 80 年代的国土规划已退出历史舞台外，目前仍有 6 种在继续发挥作用。在每个社会阶段，新跨界问题和新协调诉求的出现，直接推动了跨行政区空间规划干预制度的不断变革。

2. 现实挑战与制度检讨

对昆山—嘉定和南通—崇明跨界地区进行实例分析，发现尽管既有空间规划干预制度实现了空间全覆盖，但相对转型期日益迫切的协同诉求，存在三个方面的干预失灵：一是响应失灵，体现在对当前协同诉求的针对性和灵敏度明显不足；二是协调失灵，体现在平行行政区之间的横向衔接协调乏力；三是实施失灵，体现在上位规划对下位规划缺少必要的监督与纠偏手段。

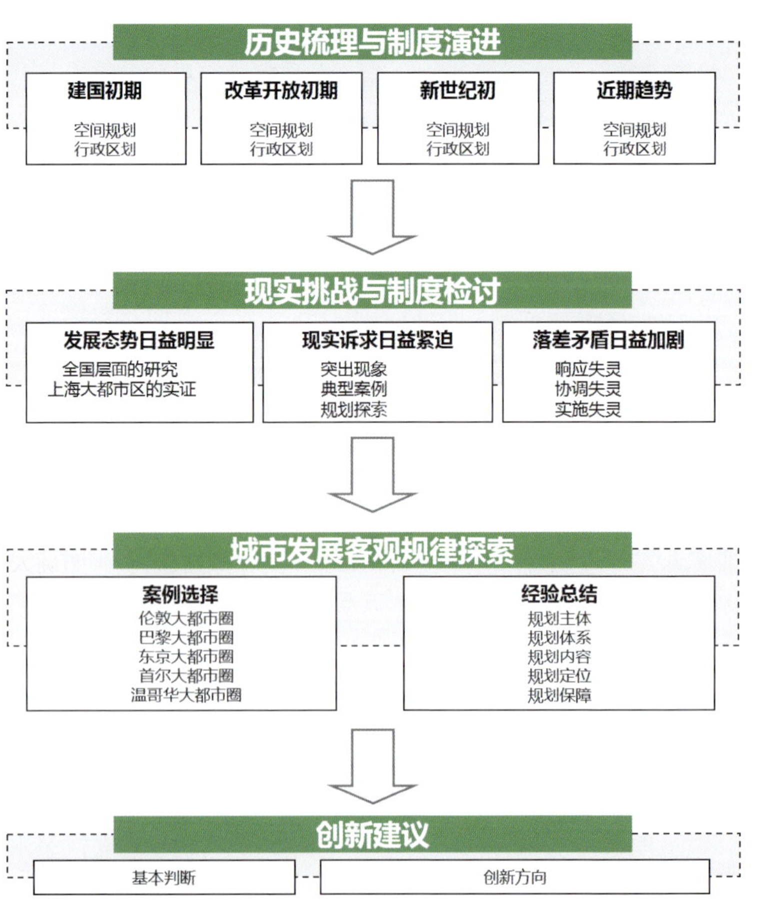

研究技术路线图

3. 城市发展客观规律探索

通过对伦敦大都市区、东京首都圈、巴黎大都市区、首尔首都圈、大温哥华地区五个国际先发地区的分析，发现存在共通性的客观规律：一是转型时期普遍存在跨行政区协调诉求；二是普遍实行跨行政区规划干预，由上一层级政府或授权机构组织编制；三是强调跨行政区规划制度建设，将大都市区层面的规划纳入统一的空间规划体系中。课题同时发现，中外城市存在明显的制度差异，主要体现在：政区模式差异，我国城市普遍为区域型政区，而国外大都市为城市型政区；政府职能差异，我国行政区经济现象突出，应当谨慎甄别国际经验的适用性。

4. 制度建设创新建议

（1）解决区域问题不能单靠行政区划调整，更应重视大都市区层面规划干预制度的建设。在干预范围上，应根据大都市的实际功能联系，超越单一行政区边界；在干预内容上，强调有限度的管控，聚焦产业协作、交通协调和生态协同 3 个重点领域；在组织协调上，强调行政区内部的“多规合一”和跨行政区层面的多规衔接。

（2）基于我国国情，提出四项近期可操作建议。第一，建立适应我国国情的大都市区划定系统，积极探索大都市区这一空间尺度在政策制定中的应用；第二，加强平行行政区间关键要素的衔接与协同。以国民经济和社会发展规划为平台，推进区域的空间战略衔接和行动计划协同；第三，提升跨行政区协同在城市总体规划中的刚性地位；第四，积极推进行政区间信息统计制度的无缝衔接。搭建数据平台，统一数据的统计精度、统计口径、测算方法。

三、成果特色与创新性

（1）厘清大都市区基本概念内涵，扎实课题理论基础。目前“大都市区”的相关概念繁多混杂，课题追根溯源，明确大都市区概念和内涵，为推动区域发展理论与规划实践的创新奠定基础。

（2）融合行政区划与空间规划视角，体现跨学科研究思维。课题搭建跨学科综合团队，从空间规划、行政区划等多学科交叉视角研究区域协同的制度问题，具有较高的决策咨询价值和学科理论价值。

（3）系统梳理我国空间规划干预制度的演进历程，对标时代需求，开展全面评价。课题完整梳理了建国以来我国空间规划干预制度的演变，对我国“多规合一”和空间规划体系建立等工作具有积极意义。

（4）区分远景理想和近期现实，提出分步骤实施的对策建议。课题从空间协调的范围、内容和组织保障三个方面提出远景理想方案设想，并针对我国现有制度框架，提出具有操作性的近期改良对策。

四、成果评价与应用

本课题成果对于发现区域统筹层面的规划核心问题、厘清相关城市规划概念、推动完善大都市跨行政区规划制度建设和丰富相关城乡规划学科理论，均具有重要的理论价值和应用价值。

对远期近期提出的建议表

	远景	近期
近远期目标	制度的创新离不开国家层面的全面深化改革	以规划系统近期可创新和探索的事项为主，形成相对稳定的有限技术方案
创新方向	**总体目标：** 推进“多元”“善治”的区域治理模式 需要： （1）政府职能的转型 （2）公民社会的建立 （3）法治社会的建设	与城市总体规划的改革与创新同步，强化和充实城市总体规划的法定内容
对策建议	1. **干预范围和事权**，应覆盖并超越大都市所在行政区范围，并在这一规划层面率先实现“多规合一” 2. **干预的内容**，应聚焦功能协同、交通协调和环境协同 3 个重点领域 3. **组织协调**，应统筹包括跨行政区的区域发展规划、国民经济规划、主体功能区规划等相关规划，并成为大都市城市总体规划的重要编制依据	1. 应在我国既有制度框架内，积极探索对都市圈等具有共通性内容的合理应用 2. 先行加强平行行政区间关键要素的衔接与协同 3. 强化和提升跨行政区协同在城市总体规划中的刚性地位和重要程度 4. 积极推进行政区间信息统计制度的无缝衔接

上海市养殖业布局规划（2015—2040 年）

2017 年度上海市优秀城乡规划设计奖（城市规划类）三等奖

编制时间：2014 年 10 月—2016 年 1 月

编制单位：上海广境规划设计有限公司

编制人员：黄劲松、刘俊、胡晓雯、毛倩、齐福佳、应建敏、李建颖、汪湖北、朱敏、侯明明、程聪磊、陈小飞、张超亚、权宇澄、李开明

一、规划背景

党的十八大提出，“建设生态文明，是关系人民福祉、关乎民族未来的长远大计”，规范化、标准化养殖，发展循环农业是减少能耗和污染物排放、提高环境质量的重要举措。畜禽产品和水产品是城市重要的“菜篮子”产品。发展都市型现代养殖业，确保肉、蛋、奶、鱼等主要农产品的有效供给，是应对突发重大疫情、重大自然灾害和市场剧烈波动，保障上海这一国际性大城市运行安全的重要举措。在上海全市建设用地接近天花板的现状条件下，不仅城市发展需要更新和盘活，农业地区的建设发展也需要通过“统筹布局、结构调整、盘活存量、综合利用”等手段，节约集约利用土地，合理安排建设空间。2015 年 1 月，市委、市政府提出“积极主动推动农业结构调整，根据资源环境承载能力确定本市实际养殖量，编制实施《上海市养殖业布局规划》”。

二、规划思路

1. 采取市、区两级规划同步编制的手段，形成“1+9”的成果形式

即一份市级成果加九个涉农区级成果。规划以“减量提质”为重点，分禽养殖和水产养殖两大条线，在全市各区现状全面调查的基础上，利用“基于减量目标的分类评价标准”对全市养殖场进行综合评价。同步开展养殖规模上下限、养殖空间布局及分区管控和后续减量及管控政策等专题研究。最终形成市区两级专项规划成果。其中，市级成果内容主要包括发展战略目标、养殖区域划分，产业引导以及后续实施

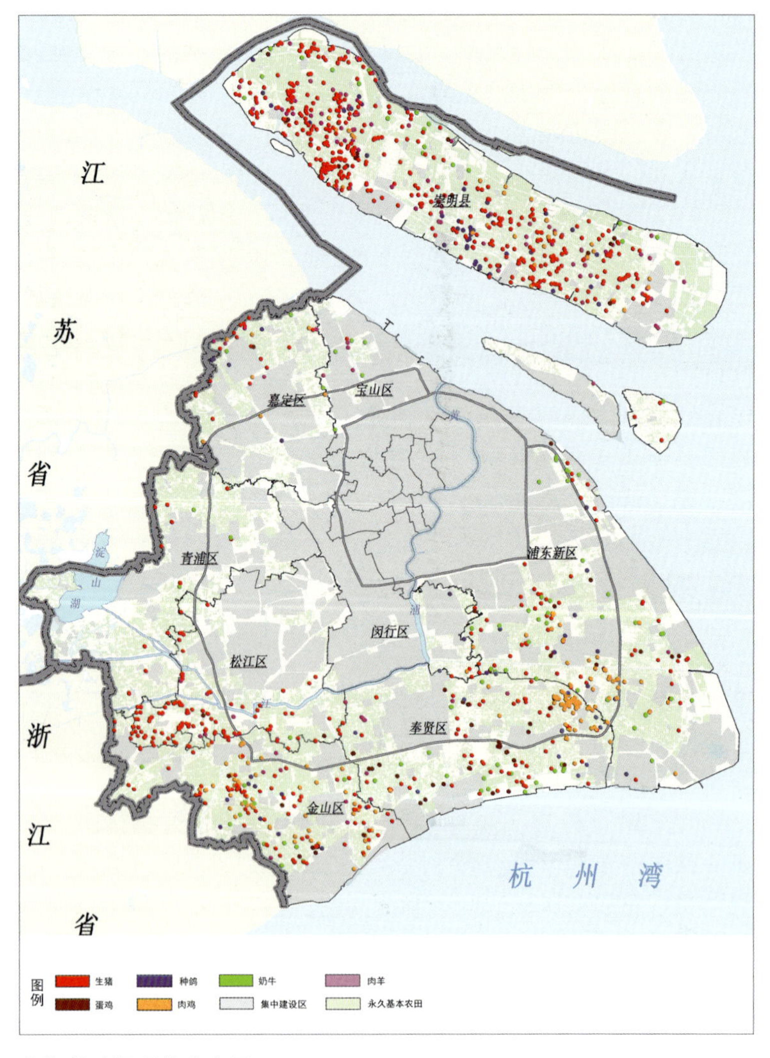

上海养殖场现状分布图

管控政策建议等；区级成果内容主要包括各区县养殖业发展导向，近、远期养殖规模方案及各阶段减量任务，近期重点建设项目等。

2. 坚持以问题为导向

从生态环境承载力和食品安全两个角度出发，并参考国际先进养殖经验，对未来养殖模式进行探索和研究，确定全市养殖规模上下限，做到有理有据、科学合理。

3. 坚持“多规合一”

在空间布局的划分和养殖场选址方案等方面，充分衔接了城乡规划、土地管理、环境保护等多方面的规划要素和管控要求。不仅考虑了限制养殖场布局的规划要素，也考虑了吸引养殖场布局的土地要素。

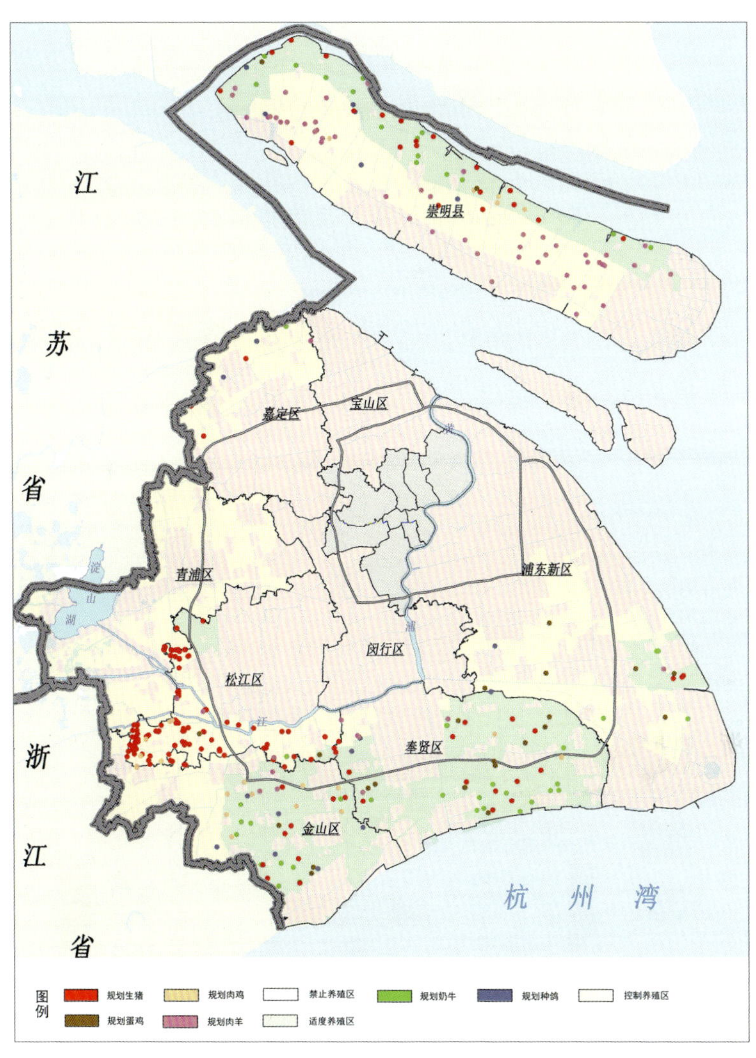

上海养殖场规划分布图（2040 年）

4. 坚持统筹发展、传承与保护

规划方案坚持全市养殖用地总量平衡，新增养殖场用地与拆除养殖场用地增减挂钩。在解决全市养殖场减量的同时，也为全市未来养殖业的发展和种源保护留足了空间。

5. 坚持实事求是、以人为本

为了保证养殖场业主的利益，有序推进实施，本次规划对后续的实施路径也进行了研究。包括养殖场减量化补贴政策、保留养殖场的标准化改造提升补贴政策、养殖场污染减排工程补贴政策以及循环经济补贴等。为后续实施过程中的退养及改造工作提供政策保障。同时，方案提出新建养殖场与拆除养殖场增减挂钩政策，将拆除的养殖场复垦为耕地，与周边的基本农田集中连片、统一管理。

三、项目特色和实施效果

本规划是市级层面首个采用信息化手段编制的农业专项规划，利用 CAD、GIS 等手段，叠加地形、影像等信息，对全市养殖场进行精细化管理，做到一点一档，解决了传统农业规划粗放的管理方式与上海城市发展精细化管理理念不相适应的矛盾，是上海市第一个可直接实施落地的农业专项规划。

本规划于 2016 年 2 月批复至今，基于本规划方案，各区出台了一系列不规范养殖整治以及低水平养殖场减量政策。全市近期低水平养殖场减量任务 1 150 家，截至目前已减量 500 家，减量进度约 50%。拆除后的养殖场复垦为耕地，原本养殖场周边脏乱差的环境得到了明显的改善。

本规划在 2016 年上海市水污染防治行动中发挥了重要作用，通过对比本规划方案信息库，锁定不规范养殖场，并予以拆除，使得原本杂草丛生、臭气扑面的黑臭河道实现了良好的治理效果。

在对养殖场进行退养拆除的同时，规模化、标准化的新建养殖场已陆续建成。例如位于崇明东平镇的畜牧二场、畜牧三场和嘉定外冈镇的泉泾养猪场。新建养殖场均采用国际领先的技术，利用周边良田，种养结合，通过地下管道等循环系统，将产生的粪污变废为宝，解决了环境污染的问题。

本规划的顺利实施不仅保障了本市居民的日常食品安全，对养殖场周边居民的居住环境改善也起到了积极的作用。同时为本市推动生态文明建设、提高环境质量，找到了一条切实可行的实施途径。

上海市宝山区养老设施布局专项规划

2017 年度上海市优秀城乡规划设计奖（城市规划类）三等奖

编制时间：2014 年 10 月—2015 年 12 月

编制单位：上海宝山规划设计研究院有限公司

编制人员：贡凤梅、李瑞发、王静、张雯、叶晖、阎宁、林智慧、杨文杰、曾文慧、陈浩、汤之洁、代苗、蔡亚唯、陈松兵、李超

一、规划背景

当前，老龄化已经成为社会关注的普遍问题。党的十七大、十八大以来，党和国家将养老逐渐提高到战略层面，提出“老有所养”“优先发展社区养老服务”等战略要求。就上海而言，其已进入老龄化社会。上海市政府会同各区县政府，充分认识并积极应对人口老龄化带来的全新挑战。

为落实国家和市级战略，同时也是基于自身老龄化社会的发展需求，2014 年底，宝山区启动养老专项规划编制，旨在构建以居家养老为基础、社区养老为依托、机构养老为支撑的养老服务体系，建成规模适度、布局合理、覆盖城乡、满足多元需求的养老设施空间格局。

二、规划构思

1. 适度前瞻，着眼长远发展

着眼于老龄人口规模和养老服务需求的长期发展趋势，在设施配置上，坚持机构养老和社区养老并举；在规模总量上，推算规划期末老年人口，重点预判老年人口峰值，保障规划的中长期适应性。

2. 探索经验，实现多样模式

参考日本、美国等国家的经验和理念，探索符合国际先进经验，同时适合中国特色的养老模式。拓宽现有养老服务供给主体，提高为老服务资源可及性，提供随需服务，建立满足老年人不同层次需求的养老网络体系。

3. 集约节约，优化空间布局

参考国内外经验模式，集约节约利用土地，探讨养老设施混合建设的可行性；充分利用现状养老设施，对现状利用率较低的养老机构进行挖潜，增加机构养老床位；依托现状，对社区养老设施类型进行补充完善和整合。

4. 分类分级，实行差异引导

充分发挥政府托底保障和市场优化资源配置的作用，对政府开办和公益类的养老设施进行底线管控，对社会开办的养老设施给予政策引导，满足多层次的养老需求；集约统筹政府开办和公益类机构养老设施的用地面积和建筑面积，同步明确社区居家养老服务设施的规划引导和配置标准。

5. 凝聚共识，确保多规衔接

建立多部门协同机制，统一养老设施的相关政策、标准和口径，做到发展规划、控详规划和专项规划的多规衔接。

6. 多模式养老探索

探索形成“9073”养老模式。即 90% 的老年人通过自我照料和社会化服务实现居家养老，7% 的老年人通过社区组织提供的各种专业化服务实现社区照料养老，3% 的老年人通过入住养老机构实现集中养老。

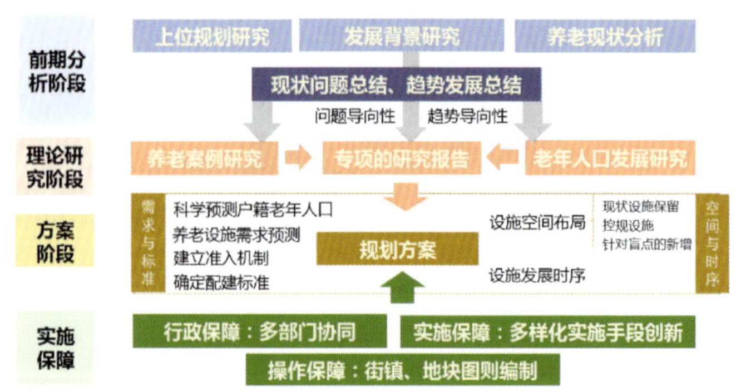

技术路线图

三、规划内容

1. 现状梳理

对全区现状各级各类养老设施开展摸底调查，总结现状存在设施分布不均匀、设施规模差异大、床均建筑面积差异明显、运营体制多样化、社区居家养老缺口大等问题。

2. 规划策略

突出“一个体现”——体现区域平衡，城乡统筹；做好“两个整合”——合理整合敬老院、闲置资产；完善“三级网络”——完善三级服务管理网络。

3. 规划布局

按照宝山区峰值老年人口年进行用地控制及配置设施，原则上中心城按照户籍老年人口高峰值的 2.5% 配置；郊区按照户籍老年人口高峰值的 3.5% 配置。明确各街镇养老需求与配置的关系，合理优化各街镇养老设施空间布局及养老床位供给。根据各街镇城市化水平及老年人口集聚与需求，对各街镇养老设施布局给予适度差异化规划引导。

规划按照各街镇现状及特点，将其划分成三类：优化完善类街镇：主要是成熟城镇化区域，地区人口和需求相对稳定；重点配置类街镇：目前尚处快速城镇化区域，如新城、重点新市镇等，是下一阶段发展人口导入重点区域；预留配置类街镇：主要指远郊新市镇，目前老年人口数量较多，但机构养老需求总体尚不强烈。

四、创新与特色

1. 养老理念模式创新

按照“持续照料”的规划理念，发挥家庭自我照顾的作用，拓宽社区居家养老服务，推进机构养老服务，逐步形成“9073”的养老格局。同时为了更好地满足宝山区老年群体日益急迫的养老需求，弥补家庭式养老、社区式养老和机构养老的不足，提出“社会融入式养老”“嵌入式养老”“智能居家养老”等多种新型养老模式。

2. 养老编制方法创新

编制方法的创新性体现于多部门衔接，一个实施机构保障。进一步衔接养老设施与上下位规划的关系，以先进理念和模式实现规划的前瞻性和发展性。在专项规划方案稳定后，坚持地块落地保障，以镇为单位编制了图则，确保养老地块在控规平台落地，实现控详规划、建设规划和专项规划的多层级衔接，以利充分指导后续规划的建设实施。

3. 养老成果内容创新

拓展了原有养老人群的局限，在满足本区户籍老年人口的基础上，统筹区内本市户籍的老年人口，统一实现就近养老；对养老设施数据成果，创新性地建立了 GIS 数据库，从多个层面保障了专项成果的完整性、可行性和可操作性；医养结合，规划统筹设置养老设施、医疗设施等设施，构建集医疗、托养、集中供养等多功能为一体的老年人设施。

4. 养老保障政策创新

探索养老设施用地差别化供应政策。对民间资本经营的非营利性养老机构与政府经营的养老机构享有相同的土地使用政策。对盈利性养老机构，按照国家对经营性用地依法办理有偿用地手续的规定优先保障新增供应。对符合土地协议出让规定的，可采用协议出让方式供地。鼓励以租赁方式供应养老用地。

五、实施情况

《宝山区养老设施布局专项规划（2014—2030 年）》自 2015 年 1 月 23 日由上海市宝山区人民政府批准，同年 12 月 25 日经上海市人民政府批准实施。

该专项规划自批复以来，结合控规等详细规划的编制进一步优化落地，并与宝山区新一轮总体规划相协调。部分设施已经按照分期建设目标实施中。

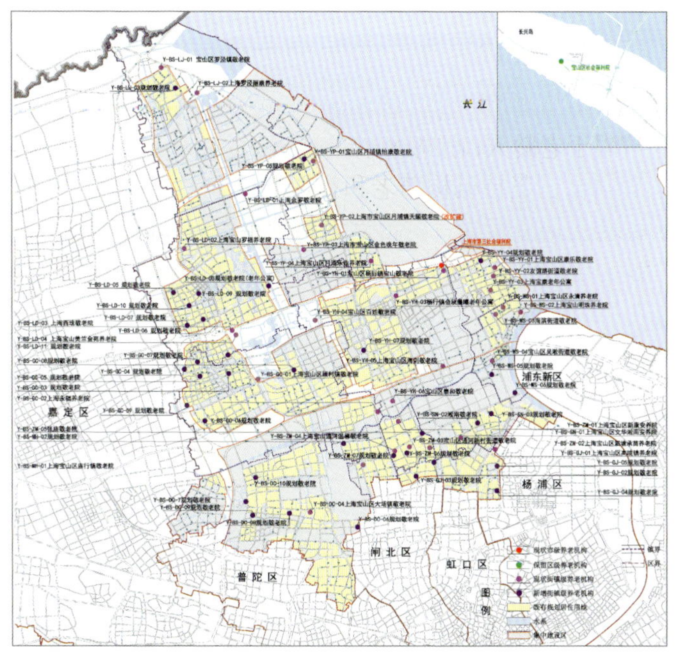

宝山区养老机构布局规划图

上海市新一轮总体规划城市规模专题研究

2017 年度上海市优秀城乡规划设计奖（城市规划类）三等奖

编制时间：2015 年 3 月—2017 年 3 月

编制单位：上海市城市规划设计研究院

编制人员：周文娜、王周杨、夏丽萍、陈星、黄浦江、高岳、陶英胜、刘贤腾

一、规划背景

在资源环境紧约束条件下，根据上海市委、市政府严控人口规模与建设用地“负增长”的要求，需要探索高强度开发、高密度人口集聚的超大城市的发展模式，从空间供给的角度强化对空间结构、形态、产业功能、住房政策等方面的调控。本研究作为上海新一轮总体规划前期研究重大专题之一，是总体规划编制工作的重要技术文件，需衔接各相关专项规划编制，对人口规模、结构与布局等问题进行深入研究，重点探索资源环境紧约束条件下的城市总体规划转型。

二、规划内容

本研究主要采用国际对标、数据分析、情景模拟和专家咨询等研究方法，对人口与用地的总量、结构与分布进行研判，并提出弹性应对的规划策略。研究注重传统数据与大数据结合，采用 GIS 社会区空间分析、系统动力学、原胞自动机等方法建立模型，对人口规模、结构与布局等内容进行分析，突出城市规模的多情景模拟、年龄、家庭与社会结构变化的预测，并对不同人群的特征进行分类研究，摸清人口变化的主要规律。

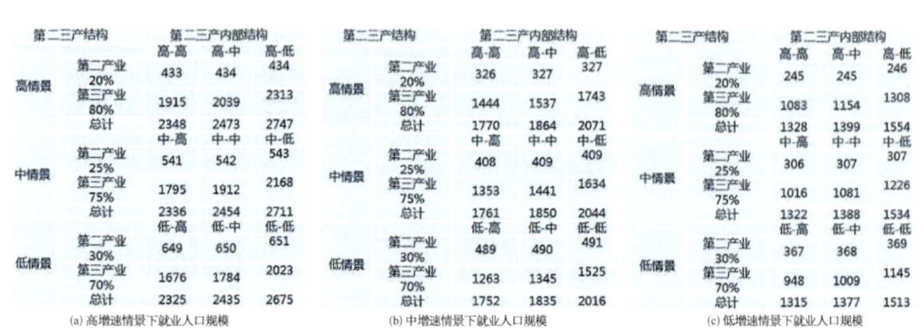

第二三产结构		第二三产内部结构		
		高-高	高-中	高-低
高情景	第二产业 20%	433	434	434
	第三产业 80%	1915	2039	2313
	总计	2348	2473	2747
		中-高	中-中	中-低
中情景	第二产业 25%	541	542	543
	第三产业 75%	1795	1912	2168
	总计	2336	2454	2711
		低-高	低-中	低-低
低情景	第二产业 30%	649	650	651
	第三产业 70%	1676	1784	2023
	总计	2325	2435	2675

(a) 高增速情景下就业人口规模

第二三产结构		第二三产内部结构		
		高-高	高-中	高-低
高情景	第二产业 20%	326	327	327
	第三产业 80%	1444	1537	1743
	总计	1770	1864	2071
		中-高	中-中	中-低
中情景	第二产业 25%	408	409	409
	第三产业 75%	1353	1441	1634
	总计	1761	1850	2044
		低-高	低-中	低-低
低情景	第二产业 30%	489	490	491
	第三产业 70%	1263	1345	1525
	总计	1752	1835	2016

(b) 中增速情景下就业人口规模

第二三产结构		第二三产内部结构		
		高-高	高-中	高-低
高情景	第二产业 20%	245	245	246
	第三产业 80%	1083	1154	1308
	总计	1328	1399	1554
		中-高	中-中	中-低
中情景	第二产业 25%	306	307	307
	第三产业 75%	1016	1081	1226
	总计	1322	1388	1534
		低-高	低-中	低-低
低情景	第二产业 30%	367	368	369
	第三产业 70%	948	1009	1145
	总计	1315	1377	1513

(c) 低增速情景下就业人口规模

基于经济多情景的就业人口规模预测

1. 现状问题

首先，上海持续增长的人口规模与用地环境资源矛盾日益突出。近年来人口与用地规模增长趋势有所趋缓，但人均建设用地仍然过高。其次，少子老龄化导致人口年龄结构失衡的问题日趋严重。2015 年，户籍人口 65 岁以上老龄人口比重

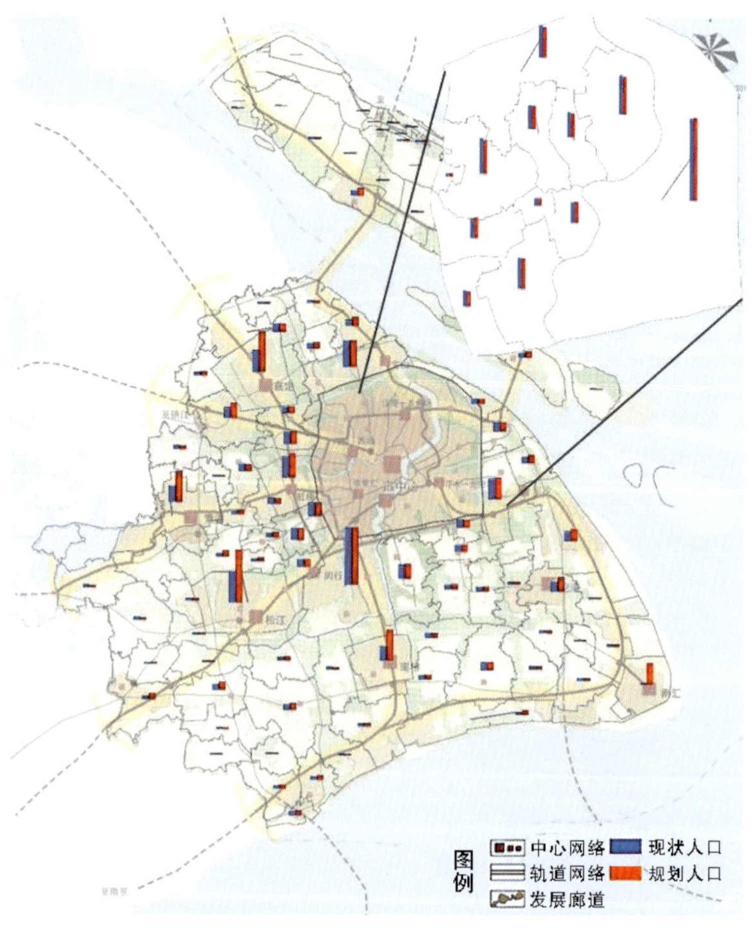

上海市规划人口空间布局

达到 19.2%，已接近 20% 的超高龄化水平。再次，人才集聚优势不够明显，还不适应上海经济转型发展的要求。最后，人口空间分布不均衡，中心城仍然维持高密度的常住人口集聚格局，而且正在往周边地区蔓延；郊区新城的人口集聚方面优势不明显，尚未很好地起到疏解中心城人口的作用。

2. 发展趋势

首先，上海人口总量增长趋缓，预计 2030 年常住人口规模将趋于稳定。在目前居民生育意愿较低的情况下，“全面二孩”政策的实施对上海未来人口规模的影响并不显著。其次，少子老龄化趋势凸显，家庭规模小型化趋势日益明显。最后，人口结构日趋多元化，流动性不断增强，预计外籍人口与非常住人口比重将不断增长。

3. 发展目标

按照规划建设用地总规模“负增长”要求，其总量将控制在 3 200 km^2 以内。常住人口 2020 年力争控制在 2 500 万人以内，并以 2 500 万人左右的规模作为 2035 年常住人口规模的动态调控目标。同时也要考虑到超大城市发展的不确定性，在空间、土地、资源、交通、就业等发展对策上留有弹性。在配置城市各类设施时，除了常住人口以外，规划必须考虑到包括半年以下暂住人口、跨市域通勤人口、短期游客和商务访客在内的非常住人口的需求。

4. 发展策略

围绕 2035 年全球城市发展目标，考虑城市综合承载力和城市安全，从总量、布局、结构等方面对城市规模采取必要的控制政策。具体策略包括以下几方面：一是控制建设用地总量，调控人口规模。加强分区分类指导，调控土地供应规模、结构、时序和开发强度，实现人口规模调控。二是优化城镇空间布局，引导人口合理分布。完善土地、就业岗位、住房供应等政策，疏解中心城过密人口，提升新城、新市镇的人口密度、就业岗位密度和城市空间绩效。三是提升人口发展质量，优化人口结构。营造汇聚人才的政策环境，以就业政策引导人口导入与导出，提高人口素质。四是预留发展空间，增强弹性应对能力。通过监测人口增速、人口结构变化等关键指标，评估建设用地供应、住房供应、公共设施配置、市政交通保障等方面的匹配度，及时进行政策调控。

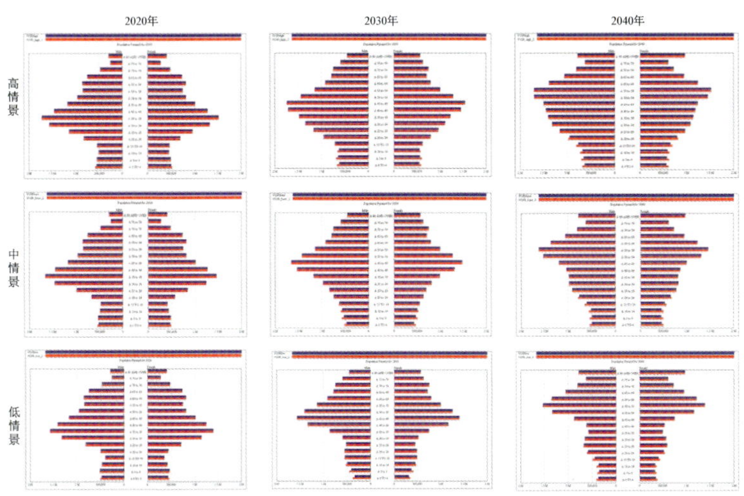

人口结构金字塔预测

三、规划特点

1. 突破传统研究思路，探索特大城市转型的上海模式

在资源紧约束和人口规模调控的背景下，突破传统城市规模专题的研究思路，强调人口结构变化、人地匹配的空间政策与弹性应对策略，引领城市总体规划编制向内涵发展模式转型。针对未来人口变化的不确定性进行多情景模拟预测，在调控人口规模的基础上进行弹性应对。通过底线思维及“留白”等弹性方案，应对未来经济发展和人口变化的不确定性，是 2035 总体规划中的重要亮点。

2. 创新弹性应对策略，提出“实际服务人口”概念

为弹性应对人口规模变化，提出“实际服务人口”的概念，包括非常住人口、旅游人口、通勤人口等。针对不同人群的需求，提出采取分类配置公共服务设施的策略。住房、养老、基础教育、体育、绿地等基本公共服务设施满足常住人口需求为主；水、能源、安全以及高等级的教育、文化、医疗等公共设施，通过弹性指标设计满足实际服务人口的需求。

3. 强调人地匹配思路，提出人口密度指标调控人口空间布局

传统的人口空间分布以人口规模作为主要的监测指标，本轮规划将人口与用地挂钩，提出将人口密度作为空间管制的主要指标。以适宜的人口密度为导向，完善土地、岗位、住房供应等政策，疏解中心城过密人口，提高新城、新市镇的人口密度、就业岗位密度和城市空间绩效。

4. 注重传统数据与大数据结合，建立动态监测机制

采用系统动力学、大数据、空间分析等技术方法对人口规模、结构与分布等内容进行分析，作为规划策略制定的依据。建立“实施—监测—评估—维护”机制，根据人口规模等城乡发展关键指标的变动，及时调整规划策略，增强规划的适应性。

莎车县古城组团控制性详细规划

2017 年度上海市优秀城乡规划设计奖（城市规划类）三等奖

编制时间：2015 年 2 月—2015 年 12 月

编制单位：上海市浦东新区规划设计研究院、上海市城市规划设计研究院

编制人员：马倩、赵昀、吴庆东、钱少华、陈卫杰、黄瑶、李强、于靖波、毛丹、陆渊、朱荔玉、黄潇仪、黄砂、陈波、呵不都热西提·热孜克

一、规划背景

莎车是古丝绸之路南路的贸易要冲和文化重镇，孕育了别具特色的叶尔羌文化，传承了南疆传统的建筑风貌，具有丰富的历史文化遗存及非物质文化遗产。为了落地莎车县历史文化名城保护规划的控制要求，进一步推进莎车县城市功能的建设与完善，全面落实浦东新区对口援建工作，2015 年开展本次控制性详细规划编制工作。

二、规划内容

1. 聚焦难点的规划策略

莎车县古城组团位于莎车县城中片区，规划总用地面积约 11.2 km^2。其中约 4.5 km^2 位于历史城区或历史文化风貌协调区，是莎车县历史古迹最集中、民族聚居最密集、产业引导最薄弱的地区。规划聚焦以上三大难点，分别提出“名城保护显文脉，完善配套保民生、旅游发展促振兴”的规划策略。引导形成莎车县中部历史文化名城风貌完整、配套设施完善、文化旅游产业集聚、居住生活水平优越，极具南疆特色的功能区。

规划居住人口约 11.3 万人，规划总建筑面积约 846 万 m^2。

2. 全面对接的编制流程

在上位规划纵向指导的基础上，在横向上分步与各层次保护规划对接，全面落实名城保护规划的要求：在规划初期明确历史保护与风貌控制原则；在方案阶段与名城保护及历史街区保护方案动态对接，实时共享系统性控制要素；在特色空间设计阶段，与手工业风貌街等旧改项目同步对接，将重要节点纳入城市设计导则；最终将管控要求落实到控规分幅图则。

三、规划特色

1. 凸显历史保护优先，先期明确风貌控制管控要求，作为控规开展的工作底版

严格遵循历史文化名城的保护框架，在控规开展之初就从保留要素、街巷肌理、建筑高度、建设引导和控制分区等五大方面明确历史保护和风貌控制原则：

（1）将文保单位、城门、城墙遗址、清真寺和麻扎等保留要素作为控规空间格局中的标识性场所。

（2）保留传统街巷肌理，将 6 m 以上道路纳入市政道路和主要街巷，控制走向和尺度。将 6 m 以下次要街巷纳入地块内部公共通道，重点控制尺度。

（3）形成历史城区、风貌协调区、现状商业集聚区、古城外围等逐级升高的高度管控。

（4）明确保护、保留、整治、改建和新建地区的筛选条件。

（5）形成 6 类风貌分区的控制导则。

2. 充分尊重民族生活习惯，在完善配套保障民生的过程中，多方尝试还原传统生活场景

规划团队分小组深入各社区调研古城居民的居住院落、民俗习惯、植被特色和交往场所特征，并聚焦居住空间和交往空间设计：

（1）居住空间。尊重院落居住习惯，结合三个现状典型街区建设密度梳理，提出适度疏解古城人口，改善居民生活条件。在古城内部引导传统院落住区，在古城外围疏解区域引导现代住区。以 1 km^2 为基本改建单元，每个单元包含 3 ～ 4 个

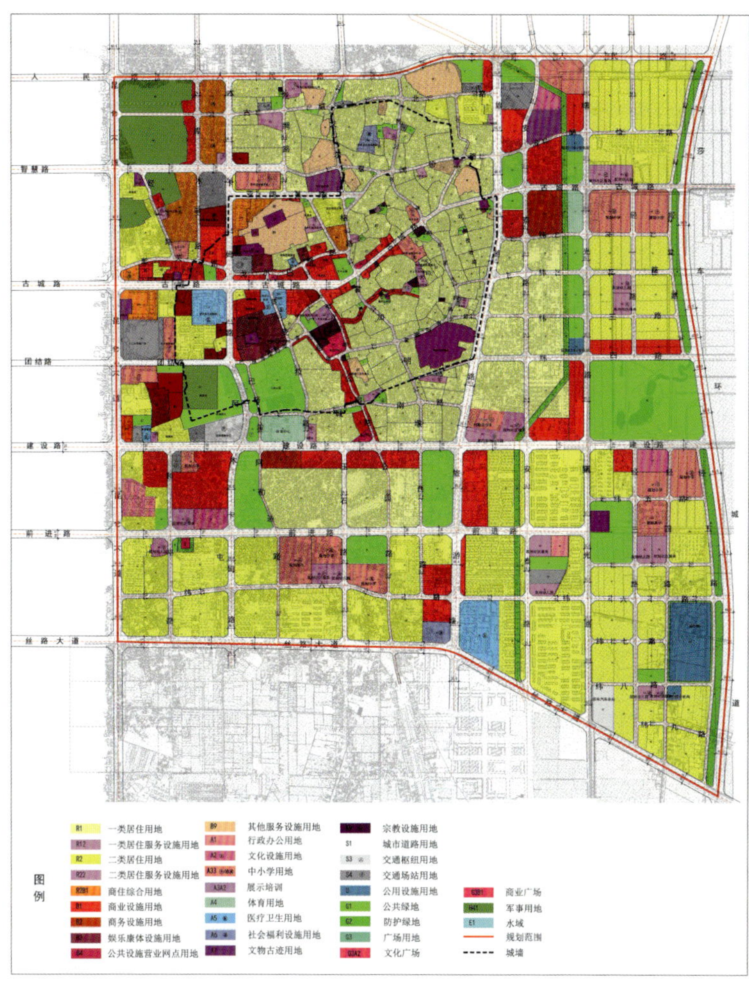

莎车县古城组团土地使用规划图

居住组合体。鼓励适度集中设置社区中心，兼具居委会、社区卫生、文体活动等功能，并与广场、公园、步道和商业界面等紧密结合。

（2）交往空间。在古城外围，结合古城墙遗址还原生态绿环，并串联多处公共服务和大型公园节点，提供十二木卡姆弹奏、巴旦木花节等大型文化活动所需的露天场所；在古城内部，结合城门、社区中心增加小型绿地公园和广场，还原以库勒和清真寺等为中心的传统活动空间，重点关注交谈和手工劳作的露天空间。

3. 提出古城振兴战略，深度关注古城中人的生活和就业，从物质空间规划转向生活方式引导

挖掘古城历史古迹和非物质文化遗产，针对不同人群需求开发核心游线、精华游线和深度游线。依托旅游业振兴传统产业，量身定制多样化的旅游空间：

（1）挖掘古城内活跃各种传统手工技艺，通过环境整治、功能置换等方式，打造前店后坊、民族文化展示街区等传统手工业发展空间。

（2）释放古城深度体验资源，打造商铺、民宿、文化等深度混合的体验空间。并引导社区内主要街巷开设沿街商业，激活社区内部活力。

（3）按照国家5A级景区要标准，设置长途车站以及紧邻古城的停车场等旅游集散空间。

4. 强调开放共赢，整体提升区域功能，从“泾渭分明”转变为“开放通达”

跳出就古城论古城的思维限制，加强历史城区与外围区域的联系，实现古城内外的协同发展：

（1）在交通上，综合考虑对接区域路网、疏通主要街巷、契合社区边界、联系古城内外、保护风貌街巷、延续城墙风貌，以及放大古城门节点等，疏通古城内外道路网络。

（2）在功能上，依托串联在生态绿环上的商业商办密实区、休闲文化特色区、住区服务综合区，形成缝合古城与外围的公共服务设施带，在集聚人气的公共活动中彰显古韵。

四、规划实施

项目建设：古城组团内多项道路工程均已根据本次控规要求启动建设，取得了良好的社会效益，为古城组团下一步的整体功能提升奠定坚实的基础。

五、规划意义

对于历史文化名城的控规编制过程，提出与各层次保护规划分步对接的工作模式；对于古城的可持续发展，量身定制特色产业空间，提出通过生产方式的改变带动生活方式的改变；对于民族地区的空间设计，做了院落住区、社区交往圈等一系列还原场所文脉的空间设计尝试。

古城组团控规编制的全过程，都秉持着对历史积淀、民族习惯和人文传统的尊重。既珍惜前人给予的历史遗存，又正视对后人的历史负责，力图通过生活方式的引导，实现古城的持续繁荣。历史地区的控规，是落实管控的空间设计，更应是薪火相传的文化思考。

芜湖市中心城区特色街区类型与布局研究

2017 年度上海市优秀城乡规划设计奖（城市规划类）三等奖

编制时间：2014 年 8 月—2015 年 6 月

编制单位：上海同济城市规划设计研究院

编制人员：梁洁、范燕群、张仁仁、高丽、付朝伟、董征、周纯一、张琳、沈辰、王婷

一、规划背景

随着我国城市步入精细化发展阶段，城市建设的重点逐步转为内涵品质的提升，城市风貌塑造与更新建设成为未来城市发展的主导方向之一。其中，特色街区整合了城市特色的各项要素，集中反映了城市的独特风貌，成为城市更新、风貌特色塑造工作的主要承载空间。

2014 年 5 月，芜湖市城乡规划局委托上海同济规划设计研究院编制《芜湖市中心城区特色街区类型与布局研究》，为芜湖中心城区特色街区下一阶段的建设工作提供战略层面的统筹与实施层面的控制。

二、规划思路

《芜湖市中心城区特色街区类型与布局研究》制定了从理论研究指导实践工作的工作方法，注重“全局性—特殊性”“指导性—控制性”“自上而下—自下而上”的三重要求。

在理论研究上，本项目基于对已有研究文献的梳理、相关实际案例的比较，系统解读了特色街区的基本属性，提出了“特色街区”的完整定义，搭建了“特色街区”的体系结构，明确了特色街区的分类方法，并从文化、空间、功能、风貌和交通五个方面提出了不同类型特色街区相应的规划设计策略。

在规划实践上，以芜湖中心城区为例，将特色街区规划设计理论成果，尤其是规划设计策略付诸实践，从“宏观：体系建构”“中观：布局引导”“微观：建设塑造”三个层次，对特色街区规划的技术框架进行了初步探索。规划工作包括现状研制、构建项目库、特色街区规划三大板块。

三、规划要点

1. 整体成果框架和内容模式

本项目对没有先例的该类规划提出了系统性的整体成果框架和内容模式。完整成果包括“特色街区理论研究、芜湖中心城区特色街区体系规划、芜湖中心城区特色街区建设导则”三个部分。三个部分之间具有明确的层次关系和技术关联，明确了研究与结论、基础资料分析与汇总、规划体系、建设导则等各个层面工作的内容要点及其相互关系。

2. 理论研究

（1）特色街区的定义与内涵

从理论梳理、城市范本横向比较入手，总结归纳出特色街区的特有属性。完整定义“特色街区”：特色街区是依托一定的发展基础（人文、历史、功能等），整合一种或多种空间

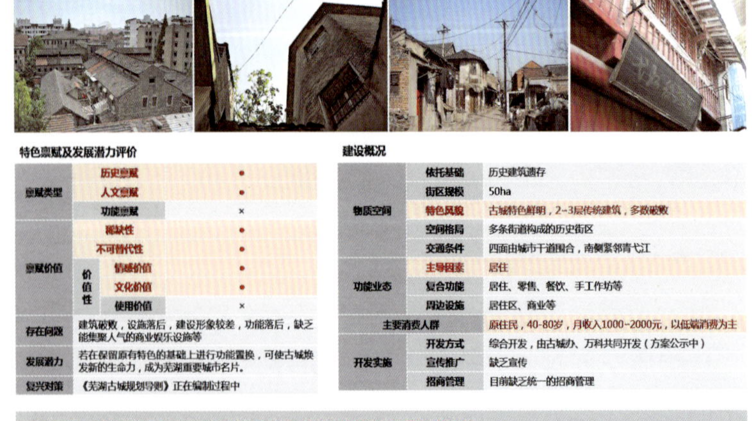

特色禀赋及发展潜力评价

禀赋类型	历史禀赋		•
	人文禀赋		•
	功能禀赋		×
禀赋价值	稀缺性		•
	不可替代性		•
	价值性	情感价值	•
		文化价值	•
		使用价值	×
存在问题	建筑破败，设施落后，建设形象较差，功能落后，缺乏能集聚人气的商业娱乐设施等		
发展潜力	若在保留原有特色的基础上进行功能置换，可使古城焕发新的生命力，成为芜湖重要城市名片。		
复兴对策	《芜湖古城规划导则》正在编制过程中		

建设概况

物质空间	依托基础	历史建筑遗存
	街区规模	50ha
	特色风貌	古城特色鲜明，2~3层传统建筑，多数破败
	空间格局	多条街道构成的历史街区
	交通条件	四面由城市干道围合，南侧紧邻青弋江
功能业态	主导因素	居住
	复合功能	居住、零售、餐饮、手工作坊等
	周边设施	居住区、商业等
主要消费人群		原住民，40-80岁，月收入1000~2000元，以低端消费为主
开发实施	开发方式	综合开发，由古城办、万科共同开发（方案公示中）
	宣传推广	缺乏宣传
	招商管理	目前缺乏统一的招商管理

悠久的历史、独特的物质空间以及市民的情感认同，使芜湖古城具有不可替代的价值。
建议在保留特色的基础上，植入新功能，打造为芜湖重要特色资源。

以芜湖古城为例，对 20 个街区就评价因子进行研判

特征要素（如历史遗迹、建筑风貌等），所形成的具有复合功能（如商业、文化、旅游、体验等），最具活力和竞争力的城市空间集聚区。依据以上的属性因子分析、定义，可以对任何一个具有一定特色的街区进行严格意义上的研判。

（2）特色街区的规划策略——如何开展特色街区规划工作

一个城市中所有的特色街区均可根据资源禀赋、等级规模、开发方式三种条件进行分类。不同类型的特色街区具有其相应的规划策略，主要包括文化策略、功能策略、空间策略、风貌策略和交通策略五个方面。在规划方案中，需要依据每一个街区类型对应的规划设计策略，叠加出最终的规划重点、原则和方法。

3. 特色街区规划框架构建——以芜湖为例

本次规划将完整的特色街区识别、体系、类型、规划策略研究应用于芜湖，以《芜湖中心城区特色街区类型与布局研究规划》为例，构建规划工作框架。

（1）现状研判

发掘具有代表性的城市街区，采用特色街区识别方法，对每个“潜在特色街区”结合多方面评价因子整理、评估，筛选出有潜质成为特色街区的街区，纳入特色街区框架体系。

（2）统筹资源，制定特色街区项目库

除了已识别的特色街区，规划试图战略性地植入一些新

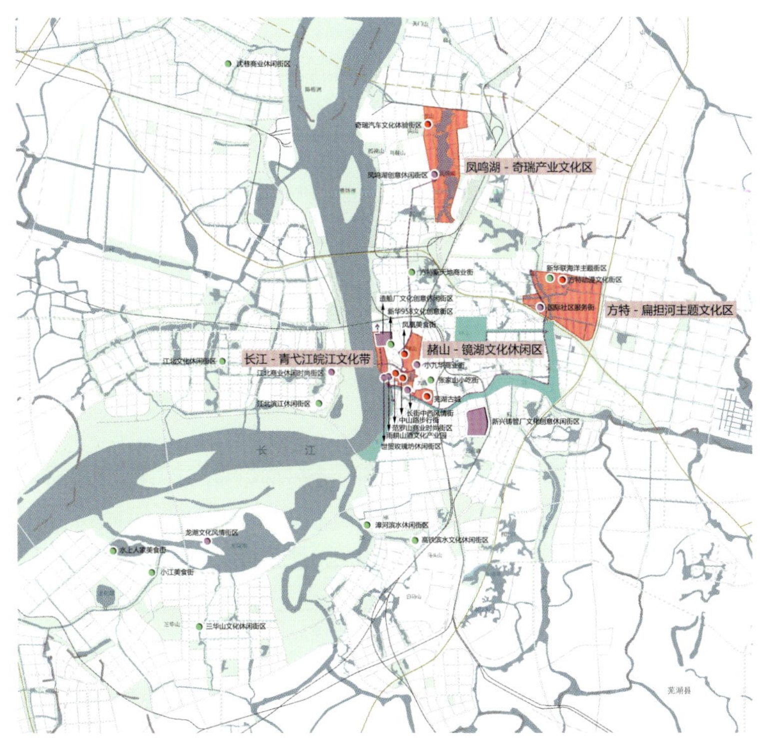

芜湖特色街区集聚区总体布局图

型特色街区，丰富芜湖的特色街区体系。

（3）特色街区的体系构建

宏观构建——芜湖特色街区体系构建。规划构建标志性特色街区、城市级特色街区、片区级特色街区三个层级体系，并区分改造提升与新建两类街区。

中观布局——芜湖特色街区的布局引导。形成特色街区集聚区。集聚区在城市空间和文化本底上起到统领作用，每个集聚区包含多个单一街区。

微观引导——芜湖特色街区的建设导则。根据前文论述的不同类型特色街区的规划策略，叠加出单个街区总体的规划重点、原则和方法，并逐条归纳出每个特色街区建设时所必须遵循的设计条款。

4. 特色街区建设管理导则

通过制定“特色街区管理导则”，对单个特色街区的街区定位、改造实施策略、建设模式、空间景观控制等十个分项进行设计引导。导则的制定相当于在全局统筹下给予了每个街区设计任务书，为政府后续进行具体建设、改造工作提炼了重点。

四、规划成效

经过一系列探索性工作，将研究、规划、实施相结合得出系统性成果，并通过政府牵头的试点工作摸索出特色街区建设管理办法，主要有两个方面突出的成效。

成效一：项目组从理论与实践相结合的工作诉求出发，梳理总结特色街区的基本概念与类型，提出不同类型特色街区的规划策略，思考特色街区规划工作展开的技术路线。项目组撰写的《城市特色街区的内涵及规划策略——以芜湖市为例》，发表于《城市规划学刊》2016 年第 6 期。

成效二：探索形成的特色街区建设管理办法，有效指导了芜湖市多个特色街区项目的立项、规划设计任务书的拟定、设计方案评审细则要求的制定，为后续建设工作提供全面的技术指导，供相关管理部门使用，为“全局性—特殊性”“指导性—控制性”“自上而下—自下而上”的精细化管理提供了技术支撑。

五、实施情况

在此建设思路指导下，2015 年和 2016 年，芜湖市先后启动了《芜湖古城修建性详细规划》《芜湖市范罗山特色片区城市设计》《芜湖市天主教堂周边地区城市设计》等多个特色街区、特色街区集聚区的建设设计工作，相关的编制任务已完成，目前处于建设中。

上海市徐汇滨江传媒港综合管廊专项规划

2017 年度上海市优秀城乡规划设计奖（城市规划类）三等奖

编制时间：2015 年 9 月—2016 年 12 月

编制单位：上海营邑城市规划设计股份有限公司

编制人员：曹晖、徐峥、蔡伟娜、许丽、黄浩、赵晶心、温斌焘、叶可央、王冬、吴斌杰、薛华林、姚坚、沈恬、彭展程、姜晓东

一、规划背景

西岸传媒港处黄浦江南延伸段 WS5 单元内，位于上海中心城的南部，徐汇区的东南部，内外环线之间。徐汇滨江将围绕“西岸传媒港”定位，建设世界级文化滨江区，这里未来将成为集产业发展、文化集聚、城市生态景观于一体的上海城市中心轴，是上海未来中央活力区的重要组成部分。

本规划以地区发展目标和功能定位为导向，以结建式综合管廊为研究对象，以实现整体开发、集约整合和高度共享为目标，衔接市政、交通和停车场（及配套）等功能需求，提出综合管廊规划布局及地下空间集约利用实施方案，探索以“九宫格”整体开发地区为代表的地下空间集约利用、合理布局的建设实践，具有突出的创新性、全面性和示范意义。

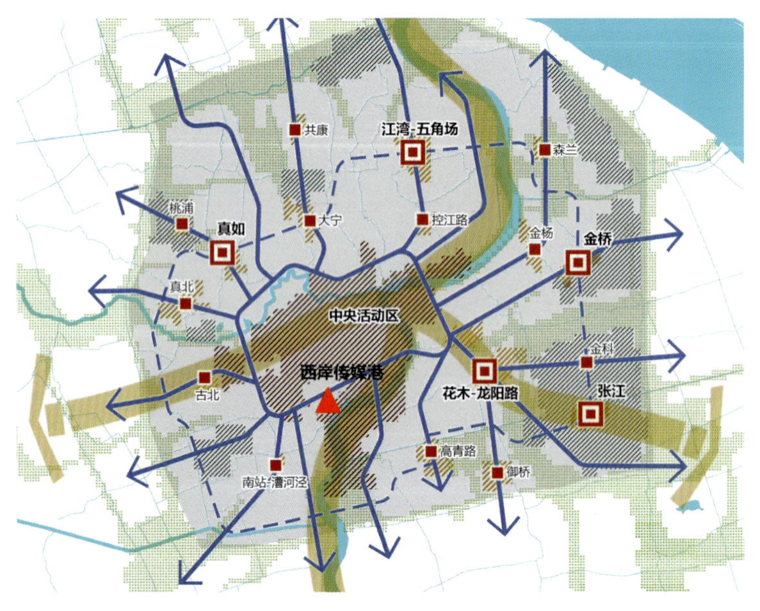

区位示意图

二、技术难度

西岸传媒港地区建筑开发总量为 84.73 万 m^2。地下空间开发模式为街区（“九宫格”）整体开发，地下开发层数为三层，设计停车位 5 200 个，地下总建筑面积约 46.5 万 m^2。地区共享一个整体 3 层地下室：地下 3 层为汽车场及设备用房，地下 2 层为汽车场、设备用房及车行环道、地下 1 层为商业用房及设备用房，另外地下空间内配套设置能源中心、雨水收集站及消防控制中心。

西岸传媒港地区是典型的高强度成片集中开发地区，为了实现空间与功能的高度共享，传媒港地区需要集约设置商业、市政和交通等功能，造成预留给市政管线的敷设空间相当局促。地区东西向道路下方地下空间覆土厚度 3.5 m，交叉口处 2.5 m，南北向道路下方地下空间覆土 1.35 m。

地区交通流量大且地下管线密集，道路反复开挖对地区景观形象的影响较大；地区市政管线敷设面临覆土小、管线交叉矛盾、接户需求对接难度大等问题；需要进行地下空间资源整合和市政配套整体优化。

三、主要内容

1. 规划理念

以综合管廊为载体，充分利用规划范围内的地下空间资源，综合规划市政管线及地下各层空间，优化地下空间资源利用效能，优化竖向控制和空间效果，形成多层化的城市空间，满足功能集约需求。

2. 技术路线

结合道路交通和设施配套等建设需求，研究管廊建设的必要性和可行性，明确管廊的功能定位、规划规模和布局方

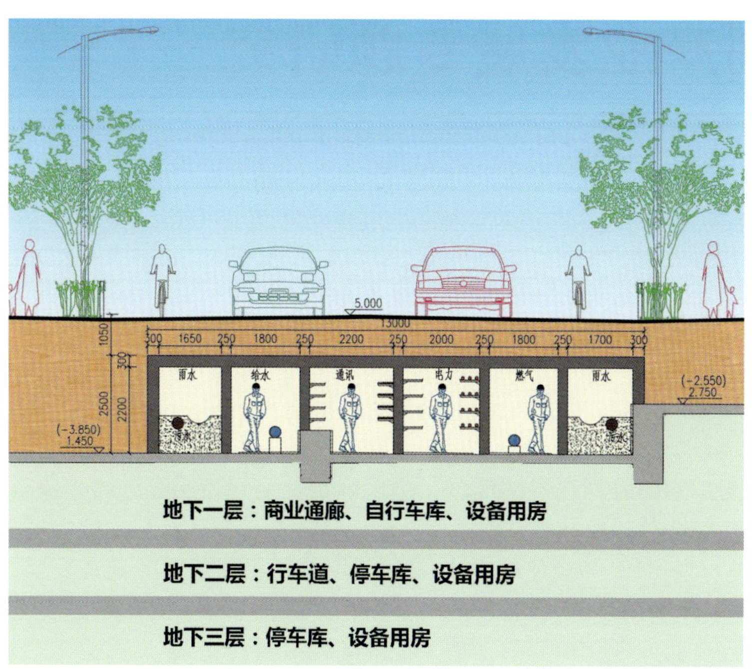

综合管廊方案

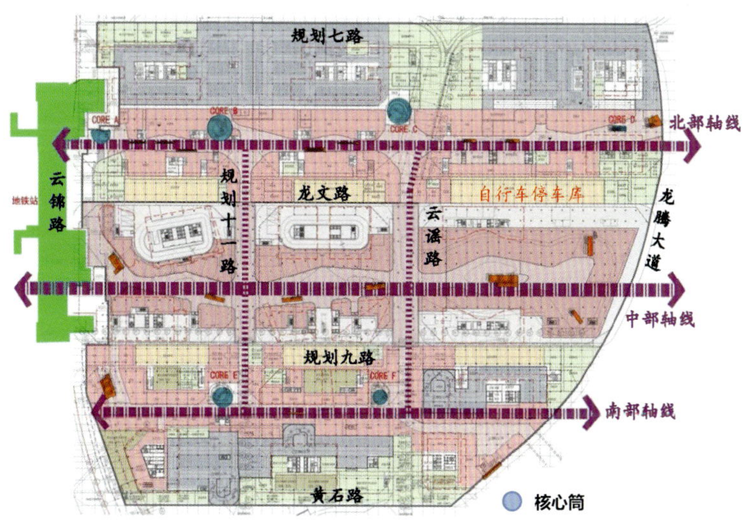

地下空间功能布局图

案；根据市政系统专项规划，分析建设需求，合理确定入廊的管线种类、断面形式、竖向控制等；依据地区整体开发设计导则，有机衔接市政系统、道路交通和设施配套等，研究确定地下空间整体布局方案、建设方式和实施时序等。

3. 路由布局

在保障城市运行安全的前提下，以增强市政管线适应性和保障性为目标，从管线实际需求出发，统筹平衡各类专业的系统规划，进行综合管廊系统布局。统筹考虑地下空间净空与市政道路覆土要求，结合功能分区、空间布局、道路布局等，选择东西向规划龙文路及规划九路作为综合管廊通道。

4. 舱室布置

为提高地下空间利用效率，降低综合管廊建设成本，龙文路和规划九路道路下方与地下空间结合建设综合管廊，采用结建式整体分舱布置形式。共设 6 个独立舱室，市政管线全部入廊。管廊两侧为排水舱、中间分别为给水舱、通信舱、电力舱和燃气舱，其中排水舱包含雨水箱涵和污水管，污水管用混凝土包封在雨水箱涵素混凝土找坡层内。

四、规划特色与亮点

1. 适应地区发展，创新规划先行

作为地区性管廊专项规划，将综合管廊与地下空间整体开发相衔接，实现了集约整合与高度共享，优化了地下空间资源利用效能，满足了地区发展目标和开发需求，为地区开发建设提供了强力支撑。

本规划研究成果可为重点开发地区地下空间综合利用工作提供有益的参考借鉴，对地区功能集聚，设施统筹，品质提升有重要推动作用，相关建设内容和方法程序等具有一定的示范意义。

2. 四个统一为统领，实施可操作性强

遵循统一规划、统一设计、统一建设、统一运营的“四个统一”开发模式，通过统筹规划，实现空间集约，增强安全保障，提出了可操作性强的规划方案和建设意见。

3. 独特结建式管廊，实现空间高度整合

统筹考虑地下空间净空与市政道路覆土要求，结合地区地下空间功能分区、空间布局、道路布局等，通过局部调整与整体优化，首次提出结合地下空间建设综合管廊的建设意见，规划采用创新的结建式整体分舱布置的管廊形式，实现了综合管廊与地下空间高度整合。

五、实施情况

在本规划研究成果基础上，建设方会同相关设计单位细化深化建设方案，协调各方工作，徐汇滨江传媒港地区地下空间（含结建式管廊）已完成结构施工，已实施市政管线入廊。

上海市新一轮总体规划产业发展专题研究

2017 年度上海市优秀城乡规划设计奖（城市规划类）三等奖

编制时间：2015 年 3 月—2016 年 12 月

编制单位：上海市城市规划设计研究院

编制人员：李天华、奚东帆、金忠民、夏丽萍、杨帆、楚天舒、单瑞琦

一、规划背景

作为总体规划和专项规划编制的技术支撑，本研究是上海市新一轮城市总体规划前期研究 10 个重大专题之一。专题针对上海产业发展中的重大战略问题、瓶颈问题、复杂问题和新问题进行研究，根据科技创新、产城融合、确保底线、空间留白等最新的发展理念，运用大数据等技术手段，针对总体规划编制过程中遇到的技术难点进行集中突破。

二、难点与挑战

产业发展跨多个专业领域，技术难度大。研究关注特大城市发展规律，涉及服务业、制造业、农业、居职关系等多个非规划专业领域，超出城市规划传统的知识领域，对专题研究提出极高的技术要求。

城市由扩张发展转变为存量发展，规划思路创新转型。锁定上海建设用地总量对传统产业规划编制思路造成颠覆性的改变，专题研究在发展理念、指标确定、空间布局等方面都要有突破性的思路和方法。

上海作为成熟的超大城市，各类产业现状情况异常复杂，各种矛盾的产生也有不同的背景和原因，要求研究团队进行细致全面的现状调研和评估，找准问题根源。

三、规划内容

在对上海现状产业发展进行全面调研和评估的基础上，明确发展瓶颈和主要问题，基于相关专项规划、战略研究、产业规划的研究支撑，结合国际大都市的案例研究，对上海未来产业发展做出趋势研判，形成产业总体发展目标：即实现全球城市功能和产城融合职住平衡。

在此发展理念指导下，研究统筹各方面因素，明确科技创新、现代服务业、先进制造业、农业、岗位分布等方面的发展目标、空间布局导向和规划策略，形成专题研究报告，为总规编制提供技术支撑。

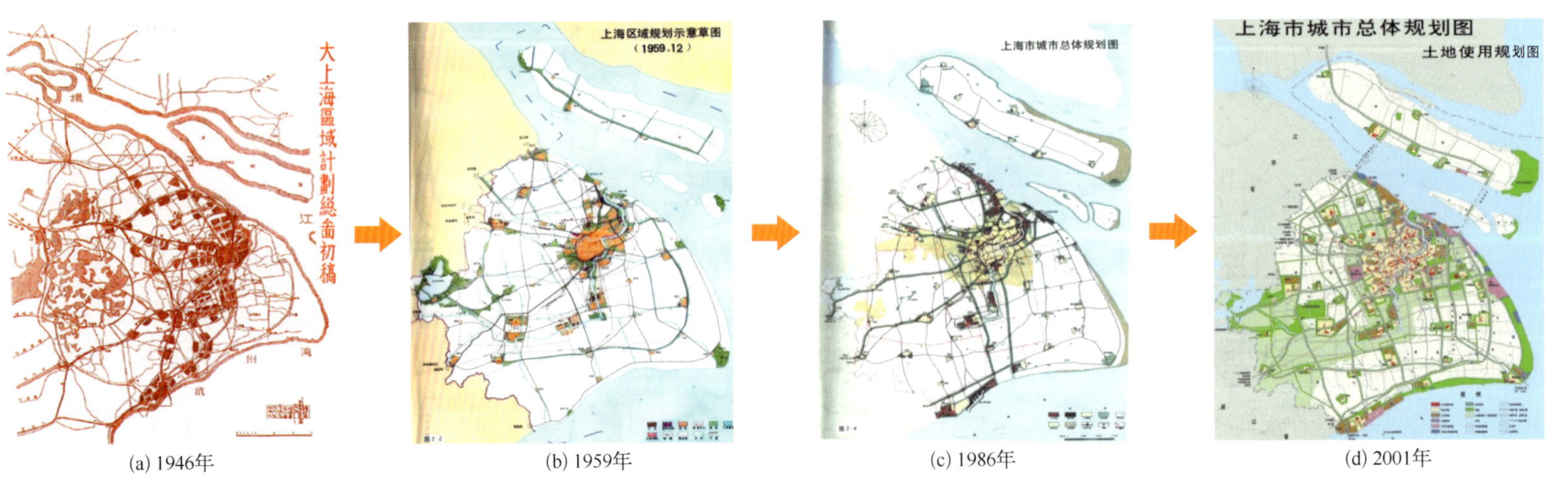

(a) 1946年　(b) 1959年　(c) 1986年　(d) 2001年

上海市城市总体规划演变图

四、规划特点

1. 全面了解现状，充分学习借鉴，准确把握上海发展趋势

通过全市域的工业用地和商业、商务设施的全面调研，全面评估现状各类产业规模和布局情况，准确掌握现状产业用地和各类产业设施规模过大、布局分散、能级不高等突出问题。通过相关理论研究和国际案例研究，结合钢铁、石化、船舶、汽车等重点产业发展经验和趋势，分析各类产业及人口就业在规模、结构、布局等方面的规律，提出适合上海发展的产业体系构架。

2. 突出科技创新，强化核心产业，构建上海全球城市功能

建设具有全球影响力的科技创新中心，依托现有产业基础，针对特定创新空间，提供政策支持和保障。统筹各类创新空间，以融合科技、商务、文化生活等复合型创新要素的科技商务社区作为创新发展的基本空间单元。大力发展各类全球城市核心功能，强化城市影响力和辐射力。加强上海国际金融中心、国际贸易中心、国际航运中心和国际文化大都市的建设。

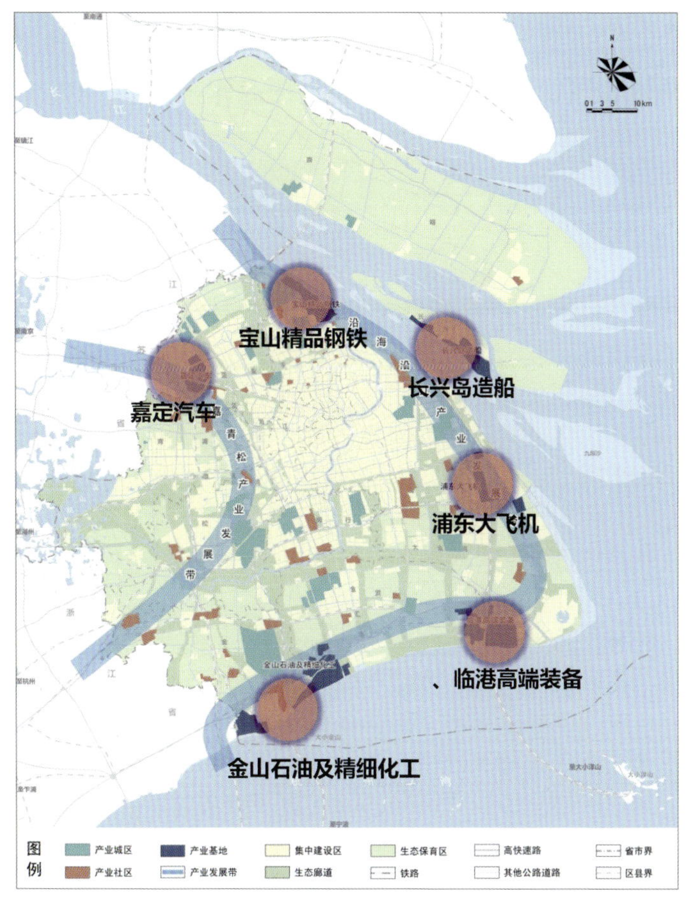

“3+1”的产业园区布局与高端制造业布局

3. 控制发展总量，锁定发展底线，确保可持续发展

通过多种方法对商务、商业、制造业规模进行预测，明确提出控制总量、改善结构、优化布局的导向。

商务设施建设形成中央商务区和商务集聚区两级结构体系。以中央商务区为核心，强化城市核心功能和辐射力。通过涵盖中心城重点区域、副中心地区、新城的商务集聚区建设，推动城市功能的“大分散、小集聚”。商业在全市形成“城市商业中心、区域商业中心和社区商业中心”的三级商业中心体系，实现服务的全覆盖。

在全市推动存量工业用地减量化发展，同时保障上海工业发展底线空间，划定工业用地基本控制区，其中工业用地总量不小于 150 km^2，保障高端制造业的发展。

4. 顺应发展规律，促进产城融合和产产融合

空间上将以圈层梯度关系引导产业布局，根据产业发展规律在不同区域规划布局不同的产业功能。形成“产业基地—产业城区—产业社区”+“零星工业用地”的“3+1”的产业园区体系，顺应新时期园区产城融合及第二、三产业融合发展的要求，加强产业与生活的空间融合，推进产业转型升级，打造综合城区。

加强基本农田保护，加强农业发展和服务业、制造业之间的“产产融合”。

5. 运用大数据手段，引导居职关系合理发展

利用大数据进行居职现状评估：充分利用第三次经济普查数据、第六次人口普查数据、土地使用现状数据、法定规划入库文件、全市房屋建筑量数据、手机信令数据等各方面数据，对各地区的居职情况进行评估。

提出分圈层引导岗位分配策略，形成多个就业地与居住地，规划引导就业中心的形成。引导中心城、中心城及周边地区、郊区等不同地区优化产业类型、就业岗位数量和结构，促进居职平衡。

提出城镇圈控制策略，以郊区新城或重点镇为核心，形成产城融合城镇圈。根据城镇圈特点确定职住比，使整个城镇圈达到居职的相对平衡，也为确定城市空间体系提供支撑。

五、规划实施

本专题研究挖掘产业发展规律，提出上海产业发展目标和产业体系，针对各类产业发展提出控制指标、规划导则和空间布局方案，为上海总规空间体系和用地方案研究、“上海2035”总规及专项规划大纲编制提供坚实的技术支撑，主要结论已纳入相关规划成果中，发挥了指导和引领作用。

上海市徐家汇地区城市更新规划研究

2017 年度上海市优秀城乡规划设计奖（城市规划类）三等奖

编制时间：2015 年 12 月—2016 年 12 月

编制单位：上海营邑城市规划设计股份有限公司

编制人员：朱琳祎、李华治、苏蓉蓉、范婉莹、李娜、周静一、曹晖、俞进、高世昀、范润生、王潇、李刚、赵振、许丽、孙峰

一、项目背景

徐家汇地区兴起于 20 世纪 60 年代，经历了多年的快速发展后，自我更新与提升的内在需求尤为突出，目前已由单个试点项目步入全面更新提升阶段。

在“上海 2035”城市总体规划中，徐家汇地区提升成为中央活动区的重要组成部分，是上海全球城市功能的核心承载地区之一。作为中心城首批更新试点项目之一，如何突破瓶颈、提升能级、完善交通、凸显品质和增强吸引力成为徐家汇地区亟待解决的重点。本研究以徐家汇社区作为区域总体层面的研究范围，将徐家汇商圈地区作为重点研究范围。

二、主要内容

1. 强化“商、旅、文、体”功能提升组合型发展

对标中央活动区的功能组成，徐家汇地区各功能板块都具有丰富的资源特色。未来，除了功能板块内部的挖潜增效外，更应强化各功能板块之间的整合与互动，打造“商、旅、文、体”的组合拳。

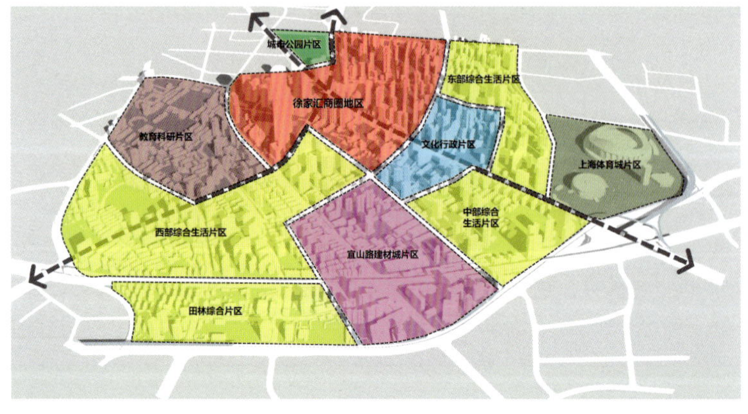

徐家汇地区功能结构分区图

以徐家汇商圈片区为例：业态传统、类型雷同、规模偏小和联系缺乏是商圈目前发展中的主要瓶颈难题。因此，本研究提出由原先“单点中心型”向“多元主题型”的定位模式转变，四个象限分别利用各自的资源特色进行整合，从而提升商圈整体的能级与亮点。

上海体育城片区：针对目前非体育功能混杂、全民健身参与不足和配套设施缺乏等主要问题，提出由体育城向体育公园更新转型的总体策略。该地区未来不仅能成为一处专业体育中心，更是一处全民健身基地、一处休闲游憩公园。

2. 构建绿色、便捷、智慧的综合交通体系

针对徐家汇地区过境交通占比高、公共交通不完善、停车设施缺口大、慢行空间不成网四个主要问题，本研究提出相应的四项更新策略。

（1）提升次干路功能，节点改造、分流过境交通

完善徐家汇商圈周边次干路网，构建交通缓冲环，同时重点改造商圈五岔路口节点，有效分流过境交通，释放地面道路空间，缓解交通拥堵。

（2）优化公共出行，创建“微枢纽”模式

完善贯通公交专用道，增设中运量公交线，撤并沿线重复公交。将多种公共交通站点功能进行整合设置，配以智能信息服务，构建公交“微枢纽”，提升地面公交服务水平。

（3）内外疏导结合，缓解停车矛盾

徐家汇商圈内部应以公交引导为主，对于小汽车，除了局部设置新型机械停车库增加供给外，更应着重完善停车诱导系统，提升信息服务水平。而在商圈外部，应充分利用外围区域停车设施，截留部分小汽车，缓解停车矛盾。

（4）构建立体慢行网络，提升街道生活品质

推进商圈空中步行连廊建设，串联分散的商业空间，改善步行体验；打通增设街坊内部通道，串联历史文化资源与内部开放空间；整体改造主要街道空间，通过断面统一设计，增

加步行空间、提升街道生活品质。

3. 打造开放、生态、宜人的公共空间体系

徐家汇地区公共空间整体上存在南北分布不均、空间破碎化、开放程度低以及与历史文化资源结合度较差等主要问题。本研究相应提出了三项更新策略。

（1）结合地区整体更新，弥补南侧公共空间不足

以徐家汇体育公园为例，未来通过整体更新改造，应尽可能增强其空间的公共性、开放性与生态性，与北部徐家汇绿地共同构建地区公共空间骨架系统。

（2）推进小型绿地广场微更新，提升空间品质

对地区零散边角的公共区域，可以通过微更新的手段进行改造，营造灵活多样、使用便捷、开放舒适的公共空间微系统。

（3）鼓励开放附属绿地广场、串点成线成网

鼓励主要街道沿线、历史文化资源、商业设施周边及建筑底层架空区域的附属绿地和广场进行开放，与慢行系统网络充分结合，构建成线成网的公共空间系统。

4. 完善互联、互通，一体化的地下空间网络

徐家汇地区轨道交通线路众多，但与之相应的地下空间利用目前还存在整体系统性较差、局部互联互通缺失、地上地下空间结合度较低以及出入口及相关设备设施布局不合理等问题。本研究相应提出了两项更新策略。

（1）加强地下空间互联互通，提升空间体验品质

充分利用并打通地块与轨交、地块与地块之间的地下空间，如第六百货商场与轨交地下连通、宜山路交通枢纽、漕溪路地下步行通道等更新改建，进一步优化轨交换乘、地下过街和车库共享，从而提升地下空间的集约高效利用。

（2）结合地块整体更新，地上地下一体化利用

以徐家汇体育公园为例：结合更新改造，充分利用地下空间资源，设置相应的场馆及配套设施；增设地下公共停车场，缓解地区停车问题。同时，充分考虑衔接轨交换乘流线、地面交通流线和场馆出入口等要求，构建地上地下一体化的空间组织网络。

三、规划特色

1. 强调总体区域系统研究，明确地区更新目标策略

充分对接总体规划，从区域层面明确了徐家汇地区城市更新的目标、重点、策略，在规划方法、内容、深度和成果形式等方面具有创新性与示范性。

2. 明确更新单元与要素，有效指导局部更新项目

在总体系统研究的基础上，对更新重点区域的更新要点作出明确的引导建议；选取试点项目进行概念性城市设计，对徐家汇体育公园、六百汇金等具体城市更新项目的任务书编制及工作推进具有指导作用。

3. 构建多方更新主体平台，确保更新项目落地推进

构建物业主体、政府部门、专业人士和社会公众联合组成的协调推进平台，开展广泛丰富的公众参与，明确项目更新需求、主体与分工，确保项目顺利推进。

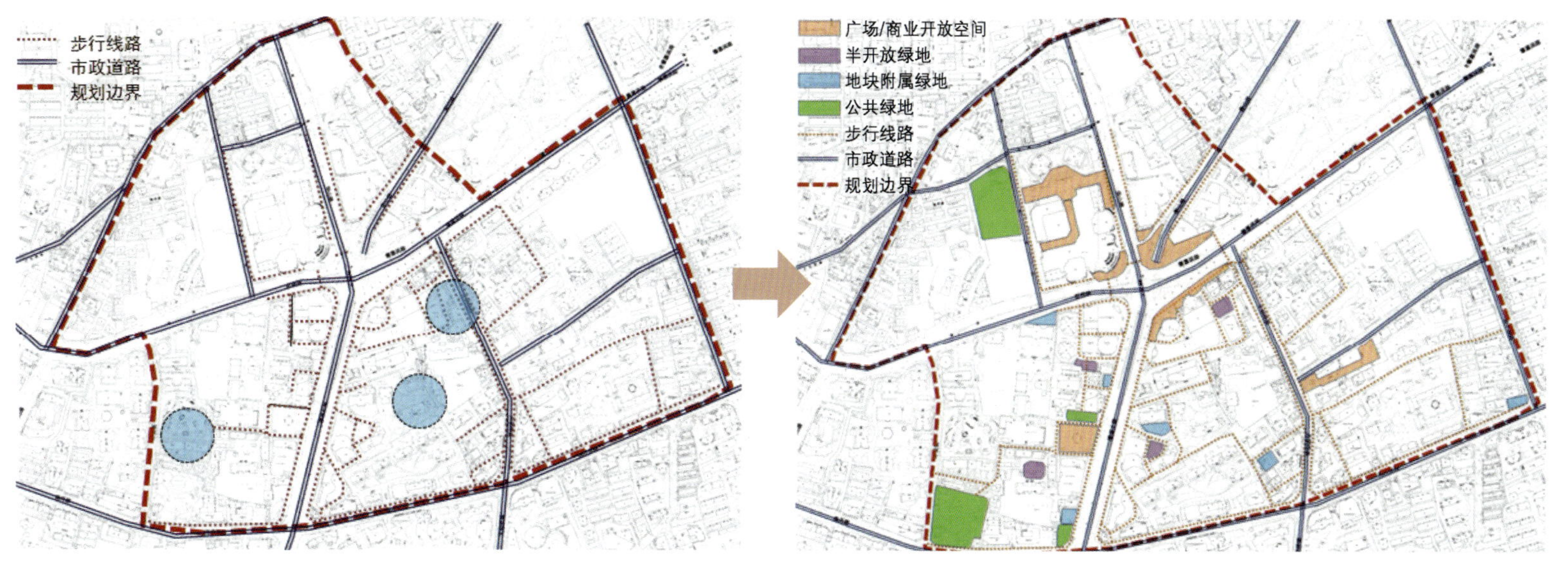

开放空间及公共通道更新建议

西宁市城市建筑风貌导则

2017 年度上海市优秀城乡规划设计奖（城市规划类）三等奖

编制时间：2015 年 7 月—2016 年 12 月

编制单位：华东建筑设计研究院有限公司、西宁市城乡规划和建设局

编制人员：沈迪、李东君、高文艳、黄逊、程亮、代阳、任永飞、张望、杜进、胡佳彬、李燕娟、张晶、宋艳、王文方、谈成琳

一、编制背景

西宁是我国重要的区域中心城市，历史文化深厚，山水资源独特。但随着经济和建设的迅速发展，建筑风貌正与城市的历史、文化、地理背景相脱离，城市建筑风貌特色正逐渐消失。面对这一迫切的问题，《西宁市城市建筑风貌导则》（以下简称“《导则》”）应运而生。

从环境上看，西宁建筑风貌的地理环境应作为城市建筑风貌控制的出发点。西宁是河谷形高原带状城市，建设用地有限、生态环境脆弱，环境要素在城市空间的重要性尤为突出。因此城市建筑的第五立面、体量、布局等要素应充分尊重环境背景。

从历史文化看，西宁建筑风貌应当充分尊重城市的历史文化背景。众多历史遗存表明，西宁市农牧文明以及多民族、多宗教的交汇处。城市建筑应当在风貌特征、层次关系、数量比较上体现历史文化交融的特色。

从时代而言，西宁建筑风貌应对时代背景进行响应。新的发展，西宁提出了“一心双城”的发展格局，城市建筑风貌应在此背景下研究，与此同时，《导则》还承载了引领全省建筑风貌塑造和生态可持续发展的任务。

二、主要内容

1. 编制思路

本导则共包含总则、通则、细则三部分，以通俗易懂的方式给出了建筑设计和管控的模式范本。其中总则部分直观展示了导则的目标、原则与应用。通则部分提出了西宁地域特色建筑的定义、内涵、特征、营造方法。细则部分通过分区、分级的方式具体提出了针对不同建筑空间环境的风貌控制引导要求。

“山”分区风貌控制划分图

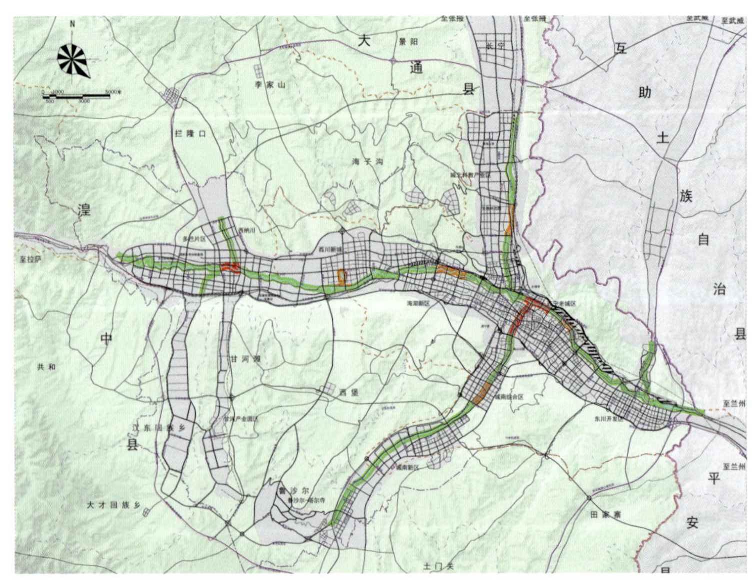

“水”分区风貌控制划分图

2. 编制要点

（1）西宁地域建筑特色通则

《导则》以西宁人文精神、美学意境、生产技术为依据，提取“河湟风”建筑特色内涵，以设计手法、建筑内涵、风格的运用等方式引导城市建筑风貌特色。西宁建筑风格的整体定位为：“高原山水，现代风尚，河湟风韵，民族风情”。西宁城市建筑风格主要构成为：“以河湟风格为亮点”“以现代风格为背景”“以民族风格为点缀”。

（2）分区、分级建筑风貌细则

分区：导则的细则部分以“山、水、文、城”四大建筑空间环境要素控制区为基础进行建筑风貌控制。

分级：导则将各风貌控制分区划分为核心风貌区、重点风貌区、一般风貌区三级控制。

核心风貌区为：城市核心功能区、主要的历史风貌区、重要的山水景观区域、交通枢纽地区以及其他对城市建筑风貌影响较大的区域。核心风貌区除参照本导则将风貌导则中的控制内容进行具体研究外，应将研究成果作为附加规划控制要求加入控制性详细规划或城市设计中。

重点风貌区为：城市重点风貌区除参照本导则将风貌导则中的控制内容进行具体研究外，应将研究成果作为附加要求加入相关规划设计中。同时，重点风貌区应通过城市设计等形式，进一步探讨城市建筑风貌的实际落实效果，具体建筑设计的指导。

一般风貌区为：城市内具有一定山、水、文、城影响力的区域。一般风貌区应将风貌导则中的控制内容进行具体研究，并将研究成果作为附加规划控制要求加入控制性详细规划或城市设计中。

三、编制特色

《导则》从西宁市整体风貌特色和空间分布特点出发，对建筑风貌进行分类引导，挖掘并提炼各类典型要素，从而建立一个完善的城市建筑风貌（建管）引导体系。

《导则》强调设计过程引导而非最终产品控制，合理引导，鼓励创新，成果内容注重与管理手段紧密衔接，配套相关政策共同塑造良好建筑风貌。包括建立风貌顾问团队，助力特色塑造，加强对重点地区城市设计的规划设计管理；建立重大项目专家评审制度，汇集专家意见，提高设计师的设计水平。

《导则》以《城乡规划法》为法律基础，对上衔接总体规划的前瞻性、落实控制性详细规划的系统性和完整性，对下引导具体地段城市设计和建设项目的实施，在核定规划条件、方案设计与审查、实施建设后监督检查各个环节能够提供方向引导，以确保建筑设计意图和审美导向符合城市风貌景观规划要求。

四、实施效果

《导则》于 2016 年 9 月编制完成，并于同年 12 月由中国建筑工业出版社出版，2017 年 1 月在西宁市正式开始施行。《导则》明确了相关设计工作的具体控制与引导要求，西宁各类相关建设活动，参照导则的指引要求落实。

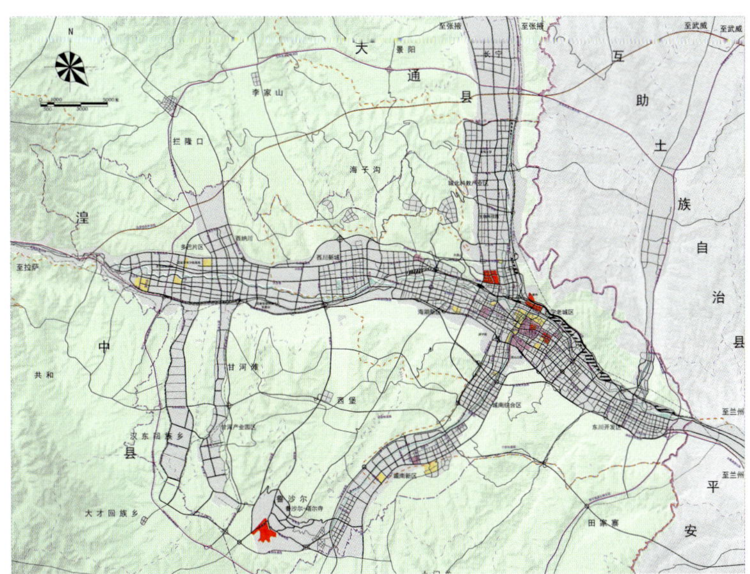

“文”分区风貌控制划分图

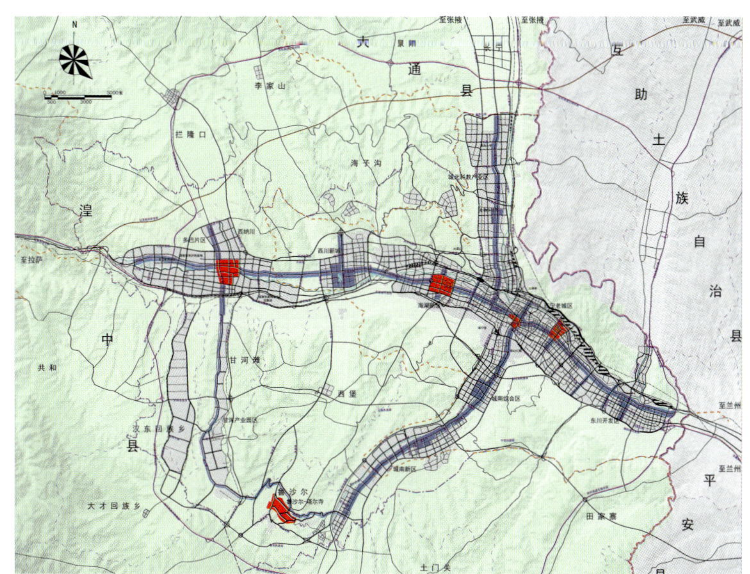

“城”分区风貌控制划分图

基于统计视角的张江科学城交通体系现状与对策研究

2017 年度上海市优秀城乡规划设计奖（城市规划类）三等奖

编制时间：2016 年 7 月—2016 年 12 月

编制单位：上海浦东建筑设计研究院有限公司、同济大学交通运输工程学院

编制人员：凌宏伟、陈龙、朱兴一、顾佳磊、王兆军、李林毅、暨育雄、孙海斌、温馨、张临辉、徐萌、刘茗、杨洋、宋俊杰、柏顺杰

一、项目背景

上海张江科学城东至 S20 外环线、S2 沪芦高速，南至下盐公路，西至罗山高架路、S3 沪奉高速，北至龙东大道，区域总面积约 93.9 km^2。各层面对张江科学城的关注，决定了张江科学城是上海市委、区委关注的重点区域。

二、技术路线

本课题基于横向区域尺度“面”的视角、基于纵向时间尺度“线”的视角、基于局部典型案例“点”的视角，从国际案例对标、交通现状及问题剖析、典型专题研究等方面，详细地研究了张江科学城综合交通系统目前存在的短板，并提出了一系列对策与举措。

三、主要研究内容

1. 国际著名科学城分析与对标

将上海张江科学城与日本筑波科学城、韩国大德国际研发特区、新加坡纬壹科技城 3 个著名科学城，从区位、发展形态、用地结构、交通条件四个角度进行对比分析，进而得出张江科学城发展的可借鉴经验：建议张江科学城内部综合交通发展应以科学城发展为核心，并自成体系；构建张江科学城内部南北向交通干线，引导科学城“纵向发展”；加大居住社区供给，推动产城融合，汇集人才；加强张江科学城内部道路建设，尤其是支路、次干路建设，实现通达、平衡发展。

2. 横向区域尺度下张江科学城交通统计分析

课题对张江科学城的道路交通、轨道交通、常规公交、静态交通、公共自行车进行了横向统计分析。结果表明：绝对数量上，张江科学城北片区的交通资源要多于南片区；但在人均交通资源上，由于北区人口基数大，人均交通资源反而低于南区。

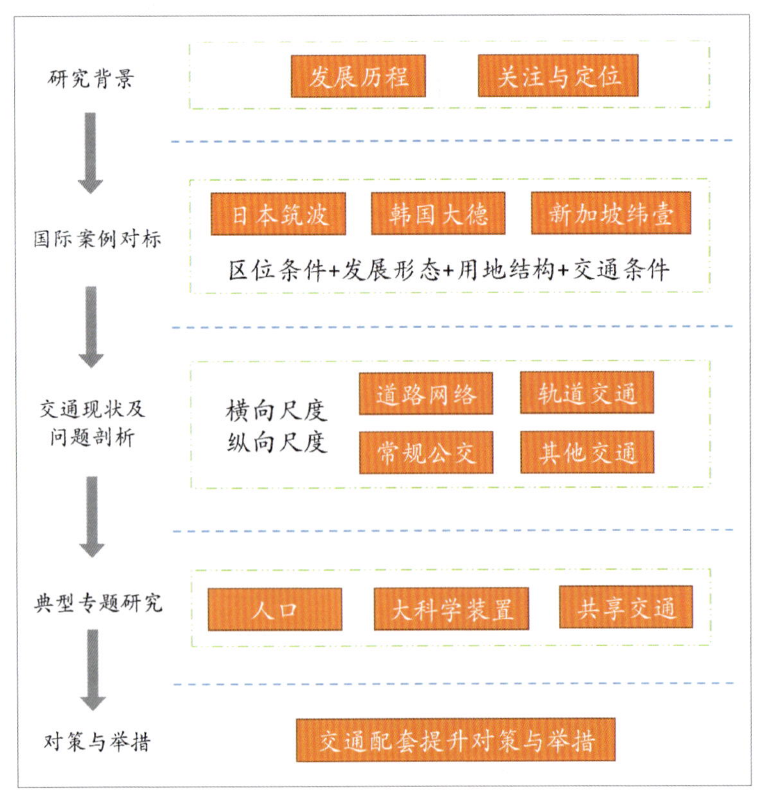

技术路线图

3. 纵向时间尺度下张江科学城交通统计分析

课题分析了2009—2014年，上海市、浦东新区、张江科学城三个层级经济、人口与道路、轨交发展建设之间的关系。

4. 张江科学城典型专题研究与分析

课题从张江与其周边社区的联系程度、张江科学城人口特点、重点科学装置周边交通设施分析及“互联网+交通”四个方面进行了典型专题研究，得出了张江科学城人口年龄结构呈“年轻化”；内部职住不平衡，区域职住相对平衡；重点科学装置周边交通“有设施，欠服务”，出行配套完善性有待提升；轨道交通现状“贴边而过”，现状轨交站点对重点科学装置的辐射不足等结论。

5. 科学城交通配套提升对策与举措

加强张江科学城与周边片区的交通联系，在更大范围内谋求职住平衡，实现科学城和周边区域“协同发展”。分片施策，加强张江科学城内部设施建设，提供城乡一体化水平，通过出行体验和品质的提升，吸引人气。以更智慧、更多样化的交通服务为张江科学城增添更多活力和年轻因子。鼓励共享交通出行新模式，助力张江科学城转型升级。抓住“公交、枢纽、接驳”三个要点因子，倡导张江科学城TOD的土地开发模式。并以打造重点科学设施周边基础设施服务、景观综合体验为切入点。

四、课题创新性特色

1. 统计学与规划学科交叉的创新尝试

本课题研究突出了统计视角，其最终目的是为统计普查找到与张江科学城相契合的点。因此在研究过程中尝试了时间序列、空间序列以及大数据的比较分析方法，如通过对各片区统计路网密度的对比，以及历年人口与道路增长关系的分析，提出张江科学城路网的规划建议。

2. 以史鉴今的研究方向

当下，无论是张江科学城还是其他区域的城市更新，面临的均不再是白纸上的规划。对一个片区发展历程以及研究范围内各个小片区之间发展差异性的研究显得尤为重要，而这些恰恰隐藏在长期、大量的统计数据之中。

3. 跨行政范围的统计分析

张江科学城跨越了张江高科技园区、张江镇、康桥镇、孙桥镇、周浦镇、国际医学园区六个行政主体，且每个主体又不都是完整的涵盖，导致统计数据在处理时存在一定的难度。研究一方面采用了历史数据的回归分析方法，得出各个片区的折算系数；另一方面采取手机大数据的辅助分析方法，通过手机基站定位，破解了传统行政范围划分对统计数据有效性的影响。

张江科学城范围示意图

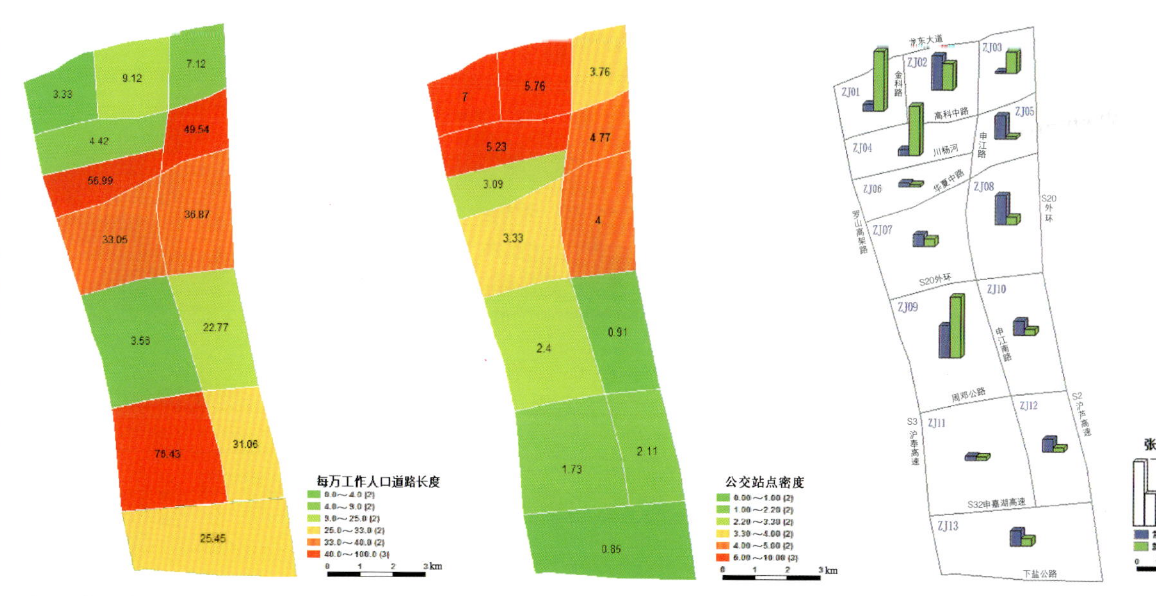

张江科学城分片区每万工作人口道路长度、公交站点密度

张江常住人口与就业人口分布

上海市新一轮总体规划总体城市设计专题研究

2017 年度上海市优秀城乡规划设计奖（城市规划类）三等奖

编制时间：2015 年 6 月—2016 年 12 月

编制单位：上海同济城市规划设计研究院

编制人员：周俭、张尚武、俞静、陆天赞、顾玄渊、陈雨露、陈浩、陈超一、廖志强、叶京星、何林飞

一、研究概况

本次总体城市设计研究定位于总规层面管理型文件。基于对上海城市空间特征的认识和理解，建立总体城市设计内容框架，提出上海城市空间的愿景、目标和策略，形成管理型城市设计成果文件。

成果内容上，围绕总体空间形态和整体景观特征，针对中心城区和市域两个空间层次形成三个维度的基础研究与管控体系，具体包括空间尺度类型、空间关键性要素体系和大地景观格局，并予以全覆盖式研究；制定城市形态和空间景观的管控指引，作为下层次规划设计在城市形态和空间景观方面的参考和依据。

技术方法上，强化研究技术方法创新；强化单要素的整体性、全覆盖体系构建；强化成果指导性和管理型的要求。

二、研究目标

深入研究上海的城市发展历史特征，我们发现：近代的石库门里弄和 1980 年代以前的多层公寓，形成了相对结构清晰、肌理有序的空间基本特征。历史性空间与当代性空间要素

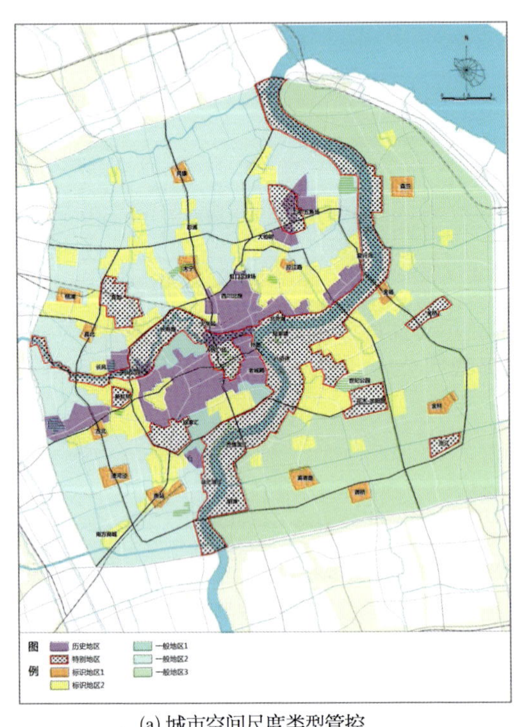

(a) 城市空间尺度类型管控

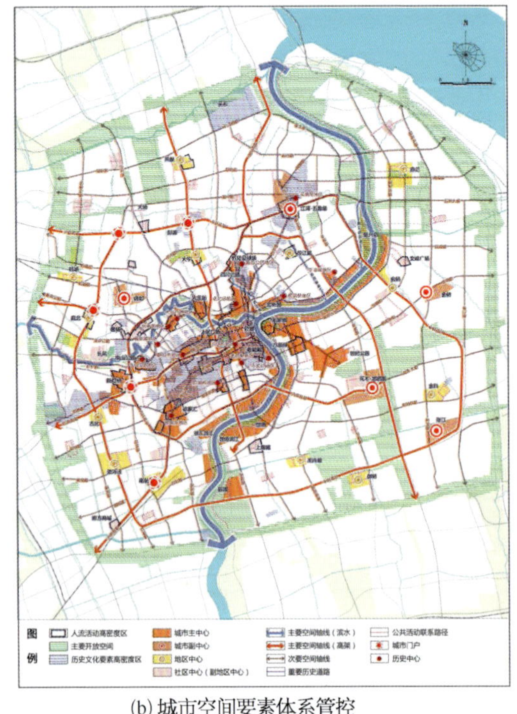

(b) 城市空间要素体系管控

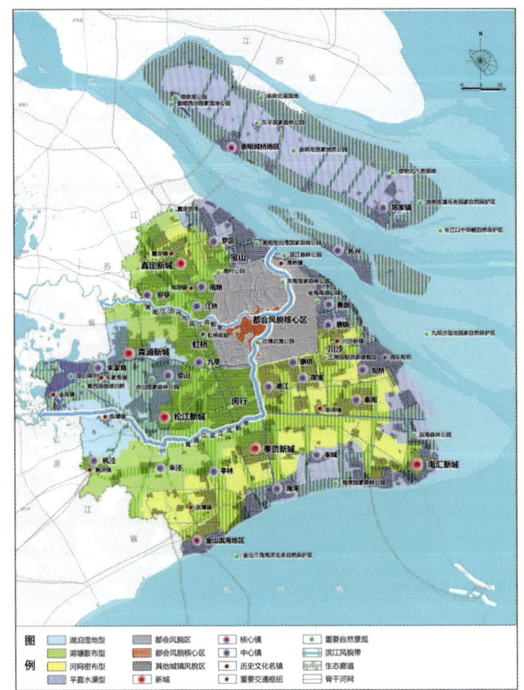

(c) 市域空间格局与特征景观管控

总体城市设计成果 2 大层次 3 项主要内容概览（a、b 为中心城区层面，c 为市域层面）

的层积交叠，西方文化和本地传统文化的相互转化糅杂，形成了一种在城市空间景观及社会生活上整体独特而鲜明的“上海特征”。

而1990年代以来，高层建筑点状突破，传统空间肌理发生巨大变化。城市空间整体呈现马赛克、拼贴、破碎化的趋势，上海城市面临着“尺度失序”的问题。

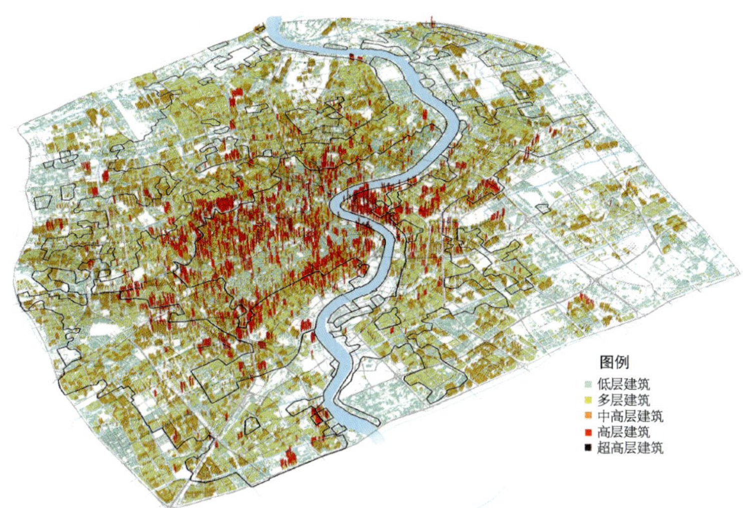

中心城区建筑高度现状示意图

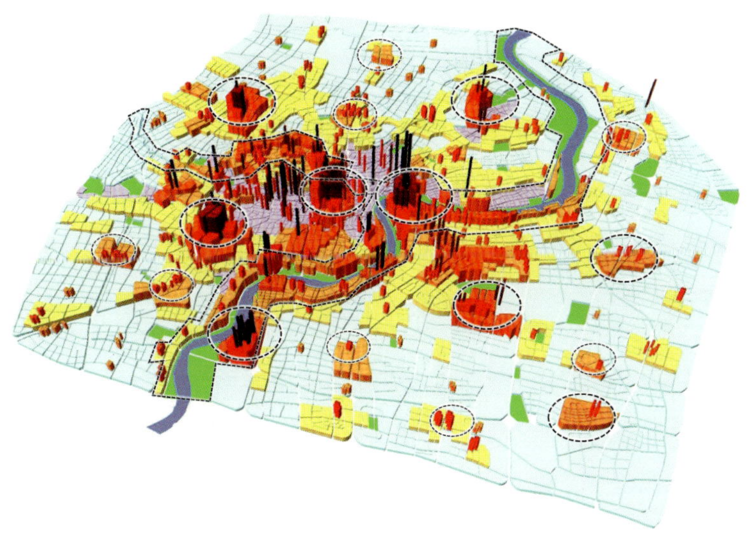

中心城区建筑高度引导意向图

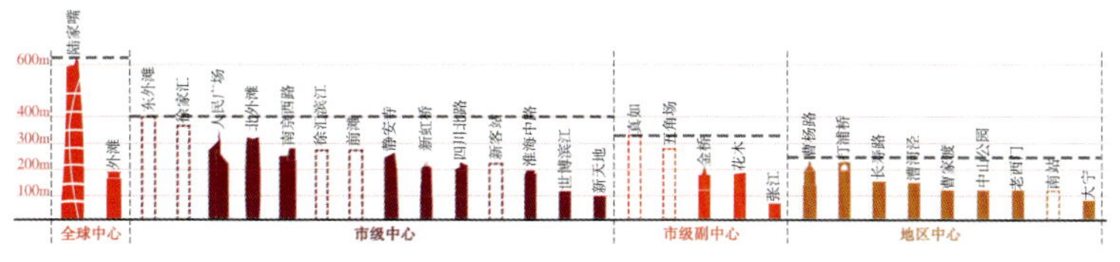

城市公共中心的地标建筑高度梯次关系图

围绕“建成卓越的全球城市”的愿景，总体城市设计以塑造“具有国际都会感和文化地域性”的风貌特色为目标。通过“治乱、理序、提质、溯本”，提出“文化身份彰显、城市形象鲜明、公共利益优先、空间品质提升”的发展要求。

三、研究内容与特色

1. 中心城区城市空间尺度特征研究与类型管控

研究提取中心城区全部建筑轮廓和高度信息进行全样本录入，采用大数据的网格化、结构化聚合计算，叠加历史演进空间特征分类，梳理得出现状空间尺度的7种类型。

针对现状空间类型，根据总体规划所确定的空间发展诉求，以5个策略发展引导。策略包括保护历史风貌地区、强化多层次公共中心、强化城市空间骨架和梳理线性脉络体系等方面。最终形成四类空间尺度管控区划：一是历史地区，严格遵循既有保护规划要求；二是特别地区，城市重要骨架与节点，须单独编制城市设计论证；三是标识地区，针对标识高度管控，强化地标建筑高度“梯次”逻辑；四是城市空间基底的一般地区，针对基准高度管控。

以基准高度、标识高度为手段，构成建筑高度分区管控要求。未来的上海中心城区，将突出一江一河沿线及多个城市副中心，作为主要高层、超高层极化布局的整体空间格局。

2. 中心城区城市空间要素研究与体系管控

研究提取中心城区历史性、网络性、公共性和标识性的空间特征要素，形成对空间景观体系的整体认知。针对四类要素形成体系管控：总体强化城市空间特征要素秩序化、系统化管控，如城市肌理，严控街坊规模，限制街坊合并，落实道路密度指标；具体强化城市风貌具体问题的示意图和指标指引，如城市公共空间，加强微型公园和广场体系等建设，落实服务覆盖率指标。

3. 市域空间格局与特征景观研究与管控

据历史文献研究，水系发展是郊区多样化水、田、村、镇融合发展的基础，水系肌理成为市域风貌研究的核心要素。研究通过水网信息进行全样本录入，综合分析其水域面积、岸线长度和复杂程度，通过类型化分析，识别典型特征分区，归纳形成湖泊湿地、水塘散布、水网密布、平直水渠4类景观风貌管控分区，并以此叠加自然生态、历史人文与城镇要素，形成市域空间格局与特征景观管控。

上海市长兴岛海洋装备产业基地控制性详细规划调整

2017 年度上海市优秀城乡规划设计奖（城市规划类）三等奖

编制时间：2013 年 11 月—2016 年 12 月

编制单位：上海尚方规划建筑设计有限公司

编制人员：熊馗、曹西强、朱永、蔡翠辉、李文静、孔令楠、苏珊、徐亚龙、黄彬、李智、黄祥允、张广晅、孙涛、龚晓峰、文慧婷

一、规划背景

2014 年 5 月，习近平总书记提出上海要加快建成具有全球影响力的“科创中心”，上海长兴岛海洋装备产业园区作为上海六大产业基地之一及九大高新技术领域之一，正成为落实上海科创中心建设的前沿区域。

本项目地块作为上海市确定的第一批研发科研类用地试点区域，需结合园区未来的产业需求进一步明确功能定位与业态类型，并对基地的空间形态进行分析研究与规划控制，以保障园区的有序开发。

在此背景下，本次控规调整试图探索出一套与建设上海创新创业基地相适应的规划控制方法。

基地位于长兴岛中东部，紧邻潘圆公路，南为中船基地，北临圆沙社区，西接镇东区。调整范围为兴奔路、长涛路、兴冠路及潘圆公路围合区域，总用地面积 94.1 hm^2。原控规中，基地定位为船舶基础配套产业和高端配套产业，以仓储用地和二类工业用地为主，并采用了均一化的强度指标控制，属于典型的传统工业园区编制体系。

二、规划内容

1. 明确“上海（国际）创新创业众创基地”功能定位

响应上海科创中心建设的总体要求，规划将基地定位调整为上海（国际）创新创业众创基地。具体为：上海孵化链条示范基地、上海（国际）众创空间、产业配套服务中心、互联网金融服务中心、国际创新产业发展中心。

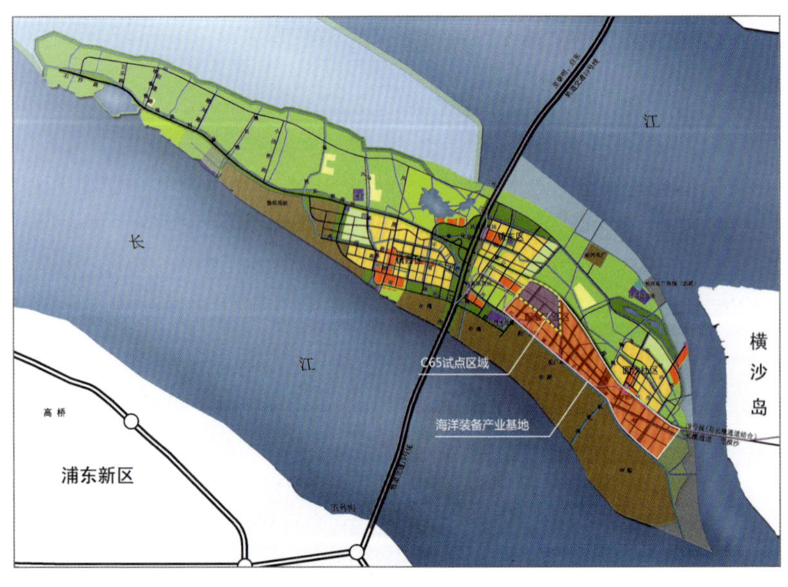

区位图

产业基地用地功能模式转型

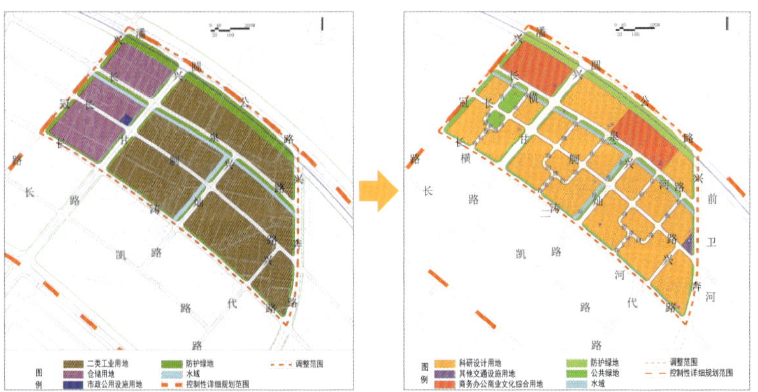

原控规土地使用规划图　　调整后土地使用规划图

2. 由“四个转变”构建适应现代科创园区的规划体系

（1）功能转变：由“传统装备制造”转向“高科技的产品研发”

规划将原工业、仓储用地调整为以C65为主的科研用地，以满足设计研发、企业孵化、信息技术服务等新型产业的用地需要，推动产业能级升级，增强园区的经济集聚、辐射和带动效应。

（2）尺度转变：由“大路网大街区”转向“密路网小街区”

规划通过加密支路网、构建环路，将用地划分成150 m×150 m左右的产业地块，若干地块由中央绿地组织形成产业组团，建立适应科研办公需求的小密路网体系。

（3）空间转变：由“低效封闭厂区”转向“创新共享园区”

通过梳理基地水网体系，重构区域生态空间肌理，规划以生态细胞的形式，在每个产业组团核心布局公共绿地并连通周边水网，使生态本底与园区环境融为一体。

（4）效益转变：由“低强度均一开发”转向“高强度重点开发”

原规划采用均一化的指标体系，本次规划结合园区产业转型的实际需求，合理确定C65的开发强度和建设规模，并划定重点区域，重塑城市形象，充分利用土地价值。

3. 将城市设计要素转化为控规实施语言

规划将城市设计研究确定的功能布局、高度强度、交通系统、开放空间等关键设计条件，转译成为控规实施的语言及分图图则，作为后续规划管理的法定依据。

三、规划特色

1. 探索了“现代科创园区”控规编制的新范式

通过营造“以人为本”的园区活力空间、重组“蓝绿交织”的生态肌理格局、建立“土地集约”的控制体系等技术手段，将原控规进行系统的优化与调整，凸显园区特色，革新产业园区的健康活力发展模式。

2. 城市设计研究与控规编制紧密结合

规划运用城市设计方法，构建以“科创研发”为主体的公共空间体系，打造宜业、宜研、宜居的“生态科创园区”。通过城市设计研究，用地的开发强度、建筑高度、开发控制等指标的确定更加科学，而控规将城市设计的核心内容纳入控制指标体系，使城市设计要素和各项策略可以更加有效地实施。

城市设计平面图

3. 建立“需求导向”的规划控制体系

根据开发实施的建设时序，规划将地块化整为零，形成若干细胞组团，做到“开发一片建设一片，建设一片成熟一片”。根据各组团结构特点，规划又将闲散地块化零为整，建立丰富的内院空间体系，为各企业提供良好的合作交流平台。

4. 注重“多主体参与、多专业协同”

整个项目的编制过程体现了“决策者、管理者、编制方、开发方与运营方”共同参与的特点，通过多主体的通力合作，各方需求得到了合理表达和有效落实，项目实施的可操作性大大增强。

同时，充分发挥规划专业综合性强的平台优势，加强与建筑、景观、交通、市政等专业的协同工作，通过与各专业的衔接、反馈，实现了对控规成果的持续优化。

四、规划实施

本控规调整已于2016年12月批复实施，并有效推动了后续土地出让、道路建设和下位规划编制等工作。

有四块C65用地已按规划确定的设计条件办理土地出让手续。远帆路、盛舸路、瑞航路、慧润路4条道路已按规划开始施工。生态绿地地块已按控规要求启动方案设计等后续工作。

开封市双龙巷片区核心区样板院落环境整治设计、核心区景观工程设计

2017 年度上海市优秀城乡规划设计奖（城市规划类）三等奖

编制时间：2014 年 5 月—2016 年 5 月

编制单位：上海翌德建筑规划设计有限公司

编制人员：于一凡、李继军、罗贤吉、宋铁成、王晓永、陈锴、赵军任、马江、邵尚来、韩世晓、乐翔宇、付强、熊新红、姚勇

一、规划背景

开封古城是历史上著名的七朝都会、宋都皇城，是中原文明的重要发源地。2014 年，《开封市城市总体规划（2011—2020 年）》中明确的开封古城复兴进入全面启动阶段。

双龙巷历史街区位于开封古城内龙亭东南侧，街区总用地面积 23.08 hm^2，其中核心区用地 4.02 hm^2。双龙巷历史建筑集中成片，是开封古城内规模最大、保存最完整的传统居住街区，同时也是开封五个历史名城文化街区之一。而开封民居作为中国传统民居的重要组成部分，既有许多我国民居建筑所共有的传统特征，又有其独特的地方特色。随着开封经济的飞速发展，无序开发和资源匮乏等环境问题严重威胁着历史街区的保护。当下，街区保护虽然得到了重视，但是在具体实施的时候大多忽略了对历史文脉的保留和对人居环境的改善。

双龙巷核心区历史院落评估

本次规划目标的确立从上位规划解读入手，结合历史与现状条件的系统分析，通过整体策划和合理的业态组织克服功能缺失的劣势，创造更加适宜的人居环境。全面梳理双龙巷街区整体街巷与院落空间肌理，提供覆盖全区域的发达的街巷网络，及更多的街头绿地与广场空间，使城市肌理更完整，地区形象和谐一致。

二、规划特色

1. 坚持保护的原真性和整体性

保护各时期（宋、明清、民国、解放初期、“文革”时期、改革开放后等）真实的历史印记，展现街区的多样性景观特质，重塑了小尺度的城市空间肌理。

2. 符合相关的历史保护管理法规

针对现存城市环境的整治与提升，尽可能保留、修缮与改造现状建筑，维持小尺度的历史肌理，避免对历史街区的大拆大建而造成的历史景观破坏和文脉断裂。

3. 减少前期投入，降低开发风险

前期聚焦于道路街巷、市政基础设施，以及样板院落的建设，一般院落只需去除搭建后封闭门窗，等待后期业主自主改造（符合规划指标的拆、改、留），减少前期拆迁投入，便于迅速启动。

三、规划亮点

1. 厘清保护与更新的布局与比例关系

首先，对文物保护单位进行必要的保护，除新开辟支巷、建设集中广场等对少量院落进行拆并之外，规划只去除破坏院落肌理的违章搭建，保留绝大多数院落空间。最终保留了87.5%的院落单位和74.4%的原有建筑。其次，规划严格限定核心区高度与容量，核心区内的建筑檐口高度不超过7 m，容量指标不突破现状建筑容量。整个核心区实行精细化开发，由政府主导其业态选择与院落更新。

2. 街巷保护：延续历史街巷，恢复传统街巷空间结构

对现存的双龙巷、南聚奎巷、侯家胡同、朝阳胡同、双井街等主要街巷进行更新设计，在尺度与历史保持一致的情况下，进行细部的设计与描绘，突显历史意蕴。同时，进一步梳理传统肌理，结合全新的功能要求，通过连通、延伸、植入等多种方式重塑覆盖双龙巷片区的发达的街巷网络，使街巷结构更加清晰，历史街区整体感更强。

3. 景观与广场的营造：设置中型广场、主导的线性开放空间、小型广场绿化空间节点

在各街巷入口和巷弄交汇处建设集中绿地或广场等多种类型的公共空间。在双龙巷主巷及街区主要出入口处建设集散广场，面积相对较大，一般约1 000 m^2，解决人流疏导与集散问题。双龙巷街区内部建设众多街头广场与绿地游园，长宽尺度一般在10～30 m，形成小尺度开放空间，提升街区居住环境品质，并供游客驻足小憩。

4. 院落与建筑的更新：审慎而创新地整治、改造、更新片区内的院落与建筑

对于历史保护院落与建筑，修缮院落内历史建筑，存表去里，整旧如旧，去除搭建，改造室内外空间，满足现代生活需求。对于保留院落与建筑，尊重原有格局，修缮重要价值的老建筑，再造原有场所记忆；植入新建筑功能，并通过新材料的适度应用及室内高度的适应性调整使新旧相映。对于更新院落与建筑，进行院落重组，突出空间变化；运用新材料、提取传统元素符号，展示传统建筑意蕴，见证历史记忆。对于公共建筑群，保留改造外观样式使之与街区历史氛围相融合；保留部分特征构件提示工业遗产的印记；内部改造适应新的功能要求。

四、规划实施效果

双龙巷地区是开封市近期城市建设的重点区域，肩负着提升城市形象、改善城市居住空间功能的重要使命。本次规划设计深入发掘了双龙巷独特的历史人文价值，成功塑造了富有特色的空间形象和城市功能。目前，随着部分街巷与院落的改造完成，规划实施已初见成效，修缮改造后的效果受到多方好评。

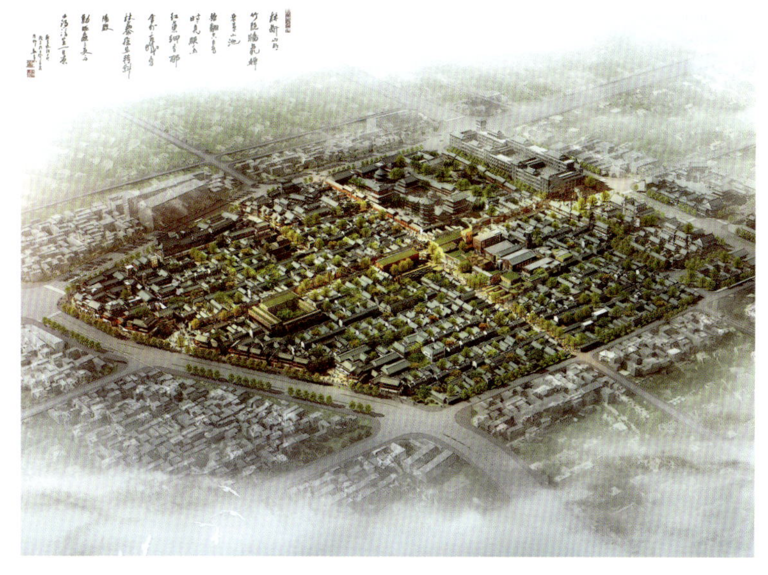

双龙巷核心区鸟瞰图

街巷及院落改造前后对比效果图

上海市常规公交发展规划

2017 年度上海市优秀城乡规划设计奖（城市规划类）三等奖

编制时间：2014 年 8 月—2015 年 11 月

编制单位：上海城市交通设计院有限公司

编制人员：董明峰、万鹏、李永、陆磊、朱鲤、喻军皓、何洪波、黄夏飞、吴明松、张品立、姚瑶、陈琛、刘志伟、张蕾、黄云

一、项目背景

本规划为上海市新一轮城市总体规划的 28 个专项规划之一，是城市总体规划的重要组成部分，是总体规划在公共交通领域的细化。本规划围绕上海建设具有全球资源配置能力、较强国际竞争力和影响力的“全球城市”总体发展目标，按照新一轮城市总体规划的基本理念，提出公共交通系统发展的战略导向、规划策略、系统布局和实施保障，落实城市总体发展战略，支撑上海市新一轮城市总体规划的编制。

二、规划构思

规划按照现状评估—战略目标—发展策略—布局方案—实施保障的主线开展。从公交基础设施、线网布局、运营管理、客流特征等方面对公交发展现状进行评估；结合城市空间布局、人口、用地等规划发展趋势，预测公交出行需求，制定公交发展战略目标；坚持问题导向和目标导向，研究公交层次结构和发展策略，提出公交重点基础设施的布局方案和配置标准，从规划建设、运营管理、体制机制等方面提出相应的实施政策保障。

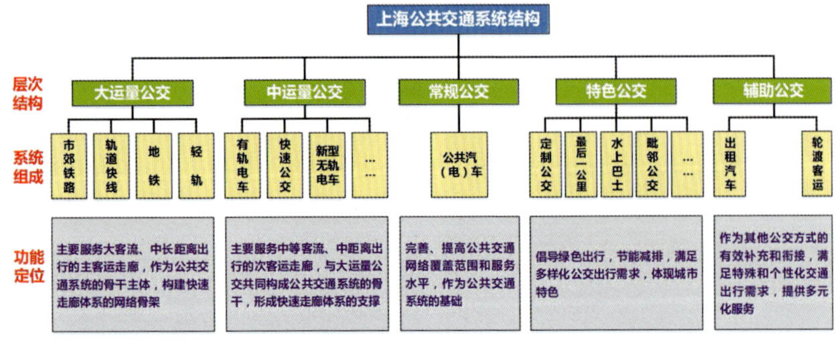

上海公共交通系统结构图

三、规划内容

（1）创新规划理念。提出“从适应型发展向主动引导型发展转变，从主要解决中心城交通问题向统筹城乡和区域一体化交通转变，从大力推进交通设施建设向更加注重综合管理和功能提升转变”的“3 个转变”指导思想；“多层次、多模式、多网融合、区域差别化、设施集约化、管理精细化”的“3+3”公共交通发展战略，推进公共交通在新起点上实现更高发展。

（2）提出了 2040 年公共交通发展目标。围绕“卓越全球城市”目标愿景，坚持公交优先发展战略，规划创新提出“2040 年构建与全球城市功能相匹配，与经济社会发展相适应，与特大型城市空间格局相协调，具有世界先进水平的多层次、多模式、一体化公共交通系统。

（3）全面系统地研究了公共交通层次、模式及功能定位。提出构建大运量公交、中运量公交、常规公交、特色公交以及辅助公交共五个层次的公共交通系统，并研究界定了各层次公交的模式及功能定位，以满足不同等级客流强度、多样化、差异化的公共交通出行需求，落实公交优先战略，倡导绿色低碳出行，改善城市人居环境，促进城市可持续发展。

（4）结合新一轮城市空间布局，科学提出了公共交通发展总体策略及分区策略。规划创新提出“加强公共交通引导城市空间布局优化；加强多层次多模式轨道交通网络建设；因地制宜发展中运量公交；构建‘一路一骨干、区域成网、方便换乘’的公交网络架构；加强轨道站点交通配套设施规划建设和管理；推进公共交通基础设施综合开发”的六大总体发展策略。并结合“主城区—新城—新市镇—乡村”的新一轮城乡体系规划布局，针对性地提出了公共交通分区发展策略。

（5）创新技术手段，基于大数据融合分析，科学识别公共交通客流通道。技术手段上改革创新，本次规划基于手

机信令、交通卡、公交客流调查等大数据，采用美国先进的TransCAD交通规划专业软件，建立上海市交通模型，对大数据进行深度挖掘、融合分析，将交通数据与规划人口、用地数据进行空间叠加，分析居民公交出行特征，科学识别公共交通客流通道，为规划轨道交通线路、中运量公交及地面公交线网提供定量依据。

（6）注重空间资源统筹，科学合理布局重大公交基础设施。结合城乡统筹和区域一体化发展要求，注重空间资源统筹，在常住人口规模约束的条件下，科学预测公共交通基础设施发展需求。结合新一轮总规的城乡体系布局，以世界先进水平为目标，科学合理布局，规划形成覆盖全市、多层次、多方式有机衔接、换乘便捷的综合客运交通枢纽体系，为进一步促进主城区、新城、新市镇的发展提供有力支撑。

（7）在“建设用地负增长”底线思维约束下，明确了公交配置标准。遵循规划用地“总量锁定、增量递减、存量优化、流量增效、质量提高”的基本策略，坚持底线思维，明确了公交线路、公交枢纽、首末站、公交停保场的配置标准，倡导集约用地理念，鼓励公交设施立体开发、综合开发。

四、规划特色

1. 与上海市城市总体规划同步推进，为总规编制提供了重要支撑

本规划为上海新一轮城市总体规划的28个专项规划之一，与上海市城市总体规划同步编制，总体目标和编制重点与总体规划保持一致，在工作阶段和技术成果要求方面进行了充分衔接和协调，紧密结合总规编制全过程。

2035年地面公交高峰小时客流分布图

2. 具备超前的宏观视野，强化了专项规划的战略引领和实施保障

本规划突破专项规划传统思路，在公共交通专业领域具备了超前的宏观视野，围绕上海建设具有全球资源配置能力、较强国际竞争力和影响力的“全球城市”总体发展目标，明确了规划期内公共交通系统的发展目标、战略导向、发展策略和总体框架；从实施层面明确了重点公交设施布局、配置标准、实施保障等，充分体现了公交专项规划的战略性和实施性。

3. 技术手段创新，基础数据十分翔实，现状评估结论的指导性强

采用手机信令、交通卡、公交客流调查等大数据，对数据进行融合，深入挖掘，分析得出了准确的居民全方式出行OD和公交出行OD空间分布特征，识别出公交客流通道，深入剖析了现状公交在吸引力、服务水平、设施供应等方面存在的问题和成因，评估分析结论具有较强的指导性。

4. 突破部门界线和行业壁垒，突出政策，条块联动

规划内涵上突破部门界线和行业壁垒，针对不同发展空间制定差别化的发展策略和公共政策，按照“突出政策、强化统筹”的要求，加强了与城市总体规划的其他专项规划以及区县规划之间的衔接，多次征询意见并反复沟通协调规划方案，提高了专项规划的实施性。

5. 坚持开门做规划，组织公众参与，集聚智慧

组织方式上坚持开门做规划，将公众参与、专家指导贯穿于规划前期研究、规划编制、成果审查全过程，并依托“上海2035”微信公众参与平台，广泛吸纳意见和建议。

五、规划实施

（1）本规划与新一轮城市总体规划同步推进，有效地支撑了总规纲要的编制。

（2）规划成果经过归纳提炼，公共交通战略目标、公共交通发展策略、重点综合客运交通枢纽、公共交通客运通道等主要成果已纳入《上海市城市总体规划（2017—2035年）》综合交通体系章节。

（3）规划提出的综合客运交通枢纽、公交停保场、中运量公交等重点公交设施近期规划方案，已纳入《上海市综合交通“十三五”规划》。

（4）规划提出的延安路中运量公交方案，目前已建成投入运营。

上海市风貌保护街坊规划和管理机制研究

2017 年度上海市优秀城乡规划设计奖（城市规划类）三等奖

编制时间：2014 年 5 月—2016 年 5 月

编制单位：上海市城市规划设计研究院

编制人员：陈鹏、陆远、胡莉莉、奚文沁、奚东帆、施燕、李俊、徐继荣、扎博文、王明颖、潘勋、石砢

一、研究背景

为了进一步传承上海城市记忆和历史文脉，开展抢救性保护，上海在过去“点—线—面”保护体系的基础上，于 2015 年起分两批公布了共 250 处，总面积超过 17 km^2 的历史风貌保护街坊名单。这些街坊包括里弄住宅、工业遗产、工人新村等类型，涵盖了体现城市生活形态的各类场所，承载了城市发展的记忆和脉络，是对上海历史风貌保护对象的重要补充。

研究全面贯彻“整体保护、成片保护”的规划理念，协调风貌保护与地区发展，在加大风貌街坊保护力度、积极传承地区历史文脉的同时，完善规划管理体系，有效指导和规范近期实施建设。

本次研究聚焦风貌保护街坊规划面临的问题：首先是如何平衡“严格保护”与“合理利用”的关系，即在严格保护历史文化资源的同时需要关注合理的功能利用。其次，需要关注“民生需求，旧改矛盾”。在风貌保护街坊中，毛地地块多达 26 处，面积接近 100 hm^2，许多街坊内居民生活条件较差，旧改动迁意愿强烈，亟须通过实践解决保护和民生之间的矛盾。通过历史风貌保护还应加强“格局保护”，保持“场所温度”。与历史文化风貌区和优秀历史建筑相比，风貌保护街坊的建筑单体价值不一定出挑，但是街坊内整体空间格局特色突出，亟须探索格局保护的新路径，保育场所特色，体现“上海”文化品牌。最后，本次研究将加强与控制性详细规划的衔接，形成可以管理、实施的范本。风貌保护街坊所在区域的控详在编制伊始往往忽视了对历史文化资源的保护，大部分地块存在着规划指标和保护要求的冲突。随着“保护街坊控详暂停执行”的明确，亟须开展范式研究，由点及面，形成保护规划管理措施。

二、研究内容

在 250 个风貌保护街坊中，依据街坊类型多样化、近期开发意向、外部发展条件差异化等原则，研究选取黄浦区金陵路 198、200 街坊，杨浦区杨树浦电厂以及静安区安康苑作为试点研究对象。

针对三个试点街坊的不同类型，开展风貌价值评估，确定保护要求，与既有控制性详细规划进行衔接，并通过城市设计进行验证研究。

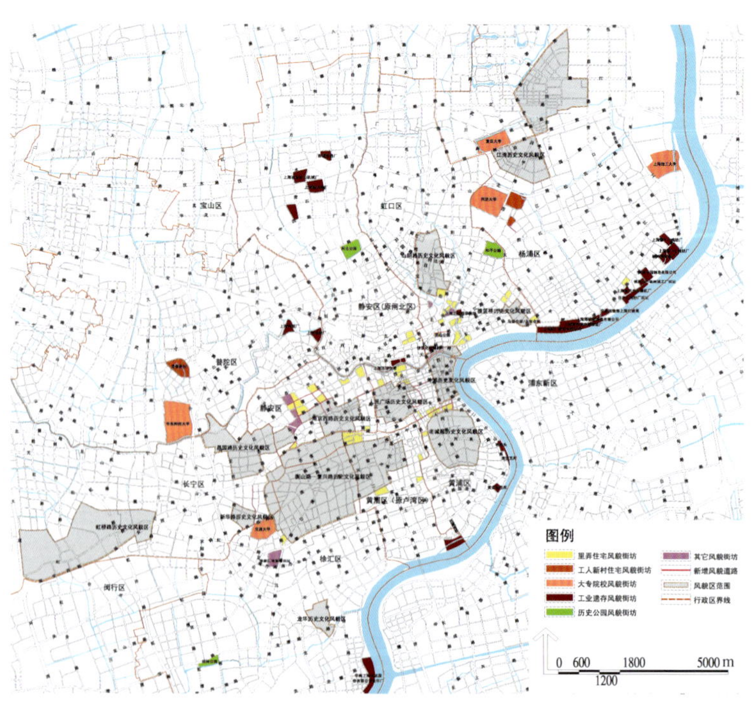

上海市 119 处风貌保护街坊和 23 条新增风貌保护道路分布图

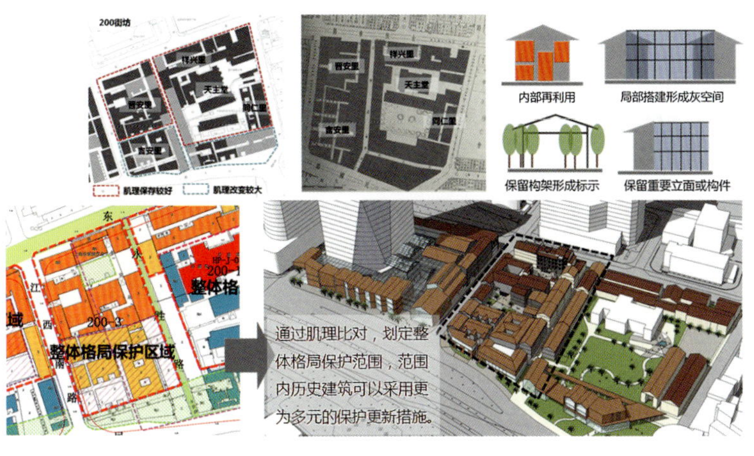

探索格局保护的新路径

本次城市设计方案注重落实最新的保护理念，在过去严格保护的基础上，更加关注成片整体保护和积极保护的理念，强调新旧结合、活化利用，促进地区整体环境品质的提升。

三、特点和创新

创新点一：构建全面覆盖、特色凸显的保护框架体系

通过对地区历史价值和场所特征的全面梳理，提出从物质到非物质文化遗产、从建筑单体到空间格局，全面覆盖的保护框架。

风貌街坊规划应当具有针对性，根据风貌街坊的不同类型，选取保护要素内容。例如金陵路 198、200 街坊，应当重点保护沿街骑楼，控制沿街界面及内部里弄的空间肌理；杨浦区杨树浦电厂，除了厂房建筑本身以外，还应增加对生产构筑物的保护；静安区安康苑作为里弄住宅，应该更加重视对整体空间格局、肌理、尺度、街巷的保护。以此为基础，确定整体保护原则导向下的保护要素体系，应当覆盖空间肌理、建筑与构筑物、景观环境、非物质要素四大类。

空间肌理包含建筑密度、体量、组织方式等多项内容，一般以建筑组群为单位，表现出建筑组群、建筑与环境之间的空间关系；建筑与构筑物主要指反映历史风貌的历史建筑与构筑物，管控内容主要涉及建筑与构筑物本体、风格（立面、色彩与材质、屋顶形式）、细节（连廊和骑楼）等内容；景观环境主要包括开放空间（绿地、广场）、古树名木、街道弄巷和河流水域等；非物质要素主要包含非物质文化遗产、传统的社会生活情态或生产工艺、重大历史事件等等。

在全面保护的基础上，针对各个街坊自身价值特征，规划对体现街坊历史风貌特色元素提出保护要求，包括金陵路沿线的骑楼、安康苑的里弄空间、杨浦电厂的工业记忆。全面覆盖、要素突出、分级分类的保护要素框架，为下一步城市设计方案打下坚实的基础。

创新点二：确保民生公益，指标整体统筹协调

依据保护框架要求，评估方案以确保民生为底线，结合新一轮上海市城市总体规划单元规划的新层级，创新性地提出从单元层面开展研究，统筹协调因为历史风貌保护要求确需调整的开放空间、公益性的服务设施。

创新点三：注重保留场所温度和记忆的城市设计

结合风貌保护街坊空间肌理价值突出的特点，本次研究创新地提出了“格局保护范围”的概念。针对空间肌理价值大于建筑单体价值的区域，在确保地区整体肌理、建筑高度、容量不突破且满足保护要求的基础上，对范围内建筑可采用复建、改建和新建等多样化的措施。

在格局保护区域内，城市设计方案采用了肌理提取、演绎、修补等多样化措施对场所特征进行延续，也可以加强新旧建筑之间的对话。例如在金陵路、安康苑等传统里弄区，重点保护传统弄巷空间和空间尺度格局，增加了节点开放空间；建筑本体则通过改建、复建等方式，加强了对新功能的适应性。

四、实施效果

由本次研究成果形成的管控形式充分强调与新一轮上海市城市总体规划城乡规划体系的衔接，明确提出应通过单元规划、保护规划、实施方案等规划层级的共同协作，实现风貌保护街坊的全面保护。

方案最终形成“两图一表”的管控要求，结合价值评估和城市设计方案，提出在实施方案阶段需要保护的各类建筑和空间要素，同时与地区控制性详细规划进行比对，提出下一步在用地性质、建筑容量、建筑高度、服务设施、道路红线等方面需要优化调整的方向。

规划已经成为上海风貌保护街坊保护要素评估的成果样板，促进了全市第一批街坊评估成果的出台。金陵路风貌保护街坊依据评估要求和方案，已经完成了控制性详细规划调整和实施方案的编制。

近年来随着风貌保护街坊试点工作的推进，我们不仅要在本次研究的基础上完善管控要求，更应该关注配套实施机制和奖励政策的创新，赋予街坊新的活力，从“生存着”的街坊走向“生活着”的街坊。

上海市嘉定区南翔镇 JDC2-0201、JDC2-0202 单元（云翔大型居住社区）控制性详细规划（修编）

2017 年度上海市优秀城乡规划设计奖（城市规划类）三等奖

编制时间：2013 年 11 月—2016 年 10 月

编制单位：上海广境规划设计有限公司

编制人员：黄劲松、庄佳微、周伟、王林林、李志强、全先厚、刘宇、汪亚、王晓峰、冯敏感、冯佳嫕、景丹丹、张春美、张艺涵、王阳

一、规划背景

规划区位于嘉定新城南翔镇，是 2009 年全市首批大型居住社区，是依托郊区新城发展，承载中心区人口疏解的重要地区。

因此启动本轮修编时，规划一方面要避免中心城外围社区容易出现的人口结构单一、功能单一、出行不便、就业困难等问题。另一方面，为应对上海“建设全球城市”的新目标，匹配南翔镇北虹桥综合功能区的打造，云翔社区将以“提高市民幸福感”为出发点，更加关注发展内涵，提升规划品质。围绕“人”的需求，满足“安居、乐业、有归属感”的综合目标。

二、项目构思

规划前期针对“有哪些人、哪些需求”，对全市大社区现状的人口构成、配套服务、住宅类型等需求进行深入调研。面对普遍存在的问题，本次规划结合区域发展更高目标，定位为“环境、社会、经济同步发展的品质社区”，提出了“环境要绿色生态，社会要多元融合，经济要综合发展”的总体思路。

土地使用规划图

整体鸟瞰图

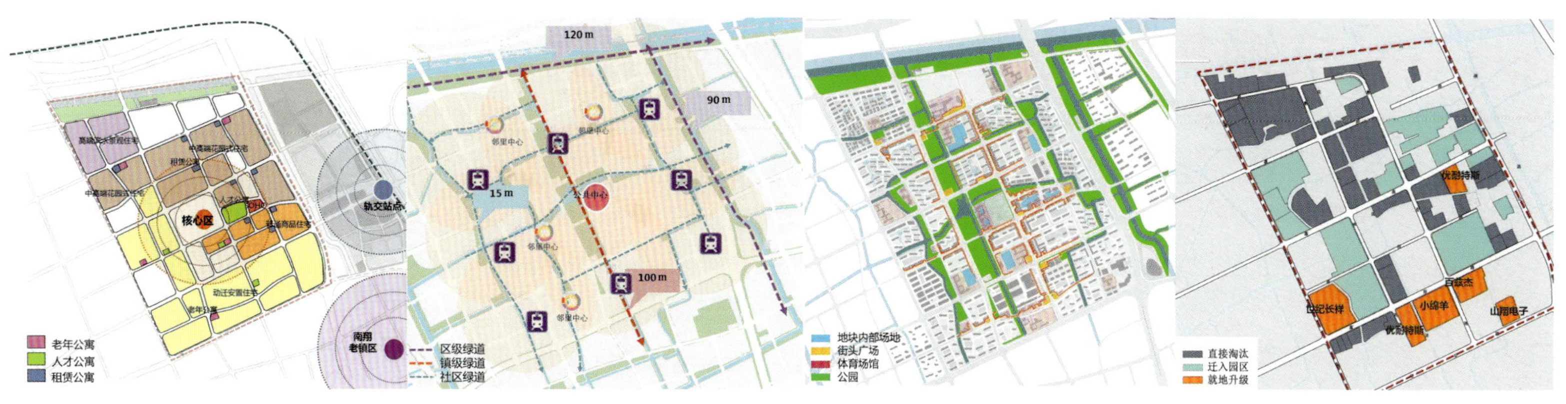

居住：包容混合的住宅布局　　出行：舒适联通的绿道网络　　游憩：多元的交往场所　　工作：现状产业转型提升

三、主要内容

（1）绿色生态思路。包括水绿基底和绿色出行。规划区所在的南翔镇是江南水乡古镇，水网纵横。规划以“水”为脉，总体形成“一横两纵、河网密布”的水绿结构，也是社区和公共空间、设施道路的基本骨架。“水”岸空间宽百米，纵贯南北，引导文化主题，再造古南翔“槎溪十八景”。

同时，规划提升“绿色出行”的吸引力，构架以“轨道＋公交＋慢行”为主的交通模式。为解决与轨交“最后一公里”的衔接，规划与相邻板块共同构建环状中运量公交体系，与东侧11号线站点快速衔接。内部鼓励慢行，规划依托水系资源打造总长8 km、独立连续的绿道网。

（2）社会融合思路。为吸引多元人群入住，住宅产品应多样化：落实“四位一体”的住房保障体系；提供青老年公寓、人才公寓等特色产品。住宅布局包容混合，结合老镇、公共中心、轨交站点等便利区位，优先布局保障房。

服务上体现“15分钟生活圈”的理念，形成“1+5”高标准配套体系，包括1个公共中心和5个邻里中心。各类设施与街头广场、公园、街道等联动布局，形成促进人群交往的多元场所。

中央绿轴效果图

生活街道效果图

（3）综合发展思路。云翔原为镇属工业区，本着给社区“留一份产业空间和就业机会”的宗旨，规划并没把现状工业全拆走，而是仔细评估了产业类型、产值、环保等情况，保留优质企业，引导产业发展。如纺织企业可以把社区作为营销展示的平台，引导制造业打造研发总部，产业孵化园区增加创意服务业比重。此外，在地区中心增加一定量的商业和商务办公功能，实现社区产业功能综合发展。

四、规划特色与实施

特色一：提出了社区综合发展的目标和途径。本规划针对中心城外围居住区遇到的人群单一、就业少、出行难等问题，通过对“环境、配套、就业”等功能的强化，塑造一个更具吸引力的社区；将城市设计管控要求落实在法定图则中，确保绿道、广场、街道等公共空间的落地。

特色二：细化与居民生活习惯相结合的生活圈。如5分钟内步行可达公园，5分钟内可到公交站，15分钟即享各类设施等。

特色三：提供了可量化的综合型社区设计标准。在这里可以“安居”，保障性住房占比6成、小户型住宅占比7成。在这里可以“宜业”，单单区内就有3万个就业岗位、对外通勤控制在40分钟内。在这里，更有“归属感”，服务便捷，公共服务15分钟全覆盖；低碳出行，公交出行占比五成，大量公共空间，人均公园绿地10 m^2，绿道长8 km。

实施方面，本轮控规是2015年详规编制创新工作试点，同年成果参展了上海国际城市与建筑博览会。云翔目前已作为镇十三五规划重点，按照“环境、设施、保障房先行”的要求，有序推进保障房、邻里中心、学校、骨干绿轴景观整治等项目，对中心城外围社区的规划编制具有一定示范意义。

杭钢集团半山钢铁基地转型提升规划深化

2017年度上海市优秀城乡规划设计奖（城市规划类）三等奖

编制时间：2015年11月—2016年11月

编制单位：上海红东规划建筑设计有限公司、UK H&D DESIGN SERVICOS LTD

编制人员：曹继林、段玉曼、郑碧云、钟晓辉、黄悦颖

一、规划背景

杭钢集团半山钢铁基地于1957年在杭州城北拱墅区的半山西麓建立，发展至今，用地规模已达3.07 km^2。进入21世纪以来，杭钢集团钢铁业的发展与杭州这座国际风景旅游城市矛盾日益突出，加快半山钢铁基地的转型升级，是促进杭州市经济转型升级的一项重大战略任务，对推动杭州完善城市功能、拓展发展空间、改善生态环境有着重大的现实意义。

2014年，浙江省政府、杭州市政府与杭钢集团达成“关停杭钢集团半山钢铁基地”的共识，力促半山钢铁基地原址转型提升。

二、规划定位

在新常态的大背景下，城市存量规划的重要性日益显著，杭钢集团半山基地的关停及转型升级对杭州城北地区乃至整个杭州未来的发展都有着积极的意义。基地沿杭钢河向西为城市

鸟瞰效果图

总平面图

副中心——“城北中心”，因此，基地的发展方向可以向西发展为主，融入城北中心建设，成为城北发展的重要增长极，并最终成为集品质人居、商业商务、创新型产业等为一体的传统工业转型升级示范区和综合新城区；形成“城北新引擎、活力新城心”。

三、规划内容

规划对于基地内具有价值的构筑物与建筑进行保留及改建。基地内现状铁轨带有场地标志性，保留一部分铁轨与景观相容，同时截取一段作为观光性质的小火车使用。打造杭钢记忆带，串联保留的工业遗产，同时尊重建筑现状肌理，织补场地记忆。

金昌路以北杭钢记忆带以南打造活力商业商务轴线，形成自西向东逐渐升高的城市空间。塑造基地中的四个制高点，形成大致的整体空间效果。融入居住及工业空间，形成完整的空间效果以及“一轴一带五区”的空间结构。

四、规划特色

规划针对杭钢遗址公园、杭钢记忆带、杭钢商业活力轴等三大节点重点详细设计。

1. 杭钢遗址公园

杭钢遗址文化公园作为工业遗存保留量最大的区域，需突出杭钢工业的痕迹与色彩，有构造感的构筑物极具特色，红墙绿藤的保留建筑可作为文化活动场地，街区式商业的低空间打造与马岭山相互呼应，下沉广场连接南北工业遗存，场地更加系统与整体化。主要功能有杭钢工业遗址、街区式商业、学校、文化建筑、住宅。

2. 杭钢记忆带

打造杭钢记忆带，串联保留的工业遗产，同时尊重建筑现状肌理，织补场地记忆。功能主要是以工业遗址、办公、商业、创新性工业产业基地为主。

3. 杭钢商业活力轴

金昌路以北杭钢记忆带以南打造活力商业商务轴线，形成自西向东逐渐升高的城市空间。在建筑改造方面，我们对目前现存的工业遗址建筑进行了保护改造并利用，更通过功能组合与立面更新的改造策略，定位于“与历史遗存相结合的改造性建设”。在建筑改造上遵循“经济、实用、美观”的原则，力求功能合理，空间顺畅，使用高效，既能使历史延续，又能使古今文化的火花碰撞。

五、规划实施

杭钢半山钢铁基地将按照“创新、高端、绿色、特色”的发展要求、“产城融合、创新高地”的发展战略，充分利用杭钢工业遗产，挖掘产业特色、人文底蕴和生态禀赋，不久的将来半山基地将再一次焕发出新的生机，杭钢的历史记忆将在这里得到延续，杭钢的文化将在这里得到传承。

杭钢记忆带效果图

杭钢商业活力轴效果图

郑州港区双鹤湖片区核心区地下空间综合利用总体方案设计

2017年度上海市优秀城乡规划设计奖（城市规划类）三等奖

编制时间：2015年4月—2015年9月

编制单位：上海市地下空间设计研究总院有限公司

编制人员：熊诚、董震、黄本良、程聪、吕继臣、陆众杰、朱琦、钱美新、白霜、周曼、陈艳、陈弘、张磊、刘智慧、付强

一、项目概要

国务院在2013年对《郑州航空港经济综合实验区发展规划（2013—2025年）》进行批复（国函〔2013〕45号），并在《中华人民共和国国民经济和社会发展第十三个五年规划纲要》中提出“加快郑州航空港经济综合实验区建设”。根据国家战略，这一区域的规划和建设一直致力于打造中国的国际航空物流中心、以航空经济为引领的现代产业基地、内陆地区对外开放重要门户、现代航空都市和中原经济区核心增长极。

本项目位于郑州航空港经济综合实验区南部双鹤湖片区的核心区，基地面积约为5.5 km^2，规划人口20万。区域定位为郑州航空港区南部综合服务次中心，在郑州航空港区的开发中具有非常重要的区域定位。2017年第十一届中国国际园林博览会B区位于本基地内，区域内覆盖人工湖及大量水系，郑州轨交17、18号两条规划线路通过基地，并设轨道换乘站点一处。

本项目通过对双鹤湖片区的上位规划解读、交通容量预测、土地开发规模测算等方面的研究，结合国内外地下空间规划建设的先进经验和基地自身建设条件，确定该片区地下空间设置地下商业街、市政综合管廊、地下公共停车场及车行联络道三类核心功能，并预测相应规模。为实现地下空间开发规划的落地，编制地下空间引导图则，提出周边开发地块各类地下空间规划控制要素和指标、相邻地块单元间及各地块与公共通道间的三维协调要求，作为将来土地出让的图示化文件，规划可操作性强。

规划地下空间总建筑面积约31万 m^2。该规划方案的实施将显著提高土地综合利用效率，改善地区综合服务水平、地面环境景观，具有良好的社会效益和经济效益。

二、项目构思

在概念性总体规划、城市设计、市政专项规划、交通专项规划等的基础上，统筹工作范围内的交通、道路、管线等公共资源，整合核心区内的地下空间，提出研究范围内核心区地下空间综合利用的开发方案。

（1）地下空间开发的背景研究：结合核心区功能定位、上位工作的阶段性成果，规划地下空间的开发方案，包括开发规模、功能和业态建议。方案应与周边的基础设施合理衔接，与地面空间、景观相协调，创造舒适、丰富的地下空间。

（2）地下空间与地面交通的关系研究：规划地下空间各设施与地面车行、人行流线，公共交通、慢行交通站点的关系，以及与轨道交通站点的关系等，地下空间的开发方案应保证人流的通畅性，营造便捷、舒适、宜人的交通环境。

（3）人行系统的流线组织研究：地下空间开发方案应体现以人为本的原则，合理规划交通出入口和交通流线，合理组织人行系统，营造良好的商业氛围。

（4）规划地下综合管廊设置方案：在对市政管线和核心区定位综合分析的基础上，规划地下综合管廊的设置方案，包括地下综合管廊所容纳的管线种类、规模、断面形式、综合管廊定位、节点设计方案等。

（5）核心区工作范围内管线综合的研究：结合地下空间开发方案，对工作范围内的市政管线进行综合，统筹协调解决好其与地下空间的相互关系。

（6）“低碳、绿色、环保”措施的研究：地下空间开发利用的解决方案应体现生态、节能和可持续发展的理念，重视对自然通风、采光的利用。

三、主要内容

郑州双鹤湖核心区地下空间开发总体方案阶段工作的成果分为规划专篇、建筑专篇两册，规划专篇内容主要包括：

（1）上位规划梳理及开发功能分析：梳理了上位规划和相关规划，从国家级、省市级和郑州港区级分析解读对该地块地下空间开发的规划要求及定位，明确开发理念、目标，并提出相关开发功能的建议。

（2）综合交通规划：分析该地块的交通现状，研究对外交通规划和内部道路，公交、停车、慢行和骑行系统。

（3）地下商业规划分析：梳理商业需求，进行选址分析、规模测算，建议建设分期和商业开发运营管理模式。

（4）地下停车规划分析：对地下公共停车库进行布局选址规划和停车规模测算。

（5）地下车库联络道规划分析：根据上位规划和城市设计对地块进行交通流量测算，规划地下车库联络道位置，分析经济效益和社会效益。

（6）市政管线规划分析：进行管线综合规划，规划综合管廊线路，分析入廊管线种类，并对未来的运行管理提出建议。

（7）各地块地下空间开发引导：提出地下空间的分类控制，明确地下空间开发的控制要素，对每个地块编制规划导引图则作为规划成果纳入土地出让条件。

四、项目特色

1. 规划设计理念先进

地下商业街、地下车库及联络道、地下综合管廊等多种功能一体化的地下空间规划设计方案，体现了土地资源集约化利用的思想，并按近远期相结合的原则充分考虑了将来轨道交通空间的预留条件。该地下空间规划方案的实施，将为河南省乃至中部地区的城市规划建设起到良好的示范作用。

2. 设计成果合理，实施性较强

在充分核算人口规模、分析区域商业需求的基础上，提出的地下空间商业规模适当；根据实验区以公共交通为引领的绿色出行理念，测算的地下停车库规模基本合理；地下公共停车库及联络道、综合廊道的规划选址及布局合理；综合管廊内入廊管线分析符合相关规定；交通影响评价结论可信；商业策划符合地下商业的特点；投资估算分析依据明确；地下空间规划控制导则内容全面，表达清晰，能起到作为土地出让的规划控制作用。

3. 设计成果具有前瞻性

按近远期结合的原则，地下商业开发分期实施，预留将来轨道交通建设的条件；地下公共停车库为造访该地区的社会车辆提供停放设施，将有效改善地区地面环境；地下联络道将地下停车库与周边地块地下空间紧密地串联起来，提高了整个地区地下空间的系统性、整体性；地下综合管廊的规划建设将避免地面道路的重复开发建设。

五、实施情况

2017 年 9 月，第十一届中国国际园林博览会在郑州成功开幕。目前本项目地下商业，地下车库 CDEF、联络道、综合管廊已基本竣工，地块内轨道交通 17 号线开始施工。

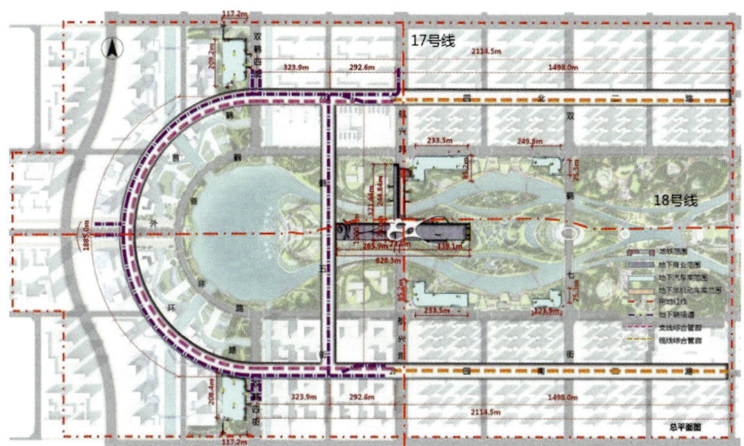

地下空间总平面示意图

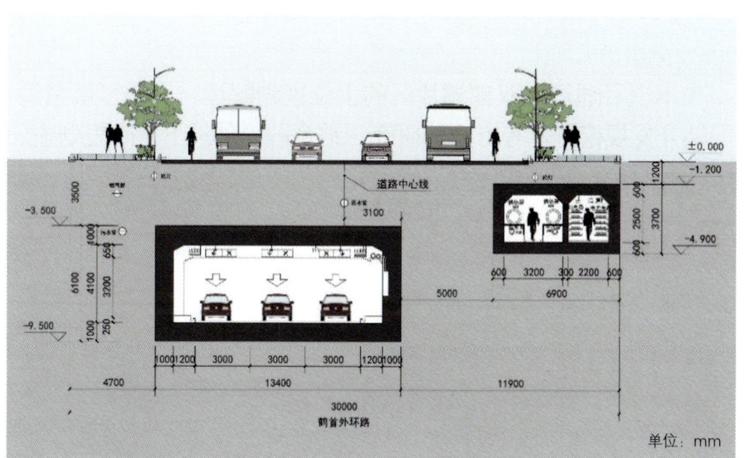

地下车库联络道与地下综合管廊关系

永靖县“多规合一”城乡统筹总体规划（2015—2030 年）

2017 年度上海市优秀城乡规划设计奖（城市规划类）三等奖

编制时间：2015 年 10 月—2016 年 12 月

编制单位：上海同济城市规划设计研究院

编制人员：赵民、张捷、程遥、杨安、谭虎、姜廷、张艺帅、李勇、王越、赵承帅、杨毅平、孔令超、罗全仓、钟名全、祁振禄

一、规划背景

2013 年，在中央城镇化工作会议上，习近平总书记要求城市规划要由扩张性规划逐步转向限定城市边界、优化空间结构的规划，形成一个县（市）一本规划，一张蓝图。

2014 年 5 月 1 日，甘肃省政府下发《甘肃省人民政府关于做好新型城镇化试点工作的指导意见》（甘政发〔2014〕51 号）。永靖县作为 15 个县（市）试点之一，先行先试开展了城乡统筹总体规划。

二、规划思路

永靖县城乡统筹总体规划的技术内容应包括：空间管控、发展战略、城乡统筹和实施推进四个模块。考虑到“多规合一”在具体工作中可能出现新的技术难点和问题，本规划在深化、细化空间管控的基础上进一步深化优化试点县（市）的原法定总体规划，成果批复后成为具有法律效力的新一轮总体规划。

三、规划要点

1. 多规差异与空间管控

首先，比对永靖县目前实施有效的各类规划至少 34 项，涵盖宏观规划、专项规划、管控实施三大类。将城乡规划、土地利用规划、林地规划和草地规划等进行比对，找出差异，究其原因，并梳理出各类差异的处理原则。其次，本规划对县域内所有行政单元，包括各镇、乡、林场、渔场、部队、风景区等均作出了“三区、5+X 线”的具体划定。

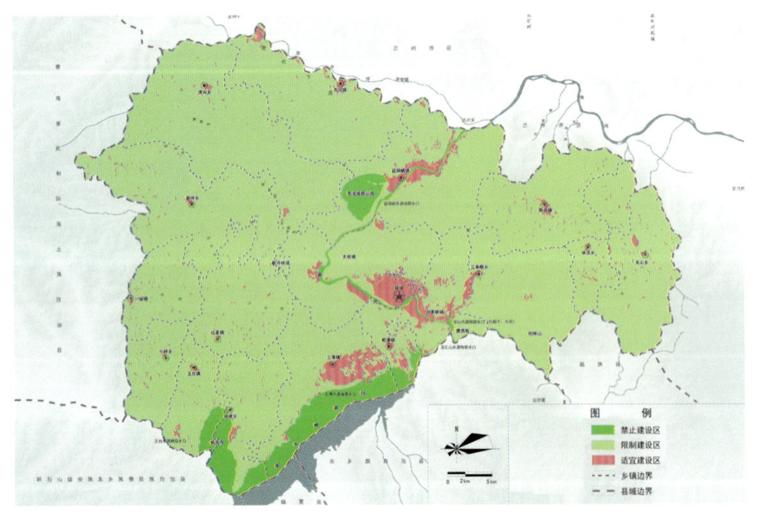

县域空间管制规划图

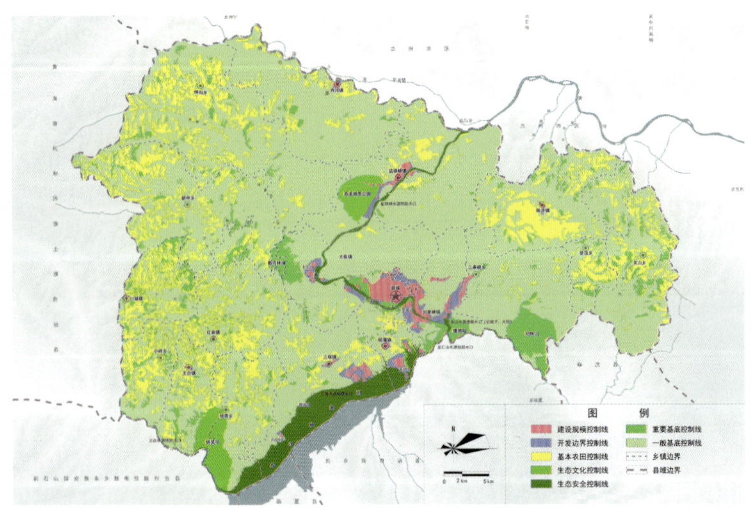

县域综合控制线规划图

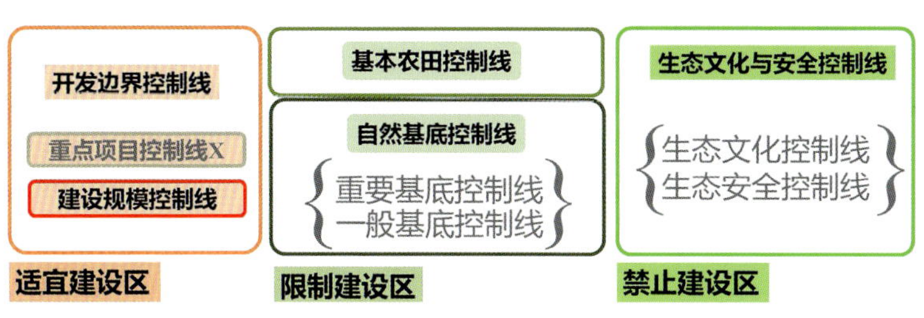

永靖县“三区、5+X 线”的空间关系示意图

2. 城乡统筹总体规划

本规划充分考虑未来的旅游发展趋势和城镇化需求，将县域和县城的规划常住人口分别提升至 30 万人和 20 万人；确定永靖县的发展定位为：丝绸之路 · 唐蕃古道旅游名城，黄河三峡宜居城市；通过坚持“生态优先、旅游驱动”的发展战略，进一步提升城乡公共服务设施能力和城镇宜居性。在此基础上，规划提出了“一主一副多点，一廊两轴三片”县域城镇空间结构。

根据全县空间管控体系方案，划定县城开发边界控制线 4 196.6 hm^2。其中，县城建设规模控制线 2 556 hm^2。本规划优化了县城远期建设用地布局，并对主城区与刘家峡库区提出差别化的空间优化策略与举措。本规划确立了“多规合一”信息平台工作体系，设计了 9 类具体功能，包括自适应的用户界面、矢量专题图库、规划文档展示、项目材料接收、项目材料初审、项目用地预览、项目审批流程、用户权限管理和审批项管理，以满足各类用户需要。同时，明确了各部门的多规协调工作任务，制定了重大项目选址机制，细化了“三区、5+X 线”的维护与更新的工作方案。

本规划成果除了常规内容以外，还包括了永靖县县域境内 8 个建制镇的总体规划文本和多规差异专题研究。

四、规划特色

一是方法论多元化：信息支持、精细作业、多规协调、优化布局；二是生态理念坚守：覆盖全域的空间管控体系；三是规划目标树新：“生态优先”原则和“旅游驱动”战略；四是空间差异化发展：县城极化发展，沿黄走廊生态型发展，川区、塬区、山区、库区等地理分区的差别化发展；五是平台同步持续：同步建立“多规合一”信息平台基本框架并提供后续服务；六是成果重点创新突出：多部门协同、全域空间管控以及平台同步。

五、实施效果

自编制与实施以来，本规划坚决实施生态资源保护策略，主要包括：① 保护优先，慎重开发。② 生态保护与生态建设并举。③ 促进生态多样性。④ 强化监管，统筹规划。县城及周边地区的黄河水域、黄河湿地、百年枣林，以及红崖赤壁等生态资源得到了高度重视与保护。

本规划于 2016 年 12 月获得甘肃省临夏州政府的批复。明确体现了总规的前瞻性和战略性，强调总规是其他建设部门的行业性龙头地位，是总体规划改革进程中的一个较好案例。

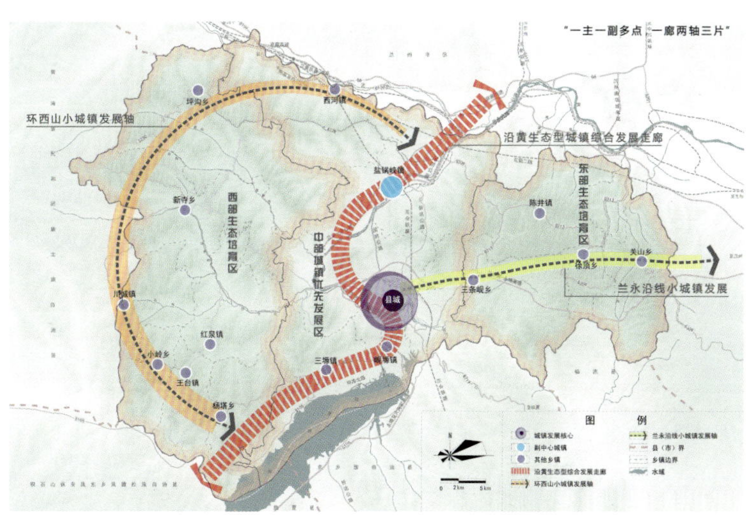

县域城乡居民点空间结构规划图

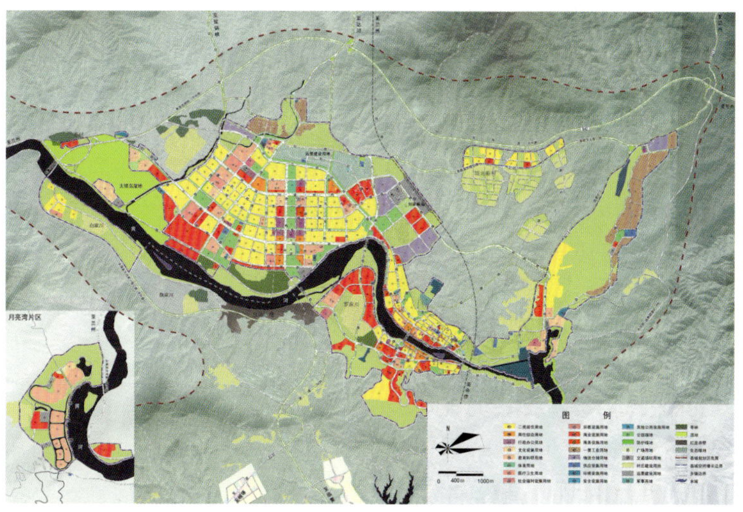

县城用地规划图

上海市张江高科技园区道路景观提升设计

2017 年度上海市优秀城乡规划设计奖（城市规划类）三等奖

编制时间：2015 年 7 月—2016 年 10 月

编制单位：上海市园林设计研究总院有限公司

编制人员：李锐、祁佳莹、朱颖、潘丹、徐雯韬、柴婷琳、张璐溪、高翼、张春华、曹启源、王晓黎

一、规划背景

张江高科技园区作为国家自主创新示范区，是上海贯彻落实创新型国家战略的核心基地。园区已从单一的卫星产业园区，逐步转变为城市社区的重要组成。为了应对城市和园区发展的新形势，需要从原先封闭的产业园区向更加强调共享空间营造转变，从原先关注产业技术向更加注重文化内涵转变。为此，张江高科技园区开展了整体区域景观形象和公共空间的改造和提升工作。在道路功能及景观提升方面，先期选择了 5 条道路作为整体提升工作的示范和样板。

二、难点及策略

张江高科技园区道路功能及景观提升工作，主要有以下难点：一是受限于道路用地红线的约束，绿带与周边城市功能割裂；二是传统道路绿化以防护功能为主，直接导致沿线绿地的景观风貌和休闲功能相对缺乏。

整体提升方案设计，立足“把握现有的城市道路断面形式不变、保留观感较好的植物群落基本不变、保持现有的地形地貌特征基本不变”的“三个不变”原则，着力解决三方面的核心问题：强调联系，解决绿地与周边城市用地功能的联动问题；注重功能，解决沿线绿地的功能发展与内在需求问题；凸显路径，解决新发展理念下的设计策略和手法问题。

三、主要内容

设计方案提炼形成了三组关键词，“开放与时尚”“活力与艺术”“生态与可持续”。道路功能及景观聚焦“活力、互动和生态”，明确以“林荫花海”为主题，构筑以道路景观为载体的开放空间景观系统。

1. 从道路的附属绿地，转变为多元、活力的线性开放空间

（1）注重构筑共享的开放空间。打破原有道路红线的限定，整合道路两侧沿线的绿地、休闲空间、场地等，形成与周边用地功能互动、融合的带状共享空间，创造条件，激发城市活力。同时，进一步打造有利于交流的各类公共空间。创新体制机制，鼓励沿线的企业或单位适度打开围墙，将“道路”转型为“街道”，形成积极的空间界面。

（2）注重打造连续的慢行系统。梳理现状公共空间，在构建 15 分钟宜居生活圈的基础上，均衡设置相应的生活配套设施。在一定范围内实现整体贯通，形成各类绿地、广场、公交站点相互联系的特色慢行系统。

（3）注重设置转角花园。在道路交叉口、重要节点等设置特色的小型花园或绿地，形成标志性节点景观。

2. 从单一的树种选择，转变为面向整体区域的特色植被营造

（1）适应现代园区道路景观的植物营造手法。从城市社区的定位以及未来的发展着手，明确提出现代、简洁的种植

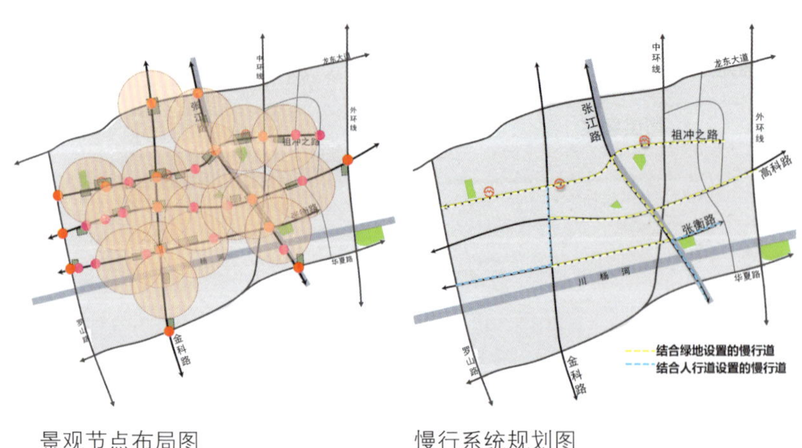

景观节点布局图　　慢行系统规划图

方式以符合张江高新科技园的发展内涵，并体现春花秋色的植被效果，构筑绿色生态廊道，展现地域特色，营造多彩的四季景观。

（2）适应现代园区道路景观的特色树种选择。在产业园区向城市社区的转型发展过程中，对沿线行道树进行统筹设计，综合周边用地功能和道路景观定位，针对近期重点提升的 5 条道路的绿化特色，梳理、提炼出相应的植物主题，形成特色。

3. 从注重传统景观设计，转变为进一步完善提升道路基础设施

道路功能、景观及服务设施的提升并重，充分结合雨水管理、夜景灯光效果，以及智慧城市标识等，实现符合城市社区发展需求、体现时代特征的道路景观功能。

四、主要创新点

1. 坚持整体城市设计手法的融合与应用，注重展现园区道路的整体功能及景观风貌特色

将城市设计中侧重各种关系组合或整合的系统设计手法，应用于园区道路功能及景观提升设计。通过综合考虑周边建筑、交通组织、开放空间、绿化体系、慢行系统等要素，形成既具有整体景观风貌特征，又易于识别的城市意象和空间氛围。这其中不仅仅在于注重“物”，更在于关注“人”和“人的体验”，把重视人的体验作为整体提升设计的出发点。

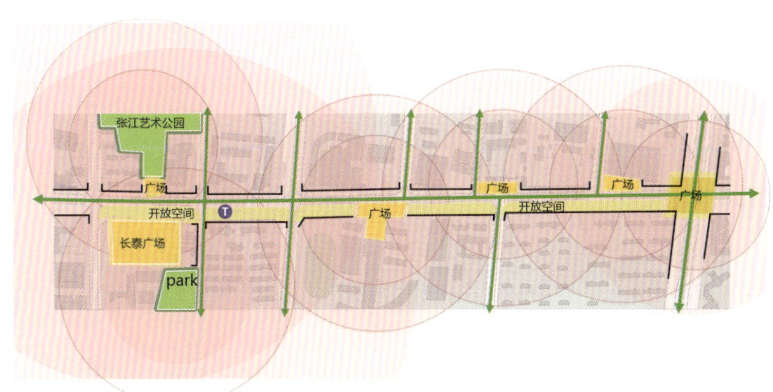

共享带状空间示意图

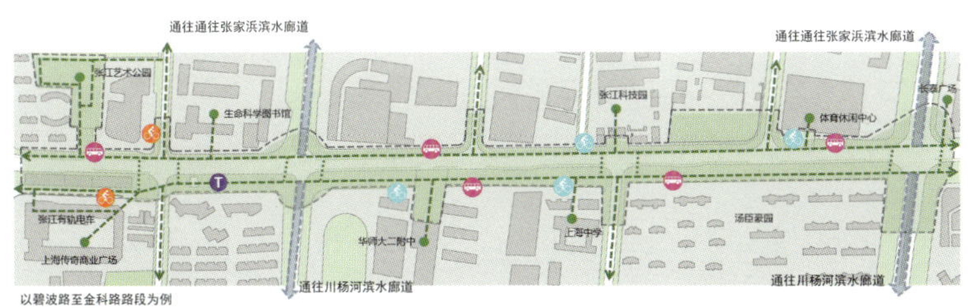

慢行空间示意图

2. 坚持问题导向与实践导向的紧密结合，注重“一道路一对策一方案”的设计把控

在提升设计中，针对不同道路存在的问题与瓶颈，坚持问题导向、目标导向和实施导向，注重可操作性，更加强调和实践“城市双修”的发展理念。根据现状植物情况和景观功能定位等，实行景观分级管控，即有针对性地将园区道路划分成多个等级的改造区域，确保现实问题和难点问题的解决，以及整体道路景观的提升实施。立足于既有现状和问题，具体问题具体分析，分别对各条道路制定了差异化的设计指引。

3. 坚持基础调研数据库的建立与公众参与，注重规划与景观整体设计的深度广度延伸

深入开展基础调研工作。结合现状照片、需求选择等，初步建立了道路功能及景观提升的专项数据库，并搭建起基础数据分析平台。在此基础上，针对问题落实设计导则指引，以利于同类或类似问题的分析和解决，为更大范围开展提升工作打下扎实基础。注重公众参与，广泛征求和了解百姓的现实诉求，努力做好为人民的规划和景观设计，让更多的老百姓享受到城市更新与提升发展带来的福祉。

五、规划实施

在“三个不变”的基本原则、“三个转变”设计导向的指引下，设计方案得到充分认可。在此方案基础上，进一步开展后续道路景观的详细设计。目前，部分道路的绿化景观改造提升工作已完成，并达到了预期效果。

张江路效果图

宜宾市城市地下空间利用规划

2017 年度上海市优秀城乡规划设计奖（城市规划类）三等奖

编制时间：2014 年 8 月—2015 年 7 月

编制单位：上海市政工程设计研究总院（集团）有限公司

编制人员：陈红缨、王重元、刘莹、包璠、朱锐、雷洪犇、曾令交、张越、高明、黄璇、高克林、陈国生、徐闻闻、沈静

一、规划背景

宜宾市位于四川盆地南部，雄踞金沙江、岷江、长江三江交汇之地，素有“万里长江第一城”之称。宜宾市作为四川南部的重要城市，新区建设正全面推进，城市形象日益提升，但随着经济的发展，城市核心区交通矛盾也逐渐显现，尤其是停车矛盾、交通拥堵等问题日益突出。另外，城市地块开发均对地下空间综合开发利用有需求，但宜宾市早前尚无针对地下空间综合利用的相关规划、相关管理办法与城市管理规定，各处地下空间开发建设相对凌乱，缺乏统筹与协调。在此背景下，宜宾市在中心城区范围内开展地下空间利用规划，在总体层面上实现对城市地下空间利用的综合把控，为城市未来地下空间的开发预留用地空间，并明确相关管理制度，以指导宜宾市地下空间的后续规划与开发建设。

二、规划内容

1. 规划目标

宜宾市地下空间开发的总体目标为：构建以交通功能为主体、与地上城市功能紧密配合的综合型地下空间系统，达到缓解交通矛盾、保障城市安全、提高土地效率、提升城市形象的目标。

宜宾市主城区三江口鸟瞰图

2. 规划思路

宜宾地下空间开发处于快速起步阶段，为避免“盲目上马、处处开花”现象，地下空间的开发利用应注意把握重点。结合宜宾地下空间发展阶段，改善城市交通、实现人车分流和缓解地面停车空间不足，是开发地下空间的主要动因。所以，地下空间开发在保障安全的前提下，应优先考虑满足交通需求；在满足交通基本需求的基础上，地下空间可进一步综合考虑商业、娱乐等公共服务设施以及市政管廊、物资储备等其他功能。

3. 规划要点

规划宜宾中心城区地下空间形成“两轴、两心、多点”的布局结构。其中“两轴”为顺应中心城区南北拓展趋势，以城市轨道交通的建设为契机，逐步形成两条串联主要城市地下空间的发展轴线；“两心”即由南岸 CBD 和赵场综合服务中心构成的宜宾市未来城市发展的主中心；“多点”即结合轨道站点以及公共服务中心综合开发建设的地下公共空间节点。

三、规划特点

1. 从四个层次开展规划，编制内容紧贴实际

规划结合宜宾城市的定位和特点确定研究内容及深度，并从宏观、中观、微观和实施四个层次开展编制工作。宏观层次制定总体布局以及各类地下设施子系统规划方案；中观层次提出分区的地下空间开发规划引导；微观层次提出重点地区的地下空间综合开发概念性方案；实施层次制定近期建设计划。通常，总规层面的地下空间规划的编制要求仅包括宏观层次和实施层次的内容，本次规划加强了中观和微观层次的内容研究，使规划理念在规划体系中得以完整贯彻。

2. 基于 ArcGIS 的规划手段创新

规划基于 ArcGIS 软件，采用模糊综合分析评价法，对地下空间资源进行总体评估，分为开发难度和开发价值两部分因素，选取多项指标因子，综合评估宜宾城市地下空间的资源量和可开发量，以及地下空间资源的分布和质量情况，为地下空间规划布局提供定量依据。

3. 综合各方需求，注重指导性和实施性

注重业主方不同部门的不同需求。宜宾市城乡规划局作为实施主体，较为注重城市地下空间的总体情况，强调规划的控制指引，以及规划管理部门的相关职责、规划管理的基本要求；而各区规划分局则更为注重实际操作层面的内容，包括地下空间重点开发地区的详细位置、开发规模、开发业态等。在规划成果中，各方的需求均得到了一定程度的体现和协调。

四、实施效果

结合对宜宾城市规模和经济增长水平的预测，近期地下空间的开发利用一方面结合旧城区的更新改造，加强地下交通设施的建设；另一方面侧重于城市新建地区，对其进行适度超前的规划，坚持系统化开发利用地下空间的理念，指导地下空间的开发建设，保证地上与地下开发的高效衔接。

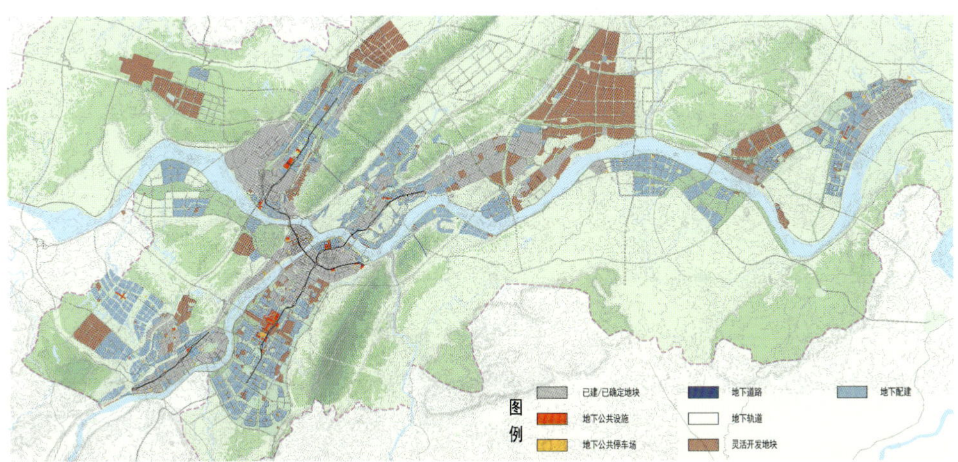

宜宾市地下空间总体布局图

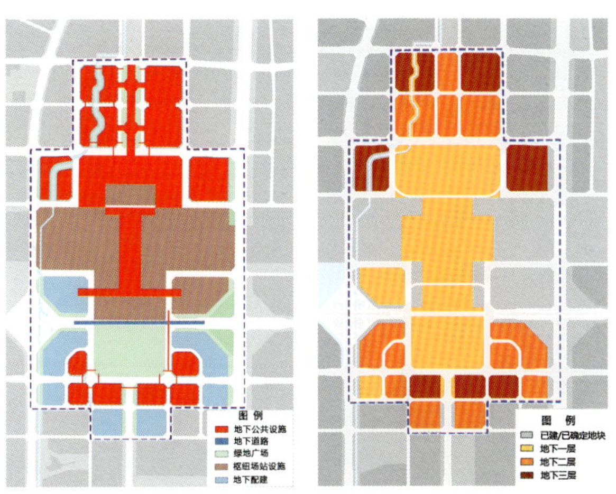

宜宾东站地下空间功能布局（左）和开发强度（右）图

青海果洛藏族自治州玛沁县县城总体规划（2013—2030 年）

2017 年度上海市优秀城乡规划设计奖（城市规划类）三等奖

编制时间：2012 年 7 月—2014 年 10 月

编制单位：上海市城市规划设计研究院

编制人员：李艳、纪立虎、詹运洲、郭淳彬、陈烨暐、宋歌、徐闻闻、周杰

一、规划背景

果洛藏族自治州位于青海省东南部，地处青藏高原腹地、三江源地区，面积 7.8 万 km^2，总人口 18 万，下辖玛沁、达日、久治等六县，是全国海拔最高、单一民族比例最高、经济社会发展较为滞后的少数民族自治州。玛沁县县城大武是州、县、镇三级政府所在地，是州政治、经济、文化中心。城区建设用地面积 6 km^2，常住人口 2.2 万。随着国家支持力度加大，以退牧、休牧、轮牧及移民搬迁为主的三江源生态保护工程正式启动。上位规划定位提升，撤县建市积极推进，基础设施持续改善，产业人口加速集聚，玛沁大武城市开发建设驶入快车道。如何抓住机遇、明确定位、发挥优势，以科学发展观引领城市发展，是本次总规需要解决的难题。为进一步落实中央有关促进藏区发展的相关要求，做好上海对口支援果洛工作，启动编制本规划。旨在体现“促转型、保民生、求发展、保生态”的发展理念，研究高原生态脆弱地区的城镇发展模式，探索藏区的新型城镇化道路，有效指导果洛藏区建设。

二、难点与挑战

原总规于 2001 年批复实施，对城镇发展与建设起到了积极的指导作用，目前城市发展面临五方面的挑战：

一是优美但脆弱的生态景观资源，具有复杂而脆弱、生物物种丰富而又易遭破坏的特性。整体自然环境不理想。城区植被难以生长，制约了城市发展。

二是用地空间扩张无序，土地利用效率低，历史传统文化特色留存不够。选址规划随意性大，城镇建设用地已突破原总规规划区范围。

三是流动人口季节性强，波动大。每年采挖虫草季节，城区高峰流动人口达到 8 万人，给城区公共服务设施、市政设施和城市管理带来巨大压力。

四是产业结构有待优化。虽然拥有阿尼玛卿雪山、年

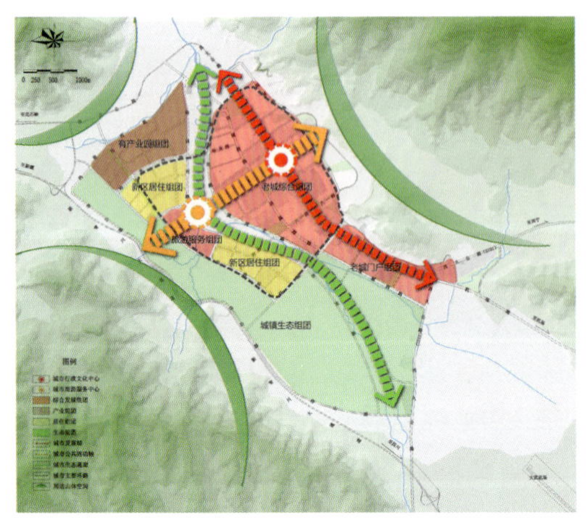

规划结构图

分区引导图

冲沟及导洪系统分析图

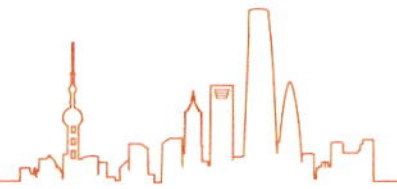

保玉则等众多具有垄断性高知名度的旅游资源，但旅游产业起步晚、规模小、设施不完善，第三产业占比少，GDP增长主要依赖采矿业拉动，产业发展与生态环境之间存在较大矛盾。

五是地质灾害的潜在威胁。果洛地区地质构造复杂，地震活动频度高、强度大、震源浅、分布广，是个多震灾地区。库赛湖—玛曲、昆仑山口—达日两大活动断裂带横贯全境，现今地震活动仍很强烈，历史上多次发生强震。

玛沁大武的新一轮总规需解决定位、发展、布局和特色四大问题，探索新形势下玛沁大武的发展定位，在经济发展与生态保护之间寻求平衡点，合理布局城区用地，挖掘城市历史文化资源，突出城镇特色。

三、主要内容

本次总规针对地区特点和发展诉求，在传统总规的内容上进行了向上（州域和县域层面）和向下（城市设计层面）的延伸，形成以城乡统筹引领城区规划、以战略对策应对发展挑战、以创新理念体现城市特色、以城市设计引导开发建设的技术路线。本次规划从“产业、社会、空间和设计”四个维度切入，构建符合当地地域特色、民族特色的发展路径和策略。

城市定位和目标：将玛沁打造成为青藏高原上世界级高原旅游目的地城市，三江源保护区生态文明城市，文化繁荣、多元包容、民生和谐的藏区典范城市；果洛州政治、经济、文化中心城市以及以高原旅游、生态经济为主的具有地域特色的服务型城市。

城镇体系规划：州域和县域层面重点确定州域重点城镇的职能分工，统筹州域重大交通、市政基础设施布局。整合州域各旅游景区，促进州域旅游业的发展及大武旅游服务中心的建立。明确空间管制和生态保护要求。以交通网络为依托，通过公共设施相对集中配置引导人口和产业向城镇集聚。

城镇空间发展：通过对现状建设条件GIS分析和城市拓展历史脉络分析，确定“北优、西进、南拓”的空间发展策略，形成“一廊一环两轴三片”的总体格局。格曲河由城市边界变身为生态景观绿廊。

鸟瞰效果图

四、规划特色

1. 基于发展路径的城镇品牌打造

提出“大美青海的高原旅游牌、魅力果洛的藏族文化牌、生态玛沁的特色经济牌”三大品牌战略。统筹协调经济发展、生态景观环境保护和城乡建设的关系，限定城市发展边界，引导城市发展方向，严格限制城区进一步向山体蔓延。转变经济增长方式，把旅游业培育成最具活力的支柱产业，以藏族格萨尔文化为主题，突出藏族民俗文化的影响力。强化大武的区域旅游中心地位，加强交通集散、旅游管理、区域门户的功能。

2. 基于总体设计的高原城镇建设风貌探索

通过总体城市设计，营造特色城市风貌。城区总体形象定位为小而精、特而美。处理好与周边山、水和草原之间的关系，保护天然广袤的空间特色，将生态空间引入城市，将建筑融于生态空间。采用疏密相宜的开发模式，形成低层为主的城市形态，兼顾地区牧民的生活习惯，规划低密度的牧民安置地区。景观营造针对高原藏区不适宜树木生长的特点提出了保留天然牧草地和开敞空间硬化处理的对策。

3. 基于地区特点的规划对策创新

开发规模既满足城市发展的要求，又体现节约土地资源的原则。人均建设标准的设定综合考虑青海相关规范标准、高原城市气候地形条件、旅游城市特色与三江源移民居住习惯。公建配置体系提出“基础+特色”的公共服务设施体系，除了州级、县级和邻里级以外，对旅游服务设施、宗教设施等提出建议。公建配置标准根据玛沁大武的人口构成、时空变化特征、民族地区特点，提出城市常住人口和城市管理服务人口的概念，进行差异化配置。城市总用地、大型市政设施、交通设施、市级公共服务设施、教育设施等按照城市常住人口进行规划；公租房、公共交通、医疗设施等按照城市管理服务人口进行规划。

上海市浦东新区金桥汽车产业制造、研发、配套单元（Y000701）重点地区附加图则

2017 年度上海市优秀城乡规划设计奖（城市规划类）三等奖

编制时间：2013 年 7 月—2015 年 7 月

编制单位：上海市浦东新区规划设计研究院

编制人员：顾琨、黄瑶、刘伟、吴庆东、钱爱梅、周毅人、王琦、黄潇仪、马倩、孙文清、沈劼、徐鑫赟、毛丹

一、规划背景

2012 年，为实现汽车产业发展项目落地，浦东新区与相关企业进行了合作专题研究。研究结论建议，在金桥汽车产业制造、研发、配套单元内划出 1 km^2 的用地，以满足汽车产业发展的工业制造、仓储及科技研发等需求，其他用地可开发住宅、商业、办公等经营性用地以平衡地块的开发成本。同时，《上海市浦东新区金桥汽车产业制造、研发、配套单元

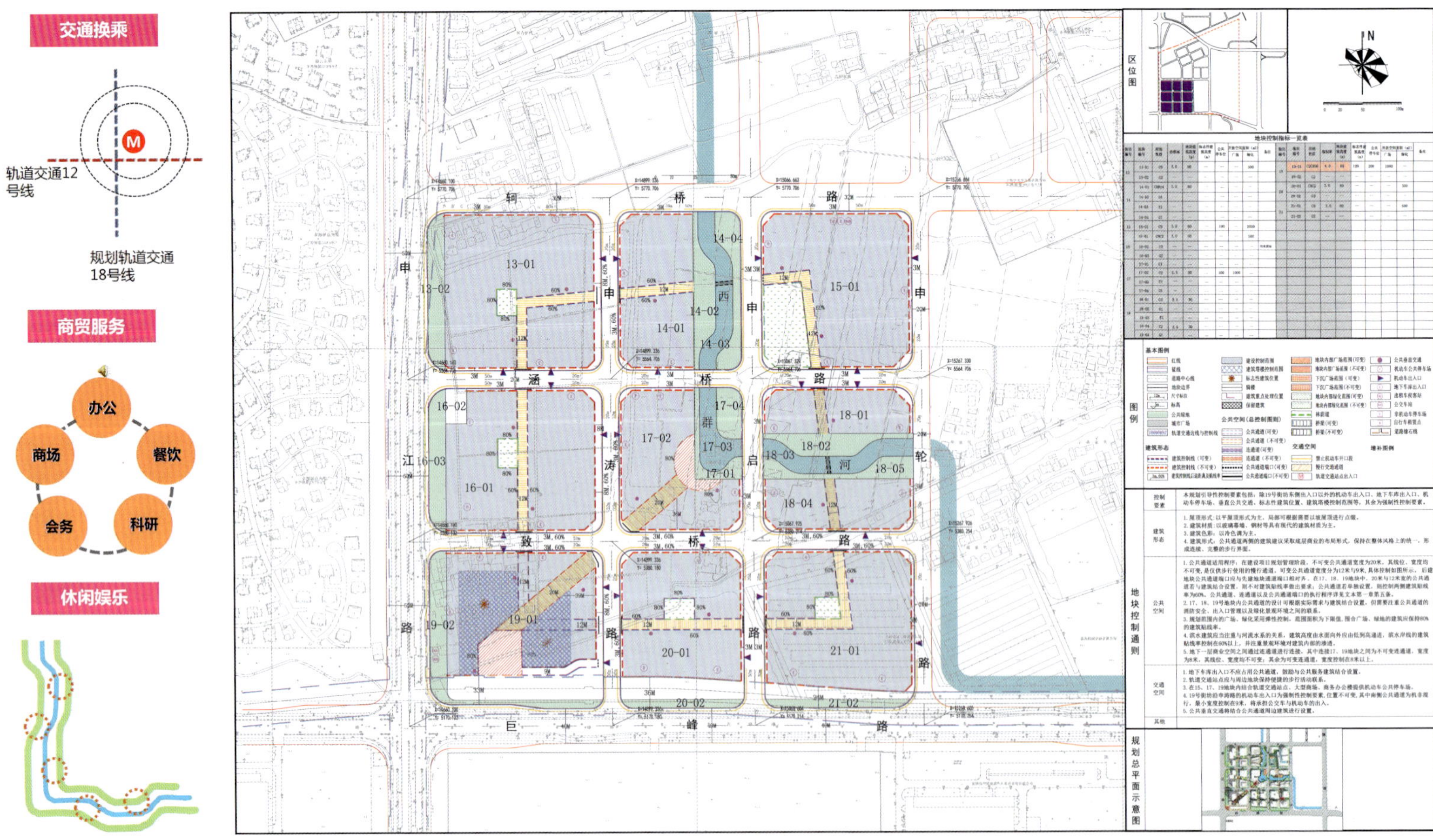

设计目标示意图　　重点地区附加图则

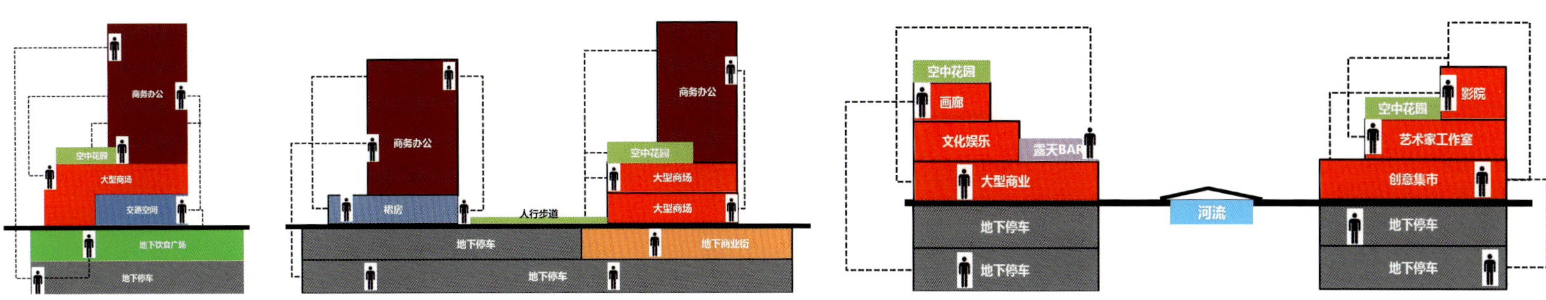

交通枢纽区、综合办公区以及休闲商业区立体功能组织图

（Y000701）控制性详细规划》获审批通过。

本次编制附加图则的重点地区是通用汽车单元的商业、办公核心区，承载着区域公共配套设施中心和公共交通枢纽的双重功能，是金桥乃至浦东北的一张重要的形象名片。

为更好地加快金桥通用规划单元内的研发、配套项目开发建设，充分推进该区域产城融合的作用，在市、区规土局的指导下，规划委和金桥集团、土控集团联合组织了城市设计国际方案征集工作，邀请了美国 P+W、法国何斐德和德国 AS&P 三家国际知名规划咨询公司参与。

方案深化中采纳了国际方案招标的诸多特色亮点：通过一条环路将各商办街区串联，实现步行空间与景观环境的连通；从更加宏观的角度考虑地块与周边区域的功能及交通联系，同时充分尊重原有规划的地块开发强度及道路水系规划；注重街道空间和滨水空间的结合，营造富有趣味性的滨水活动空间并进一步完善地下空间规划，重点考虑地下商业街的设计。

二、规划目标和定位

设计目标：融商贸服务、休闲娱乐、生活居住等多种功能于一体的复合型城市交通枢纽地区。

功能定位：汽车产业的制造、研发与配套区，兼具专业性的生产服务功能和城市生活服务功能。重点地区将聚焦轨道交通 12、18 号线站点和申江路的南北交通联通，为周边现有的工业企业提供管理、办公、展销等提升性的生产服务功能。

三、规划内容和特点

理念一：交通便捷

（1）打造便捷、高效的交通换乘枢纽

规划结合申江路地铁站形成综合交通换乘枢纽。对公交—轨交换乘、轨交之间换乘、停车换乘等多种换乘模式的交通流线进行梳理，形成便捷、高效的交通换乘流线，对不同出行目的的人流在短时间内进行合理引导。

（2）对多种类型的交通流线进行疏解

通过步行环路、地下车库和交通引导标识的设置，使各种交通流线“各行其道”。其中，过境的货运交通主要通过基地外部的城市干道进行疏解，并通过交通管制的标识禁止一切货车进入到基地内部。到达性的客车流将通过靠近基地外部的地下车库快速进行疏解，尽量减少客车穿越基地内部的概率，从而保证基地内部步行活动的连续性和舒适性。

理念二：空间宜人

作为金桥地区重要的公共活动区域，塑造充满趣味、景观宜人的公共活动空间是本次规划的重要目标之一。结合滨水开放空间，规划河岸两侧将以 6 层以下的建筑为主，并在河道两侧形成跌落状的空间界面，提供富有变化、景观特色鲜明的河道空间。在地铁站点街区内，规划充分挖掘地区的商业价值，以两栋彰显地区地标形象作用的双塔，塑造地区的商务办公形象。此外，在整个规划区域内形成一条功能和空间连续的步行通道，通过两侧的串联广场、商业设施、桥梁、河道景观等，带来多样化的步行活动体验。

理念三：复合多样

在提倡可持续发展的 21 世纪，城市发展的重点将不仅仅是高楼大厦的建筑外形，而是更多地将目光放到了如何走一条经济、高效、可持续发展之路。

功能混合的用地和建筑布局模式不仅能够大大减少不必要的交通出行，也能够充分利用不同功能对于建筑朝向、楼层的需求特点，在最大程度上合理配置各种功能，提供便捷、舒适的工作和生活空间。

南通大学杏林学院启东校区修建性详细规划

2017 年度上海市优秀城乡规划设计奖（城市规划类）三等奖

编制时间：2010 年 8 月—2011 年 3 月

编制单位：中船第九设计研究院工程有限公司

编制人员：简艳、蔡健、马霖、张琼、王哲艺、魏蔚、陆春荣、金佳彦、唐秀芳、邢朝霞、陈林、倪建公、丁淑芳、钮虹嶷、张华

一、规划背景

根据江苏省沿海开发和长三角区域一体化战略要求，结合南通大学杏林学院的办学状况，江苏省发展和改革委员会《省发展改革委关于南通大学杏林学院启东校区项目建议书的批复》（苏发改社会发〔2010〕1783 号）同意南通大学杏林学院在启东市滨海工业园内新建校区。项目总用地面积 80 hm^2，总建筑面积 32.7 万 m^2。

二、规划构思

从项目的地域特色、文化传承以及校园功能分区等方面内容，确定规划构思——“若海胸襟百年传承，草木江南山水交融”。突出体现规划的滨海地域特色；在新建校区将南通大学创始人张謇作为校园的精神塑造重点，构建空间序列；并采用传统江南园林疏密结合的手法营造校园特色空间。

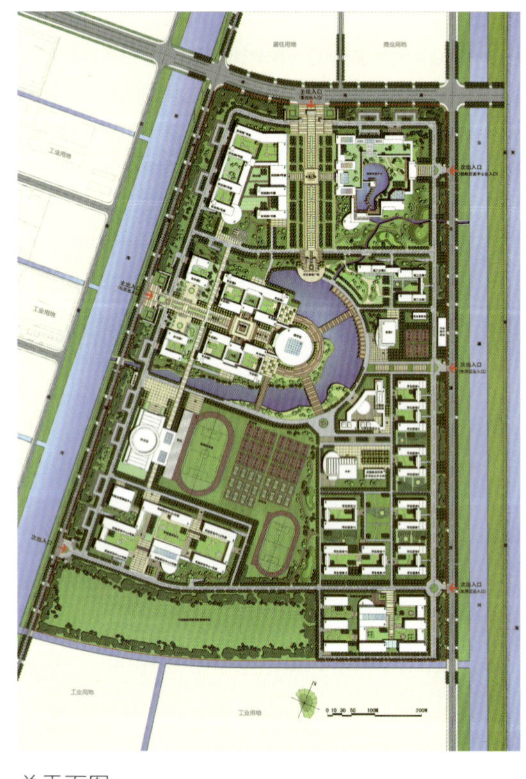

总平面图

效果图

三、规划特色

1. 功能布局合理

校园分为杏林学院、科技园、国际交流中心、实验实训区、中科院海洋研究所以及校园发展预留用地，功能布局科学合理，形成“一主核、两轴、多片区”的规划结构。

2. 体现滨海特色

规划突出海洋概念，以水滴作为创作主题，在基地的核心位置布置圆形湖面，命名为“海韵湖”，赋予南通大学启东校区生命的起点，成为校园生长的活力源泉。

3. 注重文化传承

将南通大学创始人张謇作为校园的精神塑造重点，并采用传统江南园林疏密结合的手法，以辽阔开朗的“海韵湖”营造校园核心景观空间；园林式布局的国际交流中心，则围绕水池及内院，形成向心式建筑布局，空间曲折幽静。

4. 构建空间序列

主入口轴线为“教育轴”，依次安排主入口广场、尊师广场、教育广场，串联起教育组团的行政办公楼、教学楼、图书馆等建筑，并在教育广场上设置张謇雕像。北部景观轴两侧为与实业紧密相关的科技园和国际交流中心，命名为“实业轴”，在轴线中部设置实业广场，南端设置张謇文化园。教育轴、实业轴汇聚于图书馆，交相辉映，强化了学校的人文气息。

5. 营造简约风格

建筑造型体现地域性、时代性与文化性的统一，在满足功能基础上强调简约、经济和高效。建筑色彩借鉴江南水乡风格，以白色和灰色为主，造型采用纯净、规则的几何图形，建筑风格注重实用与典雅、创新与稳重相并存，体现朴素之美。

四、实施情况

南通大学启东校区修建性详细规划于 2011 年 1 月经启东市人民政府批准。一期工程于 2015 年 10 月份顺利竣工，总建筑面积约 10 万 m^2，包括教学楼、行政楼、图书馆、实训中心、大学生活动中心、食堂、学生宿舍、教工公寓等，目前在校大学生约 2 500 人。二期工程于 2016 年启动，2018 年竣工，总建筑面积约 4 万 m^2，包括教学楼、学生宿舍、体育馆等。一、二期工程可容纳在校大学生约 5 500 人。

校园建设实景（左上图书馆、左下学生宿舍、右上教学楼、右下张謇雕塑广场）

苏州工业园区智慧大交通规划（2015—2030 年）

2017 年度上海市优秀城乡规划设计奖（城市规划类）三等奖

编制时间：2015 年 5 月—2016 年 11 月

编制单位：上海市城市建设设计研究总院（集团）有限公司、同济大学

编制人员：杨晓光、保丽霞、宋飞、滕靖、沈明、彭文俊、吴志周、赵环宇、李君羡、沈宙彪、汪涛、孙朋、薄坤、李天宇、马万经

一、规划背景

苏州工业园区（下简称“园区”）是中国和新加坡共同建设的国际合作示范区，是全国首批新型工业化示范基地、首个开放创新的综合试验区，是中国发展速度最快、最具国际竞争力的开发区之一。

为促进长三角交通一体化、加快打造智慧新园区，园区启动《苏州工业园区智慧大交通规划（2015—2030 年）》（以下简称“规划”）的编制工作，旨在进一步提升园区交通智慧化建设水平，促进交通信息融合与系统功能升级，充分保证各职能部门协同建设园区智慧大交通。

二、规划内容

1. 规划思路

项目组从现场调研与部门座谈入手，以问题和需求为双导向，广泛参考国内外先进的智慧交通规划与建设技术，秉持“以人为本、全息感知、智慧决策”的规划理念，遵循“统筹规划、顶层设计，协同共享、分项实施，服务引领、科学决策，万众参与、开放可持续”的规划策略，提出以新加坡为标杆的规划目标与愿景。

规划至 2030 年，园区将成为一个高度综合、智慧、安心、可持续且支撑综合交通运输的智慧化系统，实现人、物、交通工具与交通基础设施的全息感知，利用大数据全面支撑交通规划、建设、管理、服务和决策，适应新能源汽车、电子牌照、无人驾驶等新型运载工具及前沿技术的发展，建成适应现代交通业发展要求的，具有全国领先和示范意义的智慧大交通系统。

至 2030 年，规划愿景如下：

全息感知：实现园区人、车、物、交通基础设施的泛在状态感知。

智慧服务：为公众出行提供全面、贴心的综合交通信息服务。

智慧管理：实现综合交通管理的智慧化，道路交通、公共交通、静态交通、物流等系统的建设、管理、养护、运营一体化。

智慧决策：为城市交通规划、建设、运行、管理提供交通数据支撑和智能决策支持。

2. 规划要点

《规划》提出“1C・8S”的总体架构，确立了涵盖政策、财政、人才、产业支撑等内容的全套保障措施，分近、远期制定了工程建设及科研的行动计划，先后编制了调研报告、规划纲要、规划总报告、分系统规划报告、平台规划报告、设计导则、数据标准共 7 类成果。

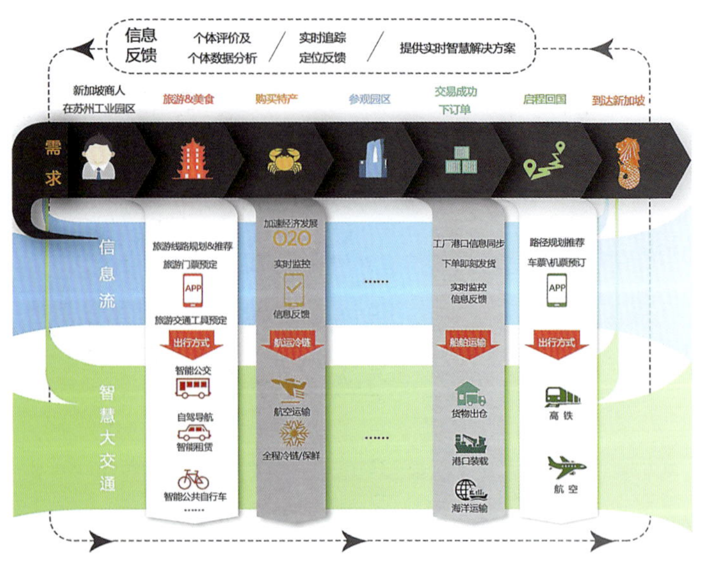

2030 年规划愿景图

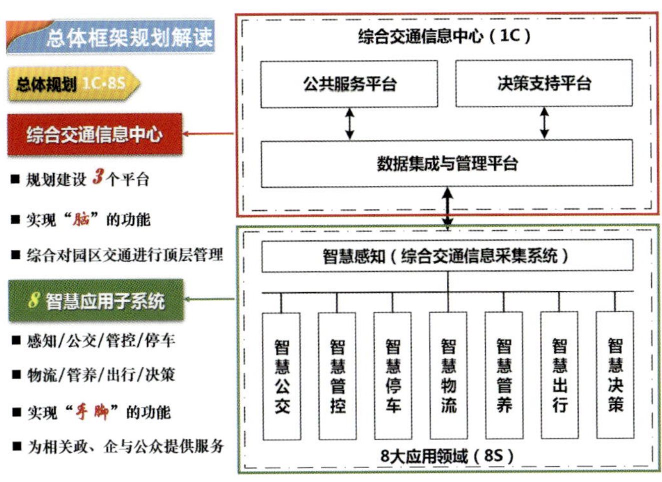

1C・8S 总体框架

（1）1C—1 个中心

《规划》提出建设园区综合交通信息中心，涵盖面向政府层、管理层和公众的交通信息平台体系。在综合交通数据库的基础上，建成全面、权威的园区综合交通信息数据资源库，对 8 个智慧交通应用领域进行统筹管理；汇聚各行业的数据，实现各类交通信息的充分共享与交换，对交通大数据进行集成、清洗、融合处理、挖掘及二次开发，为实现智慧大交通信息服务、综合管理、科学决策、发展智慧大交通产业提供支持。

（2）8S—8 大领域

《规划》提出的智慧大交通服务体系包括 8 个智慧领域、50 项服务。其中，智慧领域，包括智慧感知（综合交通信息采集）、智慧公交（智慧公共交通）、智慧管控（智慧道路交通管控）、智慧物流（智慧物流服务与管理）、智慧管养（交通基础设施智慧管养）、智慧出行（智慧公众出行信息服务）和智慧规划（智慧交通规划建设及决策支持）等。

8 大应用领域（系统）将对接园区既有的建设，完善提升交通信息采集、智能公交、道路管控、物流信息化、停车管理等方面，强化园区智慧交通顶层规划与设计，研究探索大交通数据采集、监控、管理、调度、资源优化、决策等功能，依托综合交通信息中心，汇聚人、车、物、交通基础设施的全息数据，开发标准的接口，对数据进行共享和深度挖掘应用。

三、规划特色

与传统智能交通规划不同，《规划》从智慧交通顶层设计出发，首创提出"实现园区人、车、物、交通基础设施的全息感知"的规划目标以及"以人为本、全息感知、智慧决策"的发展理念，旨在打破传统智能交通按单个系统设计、系统间缺乏数据的共享与交换、系统存在局部"信息孤岛"的局面，通过信息化手段打通各职能部门间的壁垒，着眼于解决跨部门、跨系统之间数据互联互通的难题，确保各系统的整体匹配与有机衔接、资源的有效整合，为后续智慧交通项目的工程设计、招投标提供技术支持。

四、实施效果

依据苏园管复字〔2017〕20 号，园区管委会对《规划》作出批复，表示《规划》是园区智慧交通各专项和工程规划、建设、管理的重要依据。目前，园区科技和信息化局、规划建设委员会、综合行政执法局、交巡警大队、计算机中心等部门正按近期建设规划开展工作，推进规划实施。

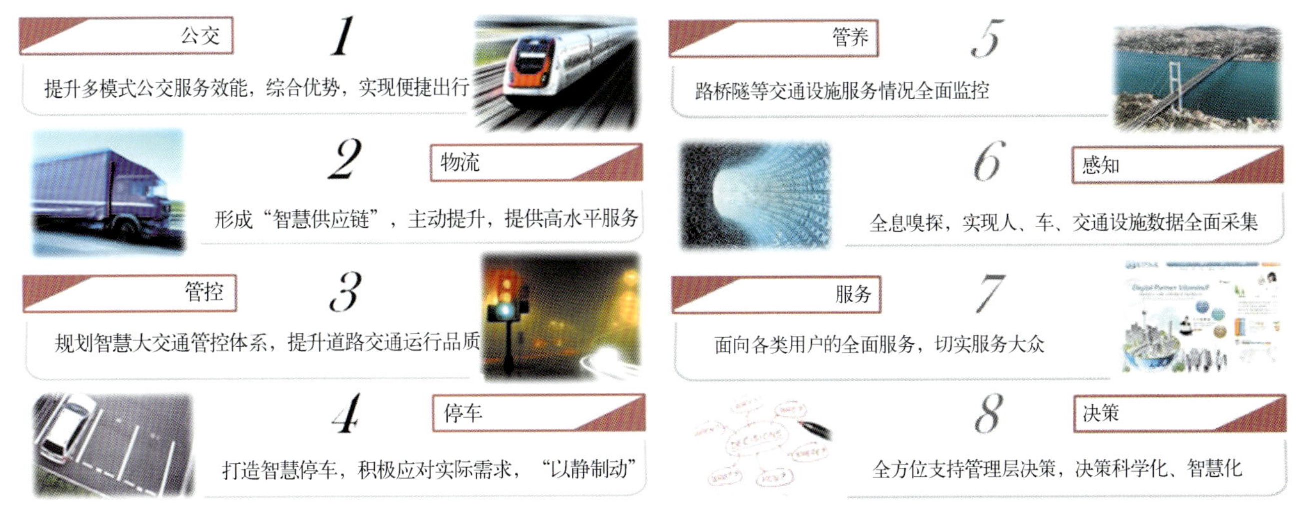

8S—八大智慧领域

南昌大都市区规划

2017 年度上海市优秀城乡规划设计奖（城市规划类）三等奖

编制时间：2014 年 7 月—2016 年 7 月

编制单位：上海同济城市规划设计研究院、南昌市城市规划设计研究总院

编制人员：裴新生、姚凯、周俭、朱介鸣、梁燕、黄建中、刘振宇、钮心毅、王颖、彭灼、兰仔建、阳周、黄华、陈琦、阮梦乔、胡方、陈进、钱天乐、王国爱、邹志华

一、项目背景

2014 年《江西省城镇体系规划》提出：以省会南昌为中心，按照 1 小时交通时距构建大都市区，引领江西全省发展。同年 7 月，江西省住房和城乡建设厅与南昌市城乡规划局联合委托上海同济城市规划设计研究院编制《南昌大都市区规划》。本项目是江西省对接“一带一路”倡议、落实《长江中游城市群发展规划》的重要战略抓手，也是一项涉及南昌、九江、抚州、宜春、上饶五个地级市的跨行政区规划。

二、规划思路

南昌大都市区包括南昌市域，抚州市的临川区、东乡县，宜春市的高安市、丰城市、樟树市、奉新县、靖安县，上饶市的余干县和九江市的永修县，总面积约 2.3 万 km^2。规划分为两个空间层次，即南昌大都市区和大都市区核心区。规划坚持问题和目标双导向，深入分析了南昌大都市区当前发展面临的四大重点问题。

一是区域地位不断下降。基于国家工商总局注册企业分支机构数据分析，在长江中游地区的城市总体网络关联度排名中，南昌城市网络关联度仅为武汉的 1/3，长沙的 1/2。南昌的发展速度明显滞后于武汉、长沙。

二是行政区壁垒制约严重。南昌市域面积相对较小，城市势力圈相对狭小，大都市区内城市联系强度低于武汉都市圈和长株潭城市群。

三是生态保护与城镇发展矛盾加剧。1994—2014 年，南昌都市区建设用地面积增加幅度较大，年均增长 56.42 km^2，耕地、林地、草地面积减幅较大，流域生态环境质量有下降趋势。

四是地区特色逐步丧失，城市品牌形象较为模糊，文化特色未得彰显。基于以上分析，规划提出了建设江西核心增长极、长江中游区域中心、中部地区开放发展新高地和具有国际

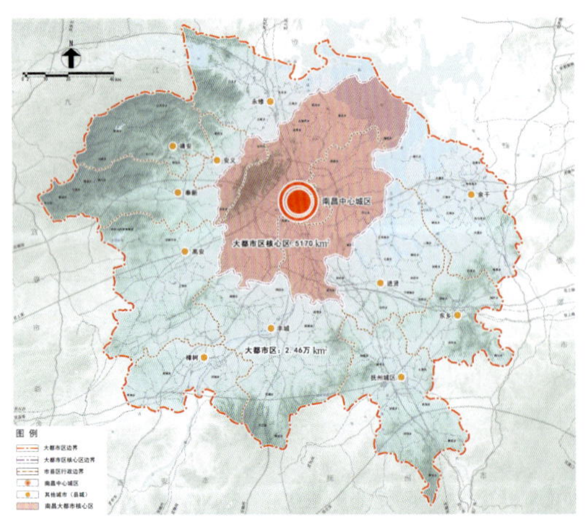

南昌大都市区空间层次范围图

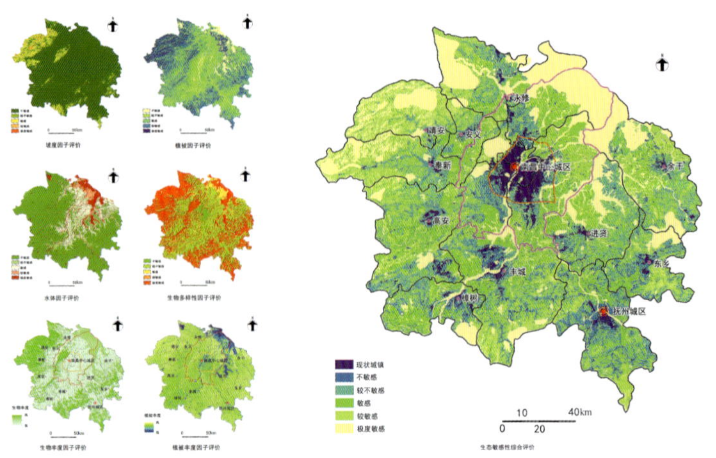

南昌大都市区生态环境本底分析及生态敏感性分析图

知名度的生态人文都市四大发展目标。进而通过区域协同、绿色发展、结构优化和特色彰显四大战略，提升其区域竞争力、可持续发展能力、辐射带动力和城市魅力。

三、规划特色

1. 对接国家战略，探索跨行政区空间治理的新模式

本项目发挥南昌区位优势，通过交通枢纽和开放平台的建设，全面对接“一带一路”倡议。依托国家级赣江新区、昌九组合港口及庐山—鄱阳湖世界级生态旅游休闲区建设，大力推进“昌九一体化”发展，积极融入长江经济带；依托昌抚合作示范区、向莆综合交通走廊及抚河流域综合治理，大力推进“昌抚一体化”发展，主动对接21世纪海上丝绸之路。

以区域重点行动计划为抓手，以大都市区联席会议制度、产业协作与生态补偿机制、区域污染联防联控机制建设为突破口，提升大都市区各城市的协同发展能力，提高区域空间协同治理水平。

2. 运用遥感技术，强化大都市区的底线管控和生态架构

本项目运用从1989—2014年25年间卫星遥感影像的演化分析，对大都市区内植被丰度、水文变化和用地结构变迁进行对比评价，识别出大都市区“东湖、西山、南丘”的生态敏感性区域，提出构建“四区、双环、六廊”的生态空间结构。基于多规合一GIS平台、CFD风廊道分析和CA元胞自动机模拟技术，划定了大都市区生态红线两级管控区、永久基本农田保护核心区和各级城镇开发边界。

基于大都市区生态架构与旅游资源分布，本项目提出以南昌历史文化名城、梅岭、鄱阳湖候鸟保护基地为核心，依托区域绿道网络，构建大都市区“城—湖—山—丘”生态游憩圈，打造世界级旅游度假目的地。试点国家公园管理体制，建设鄱阳湖、云居山—柘林湖、九岭山和昌东四大国家公园。通过城乡网络体系与生态游憩网络的有机结合，探索大湖流域绿色发展的特色路径。

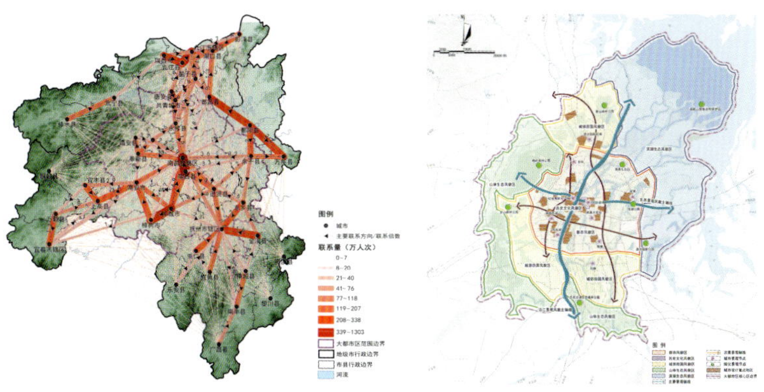

基于跨县人流联系总量的城市网络体系分析图　大都市区核心区总体城市设计图

3. 依托大数据分析，识别大都市区空间发展特征、优化布局结构

规划依托中国联通手机信令数据进行分析，形成各级城镇网络联系强度矩阵，发现大都市区城镇体系并非是按照行政等级的“金字塔”结构，除南昌的网络核心地位突出外，其他城镇皆呈扁平化特征。规划认为大都市区应尊重现实规律，突破行政区划壁垒，实现城镇体系由“金字塔”模式向“廊道网络、组群化”模式的转变，提出以生态为本底、以交通廊道为骨架、以城镇组群为载体，形成以南昌为核心，以昌北、丰樟和抚州三个城镇组群为依托，以京九、向莆、沪昆和景铜四大发展廊道为支撑的大都市区空间结构。

4. 运用总体城市设计手法，增强南昌城市宜居性和文化魅力

规划以赣江为主脉、依托鄱阳湖湿地和梅岭风景名胜区，形成“东湖西山、半环山水半环湖”的总体城市设计架构，进而在山湖之间构建以绕城高速内的南昌主城区为核心，以昌北、石埠、向塘等外围战略发展区为三翼的城市空间结构，并结合各级政府事权范围，由内向外划定更新提升地区、优化拓展地区、战略潜力地区和郊野发展地区四类政策分区，从功能定位、生态管控、交通及重大基础设施建设等方面进行差异化发展管控与引导。

以建设“鄱湖明珠、美丽南昌”为重点，本项目提出城市双修规划指引，包括南昌“一江三河十三湖”综合治理、赣江口—鄱阳湖湿地生态修复、梅岭山体绿化生态修复和青云谱老工业基地棕地治理。

通过对南昌历史文化名城、以汉代海昏侯遗址为代表的国家大遗址以及环南昌传统历史村落的保护与展示利用，强化“豫章故郡、洪都新府”的特色文化魅力。

四、项目影响与实施效果

《南昌大都市区规划》于2016年6月通过成果技术审查，与会专家对规划给予了高度评价。本项目与当前我国空间治理体系和规划体系改革趋势紧密结合，探索了在省域体系规划之下、城市总体规划之上的特定区域规划编制模式。该规划的主要结论被后续展开的《江西省空间规划》和《南昌市城市总体规划》所吸收采纳，为南昌建设长江中游区域中心城市提供了行动指引和智力支撑。

上海市杨浦区长白社区 228 街坊“两万户”城市更新规划

2017 年度上海市优秀城乡规划设计奖（城市规划类）三等奖

编制时间：2015 年 4 月—2016 年 12 月

编制单位：上海营邑城市规划设计股份有限公司

编制人员：朱琳祎、周舜珏、曹晖、苏甦、林杰、徐峥、李燕、王松明、蔡伟娜、冯伟民、王玲、成元一、俞进、程荣、李娜

一、规划背景

“两万户”是 20 世纪 50 年代，上海为解决城市工人居住问题，统一规划、统一建设的一批工人新村，因其可容纳 2.1 万户而得名“两万户”。作为当时劳模和先进工作者的住所，“两万户”曾经是幸福生活的代名词和光辉荣誉的象征。然而随着改革开放以来上海城市建设翻天覆地的变化，历经 60 余年岁月变迁，“两万户”逐渐破败和衰落，已经无法满足居民日益增长的居住需求。

杨浦区长白社区 228 街坊所属的长白新村曾是上海规模较大的“两万户”住区之一，2016 年 7 月 5 日，随着最后一户居民搬迁，这块上海最后的“两万户”住区以居民意愿征询率、签约征询率、搬迁率三个 100% 的高通过率完成了动迁。由于街坊内现存的 12 栋“两万户”建筑不属于任何保护建筑名录之列，根据原规划，228 街坊将规划为住宅和商业混合用地，采用拆除后整体新建的旧区改造模式。然而随着上海旧区改造理念的转变，如何对待“两万户”这类历史建筑，从保留城市记忆、塑造城市特色的角度出发进行城市更新已经成为社会公众关注的焦点。因此，从 2015 年 4 月起，杨浦区启动了 228 街坊的规划评估和调整工作，并被纳入 2016 年上海市城市更新示范项目。

二、规划重点

本次规划重点聚焦整体保护、开发量统筹和配套完善三个方面。一是对 228 街坊内 12 栋“无名分”的“两万户”建筑进行整体保留，二是对原控规的开发量在区内进行统筹转移，三是新增了服务社区的商业、传承“两万户”历史的文化、众创办公等复合功能和新的城市公共空间，从而实现了文化效应、社会效应和经济效应的整体提升。

长白社区 228 街坊“两万户”影像图及照片

调整后土地使用规划图

三、项目特色

1. 旧改理念的转变

实现了从“拆改留并举，以拆为主”到“留改拆并举，以保留保护为主”的转变。228街坊中的“两万户”建筑既不是优秀历史建筑，也非文物保护单位，原本难逃被拆除的命运。本次项目一改原有推倒重建模式，采取有机更新理念，提出将这12栋“无名分”的“两万户”建筑整体保留、作为新增的保留建筑，明确保持其原有的建筑材质、色彩、立面、肌理等历史风貌，既传承了城市历史文脉，也保留了特色空间格局，反映了对历史建筑的充分尊重以及保护理念的开拓创新。同时规划以公益优先为原则，通过区域评估补短板，在保留建筑中注入新的公共功能，打造新的地区活动中心。为今后同类项目的操作树立了良好的示范效应。

2. 更新政策的拓展

228街坊现状为旧改基地，并已完成整体动迁，不存在可以主动发起更新改造的存量资源权利人，并非完全适用于上海现有的城市更新政策。本次项目实质是充分依据城市更新精神推进规划调整，是政策适用上的拓展和创新。

3. 更新路径的创新

对于像228街坊这类位于老城区内的更新对象，往往面临社区人口稠密、空间局促、设施不足等问题。对此，本次规划提出“质量做加法，总量做减法”的调整思路，优先保障老城区内的公共利益和空间环境品质，而对于既有的规划开发量则提出区域内异地转移、统筹平衡，以此保障开发利益、确保旧改项目顺利推进。在本项目中，杨浦平凉社区的若干待开发街坊承接228街坊的建筑规模转移，实现了土地效益和社区活力的提升。本次项目基于风貌保护的容量调整和转移，也是对《上海城市更新实施细则》中关于建筑容量调整的一次成功先例。

4. 公众参与的深化

城市更新的核心是以人为本，公众参与是城市更新的灵魂。本次项目全过程贯彻公众参与，并结合多样化的形式使得公众参与的深度和广度不断扩大。228街坊“两万户”城市更新项目入选城市更新四大行动计划之“魅力风貌”计划，率先召开主题论坛，邀请专家、学者、政府官员、居民代表、设计团队等多方共聚一堂，各抒己见，通过活动深度交流，使得规划项目更接地气、更为百姓接受。同时，活动中尝试了多渠道、多形式的宣传推广，通过平面媒体、网络平台、公众号推广、电视、电台报道等，扩大活动宣传效果，取得了良好的社会反响，也为日后公众参与活动的开展积累了经验。

四、规划实施

2016年12月，本规划获得上海市人民政府正式批复。2017年3月，完成了N1-01地块的土地出让前评估，按照土地全生命周期管理的要求，将控规调整确定的各类公共要素纳入了土地出让合同。同时，杨浦区开展了地区建筑概念方案征集和比选，在此基础上，目前地块建筑方案正在进行整合深化。

城市设计总平面图

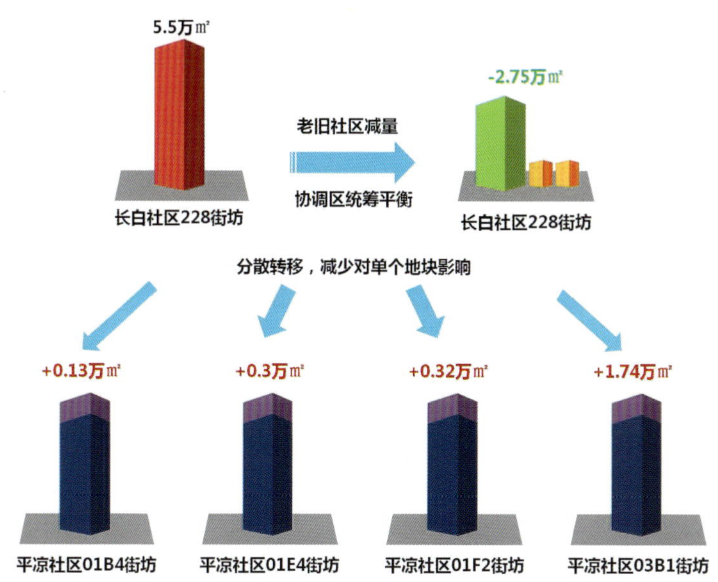

开发量统筹转移示意图

吉布提市东海岸沿线及旧火车站周边地区概念性规划

2017 年度上海市优秀城乡规划设计奖（城市规划类）三等奖

编制时间：2014 年 7 月—2015 年 12 月

编制单位：上海市政工程设计研究总院（集团）有限公司

编制人员：徐闻闻、马超、陈红缨、金彪、熊长学、高克林、张强、苏秦、范晔霞、方宇、陈国生、王耀宇、华鸿乾

一、规划背景

吉布提市位于非洲东北部亚丁湾西岸，是吉布提共和国首都，其地处欧、亚、非三大洲的交通要冲，扼红海入印度洋之咽喉，是途经红海的各国包括军舰在内的船只加油补给的停靠港口。

本规划总面积约 5.04 km^2，主要为满足吉布提市打造国际自由港、推进老城区的城市更新和功能升级的目标要求，在市区东海岸沿线规划填海造地人工岛屿，同时对旧火车站地区进行更新规划设计，解决其城市建设空间不足的难题，为其城市经济转型升级、城市实施跨越式发展创造条件，并为下一步的一级开发工作奠定基础。

二、规划思路

本次境外规划设计项目存在三大难点：

如何克服现状条件差、基础设施落后的困难，制定合理发展策略来实现区域经济转型升级及跨越式发展？

如何从可持续发展理念的视角出发，制定合理的填海造地形态方案？

如何营造空间体系特色，传承当地历史文化特色？

针对以上难点，规划提出以下对策：

（1）充分利用和发挥吉布提欧亚非咽喉要地的区位优势以及其开明的地缘政治形式，以打造富有创意亮点的人工岛标志性热点开发项目为突破口，借助海外投资，结合铁路、港口及机场的优势，打造国际自由港，建设属于吉布提自己的“棕榈岛”。

（2）通过专题研究，总结全球有关填海造地的实践经验，归纳总结影响平面形态布局要素，并应用生态低碳技术手段辅助设计，制定符合可持续发展理念的填海形态方案。

（3）保留城市记忆，延续地区文脉。规划保留升级老火车站等历史遗存，注重延续法国殖民时期老城区空间肌理，传承城市文脉。

三、主要内容

规划通过深入分析片区发展需求，确定地区发展目标及发展策略，完成功能策划、用地布局和空间形态方案（包括风貌特色、功能布局、空间构架、景观结构、开发强度引导和建筑空间形态设计）、生态空间和景观引导、交通组织和重要市政系统布局规划等内容，并通过专题研究体现专业性、针对性。规划重点强化了以下六个方面内容。

（1）基础条件评价：规划团队在埃博拉病毒疫情扩散期间，组建青年突击队，克服困难完成非洲当地现场调研工作，形成对基地及区域较为全面的基础条件评价。

（2）草案比选：规划分别从中心布局模式、路网结构、填海形态类型、主导功能、发展规模多个角度形成三个特色方案，通过比选形成最终推荐方案。

（3）规划结构：规划创造“一主一辅”两个公共核心，并通过绿色纽带和水道相连接，营造滨海、内湾等多样滨水体验。通过设计外围度假岛屿丰富岸线景观，最终形成“一岸带水，双湾联动，三岛伴月，通城达海”的组团结构。

（4）中心区选址：规划采用双中心联动布局模式，靠近殖民历史城区的北部区域打造国际中央休闲区（Central Culture

Recreation District, CRD），南部布局风情休闲度假中心，既结合开发节奏，便于分期实施，又有利于形成功能与风貌互补、节奏韵律感强的中心区序列。

（5）功能策划及业态布局：规划采用具体化的功能策划方式，针对各类定位人群进行业态布局，实现功能与空间的紧密结合，提升方案吸引力。

（6）生态组织：规划充分创造滨海特色，通过“城市用地＋水网＋沙滩”的自由布局，体现“一核双湾，珠联璧合，双带双轴，蓝绿交织”的景观特色。

四、规划特色

1. 抓住机遇，提升地区发展定位。项目寻求区域角色的提升，抓住打造国际自由港的契机，从当地原设想的单一的商务办公住宅区的地产开发，提升成为具有全球化视野的、集旅游度假、商务办公、休闲娱乐、生态居住、公共服务配套设施齐全的中央休闲区。

城市设计总平面图

2. 功能与形式并重，优化填海造地形态设计方法。总结国内外填海理论及实践经验，从填海区域与陆域岸线位置关系、近海水动力环境影响、生态承载力填海规模控制等角度，优化填海造地规划设计方法。人工岛的形态方案在体现形态美学、营造眼球效应的同时，实现了设计的科学合理性。

3. 保护和传承当地历史特色文脉。当地法国殖民历史街道特色显著，规划保留改造百年火车站为博物馆，并提炼老城街道格局，在新规划的人工岛中延续方格网空间肌理，传承文脉。

4. 提升利用旅游资源。规划分析当地蓝海、静湾、金滩、老站的独特旅游资源，通过引海、造湾、创滩、优站的手法提升空间品质，并详细定位目标旅游人群，设置合理丰富的功能业态，打造国际级热带风情度假地。

5. 生态规划技术的应用。引入城市智慧模型技术（City Intelligent Model，CIM），基于热辐射、风环境模拟和日照分析等三维技术，引导规划区内低碳节能的建筑布局及街道空间格局，营造更适应非洲热带气候环境的城市空间。

6. 因地制宜的规划设计，融合非洲当地元素。考虑当地宗教信仰和足球运动爱好，相应地安排了清真寺、教堂等宗教活动设施和运动场地。

五、实施情况

项目于 2015 年 10 月通过中方专家评审，并向吉布提当局汇报，吉布提总统对项目方案给予了高度肯定。同年，中方业主代表被吉布提政府授予“总统勋章”。

目前吉布提国家财政部已与业主中土集团组建联合开发公司，开展人工岛填海一期工程的工可深化工作，同时陆域部分建设项目正有序开展。

党的十九大报告把实施共建“一带一路”倡议作为经济建设和全方位外交布局的重要组成部分。在此背景下，本规划的实施，将有利于我国向吉布提输送成熟的开发建设经验和稳定的投资，提升我国在东非的影响力，助力吉布提向着“东非迪拜”梦想更近一步。

安徽省合肥市地下综合管廊规划（2016—2030 年）

2017 年度上海市优秀城乡规划设计奖（城市规划类）三等奖

编制时间：2016 年 3 月—2016 年 12 月

编制单位：上海市城市建设设计研究总院（集团）有限公司、合肥市市政设计研究总院有限公司

编制人员：刘伟杰、黄昊、齐振峰、何静、张鎏、沈雷洪、杨连、王乐恺、崔海婕、刘宙、袁明、张新燕、朱琳珺、吴亚萍、毛毅

一、规划背景

合肥是国家第二批综合管廊试点城市。本规划为合肥试点工作的成功推进提供了有力的上位支撑，也是全国范围内为数不多的副省级试点城市综合管廊规划项目。此次规划统筹考虑了合肥市行政区域，针对合肥市市区及周边 9 个乡镇的部分区域，面积约 1 190 km^2 的地区开展前瞻性的规划编制，更好地发挥规划对城市基础设施建设的指导性和可持续作用。

二、项目构思与特色

1. 首创用因素叠加法进行综合管廊路由选线，确保规划科学性

通过总结国内外综合管廊 180 多年的规划、设计、建设、

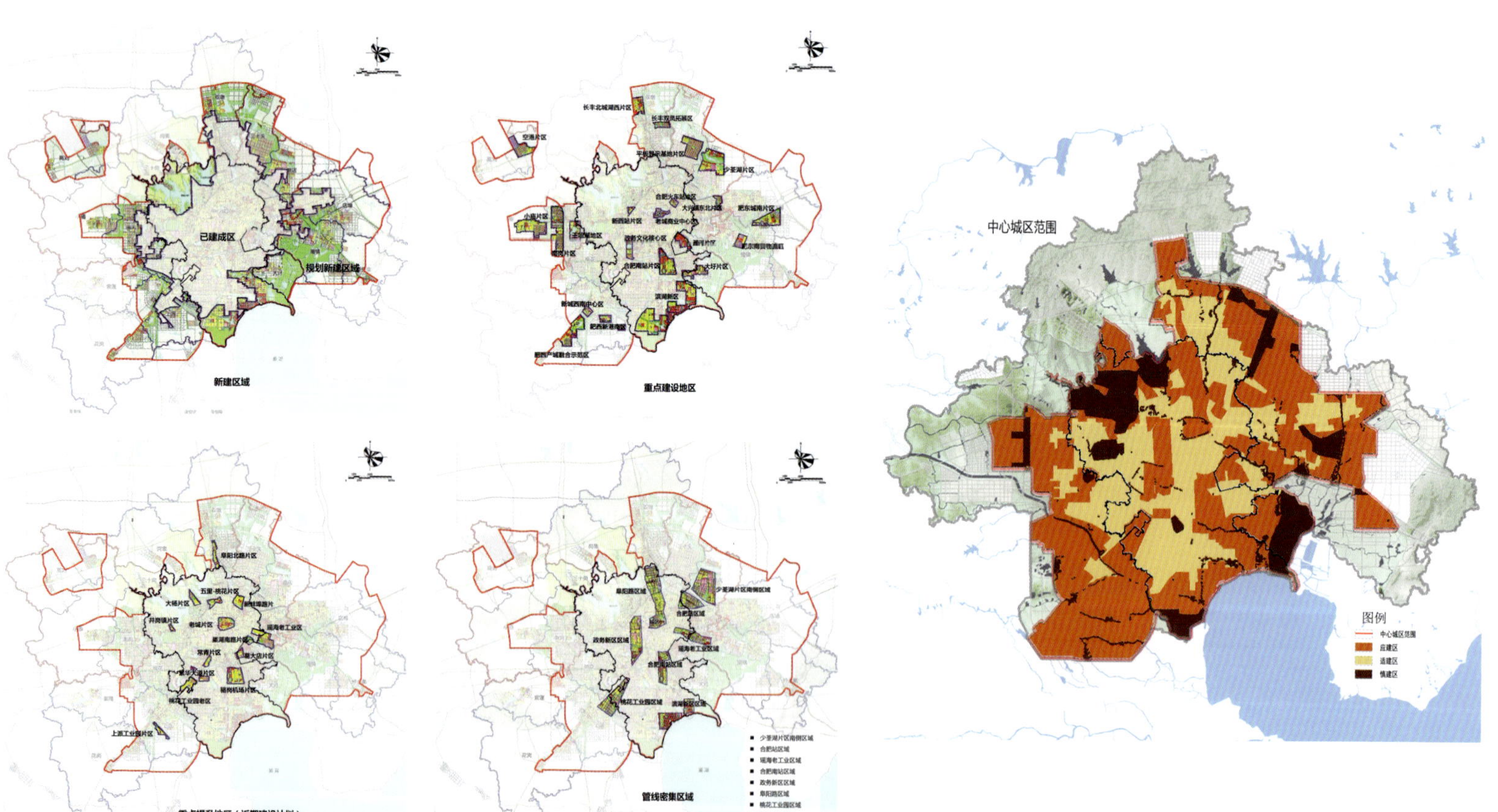

综合管廊用地资源评估

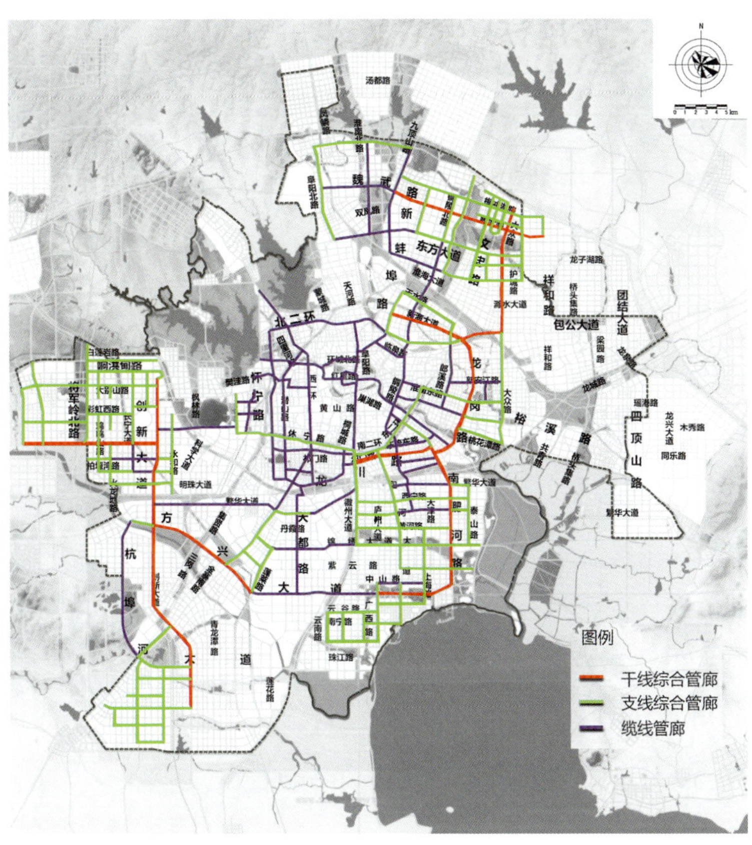

综合管廊平面布局规划图

运行和管理经验，从宏观至微观层面筛选与识别出制约和影响综合管廊规划决策的十大因素，通过各要素综合叠加，得出综合管廊规划建设的主线。

2. 现状评估与发展预判确定管廊建设区，确保规划前瞻性

根据地下综合管廊建设的指导意见及编制指引、相关规范及建设经验等，结合对城市发展现状的梳理及发展趋势的判断与分析，确定本次综合管廊规划的建设区域，主要包括：

（1）城市新建区域。根据合肥市城市总体规划，确定新建区域主要集中于外围。

（2）重点发展区域。结合合肥市近期建设计划及地下空间开发利用规划，确定滨湖新区、空港片区、合肥南站片区、新西站片区等17个近期重点建设区域。

（3）旧城改造区。结合合肥市近期建设计划，确定老城片区、葛大店片区、常青片区、巢湖南路片区、五里—桃花片区等14个近期重点提升地区。

（4）地下管线密集区。根据现状管线布置情况及相关管线规划，确定少荃湖片区南侧、合肥火车站、瑶海老工业、合肥南站和政务新区等8个地下管线密集区。

3. 首次引入综合管廊管控图则进行指导，确保规划可控性

借鉴城乡规划控详图则形式，开创性地编制地下综合管廊管控图则。控制指标主要表示管廊所在道路、起止点、等级、长度，以及放置于地下的方位与位置。并对入廊管线种类、规格、长度等指标进行工程量统计。

4. 研究综合管廊与地下设施及空间协同关系，确保规划操作性

重点明确综合管廊与地铁的协同关系并提出实施措施。合肥市综合管廊与地铁的关系有三种情况：综合管廊与地铁同路径；综合管廊与地铁站相交；综合管廊与地铁相交但非地铁站。其中，1～5号线为已建或在建，6～9、S1号线为规划线。

1～5号线，同路径10处，交叉10处，综合管廊实施后于地铁施工。重新复核区间段抗浮等技术要求，并满足保护距离。同站点38处，地铁站点现有设计标高不足以设置综合管廊，管廊在地铁站处断开，管线直埋。

6～9、S1号线，同路径14处，协调工期，使综合管廊实施先于地铁施工。由于地铁采用盾构施工，对综合管廊影响较小，在地铁建设时考虑综合管廊的施工保护与安全距离要求即可。

5. 优化管廊断面形式，确保规划经济性

充分考虑收容管线间相互影响，在满足规范前提下，根据各管线所需空间、维护、管理、作业空间，以及照明、通风、排水等设施所需空间，各特殊部位结构形式、分支走向等配置，设置地点地质状况、沿线状况、交通灯设置条件及地下埋设物等条件进行综合研究确定经济合理的断面。

三、实施情况

肥西产城融合示范区、新站少荃湖片区和高新区拓展区3处试点管廊区域已先后开工建设。其中，高新区综合管廊一期PPP工程建设项目于2016年底开工，包含明珠大道、将军岭路和彩虹西路等7条新建道路沿线综合管廊。肥西县综合管廊与独秀园路、李陵山路、铁板洲路等5条道路同步建设。合肥新站区综合管廊PPP项目于2017年6月已完成首节廊体浇筑。

上海市徐汇区近期建设行动规划

2017 年度上海市优秀城乡规划设计奖（城市规划类）三等奖

编制时间：2014 年 12 月—2016 年 11 月

编制单位：上海营邑城市规划设计股份有限公司

编制人员：李华治、徐巍、周舜珏、赵振、范润生、王潇、戴炯玥、苏甦、朱琳祎、张彬、魏丽、李娜、罗坤、官晓丹、奚雪

一、规划背景

“十二五”期间，徐汇区经济和社会事业发展取得了良好的成绩。为了更好落实“十三五”规划目标，实现上海市总规“建设卓越的全球城市”的愿景，将规划理念与实际建设相结合，启动了徐汇区近期建设行动规划的编制工作。

二、主要内容

徐汇区近期建设行动规划根据宏观背景及自身条件，总结现状优势与瓶颈，研判发展机遇与挑战，响应和贯彻落实中央、市委市政府的决策部署与发展导向，提出了“更加均衡发展的城区、更具文化影响力的城区、更加高效的经济发展载体、更加优质的公共活动空间、更加完善的公共设施资源”的发展愿景，紧扣徐汇区“十三五”发展目标，制定形成了六大规划建设对策。

1. 风貌严保护

落实上海市“严格保护历史建筑和历史风貌区”的要求，深化衡复历史文化风貌区的保护，坚持整体保护、文雅利用的原则，打造建业里、永平里等海派文化的集中展示和体验区，进一步推进建国西路、永嘉路等风貌道路整治以及黑石公寓、夏衍故居修缮等文化保护项目建设，打造特色慢生活文化街区。

2. 城市促更新

加快徐家汇副中心城市更新，推进太平洋数码二期、港汇综合改造、徐家汇空中连廊等试点项目建设，实现城市副中心的功能拓展和提升，打造上海市城市更新的新标杆。

3. 产业快提升

推进徐汇滨江、徐家汇、漕河泾开发区、华泾等重点功能区域建设，通过西岸传媒港、龙华地区综合改造、徐家汇中心、漕河泾现代服务业集聚区、北杨园区等重点项目的建设，有效提升商业办公、文化创意、科技研发等产业能级，加快工业用地转型，打造活力城区和科创城区。

4. 设施补短板

对标全球城市标准，全面提高公共设施服务水平，加强文

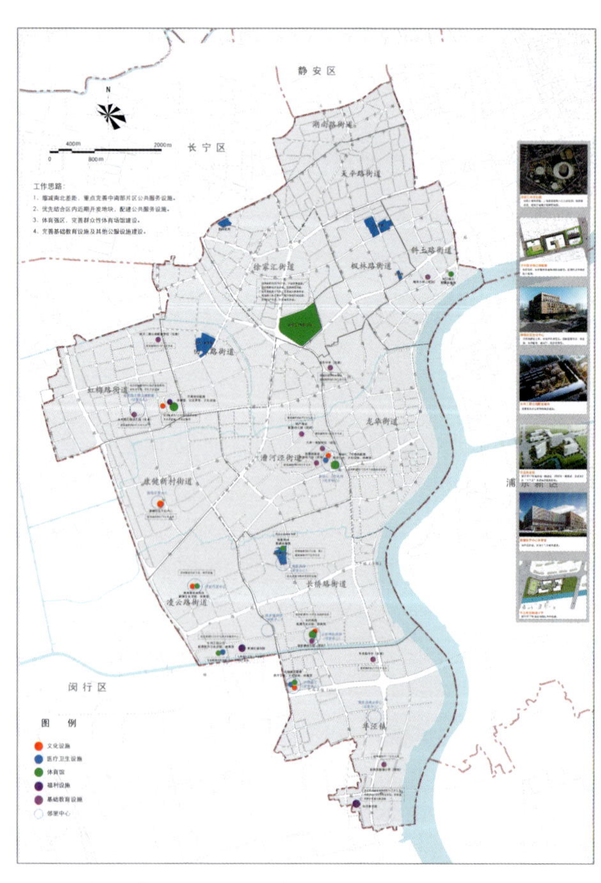

公共服务设施重点项目分布图

化、体育、教育、医疗设施建设：加快推进上海音乐学院歌剧院、越剧院、沪剧院、上海体育公园等文体项目，统筹全区教育资源，补充华泾小学、滨江地区学校等基础教育设施，建成南部医疗中心、口腔医院、徐汇区养老服务基地等医疗福利设施。全面构建“15 分钟社区生活圈”，加快徐家汇、衡复等地区社区设施更新，结合区内近期开发地块，配建社区公共服务设施，形成漕河泾、长桥、凌云、康健、虹梅、华泾等社区邻里中心，完善中南部片区公共服务设施。

5. 绿化增空间

推进滨江公共绿地、华泾外环生态绿带、万科中心绿地、桂江路绿地等系统性绿化建设，结合上澳塘港沿岸绿地、蒲汇塘沿岸绿地、跑道公园等水绿结合景观项目增加滨水公共开放空间，通过文化与绿地结合、体育与绿地结合等方式，打造多样化的公共开放空间体系。

6. 交通更便捷

配合完成轨道交通 15 号线站点建设，带动徐汇区西部、南部地区发展。加快推进快速路网建设，完成田林路下穿中环、景洪路、华发路等区区对接道路建设，完善徐汇滨江、徐汇中城、华泾等重点功能地区路网体系，推动武宣路等断头路、瓶颈路拓宽辟通，提升区域道路服务水平与便捷程度。

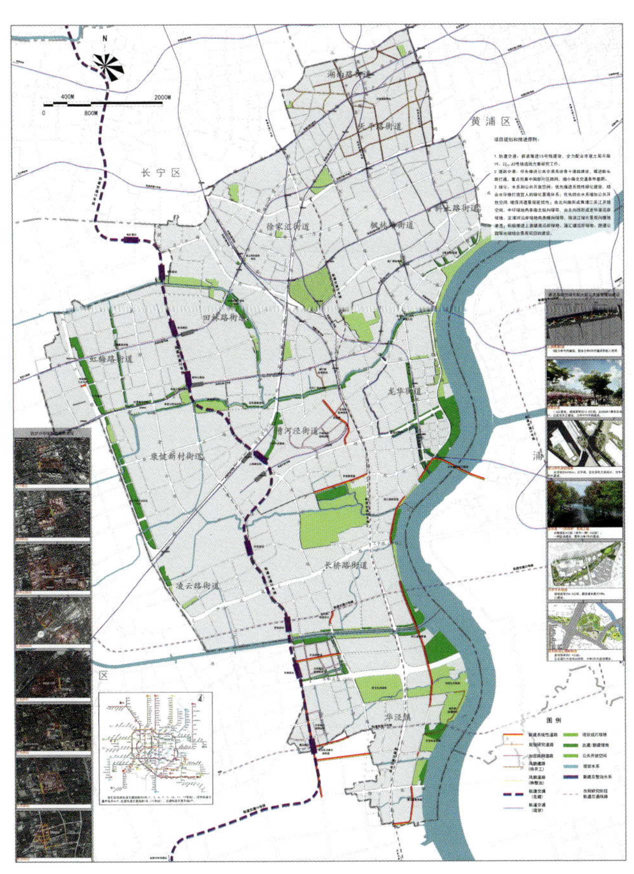

市政交通、绿化、水系和公共开放空间重点项目分布图

三、规划特色

1. 立足现状，解决问题

规划着重加强了现状分析，对现状空间结构、土地使用、人口规模、配套设施、公共空间、综合交通等系统进行了评估，以问题为导向，归纳“十三五”时期需重点提升和突破的短板，结合“十三五”规划及新一轮总体规划的要求及整体空间结构，通过近期建设引导，提升发展水平，解决实际的民生问题。

2. 重点突出，兼顾整体

行动规划对徐汇区“十三五”规划确定的六大重点功能片区进行了整体分析，确保重点项目建设的系统性，通过重点项目形成合力推动地区发展，避免无序建设。规划同时注重对接各项专项规划，将专项规划的结论与建议纳入近期建设实施体系，条块并重，保证全区建设项目不重不漏。

3. 统筹全局，注重管理

行动规划按照商业、科技、教育、文化、体育、卫生、交通、绿化等系统进行划分，提出规划建设推进建议，对接各委办局主管单位，实现建设项目的空间全区域、管理全口径系统性覆盖，搭建起各部门统筹协作的平台。

4. 成果简明，实操性强

规划成果形成了相应的行动计划列表及项目布局图纸，项目落点、建设要求、时间节点等内容清晰明确，对徐汇区相关规划专项研究、土地收储开发、规划建设项目推进起到了较好的引导作用。

四、实施情况

在近期建设行动规划的指导下，上海体育公园、北杨园区整体城市设计等相关规划研究已经启动，WS3 单元整体规划修编等规划调整项目正在进行，徐家汇城市更新、西岸传媒港、轨道交通 15 号线等项目建设有序推进，徐汇区各项城市规划建设工作有条不紊地开展，向着“创新徐汇、幸福徐汇、文化徐汇、美丽徐汇”的“十三五”规划目标稳步迈进。

上海市浦东新区大治河生态廊道（S2-G1501 段）专项规划

2017 年度上海市优秀城乡规划设计奖（城市规划类）三等奖

编制时间：2012 年 11 月—2016 年 5 月

编制单位：上海市浦东新区规划设计研究院

编制人员：毛丹、黄瑶、刘伟、吴庆东、钱爱梅、马倩、汤明华、徐娟、陈晓峰、孙政、胡颖蓓、黄潇仪、徐鑫赟、张弛、沈昱

一、规划背景

1. 推进全市生态网络建设试点

2009 年《上海市基本生态网络结构规划》确定了全市生态功能区块管制框架，2011 年《浦东新区总体规划修编》确定了环形放射状生态网络空间体系。随着规划层面对生态廊道控制的重视，市、区两级政府希望通过本次试点研究来探寻具有典型推广意义的可操作方案和策略，为全市生态网络建设提供科学有效的生态空间实施机制经验。

2. 解决生态廊道历史遗留问题

大治河生态廊道 S2-G1501 段在上海市基本生态网络构架中位于东西向大治河生态走廊和南北向浦奉生态走廊的交界处，是上海市南部区域贯穿东西主要生态走廊的关键节点。本次规划总用地面积 26.30 km^2，目前历史遗留问题主要包括：历次规划对集建区范围有所调整，土地利用条件面临较大变化；前期大量人力、物力投入，部分土地已拆迁、平整，优质投资项目亟待落地。

功能定位示意图

二、工作思路

本项规划重点探讨了生态与城市功能如何共生，包括建设规模、功能融合模式、空间共生模式和互利机制模式等方面。秉承生态效益最大化、建设用地减量化以及平衡开发三大基本原则，规划以提高生态环境质量、突出生态功能为主要目标，主要体现在：保障生态效用发挥的合理生态规模；构造利于生态生境培育的空间布局；探索利于生态和城市功能实现的机制。

三、创新与特色

1. 功能融合——生态与城市功能细化

规划综合参考了上位规划要求、现状资源条件、管理部门中期意见以及相关案例借鉴，将大治河生态廊道总体定位如下：上海市生态走廊的一个重要节点；浦东新区优化生态空间、维护生态安全、提升生态环境、恢复生态多样性的重要建设示范区域；城市边缘居民休闲、游憩、度假、亲近自然的生态场所；生态功能与环境友好型城市功能和谐共存的生态复合区域。

生态结构规划图

在此基础上，规划将区域生态功能细化为河流型廊道、农作型田园、游憩型公园、观赏型丛林。

城市功能以休闲游憩、旅游度假、众创基地为主，辅以生产性服务、城市综合性配套服务、养老等功能。

2. 组团布局——生态与城市空间共生

规划在生态廊道内探讨城市建设功能的空间布局，首先梳理出保证生态廊道功能的非建设用地，坚持保持廊道通畅性、突出隔离作用、培育景观生物多样性三项生态控制原则。在减法原则下规划建设用地，并确定四项空间布局要素。

要素一：规划与生态廊道的约束性要素相吻合。规划区域以生态廊道、生态基质、生态板块构架生态体系，东西向形成两条300～600 m宽度的大治河生态廊道；南北向形成600 m以上的浦奉生态廊道，同时将水系河道等生态要素引入城市功能组团内部。

要素二：规划与生态敏感性与适宜性评价的结构相吻合。根据生态敏感性评价规划，对不同功能类型的空间提出相应的管制措施，分为禁建区、适建区及限建区三类。

要素三：规划与各镇土地平衡指标相吻合。

要素四：规划与充分利用现状投入、减少浪费的要求相吻合。规划采用组团式布局，以大治河及其两侧的生态带为生态轴线，将研究区域划分为观赏林野、桃林野趣、水乡田园和城市组团四个主题区域。

通过规划平衡，有效落实了《上海市基本生态网络结构规划》中几项重要指标的要求，耕地比重控制在20%～35%，林园地比重控制在25%～35%，建设用地比重控制在25%以内。

3. 占补平衡——基本农田指标补偿

远期范围内规划建设占用永久基本农田163.54 hm^2。规划选择四镇镇域内的成片耕地补划为永久基本农田，并对指标进行补偿。

通过范围内发掘增补和范围外镇域补偿两种方式，保持远期永久基本农田总量平衡。

近期范围内规划建设占用永久基本农田42.17 hm^2。通过近期和远期范围内一定量的现状耕地补偿，保障近期永久基本农田总量达到平衡。

4. 增减挂钩——落实拆建与动迁方案

现状用地拆除：根据现状建设用地总量和规划保留用地总量，分别得出远、近期可拆除用地总量，建议拆除的地类主要包括：工业用地、仓储用地、农村宅基地以及空闲宅基地。

土地增减示意：根据建设用地增减挂钩专项规划的要求，将区域内城乡建设用地分为建新、保留和拆旧三类。城乡建设用地总量约为520 hm^2，包括保留用地、通过土规批复的建设用地、增减挂钩置换的建设用地。拆建比约为1∶0.66。

动迁安置方案：规划从就近安置、潜力挖掘、外围疏散、大居统筹、内部预留五个维度完善动迁安置供给。

5. 分期实施——捆绑开发与近期方案

规划按照近期、中期和远期进行分步实施。规划将区域范围划分为A、B、C三个开发单元，每个单元建设、生态用地比例控制在1∶4左右，捆绑开发。

在近期建设规划控制方面，规划以农业基地、游憩公园等生态游憩功能为主，辅以度假酒店、健康养老酒店、艺术会展中心、健康疗养中心等城市建设用地功能，着力打造城市边缘居民休闲、游憩、亲近自然的生态场所和生态复合区域。

四、规划实施

依据本规划的控制要求，后续通过《大治河生态廊道（S2–南芦公路段）综合研究和概念设计》项目的深化研究，提出在区域自身水系、湿地、农田、林园、村落等自然禀赋的基础上，打造“山水林田湖”五位一体生态综合体概念方案，对生态廊道近期区域的建设与控制提出了新的思路。

建设用地增减挂钩示意图

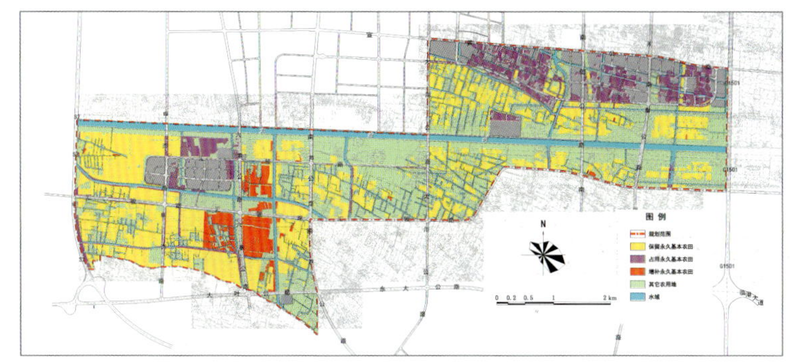

近期永久基本农田规划动态图

上海市虹口区南片区（北外滩及扩展区）城市设计

2017 年度上海市优秀城乡规划设计奖（城市规划类）三等奖

编制时间：2014 年 8 月—2015 年 12 月

编制单位：上海同济城市规划设计研究院

编制人员：卢济威、王一、张凡、杨春侠、李立

一、项目背景

北外滩地处上海黄浦江两岸综合开发范围的中心段和核心区，也是未来上海三位一体的中央商务核心区的组成部分之一。北外滩地区城市设计项目委托的初衷是结合该地区发展的现状，把近年来完成的名目繁多的规划设计成果整合在一起，并以一个整体的三维形象呈现出来。这事实上反映了在北外滩过去十余年的建设过程中对视觉形态问题始终如一的关注。

我们认为，在大规模的城市开发建设中，突出的视觉景观对快速树立地区形象或许具有立竿见影的效果，然而，长远的发展动力却来自景观与活力的协同发展。北外滩地区城市设计提出的特色活力区建构策略是基于该地区大规模建设几近完成、在建拟建项目已成定局、而城市空间的活力问题日渐浮现这一背景。

在这一背景下的城市发展，要求我们仔细梳理现状、提炼问题、挖掘资源和潜力，以一种“有限度”的介入，围绕活力和特色的要求，以公共空间为媒介，以城市行为的内在逻辑，建构复杂城市要素之间的系统关系，明确区域未来发展的重点和城市更新的关键点，并为渐进性的发展过程提供依据。

二、设计内容

城市设计的研究范围位于海宁路—周家嘴路以南、大连

整体鸟瞰图

路—秦皇岛路以西、黄浦江—苏州河以北、河南北路以东，共约 3.66 km^2。

城市设计以景观与活力的协同发展为出发点，针对北外滩地区存在的城市空间环境整体性不足、公共空间活力缺乏、步行环境欠佳等问题，在充分发掘和利用北外滩地区的滨水环境、历史文化资源、轨道交通等资源的基础上，提出城市设计的综合策略：

① 组织功能交混的分区布局，提升城市活力；② 完善滨水公共空间的步行连续性、可达性和可停留性；③ 利用滨水区地面高于街道一层的场地条件，建构连接滨水区和核心商务区的空中步行系统；④ 培育五个特色活力区；⑤ 组织入口门户空间体系，强化区域场所特征，提高可达性；⑥ 组织城市高度体系和沿黄浦江的多层次天际线；⑦ 组织城市地标体系，强化北外滩空间定位；⑧ 整合绿色生态要素，建构绿色网络系统；⑨ 组织立体步行系统，实现“步行城市”的追求；⑩ 发掘历史文化资源，运用多模式的“新旧共生”手段实现保护和发展的协调。

三、设计特色

特色活力区建构是城市设计的核心策略。以功能交混的城市要素紧凑集聚为基础，以步行活动为脉络，以公共空间为骨架，建构具有良好的可达性和环境特色的“特色活力区”的创新策略，旨在突破以单一功能规划分区和单一地块建设控制的传统模式，推动区域活力与特色的协同发展，建构了北外滩地区未来发展的总体框架。5 个特色活力区分别是：

（1）以空中绿街为特色的核心商务区；

（2）以滨水生态为特色的白玉兰广场办公商业休闲区；

（3）以历史文化为特色的提篮桥中心商业休闲区；

（4）以水上中庭为特色的虹口港休闲区；

（5）以里弄为特色的昆山路商业街区。

在核心商务区，通过对商务人员行为流线的研究，将空中绿街作为商务区的“客厅”，种绿化、设骑楼，为商务人员提供全天候活动空间；在白玉兰广场办公休闲区，以滨江绿色广场为中心整合商业活力区；在提篮桥中心商业休闲区，恢复提篮桥水系，建水下商场和车库。下沉广场成为地下商业的延续，提升商业空间的共享性和可达性。在下海庙前建桥，强化地段城市轴线，物化提篮桥历史文化；在虹口港休闲区，移动水闸、降低堤坝、调整道路系统，让河西车行道变成步行道，以利于亲水；在昆山路商业区，将昆山路改为步行街，乍浦路保留原规划作为非机动车道的道路性质，在其东侧结合历史建筑组织曲折多变的步行街区。通过这五个方面，最终实现公共空间的功能混合、步行友好、公交可达，创造特色景观。

四、实施情况

在黄浦江两岸 45 km 公共空间贯通计划中，城市设计为虹口区段的实施打下了坚实的基础，并提供了系统性的实施策略，秦皇岛路至外白渡桥滨江段目前已经贯通。

北外滩核心商务区立体步行系统作为该地区形态和行为系统的骨架，基本按照城市设计提出的“空中绿街”体系来实施，55 号地块等重要项目与周边地块的整体衔接正在建设中。

配合城市开发建设管控的需要，城市设计提出的城市空间形态控制要求成为诸多重要地块设定土地出让条件的依据。

总平面图

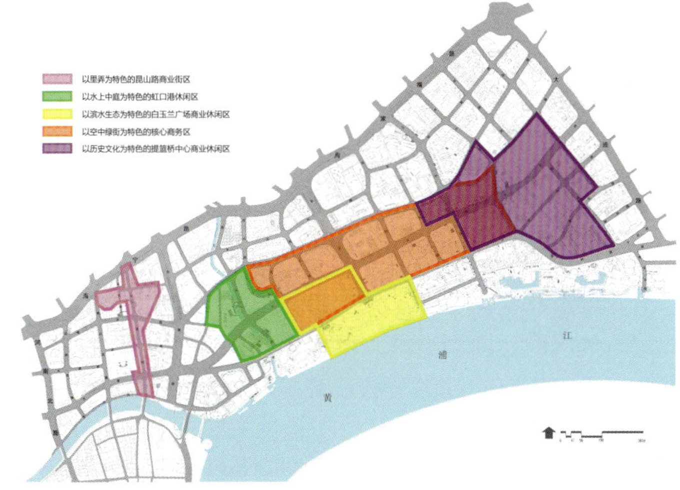

5 个特色活力区布局图

西安咸阳国际机场三期扩建工程陆侧综合交通规划

2017 年度上海优秀城乡规划设计奖（城市规划类）三等奖

编制时间：2014 年 11 月—2015 年 12 月

编制单位：上海市政工程设计研究总院（集团）有限公司

编制人员：杨立峰、刘艺、池磊、张斌、章华金、郑岐、沈晨卫、陈睿颖

一、规划背景

项目位于陕西省西安咸阳国际机场。西安咸阳国际机场是中国主要的干线机场、国际定期航班机场、中国十大机场之一、西北地区最大的空中交通枢纽，也是民航总局规划的八大枢纽机场之一。

2014 年机场旅客吞吐量为 2 926 万人次，规划 2025 年旅客吞吐量达到 7 000 万人次，2045 年达到 9 305 万人次，终端吞吐量达到 1 亿人次。作为国家“一带一路”倡议中的重要锚点，西安咸阳国际机场集多种交通运输方式于一体，将成为中西部地区非常重要的综合交通枢纽之一。

二、规划思路

本项目与机场三期总体规划同步编制、相互反馈，确保了综合交通运输系统与机场其他系统之间的统一和协调。西安咸阳国际机场始建于 1991 年，建成运营时间较早，旅客吞吐量较大，作为西北地区最大的民运机场，未来的建设和发展一方面应承接现有的机场布局和运行特性，做到适度超前，另一方面还应满足机场不停航施工等其他特殊需求。因此，在本项目编制过程中，始终秉承如下基本思路和原则：

（1）多部门参与、及时沟通反馈。西安咸阳国际机场集多种交通运输方式于一体，涉及到不同层级的多个管理部门。因此，在项目编制过程中，及时与铁路、轨道交通、捷运行李、公路、城市道路交通等各子系统的政府主管部门、相关设计单位进行了多次的反馈和沟通，将各个子系统的最优方案进行了整合，并提出相应的优化调整方案，确保综合效益的最大化。

（2）面向国际、面向未来。中国的民航运输业虽然起步较晚，但是发展步伐不断加快，机场吞吐量快速增长，综合交通枢纽承担的功能和要求也越来越多。因此，整个规划方案，不仅能满足今后 10—20 年的发展需求，还应顺应未来 30—50 年的发展趋势。本项目借鉴了多个国内外大型枢纽机场的建设和规划案例，分析未来机场的发展趋势，与空港新城、西咸新区多次沟通，以促进未来机场能够与周边城市更好融合为一体。

（3）近期注重实施，远期注重预留。考虑到机场快速发展，各种子交通系统的需求也在不断地变化，整个机场的建设和发展处在不断的动态调整和变化过程中。因此，本项目对于近期特别是机场三期建设所涉及的工程，均保证近期可以实施；对于远期及远景年份的工程，预留未来可以实施的工程条件。

三、主要内容

（1）对银西客运专线、包西客运专线、阎良城际铁路进出机场的线位进行了方案比选。方案一规划在机场外围的西侧设置高铁枢纽站，通过接驳系统与机场航站楼进行换乘；方案二规划在机场东航站区范围内设置高铁站，与东航站楼衔接换乘，构建空铁一体化交通枢纽。综合考虑征地拆迁、旅客换乘、铁路线网等因素，推荐采用方案二作为实施方案。

（2）为满足未来 1 亿人次的旅客集散需求，应优先发展公共交通作为旅客集散的主要交通方式，为实现 2025 年、2045 年西安咸阳国际机场轨道交通运送旅客分别占总进出机场旅客 10% 和 25% 的目标，规划轨道交通 4 号线、12 号线接入东西 2 个航站区。为实现机场大巴 15% 的目标，在东西 2 个航站区各规划 1 处公共交通枢纽，并规划 20 多条机场巴士线路接驳旅客交通。

（3）公路及城市道路交通仍然是机场疏运方式中最为重要的交通方式，承担约 70%～90% 的交通量，规划形成由高速公路、快速路、主干路形成的区域骨干路网，满足“一点三线”的交通需求；新增 3 条机场面向腹地道路，包括沣泾大道、机场专用公路至国际港务区的道路、连通西咸新区的城市快速干

道，加强了机场同国际港务区、西咸新区、对外高速的联系。

（4）规划机场外围快速环线。通过与快速路及主干路的衔接，实现与西咸新区、市中心区及市域各个方向的联系。主要骨干路网包括高速公路（福银高速、机场高速），快速路（沣泾大道、第五大道、迎宾路），主干路（空港南环路、北辰大道、千佛塔路、第一大道、新城东大道、航站区北路、航站区南路）。

（5）西安咸阳国际机场规划有东西2个航站区，2个航站区距离较远且各自有相互独立的集疏运系统，规划利用机场外围快速环路实现“东进东出、西进西出”的交通组织模式，其中对于沣泾大道，不仅承担西咸新区的快速路功能，同时承担着机场外围快速环线的交通功能，福银高速上的车辆通过沣泾大道到达机场东侧实现东进东出，机场高速上的车辆通过沣泾大道到达机场西侧实现西进西出。

四、规划特色及亮点

本次规划对机场的整个综合交通系统的各子系统都进行了详细的规划研究，总共包括：1条城际铁路、2条城市轨道交通、2条东西向的陆侧下穿通道、多条空侧下穿通道、西航站区地下车库联络道、地下捷运系统、地下行李系统等。对多项交通设施的线位走向、站点布局、横断面尺寸都进行了统筹安排、整体设计。对近期、远期实施的工程之间的相互关系、施工时序、工法要求、避让距离、共建的可行性和经济性等都进行了详细的分析论证，尽最大可能地减少各项工程之间的相互限制和制约，实现近远结合，尽量减少施工上的反复和对正常交通的影响。同时，针对整个区域内控制要素多的特点，与民航设计院、机场相关职能部门、文物保护单位、空港新城、铁路主管部门等就上述问题多次沟通，对设计方案进行了多轮调整，提出了综合交通系统的规划设计方案。

五、实施效果

本次规划不仅是对机场总体规划中的陆侧综合交通系统进行了深化和细化，更对后续多个重点工程提供了重要的依据，为西安机场未来的发展建设提供重要的依据和支撑作用。

在东联络通道工程建设中，预留陆侧下穿通道、捷运行李系统、东进场路下穿通道、综合管廊等地下工程；在东航站区国际方案征集及方案深化过程中，对陆侧道路系统、公交场站的布局及规模、轨道捷运系统等交通设施提出规划建设指导意见；在西航站区道路交通改造工程中，为西航站区近远期的道路交通系统规划提供设计依据。

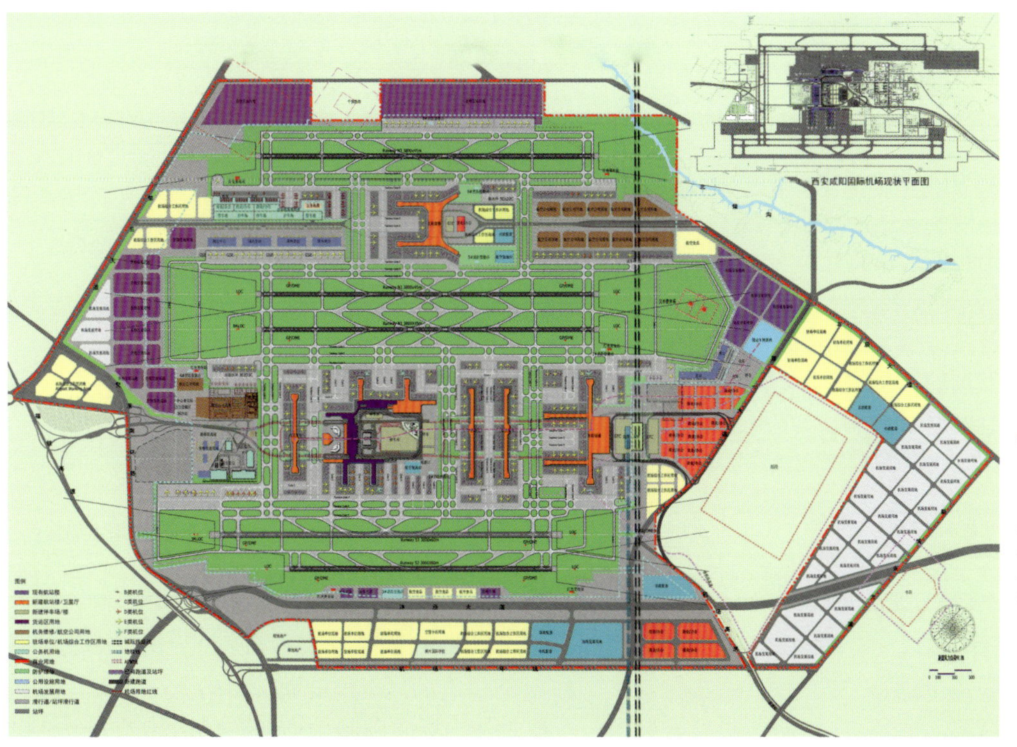

西安咸阳国际机场总体规划平面图（远期）

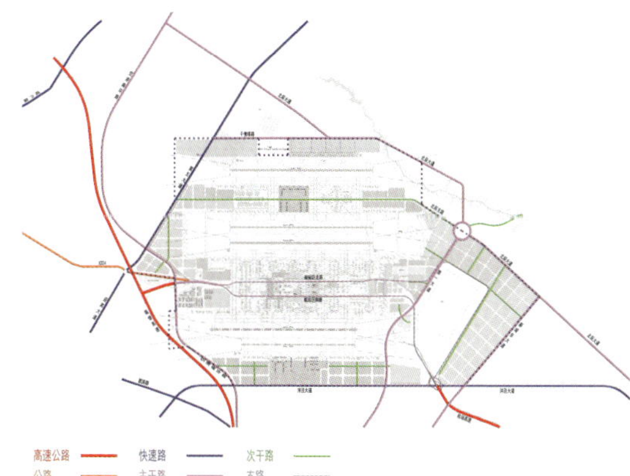

机场外围快速环线图

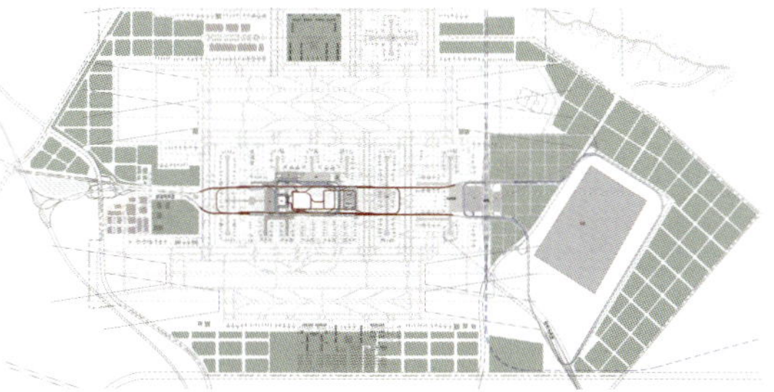

地下道路总图

基于指标体系的宝山区总体规划实施评估与建成环境评价

2017 年度上海市优秀城乡规划设计奖（城市规划类）三等奖

编制时间：2015 年 4 月—2016 年 6 月

编制单位：上海同济城市规划设计研究院

编制人员：王德、叶晖、张天宝、钟炜菁、谢栋灿、阎宁、汤之洁、朱玮、骆晓、俞晓天、殷振轩、方家、王灿、贺亮、晏龙旭

一、项目概况

在上海新一轮城市总体规划向“战略性、结构性、政策性、操作性”转变的背景下，指标体系承担着更为重要的作用，是上海实现发展转型及总体规划实施的基本保障和前提。本课题结合上海宝山区总体规划评估工作，利用上海市 2014 年上半年某两周手机信令数据，从人的时空行为角度，针对宝山城市建成环境建立评价指标体系并进行评价。

二、技术路线

1. 基于手机信令数据构建指标体系

结合上海宝山区总规评估工作，利用上海市 2014 年上半年某两周手机信令数据，从人的时空行为角度，从职住关系、居民通勤特征、就业者通勤特征和居民消费休闲出行四方面对宝山城市建成环境进行评价。通过揭示内在联系、判断发展趋势、捕捉异常等手段对当前城乡规划实施状况进行客观评价，对落后于整体水平的指标领域形成预警，并对未来发展的指标阈值进行预测，为及时反馈和检讨现行发展策略提供决策依据。

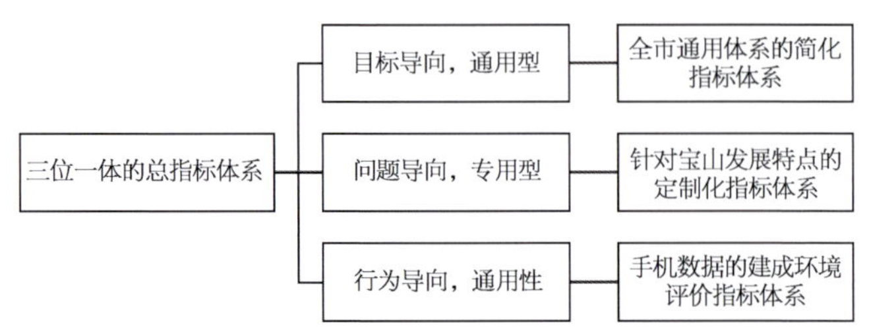

三个指标建构的逻辑结构图

2. 构建目标—问题—行动导向的复合型指标体系

三位一体的总指标体系，指基于手机数据的建成环境评价指标体系，针对宝山发展特点的定制化指标体系和基于全市通用体系的简化指标体系。其中，基于全市通用体系的简化指标体系延续全市指标并进行简化，既保持统一，又简化统计工作，是指标体系的基础；针对宝山发展特点的定制化指标体系，强化特色与针对性，是指标体系的深化；基于手机数据的建成环境评价指标体系，实时、动态、直接，是指标体系的拓展。

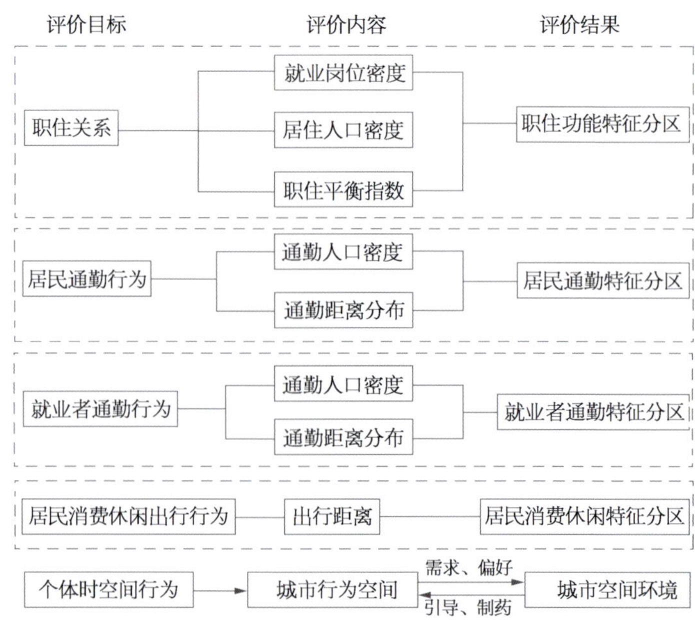

面向动态监测、诊断、预警、响应于一体的指标体系

三、主要成果及结论

借助手机信令数据，充分利用其大样本且动态连续记录个体空间移动的优势，提取个人时间、空间行为，从区域职住关系、居民通勤、就业者通勤和居民消费休闲四个方面分析人群行为空间特征，进而对建成环境进行评价。将各方面的分析结果进行综合，可以找出主要建成环境问题的疑似问题区域，并与居住用地和工业用地进行叠加。研究总结了低强度区、远距离通勤区、通勤量大区和功能改变区四类问题区域的空间分布。研究表明，在宝山活动的人群的各类行为空间分布具有明显差异，从整体看，呈现出南强北弱的格局，具有明显的近中心城、新城和近轨道交通轴线发展的特征。这一特征受到用地、交通、区域等建成环境因素影响明显，如不同产业类型提供的就业岗位差异较大，影响职住关系；通勤距离的空间分布受到轨道交通和就业岗位数量的明显影响等。

从本研究的分析结果来看，区域总体人口和就业密度集中在南部近中心城和新城区域这一特征与近年来宝山进行产业结构优化，近中心城、新城区域重点发展现代服务业、科研产业、港口物流等生产性服务业及与城市居住相关的第三产业有关，这些产业明显增加了区域就业岗位的提供。郊环线以北区域以宝山工业区和宝钢为核心，整体活动强度较低，急需产业升级，提高土地利用效率。通过区域职住关系评价、居民通勤和就业者通勤评价可以明显看出低效企业的空间分布及交通产生量的集中区，进而引导问题区域的产业转型升级，加快淘汰劣势企业，为新兴产业、城市发展和环境容量腾出资源空间；通过居民消费出行行为评价，可以有针对性地配套公共服务设施，提高区域建成环境的质量。

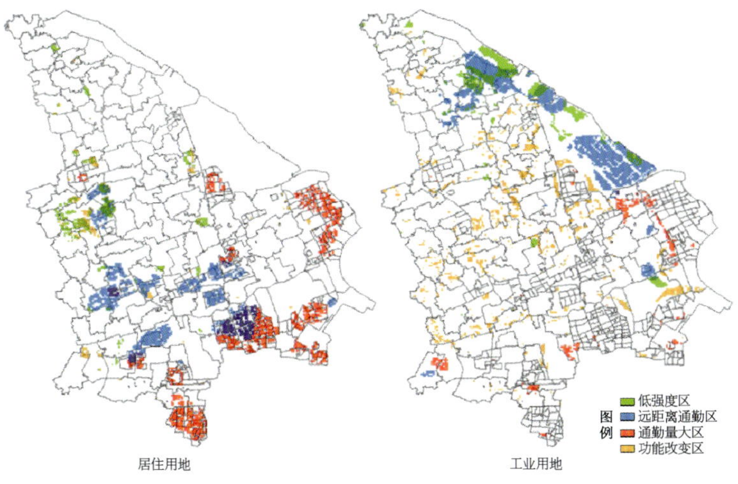

各类问题区域识别综合结果分析图

四、技术创新

基于手机信令数据，建立了动态监测建成环境的指标体系，用于检测监控建成环境并进行定期评估。运用指标体系，完成了对宝山建成环境的基年评价。

五、应用前景

随着信息技术的发展，城乡规划主管部门正逐步建立城市规划地理信息系统，建立全市一张图的城市规划管理信息平台。城市总体规划越来越注重实施，按照总体规划编制的新要求，总规的实施评估应分为年度评估和阶段评估。这些为本技术的推广应用提供了数据基础和应用场景。同时，由于手机数据具有覆盖面广、时间连续、可获得性强、成本低等优势，在个体时空行为研究中潜力无限，因此基于空间行为视角的研究，将在建成环境和总规实施评估中发挥不可或缺的作用。

基于手机数据的指标体系

评价类别	评价子类别	评价指标
居住与就业	人口数量（人）	识别居住人数
		识别就业人数
	人口密度（人/km^2）	居住人口密度
		就业岗位密度
	平衡指数	职住平衡指数
		昼夜人口比
	流量监测	职住平衡指数变化率
通勤出行状况	通勤人口密度（人/km^2）	居住通勤人口密度
		就业岗位通勤人口密度
	通勤距离（m）	居住平均通勤距离
		就业岗位平均通勤距离
	对外依赖度	居住对外依赖度
		就业对外依赖度
	流量监测	通勤人口密度变化率
		通勤距离变化率
		居住对外依赖度变化率
		就业对外依赖度变化率
消费休闲出行状况	消费休闲时间（h）	消费休闲平均时间
	消费休闲距离（m）	消费休闲平均出行距离
	对外依赖度	消费休闲对外依赖度
	流量监测	对外依赖度变化率
		消费休闲平均时间变化率
		消费休闲平均出行距离变化率
土地利用	存量评价、监控	低活动强度工业用地占比
		低入住率居住用地占比
	流量监测	工业用地使用效率变化
		居住用地使用效率变化

萧山科技城核心区（原农业高科技单元 QJ05）控制性详细规划调整

2017 年度上海市优秀城乡规划设计奖（城市规划类）三等奖

编制时间：2014 年 7 月—2015 年 8 月

编制单位：上海复旦规划建筑设计研究院有限公司

编制人员：敬东、张小松、魏超锋、黄昕、刘群、冯一民、朱健、杨成、刘敏、张伟、侯兵兵、李新、马奇丰、姚翔

一、规划背景

2014 年 9 月 6 日，萧山区人民政府、传化集团与上海陆家嘴金融发展有限公司签署《萧山科技城核心区整体合作开发三方协议》，萧山科技城发展由此迈入新时代。萧山科技城位于杭州江南城东北门户位置，是杭州产业东进和跨江发展的重要节点，规划面积约为 40 km^2。萧山科技城核心区位于萧山科技城中部，为科技城四大板块中的科技创新板块，规划面积约为 4.6 km^2。

萧山科技城核心区鸟瞰图

二、规划内容

1. 规划思路

（1）强调“人—产—城”融合发展的总体理念。人是实现产城融合的核心抓手，产业引领是产城融合的内生动力，城市螺旋式上升是“人、产、城”融合的终极目标。

（2）整合六大战略资源。整合“一条钱塘江、一座江南城、一个城市中心、一个经开区、一座国际机场、四个高铁站”六大战略资源，构建开放型的总体格局。

（3）彰显两大场地特质。彰显核心区生态基础良好和交通条件便捷两大场地特质。

（4）评估原有控规特点。从五个方面对原有控规进行评估，明确控规调整的方向和重点。

（5）融合五大规划策略。提出“双核联动，轴串江城”“六园辉映，产城融合”“水网织城，绿带珠连”“公交导向，复合开发”“生态居住，多元社区”五大规划策略。

2. 规划要点

（1）总体定位。以“钱江国际城，江南新天堂”为总体定位，打造杭州城市副中心、中小科技企业创新基地和滨江生态宜居天堂。

（2）产业体系。根据核心区的发展理念和总体定位，依托科技服务、金融服务、物流服务、创新创意四大支撑平台，打造生命科学、智能装备、新能源新材料、创意设计四大产业体系。

（3）功能结构。规划形成“一环两心、两轴三带、九大片区”的总体功能结构布局。

（4）规划规模。规划居住人口约 5 万人，就业人口约 15 万人。规划城市建设用地面积 317.42 hm^2，地上总建筑面积 403.71 万 m^2。建议将 20% 居住开发量作为自持物业，用作人才公寓开发，提高职住平衡比例。

（5）“两高两多”规划特征。

特征 1：高复合度的城市功能。以地块间横向功能拓展和地块内纵向功能叠加为切入点，实现高度复合的城市功能。

特征 2：高密度的道路网络。在“三主四次”的主干网络基础上，强化次干路和支路的沟通联系作用。依托轨道交通、公交网络、自行车系统和步行系统的复合叠加，构建快速高效安全的交通网络，满足多样化人群的出行需求。

特征 3：多层次的公共服务体系。南北两个公共中心主要辐射萧山及杭州部分区域，承担城市副中心的功能。在此基础上，依托医院、学校及邻里中心等功能保障居住区级和基层社区级的基本配套需求，形成多层次的公共服务体系。

特征 4：多样性的公共空间体系。以环绕基地 5.5 km 水环为特色，以南北两个中心为核心，以东西向的智慧绿廊和南北向的景观绿轴为骨架，形成多样性的公共空间体系。

三、规划特色

多主体的协商型规划：政府和市场主体全程参与规划编制，消除控规编制和控规实施的时间差，探索 PPP 模式下的多主体、全流程控规编制新思路。整个项目涉及三个一级开发主体，经历了四个工作阶段。

重项目的实施型规划：坚持公共利益优先，突出项目导向，实现规划的刚性管控和开发的弹性需求之间的有效平衡，提升规划的可实施性。公共利益的优先主要体现在保护原生态的水系和绿化网络、构建多层次的公共服务设施、创造多元化的公共交通体系。突出项目导向，增加和开发主体良性互动，变控规的“批量赋值”为“个体赋值”，为控规的最终实施提供强有力的支撑。在控规编制完成时，约 60% 的功能性项目已有较为明确的开发意向。

多专业的协同式规划：通过多专业协同，引入特色专业，对控规的重大影响因子进行精准化分析，为控规编制提供科学依据。在传统的规划、交通、市政、景观、建筑等专业基础上，引入环境工程等特色专业。通过多专业协同，对萧山钱江污水处理厂、杭甬高速的环境影响进行了精准化的前置性分析，也为用地布局、防护绿地、建筑设计的控制要求提供了充分的科学依据。

四、规划实施

主要道路和基础市政设施已按控规实施，先锋河整治工程已经完成。2016 年 12 月，第一批用地已经按照控规完成土地出让。总出让面积约 58 hm^2，总建筑面积约 108 万 m^2。若干重大功能性项目已按控规进入实施和运营阶段，其中杭州惠灵顿学校已基本建成，于 2018 年 9 月正式招生。

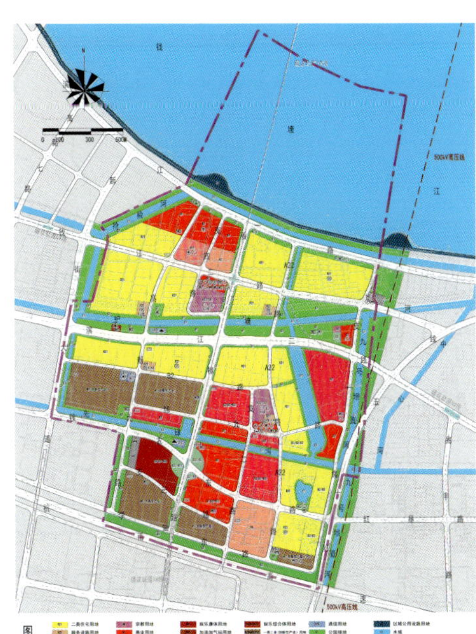

用地规划图

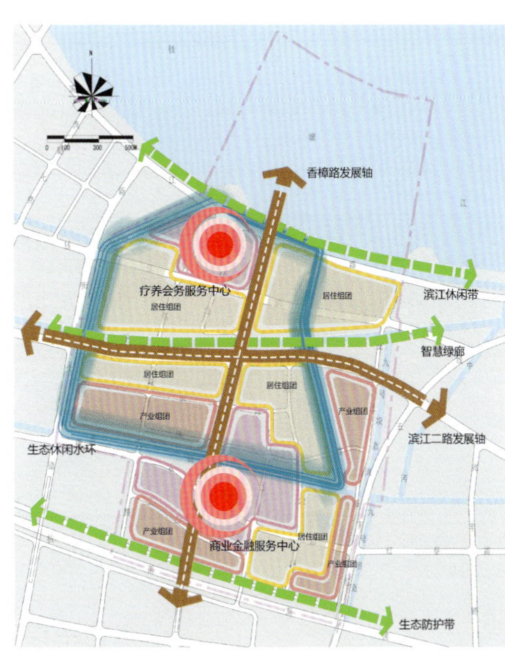

功能结构规划图

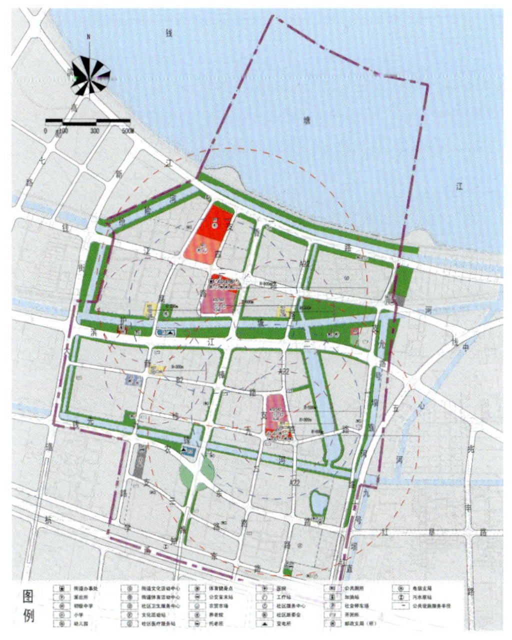

配套服务设施规划图

常熟市海虞周行片区整治建设规划

2017 年度上海市优秀城乡规划设计奖（城市规划类）三等奖

编制时间：2015 年 5 月—2016 年 6 月

编制单位：上海同砚建筑规划设计有限公司

编制人员：谭龙、汪观勇、孙亮、陈雪娇、李欣南、张乐、李颖

一、编制背景

海虞镇隶属于江苏省常熟市，地处繁荣富饶的长三角区域，坐落于常熟市北部。周行片区位于海虞镇南侧，紧邻常熟市主城区边缘，地理区位及交通区位优势均十分明显。

2010 年海虞镇组织编制了城市总体规划，对海虞镇中心镇区的用地空间布局给出了明确的规划和开发指导，但对周行片区的规划定位相对简单，并且对周行片区的用地功能布局、交通、土地开发策略等内容均不明确。

随着周行片区内人民生活水平的提高，加之作为老的集镇片区存在诸多问题，如公共服务配套的不完善、城镇生活环境脏乱差现象严重、城镇建设风貌不突出，也亟须有一个较为契合片区发展实际的规划作为未来发展的建设指导。

二、项目构思

项目首先依据上轮总规和控规，对强制性内容进行规划梳理和衔接，再结合周行片区发展的实际情况，提出切实可行的阶段性建设计划，并形成指导性较强的近期建设项目库，对近期可操作的各项建设内容分别进行阐述，着重强调项目的落地性和可操作性，并适当考虑远期发展，实现规划的前瞻性。

三、主要内容

规划内容主要包括五个部分，分别为项目认识、发展研判、设计定位、远期规划方案和近期整治建议：

（1）项目认识：包含对城市印象分析和规划区的现状分析等内容，一方面从人文上挖掘城市内涵，另一方面从控规的深度对城镇进行详细的现状梳理，并整理形成现状各项数据汇总的图表。

（2）发展研判：从政策、区位、相关规划尤其是法定规划方面解读规划区的发展定位和各项强制性要求，并针对规划区自身的发展优势及与周边区域衔接的发展思路出发，提出未

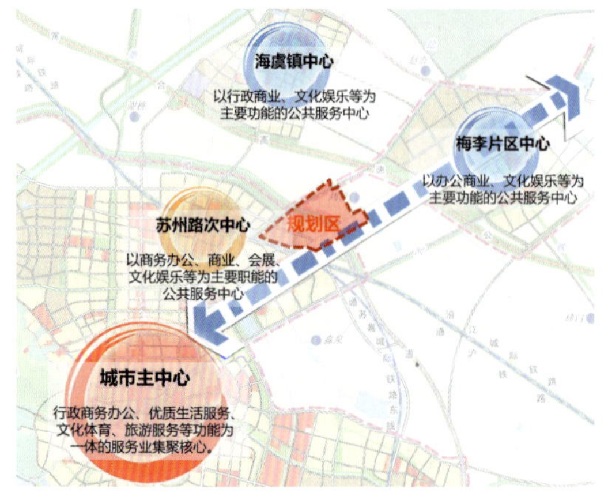

规划区功能环境评价图

规划区生态格局分析图

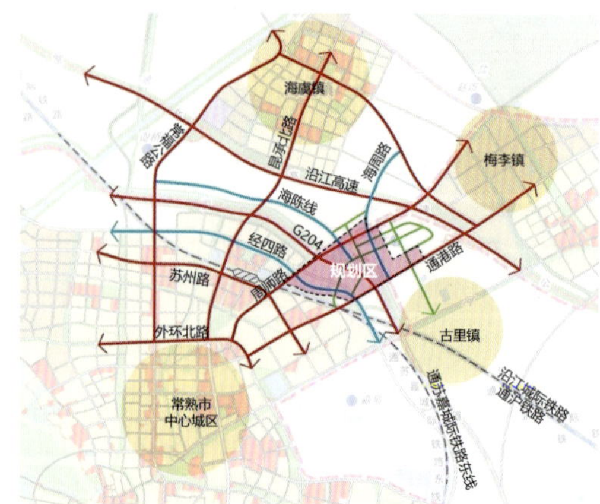

规划区交通环境分析图

土地利用规划图（近期）

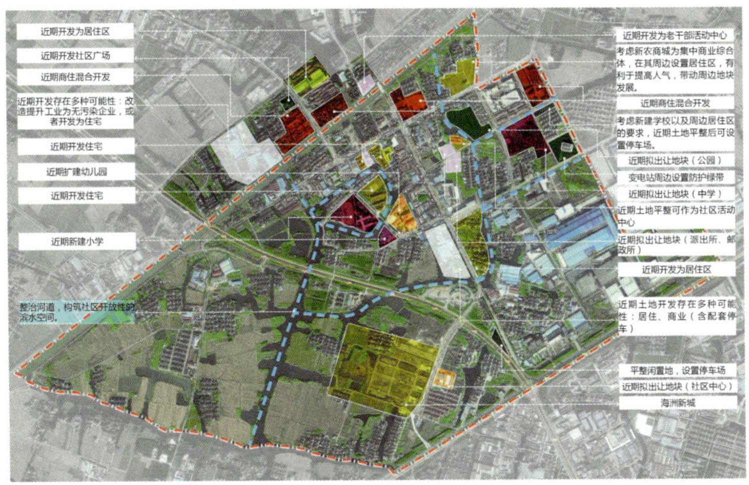

近期建设项目库（一）

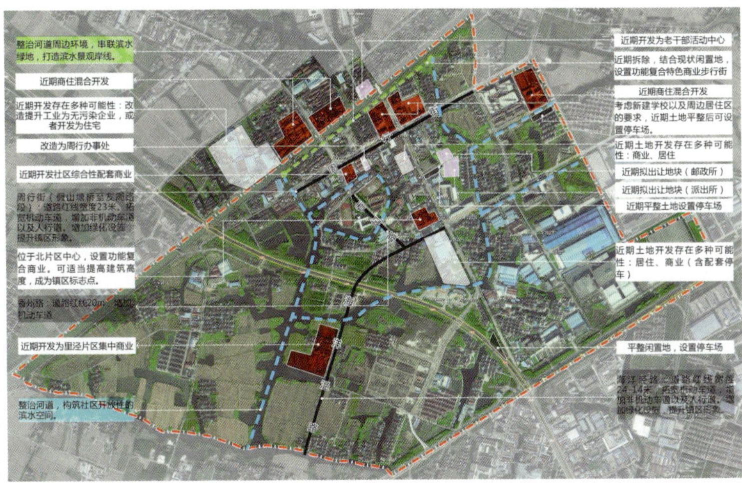

近期建设项目库（二）

来发展过程中的机会，做到既衔接好其他相关规划，又符合周行自身的发展实际需求，为城市发展方向和定位制定更为准确的发展目标。

（3）设计定位：确定长远发展定位，提出整治建设的规划设计思路，并结合实际提出空间发展策略和地块开发策略。

（4）远期规划方案：考虑上轮总规对周行片区的布局较为笼统，故规划对当地自然条件和人文进行充分的挖掘和认识，提出符合周行实际的城市发展理念，并在该理念下进行新的空间布局引导，在满足相关强制性内容的要求同时，从用地布局、空间结构、交通、景观、水系、公共服务配套、市政配套等各个方面提出长远的规划指导。

（5）近期整治意见：结合远期的规划方案，从改善城镇的空间环境、疏导城镇内外部的交通、引导地块功能开发建设三个层面，提出近期可落实的各项建设项目，分专题进行详细阐述，使各项建设项目能够落实到控制性详细规划的坐标层面，让各项红线控制均符合近期可操作的实际，并与远期充分结合，使规划理念形成建设项目的资料库，方便规划主管部门查阅并以此来实施建设。

四、项目特色

该规划类型从目前来看，没有严格的编制参考标准，但此类型规划能符合城市发展实际需求，为政府提供3～5年可执行的工作思路，能与上位总规和控规（或其他相关规划）做好衔接，且形成的成果既可以作为下一步项目修建性详细规划的实施参考文件，也可以直接作为控制性详细规划编制的专题性内容。对政府来说，既有规划的前瞻性思考，也有管理的严肃性和可操作性。

五、实施情况

项目于2016年1月通过常熟市规划局组织的专家评审，由于设计内容具体翔实且可操作性强，评审通过后，当地政府就积极按规划文件中的设计内容进行开发建设，目前大多数近期项目已经基本实现。

郑州园博生态城片区城市设计及地下空间与综合交通规划

2017 年度上海市优秀城乡规划设计奖（城市规划类）三等奖

编制时间：2015 年 11 月—2016 年 11 月

编制单位：上海复旦规划建筑设计研究院有限公司

编制人员：苏海龙、纪立虎、宋强、王洁、荆海英、谭迎辉、刘晓光、李瑞强、虞燕、孙德发、李金波、孙晓倩、王芳、吴江涛、辛岩

一、项目背景

2016 年底国务院批复《促进中部地区崛起“十三五”规划》中明确郑州建设国家中心城市，引领中原发展、支撑中部崛起、服务全国大局的重大使命。第十一届中国国际园林博览会于 2017 年 9 月 29 日在郑州正式开幕，引起全世界广泛关注。

园博会选址郑州航空港经济综合实验区。园博生态城区紧邻南水北调河道和苑陵故城，区位条件优越，景观文化资源丰富，将为郑州的发展注入新的活力和动力。随着园林博览会 A 区方案的确定，作为园博会重要的城市配套支撑，亟须开展周边 20 km^2 生态城区的城市设计及地下空间与综合交通等研究工作。

二、设计思路与要点

1. 总体规划目标

通过技术创新、功能协调、开放空间、绿色交通等方面将园博生态城片区打造成为：为航空实验区提供综合服务和智能技术的现代服务之城，具有国际示范作用的生态有机之城，构建未来城市健康发展模式的品质宜居之城。

2. 总体概念构思

综合城市发展与自然环境，融合中原特色和园博契机，本次规划提出“中原生态城——一座会呼吸的城市”整体设计概

园博生态城片区总平面图

节点效果图

念，希望在连绵恶性的城市发展中，留出可“呼吸”的余地，构建持续有机循环呼吸的生命有机体，探索未来城市健康发展模式。以园博会为契机，将规划区域构建成符合实验区未来发展需要的国际化、生态型、区域性城市副中心核心区。

三、规划特色

1. 空间布局策略：生态为脉，紧凑活力

（1）园博为心，有机生长

以园博园为核心，保留现状水系、道路生态廊道，构建有机生长的总体结构。外围组团规划慢行廊道与园博核心直接相连，组团中心结合轨道交通站点规划公共服务中心，最终形成生态有机的整体空间结构。

（2）紧凑组团，混合活力

根据区域人流构成分析和生态网络格局，结合机场航空限高，形成紧凑功能组团。围绕园博园生态核心，第一层形成文化、商务、旅游、科创组团，第二层形成低碳社区组团。

（3）魅力园博轴，科技智能展现

园博轴是联系城际铁路站点和园博园主入口的核心轴线，也是未来外围游客的主要展示轴线。规划形成地下商业、覆土屋顶、轴线平台、屋顶天幕四个层级的魅力空间。通过二层平台连通城际站点，集散站前人流，将人流引入园博轴。绿荫莲花顶部设计 LED 屏幕，是展现城市文化魅力的窗口。结合海绵城市建设，绿荫莲花顶部设计雨水收集系统，用于雨水存储、自发供电、水雾制造，从而减少区域地表径流。流线型的建筑屋顶与地面有机融合，屋顶设计互动铺装，地面活动空间与地下商业走廊通过下沉式广场无缝衔接，形成丰富连续的空间体验。

核心区鸟瞰图

2. 生态建设策略：海绵示范，绿色能源

（1）生态为基，海绵示范

综合采取“渗、滞、蓄、净、用、排”等具体海绵城市建设措施，并通过设计导则控制，将 70% 的降雨就地消纳和利用。到 2020 年，城市建成区 25% 以上的面积达到目标要求；到 2030 年，城市建成区 80% 以上的面积达到目标要求，建设成为河南省海绵城市示范区。

（2）绿色建筑，太阳光伏利用

对规划区各个地块进行分析，得出星级潜力值，并针对不同类型建筑赋予星级权重值进行加权分析，确定不同分区的绿色建筑星级要求，并落实到后续管控中。同时确定生态城可再生能源利用率不低于 20%；推广太阳能热水系统和太阳能光伏，实现部分住宅、医院、酒店、商业等建筑采用可再生能源。

3. 交通地下策略：低碳出行，复合地下

（1）对外便捷，低碳体系

结合中央城市规划指导意见，综合提高片区路网密度，建议已批未建安置片区增加步行巷道，调整后的路网密度达到 8.3 km/km^2；优化总规对该区域的路网系统及结构；结合轨道交通，规划三级慢行道路体系，引导片区绿色出行。

规划在郑州高铁南站、园博园和城际铁路站点之间建立直通通道和换乘交通，并在园博园 A、B 区之间建立快速连接的公共通道。建立协调高效的多元公共交通系统，公共交通与慢行交通有效衔接，充分发挥服务效能。注重 TOD 建设，结合轨道交通站点设置综合服务中心、生活服务中心，以及社区公共中心等配套设施，合理控制开发强度与建设高度。

（2）层次地下，多级管控

以轨道交通线路为地下空间开发利用骨架，以地铁换乘枢纽为开发核心，以大型公共设施、主要公共绿地的地下空间开发为重点地区，形成“三轴双片多节点”的地下空间总体结构布局。根据工程地质条件、用地性质、开发强度、文物保护单位等分析，将地下空间开发分为 5 个层次：核心开发区、重点开发区、一般开发区、有条件开发区和管制区。结合规范推荐需求预测方法，明确地下空间开发总规模。

四、实施情况

本规划于 2015 年 11 月开始编制，于 2016 年 10 月获得郑州航空港综合经济实验区管委批复。目前，通过本次城市设计管控，园博生态城主次干路网已经建设完成，园博园相关服务配套已建设完成，园博会已成功举办。

上海市风电发展中长期规划研究

2017 年度上海市优秀城乡规划设计奖（城市规划类）三等奖

编制时间：2014 年 5 月—2015 年 10 月

编制单位：上海市城市规划设计研究院、上海市政工程设计研究总院（集团）有限公司、上海勘测设计研究院有限公司

编制人员：郭羽、夏凉、徐国强、徐俊、朱碧泓、周阳、钱少华、陈红缨、宋强、丁一、钱昊、雷洪犇、孙宏扬

一、研究背景

风电是风能发电或风力发电的简称，属可再生能源，具备清洁无污染、资源量巨大、易于开发利用等特点。目前，风电已成为全世界发展最为成熟的新能源产业，大力发展以风电为主的清洁能源，从而逐步降低碳排放量，缓解大气环境问题，是我国重要的能源和环境战略导向。

上海能源消费总量巨大，而市域范围内一次能源缺乏。因沿江沿海的特殊地理条件，风力资源较为丰富。因地制宜地发展风电将是上海新能源开发和能源结构调整的重要实现途径。但是，由于上海市城市化程度高，土地资源紧张，并且风电场的建设缺乏总体层面上的布局规划和指导，近年来风力发电的迅速发展与城市规划、土地利用规划等方面的矛盾时有发生，一定程度上影响了风资源的开发利用。

因此，为明确上海未来风电发展方向，制定总体规模目标，探索符合地方特色的风电开发模式，合理规划布局风电发展带和发展区并测算规模，有序安排风电开发进度，三家单位联合开展本项研究。

二、研究内容

1. 上海市风电发展总体规模预测

从能源结构需求、空间承载力约束、电网消纳能力约束等多方面入手，研究制定上海市风电发展的总体定位并测算总体规模。

（1）总体定位

在“十三五”期间及规划中长期内，上海市风电发展仍将以陆域风电开发为基础，重点推进海域风电开发。陆域风电开发将在继续发展现状崇明北沿、长兴、老港 3 个基地的基础上，有序推进横沙东滩、南汇东滩、崇明西北、奉贤海湾等新场址的开发建设；鼓励新型风电技术的研发与应用，鼓励分散式小型风电建设，积极探索与上海市城市空间资源相匹配的各类新型陆域风电开发模式。

全市风电发展应规划先行，形成总体统筹、协调发展、技术引领和管理示范的风电发展格局。

（2）规模测算

上海市风电发展总体规模预测表　（$\times 10^4$ kW）

年份	能源结构需求	空间承载力约束	电网消纳能力约束
2020 年	264	—	240
2030 年	607	—	600
2040 年及远景期	946	1 500	840

2. 风电开发模式研究

针对上海土地、岸线资源宝贵的特点，研究提出了风电开发与城市发展时空相协调的开发模式。

典型模式一：适用于未利用滩涂区域的循环渐进式开发模式。上海市位于长江河口地区，随着长江泥沙淤积，滩涂资源每年都以一定的速度在生长。滩涂区域满足风力资源丰富、环境敏感点少及岸线生产性利用率低的特点，适宜风电开发。滩涂从圈围成陆到规模化城市开发一般需要 20 年以上时间，而风机生命周期也为 20 年左右。因此，利用此时空窗口合理进行风电开发，既是对资源的有效利用，又合理规避了风电开发与城市发展的空间矛盾。

典型模式二：适用于滩涂围垦区或内陆大农场的“风电田”开发模式。在此模式中，风电场建设可与围垦农田整理

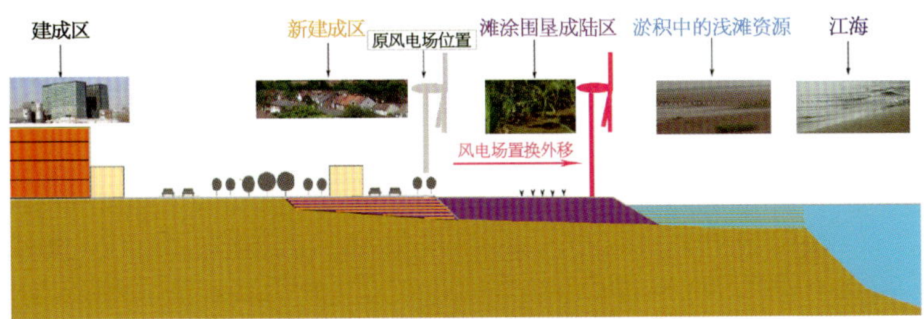

适用于滩涂区域的循环渐进式开发模式示意图

所需的道路、电力管线和管理用房等基础设施建设结合，从而节省投资，提高效率。场内道路、电力线路、升压站等基础设施经改造可以作为未来城镇基础设施的一部分。

“风电田”模式的优势体现：在农田开发初期土地整理阶段，实现农垦地开发投资最小化，开发效益最大化；在建成运行后提高单位用地的产出效益，一定程度上保护基本农田和生态用地，是绿色可持续的示范模式。

3. 风电开发适宜性评价

上海市陆域风电开发适宜性评价中，对风资源情况、土地利用情况和岸线利用情况等相关影响因子进行综合分析。

评价采用多因子“加权叠加”与“低分筛选”两种评分方式综合的形式，对地区的风电场适建性进行评价。“加权叠加”法体现了地区的各项因子对于风电适建性的总体情况，“低分筛选”法体现了风电建设选址过程中如果某项指标分数过低，说明针对该项影响因子的矛盾明显，需要根据该矛盾对区域适建性进行一票否决。两种计算方式进行的综合评价既考虑了总体评分能够体现的地区对于风电场开发建设的整体适宜性，又考虑了突出矛盾因子的特殊性，使得评价结果较为客观准确。

三、研究创新

本研究是上海首次从全市层面开展风电规划研究，集多方之力，所收集的现状风电数据全面、翔实，对现状问题的梳理具备较好的代表性。研究所提出的风电开发模式，是对传统市政设施选址规划方法的创新，充分考虑了风电生命周期短、占地面积小等特点，提出了各类有效的兼容性开发模式。其中，配合滩涂圈围进行风电开发的模式和风电田模式均为国内风电领域的首创。

研究采用 GIS 技术对与风电建设适宜性相关的各类空间因子进行分析，是国内规划领域首次通过量化方法对风电场选址进行指导，具备先进性和创新性。特别是通过定量化的适宜性评价考虑了风电对鸟类栖息和迁徙的影响，充分体现了生态优先的规划理念。

四、研究应用

研究成果被上海市发改委、崇明区发改委等单位用作“十三五”期间风电发展区域、发展时序等统筹规划的重要依据。同时，本研究成果也被各风电建设单位作为开展风电场选址前期工作的重要参考。

多因子加权叠加评价结果示意图

单因子低分筛选评价结果示意图

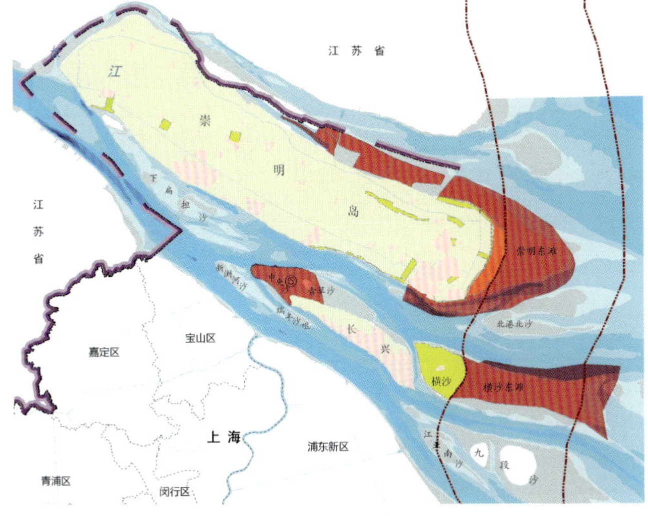

崇明二岛鸟类栖息地与迁飞通道示意图

上海市莘庄工业区空间发展规划

2017 年度上海市优秀城乡规划设计奖（城市规划图）三等奖

编制时间：2016 年 3 月—2016 年 11 月

编制单位：中国城市规划设计研究院上海分院

编制人员：徐驰、孙娟、张亢、郝辰杰、俞奕华、顾鸿萍、郑俊、黎威、伍敏、徐靓、陈勇、葛春晖、邹歆、游世凯、马璇

一、规划背景

莘庄工业区位于上海闵行区南部，距中心城区约 20 km。本次规划范围为园区所在控规单元范围，用地面积约 15 km^2。2015 年底，园区就业人口达 8.3 万人，已拥有 500 强企业 51 家，各项经济指标位列市级园区前列。

本次规划的核心任务和意义在于，上海进入存量更新时代的背景下，通过自上而下的转型规划编制，指引园区的二次开发。研究认为，该类型园区有着制造水平高、主体诉求多元等特征，对规划的精准度提出了更高要求。

二、规划构思

基于需求与问题的判断，本次转型规划的总体技术路线是通过精细化、定制化的策略，满足园区转型中的核心需求，以引导规划实现精准的转型。这是从全面的技术评估走向精准策略定制的一次规划实践。

区位图　　用地现状图（2015 年）

三、主要内容

一是通过转型评价模型，明确园区转型发展方向，以此策划新的功能业态结构。

二是通过对历史发展、空间特征、人群活动规律等要素的

总平面图

土地使用分类图

园区更新业态布局图

综合判断，以 3～5 km^2 作为基本尺度，划定四大分区单元，进行差异化建设指引。

三是在分区基础上，结合土地评估，进一步优化空间体系，使园区从原本单中心的结构向多中心体系转变，以提供更有效的服务。

四是通过营造舒适的通勤道路，引导园区交通方式的转变，以利于改善拥堵现状。

四、规划创新

规划通过腾讯定位大数据的运用，更精准地判断特定时段、特定区域就业人群在园区工作、游憩、生活的基本特征，以此来提供较为精准的策略指引。在此基础上，本次规划还有以下四个技术思路的转变：

一是关注制造企业就近创新。根据企业需求，分类供给创新空间。规划强调主体自下而上的诉求与自上而下的资源配置的匹配；

二是关注特定类型公共服务的组织方法。借助腾讯大数据分析就业区人群活动的特征，提出以 30 分钟来回环道组织主要的公共服务设施，打造“工业区 30 分钟游憩环”；

三是关注更为高效的空间结构，从单中心向多中心园区空间结构的重构，与企业服务和人群服务的需求更为匹配；

四是引导职住环境的优化，关注就近慢行通勤。依据通勤特征，进一步打造慢行通道、滨水绿道、公共游憩环等，更好地优化“回家的路”。

上海生态街区规划标准和认证研究

2017 年度上海市优秀城乡规划设计奖（城市规划类）三等奖

编制时间：2013 年 7 月—2015 年 12 月

编制单位：上海市城市规划设计研究院、西班牙 Office for sustainable architecture S.L.

编制人员：张帆、周晓娟、苏功洲、朱琳祎、郑豪、张逸、陆晓蔚、Gonzalo Ortega、乐芸、张维、孙毅、李敏婕、陶楠

一、研究背景

按照中央关于推进生态文明建设的总体部署以及上海市新一轮城市总体规划编制的指导意见，为落实低碳生态城市发展战略，实现生态街区规划编制和管理的标准化、规范化，上海市城市规划设计研究院开展了《上海市生态街区规划标准和认证研究》。

生态街区作为连接绿色建筑和生态城市的中观尺度空间单元，在改善人居环境、降低能耗、促进城市可持续发展等方面具有重要意义。

二、研究内容

课题中的“街区”，指具有划定物质边界、独特个性和特色，以及通过功能和经济方面关联的任意属性的区域。不仅包括由城市街道或自然人工边界分隔的街块，还包括在空间上相互邻近、功能上相互关联、具有某种空间形式和社会特征同质性的多个街区所组成的街区体系，极度关注街区自身的功能、围合街区的街道的功能，以及街区在城市中的功能。

课题研究工作围绕基础、方法、技术和应用四个层面展开，包括背景研究、动态分析、规划策略、规划指标和认证标准。课题研究在形成生态街区规划指标体系的基础上，针对居住街区、公共活动中心街区、产业街区三种类型街区进行深化，包含了用地规划、道路交通、能源资源、生态环境、水环境和绿色建筑六个方面的 38 项指标。

成果形成“1 张生态街区规划体系指标总表”和“3 张三种不同类型生态街区指标分表”。对接上海市控制性详细规划标准，以附加图则为平台，形成生态街区规划控制体系。

附加图则作为重点工具，根据三种不同类型生态街区，形成 3 张附加图则样板，通过控制参数、图例和引导性内容表达管控要求。根据生态街区规划指标体系，鼓励技术创新，在规划指标基础上增加创新得分指标，形成生态街区认证标准。

三、创新特色

课题研究形成的生态街区规划指标体系和认证标准体系适用于不同类型（居住街区、公共活动中心街区和产业街区）、不同区位（中心城和中远郊地区）、不同发展阶段（城市新建区和城市更新区）的生态街区，并对各种生态街区赋予差异化的规划指标推荐值和标准，形成有针对性和适应性的分类指导。

生态街区规划标准与上海市现行的控制性详细规划编制和管理体系相衔接，通过附加图则作为重点工具予以表达，关键要素纳入土地出让条件，引导生态规划的落地实施，具有很强的指导性和可操作性。

课题研究期间多次与西班牙 OSA 公司以及英国 ARUP 公司开展研究讨论，学习借鉴美国 LEED-ND 认证和新加坡 BCA-GREEN MARK 绿色园区标志认证经验，建立既与国际接轨，又符合上海发展阶段和具有地域特色的生态街区标准体系。

四、实践应用

课题中提出的生态规划指标和策略已应用于上海总规的核心指标表以及生态环境等章节中，直接为上海总规中的公共服务设施、综合交通以及生态绿地等方面提供技术支撑和

参考。

在全市范围内已进行多个生态街区规划试点实践，其中包括生态居住街区试点——前滩地区控制性详细规划中的居住社区，公共活动中心街区——世博会地区 A 片区控制性详细规划，产业街区——桃浦科技智慧城控制性详细规划等已批法定规划。

在上海市生态街区试点规划的实践基础上，对规划标准及认证体系进行评估和修订，并进行变量的设定和适应性研究，从而使得本研究具有全国范围推广的基础。

生态街区规划标准和认证的研究是落实国家生态文明战略，实现绿色生态规划编制和管理的标准化、规范化的有益尝试。

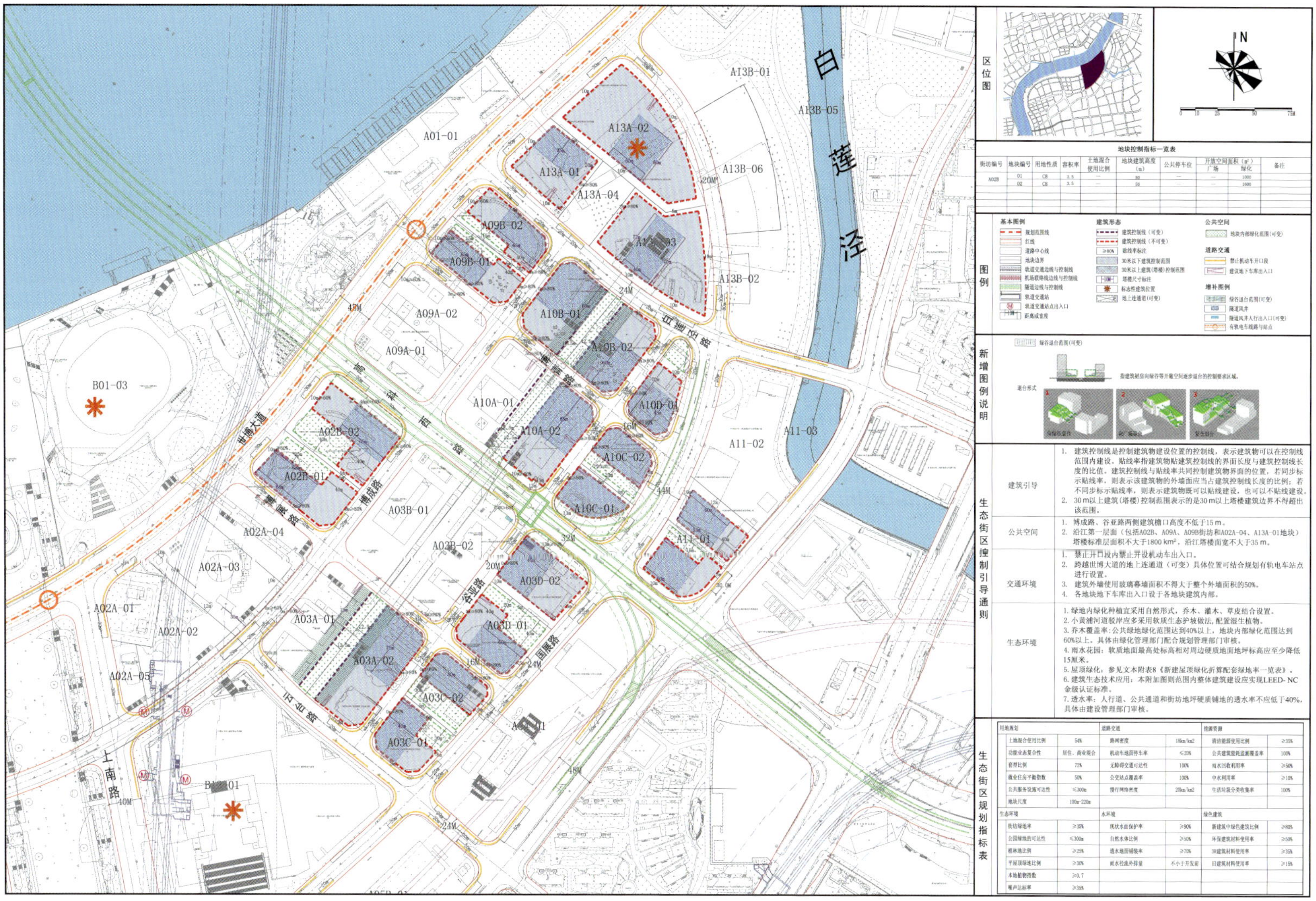

上海市世博会地区会展及商务区 A 片区控制性详细规划——公共活动中心生态街区附加图则

生态街区规划体系指标总表

指标分类	指标编号	指 标 项	指标定义与计算方法	指标类型	适用街区类型	备 注
用地规划	1	土地混合使用比例	不同城市街区的办公 / 服务 / 工作场所的用地面积与居住用地面积的比值	控制型	A、B	
	2	功能生态复合性	街区中混合用地占总开发建设用地面积的比例	控制型	B	
	3	套型比例	中小户型住宅套数占总住宅套数的比值，以有限的土地资源解决更多人的居住问题	引导型	A、B	建筑面积≤ 90 m^{2}为中小户型
	4	就业住房平衡指数	指功能区向外辐射 3 km 范围内，所提供就业岗位数量与区域可容纳的居住人口数量（宜业人口）的比值	控制型	A、B、C	
	5	公共服务设施可达性	指满足建筑出入口与 6 种以上服务设施步行距离 公共服务设施主要包括：商业及餐饮、娱乐、体育等设施；电信、邮政等公用设施营业网点等	控制型	A、B、C	
	6	地块尺度	指出城市支路围合的地块长、宽尺寸范围	控制型	A、B	
道路交通	7	轨道站点周边一体化设计	指轨道站点 1 km 范围内一体化设计的程度 一体化设计包括：① 轨道站点出入口与周边建筑结合设置；② 轨道站点出入口与地下空间结合设置（地下商业、地下停车场等）；③ 轨道站点与其他交通方式接驳设置（换乘中心，出租车停发场等）	引导型	A、B、C	适用于街区内或街区周边有轨道站点
	8	公交站点覆盖率	指与常规公交站点步行距离小于 300 m，与轨交站点步行距离小于 500 m 的主要功能建筑的出入口与区域内建筑出入口总量的比值	控制型	A、B、C	
	9	慢行网络密度	指街区内平均每平方公里用地所拥有的步行、自行车道长度	控制型	A、B	
	10	无障碍交通可达性	无障碍设施提供可达范围面积占总面积的比值	控制型	A、B、C	
	11	机动车地面停车率	机动车地面停车位占停车总数的比例	控制型	A、B、C	
	12	非机动车停车配建指标	指街区中为本建筑物内各单位就业，以及前来联系工作等人员提供非机动车停放的专用场所，一般按每建筑平方米的车位数来评价	引导型	A、B、C	适用于街区中的大中型公共建筑
	13	新能源汽车补给站点覆盖率	指专门为新能源车辆使用的能源补给站服务半径（2 km）覆盖区域面积占整街区面积的比例	引导型	A、B、C	
能源资源	14	清洁能源使用比例	指街区内清洁能源使用量占总能源消耗量的比例 清洁能源是指能源在使用中对环境无污染或污染小的能源，如太阳能、风能、海洋能、水能、气体能源等	控制型	A、B、C	
	15	高效能源供给模式比例	采用集中联合供应等模式（如三联供模式）所覆盖用地面积占到总面积的比例	引导型	A、B、C	
	16	能源回收使用率	设置完善的能源回收利用系统，回收能源使用占到总能源的比例	引导型	A、B、C	
	17	公共建筑能耗监测系统覆盖率	街区内公共建筑中安装能耗监测平台的建筑面积占公共建筑总建筑面积的比例 主要针对大型公共建筑（5 000 m^2 以上政府办公和 20 000 m^2 以上的其他公共建筑），不适用于居住建筑和公共建筑	控制型	A、B、C	适用于街区中的公共建筑类型
	18	雨水回收利用率	雨水有组织排放回收再利用量占总量的比值	控制型	A、B、C	
	19	中水利用率	中水回用的水量（用于景观、绿化、冲厕、道路清洁等）占总用水量的比值	控制型	A、B	适用于街区中的民用建筑类型

（续表）

指标分类	指标编号	指 标 项	指标定义与计算方法	指标类型	适用街区类型	备　　注
生态环境	20	生活垃圾分类收集率	指实现分类收集生活垃圾数量占区域生活垃圾产生总量的百分比	控制型	A、B、C	
	21	工业三废综合处理达标率	对于三废进行有效处理后达标排放的量占总量的比例	控制型	C	
	22	公园绿地的可达性	指街区内建筑主要出入口与周边城市公园绿地（小区级公园除外）的步行距离	控制型	A、B、C	
	23	绿色开放空间连通度	指相邻绿色开放空间的连通比例。可同时对绿色廊道宽度和绿色斑块面积进行规划引导	引导型	A、B、C	
	24	街坊绿地率	街坊内绿地面积占街坊总面积的比例	控制型	A、B	
	25	通风廊道方向和宽度	指调节街坊微气候的通风廊道的设计朝向和宽度，意在改善城市的通风效果 通风廊道可包括沿道路的通风廊道和地块内通风廊道两种类型	引导型	A、B、C	
	26	植林地比例	指街区内植林地面积与绿化用地面积的比值 植林地是指城市公共绿地、防护绿地以及其他建设用地内种植乔木的用地，植林地面积按照乔木树冠垂直投影面积计算。相邻乔木树干之间的距离≤10 m	控制型	A、B、C	
	27	平屋顶绿化比例	平屋顶设置屋顶绿化的面积与全部平屋顶面积的比例	控制型	A、B、C	
	28	本地植物指数	本地乡土植物植株数与所有植物植株总数的比值	控制型	A、B、C	
	29	开敞空间于建筑阴影线范围之外面积比例	指开敞空间置于标准建筑日照阴影线范围之外的面积占开敞空间总用地面积的比例	引导型	A、B、C	
	30	噪声达标率	指街区内建成并达到国家规定标准的环境噪声达标区的面积占街区总面积的百分比	控制型	A、B、C	符合《城市区域噪声标准》（GB 3096）
水环境	31	现状水面保护率	规划保留的现状水面面积与基地现状水面面积的比值	控制型	A、B、C	适用于有现状水体的街区
	32	自然水体比例	采用自然生态驳岸及池底的水体面积占总水体面积的比值	控制型	A、B、C	
	33	透水地面铺装率	指街区内采用透水地面铺装的面积与硬化地面面积（包括各种道路、广场、停车场，不包括消防通道及覆土小于1.5 m的地下空间上方的地面）的百分比	控制型	A、B、C	
	34	雨水径流外排量	指由降雨产生的场地内水流需要外排至城市市政府水管网或自然水体的水量	控制型	A、B、C	
绿色建筑	35	绿色建筑比例	指街区内建筑达到国家绿色建筑一星级及以上的面积比例	控制型	A、B、C	
	36	环保建筑材料使用率	环保建筑使用占比	控制型	A、B、C	符合国家相关环保建材标准
	37	可回收、可再生和可重复利用的建筑材料使用率	可回收、可再生和可重复利用的建筑材料使用占比	控制型	A、B、C	
	38	旧建筑材料利用率	对拆除的旧建筑物中可再利用的材料（如砖、石、木头、金属、预制构件等）进行分类处理，加以利用或折价进入市场。折价处理或再利用的建筑材料占拆旧总建筑材料的比例	控制型	A、B、C	适用于有拆旧建筑物的街区

备注：A：居住街区　B：公共活动中心街区　C：产业街区。

横店影视城泛博物馆群总体规划

2017 年度上海市优秀城乡规划设计奖（城市规划类）三等奖

编制时间：2016 年 2 月—2016 年 12 月

编制单位：上海复旦规划建筑设计研究院有限公司

编制人员：施海涛、朱顺龙、向勇、高畅、徐磊、汪彬、张正芬、秦娅、户明明、汪微、刘涛、高元庆、刘浪、林赛楠、王旗

一、规划背景

横店影视城是世界规模最大的实景拍摄基地，目前形成了文化旅游、影视拍摄、体育休闲三大产业协同发展的格局。作为一个长期被旅游定义的地方，在下一轮经济变革中，如何进一步彰显文化特色，改变文化上的弱势，积极注入文博产业，赋予文化产业新的内涵，成为横店影视城发展的方向。

二、规划构思

泛博物馆群是文化旅游空间展示的新形态，规划提出文化战略、产业策划、空间落地的整体演绎，实现“多留一天、再来一次”的目标，达到以泛博物馆群促使横店影视城产业转型升级的诉求，以文博产业为突破口，以泛博物馆群为载体，实现产业转型，多元发展，从粉丝追星经济走向文化体验经济。

三、主要内容

1. 以上下五千年历史为主线，构建华夏文明成果树

为增加景区文化内涵，展示中华上下五千年历史文化，增强民族文化自信，规划以中华上下五千年历史为主线，通过泛博物馆群展示中华历史文化，总体形成“1 个总馆、30 余座专题性博物馆”的“华夏文明成果树”核心体系，深入浅出地演绎中华文明的精彩瞬间。

2. 以特色文化构建产业发展体系

横店泛博物馆群秉持开放合作、共融共生的理念，通过打造泛博物馆群理事会、横博文化发展基金会、横博文化艺术研究院、掌上横博等八大公共平台，构建“1+6+3”特色文化产业体系，营造文化氛围，培育文化消费，提供文化服务，实现从复制文化到创造文化的突破，从依赖门票收入到多元经济共生的革新。

3. 以文化产业为基础，打造项目产品库

通过泛博物馆群项目的建设，甄选突出中华文化的伟大篇章，结合本地文化与影视文化脉络，增强横店影视城整体文化底蕴，形成真正意义上独有的、不可复制的文化优势，并依托自身的规模优势和场景优势，实现更大程度的价值变现，打造横店特色的博物馆文创产品。

4. 依托游客行为分析，优化景区游览模式

在调研横店影视城游客行为的基础上，分析产品特点及游客需求，借鉴国内外泛博物馆群空间布局模式，充分挖掘景区物业的巨大潜力，植入博物馆功能；重新规划合理游线，优化空间布局与景观环境，形成产品丰富、游线合理、空间有序

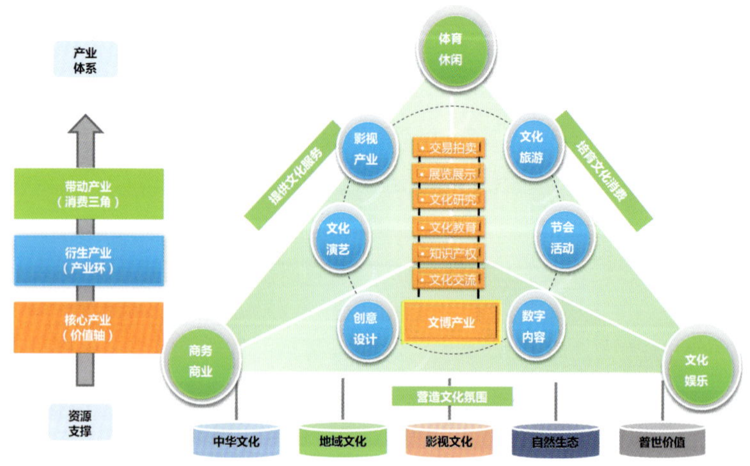

产业体系规划图

的景区结构，强力驱动景区资源的互补增值，让泛博物馆群成为游客“多留一天、再来一次”的新动力。

5. 依托新技术，开发智慧旅游

创新泛博物馆群线上 APP 运营模式和线下商店经营，突破传统导览手段，采用“互联网 +”的全新视野，导入全新的智慧视觉观览系统，变被动讲解为主动了解，变静态观览为动态观览，屏幕信息与展馆环境同步呈现。

6. 依托存量，盘活焕发企业活力

规划利用现有的空置物业承载泛博物馆群，强力驱动景区资源的有效利用，形成泛博物馆群总体布局。同时为指导建设，同步进行了广州街—香港街等 6 大景区的详细设计。

四、创新与特色

1. 理念创新——以文化促进产业转型，打破传统门票经济局限

规划形成独特的横店泛博物馆群“泛空间、慧模式、广运营”的理念，夯实横店旅游的文化基础，提升横店旅游的文化品位，实现文旅产业结构的转型升级。规划创新地提出门票收入占比应控制在营收收入的一定范围内，实现景区经济多元发展。广州街—香港街率先取消门票制度，实现开放经营。

2. 思路创新——以文化战略、产业策划为引领，创新空间思维

规划紧紧围绕“文化自信”理念，提出泛博物馆群文化战略和产业策划，以“华夏文明成果树”为主线，以搭建特色产业为平台，以泛博物馆群为载体，优化布局，进一步拓展横店旅游的广度与深度。

3. 方法创新——多学科协作，多部门配合，创新研究方法

以规划为主体，融入复旦文博系和北大文化产业研究院的研究成果，广泛进行现场问卷和网上问卷调查，整合政府指导意见和多部门的发展诉求，面向实践编规划。

五、实施情况

泛博物馆群正按照详细规划有序地推进。目前，广州街—香港街景区内的“电影放映机博物馆”已经完成建设并投入使用；“巧克力馆”“面包馆”和清明上河图景区内的“两宋市井风情体验馆”改造建设正在进行中，产业转型也初见成效。

清明上河图平面图

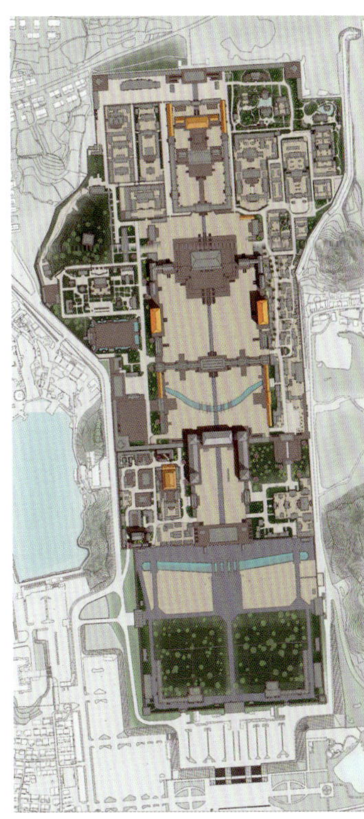

明清宫苑平面图

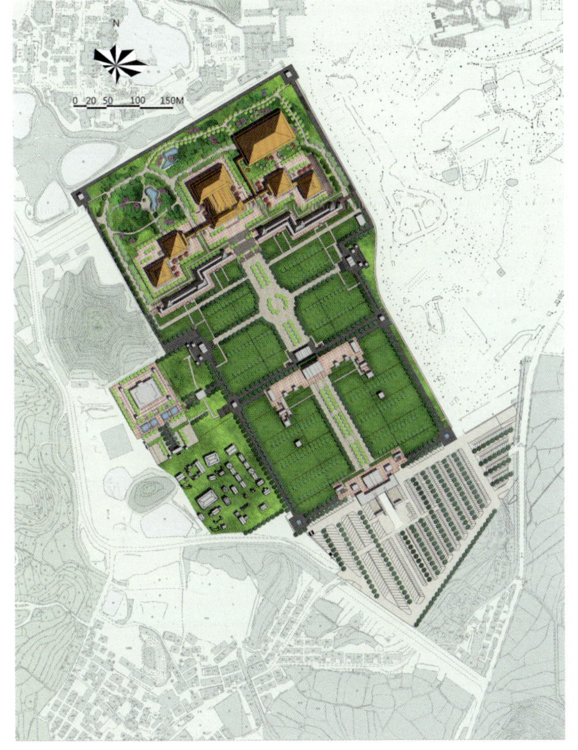

秦王宫平面图

上海市浦东新区新场镇 16 号线核心单元 PDS2-0101 控制性详细规划

2017 年度上海市优秀城乡规划设计奖（城市规划类）三等奖

编制时间：2015 年 3 月—2017 年 7 月

编制单位：上海市浦东新区规划设计研究院

编制人员：马倩、顾琨、吴庆东、陈卫杰、黄瑶、李俊兰、樊鸿伟、张弛、沈昱、金晓辉、徐鑫赟、周毅人、汪思慧、张皑宁、黄潇仪

一、规划背景

2013 年底，联系浦东主城与临港新城及沿线城镇的轨交 16 号线正式通车，位于浦东新区西南远郊“养在深闺人未识”的新场镇，作为以古镇旅游和农业休闲为主导的生态小镇，借力轨交站点快速融入区域协同网络，迎来了新的发展机遇。轨交站点及周边区域作为新场古镇的新门户，未来如何开发成为重要研究课题。为了充分发挥“轨交＋古镇”稀缺资源优势，引导土地复合利用，完善城市功能，提升城市品质，于 2015 年开展本次控制性详细规划编制工作。本次规划聚焦两大难点：

（1）如何整合多重资源，准确定位目标人群，进而配置与之相匹配的产业引导和服务配套。

（2）如何延续和承接古镇旅游产业，形成具有独特人文风尚的新门户。基于对难点的认知，提出充分利用轨道交通站点优势，明确规划以生态居住功能为主导，并在完善居住功能的基础上，承担镇级公共中心、新场镇休闲旅游集散中心、水乡文化创意平台，以及高品质社区级公共服务配套功能。

用地规划图

二、规划内容

本规划范围位于新场镇中部，为轨交 16 号线新场站周边核心单元，距离新场古镇约 2 km、迪士尼国际旅游度假区约 10 km，总用地面积约 141.16 hm^2，规划居住人口约 2.27 万人，规划建筑面积约 107.37 万 m^2，其中，住宅建筑面积 79.48 万 m^2，商业商办建筑面积 15.38 万 m^2。

三、规划特色

1. 精准定位年轻置业创业人群，打造运动主题的年轻社区，重点配置优质足量的文体设施

通过交通区位优势、区域就业资源分析及国内外案例对标，将目标人群定位为：受过良好教育，追求生活品质的新上海人；新场镇及周边市镇生活改善型人群。针对置业群体开展偏好研究，为年轻社区重点配置，如湿地公园、运动公园、微型艺术馆、社区食堂、SOHO 社区等设施。

在社区级公共服务设施配套标准基础上，聚焦年轻家庭对高生活品质的需求，适度提升文化、体育、亲子设施等配置标准，足量优质的幼托、文化中心、体育中心等文体设施，突显年轻社区运动主题、活力朝气。

2. 打造全绿波“活力绿环”，引导充满活力的社区生活

结合现状水系，打造 3 km 连续的滨水散步道及自行车道，并以此构建社区慢行系统网络。提升社区景观品质的同时，串联重要功能节点、开放空间、社区服务设施，引导活力社区生活。

（1）关注竖向设计，打造连续开放环道：合理设计绿道与河流常水位的高差关系，保证通行同时具有良好的亲水性；绿道下穿道路、桥梁时，保证大于 2.5 m 设计净空；跨越河流的节点，分别设置五座标志性的人行景观桥梁；形成跨街区、全贯通的连续开放环道，满足自行车、行人通行同时强化绿环的标识性。充分考虑基地内河流水位变化下的多种情景，设计具有弹性的滨水空间，保障全年不同时期均有层次丰富的滨水景观。

（2）关注活动引导，形成艺术、亲子、野趣和滨水休闲四大主题段；串联站点综合体、文创休闲水岸街区、生态湿地、社区中心公园等重要功能节点，沿线布局社区公共服务设施；将步行道、自行车道、慢跑道等纳入其中，以 500～800 m 为服务半径设置绿道驿站，结合广场、运动场地与服务设施，为居民提供便利的配套服务及交往空间。

（3）关注空间可达性，叠加全覆盖慢行网络，实现全社区 5 分钟绿环步行可达率 100%。塑造宜人的街道空间，引入公共功能、鼓励业态复合；沿街建筑退道路红线 6 m，打造宽敞舒适的景观步行空间，结合商业、临时户外餐饮，构建社区林荫商业街形象，激发街道活力。

3. 主动融入古镇资源圈，还原传统水乡场所，打造极具文雅质感的社区空间

（1）将研究范围扩展至整个镇区，提出连接轨交站点至古镇中心的公共服务设施带的构想；根据古镇资源辐射形成的功能圈层，依次分为观光体验、精品度假、文化衍生三大功能段；针对本单元所处区段，聚焦创意文化、交通接驳等功能，承接部分创业功能和休闲服务。

（2）在公共服务设施带中设置社区共享设施，如精品菜场、社区食堂等，服务文化休闲人群的同时，兼顾社区居民的日常休闲，将创意文化深度融入社区生活。

（3）延续新场古镇传统肌理。融入本地文化元素，再现

道路功能示意图　　公共设施服务带示意图

“前店后花园”特色商业水街，保留现状河网水系的尺度和走向，营造乌篷摇曳、两岸互望的水道尺度。

4. 深化研究轨道交通枢纽及周边地区的交通组织，优化站点与周边区域的衔接

（1）完善道路体系。提高站点周边支路网密度，将汇龙桥路、庆元桥路延伸，跨惠新港联系古镇，形成生活人群和旅游人群差异化线路引导。

（2）立体化轨交到访枢纽。通过二层连廊，实现人车分离，将到站人流直接步行接入滨河空间及社区绿环。建立“七位一体”的交通接驳方式，将轨交站点、P+R 停车、公交场站、出租车站、自行车停靠点、游船码头等交通设施整合一体，由便捷的步行系统联系接驳。

（3）以零换乘为理想目标设置线路，形成以新场站点为中心的多层次公共交通网络。规划连接轨交站点与新场古镇的水上游船线路，为旅游访客提供水乡风情特色体验。

四、规划意义

规划实践了以人为本，精准定位目标人群，充分考虑居住行为和心理需求，进而组织社区生活，完善配套服务设施，对社区规划实践具有借鉴意义。

深度对接古镇保护与开发，从功能、空间、风貌、视觉等多个方面与古镇紧密联系，为古镇周边地区的规划提供经验。

塑造社区品牌，依托“活力绿环”全面整合景观、公共活动、配套服务、交通出行、社区活力等要素，为特色空间塑造提供参考。

开化县中心城区战略发展规划、芹阳片区整体概念性规划方案设计及重点区域城市设计

2017 年度上海市优秀城乡规划设计奖（城市规划类）三等奖

编制时间：2015 年 2 月—2016 年 10 月

编制单位：华东建筑设计研究院有限公司

编制人员：李康、史玉薇、胡馨文、盛楠、朱燕枞、朱嘉磊、吉梦月

一、规划背景

开化位于长三角经济圈的边缘，边缘意味着难以吸引大量的传统产业资本聚焦，大量依海便捷贸易的通达，开化面临被边缘化的困境，而开化的发展外有国家新型城镇化建设、浙江生态经济改革、衢州山水宜居城市战略的东风，内有根宫佛国 5A 级景区、三省通衢的优势，内外同时驱动势必催动开化城市发展进入快车道。

目前的开化面临着城市结构松散、产业转型等诸多问题，芹阳、朝阳、华埠等各片区也存在各自需要解决的难点。

因此，开化县规划局在 2015 年启动了开化县中心城区的多项规划研究，其中，开化县中心城区战略发展规划、芹阳片区整体概念性规划方案设计及重点区域城市设计、根缘小镇城市设计、岙滩新区修建性详细规划由我院承担，并参与了华埠新区城市设计的投标，协助开化县政府申报根缘小镇并入选浙江省首批特色小镇文化建设示范点之一。

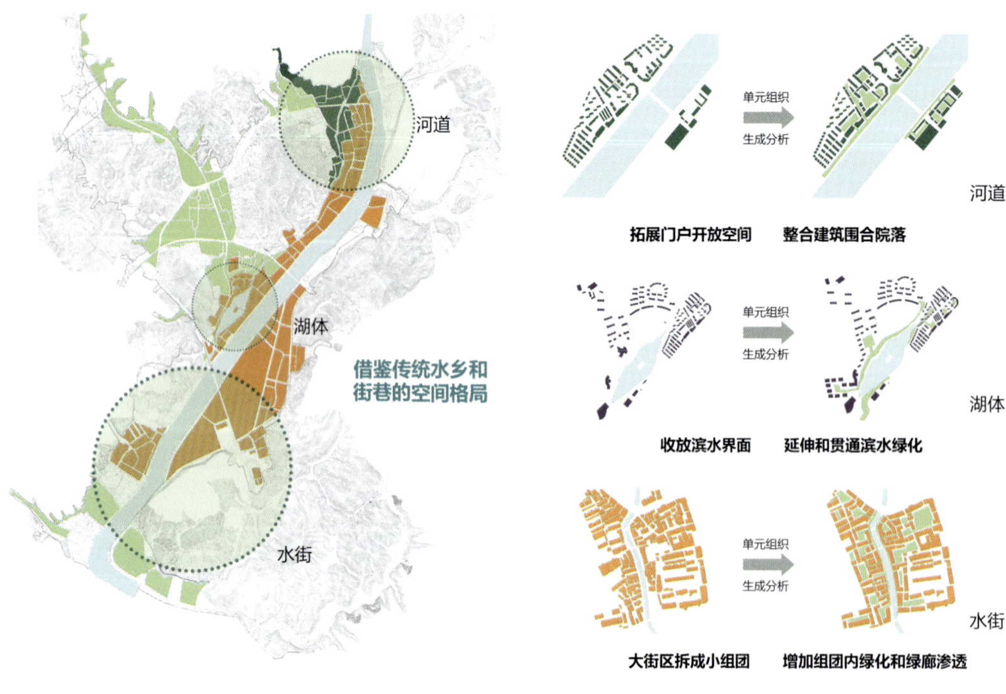

水乡肌理的复兴

总平面图

二、项目构思

对开化城市发展目前桎梏进行系统分析，灵活运用规划手段结合现实情况，提出了“先以点带面、后城市通道相融合”的破局思路，逐步解决芹阳城市建设与景观的矛盾、朝阳“退二进三”及产业发展导向，以及华埠各片区融合发展等问题。其次，在梳理各片区发展重点的基础上，通过构筑临水景观通道、旅游核心产业通道，以及“三廊三纵”的交通通道，构成城市发展新格局。

三、项目特色

1. 实现了从宏观、中观到微观层面的多规衔接

从开化县中心城区战略发展规划到芹阳片区整体概念性规划方案设计以及重点区域城市设计、根缘小镇城市设计、岙滩新区修建性详细规划及重要节点的精准空间形态设计，均由我院参与设计，延续了宏观战略发展规划的指导，更好地在核心片区概念设计、重点区域城市设计及重要节点的精准空间形态设计中呼应城市定位与目标。

2. 基于问题导向研究的城市空间战略

通过立足浙西新型城镇化建设的破局思路，形成“三廊三纵”的交通通道，“三三”功能结构，提出了城市创新发展的新格局。

3. 城市融于公园的规划思路和理念

尊重自然地形，保护现状山体、水系，将开发对环境的影响降到最低，实现城市建设的生态型开发；结合开化国家公园的建设，通过景观绿廊和水体系统串联景观开放空间，构建城市保护性的生态格局。

4. 根缘小镇产业先导下的活力腾飞

根宫佛国旅游度假区的开发作为开化根雕文化的延续，形成了独具特色的特色小镇建设。以省级“百个特色小镇”为背景，以根宫佛国文化旅游区为契机，致力于将根雕技艺扩大到文化创意产业、休闲旅游产业并延伸根雕文化产业链，通过提炼开化根雕及延伸文化的基本脉络，依托钱江源旅游度假区，形成具有强大品牌张力和文化诉求的中国根雕文化休闲旅游产业小镇。

5. 城市门户—高点—廊道—路径的多维生态空间结构

通过对现状城市环境的评估，强调三大门户，强化楔形绿廊，突出城市制高点，建议规划新的城市山水廊道，以增强自然山水与城市之间的结构性联系。基于对山体脉络的梳理，构筑视觉焦点，以其为核心形成相互呼应、开阔发散的视觉走廊，最终形成整体的视觉空间态势。芹江贯穿芹阳片区南北，通过规划观光缆车路线、交通环线及桥梁码头等措施，进一步加强两岸的联系。

6. 老城组团生态承载下城市双修的考量和实施

系统分析老城组团内现状功能、建筑、景观、空间各方面要素并进行评价考量，结合花山芹江廊道空间的构建，以城市修补和生态修复的手段实施，带动周边地块的改造更新，提升区域活力和土地价值。

7. 着力于构建国家公园的城市建设

将城市建设与国家公园相结合，开化将开创中国之先河，城市融于公园！在这里，山水与城景齐色，产业与城市共融，民俗与现代通存，国家公园城市实至名归。

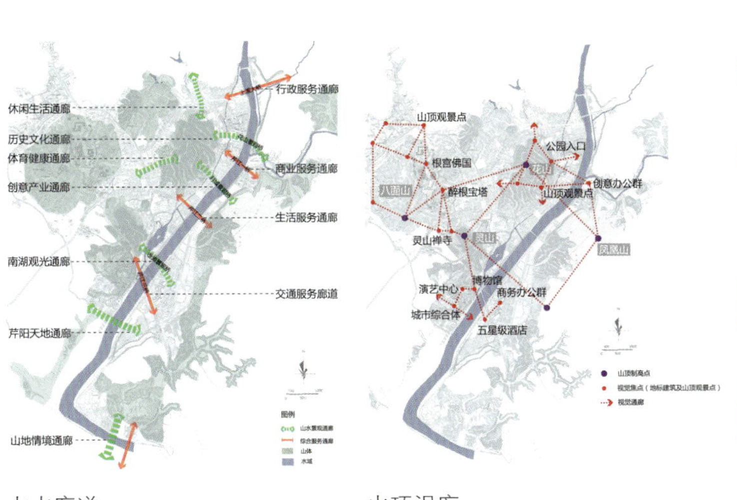

山水廊道　　山顶视廊

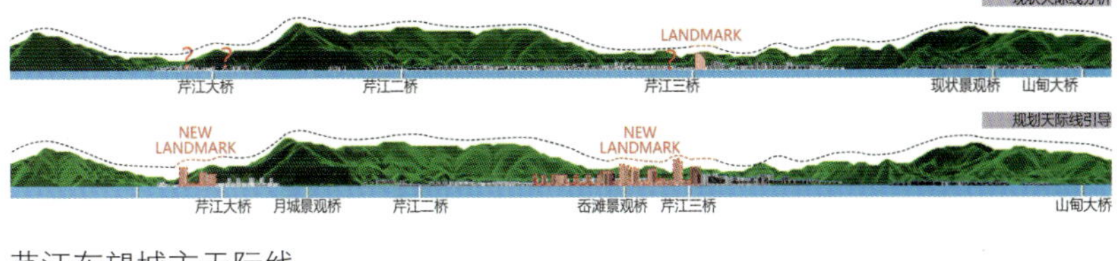

芹江东望城市天际线

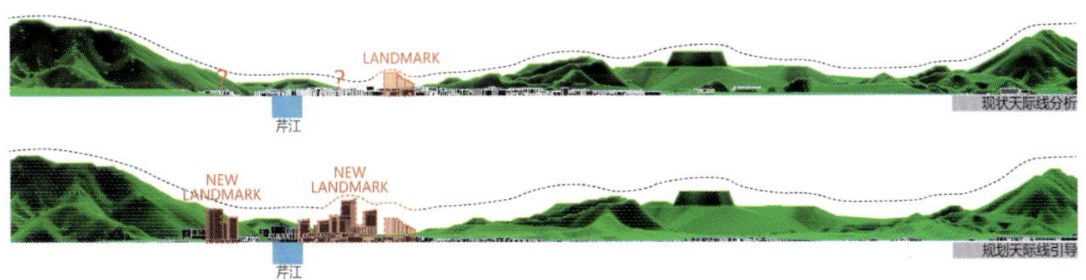

上溪大桥南望城市天际线

贵州省黔西南州义龙试验区总体规划（2014—2030年）

2017年度上海市优秀城乡规划设计奖（城市规划类）三等奖

编制时间：2013年11月—2015年8月

编制单位：上海麦塔城市规划设计有限公司、中咨城建设计有限公司上海分公司

编制人员：陈荣、张秋凡、施忠华、王波、雷传富、胡美瑜、谢芸、毛三虎、宋阜莅、杨哲娟、赵志华、凌诗佳、彭志坚、邓庆喜、陈宁仓

一、规划背景

义龙试验区位于黔桂滇三省交界、黔西南8县（市）的中心区，兴义市、兴仁县、安龙县结合部。试验区包含2个省级经济开发区和9个镇行政全域，因纵贯兴义、安龙两城设立而得名。

2014年12月26日，经贵州省发改委批复同意设立贵州省城乡统筹发展综合改革义龙试验区，要求义龙在城乡统筹发展、破解城乡二元结构、创新城镇化发展体制机制、推进农业转移人口市民化等方面锐意改革创新，积极开展先行先试工作，尽快探索依托创新驱动促进城乡统筹发展的有效路径和建设模式，为全省新型城镇化和城乡统筹发展提供示范。

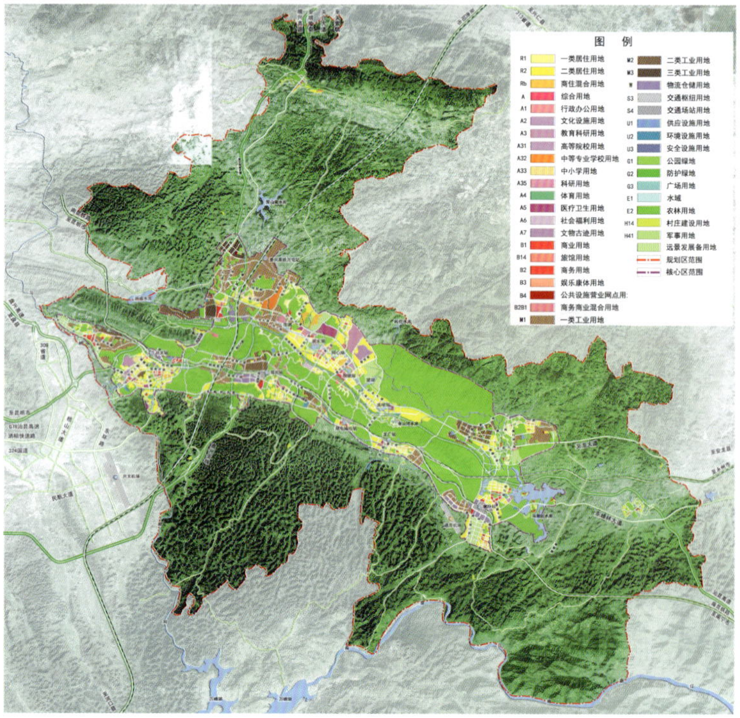

土地使用规划图

为更加科学、有序地指导义龙试验区的规划建设，按照黔西南州委、州政府加快推进义龙试验区规划建设的总体部署，义龙试验区管委会组织开展《贵州省黔西南州义龙试验区总体规划（2014—2030年）》编制工作。

二、规划内容

1. 把握大势，加强协同

本次规划确定义龙试验区城市性质为：黔桂滇交界区域重要的产业基地和经济增长极，贵州省城乡统筹发展综合改革试验区，产城融合、景城一体的生态智慧城市。

随着黔滇桂大交通网络体系的完善与黔西南州“城乡一体”新战略的提出，义龙试验区作为城乡统筹发展综合改革先行区，由城乡结合部升级为区域中心城市，将迎来跨越式的发展。本次规划从“黔桂滇”“兴兴安贞”两个层面，统筹区域协调发展，特别是加强区域交通、产业、旅游、空间布局、市政、环保方面的协调发展，推动义龙成为引领区域跨越发展的增长极。

2. 突出生态，组团发展

规划以生态约束为前提、以生态承载力为基础，确定试验区的发展规模。在现状生态格局和土地适宜性评价的基础上，运用生态学理论，设定若干生态廊道体系，构建韧性城市。用地布局基于东西绵延贯通的龙形山脉、南北带状分布的山丘地貌，以及水系、综合交通、建筑基础等因素，按照“生态网络、轴带展开、核心集聚、组团发展”的空间拓展模式，打造组团城市带，强化小尺度低强度组团模式，凸显三条发展轴，实现多中心扁平化组团结构。

3. 创新引领，产城融合

规划立足绿色山地经济发展，以产城深度融合为目标，构建以创新为引领，以生物制药、高新技术、现代服务、特色轻工和现代农业为主导的现代产业体系，打造黔桂滇交界的区域性商贸物流中心、西部地区承接产业转移示范基地、贵州省重要的旅游度假基地，成为黔西南州最富品质的生态宜居城市。

4. 统筹要素，城乡一体

规划突破城乡二元结构限制，统筹城乡空间要素，打造核心城区 + 特色小镇 + 美丽乡村的城乡一体化空间格局，包括若干生态社区、2 个田园特色小镇和 10 个特色美丽乡村。

5. 文化点睛，景城一体

以布依文化、山水文化为核心，通过对人文景观遗存、传统文化内涵的挖掘利用，塑造试验区特色文化空间。遵循“景城一体”的核心理念，通过景观视域廊道、大水网系统的构筑，打造“群山拥城、绿廊串城、秀水穿城、田园伴城”的特色景观风貌，展示试验区独特的气质和神韵。

三、规划特色

绿色发展，寻求生态山地城市新思路。规划以生态文明建设为核心，以山地公园建设为重点，探索山地城市修补、生态修复新模式。引入山地旅游概念，提高生态保护市场参与度。

城乡统筹，研究山地新城建设新模式。规划以落实中央、贵州省精准扶贫和生态移民为根本出发点，将山区生态移民、就业培训、产业培育、精准扶贫、人口市民化相结合，探索欠发达地区城乡统筹发展和山地特色新型城镇化的新模式。

“多规合一”，谋划区域弹性增长新方式。加强“多规合一”，促进国民经济和社会发展规划、产业规划、国土规划、城乡总体规划、生态环境保护规划等相互协调，研究试验区弹性增长的新发展方式。

创新研究，探索跨区开发建设新路径。基于跨行政区开发建设的特殊因素，在体制机制、区域交通、重大市政公用设施、生态保护、产业规划、空间结构等方面进行创新性研究和充分协调。

四、规划实施

义龙试验区肩负贵州城乡统筹发展综合改革试验的使命，已迎来美丽蜕变。补三城之短，促聚合发展，供区域之需，助西南崛起。义龙大道、东峰林大道等主骨架路网按照规划建成通车，一万多生态移民搬入试验区新居。“国际山地旅游大会”“楼纳国际山地建筑艺术节”等项目的引入，使得试验区在山地旅游品牌、美丽乡村建设等方面得到全面提升。布依族、苗族、回族三个文化体验馆分别建成，大数据产业园初见规模。

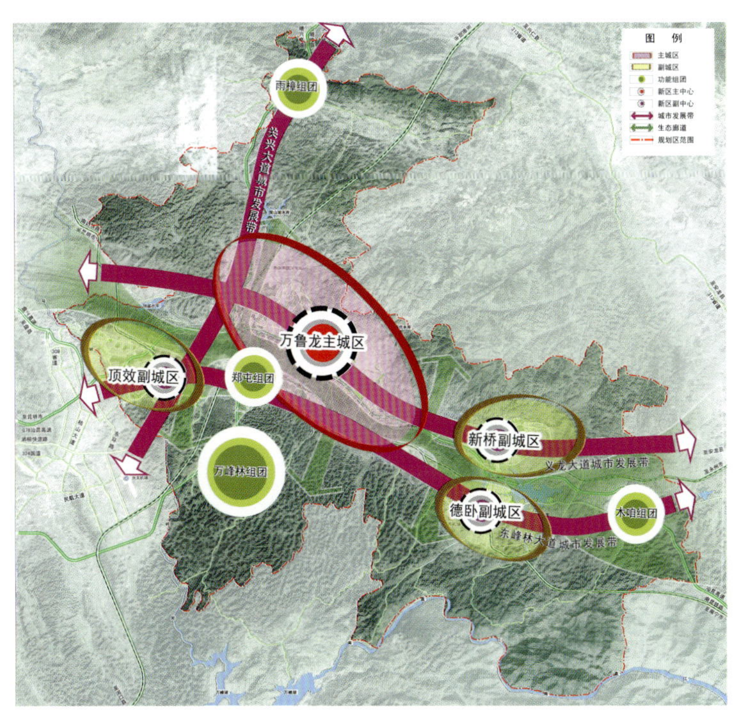

空间布局规划图

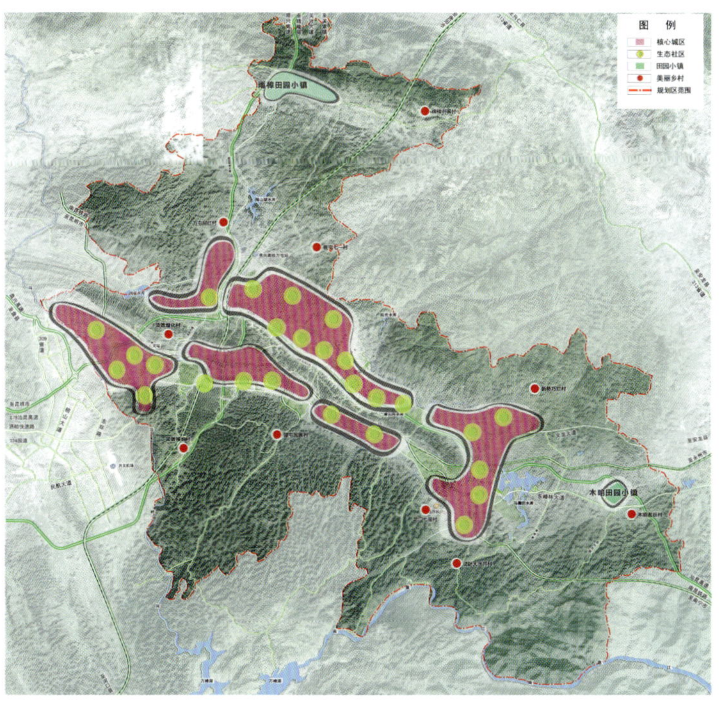

城乡统筹发展规划图

巴拿马国际城概念规划
（Panama Global City Concept Plan）

2017 年度上海市优秀城乡规划设计奖（城市规划类）三等奖

编制时间：2014 年 7 月—2014 年 11 月

编制单位：上海建筑设计研究院有限公司

编制人员：赵万良、顾力、毛春鸣、郑宙青、周旋旋、张磊、徐乐、朱家伟、郭佳鑫、沈思伟、徐宗玲、耿佶鹏、王立晶、宋凌曦

一、规划背景

1. 项目背景

巴拿马处于中美洲咽喉，连接大西洋加勒比海和太平洋，同时连接南、北美洲，被誉为“世界经济的十字路口”。起“世界桥梁”作用的巴拿马运河，贯通大西洋和太平洋，缩短了两大洋之间 5 500 至 10 000 海里的航程，也是中国企业进军中美、南美、加勒比地区最佳落脚点。

本项目位于巴拿马托库门机场以东，距离巴拿马主城区 20 km。作为世界商务人士到达巴拿马的首要门户，以中国龙城为带动，将承接科隆自由贸易区的前端商贸展示功能外溢。

项目区位图

本项目是巴拿马重要的国家级战略项目，也是中国与拉美贸易合作的纽带。

总平面图

项目基地南邻太平洋，巴拿马湾红树林带是陆地区域防御海洋的潮汐和风浪的重要缓冲带，整体规划范围 8 km^2，周边区域内有多条河道穿越，沿水系生长有天然密林，植被生长茂密，并有大量的鸟类栖息，生态环境优良。

2. 项目定位

项目旨在依托托库门机场，集聚服务于运河港口及科隆自由贸易区的商贸商务功能，打造巴拿马全新国际贸易名片。项目包括三个核心目标：一是以旅游综合娱乐中心的建设，塑造拉美高端旅游目的地，开启巴拿马东部新城开发；二是以高端住宅项目开发营造拉美滨海居住社区，聚焦全球目光；三是通过核心土地价值提升，带动机场周边板块的整合发展。

通过对世界范围经济中心城市迈阿密、迪拜等案例的研究分析，尤其是其中城市贸易功能、娱乐功能和商务功能的组织模型，明确了项目未来拟发展功能包括四大板块：龙城、总部办公、娱乐休闲、居住。规划以中国龙城项目为启动力，以娱乐度假情境为吸引力、以高标准总部办公为竞争力、以高品质人居空间为持续动力，实现相互融合的发展。

二、规划创新

1. 生态化的场地设计

基地内部原有三条水系和若干水塘，依据前期场地专业水文 MIKE URBAN 软件的模拟分析，规划确定自南部海岸至北部台地的场地基准标高，以水系和道路为两大主要系统，互为校核，立足生态基底和工程安全，进行系统的场地设计。规划充分结合现状地形和不同河道的整治策略，依据巴拿马本地标准，确定主、次道路的竖向技术要素，使一级开发的城市道路能满足各开发地块内外平顺衔接的规范要求。

2. 弹性化的分期道路框架

基地外部开发项目众多，当地尚没有规划控制，且西侧受机场阻隔，道路交通如何接入成为项目最大的难点。规划梳理了外部的各类型道路，在外部开发暂不确定的条件下，谨慎选择和评估到达本基地的门户与路径，从而逐步设定基地内部具备一定弹性的道路网格结构。项目道路系统，一方面承担划分地块、连接不同功能区、形成区域功能轴线，另一方面与水系、绿化景观紧密结合，形成景观通廊。

3. 公交导向的机场新城开发

结合机场轨道交通延伸线的可行性，根据本区域的指状基地形态和各功能区活动特征，细分地铁站接驳车、北区巴士环线、水上巴士和娱乐区往返摆渡车等公交系统，并用以指导项目土地功能开发。

4. 系统化的市政设施支撑

规划范围用地属山洪冲刷、太平洋潮汛淹没的交汇区域，场地水务系统设计复杂度高。规划“明沟暗渠、调蓄结合”，充分利用现有水塘、湿地，结合景观绿地，形成完善的防洪泄洪体系。充分考虑南美土地私有的属性，通过多选线考虑、多方案比较，立足安全性、经济性等原则，合理布局各类管道和市政设施，切实满足当地项目施工技术水准和基础设施先行的建设要求，推动业主关键决策。

5. 精细化的节点区域设计

节点区域，也是项目的重要展示区域。通过精细化规划设计，重点打造作为项目核心的中国龙城区域；城市商业中心区域，将容纳多种混合功能；会议中心和酒店区域，将与巨型人造湖泊、人造沙滩岸线统筹设计；总部办公区，进一步满足拉美贸易商的集聚，以及适应不同客户的需求；通过主题公园区，更好地提升区域活力；医疗旅游园区，注重生态环境保护，广泛吸引北美高端度假人士。通过详细的总图设计，为业主后续开发以及建筑方案设计提供参考。

新城中心效果图

上海市浦东新区缤纷社区塘桥街道社区规划

2017 年度上海市优秀城乡规划设计奖（城市规划类）三等奖

编制时间：2016 年 6 月—2016 年 12 月

编制单位：上海市浦东新区规划设计研究院

编制人员：陈凌云、刘伟、吴庆东、钱爱梅、张龄、赵波、王一、孙瑞敏、刘超

一、规划背景

塘桥街道位于浦东新区内城西南部，面积 3.86 km^2，是浦东内城最为成熟的居住社区之一，人口密度高、老旧社区多，社区有机更新具有典型性和代表性。

二、规划思路

通过对社区公共服务、公共空间、交通出行等进行针对性地评估，找出短板，在此基础上制定规划目标和策略导向，形成“一张蓝图”。融合建筑、景观、艺术等多学科专业，落实到具体的行动计划，明确近期更新项目。

三、主要内容

1. 标本皆探，抓准社区症结

以“民众感性认知 + 专业理性分析”作为社区评估方法，采用多种方法听取民意，汇集民智，包括街道居民访谈、社会学问卷调查、微信公众意见收集等；在此基础上参照《上海市 15 分钟社区生活圈规划导则》要求进行专业剖析，分析总结社区现状问题，理出短板清单。

通过梳理，发现民生诉求与专业评判重合度较高，主要问题表象体现在“数量不足、质量不高、关联不强”，本质上涉及空间布局不均衡、需求供给不匹配、管理维护跟不上等多维度。

2. 提炼特质，描绘一张蓝图

塘桥社区发展蓝图与浦东内城社区整体发展空间结构相衔接，在整体框架下，突出塘桥的文化特质，将空间融入社区治理元素，让社区成为民众的“文化会客厅”。规划提炼塘桥“文化网络”，精琢文化节点，构筑文化路线，重点打造“黄浦江—张家浜—东方路—龙阳路”社区文化生态环廊。

3. 探寻路径，并用多管策略

对照现状问题和提升目标，精细化、针对性地提出多种

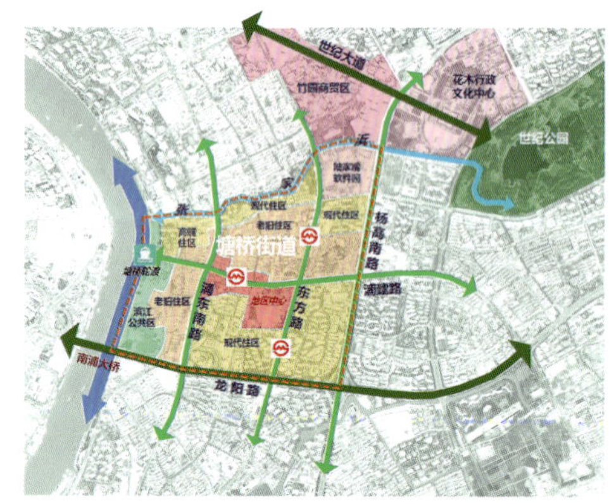

区位图

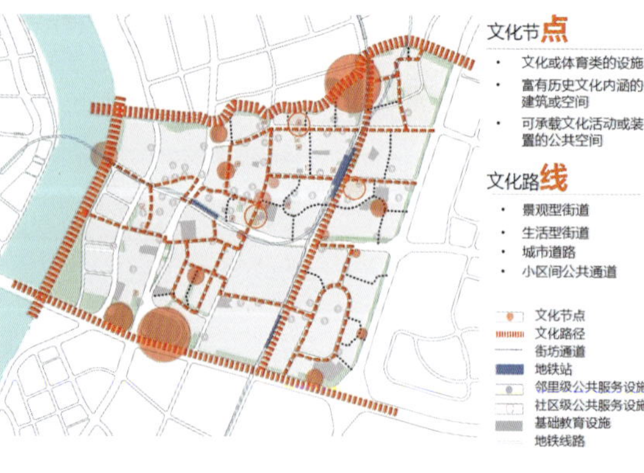

“文化网络”框架

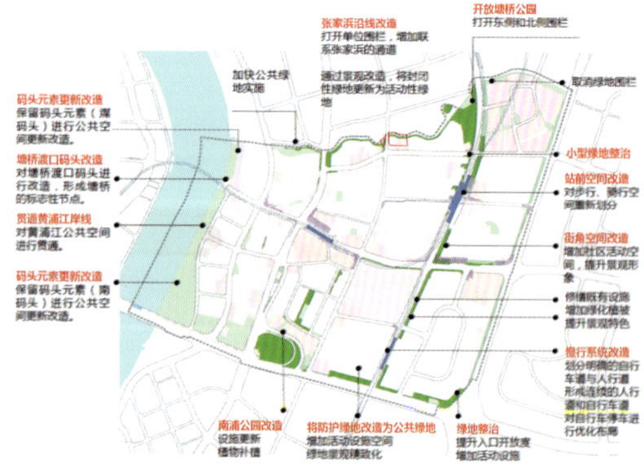

“黄浦江—张家浜—东方路—龙阳路”社区文化生态环廊

专业策略，通过多元主体达成多边互动的合作网络。围绕公共服务、公共空间、交通出行和公共文化，综合运用物质空间规划策略、管理运营策略和社区自治策略。

4. 明确行动，推进项目落实

衔接策略，规划提出 4 类 13 项行动计划，依据行动计划，落实具体更新项目，形成项目总库 50 余项、三年项目库 20 余项和近期试点项目 9 项，做实“一张蓝图”。

四、特点和亮点

1. 转变规划视角和思维，着眼“更接地气”的过程性规划

社区规划更多地关乎居民百姓的切身利益，规划的针对性、适用性尤为突出，兼顾多方诉求，平衡各方利益，强调规划的过程性，扩展了规划的内涵。

2. 创新行动模式，实践“社区 P+P”(planning+participating)

规划更加注重“自下而上”的声音，通过规划引导基层街道和社区居民参与社区自治共治，进行了一次“社区 P+P”，即动态规划和参与自治共治相结合的行动模式实践。

3. 尝试角色转变，探索社区规划师工作机制

规划师团队全面深入社区，与街道管理者和社区居民亲密接触，从项目伊始的问题评估、更新项目的沟通协调，到更新计划的介绍宣传、沙龙活动的组织、小区改造的设计咨询，实现规划师从单纯的“设计者”向“咨询者、宣传者、协调者”转变。

塘桥社区问题—对策—行动计划对照表

类别	问　题	对　策	行动计划
公共服务	文体、养老等基础保障类设施有缺口	设施复合嵌入	睦邻中心（点）计划 + 幸福安老计划
	品质提升类便民设施有需求	存量资源挖掘转换	智慧盒子计划
	设施陈旧	既有设施功能提升	开放共享计划
	教育资源结构性不平衡	设施共享	校园整合计划
	小型公共活动空间缺乏	既有规划资源加紧落实	空间织密计划
	空间体系不连续、开放性不强	存量空间资源转换	慢行体验提升计划
	空间环境品质不佳	重要空间要素开放、贯通	活力街巷计划
	空间吸引力不足	既有空间品质提升	空间微更新计划
交通出行	停车矛盾突出	停车空间挖潜；车位共享推进	停车无忧计划
	路网密度低，步行不便	打开街坊内公共通道	便捷畅行计划
	人非、机非混行不安全	道路断面改造	安全骑行计划
公共文化		文化与场所融合	文化会客厅计划
		社区文化凝聚	

五、实施效果

本规划作为指导社区更新的纲领性和实用性文件，为政府（街道）系统性认识社区现实痛点，把握社区优化方向，明确实际操作抓手提供了依据。规划提出的 8 个近期空间更新试点项目均已完成，为缤纷社区建设在浦东新区全面展开积累了宝贵的经验。

南泉休闲广场改造前后对比

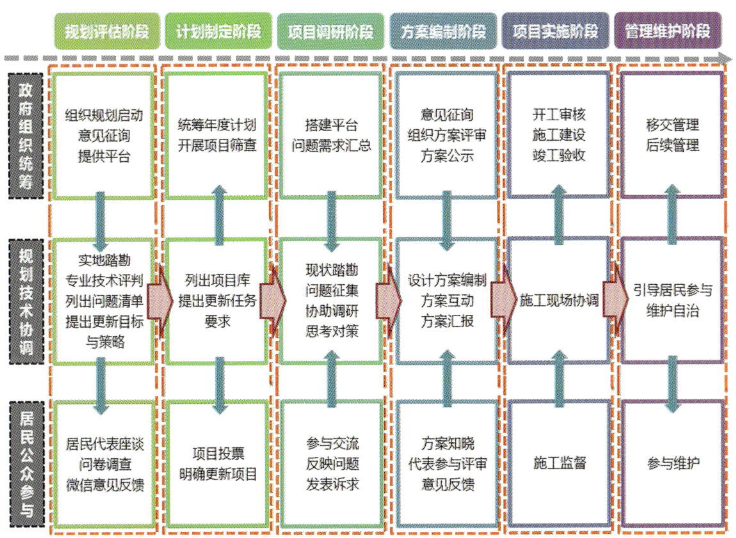

社区“P+P”运作机制流程

南宁市邕江沿岸（托洲大桥至邕宁梯级区域未开展城市设计部分）城市设计

2017 年度上海市优秀城乡规划设计奖（城市规划类）三等奖

编制时间：2015 年 7 月—2016 年 12 月

编制单位：上海复旦规划建筑设计研究院有限公司、南宁市城市规划设计研究院

编制人员：王建国、吴晓、敬东、吴锦瑜、刘群、郭维宁、冯一民、黄丹影、邱洵、潘炎、李关笑魁、李德林、李幸、张月金、施鸿智、张来、韩荣亮、苏善君、瞿昀、莫黛豪

一、规划背景

南宁——广西省会，北部湾城市群的核心城市。邕江，南宁的母亲河。随着城市空间的扩张，城市与邕江的关系从“临江—跨江”到“拥江”，邕江成为城市最重要的空间轴线，“邕江时代”到来。本次规划设计范围沿江东西贯穿整个城市，82 km 岸线，弯曲度极大，面积 167.8 km^2，是一个超大尺度的滨江地区城市设计。

二、规划思路与主要内容

面对这样一个大尺度的城市设计，规划从宏观与微观视角，构筑了“城市、山水、人文”三个角度的横向技术框架。在现状分析、案例研究和总体设计各环节，都以城市、山水、人文三方面为分析、构建、设计的线索，并通过总体设计与分段设计，建立宏观到微观的思路推进框架，形成纵向思路与横向板块交织的技术路线。

1. 发展目标

在“一带一路”倡议的背景下，南宁提出建设“四个城市”的目标。邕江也将不再仅仅是南宁的邕江，更应该是面向国际的邕江。邕江将成为建设城市国际合作平台的重要载体，引领城市功能、空间品质的全面提升，是城市动力的引爆点、城市活力的汇集带、城市魅力的展示区。

2. 总体城市设计

（1）山水

规划以保护城市山水格局特色为出发点，在宏观层面总结沿江地区“一江两山十八河，多廊渗透”的特征，划定山体保护绿线和增加河口绿地，并构建邕江沿岸“两源、

规划总平面图

多廊道、多斑块”的生态格局，探索“海绵城市”的建设模式。

（2）城市

公共中心体系：分析总结南宁城市功能空间布局现状及发展趋势，沿江与腹地互动，形成“一带八核”的公共中心体系。

骨架轴线体系：强化战略规划中的南北空间拓展轴，延续城市总体规划中的邕江发展带，塑造十字轴发展格局。

道路交通体系：在保障基本防洪需求的基础上，通过增加堤下辅路、立体化步行手段沟通堤路内外，改造桥梁匝道、梳理交通增强机动车可达性，并改善公共交通可达性。

空间标志体系：基于山水城融合的理念，形成“两大核心五大节点”的空间标志体系。

轮廓眺望体系：通过现状调研和高程分析，在沿江保留七条眺望山体的视廊，控制视廊上的建筑高度。

城市高度体系：遴选七大因子，使用 GIS 评析叠加生成理想高度模型。再考虑现状、视廊等修正因子，进行二次调整优化，形成山水城和谐的建筑高度分布控制。

夜景灯光体系：打造“一轴五段塑形，两岸三层映景”的夜景灯光体系。

（3）人文

文化风貌体系：形成岭南风、国际范、壮乡韵的风貌特征。

游憩活动体系：“一核三片”重塑城市文化。由老城、青秀山、五象岭形成城市文化活动核，并在沿江形成民族与历史、演艺与博览、山水与游乐三大文化活动主题。

观览展示体系：策划区域水上游线、日常观光、高端休闲等水上游项目。

3. 分段设计

将邕江沿岸地区划分为“绿水源、创新岸、活力湾、未来洲、欢乐岛”五个段落，赋予不同的功能定位和景观主题，以营造丰富多彩、充满活力的邕江岸线。

三、特色与创新

1. 宏观——从山水格局的保护入手进行城市设计

规划认识到城市的丘陵地区特色，贯彻“山水城市”和“城市双修”的思想，首先从城市宏观山水本底入手，总结城市“群山环绕、丘岗融城，一江穿城，群河入江”的山水格局。在此基础上确定沿江地区“一江两山多廊道”的整体空间结构，通过城市天际线和视线通廊上进一步强化“水系廊道和山体”的感知度，将山水格局特色在邕江沿岸最大限度地体现。

2. 微观——滨水活力的大数据分析

设计以人群活动强度为出发点，通过引入大数据分析方法，分析城市现状活力设施分布，进而确定城市发展背离邕江、沿江地区缺乏活力的现状。并以增强滨水活力为导向，点状聚集分布商业、商务、文化、休闲、游乐设施及开放空间，从而形成“八心、十七园”的公共活动空间。

3. 实施管理——控制手段的创新

在这样一个超大尺度的城市设计中，设计以“控制性编制单元”的划分为基础，在单元层面进行城市设计的控制引导内容的研究，形成建筑界面、建筑风貌、开敞空间、标志、地下空间、交通、环境设施七方面的控制内容，纳入单元控制规划。并在沿江界面控制中，创新性地采用选项式控制方法，根据容积率不同、地块与堤路高差不同形成六种界面，作为地块控制性详细规划和具体地块城市设计的基本控制要求。

四、实施情况

在本次城市设计的指导下，南宁市规划局相继编制了《南宁市邕江两岸滨江区域规划成果评估及交通方案》《南宁市邕江综合整治和开发利用景观工程设计优化与提升》等规划。本次设计成果逐步纳入在编的南宁单元控规之中。

国际文化商务中心效果图

科技创新中心效果图

老城历史文化商业中心效果图

龙岗商务区效果图

上海市松江区保护村选点规划

2017 年度上海市优秀城乡规划设计奖（村镇规划类）三等奖

编制时间：2015 年 10 月—2016 年 7 月

编制单位：上海市城市规划设计研究院

编制人员：张帆、钟骅、范衍、黄婧、张悦文、蒋丹群、居晓婷、王雅妮

一、规划背景

上海作为拥有 2 400 万人口的现代化大都市，城镇化率已接近 90%，快速城镇化正使郊区经济社会发生巨大变化。在城乡一体化大潮中，松江作为全国第二批城镇化试点的区县，从以农业为主发展为科创、生态、人文的综合性宜居城镇。其区域所管辖的面积 604 km^2 中，已有 50% 的土地变为城镇区。随着原住民的外迁，传统记忆逐渐消亡，乡音乡土变得难以寻觅，站在历史的新起点，展望未来，应把“让居民望得见山、看得见水、记得住乡愁”作为我们肩负的使命，基于此背景开展了保护村的选点工作。

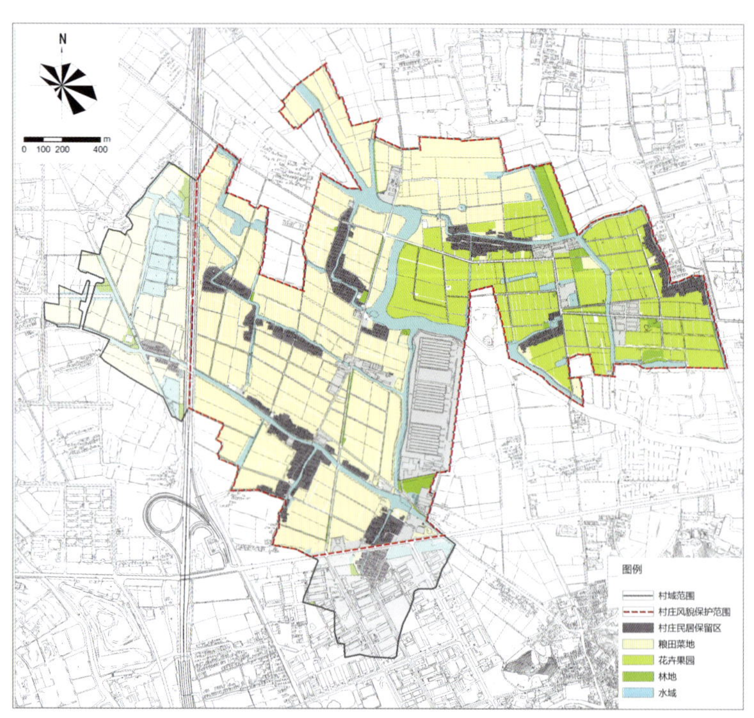

新镇村图则

二、规划内容

1. 多方调研，建立资料库

调动政府部门、专家学者、村民代表等社会各界力量，查阅地方志、访谈资深原住民。围绕风貌、历史、人文等方面建立资料库，归纳分析松江农村发展的四个阶段，梳理出 11 个乡镇的风貌特征。

2. 从整体到局部，建立一套评价体系

第一层面，划定东北、西北、浦南三个风貌片区。东北片区为近城市化地区，城镇化发展迅速，乡村自然特征基本消

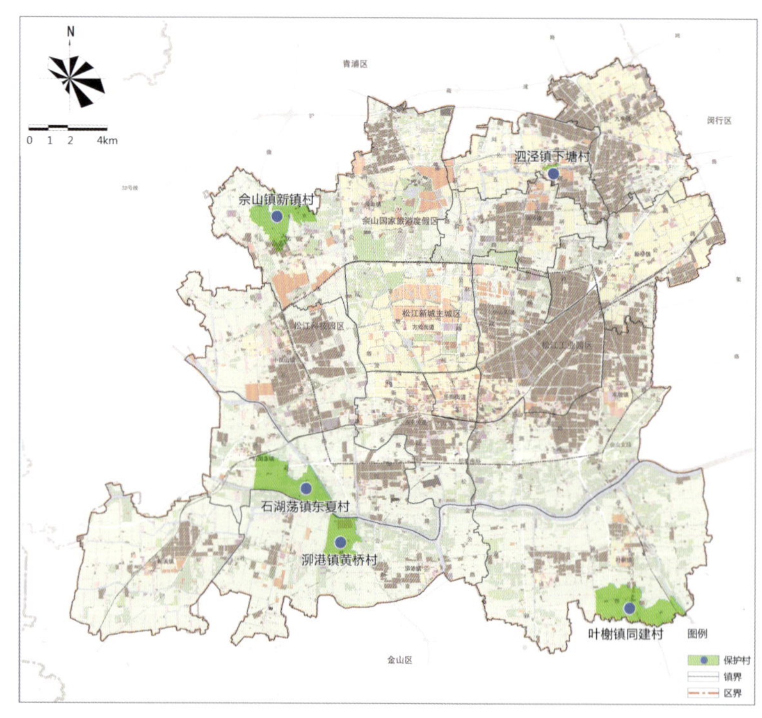

保护村布局规划图

失，但尚存部分古建遗迹，规划为历史人文型。

西北片区为国家级旅游度假区，水网密布，山峦俊秀，规划为江南山水型。浦南片区为传统农业片区，良田万亩，规划为田园生态型。

第二层面，确定两级评价因子。规划从物质和非物质元素入手，确定整体格局、自然环境、建筑特征、人文元素、产业发展等五个一级评价因子，并下设空间环境格局、山水地貌、传统民居、文物古迹、民风民俗、特色产业等作为二级评价因子。

第三层面，运用城市设计手法，量化评估标准。分析乡村风貌基底要素的尺度、圩田的宽度、涵养林的密度、渠路田宅的布局、景观视线通廊等设计要素，以空间尺度的适宜性、景观效果来评判风貌的优劣。

3. 公众参与，确定保护村名单

依据评价体系对初步候选的 28 个村进行打分。再经各村镇和专家意见征询，多轮筛选，最终选取 5 个保护村。

4. 归纳类型，制定差异化保护策略

根据 5 个村庄自身特点进一步细分类型，差异化指导村庄未来发展。例如：拥有温泉产业、楹联文化、涵养林等特色的黄桥村，以产业特色村的发展模式，一产与三产联动发展都市农业及休闲观光业；以田园风光为特色的同建村，立足无土培育等现代农业技术和特色农庄产业，发展特色农庄。

5. 图则引导，细化要求

以一张图则的管理方式，集中反映村庄的综合保护价值，提出保护发展的空间引导和建设要求。

三、特点与创新

1. 规划编制以传承优秀传统文化为出发点

响应习总书记关于保护中华民族传统文化的号召，以继承弘扬中华传统文化为己任，保留乡村风貌和乡村文化内涵。

2. 多角度多维度挖掘历史文化遗存

从时间维度，梳理松江发展的四个历史阶段，探寻每个阶段的文化价值；在空间维度，筛选沿河水乡、田园宅基、历史街区等不同地理区位所呈现的禀赋差异，多维度叠加，提炼归纳乡村特征。

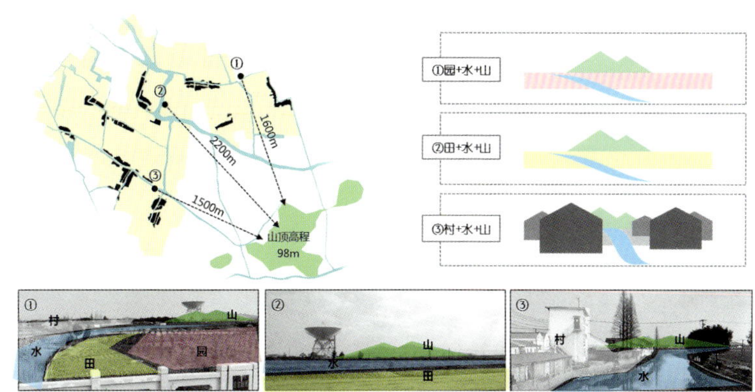

新镇村空间格局分析图

3. 公众参与，共建数据库

多次寻找及访谈历史见证人，邀请古建筑专家共同参与，甄别建筑年代与价值，形成一镇一册、一村一册的资料档案。

通过“区县自荐 + 资料收集”获得首批调研名单，通过“实地踏勘 + 公众访谈”建立候选村资料档案，通过“多因子评价体系”给出科学打分。由区相关部门、涉及村镇、专家学者，综合考虑全区统筹、村镇建设、保护价值，完成最终决策。

4. 突显文化价值，多因子评判，构建评估体系

在评估体系定量分析中，深入研究村落地域文化、历史沿革、传统工艺，以及非物质文化遗产的完整性。充分考虑人文因素的影响力，并在评估体系中赋予较高权重。

5. 活化非物质文化遗产，促进保护与发展的和谐统一

村庄保护要着眼长远，挖掘其内在原动力。依托松江深厚的文化底蕴和丰富的历史遗存，通过整理归纳提炼，赋予其新的内涵，变优势为机遇，变保护压力为发展动力，更新再利用、激发乡村活力。

四、规划实施

规划于 2016 年 8 月获批，成果相关内容已纳入《松江区总体规划暨土地利用总体规划（2017—2035 年）》和《松江区村庄布点专项规划》。

作为试点区县，成果成为后续《上海市乡村风貌导则》编制的重要材料，5 个入选村庄也已陆续开展后续实施工作。《泗泾下塘村保护与更新利用规划》由泗泾镇政府联合光明集团、上海音乐学院共同开发建设。《泖港黄桥村村庄规划》已编制完成报批。

上海市青浦区青龙镇遗址保护规划研究

2017 年度上海市优秀城乡规划设计奖（村镇规划类）三等奖

编制时间：2015 年 12 月—2016 年 10 月

编制单位：上海营邑城市规划设计股份有限公司

编制人员：冯伟民、俞进、曹晖、徐巍、林杰、苏甦、汪剑、李娜、奚雪、盛婧婧、李孔三、周丽娟、陈杰、周思琴

一、研究背景

青龙镇遗址地处上海西部，主要位于青浦区境内，与上海地区已发现的其他众多遗址同样位于冈身地带以西。古代青龙镇北据吴淞江，通过顾会浦（今老通波塘）与松江府城相接。

青龙镇遗址证实了上海地区早在唐宋时期便有国际商港，对研究“一带一路”的发展具有重要价值；见证了上海的历史变迁，对研究上海史具有重要的历史和科学价值；填补了唐宋时期江南地区市镇类型大遗址的空白，对不同类型大遗址的研究提供了重要案例。青龙镇遗址具有重要的历史、科学和艺术价值，其保护和利用备受瞩目，为避免在此过程中城市建设和地区居民的生产生活等活动对青龙镇遗址造成损害，进一步厘清青龙镇古遗址的布局及文化内涵，启动本次规划研究。

二、研究内容

1. 基础工作

通过对考古勘探成果的梳理、相关文献资料的大量查阅和收集整理以及结合无人机航拍技术辅助的实地踏勘等工作，充分认知青龙镇遗址的历史和现状。

2. 保护区划

为更好地保护青龙镇遗址，更加有效地指导青龙镇遗址

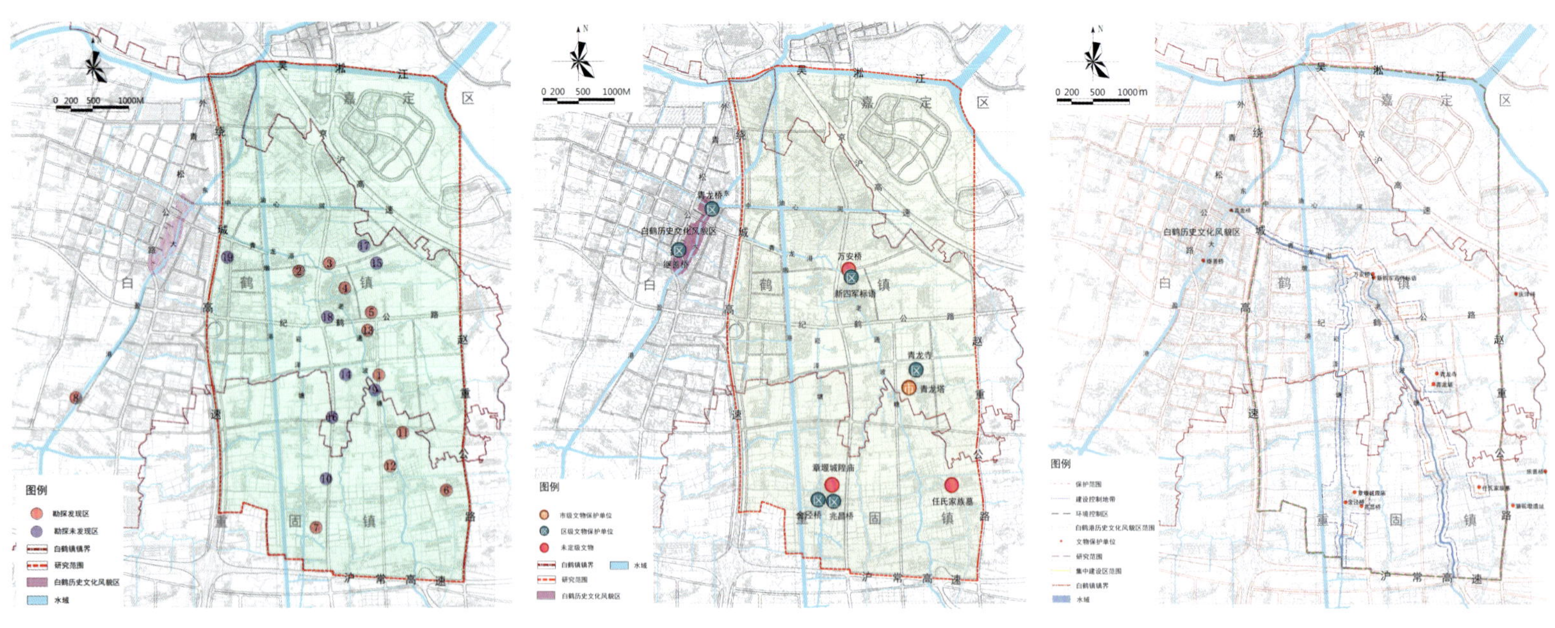

勘探区域分布图　　现存地面文物分布图　　保护区划示意图

区域范围内的生产生活和后续利用，预先做好保护工作，本次研究按照保护目的、层次和重点的不同，分别提出遗址的保护范围、建设控制地带及环境控制区的示意范围。

根据保护遗址本体的完整性与安全性要求划定保护范围（示意）：包括现存地面文物保护单位范围、考古勘探有发现区域、沿老通波塘两侧区域，总面积约 89 km^2。保护范围内不得进行其他建设工程或者爆破、钻探、挖掘等作业。

根据保护遗址环境的完整性与和谐性要求以及后续考古勘探计划划定建设控制地带（示意）：包括章堰村范围、崧泽塘两岸 50 m 区域、保护范围外 50 m 区域，总面积约 262 km^2。建设控制地带内不得开展任何危及遗址安全和破坏遗址历史风貌的建设行为，其他建设行为应报请文物行政管理部门组织考古发掘单位进行考古调查、勘探。

根据遗址历史环境要素保护和空间景观协调的需要划定环境控制区。环境控制区严格控制建设总量，严格控制除遗址保护和展示用途外的其他各类建设项目的开展。

3. 展示利用

在青龙镇遗址保护区划及管理控制要求的基础上，通过与《青浦区总体规划》《青浦区白鹤镇总体规划》《青浦白鹤工业区组团 BH02 单元控制性详细规划》等与遗址相关的各层次法定规划的衔接，提出青龙镇遗址后续展示利用总图布局，为地区后续利用提出了引导性建议。近期结合遗址各区域不同特点，规划不同展示分区，利用多元化的途径与技术来展现青龙镇遗址的历史风貌。远期通过制定区域总体的展示利用发展定位，制定旅游专项规划，活化利用历史文化资源并适度发展青龙镇遗址相关的旅游产品。

上述研究成果已形成了《青龙镇遗址保护规划研究》报告和隆平寺塔还原三维模型，并通过专家评审会，获得一致认可。研究成果在对外展示、活化利用及规划管理等多方面的实践中已经起到了重要的作用。

三、实施推进

1. 材料申报

青龙镇遗址规划研究成果作为重要文献资料，推动了上海加入“海丝保护与申遗城市联盟”工作，现已纳入海上丝绸之路申报世界文化遗产的材料。规划研究成果也已作为青龙镇遗址申报第八批全国重点文物保护单位的重要参考资料。

2. 成果展示

规划研究成果作为青龙镇遗址相关展览的重要组成部分，在上海博物馆以及青浦博物馆进行展示。

3. 遗址保护

规划研究成果有效阻止了对遗址可能产生的破坏。例如，在建的省级道路山周公路工程范围南起沪青平公路，北至 G2 京沪高速，南段已施工建成，北段经过青龙镇遗址的重要考古发现区。文物主管部门根据规划研究成果作出相关行政许可，及时中止了穿越核心区域公路标段的施工，避免了对遗址可能造成的破坏，并积极协调相关部门修改道路选线方案。

4. 后续利用

规划研究成果对在青龙镇遗址区范围内，急于上马的各项建设项目，起到了重要指导作用，如章堰村 PPP 项目、油墩港航道整治工程专项规划等。

四、项目意义

青龙镇遗址改写了上海的历史，相关内容已经写入了《上海市城市总体规划（2017—2035 年）》和《青浦区国民经济和社会发展第十三个五年规划纲要》。且作为古代海上丝绸之路的重要起点之一，上海已加入海上丝绸之路联盟城市，本研究对积极申报世界文化遗产起到了重要作用。

1. 规划研究工作前置

根据传统文物保护法定流程，在文物定级公布为文物保护单位之后，才划定保护范围和建设控制地带，并提出相关管理控制要求，进而指导各项建设活动。此次研究将规划工作前置，在文物保护单位公布定级之前开展规划研究，填补了法定规划的空白。

2. 管理创新

规划研究成果具有较强的可操作性，在法定规划未明确之前，作为管理部门做出相关行政许可的参考，在管理上具有创新性。一方面可以阻止危害遗址安全的相关项目的建设，另一方面对遗址的后续保护和利用具有积极的指导意义。

上海市浦东新区新场镇果园村美丽乡村建设整体规划设计

2017 年度上海市优秀城乡规划设计奖（村镇规划类）三等奖

编制时间：2015 年 6 月—2015 年 10 月

编制单位：上海市浦东新区规划建筑设计有限公司

编制人员：陈卫杰、陈戈、张建伟、陆晓亮、黄沄、陈雪珍、林廷均、李祎丹、朱潇、李雯紫萍、刘智倩、蔡嘉璐、王彬、沈继军、盛妍彬

一、项目概要

《浦东新区新场镇果园村美丽乡村建设整体规划设计》在国家“建设美丽中国”背景下，作为新农村建设的升级版，规划以多功能产业为支撑的农村更具有可持续发展的活力，以优良的生态环境为依托的农村重新凝聚起新时代农民守护宜居乡村生活的愿望，以耕读文化传家的农村实现文明的更新，让新场镇果园村打造为美丽乡村，融入现代化的进程。规划成果的创新主要体现在四方面：一为借势古镇资源，塑造品牌形象；二为深挖文化内涵，事件引爆关注；三为村民切实参与，社会长效共建；四为新材料新技术运用。

二、规划背景

新场镇果园村位于上海市浦东新区的西南部，总面积 3.22 km^2，是一个以水蜜桃种植为特色的近郊村庄。近年来随着新场古镇开发的深入，果园村依托“以古镇为根基，带动乡村建设”的文创发展思路，迎来了新的发展机遇。本规划顺应国家美丽乡村目标，基于上海市、浦东新区高标准要求，从整个村庄的角度在功能板块、生态环境、产业发展等方面进行了

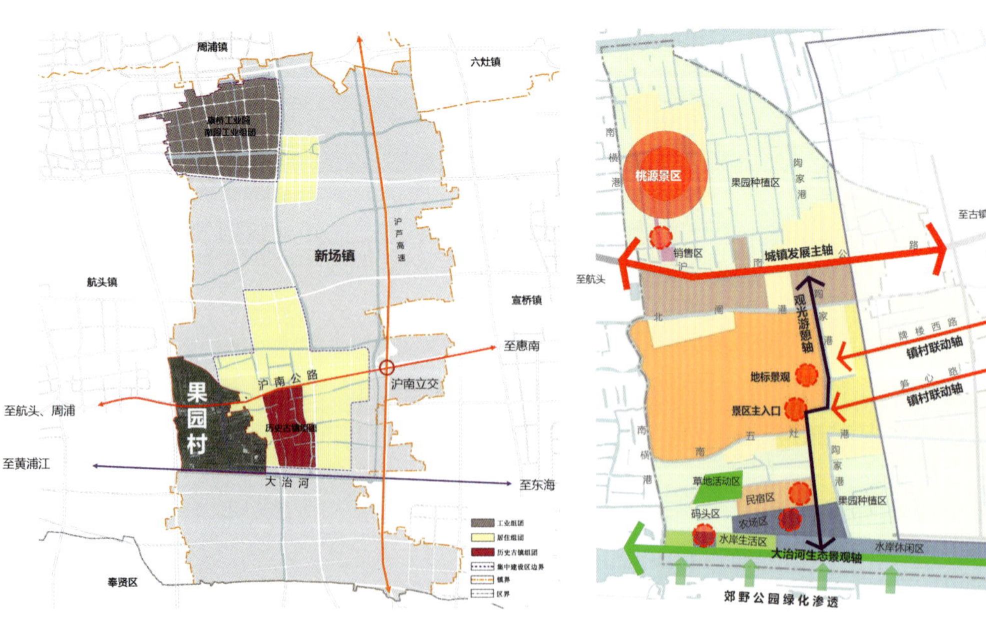

区位图　　规划结构图

总平面示意图

规划研究，并通过村庄道路、河道、公共设施、旅游设施的优化配置，农宅改造、宅前屋后空间改造、小三园设计以及具体行动计划，力求将规划落实下去。项目规划后，即于当年新场桃花节开幕前进行了部分实施。目前，规划师与果园村密切联系，指导下一步实施，村民也加入规划实施过程中，取得了良好的社会效益。

三、规划目标与内容

新场镇三大战略之一为“都市乡居”。果园村作为启动区，承接发展示范功能。规划目标为特色鲜明的美丽乡村新典范；品质卓越的特色果品原产和加工基地；令人神往的近郊度假旅游目的地。针对果园村的现状，对比美丽乡村建设的要求，并站在更高的层面上展望村庄发展。基于发展条件的研判，规划提出了“美丽田园、幸福家园、文化果园”的美好发展愿景，具体体现在物质环境的提升、生活幸福指数的提升，以及文化和品牌的打造。由此，规划在村庄旧有的发展格局上进行调整，以适应发展目标的实现：老的桃源景区南移，以适应与新场古镇联系的大格局，且在空间上更有发展潜力。

规划形成以水系、道路为纽带，以发展特色为方向，形成“四横一纵，多点多片”的空间结构。其中，通过横向沪南公路城镇发展主轴和大治河生态景观轴实现由果园村对外的轴向关系；内部通过香园路观光游憩轴、牌楼西路和笋心路的横向村镇联动轴，打造镇村联系和村内景观轴；通过村庄亮点的打造，体现果园村的多项魅力。

新材料新技术的运用

为实现规划目标，果园村美丽乡村规划提出三大策略：乡居美化靓田园，整体提升果园村的村容村貌；生活富足金桃源，主要对产业提出建议，实现增效增收；文化发展新果园，对果园村的文化进行挖掘，深化果园村的内涵。

四、规划特色

1. 借势古镇资源，塑造品牌形象

果园村美丽乡村规划紧密结合新场古镇历史资源和自身特色，塑造独特的美丽乡村品牌形象——古镇桃源。规划寻求果园与古镇的契合点，从水陆游线组织、活动联动策划、统一形象识别等方面着手，借力古镇优势，推介果园品牌。

2. 深挖文化内涵，事件引爆关注

充分挖掘果园桃文化内涵，并策划了全年、全年龄段的节庆活动，让桃文化落地生根。规划抓住 2016 年上海桃花节的举办契机，策划了果园村桃花节分会场的文化创意活动，并在用地整理、品牌宣传等方面成功对接活动的举办，取得乡伴、悉瑞投资等众多社会资本的关注，获得了良好的社会效应，为果园村后续吸引社会投资创造了基础条件。

3. 村民切实参与，社会长效共建

村民是乡村建设的主体，本次规划尤其重视村民参与和意见表达。在规划编制阶段，深入村民家中走访、多次组织召开村民座谈会，让村民充分参与到美丽乡村规划的编制。

随着建设工程的实施，将联合规划建筑类院校在村内挂牌成立设计院乡建基地及大学生乡村实践基地，并设立果园村共建规划师，通过精准的对口指导方式，持续地参与到果园村的乡村建设。

4. 新材料、新技术运用

从解决乡村的实际问题入手，果园村桃枝废物产量大，难以处理，造成阻塞河道等环节污染问题。规划提出在村内建设桃枝统一回收粉碎点，并将粉碎品返田或出售。

规划还提出利用土壤固化技术建设乡村道路以及废弃桃枝等农业废弃物资源化利用的新方法，在满足环保要求的同时，又为乡村创造了经济效益，有着积极的推广意义。

上海市宝山区罗泾镇花红村村庄规划

2017 年度上海市优秀城乡规划设计奖（村镇规划类）三等奖

编制时间：2016 年 2 月—2016 年 11 月

编制单位：上海宝山规划设计研究院有限公司

编制人员：叶晖、阎宁、顾克、陈浩、代苗、林智慧、王静、张雯、汤之洁、蔡亚唯、曾文慧、朱广力、苗蕾、褚凌云、丁志强

一、规划背景

花红村位于上海市宝山区罗泾镇东北部，东靠陈行水库和宝钢水库，南临陈行老镇，西接罗泾新镇区。宝山区主干道北蕴川路从花红村中部穿过，交通便利。由于村域范围内大部分用地位于陈行水库水源地二级保护范围内，现状花红村面临主要问题包括：第一，现状二产用地破坏生态网络的整体性，生态环境修复的任务艰巨；第二，随着 198 工业的退出，村庄经济面临产业转型的压力；第三，现状公共服务设施建设质量不高、部分设施用地不足，缺乏公共活动空间。2017 年 3 月花红村获批为“上海市美丽乡村”。村庄规划的编制有效地促进了花红村有序建设，走上经济、文化、社会与生态协调发展之路。

美丽乡村建设总平面图

二、规划构思

生态为先，促进环境改善：完善村庄的生态空间格局，形成生态及人文景观网络，提升本村的环境质量。

有机更新，塑造宜居美村：遵循建设减量的原则，确保村庄生态空间增加，建设空间减少，居住用地有机式更新，打造“乐活农耕园、多彩新花红”新型乡村社区。

文化重塑，促进产业转型：积极利用花红村千亩良田资源优势和罗泾镇“十字挑花”技艺传统，塑造花红村独具特色的“耕与绣之歌”，打造文化旅游强村。

公服保障，应对社会转型：针对人口老龄化和社区空心化日趋严重的情况，以需求为导向，充分结合村民意愿，本着

规划功能结构图

规划用地图

方便、适用的原则，均衡布局公共服务设施。

三、主要内容

1. 功能定位

以“一泾并生、三朵花开”为发展理念，打造“稻花、菜花、十字挑花”为主的空间和产业特色，建设“耕与绣之歌”文化旅游强村。

2. 公共空间

以三个村庄公共绿地为重点，滨水生态空间、宅间宅旁大树空间、小型生态停车场空间为特色，打造多功能停留活动空间；结合村俗民风，增设红白喜事办宴点等功能；打造展现罗泾镇和花红村文化历史特色的十字挑花工坊，研究与展示“十字挑花绣”这一传统工艺的独特魅力等。

3. 产业发展

坚持以生态性、文化性、高效性为原则，以发展现代休闲农业为主要方向，以农业增效、农民增收为两大核心，培育村庄可持续的造血机制。

4. 生态景观

规划依托现有水系、道路串联田、林等生态斑块及新改造的公共绿地节点，构筑以农田为基底、乡村林网为屏障、水系为特色、公共绿地为亮点、水库为保护对象的乡村生态格局。村庄内部根据“一泾并生、三朵花开”空间理念，围绕潘泾河布置公共服务设施，打造“稻花、菜花、十字挑花”为主的空间和产业特色。

5. 文化策划

结合农耕文化旅游主题的打造，修建小型休憩空间，引入农耕主题元素和特色雕塑，营造独具乡村风情的空间环境。建设十字挑花工坊，打造以十字挑花文化和千亩良田文化为特色的花红村庄旅游文化。促进乡村文化，强化乡村社区认同，提升村民的整体素质，同时形成以一产为依托，以文化打造为重点的乡村模式，吸引外来游客。

四、创新与特色

1. 路径特色

本次村庄规划加强对社会、经济等相关方面的调研，并对当地居民进行翔实的走访，听取了解居民的发展愿景。在编制工作的推动上，以美丽乡村建设规划专篇为导向，对村庄进行全方面的研究与布局，发展理念、空间打造与用地落实以及设施布局紧密配合，优势互补；为确保规划更有效地实施，对近远期建设项目进行详细的安排，对建设项目、资金来源与区镇各部门进行对接，借助各方面的力量，保证规划有效落实。

2. 思想创新

以转型发展为贯彻始终的发展导向。随着地区 198 工业用地退出历史舞台，花红村面临严峻的社会、经济和空间转型要求，强调生态基础作用，以产业发展促进村庄发展转型，以生态与文化建设落实转型，以公共服务设施完善深化转型，以空间调整承接转型需求。

3. 成果创新

本次规划成果除文本图则、说明书、图集外，编制了美丽乡村规划，以深化文化与生态在空间塑造上的作用；以生态基底为引导，构建道路系统、停车系统和慢行系统，在满足日常通行需求的基础上，贯穿村内滨水、千亩良田、百亩菜花等主要景观资源，并满足未来主导产业——旅游业的发展要求。

五、实施情况

规划编制后，以村委会为主体，罗泾镇政府为支撑，积极推动村庄规划的实施工作，完成了“十字挑花馆”企业清退和厂房产权转移、村庄内全部非保留工业企业拆迁和复垦还林、多处村庄公共空间建设与整治（东庭院等）以及随塘河和随塘路等水域和道路整治美化工作。目前，村庄其他各项建设正稳步推进，规划一期建设基本完成，形成了“花开稻香醉小楼”的农家风貌。

即墨市田横镇雄崖所村美丽乡村规划

2017 年度上海市优秀城乡规划设计奖（村镇规划类）三等奖

编制时间：2016 年 1 月—2016 年 12 月

编制单位：上海麦塔城市规划设计有限公司

编制人员：陈荣、李根远、华龙玉、张秋凡、施忠华、齐克夏、陶臻、何春耘、彭志坚、张云云、王正宁、蒋美林、任凯、胡小可、邓庆喜

一、规划背景

雄崖所村地处山东省即墨市田横镇，是山东省保存最完整的海防古城，也是全国第一批传统村落和青岛市唯一国家级历史文化名村。2016 年即墨市提出“美丽即墨”战略，雄崖所村确立为首批美丽乡村精品示范村之一。本次规划范围为雄崖所村域 431 km^2 范围。

二、规划思路

作为海防古城，雄崖所村虽一直有上级资金支持修缮，但仍面临风貌上村庄化侵蚀，产业与人口村庄式空心化和文化削弱等问题。如何实现雄崖所村的复兴，彰显海防古城文化风貌与内涵，取得古城保护与村庄发展的平衡，是本次规划的重点。

规划目标上，雄崖所村以“文化为核，融入环湾”发展理念，以海防文化历史传承和文化休闲服务为主导，打造“古韵雄崖、海防重镇”。

1. 文化保护为魂——挖掘海防文化内涵，寻求长远发展

（1）抗倭雄关——重塑场景，打造历史景点

深度挖掘雄崖所古城历史遗迹遗存，重点塑造“两街一衙、四门一河、一寺三馆”的场景，全面展现明代所城历史和生活。

（2）精武强能——打造爱国军事教育基地

申报山东省爱国主义教育基地，强化海防文化体验和爱国主义教育；结合古演武场建设海防主题博览园，打造南门广场和海防博物馆。

（3）驻守屯田——植入功能，体验古城文化生活

通过老兵酒肆、千户客栈等海防主题，消费体验厚重的海防生活。

2. 活力复兴为核——海防文化主题业态植入，激活村庄

把握古城资源禀赋，结合现代旅游消费趋势，重点构建主题客栈、轻餐饮和休闲商业三大核心业态。整合周边自然景点资源，形成历史文化休闲、自然田园观光与滨海养生度假三大主题旅游产品体系。

3. 空间整合为先——梳理空间资源预留发展，凸显空间特色

（1）村域凸显“山、海、城、田、河”发展格局

提升山海田园大环境，建设生态旅游项目，形成“一心一环四区”的整体空间结构。

（2）村庄进行空间梳理整合，完善服务

梳理、整合空置院落和闲置地，预留村民未来分户安置和旅游功能植入；服务上考虑生活与旅游并重，整合构建村庄公共服务设施和旅游服务设施两套体系。

（3）交通上进行“外部提升和内部疏通”

构建环形道路，疏通至景区交通和衔接环湾绿道，提升外部交通；内部整治、疏通、恢复历史街巷结构；古城各城门外设置公共停车场，降低旅游对古城的干扰。

雄崖所古城实景（左—南城门、右—西城门远眺）

4. 强化风貌整治——保护和提升古城风貌，彰显所城古韵

在“整洁美观有文化”基础上凸显“特色精致有品位”，确立三大建设重点。

（1）建筑风貌上提出分类改造原则

文保单位严格保护历史风貌和功能；风貌建筑保留历史格局，修复历史风貌，更新功能；现代建筑强化与古城风貌协调化改造。

（2）重点整治以十字大街为骨架的“两街六巷”

对十字大街进行铺装、建筑立面改造，增加文化小品标识和休闲设施。巷道凸显主题，增加文化标识，进行景观提升和特色院落打造。

村庄总平面图

（3）复兴公共空间

内部梳理空地，塑造多主题的公共场所。结合村民行为习惯，重点建设南门广场、北门广场和西门观景平台。

三、规划特色

1. 保护与开发平衡的古村落旅游发展模式

以保护带旅游，通过历史遗存保护修复，建设文化景点，适度发展旅游。保护范围外以旅游促保护，进行主题博览园、酒店和生态园等大型旅游项目开发，做强旅游经济，保障古城保护维修。

2. 以文化和业态策划、活化与复兴古村落

挖掘抗倭海防文化内涵，发展海防文化展示体验和爱国主义教育，以文化项目强化古村文化特质。依托古城风貌发展文化休闲旅游，导入以主题客栈、轻餐饮和休闲商业为主导的业态体系，激发村庄活力。

3. 探索文化型古村落的建筑保护和改造方法

结构性保护——对古村落格局、街巷结构进行整体保护整治。

分类化改造——包括文保单位的场景式保护、核心风貌建筑的风貌修复和新建筑的风貌恢复等多种改造模式。

文化性强化——通过识别和强化历史印记，收集周边历史物件和设计文化标识，打造文化场所，强化村庄文化特色。

本土化材料——以石材、砖、瓦等本地材料和柿树、紫薇等本土植被，凸显村庄地域特色，低成本化建设美丽乡村。

4. 法定化与近期实施统筹，一个规划，两套成果

规划制定了《村庄建设规划》和《村庄环境提升规划》两套成果体系，指导村庄全面发展和近期具体实施。

四、规划实施

2017 年 8 月，总投资 2 000 余万元的雄崖所保护提升工程完工，包括十字街石板路铺装、民居外立面、千户衙署民宿、南城门入口景观、海防博物馆改造等。承载六百年海防历史的古城逐渐焕发出新的活力。

上海市崇明区建设镇浜东村村庄规划

2017 年度上海市优秀城乡规划设计奖（村镇规划类）三等奖

编制时间：2016 年 9 月—2016 年 12 月

编制单位：上海市崇明区规划设计院

编制人员：施建周、徐国彬、喻梦成、黄祯茂、丁凯、沈娇

一、规划背景

《崇明县美丽乡村建设规划（2015—2020 年）》中明确了美丽乡村建设目标，即到 2020 年力争创建约 100 个美丽乡村县级示范村、30 个左右的美丽乡村市级示范村，使崇明农村成为上海市乃至全国一流的“村美、民富、人和”的社会主义新农村。

2015 年以来，在城乡一体化发展背景下，崇明以新一轮总体规划为引领，落实总规对城乡体系构架、空间布局调整以及集建区外建设用地减量化等的要求，启动编制了村庄布点规划。规划按“保护村”“保留村”和“撤并村”三种类型实施分类指导，明确了控制规模、空间布局等要求，从宏观战略到空间落地，为开展农村集中居住工作提供了规划指导依据。

为科学指导建设镇浜东村美丽乡村的建设活动，进一步衔接宏观政策导向与上位规划，统筹村庄发展和各项建设内容，2016 年崇明规划土地局联合建设镇人民政府开展建设镇浜东村村庄规划编制工作。

二、核心发展问题

一是经济基础薄弱，内生动力不足；二是建设用地受限，

规划结构图

土地使用规划图

产业布局图

部分宅基地空置；三是公共设施有待完善；四是村庄风貌特色不明显。

三、发展目标及策略

（1）促进村庄产业转型与提升

第一、三产融合，推动传统农业向现代都市农业转型，依托农业和乡村的自然环境、乡土生活，大力发展乡村休闲旅游业。

（2）合理引导居民点布局和建房需求

走“风貌田园化、规模减量化、布局集约化”道路。

（3）优化配置各类配套公共设施

坚持“均衡布局、促进交往需求导向、节约用地”。

（4）村庄风貌提升，特色风貌塑造

老街风貌复原化，乡村环境森林化 / 园林化，建筑风貌本土化，河流水系生态化。

四、主要内容

1. 定位与规模

本村庄规划定位于以乡村休闲旅游和现代都市农业为主导、森林景观和老镇历史风情相结合为特色的美丽乡村示范村。

人口规模：规划期末，户籍人口规模为 1 900 人，常住人口规模为 2 000 人。

用地规模：规划期末，村庄建设用地规模为 64.55 hm^2，城镇建设用地为 6.605 hm^2。

2. 空间结构

综合考虑现实基础和发展条件，规划形成“一轴、一街、两区”的布局结构。

一轴：以道蟠龙公路为依托，沿线布局以森林度假、乡村休闲为特色的用地功能，形成森林旅游景观轴。

一街：充分挖掘浜镇老街的历史文化资源，打造独具特色的浜镇历史风情街区。

两区：把本村的功能发展划分为乡村生态文化休闲区、都市农业发展区两大片区。

3. 风貌提升重点

根据浜东村的特殊区位优势和现状发展条件，规划确立“乡村景区化”的战略思路，按照建设发展美丽乡村旅游景区的要求，着力提升和打造乡村景观风貌，主要采取以下四个方面的风貌整治发展策略。

（1）老街风貌复原化

依托浜镇老街的历史遗存，挖掘历史人文资源，保护和修复老街历史风貌，彰显古镇人文魅力，丰富乡村旅游文化内涵。

（2）乡村环境森林化 / 园林化

以完善现有生态林地为基础，积极发展果林、经济林等林业经济，加大田间防护林和村庄居民点的园林绿化建设，构建森林景观特色浓郁的乡村环境。

（3）建筑风貌本土化

积极推进农宅综合改造，强化崇明本土建筑特色，从主要道路沿线的农宅改造入手，逐步向全村覆盖。

（4）河流水系生态化

浜镇老街总平面图充分利用现状发达的乡村水系网络，通过疏浚沟通、保滩护岸和水旁绿带建设，提升水系生态功能和景观品质，构建人与自然和谐的乡村生态环境。

新建农宅效果示意图

浜镇老街总平面图

贵州省龙里县洗马镇“三规合一”总体规划

2017 年度上海市优秀城乡规划设计奖（村镇规划类）三等奖

编制时间：2014 年 12 月—2015 年 12 月

编制单位：中国能源工程集团有限公司

编制人员：陈智杰、种小毛、戚闻洁、虞群、陈顺生、柯淑瑾、苏永峰、赵露莎

一、规划背景

洗马镇位于贵州省龙里县，距贵阳和县城龙里均为 58 km。2014 年，龙里县行政区划调整，将原有的巴江乡、洗马镇和哪旁乡三个乡镇合并为现有的洗马镇。因此，行政区划调整后，为推进洗马镇的城乡空间统筹和建设管理，亟须开展总规编制工作。

本次“三规合一”总体规划将国民经济和社会发展规划、城乡规划、土地利用规划，落实到一个共同的空间规划平台，规划形成一张图。

二、规划思路

在本次规划编制之初，规划团队面临着以下几个问题：一是在乡镇层面如何实现多规融合；二是受生态约束的山地城镇，如何实现空间上保护与发展的平衡；三是作为贫困镇，规划如何通过产业、经济与空间规划实现乡镇自我发展道路。规划提出以下思路：

传统上的乡镇并没有“十三五”规划和土地利用规划做指导，因此，本次规划一方面从宏观角度，从龙里县土地利用规划和社会经济发展规划入手，落实洗马镇的土地利用规划和社会经济规划，实现县镇的规划落实与协调；另一方面，自下而上通过村镇的土地整理实现建设用地的集中，实现村镇空间与土地的规划合一。

洗马镇位于贵州山区，可利用土地非常有限。规划通过 GIS 分析，对高程、坡度、坡向、交通、地表水和建设条件等因子进行权重评分，并结合土地利用规划，原则上不变动基本农田的前提下，将建设用地土地指标尽量集中，以此确定了基本生态空间边界、永久基本农田边界、城镇开发边界和城镇建设边界。

规划通过对龙里县和洗马镇的产业进行深入研究，确定洗马镇未来产业发展由资源开采型向生态延伸型转变，未来以生态农业为主，结合本地的刺梨产业和荷花产业，延伸产业链，依托生态旅游资源优势、临近贵阳的优势和少数民族的文化优势，发展都市型生态观光旅游业，实现产业的精准扶贫。

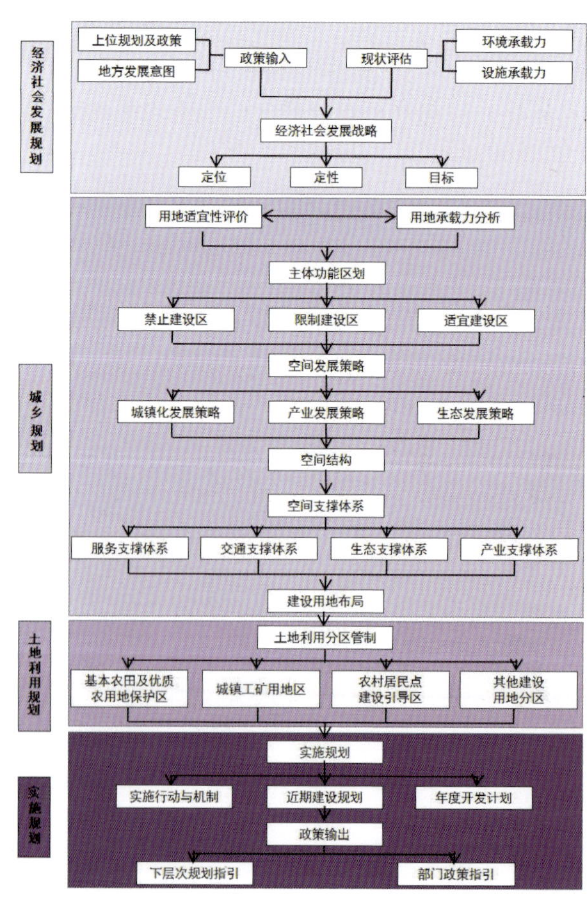

“多规合一”框图

三、规划内容

1. 多规融合

（1）确定指标

本次“多规融合”的主要内容包括土地利用规划、社会经济“十三五”规划和城乡总体规划，规划通过对发改、国土、城建和交通等部门的基础调研，结合各部门对经济、土地、空间和道路的规划和发展需求，确定生态环境、经济发展、人口与城镇化和用地的发展目标，并分解到2020年和2030年。同时将城镇建设用地指标，分解到城乡建设、交通水电等子项中，明确各城镇、村庄的土地指标，反馈到县一级土地利用规划。

（2）划定边界

规划确定了基本生态空间边界、永久基本农田边界、城镇开发边界、城镇建设边界。在不侵占城乡基本生态空间边界和永久基本农田边界基础上，划分洗马镇中心镇区、哪旁社区、巴江社区可建设空间和非建设空间的地域分界线。城镇建设边界主要包括洗马中心镇区、巴江社区、哪旁社区城镇建设用地、工业区用地及农村居民点建设用地等。

（3）措施管控

在划定城乡基本空间边界的基础上，根据用地建设适宜性评价、资源环境评价、生态敏感区保护等要求，结合城乡空间发展战略，对洗马镇空间的管控要求加以明确，划定“三区四线”。

2. 城乡总体规划

（1）镇域总体规划

以“可生长的发展空间、集约型的城镇形态、可步行的游憩网络、高品质的休闲环境”为理念，建立“组团状”的空间布局。以自然绿楔、高新农业和森林为城镇建设的生态空间，以洗马中心镇综合服务发展区、巴江集镇区、哪旁集镇区为发展建设空间，以县道924、永巴线为城镇发展轴，形成“一心、两点、两轴、五片区”的空间结构。五片区包括：综合服务区、民族特色区、自然人文区、森林经济区、田园生态区。

（2）镇区规划

龙里县北片中心节点，以发展绿色农产品产销配送、生态居住、旅游服务配套功能为主，是以少数民族风情为特色的综合服务型城镇。镇区空间规划为“Y”结构布局。总体上形成“核心引领、组团分布、轴向带动、景观渗透”的空间结构。规划中心镇区以三大中心为核心，形成三个片区，包括中部综合服务发展区，北部的生态休闲居住区和南部的产城融合示范区。

四、规划实施

洗马镇政府在本次规划的指导下开展了《洗马镇区控制性详细规划》《哪旁社区高寨村组村庄规划》和《洗马镇镇区风貌规划设计》等编制工作，目前控规已通过评审，高寨村组村庄规划已改造完成，镇区风貌正在进一步改造。

镇域空间结构规划图

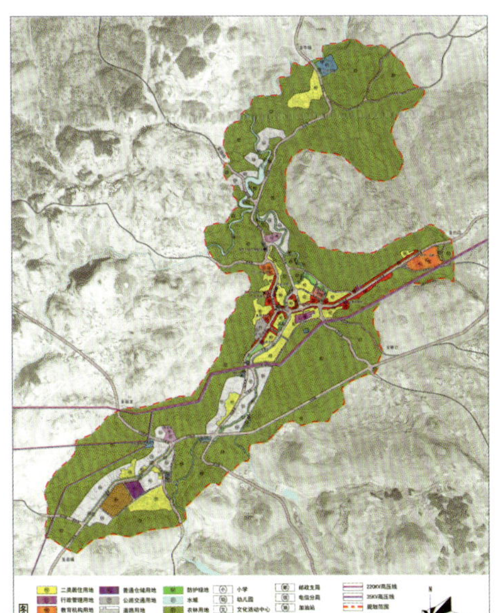

中心镇区近期土地使用规划图

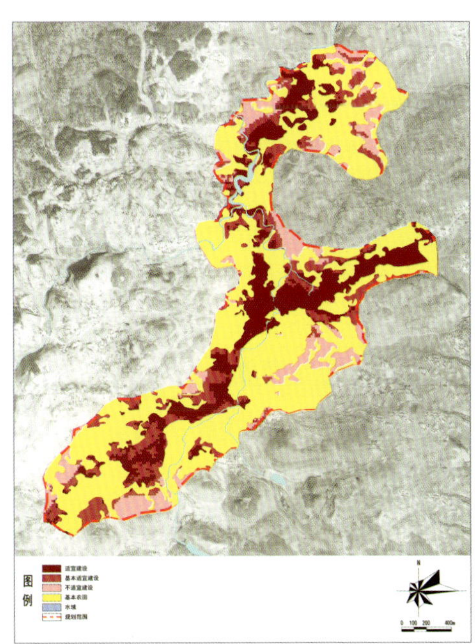

中心镇区用地综合评价图

浙江省龙泉市上垟镇源底村历史文化村落保护与利用规划

2017年度上海市优秀城乡规划设计奖（村镇规划类）三等奖

编制时间：2015年2月—2015年12月

编制单位：上海上大建筑设计院有限公司、上海砼森建筑规划设计有限公司

编制人员：刘勇、高思洲、覃海栓、许晶、姚正厅、蒋超亮、甄静、李瑜、张佩贞、谭东、邵刘英、金兆奇、胡垚

一、规划背景

为落实浙江省提出的“美丽乡村建设行动”，推进历史文化村落保护与利用，龙泉市开展了建设“美丽乡村”行动，同时将源底村列入浙江省美丽乡村建设第三批名单。

源底村位于浙江省龙泉市群山之间，村内南北向有贵溪穿流而过，良田在东西侧。现保存着27栋清末民国初期建造的古民居，周边穿插同时期的古道深巷，与周边山水和谐一体，尽显浙派山乡建筑特色。

二、规划内容

1. 村庄整体布局

规划形成“一轴、三区、多节点”的空间结构。

“一轴”——即八安路，为村落发展主轴。

“三区”——传统村落体验区：依托集聚的古宅民居，设立农家生活体验节点、民俗活动及郊外活动节点；乡村生产生活区：以生活服务，菌菇生产为主，以村民居住为主要功能；旅游服务展示区：南部延续青瓷小镇的旅游文化并设立旅游服务展示区。

2. 规划对策与措施

通过规划，对民居的风貌、特色进行定级，确定需严格保护与修缮的建筑，并根据不同建筑类型，如夯土卵石、砖木结构、天井式等确定分类整治方式。在提出建筑分级保护的基础上，对村庄北部27栋需保护的古建筑屋面、外墙、勒脚、门、窗、阳台、院落环境、结构等，提出做法导则。针对古建筑提出修缮技术引导，按照建构筑物的不同部位，如屋顶、墙体、木作、油漆、地面等进行细致的改造设计。

核心保护区内有四条主要古道线路，为中间石板两侧卵石或以卵石

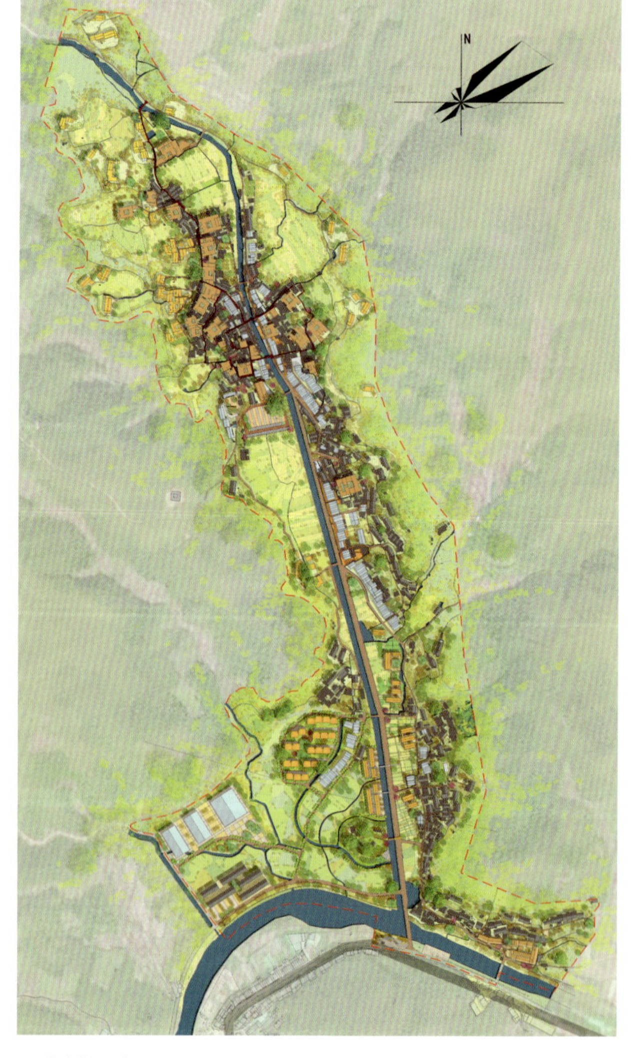

源底村设计总平面图

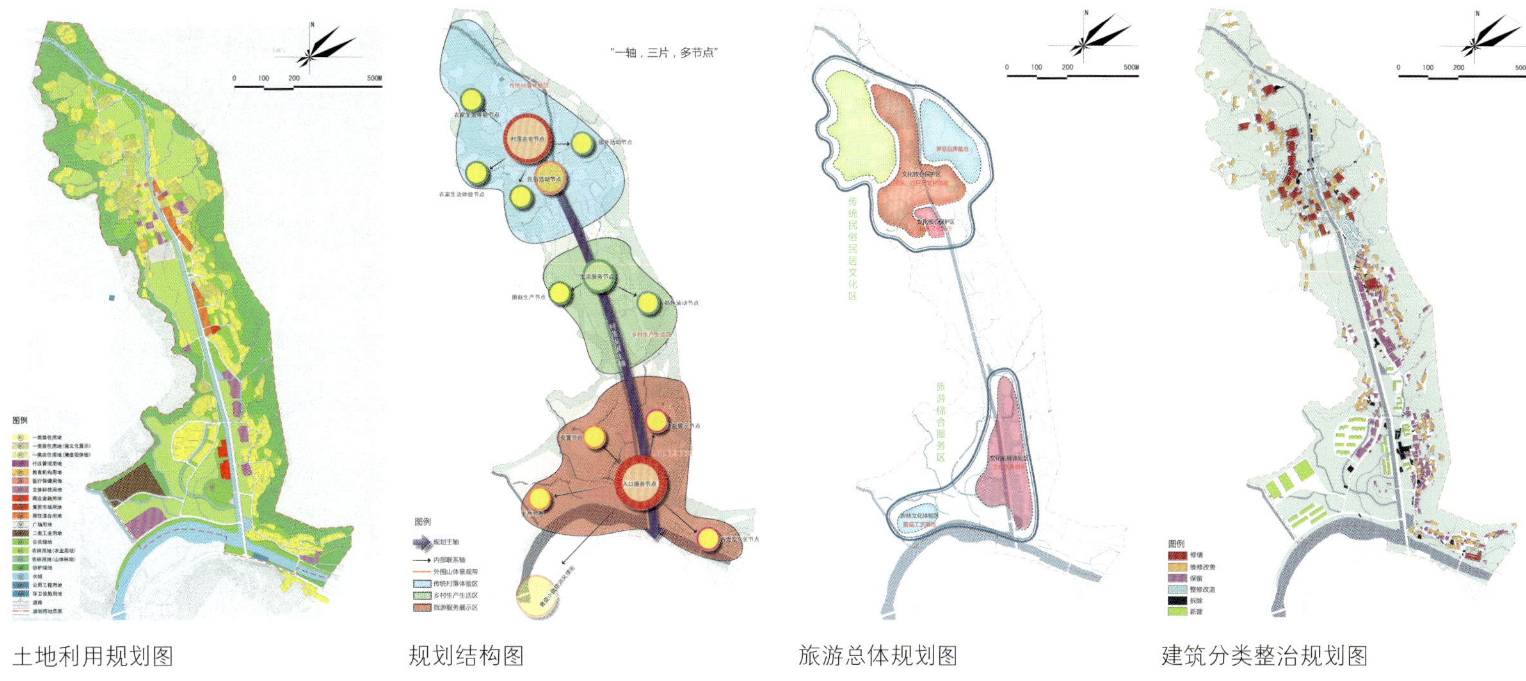

土地利用规划图　　规划结构图　　旅游总体规划图　　建筑分类整治规划图

造型。原则上保留原有道路形式，采用当地青石板、水泥仿古压膜等方式，对破损、缺失的卵石路段进行修补。

三、规划特色

1. 规划前期调研深入细致

龙泉市上垟镇源底村道路两侧景观前期现场踏勘时，对189栋建筑的建造时代、结构、材料、功能、建筑面积、用地面积等进行了细致调研，对所有古巷的断面尺寸、材料进行了勘测，并深入27户村民家中进行问卷调查和访谈，了解他们的诉求，为后期设计提供翔实的依据。

2. 规划内容完善，规划措施重在实施可行

规划形成总体、局部、个体三个层次，从总体用地、片区设计、建筑与街巷详细改造3个阶段对现状问题做出回应，从上至下、由表及里提出了源底历史文化村落的保护与利用策略。

3. 规划对策既重保护历史文化又惠及民生需求

规划划定核心保护区、修缮古建筑的同时，将乡绅文化、青瓷文化植入多地，打造青瓷文化馆、乡绅文化馆等。另外，通过挖掘源底农业特色，与旅游结合，提升农业产业层次，形成集农业、文化、民居、旅游于一体的发展思路，为农民创业增收提供条件。

四、实施效果

1. 建筑及景观整治

至2016年底，源底村已完成了贵溪环境整治工作，修复了文昌阁、源底会堂、老年活动室，以及总长300 m的两条古道，完成了4栋重点保护古民居的修缮和15栋民居的修复。

2. 非物质文化传承

在青瓷小镇的引领下，青瓷产业及文化得到发扬，声名远扬海内外。村民会堂展示村落历史及乡绅文化，村落文化进一步继承。传统节日受到重视，宗祠活动变得更加隆重。

源底，侧畔秀水青山，寻幽乡绅古宅，体验香蕈乐园，品味乡土特色。

滨水平台景观效果图

黄岩区长潭湖地区村庄建设风貌设计技术导则

2017 年度上海市优秀城乡规划设计奖（村镇规划类）三等奖

编制时间：2015 年 8 月—2016 年 12 月

编制单位：上海同济城市规划设计研究院

编制人员：杨贵庆、宋代军、王祯、黄璜、开欣、宣文、章丽娜、甘新越、舒凌雁、万成伟、翟羽佳、周咪咪、蔡言、蔡一凡、张梦怡

一、项目背景

本导则中建设风貌主要指村庄建成区范围内的风貌。

研究区域位于浙江省黄岩区城西环长潭湖地区，具体包括茅畲乡、上垟乡、屿头乡、上郑乡、富山乡、宁溪镇和北洋镇，总面积约 470 km^2，人口约 4.4 万人，行政村约 155 个。

长潭湖地区山水、田园风光优美，村庄建设风貌具有地方传统特色，其中布袋坑、半山村已列入国家传统村落目录。但依然有部分村庄受到建设性的破坏或正在进行破坏性建设，地方传统风貌受到严峻考验，村庄建设风貌的设计和管理水平亟待提升。因此特编制本导则，并为黄岩区出台《村庄建设风貌控制管理办法》提供支持。

二、研究思路

本导则的研究思路是在背景、相关要求、案例分析基础上结合现状特征解析形成设计技术导则。研究的核心背景在于美丽乡村成为国家战略组成部分，而村庄建设风貌是美丽乡村建设的重要组成部分。相关要求方面，重点研究了国家、浙江省和台州市的要求。案例分析方面，重点研究德国、英国村庄风貌设计的技术导则。现状特征解析方面，研究了长潭湖地区村庄风貌特色的特点、形成过程和形成原因，还总结了长潭湖地区村庄风貌特色的建设经验和存在问题。

三、主要内容及创新

本导则主要由导则正文、说明书、附录三部分组成，其中导则正文包括导则条文、样式菜单、管控建议和应用引导；说明书是对导则正文的具体说明，附录涵盖了村庄建设风貌现状调研报告和村民对民居建设的需求及意愿。导则条文分整体、单体和设施环境 3 部分，合计 72 条。样式菜单包括屋顶、墙体、门、窗花、栏杆和铺地 6 类，合计约 40 项，每项包括现状照片、推荐样式、推广运用等。要素管控分类分层进行，与

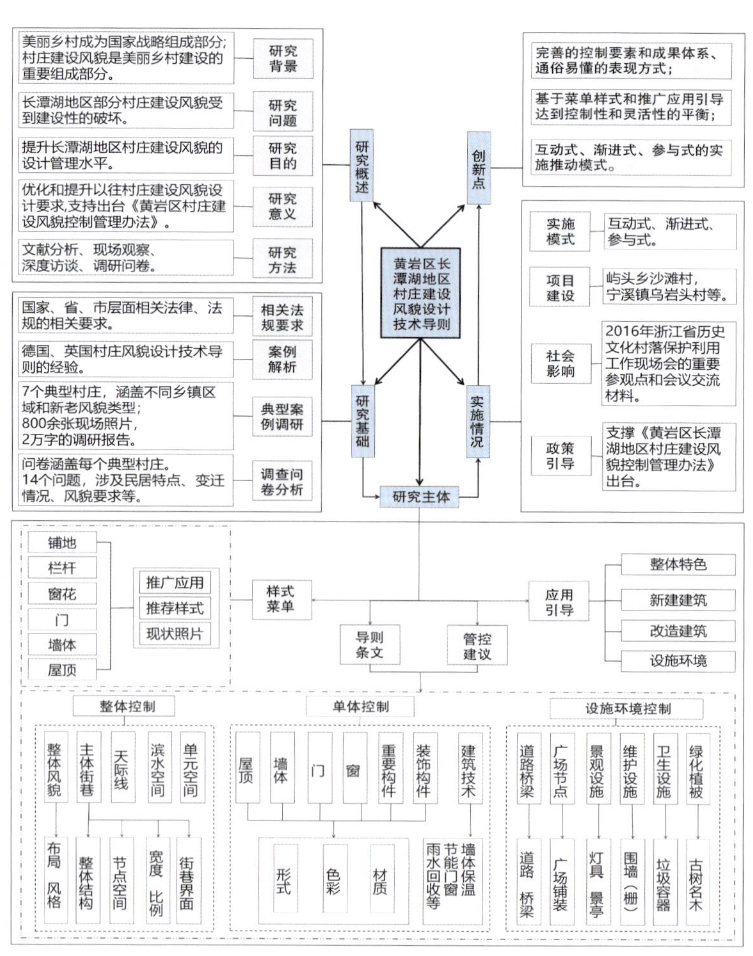

技术路线图

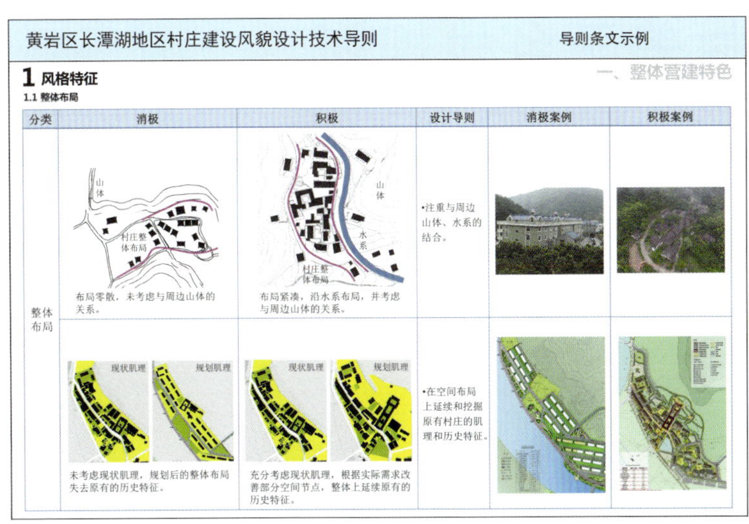

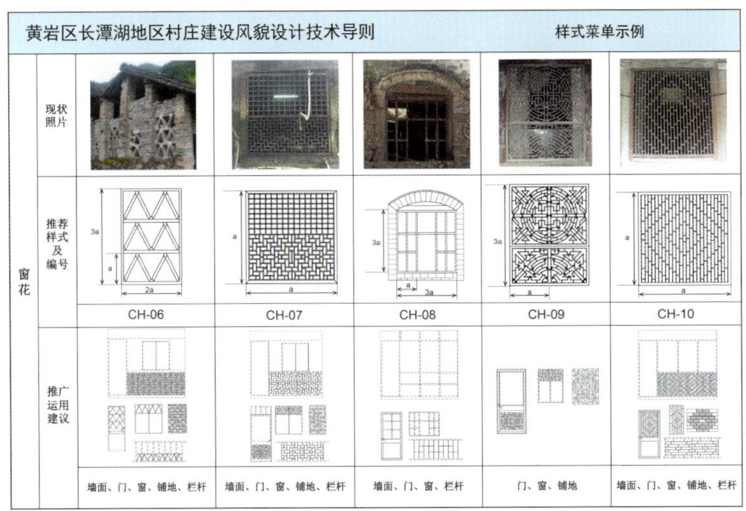

导则示例

导则条文呼应，针对平地、坡地、滨水三类村庄设计管控要求约 130 条。应用引导从整体、单体、设施环境 3 个层面进行。本研究的特点如下：

1. 对以往村庄建设风貌的设计技术要求进行优化和提升

已有村庄建设风貌设计技术要求多作为村庄或村镇规划建设技术规范的一个组成部分。本导则从完整性、系统性、针对性和可实施性等方面进行了优化和提升。

2. 要素控制和成果体系完善

首先是控制要素完整。控制要素分为整体、单体和设施环境控制三大层次。其中整体控制包括整体风貌、主体街巷空间、天际线、滨水空间和单元空间五类要素。单体控制包括屋顶、墙体、门、窗、重要建筑构件和装饰构件 6 个部分，每个部分从形式、色彩、材质 3 个方面进行，同时重视建筑适用技术的应用。设施环境控制包括道路桥梁、广场节点、景观设施、维护设施、卫生设施、绿化植被 6 类要素。其次是成果体系完善。

3. 研究基础扎实

一是，进行了典型案例调研。抽取了 7 个村庄，分别涵盖了不同的乡镇区域和新老建设风貌类型，记录了长潭湖周边村庄建设风貌的一个片段。二是，问卷调研。每个典型村庄通过问卷深入了解村民的建设意愿，夯实了风貌特色的形成基础。三是，借鉴了国内外经验。

4. 方便管理应用

一是方便政府管理。根据村庄类型，每个要素分强制使用、选择使用和强制不使用进行管控。二是管控与引导有机结合。通过样式编号和推荐，便于村民选用；同时对推广运用进行建议，这样保证风貌整体有序、局部有变化。三是方便村民理解。导则条文用语通俗易懂，有积极和消极案例示意，符合村民用语习惯，便于操作、示范和推广。最后方便村民应用。从整体特色、建筑单体的改造和新建以及设施环境四个方面依据导则要求对分散的样式菜单形成应用示范。

本导则针对长潭湖地区村庄建设风貌特征，从完整性、系统性、针对性和可实施性方面对以往村庄建设风貌设计要求进行了优化和提升。主要特色是：① 完善的控制要素和成果体系、通俗易懂的表现方式；② 通过样式菜单和应用引导平衡控制性和灵活性；③ 互动式、渐进式、参与式的实施推动模式。

漳州市平和县东坑村美丽乡村规划

2017 年度上海市优秀城乡规划设计奖（村镇规划类）三等奖

编制时间：2015 年 12 月—2016 年 4 月

编制单位：上海交通大学规划建筑设计有限公司

编制人员：徐愉凯、宋凌、陈汗青、朱希鹏、朱哲、徐向丽、胡光辉、周承业、张新泉

一、规划背景

东坑村位于平和县坂仔镇东侧的峨嵋山下，距镇区 8 km。全村共 27 个村民小组，1 824 户、7 131 人，是坂仔镇第一大村。村域面积 24 239 亩，其中有近 9.5% 为耕地，59.3% 为园林，21.1% 为林地。东坑村属于山地传统农业村落，也是较为典型的人多地少的南方村庄类型。但与一般农村普遍空心化现象不同，由于东坑村经济收入较高，居民留守比例非常高，没有出现明显的村落青壮劳动力空心化结构的问题。村民就业以蜜柚农业种植为主、外出打工为辅，总体收入对蜜柚种植的依赖性强。

东坑村的就业就地化现象，得益于蜜柚这一高经济附加值农作物，种植蜜柚的年收入与大部分居民外出务工的收入接近。而目前相对平衡的状态是否会一直延续下去？随着城市务工工资性收入与国家 GDP 同步增长，相对单一依赖农业收入的村庄是否可以持续维持活力？

为此，规划基于对东坑村的产业与居民现状的深入调研，重点聚焦产业发展以及闲置资源要素的联动激活，并采用“微更新”为主的方式，推进村庄空间整治、风貌改造，进而实现乡村复兴。

二、规划思路

东坑村美丽乡村规划，在开展深入调研的基础上，主动摸清村庄发展的核心问题。针对南方典型的人多地少的村庄类型，重点结合特色农产品种植、传统夯土土楼和自然山水田园风光等有利资源，将村庄的产业链条从传统农业种植采摘，向农业、加工业、物流业、休闲观光业等多元一体的大农村产业发展。同时，在产业发展提升的背景下，针对村庄的环境、基础设施、居住建筑、历史建筑等要素进行了滚动式“微更新”。

三、主要内容

1. 以深入调研为基础

本次规划项目的基础调研工作，以“摸清村落发展现状、了解村民实际需求”为出发点，重点针对村落和居民开展了深入、细致的摸底调研。调研由镇、村、规划单位共同组成村庄规划工作组，工作组现场调研分为三个阶段，其中第二、三阶段为全日制调研，在村委会设置了工作室，现场与村干部、村民代表以及骨干农户充分沟通、交流。

规划总平面图

（1）自然村调研

以自然村集体为调查对象，重点了解各个自然村、小组的基础情况、产业现状、未来发展的预期和导向，总结、归纳提出各自然村的发展特征和存在的主要问题。

据有效问卷统计，东坑村的就地就业环境对青壮年并无明显的经济优势，务农从业者以年纪稍大的农民为主。沿公路及盆地、平地部分，处于地缘区位较好的区域以及具有蜜柚加工厂的村落，人均年收入相对较高。此外，由于东坑村内劳动力平均成本、人均耕地面积不高，耕地资源并不具有优势，一定程度限制了人均收入进一步提升的空间。

（2）入户村民调研

以福阳自然村为例，村域面积为 195 亩，耕地面积占三分之二多，共 41 户、175 人。通过入户调研，深入了解并梳理总结，提出了村庄在经济和就业等方面的重要特征。

总体而言，东坑村村民的生活水平处在可以保障小康生活的阶段，但是倘若按现状生产模式，村民的生活水平和收入状况需要进一步提升的话，则将面临较大的发展瓶颈。

2. 以产业发展为主导

东坑村产业发展的重心，是农业产业链的延展问题；与此同时，大量具有一定历史价值但尚还未成为文保单位的土楼，则需以相适宜的方式进行有效利用。

策略一：创新农业发展模式，促进传统农业转型升级，提升农业发展的服务能级。东坑村的传统农业主要有蜜柚、青枣、香蕉、龙眼等规模化种植以及养猪、养鸭、养鸡等牲畜集中化、规模化养殖；此外，林下经济作物主要是花生、大豆、绿豆、甘薯等。在中部田坝区域，规划布局了未来需提升的新型农业，将通过引进现代农业龙头企业，采用合作经营方式，发展绿色生态农业、休闲观光农业等，提高农业经济附加值。

策略二：引入新观念，延续农业产业链，大力发展农副产品加工业。东坑村现有多处柚子初级加工厂房，仅是对柚子进行简单清洗、包装后对外销售。未来，将大力发展水果的深加工产业，可开展果干、水果罐头制作等副食品加工业，通过后期营销、包装，形成特色旅游产品，增加产品附加值。这也是解决产品积压和滞销的有效手段。

策略三：做大、做强乡村休闲旅游业及相关服务业，创建“富美家园”。以“农民变经营者”“过客变游客”为发展目标，以“乡村休闲度假 + 景点观光 + 活动参与”为主要形式，大力发展旅游业。

3. 以空间整治为载体

（1）村域总体规划

规划提出了“脉络通畅、单侧发展；产业导入、凸显特色；存量挖掘、适度集聚；体系完善、整体开发”的发展理念。有序收缩各类住宅用地，形成建设用地的紧凑布局和农用地的规模化利用，以利于各类设施的服务；保留宅间农用地，形成宅田相间的村庄空间肌理；推动公共服务设施的提升，设置乡村活动中心；发展多层次服务产业，鼓励住宅和农地空间灵活使用。

（2）村庄微更新

对有历史价值的建筑，可探索将功能置换为民宿、企业会所、博物馆等。同时根据功能需要，将建筑外观进行适度整治，尽可能修旧如旧。如构件修缮，在保持原状基础上，建议及时修补残破的土坯和瓦片，平整墙面、屋面；废物清理，通常土坯建筑所处环境状况较差，需及时开展清理工作。

村落整体鸟瞰图

东坑村现状自然及村落环境实景

古田县大桥镇总体规划修编

2017 年度上海市优秀城乡规划设计奖（村镇规划类）三等奖

编制时间：2016 年 2 月—2017 年 3 月

编制单位：中国建筑上海设计研究院有限公司

编制人员：王立科、王金良、汤晓冬、纪强、刘茂鑫、徐文龙、周蜜、崔志祥、李葳、姜樱林、刘红薇、王振、焦磊

一、规划背景

1. 编制背景

古田县位于福建省宁德市西南部，地处福州、南平、宁德三市交会的中心点上，山清水秀的古田县被誉为“福州后花园”。大桥镇位于古田县中部，翠屏湖东岸，素有“闽东第一侨乡”的美称，坐落在大桥镇的临水宫，为全国重点文物保护单位，是国内外五千多座临水宫的祖殿，其供奉的陈靖姑是汉族民间信仰之一，在全球信仰者有八千万之众。特别是在台湾，临水宫数以千计，是连接大陆与台湾的重要文化纽带。在古田县城市总体规划中，大桥镇定位为古田县域的旅游服务副中心，在县域城镇体系中具有重要的地位。

在此背景条件下，为实现新职能定位，寻求城镇发展新思路，开展了大桥镇总体规划修编工作。

2. 项目意义

习近平总书记说，“我们既要绿水青山，也要金山银山。宁要绿水青山，不要金山银山，而且绿水青山就是金山银山。”大桥镇是典型的山区小城镇，其优越的山水格局为开展小城镇规划编制与生态环境保护提供了便利的条件。

二、规划构思

1. 现状问题剖析

① 城镇发展与县城互动不足；② 文化、旅游和城镇相互独立，旅游产业未能壮大，对城镇发展的促进作用较小；③ 生态基底良好，但建设用地有限；④ 镇区及村庄无序建设，对山体和水系破坏较大。

2. 规划解决思路

①“文化为基”，提升文化品质，以临水宫为核心，强化对台文化交流；②“生态为重”，在自然格局的基础上，划定生态保护绿线、水系保护蓝线和文物保护紫线，保护山水生态；③“土规为先”，结合土地利用规划和其他相关规划要求，叠加分析相关因子，指引总体规划开展；④“以点带片”，将镇区东部的永安新区作为以上思路的核心衔接点，建设永安片

大桥镇区位图

大桥镇山水格局

近期建设项目一览表

序号	近期建设项目名称	用地类型	用地面积（公顷）
1	临水大道收储用地	居住用地	4.1
2	大桥村新区用地	居住用地	5.1
3	大桥食用菌展示交易中心	商业用地	6.6
4	大桥食用菌产销基地	工业用地	4.8
5	大桥村上安章食用菌基地	生产设施用地	10.0
6	镇区污水处理厂	市政基础设施用地	0.17
7	洋中村村民建设用地	居住用地	1.3
8	中村还迁安置区	居住用地	4.3
9	临水宫文化景区	文化设施用地	7.4
10	民俗博览园项目	文化设施用地	2.7
11	大桥镇新建110KV变电站	市政基础设施用地	0.72
12	苍岩村文化活动中心	文化设施用地	0.2
13	大桥镇加油站用地	市政基础设施用地	0.2
14	大桥新批加油站用地	市政基础设施用地	0.5
15	大桥垃圾转运站	市政基础设施用地	0.2

“多规合一”与近期建设相结合，确保方案落地

区副中心，主动联络县城，在生态、产业、旅游服务等方面协同发展。

三、创新特色

1. 从相互独立到文化、旅游、城镇互动发展新路径

规划划定临水宫保护区，并在原有基础上进行扩建，在镇区南侧规划形成临水文化副中心，同时发展文化旅游，促进城镇发展，形成文化、旅游、城镇互动发展新路径。

2. 从规划独立编制到“多规合一”编制

确保方案的近期实施。规划近期建设用地与土地利用总体规划和相关上位规划积极对接，明确近期建设项目，保障规划顺利落地。

发掘潜力空间。通过对空间规模、可达性、公共服务和市政基础设施等方面的分析，划定开发强度和建筑高度控制区域，引导大桥镇潜力空间的开发利用。

3. 从山—水—城隔离到融合发展

土地利用规划上，以生态格局为底线，采取“护山保水”的策略。结合 GIS 空间分析，对地形、高程、水系和道路等方面分析评价，在此基础上进行空间设计和规划建设区的划定。

道路交通组织上，采取“迎山沿溪”的策略。规划新建道路沿山脚和溪边建设，尽量减少开挖量和土方回填，节省建设投资。

景观系统设计上，采取“借山用水”的策略。充分利用现状的山水格局，新建多处公园，视觉上形成“望得见山，看得着水”的效果。

空间结构发展上，采取“依山亲水”的策略。以山为界，以水为脉，形成“一主两副，两轴三片区”的城镇功能空间结构。

四、实施情况

本规划于 2017 年 2 月获古田县人民政府批复。随后指导了大桥镇镇区控制性详细规划编制，一并得到了批复。大桥镇根据规划成果，逐步展开的实施工作主要有：① 划定临水宫保护区范围，并依据周边地形地势，进行扩建，现已完成土地平整工作，逐步开展建筑施工；② 完成古田通往福州的省道联十线大桥段，部分区段的修建，其余区段正在进行沿线的土地征收工作；③ 镇区扶贫搬迁安置新区在建设中；④ 污水处理厂已破土动工；⑤ 垃圾转运站已建成并投入使用。

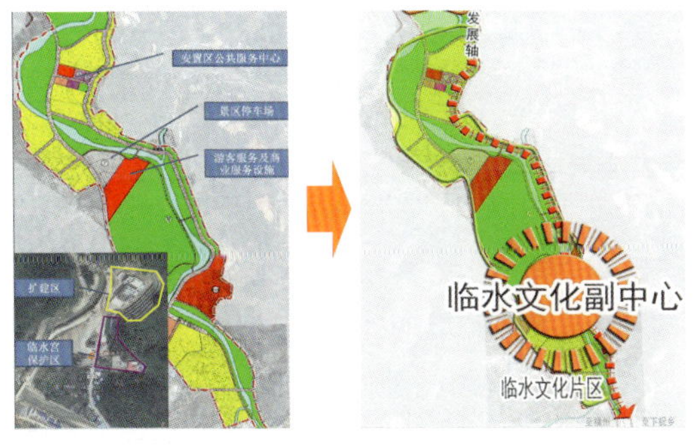

临水宫保护与扩建

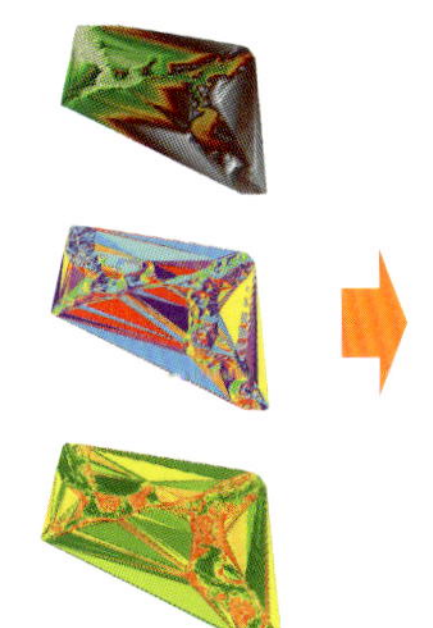

土地利用规划：“护山保水”

道路交通组织：“迎山沿溪”

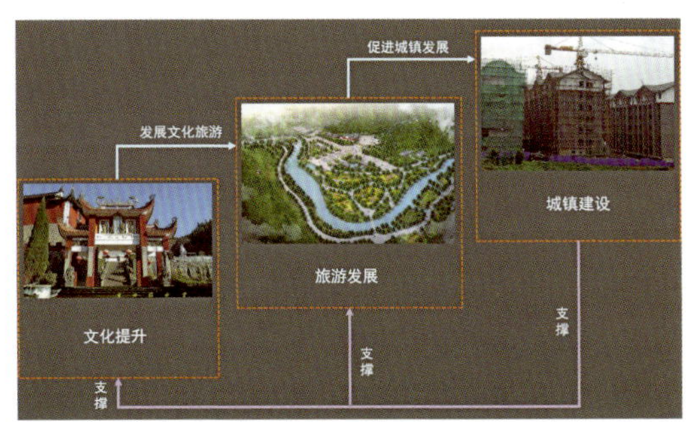

文化、旅游、城镇互动发展新路径

景观系统设计：“借山用水”

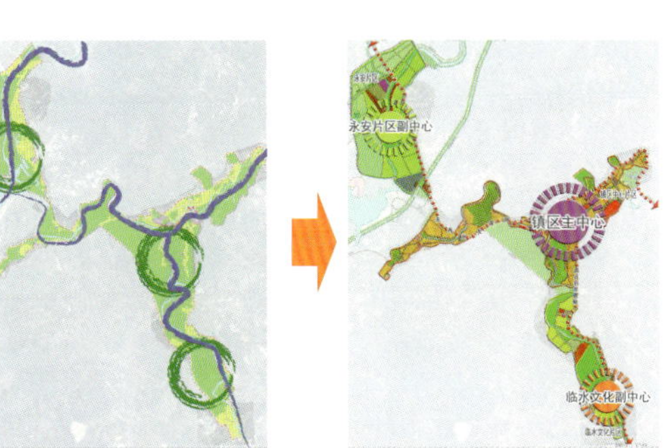

空间结构发展：“依山亲水”

上海市奉贤区奉城镇分水墩村村庄规划（2016—2040 年）

2017 年度上海市优秀城乡规划设计奖（村镇规划类）三等奖

编制时间：2016 年 5 月—2016 年 11 月

编制单位：上海沪闵建筑设计院有限公司

编制人员：邹燕峰、李靖、王伟红、赵永芬、杜芸芸、杨利华、吴芬、张亚林、黄庭、邵晓燕

一、项目概要

分水墩村位于奉贤区奉城镇东北部，东临四团镇，北临南宋村，西临戴家村，南临幸福村，全村域面积约 5.8 km^2。分水墩村产业以农业为主，该村家居制造业较发达，有“家具之乡”的美誉；分水墩村有一处分水墩老街，在 1960 年代是一个比较繁荣的小集镇，建筑依水而建，呈现出江南水乡村落景观特点。

规划总平面图

二、功能定位

以保留整治为主的大都市远郊宜居村庄，以现代农业和生态休闲养生为特色产业，建设社会和谐、生态宜居、环境优美、设施完善的新时代示范村庄。

三、用地布局

千百年来，中国农民一直延续着传统的日出而作、日落而息的生活方式，传统的村庄也维持着最简单的“居—田”二元结构。然而，现代的生活方式丰富而多元，村庄作为现代文明的一部分，其空间结构也不可避免地发生着改变，服务功能成为需增加的一个方面。其中包括面向居民生活的公共服务，面向农业生产的一产服务和面向城市居民的三产服务。

分水墩村村庄布局在原有居民点的基础上，结合奉贤区村庄居民点规划进行搬迁拆除，最终形成点状小组团分布模式。居民点与村庄农田呈现相互交融的景象。“村在田中、田围绕村”的空间模式，形成了较为便捷的生活生产布局。

四、产业发展方向

以现代都市农业为主导方向——都市农业是受城市经济社会所影响的农业活动，更加突出与城市的互动关联。传统农业受物质短缺的约束，只注重物质生产方面。随着经济发展，现代都市农业其内涵逐步拓展，应该包括物质生产（传统的经济农作物）、生态环境（提高村庄的居住环境）和社会文化（进行农产品采摘等活动）等多方面。现代都市农业发展大致可以分为两种类型：菜篮子——当前都市农产品的供给已经度过了短缺时代，转向品质化、特色化和健康化，外域生鲜蔬果

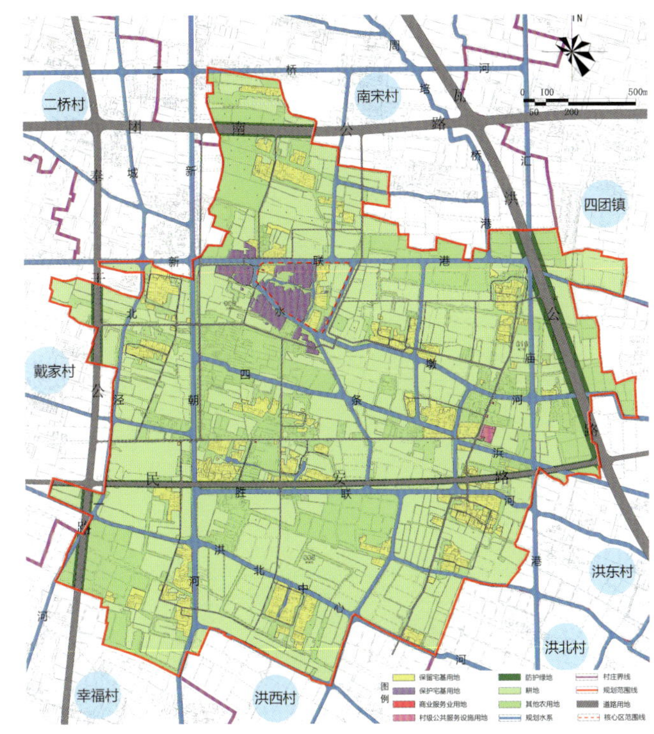

近期土地利用规划图（2016—2020 年）

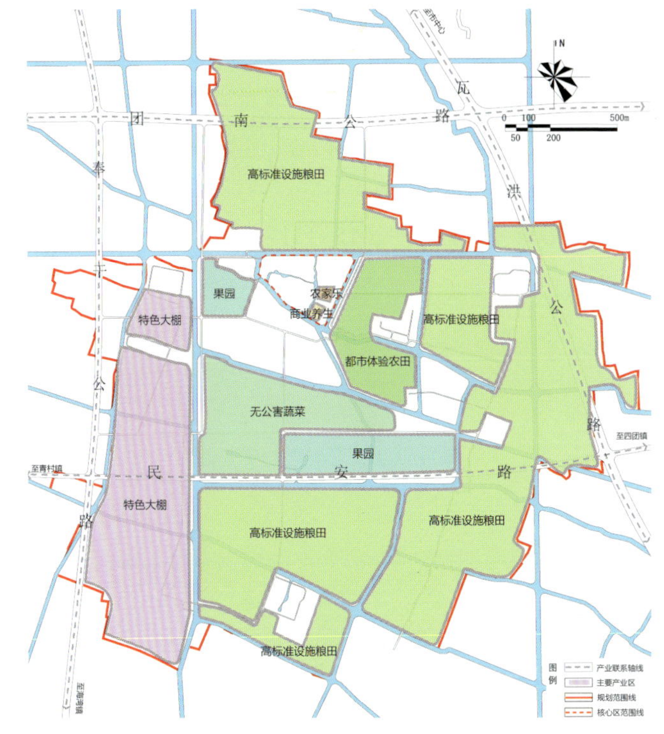

功能结构分析图

产品供给的可靠性低，价格波动性大。为了满足本地大量的需求，都市郊区发展农副产品成为必然的选择。后花园——面向都市强劲的假日休闲需求和消费能力，村庄可以满足都市人群向往田园的期望。

以百年历史建筑为基础的村庄旅游业——分水墩村属于具有保护性质的村庄，村内超百年历史建筑是重要保护内容，以此为依据结合当地老街传统的生活方式、生活理念打造特色的旅游资源。并在此基础上提出养生的策略，创造与养生有关的多种产业方式，带动全村的经济发展。

五、保护规划

通过对老街百年历史建筑的保护以及对环境的整治，实现历史空间环境的延续性，保护分水墩村的地方文化遗产、历史遗存以及整体风貌特色，提升历史文化价值，改善村落人居环境，通过核心区的历史建筑保护，辐射影响整个分水墩村的规划建设，力求建立一个风貌完好、格局完整、特色鲜明的，集人文历史环境和自然环境于一体的传统村落。

老街改造效果图

上海城市地标——上海中心大厦全过程规划控制项目

2017 年度上海市优秀城乡规划设计奖（城市勘测和规划信息类）三等奖

编制时间：2008 年 11 月—2015 年 12 月

编制单位：上海市测绘院

编制人员：王光耀、姚顺福、金雯、佘长荣、姚炜、王小斐、孙涛、吴礼信、吴狄、陈纪东、陈俭、唐玉娇

一、项目背景

上海中心大厦是上海市一座超高层地标式摩天大楼，其 632 m 的高度超过了 420.5 m 的金茂大厦，超过了 492 m 的环球金融中心，超过了 501 m 的台北 101 大楼，成为中国第一高楼、世界第二高楼，仅次于迪拜的哈利法塔。

上海中心大厦是一幢集商务、办公、酒店、商业、娱乐、观光等功能的超高层建筑，它位于上海市浦东新区陆家嘴金融贸易区，东泰路、银城南路、花园石桥路交界处，即陆家嘴金融中心区 Z3-2 地块。地块东邻上海环球金融中心，北面为金茂大厦。建筑外观像一条盘旋上升的龙，建筑表面的开口由底部旋转贯穿至顶部。

二、项目内容

上海中心大厦项目基地面积 30 368 m^2，建筑占地面积 12 287 m^2，建筑面积 57.8 万 km^2，计容面积 37.9 万 km^2，绿化面积 10 222 m^2，建筑主体地上 127 层，地下 5 层，总高为 632 m，结构高度为 580 m，机动车停车位布置在地下，约停放 1 820 辆。

上海中心大厦项目于 2008 年 11 月 29 日开工建设，2010 年 3 月完成大底板混凝土浇筑，2013 年 8 月实现主体结构封顶，2014 年 8 月全面结构封顶，顺利到达 632 m 最高点，刷新申城天际线新高度。2014 年底土建工程竣工，2016 年 3 月建筑总体正式全部完工。

本项目内容主要包括设计、施工阶段的平面控制网、高程控制网的布设与维护，建设过程中建筑物的规划全过程监督检查测量、车库验收测量以及施工过程的关键部位的施工测量等。

三、项目特色

1. 灵活布网，满足实际工程需要

对于大型工程项目，为保证各阶段工程的施工控制，平面控制网通常采用的布网方式是按照整体控制、分级布网的原则进行，并且首级网布设一般都要求布设在工程施工影响区域范围外围。加密网根据工程的实际需要布设在工程关键部位的四周。但本项目四周均为特高层建筑物，无法按常规思路布网。因此，在充分考虑经济和方便的原则下，本工程首级平面控制网的点位均选择在项目周边的道路上布点，运用非常规思路，解决了布网困难的难题。

2. 面对异形超高层建筑，精心测绘

上海中心大厦总建筑面积 57.8 万 km^2，其中地上 41 万 km^2，地下 16.8 万 km^2。主楼共分 9 个分区，每区都有独立的空中大厅和中庭，夹在内外玻璃墙之间。1 区连通裙房，主要使用功能为办公和酒店大堂、商业入口；2 区到 6 区为智能化超甲级写字楼；7 区到 8 区为超五星级酒店及精品办公区；9 区为塔冠区，设为观光层、阻尼器及设备区。地下室为商业、展示、停车库、后勤服务用房及设备机房、变电站、控制中心等，同时设置通向金茂大厦、环球金融中心的公共走廊和地下通道出入口。此外，从 2 区到 8 区，每区的底部每隔 120° 就有一个由双层幕墙组成的空中大堂，全楼共有 21 个。

如此超高层建筑，影响力大，结构复杂，垂直社区的设计理念又造成它本身业态功能划分的复杂性，加上该地块地形要素丰富，项目周期紧张，所以整个项目组从一开始就贯彻落实“积极主动、精心测绘”的理念，保质保量为甲方提供最优质的服务。

四、关键技术及难点

1. 灵活测量，满足精度要求、节约测绘费用

上海中心大厦四周均为特高层建筑物，卫星信号遮挡严重，无法按常规高等级静态 GPS 的思路布网。上海中心大厦地处冲积层，土质松软，开挖如此大的基坑，势必会影响周边环境的稳定性，影响控制点的稳定性。因此在充分考虑经济、方便和灵活的原则下，上海中心大厦的首级平面控制网运用 RTK 测量技术将城市平面控制网的坐标引测至项目中，再利用精密全站仪精密测量平面控制网的内附合关系，确保控制网内各控制点之间的高精度衔接，最大程度地节约了测量控制网布设的费用。

2. 创新方法，验证第一高度

上海中心大厦是一座超高层建筑，其塔楼外立面为玻璃材质，反射度强，四周视角小，测量设站困难，常规方法难以实施。对于如此重要的高度验证，项目组打破常规思路，利用几何水准和三角测量结合的方式进行高度测量，并选用多种方法进行数据验证与比对，最终得到了上海中心的总高度，验证了它中国第一高的身份。

3. 精心测绘，提升效率

上海中心大厦外形奇特，内部结构复杂，外墙装饰面种类繁多，每层平面图都不一样，计算面积难度大。不仅如此，它自身业态功能划分的复杂性也增加了计算的难度和进度。项目组在增加班组，协调人员的前提下，真正做到看到、跑到、测到，全面采集，每个层高、每个角落都精心测绘。内业处理中针对上海中心螺旋式上升，每层都不一样的复杂结构，寻找规律、分工协作、及时沟通、提升效率，在有限时间内按时保质地完成规划检测测量，准时为业主提供测绘报告。

五、项目实施与借鉴

历时 8 年，伴着上海中心大厦的建成，项目组配合各阶段的施工需要以及规划监督的要求，认真负责地把好上海中心大厦全过程的规划控制关。在此过程中，上海中心大厦项目组发挥测绘人的智慧，攻克难点、克服困难。

上海中心大厦项目在设计控制网之初，就长远地考虑到项目最终的规划验收。项目控制网的全生命周期使用既避免了重复布设控制网的费用，又使该项目的平面坐标和高程基准有了一个更好的延续性。运用 RTK 测量技术与精密边角测量相结合的布网方式，既解决了高楼地区布网困难的难题，又保证了测量平面控制网的内附合关系，既解决了施工周期长、工程范围广给控制网稳定可靠性带来的影响，又保证了各控制网精度的高度一致性。既满足了施工要求，又最大程度地节约了布设成本。

上海中心大厦由于其本身结构的复杂性和功能的多样性，相较于其他的一般规划项目，它的业态功能分布复杂，划分困难。在作业过程中，通过查阅相关资料，多次与甲方和设计单位沟通探讨，规范作业，按时完成任务，让整个项目组团队得到了技术上的锻炼。

上海中心大厦现场测量

上海市浦江郊野公园首期启动区西扩工程

2017 年度上海市优秀城乡规划设计奖（城市勘测和规划信息类）三等奖

编制时间：2016 年 7 月—2016 年 9 月

编制单位：上海市岩土地质研究院有限公司

编制人员：汪德信、胥鑫宇、唐军武、乔坚强、施刚、杨文荣、朱丹晖、冯雪威、唐新凯、黄晖

一、项目背景

浦江郊野公园规划通过开展“田、水、路、林、树”的土地综合整治，实现城乡空间布局优化，传承本土历史文脉，从而提升所在地区的综合功能，达到经济、社会和环境综合效益的最大化，推动城乡一体化发展。

根据近郊都市型森林郊野公园的定位和自身特色，浦江郊野公园配套建设公共服务设施以及道路、市政等基础设施，以满足公园生态、生产和休闲游憩等功能需求。明确精细化层面的规划编制方法，带动相关管理办法的改进。

二、项目概况

工程总投资 28 453 万元，总面积 409 hm^2（含黄浦江水域）。其中，绿化建设用地面积约 157 hm^2。

勘察建设内容包括配套建筑设施（服务设施、道班用房、公共厕所、变配电站等）、亲水平台、廊架、栈道等，拟建物均采用天然地基。

三、工作方案

根据相关规范及设计要求，本次勘察采用钻探取土、静力触探试验、浅层小螺纹孔、测量及室内土工试验等相结合的综合勘察手段，具体的工作布置原则如下：

（1）对拟建配套建筑、栈道的勘探孔（钻孔、静力触探孔）按“之字形”布置，控制边界，局部采用网格状布置；对每个廊架、亲水平台等建（构）筑物单体布置不少于一个勘探孔，相邻勘探孔间距不大于 50 m。

（2）沿建筑物位置布置小螺纹钻孔，孔距不大于 15 m，发现暗浜等不良地质条件时加密钻孔，控制界线孔距为 2～3 m。

（3）本次勘察共布设取土孔 59 个、静探孔 87 个、小螺纹孔 422 个。

（4）根据收集的邻近场地勘察资料，结合拟建建筑的性质，同时为满足液化判别要求，本次勘探确定孔深为 20.00 m。

浦江郊野公园现状道路

浦江郊野公园现状亲水平台

四、勘察结果

1. 天然地基评价

本项目场地普遍分布①$_1$层素填土，层厚 0.30～4.20 m，平均厚度 1.17 m，以黏性土为主，夹植物根茎等，土质不均，结构松散，经处理后可作为本工程道班房、卫生设施等配套建筑工程及亲水平台、廊架、栈道等建（构）筑物的地基持力层。

本项目场地分布有第②层褐黄～灰黄色粉质黏土，该层层顶标高 3.96～1.72 m，平均厚度 2.00 m，平均含水量为 32.9%，孔隙比为 0.950，压缩系数 a0.1～0.2 = 0.47 MPa，很湿、软塑、中压缩性。该层土性相对较好，可作为本工程的地基持力层。

2. 地基基础处理

对于基础地面以下的填土，可采用换填、碾压、夯实等有效方法进行地基处理。

①$_2$层浜填土，可采用挖除淤泥、浜土、填土并回填素土的方式进行处理，填土应分层填筑与夯实。

对于场地内分布的厚填土，上部可作换置处理，下部较均匀的填土一般需作夯实、碾压处理。

对处理后的地基进行检测，确保处理后的地基土能满足路基承载力及沉降要求。

五、项目特点及意义

由于工程勘察范围较大，水系较为发育，明浜、暗浜较多且局部填土厚度较大，勘探点分散布置在本项目场地内，给勘察外业施工进度安排带来一定困难。

因此，本勘察报告更加着重于对地基土分析与评价章节的编写，以及对暗浜、明浜、厚填土等不良地质条件分布的描绘。

本项目的勘察成果为浦江郊野公园规划建设提供了翔实的地质资料和可靠的岩土工程参数。

场区地基土层一览表

地质时代		层号	土层名称	成因类型	分布状况	土的描述等级			
						摇振反应	光泽反应	干强度	韧性
全新世 Q_4		①$_1$	素填土	人工	遍布				
		①$_2$	浜填土	人工	明、暗浜处分布				
	Q_4^3	②	褐黄～灰黄色粉质黏土	滨海～河口	厚填土、明、暗浜处缺失	无	稍有光泽	中等	中等
	Q_4^2	③	灰色淤泥质粉质黏土	滨海～浅海	遍布	无	稍有光泽	中等	中等
		③a	灰色黏质粉土	滨海～浅海	遍布	中等	无光泽	低	低
		④	灰色淤泥质黏土	滨海～浅海	遍布	无	有光泽	高	高
	Q_4^1	⑤	灰色黏土	滨海、沼泽	遍布	无	有光泽	高	高
晚更新世 Q_3	Q_3^2	⑥	暗绿色粉质黏土	河口～湖泽	遍布	无	稍有光泽	中等	中等
		⑦$_1$	草黄色黏质粉土	河口～滨海	遍布	迅速	无光泽	低	低
		⑦$_2$	灰黄色砂质粉土	河口～滨海	遍布	—	—	—	—

眉山市长寿湖公园景观规划

2017 年度上海市优秀城乡规划设计奖（城市规划类）表扬奖

编制时间：2015 年 9 月—2016 年 8 月

编制单位：理想空间（上海）创意设计有限公司、同济大学

编制人员：胡玎、王越、孙颖、应佳、吕茵、谢俊、江佳玉、陆曦、黄兆辉、侯丁琳

一、规划背景

长寿湖公园位于四川省眉山市彭山区，彭山区北接天府新区，是成（都）乐（山）黄金走廊中段的重要节点。岷江位于公园东侧，因此，长寿湖公园也是岷江河流湿地廊上的重要节点。

同时，长寿湖公园也是彭山北部新城——彭祖新城东部重要的开放绿地空间，是推动彭祖新城发展的启动项目。

公园规划范围约 116.60 hm^2，现状原貌特征为“农田 + 林盘 + 鱼塘 + 堤岸”。

基地内地形平缓，北高南低。现状以坑凼形成一些大水面，同时留下原本为田埂的线性“岛屿”，其中，北段湖面景观基本形成，层次丰富、开阔疏朗，中段至南段水系景观质量一般，有待优化提升。

现状与规划场地肌理对比图——最大限度保留原始基地的风貌肌理

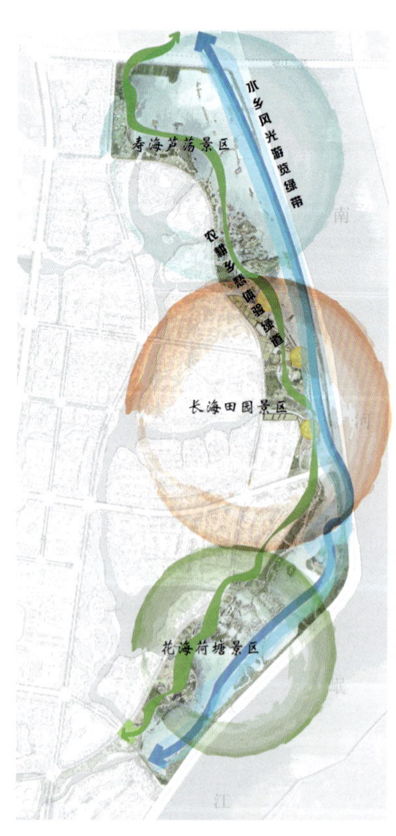

功能结构图

长寿湖公园总平面图

二、规划内容

1. 规划定位

围绕区域的原生乡野风貌，突显市民的情感体验和互动。规划定位为：以“乡愁农耕文化”为主题，以“水乡风貌”为特色的开放性公园。建成后的公园应继续承载基地曾经的农耕历史，寄托彭山区市民的乡愁情感，吸引彭山区及眉山市民、天府新区以及成都都市圈游客群，并带动彭祖新城的土地开发和全面发展。

2. 规划结构

公园最大限度地保留现状农田和水系，在此基础上形成“一道、一带、三区”的空间结构。

一道：公园西侧利用现状田埂小道，形成一条特色的农耕乡愁体验绿道。

一带：在公园东侧利用现状滨江大道，打造一条以观水为主、景色优美的水乡风光游览绿带。

三区：分为北部的寿海芦荡景区、中部的长海田园景区和南部的花海荷塘景区。

（1）寿海芦荡景区——以水坞湖光、芦荡湿地为特色

北段是长寿湖公园的主要入口和综合服务区，规划在现状水面的基础上继续开挖湖面，从而形成烟波浩渺、水天一色的大湖面景观。临水岸边设置水坞茶室、水车竹坞点缀湖面景观，是品茗、观景的好去处。南段以芦荡湿地为特色，利用现状的芦苇湿地浅滩空间，进一步开挖出多个水湾，形成层次丰富的水陆空间。在中部堆高形成一座 8～9 m 的鸟岛，设置有龟池、动物岛、水禽湾，吸引各种野生动物来此栖息安家。形成以芦苇景观为主、多种动物景观为特色的湿地生境区域。

（2）长海田园景区——以百亩菜花田、乡野竹林为特色

北段保留原有的田埂、长堤及块状农田肌理，梳理现状灌溉渠，形成蜿蜒水系穿插油菜花田中，水田相互交织，步移景异。在景区入口区域，利用部分被拆除民居建筑的基础和水塔，形成景观花园，体现农耕文化的互动园。在长海田园景区南部，利用现状的竹岛高地及其周边的种植空间，形成公园东侧的入口区。同时在岛上空地，用竹构筑一片幽静的林中休憩小园。

（3）花海荷塘景区——以荷塘圩堤、樱花林田为特色

北段原为地势较低的农田蓄水而成，蓄水后留下的高出水面的田埂圩堤形成丰富的水网景观。规划进一步开挖西侧用地，以荷塘圩堤为特色，梳理田埂圩堤，种植成片荷花、睡莲等水生植物，形成众多大小荷塘，并用栈桥串联洲岛和荷塘，以近距离观赏荷花，聆听荷塘中蛙鸣。南段是长寿湖公园南端的主要入口，规划进一步开挖现状湖面，成为城市景观轴的对景。保留沿湖滨路侧的农田肌理，并增种大量樱花、梅花等，形成樱花林的特色景观。

三、规划特点

1. 保留充满乡野“原真性”的场所来演绎乡愁主题

采用存留原真原则——最大限度保留“农田＋林盘＋鱼塘＋堤岸”的原始风貌肌理，形成具有农耕风貌的面状空间基底。

采用局部梳理原则和小场景设计——提升乡村景观风貌，唤起乡愁情感的共鸣。如花海荷塘景区现状是只能远观，无法进入。规划利用现状田塘堤梗，形成尺度适宜的洲岛，将这些堤岛塑造为可游可玩区域；再比如把现状农耕设施水塔改造成为入口花园。

2. 优化现状水系，形成大水、小水穿插的渗透性水网空间

在保留现状水面的基础上，优化水系形态，形成大水、小水穿插的渗透性水网空间，构成不同水景空间体验：北部大水观水，中部洲岛串联的湿地风貌，南部田圩荷塘。同时，有序组织周边道路雨水汇集，净化水体，保证水质，起到防洪调蓄的作用。

3. 以特色“植物生境”景观演绎乡愁主题

根据各个区域种植的主导植物品种，运用大片的植物凸显乡野景观，整个公园分成六个特色种植区。如中部的长海田园景区，以油菜花＋柿树林为主导植物，在此基础上放养特色动物，形成具有乡野特色的“动物生境”，使其成为公园更具特色的生物景观。

四、实施效果

项目在实施建设时，采用了保留基地风貌肌理的规划设计方案，为业主减少了建设量，节约了投资，具有很强的落地性。

花海荷塘景区效果图

上海市崇明县城市开发边界划定

2017 年度上海市优秀城乡规划设计奖（城市规划类）表扬奖

编制时间：2015 年 7 月—2016 年 2 月

编制单位：上海明邑规划建筑设计有限公司

编制人员：王芬、龚奇丰、田椿椿、戴俊峰、何子豪

一、编制背景

2015 年 5 月，根据市局的文件要求，上海市启动了城市开发边界划示第二阶段工作。在城市开发边界初步方案基础上划示到 2020 年的城市开发边界，具体包括已建区和规划目标年拟拓展的建设用地范围。这是在总量锁定前提下集中城镇建设区形态变化的最大边界和“天花板”，也是市域生态控制线（含一、二级生态保护红线和生态缓冲区）的空间反转。城市开发边界划定工作完成后，不再保留“集建区”名称，“集建区”控制农转用新增建设用地审批的核心职能转由 2020 年城市开发边界承担。

本次划示的 2020 年城市开发边界是崇明县落实“十三五”经济发展目标中土地供给的依据；是落实“存量规划”理念的关键；也是处理好“发展与保护”关系的战略部署。

划示 2020 年城市开发边界，有利于推进近期开发建设集聚，优先确保公益类、民生类、基础设施类等重大项目的用地空间布局。

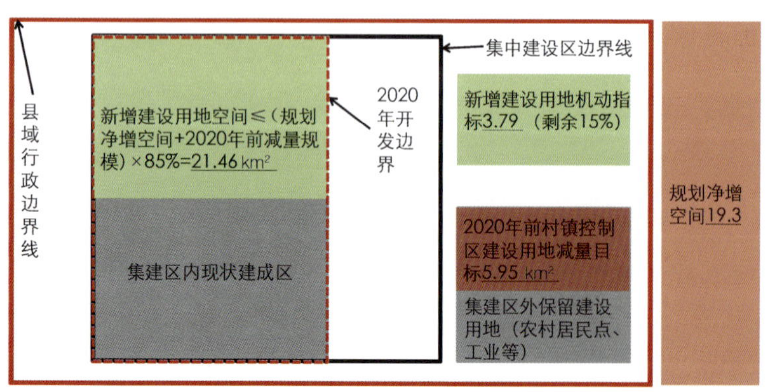

规划任务图示

二、任务与要求

根据市局工作方案的下达指标，崇明县规划净增空间 19.3 km^2，减量化任务目标 5.95 km^2，集建区内新增建设用地指标为 21.46 km^2，剩余机动指标 3.79 km^2。

本次规划的两大核心问题：一是 2020 年前的村镇控制区建设用地减量任务须分乡镇落地；二是以拆定增，新增建设用地空间分配给各个乡镇并进行开发边界划定。

三、规划思路与技术路径

按照工作方案，通过“上下联动，部门协同”，在梳理分

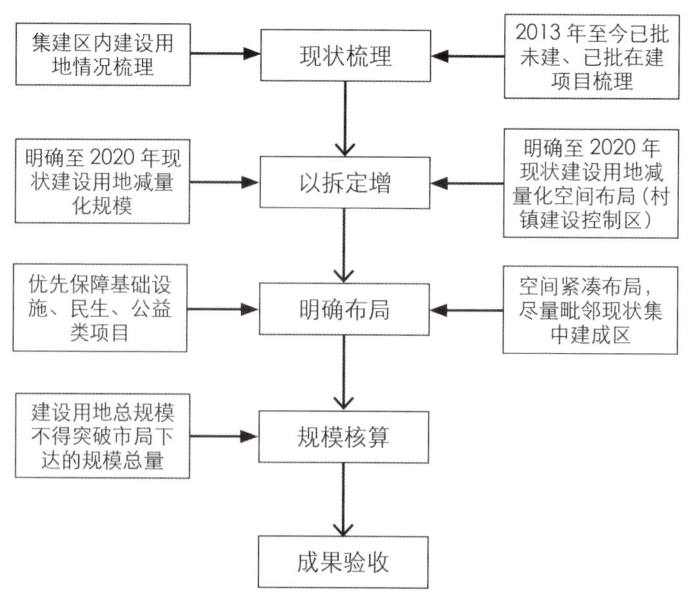

技术路线图

析现状的基础上，合理确定至 2020 年的现状建设用地减量化目标和布局，据此确定新增建设用地规模；在此基础上，充分结合总规编制和“十三五”研究工作，确定新增建设用地布局，划定 2020 年城市开发边界。

四、现状梳理

1. 现状数据底板

以新一轮城市总体规划和土地利用总体规划下发的现状数据底板为基础，即截至 2013 年底的区（县）土地利用的现状数据，对土地利用现状情况进行全面梳理分析。

2. 减量潜力评估

根据上海市减量相关政策、建设用地绩效评估及崇明乡村土地利用的实际情况，规划重点对 198 工业用地图斑的减量潜力进行分析。198 工业用地共有 14.45 km^2，扣除技改工业以及竖新镇上海船厂，剩余工业用地减量潜力为 12.69 km^2。其中，减量潜力较大的乡镇，包括东平镇、新海镇、城桥镇、庙镇等。

3. 开发边界内待开发空间评估

为进一步落实开发边界内新增建设用地的需求，规划对开发边界初步方案内的待开发空间进行分析，拥有待开发用地空间较多的乡镇为陈家镇和长兴镇，其次为城桥镇、崇明东滩和东平镇，这些乡镇也将作为新增建设用地空间落地的重点研究区域。

五、主要成果

1. 村镇控制区划定成果

根据郊野单元规划，各乡镇近期减量建设用地落图有效面积为 2.69 km^2，少于市局下发的减量任务 5.95 km^2。

本次工作对剩余 3.26 km^2 的减量任务按比例进行分解，并下发至各乡镇，由乡镇提交减量化图斑的图纸和表格。经过与乡镇的多次沟通，最终确定有效减量图斑面积，村镇控制区实际划定完成 6.40 km^2。

减量图斑以工矿仓储用地为主，共 575.17 hm^2，占全部减量的 89.82%。其次是农村居民点用地 46.62 hm^2，在三星镇郊野单元规划中作为近期减量化任务落图。此外，还有少量的商服用地、水利设施用地等，非工业用地减量图斑均为各乡镇的郊野单元规划中确定近期减量并落图的图斑。

2. 开发边界划定成果

本次开发边界划定村镇控制区下发减量任务 5.95 km^2，实际划定完成 6.40 km^2。至 2020 年规划新增建设用地规模（建设用地净增量 + 减量落图量）25.7 km^2。其中，城市开发边界内新增建设用地规模 21.845 km^2，城市开发边界外新增建设用地规模 3.855 km^2。

为了加强开发边界划定的可操作性，乡镇“十三五”期间的开发建设需求是本次工作开展的重要依据。根据“十三五”规划、相关控规及乡镇上报的项目需求，经梳理审核，确定规划新增建设用地总计 21.79 km^2。

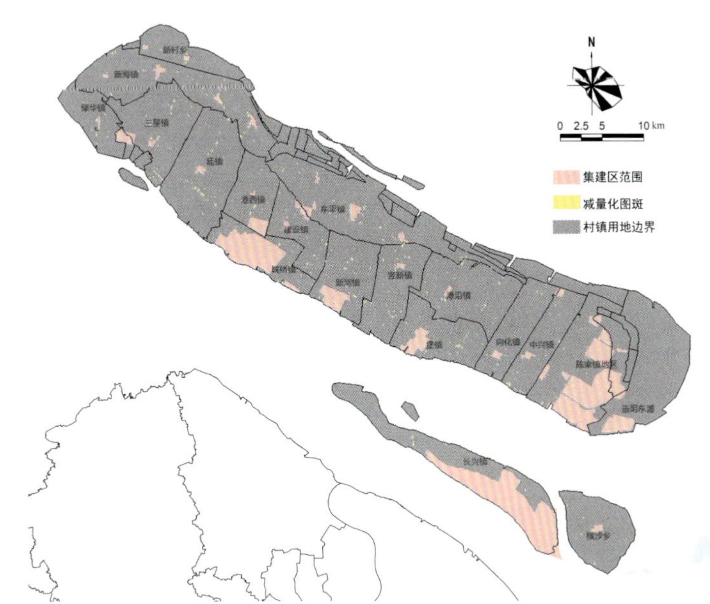

村镇控制区减量图斑分布图

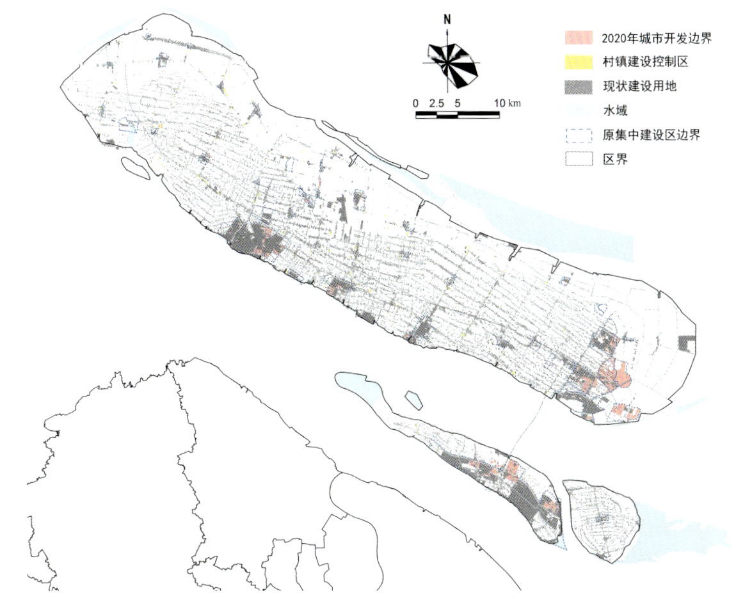

城市开发边界划定成果图

上海市宝山区新顾城绿色生态规划

2017 年度上海市优秀城乡规划设计奖（城市规划类）表扬奖

编制时间：2016 年 4 月—2016 年 12 月

编制单位：上海市建筑科学研究院

编制人员：高月霞、孙桦、陈思薇、邹寒、潘洪艳、欧阳辉、张改景、孙明明

一、规划背景

1. 区位条件

新顾城位于北上海核心区位，北连罗店大居、西邻嘉定马陆、南接顾村公园、东处顾村老镇，拥有生态、交通、医疗、教育等优势资源，是上海市近郊地区重要的大型居住开发区。基于宝山新城的定位与发展，新顾城地区的发展目标被确定为建设一座产城相融合、配套高标准、功能有特色、宜居多元化的生态、智慧、活力之城。

2. 规划范围

新顾城由 G1501、沪太路、规划瑞丽江路、陆翔路、宝安公路以及规划 S7 围合而成。总用地面积 829.8 hm^2，其中建设用地 660.7 hm^2。总建筑面积约 637.43 万 km^2，规划总人口约 14.2 万人。

二、规划理念

新顾城以实现“可感知绿色低碳生活”为愿景，提出“可感知”的规划理念，从“产城融合、环境健康、交通便捷、资源节约、建筑绿色、服务共享、智慧互动、人文共享”八个方面打造可感知的绿色低碳生活。

三、规划思路

新顾城绿色生态规划主要分为四个步骤，基于前期的生态诊断需求分析，构建绿色生态指标体系，通过编制绿色生态专项规划提出规划实施策略，构建全过程规划落实保障体系，保障规划目标与绿色生态技术的高效落实。

四、规划内容

1. 绿色生态指标体系

与“可感知”的八个方向相对应，构建涵盖 54 项绿色生态指标的新顾城绿色生态指标体系，其中特色指标 19 个，如栖息地网络连通度、绿色感知度等。

2. 绿色生态专项规划

基于“可感知”的规划理念和生态指标体系，编制新顾

新顾城整体效果图

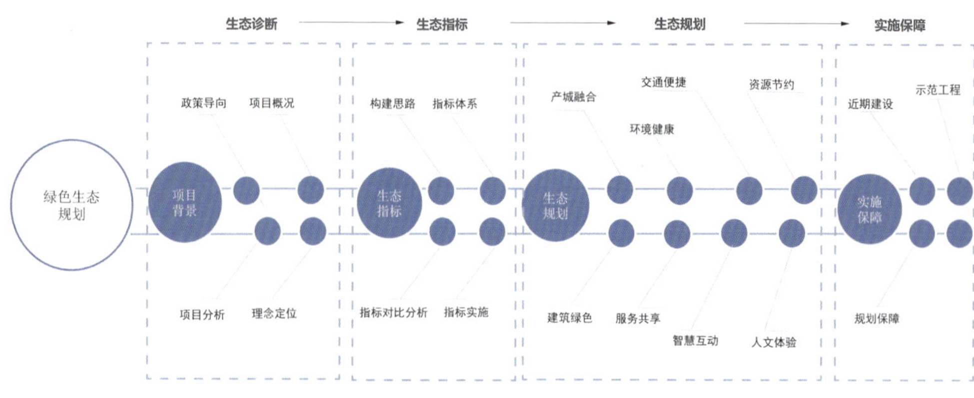

规划思路

城绿色生态八大子专项规划，提出不同的规划策略和路径。

（1）产城融合——通过整合土地使用性质、多种业态混合布局、产城融合分期建设、建立低碳招商标准等策略，建设一个真正意义上的产城融合的绿色大居。

（2）环境健康——通过优化改善规划区内环境，构建“基质—廊道—斑块”格局，配置功能性植被，开展生物多样性保护，打造生态健康宜居的环境空间。

（3）交通便捷——构建公共交通和慢行交通为主导的多元化城市交通体系，提升道路交通通行效率，打造高效停车系统，形成安全、便捷、低污染的绿色交通体系。

（4）资源节约——以 3R 为原则，通过能源开源节流、水资源综合利用、固体废弃物资源化，使新顾城成为资源节约、可持续发展的 3R 型绿色大居。

（5）建筑绿色——以被动优先、主动优化为原则，通过优化建筑风环境、打造低能耗建筑、应用装配式建筑、绿色建筑设计等策略，实现建筑的“深绿”。

（6）服务共享——通过多类型住宅混合、社区公共服务共享、公共活动空间共享等策略，打造多元融合的邻里社区和“15 分钟生活圈”。

（7）智慧互动——通过社区建设智慧化、社区管理智慧化、社区服务智慧化等策略，打造软硬兼具、高效互动的智慧社区。

（8）人文体验——通过构建可感知的生态体验、生态公共宣传、公众参与等策略，打造生态体验示范基地，让每个到访的居民能够真真切切“感知”到低碳生态。

3. 全过程规划落实保障体系

构建“一级开发—二级地块—运营管理”的全过程规划落实保障体系，指导绿色生态指标的高效落实。

（1）一级开发绿色生态建设导则，对一级开发建设管控相关指标提出技术指引。

（2）二级地块绿色生态建设图则，对二级开发建设管控相关指标提出落实指引。

（3）绿色生态运营管理导则，针对运营阶段需要管控的相关指标进行落实指引。

五、规划特色

1. 生态规划“可感知”

新顾城绿色生态规划以“可感知”为核心理念，旨在打造一个能够让公众切身感受到绿色生态的新顾城，让居住者和用户有“获得感”，充分体现绿色生态城市 2.0 升级版的特色。

2. 规划方案“可操作”

规划方案及相关技术以能够落地为第一原则，因地制宜选择相应的规划方案和生态技术，并构建全过程规划落实保障体系。

3. 实施效果“可评价”

以可计算且能够反映实际情况为指标选择原则，构建新顾城绿色生态指标体系，真实客观地评价项目建设状况和发展阶段，直观地了解和衡量新顾城发展的进程。

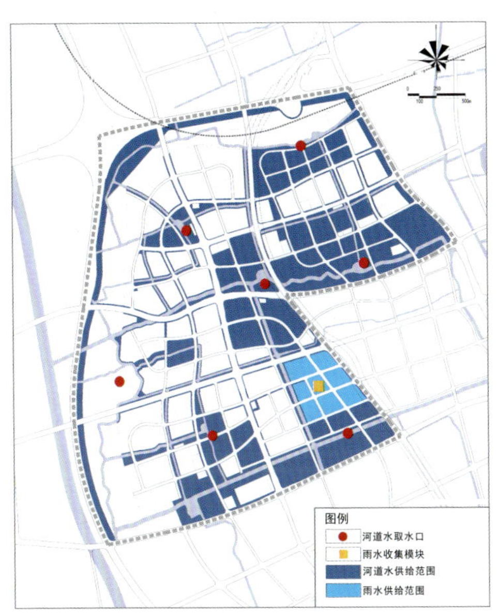

非传统水源利用设施布局与利用方式分布图

绿色建筑星级布局图

夏季通风廊规划图

苏州高新区横塘—枫桥段大运河沿线城市设计

2017 年度上海市优秀城乡规划设计奖（城市规划类）表扬奖

编制时间：2016 年 4 月—2016 年 12 月

编制单位：上海天华建筑设计有限公司

编制人员：郑科、张道铭、张茅、江斐杰、寻斯洛、何瑶、刘晔天、肖峥嵘、赵岩

一、规划背景

放眼古今中外，有无数伟大的河流孕育伟大的城市，中国历史文化名城苏州便是其中一个与水运共生的城市，京杭大运河在此通过。苏州古城在 2014 年与大运河共同申遗成功之后，两者的文化价值更是毋庸置疑。苏州高新区规划局期望运河沿岸街区能展现具有运河文化的独特城市风貌。

二、规划思路与策略

1. 规划思路

大运河苏州段至今仍保有航运功能，扮演着苏州城市圈的经济发展动脉，但运河沿线有三大问题急需给予解答。

一是沿岸的工厂与水厂因产业升级即将搬迁，“退二进三”的趋势将造就不一样的城市风貌。

二是当前“生产性”的水岸充斥许多工业与市政设施，使水岸空间与城市公共空间处于隔绝割裂的状态。

三是基地内许多居住小区品质有待提升，需要更细致地处理开发压力与城市空间营造两者之间的关系。

规划从大运河与苏州的文化意义破题，仔细梳理大运河从古至今的大事件，研究运河沿线的文化典故，尤其是对枫桥景区、横塘驿站和亭子桥等重要地点做了深入了解。提出“重回苏州运河生活方式”的愿景，希望 8.8 km 的大运河能够成为苏州城市尺度的文化休闲水岸，并从文化角度，修补

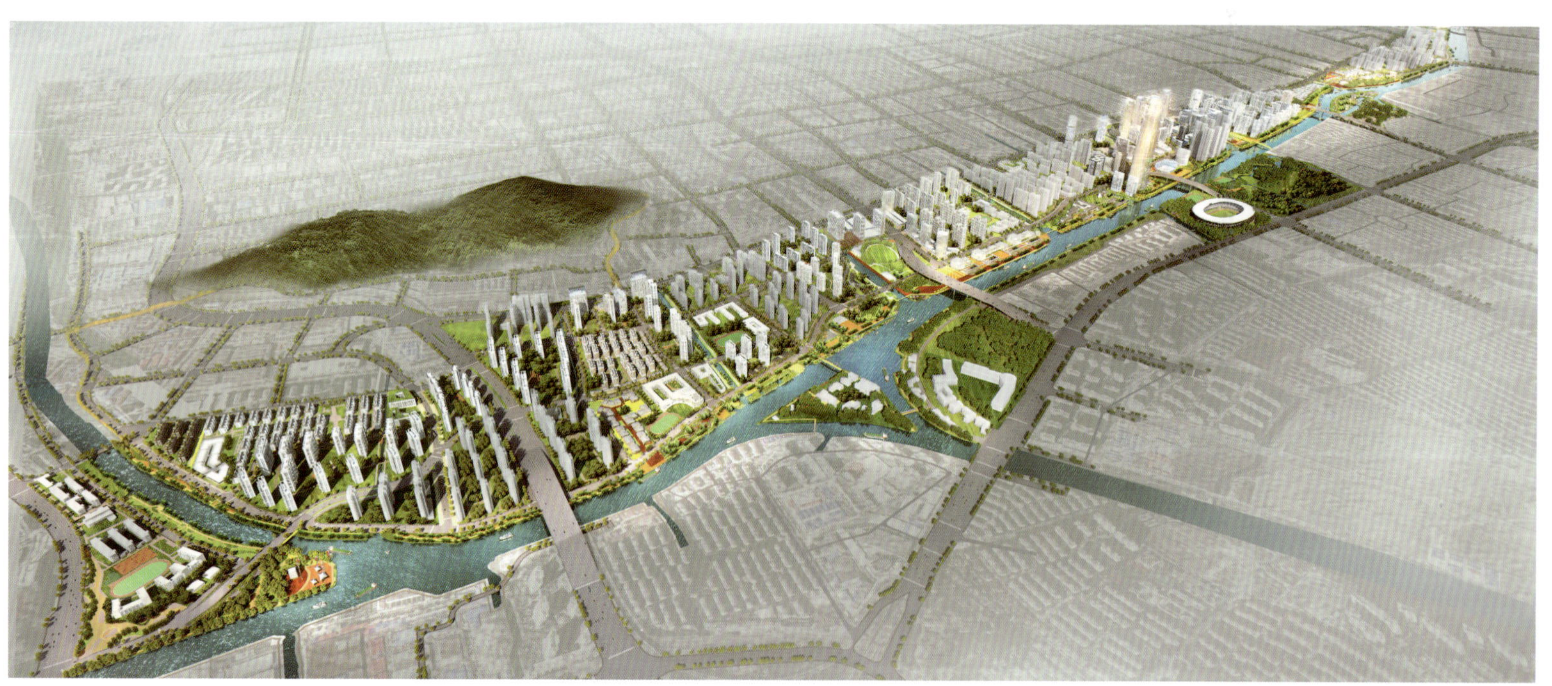

城市设计鸟瞰效果图

滨河空间，组织亲水动线，推动城市机能转变，将大运河重新带回苏州人的日常生活当中。

2. 设计策略

（1）开放连续的水岸空间：8.8 km 的运河风光带，对水岸的封闭性设施进行移除或功能性改造，贯通公共水岸空间，增加步行可及性。

（2）彰显运河文化：在运河风光带上提出六大主题公园，利用景观小品，再现与诠释枫桥历史、横塘历史、工业发展历史与漕运历史。

（3）城市片区主体性发展：配合公交节点，增加居住与商业强度，塑造五大主体功能片区。

（4）优化交通与慢行系统：解决交通堵塞问题不应仅通过增加道路来改善，而应同时通过更好的管理来优化，并且提供更密集的公共交通，打造友善行人的慢行系统。

三、主要内容

1. 运河风光带塑造

通过“连续的风光带”“六大主题公园”“运河文化活动”三个方面打造一条完整又丰富的运河风光带，满足市民衣食住行乐育等各个方面的生活需求，引导市民重新回到苏州自古以来依水而居的“运河生活方式”。

2. 分片区城市设计

沿运河划分为五大片区，提炼出五个城市发展的主题策略。

（1）产业服务区：是高新产业服务中心，同时也是浒通片区的公共活动中心；在门户位置设置地标，形成富有变化的天际线。

（2）枫桥公园：运河风光带的文化新地标，呼应对岸枫桥景区。为市民提供开放场地，再现枫桥历史文化，形成一个以米市、诗词文化为主题的公园。

（3）运河商务区：毗邻狮山商务区，承接其功能外溢，以商业商办功能为主。通过小地块联合开发，打造街坊内部的中心公园和通向滨水的景观廊道。

（4）滨水休闲空间：对部分污水厂构架进行保留和改造，形成以花田公园为主的滨水休闲空间，利用商业街串联地铁站与滨水空间。

（5）水岸新邻里：以生活居住功能为主，对现状进行城中村改造并对安置房地块妥善设置。规划预留通往运河风光带的绿色廊道。

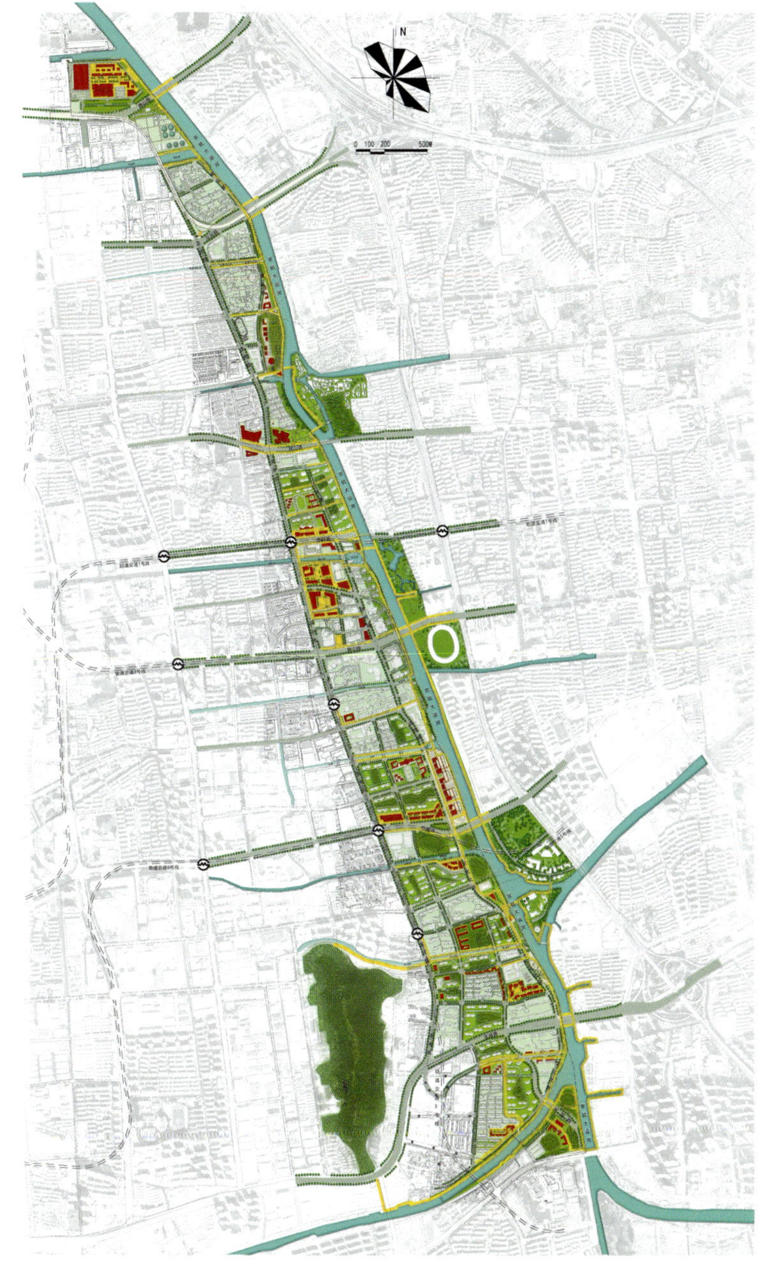

城市设计总平面图

四、规划实施

专家论证会肯定了文化休闲生态水岸的城市设计意向；通过规划公示，向广大市民展示了未来运河生活的美好图景。本次城市设计提出的 8.8 km 运河风光带，已交由 TSL 景观设计事务所进行滨河慢行道、文化主题公园景观设计。我们期待，通过公共空间设计，让“运河生活方式”得以实现。

思南县中心城区城市风貌及色彩规划

2017 年度上海市优秀城乡规划设计奖（城市规划类）表扬奖

编制时间：2015 年 9 月—2016 年 12 月

编制单位：上海经纬建筑规划设计研究院股份有限公司

编制人员：张榜、张雁、郑晓军、陈晨杰、方莉莉、田静宇、么春雨、程宏德、刘炎平、姚恭平、陈君、周处军、梁耀、蔺云鹏、文康

一、规划背景

思南县位于贵州东北部，隶属于铜仁市，因得乌江航运之便，自古商贾云集、经贸繁荣，是乌江中下游地区的商品集散地、区域性经济文化中心，素有“黔中首郡”“乌江明珠”之誉。

由于思南县城区沿乌江建造了交通性主干道及大量超高、超大体量现代建筑，给人“欲与山峰试比高，刺破青天”的感觉，影响了城市整体形象。

破坏了城市自身特色和割裂了历史文化根脉。同时，老城区内多层、小高层住宅楼、违章临建等建筑呈现“见缝插楼”“遍地开花”的开发态势，使原本就缺乏绿地与公共空间的城区，显得更加“密不透气”。

二、构思与策略

规划通过深入调研（访谈）城区发展现状，深度剖析现状问题及形成原因，在详细解读相关规划的基础上，以问题为导向，秉承“传承文化特色、规划可实施”的设计思路，以水为轴、路为廊，充分利用山地特点，打通多条景观廊道，处理好“山与水对话、城与山水对话”的关系，以及“现在、未来与历史对话”关系，构建整体风貌格局，实现“让历史建筑活在当下”的目标。

三、主要内容

规划以进一步弘扬思南历史文化，建设富有文化底蕴的城市为目标，确定“醉美江城，绿映明珠，雅致思南”的城市风貌定位。应用 GIS、航拍等手段确定中心城区的视觉通廊、开放空间和景观环境等要素，构建“一轴一心，三片多点，廊道相系”整体风貌格局，制定绿地与开放空间、建筑风貌与色彩、道路景观、城市天际线系统等控制引导策略。通过城市交通大数据改善、优化城市交通，实现“人本”交通的转变。

运用城市设计的方法，对滨水城市空间环境和特色进行塑造，并结合项目策划，布设十余个风土文化展演交流、娱乐休闲、文化创意的风貌节点，如思南赋（碑刻墙）、思南墟日图（生活长卷浮雕墙）、百米大型盐商迁徙图（长卷浮雕墙）等。

重点设计了滨江大平台、中山路改造示范段、文化创意产业园、安化街区等。

建成后从乌江西岸看东岸

四、特色与创新

（1）规划对部分已经失去使用价值和保留价值的建（构）筑物以创新的理念进行改造，植入新功能，使其焕发勃勃生机

目前已经基本改造完成的安化街区，规划以“保护街区的生境”为出发点，进行保护性修缮、整理、复建，通过加强各种功能在水平和垂直方向的空间复合，植入新功能，使其成为思南旅游的新景点，市民休闲、娱乐新去处，激发新活力。

（2）转变思维，以“绿色城墙”的创意手法，恢复古城墙，提升城市形象的同时增加城中绿化空间

对于古思南城墙、城门等仅存少量史料记载和局部残破的城墙遗址，规划以意象的手法，结合绿化廊道建设，沿城墙遗迹植一定宽度的树篱，串联起思南遗留下来比较分散的古城遗迹，使其成为绿化系统构架组成部分，同时又展现了历史古城重要的历史风貌。

（3）从“车本”向“人本”的城市交通理念转变，成就“绿色交通”

规划通过“道路进行降级、调整断面形式、化直线为曲线、拓展休闲步道、重点打造巷道”等手段，转变交通功能，实践“以人为本的绿色交通”理念。

（4）引入创新理念，营造多样化公共开敞空间，改善和提升民生品质

规划通过生态廊道、景观视线通廊，建立慢行通道系统，建立起“山与水对话、城与山水对话”的架构。规划采用楔形绿地、“邮票”绿地、垂直绿墙、移动盆栽、悬挂绿化、第五立面等多种形式，打造城市开发中的“呼吸空间”。用生态绿化等方式呈现自然生态的妩媚柔情，化解“建筑空间尺度失衡，城市空间层次感失落”的难题。

（5）以科技手段助力传统城市规划，提高规划实操性

本规划大胆引入 GIS 绿化廊道视线分析、大数据交通分析、无人机航拍等现代科技手段为辅助，大大提高了传统规划编制的技术性、指导性和实用性。

（6）结合项目策划，运用新材料、新技术，打造新景点，助推区域旅游新亮点

依托多彩贵州战略，结合城市特点，运用新材料、新技术，提升区域旅游新亮点。如在滨江部分区域通过激光投影技术，建设“千里乌江第一幕”；结合滨江休闲步道采用夜光鹅卵石，打造“千里乌江浪漫第一城”，增添乌江夜游的活力。

五、规划实施

思南县依据本规划已完成滨江慢行景观廊道打造、安化街区改造、盐市街改造，已初步形成景观优美、具有民族特色风貌的宜居环境。

中心城区鸟瞰效果图

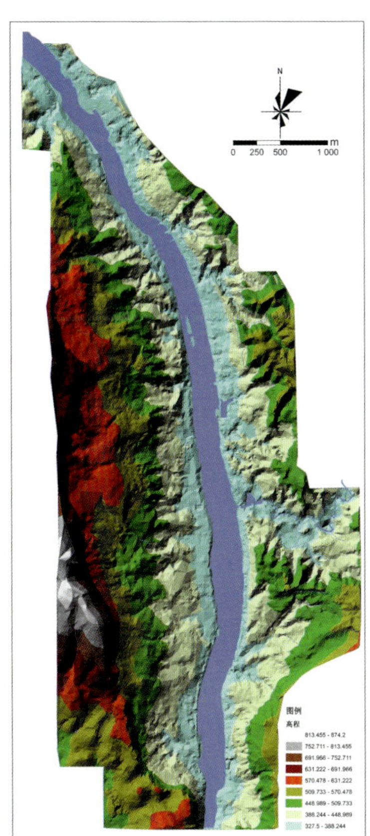

高程分析图

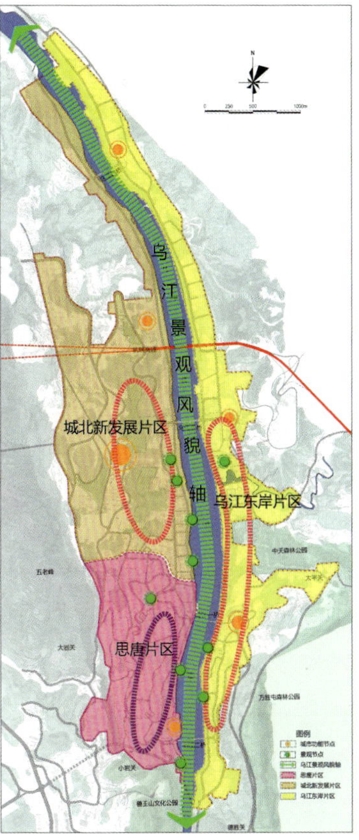

中心城区整体景观风貌架构规划图

文昌市南海围填项目概念性城市设计

2017 年度上海市优秀城乡规划设计奖（城市规划类）表扬奖

编制时间：2014 年 10 月—2015 年 3 月

编制单位：上海诺德建筑设计有限公司

编制人员：鲁锐、李娓、吴晨丹、刘磊、DACIAN、王梦丽、王宇洲、陈如松、王怡达

一、规划背景

项目位于海南省文昌市高隆湾南端的一座人工岛，规划总用地面积 27.4 hm^2。通过对文昌市和基地现状的深入分析：文昌作为一座有形象、有文化、有产业的城市，在城市空间形态方面，缺乏地标性建筑，缺乏对文化的提炼，产业遇到瓶颈。本规划就是为了解决当前文昌所遇到的一系列问题，成为地区标志性建筑群，体现文化内涵，提供产业升级。

二、设计构思

奔月岛的整体设计，以“听月”“奔月”“印月”为主题。根据这一主题，规划和建筑统一采用流线型基调，结合亲水性地貌独有的曲线形态，打造标志性的建筑群落，营造高端的国际旅游环境。设计中融入高科技元素，采用绿色建筑标准，契合航天高科技新城的发展定位。同时，还应用可再生的清洁能源，实现生态环保的未来生活方式。

三、主要内容

1. 布局结构

充分考虑基地现状情况，进行合理的功能分区。具体形成了四个功能片区，分别是：倚楼听月休闲区、夜海升月酒店区、月华如练游憩区和众星拱月住区。

2. 建设容量控制

通过基地开发强度的有效控制，确保项目的品质，打造舒适的人工环境。规划总建筑面积 305 056 m^2，容积率为 1.1，整体绿化覆盖率达到 35.50%，建筑密度 18.36%。

城市设计总平面图

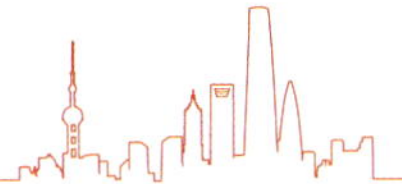

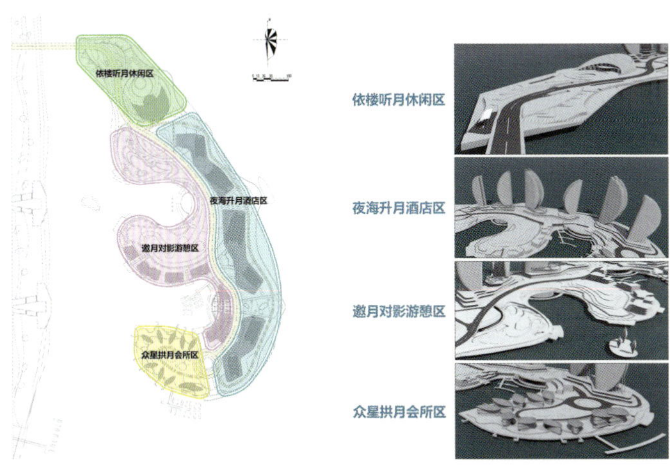

四大功能分区

四、规划特色

1. 立足定位，符合发展导向

充分考虑基地所在城市定位，通过业态布局对本地产业进行升级，打造地标性建筑。文昌市作为中国航天高新科技产业新城，未来探月工程的主要实践地，建筑群的设计意象以月亮为主题，营造“海上生明月、天涯共此时”的意境，建设探月工程的纪念性地标。在业态布局中，通过服务业代替原有落后的基础农业和基础工业，同时全面升级现有产业，打造高端国际旅游环境。

2. 因地制宜，结合基地环境

结合分区主题，规划和建筑充分利用奔月岛优美的景观条件和场地条件，统一采用流线型基调，结合亲水地貌独有的曲线形态。

充分利用规划区范围内丰富的滨水资源和地形资源，通过主干道、次干道构成了机动车交通网络。同步规划滨水景观步道、人行通道、非机动车专用通道等，进一步提高步行、骑车的比例，以绿色出行、环境优美的公共空间构筑城市高品质发展街区。

3. 以人为本，服务不同人群

以树立城市形象、打造城市背景为依托，在打造地标性建筑群的同时，不仅要打造地方特色的商业街，也需要提供市民免费使用的公共开放空间。充分考虑不同性别、不同年龄的游客和本地居民的需要，规划设置相适应的活动场地。

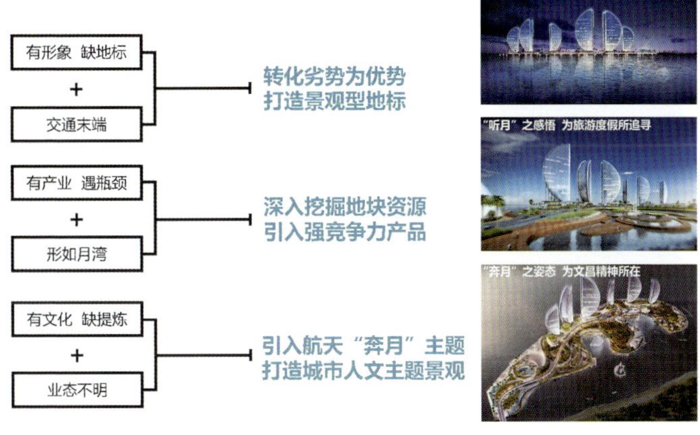

设计技术措施

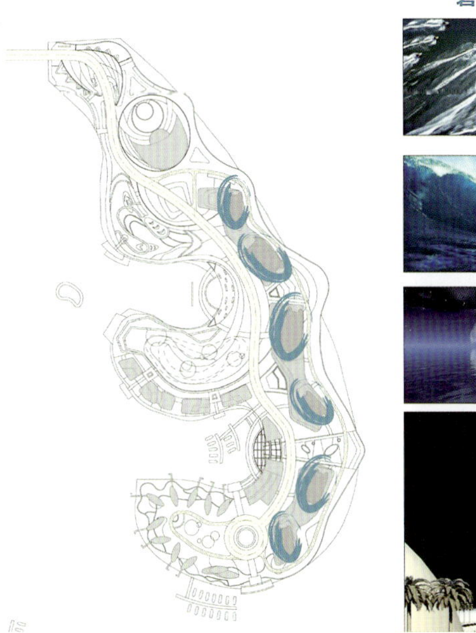

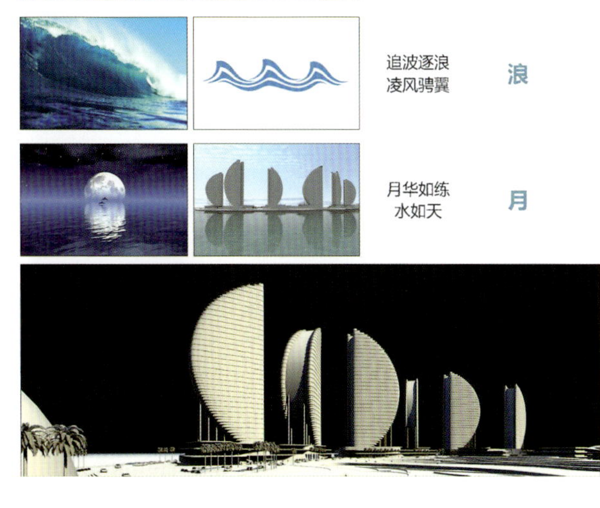

总体布局形态

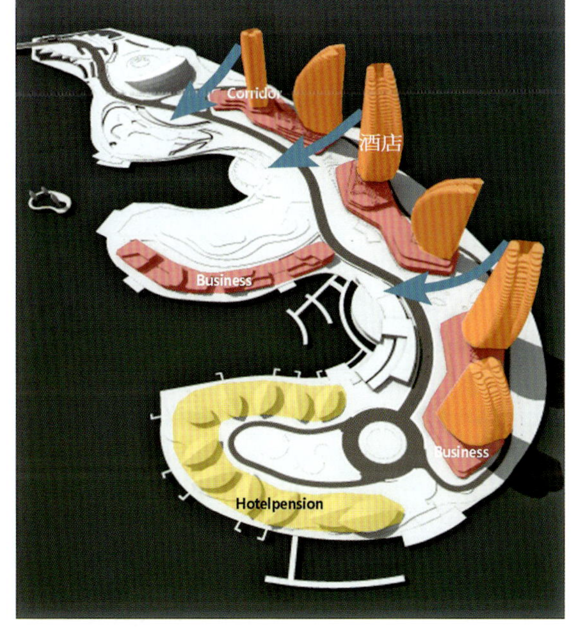

总体布局模型示意

上海市松江区泗泾镇郊野单元规划（2014—2020 年）

2017 年度上海市优秀城乡规划设计奖（城市规划类）表扬奖

编制时间：2014 年 6 月—2015 年 1 月

编制单位：上海市地矿工程勘察院

编制人员：巫虹、陈敏、黄海峰、方圆、陆俊宇、陆玉兰、孙瑞瑞

一、规划背景

泗泾镇作为上海市松江区东北片的四个中心镇之一，近年发展迅速，建设空间、指标需求大，但目前土地集约利用程度仍有待提高，用地指标紧张。为更好地推进松江区泗泾镇地区发展，需开展郊野单元规划，推进外围低效现状建设用地减量化的实施，盘活现有低效存量建设用地，增加土地产出，提高区域经济活力。

二、规划概要

泗泾镇郊野单元规划以土地利用总体规划、城镇总体规划、土地整治规划为上位规划，落实总规在功能定位、发展导向、空间结构、规模控制等方面的要求，结合其他专项规划，梳理总结相关规划对本单元的各项要求，对现有规划进行适用性分析，进一步厘清郊野单元规划与其他各类城乡发展相关规划之间的衔接关系，明确各规划对本单元的刚性控制要求，提出衔接要点。

减量化方案布局图

三、主要规划内容

1. 规划范围与年限

规划范围：泗泾镇行政辖区内土地总面积为 2 348.23 hm^2。重点是镇域范围内集建区外的 632.19 hm^2 郊野区域。

规划年限：近期规划至 2016 年末；远期规划至 2020 年。

2. 总体空间布局

（1）总体规划结构

至 2020 年，泗泾镇集中建设区将规划形成“三心、三轴，双带、多片”的空间结构。按照城镇总体规划中的镇域功能分区，集中建设区外的郊野单元属于农业与生态保护区，包括贯穿镇域南北的高压走廊、淀浦河沿线和沈海高速公路沿线的大片农林用地，这些区域为限建区。

（2）现状及减量化规划

通过遥感对比，实地调研村、镇意见，对集建区外的建设用地进行梳理和分析，根据政策及相关规划的要求，最终确定泗泾镇镇近期减量化规模为 18.77 hm^2。远期减量化规模为 116.48 hm^2，其中集建区外净减量化规模达到 110 hm^2。

（3）类集建区规划和后续综合整备用地

按照“拆三还一”的原则，类集建区总规模为 6.26 hm^2（合计 93.9 亩）。综合各方面因素，确定类集建区位于祥泽居委会西部，泗博路以北、刘五公路以西、祥泽塘以东。至 2020 年规划期末，在满足土地利用总体规划确定的减量化任务前提下，本次规划划示了作为后续拓展的综合整备用地，主要为保留的、集中连片工业区域中的北部工业区，以及工业区域内的农村宅基地。

3. 土地整治规划

（1）农业布局规划

根据泗泾镇农业布局的特点，单元规划在祥泽居委会范

围内以社区支持农业、市民农园等形式发展都市农业体验基地。至 2020 年规划期末，新增耕地面积达 102.97 hm²，新增耕地主要来自建设用地减量复垦及农用地整理。

（2）农田水利系统规划

根据泗泾镇发展规划，按照不同地区的洪涝情况和土地功能，保持原有的 6 个圩区范围，分别为陆家潭圩区、新泾圩区、通浦泾圩区、古楼角圩区、张泾圩区和东官泾圩区。

（3）田间道路系统规划

按照规划目标，单元区域内道路建设既要方便农业机械的田间作业，又要满足单元内附属设施与外界交通的便捷联系，道路选线要注意保护生态环境，与当地环境、景观以及农田与水利建设、用地规划相协调，做到统筹兼顾，少占农田、少拆房屋，不损坏历史文物。同时，道路设计要符合工程技术标准要求。

（4）农田防护与生态环境保护规划

景观设计与生态保护、环境保护结合起来，做到点、线、面协调统一，构筑物的造型及色彩与自然协调统一。田块以方形为主，四周植树、修路、建排水沟等；新建田间道两侧的绿化树种，除满足农田防护外，还应满足观赏、降噪、防尘等要求；对主要田间道等硬化路面两侧的路肩进行花、草护坡。

（5）设施农用地规划

泗泾镇郊野区域作为生态与农业保护区，主要发挥农业生产功能和生态保护功能。至 2020 年规划期末，泗泾镇集建区外的建设生产设施用地为 1.40 hm²，结合郊野单元规划中减量化地块复垦与农用地整理情况，在郊野区域规划新增 0.31 hm² 设施农业用地。同时规划了相应生产附属设施用地。

4. 增减挂钩专项规划

本次挂钩项目区实施期限为 2014—2016 年，项目区需要挂钩周转耕地指标 15.95 hm²，挂钩置换建设用地指标 18.77 hm²。泗泾镇拆旧地块共 44 个，共计 18.77 hm²，主要为工矿仓储用地和农村宅基地，泗泾镇建新地块主要包括安置地块、留用出让地块与统筹待定地块三部分。

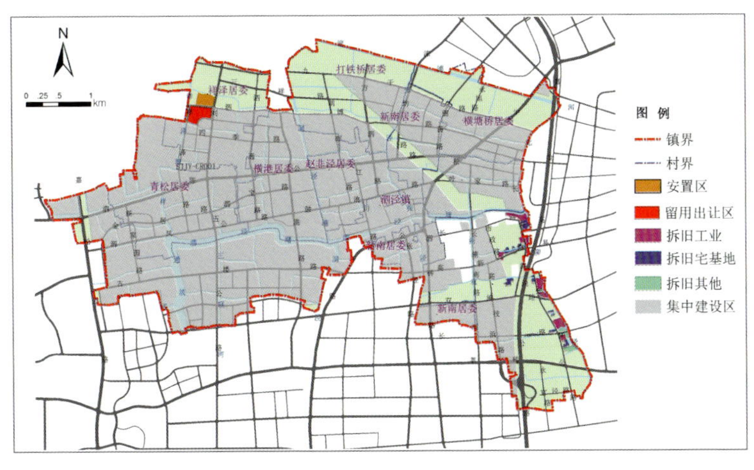

增减挂钩规划图

5. 专项规划

本规划梳理整合已有的相关规划，主要包括农业、农田水利、道路交通、电力、燃气、给水、污水等专项规划，主要对与本规划关联度较高的专项规划进行整合；确定郊野单元的道路红线、绿化控制线、电力黄线、河道控制线等主要控制线；明确主要市政、交通设施，确定主要市政干管，提出整合专项规划以及调整完善的原则及建议。

四、规划预期成效

1. 多规融合，建立统一空间规划

郊野单元规划充分发挥规划的统筹引领作用，对单元内土地利用总体规划、城镇规划、土地整治规划等进行融合，并对单元内已有的各专项规划进行梳理，将一致的进行整合、归纳、落图；郊野单元规划对各专项规划有调整的或者专项规划缺位的，经与相关部门协调，并进行分析论证说明后，提出规划编制建议，后续专项规划明确后，纳入郊野单元规划，重点体现郊野单元规划的开放性和统筹性。

2. 生态环境

通过对集建区外建设用地的减量化，减少低效益、高耗能的工业对人居环境的污染，降低农村污染排放，同时提升土地集约节约利用水平、提高土壤肥力水平、改善农作物生长环境，有效实现耕地提质增量和保障生态林建设，使镇域内生活环境得到进一步改善。

3. 城乡统筹

通过郊野单元规划的实施，落实低效、高耗的工业企业及农民宅基地搬迁工作，土地资源得以集约节约利用，改善农民生产、生活环境，并通过建立“造血机制”，壮大了集体经济组织，提高村集体及农民收益，有利于农村社会的稳定和安全。

4. 产业结构

通过郊野单元规划的实施，淘汰落后、低效的工业企业，增加非农就业岗位。推动城乡融合发展，实施乡村振兴战略，耕地规模化经营，改善农村面貌，吸引大批农业观光游客，有利于现代农业及文化产业的发展。

太和县发艺特色小镇概念规划

2017 年度上海市优秀城乡规划设计奖（村镇规划类）表扬奖

编制时间：2016 年 7 月—2016 年 11 月

编制单位：上海市建工设计研究总院有限公司

编制人员：王剑锋、雷凯、张鸣明、田晓晴、柴春红、史从兵、杨欣辉、马鹏、贺俊人、王赟、谢文宜、廖爽、钟昌、陈烨

一、基地概况

项目位于太和县中部地区，东临后李庄，西依创业路，北靠祥和东路，南接工二路，总占地面积约 3.2 km^2。基地现状交通条件一般，未来将大大改善。

二、规划思路

规划首先从宏观层面，对我国发艺产业的发展方向和趋势进行了分析，对太和发艺产业的未来发展进行了定位——建成国际智慧、时尚个性的发艺中心。项目未来将预期形成发艺产业生态圈：以发制品为产业基础，以智能制造为技术支撑，以私人订制为服务支撑，带动发展衍生产业。

规划总平面图

太和现状发艺产业发展基础雄厚，产业基础发展较好，全县拥有发制品收购企业众多，原料供应充足，在原料市场中占有举足轻重的地位。此外，太和还拥有较为成熟的综合服务平台、职教培训资源、较为成熟的发艺市场、便捷的立体交通以及水陆空三位一体的物流体系等优势条件，这些都为发艺产业的发展提供了支撑。目前也面临整体产业发展低迷、落后，亟待升级，企业自身发展寻求突破等发展瓶颈。

三、规划目标

规划提出了建设全国首个“智能制造 + 私人订制”主题的发制品特色小镇，引领安徽发制品产业向国际智慧、时尚个性发展的最佳集聚中心的总体发展目标，形成了“以时尚发艺和智能制造为主导，私人订制为服务支撑，结合互联网 + 和大数据技术，打造集发艺上中下游产业和时尚个性与生活功能相结合的发艺小镇”的规划定位。

在规划指导下，提出依托现有发艺时尚产业园的扎实产业基础，积极拓展产业链上下游，大力发展研发孵化、品牌销售、发艺体验旅游、时尚办公、创意秀场、公寓 SOHO 和商业配套等高附加值的 2.5 产业，形成园区发展新引擎，带动园区快速发展，拓展生态文化旅游功能，最终形成集“产、游、文、居”于一体的发艺小镇。

四、规划布局

空间布局上划分了“一大中心、四大功能分区”。

1. 一大中心

管理研发服务中心，即集小镇服务管理、研发孵化、电商平台和教育培训等功能于一体的综合服务中心。

2. 四大功能分区

体验展示区，即小镇的核心功能区和集中展示区域，包含商业、体验、展示、秀场等功能；发艺产业区，即发艺产业的生产区域；生活配套区，作为产业服务片区，主要为小镇员工提供住宿餐饮、休闲娱乐等日常生活功能；生态展示区，提供特色农业旅游服务，同时设置展示中心，打造多样化的旅游体验。

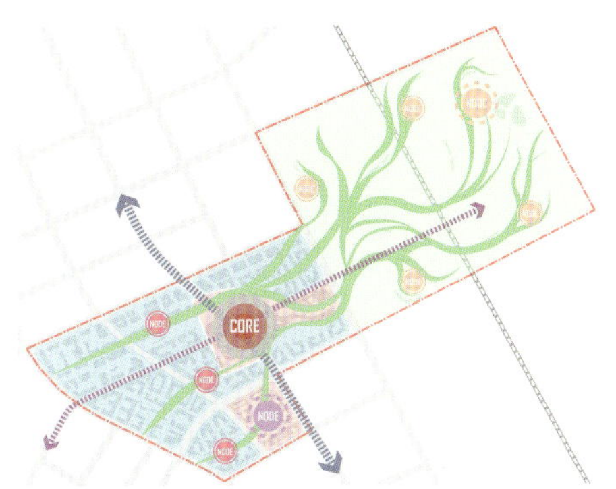

规划结构图

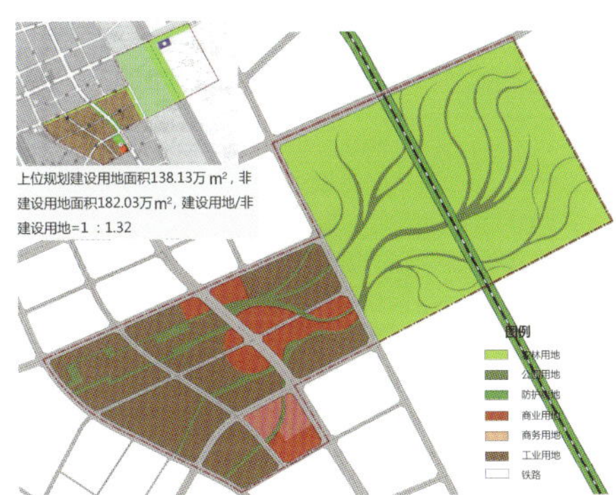

规划用地图

太和发艺特色小镇整体效果图

局部鸟瞰效果图

湖州经济技术开发区“美丽乡村”村庄建设规划

2017 年度上海市优秀城乡规划设计奖（村镇规划类）表扬奖

编制时间：2014 年 4 月—2015 年 8 月

编制单位：匠人规划建筑设计股份有限公司

编制人员：郭莉、朱进、吕鹏骥、杨艳臣、刘明明、施陈莉、姜华、乔才峰、宁波

一、规划背景

为深入贯彻落实党的十七届五中全会、中央农村工作会议和省委十二届八次全会、全省农村工作会议精神，实现生产发展、生活富裕、生态良好的目标，全面推广美丽乡村建设，省委、省政府特制定《浙江省美丽乡村建设行动计划》。

根据新时期城乡统筹建设发展的新形势，湖州市以“三集中、三提高”为核心理念，以推动农村产业发展为首要任务，提升农民生活水平为根本目的，农房改造建设和村庄环境整治为载体，深化新农村建设综合配套改革为动力，整体提升农村产业发展、社区建设、人居环境、公共服务、文化发展、民主法治和党的建设水平，加快把全市农村打造成为“村村优美、家家富裕、人人幸福、处处和谐”的美丽乡村，力求将湖州农村建设成为浙江展示“美丽乡村”品牌的示范区、样板区。

为贯彻中共中央文件精神和落实省委、省政府文件要求，规范美丽乡村创建工作，提升美丽乡村建设水平，湖州市委、市政府制定了《湖州市“美丽乡村”考核验收标准（2014 年修订）》，力求科学有效地指导新农村的建设发展。

二、目标定位

1. 打造环北路美丽乡村示范带

根据杨家埠街道镇域规划，环北路未来将成为镇域南部重要的交通干道。规划依托凡洋湖村、潘店村、瓜山村现有的农田景观资源，在保持该地区传统粮油产业发展的基础上，积极发展休闲农业、观光农业等新型农业业态，大力推广生态观光、农家乐等形式的乡村旅游产业，构建水绿交融的美丽村落，形成环北路美丽乡村示范带。

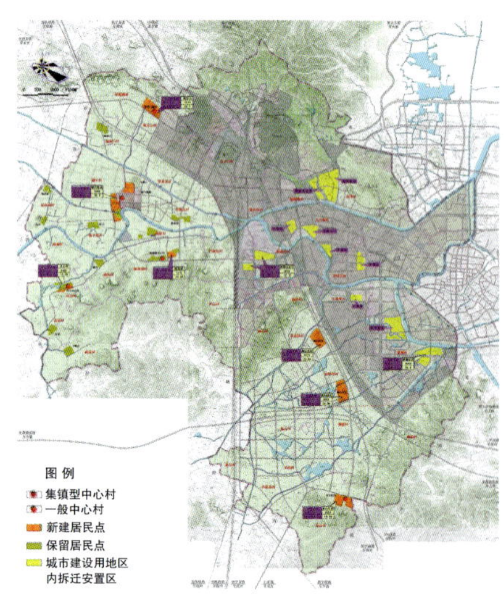

村庄布局规划图

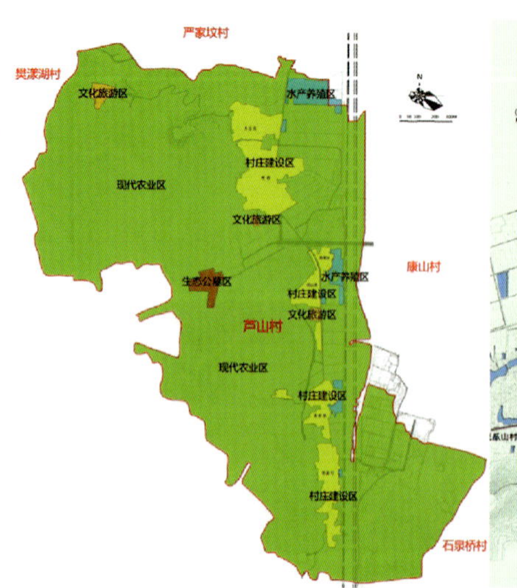

“一村一品”产业布局规划示意图

2. 打造环西苕溪水乡野趣休闲带

西苕溪从镇域中部蜿蜒流过，利用其沿线河流湖塘，粮油桑田等良好的生态景观资源，推进休闲农业的发展，形成环西苕溪水乡野趣休闲带，让游客从繁忙的都市生活中重新回归到乡野田园，体验浪漫的“慢”生活。规划以金莲花生态农业基地为龙头，鼓励有条件的村民结合各个资源点建设多个零散分布的小型农家乐或农庄。

规划农庄和农家乐主要围绕“农”字做文章，吃农家饭、干农家活、赏农家景、做农家人，通过全方位参与体验，让游客充分感受水乡田园野趣，达到放松身心、陶冶情趣的目的。

三、主要内容

本次规划包括湖州市杨家埠街道、龙溪街道和康山街道14个村的美丽乡村建设规划。规划通过现状调查，同时结合各村实际情况和新农村建设要求，确定规划主要内容如下：

1. 落实迁村并点规划

结合开发区村庄布局规划，按照“人口集中、产业集聚、土地集约、功能集成”的要求，加强中心村建设，合理确定村庄布局和发展方向，推进村庄撤并，引导农村人口适度集聚发展，逐步推进村庄人口用地的重组。

2. 制定产业发展策略

根据各村资源和发展条件，科学引导村域产业的发展，合理制定村域产业的发展策略，发展“一村一品”支柱产业，促进农业经济结构调整，实现农民增收。

3. 改造村域基础设施

制定村庄道路控制导则，疏通道路体系；
制定河道驳岸控制导则，提升水岸环境；
结合相关规划，落实市政整治措施；
选择适宜树种，制定道路绿化带植物配置方案。

4. 完善公共服务配套设施

按照开发区村庄布局规划要求和各村庄职能、规模、功能服务的内在特点，统筹安排村域内的社会公共服务配套设施，优先合理安排与村民生活密切相关的教育、医疗、文化、体育、公园等服务设施，最大限度地优化和提高村民的生活质量。

5. 村容整治和环境优化方案

打造重要景观节点，特别是村庄入口、综合服务中心、农民休闲游园、居民健身场地和滨河景观节点；
提出主要道路以及水溪沿线建筑的立面整治提升方案；
绘制各重要节点放样图指导施工。

6. 建设内容时序安排

14个村的美丽乡村建设规划分为两批完成，其中第一批包括5个村，分别是南潘村、瓜山村、潘店村、基山村和芦山村，建设时间为2014—2015年；第二批包括钮店桥村、凡洋湖村、杨庄村、后东村、胡子斗村、东山村、沙家浜村、长西村和福山村，建设时间为2015—2016年。

四、项目特色

1. 做美田林山水

在保持优美的山水田园风光的同时，将农业与旅游观光、休闲娱乐相结合，使田园牧歌充满生机活力。作为一种新的时尚生活空间，从现实世界向梦幻境地跨越，从快节奏的城市生活回归闲情的田园乡村。

2. 传承地域文化

充分挖掘和传承地域文化资源，如历史古迹、歌舞文化、丝绸文化、茶文化和农耕文化等，以人物纪念堂、农具展列馆、幸福大舞台、休闲公园等设施为展示载体，以戏曲、歌舞等艺术表现形式为传播方式，以自身文化功能为基底，凸显地域独特品质。

3. 提升新农村发展

建设休闲游园、健身场地、幸福大舞台和体育场地等设施，为村民提供更多的休闲方式；建设便民服务中心、文化大礼堂、社区卫生站和便民超市，最大可能为村民生活提供便利；建设居家养老照料服务中心和无障碍设施，充分展现人文关怀；逐步完善市政基础设施和配套服务设施，改变居民的生活方式，提升整体居住环境，切实提高生活质量。

4. 发展特色产业

根据各村资源特色，通过差异化产业布局，大力发展“一村一品”支柱产业，促进农业经济结构调整，增加农民收入。

五、实施概况

截至2015年8月，本次规划第一批5个村的美丽乡村建设规划内容已通过验收，并交付使用；第二批9个村除长西村、福山村外，建设内容已基本完成，并于2015年10月底前通过考核验收。

附录
Appendix

2017 年度上海市优秀城乡规划设计奖获奖项目名单

城市规划类

特等奖（1 项）

序号	项目名称	完成单位
1	上海市城市总体规划（2017—2035 年）	上海市规划和国土资源管理局 上海市城市规划设计研究院 上海同济城市规划设计研究院 中国城市规划设计研究院上海分院 上海市地质调查研究院

一等奖（10 项）

序号	项目名称	完成单位
1	上海市街道设计导则	上海市城市规划设计研究院 北京市朝阳区宇恒可持续交通研究中心 上海市城市建设设计研究总院（集团）有限公司
2	上海市桃浦科技智慧城控制性详细规划	上海市城市规划设计研究院
3	上海城市发展目标定位与指标体系	中国城市规划设计研究院
4	上海市城市更新规划土地管理与实施制度研究	上海市城市规划设计研究院 上海市规划编审中心
5	上海市新一轮总体规划编制成果体系和技术方法研究	上海同济城市规划设计研究院
6	上海市 15 分钟社区生活圈规划导则	上海市城市规划设计研究院 上海市规划编审中心
7	上海市黄浦江两岸公共空间贯通开放规划	上海市城市规划设计研究院
8	上海市交通规划模型	上海市城市规划设计研究院
9	上海市杨树浦路综合改造专项规划及街道设计	上海营邑城市规划设计股份有限公司
10	上海市控制性详细规划技术准则（2016 年修订版）	上海市城市规划设计研究院 上海市规划编审中心

二等奖（24 项）

序号	项目名称	完成单位
1	上海市新一轮总体规划生态环境专题研究	上海市城市规划设计研究院
2	上海社区发展试点规划	上海市城市规划设计研究院
3	超（特）大城市养老服务模式创新和专项规划编制实施研究	上海市城市规划设计研究院
4	上海城市历史文化保护与城乡特色风貌体系研究	上海同济城市规划设计研究院
5	上海市新一轮总体规划综合交通专题研究	上海市城市规划设计研究院
6	上海市浦东新区张江南区功能提升规划及重点地段城市设计	上海同济城市规划设计研究院 上海市浦东新区规划设计研究院
7	上海国际旅游度假区交通运营实施方案	上海城市交通设计院有限公司
8	上海市 P+R 停车场库布局规划研究	上海城市交通设计院有限公司
9	上海市静安区张家花园地区规划研究	华东建筑设计研究院有限公司
10	上海市徐家汇体育公园街区城市设计研究	上海同济城市规划设计研究院
11	上海市新能源车辆及其充电基础设施发展规划	上海城市交通设计院有限公司
12	上海市浦东新区环世纪公园步道建设和周边环境提升设计	上海市城市规划设计研究院 上海浦东建筑设计研究院有限公司
13	上海市曹杨新村城市更新	上海市城市规划设计研究院
14	广州市综合管廊专项规划	上海市政工程设计研究总院（集团）有限公司
15	上海市静安区彭浦镇永和二村美丽家园社区更新规划	上海同济城市规划设计研究院
16	莎车县历史文化名城保护规划	上海同济城市规划设计研究院 上海市浦东新区规划设计研究院
17	上海市嘉定区绿道系统规划（2015—2040 年）	上海广境规划设计有限公司

（续表）

序号	项目名称	完成单位
18	上海市徐家汇商圈平台总体布局规划及城市设计	上海营邑城市规划设计股份有限公司
19	黄石市城市风道规划研究	上海复旦规划建筑设计研究院有限公司
20	上海苏河湾绿地及周边地块土地出让前规划评估	上海营邑城市规划设计股份有限公司
21	上海市普陀区社区城市更新总体评估	上海复旦规划建筑设计研究院有限公司
22	上海市虹桥商务区（G1MH-0001 单元）控制性详细规划主功能区申昆路片区局部调整	上海同济城市规划设计研究院
23	黄山市歙县国家历史文化名城保护规划	上海同济城市规划设计研究院
24	乐山市城市综合交通体系规划	上海同济城市规划设计研究院 乐山市城乡规划设计院

三等奖（49 项）

序号	项目名称	完成单位
1	转型期大都市跨行政区空间规划干预制度创新研究	上海市城市规划设计研究院
2	上海市养殖业布局规划（2015—2040 年）	上海广境规划设计有限公司
3	上海市宝山区养老设施布局专项规划	上海宝山规划设计研究院有限公司
4	上海市新一轮总体规划城市规模专题研究	上海市城市规划设计研究院
5	莎车县古城组团控制性详细规划	上海市浦东新区规划设计研究院 上海市城市规划设计研究院
6	芜湖市中心城区特色街区类型与布局研究	上海同济城市规划设计研究院
7	上海市徐汇滨江传媒港综合管廊专项规划	上海营邑城市规划设计股份有限公司
8	上海市新一轮总体规划产业发展专题研究	上海市城市规划设计研究院
9	上海市徐家汇地区城市更新规划研究	上海营邑城市规划设计股份有限公司
10	西宁市城市建筑风貌导则	华东建筑设计研究院有限公司 西宁市城乡规划和建设局

（续表）

序号	项目名称	完成单位
11	基于统计视角的张江科学城交通体系现状与对策研究	上海浦东建筑设计研究院有限公司 同济大学交通运输工程学院
12	上海市新一轮总体规划总体城市设计专题研究	上海同济城市规划设计研究院
13	上海市长兴岛海洋装备产业基地控制性详细规划调整	上海尚方规划建筑设计有限公司
14	开封市双龙巷片区核心区样板院落环境整治设计、核心区景观工程设计	上海翌德建筑规划设计有限公司
15	上海市常规公交发展规划	上海城市交通设计院有限公司
16	上海市风貌保护街坊规划和管理机制研究	上海市城市规划设计研究院
17	上海市嘉定区南翔镇JDC2-0201、JDC2-0202单元（云翔大型居住社区）控制性详细规划（修编）	上海广境规划设计有限公司
18	杭钢集团半山钢铁基地转型提升规划深化	上海红东规划建筑设计有限公司 UK H&D DESIGN SERVICOS LTD
19	郑州港区双鹤湖片区核心区地下空间综合利用总体方案设计	上海市地下空间设计研究总院有限公司
20	永靖县“多规合一”城乡统筹总体规划（2015—2030年）	上海同济城市规划设计研究院
21	上海市宝山区大场建设敏感区N121001编制单元庙行镇及闸北区区域控制性详细规划局部调整（城中村项目）	上海宝山规划设计研究院有限公司
22	上海市张江高科技园区道路景观提升设计	上海市园林设计研究总院有限公司
23	宜宾市城市地下空间利用规划	上海市政工程设计研究总院（集团）有限公司
24	青海果洛藏族自治州玛沁县县城总体规划（2013—2030年）	上海市城市规划设计研究院

（续表）

序号	项目名称	完成单位
25	上海市浦东新区金桥汽车产业制造、研发、配套单元（Y000701）重点地区附加图则	上海市浦东新区规划设计研究院
26	南通大学杏林学院启东校区修建性详细规划	中船第九设计研究院工程有限公司
27	苏州工业园区智慧大交通规划（2015—2030年）	上海市城市建设设计研究总院（集团）有限公司 同济大学
28	南昌大都市区规划	上海同济城市规划设计研究院 南昌市城市规划设计研究总院
29	上海市杨浦区长白社区228街坊“两万户”城市更新规划	上海营邑城市规划设计股份有限公司
30	吉布提市东海岸沿线及旧火车站周边地区概念性规划	上海市政工程设计研究总院（集团）有限公司
31	安徽省合肥市地下综合管廊规划（2016—2030年）	上海市城市建设设计研究总院（集团）有限公司 合肥市市政设计研究总院有限公司
32	上海市徐汇区近期建设行动规划	上海营邑城市规划设计股份有限公司
33	上海市浦东新区大治河生态廊道（S2-G1501段）专项规划	上海市浦东新区规划设计研究院
34	上海市虹口南片区（北外滩及扩展区）城市设计	上海同济城市规划设计研究院
35	西安咸阳国际机场三期扩建工程陆侧综合交通规划	上海市政工程设计研究总院（集团）有限公司
36	基于指标体系的宝山区总体规划实施评估与建成环境评价	上海同济城市规划设计研究院
37	萧山科技城核心区（原农业高科技单元QJ05）控制性详细规划调整	上海复旦规划建筑设计研究院有限公司
38	常熟市海虞周行片区整治建设规划	上海同砚建筑规划设计有限公司
39	郑州园博生态城片区城市设计及地下空间与综合交通规划	上海复旦规划建筑设计研究院有限公司

（续表）

序号	项目名称	完成单位
40	上海市风电发展中长期规划研究	上海市城市规划设计研究院 上海市政工程设计研究总院（集团）有限公司 上海勘测设计研究院有限公司
41	上海市莘庄工业区空间发展规划	中国城市规划设计研究院上海分院
42	上海生态街区规划标准和认证研究	上海市城市规划设计研究院 西班牙 Office for sustainable architecture S.L.
43	横店影视城泛博物馆群总体规划	上海复旦规划建筑设计研究院有限公司
44	上海市浦东新区新场镇 16 号线核心单元 PDS2-0101 控制性详细规划	上海市浦东新区规划设计研究院
45	开化县中心城区战略发展规划、芹阳片区整体概念性规划方案设计及重点区域城市设计	华东建筑设计研究院有限公司
46	贵州省黔西南州义龙试验区总体规划（2014—2030 年）	上海麦塔城市规划设计有限公司 中咨城建设计有限公司上海分公司
47	巴拿马国际城概念规划（Panama Global City Concept Plan）	上海建筑设计研究院有限公司
48	上海市浦东新区缤纷社区塘桥街道社区规划	上海市浦东新区规划设计研究院
49	南宁市邕江沿岸（托洲大桥至邕宁梯级区域未开展城市设计部分）城市设计	上海复旦规划建筑设计研究院有限公司 南宁市城市规划设计研究院

表扬奖（7 项）

序号	项目名称	完成单位
1	眉山市长寿湖公园景观规划	理想空间（上海）创意设计有限公司 同济大学
2	上海市崇明县城市开发边界划定	上海明邑规划建筑设计有限公司
3	上海市宝山区新顾城绿色生态规划	上海市建筑科学研究院
4	苏州高新区横塘—枫桥段大运河沿线城市设计	上海天华建筑设计有限公司
5	思南县中心城区城市风貌及色彩规划	上海经纬建筑规划设计研究院股份有限公司

（续表）

序号	项目名称	完成单位
6	文昌市南海围填项目概念性城市设计	上海诺德建筑设计有限公司
7	上海市松江区泗泾镇郊野单元规划（2014—2020年）	上海市地矿工程勘察院

村镇规划类

一等奖（3项）

序号	项目名称	完成单位
1	上海市金山区廊下镇郊野单元规划（新版）研究	上海市城市规划设计研究院
2	上海市嘉定区江桥镇总体规划暨土地利用总体规划（2015—2040年）（含近期重点公共基础设施专项规划）	上海同济城市规划设计研究院 上海广境规划设计有限公司
3	余姚市四明山镇棠溪村村庄规划	上海同济城市规划设计研究院

二等奖（7项）

序号	项目名称	完成单位
1	我国农村人口流动与安居性研究	上海同济城市规划设计研究院 同济大学　苏州科技大学 沈阳建筑大学　深圳大学 山东建筑大学　内蒙古工业大学 华中科技大学　成都理工大学 长安大学　安徽建筑大学
2	上海市嘉定区乡村建设规划	上海广境规划设计有限公司 上海同济城市规划设计研究院
3	象山县鹤浦镇大沙村村庄设计	上海复旦规划建筑设计研究院有限公司
4	上海市嘉定镇历史文化名镇保护规划（2016—2040年）	上海广境规划设计有限公司
5	新疆莎车县16个乡镇近期建设规划	上海市浦东新区规划建筑设计有限公司
6	上海市嘉定区外冈镇葛隆村村庄规划	上海广境规划设计有限公司
7	上海市松江区泖港镇黄桥村村庄规划	中船第九设计研究院工程有限公司 上海市松江区规划设计所

三等奖（12 项）

序号	项目名称	完成单位
1	上海市松江区保护村选点规划	上海市城市规划设计研究院
2	上海市青浦区青龙镇遗址保护规划研究	上海营邑城市规划设计股份有限公司
3	上海市浦东新区新场镇果园村美丽乡村建设整体规划设计	上海市浦东新区规划建筑设计有限公司
4	上海市宝山区罗泾镇花红村村庄规划	上海宝山规划设计研究院有限公司
5	即墨市田横镇雄崖所村美丽乡村规划	上海麦塔城市规划设计有限公司
6	上海市崇明区建设镇浜东村村庄规划	上海市崇明区规划设计院
7	贵州省龙里县洗马镇“三规合一”总体规划	中国能源工程集团有限公司
8	浙江省龙泉市上垟镇源底村历史文化村落保护与利用规划	上海上大建筑设计院有限公司 上海砼森建筑规划设计有限公司
9	黄岩区长潭湖地区村庄建设风貌设计技术导则	上海同济城市规划设计研究院
10	漳州市平和县东坑村美丽乡村规划	上海交通大学规划建筑设计有限公司
11	古田县大桥镇总体规划修编	中国建筑上海设计研究院有限公司
12	上海市奉贤区奉城镇分水墩村村庄规划（2016—2040 年）	上海沪闵建筑设计院有限公司

表扬奖（2 项）

序号	项目名称	完成单位
1	太和县发艺特色小镇概念规划	上海市建工设计研究总院有限公司
2	湖州经济技术开发区“美丽乡村”村庄建设规划	匠人规划建筑设计股份有限公司

城市勘测和规划信息类

一等奖（1 项）

序号	项目名称	完成单位
1	上海市闵行区城乡建设动态监测与管理（2016 年）	上海江南建筑设计院有限公司 上海市闵行区规划和土地管理局

二等奖（1 项）

序号	项目名称	完成单位
1	上海市浦东新区农村地籍更新调查与系统建设	上海市测绘院

三等奖（2 项）

序号	项目名称	完成单位
1	上海城市地标——上海中心大厦全过程规划控制项目	上海市测绘院
2	上海市浦江郊野公园首期启动区西扩工程	上海市岩土地质研究院有限公司

土地专项类

二等奖（1 项）

序号	项目名称	完成单位
1	上海市土地整治规划（2011—2015 年）实施评估	上海市建设用地和土地整理事务中心 上海市城市规划设计研究院

注：以上获奖项目名称和完成单位，依据“沪规协（2018）2 号文”《关于 2017 年度上海市优秀城乡规划设计奖评选结果的公告》标示。部分单位名称因机构改革、公司变更等已有变化，如“上海市规划和国土资源管理局”现为“上海市规划和自然资源局”，“上海同济城市规划设计研究院”现为“上海同济城市规划设计研究院有限公司”等。

后记

根据中国城市规划协会《关于开展2017年度全国优秀城乡规划设计奖评选活动的通知》(中规协秘〔2017〕41号),上海市城市规划行业协会于2017年8月至2018年1月,组织开展了2017年度上海市优秀城乡规划设计奖评选活动。本次评选共收到本市65家规划设计以及勘测、信息单位报送的313个项目。经审核,其中64家单位报送的294个项目符合参评条件。

按照《上海市优秀城乡规划设计奖评选管理办法》,协会秉持公开、公平、公正的评审原则,经专家审阅、专家组集中评审和专家组组长会议复评,并报组委会审定、社会公示及组委会复议,共评选出获奖项目111项。其中,特等奖1项(城市规划类1项),一等奖14项(城市规划类10项、村镇规划类3项、城市勘测和规划信息类1项),二等奖33项(城市规划类24项、村镇规划类7项、城市勘测和规划信息类1项、土地专项类1项),三等奖63项(城市规划类49项、村镇规划类12项、城市勘测和规划信息类2项)。另评选出表扬奖9项。

在此基础上,上海组委会对符合条件的47个项目,推荐参加了全国优秀城乡规划设计奖评选,最终27个项目榜上有名,包括一等奖7项、二等奖5项、三等奖15项。另有17个由本市规划设计单位参与编制、其他地方协会推荐申报的项目获得全国奖。其中获全国一等奖项目数创历史新高,从侧面反映出多年来本市城乡规划编制和研究工作的努力探索和创新。

本次作品集共汇编130个项目,是众多规划设计师的先进理念与项目实践紧密结合的创作成果,是规划设计和勘测信息单位近年来优秀设计成果的一次集中检阅和展示。协会将每届评优活动获奖项目汇编成册,目的是为了及时保存和展示本市城乡规划行业发展的阶段性成果,反映城乡规划发展的历史脉络和轨迹,有助于进一步做好行业档案梳理、作品成果宣传,并扩大社会和行业的影响力。

本次作品集作为系列丛书的组成部分,继续延续以“S”形写意笔触为主体的封面设计,取意“上海”拼音首字母和黄浦江之形,展现丛书的系统性、系列性;今年是协会成立20周年,装帧设计进一步突出体现了“周年庆”的特点。针对本次评选对编制水平较高、具有创新理念和特色的获奖项目,特别是全国

一、二等奖和上海一等奖项目，特邀业界专家夏丽卿、耿毓修、简逢敏、蒋宗健、赵民、叶贵勋、叶梅唐、俞斯佳、李俊豪、熊鲁霞、苏功洲、张帆、彭震伟、杨贵庆、孙珊、王林、于一凡、杨晰峰、施海涛等进行点评。为方便携带和项目查阅，本次汇编定制了包含作品集全部内容的电子U盘。

作品集的整理、汇编和出版工作，得到了获奖单位的大力支持和积极配合，协会秘书处陈华峰、马俊、王甫华、吴贵平等同志为出版工作做了大量的事务工作。在此，谨向各获奖单位、各位专家和参编人员，以及为作品集付出辛劳的各位朋友表示衷心感谢！

今年是新中国成立70周年，我国特色社会主义建设取得了举世瞩目的成就，民族独立、国家富强、人民安居乐业，尤其是城乡面貌日新月异，老百姓生活水平不断提高。在我国规划行业进行机构改革、空间规划体系建构的新形势下，我们将进一步发挥城乡规划战略引领和刚性管控的重要作用，更好地推进高质量发展和高品质生活。希望作品集的出版，能对广大规划工作者和规划设计单位有所帮助和启迪。

作品集难免存在疏漏或欠妥之处，敬请各位批评指正。

编　者

2019年6月

Afterword

According to "*The Notice for Award-winning Works Selection of National Excellent Urban-Rural Planning & Design, 2017*" (CACP[2017] File No: 41) issued by China Association of City Planning (CACP), Shanghai Urban Planning Trade Association (SUPTA) organized a selection activity from August, 2017, to January, 2018, for excellent urban-rural planning and design works in Shanghai in 2017. A total of 313 projects were received from 65 planning & design institutions and urban survey & information institutions in Shanghai. After the preliminary review, 294 projects delivered by 64 institutions met the selection criteria.

In accordance with "*Administrative Regulations for Selection of Shanghai Excellent Urban-Rural Planning & Design Works*" and in adherence to the principles of open, fair and impartial review, SUPTA carried out the following selection procedures: expert blind review, expert group review, re-evaluation by expert group leaders, submission to the organization committee for approval, public announcement and reconsideration by the organization committee. After a series of strict procedures, 111 award-winning projects won. The works include 1 Special Prize (for urban planning), 14 First Prizes (10 for urban planning, 3 for town and village planning, and 1 for urban survey & planning information); 33 Second Prizes (24 for urban planning, 7 for town and village planning, 1 for urban survey & planning information and 1 for earmarked land project); and 63 Third Prizes (49 for urban planning, 12 for town and village planning and 2 for urban survey & planning information), as well as 9 Honorable Mentions.

On this basis, the Shanghai Organizing Committee recommended 47 eligible projects to participate in the selection of the National Excellent Urban-Rural Planning and Design Awards. At last, 27 projects won awards, including 7 First Prizes, 5 Second Prizes and 15 Third Prizes. In addition, another 17 projects participated in by Shanghai planning and design institutions and recommended by other local trade associations also won the national awards. Therefore, the number of the national first prizes by Shanghai this year has reached a record high, reflecting the level of exploration and innovation in the urban and rural planning design and research in Shanghai.

This *Collection* with 130 projects is the creative achievements of the close combination of advanced concepts of many planners and designers with project practice, and also a highlight of the excellent design achievements by

Shanghai's planning and design institutions, and urban survey & planning information institutions in recent years. SUPTA compiles all the award-winning works in a book for each yearly selection activity to timely preserve and stage the achievements of the development made by urban-rural planning and design industry in Shanghai, and to reflect the historical trace of the urban-rural planning development, so as to further help with sorting out archives, publicizing the works, and expanding the influence of the profession.

As an integral part of this series, the freehand brushwork "S" is continued to be used as the main design for the cover of the *Collection* 2017, taking the initial letter of "Shanghai" in Chinese pinyin and the shape of Huangpu River, to show the systematic and characteristics of the series. Since this year is the 20th anniversary of the founding of SUPTA, such binding design may further highlight the jubilation of the "anniversary celebration".

In consideration of the selection of award-winning projects with high level of compilation and innovative concepts and characteristics, especially the works winning the National First/Second Prize or the Shanghai First Prize, we invited many professional experts to comment on them, including Xia Liqing, Geng Yuxiu, Jian Fengmin, Jiang Zongjian, Zhao Min, Ye Guixun, Ye Meitang, Yu Shijia, Li Junhao, Xiong Luxia, Su Gongzhou, Zhang Fan, Peng Zhenwei, Yang Guiqing, Sun Shan, Wang Lin, Yu Yifan, Yang Xifeng, Shi Haitao, etc. For the convenience of carrying and project access, we have customized an electronic flash drive that contains all the contents for the Collection of Works.

The collation, compilation and publication of the *Collection* received strong support and active cooperation from the award-winning institutions. The colleagues of SUPTA's secretariats, Chen Huafeng, Ma Jun, Wang Fuhua, Wu Guiping, etc., made great contribution to the publishing work. Here, we would like to express our heartfelt thanks to all the award-winning institutions, experts and editors, as well as all the friends who have worked hard for the *Collection*.

This year marks the 70th anniversary of the founding of New China. Over the past seven decades, China has made remarkable achievements in building socialism with Chinese characteristics: the national independence, the country's prosperity and strength, and the people living and working in peace and contentment. In particular, the urban and rural areas have changed with each passing day, and the living standards of the common people have been continuously improved. In the new situation that China's planning industry is undergoing reform and the spatial planning system is being constructed, we will further play an important role of the urban-rural planning strategy guidance and rigid control, and better promote high-quality development and high-quality life. We hope that the publication of the *Collection* will be an assistance and enlightenment for the majority of planners and planning and design institutions.

There may be omission or deficiency in the *Collection*, and your criticism and correction are invited respectfully.

Editors

June, 2019